G. Lejeune Dirichlet

Photogravure u. Druck v. H. Riffarth. Berlin.

G. LEJEUNE-DIRICHLET'S
WERKE.

HERAUSGEGEBEN AUF VERANLASSUNG

DER

KÖNIGLICH PREUSSISCHEN AKADEMIE DER WISSENSCHAFTEN.

MIT G. LEJEUNE DIRICHLET'S BILDNISS.

CHELSEA PUBLISHING COMPANY
BRONX, NEW YORK

THE PRESENT WORK, CONSISTING OF TWO VOLUMES BOUND IN ONE, IS A REPRINT, WITH CORRECTION OF ERRATA, OF A WORK ORIGINALLY PUBLISHED IN BERLIN IN TWO VOLUMES. THE HALF-TITLE PAGES BEFORE EACH PAPER HAVE BEEN OMITTED, SINCE THE INFORMATION ON THESE PAGES DUPLICATES THAT CONTAINED IN THE TABLE OF CONTENTS. THE ORIGINAL PAGINATION HAS BEEN RETAINED.

VOLUME ONE WAS ORIGINALLY PUBLISHED IN 1889

VOLUME TWO WAS ORIGINALLY PUBLISHED IN 1897

REPRINTED, IN ONE VOLUME, NEW YORK, 1969

LIBRARY OF CONGRESS CAT. CARD NO. 68-54716

STANDARD BOOK NUMBER 8284-0225-6

PRINTED IN THE UNITED STATES OF AMERICA

G. LEJEUNE DIRICHLET'S WERKE.

HERAUSGEGEBEN AUF VERANLASSUNG

DER

KÖNIGLICH PREUSSISCHEN AKADEMIE DER WISSENSCHAFTEN

VON

L. KRONECKER.

ERSTER BAND.

VORWORT.

Es war anfangs meine Absicht, die sämmtlichen von Dirichlet selbst veröffentlichten Arbeiten, welche in dieser Ausgabe seiner Werke die erste Abtheilung bilden sollen, in einem Bande zu vereinigen. Aber ein solcher wäre, wie sich erst beim weiteren Fortschreiten des nicht raumsparenden Druckes zeigte, für den Handgebrauch zu umfangreich geworden. Der Band musste deshalb schon vor Beendigung der ersten Abtheilung an einer geeigneten Stelle förmlich abgeschlossen werden; er enthält nunmehr, grossen Theils in chronologischer Folge, alle Arbeiten, welche Dirichlet vor 1843, also vor seiner italienischen Reise, veröffentlicht hat, sowie den im Monatsbericht der hiesigen Akademie vom März 1846 erschienenen Aufsatz *„Zur Theorie der complexen Einheiten“*, welcher sich gedanklich unmittelbar an die drei vorhergehenden Arbeiten anreiht. Diesen Aufsatz hat Dirichlet zwar erst ein Jahr nach seiner Rückkehr aus Italien in der Akademie gelesen, aber die ebenso grundlegenden als weittragenden Untersuchungen, über welche er darin „einige Mittheilungen machte“, hatte er — wie ich aus seinem eigenen Munde weiss — bereits während seines Aufenthaltes in Italien vollständig zu Ende geführt.

Die Abhandlung *„Mémoire sur l'impossibilité de quelques Équations indéterminées du cinquième degré“*, mit welcher der Band beginnt, ist typographisch getreu nach einem Exemplar abgedruckt, welches sich in Dirichlet's Nachlass vorgefunden hat. Dieses zeigt vielfach redactionelle Abweichungen von der unter demselben Titel im Crelleschen Journal veröffentlichten, im vorliegenden Bande an zweiter Stelle abgedruckten Abhandlung, enthält den Text aber wahrscheinlich genau so, wie er im Jahre 1825 der Pariser Akademie vorgelegen hat. Gewisses lässt sich freilich nicht darüber feststellen, da die Aufnahme der Abhandlung in die Sammlung der *Mémoires des Savans étrangers* nur beschlossen worden aber niemals erfolgt ist. Exemplare derselben Art, wie das erwähnte in DIRICHLET's Nachlass, finden sich meines Wissens noch in Göttingen im Nachlass von GAUSS, hier in Berlin in der königlichen Bibliothek, in Paris in der Bibliothek des Instituts und zwar im *Fonds Huzard.* Sie tragen auf der letzten (zwanzigsten) Seite den Vermerk: „*Imprimerie de Huzard-Courcier, Rue du Jardinet n° 12*". Ueber ihre Entstehungsweise habe ich aber noch nicht vollständige Aufklärung erlangen können. Was ich darüber in Erfahrung gebracht habe, werde ich in den Anmerkungen im zweiten Bande mittheilen, namentlich alle Ergebnisse der Akten der Pariser *Académie des Sciences*, welche deren beständiger Secretar, Herr BERTRAND, mit gewohnter Sorgfalt ermittelt und mit freundlichster Bereitwilligkeit zu meiner Verfügung gestellt hat, sowie ferner einige werthvolle Notizen, welche ich den Herren ERNST SCHERING in Göttingen und JULES TANNERY in Paris verdanke.

Bei der Herausgabe dieses Bandes hat mich Herr LAMPE auf's Wirksamste unterstützt, ferner bei der Textrevision der sämmtlichen (mehr als funfzig Bogen füllenden) französischen Arbeiten auch Herr MOLK, und mein verehrter Freund, Herr HERMITE, hat die grosse Güte gehabt, mit seinem Kennerblick jeden einzelnen der französischen Correcturbogen durchzusehen. Ausserdem habe ich mich bei der Revision von Originaltexten und Correcturbogen noch der gefälligen Mithülfe der Herren HENSEL, HETTNER und SCHWERING erfreut, und auch die Herren GUTZMER, RICHARD MÜLLER und SCHRENTZEL haben mir in den Angelegenheiten der Herausgabe bereitwilligst Beistand geleistet.

Es ist mir eine angenehme Pflicht den genannten Herren an dieser Stelle meinen wärmsten Dank auszusprechen.

Berlin, den 14. October 1889.

L. KRONECKER.

ERSTER BAND.

INHALTS-VERZEICHNISS.

ZWEITER BAND.

INHALTS-VERZEICHNISS.

MÉMOIRE

Sur l'impossibilité de quelques Équations indéterminées du cinquième degré,

LU A L'ACADÉMIE ROYALE DES SCIENCES (INSTITUT DE FRANCE), LE 11 JUILLET 1825,
PAR G. LEJEUNE DIRICHLET.

(D'après le Rapport de MM. Lacroix et Legendre, ce Mémoire a été approuvé, et doit être imprimé dans le Recueil des Mémoires des Savans étrangers.)

On sait que la théorie des équations indéterminées des degrés supérieurs au second, est encore très peu avancée; il est vrai qu'il y a une infinité d'équations de tous les degrés dont on peut démontrer l'impossibilité en faisant voir que quelles que soient les valeurs que l'on attribue aux indéterminées, les deux membres de l'équation proposée ne peuvent jamais donner le même reste lorsqu'on les divise par un certain nombre ou module; mais lorsqu'une équation ne peut pas être traitée par ce moyen, il devient difficile de prouver qu'elle est impossible, et on n'y est parvenu, jusqu'à présent, que pour un très petit nombre d'équations. Toutes ces équations sont très particulières, et d'une forme telle, que lorsqu'on cherche à les résoudre, on est naturellement conduit à une ou plusieurs formules quadratiques qu'il s'agit d'égaler à des puissances parfaites. On satisfait ensuite de la manière la plus générale à cette condition, en exprimant les indéterminées par d'autres indéterminées, dont les premières deviennent des fonctions entières, et il se trouve, du moins dans tous les cas où la méthode dont il est question réussit, que les nouvelles indéterminées ou d'autres quantités qui en dépendent d'une manière très simple, satisfont également à une équation semblable à l'équation proposée. Comme les nouvelles indéterminées sont en même temps plus petites que les indéterminées primitives, l'impossibilité de l'équation proposée se trouve établie; car il est évident que si elle était possible, on aurait le moyen d'obtenir une suite décroissante et indéfinie de nombres entiers, ce qui implique contradiction. C'est de cette manière que Fermat et Euler ont prouvé l'impossibilité de plusieurs équations du troisième et du quatrième degré.

En essayant d'appliquer des considérations semblables à quelques équations du cinquième degré et d'une forme analogue à celles des équations traitées par Fermat et Euler, on est arrêté tout aussitôt. La formule quadratique à laquelle on arrive, et qu'il faut égaler à une cinquième puissance, admet plusieurs solutions différentes, et parmi ces solutions, il n'y en a qu'une seule qui conduise à une équation semblable à l'équation proposée. En réfléchissant à cette difficulté, j'ai reconnu qu'elle pouvait être levée très simplement en assujettissant à quelques conditions le nombre déterminé qui entre dans l'équation. Il résulte d'un théorème exposé dans les préliminaires, que lorsque ces conditions se trouvent remplies, les différentes solutions dont la formule quadratique est susceptible, en général, doivent être rejetées, à l'exception d'une seule, qui est précisément celle de laquelle on déduit des nombres qui satisfont à une équation semblable à l'équation proposée. On parvient ainsi à établir l'impossibilité d'une classe assez étendue d'équations indéterminées du cinquième degré. Le premier membre de ces équations est la somme ou la différence de deux cinquièmes puissances, et le second membre est le produit d'une cinquième puissance et d'un nombre déterminé assujetti à différentes conditions. En attribuant à ce nombre des valeurs particulières compatibles avec ces conditions, on peut obtenir autant de théorèmes particuliers que l'on veut. Cette généralité de nos théorèmes est d'autant plus singulière, que les équations analogues du troisième et du quatrième degré, dont l'impossibilité a été démontrée jusqu'à présent, ne sont qu'en nombre fini et même très petit.

Les nombres P et Q devant être premiers entre eux, l'un pair, l'autre impair, et le premier de plus non-divisible par 5, on peut démontrer que, pour égaler le binome P^2-5Q^2 à une cinquième puissance avec toute la généralité convenable, on n'a qu'à poser

$$P+Q\sqrt{5} = (M\pm N\sqrt{5})^5(t\pm u\sqrt{5}),$$

les parties rationnelles et les coefficiens de $\sqrt{5}$ étant égalés séparément, t et u satisfaisant généralement à l'équation $t^2-5u^2=1$, et les nombres M et N étant premiers entre eux, l'un pair, l'autre impair, et le premier non-divisible par 5 (*). Cela supposé, il n'est pas difficile d'établir le théorème que nous allons énoncer.

Théorème I.

„Les nombres P et Q devant être premiers entre eux, l'un pair, l'autre „impair, et le dernier devant être de plus divisible par 5, je dis que pour „égaler le binome P^2-5Q^2 de la manière la plus générale à une cinquième „puissance, il suffira de poser

$$P+Q\sqrt{5} = (\varphi+\psi\sqrt{5})^5.$$

„Les indéterminées φ et ψ étant premières entre elles, l'une paire, l'autre „impaire, et la première de plus non-divisible par 5 (**)."

Pour égaler P^2-5Q^2 à une cinquième puissance, nous poserons, d'après ce qui vient d'être dit,

$$P+Q\sqrt{5} = (M\pm N\sqrt{5})^5(t\pm u\sqrt{5}).$$

N n'étant pas divisible par 5, si nous faisons pour un instant

$$(M+N\sqrt{5})^5 = M'+N'\sqrt{5},$$

il sera facile de voir que N' est divisible par 5, et que M' ne l'est pas. En substituant l'expression précédente dans la valeur de $P+Q\sqrt{5}$, on aura

$$P+Q\sqrt{5} = (M'\pm N'\sqrt{5})(t\pm u\sqrt{5}),$$

d'où l'on tire

$$Q = \pm M'u\pm N't.$$

N' étant divisible par 5, et M' ne l'étant pas, il est évident que Q ne pourra être divisible par 5, qu'autant que u le sera. Les valeurs les plus petites qui satisfassent à l'équation

$$t^2-5u^2 = 1,$$

sont celles-ci,

$$t=9, \quad u=4.$$

(*) Pour ne pas donner trop d'étendue à ce Mémoire, je supprime ici une première partie du mémoire manuscrit contenant quelques théorèmes sur les nombres en tant qu'ils sont de la forme t^2-au^2, et la démonstration de la proposition dont il s'agit, fondée sur ces théorèmes.

(**) Il n'est peut-être pas inutile de faire remarquer qu'il y a des théorèmes analogues pour beaucoup d'autres nombres premiers, et que pour les établir, on peut faire usage des mêmes considérations dont nous nous servons ici.

Les valeurs générales seront par conséquent données par cette formule,

$$t+u\sqrt{5} = (9+4\sqrt{5})^p,$$

dans laquelle p est un nombre entier, positif quelconque (*); on tire de là

$$u = \frac{p}{1}9^{p-1}.4+\frac{p(p-1)(p-2)}{1.2.3}9^{p-3}.4^3.5+\text{etc.}$$

Tous les termes de cette valeur, à partir du second, étant divisibles par 5, quel que soit p, on voit que pour que u puisse être divisible par 5, il faut que le premier terme, et par conséquent aussi p, soit divisible par 5. Si nous faisons donc $p = 5p'$, p' étant un entier, et que nous substituions la valeur de $t+u\sqrt{5}$ dans celle de $P+Q\sqrt{5}$, nous aurons

$$P+Q\sqrt{5} = (M\pm N\sqrt{5})^5(9\pm 4\sqrt{5})^{5p'},$$

résultat qui, par l'introduction des nouvelles indéterminées, φ et ψ qui sont telles que

$$(M\pm N\sqrt{5})(9\pm 4\sqrt{5})^{p'} = \varphi+\psi\sqrt{5},$$

se change en celui-ci,

$$P+Q\sqrt{5} = (\varphi+\psi\sqrt{5})^5.$$

La forme de la solution donnée par l'énoncé du théorème se trouvant ainsi justifiée, il ne reste plus qu'à déterminer la nature des indéterminées.

Comme on a

$$P^2-5Q^2 = (\varphi^2-5\psi^2)^5,$$

et que les nombres P et Q sont respectivement divisibles par φ et ψ, on voit facilement que les indéterminées φ et ψ doivent être supposées premières entre elles, l'une paire, l'autre impaire, et la première de plus non-divisible par 5. On peut même ajouter que φ ou ψ sera impaire selon que P et Q l'est. Réciproquement, si les indéterminées φ et ψ satisfont aux conditions précédentes, les nombres P et Q déterminés par la formule

$$P+Q\sqrt{5} = (\varphi+\psi\sqrt{5})^5,$$

seront premiers entre eux, comme il est facile de s'en assurer. Ces préliminaires établis, nous pourrons nous occuper des théorèmes qui font l'objet principal de ce Mémoire. Le premier de ces théorèmes peut s'énoncer de la manière suivante.

(*) Voyez les Additions à l'Algèbre d'Euler (art. 75), ou les *Disquisitiones arithmeticae* (art. 200).

Théorème II.

„Les nombres m et n étant positifs, plus grands que zéro, et le second „de plus différent de 2, et le nombre A n'étant divisible ni par 2 ni par 5, „ni par aucun nombre premier de l'une de ces formes $10k\pm1$(*), il sera im„possible de trouver deux nombres x et y premiers entre eux, tels que „$x^5\pm y^5 = 2^m 5^n \mathrm{A} z^5$ (α)."

Supposons, contre l'énoncé du théorème, que l'équation soit possible. Comme le second membre est pair (m ayant été supposé >0), il faut que les nombres x et y, qui sont premiers entre eux, soient impairs l'un et l'autre. Si nous faisons $x\pm y = 2p$, $x\mp y = 2q$, et par suite,

$$x = p+q, \quad \pm y = p-q,$$

les nombres p et q seront entiers, premiers entre eux, et de plus l'un pair, l'autre impair. En substituant les valeurs précédentes de x et $\pm y$ dans l'équation (α), on la changera en celle-ci:

$$2p(p^4+10p^2q^2+5q^4) = 2^m 5^n \mathrm{A} z^5.$$

Le premier membre ne peut être égal au second membre, qui est divisible par 5, qu'autant qu'on suppose p divisible par 5. Faisant donc $p = 5r$, nous aurons

$$2.5^2 r(q^4+2.5^2q^2r^2+5^3r^4) = 2^m 5^n \mathrm{A} z^5.$$

Le nombre n est par hypothèse égal à l'unité ou plus grand que 2. Si n est égal à l'unité, il faudra, dans l'équation précédente, supposer z divisible par 5. On pourra, dans ce cas, mettre $5z$ à la place de z, ou, ce qui est la même chose, donner à 5 l'exposant 6, d'où l'on voit que l'on peut supposer dans tous les cas, que $n>2$. Si l'on met maintenant l'équation précédente sous cette forme,

$$r(q^4+2.5^2q^2r^2+5^3r^4) = 2^{m-1} 5^{n-2} \mathrm{A} z^5,$$

(*) Les théorèmes de ce Mémoire, de même que ceux qui sont contenus dans l'addition, sont susceptibles d'une extension que je vais indiquer en deux mots. Ces théorèmes ont encore lieu quand même A aurait des diviseurs premiers de la forme $10k-1$. On verra en effet que notre démonstration suppose uniquement que le nombre A ne puisse avoir aucun diviseur commun avec la formule $t^4+10t^2s^2+5s^4$, t et s étant supposés premiers entre eux. Or, cette formule pouvant se mettre sous la forme $\frac{(t+s)^5+(t-s)^5}{2t}$, et le nombre 5 étant premier, il résulte des théorèmes connus d'Euler sur les formes linéaires des diviseurs premiers de l'expression $x^n\pm y^n$, que notre formule n'a que des diviseurs premiers de la forme $10k+1$, et est par conséquent première à A. Voyez la Théorie des nombres ou le Mémoire d'Euler, *circa divisores numerorum*, dans le 1er vol. des *Novi Acad. Comment. Petrop.*

et qu'on se rappelle que les nombres q et $p=5r$, sont premiers entre eux, et de plus, l'un pair, l'autre impair, il sera facile de voir que le facteur trinome est impair, non-divisible par 5, et premier à r; il faut donc que r soit divisible par 5, n étant >2. Choisissons actuellement deux nombres positifs, μ et ν, tels que (*) $m+\mu-1$, $n+\nu-2$, soient divisibles par 5, et un nombre B qui n'ait d'autres diviseurs premiers que le nombre A, et tel que le produit AB soit une cinquième puissance. Si nous multiplions l'équation précédente par $2^\mu 5^\nu$B, nous aurons celle-ci:

$$2^\mu 5^\nu \mathrm{B}r(q^4+2.5^2q^2r^2+5^3r^4) = 2^{m+\mu-1}5^{n+\nu-2}\mathrm{AB}z^5.$$

Le second membre de cette équation étant une cinquième puissance, le premier membre en sera pareillement une. Or, je dis que les deux facteurs dans lesquels ce premier membre peut se décomposer, le facteur $2^\mu 5^\nu \mathrm{B}r$ et le facteur trinome, sont premiers entre eux. En effet, nous avons déjà vu plus haut que le facteur trinome est premier à $2^\mu 5^\nu r$, et pour s'assurer qu'il est également premier à B, on le mettra sous cette forme,

$$(q^2+5^2r^2)^2-5(10r^2)^2.$$

Les nombres $q^2+5^2r^2$ et $10r^2$ étant évidemment premiers entre eux, tout nombre premier par lequel le facteur trinome est divisible, sera de l'une de ces deux formes, $10k\pm1$, dont aucune ne convient par hypothèse aux nombres premiers diviseurs de A, et par conséquent aussi de B, B n'ayant pas d'autres diviseurs premiers que A. Il faut donc que le nombre $2^\mu 5^\nu \mathrm{B}r$ et le facteur trinome soient des cinquièmes puissances l'un et l'autre.

Le facteur trinome pouvant s'écrire de cette manière,

$$(q^2+5^2r^2)^2-5(10r^2)^2,$$

et les nombres $q^2+5^2r^2$, $10r^2$ étant premiers entre eux, le premier impair et le second pair et divisible par 5, il suffira, en vertu du théorème I, pour égaler le facteur trinome avec toute la généralité convenable à une cinquième puissance, de poser ces deux équations,

$$q^2+5^2r^2 = t(t^4+2.5^2t^2s^2+5^3s^4),$$
$$10r^2 = 5s(t^4+10t^2s^2+5s^4).$$

(*) Si $m-1$ était divisible par 5, on choisirait pour μ une autre valeur que zéro pour éviter les exposans négatifs dans ce qui va suivre.

Les nombres s et t doivent être supposés premiers entre eux, et de plus le premier pair et le second impair et non-divisible par 5. Il suit de là que s doit être divisible par 5; en effet t n'étant pas divisible par 5, le second membre de la seconde équation ne peut être divisible par 5^2 qu'autant que s est divisible par 5; mais le premier membre qui a r^2 pour facteur, est divisible par 5^2; donc s est divisible par 5.

Nous avons vu plus haut que $2^\mu 5^\nu Br$ devait être une cinquième puissance. Le nombre $2^{2\mu} 5^{2\nu} B^2 r^2$, carré du nombre précédent, devra donc être une puissance du même degré, et même du dixième degré. Or, en multipliant par $2^{2\mu-1} 5^{2\nu-1} B^2$ les deux membres de la dernière équation, on aura celle-ci:

$$2^{2\mu} 5^{2\nu} B^2 r^2 = 2^{2\mu-1} 5^{2\nu} B^2 s(t^4+10t^2s^2+5s^4).$$

Si donc nous faisons pour abréger: $2\mu-1=g$, $2\nu=h$, $B^2=C$, tout se réduira à faire voir qu'il est impossible de trouver deux nombres s et t premiers entre eux, et dont le premier soit de plus pair et divisible par 5, tels que le produit

$$2^g 5^h Cs(t^4+10t^2s^2+5s^4) \quad (\beta)$$

soit une cinquième puissance.

En ayant égard à la nature des diviseurs premiers de C, on s'assurera facilement que le facteur $2^g 5^h Cs$ et le facteur trinôme sont premiers entre eux. Il faudrait donc, pour que le produit (β) pût être une cinquième puissance, que chacun de ces facteurs en fût pareillement une. Le facteur trinôme peut s'écrire de cette manière:

$$(t^2+5s^2)^2-5(2s^2)^2.$$

Comme les nombres t^2+5s^2, $2s^2$ sont évidemment premiers entre eux, et de plus le premier impair et le second pair et divisible par 5, le théorème I est applicable ici, et l'on pourra poser

$$\begin{aligned} t^2+5s^2 &= t'(t'^4+2.5^2t'^2s'^2+5^3s'^4) \\ 2s^2 &= 5s'(t'^4+10t'^2s'^2+5s'^4). \end{aligned}$$

Les nombres s' et t' doivent être supposés premiers entre eux, et de plus le premier pair et le second impair et non-divisible par 5. Comme t' n'est pas divisible par 5, il est évident par la seconde équation, dont le premier membre renferme le facteur s^2, et est par conséquent divisible par 5^2, que s'

doit être divisible par 5. Ainsi les nombres s' et t' sont premiers entre eux, de même que les nombres s et t, et le premier s' est en outre pair et divisible par 5 comme s.

Il est facile encore de voir que s' est plus petit que s; car on conclut immédiatement de la dernière équation $5^2 s'^5 < 2 s^2$ et par suite $s' < \sqrt[5]{\frac{2s^2}{25}}$.

On a vu plus haut que $2^g 5^h C s$ devait être une cinquième puissance. Le nombre $2^{2g} 5^{2h} C^2 s^2$, carré du précédent, devra donc être une puissance du même degré. Or, en multipliant les deux membres de la dernière équation par $2^{2g-1} 5^{2h} C^2$, on aura

$$2^{2g} 5^{2h} C^2 s^2 = 2^{2g-1} 5^{2h+1} C^2 s' (t'^4 + 10 t'^2 s'^2 + 5 s'^4),$$

ou ce qui est la même chose en faisant $2g-1 = g'$, $2h+1 = h'$, $C^2 = C'$, dans le second membre,

$$2^{2g} 5^{2h} C^2 s^2 = 2^{g'} 5^{h'} C' s' (t'^4 + 10 t'^2 s'^2 + 5 s'^4), \quad (\beta')$$

équation dont les deux membres doivent être des puissances du cinquième degré.

Nous voilà donc arrivés à un produit (β') semblable au produit (β), mais dans lequel le nombre s' est plus petit que le nombre s du produit (β), et ce produit (β') serait une cinquième puissance, si le produit (β) en était une. En traitant le produit (β') comme nous avons traité le produit (β), on arriverait à un troisième produit (β''), dans lequel le nombre s'' serait plus petit que s', et l'on pourrait continuer ce procédé aussi loin que l'on voudrait. Il est facile de voir en outre que quelque loin que l'on prolonge les séries $s, s', s'', \ldots$; $t, t', t'', \ldots$, on ne pourra jamais rencontrer un terme égal à zéro; car il est évident que si l'on supposait nul un de ces termes, on conclurait en remontant que $s = 0$, cas évident, et qui d'ailleurs est exclu, puisque les nombres s et t ont été supposés premiers entre eux.

Si donc le produit (β) pouvait être une cinquième puissance, on pourrait obtenir, par l'analyse précédente, une suite indéfinie de nombres entiers positifs, dans laquelle chaque terme serait plus petit que le terme précédent, sans qu'aucun des termes ne fût nul; ce qui implique contradiction. On doit conclure de là que le produit (β) ne saurait être une puissance du cinquième degré.

Le théorème II se trouvant ainsi établi, nous allons donner le moyen d'en déduire un autre théorème plus général. Considérons l'équation

$$x^5 \pm y^5 = 2^m A z^5,$$

dans laquelle nous supposons x et y premiers entre eux, $m > 0$, et A soumis aux mêmes restrictions que dans l'énoncé du théorème II. Soient α, β, γ des nombres positifs moindres que 5, et tels que $x \equiv \alpha$, $\pm y \equiv \beta$, $z \equiv \gamma \,(mod\, 5)$ et soit encore H un nombre positif < 25 et tel que $2^m A \equiv H \,(mod\, 25)$. Comme 5 est un nombre premier, on aura

$$x^5 \equiv x, \quad y^5 \equiv y, \quad z^5 \equiv z, \quad (mod\, 5).$$

On conclut de là, en ayant égard à l'équation posée plus haut,

$$x \pm y \equiv 2^m A z \quad (mod\, 5),$$

et partant

$$\alpha + \beta \equiv H\gamma \quad (mod\, 5).$$

Comme α est le reste de x, on pourra poser $x = \alpha + 5k$, k étant un entier; on tire de là, en élevant les deux membres à la cinquième puissance,

$$x^5 = \alpha^5 + 5.\alpha^4(5k) + \frac{5.4}{1.2}\alpha^3(5k)^2 + \text{etc.},$$

et on aura donc

$$x^5 \equiv \alpha^5 \quad (mod\, 25).$$

On trouvera de la même manière $\pm y^5 \equiv \beta^5$, $z^5 \equiv \gamma^5 \,(mod\, 25)$, et comme on a aussi $2^m A \equiv H \,(mod\, 25)$, on trouvera, en ayant égard à l'équation citée,

$$\alpha^5 + \beta^5 \equiv H\gamma^5 \quad (mod\, 25).$$

Si maintenant, en substituant dans cette congruence, successivement pour α, β, toutes les combinaisons que l'on peut former avec les nombres positifs moindres que 5, et pour γ les valeurs correspondantes également moindres que 5, données par la formule

$$\alpha + \beta \equiv H\gamma \quad (mod\, 5),$$

on trouve que la congruence $\alpha^5 + \beta^5 \equiv H\gamma^5 \,(mod\, 25)$ ne peut subsister que lorsque γ est nul, on sera assuré que l'équation

$$x^5 \pm y^5 = 2^m A z^5$$

ne peut avoir lieu, à moins qu'on ne suppose z divisible par 5. On pourra donc, dans ce cas, mettre $5z$ à la place de z, ce qui change notre équation en celle-ci:

$$x^5 \pm y^5 = 2^m 5^5 A z^5,$$

qui rentre évidemment dans le théorème II, et par conséquent est impossible. Or, ce cas a lieu toutes les fois que le nombre H est un des huit nombres suivans, 3, 4, 9, 12, 13, 16, 21, 22, comme on peut s'en assurer par un calcul très simple. Nous avons donc ainsi ce nouveau théorème:

Théorème III.

„Les nombres m et A étant soumis aux mêmes restrictions que dans „l'énoncé du théorème II, si le nombre $2^m A$, étant divisé par 25, donne un des „huit restes suivans, 3, 4, 9, 12, 13, 16, 21, 22, il sera impossible de trouver „deux nombres x et y premiers entre eux, tels que l'on ait $x^5 \pm y^5 = 2^m A z^5$."

Pour donner un exemple bien simple, considérons les deux équations suivantes: $x^5 \pm y^5 = 4z^5$, $x^5 \pm y^5 = 16z^5$.

Comme dans ces équations on peut, sans nuire à la généralité, supposer les nombres x et y premiers entre eux, il sera facile de voir qu'elles rentrent dans le théorème II. En effet, si l'on fait $A = 1$, et successivement $m = 2$, $m = 4$, on aura respectivement

$$2^m A = 4, \quad 2^m A = 16.$$

Il est donc prouvé que les deux équations précédentes sont impossibles.

Considérons encore l'équation

$$x^5 \pm y^5 = z^5,$$

qui est une de celles que Fermat a assurées être impossibles. Par des considérations semblables à celles qui nous ont servi pour établir le théorème précédent, on peut s'assurer que cette équation ne saurait subsister, à moins qu'une des indéterminées x, y, z, ne soit divisible par 5. Soit z l'indéterminée divisible par 5, car il est évident qu'on peut faire en sorte qu'une quelconque des indéterminées se trouve toute seule dans un membre. D'un autre côté, si l'on suppose ces indéterminées premières entre elles, l'une d'elles sera paire et les deux autres seront impaires. Si z était paire, on pourrait remplacer cette indéterminée par $2.5.z$, ce qui changerait l'équation précédente en celle-ci:

$$x^5 \pm y^5 = 2^5 5^5 z^5,$$

qui est impossible, puisqu'elle rentre évidemment dans le théorème II. Il ne resterait donc qu'à traiter le cas où l'indéterminée divisible par 5, serait impaire; mais la méthode exposée dans ce Mémoire paraît insuffisante pour ce cas, et je ne vois pas comment on pourrait compléter la démonstration du cas particulier du théorème de Fermat, dont il vient d'être question.

ADDITION AU MÉMOIRE PRÉCÉDENT.

(Cette Addition a été présentée à l'Académie, et paraphée par M. le secrétaire perpétuel Fourier, le 14 novembre 1825.)

Depuis que le Mémoire précédent a été présenté à l'Académie, M. Legendre a publié un second supplément à sa Théorie des nombres, dans lequel il démontre l'impossibilité de l'équation

$$x^5 \pm y^5 = z^5.$$

Le cas de l'indéterminée divisible en même temps par 2 et par 5, est traité dans cet ouvrage comme dans le Mémoire précédent, et l'auteur prouve ensuite l'impossibilité de l'autre cas au moyen d'une analyse nouvelle, quoique du même genre que celle qui sert pour le premier cas. L'objet de cette addition est d'établir deux théorèmes nouveaux sur les équations indéterminées du cinquième degré, et qui comprennent, comme cas particulier, le théorème de Fermat pour les cinquièmes puissances. Pour y parvenir, je m'appuie sur les résultats obtenus dans ce qui précède, et je fais usage d'une analyse semblable à celle dont M. Legendre s'est servi dans l'ouvrage cité, et que je présente de manière à montrer la grande analogie qu'elle a avec la méthode exposée dans le mémoire précédent.

Les nombres P et Q, dont le premier est supposé n'être pas divisible par 5, étant impairs tous les deux, et n'ayant pas de diviseur commun, le nombre $P^2 - 5Q^2$ sera de la forme $8k+4$, et l'on pourra faire

$$P^2 - 5Q^2 = 4L,$$

L étant un nombre impair et non-divisible par 5. Si nous multiplions membre par membre l'équation précédente et celle-ci,

$$3^2-5.1^2 = 4,$$

nous aurons

$$(3P\pm 5Q)^2-5(P\pm 3Q)^2 = 16L.$$

Comme les nombres P et Q sont impairs tous les deux, il est évident qu'en déterminant convenablement le signe, les expressions

$$\frac{3P\pm 5Q}{4}, \qquad \frac{P\pm 3Q}{4},$$

seront entières l'une et l'autre; faisant en conséquence

$$\frac{3P\pm 5Q}{4} = P', \qquad \frac{\pm(P\pm 3Q)}{4} = Q',$$

le signe en dehors de la parenthèse étant choisi de manière à donner une valeur positive pour Q', l'équation obtenue plus haut se changera en celle-ci, $P'^2-5Q'^2 = L$, et l'on s'assurera facilement que l'on a

$$P+Q\sqrt{5} = (P'\pm Q'\sqrt{5})(3\pm\sqrt{5}),$$

les signes étant convenablement choisis, et que les nombres P' et Q' sont premiers entre eux, et de plus l'un pair, l'autre impair.

Supposons maintenant que le nombre L doive être une cinquième puissance. On satisfera à cette condition de la manière la plus générale en posant

$$P'+Q'\sqrt{5} = (M\pm N\sqrt{5})^5(9\pm 4\sqrt{5})^p.$$

En substituant cette valeur dans la dernière équation, on aura celle-ci:

$$P+Q\sqrt{5} = (M\pm N\sqrt{5})^5(9\pm 4\sqrt{5})^p(3\pm\sqrt{5}),$$

dans laquelle les signes sont indépendans, comme dans les deux équations précédentes. On peut faire $p = 5k\pm r$, k étant entier et positif, et r ayant une de ces trois valeurs, 0, 1, 2, la quantité $(9\pm 4\sqrt{5})^p$ se décomposera ainsi en ces deux facteurs $(9\pm 4\sqrt{5})^{5k}$ et $(9\pm 4\sqrt{5})^{\pm r}$ dont le premier peut être omis parce qu'il rentre dans $(M\pm N\sqrt{5})^5$. Si nous observons de plus qu'en vertu de l'équation

$$9\pm 4\sqrt{5} = (9\mp 4\sqrt{5})^{-1},$$

on peut changer dans $(9\pm4\sqrt{5})^{\pm r}$ simultanément les signes de r et du radical, nous pouvons supposer le signe de r positif, et l'équation donnée plus haut deviendra

$$P+Q\sqrt{5} = (M\pm N\sqrt{5})^5(9\pm4\sqrt{5})^r(3\pm\sqrt{5}).$$

L devant toujours être la cinquième puissance d'un nombre impair et non-divisible par 5, déterminons les conditions nécessaires pour que Q soit divisible par 5. Comme le coefficient de $\sqrt{5}$, dans le développement de $(M\pm N\sqrt{5})^5$ est divisible par 5, et que la partie rationnelle de ce développement ne l'est pas, M n'étant pas divisible par 5, on conclut, comme dans la démonstration du théorème I, que pour que Q puisse être divisible par 5, il faut que le coefficient de $\sqrt{5}$, dans la valeur développée de $(9\pm4\sqrt{5})^r(3\pm\sqrt{5})$ le soit.

Or, en substituant pour r successivement les trois valeurs 0, 1, 2, on trouve que cela n'a lieu que dans le cas de $r=2$, les signes des radicaux dans les deux facteurs $(9\pm4\sqrt{5})^r$ et $(3\pm\sqrt{5})$ étant en même temps opposés. Si l'on fait attention que l'on a

$$\frac{(3\pm\sqrt{5})^3}{2^3} = 9\pm4\sqrt{5} \quad \text{et} \quad 3\mp\sqrt{5} = \frac{4}{3\pm\sqrt{5}},$$

on trouvera que le produit précédent sera, dans le cas dont il s'agit, équivalent à

$$\frac{(3\pm\sqrt{5})^5}{2^4},$$

valeur dont la substitution dans l'équation obtenue plus haut, la change en celle-ci:

$$P+Q\sqrt{5} = \frac{(M\pm N\sqrt{5})^5(3\pm\sqrt{5})^5}{2^4}.$$

Les nombres M et N étant l'un pair, l'autre impair, les nombres φ et ψ déterminés par l'équation

$$\varphi+\psi\sqrt{5} = (M\pm N\sqrt{5})(3\pm\sqrt{5})$$

seront impairs l'un et l'autre, et l'on aura

$$P+Q\sqrt{5} = \frac{(\varphi+\psi\sqrt{5})^5}{2^4}$$

et par conséquent

$$P = \varphi\frac{(\varphi^4+2.5^2\varphi^2\psi^2+5^3\psi^4)}{2^4},$$

$$Q = 5\psi\frac{(\varphi^4+10\varphi^2\psi^2+5\psi^4)}{2^4}.$$

Pour que P et Q soient premiers entre eux, il faut que φ et ψ n'aient pas de diviseur commun, et que le premier de ces nombres ne soit pas divisible par 5, et réciproquement, si les nombres φ et ψ, dont le premier est supposé ne pas être divisible par 5, n'ont pas de diviseur commun, et sont impairs l'un et l'autre, les nombres P et Q seront entiers et premiers entre eux. En effet, le quart de la quantité $\varphi^4+10\varphi^2\psi^2+5\psi^4$, pouvant se mettre sous la forme

$$\left(\frac{\varphi^2+5\psi^2}{2}\right)^2-5(\psi^2)^2,$$

et cette dernière expression étant évidemment le quadruple d'un nombre impair, on voit que la valeur de Q est entière et impaire; la même chose se prouvera pour la valeur de P, et l'on s'assurera facilement que les nombres P et Q, qui sont impairs tous les deux, n'ont pas de diviseur commun. Nous avons donc ainsi ce théorème:

Théorème IV.

„Les nombres P et Q devant être premiers entre eux, et impairs l'un „et l'autre, et le dernier devant être divisible par 5, je dis que pour égaler le „binome P^2-5Q^2, au quadruple d'une cinquième puissance avec toute la géné-„ralité convenable, il suffira de poser

$$P+Q\sqrt{5} = \frac{(\varphi+\psi\sqrt{5})^5}{2^4},$$

„les nombres indéterminés φ et ψ étant premiers entre eux, impairs l'un et „l'autre, et le premier de plus non-divisible par 5 (*).“

Voici maintenant le premier des théorèmes nouveaux que nous avons annoncés au commencement de cette addition.

(*) Ce théorème, comme le théorème I, a ses analogues pour beaucoup d'autres nombres premiers.

Théorème V.

„La lettre n désignant un nombre positif autre que 0 et 2, et le „nombre A n'étant divisible ni par 2 ni par 5, ni par aucun nombre premier „de l'une de ces deux formes $10k\pm 1$, il sera impossible de trouver deux „nombres x et y premiers entre eux, et tels que

$$x^5 \pm y^5 = 5^n \mathrm{A} z^5 \quad (\gamma).\text{“}$$

Les nombres x et y peuvent être impairs tous les deux, ou l'un pair et l'autre impair. Dans le premier cas, z sera divisible par 2, et l'on pourra mettre $2z$ à la place de z, ce qui changera l'équation (γ) en celle-ci:

$$x^5 \pm y^5 = 2^5 5^n \mathrm{A} z^5,$$

qui est impossible puisqu'elle rentre évidemment dans le théorème II. Reste donc à prouver l'impossibilité du second cas où l'on suppose les nombres x, y, l'un pair, l'autre impair. Si nous faisons

$$x \pm y = p, \quad x \mp y = q,$$

nous aurons

$$2x = p+q, \quad \pm 2y = p-q,$$

et les nombres p et q seront premiers entre eux, et de plus impairs l'un et l'autre. En substituant les valeurs précédentes de $2x$ et $\pm 2y$ dans l'équation (γ), après en avoir multiplié les deux membres par 2^5, on aura

$$p(p^4 + 10p^2q^2 + 5q^4) = 2^4 5^n \mathrm{A} z^5.$$

Comme p doit évidemment être divisible par 5, nous ferons $p = 5r$, ce qui donnera

$$5^2 r(q^4 + 2.5^2 q^2 r^2 + 5^3 r^4) = 2^4 5^n \mathrm{A} z^5.$$

Le nombre n est par hypothèse égal à l'unité ou plus grand que 2. Si n est égal à l'unité, il faudra, dans l'équation précédente, supposer z divisible par 5. On pourra donc, dans ce cas, mettre $5z$ à la place de z, ou, ce qui est la même chose, donner à 5 l'exposant 6, d'où l'on voit que l'on peut supposer dans tous les cas que $n > 2$.

Si l'on met l'équation précédente sous cette forme

$$r(q^4 + 2.5^2 q^2 r^2 + 5^3 r^4) = 2^4 5^{n-2} \mathrm{A} z^5,$$

et qu'on fasse attention que $n > 2$, et que q est premier à $p = 5r$, on voit que r doit être supposé divisible par 5.

Choisissons maintenant un nombre positif ν tel que $n+\nu-2$ soit divisible par 5 et un nombre B qui n'ait d'autre diviseur premier que le nombre A et tel que le produit AB soit une cinquième puissance. Multipliant la dernière équation par 5^νB, nous aurons

$$5^\nu Br(q^4+2.5^2q^2r^2+5^3r^4) = 2^4 5^{n+\nu-2} ABz^5.$$

Le facteur trinome pouvant se mettre sous la forme $(q^2+5^2r^2)^2-5(10r^2)^2$ et les nombres $q^2+5^2r^2$, $10r^2$ n'ayant évidemment d'autre diviseur commun que 2, tous les diviseurs premiers impairs du facteur trinome seront d'une de ces formes $10k\pm1$, et le facteur trinome sera par conséquent premier à B. Il est évident qu'il est aussi premier à $5^\nu r$, et par conséquent à $5^\nu Br$.

Comme le facteur $5^\nu Br$ et le facteur trinome sont premiers entre eux, et que le premier de ces facteurs est impair, il faut en vertu de la dernière équation, dont le second membre est le produit de 2^4 et de la cinquième puissance d'un nombre impair, que $5^\nu Br$ soit une cinquième puissance, et le facteur trinome une cinquième puissance multipliée par 2^4.

Le quart du facteur trinome devant être le quadruple d'une cinquième puissance, et ce quart pouvant se mettre sous la forme

$$\left(\frac{q^2+5^2r^2}{2}\right)^2-5(5r^2)^2,$$

où les nombres $\frac{q^2+5^2r^2}{2}$, $5r^2$, sont évidemment premiers entre eux, impairs l'un et l'autre, et le dernier de plus divisible par 5, il suffira en vertu du théorème établi au commencement de cette addition, pour égaler le quart du facteur trinome au quadruple d'une cinquième puissance, de poser ces deux équations

$$\frac{q^2+5^2r^2}{2} = t\frac{(t^4+2.5^2t^2s^2+5^3s^4)}{2^4}$$

$$5r^2 = 5s\frac{(t^4+10t^2s^2+5s^4)}{2^4},$$

les nombres indéterminés t et s devant être supposés premiers entre eux, impairs l'un et l'autre, et le premier de plus non-divisible par 5. Comme t n'est pas divisible par 5, et que r l'est comme nous l'avons vu ci-dessus, il faut, en vertu de la dernière des équations précédentes, que s soit divisible par 5.

Nous avons vu plus haut que $5^\nu Br$ devait être une cinquième puissance. Le nombre $5^{2\nu}B^2r^2$, carré du précédent, devra donc être une puissance du même degré, et même du dixième degré.

Or, en multipliant par $2^4.5^{2\nu-1}B^2$ les deux membres de la dernière équation, on aura celle-ci:

$$2^4 5^{2\nu} B^2 r^2 = 5^{2\nu} B^2 s(t^4+10t^2s^2+5s^4).$$

Si donc nous faisons pour abréger $2\nu = h$, $B^2 = C$, tout se réduit à faire voir qu'il est impossible de trouver deux nombres t et s premiers entre eux, impairs l'un et l'autre, et dont le dernier s soit de plus divisible par 5, tels que le produit

$$5^h Cs(t^4+10t^2s^2+5s^4) \quad (\delta)$$

soit une cinquième puissance multipliée pas 2^4.

Il est facile de voir que le produit (δ) ne saurait être le produit de 2^4 et d'une cinquième puissance, à moins que 5^hCs ne soit une cinquième puissance, et le facteur trinome une cinquième puissance multipliée par 2^4.

Le quart du facteur trinome devant être le quadruple d'une cinquième puissance, et ce quart pouvant se mettre sous la forme

$$\left(\frac{t^2+5s^2}{2}\right)^2 - 5(s^2)^2,$$

où les nombres $\frac{t^2+5s^2}{2}$, s^2 sont évidemment premiers entre eux, impairs l'un et l'autre, et le dernier de plus divisible par 5, il suffira, pour égaler le facteur trinome divisé par 4 au quadruple d'une cinquième puissance, de poser ces équations

$$\frac{t^2+5s^2}{2} = t'\,\frac{(t'^4+2.5^2t'^2s'^2+5^3s'^4)}{2^4}$$

$$s^2 = 5s'\,\frac{(t'^4+10t'^2s'^2+5s'^4)}{2^4},$$

les nombres t' et s' étant supposés premiers entre eux, impairs l'un et l'autre, et le premier t' de plus non-divisible par 5. Comme s est divisible par 5, et que t' ne l'est plus, il faut, d'après la dernière équation, que s' soit aussi divisible par 5. On conclut encore de la dernière équation, que $\frac{25}{16}s'^5 < s^2$ et par suite que s' est beaucoup plus petit que s.

Le nombre 5^hCs devant être une cinquième puissance, $5^{2h}C^2s^2$ carré du nombre précédent, devra être une puissance du même degré, et même du dixième degré. Or, en multipliant par $2^4 5^{2h} C^2$ les deux membres de la dernière équation, on aura celle-ci:

$$2^4 5^{2h} C^2 s^2 = 5^{2h+1} C^2 s'(t'^4 + 10 t'^2 s'^2 + 5 s'^4)$$

ou ce qui est la même chose, en faisant $2h+1 = h'$, $C^2 = C'$, dans le second membre,

$$2^4 5^{2h} C^2 s^2 = 5^{h'} C' s'(t'^4 + 10 t'^2 s'^2 + 5 s'^4), \quad (\delta')$$

équation dont les deux membres devront être des cinquièmes puissances multipliées par 2^4.

Le produit (δ') étant parfaitement semblable au produit (δ), et le nombre s' étant beaucoup plus petit que le nombre s, on conclura, comme dans la démonstration du théorème II du mémoire précédent, que le produit (δ) ne saurait être égal à une cinquième puissance, multipliée par 2^4, et que par conséquent l'équation (γ) ne saurait avoir lieu.

Le théorème de Fermat, pour le cas des cinquièmes puissances, est compris comme cas particulier dans le théorème que nous venons d'établir. En effet, l'équation $x^5 \pm y^5 = z^5$ ne pouvant avoir lieu, à moins qu'une des indéterminées, z par exemple, ne soit divisible par 5, nous pouvons mettre $5z$ à la place de z; ce qui donnera $x^5 \pm y^5 = 5^5 z^5$, équation impossible, puisqu'elle rentre dans le dernier théorème.

Un raisonnement tout-à-fait semblable à celui au moyen duquel nous avons établi le théorème III, en partant du théorème II, peut servir à déduire du théorème que nous venons de démontrer un nouveau théorème qui peut s'énoncer comme il suit:

Théorème VI.

„Le nombre A étant soumis aux mêmes restrictions que dans l'énoncé „du théorème V, et ce nombre donnant un des huit restes suivans, 3, 4, 9, „12, 13, 16, 21, 22, lorsqu'il est divisé par 25, il sera impossible de trouver „deux nombres x et y premiers entre eux, et tels que l'on ait $x^5 \pm y^5 = Az^5$."

FIN.

MÉMOIRE SUR L'IMPOSSIBILITÉ DE QUELQUES ÉQUATIONS INDÉTERMINÉES DU CINQUIÈME DEGRÉ.

Lu à l'Académie royale des Sciences (Institut de France) le 11 juillet 1825, par l'auteur.

(D'APRÈS LE RAPPORT DE MM. LACROIX ET LEGENDRE, CE MEMOIRE A ÉTÉ APPROUVÉ, ET DOIT ÊTRE IMPRIMÉ DANS LE RECUEIL DES MÉMOIRES DE SAVANTS ÉTRANGERS*)).

On sait que la théorie des équations indéterminées des degrés supérieurs au second, est encore très peu avancée; il est vrai qu'il y a une infinité d'équations de tous les degrés dont on peut démontrer l'impossibilité en faisant voir que quelles que soient les valeurs que l'on attribue aux indéterminées, les deux membres de l'équation proposée ne peuvent jamais donner le même reste lorsqu'on les divise par un certain nombre ou module; mais lorsqu'une équation ne peut pas être traitée par ce moyen, il devient difficile de prouver qu'elle est impossible, et on n'y est parvenu, jusqu'à présent, que pour un très petit nombre d'équations. Toutes ces équations sont très particulières, et d'une forme telle, que lorsqu'on cherche à les résoudre, on est naturellement conduit à une ou plusieurs formules quadratiques qu'il s'agit d'égaler à des puissances parfaites. On satisfait ensuite de la manière la plus générale à cette condition, en exprimant les indéterminées par d'autres, dont les premières deviennent des fonctions entières, et il se trouve, du moins dans tous les cas où la méthode dont il est question réussit, que les nouvelles indéterminées ou d'autres quantités qui en dépendent d'une manière très simple, satisfont également à une équation semblable à l'équation proposée. Comme les nouvelles indéterminées sont en même temps plus petites que les indéterminées primitives, l'impossibilité de l'équation proposée se trouve établie; car il est évident que si elle était possible, on aurait le moyen d'obtenir une suite décroissante et indéfinie de nombres entiers, ce qui implique contradiction. C'est de cette

---

*) Ce Mémoire n'a pas encore été publié jusqu'ici. (Note d. réd.)

manière que Fermat et Euler ont prouvé l'impossibilité de plusieurs équations du troisième et du quatrième degré.

En essayant d'appliquer des considérations semblables à quelques équations du cinquième degré et d'une forme analogue à celles des équations traitées par Fermat et Euler, on est arrêté tout aussitôt. La formule quadratique à laquelle on arrive, et qu'il faut égaler à une cinquième puissance, admet plusieurs solutions différentes, et parmi ces solutions, il n'y en a qu'une seule qui conduise à une équation semblable à l'équation proposée. En réfléchissant à cette difficulté, j'ai reconnu qu'elle pouvait être levée très simplement en assujettissant à quelques conditions le nombre déterminé qui entre dans l'équation. Il résulte d'un théorème exposé dans les préliminaires, que lorsque ces conditions se trouvent remplies, les différentes solutions dont la formule quadratique est susceptible, en général, doivent être rejetées, à l'exception d'une seule, qui est précisément celle de laquelle on déduit des nombres qui satisfont à une équation semblable à l'équation proposée. On parvient ainsi à établir l'impossibilité d'une classe assez étendue d'équations indéterminées du cinquième degré. Le premier membre de ces équations est la somme ou la différence de deux cinquièmes puissances, et le second membre est le produit d'une cinquième puissance et d'un nombre déterminé assujetti à différentes conditions. En attribuant à ce nombre des valeurs particulières compatibles avec ces conditions, on peut obtenir autant de théorèmes particuliers que l'on veut. Cette généralité de nos théorèmes est d'autant plus singulière, que les équations analogues du troisième et du quatrième degré, dont l'impossibilité a été démontrée jusqu'à présent, ne sont qu'en nombre fini et même très petit.

Théorème I.

„Soit l un nombre premier impair non-diviseur du nombre a et supposons que l'on ait:

$$\delta^2 - a\varepsilon^2 = l; \tag{1}$$

on satisfera, comme on sait, à l'équation:

$$d^2 - ae^2 = l^n \tag{2}$$

par les nombres d et e que donne la formule:

$$(\delta + \varepsilon\sqrt{a})^n = d + e\sqrt{a}, \tag{3}$$

lorsqu'on y égale les parties rationnelles et les coefficients de $\sqrt{a}$; je dis de plus que les nombres d et e ainsi obtenus seront premiers entre eux*)."

Il est évident, par l'équation (2), que si les nombres d et e avaient un diviseur commun, ce ne pourrait être que le nombre l ou une puissance de ce nombre. Il suffira donc de faire voir que d n'est pas divisible par l. La formule (3) donne cette valeur de d:

$$d = \delta^n + \frac{n(n-1)}{1.2} a\delta^{n-2}\varepsilon^2 + \frac{n(n-1)(n-2)(n-3)}{1.2.3.4} a^2\delta^{n-4}\varepsilon^4 + \text{etc.}$$

D'un autre côté, on conclut de l'équation (1), en se servant du signe employé par M. GAUSS:

$$\delta^2 \equiv a\varepsilon^2, \quad \delta^4 \equiv a^2\varepsilon^4, \quad \delta^6 \equiv a^3\varepsilon^6, \quad \ldots \quad (\text{mod. } l),$$

et en multipliant respectivement par δ^{n-2}, δ^{n-4}, ...:

$$\delta^n \equiv a\delta^{n-2}\varepsilon^2, \quad \delta^n \equiv a^2\delta^{n-4}\varepsilon^4, \quad \ldots \quad (\text{mod. } l).$$

En combinant ces congruences avec l'équation qui donne d, on aura:

$$d \equiv \delta^n\left(1 + \frac{n(n-1)}{1.2} + \frac{n(n-1)(n-2)(n-3)}{1.2.3.4} + \text{etc.}\right),$$

ou, ce qui est la même chose, la quantité entre les crochets étant le développement de $\frac{1}{2}[(1+1)^n + (1-1)^n]$ et par conséquent égale à 2^{n-1}:

$$d \equiv 2^{n-1}\delta^n \quad (\text{mod. } l).$$

Il est maintenant facile de voir que d n'est pas divisible par l, car il faudrait pour cela que δ fût divisible par l; mais la seule inspection de l'équation (1) montre que cela est impossible, δ et ε étant évidemment premiers entre eux et a non divisible par l.

Théorème II.

„La lettre l désignant un nombre premier impair non-diviseur de a, si l'on suppose que l'on ait:

$$(4) \qquad d^2 - ae^2 = l^n,$$

$$(5) \qquad d'^2 - ae'^2 = l^n,$$

les nombres d et e, d' et e' étant premiers entre eux, je dis que l'on pourra

*) Si le nombre l, au lieu d'être premier, était un nombre impair quelconque et que les nombres δ et $a\varepsilon$ fussent premiers entre eux, les nombres d et ae seraient également premiers entre eux, comme il est facile de s'en assurer par un raisonnement parfaitement semblable à celui dont nous faisons usage dans le texte.

trouver deux nombres t et u satisfaisant à l'équation:

$$(6) \qquad t^2 - au^2 = 1$$

et en outre tels que l'on ait:

$$(7) \qquad (d' \pm e'\sqrt{a})(t \pm u\sqrt{a}) = d + e\sqrt{a},$$

les signes étant convenablement choisis et les parties rationnelles et les coefficients de $\sqrt{a}$ égalés séparément."

Les équations (4) et (5) donnent immédiatement:

$$d^2 \equiv ae^2, \quad d'^2 \equiv ae'^2, \quad (\text{mod. } l^n);$$

on conclut de là en multipliant membre à membre:

$$d^2 d'^2 \equiv a^2 e^2 e'^2 \quad (\text{mod. } l^n),$$

et en transposant:

$$d^2 d'^2 - a^2 e^2 e'^2 \equiv (dd' + aee')(dd' - aee') \equiv 0 \quad (\text{mod. } l^n).$$

On voit par cette congruence qu'un des nombres $dd' + aee'$, $dd' - aee'$ est divisible par l^n ou qu'ils sont l'un et l'autre divisibles par l *).

Mais il est facile de voir que ce dernier cas est impossible; en effet, si ces nombres étaient tous les deux divisibles par l, leur somme $2dd'$ le serait également; il faudrait donc, dans ce cas, qu'un des nombres d, d' fût divisible par l; mais on s'assurera facilement que cela ne saurait être, en ayant égard aux suppositions faites dans l'énoncé du théorème. L'expression $\frac{dd' \pm aee'}{l^n}$ avec le signe convenable sera donc un entier. Nous ferons, pour plus de simplicité, $i = \pm 1$, i étant choisi de manière à rendre entière l'expression précédente.

Si l'on multiplie membre à membre les équations (4) et (5), on aura celle-ci:

$$(dd' \pm aee')^2 - a(d'e \pm de')^2 = l^{2n},$$

dans laquelle on peut prendre à volonté les signes supérieurs ou les signes inférieurs. On a donc aussi:

$$(dd' + iaee')^2 - a(d'e + ide')^2 = l^{2n}.$$

Le nombre $dd' + iaee'$ étant divisible par l^n, et a n'étant pas divisible par l,

*) Dans le cas de $n = 1$, la première hypothèse est comprise dans la seconde et a par conséquent nécessairement lieu, mais le même raisonnement prouverait toujours l'impossibilité de la seconde.

on voit, par l'équation précédente que $d'e+ide'$ est également divisible par l^n. Cela posé, je dis qu'on aura:

$$t=\frac{dd'+iaee'}{l^n},\quad u=\frac{i'(d'e+ide')}{l^n},$$

i' étant 1, ou -1 selon que la quantité entre les parenthèses est positive ou négative. En effet, on aura en divisant les deux nombres de l'équation donnée plus haut par l^{2n}:

$$\left(\frac{dd'+iaee'}{l^n}\right)^2-a\left(\frac{d'e+ide'}{l^n}\right)^2=1,$$

ou, ce qui est la même chose, $t^2-au^2=1$, et on s'assurera facilement par la substitution que les valeurs précédentes de t et u satisfont aussi à l'équation (7), en y déterminant les signes de cette manière:

$$(d'-ie'\sqrt{a})(t+i'u\sqrt{a})=d+e\sqrt{a}.$$

Remarque. Comme il est évident qu'on peut changer simultanément les signes de e', u, e dans l'équation:

$$(d'\pm e'\sqrt{a})(t\pm u\sqrt{a})=d+e\sqrt{a},$$

on voit que l'on peut poser:

$$(d'\pm e'\sqrt{a})(t\pm u\sqrt{a})=(d\pm e\sqrt{a}),$$

le signe de e étant à volonté et les signes de e' et u étant convenablement choisis.

Théorème III.

„La lettre l désignant un nombre premier impair non-diviseur de a, et k un nombre impair qui n'a pas de diviseur commun avec a et qui n'est pas divisible par l, si nous supposons que l'on ait ces deux équations $D^2-aE^2=l^nk$, $d^2-ae^2=l^n$, et que les nombres D et E, d et e soient premiers entre eux, je dis que l'on pourra trouver deux nombres D' et E', premiers entre eux, satisfaisant à l'équation $D'^2-aE'^2=k$, et en outre tels que l'on ait:

$$(D'\pm E'\sqrt{a})(d\pm e\sqrt{a})=D+E\sqrt{a},$$

les signes étant convenablement choisis et les parties rationnelles et les coefficients de $\sqrt{a}$ étant égalés séparément."

La démonstration de ce théorème est tellement semblable à celle du théorème II. que nous nous dispenserons de la développer ici.

Il y a ici une remarque semblable à faire et l'on voit très facilement que l'on peut poser:

$$(D'\pm E'\sqrt{a})(d\pm e\sqrt{a}) = D\pm E\sqrt{a},$$

le signe de E étant à volonté et les signes de E' et e étant convenablement choisis.

Les théorèmes que nous venons d'établir et qui peuvent être utiles dans plusieurs occasions, vont nous servir maintenant à établir une proposition relative à la manière de rendre le binôme P^2-5Q^2, dans lequel P et Q sont des nombres indéterminés soumis à la restriction d'être premiers entre eux, égal à une cinquième puissance. Cette proposition consiste en ce que, pour égaler le binôme P^2-5Q^2 de la manière la plus générale à une cinquième puissance impaire et non-divisible par 5, on n'a qu'à poser:

$$P+Q\sqrt{5} = (M\pm N\sqrt{5})^5(t\pm u\sqrt{5}),$$

M et N étant de nouvelles indéterminées soumises à la seule restriction d'être premières entre elles, l'une paire, l'autre impaire et la première de plus non-divisible par 5; et les lettres t et u désignant la solution générale de l'équation $t^2-5u^2 = 1$; ce qui veut dire que toutes les fois que, P et Q étant premiers entre eux, le binôme P^2-5Q^2 est une cinquième puissance impaire non-divisible par 5, il existe des nombres M et N premiers entre eux et tels qu'on ait:

$$P+Q\sqrt{5} = (M\pm N\sqrt{5})^5(t\pm u\sqrt{5}),$$

t et u satisfaisant à l'équation $t^2-5u^2 = 1$.

Pour nous assurer de la vérité de cette proposition, posons $P^2-5Q^2 = L$, L désignant une cinquième puissance impaire, non-divisible par 5 et voyons ce qui en résulte sur la nature des nombres P et Q. Désignons par l l'un quelconque des diviseurs premiers de L et soit l^{5n} la puissance la plus élevée de l, qui divise L, de sorte qu'en faisant $L = l^{5n}L'$, L' soit premier à l. Il résulte d'un théorème connu, que le nombre l qui divise P^2-5Q^2 sera lui-même de la forme $\delta^2-5\varepsilon^2$. Si nous posons maintenant:

$$(\delta+\varepsilon\sqrt{5})^n = d+e\sqrt{5}, \quad (\delta+\varepsilon\sqrt{5})^{5n} = D+E\sqrt{5},$$

d et e, D et E seront premiers entre eux en vertu du théorème I., et l'on aura l'équation:

$$(d+e\sqrt{5})^5 = D+E\sqrt{5}.$$

Si l'on applique ensuite le théorème III. aux équations:

$$D^2-5E^2=l^{5n}, \quad P^2-5Q^2=l^{5n}L',$$

qui se déduisent immédiatement de ce qui précède, on verra qu'il existe des nombres P' et Q', premiers entre eux et tels qu'on ait:

$$P'^2-5Q'^2=L', \quad P+Q\sqrt{5}=(D\pm E\sqrt{5})(P'\pm Q'\sqrt{5}),$$

ou, ce qui revient au même, en remplaçant $D+E\sqrt{5}$ par $(d+e\sqrt{5})^5$:

$$P+Q\sqrt{5}=(d\pm e\sqrt{5})^5(P'\pm Q'\sqrt{5}).$$

L'équation $P'^2-5Q'^2=L'$ à laquelle nous venons de parvenir, est entièrement analogue à l'équation $P^2-5Q^2=L$, car le nombre L' que l'on obtient en divisant L par l^{5n} est une cinquième puissance, comme L. Supposons pour un instant que la proposition que nous cherchons à démontrer soit vraie pour l'équation $P'^2-5Q'^2=L'$, et voyons comment on pourrait en conclure qu'elle a également lieu pour le binôme P^2-5Q^2. Dans la supposition que nous venons de faire, il existe des nombres M' et N' tels qu'on ait:

$$P+Q\sqrt{5}=(M'\pm N'\sqrt{5})^5(t\pm u\sqrt{5}).$$

En mettant cette valeur de $P'+Q'\sqrt{5}$ dans l'équation obtenue plus haut et dont le premier membre renferme $P+Q\sqrt{5}$, il viendra celle-ci:

$$P+Q\sqrt{5}=(M'\pm N'\sqrt{5})^5(d\pm e\sqrt{5})^5(t\pm u\sqrt{5}),$$

dans laquelle les signes dépendent de ceux qui se trouvent dans les deux équations dont la combinaison l'a produite. Si nous posons maintenant:

$$(M'\pm N'\sqrt{5})(d\pm e\sqrt{5})=M\pm N\sqrt{5},$$

le signe de N étant $+$ ou $-$, selon que le coefficient de $\sqrt{5}$, dans la valeur développée du premier membre, est positif ou négatif, l'équation précédente se changera en celle-ci:

$$P+Q\sqrt{5}=(M\pm N\sqrt{5})^5(t\pm u\sqrt{5}),$$

qui est conforme à l'énoncé de la proposition dont nous nous occupons.

Ayant ainsi fait voir que la proposition en question est vraie pour le binôme P^2-5Q^2 égal à la cinquième puissance L, si elle est supposée avoir lieu pour le binôme $P'^2-5Q'^2$, égal à la cinquième puissance L', qui a un diviseur premier de moins que L, il ne reste, pour rendre la démonstration complète, qu'à prouver la vérité de notre proposition pour le cas où le binôme P^2-5Q^2 est une cinquième puissance qui n'a qu'un seul diviseur premier l. Or, c'est ce qu'il est très facile de faire en s'appuyant sur le théorème II. En effet, dans le cas que nous venons d'énoncer, on a $P^2-5Q^2=l^{5n}$; d'un autre côté, le nombre l pouvant être mis sous la forme $\delta^2-5\varepsilon^2$, si l'on fait:

$$(\delta+\varepsilon\sqrt{5})^n = M+N\sqrt{5}, \quad (\delta+\varepsilon\sqrt{5})^{5n} = D+E\sqrt{5},$$

on aura aussi:

$$D+E\sqrt{5}=(M+N\sqrt{5})^5, \quad D^2-5E^2=l^{5n},$$

D et E étant premiers entre eux en vertu du théorème I. Cela posé, il résulte immédiatement de l'application du théorème II. aux équations:

$$P^2-5Q^2=l^{5n}, \quad D^2-5E^2=l^{5n},$$

qu'on a la relation:

$$P+Q\sqrt{5} = (D\pm E\sqrt{5})(t\pm u\sqrt{5}),$$

t et u satisfaisant à l'équation $t^2-5u^2=1$ et les signes étant convenablement choisis; ou, ce qui revient au même, en mettant $(M\pm N\sqrt{5})^5$ à la place de $D\pm E\sqrt{5}$:

$$P+Q\sqrt{5} = (M\pm N\sqrt{5})^5(t\pm u\sqrt{5}),$$

résultat conforme à l'énoncé de notre proposition. Il est ainsi prouvé que toutes les fois que P^2-5Q^2 est une cinquième puissance impaire, il existe des nombres M et N qui satisfont à la formule précédente. Quant à l'inverse de cette proposition, savoir qu'en attribuant dans la formule précédente à M et N des valeurs soumises aux seules restrictions déjà plusieurs fois énoncées, on obtiendra des nombres P et Q premiers entre eux et tels que P^2-5Q^2 soit une cinquième puissance, la démonstration en est tellement simple qu'il est inutile de nous y arrêter. — Au moyen de ce qui précède il sera facile d'établir le théorème que nous allons énoncer et qui servira de base aux propositions qui font l'objet principal de ce mémoire.

Théorème IV.

„Les nombres P et Q devant être premiers entre eux, l'un pair, l'autre impair, et le dernier devant être de plus divisible par 5, je dis que pour égaler le binôme P^2-5Q^2 de la manière la plus générale à une cinquième puissance, il suffira de poser:

$$P+Q\sqrt{5} = (\varphi+\psi\sqrt{5})^5.$$

Les indéterminées φ et ψ étant premières entre elles, l'une paire, l'autre impaire, et la première de plus non-divisible par 5 *)."

Pour égaler P^2-5Q^2 à une cinquième puissance, nous poserons, d'après ce qui vient d'être dit:

$$P+Q\sqrt{5} = (M\pm N\sqrt{5})^5(t\pm u\sqrt{5}).$$

Le nombre M n'étant pas divisible par 5, si nous faisons pour un instant:

$$(M+N\sqrt{5})^5 = M'+N'\sqrt{5},$$

il sera facile de voir que N' est divisible par 5, et que M' ne l'est pas. En substituant l'expression précédente dans la valeur de $P+Q\sqrt{5}$, on aura:

$$P+Q\sqrt{5} = (M'\pm N'\sqrt{5})(t\pm u\sqrt{5}),$$

d'où l'on tire:

$$Q = \pm M'u\pm N't.$$

N' étant divisible par 5, et M' ne l'étant pas, il est évident que Q ne pourra être divisible par 5, qu'autant que u le sera. Les valeurs les plus petites qui satisfassent à l'équation:

$$t^2-5u^2 = 1,$$

sont celles-ci:

$$t=9, \quad u=4.$$

Les valeurs générales seront par conséquent données par cette formule:

$$t+u\sqrt{5} = (9+4\sqrt{5})^p,$$

dans laquelle p est un nombre entier, positif quelconque **); on tire de là

$$u = \frac{p}{1}9^{p-1}.4+\frac{p(p-1)(p-2)}{1.2.3}9^{p-3}.4^3.5+\text{etc.}$$

Tous les termes, à partir du second, étant divisibles par 5, quel que soit p, on voit que pour que u puisse être divisible par 5, il faut que le premier terme, et par conséquent aussi p, soit divisible par 5. Si nous faisons donc $p = 5p'$, p' étant un entier, et que nous substituions la

*) Il n'est peut-être pas inutile de faire remarquer qu'il y a des théorèmes analogues pour beaucoup d'autres nombres premiers, et que pour les établir, on peut faire usage des mêmes considérations dont nous nous servons ici.

**) Voyez les Additions à l'Algèbre d'Euler (art. 75).

valeur de $t+u\sqrt{5}$ dans celle de $P+Q\sqrt{5}$, nous aurons:

$$P+Q\sqrt{5} = (M\pm N\sqrt{5})^5(9\pm 4\sqrt{5})^{5p'},$$

résultat qui, par l'introduction des nouvelles indéterminées φ et ψ telles que l'on ait:

$$(M\pm N\sqrt{5})(9\pm 4\sqrt{5})^{p'} = \varphi+\psi\sqrt{5},$$

se change en celui-ci:

$$P+Q\sqrt{5} = (\varphi+\psi\sqrt{5})^5.$$

La forme de la solution donnée par l'énoncé du théorème se trouvant ainsi justifiée, il ne reste plus qu'à déterminer la nature des indéterminées.

Comme on a:

$$P^2-5Q^2 = (\varphi^2-5\psi^2)^5,$$

et que les nombres P et Q sont respectivement divisibles par φ et ψ, on voit facilement que les indéterminées φ et ψ doivent être supposées premières entre elles, l'une paire, l'autre impaire, et la première de plus non-divisible par 5. On peut même ajouter que φ ou ψ sera impaire selon que P ou Q l'est. Réciproquement, si les indéterminées φ et ψ satisfont aux conditions précédentes, les nombres P et Q déterminés par la formule:

$$P+Q\sqrt{5} = (\varphi+\psi\sqrt{5})^5,$$

seront premiers entre eux, comme il est facile de s'en assurer. Ces préliminaires établis, nous pourrons nous occuper des théorèmes qui font l'objet principal de ce Mémoire. Le premier de ces théorèmes peut s'énoncer de la manière suivante.

Théorème V.

„Les nombres m et n étant positifs, plus grands que zéro, le second de plus différent de 2, et le nombre A n'étant divisible ni par 2 ni par 5, ni par aucun nombre premier de la forme $10k+1$, il sera impossible de trouver deux nombres x et y premiers entre eux, tels que:

$$(\alpha) \qquad x^5\pm y^5 = 2^m 5^n A z^5.\text{“}$$

Supposons, contre l'énoncé du théorème, que l'équation soit possible. Comme le second membre est pair (m ayant été supposé >0), il faut que les nombres x et y, qui sont premiers entre eux, soient impairs l'un et l'autre. Si nous faisons $x \pm y = 2p$, $x \mp y = 2q$, et par suite:

$$x = p+q, \quad \pm y = p-q,$$

les nombres p et q seront entiers, premiers entre eux, et de plus l'un pair, l'autre impair. En substituant les valeurs précédentes de x et $\pm y$ dans l'équation (α), on la changera en celle-ci:

$$2p(p^4+10p^2q^2+5q^4) = 2^m 5^n A z^5.$$

Le premier membre ne peut être égal au second membre, qui est divisible par 5, qu'autant qu'on suppose p divisible par 5. Faisant donc $p = 5r$, nous aurons:

$$2.5^2 r(q^4+2.5^2q^2r^2+5^3r^4) = 2^m 5^n A z^5.$$

Le nombre n est, par hypothèse, égal à l'unité ou plus grand que 2. Si n est égal à l'unité, il faudra, dans l'équation précédente, supposer z divisible par 5. On pourra, dans ce cas, mettre $5z$ à la place de z, ou, ce qui est la même chose, donner à 5 l'exposant 6, d'où l'on voit que l'on peut supposer, dans tous les cas, $n > 2$. Si l'on met maintenant l'équation précédente sous cette forme:

$$r(q^4+2.5^2q^2r^2+5^3r^4) = 2^{m-1} 5^{n-2} A z^5,$$

et qu'on se rappelle que les nombres q et $p = 5r$ sont premiers entre eux, et de plus l'un pair l'autre impair, il sera facile de voir que le facteur trinôme est impair, non-divisible par 5 et premier à r; il faut donc que r soit divisible par 5, n étant > 2. Choisissons actuellement deux nombres positifs, μ et ν, tels que*) $m+\mu-1$, $n+\nu-2$, soient divisibles par 5, et un nombre B qui n'ait d'autres diviseurs premiers que ceux du nombre A et tel que le produit AB soit une cinquième puissance. Si nous multiplions l'équation précédente par $2^\mu 5^\nu B$, nous aurons:

$$2^\mu 5^\nu B r(q^4+2.5^2q^2r^2+5^3r^4) = 2^{m+\mu-1} 5^{n+\nu-2} A B z^5.$$

Le second membre de cette équation étant une cinquième puissance, le premier membre en sera pareillement une. Or je dis que les deux facteurs dans lesquels ce premier membre peut se décomposer, le facteur $2^\mu 5^\nu B r$ et le facteur trinôme, sont premiers entre eux. En effet, nous avons déjà vu plus haut que le facteur trinôme est premier à $2^\mu 5^\nu r$, et il résulte d'un autre

*) Si $m-1$ était divisible par 5, on choisirait pour μ une autre valeur que zéro pour éviter les exposants négatifs dans ce qui va suivre.

côté des théorèmes connus d'EULER sur la forme linéaire des diviseurs premiers de la formule $x^n \pm y^n$ (*Théorie des nombres, no.* 156) que le facteur trinôme, dans lequel q et r n'ont pas de diviseur commun, n'est divisible que par des nombres premiers de la forme $10k+1$, qui, d'après les suppositions faites dans l'énoncé du théorème, ne convient à aucun des diviseurs de A, et par conséquent aussi de B, B n'ayant pas d'autres diviseurs premiers que ceux du nombre A. Il faut donc que le nombre $2^\mu 5^\nu Br$ et le facteur trinôme soient des cinquièmes puissances l'un et l'autre.

Le facteur trinôme pouvant s'écrire de cette manière:

$$(q^2+5^2r^2)^2-5(10r^2)^2,$$

et les nombres $q^2+5^2r^2$, $10r^2$ étant premiers entre eux, le premier impair, le second pair et divisible par 5, il suffira, en vertu du théorème I., pour égaler le facteur trinôme avec toute la généralité convenable à une cinquième puissance, de poser ces deux équations:

$$\begin{aligned} q^2+5^2r^2 &= t(t^4+2.5^2t^2s^2+5^3s^4), \\ 10r^2 &= 5s(t^4+10t^2s^2+5s^4). \end{aligned}$$

Les nombres s et t doivent être supposés premiers entre eux, et de plus le premier pair, le second impair et non-divisible par 5. Il suit de là que s doit être divisible par 5; en effet t n'étant pas divisible par 5, le second membre de la seconde équation ne peut être divisible par 5^2 qu'autant que s est divisible par 5; mais le premier membre qui a r^2 pour facteur, est divisible par 5^2; donc s est divisible par 5.

Nous avons vu plus haut que $2^\mu 5^\nu Br$ devait être une cinquième puissance. Le nombre $2^{2\mu}5^{2\nu}B^2r^2$, carré du nombre précédent, devra donc être une puissance du même degré, et même du dixième degré. Or, en multipliant par $2^{2\mu-1}5^{2\nu-1}B^2$ les deux membres de la dernière équation, on aura celle-ci:

$$2^{2\mu}5^{2\nu}B^2r^2 = 2^{2\mu-1}5^{2\nu}B^2s(t^4+10t^2s^2+5s^4).$$

Si donc nous faisons pour abréger: $2\mu-1=g$, $2\nu=h$, $B^2=C$, tout se réduira à faire voir qu'il est impossible de trouver deux nombres s et t premiers entre eux, et dont le premier soit de plus pair et divisible par 5, tels que le produit:

$$(\beta) \qquad 2^g5^hCs(t^4+10t^2s^2+5s^4)$$

soit une cinquième puissance.

En ayant égard à la nature des diviseurs premiers de C, on s'assurera facilement que le facteur 2^g5^hCs et le facteur trinôme sont premiers entre eux. Il faudrait donc, pour que le produit (β) pût être une cinquième puissance, que chacun de ces facteurs en fût pareillement une. Le facteur trinôme peut s'écrire de cette manière:

$$(t^2+5s^2)^2-5(2s^2).$$

Comme les nombres t^2+5s^2 et $2s^2$ sont évidemment premiers entre eux, et de plus le premier impair et le second pair et divisible par 5, le théorème I. est applicable ici, et l'on pourra poser:

$$t^2+5s^2 = t'(t'^4+2.5^2t'^2s'^2+5^3s'^4),$$
$$2s^2 = 5s'(t'^4+10t'^2s'^2+5s'^4).$$

Les nombres s' et t' doivent être supposés premiers entre eux, et de plus le premier pair, le second impair et non-divisible par 5. Comme t' n'est pas divisible par 5, il est évident par la seconde équation, dont le premier membre renferme le facteur s^2 et est par conséquent divisible par 5^2, que s' doit être divisible par 5. Ainsi les nombres s' et t' sont premiers entre eux, de même que les nombres s et t, et le premier s' est en outre pair et divisible par 5 comme s.

Il est facile encore de voir que s' est plus petit que s; car on conclut immédiatement de la dernière équation $5^2s'^5<2s^2$ et par suite $s'<\sqrt[5]{\frac{2s^2}{25}}$.

On a vu plus haut que 2^g5^hCs devait être une cinquième puissance. Le nombre $2^{2g}5^{2h}C^2s^2$, carré du précédent, devra donc être une puissance du même degré. Or, en multipliant les deux membres de la dernière équation par $2^{2g-1}5^{2h}C^2$, on aura:

$$2^{2g}5^{2h}C^2s^2 = 2^{2g-1}5^{2h+1}C^2s'(t'^4+10t'^2s'^2+5s'^4),$$

ou, ce qui est la même chose, en faisant $2g-1=g'$, $2h+1=h'$, $C^2=C'$, dans le second membre:

$$(\beta')\qquad 2^{2g}5^{2h}C^2s^2 = 2^{g'}5^{h'}C's'(t'^4+10t'^2s'^2+5s'^4),$$

équation dont les deux membres doivent être des puissances du cinquième degré.

Nous voilà donc arrivé à un produit (β') semblable au produit (β), mais dans lequel le nombre s' est plus petit que le nombre s du produit (β), et ce produit (β') serait une cinquième puissance, si le produit (β) en était une. En traitant le produit (β') comme nous avons traité le produit (β), on arriverait à un troisième produit (β''), dans lequel le nombre s'' serait plus petit que s', et l'on pourrait continuer ce procédé aussi loin que l'on voudrait. Il est facile de voir en outre que quelque loin que l'on prolonge les séries $s, s', s'', \ldots; t, t', t'', \ldots$, on ne pourra jamais rencontrer un terme égal à zéro; car il est évident que si l'on supposait nul un de ces termes, on conclurait en remontant que $s = 0$, cas évident, et qui d'ailleurs est exclu, puisque les nombres s et t ont été supposés premiers entre eux.

Si donc le produit (β) pouvait être une cinquième puissance, on pourrait obtenir, par l'analyse précédente, une suite indéfinie de nombres entiers positifs, dans laquelle chaque terme serait plus petit que le terme précédent, sans qu'aucun des termes fût nul; ce qui implique contradiction. On doit conclure de là que le produit (β) ne saurait être une puissance du cinquième degré.

Le théorème V. se trouvant ainsi établi, nous allons donner le moyen d'en déduire un autre plus général. Considérons l'équation:

$$x^5 \pm y^5 = 2^m A z^5,$$

dans laquelle nous supposons x et y premiers entre eux, $m > 0$, et A soumis aux mêmes restrictions que dans l'énoncé du théorème V. Soient α, β, γ des nombres positifs moindres que 5, et tels que $x \equiv \alpha$, $\pm y \equiv \beta$, $z \equiv \gamma$ (mod. 5), et soit encore H un nombre positif < 25 et tel que $2^m A \equiv H$ (mod. 25). Comme 5 est un nombre premier, on aura:

$$x^5 \equiv x, \quad y^5 \equiv y, \quad z^5 \equiv z \quad (\text{mod. } 5).$$

On conclut de là, en ayant égard à l'équation posée plus haut:

$$x \pm y \equiv 2^m A z \quad (\text{mod. } 5),$$

et partant:

$$\alpha + \beta \equiv H\gamma \quad (\text{mod. } 5).$$

Comme α est le reste de x, on pourra poser $x = \alpha + 5k$, k étant un entier; on tire de là, en élevant les deux membres à la cinquième puissance:

$$x^5 = \alpha^5 + 5\alpha^4(5k) + \frac{5.4}{1.2}\alpha^3(5k)^2 + \text{etc.},$$

on aura donc:

$$x^5 \equiv \alpha^5 \quad (\text{mod. } 25).$$

On trouvera de la même manière $\pm y^5 \equiv \beta^5$, $z^5 \equiv \gamma^5$ (mod. 25), et comme on a aussi $2^m A \equiv H$ (mod. 25), on obtiendra, en ayant égard à l'équation citée:

$$\alpha^5 + \beta^5 \equiv H\gamma^5 \quad (\text{mod. } 25).$$

Si maintenant, en substituant dans cette congruence successivement pour α, β toutes les combinaisons que l'on peut former avec les nombres positifs moindres que 5, et pour γ les valeurs correspondantes également moindres que 5, données par la formule:

$$\alpha + \beta \equiv H\gamma \quad (\text{mod. } 5),$$

on trouve que la congruence $\alpha^5 + \beta^5 \equiv H\gamma^5$ (mod. 25) ne peut subsister que lorsque γ est nul, on sera assuré que l'équation:

$$x^5 \pm y^5 = 2^m A z^5$$

ne peut avoir lieu, à moins qu'on ne suppose z divisible par 5. On pourra donc, dans ce cas, mettre $5z$ à la place de z, ce qui change notre équation en celle-ci:

$$x^5 \pm y^5 = 2^m 5^5 A z^5,$$

qui rentre évidemment dans le théorème II., et par conséquent est impossible. Or ce cas a lieu toutes les fois que le nombre H est un des huit nombres suivants 3, 4, 9, 12, 13, 16, 21, 22, comme on peut s'en assurer par un calcul très simple. Nous avons donc ainsi ce nouveau théorème:

Théorème VI.

„Les nombres m et A étant soumis aux mêmes restrictions que dans l'énoncé du théorème II., si le nombre $2^m A$, étant divisé par 25, donne un des huit restes suivants, 3, 4, 9, 12, 13, 16, 21, 22, il sera impossible de trouver deux nombres x et y premiers entre eux, tels que l'on ait $x^5 \pm y^5 = 2^m A z^5$."

Pour donner un exemple bien simple, considérons les deux équations:

$$x^5 \pm y^5 = 4z^5, \quad x^5 \pm y^5 = 16z^5.$$

Comme dans ces équations on peut, sans nuire à la généralité, supposer les nombres x et y premiers entre eux, il sera facile de voir qu'elles rentrent dans le théorème II. En effet, si l'on fait $A = 1$, et successivement $m = 2$, $m = 4$, on aura respectivement:

$$2^m A = 4, \quad 2^m A = 16.$$

Il est donc prouvé que les deux équations précédentes sont impossibles.

Considérons encore l'équation:

$$x^5 \pm y^5 = z^5,$$

qui est une de celles que Fermat a assuré être impossibles. Par des considérations semblables à celles qui nous ont servi pour établir le théorème précédent, on peut s'assurer que cette équation ne saurait subsister, à moins qu'une des indéterminées x, y, z ne soit divisible par 5. Soit z l'indéterminée divisible par 5, car il est évident qu'on peut faire en sorte qu'une quelconque des indéterminées se trouve toute seule dans un membre. D'un autre côté, si l'on suppose ces indéterminées premières entre elles, l'une d'elles sera paire et les deux autres seront impaires. Si z était paire, on pourrait remplacer cette indéterminée par $2.5.z$, ce qui changerait l'équation précédente en celle-ci:

$$x^5 \pm y^5 = 2^5 5^5 z^5,$$

qui est impossible, puisqu'elle rentre évidemment dans le théorème II. Il ne resterait donc qu'à traiter le cas où l'indéterminée divisible par 5 serait impaire; mais la méthode exposée dans ce Mémoire paraît insuffisante pour ce cas, et je ne vois pas comment on pourrait compléter la démonstration du cas particulier du théorème de Fermat, dont il vient d'être question.

ADDITION AU MÉMOIRE PRÉCÉDENT.

Depuis que le Mémoire précédent a été présenté à l'Académie, M. Legendre a publié un second supplément à sa Théorie des Nombres, dans lequel il démontre l'impossibilité de l'équation:

$$x^5 \pm y^5 = z^5.$$

Le cas de l'indéterminée divisible en même temps par 2 et par 5, est traité dans cet ouvrage comme dans le Mémoire précédent, et l'auteur prouve ensuite l'impossibilité de l'autre cas au moyen d'une analyse nouvelle. L'objet de cette addition est d'établir deux théorèmes nouveaux sur les équations indéterminées du cinquième degré et qui comprennent, comme cas particulier, le théorème de Fermat pour les cinquièmes puissances. J'y parviens en partant des résultats obtenus dans ce qui précède et en faisant usage d'une analyse qui diffère à plusieurs égards de celle de M. Legendre et qui est entièrement analogue à la méthode exposée dans le Mémoire précédent. On a vu que le succès de l'analyse que nous y avons employée, est fondé sur ce que, pour égaler à une cinquième puissance impaire le binôme P^2-5Q^2, dans lequel Q doit être divisible par 5, il suffit de poser:

$$P+Q\sqrt{5} = (\varphi+\psi\sqrt{5})^5,$$

parce que cette circonstance donne lieu à la reproduction continuelle de l'expression que nous avons appelée facteur trinôme. En traitant les nouvelles équations qui font l'objet de cette addition, on est également conduit au binôme P^2-5Q^2, Q étant toujours divisible par 5; mais il y a cette différence que les nombres P et Q, qui précédemment étaient l'un pair, l'autre impair, sont ici impairs tous les deux et que le binôme P^2-5Q^2, qui dans l'autre cas devait être une cinquième puissance impaire, doit être égalé ici au quadruple d'une pareille puissance. Or la formule qui satisfait de la manière la plus générale à cette dernière condition, est susceptible d'être rendue parfaitement semblable à celle qui sert à remplir la première; car j'ai remarqué qu'on peut la présenter de cette manière:

$$P+Q\sqrt{5} = \frac{(\varphi+\psi\sqrt{5})^5}{16},$$

expression qui ne se distingue du résultat qu'on vient de rappeler qu'en ce que les indéterminées φ et ψ, au lieu d'être l'une paire, l'autre impaire, doivent être impaires toutes les deux. Dès qu'on a fait cette remarque et qu'en traitant les nouvelles équations qui vont nous occuper, on est arrivé au binôme qu'il s'agit d'égaler au quadruple d'une cinquième puissance, on voit d'un seul coup d'oeil qu'on doit réussir à prouver l'impossibilité de ces équations, en faisant usage d'un procédé tout à fait analogue à la marche que nous avons suivie dans la démonstration du théorème V. — Nous allons maintenant entrer en matière en commençant par établir la proposition que nous avons déjà énoncée.

Les nombres P et Q, dont le premier est supposé n'être pas divisible par 5, étant impairs tous les deux, et n'ayant pas de diviseur commun, le nombre P^2-5Q^2 sera de la forme $8k+4$, et l'on pourra faire:

$$P^2-5Q^2 = 4L,$$

L étant un nombre impair et non-divisible par 5. Si nous multiplions membre à membre l'équation précédente et celle-ci:

$$3^2-5.1^2 = 4,$$

nous aurons:

$$(3P\pm 5Q)^2-5(P\pm 3Q)^2 = 16L.$$

Comme les nombres P et Q sont impairs tous les deux, il est évident qu'en déterminant convenablement le signe, les expressions:

$$\frac{3P\pm5Q}{4}, \quad \frac{P\pm3Q}{4}$$

seront entières l'une et l'autre; faisant en conséquence:

$$\frac{3P\pm5Q}{4}=P', \quad \frac{\pm(P\pm3Q)}{4}=Q',$$

le signe en dehors de la parenthèse étant choisi de manière à donner une valeur positive pour Q', l'équation obtenue plus haut se changera en celle-ci: $P'^2-5Q'^2=L$, et l'on s'assurera facilement que l'on a:

$$P+Q\sqrt{5}=(P'\pm Q'\sqrt{5})(3\pm\sqrt{5}),$$

les signes étant convenablement choisis, et que les nombres P' et Q' sont premiers entre eux, et de plus l'un pair, l'autre impair.

Supposons maintenant que le nombre L doive être une cinquième puissance. On satisfera à cette condition de la manière la plus générale en posant:

$$P'+Q'\sqrt{5}=(M\pm N\sqrt{5})^5(9\pm4\sqrt{5})^p.$$

En substituant cette valeur dans la dernière équation, on aura celle-ci:

$$P+Q\sqrt{5}=(M\pm N\sqrt{5})^5(9\pm4\sqrt{5})^p(3\pm\sqrt{5}),$$

dans laquelle les signes sont indépendants, comme dans les deux équations précédentes. On peut faire $p=5k\pm r$, k étant entier et positif, et r ayant une des trois valeurs 0, 1, 2, la quantité $(9\pm4\sqrt{5})^p$ se décomposera ainsi en deux facteurs $(9\pm4\sqrt{5})^{5k}$ et $(9\pm4\sqrt{5})^{\pm r}$ dont le premier peut être omis parce qu'il rentre dans $(M\pm N\sqrt{5})^5$. Si nous observons de plus qu'en vertu de l'équation:

$$9\pm4\sqrt{5}=(9\mp4\sqrt{5})^{-1}$$

on peut changer dans $(9\pm4\sqrt{5})^{\pm r}$ simultanément les signes de r et du radical, nous pouvons supposer r positif, et l'équation donnée plus haut deviendra:

$$P+Q\sqrt{5}=(M\pm N\sqrt{5})^5(9\pm4\sqrt{5})^r(3\pm\sqrt{5}).$$

L devant toujours être la cinquième puissance d'un nombre impair et non-divisible par 5, déterminons les conditions nécessaires pour que Q soit divisible par 5. Comme le coefficient de $\sqrt{5}$ dans le développement de $(M \pm N\sqrt{5})^5$ est divisible par 5, et que la partie rationnelle de ce développement ne l'est pas, M n'étant pas divisible par 5, on conclut, comme dans la démonstration du théorème IV., qu'il faut, pour que Q puisse être divisible par 5, que le coefficient de $\sqrt{5}$, dans la valeur développée de $(9 \pm 4\sqrt{5})^r (3 \pm \sqrt{5})$ le soit.

Or, en substituant pour r successivement les trois valeurs 0, 1, 2, on trouve que cela n'a lieu que dans le cas de $r = 2$, les signes des radicaux dans les deux facteurs $(9 \pm 4\sqrt{5})^r$ et $(3 \pm \sqrt{5})$ étant en même temps opposés. Si l'on fait attention que l'on a:

$$\frac{(3 \pm \sqrt{5})^3}{2^3} = 9 \pm 4\sqrt{5} \quad \text{et} \quad 3 \mp \sqrt{5} = \frac{4}{3 \pm \sqrt{5}},$$

on trouvera que le produit précédent sera, dans le cas dont il s'agit, équivalent à:

$$\frac{(3 \pm \sqrt{5})^5}{2^4},$$

valeur dont la substitution dans l'équation obtenue plus haut, la change en celle-ci:

$$P + Q\sqrt{5} = \frac{(M \pm N\sqrt{5})^5 (3 \pm \sqrt{5})^5}{2^4}.$$

Les nombres M et N étant l'un pair, l'autre impair, les nombres φ et ψ déterminés par l'équation:

$$\varphi + \psi\sqrt{5} = (M \pm N\sqrt{5})(3 \pm \sqrt{5})$$

seront impairs l'un et l'autre, et l'on aura:

$$P + Q\sqrt{5} = \frac{(\varphi + \psi\sqrt{5})^5}{2^4}$$

et par conséquent:

$$P = \varphi \frac{(\varphi^4 + 2.5^2 \varphi^2 \psi^2 + 5^3 \psi^4)}{2^4},$$

$$Q = 5\psi \frac{(\varphi^4 + 10\varphi^2 \psi^2 + 5\psi^4)}{2^4}.$$

Pour que P et Q soient premiers entre eux, il faut que φ et ψ n'aient pas de diviseur commun, et que le premier de ces nombres ne soit pas divisible par 5, et réciproquement, si les nombres φ et ψ, dont le premier est supposé ne pas être divisible par 5, n'ont pas de diviseur commun et sont impairs l'un et l'autre, les nombres P et Q seront entiers et premiers entre eux. En effet, le quart de la quantité $\varphi^4+10\varphi^2\psi^2+5\psi^4$ pouvant se mettre sous la forme:

$$\left(\frac{\varphi^2+5\psi^2}{2}\right)^2-5(\psi^2)^2,$$

et cette dernière expression étant évidemment le quadruple d'un nombre impair, on voit que la valeur de Q est entière et impaire; la même chose se prouvera pour la valeur de P, et l'on s'assurera facilement que les nombres P et Q, qui sont impairs tous les deux, n'ont pas de diviseur commun. Nous avons donc ainsi ce théorème:

Théorème VII.

„Les nombres P et Q devant être premiers entre eux, impairs l'un et l'autre, et le dernier devant être divisible par 5, je dis que pour égaler le binôme P^2-5Q^2 au quadruple d'une cinquième puissance avec toute la généralité convenable, il suffira de poser:

$$P+Q\sqrt{5}=\frac{(\varphi+\psi\sqrt{5})^5}{2^4},$$

les nombres indéterminés φ et ψ étant premiers entre eux, impairs l'un et l'autre et le premier de plus non-divisible par 5*)."

Voici maintenant le premier des théorèmes nouveaux que nous avons annoncés au commencement de cette addition.

Théorème VIII.

„La lettre n désignant un nombre positif autre que 0 et 2, et le nombre A n'étant divisible ni par 2, ni par 5, ni par aucun nombre premier de la forme $10k+1$, il sera impossible de trouver deux nombres x et y premiers entre eux et tels que:

$$(\gamma) \qquad x^5\pm y^5=5^nAz^5.\text{“}$$

Les nombres x et y peuvent être impairs tous les deux, ou l'un pair

---

*) Ce théorème, comme le théorème IV, a ses analogues pour beaucoup d'autres nombres premiers.

et l'autre impair. Dans le premier cas, z sera divisible par 2, et l'on pourra mettre $2z$ à la place de z, ce qui changera l'équation (γ) en celle-ci:

$$x^5 \pm y^5 = 2^5 5^n A z^5,$$

qui est impossible puisqu'elle rentre évidemment dans le théorème V. Reste donc à prouver l'impossibilité du second cas où l'on suppose les nombres x, y l'un pair, l'autre impair. Si nous faisons:

$$x \pm y = p, \quad x \mp y = q,$$

nous aurons:

$$2x = p + q, \quad \pm 2y = p - q,$$

et les nombres p et q seront premiers entre eux et de plus impairs l'un et l'autre. En substituant les valeurs précédentes de $2x$ et $\pm 2y$ dans l'équation (γ), après en avoir multiplié les deux membres par 2^5, on aura:

$$p(p^4 + 10p^2 q^2 + 5q^4) = 2^4 5^n A z^5.$$

Comme p doit évidemment être divisible par 5, nous ferons $p = 5r$, ce qui donnera:

$$5^2 r(q^4 + 2.5^2 q^2 r^2 + 5^3 r^4) = 2^4 5^n A z^5.$$

Le nombre n est par hypothèse égal à l'unité ou plus grand que 2. Si n est égal à l'unité, il faudra, dans l'équation précédente, supposer z divisible par 5. On pourra donc, dans ce cas, mettre $5z$ à la place de z ou, ce qui est la même chose, donner à 5 l'exposant 6, d'où l'on voit que l'on peut supposer dans tous les cas $n > 2$.

Si l'on met l'équation précédente sous cette forme:

$$r(q^4 + 2.5^2 q^2 r^2 + 5^3 r^4) = 2^4 5^{n-2} A z^5,$$

et qu'on fasse attention que $n > 2$ et que q est premier à $p = 5r$, on voit que r doit être supposé divisible par 5.

Choisissons maintenant un nombre positif ν tel que $n + \nu - 2$ soit divisible par 5 et un nombre B qui n'ait d'autres diviseurs premiers que ceux du nombre A et tel que le produit AB soit une cinquième puissance. Multipliant la dernière équation par $5^\nu B$, nous aurons:

$$5^\nu B r(q^4 + 2.5^2 q^2 r^2 + 5^3 r^4) = 2^4 5^{n+\nu-2} A B z^5.$$

Tous les diviseurs du facteur trinôme, dans lequel q et r sont premiers entre eux, étant de la forme $10k+1$, il est évident qu'il n'a aucun diviseur commun avec B; il n'est pas moins évident qu'il est aussi premier à $5^\nu r$, et par conséquent à $5^\nu Br$.

Comme le facteur $5^\nu Br$ et le facteur trinôme sont premiers entre eux et que le premier de ces facteurs est impair, il faut, en vertu de la dernière équation, dont le second membre est le produit de 2^4 et de la cinquième puissance d'un nombre impair, que $5^\nu Br$ soit une cinquième puissance, et le facteur trinôme une cinquième puissance multipliée par 2^4.

Le quart du facteur trinôme devant être le quadruple d'une cinquième puissance, et ce quart pouvant se mettre sous la forme:

$$\left(\frac{q^2+5^2r^2}{2}\right)^2-5(5r^2)^2,$$

où les nombres $\frac{q^2+5^2r^2}{2}$, $5r^2$ sont évidemment premiers entre eux, impairs l'un et l'autre et le dernier de plus divisible par 5, il suffira, en vertu du théorème établi au commencement de cette addition, pour égaler le quart du facteur trinôme au quadruple d'une cinquième puissance, de poser ces deux équations:

$$\frac{q^2+5^2r^2}{2}=t\,\frac{(t^4+2.5^2t^2s^2+5^3s^4)}{2^4},$$

$$5r^2=5s\frac{(t^4+10t^2s^2+5s^4)}{2^4},$$

les nombres indéterminés t et s devant être supposés premiers entre eux, impairs l'un et l'autre et le premier de plus non-divisible par 5. Comme t n'est pas divisible par 5 et que r l'est ainsi que nous l'avons vu ci-dessus, il faut, en vertu de la dernière des équations précédentes, que s soit divisible par 5.

Nous avons vu plus haut que $5^\nu Br$ devait être une cinquième puissance. Le nombre $5^{2\nu}B^2r^2$, carré du précédent, devra donc être une puissance du même degré, et même du dixième degré.

Or, en multipliant par $2^4 5^{2\nu-1}B^2$ les deux membres de la dernière équation, on aura celle-ci:

$$2^4 5^{2\nu}B^2r^2=5^{2\nu}B^2s(t^4+10t^2s^2+5s^4).$$

Si donc nous faisons pour abréger $2\nu=h$, $B^2=C$, tout se réduit à faire voir qu'il est impossible de trouver deux nombres t et s premiers entre eux, impairs l'un et l'autre, et dont le dernier s soit de plus divisible par 5, tels que le produit:

$$(\delta) \qquad 5^h Cs(t^4+10t^2s^2+5s^4)$$

soit une cinquième puissance multipliée par 2^4.

Il est facile de voir que l'expression (δ) ne saurait être le produit de 2^4 et d'une cinquième puissance, à moins que 5^hCs ne soit une cinquième puissance, et le facteur trinôme une cinquième puissance multipliée par 2^4.

Le quart du facteur trinôme devant être le quadruple d'une cinquième puissance, et ce quart pouvant se mettre sous la forme:

$$\left(\frac{t^2+5s^2}{2}\right)^2-5(s^2)^2,$$

où les nombres $\frac{t^2+5s^2}{2}$, s^2 sont évidemment premiers entre eux, impairs l'un et l'autre, et le dernier de plus divisible par 5, il suffira, pour égaler le facteur trinôme divisé par 4 au quadruple d'une cinquième puissance, de poser ces équations:

$$\frac{t^2+5s^2}{2} = t'\,\frac{(t'^4+2.5^2t'^2s'^2+5^3s'^4)}{2^4},$$

$$s^2 = 5s'\frac{(t'^4+10t'^2s'^2+5s'^4)}{2^4},$$

les nombres t' et s' étant supposés premiers entre eux, impairs l'un et l'autre, et le premier t' de plus non-divisible par 5. Comme s est divisible par 5, et que t' ne l'est plus, il faut, d'après la dernière équation, que s' soit aussi divisible par 5. On conclut encore de la dernière équation qu'on a: $\frac{25}{16}s'^5 < s^2$ et par suite que s' est beaucoup plus petit que s.

Le nombre 5^hCs devant être une cinquième puissance, $5^{2h}C^2s^2$, carré du nombre précédent, devra être une puissance du même degré et même du dixième degré. Or, en multipliant par $2^4 5^{2h} C^2$ les deux membres de la dernière équation, on aura celle-ci:

$$2^4 5^{2h} C^2 s^2 = 5^{2h+1} C^2 s'(t'^4+10t'^2s'^2+5s'^4)$$

ou, ce qui est la même chose, en faisant $2h+1=h'$, $C^2=C'$ dans le second membre:

$$(\delta') \qquad 2^4 5^{2h} C^2 s^2 = 5^{h'} C' s' (t'^4 + 10 t'^2 s'^2 + 5 s'^4),$$

équation dont les deux membres devront être des cinquièmes puissances multipliées par 2^4.

Le produit (δ') étant parfaitement semblable au produit (δ), et le nombre s' étant beaucoup plus petit que le nombre s, on conclura, comme dans la démonstration du théorème V. du mémoire précédent, que le produit (δ) ne saurait être égal à une cinquième puissance, multipliée par 2^4, et que par conséquent l'équation (γ) ne saurait avoir lieu.

Le théorème de FERMAT, pour le cas des cinquièmes puissances, est compris comme cas particulier dans le théorème que nous venons d'établir. En effet, l'équation $x^5 \pm y^5 = z^5$ ne pouvant avoir lieu, à moins qu'une des indéterminées, z par exemple, ne soit divisible par 5, nous pouvons mettre $5z$ à la place de z; ce qui donnera $x^5 \pm y^5 = 5^5 z^5$, équation impossible, puisqu'elle rentre dans le dernier théorème.

Un raisonnement tout-à-fait semblable à celui au moyen duquel nous avons établi le théorème VI., en partant du théorème V., peut servir à déduire du théorème que nous venons de démontrer un nouveau théorème qui peut s'énoncer comme il suit:

Théorème IX.

„Le nombre A étant soumis aux mêmes restrictions que dans l'énoncé du théorème VIII., et ce nombre donnant un des huit restes suivants, 3, 4, 9, 12, 13, 16, 21, 22, lorsqu'il est divisé par 25, il sera impossible de trouver deux nombres x et y premiers entre eux, et tels que l'on ait $x^5 \pm y^5 = Az^5$.“

DE FORMIS LINEARIBUS, IN QUIBUS CONTINENTUR DIVISORES PRIMI QUARUNDAM FORMULARUM GRADUUM SUPERIORUM.

Constat e doctrina de residuis quadraticis seu theoria divisorum formularum secundi gradus, divisores primos talium formularum in certis formis linearibus contineri, et esse formas lineares ab illis diversas, in quibus non-divisores sint comprehensi, ita ut ad absolvendam quaestionem, utrum primus datus formulam datam metiatur necne, sufficiat examinare, num primus in aliqua priorum an posteriorum formarum contineatur. Longe aliter res sese habet in formulis gradus superioris, quarum divisores a non-divisoribus simili modo discerni non possunt, et quibus adhibenda sunt criteria ab illis, quae in doctrina de residuis quadraticis proponuntur, longe diversa. Ratio divisores formularum gradus superioris a non-divisoribus distinguendi ut exemplo illustretur, contemplemur formulam quarti gradus x^4-3. Ex simplicissimis arithmeticae superioris principiis deducitur, hac formula proposita, solos primos formae $12n+1$ criterium altioris generis requirere, de reliquis autem ope notae doctrinae de residuis quadraticis rem diiudicari posse. Talis formae si proponitur primus, et quaeritur, utrum formulae x^4-3 sit divisor necne, hoc criterio erit utendum. Redigatur primus sub formam t^2+3u^2, quod semper et unico quidem modo fieri posse constat. Tum numerus t, quem nec per 2 nec per 3 divisibilem fore est perspicuum, erit formae $12n\pm 1$, vel formae $12n\pm 5$. Si prior casus locum habet, primus erit divisor formulae x^4-3, sin posterior, non erit. Est aliud criterium ad eandem quaestionem decidendam idoneum, quod tamen, ut elegantiorem habeat formam, non referendum est ad formulam x^4-3, sed ad hanc x^4+3, quae posterior priori tam arcte est coniuncta, ut, si numerum aliquem posterioris divisorem esse vel non esse scimus, inde statim concludi possit, utrum idem numerus priorem metiatur necne. Quod alterum criterium si adhibere velis, numerus primus propositus in duo quadrata est resolvendus. Quadratorum, quae haec decompositio suppeditat, alterum manifesto erit par, alterum impar, nec minus facile est perspectu, alterum horum quadratorum idque unum tantum per 3 fore divisibile. Quibus ita praeparatis, criterium hoc modo exhiberi licet:

„Si quadratum par per 3 est divisibile, primus metietur formulam x^4+3, sin impar, non metietur.“

Demonstrationes theorematum modo propositorum invenies in commentationibus nonnullis, in quibus theoriam generalem divisorum formulae $\alpha x^4+\beta x^2+\gamma$ struere conabor et quarum prima nuper lucem vidit in cel. Crellii ephemeridibus mathematicis (Recherches sur les diviseurs premiers d'une classe de formules du quatrième degré. Premier Mémoire). Theoremata praecedentia hoc loco nonnisi in hunc finem sunt prolata, ut exemplo aliquo appareat, quantum formulae gradus superioris a formulis quadraticis differre inveniantur, si in divisorum primorum indolem inquiritur. Quae diversitas quamquam in genere valere videtur, sunt tamen formulae particulares cuiusvis fere gradus, quae respectu divisorum simili se habent modo, quo formulae secundi gradus, eoque ut ex forma lineari, in qua continetur primus, cognosci possit, num formulam huius generis metiatur. Ad hoc genus referendae sunt formulae in expressione $x^n\pm 1$ comprehensae, de quibus ill. Euler instituit disquisitiones non minus insignes, quod ratiocinandi methodus, qua vir summus est usus, eximia simplicitate gaudet, quam quod theoremata, quae eius ope stabiliuntur, latissime patent. Quibus ill. Euleri disquisitionibus incumbens, incidi in novam quandam formularum speciem, quae, quod ad divisores attinet, similes habent proprietates, ut in sequentibus sum expositurus.

Cum pars disquisitionum sequentium nonnullis theorematum Eulerianorum modo laudatorum sit superstruenda, utile duximus, theoremata, quibus nobis opus erit, hoc loco in conspectum producere. Demonstrationes brevitatis causa omittimus, lectorem ad ill. Euleri dissertationes vel ill. Legendre opus egregium ablegantes, qui et haec et reliqua Euleri inventa arithmetica summa cum perspicuitate exposuit.

Theorema I. Si p est primus impar, omnes divisores primi formulae $\frac{x^p-1}{x-1}$ in forma lineari $2mp+1$ continentur, et vice versa quivis primus in hac forma comprehensus formulae est divisor.

Theorema II. Si α est potestas numeri 2, divisores formulae $x^\alpha+1$ continentur in forma $2m\alpha+1$, et vice versa quivis primus huius formae formulam metitur.

Formulae, de quarum divisoribus in sequentibus disquisitionem instituemus, originem trahunt ex evolutione potestatis $(x+\sqrt{b})^n$, ubi n et b sunt integri dati (posterior non-quadratus), x autem designat integrum indeterminatum. Ponamus, evolutione perfecta, prodire $U+V\sqrt{b}$, ubi tam U quam V a quantitate irrationali $\sqrt{b}$ liberi supponuntur, ita ut habeamus:

$$(x+\sqrt{b})^n = U+V\sqrt{b},\quad (x-\sqrt{b})^n = U-V\sqrt{b},$$

(1) $$V = nx^{n-1}+\frac{n(n-1)(n-2)}{1.2.3}x^{n-3}b+\frac{n(n-1)(n-2)(n-3)(n-4)}{1.2.3.4.5}x^{n-5}b^2+\cdots$$

Propositum est nobis, definire numeros primos, per quos V fit divisibilis, si ipsi x omnes valores integri tam positivi quam negativi successive tribuuntur. Excipiuntur tantum valores ad ipsum b non primi, quippe qui theorematum concinnitatem turbent. Caeterum facillime perspicitur, casum, ubi x cum ipso b divisorem communem habere statuitur, ad casum, ubi x et b inter se sunt primi, reduci posse.

Ut initium huius disquisitionis faciamus, demonstremus, ipsos U et V nullum divisorem communem (numero 2 excepto) habere posse, quotiescunque x valorem ad ipsum b primum nanciscitur. Ad hanc rem probandam, a suppositione contrarii proficiscimur. Sit igitur δ primus utrumque ipsorum U et V metiens. Si prima aequationum (1) in secundam multiplicatur, prodibit haec:

$$(x^2-b)^n = U^2-bV^2,$$

ex cuius inspectione concluditur, primum δ ipsius x^2-b esse divisorem, quod, si signo ab ill. Gauss introducto utimur, hoc modo designabimus:

$$x^2 \equiv b \pmod{\delta},$$

ex qua congruentia hae novae deducuntur:

$$x^4\equiv b^2,\quad x^6\equiv b^3,\quad x^8\equiv b^4,\quad \ldots \pmod{\delta}.$$

Si iam in expressione (1) ipsius V loco ipsorum b, b^2, b^3, ... valores secundum modulum δ illis resp. congruos x^2, x^4, x^6, ... substituerimus, obtinebimus congruentiam:

$$V\equiv x^{n-1}\left(n+\frac{n(n-1)(n-2)}{1.2.3}+\frac{n(n-1)(n-2)(n-3)(n-4)}{1.2.3.4.5}+\cdots\right) \pmod{\delta},$$

quam, cum expressionem uncinis inclusam esse $\frac{1}{2}((1+1)^n-(1-1)^n)$ sive 2^{n-1} facillime perspiciatur, hoc quoque modo exhibere possumus:

$$V\equiv 2^{n-1}x^{n-1} \pmod{\delta}.$$

Sequitur ex hac congruentia, primum imparem δ, quem ipsius V divisorem esse supposuimus, etiam esse divisorem ipsius x. Supra autem vidimus, numerum

$x^2 - b$ per δ esse divisibilem, δ metietur igitur utrumque ipsorum x et b, quod est contra suppositionem, numeros x et b inter se esse primos. Concludendum est igitur, suppositionem, ipsos U et V habere divisorem communem imparem, constare non posse.

His praemissis, in indolem divisorum primorum formulae V inquiramus. Quamquam methodus, qua in hac disquisitione utemur, pro quovis valore ipsius n applicari potest, hoc loco, ne haec dissertatio nimis longa fiat, duos tantum casus examini subiciemus, quorum prior locum habet, quando n est primus impar, posterior, quando n est potestas numeri 2.

Sit igitur primo n numerus primus impar, quem per litteram p designabimus, et k primus impar ab ipso p diversus formulam V metiens. Iam duo casus sunt distinguendi, prout b ipsius k est residuum aut non-residuum quadraticum.

Casu priore datur numerus μ huic congruentiae $\mu^2 \equiv b \,(\text{mod.}\, k)$ satisfaciens. Primus k, quem formulae V divisorem esse statuimus, eandem metietur, si loco ipsius b valorem secundum modulum k congruum μ^2 substituerimus.

Formula V, quae primam et secundam aequationum (1) comparando hoc modo exhiberi posse invenitur:

$$\frac{(x+\sqrt{b})^p - (x-\sqrt{b})^p}{2\sqrt{b}},$$

substitutione, quam diximus, perfecta, in hanc abibit:

$$\frac{(x+\mu)^p - (x-\mu)^p}{2\mu},$$

in qua expressione neutrum numerorum $x+\mu$ et $x-\mu$ per k divisibilem esse dico. Si enim alter esset, alter non esset, $(x+\mu)^p - (x-\mu)^p$ per k non foret divisibilis. Utrumque autem per k divisibilem esse non posse hoc modo demonstratur. Tum enim k metiretur etiam utrumque ipsorum:

$$\tfrac{1}{2}((x+\mu)+(x-\mu)) \quad \text{et} \quad \tfrac{1}{2}((x+\mu)-(x-\mu)),$$

id est utrumque numerorum x et μ, et quoniam $\mu^2 \equiv b \; (\text{mod.}\, k)$ est, k foret quoque divisor ipsius b. Numeri x et b haberent igitur divisorem communem k contra ea quae supposuimus.

Cum neuter ipsorum $x+\mu$ et $x-\mu$ per k sit divisibilis, congruentiae:

$$(x-\mu)y \equiv x+\mu \quad (\text{mod.}\, k)$$

satisfieri poterit per numerum y.

Quodsi iam in valore ipsius $2\mu V$ loco ipsius $x+\mu$ numerum congruum $y(x-\mu)$ substituerimus, habebimus hanc expressionem per k divisibilem:

$$(x-\mu)^p(y^p-1),$$

et cum $x-\mu$, ut supra vidimus, per k non sit divisibilis, y^p-1 ipsius k multiplum esse concluditur. Iam dico, numerum $y-1$ per k divisibilem non esse; si enim k ipsum $y-1$ metiretur, haberemus $y\equiv 1 \pmod{k}$ et congruentia $(x-\mu)y\equiv x+\mu \pmod{k}$ in hanc transiret $2\mu\equiv 0 \pmod{k}$, id est, μ seu b per k foret divisibilis. Sequitur autem ex inspectione formulae V, k ipsius b divisorem esse non posse, nisi vel k ipsi p sit aequalis, vel ipsum x metiatur; quorum casuum utrumque supra exclusimus. Concluditur iam ope theorematis I, primum k esse formae $2mp+1$.

Habemus igitur theorema: „Nullus primus, cuius residuum est b, formulam V metiri potest, nisi in forma $2mp+1$ contineatur.“ Haec propositio etiam inversa valet et demonstrari potest, quemvis primum formae $2mp+1$ formulae V esse divisorem. Cuius propositionis demonstrationem, cum nulli difficultati sit obnoxia, brevitatis causa omittimus.

Pergimus iam ad primos, quorum non-residuum est b, quorumque relatio ad formulam V (quatenus formulae sunt divisores aut non-divisores) per theoremata sequentia definitur:

„Si primus, cuius non-residuum est b, simul est formae $2mp-1$, formulae V erit divisor.“

„Nullus primus k, cuius non-residuum est b, formulam V metiri potest, nisi in forma $2mp-1$ contineatur.“

Prius horum theorematum iam olim ab ill. Lagrange propositum et demonstratum est in commentatione in collectione academica (Nouveaux Mémoires de Berlin, année 1775) conservata, ubi eius ope propositiones nonnullae particulares ad doctrinam de residuis quadraticis pertinentes stabiliuntur. Theorema et demonstratio, qua a viro summo munitum est, exstant etiam in opere egregio „Disquisitiones arithmeticae“, quod cum in manibus omnium versetur, qui analysi Diophantaeae operam navant, demonstrationem hoc loco adicere opus non esse duximus. —

Theorema posterius, quod est prius inversum, a nemine hucusque, quantum scio, est prolatum. Demonstratio minus obvia absolvitur per ratiocinia iis simillima, quibus iam alio loco (Mémoire sur l'impossibilité de quelques équations du cinquième degré) in argumento longe diverso usus sum.

Contemplemur formulam $(x+\sqrt{b})^{k+1}$ et ponamus ex eius evolutione oriri $M+N\sqrt{b}$, ubi M et N a quantitate irrationali $\sqrt{b}$ sunt liberi. Valorem ipsius

N, qui obtinetur, si $k+1$ loco ipsius n in expressione (1) ipsius V substituitur, brevitatis causa non apponimus. Perspicuum est, coefficientes omnium terminorum ipsius N per k esse divisibiles, coefficientibus primi et ultimi termini exceptis.

Qui termini quum sint $(k+1)x^k$ et $(k+1)xb^{\frac{k-1}{2}}$, invenitur:

$$N \equiv (k+1)(x^k+xb^{\frac{k-1}{2}}) \pmod{k}.$$

Constat, numerum b, quem ipsius k non-residuum esse supposuimus, satisfacturum esse congruentiae $b^{\frac{k-1}{2}} \equiv -1 \pmod{k}$, et cum habeamus quoque $x^k \equiv x \pmod{k}$, concluditur:

$$x^k+xb^{\frac{k-1}{2}} \equiv 0 \pmod{k}.$$

N igitur per k erit divisibilis, quicunque valor ipsi x tribuatur.

Ponamus iam, formulam V pro valore determinato ipsius x divisibilem fieri per primum k, cuius non-residuum est b, talemque primum esse formae $2mp-1$ demonstrare conemur.

Cum V per k sit divisibilis, formula U non erit divisibilis, quippe quam formulam ad V primam esse vidimus, dummodo ipsi x valor ad valorem ipsius b primus tribuatur, quod semper fieri supposuimus. Demonstrandum iam est primum k esse formae $2mp-1$ seu $k+1$ per p esse divisibilem.

Numerus $k+1$ si per p non esset divisibilis, darentur numeri integri g et h positivi ita comparati, ut esset $g(k+1)-hp = 1$.

Revertamur nunc ad contemplationem formulae $M+N\sqrt{b}$, in qua N per k divisibilem esse vidimus, eamque ad potestatem g^{mi} gradus elevemus. Quae potestas si per $M'+N'\sqrt{b}$ designatur, facillime perspicitur N' per N ideoque per k esse divisibilem; M' autem per k non divisibilem esse sequitur ex eo, quod $M'+N'\sqrt{b}$ est potestas ipsius $x+\sqrt{b}$ (cuius potestatis exponens est $g(k+1)$), quam ob rem M' et N' divisorem communem habere non possunt. Eodem modo probatur, si ponatur $(U+V\sqrt{b})^h = U'+V'\sqrt{b}$, V' per k divisibilem fore, U' autem non fore. Ex comparatione aequationum:

$$(x+\sqrt{b})^{g(k+1)} = M'+N'\sqrt{b}, \quad (x+\sqrt{b})^{hp} = U'+V'\sqrt{b}, \quad g(k+1)-hp = 1$$

deducitur haec:

$$(x+\sqrt{b})(U'+V'\sqrt{b}) = M'+N'\sqrt{b},$$

quae, multiplicatione perfecta et partibus rationalibus et coefficientibus ipsius $\sqrt{b}$ separatim aequatis, has novas suppeditat:

$$M' = U'x+bV', \quad N' = V'x+U'.$$

Manifestum est, posteriorem harum aequationum locum habere non posse, cum N' et V' ipsius k sint multipla, U' autem per k non sit divisibilis. Concludendum igitur est, suppositionem, a qua profecti sumus, constare non posse, et $k+1$ re vera per p esse divisibilem, seu quod est idem, k esse formae $2mp-1$, q. e. d.

Si ea, quae hucusque docuimus, cum doctrina nota de residuis quadraticis iunguntur, assignari poterunt formae lineares, in quibus divisores primi formulae V includuntur.

Quod ut exemplis illustretur, sit $p = 5$ et $b = -1$; quo casu V invenitur esse $5x^4-10x^2+1$.

Sequitur ex iis, quae supra demonstravimus, primos, quorum residuum est -1, ipsius V divisores esse non posse, nisi sint formae $10m+1$, constatque e doctrina de residuis quadraticis primos, quorum residuum est -1, in forma $4n+1$ contineri. Numeri autem simul in utraque formarum $10m+1$, $4n+1$ inclusi sunt formae $20h+1$, in qua igitur continetur quisque primus, cuius residuum est -1, et qui simul formulam V metitur.

Ad divisores primos ipsius V, quorum non-residuum est -1, quod attinet, simili modo invenitur, omnes tales primos in forma $20h-1$ comprehensos esse.

Formula duplex $20h\pm1$ suppeditat igitur omnes primos expressionem $5x^4-10x^2+1$ metientes et vice versa quivis primus in altera formarum $20h+1$, $20h-1$ inclusus ipsius V erit divisor.

Exemplum secundum praebebunt suppositiones $p=7$, $b=2$; quo casu erit:

$$V = 7x^6+70x^4+84x^2+8.$$

Primi, quorum residuum est 2, continentur in formis $8m+1$, $8m+7$; huiusmodi autem primi formulam V metiri non possunt, nisi sint formae $14n+1$, quam cum praecedentibus comparando inveniuntur formae $56h+1$, $56h+15$, in quibus includuntur primi, qui ipsius V sunt divisores et quorum simul residuum est 2.

Primi expressionis V divisores, quorum non-residuum est 2, in formis $56h+13$, $56h+27$ comprehensi esse inveniuntur.

Formulae $56h+1$, 13, 15, 27 suppeditant igitur omnes primos, quadrinomium $7x^6+70x^4+84x^2+8$ metientes, et vice versa quivis primus in una harum formarum contentus quadrinomii erit divisor.

Sunt casus particulares ob theorematum elegantiam attentionem peculiarem merentes. Hos casus, qui locum habent, quoties b ipsi p positive vel negative sumpto aequatur, iam fusius tractabimus.

Sit primo $b = p$; et primus p formae $4n+1$ esse supponatur. Notum est, primos, quorum residuum est $b = p$, in $\frac{1}{2}(p-1)$ huiusmodi formis linearibus contineri:

(2) $$mp+1,\quad mp+\alpha,\quad mp+\alpha',\quad mp+\alpha'',\quad \ldots,$$

ubi numeri $1, \alpha, \alpha', \alpha'', \ldots$, quos positivos ipsoque p minores supponere licet, omnes inter se erunt diversi et e divisione quadratorum $1, 2^2, 3^2, \ldots (\frac{1}{2}(p-1))^2$ per primum p oriuntur, inter quos numeros constat numerum $p-1$ occurrere, quoties p est formae $4n+1$. Primi autem, quorum non-residuum est b, continentur in $\frac{1}{2}(p-1)$ aliis formis linearibus:

(3) $$mp+\beta,\quad mp+\beta',\quad mp+\beta'',\quad \ldots,$$

ubi numeri $\beta, \beta', \beta'', \ldots$, qui ipso p minores supponuntur, tam inter se quam ab illis $1, \alpha, \alpha', \alpha'', \ldots$ erunt diversi, ita ut numerus $p-1$ inter ipsos $\beta, \beta', \beta'', \ldots$ occurrere non possit.

Supra demonstravimus, primum, cuius residuum est b, et qui igitur in aliqua formarum (2) continetur, ipsius V divisorem esse non posse, nisi sit formae $mp+1$, quae est eadem ac prima formarum (2) et cum nulla reliquarum constare potest. Sequitur inde, primos, quorum residuum est $b = p$, et qui simul formulam V metiuntur, in forma $mp+1$ comprehensos esse, et vice versa etc.

Quod ad primos attinet, quorum non-residuum est $b = p$, et qui igitur in aliqua formarum (3) continentur, sequitur ex iis, quae supra stabilivimus, tales primos formulae V divisores esse non posse, nisi simul in forma $mp-1$ seu, quod est idem, in forma $mp+p-1$ includantur. Haec autem forma cum nulla formarum (3) constare potest, quia nullus numerorum $\beta, \beta', \beta'', \ldots$ ipsi $p-1$ est aequalis.

Probatum igitur est, nullum primum, cuius non-residuum sit $b = p$, ipsius V esse divisorem, omnesque primos formulam V metientes in forma $mp+1$ esse comprehensos.

Si casus, ubi $b = -p$, p designante primum formae $4m+1$, simili modo examinatur, invenitur, nullum primum, nisi in altera formarum $4mp \pm 1$ contineatur, formulae V divisorem esse posse, et vice versa quemvis primum in altera harum formarum inclusum re vera formulam V metiri.

Casus tertius locum habet, quando $b = p$, et p est formae $4m+3$. Hoc casu primi formulam V metientes in formis $4mp+1$, $4mp+2p-1$ comprehensi esse inveniuntur.

Superest, ut casum quartum examini subiciamus. Primus p hoc casu est formae $4m+3$, et b ipsi p negative sumpto est aequalis. Si considerationes, quibus in casibus praecedentibus usi sumus, ad casum praesentem applicaverimus, perveniemus ad hoc theorema:

„Nullus primus formulam V, in qua $b=-p$ et p primum formae $4m+3$ designat, metiri potest, nisi in altera formarum $mp+1$, $mp-1$ contineatur et vice versa omnes primi in his formis comprehensi formulae V erunt divisores.“

Quoties casus quartus locum habet, formula V duorum factorum rationalium productum esse invenitur, in quorum indolem iam profundius est inquirendum, ut decidatur, utrius eorum primus formulam metiens sit divisor.

Constat e theoria divisionis circuli, quae ill. GAUSS debetur, expressionem $4\frac{t^p-u^p}{t-u}$, quoties p sit primus formae $4n+3$, redigi posse sub formam R^2+pS^2, ubi R et S sunt functiones rationales integrae ipsius x. Formula $4\frac{t^p-u^p}{t-u}$ manifesto est functio symmetrica ipsorum t et u, atque e demonstratione, qua vir summus theorema modo memoratum munivit, facillime deducitur, R esse functionem, quae valorem oppositum nanciscitur, ipsis t et u inter se mutatis. Cum S sit functio symmetrica gradus $\frac{p-1}{2}$, erit summa plurium aggregatorum huius formae:

$$\alpha t^m u^{k-m}+\alpha t^{k-m}u^m,$$

ubi $k=\frac{p-1}{2}$ et $m<\frac{k}{2}$ supponere licet; tale aggregatum etiam hoc modo exhiberi potest:

$$\alpha t^m u^m(t^{k-2m}+u^{k-2m}).$$

Quodsi in hac expressione loco ipsorum t et u resp. $x+\sqrt{-p}$ et $x-\sqrt{-p}$ substituuntur, $t^m u^m$ obtinebit valorem $(x^2+p)^m$, qui est functio par ipsius x (quo verbo brevitatis causa functionem designamus, in qua singuli exponentes sunt numeri pares). Alter factor $t^{k-2m}+u^{k-2m}$, cum exponens $k-2m$ sit impar, per eandem substitutionem mutabitur in functionem integram imparem ipsius x, id est, in functionem, in qua singuli exponentes sunt numeri impares. Aggregati illius valor post substitutionem erit igitur functio impar ipsius x.

Quoniam ea, quae modo diximus, valent de quovis aggregatorum, e quibus constat S, sequitur, S per eandem substitutionem mutatum iri in functionem imparem ipsius x. Hanc functionem, cuius coefficientes singulos pares esse facillime perspicitur, per $2S'$ designabimus.

Simili modo invenitur, formulam R, si loco ipsorum t et u resp. $x+\sqrt{-p}$ et $x-\sqrt{-p}$ substituantur, nacturam esse valorem, e duobus factoribus constantem, quorum prior est $\sqrt{-p}$, posterior functio rationalis par ipsius x. Posteriorem si per $2R'$ denotamus, $2R'\sqrt{-p}$ erit valor, quem R per substitutionem obtinet.

Si iam in formula R^2+pS^2 loco ipsorum R et S resp. $2R'\sqrt{-p}$ et $2S'$ substituuntur, prodibit idem valor, quem nanciscitur $4\frac{t^p-u^p}{t-u}$, loco ipsorum t et u resp. $x+\sqrt{-p}$ et $x-\sqrt{-p}$ substitutis. Habemus igitur:

$$2\frac{(x+\sqrt{-p})^p-(x-\sqrt{-p})^p}{\sqrt{-p}} = 4pS'^2-4pR'^2,$$

et cum etiam sit:

$$V = \frac{(x+\sqrt{-p})^p-(x-\sqrt{-p})^p}{2\sqrt{-p}},$$

concluditur esse:

$$V = p(S'+R')(S'-R').$$

Demonstratum est igitur, formulam $\frac{V}{p}$ in duos factores rationales decomponi posse, quoties $b = -p$ et primus p sit formae $4n+3$.

Cum R' sit functio par, S' autem functio impar ipsius x, manifestum est, signo ipsius x mutato, factorem priorem $S'+R'$ transiturum esse in $R'-S'$, id est, in posteriorem negative sumptum et vice versa posteriorem $S'-R'$, eadem mutatione perfecta, fore $-S'-R'$, id est, priori negative sumpto aequalem.

His ita stabilitis, sit k primus formulae V divisor et α valor ipsi x tribuendus, ut V per k fiat divisibilis. Iam dico, $R'+S'$ per k fore divisibilem, si x valorem idoneum obtineat. Cum enim k metiatur formulam $V=p(R'+S')(R'-S')$, ubi $x=\alpha$ supponitur, aut $R'+S'$ aut $R'-S'$ per k erit divisibilis.

Si casus prior locum habet, α erit valor quaesitus; sin posterior, sequitur e praecedentibus $R'+S'$ per k fore divisibilem, si x ipsi $-\alpha$ aequetur; hoc igitur casu valor idoneus erit $-\alpha$.

Simili modo demonstratur, valorem ipsius x ita assumi posse, ut $R'-S'$ per k fiat divisibilis.

Quivis igitur primus formulam V metiens erit divisor utriusque factorum $R'+S'$, $R'-S'$, ubi vix est monendum, hos factores non pro eodem valore ipsius x per k fore divisibiles, sed pro valoribus oppositis, id est, pro valoribus signo tantum discrepantibus.

Ut praecedentia exemplis nonnullis illustrentur, ponamus primo $p = 7$.

Factores ipsius V hoc casu inveniuntur esse:

$$x^3-7x^2+7x+7, \quad x^3+7x^2+7x-7,$$

qui manifesto respectu divisorum inter se non sunt diversi. Divisores primi harum formularum omnes in forma $7n\pm 1$ continentur, et vice versa quivis primus in hac forma comprehensus formularum erit divisor.

Sit secundo $p = 11$. Factores quinti gradus, quorum productum hoc casu est V, sunt hi:

$$x^5+11x^4-2.11.x^3-2.11^2.x^2-3.11^2.x-11^2, \quad x^5-11x^4-2.11.x^3+2.11^2.x^2-3.11^2.x+11^2,$$

quarum formularum neutra per primum erit divisibilis, nisi in forma $11n\pm 1$ contineatur, et vice versa quivis primus etc.

Hucusque supposuimus, numerum n in formulis (1) esse primum imparem. Considerabimus iam casum, ubi n numeri 2 est potestas. Theoremata ad hunc casum pertinentia non ad formulam V, sed ad formulam U sunt referenda. — Numerum n in sequentibus per α designabimus, et k erit primus impar formulam U metiens. Iam duo casus sunt distinguendi, prout b ipsius k est residuum vel non-residuum quadraticum. Si b ipsius k est residuum, datur numerus μ ita comparatus, ut sit $\mu^2 \equiv b \pmod{k}$. Primus k, quem formulae U divisorem esse statuimus, eandem metietur, si μ^2 loco ipsius b substituerimus. Formula $2U$, quae, ut comparatio primae et secundae aequationum (1) docet, hoc quoque modo exhiberi potest:

$$2U = (x+\sqrt{b})^\alpha+(x-\sqrt{b})^\alpha,$$

substitutione modo indicata transibit in hanc $(x+\mu)^\alpha+(x-\mu)^\alpha$, quae manifesto per k divisibilis esse non potest, nisi k aut utrumque aut neutrum ipsorum $x+\mu$ et $x-\mu$ metiatur. Casum priorem locum habere non posse hoc modo demonstratur. Tum enim uterque numerorum:

$$\tfrac{1}{2}(x+\mu)+\tfrac{1}{2}(x-\mu), \quad \tfrac{1}{2}(x+\mu)-\tfrac{1}{2}(x-\mu),$$

seu uterque ipsorum x et μ per k esset divisibilis et quoniam est $b \equiv \mu^2 \pmod{k}$, k metiretur quoque ipsum b contra suppositionem, valores ipsi x tribuendos ad ipsum b esse primos.

Cum neuter ipsorum $x+\mu$, $x-\mu$ per k sit divisibilis, assignari potest numerus y huic congruentiae satisfaciens:

$$(x+\mu)y \equiv x-\mu \pmod{k}.$$

Quodsi iam in formula $2U$ loco ipsius $x-\mu$ valorem secundum mod. k congruum $y(x+\mu)$ substituerimus, obtinebimus hanc expressionem per k divisibilem $(x+\mu)^{\alpha}(y^{\alpha}+1)$, cuius factorem $y^{\alpha}+1$ igitur primus k metiri debet, unde ope theorematis II concluditur, k esse formae $2m\alpha+1$. Habemus itaque theorema:

„Omnes primi, quorum residuum est b, formulam U, in qua $n=\alpha$ est potestas numeri 2, metientes continentur in forma $2m\alpha+1$."

Haec propositio etiam inversa valet et simili modo demonstrari potest.

Progredimur ad considerationem primorum, quorum non-residuum quadraticum est b et de quibus hoc theorema valet:

„Si primus, cuius non-residuum est b, est formae $2m\alpha-1$, formulae U erit divisor, et vice versa nullus primus, cuius non-residuum est b, formulam metitur, nisi in forma $2m\alpha-1$ contineatur."

Demonstrationem partis prioris huius theorematis, cum iis, quae supra exposuimus, satis sit similis, lectori evolvendam relinquimus. Posterioris autem demonstrationem, quae nova artificia requirit, fusius explicabimus. Sit k primus, cuius non-residuum est b, formulam U pro valore determinato ipsius x metiens, demonstrandum est nobis, k esse formae $2m\alpha-1$, seu $k+1$ per 2α esse divisibilem. Ponamus $k+1$ per 2α non esse divisibilem, et quid inde sequatur, videamus. Si per β summam potestatem numeri 2 ipsum $k+1$ metientem designamus, $\frac{k+1}{\beta}$ erit numerus impar et $\frac{2\alpha}{\beta}$ vel 2 vel potestas ipsius 2. Numeri $\frac{k+1}{\beta}$, $\frac{2\alpha}{\beta}$ igitur divisorem communem non habent, unde sequitur, numeros integros positivos assignari posse ita comparatos, ut sit:

$$g\frac{k+1}{\beta}-\frac{2\alpha}{\beta}h = 1,$$

quae aequatio hoc quoque modo exhiberi potest: $g(k+1)-2h\alpha=\beta$.

Supra vidimus, N in aequatione $M+N\sqrt{b} = (x+\sqrt{b})^{k+1}$ pro quovis valore ipsius x per k esse divisibilem. Expressionem $M+N\sqrt{b}$ ad potestatem g elevatam si per $M'+N'\sqrt{b}$ designamus, N' per N ideoque per k divisibilis erit, M' autem per k non divisibilem esse sequitur ex eo, quod $M'+N'\sqrt{b}$ manifesto est potestas ipsius $x+\sqrt{b}$, quam ob rem M' et N' divisorem communem imparem habere non possunt.

Habemus aequationem:

$$(x+\sqrt{b})^{\alpha} = U+V\sqrt{b},$$

in qua, cum U per k sit divisibilis, formula V non erit, quippe quae ad formulam U est prima. Ex aequatione praecedenti deducitur haec:

$$(x+\sqrt{b})^{2\alpha} = U^2+bV^2+2UV\sqrt{b}$$

seu, quod est idem, si brevitatis causa ponimus $U^2+bV^2 = P$, $2UV = Q$:

$$(x+\sqrt{b})^{2\alpha} = P+Q\sqrt{b}.$$

Cum k ipsum b non metiatur, et U ipsius k sit multiplum, V autem non sit, concluditur, k ipsius Q esse divisorem, ipsius P autem non esse.

Iam si ponimus:

$$(P+Q\sqrt{b})^h = P'+Q'\sqrt{b},$$

ut supra demonstrari poterit, Q' ipsius k fore multiplum, P' autem non fore. —

E comparatione aequationum:

$$(x+\sqrt{b})^{g(k+1)} = M'+N'\sqrt{b}, \quad (x+\sqrt{b})^{2h\alpha} = P'+Q'\sqrt{b}, \quad g(k+1)-2h\alpha = \beta,$$

deducitur haec:

$$M'+N'\sqrt{b} = (P'+Q'\sqrt{b})(x+\sqrt{b})^{\beta},$$

quae, si brevitatis causa ponimus $(x+\sqrt{b})^{\beta} = R+S\sqrt{b}$, hoc quoque modo exhiberi potest:

$$M'+N'\sqrt{b} = (P'+Q'\sqrt{b})(R+S\sqrt{b}).$$

Concluditur inde, multiplicando et partes rationales et coefficientes ipsius $\sqrt{b}$ separatim aequando, esse:

$$M' = P'R+bQ'S, \quad N' = P'S+Q'R.$$

Cum Q' et N' ipsius k sint multipla, k autem expressionem P' non metiatur, manifesto posterior aequationum praecedentium locum habere non potest, nisi S per k sit divisibilis.

Habemus aequationes:

$$(x+\sqrt{b})^{\alpha} = U+V\sqrt{b}, \quad (x+\sqrt{b})^{\beta} = R+S\sqrt{b},$$

quarum comparatio hanc novam suppeditat:

$$U+V\sqrt{b} = (R+S\sqrt{b})^{\frac{\alpha}{\beta}},$$

ubi $\frac{\alpha}{\beta}$ est integer, quia $\frac{2\alpha}{\beta}$ est vel 2 vel potestas ipsius 2. Sequitur ex aequatione praecedenti, in qua exponens $\frac{\alpha}{\beta}$ est integer, V per S esse divisibilem; et cum k, ut supra vidimus, formulam S metiatur, concludendum est, k esse divisorem formulae V, quod est contra ea, quae supra stabilivimus. Demonstravimus enim, formulas U et V divisorem communem imparem habere non posse, unde sequitur, primum k, quem formulae U divisorem esse statuimus, formulam V metiri non posse. Probatum est igitur, suppositionem, a qua profecti sumus, constare non posse, sed $k+1$ re vera per 2α esse divisibilem seu k esse formae $2m\alpha-1$.

Ecce quaedam exempla ad theoremata modo demonstrata referenda.

Sit $\alpha=4$, quo casu U invenitur $x^4+6bx^2+b^2$, quae formula per nullum primum, cuius residuum quadraticum est b, erit divisibilis, nisi in forma $8m+1$ contentum, et per nullum primum, cuius non-residuum est b, nisi in forma $8m-1$ sit inclusus.

Ponamus $b=-3$, qua suppositione U erit x^4-18x^2+9. Constat autem e doctrina de residuis quadraticis, primos, quorum residuum sit -3, esse formae $3m+1$, primos, quorum non-residuum -3, esse formae $3m-1$. Quae si cum praecedentibus comparaveris, invenies: „formulam x^4-18x^2+9 per nullum primum esse divisibilem, nisi in altera formarum $24m\pm1$ contineatur, et vice versa, quemvis primum etc.“

Aliud exemplum praebebunt suppositiones $\alpha=8$, $b=5$, quo casu valor formulae U erit $x^8+140x^6+1750x^4+3500x^2+625$, cuius expressionis divisores primi erunt formae $16m+1$ vel formae $16m-1$, prout 5 eorum est residuum vel non-residuum quadraticum. Quod si cum propositione nota: „primos, quorum residuum sit 5, esse formae $5m\pm1$, primos autem, quorum non-residuum sit 5, esse formae $5m\pm2$“ rite iunxeris, prodibit hoc theorema:

„Primi formulam $x^8+140x^6+1750x^4+3500x^2+625$ metientes continentur in formis $80m+1$, 47, 49, 63, et vice versa quivis primus in aliqua harum formarum comprehensus formulae erit divisor.“

RECHERCHES SUR LES DIVISEURS PREMIERS D'UNE CLASSE DE FORMULES DU QUATRIÈME DEGRÉ.

1er Mémoire.

On trouve, dans les annonces littéraires de Gottingue (11 avril 1825), l'extrait d'un mémoire d'analyse indéterminée que M. GAUSS a présenté à la Société Royale des Sciences de cette ville, mais qui n'a pas encore été imprimé. Ce mémoire est le premier d'une suite de mémoires que l'illustre auteur des *Disquisitiones arithmeticae* se propose de donner sur la théorie des résidus biquadratiques, et a pour objet de déterminer les caractères distinctifs des nombres premiers diviseurs de la formule x^4-2. L'auteur y établit deux théorèmes extrêmement élégants qui peuvent servir à décider, si un nombre premier, diviseur de x^2-2, divise ou ne divise pas la formule précédente. Ayant eu connaissance, dans le courant de l'année qui vient de finir, de l'extrait cité qui ne contient que les énoncés des deux théorèmes dont il vient d'être question, et de quelques propositions auxiliaires, j'eus le désir de démontrer de mon côté les beaux théorèmes découverts par M. GAUSS. Les recherches que je fis dans cette vue me firent trouver une démonstration fondée sur des considérations extrêmement simples et probablement tout-à-fait différente de celle de M. GAUSS, qui paraît exiger des recherches préliminaires très délicates et assez étendues. J'appliquai ensuite des considérations analogues à d'autres questions et particulièrement à la recherche des propriétés qui distinguent les diviseurs premiers de la formule $\alpha x^4+\beta x^2+\gamma$; et je parvins ainsi à un grand nombre de théorèmes intéressants. L'exposition rapide d'une partie des résultats auxquels ces recherches m'ont conduit, est l'objet du présent mémoire. Je commence par poser quelques définitions et par énoncer quelques théorèmes très faciles à établir et sur lesquels nous aurons à nous appuyer dans la suite.

1.

„Si l'on peut attribuer à l'indéterminée x une valeur telle que x^4-A devienne divisible par B, A sera dit résidu biquadratique par rapport à B."

Il est facile de voir que, si un nombre A est résidu biquadratique par rapport à un nombre B, ou en d'autres termes, si B est diviseur de x^4-A, chaque facteur premier de B sera pareillement diviseur de x^4-A, et réciproquement, que si cette condition a lieu par rapport à tout facteur premier du nombre B, B sera lui-même diviseur de x^4-A. On peut donc se borner, lorsqu'il s'agit d'assigner tous les nombres qui divisent la formule x^4-A, à ne considérer que les nombres premiers.

Il n'est pas moins évident que, pour qu'un nombre divise la formule x^4-A, il est nécessaire que ce nombre soit diviseur de x^2-A. Il n'y a donc à examiner que les nombres premiers diviseurs de cette dernière formule, c'est-à-dire les nombres premiers par rapport auxquels A est résidu quadratique. On peut ajouter que, relativement à ceux de ces derniers qui sont de la forme $4n+3$, la question ne présente aucune difficulté; car on s'assure par un raisonnement très simple que tout nombre premier $4n+3$, diviseur de x^2-A, divise aussi la formule x^4-A.

Soit p un nombre premier $4n+1$, diviseur de x^2-A, A désignant un nombre positif ou négatif, non-divisible par p; on a, comme l'on sait, $A^{\frac{p-1}{2}} \equiv 1$ (mod. p). On conclut de là, $A^{\frac{p-1}{4}} \equiv \pm 1$ (mod. p) et l'on prouve facilement que le signe supérieur ou inférieur aura lieu, selon que p divise ou ne divise pas la formule x^4-A. On peut donc énoncer ce théorème:

„A désignant un nombre résidu quadratique par rapport au nombre premier $p=4n+1$, on aura $A^{\frac{p-1}{4}} \equiv 1$ ou $A^{\frac{p-1}{4}} \equiv -1$ (mod. p). Dans le premier cas, A sera résidu biquadratique par rapport à p, dans le second, A sera non-résidu biquadratique par rapport à p."

Si l'on applique ce théorème au cas où $A=-1$, on trouvera que -1 est résidu biquadratique par rapport aux nombres premiers $8n+1$, et au contraire non-résidu relativement à ceux de la forme $8n+5$. Du théorème précédent on déduit facilement cet autre, dans l'énoncé duquel on suppose, comme dans tout ce qui suivra, que p soit un nombre premier $4n+1$, et que A et A' désignent des nombres non-divisibles par p et qui sont l'un et l'autre des résidus quadratiques par rapport à p.

„Si les nombres A et A' sont tous les deux des résidus biquadratiques ou tous les deux des non-résidus biquadratiques par rapport à p, le produit AA' sera résidu biquadratique par rapport à p; si, au contraire, l'un des nombres A et A' est résidu, l'autre non-résidu biquadratique relativement à p, AA' sera non-résidu biquadratique par rapport à p.“

En faisant $A' = -1$, et en ayant égard à ce qui précède, on verra que, si p est de la forme $8n+1$, A sera en même temps que $-A$ résidu ou non-résidu biquadratique, et qu'au contraire, si p est de la forme $8n+5$, l'un des nombres A et $-A$ sera résidu, l'autre non-résidu biquadratique par rapport à p.

2.

Après avoir établi ces préliminaires, nous allons nous occuper de la recherche des caractères qui distinguent les diviseurs premiers de la formule x^4-2. On sait que les diviseurs premiers de x^2-2 sont de l'une de ces deux formes: $8n+1$, $8n+7$, et que réciproquement tout nombre premier de l'une de ces formes divise la formule x^2-2. D'après ce que nous avons dit dans le paragraphe précédent, nous n'avons pas besoin d'avoir égard à la dernière de ces deux formes, et il suffira de considérer les nombres premiers $8n+1$. Soit p un nombre premier de cette espèce, et posons, comme il est permis de le faire, $p = t^2+2u^2$, où u sera pair, t impair. Faisons $u = 2^\nu kk'k''\ldots$, 2^ν étant la puissance la plus élevée de 2 qui divise u, et $k, k', k'', \ldots$ désignant des nombres premiers impairs, dont plusieurs peuvent être égaux entre eux. L'équation $t^2+2u^2 = p$ donne immédiatement $t^2 \equiv p \pmod{k}$. Le nombre p est donc résidu quadratique par rapport à k, ce que nous écrirons ainsi: $\left(\frac{p}{k}\right) = 1$, en adoptant la notation employée par M. Legendre. On se rappelle que, si c désigne un nombre premier et M un nombre quelconque, non divisible par c, cet illustre géomètre se sert du signe $\left(\frac{M}{c}\right)$, pour désigner le reste que l'on obtient, en divisant par c la puissance $M^{\frac{c-1}{2}}$, reste que l'on sait être égal à 1 ou -1, selon que M est ou n'est pas résidu quadratique par rapport à c. En appliquant à la relation $\left(\frac{p}{k}\right) = 1$, le théorème connu sous le nom de loi de réciprocité (*theorema fundamentale* de M. Gauss), on aura, p étant de la forme $4n+1$, $\left(\frac{k}{p}\right)=1$. On trouve de la même manière:

$$\left(\frac{k'}{p}\right)=1,\quad \left(\frac{k''}{p}\right)=1,\quad \text{etc.}$$

D'un autre côté, comme p est de la forme $8n+1$, on a aussi $\left(\frac{2}{p}\right)=1$, et par conséquent $\left(\frac{2^\nu}{p}\right)=1$. Multipliant cette dernière relation par toutes les précédentes, il viendra:

$$\left(\frac{2^\nu kk'k''\ldots}{p}\right)=\left(\frac{u}{p}\right)=1.$$

Considérons maintenant les facteurs simples du nombre impair t, que nous partagerons en deux classes. La première classe comprendra les diviseurs premiers de l'une de ces deux formes: $8n+1$, $8n+7$, et les nombres qui en font partie seront désignés par $g, g', g'', \ldots$; la seconde classe se composera de nombres $h, h', h'', \ldots$, contenus dans ces deux formes: $8n+3$, $8n+5$. On a d'abord:

$$t = gg'g''\ldots\times hh'h''\ldots,$$

et l'on conclura ensuite de l'équation $p=t^2+2u^2$:

$$\left(\frac{2p}{g}\right)=1,\quad \left(\frac{2p}{g'}\right)=1,\quad \left(\frac{2p}{g''}\right)=1,\quad \text{etc.}$$
$$\left(\frac{2p}{h}\right)=1,\quad \left(\frac{2p}{h'}\right)=1,\quad \left(\frac{2p}{h''}\right)=1,\quad \text{etc.}$$

D'un autre côté, on a en vertu de théorèmes connus:

$$\left(\frac{2}{g}\right)=1,\quad \left(\frac{2}{g'}\right)=1,\quad \left(\frac{2}{g''}\right)=1,\quad \text{etc.}$$
$$\left(\frac{2}{h}\right)=-1,\quad \left(\frac{2}{h'}\right)=-1,\quad \left(\frac{2}{h''}\right)=-1,\quad \text{etc.}$$

Si l'on compare maintenant ces relations aux précédentes, on trouvera:

$$\left(\frac{p}{g}\right)=1,\quad \left(\frac{p}{g'}\right)=1,\quad \left(\frac{p}{g''}\right)=1,\quad \text{etc.}$$
$$\left(\frac{p}{h}\right)=-1,\quad \left(\frac{p}{h'}\right)=-1,\quad \left(\frac{p}{h''}\right)=-1,\quad \text{etc.}$$

L'application de la loi de réciprocité à ces dernières relations donnera celles-ci:

$$\left(\frac{g}{p}\right)=1,\quad \left(\frac{g'}{p}\right)=1,\quad \left(\frac{g''}{p}\right)=1,\quad \text{etc.}$$
$$\left(\frac{h}{p}\right)=-1,\quad \left(\frac{h'}{p}\right)=-1,\quad \left(\frac{h''}{p}\right)=-1,\quad \text{etc.}$$

d'où il suit, en multipliant:

$$\left(\frac{gg'g''\ldots\times hh'h''\ldots}{p}\right)=\left(\frac{t}{p}\right)=\pm 1,$$

où il faudra prendre le signe supérieur ou inférieur, selon que les nombres h, h', h'', ... sont en nombre pair ou impair. Or, il est facile de voir, par l'équation $t=gg'g''\ldots\times hh'h''\ldots$, que le premier cas aura lieu, lorsque t est de l'une de ces formes: $8n+1$, $8n+7$, le second, lorsque t est contenu dans l'une de celles-ci: $8n+3$, $8n+5$. On a donc:

$$\left(\frac{t}{p}\right)=1, \quad \text{lorsque} \quad t=8n+1 \quad \text{ou} \quad 8n+7,$$
$$\left(\frac{t}{p}\right)=-1, \quad \text{lorsque} \quad t=8n+3 \quad \text{ou} \quad 8n+5.$$

Reprenons l'équation $t^2+2u^2=p$ et mettons-la sous la forme d'une congruence:

$$t^2\equiv -2u^2 \pmod{p}.$$

En élevant les deux membres à la puissance $\frac{p-1}{4}$, on aura $\left(\frac{p-1}{4}\text{ étant pair}\right)$:

$$t^{\frac{p-1}{2}}\equiv 2^{\frac{p-1}{4}}u^{\frac{p-1}{2}} \pmod{p},$$

ou, ce qui revient au même, ayant prouvé que $\left(\frac{u}{p}\right)=1$:

$$t^{\frac{p-1}{2}}\equiv 2^{\frac{p-1}{4}} \pmod{p}.$$

On voit donc que ± 2 (on peut mettre le double signe attendu que $p=8n+1$) est ou n'est pas résidu biquadratique par rapport à p, selon que l'on a $\left(\frac{t}{p}\right)=1$ ou $\left(\frac{t}{p}\right)=-1$. En comparant ce résultat à ce qui précède, on aura ce théorème:

„p désignant un nombre premier $8n+1$, si l'on fait $p=t^2+2u^2$, je dis que ± 2 sera ou ne sera pas résidu biquadratique par rapport à p, selon que t est de l'une de ces formes: $8n+1$, $8n+7$ ou de l'une de celles-ci: $8n+3$, $8n+5$."

C'est le premier des deux théorèmes de M. Gauss, dont il a été question dans le préambule de ce mémoire. Le second de ces théorèmes est relatif à la décomposition du nombre p en deux carrés, et peut être facilement déduit de celui qui vient d'être établi.

Faisons $p=\varphi^2+\psi^2$ (où ψ est supposé divisible par 4) et égalons cette valeur de p à celle que nous venons de considérer.

Nous aurons ainsi:

$$p = t^2+2u^2 = \varphi^2+\psi^2,$$

et en transposant:

$$t^2-\psi^2 = (t+\psi)(t-\psi) = \varphi^2-2u^2.$$

Comme φ est impair, le plus grand diviseur commun de φ et u sera impair; désignons-le par m et faisons $\varphi = m\varphi'$, $u = mu'$. La substitution de ces valeurs dans l'équation précédente la changera en celle-ci:

$$(t+\psi)(t-\psi) = m^2(\varphi'^2-2u'^2).$$

On voit que le nombre impair $t+\psi$ est composé de deux facteurs E et K, dont le premier divise m^2, le second $\varphi'^2-2u'^2$, et qu'il en est de même de $t-\psi$ dont nous désignerons les facteurs par F et L, L pouvant être négatif. Nous avons donc les équations:

$$t+\psi = EK, \quad t-\psi = FL,$$
$$m^2 = EF, \quad \varphi'^2-2u'^2 = KL.$$

Il est facile de s'assurer que les nombres E et F sont premiers entre eux. En effet, soit δ un diviseur premier de E, et supposons que δ divise en même temps F. Le nombre δ serait diviseur commun de $t+\psi$ et $t-\psi$, et diviserait par conséquent le nombre t, qui est la demi-somme des précédents. D'un autre côté, de ce que δ est diviseur premier de E, il suit successivement, en ayant égard aux équations $EF = m^2$, $u = mu'$, que m^2, m et u sont multiples de δ. Les nombres t et u auraient donc le diviseur commun δ, et $p = t^2+2u^2$ ne serait pas un nombre premier.

Le produit des nombres E et F, qui sont premiers entre eux, étant un carré, chacun d'eux est aussi un carré. Faisons $E = e^2$, et nous aurons $t+\psi = e^2K$. Le carré impair e^2 est de la forme $8n+1$, et K, comme diviseur impair de $\varphi'^2+2u'^2$ (où φ' et u' sont premiers entre eux), de l'une de celles-ci: $8n+1$, $8n+7$. Le nombre $t+\psi$ sera donc lui-même de l'une des formes $8n+1$, $8n+7$. Le nombre ψ que nous savons être divisible par 4, sera de la forme $8n$ ou de celle-ci: $8n+4$. Il suit, de ce qui précède, que, dans le premier cas, t sera de l'une de ces deux formes: $8n+1$, $8n+7$, dans le second de l'une de celles-ci: $8n+3$, $8n+5$. En comparant ce résultat au théorème précédent, on aura cet autre théorème:

„p désignant un nombre premier $8n+1$, et ayant fait $p = \varphi^2+\psi^2$ (où ψ est supposé divisible par 4), ± 2 sera ou ne sera pas résidu biquadratique par rapport à p, selon que ψ est de la forme $8n$ ou de celle-ci: $8n+4$."

Il y a un troisième théorème propre à décider si ± 2 est ou n'est pas résidu biquadratique relativement à un nombre premier $p = 8n+1$, et qui peut s'énoncer comme il suit:

„Ayant fait d'une manière quelconque $p = t^2 - 2u^2$, ± 2 sera ou ne sera pas résidu biquadratique par rapport à p, selon que t est de l'une des formes $8n+1$, $8n+3$, ou de l'une de celles-ci: $8n+5$, $8n+7$."

Nous ne nous arrêterons pas à démontrer ce théorème que l'on peut établir d'une manière directe et par des considérations analogues à celles sur lesquelles est fondée la démonstration du premier des deux théorèmes précédents. On peut aussi le déduire de chacun des précédents à-peu-près comme on vient de passer du premier au second.

3.

Nous allons maintenant passer à des considérations plus générales. Soit b un nombre premier $4n+3$, p un nombre premier $4n+1$ susceptible d'être mis sous la forme $t^2 - bu^2$, et proposons-nous de décider si $-b$ est ou n'est pas résidu biquadratique par rapport à p. Il est facile de voir que, si p peut être mis sous la forme $t^2 - bu^2$, on peut toujours le faire de manière que u soit pair, et par conséquent t impair*). Faisons donc $p = t^2 - bu^2$, et posons $u = 2^\nu kk'k''\ldots$, k, k', k'', ... étant les facteurs impairs simples de u. On conclut immédiatement de l'équation précédente:

$$\left(\frac{p}{k}\right) = 1, \quad \left(\frac{p}{k'}\right) = 1, \quad \left(\frac{p}{k''}\right) = 1, \quad \text{etc.}$$

L'application de la loi de réciprocité donne ensuite, p étant de la forme $4n+1$:

$$\left(\frac{k}{p}\right) = 1, \quad \left(\frac{k'}{p}\right) = 1, \quad \left(\frac{k''}{p}\right) = 1, \quad \text{etc.}$$

Multipliant ces relations entre elles et avec la relation identique $\left(\frac{2^\nu}{p}\right) = \left(\frac{2^\nu}{p}\right)$,

---

*) Pour prouver que cela est toujours possible, nous allons faire voir que, si l'on a $t^2 - bu^2 = p$, t étant pair, il est facile de déduire des valeurs de t et de u, d'autres nombres t' (impair) et u' qui satisfassent également à l'équation $t'^2 - bu'^2 = p$. Soient r et s les moindres nombres tels que $r^2 - bs^2 = 1$, je dis que r sera pair. En effet, on sait que, si b désigne un nombre premier $4n+3$, l'équation $\varrho^2 - b\sigma^2 = \pm 2$ est toujours possible, et que, ϱ et σ étant supposés les plus petits nombres qui y satisfassent, on a $r = b\sigma^2 \pm 1$, $s = \varrho\sigma$ (*Théorie des Nombres*, no. 44. 45). Il suit de là et de ce que les nombres ϱ et σ sont évidemment impairs l'un et l'autre, que r est un nombre pair. Cela posé, si l'on multiplie entre elles les équations $r^2 - bs^2 = 1$, $t^2 - bu^2 = p$, il viendra $(rt \pm bsu)^2 - b(ru \pm st)^2 = p$, et l'on verra facilement que $rt \pm bsu$ est un nombre impair.

on aura ce résultat:

$$(\alpha)\qquad \left(\frac{u}{p}\right)=\left(\frac{2^{\nu}}{p}\right).$$

Décomposons actuellement le nombre impair t en ses facteurs simples et partageons ces facteurs en deux classes. Ceux de la première classe seront désignés par g, g', g'', ..., et sont tels que:

$$(\beta)\qquad \left(\frac{-b}{g}\right)=1,\quad \left(\frac{-b}{g'}\right)=1,\quad \left(\frac{-b}{g''}\right)=1,\quad \text{etc.}$$

Quant à ceux qui forment la seconde classe et que nous désignerons par h, h', h'', ..., ils sont tels que:

$$(\beta')\qquad \left(\frac{-b}{h}\right)=-1,\quad \left(\frac{-b}{h'}\right)=-1,\quad \left(\frac{-b}{h''}\right)=-1,\quad \text{etc.}$$

Le produit de tous ces nombres est égal à t, c'est-à-dire que:

$$t=gg'g''...\times hh'h''....$$

L'inspection de l'équation $t^2-bu^2=p$ donne ces résultats:

$$\left(\frac{-bp}{g}\right)=1,\quad \left(\frac{-bp}{g'}\right)=1,\quad \left(\frac{-bp}{g''}\right)=1,\quad \text{etc.}$$

$$\left(\frac{-bp}{h}\right)=1,\quad \left(\frac{-bp}{h'}\right)=1,\quad \left(\frac{-bp}{h''}\right)=1,\quad \text{etc.}$$

La comparaison de ces relations avec les précédentes donnera ensuite:

$$\left(\frac{p}{g}\right)=1,\quad \left(\frac{p}{g'}\right)=1,\quad \left(\frac{p}{g''}\right)=1,\quad \text{etc.}$$

$$\left(\frac{p}{h}\right)=-1,\quad \left(\frac{p}{h'}\right)=-1,\quad \left(\frac{p}{h''}\right)=-1,\quad \text{etc.}$$

Appliquant maintenant la loi de réciprocité, il viendra:

$$\left(\frac{g}{p}\right)=1,\quad \left(\frac{g'}{p}\right)=1,\quad \left(\frac{g''}{p}\right)=1,\quad \text{etc.}$$

$$\left(\frac{h}{p}\right)=-1,\quad \left(\frac{h'}{p}\right)=-1,\quad \left(\frac{h''}{p}\right)=-1,\quad \text{etc.}$$

Multipliant ces relations entre elles, on aura:

$$\left(\frac{gg'g''...\times hh'h''}{p}\right)=\left(\frac{t}{p}\right)=\pm 1,$$

le signe supérieur ou inférieur ayant lieu, selon que les nombres h, h', h'', ... sont en nombre pair ou impair. D'un autre côté, si l'on applique la loi de réciprocité aux relations (β) et (β'), il viendra, b étant de la forme $4n+3$:

$$\left(\frac{g}{b}\right)=1,\quad \left(\frac{g'}{b}\right)=1,\quad \left(\frac{g''}{b}\right)=1,\quad \text{etc.}$$
$$\left(\frac{h}{b}\right)=-1,\quad \left(\frac{h'}{b}\right)=-1,\quad \left(\frac{h''}{b}\right)=-1,\quad \text{etc.}$$

égalités qui, étant multipliées entre elles, donneront celle-ci:

$$\left(\frac{gg'g''\ldots\times hh'h''}{b}\right)=\left(\frac{t}{b}\right)=\pm 1,$$

où il faut prendre le signe supérieur ou inférieur, selon que les nombres h, h', h'', ... sont en nombre pair ou impair.

La comparaison de ce résultat avec celui que nous avons obtenu, il n'y a qu'un instant, fait voir qu'on a toujours:

$$(\gamma)\qquad \left(\frac{t}{p}\right)=\left(\frac{t}{b}\right).$$

Reprenons maintenant l'équation $p=t^2-bu^2$, et mettons-la sous la forme d'une congruence:

$$t^2\equiv bu^2 \pmod{p}.$$

On tire de là, en élevant les deux membres à la puissance $\frac{p-1}{4}$:

$$t^{\frac{p-1}{2}}\equiv b^{\frac{p-1}{4}}u^{\frac{p-1}{2}} \pmod{p}.$$

La formule (α), qui est celle-ci: $\left(\frac{u}{p}\right)=\left(\frac{2^\nu}{p}\right)$, 2^ν désignant la puissance la plus élevée qui divise u, peut être présentée d'une autre manière. Il faut pour cela distinguer deux cas, selon que p est de la forme $8n+1$ ou de celle-ci: $8n+5$. Si p est un nombre premier $8n+1$, on a, comme on sait, $\left(\frac{2}{p}\right)=1$, et par conséquent $\left(\frac{2^\nu}{p}\right)=1$; la formule dont il s'agit se change donc dans ce cas en celle-ci: $\left(\frac{u}{p}\right)=1$. Si p est un nombre premier $8n+5$, le nombre ν est $=1$; car si ν était plus grand que l'unité, u^2 serait divisible par 8, et $p=t^2-bu^2$ serait de la forme $8n+1$. Comme d'ailleurs dans ce cas $\left(\frac{2}{p}\right)=-1$, la formule (α) se changera en celle-ci: $\left(\frac{u}{p}\right)=-1$. Les deux cas que nous venons d'examiner sont compris dans la formule $\left(\frac{u}{p}\right)=(-1)^{\frac{p-1}{4}}$, qui équivaut à cette congruence: $u^{\frac{p-1}{2}}\equiv(-1)^{\frac{p-1}{4}} \pmod{p}$. En substituant la valeur qu'elle donne pour $u^{\frac{p-1}{2}}$ dans la congruence obtenue plus haut, on aura:

$$t^{\frac{p-1}{2}} \equiv (-b)^{\frac{p-1}{4}} \pmod{p},$$

résultat qui montre que $-b$ sera ou ne sera pas résidu biquadratique par rapport à p, selon que t est ou n'est pas résidu quadratique par rapport à p. Si l'on compare maintenant ce résultat avec celui qui est contenu dans la formule (γ), on arrivera au théorème que nous allons énoncer:

„Désignons par b un nombre premier $4n+3$, et par p un nombre premier $4n+1$, susceptible d'être mis sous la forme t^2-bu^2. Ayant fait $p = t^2-bu^2$ (où t est supposé impair), je dis que $-b$ sera ou ne sera pas résidu biquadratique par rapport à p, selon que t est ou n'est pas résidu quadratique par rapport à b.“

4.

Nous allons maintenant déduire de ce théorème un autre, au moyen duquel on peut décider plus promptement encore, si $-b$ est ou n'est pas résidu biquadratique par rapport à p. Conservons les notations précédentes et faisons $p = \varphi^2+\psi^2$ (où ψ est supposé pair). En égalant cette valeur de p à celle que nous avons considérée précédemment, on aura:

$$p = t^2-bu^2 = \varphi^2+\psi^2,$$

et en transposant:

$$t^2-\psi^2 = (t+\psi)(t-\psi) = \varphi^2+bu^2.$$

Il y a maintenant deux cas à distinguer, selon que φ est ou n'est pas divisible par b. Nous commençons par l'examen du dernier de ces deux cas. Soit m le plus grand commun diviseur de φ et u qui sera impair (φ étant impair) et non-divisible par b, et posons $\varphi = m\varphi'$, $u = mu'$. La substitution de ces valeurs dans la dernière équation, la changera en celle-ci:

$$(t+\psi)(t-\psi) = m^2(\varphi'^2+bu'^2).$$

Il est évident, par cette équation, que $t+\psi$ est composé de deux facteurs E et K dont le premier divise m^2, le second $\varphi'^2+bu'^2$, et qu'il en est de même de $t-\psi$. Désignant les facteurs de ce dernier nombre par F et L, nous aurons ces équations:

$$t+\psi = EK, \qquad t-\psi = FL,$$
$$m^2 = EF, \quad \varphi'^2+bu'^2 = KL.$$

Il est très facile de s'assurer que les nombres E et F sont premiers entre eux. En effet, soit δ un facteur simple quelconque de E (qui sera nécessairement impair, E étant lui même impair) et supposons que δ divise aussi F. L'inspection des équations précédentes fait voir que δ serait, dans cette supposition, diviseur commun de $t+\psi$ et $t-\psi$, et diviserait par conséquent le nombre t, qui est la demi-somme des précédents. Mais on voit d'un autre côté que δ, comme diviseur premier de E, divise m^2, et par conséquent m et u (u étant $= mu'$). Les nombres t et u auraient donc, dans cette supposition, le facteur commun δ, ce qui est absurde, $p = t^2 - bu^2$ étant un nombre premier. Il est donc prouvé que E et F ne sauraient avoir de diviseur commun, et comme le produit de ces nombres est un carré, chacun d'eux est pareillement un carré. On a donc:

$$\left(\frac{E}{b}\right) = 1, \quad \left(\frac{F}{b}\right) = 1.$$

Quant aux nombres K et L, ils sont de même tels qu'on ait:

$$\left(\frac{K}{b}\right) = 1, \quad \left(\frac{L}{b}\right) = 1.$$

En effet, on voit par la dernière équation (p. 74) que ces nombres divisent l'un et l'autre la formule $\varphi'^2 + bu'^2$ (où φ' et bu' sont premiers entre eux) et l'on sait par un théorème connu qui se déduit facilement de la loi de réciprocité (*Théorie des Nombres*, no. 197) que tout diviseur impair R d'une pareille formule est tel que $\left(\frac{R}{b}\right) = 1$. Multipliant la première des dernières relations par la troisième, la seconde par la quatrième, il viendra:

$$\left(\frac{EK}{b}\right) = 1, \quad \left(\frac{FL}{b}\right) = 1,$$

ou, ce qui est la même chose:

$$(\delta) \qquad \left(\frac{t+\psi}{b}\right) = 1, \quad \left(\frac{t-\psi}{b}\right) = 1.$$

En examinant d'une manière semblable le cas de φ divisible par b, on trouvera que, dans ce cas, l'un des nombres $t+\psi$ et $t-\psi$ est divisible par b, et que l'autre est, comme dans le cas dont nous venons de nous occuper, résidu quadratique par rapport à b, de sorte qu'en désignant par $t \pm \psi$ celui de ces nombres qui est divisible par b, on a:

$$(\delta') \qquad t \pm \psi \equiv 0 \ (\text{mod.} b), \quad \left(\frac{t \mp \psi}{b}\right) = 1.$$

Il résulte du théorème énoncé à la fin du paragraphe précédent que, pour décider si $-b$ est ou n'est pas résidu biquadratique par rapport à p, tout se réduit à la question de savoir si t est ou n'est pas résidu quadratique par rapport à b. Nous pouvons maintenant faire voir, au moyen des résultats que nous venons d'obtenir, que cette dernière question peut être décidée sans connaître t, c'est-à-dire sans qu'il soit nécessaire de mettre p sous la forme t^2-bu^2. Supposons d'abord φ non-divisible par b. Les relations (δ), qui ont lieu dans ce cas, peuvent être présentées de cette manière, en observant que b est un nombre premier $4n+3$:

$$\left(\frac{\psi+t}{b}\right)=1,\quad \left(\frac{\psi-t}{b}\right)=-1.$$

On tire immédiatement de l'équation $p=t^2-bu^2$: $t^2\equiv p \pmod{b}$, résultat qui fait voir qu'en résolvant la congruence $\chi^2\equiv p \pmod{b}$, et désignant par χ l'une de ses racines prise au hasard, on aura $t\equiv\chi$, ou $t\equiv-\chi \pmod{b}$. Dans le premier cas, on a:

$$\left(\frac{t}{b}\right)=\left(\frac{\chi}{b}\right),\quad \left(\frac{\chi+\psi}{b}\right)=1,$$

car il est évident que les expressions $\left(\frac{t}{b}\right)$ et $\left(\frac{t+\psi}{b}\right)$ ne changent pas en mettant à la place de t un autre nombre χ qui ne diffère de t que par un multiple de b. En multipliant les dernières relations entre elles, il viendra:

$$\left(\frac{t}{b}\right)=\left(\frac{\chi(\chi+\psi)}{b}\right).$$

Considérons maintenant l'autre cas dans lequel $t\equiv-\chi \pmod{b}$. On aura alors:

$$\left(\frac{t}{b}\right)=-\left(\frac{\chi}{b}\right),\quad \left(\frac{\psi+\chi}{b}\right)=-1,$$

la dernière de ces relations résultant de la formule $\left(\frac{\psi-t}{b}\right)=-1$, si l'on met à la place de $-t$ le nombre χ qui n'en diffère que par un multiple de b. En multipliant les relations précédentes entre elles, on trouvera, comme plus haut:

$$\left(\frac{t}{b}\right)=\left(\frac{\chi(\chi+\psi)}{b}\right).$$

Nous sommes donc arrivés à ce résultat remarquable: Si φ n'est pas divisible par b, on pourra décider très simplement si l'on a:

$$\left(\frac{t}{b}\right)=1 \quad \text{ou} \quad \left(\frac{t}{b}\right)=-1.$$

Il suffira de chercher un nombre qui satisfasse à la congruence $\chi^2 \equiv p \pmod{b}$; ayant trouvé un pareil nombre χ, on aura toujours:

$$\left(\frac{t}{b}\right) = \left(\frac{\chi(\chi+\psi)}{b}\right).$$

Venons maintenant au cas où φ est divisible par b. Les relations (δ') qui ont lieu alors, sont:

$$t \pm \psi \equiv 0 \pmod{b}, \qquad \left(\frac{t \mp \psi}{b}\right) = 1.$$

On peut dans la dernière de ces relations ajouter à $t \mp \psi$ un multiple quelconque de b. Si l'on y ajoute le nombre $t \pm \psi$ qui, en vertu de la première, est divisible par b, il viendra $\left(\frac{2t}{b}\right) = 1$, résultat qui entraîne cet autre: $\left(\frac{t}{b}\right) = \left(\frac{2}{b}\right)$.

En combinant ce résultat avec un théorème connu, on verra que, dans le cas de φ divisible par b, on a $\left(\frac{t}{b}\right) = 1$ ou $\left(\frac{t}{b}\right) = -1$, selon que t est de la forme $8n+7$ ou de celle-ci: $8n+3$.

En comparant ce qui vient d'être prouvé au théorème établi à la fin du dernier paragraphe, on verra qu'on peut décider, indépendamment de la connaissance du nombre t, si $-b$ est ou n'est pas résidu biquadratique par rapport à p. Le résultat auquel on parvient ainsi ne contenant plus aucune trace du nombre t, on est porté à croire qu'il ne suppose pas la possibilité de l'équation $t^2 - bu^2 = p$, d'où le nombre t tire son origine, et qu'il est généralement vrai pour toutes les valeurs de b et p, telles que $\left(\frac{b}{p}\right) = 1$. C'est en effet ce qui a lieu, comme on peut le prouver, en examinant, au lieu de l'équation $t^2 - bu^2 = p$, l'équation plus générale $t^2 \pm Mu^2 = p$, où M désigne le produit d'un nombre quelconque de nombres premiers différents, et en combinant ensuite les résultats de cet examen avec le théorème suivant, de la vérité duquel on ne saurait douter, mais dont la démonstration rigoureuse ne laisse pas que de présenter des difficultés:

„c désignant un nombre premier quelconque et p un nombre premier $4n+1$, tel que $\left(\frac{c}{p}\right) = 1$, on pourra toujours déterminer un nombre δ, composé de facteurs simples tous moindres que c et tel que l'équation $t^2 \pm c\delta u^2 = p$, soit résoluble."

Quoi qu'il en soit, on peut remarquer que le théorème que nous allons énoncer est rigoureusement prouvé, par ce qui précède, pour toutes les valeurs de b, telles que la formule $t^2 - bu^2$ n'ait que le seul diviseur quadratique $\pm(t^2 - bu^2)$. En jetant les yeux sur la première des tables ajoutées à la *Théorie des Nombres*, on voit que tous les nombres premiers $4n+3$, moindres que 136 (limite de la table) se trouvent dans ce cas, en exceptant le seul nombre 79. Il serait facile, en suivant la marche que nous venons d'indiquer, de prouver la vérité du théorème pour cette valeur ou pour toute autre valeur particulière de b, quel que soit p; mais pour l'établir dans toute sa généralité, il faut d'abord prouver, comme nous l'avons déjà dit, qu'on peut toujours satisfaire à la condition que nous avons énoncée, il n'y a qu'un instant.

Théorème I.

„b désignant un nombre premier $4n+3$, et p un nombre premier $4n+1$ tel que $\left(\frac{b}{p}\right) = 1$, si l'on fait $p = \varphi^2 + \psi^2$ (où ψ est supposé pair) on aura cette règle pour décider si $-b$ est ou n'est pas résidu biquadratique par rapport à p: Si φ est divisible par b, $-b$ sera ou ne sera pas résidu biquadratique, selon que b est de la forme $8n+7$ ou de celle-ci: $8n+3$. Si φ n'est pas divisible par b, on cherchera un nombre χ tel qu'on ait $\chi^2 \equiv p \pmod{b}$. Cela posé, $-b$ sera ou ne sera pas résidu biquadratique par rapport à p, selon que l'on a $\left(\frac{\chi(\chi+\psi)}{b}\right) = 1$ ou $\left(\frac{\chi(\chi+\psi)}{b}\right) = -1$."

En faisant successivement $b = 3$, $b = 7$ etc., on obtiendra les théorèmes particuliers suivants qui sont analogues au second des théorèmes de M. Gauss et que l'on doit regarder comme rigoureusement prouvés par les considérations que nous avons exposées dans ce paragraphe et dans le précédent.

„p désignant un nombre premier $12n+1$, si l'on fait $p = \varphi^2 + \psi^2$ (où ψ est supposé pair) l'un des nombres φ et ψ sera nécessairement divisible par 3. Cela posé, je dis que -3 sera ou ne sera pas résidu biquadratique par rapport à p, selon que c'est ψ ou φ qui est divisible par 3."

„p désignant un nombre premier de l'une de ces formes: $28n+1$, $28n+9$, $28n+25$, si l'on fait $p = \varphi^2 + \psi^2$, je dis que -7 sera résidu biquadratique par rapport à p, si l'un des nombres φ et ψ est divisible par 7, et que -7 sera non-résidu biquadratique par rapport à p, si ni l'un ni l'autre de ces nombres n'est divisible par 7."

etc.

5.

Désignons par a un nombre premier $4n+1$, et par p un nombre premier également $4n+1$, et de plus susceptible d'être mis sous la forme t^2-au^2. Nous pouvons donc faire $p=t^2-au^2$ où le nombre t, comme il est facile de le voir, est nécessairement impair. On trouvera, comme dans le paragraphe 3, que, si l'on désigne par 2^ν la puissance la plus élevée de 2 qui divise u, on a $\left(\frac{u}{p}\right)=\left(\frac{2^\nu}{p}\right)$, relation que l'on changera ensuite, comme a l'endroit cité, en celle-ci: $\left(\frac{u}{p}\right)=(-1)^{\frac{p-1}{4}}$.

Décomposons actuellement le nombre impair t en ses facteurs simples, en posant $t=gg'g''\ldots\times hh'h''\ldots$, où les nombres premiers g, g', g'', etc., h, h', h'', etc. sont tels que:

$$(\varepsilon)\qquad \begin{cases} \left(\frac{-a}{g}\right)=1, \quad \left(\frac{-a}{g'}\right)=1, \quad \left(\frac{-a}{g''}\right)=1, \quad \text{etc.} \\ \left(\frac{-a}{h}\right)=-1, \quad \left(\frac{-a}{h'}\right)=-1, \quad \left(\frac{-a}{h''}\right)=-1, \quad \text{etc.} \end{cases}$$

L'équation $t^2-au^2=p$ donne immédiatement:

$$\left(\frac{-ap}{g}\right)=1, \quad \left(\frac{-ap}{g'}\right)=1, \quad \left(\frac{-ap}{g''}\right)=1, \quad \text{etc.}$$
$$\left(\frac{-ap}{h}\right)=1, \quad \left(\frac{-ap}{h'}\right)=1, \quad \left(\frac{-ap}{h''}\right)=1, \quad \text{etc.}$$

Comparant ces relations aux précédentes il viendra:

$$\left(\frac{p}{g}\right)=1, \quad \left(\frac{p}{g'}\right)=1, \quad \left(\frac{p}{g''}\right)=1, \quad \text{etc.}$$
$$\left(\frac{p}{h}\right)=-1, \quad \left(\frac{p}{h'}\right)=-1, \quad \left(\frac{p}{h''}\right)=-1, \quad \text{etc.}$$

L'application de la loi de réciprocité donnera ensuite, p étant de la forme $4n+1$:

$$\left(\frac{g}{p}\right)=1, \quad \left(\frac{g'}{p}\right)=1, \quad \left(\frac{g''}{p}\right)=1, \quad \text{etc.}$$
$$\left(\frac{h}{p}\right)=-1, \quad \left(\frac{h'}{p}\right)=-1, \quad \left(\frac{h''}{p}\right)=-1, \quad \text{etc.}$$

d'où l'on conclut en multipliant:

$$\left(\frac{gg'g''\ldots\times hh'h''\ldots}{p}\right)=\left(\frac{t}{p}\right)=\pm 1,$$

le signe supérieur ou inférieur ayant lieu selon que les nombres premiers h,

h', h'', ... sont en nombre pair ou impair. On peut énoncer ce résultat d'une manière un peu différente, en disant que $\left(\frac{t}{p}\right)$ est égal au produit des seconds membres des relations (ε).

On peut, dans les relations (ε), changer partout $-a$ en a, pourvu qu'en même temps on change le signe des seconds membres de celles de ces relations où il se trouve un nombre premier g, g', g'', ..., h, h', h'', ... de la forme $4n+3$. On aura ainsi:

$$(\zeta)\qquad \begin{cases} \left(\frac{a}{g}\right)=\pm 1, & \left(\frac{a}{g'}\right)=\pm 1, \quad \left(\frac{a}{g''}\right)=\pm 1, \quad \text{etc.} \\ \left(\frac{a}{h}\right)=\pm 1, & \left(\frac{a}{h'}\right)=\pm 1, \quad \left(\frac{a}{h''}\right)=\pm 1, \quad \text{etc.} \end{cases}$$

En comparant le second membre de chacune de ces relations avec le second membre de la relation correspondante du tableau (ε), on trouvera autant de changements de signe qu'il y a de nombres premiers $4n+3$ parmi les nombres g, g', g'', ..., h, h', h'', ...

Le nombre des changements sera donc pair, lorsque parmi les nombres g, g', g'', ..., h, h', h'', ... il s'en trouve un nombre pair de la forme $4n+3$. Dans ce cas qui aura lieu toutes les fois que $t=gg'g''\ldots\times hh'h''\ldots$ est de la forme $4n+1$, le produit des seconds membres des relations (ζ) sera donc le même que le produit des seconds membres des relations (ε).

D'un autre côté, on peut, en vertu de la loi de réciprocité, renverser les premiers membres des relations (ζ), sans qu'il soit nécessaire de changer le signe d'aucun des seconds membres de ces relations. Le produit de toutes les expressions renversées, c'est-à-dire $\left(\frac{gg'g''\ldots\times hh'h''\ldots}{a}\right)$ ou $\left(\frac{t}{a}\right)$, est donc égal au produit des seconds membres des relations (ζ) et par conséquent aussi, d'après ce qu'on a vu précédemment, égal au produit des seconds membres des relations (ε). Or, ayant prouvé plus haut que ce dernier produit est égal à $\left(\frac{t}{p}\right)$, on a:

$$\left(\frac{t}{p}\right)=\left(\frac{t}{a}\right).$$

Ce résultat est relatif au cas où t est de la forme $4n+1$; si l'on examine d'une manière semblable le cas de $t=4n+3$, on trouvera qu'on a alors:

$$\left(\frac{t}{p}\right)=-\left(\frac{t}{a}\right).$$

Ces deux cas sont compris dans la formule suivante à laquelle nous réunissons un résultat obtenu plus haut:

$$(\eta)\qquad \left(\frac{t}{p}\right)=(-1)^{\frac{t-1}{2}}\left(\frac{t}{a}\right),\quad \left(\frac{u}{p}\right)=(-1)^{\frac{p-1}{4}}.$$

L'équation $t^2-au^2=p$ donne successivement:

$$t^2\equiv au^2,\quad t^{\frac{p-1}{2}}\equiv a^{\frac{p-1}{4}}u^{\frac{p-1}{2}}\pmod{p},$$

d'où l'on voit que a sera ou ne sera pas résidu biquadratique relativement à p, selon que l'on a $\left(\frac{t}{p}\right)=\left(\frac{u}{p}\right)$ ou $\left(\frac{t}{p}\right)=-\left(\frac{u}{p}\right)$. En mettant à la place de $\left(\frac{t}{p}\right)$ et $\left(\frac{u}{p}\right)$ les valeurs données par les expressions (η), on pourra remplacer les conditions précédentes par celles qui suivent:

(θ) a sera ou ne sera pas résidu biquadratique par rapport à p, selon que l'on a:

$$\left(\frac{t}{a}\right)=(-1)^{\frac{t-1}{2}+\frac{p-1}{4}}\quad\text{ou}\quad\left(\frac{t}{a}\right)=-(-1)^{\frac{t-1}{2}+\frac{p-1}{4}},$$

résultat que nous ne nous arrêterons pas à démontrer.

Posons maintenant $p=\varphi^2+\psi^2$ (où ψ est supposé pair) et égalons cette valeur de p à celle que nous avons considérée précédemment. Nous aurons ainsi $p=t^2-au^2=\varphi^2+\psi^2$ d'où l'on conclut en transposant:

$$t^2-\psi^2=(t+\psi)(t-\psi)=\varphi^2+au^2.$$

Il y a maintenant deux cas à distinguer, selon que φ est ou n'est pas divisible par a. Commençons par celui où φ n'est pas divisible par a. Soit m le plus grand commun diviseur de φ et de u, qui sera nécessairement impair et non divisible par a, et faisons $\varphi=m\varphi'$, $u=mu'$, valeurs dont la substitution dans l'équation obtenue plus haut la change en celle-ci:

$$(t+\psi)(t-\psi)=m^2(\varphi'^2+au'^2).$$

Cette équation fait voir que $t+\psi$ est composé de deux facteurs dont l'un divise m^2, l'autre $\varphi'^2+au'^2$, et qu'il en est de même de $t-\psi$. Si nous désignons les facteurs de $t+\psi$ par E et K et ceux de $t-\psi$ par F et L, nous aurons:

$$t+\psi=EK,\qquad t-\psi=FL,$$
$$m^2=EF,\quad \varphi'^2+au'^2=KL.$$

On s'assurera, comme dans le paragraphe 4, que les nombres E et F sont premiers entre eux. Il suit de là et de l'équation $m^2=EF$ que chacun de ces nombres est un carré, de sorte que:

$$\left(\frac{E}{a}\right)=1,\quad \left(\frac{F}{a}\right)=1.$$

La différence des nombres impairs $t+\psi$ et $t-\psi$ étant 2ψ et par conséquent divisible par 4, on voit que ces deux nombres sont ou l'un et l'autre de la forme $4n+1$, ou l'un et l'autre de la forme $4n+3$. Comme, d'un autre côté, les nombres E et F sont l'un et l'autre de la forme $4n+1$ (ces nombres étant des carrés impairs), il suit des équations $t+\psi = EK$, $t-\psi = FL$, que les nombres K et L sont ou l'un et l'autre de la forme $4n+1$ ou l'un et l'autre de la forme $4n+3$ et que le premier ou le second de ces cas a lieu, selon que les nombres $t+\psi$ et $t-\psi$ sont l'un et l'autre de la forme $4n+1$, ou l'un et l'autre de la forme $4n+3$. Distinguons maintenant deux cas, selon que p est de la forme $8n+1$ ou de celle-ci: $8n+5$. On voit, par l'équation $p^2 = \varphi^2+\psi^2$, que, dans le premier cas, ψ est divisible par 4, d'où il suit que $t+\psi$ et $t-\psi$ sont alors l'un et l'autre de la forme $4n+1$ ou l'un et l'autre de la forme $4n+3$, selon que t est de la forme $4n+1$, ou de celle-ci: $4n+3$. Le contraire a lieu dans le cas de $p = 8n+5$ et les résultats relatifs à ces deux cas peuvent être compris dans cet énoncé:

Les nombres $t+\psi$ et $t-\psi$, et par conséquent aussi les nombres K et L, sont l'un et l'autre de la forme $4n+1$ ou de celle-ci: $4n+3$, selon que $(-1)^{\frac{p-1}{4}+\frac{t-1}{2}}$ est égal à 1 ou à -1.

Il résulte de l'équation $\varphi'^2+au'^2 = KL$ que les nombres K et L sont diviseurs de la formule $\varphi'^2+au'^2$ (où φ' et au' sont premiers entre eux et où a désigne un nombre premier $4n+1$). Or, on sait que, si R désigne un diviseur impair d'une telle formule, on a:

$$\left(\frac{R}{a}\right) = 1, \quad \text{ou} \quad \left(\frac{R}{a}\right) = -1,$$

selon que R est de la forme $4n+1$ ou de la forme $4n+3$. (*Théorie des Nombres*, no. 196.)

Appliquant ce théorème aux nombres K et L, il viendra:

$$\left(\frac{K}{a}\right) = \left(\frac{L}{a}\right) = (-1)^{\frac{p-1}{4}+\frac{t-1}{2}},$$

d'où l'on conclura ensuite, en multipliant par les expressions $\left(\frac{E}{a}\right) = 1$, $\left(\frac{F}{a}\right) = 1$, trouvées plus haut:

$$\left(\frac{t+\psi}{a}\right) = \left(\frac{t-\psi}{a}\right) = (-1)^{\frac{p-1}{4}+\frac{t-1}{2}},$$

ou, ce qui revient au même, a étant un nombre premier $4n+1$:

$$\left(\frac{\psi+t}{a}\right) = \left(\frac{\psi-t}{a}\right) = (-1)^{\frac{p-1}{4}+\frac{t-1}{2}}.$$

Si l'on compare ce qui vient d'être prouvé au résultat (θ), obtenu plus haut, on verra que a est ou n'est pas résidu biquadratique relativement à p, selon que l'on a:

$$\left(\frac{\psi+t}{a}\right)=\left(\frac{\psi-t}{a}\right)=\left(\frac{t}{a}\right),$$

ou:

$$\left(\frac{\psi+t}{a}\right)=\left(\frac{\psi-t}{a}\right)=-\left(\frac{t}{a}\right).$$

L'équation $p=t^2-au^2$ fait voir que, si l'on désigne par χ l'une quelconque des deux racines de la congruence $\chi^2\equiv p$ (mod. a), on a $t\equiv\chi$ ou $t\equiv-\chi$ (mod. a). Il suit de là, a étant de la forme $4n+1$, $\left(\frac{t}{a}\right)=\left(\frac{\chi}{a}\right)$. D'un autre côté, comme en vertu de ce qui précède $\left(\frac{\psi+t}{a}\right)=\left(\frac{\psi-t}{a}\right)$, on voit qu'on a toujours:

$$\left(\frac{\psi+\chi}{a}\right)=\left(\frac{\psi+t}{a}\right)=\left(\frac{\psi-t}{a}\right).$$

On conclut de là, en ayant égard à ce qui a été dit il n'y a qu'un instant, que le nombre a sera résidu biquadratique par rapport à p, lorsqu'on a $\left(\frac{\chi+\psi}{a}\right)=\left(\frac{\chi}{a}\right)$ ou, ce qui est la même chose, lorsque $\left(\frac{\chi(\chi+\psi)}{a}\right)=1$, et que a sera non-résidu biquadratique relativement à p, lorsqu'on a $\left(\frac{\chi+\psi}{a}\right)=-\left(\frac{\chi}{a}\right)$, ou, ce qui revient au même, lorsque $\left(\frac{\chi(\chi+\psi)}{a}\right)=-1$.

Ce résultat est relatif au cas où φ n'est pas divisible par a. Reste à examiner le cas de φ divisible par a. En traitant ce cas d'une manière semblable, on trouve que, lorsqu'il a lieu, l'un des nombres $t+\psi$, $t-\psi$ (nous le désignerons par $t\pm\psi$) est divisible par a et que, comme dans le premier cas, l'autre $t\mp\psi$ est tel que:

$$\left(\frac{t\mp\psi}{a}\right)=(-1)^{\frac{p-1}{4}+\frac{t-1}{2}},$$

ou, ce qui revient au même, en ajoutant à $t\mp\psi$ le nombre $t\pm\psi$, multiple de a:

$$\left(\frac{2t}{a}\right)=(-1)^{\frac{p-1}{4}+\frac{t-1}{2}}.$$

En comparant ceci à ce qui a été prouvé plus haut (θ), on trouvera que, dans le cas de φ divisible par a, a est ou n'est pas résidu biquadratique relativement à p, selon que l'on a $\left(\frac{2}{a}\right)=1$, ou $\left(\frac{2}{a}\right)=-1$, ou, ce qui est la même chose, d'après un théorème connu, selon que a est de la forme $8n+1$ ou de la forme $8n+5$.

Il en est des résultats que nous venons d'obtenir comme de ceux que nous avons établis dans le paragraphe 4; ils ont encore lieu quand même p ne pourrait être mis sous la forme t^2-au^2, et supposent uniquement que les nombres premiers $a=4n+1$, et $p=4n+1$, soient tels que $\left(\frac{a}{p}\right)=1$. Pour les démontrer dans cette extension, il suffira de suivre la marche qui a été indiquée vers la fin du paragraphe 4, et de s'appuyer sur la proposition auxiliaire, dont il y est question et à l'énoncé de laquelle on a donné la généralité nécessaire pour qu'elle puisse servir de base, en même temps, à la démonstration du théorème général à la fin du paragraphe 4 et à celle du théorème que nous allons énoncer. Ces deux théorèmes n'en forment proprement qu'un, et en procédant, comme on l'a dit à l'endroit cité, c'est-à-dire en appliquant à l'équation $t^2 \pm Mu^2 = p$, où M désigne le produit d'un nombre quelconque de nombres premiers différents, des considérations analogues à celles qu'on a employées dans ce paragraphe et dans les précédents, on démontrera simultanément ces deux théorèmes, ou plutôt on arrivera à un théorème dans l'énoncé duquel ils se trouvent réunis.

Théorème II.

„a désignant un nombre premier $4n+1$, et p un autre nombre premier $4n+1$, tel que $\left(\frac{a}{p}\right)=1$, si l'on fait $p=\varphi^2+\psi^2$ (où ψ est supposé pair), on pourra décider de la manière suivante, si a est ou n'est pas résidu biquadratique par rapport à p. Si φ est divisible par a, a sera ou ne sera pas résidu biquadratique relativement à p, selon que a est de la forme $8n+1$ ou de celle-ci: $8n+5$. Si φ n'est pas divisible par a, on cherchera un nombre χ tel qu'on ait $\chi^2 \equiv p \pmod{a}$. Cela posé, a sera ou ne sera pas résidu biquadratique par rapport à p, selon que l'on a $\left(\frac{\chi(\chi+\psi)}{a}\right)=1$ ou $\left(\frac{\chi(\chi+\psi)}{a}\right)=-1$."

En faisant successivement $a=5$, $a=13$, on aura les théorèmes particuliers suivants qu'on doit regarder comme rigoureusement prouvés par ce qui précède, la formule t^2-au^2 n'ayant, pour ces valeurs de a, d'autre diviseur quadratique que celui-ci: t^2-au^2, ou en d'autres termes, tout diviseur de t^2-au^2 étant lui-même de la forme t^2-au^2.

„p désignant un nombre premier de l'une des formes $20n+1$, $20n+9$, si l'on fait $p=\varphi^2+\psi^2$ (où ψ est supposé pair) on s'assure facilement que l'un des nombres φ, ψ est multiple de 5. Cela posé, je dis que 5 sera ou ne sera pas résidu biquadratique relativement à p, selon que c'est ψ ou φ qui est divisible par 5."

etc.

En indiquant plus haut une méthode qui pourrait servir à établir dans toute leur généralité les théorèmes I et II, nous avons dit qu'en suivant cette méthode on se trouvait dans la nécessité de s'appuyer sur une proposition subsidiaire qu'il paraît assez difficile de démontrer en toute rigueur. En réfléchissant à cet inconvénient, j'ai reconnu qu'il était très facile d'y remédier en modifiant un peu la marche tracée plus haut. Cette modification est extrêmement légère et consiste en ce qu'au lieu de considérer les équations $t^2-bu^2=p$, $t^2-au^2=p$, qui peuvent n'être pas possibles quoiqu'on ait $\left(\frac{b}{p}\right)=1$, $\left(\frac{a}{p}\right)=1$, il faut appliquer des considérations du genre des précédentes aux équations plus générales $t^2-bu^2=ps^2$, $t^2-au^2=ps^2$ (on remplace avec avantage la dernière par celle-ci: $t^2+au^2=ps$, qui peut être traitée plus simplement), auxquelles on peut toujours satisfaire, lorsque les conditions $\left(\frac{b}{p}\right)=1$, $\left(\frac{a}{p}\right)=1$ ont lieu, comme il résulte du beau théorème que M. LEGENDRE a donné pour juger de la possibilité ou de l'impossibilité de l'équation $\alpha x^2+\beta y^2=\gamma z^2$ (*Théorie des Nombres*, no. 27).

La démonstration ainsi modifiée, outre qu'elle est entièrement rigoureuse, a encore l'avantage d'une plus grande simplicité, comme tout lecteur qui a bien saisi l'esprit des considérations précédentes pourra en juger, en développant cette démonstration d'après l'indication qu'on vient d'en donner.

Addition au mémoire précédent.

Quoique l'indication que nous avons donnée à la fin du mémoire précédent sur la marche à suivre pour établir d'une manière entièrement rigoureuse les théorèmes I et II de notre mémoire, puisse suffire à tout lecteur familiarisé avec l'analyse indéterminée, nous croyons ne pas faire une chose inutile, en développant avec détail, dans cette addition, les démonstrations des théorèmes dont il s'agit, ces démonstrations étant susceptibles d'être beaucoup simplifiées au moyen de quelques considérations qui peuvent ne pas se présenter de suite à l'esprit. Nous commençons par la démonstration du premier des théorèmes cités.

Désignons par p un nombre premier $4n+1$, par b un nombre premier $4n+3$, tel que $\left(\frac{b}{p}\right)=1$, et considérons l'équation:

$$(\alpha') \qquad t^2-bu^2 = ps^2.$$

D'après le théorème déjà cité (*Théorie des Nombres*, no. 27), les conditions nécessaires pour que cette équation soit possible sont celles-ci: $\left(\frac{b}{p}\right)=1$ et $\left(\frac{p}{b}\right)=1$. Or, de ces conditions la première a lieu par hypothèse et quant à la seconde, il suit du théorème connu sous le nom de loi de réciprocité, qu'elle a toujours lieu lorsque la première est satisfaite. L'équation est donc résoluble. Il est évident qu'on peut supposer que les nombres t, u, s, qui y satisfont, sont premiers entre eux, comparés deux à deux. L'équation étant dans cet état, ces trois nombres seront l'un pair, les deux autres impairs, et on s'assure facilement que s ne saurait être pair. Le nombre s étant impair, les nombres t, u seront l'un pair, l'autre impair et il y aurait deux cas à examiner selon que t est pair ou impair. Mais quoique ces deux cas soient susceptibles d'être traités par la même analyse, il est plus simple de n'en considérer qu'un seul, celui de t impair par exemple, et de montrer que l'autre peut y être facilement ramené. Faisons donc voir qu'il est toujours permis de supposer t impair dans l'équation $t^2-bu^2=ps^2$. Si t était pair dans l'équation (α'), on déduirait des nombres t, u, par le moyen indiqué dans la note relative au commencement du paragraphe 3 du mémoire précédent, d'autres nombres t' (impair), u' (pair) tels que $t'^2-bu'^2=ps^2$. Nous pourrons donc considérer t comme impair dans tout ce qui va suivre.

Décomposons les nombres t et u en leurs facteurs simples, en faisant:

$$t=ll'l''\ldots, \quad u=2^\nu kk'k''\ldots,$$

l, l', l'', ... et k, k', k'', ... désignant des nombres premiers impairs. La seule inspection de l'équation (α') donne:

$$\left(\frac{p}{k}\right)=1, \quad \left(\frac{p}{k'}\right)=1, \quad \left(\frac{p}{k''}\right)=1, \quad \ldots.$$

On aura ensuite, en appliquant la loi de réciprocité, p étant un nombre premier $4n+1$:

$$\left(\frac{k}{p}\right)=1, \quad \left(\frac{k'}{p}\right)=1, \quad \left(\frac{k''}{p}\right)=1, \quad \ldots.$$

Faisant le produit de toutes ces expressions et de la formule identique $\left(\frac{2^\nu}{p}\right)=\left(\frac{2^\nu}{p}\right)$, il viendra:

$$\left(\frac{2^\nu kk'k''\ldots}{p}\right)=\left(\frac{u}{p}\right)=\left(\frac{2^\nu}{p}\right).$$

Le nombre p est de l'une des deux formes $8n+1$, $8n+5$. Si p est de la première forme, on a, en vertu d'un théorème connu, $\left(\frac{2}{p}\right)=1$, et par conséquent aussi $\left(\frac{2^\nu}{p}\right)=1$. Donc $\left(\frac{u}{p}\right)=1$. Si p est de la forme $8n+5$, le nombre u sera impairement pair, de sorte que $\nu=1$, et comme on a, d'un autre côté, pour les nombres premiers $p=8n+5$, $\left(\frac{2}{p}\right)=-1$, il viendra $\left(\frac{u}{p}\right)=-1$ Les deux cas dont il vient d'être question sont compris dans la formule:

$$(\beta') \qquad \left(\frac{u}{p}\right)=(-1)^{\frac{p-1}{4}}.$$

Reprenons l'équation (α') de laquelle nous tirons immédiatement:

$$\left(\frac{-b}{l}\right)=\left(\frac{p}{l}\right),\quad \left(\frac{-b}{l'}\right)=\left(\frac{p}{l'}\right),\quad \left(\frac{-b}{l''}\right)=\left(\frac{p}{l''}\right),\quad \ldots.$$

Comme p est un nombre premier $4n+1$, et b un nombre premier $4n+3$, on trouvera en appliquant la loi de réciprocité:

$$\left(\frac{l}{b}\right)=\left(\frac{l}{p}\right),\quad \left(\frac{l'}{b}\right)=\left(\frac{l'}{p}\right),\quad \left(\frac{l''}{b}\right)=\left(\frac{l''}{p}\right),\quad \ldots.$$

La multiplication donnera ensuite:

$$\left(\frac{ll'l''\ldots}{b}\right)=\left(\frac{ll'l''\ldots}{p}\right),$$

ou, ce qui revient au même:

$$(\gamma') \qquad \left(\frac{t}{b}\right)=\left(\frac{t}{p}\right).$$

En mettant l'équation (α') sous la forme d'une congruence, on aura:

$$t^2\equiv bu^2 \pmod{p}.$$

On conclut de là, en élevant les deux membres à la puissance $\frac{p-1}{4}$:

$$t^{\frac{p-1}{2}}\equiv b^{\frac{p-1}{4}}u^{\frac{p-1}{2}} \pmod{p},$$

ou, ce qui revient au même, en remplaçant $u^{\frac{p-1}{2}}$ par sa valeur $(-1)^{\frac{p-1}{4}}$ donnée par la formule (β'):

$$t^{\frac{p-1}{2}}\equiv(-b)^{\frac{p-1}{4}} \pmod{p}.$$

Cette dernière congruence fait voir que $-b$ est ou n'est pas résidu biquadratique relativement à p, selon que l'on a $\left(\frac{t}{p}\right)=1$, ou $\left(\frac{t}{p}\right)=-1$. Si l'on compare ce résultat à la formule (γ'), on obtiendra cet énoncé:

(δ') $-b$ est ou n'est pas résidu biquadratique par rapport à p, selon que l'on a $\left(\frac{t}{b}\right)=1$ ou $\left(\frac{t}{b}\right)=-1$.

Décomposons actuellement le nombre premier p en deux carrés, en posant $p=\varphi^2+\psi^2$ (où ψ est supposé pair) et mettons cette valeur de p dans l'équation (α'). Il viendra ainsi:

$$t^2-bu^2 = s^2\varphi^2+s^2\psi^2,$$

et l'on aura ensuite en transposant:

$$t^2-\psi^2s^2=(t+\psi s)(t-\psi s)=s^2\varphi^2+bu^2.$$

Les nombres s, t, u étant deux à deux premiers entre eux, on voit par l'équation (α') que s ne saurait être divisible par b. Nous distinguerons maintenant deux cas selon que φ est ou n'est pas divisible par b, et nous examinerons d'abord le dernier de ces deux cas. Si nous désignons par m le plus grand diviseur commun de φ et u, m sera impair et non-divisible par b comme φ. Posons $\varphi=m\varphi'$, $u=mu'$ et substituons ces valeurs dans la dernière équation. Il viendra ainsi:

$$(t+\psi s)(t-\psi s) = m^2(s^2\varphi'^2+bu'^2).$$

Comme $s\varphi'$ et bu' sont premiers entre eux, d'après ce qui précède, il suit d'un théorème connu, conséquence très simple de la loi de réciprocité (*Théorie des Nombres* no. 197), que tout diviseur R du facteur binôme du second membre qui est évidemment impair, est tel que $\left(\frac{R}{b}\right)=1$.

La dernière équation fait voir que chacun des nombres $t+\psi s$, $t-\psi s$ est composé de deux facteurs, l'un diviseur de m^2, l'autre diviseur de $s^2\varphi'^2+bu'^2$. Si nous désignons ces 4 facteurs par E, F, K et L, nous aurons les équations:

$$t+\psi s=EK, \quad m^2=EF,$$
$$t-\psi s=FL, \quad \varphi^2s'^2+bu'^2=KL.$$

Il est facile de s'assurer que les nombres E et F, qui sont impairs l'un et l'autre, comme diviseurs de m^2, sont premiers entre eux. En effet, si ces nombres étaient divisibles l'un et l'autre par un même nombre premier δ, δ diviserait chacun des nombres $t+\psi s$, $t-\psi s$ et par conséquent aussi leur demi-somme et leur demi-différence, c'est-à-dire les nombres t et ψs. D'un autre côté, comme δ divise m^2, il divisera aussi le nombre φ, φ étant égal à $m\varphi'$; il suit de là et de ce que $\varphi^2+\psi^2$ est égal au nombre premier p, que ψ n'est pas divisible par b. Il faudrait donc, d'après ce qui précède, que δ fût diviseur commun de t et s, ce qui est impossible, ces nombres étant premiers entre eux. Donc les nombres E et F sont premiers entre eux, et comme leur produit est un carré, chacun d'eux sera pareillement un carré. On a donc:

$$\left(\frac{E}{b}\right)=1, \quad \left(\frac{F}{b}\right)=1.$$

On a aussi:

$$\left(\frac{K}{b}\right)=1, \quad \left(\frac{L}{b}\right)=1,$$

K et L étant des diviseurs de $s^2\varphi'^2+bu'^2$. On conclut de là, en multipliant:

$$\left(\frac{EK}{b}\right)=1, \quad \left(\frac{FL}{b}\right)=1,$$

ou, ce qui est la même chose:

$$\left(\frac{t+\psi s}{b}\right)=1, \quad \left(\frac{t-\psi s}{b}\right)=1.$$

Si l'on fait attention que b est un nombre premier $4n+3$, on pourra présenter de cette autre manière la dernière de ces relations:

$$\left(\frac{\psi s-t}{b}\right) = -1.$$

Cela étant, on voit qu'on peut les comprendre l'une et l'autre dans cette formule:

$$(\varepsilon') \qquad \left(\frac{\psi s\pm t}{b}\right) = \pm 1,$$

où les signes sont à volonté, mais les mêmes dans les deux membres.

Comme on a $\left(\frac{p}{b}\right)=1$, la congruence $\chi^2\equiv p$ (mod. b) est possible et a, comme l'on sait, deux racines entre les limites $-\frac{1}{2}b$ et $\frac{1}{2}b$. Désignons par χ l'une de ces racines prise au hasard. L'équation (α') donne cette congruence: $t^2\equiv ps^2$ (mod. b). Si l'on compare celle-ci à la précédente, on aura $t^2\equiv\chi^2 s^2$ (mod. b). On conclut de là $\pm t\equiv\chi s$ (mod. b), le signe étant tantôt positif, tantôt negatif et dépendant du choix que l'on aura fait entre les deux racines de la congruence $\chi^2\equiv p$ (mod. b). Les signes étant à volonté dans la formule (ε'), on peut supposer qu'ils y sont les mêmes que dans celle-ci: $\pm t\equiv\chi s$ (mod. b). Remplaçant $\pm t$ par le nombre χs qui ne diffère de $\pm t$ que par un multiple de b, il viendra:

$$\left(\frac{\psi s+\chi s}{b}\right) = \pm 1.$$

D'un autre côté, si l'on se rappelle que b est de la forme $4n+3$, on tirera de la formule $\pm t \equiv \chi s \pmod{b}$: $\pm\left(\frac{t}{b}\right) = \left(\frac{\chi s}{b}\right)$. Si l'on multiplie cette égalité par la précédente, on aura, les signes étant les mêmes dans ces deux formules:

$$\left(\frac{\chi(\chi+\psi)}{b}\right)\left(\frac{s^2}{b}\right) = \left(\frac{t}{b}\right)$$

ou, ce qui revient au même:

$$\left(\frac{\chi(\chi+\psi)}{b}\right) = \left(\frac{t}{b}\right).$$

Si l'on compare cette formule avec ce qui a été prouvé plus haut (δ'), on obtiendra ce résultat:

(ζ') $-b$ est ou n'est pas résidu biquadratique par rapport à p, selon que l'on a $\left(\frac{\chi(\chi+\psi)}{b}\right) = 1$ ou $\left(\frac{\chi(\chi+\psi)}{b}\right) = -1$.

Cette proposition est relative au cas où φ n'est pas divisible par b. Examinons maintenant le cas de φ divisible par b. Soient b^{1+k} et b^h respectivement les puissances les plus élevées de b qui divisent φ et u (k et h pouvant être nuls), soit de plus m le plus grand commun diviseur de $\frac{\varphi}{b^{1+k}}$ et $\frac{u}{b^h}$. Si nous faisons $\varphi = b^{1+k}m\varphi'$, $u = b^h m u'$, les nombres φ' et u', dont le premier est impair, le second pair, seront premiers entre eux, et non-divisibles par b, et m sera impair et non-divisible par b. La substitution des valeurs précédentes donne cette équation:

$$(t+\psi s)(t-\psi s) = m^2[b^{2k+2}(s\varphi')^2+b^{2h+1}u'^2].$$

Il faut maintenant distinguer deux cas selon que l'on a $k \geqq h$ ou $k < h$. Dans le premier, le facteur binôme du second membre peut être mis sous cette forme:

$$b^{2h+1}[u'^2+b(b^{k-h}s\varphi')^2],$$

où il faut remarquer que les nombres u' et $b^{k-h}s\varphi'$ sont premiers entre eux. Dans le cas de $k < h$, on mettra le facteur binôme sous la forme suivante:

$$b^{2k+2}[(s\varphi')^2+b(b^{h-k-1}u')^2],$$

où les nombres $s\varphi'$ et $b^{h-k-1}u'$ sont premiers entre eux. On voit donc que le facteur binôme est toujours le produit d'une puissance de b et d'une expression impaire telle que g^2+bh^2, dans laquelle g et bh sont premiers entre eux. Désignant par b^γ la puissance de b dont il s'agit, on pourra donc écrire la dernière équation de cette manière:

$$(t+\psi s)(t-\psi s) = m^2 b^\gamma (g^2+bh^2).$$

Les nombres $t+\psi s$, $t-\psi s$ ne sauraient être divisibles l'un et l'autre par b, puisqu'alors leur demi-somme qui est t, le serait aussi, ce qu'on a vu plus haut être impossible. Si l'on désigne par $t\pm\psi s$ celui de ces deux nombres qui est divisible par b, on aura $t\pm\psi s \equiv 0 \pmod{b}$ et je dis que l'autre $t\mp\psi s$ est tel que $\left(\frac{t\mp\psi s}{b}\right) = 1$. En effet $t\mp\psi s$ est composé de deux facteurs E et K dont le premier E divise m^2, le second g^2+bh^2.

Or, on s'assure, comme dans le cas de φ non-divisible par b, que E est un carré, de sorte qu'on a $\left(\frac{E}{b}\right) = 1$. On a aussi $\left(\frac{K}{b}\right) = 1$, K étant diviseur de g^2+bh^2. On conclut de là en multipliant:

$$\left(\frac{EK}{b}\right) = \left(\frac{t\mp\psi s}{b}\right) = 1.$$

Il est permis d'augmenter $t\mp\psi s$ dans cette formule d'un multiple quelconque de b. Ajoutant le nombre $t\pm\psi s$ qu'on a vu être un tel multiple, il viendra $\left(\frac{2t}{b}\right) = 1$ ou, ce qui revient au même: $\left(\frac{t}{b}\right) = \left(\frac{2}{b}\right)$, résultat dont la comparaison avec un théorème connu fait voir que dans le cas de φ divisible par b, on a $\left(\frac{t}{b}\right) = 1$ ou $\left(\frac{t}{b}\right) = -1$, selon que b est de la forme $8n+7$ ou de celle-ci: $8n+3$. Si l'on combine ceci avec le résultat obtenu plus haut (δ'), on trouve que, lorsque φ est multiple de b:

> $-b$ est ou n'est pas résidu biquadratique par rapport à p, selon que b est de la forme $8n+7$ ou de celle-ci: $8n+3$.

En réunissant ce dernier résultat à celui auquel nous sommes parvenu plus haut (ζ'), on aura le théorème I énoncé à la fin du paragraphe 4 du mémoire précédent, théorème qui se trouve ainsi établi d'une manière très simple et entièrement rigoureuse.

Occupons-nous maintenant de la démonstration du théorème II. Désignons, comme dans tout ce qui précède, par a un nombre premier $4n+1$ et par p un autre nombre premier également de la forme $4n+1$ et tel que $\left(\frac{a}{p}\right) = 1$. On conclut de là, en appliquant la loi de réciprocité, qu'on a aussi $\left(\frac{p}{a}\right) = 1$. Ces conditions ayant lieu, il suit du théorème déjà cité plusieurs fois, que l'équation:

$$(\eta') \qquad t^2+au^2 = ps^2,$$

peut être résolue. Si l'on suppose que les nombres t, u, s, comparés deux à deux, n'ont pas de diviseur commun, s sera impair et les deux autres seront l'un pair, l'autre impair, comme il est très facile de le voir. Il est évident en outre que, si l'équation est dans cet état, u n'est pas divisible par p, s ne l'est pas par a, et t n'est divisible ni par a ni par p.

Décomposons les nombres t et u en leurs facteurs simples, en faisant $u = 2^\nu kk'k''\ldots$, $t = 2^\mu ll'l''\ldots$, $k, k', k''\ldots$ et $l, l', l''\ldots$ désignant des nombres premiers impairs, et l'un des nombres μ, ν étant égal à zéro.

L'équation (η') donne d'abord:

$$\left(\frac{p}{k}\right)=1, \quad \left(\frac{p}{k'}\right)=1, \quad \left(\frac{p}{k''}\right)=1, \quad \ldots$$

d'où l'on conclut ensuite en appliquant la loi de réciprocité:

$$\left(\frac{k}{p}\right)=1, \quad \left(\frac{k'}{p}\right)=1, \quad \left(\frac{k''}{p}\right)=1, \quad \ldots.$$

Faisant le produit des équations précédentes et de l'équation identique $\left(\frac{2^\nu}{p}\right) = \left(\frac{2^\nu}{p}\right)$, il viendra:

$$\left(\frac{2^\nu kk'k''\ldots}{p}\right)=\left(\frac{u}{p}\right)=\left(\frac{2^\nu}{p}\right).$$

Il résulte encore de l'équation (η'), qu'on a:

$$\left(\frac{a}{l}\right)=\left(\frac{p}{l}\right), \quad \left(\frac{a}{l'}\right)=\left(\frac{p}{l'}\right), \quad \left(\frac{a}{l''}\right)=\left(\frac{p}{l''}\right), \quad \ldots.$$

Comme les nombres premiers a et p sont l'un et l'autre de la forme $4n+1$, on conclut de là, en vertu de la loi de réciprocité:

$$\left(\frac{l}{a}\right)=\left(\frac{l}{p}\right), \quad \left(\frac{l'}{a}\right)=\left(\frac{l'}{p}\right), \quad \left(\frac{l''}{a}\right)=\left(\frac{l''}{p}\right), \quad \ldots.$$

Multipliant entre elles toutes ces relations, il viendra l'équation:

$$\left(\frac{ll'l''\ldots}{a}\right) = \left(\frac{ll'l''\ldots}{p}\right),$$

qui, si l'on multiplie ses deux membres par $\left(\frac{2^\mu}{a}\right)\left(\frac{2^\mu}{p}\right)$, se change en celle-ci:

$$\left(\frac{t}{a}\right)\left(\frac{2^\mu}{p}\right) = \left(\frac{t}{p}\right)\left(\frac{2^\mu}{a}\right).$$

Distinguons actuellement deux cas, selon que u est pair ou impair. Si

u est pair, t est impair; on a donc alors $\mu = 0$, et la dernière égalité se réduit à celle-ci:

$$\left(\frac{t}{a}\right) = \left(\frac{t}{p}\right).$$

Quant à la relation $\left(\frac{u}{p}\right) = \left(\frac{2^\nu}{p}\right)$, il est facile de voir qu'elle équivaut, dans ce cas, à celle-ci:

$$\left(\frac{u}{p}\right) = (-1)^{\frac{p-1}{4}}.$$

Pour s'en convaincre, il suffit de remarquer que, si p est de la forme $8n+1$, on a $\left(\frac{2}{p}\right) = 1$, et par conséquent aussi $\left(\frac{2^\nu}{p}\right) = 1$, et que, si p a la forme $8n+5$, ν est égal à l'unité et qu'on a pour tout nombre premier $p = 8n+5$, $\left(\frac{2}{p}\right) = -1$.

Passons à l'autre cas qui est celui de t pair et u impair. On a alors $\nu = 0$, ce qui réduit l'équation $\left(\frac{u}{p}\right) = \left(\frac{2^\nu}{p}\right)$ à $\left(\frac{u}{p}\right) = 1$.

Si les nombres p et a sont l'un et l'autre de la forme $8n+1$, ou l'un et l'autre de la forme $8n+5$, on a $\left(\frac{2}{a}\right) = \left(\frac{2}{p}\right)$ et par conséquent aussi $\left(\frac{2^\mu}{a}\right) = \left(\frac{2^\mu}{p}\right)$, et l'égalité $\left(\frac{t}{p}\right)\left(\frac{2^\mu}{a}\right) = \left(\frac{t}{a}\right)\left(\frac{2^\mu}{p}\right)$ se change en celle-ci: $\left(\frac{t}{p}\right) = \left(\frac{t}{a}\right)$. Si, au contraire, les nombres a, p sont l'un de la forme $8n+1$, l'autre de la forme $8n+5$, on a $\left(\frac{2}{a}\right) = -\left(\frac{2}{p}\right)$. D'un autre côté, l'équation (η') fait voir que, dans ce cas, le nombre t est impairement pair, de sorte que $\mu = 1$. On a donc alors $\left(\frac{t}{p}\right) = -\left(\frac{t}{a}\right)$. Ces deux résultats sont compris dans la formule:

$$\left(\frac{t}{p}\right) = \left(\frac{t}{a}\right)(-1)^{\frac{a-1}{4}+\frac{p-1}{4}}.$$

Si nous réunissons tout ce que nous venons de prouver, nous aurons cet énoncé:

Si u est pair, on a $\left(\frac{t}{p}\right) = \left(\frac{t}{a}\right)$, $\left(\frac{u}{p}\right) = (-1)^{\frac{p-1}{4}}$; si u est impair, on a $\left(\frac{t}{p}\right) = \left(\frac{t}{a}\right)(-1)^{\frac{p-1}{4}+\frac{a-1}{4}}$, $\left(\frac{u}{p}\right) = 1$.

En comparant ce résultat avec la congruence $t^{\frac{p-1}{2}} \equiv (-a)^{\frac{p-1}{4}} u^{\frac{p-1}{2}} \pmod{p}$, qui se déduit immédiatement de l'équation (η'), on trouvera ce théorème:

Si u est pair, a est ou n'est pas résidu biquadratique par rapport à p, selon que l'on a:

$$\left(\frac{t}{a}\right)=1 \quad \text{ou} \quad \left(\frac{t}{a}\right)=-1;$$

(ϑ') si u est impair, a est ou n'est pas résidu biquadratique relativement à p, selon que l'on a:

$$\left(\frac{t}{a}\right)=(-1)^{\frac{a-1}{4}} \quad \text{ou} \quad \left(\frac{t}{a}\right)=-(-1)^{\frac{a-1}{4}}.$$

Décomposons p en deux carrés, en posant $p=\varphi^2+\psi^2$ (ψ étant supposé pair). La substitution de cette valeur dans l'équation (η') donnera:

$$(t+\psi s)(t-\psi s) = \varphi^2 s^2-au^2.$$

Nous distinguerons maintenant deux cas selon que φ est ou n'est pas divisible par a.

Premier cas: φ n'est pas divisible par a.

Comme φ est impair et non-divisible par a, le plus grand commun diviseur de φ et de u, que nous désignerons par m, sera aussi impair et non-divisible par a. Si nous faisons $\varphi=m\varphi'$, $u=mu'$, l'équation précédente se changera en celle-ci:

$$(t+\psi s)(t-\psi s) = m^2(\varphi'^2 s^2-au'^2);$$

s est premier à au et par conséquent aussi à au', φ' est également premier à au'; donc $\varphi' s$ et au' n'ont pas de diviseur commun. Cela étant, il suit d'un théorème connu (*Théorie des Nombres* no. 197) que tout diviseur impair R de $s^2\varphi'^2-au'^2$ est tel qu'on a $\left(\frac{R}{a}\right)=1$.

Désignant par E, K, F et L quatre indéterminées, nous pourrons remplacer la dernière équation par celles que je vais écrire:

$$t+\psi s = EK, \qquad m^2=EF,$$
$$t-\psi s = FL, \quad (s\varphi')^2-au'^2=KL.$$

On s'assure facilement que les nombres impairs E et F sont premiers entre eux. Il suit de là que chacun d'eux est un carré, de sorte qu'on a:

$$\left(\frac{E}{a}\right)=1, \quad \left(\frac{F}{a}\right)=1.$$

Il faut maintenant considérer successivement le cas de u pair et celui de u impair. Si u est pair, $u'=\frac{u}{m}$ le sera pareillement, et comme $s\varphi'$ est toujours impair, $(s\varphi')^2-au'^2$ sera également impair. Les nombres K et L seront donc dans ce cas impairs l'un et l'autre, et comme ils divisent le binôme précédent, on aura:

$$\left(\frac{K}{a}\right)=1, \quad \left(\frac{L}{a}\right)=1.$$

Multipliant ces relations par celles que nous venons d'écrire, il viendra:

$$\left(\frac{EK}{a}\right)=\left(\frac{t+\psi s}{a}\right)=1, \quad \left(\frac{FL}{a}\right)=\left(\frac{t-\psi s}{a}\right)=1.$$

Comme a est un nombre premier $4n+1$, il est permis d'écrire la formule $\left(\frac{t-\psi s}{a}\right)=1$ de cette autre manière: $\left(\frac{\psi s-t}{a}\right)=1$. On a donc, dans le cas de u pair, $\left(\frac{\psi s\pm t}{a}\right)=1$, le double signe étant à volonté.

Passons au cas où u est impair. Le nombre $u'=\frac{u}{m}$ sera également impair dans ce cas, et comme les carrés impairs $(s\varphi')^2$, u'^2 sont de la forme $8n+1$, on voit que le binôme $(s\varphi')^2-au'^2$ sera de la forme $8n$ ou de la forme $8n+4$, selon que a est de la forme $8n+1$ ou de celle-ci: $8n+5$. Il est facile de s'assurer que, si a est de la forme $8n+1$, on a $\left(\frac{K}{a}\right)=1$, $\left(\frac{L}{a}\right)=1$. En effet, si l'on fait $K=2^\beta K'$, 2^β étant la puissance la plus élevée de 2 qui divise K, K' sera un diviseur impair de $(s\varphi')^2-au'^2$ et l'on aura $\left(\frac{K'}{a}\right)=1$. D'un autre côté, on sait, par un théorème connu, que tout nombre premier $a=8n+1$, est tel que $\left(\frac{2}{a}\right)=1$. On conclut de là $\left(\frac{2^\beta}{a}\right)=1$, et multipliant ensuite par $\left(\frac{K'}{a}\right)=1$, il viendra $\left(\frac{K}{a}\right)=1$. On prouve d'une manière toute semblable qu'on a aussi $\left(\frac{L}{a}\right)=1$. Multipliant ces relations par les suivantes: $\left(\frac{E}{a}\right)=1$, $\left(\frac{F}{a}\right)=1$, obtenues plus haut, il viendra:

$$\left(\frac{EK}{a}\right)=\left(\frac{t+\psi s}{a}\right)=1, \quad \left(\frac{FL}{a}\right)=\left(\frac{t-\psi s}{a}\right)=1.$$

Il est facile de voir que ces résultats, qui ont lieu lorsque u est impair et qu'en même temps a est de la forme $8n+1$, peuvent être réunis dans la formule $\left(\frac{\psi s\pm t}{a}\right)=1$, où le double signe est à volonté.

Le nombre u étant toujours impair, supposons a de la forme $8n+5$. Le produit KL, qui équivaut au binôme $(s\varphi')^2-au'^2$, étant alors de la forme $8n+4$, et les nombres K et L étant évidemment pairs l'un et l'autre, chacun d'eux sera de la forme $4n+2$, de sorte qu'en faisant $K=2K'$, $L=2L'$, K' et L' seront impairs; et comme ces derniers nombres sont en outre diviseurs de $(s\varphi')^2-au'^2$, il suit de ce qui a été dit plus haut, qu'on a $\left(\frac{K'}{a}\right)=1$, $\left(\frac{L'}{a}\right)=1$. Mais on a, d'un autre côté, a étant de la forme $8n+5$, $\left(\frac{2}{a}\right)=-1$. Multipliant par les égalités précédentes, il viendra d'abord $\left(\frac{K}{a}\right)=-1$, $\left(\frac{L}{a}\right)=-1$, et si l'on multiplie ensuite avec les égalités $\left(\frac{E}{a}\right)=1$, $\left(\frac{F}{a}\right)=1$, trouvées plus haut, on aura:

$$\left(\frac{EK}{a}\right)=\left(\frac{t+\psi s}{a}\right)=-1,\quad \left(\frac{FL}{a}\right)=\left(\frac{t-\psi s}{a}\right)=-1.$$

Ces résultats, qui sont relatifs au cas où u est impair et où le nombre a est de la forme $8n+5$, sont compris dans la double formule:

$$\left(\frac{\psi s\pm t}{a}\right)=-1.$$

En résumant tout ce qui précède, on aura cet énoncé:

„Si u est pair, on a $\left(\frac{\psi s\pm t}{a}\right)=1$; si, au contraire, u est impair, on a $\left(\frac{\psi s\pm t}{a}\right)=(-1)^{\frac{a-1}{4}}$, le double signe étant à volonté dans l'un et l'autre cas.“

On a vu plus haut (ϑ') que, lorsque u est pair, a est ou n'est pas résidu biquadratique par rapport à p, selon que l'on a $\left(\frac{t}{a}\right)=1$, ou $\left(\frac{t}{a}\right)=-1$. D'un autre côté, il résulte de ce qui précède, qu'on a, dans ce même cas, $\left(\frac{\psi s\pm t}{a}\right)=1$. On conclut de là que, si u est pair, a est ou n'est pas résidu biquadratique relativement à p, selon que l'on a:

$$\left(\frac{t}{a}\right)=\left(\frac{\psi s\pm t}{a}\right)\quad\text{ou}\quad\left(\frac{t}{a}\right)=-\left(\frac{\psi s\pm t}{a}\right).$$

On a également vu plus haut (ϑ') que, lorsque u est impair, a est ou n'est pas résidu biquadratique par rapport à p, selon que l'on a:

$$\left(\frac{t}{a}\right)=(-1)^{\frac{a-1}{4}}\quad\text{ou}\quad\left(\frac{t}{a}\right)=-(-1)^{\frac{a-1}{4}}.$$

D'un autre côté, l'énoncé précédent fait voir, qu'on a, dans le cas de u impair, $\left(\frac{\psi s\pm t}{a}\right)=(-1)^{\frac{a-1}{4}}$. En comparant ces deux résultats, on conclut que, lorsque

u est impair, a est ou n'est pas résidu biquadratique relativement à p, selon que l'on a:

$$\left(\frac{t}{a}\right)=\left(\frac{\psi s\pm t}{a}\right) \quad \text{ou} \quad \left(\frac{t}{a}\right)=-\left(\frac{\psi s\pm t}{a}\right).$$

La conclusion étant la même dans le cas de u pair et dans celui de u impair, on peut énoncer ce théorème:

„Si a est résidu biquadratique relativement à p, on a $\left(\frac{t}{a}\right)=\left(\frac{\psi s\pm t}{a}\right)$; si, au contraire, a n'est pas résidu biquadratique par rapport à p, on a $\left(\frac{t}{a}\right)=-\left(\frac{\psi s\pm t}{a}\right)$, le double signe étant à volonté dans l'un et l'autre cas."

Comme on a $\left(\frac{p}{a}\right)=1$, la congruence $\chi^2\equiv p$ (mod. a) sera possible et aura, comme on sait, deux racines entre les limites $-\frac{1}{2}a$ et $\frac{1}{2}a$. Supposons que χ désigne indistinctement l'une ou l'autre de ces racines. On tire immédiatement de l'équation (η'): $t^2\equiv ps^2$ (mod. a), congruence dont la comparaison avec la précédente donne $t^2\equiv\chi^2 s^2$, $\pm t\equiv\chi s$ (mod. a), le signe supérieur ayant lieu pour l'une et le signe inférieur pour l'autre des deux racines de la congruence $\chi^2\equiv p$ (mod. a). Si a est résidu biquadratique relativement à p, on a, comme on l'a vu il n'y a qu'un instant, $\left(\frac{t}{a}\right)=\left(\frac{\psi s\pm t}{a}\right)$. Le double signe étant à volonté dans cette formule, nous pouvons le supposer égal à celui qui se trouve dans la congruence $\pm t\equiv\chi s$ (mod. a). Si nous remplaçons $\pm t$ par χs, il viendra:

$$\left(\frac{t}{a}\right)=\left(\frac{\psi s+\chi s}{a}\right)=\left(\frac{\psi+\chi}{a}\right)\left(\frac{s}{a}\right).$$

D'un autre côté, on tire de la congruence $\pm t\equiv\chi s$ (mod. a) en se rappelant que a est de la forme $4n+1$: $\left(\frac{t}{a}\right)=\left(\frac{\chi}{a}\right)\left(\frac{s}{a}\right)$. Si l'on multiplie maintenant membre par membre cette équation et la précédente, on aura $\left(\frac{t^2}{a}\right)=\left(\frac{\chi}{a}\right)\left(\frac{\chi+\psi}{a}\right)\left(\frac{s^2}{a}\right)$ ou ce qui revient au même: $\left(\frac{\chi(\chi+\psi)}{a}\right)=1$, résultat qui a lieu lorsque a est résidu biquadratique relativement à p. On trouverait de la même manière que, si a n'est pas résidu biquadratique par rapport à p, on a $\left(\frac{\chi(\chi+\psi)}{a}\right)=-1$.

Ces résultats sont relatifs au cas où φ n'est pas divisible par a. Resterait à traiter le cas ou φ est divisible par a. L'analyse qu'il faut appliquer à ce second cas, étant entièrement semblable à celle que nous avons exposée avec détail dans ce qui précède, nous nous dispenserons de la développer ici, et nous nous bornerons à énoncer la conclusion à laquelle elle conduit:

„Si φ est divisible par a, a est ou n'est pas résidu biquadratique par rapport à p, selon que a est de la forme $8n+1$ ou de celle-ci: $8n+5$."

Ce résultat et celui qui précède constituent le théorème II énoncé dans le dernier paragraphe du mémoire précédent.

On a sans doute remarqué que les énoncés des théorèmes I et II sont tels qu'il n'y entre que la racine ψ du carré pair ψ^2 que l'on obtient en décomposant p en deux carrés. Il serait facile de modifier ces énoncés de manière à ce qu'ils ne renfermassent plus que la racine φ du carré impair. On y parviendrait en suivant une marche entièrement semblable à celle que nous avons exposée dans ce qui précède.

Les résultats (δ') et (ϑ'), sur lesquels nous nous sommes appuyé pour établir les théorèmes I et II, renferment eux-mêmes une infinité de théorèmes intéressants analogues au premier des théorèmes de M. Gauss. On déduit, par exemple, de l'énoncé (ϑ'), en y supposant $a = 5$:

„p désignant un nombre premier $20n+1$, si l'on fait $p = t^2+5u^2$, 5 sera ou ne sera pas résidu biquadratique relativement à p, selon que u est pair ou impair; au contraire, si p désigne un nombre premier $20n+9$ et qu'on fasse de même $p = t^2+5u^2$, 5 sera ou ne sera pas résidu biquadratique par rapport à p, selon que u est impair ou pair."

Les théorèmes (δ') et (ϑ') se rapportent aux équations:

$$t^2-bu^2 = ps^2, \quad t^2+au^2 = ps^2.$$

On trouverait par des considérations du même genre des résultats analogues relatifs aux équations $t^2+bu^2 = ps^2$, $t^2-au^2 = ps^2$.

En traitant la première de ces équations et faisant ensuite, pour donner un exemple, $b = 3$, on aurait ce théorème particulier:

„p désignant un nombre premier $12n+1$, si l'on fait $p = t^2+3u^2$, t sera un nombre impair. Cela posé, je dis que 3 sera ou ne sera pas résidu biquadratique par rapport à p, selon que t est de la forme $12n\pm1$ ou de celle-ci: $12n\pm5$."

DÉMONSTRATIONS NOUVELLES DE QUELQUES THÉORÈMES RELATIFS AUX NOMBRES.

Parmi les différentes démonstrations que les géomètres ont successivement données du théorème de WILSON, celle que M. GAUSS a exposée dans ses „*Disquisitiones arithmeticae, art.* 77“ et qui est fondée sur la considération des nombres correspondants (*numeri socii*), est sans contredit la plus simple. En généralisant un peu la définition des nombres correspondants et en suivant ensuite une marche analogue à celle de M. GAUSS, on peut démontrer simultanément le théorème de WILSON et deux autres propositions qui sont d'un grand usage dans la théorie des nombres. C'est ce que nous allons faire voir en peu de mots.

La lettre p désignant un nombre premier, EULER qui le premier s'est servi de cette considération, nomme correspondants deux nombres m et n, l'un et l'autre moindres que p et tels que leur produit mn donne l'unité pour reste lorsqu'il est divisé par p.

Généralisons cette définition et appelons correspondants deux nombres m et n moindres que p et dont le produit mn donne le même reste qu'un nombre déterminé a que nous supposons n'être pas divisible par p. Cela posé, considérons la suite:

$$(1)\qquad 1,\ 2,\ 3,\ \ldots,\ p-1.$$

Il est facile de voir que, si m désigne l'un quelconque des nombres qui composent cette suite, ce nombre m aura son correspondant n et n'en aura qu'un. Cela résulte immédiatement de ce que la congruence $my \equiv a \pmod{p}$, dans laquelle ni m ni a ne sont divisibles par p, a toujours une racine y moindre que p et n'en a qu'une.

Il peut arriver que n soit égal à m. On a alors $m^2 \equiv a \pmod{p}$, ce qui fait voir que ce cas ne peut avoir lieu qu'autant qu'il existe un carré donnant le même reste que a, ou, en d'autres termes, qu'autant que a est résidu quadratique par rapport à p. Distinguons actuellement deux cas selon que a est ou n'est pas résidu quadratique par rapport à p et commençons par le dernier de ces deux cas.

Soit, dans ce cas, m l'un quelconque des nombres (1) et n son correspondant. On aura $mn \equiv a$ (mod. p) et n sera différent de m. Après avoir ôté les nombres m, n de la suite (1), il restera $p-3$ nombres. Désignons par m' l'un quelconque de ces $p-3$ nombres restants et par n' son correspondant; n' sera différent de m' et l'on aura $m'n' \equiv a$ (mod. p). En continuant de procéder ainsi, on épuisera la suite (1) et l'on formera $\frac{1}{2}(p-1)$ groupes composés chacun de deux nombres correspondants; car chaque nombre n'ayant qu'un correspondant qui est mis de côté en même temps que lui, on ne peut jamais, pour former un nouveau groupe, avoir besoin d'un des nombres déjà mis de côté.

Le produit de deux nombres composant un groupe donnant le même reste que a, et les groupes étant au nombre de $\frac{1}{2}(p-1)$, on voit que le produit des nombres dont l'ensemble des groupes est formé, c'est-à-dire le produit des nombres compris dans la série (1), donne le même reste que le nombre a élevé à la puissance $\frac{1}{2}(p-1)$. On a donc dans le cas que nous venons d'examiner:

$$(2) \qquad 1.2.3\ldots(p-1) \equiv a^{\frac{1}{2}(p-1)} \pmod{p}.$$

Passons au second cas qui a lieu lorsque a est résidu quadratique de p. Il existe dans ce cas un carré k^2 (dont la racine k peut être supposée $< p$) tel que $k^2 \equiv a$ (mod. p). Le carré du nombre $p-k$, qui est également moindre que p, donne aussi le même reste que a lorsqu'il est divisé par p. Les nombres k et $p-k$ étant ôtés de la suite (1), il n'y restera aucun nombre x tel que $x^2 \equiv a$ (mod. p). Car si parmi les nombres restants il y en avait un satisfaisant à cette condition, $x^2-k^2 = (x+k)(x-k)$ serait divisible par p; il faudrait donc qu'un des facteurs $x+k$, $x-k$ le fût pareillement; or c'est ce qui est manifestement impossible, x étant plus petit que p et différent de k et $p-k$. — Cela posé, on voit, comme dans le cas déjà examiné, que les $p-3$ nombres qui restent dans la suite (1) après en avoir ôté k et $p-k$, se correspondent deux à deux, d'où l'on conclut comme précédemment que le produit de ces nombres donne le même reste que $a^{\frac{1}{2}(p-3)}$. Il suit de là que le produit de tous les nombres qui composent la suite (1) donne le même reste que $a^{\frac{1}{2}(p-3)}k(p-k)$, et comme, d'après ce qu'on a vu plus haut, on a $k(p-k) \equiv -k^2 \equiv -a \pmod{p}$, il vient ce résultat:

$$1.2.3\ldots(p-1) \equiv -a^{\frac{1}{2}(p-1)} \pmod{p}.$$

Ce résultat et celui que nous avons obtenu plus haut, peuvent être réunis dans la formule suivante:

$$(3) \qquad 1.2.3\ldots(p-1) \equiv \mp a^{\frac{1}{2}(p-1)} \pmod{p},$$

dans laquelle il faut prendre le signe supérieur ou inférieur, selon que le nombre a est ou n'est pas résidu quadratique de p. Si nous posons $a = 1$, le signe supérieur aura lieu, l'unité étant un carré et par conséquent résidu quadratique de tout nombre. Nous avons donc:

$$1.2.3\ldots(p-1) \equiv -1 \pmod{p},$$

congruence qui constitue le théorème de WILSON.

Remplaçons le premier membre de la formule (3) par le nombre -1 qui n'en diffère, comme nous venons de le voir, que d'un multiple de p, et changeons ensuite les signes des deux membres; il viendra ainsi:

$$a^{\frac{1}{2}(p-1)} \equiv \pm 1 \pmod{p},$$

congruence dans laquelle il faudra choisir le signe $+$ ou le signe $-$, selon que a est ou n'est pas résidu quadratique de p. Le théorème que cette formule renferme, et qui a été découvert par EULER, est d'une grande importance dans la théorie des résidus. — On fera disparaître le double signe dans la dernière congruence en élevant ses deux membres au carré. On trouve ainsi:

$$a^{p-1} \equiv 1 \pmod{p},$$

ce qui est le théorème de FERMAT.

Ce dernier théorème peut être démontré très simplement de la manière suivante, sans qu'il soit nécessaire de rien supposer de ce qui précède.

Les nombres a et p conservant leur signification, considérons les $p-1$ multiples de a que voici:

$$a, \quad 2a, \quad 3a, \quad \ldots, \quad (p-1)a.$$

Il est facile de voir que deux de ces nombres ne sauraient donner le même reste quand on les divise par p; car si les restes provenant des multiples ma et na étaient égaux, $ma - na = (m-n)a$ serait divisible par p, ce qui est impossible, a n'étant pas divisible par p, et $m-n$ étant $< p$ sans pouvoir être zéro. Les restes que l'on obtient en divisant par p les $p-1$ multiples de a, étant tous différents entre eux et aucun de ces restes ne pouvant être nul, comme on le voit facilement, ces restes doivent coïncider avec les nombres de la série 1, 2, 3, ..., $p-1$, quand on fait abstraction de l'ordre dans lequel ils se suivent. Il suit de là que le produit des $p-1$ multiples de a, doit donner le même reste que le produit $1.2.3...(p-1)$.

La différence de ces produits est donc un multiple de p. Or cette différence pouvant facilement se mettre sous la forme:

$$(a^{p-1}-1)(1.2.3...(p-1))$$

et $1.2.3...(p-1)$ n'étant pas divisible par p, on en conclut que $a^{p-1}-1$ est multiple de p, ou, ce qui est la même chose, que a^{p-1} étant divisé par p donne l'unité pour reste.

QUESTION D'ANALYSE INDÉTERMINÉE.

La lettre p désignant un nombre premier impair, on sait, par le théorème de WILSON, que le produit $1.2.3...(p-1)$, augmenté de l'unité, est divisible par p. On peut substituer au produit précédent celui que l'on obtient en remplaçant ses $\frac{1}{2}(p-1)$ derniers facteurs qui sont:

$$p-1,\ p-2,\ \ldots,\ \tfrac{1}{2}(p+1),$$

par les nombres:

$$-1,\ -2,\ \ldots,\ -\tfrac{1}{2}(p-1),$$

qui en diffèrent respectivement de p. On voit ainsi que l'expression:

$$\pm[1.2.3\ldots\tfrac{1}{2}(p-1)]^2+1,$$

dans laquelle il faut prendre le signe supérieur ou inférieur, selon que $\frac{1}{2}(p-1)$ est pair ou impair, est toujours un multiple de p. Or $\frac{1}{2}(p-1)$ est pair ou impair, selon que p est de la forme $4n+1$ ou de celle-ci: $4n+3$. On a donc pour tout nombre premier $p = 4n+1$:

$$[1.2.3\ldots\tfrac{1}{2}(p-1)]^2+1$$

égal à un multiple de p, et pour tout nombre premier $p = 4n+3$:

$$-[1.2.3\ldots\tfrac{1}{2}(p-1)]^2+1,$$

ou ce qui revient au même:

$$[1.2.3\ldots\tfrac{1}{2}(p-1)]^2-1$$

égal à un multiple de p.

Ces deux corollaires du théorème de WILSON sont dus à LAGRANGE, qui les a énoncés dans le beau mémoire où il a le premier démontré le théorème qu'on vient de nommer. Le dernier de ces corollaires donne lieu à une question que nous croyons pouvoir proposer à l'attention des géomètres qui s'occupent de la théorie des nombres.

La différence:

$$[1.2.3\ldots\tfrac{1}{2}(p-1)]^2-1$$

étant divisible par p (p désignant un nombre premier $4n+3$) et cette différence pouvant se décomposer dans les deux facteurs:

$$1.2.3\ldots\tfrac{1}{2}(p-1)+1, \quad 1.2.3\ldots\tfrac{1}{2}(p-1)-1,$$

il s'ensuit que l'expression:

$$1.2.3\ldots\tfrac{1}{2}(p-1)\pm 1$$

avec le signe convenable est un multiple de p. On demande une règle qui fasse connaître le signe convenable, sans qu'il soit nécessaire de chercher, par des multiplications successives, le reste que l'on obtient en divisant le produit $1.2.3\ldots\frac{1}{2}(p-1)$ par p. Il est facile de voir que la question proposée revient à celle de savoir si $1.2.3\ldots\frac{1}{2}(p-1)$ est ou n'est pas résidu quadratique de p.

NOTE SUR LES INTÉGRALES DÉFINIES.

Quoique les intégrales qui font l'objet de cette note, soient comprises en grande partie parmi celles dont MM. POISSON et CAUCHY et d'autres savants ont déterminé les valeurs dans ces derniers temps, je me flatte que cette nouvelle manière d'y parvenir pourra intéresser les géomètres par son extrême simplicité. Le procédé dont je fais usage, est fondé sur la propriété connue des intégrales doubles, d'être indépendantes de l'ordre dans lequel les deux intégrations sont effectuées. C'est une extension de la méthode dont MM. LAPLACE et POISSON ont fait un emploi si heureux dans la théorie des intégrales définies. Mais si l'on doit convenir que la méthode dont il s'agit a acquis son importance principale par les applications ingénieuses que les géomètres cités en ont faites, la justice exige aussi d'attribuer à EULER la première idée de faire servir la propriété énoncée des intégrales doubles à l'évaluation des intégrales définies simples*).

Si l'on désigne par k et m deux constantes positives, et que l'on adopte la notation de M. LEGENDRE, on aura par le simple changement de ky en y:

$$(1)\qquad \int e^{-ky} y^{m-1} dy = \frac{\int e^{-y} y^{m-1} dy}{k^m} = \frac{\Gamma(m)}{k^m},$$

les limites étant zéro et l'infini positif. EULER a été conduit par l'induction à remplacer la constante réelle k par une quantité de la forme $k+\theta\sqrt{-1}$, la partie réelle étant toujours positive, sans quoi l'intégrale deviendrait infinie. Il a obtenu de cette manière l'équation suivante:

$$\int_0^\infty e^{-(k+\theta\sqrt{-1})y} y^{m-1} dy = \frac{\Gamma(m)}{(k+\theta\sqrt{-1})^m},$$

*) *Novi Comment. acad. Petrop. tom. XVI.*

qui a été verifiée depuis par M. Poisson*). L'équation précédente a non seulement lieu pour des valeurs réelles et positives de m, mais elle subsiste encore quand même m serait imaginaire, pourvu qu'alors la partie réelle de m fût toujours positive. C'est ce qu'on peut démontrer facilement par le même procédé qui a servi à la vérifier dans le cas de m réelle. Si donc nous désignons par p une quantité soumise à la seule restriction d'avoir sa partie réelle positive, nous avons:

$$\int_0^\infty e^{-(k+\theta\sqrt{-1})y} y^{p-1} dy = \frac{\Gamma(p)}{(k+\theta\sqrt{-1})^p}. \tag{2}$$

Si l'on remplace dans cette dernière formule la quantité réelle quelconque θ par $x+l$, x et l étant des quantités réelles quelconques, et qu'on écrive ensuite simplement k à la place de $k+l\sqrt{-1}$, il viendra celle-ci:

$$\int_0^\infty e^{-(k+x\sqrt{-1})y} y^{p-1} dy = \frac{\Gamma(p)}{(k+x\sqrt{-1})^p}, \tag{3}$$

où x désigne une quantité réelle et k et p sont deux quantités soumises à la restriction d'avoir leurs parties réelles positives.

Outre la formule précédente, nous aurons encore besoin d'une autre formule dont on est redevable à M. Laplace. La constante α étant réelle et positive et b désignant une quantité soumise à la restriction d'avoir sa partie réelle positive, la formule dont nous parlons, est celle-ci:

$$\int_{-\infty}^{\infty} \frac{b^2+x^2}{\cos\alpha x} dx = \frac{\pi}{b} e^{-\alpha b}.$$

Nous l'écrirons d'une manière un peu différente, en remplaçant $\cos\alpha x$ par $e^{-\alpha x\sqrt{-1}}$, ce qui est permis, l'intégrale $\int_{-\infty}^{\infty} \frac{b^2+x^2}{\sin\alpha x} dx$, qui est composée d'éléments égaux deux à deux, mais de signes opposés, étant évidemment nulle. Nous

*) Pour éviter toute ambiguïté, il convient de fixer le sens de quelques signes. Les lettres k et θ désignent deux quantités réelles et la première de plus positive, la notation $l(k+\theta\sqrt{-1})$ servira à remplacer l'expression $l(r)+\varphi\sqrt{-1}$, r étant la quantité positive $\sqrt{(k^2+\theta^2)}$ et φ l'arc compris entre $-\frac{\pi}{2}$ et $\frac{\pi}{2}$ déterminé par l'équation $\operatorname{tg}\varphi = \frac{\theta}{k}$. Les suppositions précédentes étant conservées, et q désignant une quantité quelconque réelle ou imaginaire, $(k+\theta\sqrt{-1})^q$ indiquera la quantité $e^{ql(k+\theta\sqrt{-1})} = e^{ql(r)+q\varphi\sqrt{-1}}$. En vérifiant l'équation (2), on trouve que cette équation n'a lieu qu'autant qu'on attache à la notation $(k+\theta\sqrt{-1})^{-p}$ le sens que je viens de définir.

avons donc:

$$\int_{-\infty}^{\infty} \frac{e^{-ax\sqrt{-1}}}{b^2+x^2}\,dx = \frac{\pi}{b}\,e^{-ba}. \tag{4}$$

L'équation (3) subsistant pour toutes les valeurs réelles de x, on peut intégrer ses deux membres par rapport à cette quantité entre des limites quelconques, après les avoir multipliés par dx et par une fonction quelconque de x. Si l'on multiplie les deux membres par $\frac{e^{-cx\sqrt{-1}}}{b^2+x^2}\,dx$ (c étant réelle et positive et b conservant sa signification précédente) et qu'on intègre ensuite depuis $x = -\infty$ jusqu'à $x = \infty$, on aura:

$$\int_0^{\infty} e^{-ky} y^{p-1}\left(\int_{-\infty}^{\infty} \frac{e^{-(c+y)x\sqrt{-1}}}{b^2+x^2}\,dx\right)dy = \Gamma(p)\int_{-\infty}^{\infty} \frac{e^{-cx\sqrt{-1}}}{(k+x\sqrt{-1})^p}\cdot\frac{dx}{b^2+x^2}\,.$$

Comme $c+y$ est positive (y ne devant recevoir que des valeurs positives dans l'intégration relative à cette variable), on aura en vertu de la formule (4):

$$\int_{-\infty}^{\infty} \frac{e^{-(c+y)x\sqrt{-1}}}{b^2+x^2}\,dx = \frac{\pi}{b}\,e^{-bc}e^{-by}.$$

La substitution de cette valeur dans le premier membre le réduira à la quantité:

$$\frac{\pi e^{-bc}}{b}\int_0^{\infty} e^{-(b+k)y} y^{p-1}\,dy,$$

ou ce qui est la même chose d'après l'équation (2), la partie réelle de $b+k$ étant évidemment positive:

$$\frac{\pi\Gamma(p)e^{-bc}}{b(b+k)^p}\,.$$

Égalant cette quantité au second membre et effaçant le facteur $\Gamma(p)$ qui se trouvera commun aux deux membres, on aura définitivement:

$$\int_{-\infty}^{\infty} \frac{e^{-cx\sqrt{-1}}}{(k+x\sqrt{-1})^p}\cdot\frac{dx}{b^2+x^2} = \frac{\pi e^{-bc}}{b(b+k)^p}\,. \tag{5}$$

En particularisant les constantes de cette formule, on obtiendra toutes celles dont il est question dans le Mémoire sur les intégrales définies que M. Poisson a inséré dans le 18ième cahier du Journal de l'École Polytechnique.

J'accentue maintenant les lettres k et p dans l'équation (3), je multiplie ses deux membres par la quantité qui se trouve sous le signe $\int$ dans la formule (5) et je les intègre ensuite depuis $x = -\infty$ jusqu'à $x = \infty$.

On effectuera la double intégration comme on l'a fait pour obtenir l'équation (5) avec la seule différence qu'au lieu de s'appuyer sur la formule (4), il faudra s'appuyer sur l'équation (5).

Tout calcul fait, on trouvera:

$$\int_{-\infty}^{\infty} \frac{e^{-cx\sqrt{-1}}}{b^2+x^2} \cdot \frac{1}{(k+x\sqrt{-1})^p} \cdot \frac{1}{(k'+x\sqrt{-1})^{p'}} dx = \frac{\pi e^{-bc}}{b} \cdot \frac{1}{(b+k)^p} \cdot \frac{1}{(b+k')^{p'}}.$$

En continuant de procéder ainsi, on arrivera à cette formule:

$$(6) \quad \begin{cases} \displaystyle\int_{-\infty}^{\infty} \frac{e^{-cx\sqrt{-1}}}{b^2+x^2} \cdot \frac{1}{(k+x\sqrt{-1})^p} \cdot \frac{1}{(k'+x\sqrt{-1})^{p'}} \cdot \frac{1}{(k''+x\sqrt{-1})^{p''}} \cdots dx \\ \displaystyle\qquad = \frac{\pi e^{-bc}}{b} \cdot \frac{1}{(b+k)^p} \cdot \frac{1}{(b+k')^{p'}} \cdot \frac{1}{(b+k'')^{p''}} \cdots \end{cases}$$

dans laquelle les facteurs:

$$\frac{1}{(k+x\sqrt{-1})^p}, \quad \frac{1}{(k'+x\sqrt{-1})^{p'}}, \quad \frac{1}{(k''+x\sqrt{-1})^{p''}}, \quad \ldots$$

sont en nombre quelconque. Il faut se rappeler que c désigne une quantité positive et que b, k, p, k', p', k'', p'', ... ou du moins les parties réelles de ces quantités sont également positives.

La formule (6) fournit un grand nombre de conséquences; je me contenterai d'en indiquer une seule.

Si l'on désigne par h une quantité positive supérieure à l'unité, ou une quantité imaginaire ayant pour partie réelle une telle quantité, et par x une quantité réelle quelconque, la partie réelle de la quantité $l(h+x\sqrt{-1})$ sera positive*). On pourra par conséquent la mettre à la place de $k+\theta\sqrt{-1}$ dans la formule (2). On aura ainsi, en remplaçant de plus p par q (q étant une quantité du même genre, c'est-à-dire soumise aux mêmes restrictions que p):

---

*) Soit $h = m+n\sqrt{-1}$, m et n étant réelles et m de plus positive et > 1, la partie réelle de $l(h+x\sqrt{-1})$ ou ce qui revient au même, de $l[m+(n+x)\sqrt{-1}]$ sera $\frac{1}{2}l[m^2+(n+x)^2]$, valeur qui sera toujours positive, attendu que la quantité $m^2+(n+x)^2$ ne pourra jamais s'abaisser au-dessous de la quantité positive m^2, et à fortiori pas au dessous de l'unité, m étant > 1.

$$(7)\qquad \int_0^\infty e^{-yl(h+x\sqrt{-1})}y^{q-1}dy = \frac{\Gamma(q)}{[l(h+x\sqrt{-1})]^q},$$

ou si l'on écrit simplement $\frac{1}{(h+x\sqrt{-1})^y}$ à la place de $e^{-yl(h+x\sqrt{-1})}$:

$$\int_0^\infty \frac{y^{q-1}}{(h+x\sqrt{-1})^y}dy = \frac{\Gamma(q)}{[l(h+x\sqrt{-1})]^q}.$$

Je multiplie les deux membres de cette dernière équation par la quantité qui se trouve sous le signe $\int$ dans l'équation (6) et je les intègre ensuite depuis $x = -\infty$ jusqu'à $x = \infty$:

$$\int_0^\infty y^{q-1}dy\left(\int_{-\infty}^\infty \frac{e^{-cx\sqrt{-1}}}{b^2+x^2}\cdot\frac{1}{(h+x\sqrt{-1})^y}\cdot\frac{1}{(k+x\sqrt{-1})^p}\cdot\frac{1}{(k'+x\sqrt{-1})^{p'}}\cdots dx\right)$$
$$= \Gamma(q)\int_{-\infty}^\infty \frac{e^{-cx\sqrt{-1}}}{b^2+x^2}\left(\frac{1}{(k+x\sqrt{-1})^p}\cdot\frac{1}{(k'+x\sqrt{-1})^{p'}}\cdots\right)\frac{dx}{[l(h+x\sqrt{-1})]^q}.$$

L'intégrale relative à x du premier membre s'obtient au moyen de la formule (6), y étant positive. En l'effectuant, le premier membre se réduira à:

$$\frac{\pi e^{-bc}}{b}\cdot\frac{1}{(b+k)^p}\cdot\frac{1}{(b+k')^{p'}}\cdot\frac{1}{(b+k'')^{p''}}\cdots\int_0^\infty \frac{y^{q-1}}{(b+h)^y}dy.$$

Si l'on met dans cette quantité à la place de l'intégrale sa valeur:

$$\frac{\Gamma(q)}{[l(b+h)]^q},$$

qu'on l'égale au second membre de l'équation précédente et qu'on efface le facteur commun $\Gamma(q)$, on aura:

$$(8)\qquad \left\{\begin{aligned}&\int_{-\infty}^\infty \frac{e^{-cx\sqrt{-1}}}{b^2+x^2}\left(\frac{1}{(k+x\sqrt{-1})^p}\cdot\frac{1}{(k'+x\sqrt{-1})^{p'}}\cdots\right)\frac{dx}{[l(h+x\sqrt{-1})]^q}\\ &\qquad = \frac{\pi e^{-bc}}{b}\left(\frac{1}{(b+k)^p}\cdot\frac{1}{(b+k')^{p'}}\cdots\right)\frac{1}{[l(b+h)]^q}.\end{aligned}\right.$$

Si l'on accentue les lettres h et q dans la formule (7), qu'on multiplie les deux membres par la quantité qui se trouve sous le signe $\int$ dans l'équation (8) et qu'on les intègre ensuite depuis $x = -\infty$ jusqu'à $x = \infty$, on arrivera à une formule semblable à la formule (8), dans laquelle il y aura sous le signe $\int$ deux facteurs de la forme:

$$\frac{1}{[l(h+x\sqrt{-1})]^q},\quad \frac{1}{[l(h'+x\sqrt{-1})]^{q'}}.$$

On pourra introduire de cette manière un nombre quelconque de ces facteurs, ce qui donnera la formule

$$(9)\quad \begin{cases} \displaystyle\int_{-\infty}^{\infty} \frac{e^{-cx\sqrt{-1}}}{b^2+x^2}\left(\frac{1}{(k+x\sqrt{-1})^p}\cdot\frac{1}{(k'+x\sqrt{-1})^{p'}}\cdots\right)\left(\frac{1}{[l(h+x\sqrt{-1})]^q}\cdot\frac{1}{[l(h'+x\sqrt{-1})]^{q'}}\cdots\right)dx \\ \displaystyle\qquad = \frac{\pi e^{-bc}}{b}\left(\frac{1}{(b+k)^p}\cdot\frac{1}{(b+k')^{p'}}\cdots\right)\left(\frac{1}{[l(b+h)]^q}\cdot\frac{1}{[l(b+h')]^{q'}}\cdots\right) \end{cases}$$

dans laquelle on suppose c positive, les parties réelles des quantités b; k, k', k'', ...; p, p', p'', ...; q, q', q'', ...; h, h', h'', ... également positives, et en outre les parties réelles des quantités de la dernière série h, h', h'', ... supérieures à l'unité.

SUR LA CONVERGENCE DES SÉRIES TRIGONOMÉTRIQUES QUI SERVENT A REPRÉSENTER UNE FONCTION ARBITRAIRE ENTRE DES LIMITES DONNÉES.

Les séries de sinus et de cosinus, au moyen desquelles on peut représenter une fonction arbitraire dans un intervalle donné, jouissent entre autres propriétés remarquables de celle d'être convergentes. Cette propriété n'avait pas échappé au géomètre illustre qui a ouvert une nouvelle carrière aux applications de l'analyse, en y introduisant la manière d'exprimer les fonctions arbitraires dont il est question; elle se trouve énoncée dans le Mémoire qui contient ses premières recherches sur la chaleur. Mais personne, que je sache, n'en a donné jusqu'à présent une démonstration générale. Je ne connais sur cet objet qu'un travail dû à M. CAUCHY et qui fait partie des Mémoires de l'Académie des sciences de Paris pour l'année 1823. L'auteur de ce travail avoue lui-même que sa démonstration se trouve en défaut pour certaines fonctions pour lesquelles la convergence est pourtant incontestable. Un examen attentif du Mémoire cité m'a porté à croire que la démonstration qui y est exposée n'est pas même suffisante pour les cas auxquels l'auteur la croit applicable. Je vais, avant d'entrer en matière, énoncer en peu de mots les objections auxquelles la démonstration de M. CAUCHY me paraît sujette. La marche que ce géomètre célèbre suit dans cette recherche, exige que l'on considère les valeurs que la fonction $\varphi(x)$ qu'il s'agit de développer, obtient, lorsqu'on y remplace la variable x par une quantité de la forme $u+v\sqrt{-1}$. La considération de ces valeurs semble étrangère à la question et l'on ne voit d'ailleurs pas bien ce que l'on doit entendre par le résultat d'une pareille substitution lorsque la fonction dans laquelle elle a lieu, ne peut pas être exprimée par une formule analytique. Je présente cette objection avec d'autant plus de confiance, que l'auteur me semble partager mon opinion sur ce point. Il insiste en effet dans plusieurs de ses ouvrages sur la nécessité de définir d'une manière précise le sens que l'on attache à une pareille substitution même lorsqu'elle est faite dans une fonction d'une loi analytique régulière; on trouve surtout dans le Mémoire qu'il a inséré dans le 19ième cahier du Journal de l'École Polytechnique pag. 567 et suiv., des remarques sur les difficultés que font naître les quantités imaginaires placées sous des signes de fonctions arbitraires. Quoi qu'il en soit de cette première observation, la démonstration de M. CAUCHY donne encore lieu à une autre objection qui paraît ne laisser aucun doute sur son insuffisance. La considération des quantités imaginaires conduit l'auteur à un résultat sur le décroissement des termes de la série, qui est loin de prouver que ces termes forment une suite convergente. Le résultat dont il s'agit peut être énoncé comme il suit, en supposant que l'intervalle considéré s'étend depuis zéro jusqu'à 2π.

„Le rapport du terme dont le rang est n, à la quantité $A\frac{\sin nx}{n}$ (A désignant une constante determinée, dépendante des valeurs extrêmes de la fonction) diffère de l'unité prise positivement d'une quantité qui diminue indéfiniment, à mesure que n devient plus grand."

De ce résultat et de ce que la série qui a $A\frac{\sin nx}{n}$ pour terme général, est convergente, l'auteur conclut que la série trigonométrique générale l'est également. Mais cette conclusion n'est pas permise, car il est facile de s'assurer que deux séries (du moins lorsque, comme il arrive ici, les termes n'ont pas tous le même signe) peuvent être l'une convergente, l'autre divergente, quoique le rapport de deux termes de même rang diffère aussi peu que l'on veut de l'unité prise positivement lorsque les termes sont d'un rang très avancé.

On en voit un exemple très simple dans les deux séries, ayant l'une pour terme général $\frac{(-1)^n}{\sqrt{n}}$, et l'autre $\frac{(-1)^n}{\sqrt{n}}\left(1+\frac{(-1)^n}{\sqrt{n}}\right)$. La première de ces séries est convergente, la seconde au contraire est divergente, car en la soustrayant de la première on obtient la série divergente:

$$-1-\tfrac{1}{2}-\tfrac{1}{3}-\tfrac{1}{4}-\tfrac{1}{5}-\text{ etc.}$$

et cependant le rapport de deux termes correspondants, qui est $1\pm\frac{1}{\sqrt{n}}$, converge vers l'unité à mesure que n croît.

Je vais maintenant entrer en matière, en commençant par l'examen des cas les plus simples, auxquels tous les autres peuvent être ramenés. Désignons par h un nombre positif inférieur ou tout au plus égal à $\frac{\pi}{2}$ et par $f(\beta)$ une fonction de β qui reste continue entre les limites 0 et h; j'entends par là une fonction qui a une valeur finie et déterminée pour toute valeur de β comprise entre 0 et h, et en outre telle que la différence $f(\beta+\varepsilon)-f(\beta)$ diminue sans limite lorsque ε devient de plus en plus petit. Supposons encore que la fonction reste toujours positive entre les limites 0 et h et qu'elle décroisse constamment depuis 0 jusqu'à h, en sorte que si p et q désignent deux nombres compris entre 0 et h, $f(p)-f(q)$ ait toujours un signe opposé à celui de $p-q$. Cela posé, considérons l'intégrale:

$$(1)\qquad \int_0^h \frac{\sin i\beta}{\sin\beta} f(\beta)d\beta$$

dans laquelle i est une quantité positive, et voyons ce que cette intégrale deviendra à mesure que i croît. Pour cela partageons-la en plusieurs autres prises la première depuis $\beta=0$ jusqu'à $\beta=\frac{\pi}{i}$, la seconde depuis $\beta=\frac{\pi}{i}$ jusqu'à $\beta=\frac{2\pi}{i}$, et ainsi de suite, l'avant-dernière ayant pour limites $(r-1)\frac{\pi}{i}$ et $\frac{r\pi}{i}$, et la dernière $\frac{r\pi}{i}$ et h, $\frac{r\pi}{i}$ désignant le plus grand multiple de $\frac{\pi}{i}$ qui soit contenu dans h. Il est facile de voir que ces intégrales nouvelles, dont le nombre est $r+1$, sont alternativement positives et négatives, la fonction placée sous le signe d'intégration étant évidemment toujours positive entre les limites de la première, négative entre les limites de la seconde et ainsi de suite. Il n'est pas moins facile de se convaincre que chacune d'elles est plus petite que la précédente, abstraction faite du signe. En effet ν désignant un entier $< r$, les expressions:

$$\int_{(\nu-1)\frac{\pi}{i}}^{\frac{\nu\pi}{i}} \frac{\sin i\beta}{\sin\beta} f(\beta)d\beta \quad \text{et} \quad \int_{\frac{\nu\pi}{i}}^{(\nu+1)\frac{\pi}{i}} \frac{\sin i\beta}{\sin\beta} f(\beta)d\beta$$

représentent deux intégrales consécutives. Remplaçons dans la seconde β par $\frac{\pi}{i}+\beta$; elle se changera ainsi en celle-ci:

$$\int_{(\nu-1)\frac{\pi}{i}}^{\frac{\nu\pi}{i}} \frac{\sin(i\beta+\pi)}{\sin\left(\beta+\frac{\pi}{i}\right)} f\left(\beta+\frac{\pi}{i}\right)d\beta$$

ou ce qui revient au même:

$$-\int_{(\nu-1)\frac{\pi}{i}}^{\frac{\nu\pi}{i}} \frac{\sin i\beta}{\sin\left(\beta+\frac{\pi}{i}\right)} f\left(\beta+\frac{\pi}{i}\right) d\beta.$$

Les deux intégrales qu'il s'agit de comparer ayant ainsi les mêmes limites, on voit sans peine que la seconde a une valeur numérique inférieure à celle de la première. Il suffit pour cela de remarquer qu'il suit de la supposition faite sur la fonction $f(\beta)$:

$$f\left(\frac{\pi}{i}+\beta\right)<f(\beta),$$

et que d'un autre côté:

$$\sin\left(\frac{\pi}{i}+\beta\right)>\sin\beta,$$

les arcs β et $\frac{\pi}{i}+\beta$ étant l'un et l'autre moindres que $\frac{\pi}{2}$, car il en résulte l'inégalité:

$$\frac{f(\beta)}{\sin\beta}>\frac{f\left(\beta+\frac{\pi}{i}\right)}{\sin\left(\beta+\frac{\pi}{i}\right)},$$

qui ayant lieu pour toutes les valeurs de β intermédiaires entre les limites $(\nu-1)\frac{\pi}{i}$ et $\frac{\nu\pi}{i}$, fait voir, comme nous l'avons dit, que chaque intégrale est plus grande que celle qui la suit, abstraction faite du signe. Cette circonstance a lieu à fortiori, lorsqu'on compare l'avant-dernière à la dernière, attendu que la différence des limites $\frac{r\pi}{i}$ et h de la dernière est inférieure à $\frac{\pi}{i}$, différence commune des limites de toutes les autres.

Examinons actuellement un peu plus en détail l'intégrale du rang ν, qui est:

$$\int_{(\nu-1)\frac{\pi}{i}}^{\frac{\nu\pi}{i}} \frac{\sin i\beta}{\sin\beta} f(\beta) d\beta.$$

Comme la fonction de β qui se trouve sous le signe $\int$ est le produit des facteurs $\frac{\sin i\beta}{\sin\beta}$ et $f(\beta)$, qui sont l'un et l'autre des fonctions continues de

β entre les limites de l'intégration, et comme d'un autre côté le premier de ces facteurs conserve toujours le même signe entre ces mêmes limites, on conclura, en vertu d'un théorème connu, que l'intégrale considérée est égale à l'intégrale du premier facteur multipliée par une quantité comprise entre la valeur la plus grande et la valeur la plus petite de l'autre facteur. Le second facteur décroissant depuis la première limite jusqu'à la seconde, la quantité dont il s'agit est comprise entre $f\left(\frac{(\nu-1)\pi}{i}\right)$ et $f\left(\frac{\nu\pi}{i}\right)$. En la désignant par ϱ_ν, notre intégrale sera équivalente à:

$$\varrho_\nu \int_{(\nu-1)\frac{\pi}{i}}^{\frac{\nu\pi}{i}} \frac{\sin i\beta}{\sin\beta}\, d\beta.$$

L'intégrale que renferme encore cette expression, dépend à la fois de ν et de i. Elle est positive ou négative selon que $\nu-1$ est pair ou impair; nous la désignerons désormais par K_ν, abstraction faite du signe. Nous aurons bientôt besoin de connaître la limite vers laquelle elle converge, lorsque, ν restant invariable, i devient de plus en plus grand. Pour découvrir cette limite, remplaçons β par $\frac{\gamma}{i}$, γ étant une nouvelle variable. Nous aurons ainsi:

$$\int_{(\nu-1)\pi}^{\nu\pi} \frac{\sin\gamma}{i\sin\left(\frac{\gamma}{i}\right)}\, d\gamma.$$

Sous cette forme, il est évident qu'elle converge vers la limite:

$$\int_{(\nu-1)\pi}^{\nu\pi} \frac{\sin\gamma}{\gamma}\, d\gamma,$$

que pour abréger nous désignerons par k_ν, abstraction faite du signe.

On sait que l'intégrale $\int_0^\infty \frac{\sin\gamma}{\gamma}\, d\gamma$ a une valeur finie et égale à $\frac{\pi}{2}$. Cette intégrale peut être partagée en une infinité d'autres, prises la première depuis $\gamma = 0$ jusqu'à $\gamma = \pi$, la seconde depuis $\gamma = \pi$ jusqu'à $\gamma = 2\pi$, et ainsi de suite. Ces nouvelles intégrales sont alternativement positives et négatives, chacune d'elles a une valeur numérique inférieure à celle de la précédente, et celle du rang ν est k_ν, abstraction faite du signe. La proposition qu'on vient de citer, revient donc à dire que la suite infinie:

(2) $$k_1 - k_2 + k_3 - k_4 + k_5 - \text{ etc.}$$

est convergente et a une somme égale à $\frac{\pi}{2}$.

Les termes de cette suite allant toujours en décroissant, il suit d'une proposition connue que la somme des n premiers termes est supérieure ou inférieure à $\frac{\pi}{2}$, selon que n est impair ou pair, et que cette somme qu'on peut désigner par S_n, diffère de $\frac{\pi}{2}$ d'une quantité moindre que le terme suivant k_{n+1}.

Reprenons actuellement l'intégrale (1) et cherchons à déterminer la limite vers laquelle elle converge lorsque i croît indéfiniment. En faisant ainsi croître le nombre i, les intégrales dans lesquelles nous avons décomposé l'intégrale (1), changeront sans cesse de valeur en même temps que leur nombre augmentera; il s'agit de connaître le résultat de ce double changement lorsqu'il continue indéfiniment. Pour cela, prenons un nombre entier m (qu'il soit supposé pair pour plus de simplicité) et supposons que le nombre m reste invariable pendant que i croît. Le nombre r, qui croît sans cesse avec i, finira bientôt par surpasser le nombre invariable m, quelque grand qu'on l'ait choisi.

Cela posé, partageons en deux groupes les intégrales dont la somme est équivalente à l'intégrale (1). Le premier groupe comprendra les m premières de ces intégrales, et le second sera composé de toutes les suivantes. On aura pour la somme du premier groupe:

(3) $$K_1 \varrho_1 - K_2 \varrho_2 + K_3 \varrho_3 - K_4 \varrho_4 + \cdots - K_m \varrho_m$$

et le second, dont le nombre des termes croît sans cesse avec i, a pour premiers termes:

(4) $$K_{m+1} \varrho_{m+1} - K_{m+2} \varrho_{m+2} + \cdots.$$

Considérons séparément ces deux groupes. Le nombre i croissant indéfiniment, la somme (3) convergera vers une limite qu'il est facile de déterminer. En effet, les quantités $\varrho_1, \varrho_2, \ldots, \varrho_m$ qui sont comprises la première entre $f(0)$ et $f\left(\frac{\pi}{i}\right)$, la seconde entre $f\left(\frac{\pi}{i}\right)$ et $f\left(\frac{2\pi}{i}\right)$, et la dernière entre $f\left(\frac{(m-1)\pi}{i}\right)$ et $f\left(\frac{m\pi}{i}\right)$ convergent chacune vers la limite $f(0)$, lorsque, m restant invariable, i croît sans cesse. D'un autre côté nous avons vu que les quantités:

$$K_1, \quad K_2, \quad \ldots, \quad K_m$$

convergent dans les mêmes circonstances respectivement vers les limites:

$$k_1, \quad k_2, \quad \ldots, \quad k_m.$$

Donc la somme (3) converge vers la limite:

$$(k_1 - k_2 + k_3 - \cdots - k_m) f(0) = S_m f(0),$$

ce qui veut dire que la différence entre la somme (3) et $S_m f(0)$ finira toujours, abstraction faite du signe, par être constamment inférieure à ω, ω désignant une quantité positive aussi petite que l'on veut.

Considérons pareillement la somme (4), dont le nombre des termes augmente sans cesse. Ses termes étant alternativement positifs et negatifs, et chacun d'eux ayant une valeur numérique inférieure à celle du terme précédent, comme nous l'avons vu plus haut, en considérant les intégrales que ces termes représentent, il suit d'un principe connu*) que cette somme, quel que soit le nombre de ses termes, est positive comme son premier terme $K_{m+1}\varrho_{m+1}$ et a une valeur inférieure à celle de ce terme. Or ce premier terme convergeant vers la limite $k_{m+1} f(0)$, il s'ensuit que la somme (4) finira toujours par être inférieure à $k_{m+1} f(0)$ augmenté d'une quantité positive ω' aussi petite que l'on veut. En combinant ce résultat avec celui que nous avons obtenu sur la somme (3), il n'y a qu'un instant, on verra que l'intégrale (1) qui est la somme des expressions (3) et (4) finira toujours par différer de $S_m f(0)$ d'une quantité moindre, abstraction faite du signe, que $\omega + \omega' + k_{m+1} f(0)$, ω et ω' étant deux nombres d'une petitesse arbitraire. D'un autre côté S_m diffère de $\frac{\pi}{2}$ d'une quantité numériquement inférieure à k_{m+1}; donc l'intégrale finira toujours par différer de $\frac{\pi}{2} f(0)$ d'une quantité moindre que $\omega + \omega' + 2k_{m+1} f(0)$, abstraction faite du signe.

Comme m peut être choisi tellement grand que k_{m+1} soit moindre que toute grandeur donnée, il s'ensuit que l'intégrale (1) finira toujours, lorsque i croît sans limite, par différer constamment de $\frac{\pi}{2} f(0)$ d'une quantité moindre, abstraction faite du signe, qu'un nombre aussi petit que l'on veut. Il est ainsi

---

*) Le principe sur lequel nous nous appuyons peut être énoncé de cette manière.

Les lettres A, A', A'', . . . désignant des quantités positives en nombre quelconque et telles que:

$$A > A' > A'' > \text{etc.},$$

la quantité:

$$A - A' + A'' - A''' + \text{etc.}$$

est positive et inférieure à A. Cela résulte immédiatement de ce que la quantité précédente peut être mise sous l'une et l'autre de ces deux formes:

$$(A - A') + (A'' - A''') + \text{etc.},$$
$$A - (A' - A'') - (A''' - A^{\text{IV}}) - \text{etc.}$$

prouvé, que l'intégrale (1) converge vers la limite $\frac{\pi}{2}f(0)$ pour des valeurs croissantes de i.

Supposons maintenant que la fonction $f(\beta)$, au lieu d'être toujours décroissante depuis 0 jusqu'à h, soit constante et égale à l'unité. On pourra dans ce cas déterminer la limite vers laquelle converge l'intégrale (1) par les mêmes considérations que nous venons d'employer; c'est ce qu'on voit tout de suite, en se rappelant que la démonstration précédente est fondée sur ce que les intégrales, dans lesquelles nous avons décomposé l'intégrale (1), forment une suite décroissante. Or ce décroissement tient à deux choses, au décroissement du facteur $f(\beta)$ et à l'accroissement du diviseur $\sin\beta$. Si $f(\beta)$ devient un nombre constant, l'accroissement de $\sin\beta$ suffira toujours pour rendre chaque intégrale de la série plus petite que la précédente. On trouvera ainsi, en supposant toujours h positive et tout au plus égale à $\frac{\pi}{2}$, que l'intégrale $\int_0^h \frac{\sin i\beta}{\sin\beta}\,d\beta$ converge vers la limite $\frac{\pi}{2}$. Il suit de là que l'intégrale $\int_0^h c\frac{\sin i\beta}{\sin\beta}\,d\beta$, dans laquelle c est une constante positive ou négative, converge vers la limite $c\frac{\pi}{2}$.

Nous avons supposé que la fonction $f(\beta)$ était décroissante et positive entre les limites 0 et h. La première circonstance ayant toujours lieu, c'est-à-dire la fonction étant telle que $f(p)-f(q)$ ait un signe contraire à celui de $p-q$ pour des valeurs p et q comprises entre 0 et h, supposons que $f(\beta)$ ne soit pas toujours positive. On prendra alors une constante positive c assez grande pour que $c+f(\beta)$ conserve toujours un signe positif depuis $\beta=0$ jusqu'à $\beta=h$. L'intégrale $\int_0^h f(\beta)\frac{\sin i\beta}{\sin\beta}\,d\beta$ étant égale à la différence de celles-ci:

$$\int_0^h [c+f(\beta)]\frac{\sin i\beta}{\sin\beta}\,d\beta \quad \text{et} \quad \int_0^h c\frac{\sin i\beta}{\sin\beta}\,d\beta,$$

sa limite sera la différence des limites vers lesquelles convergent ces dernières. Or ces dernières rentrent dans les cas précédemment examinés ($c+f(\beta)$ étant une fonction décroissante et positive) et convergent vers les limites $[c+f(0)]\frac{\pi}{2}$ et $c\frac{\pi}{2}$, d'où il suit que la première converge vers la limite $\frac{\pi}{2}f(0)$.

Considérons actuellement une fonction $f(\beta)$ croissante depuis 0 jusqu'à h. Dans ce cas $-f(\beta)$ sera une fonction décroissante. L'intégrale

$\int_0^h -f(\beta)\frac{\sin i\beta}{\sin\beta}d\beta$ convergera donc vers la limite $-\frac{\pi}{2}f(0)$, et par conséquent l'intégrale $\int_0^h f(\beta)\frac{\sin i\beta}{\sin\beta}d\beta$ vers la limite $\frac{\pi}{2}f(0)$.

En réunissant ces résultats, on aura cet énoncé:

(5) „Quelle que soit la fonction $f(\beta)$, pourvu qu'elle reste continue entre les limites 0 et h $\left(h\right.$ étant positive et tout au plus égale à $\left.\frac{\pi}{2}\right)$, et qu'elle croisse ou qu'elle décroisse depuis la première de ces limites jusqu'à la seconde, l'intégrale $\int_0^h f(\beta)\frac{\sin i\beta}{\sin\beta}d\beta$ finira par différer constamment de $\frac{\pi}{2}f(0)$ d'une quantité moindre que tout nombre assignable, lorsqu'on y fait croître i au delà de toute limite positive."

Désignons par g un nombre positif différent de zéro et inférieur à h, et supposons que la fonction reste continue et croisse ou décroisse depuis g jusqu'à h. L'intégrale $\int_g^h f(\beta)\frac{\sin i\beta}{\sin\beta}d\beta$ convergera alors vers une limite qu'il est facile de découvrir. On pourrait y parvenir par des considérations analogues à celles que nous avons appliquées à l'intégrale (1); mais il est plus simple de ramener ce nouveau cas à ceux que nous avons considérés dans ce qui précède. La fonction n'étant donnée que depuis g jusqu'à h, reste entièrement arbitraire pour les valeurs de β comprises entre 0 et g. Supposons que l'on entende par $f(\beta)$, pour les valeurs de β comprises entre 0 et g, une fonction continue et croissante ou décroissante depuis 0 jusqu'à g, selon que $f(\beta)$ croît ou décroît depuis g jusqu'à h; supposons encore que $f(g-\varepsilon)$ diffère infiniment peu de $f(g+\varepsilon)$, si ε décroît sans limite; ayant satisfait d'une manière quelconque à ces conditions, ce qu'on peut toujours faire d'une infinité de manières, la fonction $f(\beta)$ remplira depuis 0 jusqu'à h les conditions exprimées dans l'énoncé (5). Les intégrales:

$$\int_0^g f(\beta)\frac{\sin i\beta}{\sin\beta}d\beta \quad \text{et} \quad \int_0^h f(\beta)\frac{\sin i\beta}{\sin\beta}d\beta$$

convergeront donc l'une et l'autre vers la limite $\frac{\pi}{2}f(0)$. D'où l'on conclut que l'intégrale $\int_g^h f(\beta)\frac{\sin i\beta}{\sin\beta}d\beta$, qui est la différence des précédentes, a zéro pour limite.

Ce nouveau résultat peut être réuni en un seul énoncé avec celui que nous avons obtenu plus haut. On aura ainsi:

(6) „La lettre h désignant une quantité positive tout au plus égale à $\frac{\pi}{2}$, et g une quantité également positive et en outre inférieure à h, l'intégrale:

$$\int_g^h f(\beta)\frac{\sin i\beta}{\sin\beta}\,d\beta$$

dans laquelle la fonction $f(\beta)$ est continue entre les limites de l'intégration et a une marche toujours croissante ou toujours décroissante depuis $\beta = g$ jusqu'à $\beta = h$, convergera vers une certaine limite, lorsque le nombre i devient de plus en plus grand. Cette limite est égale à zéro, le seul cas excepté où g a une valeur nulle, dans ce cas elle a la valeur $\frac{\pi}{2}f(0)$."

Il est évident que ce résultat ne serait que légèrement modifié, si la fonction $f(\beta)$ présentait une solution de continuité pour $\beta = g$ et $\beta = h$, c'est-à-dire si $f(g)$ était différent de $f(g+\varepsilon)$ et $f(h)$ de $f(h-\varepsilon)$, ε désignant une quantité infiniment petite et positive, pourvu qu'alors les valeurs $f(g)$ et $f(h)$ ne fussent pas infinies. Il faudrait seulement dans ce cas remplacer $f(0)$ par $f(\varepsilon)$ dans l'énoncé précédent, ce qu'on peut faire encore même quand il n'y a pas de solution de continuité, attendu qu'alors $f(\varepsilon)$ est égale à $f(0)$.

Nous sommes maintenant en état de prouver la convergence des séries périodiques qui expriment des fonctions arbitraires entre des limites données. La marche que nous allons suivre nous conduira à établir la convergence de ces séries et à déterminer en même temps leurs valeurs. Soit $\varphi(x)$ une fonction de x, ayant une valeur finie et déterminée pour chaque valeur de x comprise entre $-\pi$ et π, et supposons qu'il s'agisse de développer cette fonction en une série de sinus et de cosinus d'arcs multiples de x. La série qui résout cette question, est, comme l'on sait:

$$(7)\qquad \frac{1}{2\pi}\int\varphi(\alpha)d\alpha+\frac{1}{\pi}\left\{\begin{array}{l}\cos x\int\varphi(\alpha)\cos\alpha\,d\alpha+\cos 2x\int\varphi(\alpha)\cos 2\alpha\,d\alpha+\cdots\\ \sin x\int\varphi(\alpha)\sin\alpha\,d\alpha+\sin 2x\int\varphi(\alpha)\sin 2\alpha\,d\alpha+\cdots\end{array}\right\},$$

les intégrales qui déterminent les coefficients constants, étant prises depuis

$\alpha = -\pi$ jusqu'à $\alpha = \pi$, et x désignant une quantité quelconque comprise entre $-\pi$ et π (*Théorie de la Chaleur*, No. 232 et suiv.).

Considérons les $2n+1$ premiers termes de cette série (n étant un nombre entier) et voyons vers quelle limite converge la somme de ces termes, lorsque n devient de plus en plus grand. Cette somme peut être mise sous la forme suivante:

$$\frac{1}{\pi}\int_{-\pi}^{+\pi}\varphi(\alpha)d\alpha[\tfrac{1}{2}+\cos(\alpha-x)+\cos 2(\alpha-x)+\cdots+\cos n(\alpha-x)],$$

ou en sommant la suite de cosinus:

$$\frac{1}{\pi}\int_{-\pi}^{+\pi}\varphi(\alpha)\frac{\sin(n+\frac{1}{2})(\alpha-x)}{2\sin\frac{1}{2}(\alpha-x)}d\alpha. \tag{8}$$

Tout se réduit maintenant à déterminer la limite dont cette intégrale approche sans cesse, lorsque n croît indéfiniment. Pour cela nous la partagerons en deux autres prises l'une depuis $-\pi$ jusqu'à x, l'autre depuis x jusqu'à π. Si l'on remplace dans la première α par $x-2\beta$, et dans la seconde α par $x+2\beta$, β étant une nouvelle variable, ces deux intégrales se changeront en celles-ci, abstraction faite du facteur $\frac{1}{\pi}$:

$$\int_0^{\frac{1}{2}(\pi+x)}\frac{\sin(2n+1)\beta}{\sin\beta}\varphi(x-2\beta)d\beta \quad \text{et} \quad \int_0^{\frac{1}{2}(\pi-x)}\frac{\sin(2n+1)\beta}{\sin\beta}\varphi(x+2\beta)d\beta. \tag{9}$$

Considérons la seconde de ces deux intégrales. La quantité x étant inférieure ou tout au plus égale à π, abstraction faite du signe, $\frac{1}{2}(\pi-x)$ ne pourra tomber hors des limites 0 et π. Si $\frac{1}{2}(\pi-x)=0$, ce qui a lieu lorsque $x=\pi$, l'intégrale est nulle quel que soit n; dans tous les autres cas elle convergera pour des valeurs croissantes de n vers une limite que nous allons déterminer. Supposons d'abord $\frac{1}{2}(\pi-x)$ inférieure ou tout au plus égale à $\frac{\pi}{2}$, et remarquons que la fonction $\varphi(x+2\beta)$ peut présenter plusieurs solutions de continuité depuis $\beta=0$ jusqu'à $\beta=\frac{1}{2}(\pi-x)$, et qu'elle peut aussi avoir plusieurs maxima et minima dans ce même intervalle. Désignons par $l, l', l'', \ldots, l^{(\nu)}$, rangées selon l'ordre de leur grandeur, les différentes valeurs de β qui présentent l'une ou l'autre de ces circonstances, et décomposons notre intégrale en plusieurs autres prises respectivement entre les limites:

$$0 \text{ et } l, \quad l \text{ et } l', \quad l' \text{ et } l'', \quad \ldots, \quad l^{(\nu)} \text{ et } \tfrac{1}{2}(\pi-x).$$

Toutes ces intégrales se trouveront dans le cas de l'énoncé (6). Elles convergeront donc toutes vers la limite zéro à mesure que n croît, à l'exception de la première qui converge vers la limite $\frac{\pi}{2}\varphi(x+\varepsilon)$, ε étant un nombre infiniment petit et positif. Si $\frac{1}{2}(\pi-x)$ était supérieure à $\frac{1}{2}\pi$, ce qui arrivera lorsque x a une valeur négative, on partagerait l'intégrale en deux autres, l'une prise depuis $\beta=0$ jusqu'à $\beta=\frac{1}{2}\pi$, l'autre depuis $\beta=\frac{1}{2}\pi$ jusqu'à $\beta=\frac{1}{2}(\pi-x)$. La première de ces nouvelles intégrales se trouvera dans le même cas que celle que nous venons de considérer, elle convergera donc vers la limite $\frac{\pi}{2}\varphi(x+\varepsilon)$. Quant à la seconde, on peut la changer en celle-ci, en y remplaçant β par $\pi-\gamma$, γ étant une nouvelle variable:

$$\int_{\frac{1}{2}(\pi+x)}^{\frac{1}{2}\pi}\varphi(x+2\pi-2\gamma)\frac{\sin(2n+1)(\pi-\gamma)}{\sin(\pi-\gamma)}d\gamma,$$

ou ce qui revient au même, n étant un entier:

$$\int_{\frac{1}{2}(\pi+x)}^{\frac{1}{2}\pi}\varphi(x+2\pi-2\gamma)\frac{\sin(2n+1)\gamma}{\sin\gamma}d\gamma.$$

Elle a ainsi une forme analogue à celle de la précédente; en la décomposant comme précédemment en plusieurs autres, on verra qu'elle converge vers la limite zéro, le seul cas excepté, où $\frac{1}{2}(\pi+x)$ a une valeur nulle, c'est-à-dire lorsque $x=-\pi$; dans ce cas elle approche continuellement de la limite $\varphi(\pi-\varepsilon)$, ε ayant toujours la même signification. En résumant tout ce qui précède, on trouvera que la seconde des intégrales (9) est nulle lorsque $x=\pi$, qu'elle converge vers la limite $\frac{\pi}{2}[\varphi(\pi-\varepsilon)+\varphi(-\pi+\varepsilon)]$ lorsque $x=-\pi$, et que dans tous les autres cas elle approche continuellement de la limite $\frac{\pi}{2}\varphi(x+\varepsilon)$.

La première des intégrales (9) est entièrement analogue à la seconde; en y appliquant des considérations semblables, on trouvera qu'elle est nulle lorsque $x=-\pi$, qu'elle converge vers la limite $\frac{\pi}{2}[\varphi(\pi-\varepsilon)+\varphi(-\pi+\varepsilon)]$ lorsque $x=\pi$ et que dans tous les autres cas elle a pour limite $\frac{\pi}{2}\varphi(x-\varepsilon)$. Connaissant ainsi les limites de chacune des intégrales (9), il est facile de trouver la limite dont l'intégrale (8) approche sans cesse, lorsque n devient de plus en plus grand; il suffit pour cela de se rappeler que cette intégrale est égale à la somme des intégrales (9) divisée par π. Or, l'intégrale (8) étant équivalente à la somme des $2n+1$ premiers termes de la série (7), il est prouvé que cette série est convergente, et l'on trouve au moyen des résultats précédents qu'elle est égale à:

$$\tfrac{1}{2}[\varphi(x+\varepsilon)+\varphi(x-\varepsilon)]$$

pour toute valeur de x comprise entre $-\pi$ et π, et que pour chacune des valeurs extrêmes π et $-\pi$, elle est égale à:

$$\tfrac{1}{2}[\varphi(\pi-\varepsilon)+\varphi(-\pi+\varepsilon)].$$

L'exposé précédent embrasse tous les cas; il se simplifie lorsque la valeur de x qu'on considère n'est pas une de celles qui présentent une solution de continuité. En effet les quantités $\varphi(x+\varepsilon)$ et $\varphi(x-\varepsilon)$ étant alors l'une et l'autre équivalentes à $\varphi(x)$, on voit que la série a pour valeur $\varphi(x)$.

Les considérations précédentes prouvent d'une manière rigoureuse que, si la fonction $\varphi(x)$, dont toutes les valeurs sont supposées finies et déterminées, ne présente qu'un nombre fini de solutions de continuité entre les limites $-\pi$ et π, et si en outre elle n'a qu'un nombre déterminé de maxima et de minima entre ces mêmes limites, la série (7), dont les coefficients sont des intégrales définies dépendantes de la fonction $\varphi(x)$, est convergente et a une valeur généralement exprimée par:

$$\tfrac{1}{2}[\varphi(x+\varepsilon)+\varphi(x-\varepsilon)],$$

où ε désigne un nombre infiniment petit. Il nous resterait à considérer les cas où les suppositions que nous avons faites sur le nombre des solutions de continuité et sur celui des valeurs maxima et minima cessent d'avoir lieu. Ces cas singuliers peuvent être ramenés à ceux que nous venons de considérer. Il faut seulement, pour que la série (8) présente un sens lorsque les solutions de continuité sont en nombre infini, que la fonction $\varphi(x)$ remplisse la condition suivante.

Il est nécessaire qu'alors la fonction $\varphi(x)$ soit telle que, si l'on désigne par a et b deux quantités quelconques comprises entre $-\pi$ et π, on puisse toujours placer entre a et b d'autres quantités r et s assez rapprochées pour que la fonction reste continue dans l'intervalle de r à s. On sentira facilement la nécessité de cette restriction en considérant que les différents termes de la série sont des intégrales définies et en remontant à la notion fondamentale des intégrales. On verra alors que l'intégrale d'une fonction ne signifie quelque chose qu'autant que la fonction satisfait à la condition précédemment énoncée. On aurait un exemple d'une fonction qui ne remplit pas cette condition, si l'on supposait $\varphi(x)$ égale à une constante déterminée c lorsque la variable x obtient une valeur rationnelle, et égale à une autre constante d, lorsque cette variable est irrationnelle. La fonction ainsi définie a des valeurs finies et déterminées pour toute valeur de x, et cependant on ne saurait la substituer dans la série, attendu que les différentes intégrales qui entrent dans cette série, perdraient toute signification dans ce cas. La restriction que je viens de préciser, et celle de ne pas devenir infinie, sont les seules auxquelles la fonction $\varphi(x)$ soit sujette et tous les cas qu'elles n'excluent pas peuvent être ramenés à ceux que nous avons considérés dans ce qui précède. Mais la chose, pour être faite avec toute la clarté qu'on peut désirer, exige quelques détails liés aux principes fondamentaux de l'analyse infinitésimale et qui seront exposés dans une autre note, où je m'occuperai aussi de quelques autres propriétés assez remarquables de la série (7).

Berlin, Janvier 1829.

ÜBER DIE DARSTELLUNG GANZ WILLKÜRLICHER FUNCTIONEN DURCH SINUS- UND COSINUSREIHEN.

Die merkwürdigen Reihen, welche in einem bestimmten Intervalle Functionen darstellen, welche ganz gesetzlos sind oder in verschiedenen Theilen dieses Intervalls ganz verschiedenen Gesetzen folgen, haben seit der Begründung der mathematischen Wärmelehre durch FOURIER so zahlreiche Anwendungen in der analytischen Behandlung physikalischer Probleme gefunden, dass es zweckmässig erscheint, die für die folgenden Bände dieses Werkes bestimmten Auszüge aus den neuesten Arbeiten über einige Theile der mathematischen Physik durch die Entwickelung einiger der wichtigsten dieser Reihen einzuleiten.

§. 1.

Man denke sich unter a und b zwei feste Werthe und unter x eine veränderliche Grösse, welche nach und nach alle zwischen a und b liegenden Werthe annehmen soll. Entspricht nun jedem x ein einziges, endliches y, und zwar so, dass, während x das Intervall von a bis b stetig durchläuft, $y = f(x)$ sich ebenfalls allmählich verändert, so heisst y eine stetige oder continuirliche*) Function von x für dieses Intervall. Es ist dabei gar nicht nöthig, dass y in diesem ganzen Intervalle nach demselben Gesetze von x abhängig sei, ja man braucht nicht einmal an eine durch mathematische Operationen ausdrückbare Abhängigkeit zu denken. Geometrisch dargestellt, d. h. x und y als Abscisse und Ordinate gedacht, erscheint eine stetige Function als eine zusammenhängende Curve, von der jeder zwischen a und b enthaltenen Abscisse nur ein Punkt entspricht. Diese Definition schreibt den einzelnen Theilen der Curve kein gemeinsames Gesetz vor; man kann sich dieselbe aus den verschiedenartigsten Theilen zusammengesetzt oder ganz gesetzlos gezeichnet denken. Es

*) Da im Folgenden nur von stetigen Functionen die Rede sein wird, so kann der Zusatz ohne Nachtheil wegbleiben.

geht hieraus hervor, dass eine solche Function für ein Intervall als vollständig bestimmt nur dann anzusehen ist, wenn sie entweder für den ganzen Umfang desselben graphisch gegeben ist, oder mathematischen, für die einzelnen Theile desselben geltenden Gesetzen unterworfen wird. So lange man über eine Function nur für einen Theil des Intervalls bestimmt hat, bleibt die Art ihrer Fortsetzung für das übrige Intervall ganz der Willkür überlassen.

Es seien A und B die Endpunkte von a und b, und $\alpha\gamma\beta$ die der Function $f(x)$ entsprechende Curve, so ist klar, dass mit dieser Function auch der Flächenraum $A\alpha\gamma\beta B$ bestimmt ist, welcher von den Ordinaten $A\alpha$, $B\beta$, dem Stück AB der Abscissenachse und der Curve $\alpha\gamma\beta$ begrenzt wird, wenn er sich gleich nicht immer genau angeben lässt. Dieser Raum heisst bekanntlich auch das bestimmte Integral der Function $f(x)$, von a bis b oder zwischen den Grenzen a und b genommen, und wird durch $\int_a^b f(x)\,dx$ bezeichnet. Der Ursprung dieses Zeichens liegt in der Art, wie die Infinitesimalrechnung einen Flächenraum oder ein solches Integral betrachtet. Wird die Linie $AB = b - a$, in eine Anzahl n gleicher Theile zerlegt, deren gemeinschaftlicher Werth $= \frac{b-a}{n} = \delta$, und werden durch α und die Endpunkte der den Theilungspunkten 1, 2, 3, ... entsprechenden Ordinaten, Parallelen mit der Abscissenachse gezogen, so entstehen n Rechtecke, deren Summe:

$$(1) \qquad \delta f(a) + \delta f(a+\delta) + \delta f(a+2\delta) + \cdots + \delta f(a+(n-1)\delta),$$

wie sich leicht streng beweisen lässt, und wie es auch schon die blosse Anschauung ergiebt, bei unaufhörlichem Wachsen der Anzahl n zuletzt in den Flächenraum $A\alpha\gamma\beta B$ übergeht, d. h. man kann n immer so gross wählen, dass die Summe (1) von diesem Raum um weniger verschieden sein wird, als eine noch so kleine, vorher bestimmte Grösse. Nimmt man $b-a$ und also auch δ als positiv an, so erscheinen offenbar die in (1) enthaltenen Rechtecke als positiv oder negativ, je nachdem sie auf der Seite der positiven oder der negativen y liegen. Umgekehrt verhält es sich, wenn $b-a$ negativ ist. Es geht also hieraus hervor, dass ein bestimmtes Integral $\int_a^b f(x)dx$ (wenn man dieses als den Grenzwerth betrachtet, welchen (1) für ein unendliches n annimmt) nur insofern als Flächenraum angesehen werden kann, als man bei letzterem die Theile, welche auf entgegengesetzten Seiten der Abscissenachse liegen, entgegengesetzt und zwar die auf der Seite der positiven y liegenden als positiv oder negativ nimmt, je nachdem b grösser oder kleiner als a ist.

§. 2.

Aus der Definition des bestimmten Integrals als Grenzwerth von (1) oder als Flächenraum mit der eben angegebenen Modification folgen fast unmittelbar mehrere Eigenschaften, die ich hier zusammenstelle, um mich im Folgenden leichter darauf berufen zu können; c bezeichnet, wie a und b, eine Constante.

$$\int_a^b f(x)dx = -\int_b^a f(x)dx, \tag{2}$$

$$\int_a^b cf(x)dx = c\int_a^b f(x)dx, \tag{3}$$

$$\int_a^b f(x)dx = \int_{a+c}^{b+c} f(x-c)dx, \tag{4}$$

$$\int_a^b f(x)dx = \frac{1}{c}\int_{ac}^{bc} f\left(\frac{x}{c}\right)dx, \tag{5}$$

$$\int_a^b [f(x)\pm F(x)]dx = \int_a^b f(x)dx \pm \int_a^b F(x)dx, \tag{6}$$

(7) Hat $f(x)$ zwischen $x=a$ und $x=b$ immer dasselbe Zeichen, so ist $\int_a^b f(x)dx$ positiv oder negativ, je nachdem jenes Zeichen dem von $b-a$ gleich oder entgegengesetzt ist.

(8) Das Integral $\int_a^b \varphi(x)F(x)dx$ liegt immer zwischen $M\int_a^b F(x)dx$ und $N\int_a^b F(x)dx$, wenn $F(x)$ innerhalb der Grenzen a und b sein Zeichen nicht ändert und M und N respective den grössten und kleinsten Werth*) bezeichnen, den $\varphi(x)$ in dem genannten Intervall erhält.

Dieser Satz, welcher im Folgenden häufig Anwendung findet, ist leicht aus den vorhergehenden abzuleiten. Nach den über M und N gemachten Vor-

*) Es ist wohl zu bemerken, dass hier bei der Vergleichung zweier Werthe hinsichtlich ihrer Grösse auf die Zeichen Rücksicht genommen wird; r heisst grösser als s, oder geschrieben: $r > s$, wenn die algebraische Differenz $r-s$ positiv ist.

aussetzungen bleiben:

$$M-\varphi(x), \quad \varphi(x)-N$$

zwischen $x=a$ und $x=b$ stets positiv;

$$[M-\varphi(x)]F(x), \quad [\varphi(x)-N]F(x)$$

sind daher in diesem Intervall entweder beide immer positiv oder beide immer negativ, woraus vermöge (7) folgt, dass die Integrale:

$$\int_a^b [M-\varphi(x)]F(x)dx, \quad \int_a^b [\varphi(x)-N]F(x)dx$$

gleiche Zeichen haben. Werden diese Integrale nach (6) und (3) in die Form:

$$M\int_a^b F(x)dx-\int_a^b \varphi(x)F(x)dx, \quad \int_a^b \varphi(x)F(x)dx-N\int_a^b F(x)dx$$

gebracht, so ist die Behauptung bewiesen.

(9) Liegt c zwischen a und b, so ist:

$$\int_a^b f(x)dx = \int_a^c f(x)dx+\int_c^b f(x)dx.$$

Dieser Satz sagt nichts anderes, als dass der Flächenraum $\int_a^b f(x)dx$ durch die der Abscisse c entsprechende Ordinate in zwei andere Flächenräume zerlegt wird. Man kann durch wiederholte Anwendung desselben jedes Integral in eine beliebige Anzahl anderer Integrale zerlegen.

Es geht z. B. daraus hervor,

(10) dass $\int_0^{\frac{\pi}{2}} \cos 2mx\,dx = 0$, wenn m irgend eine von 0 verschiedene ganze Zahl bezeichnet.

Zerlegt man nämlich diesen Flächenraum in $2m$ andere zwischen den Grenzen:

$$0 \text{ und } \frac{\pi}{4m}, \quad \frac{\pi}{4m} \text{ und } \frac{2\pi}{4m}, \quad \frac{2\pi}{4m} \text{ und } \frac{3\pi}{4m}, \quad \ldots, \quad \frac{(2m-1)\pi}{4m} \text{ und } \frac{2m\pi}{4m},$$

so sieht man leicht, dass der erste dem zweiten, der dritte dem vierten u. s. w. gleich und entgegengesetzt ist.

Endlich ist für das Folgende noch die Kenntniss der Summe z der endlichen Reihe:

$$z = \cos\vartheta+\cos 2\vartheta+\cdots+\cos n\vartheta$$

erforderlich. Um zur Bestimmung derselben zu gelangen, multiplicire man die

Gleichung mit $2\cos\vartheta$ und verwandle die Cosinusproducte nach der bekannten Formel $2\cos\beta\cos\gamma = \cos(\beta-\gamma)+\cos(\beta+\gamma)$ in Summen. Man erhält so:

$$\begin{aligned}2z\cos\vartheta = \quad & 1+\cos\vartheta+\cos2\vartheta+\cdots+\cos(n-1)\vartheta \\ & +\cos2\vartheta+\cos3\vartheta+\cos4\vartheta+\cdots+\cos(n+1)\vartheta.\end{aligned}$$

Die Vergleichung der oberen Horizontalreihe mit der durch z bezeichneten Reihe ergiebt für dieselbe:

$$z+1-\cos n\vartheta;$$

eben so findet man für die untere:

$$z-\cos\vartheta+\cos(n+1)\vartheta.$$

Werden beide Werthe eingesetzt, so kommt:

$$2z\cos\vartheta = 2z+1-\cos\vartheta+\cos(n+1)\vartheta-\cos n\vartheta:$$

Bringt man $2z$ auf die andere Seite und dividirt durch $2(\cos\vartheta-1)$, so folgt:

$$z = -\frac{1}{2}+\frac{\cos n\vartheta-\cos(n+1)\vartheta}{2(1-\cos\vartheta)}.$$

Dieser Ausdruck für z wird vereinfacht, wenn man $2\sin^2\frac{1}{2}\vartheta$ für $1-\cos\vartheta$ und $2\sin\frac{1}{2}\vartheta\sin(n+\frac{1}{2})\vartheta$ für $\cos n\vartheta-\cos(n+1)\vartheta$ einführt und den gemeinschaftlichen Factor $2\sin\frac{1}{2}\vartheta$ weglässt. Man findet so:

$$(11) \qquad \cos\vartheta+\cos2\vartheta+\cdots+\cos n\vartheta = -\frac{1}{2}+\frac{\sin(n+\frac{1}{2})\vartheta}{2\sin\frac{1}{2}\vartheta}.$$

§. 3.

Verschiedene Aufgaben der mathematischen Physik erfordern die Darstellung einer für das Intervall von 0 bis π ganz willkürlich gegebenen Function $f(x)$ durch eine unendliche Reihe von folgender Form:

$$a_1\sin x+a_2\sin2x+a_3\sin3x+\cdots, .$$

wo $a_1, a_2, a_3, \ldots$ von x unabhängige Grössen bezeichnen. Der natürlichste Weg zu der verlangten Reihenentwicklung scheint der sogenannte Uebergang vom Endlichen zum Unendlichen zu sein. Man denke sich nämlich zunächst die Reihe aus einer endlichen Anzahl $(n-1)$ von Gliedern bestehend, d. h. man betrachte den Ausdruck:

$$a_1\sin x+a_2\sin2x+\cdots+a_{n-1}\sin(n-1)x.$$

Die darin enthaltenen willkürlichen $n-1$ Coefficienten $a_1, a_2, \ldots, a_{n-1}$ lassen sich so bestimmen, dass dieser Ausdruck für eben so viele besondere Werthe von x, nämlich $\frac{\pi}{n}, \frac{2\pi}{n}, \ldots, (n-1)\frac{\pi}{n}$, der gegebenen Function $f(x)$

gleich wird. Lässt man, nachdem die Werthe der Coefficienten gefunden worden sind, n ohne Grenzen wachsen, so geht die endliche Reihe in eine unendliche über, die Werthe $\frac{\pi}{n}$, $\frac{2\pi}{n}$, ..., $(n-1)\frac{\pi}{n}$ rücken einander immer näher und erfüllen zuletzt das ganze Intervall von 0 bis π, so dass die Gleichheit der Function und der unendlichen Reihe für den ganzen Umfang desselben Statt findet.

Die Gleichsetzung der gegebenen Function $f(x)$ und der endlichen Reihe für die vorher angeführten besondern Werthe ergiebt folgende Bedingungen:

$$a_1\sin\frac{\pi}{n}+a_2\sin\frac{2\pi}{n}+\cdots+a_m\sin\frac{m\pi}{n}+\cdots+a_{n-1}\sin\,(n-1)\frac{\pi}{n}=f\left(\frac{\pi}{n}\right),$$

$$a_1\sin\frac{2\pi}{n}+a_2\sin\frac{4\pi}{n}+\cdots+a_m\sin\frac{2m\pi}{n}+\cdots+a_{n-1}\sin 2(n-1)\frac{\pi}{n}=f\left(\frac{2\pi}{n}\right),$$

$$a_1\sin\frac{3\pi}{n}+a_2\sin\frac{6\pi}{n}+\cdots+a_m\sin\frac{3m\pi}{n}+\cdots+a_{n-1}\sin 3(n-1)\frac{\pi}{n}=f\left(\frac{3\pi}{n}\right),$$

$$\cdots\cdots\cdots\cdots\cdots\cdots\cdots\cdots$$

$$a_1\sin(n-1)\frac{\pi}{n}+\cdots+a_m\sin(n-1)\frac{m\pi}{n}+\cdots+a_{n-1}\sin(n-1)^2\frac{\pi}{n}=f\left((n-1)\frac{\pi}{n}\right).$$

Um aus diesen $n-1$ Gleichungen irgend einen der darin enthaltenen Coefficienten, z. B. a_m (wo m eine der Zahlen 1, 2, 3, ..., $n-1$) zu erhalten, multiplicire man diese Gleichungen der Reihe nach mit $2\sin\frac{m\pi}{n}$, $2\sin\frac{2m\pi}{n}$, $2\sin\frac{3m\pi}{n}$, ..., $2\sin(n-1)\frac{m\pi}{n}$ und addire nachher alle zusammen. Die so entstehende neue Gleichung wird a_m allein enthalten und zur Bestimmung dieser Grösse führen. Um sich hiervon zu überzeugen, betrachte man den Inbegriff aller Glieder, die in dieser Gleichung irgend einen Coefficienten a_h enthalten, wo h wie m eine in der Reihe 1, 2, 3, ..., $n-1$ enthaltene Zahl bezeichnet. Setzt man a_h als gemeinschaftlichen Factor heraus, so erhält man als Vereinigung aller dieser Glieder:

$$a_h\left(2\sin\frac{m\pi}{n}\sin\frac{h\pi}{n}+2\sin\frac{2m\pi}{n}\sin\frac{2h\pi}{n}+\cdots+2\sin(n-1)\frac{m\pi}{n}\sin(n-1)h\frac{\pi}{n}\right),$$

und man beweist leicht, dass der Ausdruck zwischen den Klammern der Null gleich ist, wenn h von m verschieden ist. Schreibt man nämlich statt der Sinusproducte Cosinusdifferenzen, so geht derselbe in folgende Differenz über:

$$(12)\quad\left\{\begin{aligned}&\cos(m-h)\frac{\pi}{n}+\cos 2(m-h)\frac{\pi}{n}+\cdots+\cos(n-1)(m-h)\frac{\pi}{n}\\&-\left(\cos(m+h)\frac{\pi}{n}+\cos 2(m+h)\frac{\pi}{n}+\cdots+\cos(n-1)(m+h)\frac{\pi}{n}\right).\end{aligned}\right.$$

Jede dieser Reihen lässt sich nach Formel (11) summiren. Wenn man dort $\vartheta = (m-h)\frac{\pi}{n}$ setzt und n in $n-1$ verwandelt, so findet man für die erste:

$$-\frac{1}{2}+\frac{\sin(n-\frac{1}{2})(m-h)\frac{\pi}{n}}{2\sin(m-h)\frac{\pi}{2n}}.$$

Erinnert man sich, dass für irgend eine ganze Zahl l:

$$\sin(l\pi-\gamma) = \mp\sin\gamma,$$

wo das obere oder das untere Zeichen gilt, je nachdem l gerade oder ungerade ist, so sieht man gleich, dass:

$$\sin(n-\tfrac{1}{2})(m-h)\frac{\pi}{n} = \sin\left((m-h)\pi-(m-h)\frac{\pi}{2n}\right) = \mp\sin(m-h)\frac{\pi}{2n},$$

und dass also die erste der Reihen (12):

$$\cos(m-h)\frac{\pi}{n}+\cos 2(m-h)\frac{\pi}{n}+\cdots+\cos(n-1)(m-h)\frac{\pi}{n}$$

den Werth -1 oder 0 hat, je nachdem $m-h$ gerade oder ungerade ist. Aehnlicherweise ergiebt sich für die zweite Reihe (12):

$$-\left(\cos(m+h)\frac{\pi}{n}+\cos 2(m+h)\frac{\pi}{n}+\cdots+\cos(n-1)(m+h)\frac{\pi}{n}\right)$$

der Werth $+1$ oder 0, je nachdem $m+h$ gerade oder ungerade ist. Bemerkt man nun, dass $m-h$ und $m+h$ entweder zugleich gerade oder zugleich ungerade sind, da ihre Summe $2m$ gerade ist, so sieht man auf der Stelle, dass der Ausdruck (12) verschwindet, wie es früher behauptet wurde.

Es ist nicht zu übersehen, dass das oben gefundene Resultat wesentlich voraussetzt, dass h von m verschieden ist. Für den Fall, wo $h = m$, erscheint der Ausdruck für die Summe der ersten der Reihen (12) in der Form $\frac{0}{0}$, und die vorige Bestimmung verliert ihre Gültigkeit. Man erhält aber in diesem Falle, da alle Glieder dieser Reihe der Einheit gleich werden, sogleich für ihre Summe $n-1$, während die zweite den Werth 1 annimmt, indem $m+h = 2m$ in diesem Falle gerade ist. Der Ausdruck (12) verschwindet also für jedes h, welches von m verschieden ist, für $h = m$ hingegen erhält er den Werth n. Es geht daraus hervor, dass die Gleichung, deren Entstehung man oben näher angegeben hat, in der That nur den einzigen Coefficienten a_m enthält und von folgender sehr einfachen Form ist:

$$n a_m = 2\sin\frac{m\pi}{n}f\left(\frac{\pi}{n}\right)+2\sin\frac{2m\pi}{n}f\left(\frac{2\pi}{n}\right)+\cdots+2\sin(n-1)\frac{m\pi}{n}f\left(\frac{(n-1)\pi}{n}\right)$$

und folglich:

$$a_m = \frac{2}{n}\left[\sin\frac{m\pi}{n}f\left(\frac{\pi}{n}\right)+\sin\frac{2m\pi}{n}f\left(\frac{2\pi}{n}\right)+\cdots+\sin(n-1)\frac{m\pi}{n}f\left(\frac{(n-1)\pi}{n}\right)\right].$$

Nachdem die Coefficienten der endlichen Reihe gefunden worden sind, bleibt zu untersuchen, wie sich der Coefficient, welcher eine beliebige, aber bestimmte Stelle einnimmt, bei unaufhörlich wachsender Gliederzahl verändert, d. h. es bleibt der Werth auszumitteln, den der vorhergehende Ausdruck für a_m annimmt, wenn man n unendlich gross werden lässt, während m constant gedacht wird. Schreibt man den Ausdruck wie folgt:

$$a_m = \frac{2}{\pi}\left[\frac{\pi}{n}\sin\left(\frac{0m\pi}{n}\right)f\left(\frac{0\pi}{n}\right)+\frac{\pi}{n}\sin\left(\frac{m\pi}{n}\right)f\left(\frac{\pi}{n}\right)+\frac{\pi}{n}\sin\frac{2m\pi}{n}f\left(\frac{2\pi}{n}\right)+\cdots\right.$$
$$\left.\cdots+\frac{\pi}{n}\sin(n-1)\frac{m\pi}{n}f\left((n-1)\frac{\pi}{n}\right)\right],$$

so erhellt sogleich aus der Vergleichung der Summe zwischen den Klammern mit der Gleichung (1), dass für $n=\infty$ die Summe in das bestimmte Integral $\int_0^\pi \sin mx\, f(x)\,dx$ übergeht.

Die alsdann zu einer unendlichen gewordene Reihe stellt aber, wie früher bemerkt worden, die Function $f(x)$ für alle zwischen 0 und π gelegenen Werthe von x dar, und wir haben also für den ganzen Umfang des genannten Intervalls:

$$f(x) = a_1\sin x+a_2\sin 2x+\cdots+a_m\sin mx+\cdots, \tag{13}$$

in welcher Reihe die Coefficienten nach der allgemeinen Gleichung:

$$a_m = \frac{2}{\pi}\int_0^\pi \sin mx\, f(x)\,dx$$

zu bestimmen sind.

Man kann durch ähnliche Betrachtungen zu einer Reihe gelangen, welche nur die Cosinus von x und dessen Vielfachen enthält, und die Function $f(x)$, wie die gefundene Sinusreihe, für dasselbe Intervall von 0 bis π darstellt. Kürzer erreicht man jedoch diesen Zweck, wenn man das schon gefundene Resultat (13) benutzt. Setzt man in demselben statt $f(x)$ das Product $2f(x)\sin x$, so erhält man:

$$2\sin x\, f(x) = a_1\sin x+a_2\sin 2x+\cdots+a_m\sin mx+\cdots,$$

wo:

$$a_m = \frac{2}{\pi}\int_0^\pi 2\sin mx\sin x\, f(x)\,dx.$$

Dieser Werth für a_m lässt sich auch so schreiben:

$$a_m = \frac{2}{\pi}\int_0^\pi \cos(m-1)x f(x)dx - \frac{2}{\pi}\int_0^\pi \cos(m+1)x f(x)dx,$$

oder, wenn man zur Abkürzung setzt:

$$\frac{2}{\pi}\int_0^\pi \cos hx f(x)dx = b_h,$$

wo h eine ganze positive Zahl mit Einschluss der Null bezeichnet:

$$a_m = b_{m-1} - b_{m+1}.$$

Nimmt man successive $m = 1, 2, 3, \ldots$ und substituirt in obige Reihe, so kommt:

$$2\sin x f(x) = (b_0 - b_2)\sin x + (b_1 - b_3)\sin 2x + (b_2 - b_4)\sin 3x + \cdots,$$

oder wenn man nach b_0, b_1, b_2, ... ordnet:

$$2\sin x f(x) = b_0 \sin x + b_1 \sin 2x + b_2(\sin 3x - \sin x) + b_3(\sin 4x - \sin 2x) + \text{ etc.}$$

Durch Einführung der Producte $2\sin x\cos x$, $2\sin x\cos 2x$, ... an die Stelle von $\sin 2x$, $\sin 3x - \sin x$, ... wird die ganze Gleichung durch $2\sin x$ theilbar, und man erhält nach Entfernung dieses gemeinschaftlichen Factors:

$$f(x) = \tfrac{1}{2}b_0 + b_1\cos x + b_2\cos 2x + \cdots + b_m\cos mx + \cdots \tag{14}$$

Diese Gleichung gilt wie die Gleichung (13), aus der sie abgeleitet ist, für alle Werthe zwischen 0 und π, und der allgemeine Coefficient b_m ist:

$$\frac{2}{\pi}\int_0^\pi \cos mx f(x)dx.$$

Obgleich die Reihen (13) und (14) beide eine ganz beliebige Function $f(x)$ für das Intervall von 0 bis π darstellen, so sind sie doch wesentlich von einander verschieden. Während die letztere wegen der bekannten Eigenschaft des Cosinus, für entgegengesetzte Werthe des Bogens gleich zu sein, durch die Verwandlung von x in $-x$ unverändert bleibt, nimmt die erstere in demselben Falle den entgegengesetzten Werth an, wie eben so leicht aus der Natur des Sinus erhellt. Man sieht hieraus leicht, dass man unter gewissen Umständen eine Function von x für das Intervall von $-\pi$ bis π durch die Reihe (14) oder (13) darstellen kann. Denkt man sich nämlich unter $f(x)$ eine von $x = 0$ bis $x = \pi$ ganz beliebig gegebene Function von x, und setzt diese Function oder Curve von $x = 0$ bis $x = -\pi$ so fort, dass immer:

$$f(-x) = f(x),$$

so wird diese Function von $x = \pi$ bis $x = -\pi$, durch die Reihe (14) ausgedrückt werden können, denn diese Reihe gilt immer von 0 bis π, und da sie bei der Verwandlung von x in $-x$ unverändert bleibt, welches nach der angegebenen Art der Fortsetzung auch bei der Function der Fall ist, so stellt sie diese auch von 0 bis $-\pi$ dar. Ganz auf dieselbe Weise überzeugt man sich, dass wenn man eine von 0 bis π beliebig gegebene Function so fortsetzt, dass:

$$f(-x) = -f(x),$$

für eine solche Function zwischen $x = -\pi$ und $x = \pi$ die Reihe (13) gilt. Auf diese einfache Bemerkung kann man eine Reihe gründen, welche die Reihen (13) und (14) als besondere Fälle in sich begreift und eine von $x = -\pi$ bis $x = \pi$ ganz willkürlich gegebene Function $\varphi(x)$ darzustellen geeignet ist. — Bringt man nämlich $\varphi(x)$ in die Form:

$$\frac{\varphi(x)+\varphi(-x)}{2} + \frac{\varphi(x)-\varphi(-x)}{2},$$

so hat der erste Theil $\frac{\varphi(x)+\varphi(-x)}{2}$ die Eigenschaft, durch Verwandlung von x in $-x$ unverändert zu bleiben, und ist also nach dem Vorhergehenden von $x = -\pi$ bis $x = \pi$ durch (14) ausdrückbar. Eben so lässt sich offenbar der zweite Theil $\frac{\varphi(x)-\varphi(-x)}{2}$ durch die Reihe (13) darstellen, und man hat also für den ganzen Umfang des Intervalls von $-\pi$ bis π, wenn man beide Theile vereinigt:

$$(15) \qquad \begin{cases} \varphi(x) = \frac{1}{2} b_0 + b_1 \cos x + b_2 \cos 2x + \cdots + b_m \cos mx + \cdots \\ \qquad\qquad + a_1 \sin x + a_2 \sin 2x + \cdots + a_m \sin mx + \cdots, \end{cases}$$

wo die Coefficienten durch die Gleichungen:

$$b_m = \frac{1}{\pi}\int_0^\pi \cos mx[(\varphi x)+\varphi(-x)]\,dx,$$

$$a_m = \frac{1}{\pi}\int_0^\pi \sin mx[\varphi(x)-\varphi(-x)]\,dx$$

zu bestimmen sind. Man kann diesen Ausdrücken eine einfachere Form geben. Es ist nämlich:

$$\int_0^\pi \cos mx[\varphi(x)+\varphi(-x)]\,dx = \int_0^\pi \cos mx\,\varphi(x)\,dx + \int_0^\pi \cos mx\,\varphi(-x)\,dx$$

und nach (5):

$$\int_0^\pi \cos mx\,\varphi(-x)\,dx = -\int_0^{-\pi} \cos mx\,\varphi(x)\,dx,$$

oder nach (2), $=\int_{-\pi}^{0}\cos mx\,\varphi(x)\,dx$, folglich:

$$b_m = \frac{1}{\pi}\left(\int_{-\pi}^{0}\cos mx\,\varphi(x)\,dx+\int_{0}^{\pi}\cos mx\,\varphi(x)\,dx\right)$$

oder nach (9):

$$b_m = \frac{1}{\pi}\int_{-\pi}^{+\pi}\cos mx\,\varphi(x)\,dx.$$

Ebenso ergiebt sich:

$$a_m = \frac{1}{\pi}\int_{-\pi}^{+\pi}\sin mx\,\varphi(x)\,dx.$$

§. 4.

Wie natürlich und wie befriedigend auch auf den ersten Blick der Gang erscheinen mag, welcher uns zu den Reihen des vorigen Paragraphen geführt hat, so findet man doch bald bei genauerer Erwägung, dass derselbe als strenger Beweis für die Gültigkeit dieser Reihen etwas zu wünschen übrig lässt. Es geht aus dem Begriff des bestimmten Integrals, wie dieser in (1) festgestellt wurde, unbestreitbar hervor, dass irgend ein Coefficient a_m, welcher in der endlichen Reihe eine bestimmte Stelle m einnimmt, bei unaufhörlichem Wachsen von n in das Integral $\frac{2}{\pi}\int_{0}^{\pi}\sin mx\,f(x)\,dx$ übergeht, allein man darf nicht vergessen, dass durch das Zunehmen von n zugleich immer mehr neue Glieder hinzukommen. Um die Richtigkeit der Reihe (13) zu beweisen, müsste man sich die Glieder der endlichen Reihe in zwei Gruppen zerfällt denken; die erste würde alle Glieder bis zu einer bestimmten unveränderlich gedachten Stellenzahl m, die zweite alle übrigen enthalten. Könnte man nun zeigen, dass, während die Coefficienten der Glieder der ersten Gruppe sich ins Unendliche den durch bestimmte Integrale ausgedrückten Werthen nähern, der Inbegriff aller Glieder der zweiten, deren Anzahl mit n unaufhörlich wächst, nie eine gewisse von m abhängige und zwar beliebig klein ausfallende Grenze überschreitet, wenn man das m gehörig gross wählte, so würde man die Gewissheit erlangen, dass die Reihe (13) convergirend ist und die Function $f(x)$ für das Intervall von 0 bis π wirklich darstellt. — Die Nothwendigkeit der eben angedeuteten Nachweisung, wenn man den Uebergang vom Endlichen zum Unendlichen zu einem ganz strengen Verfahren erheben will, wird im höchsten

Grade einleuchtend, wenn man der endlichen Reihe, von der man ausgeht, eine andere Form giebt. Betrachtet man eine Reihe von der Form:

$$a_0+a_1x+a_2x^2+\cdots+a_{n-1}x^{n-1},$$

so lassen sich die Coefficienten ebenfalls leicht so bestimmen, dass die Reihe für n Werthe von x innerhalb eines beliebigen Intervalls einer ganz willkürlichen Function $f(x)$ gleich wird. Lässt man nach erlangter Bestimmung irgend eines Coefficienten n unendlich wachsen, während die Stellenzahl m der Coefficienten constant bleibt, so nähert sich der Coefficient unaufhörlich einem gewissen Endwerth, und man würde also durch das im vorigen Paragraphen befolgte Verfahren zu der falschen Folgerung verleitet, eine ganz gesetzlose oder stellenweise ganz anderen Gesetzen gehorchende Function lasse sich durch eine nach Potenzen der Veränderlichen x geordnete Reihe darstellen.

Die Betrachtungen, die dem Verfahren, welches uns die Reihe (13) geliefert hat, die gehörige Strenge geben würden, sind so zusammengesetzter Art, dass wir lieber einen andern Weg der Beweisführung einschlagen. Wir werden die Reihe (15), welche die beiden andern (13) und (14) als besondere Fälle in sich begreift, an und für sich untersuchen und, ohne etwas von dem Früheren vorauszusetzen, direct nachweisen, dass diese Reihe:

$$\begin{aligned}&\tfrac{1}{2}b_0+b_1\cos x+b_2\cos 2x+\cdots+b_m\cos mx+\cdots\\&+a_1\sin x+a_2\sin 2x+\cdots+a_m\sin mx+\cdots,\end{aligned}$$

wenn man ihre Coefficienten durch die Gleichungen:

$$b_m=\frac{1}{\pi}\int_{-\pi}^{+\pi}\cos mx\,\varphi(x)dx,\qquad a_m=\frac{1}{\pi}\int_{-\pi}^{+\pi}\sin mx\,\varphi(x)dx$$

bestimmt, immer convergirt und für alle zwischen $-\pi$ und π enthaltenen Werthe von x der Function $\varphi(x)$ gleich ist.

Schreibt man in den vorhergehenden Integralen statt x einen andern Buchstaben α, was offenbar erlaubt ist, da ein bestimmtes Integral nur von der Natur der Function und den Werthen der Grenzen abhängig ist, und setzt die Werthe für die $2n+1$ ersten Coefficienten ein, so erhält man als Summe der $2n+1$ ersten Glieder der Reihe:

$$\begin{aligned}&\frac{1}{2\pi}\int_{-\pi}^{+\pi}d\alpha\,\varphi(\alpha)+\frac{1}{\pi}\cos x\int_{-\pi}^{+\pi}d\alpha\cos\alpha\,\varphi(\alpha)+\cdots+\frac{1}{\pi}\cos nx\int_{-\pi}^{+\pi}d\alpha\cos n\alpha\,\varphi(\alpha)\\&+\frac{1}{\pi}\sin x\int_{-\pi}^{+\pi}d\alpha\sin\alpha\,\varphi(\alpha)+\cdots+\frac{1}{\pi}\sin nx\int_{-\pi}^{+\pi}d\alpha\sin n\alpha\,\varphi(\alpha)\end{aligned}$$

oder nach (3) und (6):

$$\frac{1}{\pi}\int_{-\pi}^{+\pi} d\alpha\,\varphi(\alpha)[\tfrac{1}{2}+\cos(\alpha-x)+\cos 2(\alpha-x)+\cdots+\cos n(\alpha-x)]$$

oder endlich, wenn man die Cosinusreihe vermittelst der Formel (11) summirt:

$$\frac{1}{\pi}\int_{-\pi}^{+\pi} d\alpha\,\varphi(\alpha)\,\frac{\sin(2n+1)\dfrac{\alpha-x}{2}}{2\sin\dfrac{\alpha-x}{2}}.$$

Soll also die Reihe convergiren und den Werth $\varphi(x)$ haben, so muss der Unterschied zwischen $\varphi(x)$ und diesem Integral, welches die Summe ihrer $2n+1$ ersten Glieder ausdrückt, bei unaufhörlichem Zunehmen von n zuletzt kleiner werden als jede noch so klein gedachte Grösse. Es ist nöthig, der Untersuchung dieses Integrals in seiner ganzen Allgemeinheit die Behandlung einiger einfachen Fälle vorauszuschicken, auf welche sich alle übrigen zurückführen lassen.

§. 5.

Man betrachte zunächst das Integral:

$$\int_0^{\frac{\pi}{2}} \frac{\sin(2n+1)\beta}{\sin\beta}\,d\beta,$$

in welchem n wie vorher eine positive ganze Zahl bezeichnet. Setzt man statt $\dfrac{\sin(2n+1)\beta}{\sin\beta}$ den nach (11) äquivalenten Ausdruck:

$$1+2\cos 2\beta+2\cos 4\beta+\cdots+2\cos 2n\beta,$$

so erhellt nach (10), dass alle Glieder mit Ausnahme des ersten zwischen den angegebenen Grenzen integrirt verschwinden, und man findet:

$$\int_0^{\frac{\pi}{2}} \frac{\sin(2n+1)\beta}{\sin\beta}\,d\beta = \frac{\pi}{2}.$$

Setzt man zur Abkürzung $2n+1=k$ und zerlegt das Integral in $n+1$ andere zwischen den Grenzen 0 und $\frac{\pi}{k}$, $\frac{\pi}{k}$ und $\frac{2\pi}{k}$, ..., $\frac{n\pi}{k}$ und $\frac{\pi}{2}$, so folgt nach (7), dass von diesen Integralen das erste positiv, das zweite negativ, das dritte positiv u. s. w. sein wird, da $\dfrac{\sin k\beta}{\sin\beta}$ innerhalb der Grenzen des ersten positiv, des zweiten negativ u. s. w. ist. Bezeichnet man das Integral des Ranges ν,

d. h. das von $\frac{(\nu-1)\pi}{k}$ bis $\frac{\nu\pi}{k}$ genommene, abgesehen von seinem Zeichen, mit ϱ_ν, so dass also:

$$\varrho_\nu = \mp \int_{\frac{(\nu-1)\pi}{k}}^{\frac{\nu\pi}{k}} \frac{\sin k\beta}{\sin\beta}\, d\beta,$$

wo das obere oder untere Zeichen gilt, je nachdem ν gerade oder ungerade ist, so folgt leicht aus (8), da $\mp\sin k\beta$ von $\frac{(\nu-1)\pi}{k}$ bis $\frac{\nu\pi}{k}$ stets positiv bleibt, dass ϱ_ν zwischen den beiden Producten liegt, welche man erhält, wenn man:

$$\int_{\frac{(\nu-1)\pi}{k}}^{\frac{\nu\pi}{k}} \mp\sin k\beta\, d\beta = \frac{2}{k}$$

mit dem grössten und kleinsten Werth multiplicirt, den der Factor $\frac{1}{\sin\beta}$ in dem genannten Intervall annimmt.

Das vorhergehende Integral ist nach (4):

$$= \int_0^{\frac{\pi}{k}} \mp \sin((\nu-1)\pi + k\beta)\, d\beta = \int_0^{\frac{\pi}{k}} \sin k\beta\, d\beta,$$

oder nach (5):

$$= \frac{1}{k}\int_0^{\pi} \sin\beta\, d\beta = \frac{\varDelta}{k},$$

wenn man zur Abkürzung den von k unabhängigen Werth $\int_0^{\pi}\sin\beta\, d\beta$ mit $\varDelta$ bezeichnet.

Was den Factor $\frac{1}{\sin\beta}$ betrifft, so ist dieser um so kleiner, als β grösser ist. Sein grösster Werth ist daher $\frac{1}{\sin\frac{(\nu-1)\pi}{k}}$ und der kleinste $\frac{1}{\sin\frac{\nu\pi}{k}}$, so dass also:

$$\varrho_\nu > \frac{\varDelta}{k}\,\frac{1}{\sin\frac{\nu\pi}{k}} \quad \text{und} \quad \varrho_\nu < \frac{\varDelta}{k}\,\frac{1}{\sin\frac{(\nu-1)\pi}{k}}.$$

Für das letzte Integral ϱ_{n+1} gelten die Grenzen $\frac{\varDelta}{k}$ und $\frac{\varDelta}{k}\frac{1}{\sin\frac{n\pi}{k}}$, die sich auf dieselbe Weise ergeben. Vergleicht man die Grenzen, zwischen welchen je zwei auf einander folgende Integrale liegen, so ergiebt sich auf der Stelle, dass $\varrho_1, \varrho_2, \varrho_3, \ldots, \varrho_{n+1}$ eine abnehmende Reihe bilden, d. h.:

$$\varrho_1 > \varrho_2 > \varrho_3 > \cdots > \varrho_{n+1}.$$

Das ursprüngliche, später in $n+1$ andre Integrale zerlegte Integral hatte den Werth $\frac{\pi}{2}$. Es findet also folgende Gleichung statt:

$$\frac{\pi}{2} = \varrho_1 - \varrho_2 + \varrho_3 - \varrho_4 + \cdots \pm \varrho_{n+1}.$$

Aus der Abnahme der Glieder $\varrho_1, \varrho_2, \ldots$ folgt leicht, wenn man die Reihe bei ihrem $2m^{\text{ten}}$ und $(2m+1)^{\text{ten}}$ Gliede abbricht (wo natürlich $2m < n$):

$$(16) \qquad \begin{cases} \frac{\pi}{2} > \varrho_1 - \varrho_2 + \varrho_3 - \cdots - \varrho_{2m}, \\ \frac{\pi}{2} < \varrho_1 - \varrho_2 + \varrho_3 - \cdots - \varrho_{2m} + \varrho_{2m+1}. \end{cases}$$

Um sich zu überzeugen, dass diese Ungleichheiten stattfinden, darf man nur bemerken, dass im ersten Falle die weggebrachten Glieder, wenn man sie paarweise vereinigt, $\varrho_{2m+1} - \varrho_{2m+2}, \varrho_{2m+3} - \varrho_{2m+4}, \ldots$, positive Differenzen geben, und dass man also etwas positives weglässt, und das Umgekehrte für den zweiten gilt.

Wir wenden uns jetzt zu der Betrachtung des Integrals:

$$\int_0^h \frac{\sin k\beta}{\sin\beta} f(\beta)\, d\beta = S,$$

wo h eine positive $\frac{\pi}{2}$ nicht übersteigende Constante und $f(\beta)$ eine stetige Function von β bezeichnet, welche, während β von 0 bis h wächst, immer positiv bleibt und nie zunimmt. Ich sage absichtlich, nie zunimmt, um den Fall nicht auszuschliessen, wo $f(\beta)$ stellenweise oder für das ganze Intervall constant bliebe. Der Buchstabe k ist nur zur Abkürzung für $2n+1$ eingeführt, und wir wollen untersuchen, wie sich S verändert, wenn n ohne Grenze wächst. Es sei $r\frac{\pi}{k}$ das grösste in h enthaltene Vielfache von $\frac{\pi}{k}$, wo offenbar die ganze Zahl r nicht grösser als n sein kann, und man zerlege das Integral in $r+1$ andere, zwischen den Grenzen 0 und $\frac{\pi}{k}$, $\frac{\pi}{k}$ und $\frac{2\pi}{k}$, $\ldots$, $\frac{r\pi}{k}$ und h, so sind diese Integrale wieder abwechselnd positiv und negativ. Bezeichnet man dasjenige, welches die ν^{te} Stelle einnimmt, abgesehen von seinem Zeichen, mit R_ν, so dass also:

$$R_\nu = \mp \int_{\frac{(\nu-1)\pi}{k}}^{\frac{\nu\pi}{k}} \frac{\sin k\beta}{\sin\beta} f(\beta) d\beta,$$

wo wieder das obere oder das untere Zeichen gilt, je nachdem ν gerade oder ungerade ist, so hat man:

$$S = R_1 - R_2 + R_3 - \cdots \pm R_{r+1}.$$

Die positiven Werthe R_1, R_2, R_3, ... bilden eine abnehmende Reihe, wie man sich leicht überzeugt, wenn man auf R_ν den Satz (8) anwendet. Man findet unter Berücksichtigung der über $f(\beta)$ gemachten Voraussetzung, dass:

$$R_\nu = \int_{\frac{(\nu-1)\pi}{k}}^{\frac{\nu\pi}{k}} \mp \frac{\sin k\beta}{\sin\beta} f(\beta) d\beta$$

zwischen den beiden Producten:

$$f\left(\frac{\nu\pi}{k}\right) \int_{\frac{(\nu-1)\pi}{k}}^{\frac{\nu\pi}{k}} \mp \frac{\sin k\beta}{\sin\beta} d\beta \quad \text{und} \quad f\left(\frac{(\nu-1)\pi}{k}\right) \int_{\frac{(\nu-1)\pi}{k}}^{\frac{\nu\pi}{k}} \mp \frac{\sin k\beta}{\sin\beta} d\beta$$

liegt, d. h. also:

$$R_\nu > \varrho_\nu f\left(\frac{\nu\pi}{k}\right), \quad R_\nu < \varrho_\nu f\left(\frac{(\nu-1)\pi}{k}\right)^*).$$

Vergleicht man die untere Grenze $\varrho_\nu f\left(\frac{\nu\pi}{k}\right)$ für R_ν mit der obern für $R_{\nu+1}$, welche $\varrho_{\nu+1} f\left(\frac{\nu\pi}{k}\right)$ ist, so folgt wegen $\varrho_\nu > \varrho_{\nu+1}$, dass auch $R_\nu > R_{\nu+1}$, wie vorher behauptet wurde. Bricht man die Reihe S bei R_{2m} und R_{2m+1} ab (wo $2m < r$), so ergeben sich die Ungleichheiten:

$$S > R_1 - R_2 + R_3 - \cdots - R_{2m},$$
$$S < R_1 - R_2 + R_3 - \cdots - R_{2m} + R_{2m+1}.$$

Die erste dieser Ungleichheiten wird nicht aufhören, richtig zu bleiben, wenn man statt der zu addirenden Glieder R_1, R_3, ... ihre unteren Grenzen $\varrho_1 f\left(\frac{\pi}{k}\right)$, $\varrho_3 f\left(\frac{3\pi}{k}\right)$, ... und statt der zu subtrahirenden R_2, R_4, ... ihre oberen

*) Wäre $f\left(\frac{\nu\pi}{k}\right) = f\left(\frac{(\nu-1)\pi}{k}\right)$, so würden die beiden Grenzen zusammenfallen, und man muss um alle Fälle zu umfassen, mit dem Zeichen $t > w$ den Sinn verbinden, dass t nicht kleiner als w ist.

Grenzen $\varrho_2 f\left(\frac{\pi}{k}\right)$, $\varrho_4 f\left(\frac{3\pi}{k}\right)$, ... setzt. Hierdurch und durch Anwendung des umgekehrten Verfahrens auf die untere Ungleichheit erhält man:

$$S > (\varrho_1 - \varrho_2) f\left(\frac{\pi}{k}\right) + (\varrho_3 - \varrho_4) f\left(\frac{3\pi}{k}\right) + \cdots + (\varrho_{2m-1} - \varrho_{2m}) f\left(\frac{(2m-1)\pi}{k}\right),$$

$$S < \varrho_1 f(0) - (\varrho_2 - \varrho_3) f\left(\frac{2\pi}{k}\right) - (\varrho_4 - \varrho_5) f\left(\frac{4\pi}{k}\right) - \cdots - (\varrho_{2m} - \varrho_{2m+1}) f\left(\frac{2m\pi}{k}\right).$$

Da die Differenzen $\varrho_1 - \varrho_2$, $\varrho_2 - \varrho_3$, $\varrho_3 - \varrho_4$, ... positiv sind und die Function $f(\beta)$ nie zunimmt, so darf man offenbar in der ersten Ungleichheit $f\left(\frac{\pi}{k}\right)$, $f\left(\frac{3\pi}{k}\right)$, ... und in der zweiten $f\left(\frac{2\pi}{k}\right)$, $f\left(\frac{4\pi}{k}\right)$, ... mit $f\left(\frac{2m\pi}{k}\right)$ vertauschen. Es ist also:

$$S > (\varrho_1 - \varrho_2 + \varrho_3 - \cdots - \varrho_{2m}) f\left(\frac{2m\pi}{k}\right),$$

$$S < \varrho_1 f(0) - (\varrho_2 - \varrho_3 + \varrho_4 - \cdots - \varrho_{2m+1}) f\left(\frac{2m\pi}{k}\right).$$

Die Zahl $2m$ ist kleiner als r, und also um so mehr kleiner als n, so dass die Resultate (16) stattfinden.

Die dort gefundenen Ungleichheiten lassen sich in die Form bringen:

$$\varrho_2 - \varrho_3 + \cdots + \varrho_{2m} > \varrho_1 - \frac{\pi}{2}, \quad \varrho_1 - \varrho_2 + \cdots - \varrho_{2m} > \frac{\pi}{2} - \varrho_{2m+1}.$$

Vergleicht man diese, nachdem man von beiden Seiten der ersten ϱ_{2m+1} abgezogen hat, mit den vorher erhaltenen Grenzen für S, so ergeben sich folgende höchst einfache Resultate:

$$S > \frac{\pi}{2} f\left(\frac{2m\pi}{k}\right) - \varrho_{2m+1} f\left(\frac{2m\pi}{k}\right),$$

$$S < \frac{\pi}{2} f\left(\frac{2m\pi}{k}\right) + \varrho_{2m+1} f\left(\frac{2m\pi}{k}\right) + \varrho_1 \left[f(0) - f\left(\frac{2m\pi}{k}\right)\right].$$

Unser Zweck war, die allmähliche Veränderung des Integrals:

$$S = \int_0^h \frac{\sin k\beta}{\sin \beta} f(\beta)\, d\beta$$

zu untersuchen, wenn man in demselben $k = 2n+1$ nimmt und die ganze Zahl n über jede Grenze hinaus wachsen lässt. Diese Frage wird auf der Stelle durch die eben gefundenen Ausdrücke beantwortet. Nach dem Früheren ist die darin enthaltene gerade Zahl $2m$ für ein bestimmtes n insofern noch willkürlich, als sie jeden r nicht übersteigenden Werth haben kann, wo r wie früher das grösste in $\frac{h}{\pi}k = \frac{h}{\pi}(2n+1)$ enthaltene Ganze bezeichnet. Da hiernach r offenbar gleichzeitig mit n über jede Grenze hinaus wächst, so darf auch $2m$ jede Grenze überschreiten.

Denkt man sich nun das gleichzeitige Wachsen von $2m$ und n so, dass dabei $\frac{2m}{k}$ successive jeden Grad von Kleinheit erreicht, so werden die für S gefundenen Grenzen zuletzt zusammenfallen. Betrachtet man zunächst die untere Grenze:

$$\frac{\pi}{2}f\left(\frac{2m\pi}{k}\right) - \varrho_{2m+1}f\left(\frac{2m\pi}{k}\right),$$

so wird unter der angegebenen Voraussetzung ihr erstes Glied zuletzt in $\frac{\pi}{2}f(0)$ übergehen; was das zweite betrifft, so liegt der Factor ϱ_{2m+1} nach Obigem zwischen:

$$\frac{\Delta}{k}\frac{1}{\sin\frac{2m\pi}{k}} \quad \text{und} \quad \frac{\Delta}{k}\frac{1}{\sin\frac{(2m+1)\pi}{k}}.$$

Schreibt man diese in folgender Form:

$$\frac{\Delta}{2m\pi}\frac{\frac{2m\pi}{k}}{\sin\frac{2m\pi}{k}} \quad \text{und} \quad \frac{\Delta}{(2m+1)\pi}\frac{(2m+1)\frac{\pi}{k}}{\sin(2m+1)\frac{\pi}{k}},$$

so ist leicht zu sehen, dass beide zuletzt verschwinden. Durch das unaufhörliche Wachsen von m nähert sich $\frac{\Delta}{2m\pi}$ der Null, während $\frac{\frac{2m\pi}{k}}{\sin\frac{2m\pi}{k}}$ wegen des Abnehmens von $\frac{2m\pi}{k}$ sich der Einheit nähert. Das Product wird also Null, und dasselbe gilt von dem zweiten. Es geht hieraus hervor, dass die untere Grenze für S zuletzt mit $\frac{\pi}{2}f(0)$ zusammenfällt. Die beiden ersten Glieder in der oberen Grenze sind den schon untersuchten ganz ähnlich, und es bleibt uns nur noch das dritte $\varrho_1\left[f(0) - f\left(\frac{2m\pi}{k}\right)\right]$ zu betrachten. Der zweite Factor nähert sich offenbar der Null, und dieses Glied wird also verschwinden, wenn der erste nicht über jede Grenze hinaus wächst. Dass dieses aber nicht der Fall ist, folgt sogleich aus den beiden Ungleichheiten:

$$\varrho_1 < \frac{\pi}{2} + \varrho_2, \quad \varrho_2 < \frac{\Delta}{k} \frac{1}{\sin\frac{\pi}{k}},$$

von denen die erste aus (16) hervorgeht, wenn man dort $m = 1$ setzt. Beide mit einander verglichen ergeben:

$$\varrho_1 < \frac{\pi}{2} + \frac{\Delta}{k} \frac{1}{\sin\frac{\pi}{k}},$$

und der Werth von:

$$\frac{\Delta}{k} \frac{1}{\sin\frac{\pi}{k}} \quad \text{oder} \quad \frac{\Delta}{\pi} \frac{\frac{\pi}{k}}{\sin\frac{\pi}{k}}$$

nähert sich durch das Wachsen von k dem Werthe $\frac{\Delta}{\pi}$.

Es ist somit streng bewiesen, dass die beiden Grenzen, zwischen denen S eingeschlossen ist, bei unaufhörlichem Wachsen von n zuletzt mit $\frac{\pi}{2} f(0)$ zusammenfallen, welcher Werth also auch der des Integrals:

$$\int_0^h \frac{\sin k\beta}{\sin\beta} f(\beta) d\beta$$

für ein unendlich grosses n ist.

Wir haben bisher vorausgesetzt, dass die Function $f(\beta)$, während β von 0 bis h wächst, nie zunimmt und ausserdem stets positiv bleibt. Behält man die erste Bedingung bei, d. h. setzt man voraus, dass für irgend zwei zwischen 0 und h fallende Werthe p und q die Differenz $f(p) - f(q)$ immer negativ oder Null ist, wenn $p - q$ positiv ist, ohne damit die zweite Annahme zu verbinden, dass $f(\beta)$ nicht negativ wird, so findet der vorige Satz ebenfalls noch statt. Nimmt man nämlich eine positive Constante c, welche so gross ist, dass $f(\beta) + c$ nicht negativ wird, so ist der Satz anf $f(\beta) + c$ anwendbar, d. h. das Integral:

$$\int_0^h [f(\beta) + c] \frac{\sin k\beta}{\sin\beta} d\beta$$

wird für ein unendlich grosses n:

$$\frac{\pi}{2} [f(0) + c].$$

Zugleich ist klar, dass dieses Integral die Summe von folgenden ist:

$$\int_0^h f(\beta)\frac{\sin k\beta}{\sin\beta}\,d\beta, \quad \int_0^h c\,\frac{\sin k\beta}{\sin\beta}\,d\beta,$$

von denen das zweite in demselben Falle $\frac{\pi}{2}c$ wird. (Es ist nämlich bei der vorigen Behandlung der Fall mit eingeschlossen worden, wo die positive Function im ganzen Intervall constant war). Also muss das erste durch unaufhörliches Wachsen von n zuletzt den Werth $\frac{\pi}{2}f(0)$ annehmen.

Denkt man sich jetzt eine Function $f(\beta)$, die, während β von 0 bis h wächst, nie abnimmt, so wird $-f(\beta)$ nie zunehmen. Man hat also, wenn n unendlich wächst:

$$\int_0^h -f(\beta)\frac{\sin k\beta}{\sin\beta}\,d\beta = -\frac{\pi}{2}f(0)$$

und folglich:

$$\int_0^h f(\beta)\frac{\sin k\beta}{\sin\beta}\,d\beta = \frac{\pi}{2}f(0).$$

Die vorhergehenden Resultate lassen sich in folgenden Satz zusammenfassen:

(17) Ist $f(\beta)$ eine stetige Function von β, die, während β von 0 bis h wächst $\left(\text{wo die Constante } h>0 \text{ und } \leq\frac{\pi}{2}\right)$, nie vom Abnehmen ins Zunehmen oder umgekehrt übergeht, so wird das Integral:

$$\int_0^h \frac{\sin(2n+1)\beta}{\sin\beta}f(\beta)d\beta,$$

wenn man darin der ganzen Zahl n immer grössere positive Werthe beilegt, zuletzt immerfort weniger als jede angebbare Grösse von $\frac{\pi}{2}f(0)$ verschieden sein.

Die Constante h bleibe den vorigen Bestimmungen unterworfen und man denke sich unter g eine zweite Constante, welche kleiner als h und zugleich positiv und von Null verschieden sei. Ist $f(\beta)$ eine für das Intervall von g bis h gegebene stetige Function von β, die, wenn β von g bis h wächst, nie vom Abnehmen ins Zunehmen oder umgekehrt übergeht, so lässt sich nach dem vorigen Satz leicht ermitteln, was aus dem Integral:

$$\int_g^h \frac{\sin(2n+1)\beta}{\sin\beta}f(\beta)d\beta$$

wird, wenn man n unendlich werden lässt. Da nämlich $f(\beta)$ bloss von $\beta = g$ bis $\beta = h$ gegeben ist, so bleibt die Art der Fortsetzung dieser Function über das genannte Intervall hinaus ganz willkürlich. Denkt man sich $f(\beta)$ für alle Werthe von β zwischen 0 und g incl. constant, und zwar $= f(g)$, so hat man eine von $\beta = 0$ bis $\beta = h$ stetige Function, welche in diesem ganzen Intervall nie vom Abnehmen ins Zunehmen oder umgekehrt übergeht, und auf welche daher der vorige Satz anwendbar ist. Es wird daher das Integral:

$$\int_0^h \frac{\sin(2n+1)\beta}{\sin\beta} f(\beta)d\beta,$$

wenn man $n = \infty$ setzt, $= \frac{\pi}{2} f(0) = \frac{\pi}{2} f(g)$ sein. Zerlegt man dasselbe Integral in die folgenden:

$$\int_0^g \frac{\sin(2n+1)\beta}{\sin\beta} f(\beta)d\beta + \int_g^h \frac{\sin(2n+1)\beta}{\sin\beta} f(\beta)d\beta$$

so wird auch das erste $= \frac{\pi}{2} f(0) = \frac{\pi}{2} f(g)$ nach dem vorigen Satz, also muss das zweite für ein unendliches n verschwinden. Es gilt also der Satz:

(18) Sind g und h Constanten, welche den Bedingungen genügen $g > 0$, $\frac{\pi}{2} \geqq h > g$, und geht die Function $f(\beta)$, wenn β von g bis h wächst, nie vom Abnehmen ins Zunehmen oder umgekehrt über, so wird das Integral:

$$\int_g^h \frac{\sin(2n+1)\beta}{\sin\beta} f(\beta)d\beta$$

für ein unendlich grosses n der Null gleich.

Vermittelst der Sätze (17) und (18) ist es nun leicht, die zu Ende des §. 4. aufgestellte Behauptung zu beweisen.

§. 6.

Die Summe der $2n+1$ ersten Glieder der zu untersuchenden Reihe war durch das Integral:

$$\frac{1}{\pi}\int_{-\pi}^{+\pi} d\beta\,\varphi(\beta)\frac{\sin(2n+1)\frac{\beta-x}{2}}{2\sin\frac{\beta-x}{2}}$$

ausgedrückt. Wir haben früher vorausgesetzt, dass die Function $\varphi(\beta)$ für das ganze Intervall von $\beta = -\pi$ bis $\beta = \pi$ stetig ist; wir können aber, ohne die folgende Untersuchung im Geringsten zu erschweren, die Annahme machen, dass $\varphi(\beta)$ für einzelne Werthe von β eine plötzliche Veränderung erleidet, ohne jedoch unendlich zu werden. Die Curve, deren Abscisse β und deren Ordinate $\varphi(\beta)$ ist, besteht alsdann aus mehreren Stücken, deren Zusammenhang über den Punkten der Abscissenaxe, die jenen besonderen Werthen von β entsprechen, unterbrochen ist, und für jede solche Abscisse finden eigentlich zwei Ordinaten statt, wovon die eine dem dort endenden und die andere dem dort beginnenden Curvenstück angehört. Es wird im Folgenden nöthig sein, diese beiden Werthe von $\varphi(\beta)$ zu unterscheiden, und wir werden sie durch $\varphi(\beta-0)$ und $\varphi(\beta+0)$ bezeichnen. Um unnütze, die folgende Darstellung verlängernde Unterscheidungen zu vermeiden, bemerke man, dass dieselbe Bezeichnung auch für die Werthe von β gelten kann, für welche keine Unterbrechung der Stetigkeit stattfindet, wo dann natürlich $\varphi(\beta-0)$ und $\varphi(\beta+0)$ beide mit $\varphi(\beta)$ gleichbedeutend sind.

Das obige Integral lässt sich nach (9) in die folgenden zerlegen:

$$\frac{1}{\pi}\int_{-\pi}^{x} d\beta\,\varphi(\beta)\frac{\sin(2n+1)\frac{\beta-x}{2}}{2\sin\frac{\beta-x}{2}},\qquad \frac{1}{\pi}\int_{x}^{\pi} d\beta\,\varphi(\beta)\frac{\sin(2n+1)\frac{\beta-x}{2}}{2\sin\frac{\beta-x}{2}}$$

oder nach (4):

$$\frac{1}{\pi}\int_{-(\pi+x)}^{0} d\beta\,\varphi(x+\beta)\frac{\sin(2n+1)\frac{\beta}{2}}{2\sin\frac{\beta}{2}},\qquad \frac{1}{\pi}\int_{0}^{\pi-x} d\beta\,\varphi(x+\beta)\frac{\sin(2n+1)\frac{\beta}{2}}{2\sin\frac{\beta}{2}}.$$

Wendet man (3) auf beide an und nachher noch (2) und (5) auf das erste, so kommt:

$$(19)\qquad \frac{1}{\pi}\int_{0}^{\frac{\pi+x}{2}} d\beta\,\varphi(x-2\beta)\frac{\sin(2n+1)\beta}{\sin\beta},\qquad \frac{1}{\pi}\int_{0}^{\frac{\pi-x}{2}} d\beta\,\varphi(x+2\beta)\frac{\sin(2n+1)\beta}{\sin\beta}.$$

Wir betrachten jetzt das zweite dieser Integrale, abgesehen von dem constanten Factor $\frac{1}{\pi}$. Da x zwischen $-\pi$ und $+\pi$ liegt, so liegt $\frac{\pi-x}{2}$ zwischen 0 und π. Ist $\frac{\pi-x}{2}=0$, was für $x=\pi$ der Fall ist, so ist das Integral für jedes n Null und erfordert keine weitere Untersuchung. Nehmen wir zunächst an, $\frac{\pi-x}{2}$ sei nicht grösser als $\frac{\pi}{2}$. Man bezeichne mit $e_1, e_2, \ldots, e_\nu$, wie sie der Grösse nach auf einander folgen, die Werthe von β, für welche *erstens* $\varphi(x+2\beta)$ innerhalb des Intervalls von $\beta=0$ bis $\beta=\frac{\pi-x}{2}$ eine Unterbrechung der Stetigkeit erleidet und *zweitens* vom Zunehmen ins Abnehmen oder vom Abnehmen ins Zunehmen übergeht, und zerlege das Integral in andere zwischen den Grenzen 0 und e_1, e_1 und e_2, ..., e_ν und $\frac{\pi-x}{2}$ genommen. Auf alle diese neuen Integrale, mit Ausnahme des ersten, ist der Satz (18) offenbar anwendbar, da innerhalb der Grenze eines jeden die Function keine Unterbrechung der Stetigkeit erleidet und nicht vom Abnehmen ins Zunehmen oder umgekehrt übergeht; alle nähern sich daher ins Unendliche der Null, wenn man n über alle Grenzen hinaus wachsen lässt. Das erste hingegen erfüllt die Bedingungen (17) und geht bei unaufhörlichem Wachsen von n zuletzt in den Werth $\frac{\pi}{2}\varphi(x+0)$ über. Also wird das Integral:

$$\int_0^{\frac{\pi-x}{2}} d\beta\,\varphi(x+2\beta)\frac{\sin(2n+1)\beta}{\sin\beta}$$

für $n=\infty$ den Werth $\frac{\pi}{2}\varphi(x+0)$ annehmen.

Liegt $\frac{\pi-x}{2}$ über $\frac{\pi}{2}$ oder ist x negativ, so zerlege man das vorige Integral in zwei andere zwischen den Grenzen 0 und $\frac{\pi}{2}$, $\frac{\pi}{2}$ und $\frac{\pi-x}{2}$. Auf das erste dieser neuen Integrale bleibt das vorige Verfahren anwendbar, und dasselbe wird also $\frac{\pi}{2}\varphi(x+0)$, wenn man n unendlich gross werden lässt. Das andere:

$$\int_{\frac{\pi}{2}}^{\frac{\pi-x}{2}} d\beta\,\varphi(x+2\beta)\frac{\sin(2n+1)\beta}{\sin\beta}$$

kann nach (4) und (5) in die Form gebracht werden:

$$-\int_{\frac{\pi}{2}}^{\frac{(\pi+x)}{2}} d\beta\,\varphi(x+2\pi-2\beta)\cdot\frac{\sin(2n+1)(\pi-\beta)}{\sin(\pi-\beta)}\,.$$

Wendet man (2) an, und setzt $\sin\beta$ statt $\sin(\pi-\beta)$ und $\sin(2n+1)\beta$ statt $\sin(2n+1)(\pi-\beta)$ (da n eine ganze Zahl ist), so geht das Integral über in:

$$\int_{\frac{\pi+x}{2}}^{\frac{\pi}{2}} \varphi(x+2\pi-2\beta)\frac{\sin(2n+1)\beta}{\sin\beta}\,d\beta.$$

Da x, wie vorher gesagt wurde, in diesem Falle negativ ist und also zwischen 0 und $-\pi$ liegt, so ist $\frac{\pi+x}{2}$ positiv und von Null verschieden, den einzigen Fall ausgenommen, wo $x=-\pi$. Zerlegt man das Integral in andere, zwischen deren Grenzen $\varphi(x+2\pi-2\beta)$ weder eine Unterbrechung der Continuität erleidet noch aus dem Zunehmen ins Abnehmen oder umgekehrt übergeht, so werden alle diese Integrale nach (18) für $n=\infty$ der Null gleich. Dieses Resultat gilt nicht, wenn $\frac{\pi+x}{2}=0$ und also $x=-\pi$, da alsdann auf das erste der durch Zerlegung entstehenden Integrale nicht der Satz (18) sondern der Satz (17) angewendet werden muss. Dieses erste Integral ist alsdann (wegen $x=-\pi$):

$$\int_0^{e_1} d\beta\,\varphi(x+2\pi-2\beta)\frac{\sin(2n+1)\beta}{\sin\beta}=\int_0^{e_1} d\beta\,\varphi(\pi-2\beta)\frac{\sin(2n+1)\beta}{\sin\beta}$$

und wird also für $n=\infty$ den Werth $\frac{\pi}{2}\varphi(\pi-0)$ erhalten, während alle übrigen verschwinden.

Vereinigt man die verschiedenen für das zweite Integral (19) gefundenen Resultate, so ergiebt sich, dass dieses Integral durch unaufhörliches Wachsen der darin enthaltenen ganzen Zahl n für jedes zwischen $-\pi$ und $+\pi$ gelegene x in den Werth $\frac{1}{2}\varphi(x+0)$ übergeht. Für $x=\pi$ und $x=-\pi$ erleidet das Resultat eine Ausnahme; in dem erstern Falle ist das Integral Null, im andern wird es $\frac{1}{2}[\varphi(\pi-0)+\varphi(-\pi+0)]$. Aus einer ganz ähnlichen Untersuchung des ersten Integrals (19) folgt, dass dasselbe für $n=\infty$ im Allgemeinen $\frac{1}{2}\varphi(x-0)$ wird, aber in den besondern Fällen, $x=-\pi$ und $x=\pi$, respective Null und $\frac{1}{2}[\varphi(\pi-0)+\varphi(-\pi+0)]$.

Erinnert man sich nun, dass die beiden Integrale (19) zusammengenommen die Summe der $2n+1$ ersten Glieder der Reihe darstellen:

$$(20)\qquad \begin{cases}\frac{1}{2}b_0+b_1\cos x+b_2\cos 2x+\cdots+b_m\cos mx+\cdots\\ \quad+a_1\sin x+a_2\sin 2x+\cdots+a_m\sin mx+\cdots,\end{cases}$$

wo die Coefficienten durch die Gleichungen:

$$b_m = \frac{1}{\pi}\int_{-\pi}^{+\pi} d\beta\,\varphi(\beta)\cos m\beta, \qquad a_m = \frac{1}{\pi}\int_{-\pi}^{+\pi} d\beta\,\varphi(\beta)\sin m\beta$$

zu bestimmen sind, so geht aus dem Vorhergehenden ganz streng hervor, dass diese Reihe immer convergirt, d. h. dass es immer einen gewissen Werth giebt, von dem die Summe der $2n+1$ ersten Glieder der Reihe, wenn n über alle Grenzen hinaus wachsend gedacht wird, zuletzt immerfort um weniger als jede angebbare Grösse verschieden sein wird, und dass dieser Werth oder die Summe der unendlichen Reihe, wenn x zwischen $-\pi$ und π liegt, durch $\frac{1}{2}[\varphi(x+0)+\varphi(x-0)]$, für $x=\pi$ und $x=-\pi$ aber durch $\frac{1}{2}[\varphi(\pi-0)+\varphi(-\pi+0)]$ dargestellt wird.

Dieses Resultat umfasst alle Fälle; ist x keiner von den besondern Werthen, für welche die Stetigkeit von $\varphi(x)$ unterbrochen wird, so sind $\varphi(x+0)$ und $\varphi(x-0)$ einander gleich, und der Werth der Reihe wird also $\varphi(x)$. Wo eine Unterbrechung der Stetigkeit eintritt und also die Function $\varphi(x)$ eigentlich zwei Werthe hat, stellt die Reihe, welche ihrer Natur nach für jedes x einwerthig ist, die halbe Summe dieser Werthe dar. An den Grenzen des Intervalls von $-\pi$ bis $+\pi$, d. h. für diese Werthe selbst, ist die Summe der unendlichen Reihe gleich der halben Summe der beiden Werthe $\varphi(\pi)$ und $\varphi(-\pi)$. Man sieht daraus, dass die Reihe die Function $\varphi(x)$ an den Grenzen des Intervalls nur dann richtig darstellt, wenn $\varphi(\pi)=\varphi(-\pi)$ ist.

Wir haben schon früher bemerkt, dass die eben untersuchte Reihe (20) oder (15) die Reihen (13) und (14) als specielle Fälle in sich begreift. Man braucht sich nur die Function $\varphi(x)$ für den halben Umfang des Intervalls, nämlich $x=0$ bis $x=\pi$, als ganz beliebig gegeben zu denken und für die Werthe zwischen 0 und $-\pi$ fortgesetzt zu denken, wie es die Gleichungen $\varphi(-x)=\varphi(x)$ oder $\varphi(-x)=-\varphi(x)$ vorschreiben, um respective zu (14) und (13) zu gelangen. Ich will dies noch mit zwei Worten für den ersten Fall zeigen, weil sich aus dieser Ableitung eine Eigenschaft der Reihe (14) ergiebt, welche bei der frühern Behandlung nicht hervortrat.

Setzt man die von 0 bis π beliebige Function $\varphi(x)$ nach der Gleichung $\varphi(-x)=\varphi(x)$ fort, so ist klar, dass für $x=0$ keine Unterbrechung der Stetigkeit eintreten und dass $\varphi(-\pi)=\varphi(\pi)$ sein wird. Die Reihe (20) wird also $\varphi(0)$ für $x=0$, und $\varphi(\pi)$ für $x=\pi$. Die Gleichungen für die Coefficienten werden durch Zerlegung der darin enthaltenen Integrale:

$$b_m = \frac{1}{\pi}\int_{-\pi}^{0} d\beta\,\varphi(\beta)\cos m\beta + \frac{1}{\pi}\int_{0}^{\pi} d\beta\,\varphi(\beta)\cos m\beta,$$

$$a_m = \frac{1}{\pi}\int_{-\pi}^{0} d\beta\,\varphi(\beta)\sin m\beta + \frac{1}{\pi}\int_{0}^{\pi} d\beta\,\varphi(\beta)\sin m\beta.$$

Wendet man auf die beiden von $-\pi$ bis 0 genommenen Integrale nach einander (5) und (2) an und berücksichtigt, dass:

$$\varphi(-\beta) = \varphi(\beta), \quad \cos(-m\beta) = \cos m\beta, \quad \sin(-m\beta) = -\sin m\beta,$$

so erhält man:

$$b_m = \frac{2}{\pi}\int_{0}^{\pi} d\beta\,\varphi(\beta)\cos m\beta, \qquad a_m = 0.$$

Die von $x = 0$ bis $x = \pi$ ganz beliebig gegebene Function $\varphi(x)$ wird also durch die Reihe:

$$\tfrac{1}{2}b_0 + b_1\cos x + b_2\cos 2x + \cdots + b_m\cos mx + \cdots$$

dargestellt, welche auch für die das Intervall begrenzenden Werthe 0 und π noch gültig ist. Es versteht sich dabei von selbst, dass, wenn $\varphi(x)$ zwischen 0 und π eine Unterbrechung der Stetigkeit erleidet, die Reihe für jeden solchen Werth von x die halbe Summe der entsprechenden Werthe von $\varphi(x)$ ausdrückt. Auf ganz ähnliche Weise gelangt man zu der Reihe (13) und findet, dass diese im Allgemeinen für $x = 0$ und $x = \pi$ nicht mehr richtig ist, was sich aber in diesem Fall ganz von selbst versteht, da die Reihe, wie auch ihre Coefficienten beschaffen sein mögen, für die genannten Werthe verschwindet.

SOLUTION D'UNE QUESTION RELATIVE A LA THÉORIE MATHÉMATIQUE DE LA CHALEUR.

La question qui va nous occuper et qui a pour objet de déterminer les états successifs d'une barre primitivement échauffée d'une manière quelconque et dont les deux extrémités sont entretenues à des températures données en fonction du temps, a déjà été résolue par M. FOURIER dans un Mémoire inséré dans le Vol. VIII de la collection de l'Académie Royale des Sciences de Paris. La méthode dont cet illustre géomètre a fait usage dans cette recherche est une espèce singulière de passage du fini à l'infini, et offre un nouvel exemple de la fécondité de ce procédé analytique qui avait déjà conduit l'auteur à tant de résultats remarquables dans son grand ouvrage sur la théorie de la chaleur. J'ai traité la même question par une analyse dont la marche diffère beaucoup de celle de M. FOURIER et qui donne lieu à l'emploi de quelques artifices de calcul, qui paraissent pouvoir être utiles dans d'autres recherches.

Pour simplifier les calculs, nous supposerons l'unité linéaire qui est arbitraire, tellement choisie que la longueur de la barre soit égale à π, cette lettre désignant à l'ordinaire le rapport du diamètre à la circonférence. Soit x la distance d'un point quelconque de la barre à l'une de ses extrémités, que nous nommerons la première extrémité. La température du point x à l'instant t est une fonction u de x et de t, et c'est cette fonction qui fait l'objet de la question. Soit $F(t)$ la fonction donnée de t qui exprime la température à laquelle la première extrémité est entretenue, et soit de même $f(t)$ la température de la seconde extrémité, $F(t)$ et $f(t)$ étant des fonctions arbitraires dont les valeurs sont données pour toute valeur positive de t, et désignons enfin par $\varphi(x)$ la température initiale du point dont l'abscisse est x.

En faisant abstraction du rayonnement latéral, la fonction u doit satisfaire à cette équation aux différences partielles $\frac{\partial u}{\partial t} = k\frac{\partial^2 u}{\partial x^2}$ dans laquelle k désigne un coefficient dépendant des propriétés spécifiques de la substance dont la barre est formée.

Pour plus de simplicité, nous supposerons égal à l'unité le coefficient k qu'il sera facile de rétablir à la fin du calcul, de sorte que l'équation précédente se changera en celle-ci:

$$\frac{\partial u}{\partial t} = \frac{\partial^2 u}{\partial x^2}. \tag{1}$$

Cela posé, la fonction cherchée doit évidemment remplir les quatre conditions suivantes:

(2)
1°. Elle doit satisfaire à l'équation (1) quels que soient x et t.
2°. Pour $x = 0$, elle doit se réduire à la fonction donnée $F(t)$.
3°. Pour $x = \pi$, elle doit se réduire à la fonction $f(t)$ également donnée.
4°. Lorsque t est nul, elle doit coïncider dans toute l'étendue de la barre, c'est-à-dire tant que x est inférieur à π, avec la fonction $\varphi(x)$ qui exprime les températures initiales.

La question que nous avons à résoudre se partage naturellement en deux autres. On fera d'abord abstraction de la quatrième condition et l'on cherchera une fonction v de x et de t uniquement assujettie à remplir les 3 premières. Il y a une infinité de fonctions qui satisfont à ces 3 conditions, et qui diffèrent entre elles en ce qu'elles se réduisent à des fonctions de x différentes entre elles par la supposition de $t = 0$; mais il suffit d'en obtenir une seule. Une pareille fonction v étant trouvée, on y fera $t = 0$, ce qui la réduira à une fonction $\chi(x)$ de x. On formera ensuite la différence $\varphi(x) - \chi(x)$ et l'on cherchera la fonction entièrement déterminée w de x et de t, qui satisfait à l'équation (1), s'évanouit pour $x = 0$ et $x = \pi$ quel que soit t, et se réduit à $\varphi(x) - \chi(x)$ lorsqu'on y fait $t = 0$.

Cette seconde question est résolue depuis longtemps, c'est celle de la détermination du mouvement de la chaleur dans une barre dont l'état initial est exprimé par $\varphi(x) - \chi(x)$ et dont les extrémités sont entretenues à la température zéro. Les deux fonctions v et w dont il vient d'être question, étant ajoutées, formeront une nouvelle fonction de x et de t, qui remplit l'ensemble des conditions (2). En effet, chacune d'elles satisfaisant à l'équation (1), leur somme y satisfera également. La prémière se réduisant à $F(t)$ pour $x = 0$, et la seconde s'évanouissant dans cette même supposition, leur somme remplira évidemment la seconde des conditions (2). Il en est de même de la troisième de ces conditions. Quant à la quatrième, il est également manifeste qu'elle est satisfaite par la somme $v + w$ que nous venons de former, v se réduisant à $\chi(x)$ et w à $\varphi(x) - \chi(x)$, lorsqu'on y suppose le temps nul. La somme $v + w$ est donc la fonction cherchée u.

La marche que nous venons d'indiquer revient à assujettir les deux extrémités d'une barre, l'une à la température $F(t)$, l'autre à la température $f(t)$, sans supposer arbitraire l'état initial de cette barre, à considérer une seconde barre dont les extrémités sont entretenues à la température zéro et dont l'état initial est la différence entre l'état initial arbitraire $\varphi(x)$ et celui de la première barre, et à ajouter ensuite les expressions qui expriment les états variables de ces deux barres.

La recherche de la fonction v peut à son tour se décomposer en deux autres questions plus simples; car il est évident que pour obtenir une fonction qui remplisse les 3 premières des conditions (2), il suffit de chercher d'abord une expression v' qui soit assujettie à la première et à la troisième de ces conditions et qui s'évanouisse pour $x = 0$, et de déterminer ensuite une seconde expression v'' qui remplisse la première et la seconde, et devienne égale à zéro lorsqu'on y suppose $x = \pi$; la somme $v' + v''$ de ces expressions satisfera manifestement aux 3 premières des conditions (2), et pourra par conséquent être prise pour v.

Quant à ces nouvelles fonctions v' et v'', il est facile de voir qu'elles peuvent être obtenues de la même manière, c'est-à-dire que l'une d'elles, la première v' par exemple, étant trouvée, l'autre v'' s'en déduira immédiatement. Il suffira pour cela, de changer en $F(t)$ la fonction arbitraire $f(t)$ que renferme cette expression v' et d'y remplacer en même temps x par $\pi - x$. Il est évident que l'expression v' ainsi modifiée satisfera toujours à l'équation (1) et que pour $x = 0$, $x = \pi$ elle se réduira respectivement à $F(t)$ et à zéro; elle pourra donc être prise pour v''.

Toute la difficulté du problème que nous nous sommes proposé de résoudre, se réduit donc à la recherche d'une fonction v' de x et de t, qui remplisse les 3 conditions de satisfaire à l'équation (1), de s'évanouir pour $x=0$, et de se réduire à $f(t)$ lorsqu'on y fait $x=\pi$.

On satisfait à l'équation:

$$\frac{\partial u}{\partial t}=\frac{\partial^2 u}{\partial x^2}$$

par une solution particulière de cette forme:

$$r\cos\alpha t+s\sin\alpha t, \tag{3}$$

α désignant une quantité constante mais arbitraire, et r et s étant des fonctions de x et de α sans t. En effet, différentiant l'expression précédente une fois par rapport à t, et deux fois par rapport à x, et égalant les deux résultats, il viendra:

$$\frac{\partial^2 r}{\partial x^2}\cos\alpha t+\frac{\partial^2 s}{\partial x^2}\sin\alpha t=\alpha s\cos\alpha t-\alpha r\sin\alpha t,$$

équation qui aura évidemment lieu quels que soient x et t, si les fonctions r et s sont telles que l'on ait:

$$\frac{\partial^2 r}{\partial x^2}=\alpha s,\quad \frac{\partial^2 s}{\partial x^2}=-\alpha r. \tag{4}$$

Ces équations différentielles simultanées étant linéaires et à coefficients constants, il sera facile d'en trouver les intégrales complètes, et comme ces équations sont l'une et l'autre du second ordre, les valeurs générales de r et de s renfermeront chacune deux constantes arbitraires. Ces 4 constantes peuvent servir à assujettir chacune des fonctions r et s à deux conditions. Supposons qu'on les choisisse de manière à avoir $r=0$, $s=0$ lorsque $x=0$, et $r=1$, $s=0$ lorsqu'on fait $x=\pi$. Désignant par R et S les valeurs de r et s ainsi particularisées, nous aurons l'expression:

$$R\cos\alpha t+S\sin\alpha t \tag{5}$$

qui, outre qu'elle satisfait à l'équation:

$$\frac{\partial u}{\partial t}=\frac{\partial^2 u}{\partial x^2}$$

jouit encore de la double propriété de s'évanouir pour $x=0$, et de se réduire à $\cos\alpha t$, lorsqu'on y fait $x=\pi$. L'expression précédente étant multipliée par $\psi(\alpha)d\alpha$, $\psi(\alpha)$ désignant une fonction entièrement arbitraire de α, et intégrée depuis $\alpha = 0$ jusqu'à $\alpha = \infty$, donnera cette nouvelle fonction de x et de t:

$$\int_0^\infty (R\cos\alpha t + S\sin\alpha t)\psi(\alpha)d\alpha,$$

qui satisfera également à l'équation:

$$\frac{\partial u}{\partial t} = \frac{\partial^2 u}{\partial x^2},$$

s'évanouira pour $x = 0$, et deviendra:

$$\int_0^\infty \psi(\alpha)\cos\alpha t d\alpha,$$

lorsqu'on y fait $x = \pi$. La fonction $\psi(\alpha)$ étant arbitraire, on peut la choisir de manière que l'intégrale précédente devienne égale à la fonction donnée $f(t)$, pour toute valeur positive de t. La fonction $\psi(\alpha)$ qui remplit cette condition, est d'après le théorème connu de M. Fourier (*Théorie de la chaleur*, art. 346, pag. 431) celle que donne l'équation:

$$\psi(\alpha) = \frac{2}{\pi}\int_0^\infty \cos\alpha\mu f(\mu)d\mu,$$

dans laquelle μ est une variable auxiliaire qui disparaît par l'intégration définie. Si l'on substitue cette valeur de $\psi(\alpha)$ dans l'expression obtenue plus haut, on aura cette nouvelle expression:

$$(6) \qquad \frac{2}{\pi}\int_0^\infty\int_0^\infty (R\cos\alpha t + S\sin\alpha t)f(\mu)\cos\alpha\mu\, d\alpha d\mu,$$

qui remplit les 3 conditions de satisfaire à l'équation:

$$\frac{\partial u}{\partial t} = \frac{\partial^2 u}{\partial x^2},$$

de s'évanouir pour $x = 0$, et de devenir $f(t)$ pour $x = \pi$. Cette expression peut donc être prise pour v'. Si l'on change ensuite x en $\pi - x$, et $f(\mu)$ en $F(\mu)$ dans l'expression précédente, on aura une nouvelle expression, que l'on pourra prendre pour v'', et il ne restera plus qu'à former la troisième partie w de la solution.

Cette troisième partie exprime, comme nous l'avons vu plus haut, les états successifs d'une barre dont les deux extrémités sont entretenues à la température zéro et dont l'état initial est $\varphi(x) - \chi(x)$, $\varphi(x)$ étant une fonction primitivement donnée et $\chi(x)$ désignant la fonction de x, à laquelle se réduit la somme $v'+v''=v$, lorsqu'on y fait $t=0$. Quoique, d'après ce que nous avons dit plus haut, il suffise pour la solution de notre problème, d'obtenir une quelconque des fonctions en nombre infini qui remplissent les 3 premières des conditions (2), le choix de cette fonction n'est pas indifférent. Le calcul se simplifie d'une manière remarquable, lorsque l'on prend pour v une fonction telle que l'on puisse prévoir, quelle est la fonction $\chi(x)$ à laquelle elle se réduit pour $t=0$; car alors on pourra former immédiatement la troisième partie w, dans la composition de laquelle entre cette fonction $\chi(x)$. La valeur de v précédemment obtenue ne présente pas cette facilité, mais il est facile d'en obtenir une qui remplisse cet objet, en modifiant un peu l'analyse que nous venons d'employer. C'est ce que nous allons faire voir en reprenant ce que nous avons dit depuis que nous sommes parvenu à l'expression (5).

La variable t étant remplacée dans cette expression par $t-\mu$, μ désignant une nouvelle arbitraire indépendante de α, x et t, elle ne cessera pas de satisfaire à l'équation:

$$\frac{\partial u}{\partial t}=\frac{\partial^2 u}{\partial x^2}$$

et de s'évanouir pour $x=0$, quelle que soit la valeur positive ou négative de t, mais pour $x=\pi$ elle se réduira à $\cos\alpha(t-\mu)$.

Multipliant l'expression ainsi modifiée par $\frac{1}{\pi}f(\mu)\,d\alpha\,d\mu$ et intégrant depuis $\mu=0$, $\alpha=0$, jusqu'à $\mu=\infty$, $\alpha=\infty$, on aura cette nouvelle fonction de x et de t:

$$(7)\qquad \frac{1}{\pi}\int_0^\infty\int_0^\infty (R\cos\alpha(t-\mu)+S\sin\alpha(t-\mu))f(\mu)\,d\alpha\,d\mu,$$

qui satisfait encore à l'équation:

$$\frac{\partial u}{\partial t}=\frac{\partial^2 u}{\partial x^2},$$

s'évanouit pour $x=0$, et se réduit à:

$$\frac{1}{\pi}\int_0^\infty\int_0^\infty \cos\alpha(t-\mu)f(\mu)\,d\alpha\,d\mu,$$

lorsqu'on y fait $x=\pi$. La valeur de cette intégrale double est connue par le théorème de M. FOURIER et l'intégration relative à μ ne s'étendant que depuis $\mu = 0$ jusqu'à $\mu = \infty$, cette valeur est $f(t)$ lorsque t est positif, et égale à zéro lorsque le temps t devient négatif. La formule (7) exprime donc les états variables d'une barre dont les deux extrémités ont été entretenues à la température zéro pendant tout le temps infini antérieur à l'instant qui répond à $t = 0$, et dont la seconde extrémité est entretenue à la température $f(t)$ à partir de cette époque, la première conservant toujours la température zéro. Or il est évident qu'une barre dont les deux extrémités ont été assujetties à la température zéro pendant un temps infini, a acquis dans tous ses points cette même température zéro. Donc, l'expression (7) doit s'évanouir pour toute valeur de x inférieure à π, lorsqu'on y fait $t = 0$. Il serait d'ailleurs facile d'obtenir cette même conséquence par le seul examen de l'expression (7) et sans aucune considération physique.

Prenant l'expression (7) pour v' et l'expression qui s'en déduit par le changement de $f(\mu)$ en $F(\mu)$ et de x en $\pi - x$, pour v'', la somme $v' + v''$ s'évanouira pour $t = 0$; la fonction $\chi(x)$ sera nulle et la troisième partie w sera l'expression des états variables d'une barre dont les deux extrémités sont assujetties à la température zéro et dont l'état initial est exprimé par la fonction connue $\varphi(x)$. Cette troisième partie w est donnée par la formule suivante, dans laquelle le signe Σ se rapporte à toutes les valeurs positives et entières de i:

$$\frac{2}{\pi} \Sigma e^{-i^2 . t} \sin ix \int_0^{\pi} \varphi(\mu) \sin i\mu \, d\mu,$$

(*Théorie de la chaleur*, art. 252, pag. 436).

La valeur de v' (7) est sous une forme assez compliquée. Il en est de même de la seconde partie v''. Ces deux expressions se simplifient beaucoup lorsqu'on leur donne une forme analogue à celle de la troisième, c'est-à-dire, lorsqu'on les développe en séries de sinus des arcs multiples de x. Ce développement est évidemment permis, la variable x ne devant recevoir que des valeurs inférieures à π dans l'expression v' (7) et dans l'expression analogue v''. Pour transformer la fonction (7) en une pareille série, il suffira de développer R et S qui renferment seules la variable x. Faisons donc:

$$R = \Sigma b_i \sin ix, \quad S = \Sigma c_i \sin ix \tag{8}$$

le signe Σ se rapportant comme précédemment aux valeurs positives et entières de i. Les coefficients b_i et c_i qui ne peuvent dépendre que de α, seront donnés par ces intégrales définies, d'après la théorie connue des séries de sinus:

$$(9) \qquad b_i = \frac{2}{\pi}\int_0^\pi R \sin ix\,dx, \qquad c_i = \frac{2}{\pi}\int_0^\pi S \sin ix\,dx.$$

On peut obtenir les valeurs de ces deux intégrales définies sans être obligé de résoudre les équations différentielles (4).

Pour y parvenir, nous remplacerons dans les expressions précédentes de b_i et c_i, R et S par les différentielles secondes $-\frac{1}{\alpha}\cdot\frac{\partial^2 S}{\partial x^2}$, $\frac{1}{\alpha}\cdot\frac{\partial^2 R}{\partial x^2}$ qui leur sont respectivement égales en vertu des équations (4) dont R et S sont des intégrales particulières. Intégrant ensuite deux fois par parties les expressions de b_i et c_i, et observant qu'à la première limite $x = 0$, $\sin ix$, R et S sont nulles, et qu'à la seconde limite $x = \pi$, on a $\sin i\pi = 0$, $R = 1$, $S = 0$, il viendra:

$$b_i = \frac{2}{\pi}\cdot\frac{i^2}{\alpha}\int_0^\pi S \sin ix\,dx,$$

$$c_i = -\frac{2}{\pi}\cdot\frac{i\cos i\pi}{\alpha} - \frac{2i^2}{\pi\alpha}\int_0^\pi R \sin ix\,dx.$$

Mais d'après les équations (9) les deux intégrales précédentes sont respectivement équivalentes à $\frac{\pi}{2}b_i$, $\frac{\pi}{2}c_i$. La substitution de ces valeurs donne ces deux relations entre b_i et c_i:

$$b_i = \frac{i^2}{\alpha}c_i, \qquad c_i = -\frac{2}{\pi}\cdot\frac{i\cos i\pi}{\alpha} - \frac{i^2}{\alpha}b_i,$$

d'où l'on tire:

$$b_i = -\frac{2}{\pi}\cdot\frac{i^3\cos i\pi}{\alpha^2+i^4}, \qquad c_i = -\frac{2}{\pi}\cdot\frac{i\alpha\cos i\pi}{\alpha^2+i^4}.$$

Mettant ces valeurs des coefficients b_i et c_i dans R et S (8), substituant ensuite R et S ainsi transformées dans l'expression (7) et intervertissant l'ordre des signes Σ et $\int$, l'expression (7) deviendra:

$$(10) \qquad -\frac{1}{\pi}\int_0^\infty f(\mu)\,d\mu\,\Sigma\,\frac{2i\cos i\pi \sin ix}{\pi}\left(\int_0^\infty \frac{i^2\cos\alpha(t-\mu)}{\alpha^2+i^4}\,d\alpha + \int_0^\infty \frac{\alpha\sin\alpha(t-\mu)}{\alpha^2+i^4}\,d\alpha\right).$$

Les deux intégrales relatives à α que renferme cette expression sont faciles à obtenir par les formules connues. On a, comme l'on sait:

$$\int_0^\infty \frac{b\cos\alpha l}{b^2+\alpha^2}\,d\alpha = \frac{\pi}{2}e^{\mp bl}, \quad \int_0^\infty \frac{\alpha\sin\alpha l}{\alpha^2+b^2}\,d\alpha = \pm\frac{\pi}{2}e^{\mp bl},$$

b désignant une quantité positive, et le signe supérieur ou le signe inférieur ayant lieu selon que l est positif ou négatif. En comparant ces résultats avec les intégrales précédentes, on voit que ces deux intégrales ont l'une et l'autre la valeur $\frac{\pi}{2}e^{-i^2(t-\mu)}$ lorsque $t-\mu$ est positif, et que lorsque $t-\mu$ est négatif, elles ont respectivement les valeurs:

$$\frac{\pi}{2}e^{i^2(t-\mu)}, \quad -\frac{\pi}{2}e^{i^2(t-\mu)},$$

qui ne diffèrent que par les signes. Donc, la somme de ces intégrales est $\pi e^{-i^2(t-\mu)}$ ou nulle, selon que $t-\mu$ est positif ou négatif. Il suit de là que la série contenue dans la formule (10) peut être remplacée par:

$$2\Sigma i e^{-i^2(t-\mu)}\cos i\pi \sin ix, \tag{11}$$

lorsque $t-\mu$ est positif, c'est-à-dire tant que μ est inférieur à t, et qu'elle se réduit à zéro, lorsque μ surpasse t. La fonction de μ qui doit être intégrée depuis $\mu=0$ jusqu'à $\mu=\infty$, et dont la série en question est facteur, s'évanouit donc aussi pour toutes les valeurs de μ supérieures à t.

On pourra donc n'intégrer que depuis $\mu=0$ jusqu'à $\mu=t$; changeant ainsi la limite supérieure de l'intégrale (10) et remplaçant la série qui y entre par l'expression (11), qui lui est équivalente tant que $\mu<t$, c'est-à-dire dans toute l'étendue de l'intégration, l'expression (10) prendra cette forme très simple:

$$-\frac{2}{\pi}\int_0^t f(\mu)\,d\mu\,\Sigma i e^{-i^2(t-\mu)}\cos i\pi\sin ix,$$

ou ce qui revient au même, en intervertissant l'ordre des signes $\int$ et Σ:

$$-\frac{2}{\pi}\Sigma i e^{-i^2 t}\cos i\pi\sin ix\int_0^t e^{i^2\mu}f(\mu)\,d\mu.$$

Ayant ainsi obtenu la première partie v' de la solution, on en déduira la seconde v'' en changeant x en $\pi-x$ et $f(\mu)$ en $F(\mu)$. Si l'on ajoute ensuite v' et v'' à la troisième partie w déjà formée plus haut, on obtiendra l'expression suivante de la température variable u du point dont l'abscisse est x:

$$u = -\frac{2}{\pi}\Sigma i e^{-i^2 t}\cos i\pi \sin ix \int_0^t e^{i^2\mu} f(\mu) d\mu$$
$$-\frac{2}{\pi}\Sigma i e^{-i^2 t}\sin ix \int_0^t e^{i^2\mu} F(\mu) d\mu$$
$$+\frac{2}{\pi}\Sigma e^{-i^2 t}\sin ix \int_0^\pi \varphi(\mu)\sin i\mu d\mu.$$

Cette expression diffère un peu par la forme du résultat que M. FOURIER a donné. Pour la faire coïncider avec la formule que l'on trouve dans le Mémoire déjà cité, il faut remplacer l'intégrale qui entre dans la première partie v' de u par cette expression que donne l'intégration par parties:

$$\frac{e^{i^2 t}f(t) - f(0)}{i^2} - \frac{1}{i^2}\int_0^t e^{i^2\mu} f'(\mu) d\mu,$$

$f'(\mu)$ désignant la fonction dérivée de $f(\mu)$.

La première partie v' se change ainsi en:

$$-\frac{2}{\pi}f(t)\Sigma\frac{\cos i\pi \sin ix}{i} + \frac{2}{\pi}\Sigma e^{-i^2 t}\cos i\pi \frac{\sin ix}{i}\left(f(0) + \int_0^t e^{i^2\mu} f'(\mu)\, d\mu\right).$$

Mettant maintenant à la place de $\Sigma\frac{\cos i\pi \sin ix}{i}$ sa valeur connue $-\frac{1}{2}x$, v' prendra cette forme:

$$\frac{x}{\pi}f(t) + \frac{2}{\pi}\Sigma e^{-i^2 t}\cos i\pi \frac{\sin ix}{i}\left(f(0) + \int_0^t e^{i^2\mu} f'(\mu)\, d\mu\right).$$

Si l'on transforme v'' d'une manière analogue et que l'on ajoute ensuite les 3 parties v', v'' et w, on aura l'expression de la température u, telle que M. FOURIER l'a donnée.

DÉMONSTRATION D'UNE PROPRIÉTÉ ANALOGUE A LA LOI DE RÉCIPROCITÉ QUI EXISTE ENTRE DEUX NOMBRES PREMIERS QUELCONQUES.

Dans un mémoire qui vient d'être publié dans le recueil de la Société Royale de Gottingue, M. Gauss a étendu le domaine de l'analyse indéterminée aux expressions de la forme $t+u\sqrt{-1}$, t et u désignant des nombres entiers positifs ou négatifs. Ce grand géomètre a reconnu que les expressions de cette espèce se rapprochent entièrement par leurs propriétés des nombres entiers réels qu'elles comprennent d'ailleurs comme cas particulier. L'analogie qui existe à cet égard est telle que les énoncés des théorèmes connus relatifs aux entiers réels peuvent être transportés pour la plupart presque littéralement dans la théorie des nombres ainsi généralisée. Il n'en est pas de même des démonstrations qui paraissent présenter de nouvelles difficultés si l'on excepte les théorèmes très simples qui dérivent immédiatement des notions fondamentales. L'induction appliquée à des questions d'un ordre plus élevé, a fait connaître à M. Gauss une proposition qui ne le cède, ni en simplicité ni en élégance, au théorème si célèbre sous le nom de loi de réciprocité. Quant à la démonstration de ce nouveau théorème, que l'illustre auteur juge sujette à de grandes difficultés, il la renvoie à un autre mémoire où elle sera exposée avec celle d'une autre proposition plus générale. Je me propose de démontrer dans ce mémoire le théorème dont il s'agit par des considérations fort simples et qui mériteront peut-être de fixer un instant l'attention parce qu'elles sont également applicables à d'autres questions*).

*) On peut, au lieu des expressions de la forme $t+u\sqrt{-1}$, considérer celles de la forme plus générale $t+u\sqrt{a}$, a étant sans diviseur carré. Les expressions de ce genre, considérées sous le même point de vue, donnent lieu à des théorèmes analogues à celui qui fait l'objet de ce mémoire et susceptibles d'une démonstration toute semblable.

J'entre en matière en énonçant quelques définitions et en démontrant plusieurs propositions préliminaires, qui se trouvent déjà pour la plupart dans le mémoire cité plus haut.

§. 1.

Une expression de la forme $g+h\sqrt{-1}$, g et h désignant des entiers réels, sans excepter zéro, sera dite un nombre entier complexe. Il résulte de là que les entiers réels sont des cas particuliers des entiers complexes. Cette définition posée, il n'est besoin d'aucune explication pour indiquer le sens que l'on doit attacher aux mots divisibilité et congruence. De même que tout nombre réel est divisible par ± 1, tout nombre complexe doit être considéré comme contenant les facteurs ± 1, $\pm\sqrt{-1}$. Un nombre complexe sera dit premier lorsqu'il ne peut être décomposé en deux facteurs différents l'un et l'autre de ± 1 et $\pm\sqrt{-1}$. Voyons d'après cela comment on peut reconnaître si un nombre complexe $g+h\sqrt{-1}$ est premier ou non. Pour cela nous distinguerons deux cas selon que les deux termes g, h du nombre complexe sont ou ne sont pas l'un et l'autre différents de zéro. Le second de ces deux cas semble se subdiviser; le terme subsistant pouvant être réel ou le produit de $\sqrt{-1}$ et d'un nombre réel. Mais il est facile de voir que cela revient au même, car si $h\sqrt{-1}$ est premier, h l'est pareillement et réciproquement. Or, pour qu'un nombre réel q, considéré comme complexe, soit premier, il faut d'abord qu'il le soit aussi sous le point de vue ordinaire. Mais cela ne suffit pas; il doit en outre, abstraction faite du signe, être de la forme $4n+3$; car s'il avait la forme $4n+1$ qui entraîne toujours celle-ci: c^2+d^2, il serait décomposable dans les facteurs $c+d\sqrt{-1}$ et $c-d\sqrt{-1}$. Réciproquement, tout nombre premier réel q qui, abstraction faite du signe, est de la forme $4n+3$, doit être aussi considéré comme premier dans la théorie des nombres complexes; car si l'on avait:

$$q = (c+d\sqrt{-1})(e+f\sqrt{-1}),$$

on aurait aussi:

$$q = (c-d\sqrt{-1})(e-f\sqrt{-1})$$

et par conséquent, en multipliant:

$$q^2 = (c^2+d^2)(e^2+f^2),$$

équation impossible, q ne pouvant être diviseur de la somme de deux carrés.

Considérons, en second lieu, le cas où aucun des deux termes de l'expression $g+h\sqrt{-1}$ ne s'évanouit. Pour qu'elle représente alors un nombre premier complexe, il est nécessaire et suffisant que g^2+h^2 soit un nombre premier réel. Pour le faire voir, supposons $g+h\sqrt{-1}$ décomposable dans les deux facteurs $c+d\sqrt{-1}$ et $e+f\sqrt{-1}$, $g-h\sqrt{-1}$ sera le produit de $c-d\sqrt{-1}$ et de $e-f\sqrt{-1}$, et l'on trouve:

$$g^2+h^2 = (c^2+d^2)(e^2+f^2),$$

c'est-à-dire g^2+h^2 égal à un nombre composé. Réciproquement si g^2+h^2 est un nombre réel composé, $g+h\sqrt{-1}$ est un nombre complexe également composé. La chose est évidente lorsque g, h ont un facteur commun; si un pareil facteur n'existe pas, g^2+h^2 n'a que des diviseurs premiers réels $4n+1$. Soit $p = c^2+d^2$ un de ces diviseurs, on aura:

$$g^2 \equiv -h^2, \quad c^2 \equiv -d^2 \pmod{p}$$

et par suite, en multipliant et transposant:

$$(cg+dh)(cg-dh) \equiv 0 \pmod{p},$$

d'où l'on conclut que $\dfrac{cg\pm dh}{p}$, avec le signe convenable, est entier. On a d'un autre côté:

$$p(g^2+h^2) = (cg\pm dh)^2+(ch\mp dg)^2,$$

équation qui exige évidemment que $\dfrac{ch\mp dg}{p}$ soit entier en même temps que $\dfrac{cg\pm dh}{p}$, les signes supérieurs et inférieurs se correspondant. Cela posé, il est évident que le quotient:

$$\frac{g+h\sqrt{-1}}{c\pm d\sqrt{-1}} = \frac{cg\pm dh}{p} + \frac{ch\mp dg}{p}\sqrt{-1}$$

est un entier complexe et $g+h\sqrt{-1}$ par conséquent un nombre composé. Il est donc prouvé que, si g^2+h^2 est un nombre premier réel, $g+h\sqrt{-1}$ est un nombre premier complexe, et réciproquement.

Il résulte de cette discussion qu'il y a des nombres premiers de deux espèces différentes. Ceux de la première espèce se réduisent à un seul terme, et ne sont autre chose, abstraction faite du signe ou du facteur $\pm\sqrt{-1}$, que des nombres premiers réels de la forme $4n+3$. Pour plus de simplicité, nous les supposerons toujours débarrassés du facteur $\sqrt{-1}$.

Ceux de la seconde espèce tirent leur origine des nombres premiers réels composés de deux carrés qui, à l'exception de 2, sont tous de la forme $4n+1$. Si l'on désigne par $c+d\sqrt{-1}$ un nombre premier de cette espèce (à l'exception de $\pm(1+\sqrt{-1})$, $\pm(1-\sqrt{-1})$ qui proviennent du nombre 2), il est évident que les entiers réels c, d sont l'un pair, l'autre impair. Cela posé, nous considérerons, pour plus d'uniformité, dans ce qui va suivre, d comme pair, ce qui est permis, car si d est impair, on n'a qu'à multiplier par $\sqrt{-1}$, ce qui donne le nombre $-d+c\sqrt{-1}$, qui est également premier et tellement lié au précédent que la connaissance des propriétés de l'un suffit pour juger de celles de l'autre.

Nous terminons ces préliminaires par la démonstration d'un théorème, dont nous aurons besoin dans la suite. Les termes réels A et B du nombre complexe $A+B\sqrt{-1}$ étant supposés premiers entre eux (ce qui exclut le cas où l'un d'eux serait nul) et $g+h\sqrt{-1}$ étant un nombre complexe quelconque, je dis qu'il existe toujours un nombre s entier réel et tel qu'on ait:

$$s \equiv g+h\sqrt{-1} \pmod{A+B\sqrt{-1}}.$$

En effet, la congruence en question revient à cette équation:

$$s-g-h\sqrt{-1} = (\varphi+\psi\sqrt{-1})(A+B\sqrt{-1})$$

ou à celles-ci:

$$s-g = A\varphi-B\psi, \quad -h = A\psi+B\varphi.$$

La dernière est évidemment possible, A et B n'ayant pas de diviseur commun, et il est également manifeste que la première donnera ensuite une valeur entière pour s.

§. 2.

Ces préliminaires posés, nous arrivons au véritable objet de ce mémoire, qui est de considérer les nombres complexes, en tant qu'ils sont ou ne sont pas résidus quadratiques les uns des autres. D'après la définition connue on dit que le nombre $\alpha+\beta\sqrt{-1}$ est ou n'est pas résidu quadratique de $A+B\sqrt{-1}$, selon qu'il existe ou qu'il n'existe pas d'expression $x+y\sqrt{-1}$, telle que $(x+y\sqrt{-1})^2-\alpha-\beta\sqrt{-1}$ soit divisible par $A+B\sqrt{-1}$. Pour décider si un nombre complexe est ou n'est pas résidu quadratique d'un nombre complexe composé, il suffit, comme lorsqu'il s'agit de nombres réels, de considérer les différents facteurs simples du diviseur. Nous supposerons donc, dans ce qui va suivre, que le diviseur ou module $A+B\sqrt{-1}$ est un nombre premier. Pour commencer par le cas le plus simple, considérons un nombre premier q de première espèce, et proposons-nous de déterminer si $\alpha+\beta\sqrt{-1}$, expression que nous supposons non-divisible par q et dans laquelle β peut être nul, est ou n'est pas résidu quadratique de q. Attribuant dans l'expression $t+u\sqrt{-1}$, à chacune des lettres t et u, les valeurs $0, 1, 2, 3, \ldots, q-1$, et excluant la combinaison $0, 0$, on aura q^2-1 nombres dont nous désignerons l'ensemble par (k). Cela posé, distinguons deux cas, selon que $\alpha+\beta\sqrt{-1}$ est ou n'est pas résidu*) de q, et commençons par l'examen du dernier. L'ensemble (k) peut être partagé, dans ce cas, en groupes composés chacun de deux nombres tels que leur produit soit $\equiv\alpha+\beta\sqrt{-1}$ (mod. q). En effet, soit $r+s\sqrt{-1}$ l'un quelconque des nombres (k) et $r'+s'\sqrt{-1}$ celui qui doit former un groupe avec lui. Il faut donc qu'on ait:

$$(r+s\sqrt{-1})(r'+s'\sqrt{-1}) \equiv \alpha+\beta\sqrt{-1} \quad (\text{mod. } q),$$

c'est-à-dire:

$$rr'-ss' \equiv \alpha, \quad rs'+sr' \equiv \beta \quad (\text{mod. } q).$$

On peut remplacer ces congruences par celles-ci:

$$(r^2+s^2)r' \equiv \alpha r+\beta s, \quad (r^2+s^2)s' \equiv \beta r-\alpha s \quad (\text{mod. } q).$$

Comme r^2+s^2 ne peut être divisible par q, qui est un nombre premier $4n+3$, ces congruences sont possibles et leur résolution donnera pour r' et s' un système unique de valeurs positives et moindres que q. Il est évident d'ailleurs, par ce qu'on a supposé, qu'on ne saurait avoir à la fois $r'=0$, $s'=0$, ni $r'=r$, $s'=s$, ce qui suffit pour montrer la possibilité de distribuer la suite (k) en groupes tels que nous les avons définis. Or ces groupes dont chacun est composé de deux nombres tels que leur produit soit $\equiv\alpha+\beta\sqrt{-1}$ (mod. q), étant évidemment au nombre de $\frac{1}{2}(q^2-1)$, il s'ensuit que le produit des nombres (k), que nous désignerons par K, satisfait à la congruence:

$$(\alpha+\beta\sqrt{-1})^{\frac{1}{2}(q^2-1)} \equiv K \quad (\text{mod. } q).$$

*) Comme les résidus quadratiques ou du second degré sont les seuls dont il soit question dans ce mémoire, nous supprimerons, pour abréger, le mot quadratique.

Venons maintenant au cas où $\alpha+\beta\sqrt{-1}$ est résidu de q. Il existe alors dans la suite (k) deux nombres tels que le carré de chacun d'eux soit $\equiv \alpha+\beta\sqrt{-1}$ (mod. q). Si l'on désigne l'un d'eux par $r+s\sqrt{-1}$, l'autre sera $q-r+(q-s)\sqrt{-1}$. Ayant ôté ces deux nombres de la suite (k), les nombres restants pourront se partager en groupes, d'où l'on conclut que leur produit est $\equiv (\alpha+\beta\sqrt{-1})^{\frac{1}{2}(q^2-3)}$ (mod. q). Comme on a, d'un autre côté:

$$(r+s\sqrt{-1})(q-r+(q-s)\sqrt{-1}) \equiv -(r+s\sqrt{-1})^2 \equiv -(\alpha+\beta\sqrt{-1}) \pmod{q},$$

il viendra en multipliant:

$$(\alpha+\beta\sqrt{-1})^{\frac{1}{2}(q^2-1)} \equiv -K \pmod{q}.$$

Les deux cas que nous venons de considérer, sont compris dans cet énoncé:

„On a:

$$(\alpha+\beta\sqrt{-1})^{\frac{1}{2}(q^2-1)} \equiv \mp K \pmod{q},$$

le signe supérieur ou inférieur ayant lieu selon que $\alpha+\beta\sqrt{-1}$ est ou n'est pas résidu de q."

Le signe supérieur devant évidemment être choisi lorsque $\alpha = 1$, $\beta = 0$, il s'ensuit qu'on a:

$$K \equiv -1 \pmod{q},$$

ce qui est analogue au théorème de Wilson. On peut, d'après cela, remplacer K par -1 dans l'avant-dernière congruence ce qui donne cet énoncé très simple:

I. „On a:

$$(\alpha+\beta\sqrt{-1})^{\frac{1}{2}(q^2-1)} \equiv +1 \quad \text{ou} \quad (\alpha+\beta\sqrt{-1})^{\frac{1}{2}(q^2-1)} \equiv -1 \pmod{q}$$

selon que $\alpha+\beta\sqrt{-1}$ est ou n'est pas résidu de q."

Si l'on désigne par $\alpha'+\beta'\sqrt{-1}$ une seconde expression non-divisible par q, on conclut immédiatement de ce théorème que le produit:

$$(\alpha+\beta\sqrt{-1})(\alpha'+\beta'\sqrt{-1})$$

est résidu de q, lorsque chacun de ses deux facteurs est résidu ou non-résidu, et qu'au contraire, ce produit est non-résidu, lorsque ses facteurs sont l'un résidu, l'autre non-résidu de q. En étendant ce résultat à un plus grand nombre de facteurs, on trouve cette proposition:

II. „Le produit d'un nombre quelconque de facteurs est ou n'est pas résidu du nombre premier q, selon que parmi ces facteurs il y a un nombre pair ou impair de non-résidus de q."

Ce théorème a également lieu pour les nombres premiers de seconde espèce, comme on le verra plus loin.

Il y a un théorème plus simple que le théorème I et qui remplit le même objet. Pour l'établir, considérons successivement les deux cas où $\alpha+\beta\sqrt{-1}$ est et où ce nombre n'est pas résidu de q. Dans le premier de ces cas, on a:

$$\alpha+\beta\sqrt{-1} \equiv (t+u\sqrt{-1})^2 \pmod{q}$$

et par conséquent aussi:

$$\alpha-\beta\sqrt{-1} \equiv (t-u\sqrt{-1})^2 \pmod{q}$$

d'où l'on conclut en multipliant et en élevant ensuite à la puissance $\frac{1}{2}(q-1)$:

$$(\alpha^2+\beta^2)^{\frac{1}{2}(q-1)} \equiv (t^2+u^2)^{q-1} \equiv 1 \pmod{q}$$

ou ce qui revient au même, en se servant du signe très commode employé par M. Legendre:

$$\left(\frac{\alpha^2+\beta^2}{q}\right) = 1.$$

Supposons en second lieu que $\alpha+\beta\sqrt{-1}$ soit non-résidu de q. On prendra alors deux nombres (réels) α' et β' tels que $\alpha'^2+\beta'^2+1$ soit divisible par q. (L'existence de pareils nombres résulte d'un théorème connu d'Euler. *Théorie des nombres*. 3ième édit. vol. I. pag. 213.)

Cela posé, on aura:

$$\alpha'^2+\beta'^2 \equiv -1 \pmod{q},$$

et par conséquent:

$$\left(\frac{\alpha'^2+\beta'^2}{q}\right) = -1.$$

On conclut de là que $\alpha'+\beta'\sqrt{-1}$ est non-résidu de q; car pour qu'il fût résidu, il faudrait, d'après ce qu'on a vu dans le premier cas, qu'on eût:

$$\left(\frac{\alpha'^2+\beta'^2}{q}\right) = 1.$$

Le produit:

$$(\alpha+\beta\sqrt{-1})(\alpha'+\beta'\sqrt{-1}) = \alpha\alpha'-\beta\beta'+(\alpha\beta'+\beta\alpha')\sqrt{-1}$$

sera donc résidu, et l'on aura:

$$\left(\frac{(\alpha\alpha'-\beta\beta')^2+(\alpha\beta'+\beta\alpha')^2}{q}\right) = 1.$$

Or cette expression pouvant être mise sous la forme:

$$\left(\frac{\alpha^2+\beta^2}{q}\right)\left(\frac{\alpha'^2+\beta'^2}{q}\right) = 1,$$

on en conclut, en faisant attention à l'équation:

$$\left(\frac{\alpha'^2+\beta'^2}{q}\right) = -1,$$

qu'on a:

$$\left(\frac{\alpha^2+\beta^2}{q}\right) = -1.$$

Les deux résultats que nous venons d'obtenir, peuvent se réunir dans cet énoncé:

III. „L'expression $\alpha+\beta\sqrt{-1}$, qui est supposée n'être pas divisible par le nombre premier q (de première espèce), est ou n'est pas résidu de q, selon que l'on a:

$$\left(\frac{\alpha^2+\beta^2}{q}\right) = +1 \quad \text{ou} \quad \left(\frac{\alpha^2+\beta^2}{q}\right) = -1.\text{“}$$

Il résulte de là comme corollaire, en faisant successivement $\beta = 0$, $\alpha = 0$, que tout nombre réel α est résidu de q, et qu'il en est de même de toute expression imaginaire de la forme $\beta\sqrt{-1}$.

§. 3.

Nous passons aux modules qui sont des nombres premiers de seconde espèce. Désignons par $A+B\sqrt{-1}$ un pareil nombre (B étant pair), par $\alpha+\beta\sqrt{-1}$ un nombre quelconque non-divisible par $A+B\sqrt{-1}$, et faisons pour abréger:

$$A^2+B^2 = P,$$

P désignant un nombre premier réel $4n+1$.

Comme d'après la définition même du résidu quadratique, $\alpha+\beta\sqrt{-1}$ est dit résidu ou non-résidu de $A+B\sqrt{-1}$, selon qu'il existe ou qu'il n'existe pas d'expression $t+u\sqrt{-1}$ telle que:

$$(t+u\sqrt{-1})^2 \equiv \alpha+\beta\sqrt{-1} \pmod{A+B\sqrt{-1}},$$

et comme, d'un autre côté, on peut toujours trouver un nombre réel s qui satisfasse à la congruence:

$$s \equiv t+u\sqrt{-1} \pmod{A+B\sqrt{-1}},$$

on voit que, pour décider si $\alpha+\beta\sqrt{-1}$ est ou n'est pas résidu de $A+B\sqrt{-1}$, tout se réduit à savoir si la congruence:

$$s^2 \equiv \alpha+\beta\sqrt{-1} \pmod{A+B\sqrt{-1}},$$

admet ou n'admet pas de solution. Pour voir de quoi dépend sa possibilité, remplaçons-la par cette équation équivalente:

$$s^2-\alpha-\beta\sqrt{-1} = (A+B\sqrt{-1})(\varphi+\psi\sqrt{-1}),$$

ou ce qui revient au même, par celles-ci:

$$s^2-\alpha = A\varphi-B\psi, \quad -\beta = A\psi+B\varphi.$$

Multipliant ces dernières par A et B et ajoutant, il viendra:

$$As^2-A\alpha-B\beta = P\varphi$$

d'où l'on conclut:

$$\left(\frac{A\alpha+B\beta}{P}\right) = \left(\frac{A}{P}\right).$$

On peut démontrer réciproquement que, si la condition:

$$\left(\frac{A\alpha+B\beta}{P}\right) = \left(\frac{A}{P}\right)$$

a lieu, $\alpha+\beta\sqrt{-1}$ est nécessairement résidu de $A+B\sqrt{-1}$. En effet, il est facile de voir que la condition supposée entraîne cette équation:

$$As^2-A\alpha-B\beta = P\varphi = (A^2+B^2)\varphi\text{*)}.$$

Or cette équation pouvant être mise sous la forme:

$$A(s^2-A\varphi-\alpha) = B(B\varphi+\beta),$$

et les nombres A, B n'ayant pas de diviseur commun, il faut que $B\varphi+\beta$ soit divisible par A. Faisons donc:

$$B\varphi+\beta = -A\psi.$$

Mettant ensuite cette expression dans la dernière équation, il viendra:

$$s^2-\alpha = A\varphi-B\psi.$$

On voit par là que les deux équations nécessaires et suffisantes pour que $\alpha+\beta\sqrt{-1}$ soit résidu de $A+B\sqrt{-1}$, résultent de la condition:

$$\left(\frac{A\alpha+B\beta}{P}\right) = \left(\frac{A}{P}\right).$$

Ayant ainsi prouvé que, si $\alpha+\beta\sqrt{-1}$ est résidu de $A+B\sqrt{-1}$, on a:

$$\left(\frac{A\alpha+B\beta}{P}\right) = \left(\frac{A}{P}\right),$$

---

*) *Théorie des nombres* vol. I. pag. 240.

et que la réciproque a également lieu, nous pouvons en conclure que l'on a:

$$\left(\frac{A\alpha+B\beta}{P}\right)=+\left(\frac{A}{P}\right) \quad \text{ou} \quad \left(\frac{A\alpha+B\beta}{P}\right)=-\left(\frac{A}{P}\right)$$

selon que $\alpha+\beta\sqrt{-1}$ est ou n'est pas résidu de $A+B\sqrt{-1}$.

Ce résultat peut se simplifier, si l'on remarque que l'on a toujours:

$$\left(\frac{A}{P}\right)=1.$$

Pour s'en convaincre, on considérera l'équation:

$$P=A^2+B^2,$$

et l'on décomposera A en ses facteurs simples, en posant:

$$A=g.g'.g''\ldots,$$

les lettres g, g', g'', ... désignant des nombres premiers réels impairs, positifs ou négatifs. Il résulte immédiatement de l'équation précédente qu'on a:

$$\left(\frac{P}{g}\right)=1,$$

d'où l'on conclut, en appliquant un théorème connu et en se rappelant que P est de la forme $4n+1$:

$$\left(\frac{g}{P}\right)=1.$$

On a pareillement:

$$\left(\frac{g'}{P}\right)=1, \quad \left(\frac{g''}{P}\right)=1, \quad \ldots,$$

et l'on tire de là en multipliant:

$$\left(\frac{g.g'.g''\ldots}{P}\right)=\left(\frac{A}{P}\right)=1,$$

ce qu'il s'agissait de prouver. En profitant de cette remarque, on peut modifier le résultat obtenu plus haut comme il suit:

IV. „Le nombre $\alpha+\beta\sqrt{-1}$ étant supposé n'être pas divisible par le nombre premier de seconde espèce $A+B\sqrt{-1}$, si l'on pose:

$$A^2+B^2=P,$$

je dis que $\alpha+\beta\sqrt{-1}$ sera ou ne sera pas résidu de $A+B\sqrt{-1}$, selon que l'on a:

$$\left(\frac{A\alpha+B\beta}{P}\right)=+1 \quad \text{ou} \quad \left(\frac{A\alpha+B\beta}{P}\right)=-1.\text{“}$$

Si l'on pose:

$$\left(\frac{A\alpha+B\beta}{P}\right)=\varepsilon,\quad \left(\frac{A\alpha'+B\beta'}{P}\right)=\varepsilon',$$

ε sera d'après ce théorème $+1$ ou -1, selon que $\alpha+\beta\sqrt{-1}$ est ou n'est pas résidu de $A+B\sqrt{-1}$, et ε' aura la même signification par rapport à $\alpha'+\beta'\sqrt{-1}$. Multipliant ces expressions entre elles, remplaçant B^2 par $P-A^2$ et faisant attention qu'on a:

$$\left(\frac{A}{P}\right)=1,$$

il viendra:

$$\varepsilon\varepsilon'=\left(\frac{A(\alpha\alpha'-\beta\beta')+B(\alpha\beta'+\beta\alpha')}{P}\right).$$

Or cette dernière expression correspondant au produit:

$$(\alpha+\beta\sqrt{-1})(\alpha'+\beta'\sqrt{-1})=\alpha\alpha'-\beta\beta'+(\alpha\beta'+\beta\alpha')\sqrt{-1},$$

on voit facilement que le théorème II subsiste également pour les nombres premiers de seconde espèce.

§. 4.

Après avoir fixé, dans ce qui précède, les conditions qui doivent avoir lieu pour qu'un nombre complexe soit ou ne soit pas résidu quadratique d'un nombre premier quelconque, nous allons faire voir comment on peut en déduire l'expression la plus simple des caractères distinctifs des nombres premiers dont un nombre complexe donné est résidu. Mais auparavant nous ferons remarquer qu'il est permis de se borner au cas où le nombre donné est premier; car s'il est composé, il résulte du théorème II démontré plus haut que sa relation à un nombre premier quelconque, dépend de celles de ses facteurs simples à ce même nombre premier.

Nous commençons par le nombre premier $1+\sqrt{-1}$. D'après le théorème III, ce nombre sera ou ne sera pas résidu d'un nombre premier de première espèce q, selon que l'on a:

$$\left(\frac{2}{q}\right)=1 \quad\text{ou}\quad \left(\frac{2}{q}\right)=-1.$$

On sait d'un autre côté que le premier ou le second de ces cas aura lieu, selon que q, pris positivement, a la forme $8n+7$ ou celle-ci: $8n+3$. Donc $1+\sqrt{-1}$

sera résidu de tout nombre premier de la forme $8n+7$, non-résidu au contraire des nombres premiers de la forme $8n+3$. Passons aux nombres premiers de seconde espèce. Pour décider si $1+\sqrt{-1}$ est ou n'est pas résidu d'un pareil nombre $A+B\sqrt{-1}$, il suffit, d'après le théorème IV, de savoir si l'on a:

$$\left(\frac{A+B}{P}\right)=+1 \quad \text{ou} \quad \left(\frac{A+B}{P}\right)=-1,$$

où l'on a fait, comme plus haut:

$$P = A^2+B^2.$$

Multipliant par 2 les deux membres de cette équation, il viendra celle-ci:

$$2P = (A+B)^2+(A-B)^2.$$

Décomposons le nombre impair $A+B$ en facteurs simples positifs ou négatifs $g, g', g'', \ldots$ de sorte que:

$$A+B = g.g'.g''\ldots.$$

On aura évidemment:

$$\left(\frac{2}{g}\right) = \left(\frac{P}{g}\right)$$

et par suite, en vertu de la loi de réciprocité:

$$\left(\frac{2}{g}\right) = \left(\frac{g}{P}\right).$$

D'un autre côté, il résulte d'un théorème connu que le premier membre est $+1$ ou -1, selon que g a la forme $8n\pm1$ ou celle-ci: $8n\pm3$. On a pareillement:

$$\left(\frac{2}{g'}\right)=\left(\frac{g'}{P}\right), \quad \left(\frac{2}{g''}\right)=\left(\frac{g''}{P}\right), \quad \ldots.$$

Faisant le produit, on obtient l'équation:

$$\left(\frac{g.g'.g''\ldots}{P}\right)=\left(\frac{A+B}{P}\right)=\pm1,$$

où le signe supérieur ou inférieur doit être pris selon que parmi les facteurs $g, g', g'', \ldots$ il y en a un nombre pair ou impair de la forme $8n\pm3$. Or il est évident que le produit:

$$A+B = g.g'.g''\ldots$$

aura la forme $8n\pm1$ ou celle-ci: $8n\pm3$, selon que ce nombre est pair ou impair. De là et de ce qu'on a vu plus haut, résulte ce théorème:

„$1+\sqrt{-1}$ est résidu ou non-résidu quadratique du nombre premier $A+B\sqrt{-1}$ selon que l'on a $A+B\equiv\pm1$ ou $A+B\equiv\pm3$ (mod. 8).“

On peut remarquer que cet énoncé comprend ce que nous avons trouvé plus haut sur la relation de $1+\sqrt{-1}$ aux nombres premiers de première espèce. Quant à la relation de $1-\sqrt{-1}$ aux différents nombres premiers, elle se déduit immédiatement du théorème précédent.

Après avoir terminé ce qui regarde le nombre $1\pm\sqrt{-1}$, nous allons nous occuper des autres nombres premiers. Désignons par $\alpha+\beta\sqrt{-1}$ un nombre premier de seconde espèce (β étant pair) et par $A+B\sqrt{-1}$ un autre nombre premier de la même espèce (B étant également pair), et proposons-nous de fixer la relation que le premier a au second.

Cette relation se détermine par un théorème très simple et qui consiste en ce que le premier est ou n'est pas résidu du second, selon que le second est ou n'est pas résidu du premier. Pour démontrer ce théorème, faisons pour abréger:

$$\alpha^2+\beta^2 = p, \quad A^2+B^2 = P.$$

Il résulte du théorème IV que $\alpha+\beta\sqrt{-1}$ est ou n'est pas résidu de $A+B\sqrt{-1}$, selon que l'on a:

$$\left(\frac{A\alpha+B\beta}{P}\right) = +1 \quad \text{ou} \quad \left(\frac{A\alpha+B\beta}{P}\right) = -1.$$

En échangeant les nombres $\alpha+\beta\sqrt{-1}$ et $A+B\sqrt{-1}$ entre eux, ce qui ne change pas l'expression $A\alpha+B\beta$, on conclut de la même proposition que $A+B\sqrt{-1}$ est ou n'est pas résidu de $\alpha+\beta\sqrt{-1}$, selon que l'on a:

$$\left(\frac{A\alpha+B\beta}{p}\right) = +1 \quad \text{ou} \quad \left(\frac{A\alpha+B\beta}{P}\right) = -1.$$

On voit par là que la démonstration du théorème énoncé plus haut se réduit à faire voir que l'équation:

$$\left(\frac{A\alpha+B\beta}{P}\right) = \left(\frac{A\alpha+B\beta}{p}\right)$$

a toujours lieu. Pour cela on fait le produit de p et de P, on trouve ainsi:

$$(A\alpha+B\beta)^2+(A\beta-B\alpha)^2 = pP.$$

Comme, par hypothèse, A et α sont impairs, B et β pairs, $A\alpha+B\beta$ sera un nombre impair. Désignant par g, g', g'', ... ses facteurs simples, on a:

$$A\alpha+B\beta = g.g'.g''\ldots$$

et l'équation précédente donne immédiatement:

$$\left(\frac{p}{g}\right) = \left(\frac{P}{g}\right),$$

d'où l'on conclut, en vertu d'un théorème connu:

$$\left(\frac{g}{p}\right)=\left(\frac{g}{P}\right).$$

On a pareillement:

$$\left(\frac{g'}{p}\right)=\left(\frac{g'}{P}\right),\quad \left(\frac{g''}{p}\right)=\left(\frac{g''}{P}\right),\quad \ldots,$$

d'où l'on tire en multipliant:

$$\left(\frac{g.g'.g''\ldots}{p}\right)=\left(\frac{g.g'.g''\ldots}{P}\right) \quad \text{ou} \quad \left(\frac{A\alpha+B\beta}{p}\right)=\left(\frac{A\alpha+B\beta}{P}\right),$$

ce qu'il s'agissait de prouver.

Il existe une réciprocité analogue, lorsque les deux nombres premiers n'appartiennent pas l'un et l'autre à la seconde espèce. Pour le faire voir, soient q et $A+B\sqrt{-1}$ deux nombres premiers qui sont respectivement de première et de seconde espèce. D'après le théorème III le second sera ou ne sera pas résidu du premier, selon que l'on a:

$$\left(\frac{A^2+B^2}{q}\right)=\left(\frac{P}{q}\right)=+1 \quad \text{ou} \quad \left(\frac{A^2+B^2}{q}\right)=\left(\frac{P}{q}\right)=-1.$$

Il résulte, d'un autre côté, du théorème IV que le premier sera ou ne sera pas résidu du second, selon que:

$$\left(\frac{qA}{P}\right)=\left(\frac{q}{P}\right)=+1 \quad \text{ou} \quad \left(\frac{qA}{P}\right)=\left(\frac{q}{P}\right)=-1.$$

Ces deux résultats combinés avec l'égalité:

$$\left(\frac{P}{q}\right)=\left(\frac{q}{P}\right)$$

qui dérive d'un théorème connu, suffisent pour établir la réciprocité énoncée plus haut. Il ne reste plus à considérer que le cas de deux nombres premiers de première espèce. Dans ce troisième cas, la réciprocité est évidente puisque nous avons vu plus haut qu'un nombre réel quelconque est toujours résidu de tout nombre premier de première espèce. Les trois cas que nous venons d'examiner conduisant au même résultat, nous pouvons énoncer le théorème suivant qui est celui dont il a été question dans le préambule de ce mémoire.

„Désignant par $\alpha+\beta\sqrt{-1}$ et $A+B\sqrt{-1}$ (β et B étant pairs et pouvant se réduire à zéro) deux nombres premiers complexes, le premier sera ou ne sera pas résidu quadratique du second, selon que le second est ou n'est pas résidu quadratique du premier."

Berlin, au mois de septembre 1832.

DÉMONSTRATION DU THÉORÈME DE FERMAT POUR LE CAS DES 14IÈMES PUISSANCES.

S'il existe des nombres entiers t, u, v propres à satisfaire à l'équation:

$$(1) \qquad t^{14} = u^{14} + v^{14},$$

il est manifeste que tout facteur commun δ de deux d'entre eux, divisera nécessairement aussi le troisième. On pourra donc diviser chacun d'eux par δ, ce qui ne changera en rien la forme de l'équation: d'où l'on conclut, qu'il est permis, pour prouver l'impossibilité de l'équation (1), d'y considérer les entiers t, u, v, pris deux à deux, comme libres de tout facteur commun. Cela posé, ces entiers devront évidemment être supposés l'un pair, les autres impairs, et le nombre pair sera l'un de ceux que renferme le second membre. On voit aussi que si parmi ces nombres il y en a un divisible par 7, ce ne saurait être t, puisque 7 ne peut jamais diviser la somme de deux carrés premiers entre eux. L'équation étant symétrique par rapport à u et à v, nous pourrons supposer que, si parmi ces nombres il y a un multiple de 7, v se trouve dans ce cas. Transposant le terme en u, l'équation se changera en celle-ci:

$$(2) \qquad t^{14} - u^{14} = v^{14}$$

qu'on peut mettre sous cette autre forme:

$$(3) \qquad (t^2-u^2)[(t^2-u^2)^6 + 7t^2u^2(t^4-t^2u^2+u^4)^2] = v^{14}.$$

Les nombres t, u ayant été supposés premiers entre eux, t^2-u^2 et tu sont aussi sans diviseur commun; il en est de même de t^2-u^2 et $t^4-t^2u^2+u^4$, car tout nombre premier diviseur commun de ceux-ci diviserait:

$$t^4-t^2u^2+u^4-(t^2-u^2)^2 = t^2u^2,$$

et par conséquent aussi tu. Les nombres tu et t^2-u^2 auraient donc ce même diviseur commun, ce qui ne s'accorde pas avec ce qu'on vient de prouver. Il résulte de là, si l'on fait pour abréger:

$$t^2-u^2 = \varphi, \quad tu(t^4-t^2u^2+u^4) = \psi,$$

que φ et ψ, qui sont évidemment l'un pair, l'autre impair, n'ont pas de diviseur commun, et l'on aura:

$$(4) \qquad \varphi((\varphi^3)^2+7\psi^2) = v^{14}.$$

Nous distinguons maintenant deux cas, selon que v est ou n'est pas divisible par 7. Si l'on suppose en premier lieu v non-divisible par 7, φ ne le sera pas non plus. Il suit de là et de ce que φ et ψ sont premiers entre eux, que les deux facteurs du premier membre sont aussi premiers entre eux et par conséquent égaux l'un et l'autre à des 14^{ièmes} puissances. D'un autre côté, l'on conclut d'un théorème connu que la racine de la 14ième puissance impaire $(\varphi^3)^2+7\psi^2$ a la même forme, g^2+7h^2, et l'on prouve facilement*) que les entiers g, h satisfont à l'équation:

$$\varphi^3+\psi\sqrt{-7} = (g+h\sqrt{-7})^{14}$$

où il faut égaler séparément les parties réelles et les coefficients de $\sqrt{-7}$. Sans développer cette expression, il est évident que la valeur qu'elle donne pour ψ est divisible par 7. Mais ψ étant égal à:

$$tu(t^4-t^2u^2+u^4) = tu((t^2-u^2)^2+t^2u^2)$$

ne peut être divisible par 7, à moins que t ou u ne le soit, ce qui serait contraire à la supposition faite plus haut. Il est donc prouvé que le cas où l'on suppose v non-divisible par 7, en même temps que t et u, ne saurait avoir lieu. Reste à faire voir que l'équation (2) ne peut pas subsister non plus, si l'on considère v comme un multiple de 7. En y faisant:

$$v = 7w$$

elle deviendra:

$$t^{14}-u^{14} = 7^{14}w^{14}.$$

C'est l'équation dont il s'agit de prouver l'impossibilité. Sans compliquer la marche de la démonstration, nous pouvons, au lieu de l'équation précédente, traiter l'équation plus générale:

$$(5) \qquad t^{14}-u^{14} = 2^m 7^{1+n} w^{14}$$

---

*) Pour prouver ce dont il s'agit, on peut s'y prendre à peu près de la même manière dont nous avons démontré un théorème analogue (Vol. III de ce Journal, page 359, 360). Les théorèmes I (page 355) et III (page 358) ainsi que leurs démonstrations subsistent également, lorsque a est négatif. Supposant donc $a = -7$, la démonstration s'achève comme à l'endroit cité; elle est même plus simple en ce qu'elle n'est pas compliquée de la considération des solutions, en nombre infini, de l'équation $t^2-au^2 = 1$ qui n'en a qu'une lorsque a est négatif.[1])

[1]) Von den citirten Stellen findet sich die erste auf S. 28, 29, die zweite auf S. 24, die dritte auf S. 27 dieser Ausgabe von G. Lejeune Dirichlet's Werken. K.

les nombres t, u étant toujours supposés sans diviseur commun, et m, n désignant des entiers positifs (sans excepter zéro).

En conservant toutes les dénominations précédentes, l'équation pourra être mise sous cette forme:

$$\varphi((\varphi^3)^2+7\psi^2) = 2^m 7^{1+n} w^{14}.$$

Comme elle exige évidemment que φ soit divisible par 7, faisons $\varphi = 7\chi$; nous aurons ainsi:

$$7^2\chi(\psi^2+7(7^2\chi^3)^2) = 2^m 7^{1+n} w^{14}.$$

Il est facile de voir que les deux facteurs $7^2\chi$ et $\psi^2+7(7^2\chi^3)^2$, dont le second est impair, n'ont pas de diviseur commun. Il résulte de là que l'équation précédente ne peut subsister à moins que $\psi^2+7(7^2\chi^3)^2$ et $7^2\chi$ ne soient le premier une 14ième puissance, le second le produit d'une pareille puissance par $2^m 7^{1+n}$. Quant à la première de ces conditions, elle exige, d'après ce qu'on a vu plus haut, qu'on ait:

$$\psi+7^2\chi^3\sqrt{-7} = (r+s\sqrt{-7})^{14},$$

c'est-à-dire:

$$7^2\chi^3 = \frac{(r+s\sqrt{-7})^{14}-(r-s\sqrt{-7})^{14}}{2\sqrt{-7}},$$

où les entiers r, s sont premiers entre eux, l'un pair, l'autre impair et le premier de plus non-divisible par 7. On peut faire subir à cette expression une transformation semblable à celle que nous avons effectuée sur le premier membre de l'équation (2). Il suffit pour cela de remplacer dans le premier membre de l'équation (3), t et u respectivement par $r+s\sqrt{-7}$ et $r-s\sqrt{-7}$. En opérant ainsi et en faisant pour abréger:

$$(r^2+7s^2)(r^4-2.7^2r^2s^2+7^2s^4) = R,$$

on obtient:

$$7^2\chi^3 = 2.7.rs[R^2-(7.4^3r^3s^3)^2]$$

ou, ce qui revient au même, en multipliant les deux membres par 7^4:

$$7^6\chi^3 = 2.7^5rs(R+7(4rs)^3)(R-7(4rs)^3).$$

Il est facile de faire voir que les trois facteurs 2.7^5rs, $R+7(4rs)^3$, $R-7(4rs)^3$, pris deux à deux, n'ont pas de diviseur commun. Il est d'abord évident que s'il y a un diviseur commun, ce ne peut être ni 2 ni 7, car les deux derniers des nombres en question sont impairs et non-divisibles par 7. Soit en second lieu p un nombre premier impair différent de 7, et supposons qu'il soit diviseur commun de deux des expressions dont il s'agit. On s'aperçoit, à leur seule inspection, que p sera facteur commun de rs et R, et en faisant ensuite attention à la manière dont l'expression R est composée en r et s, il est évident qu'il est nécessaire que p divise à la fois r et s, ce qui est absurde, r et s étant premiers entre eux. Nous avons vu plus haut que $7^2\chi$ devait être une $14^{\text{ième}}$ puissance multipliée par $2^m 7^{1+n}$; le premier membre $7^6\chi^3$ de la dernière équation sera donc le produit d'une puissance du même degré et de $2^{3m}7^{3+3n}$. Il résulte de là et de ce que les trois facteurs du second membre sont premiers entre eux, que les deux derniers sont des $14^{\text{ièmes}}$ puissances, et que le premier est le produit d'une pareille puissance et de $2^{3m}7^{3+3n}$. On aura donc:

$$2.7^5 rs = 2^{3m}7^{3+3n}v'^{14},\quad R+7(4rs)^3 = t'^{14},\quad R-7(4rs)^3 = u'^{14}.$$

Il est facile de voir qu'on peut mettre le second membre de la première de ces équations sous la forme $2^{3m}7^{6+n'}v'^{14}$, où n' désigne un entier positif ou zéro. Lorsque n diffère de zéro, la chose est évidente; dans le cas où $n = 0$, il faut, pour que le second membre puisse être égal au premier membre, qui est divisible par 7^5, que v' soit un multiple de 7. Mettant en conséquence $7v'$ à la place de v', le second membre prendra encore la forme supposée. Nous pouvons donc remplacer la première des équations précédentes par celle-ci:

$$4rs = 2^{3m+1}7^{1+n'}v'^{14}.$$

Prenant ensuite la différence des deux dernières, comparant et posant pour abréger $v'^3 = w'$, il viendra:

$$t'^{14}-u'^{14} = 2^{9m+4}7^{3n'+4}w'^{14}.$$

Cette équation dans laquelle t' et u' n'ont pas de diviseur commun, est entièrement semblable à l'équation (5) dont elle dérive. Seulement, les entiers t', u' qui y entrent, sont beaucoup plus petits que leurs analogues t, u dans l'équation (5). On est en droit de conclure de là, à la manière ordinaire, que l'équation (5), et par conséquent aussi l'équation (1) ne saurait avoir lieu.

Berlin, au mois d'octobre 1832.

UNTERSUCHUNGEN ÜBER DIE THEORIE DER QUADRATISCHEN FORMEN.

[Gelesen in der Akademie der Wissenschaften am 15. August 1833.]

Unter den von Fermat entdeckten, ohne Beweis überlieferten Eigenschaften der Zahlen ist besonders der Zusammenhang gewisser Formen des ersten und des zweiten Grades merkwürdig, indem die darüber von ihm aufgestellten Sätze die hauptsächlichste Veranlassung zu der Ausbildung der Theorie der Zahlen geworden sind. Es scheint eine Eigenthümlichkeit dieses Theils der Mathematik zu sein, dass darin grosse Fortschritte fast immer durch die Bemühungen hervorgerufen werden, wodurch man sich von der Richtigkeit einzelner auf dem Wege der Induction gefundener Sätze zu überzeugen sucht, während in allen andern Zweigen der Analysis bedeutende Resultate eine Folge neuer Gesichtspunkte zu sein pflegen, auf welche die Erfinder weit seltner durch das Bestreben, zerstreute Sätze zu concentriren, als durch das Bedürfniss gestellt werden, welches ihnen bei der Behandlung von Fragen fühlbar wird, die den bekannten Mitteln nicht mehr zugänglich sind. In diesem Sinne ist Fermat durch die zahlreichen von ihm gefundenen Sätze der Schöpfer der Theorie der Zahlen geworden, obgleich von seinen Beweisen fast gar nichts auf die Nachwelt gekommen ist. Die grossen Schwierigkeiten, womit die Mathematiker zu kämpfen hatten, welche die Fermat'schen Sätze zu beweisen versuchten, haben die zuweilen geäusserte Vermuthung veranlasst, Fermat könne sich getäuscht haben, als er wiederholt und ausdrücklich erklärte, dass er für seine Sätze höchst einfache Beweise besitze. Ohne auf eine nähere Untersuchung über den Grad der Wahrscheinlichkeit dieser Vermuthung einzugehn, möchte ich nur darauf aufmerksam machen, dass eine solche Selbsttäuschung bei einem Mathematiker von Fermat's unbestreitbarer Tiefe in einem Jahrhundert, welches noch ganz an die Strenge gewöhnt war, die sich die Griechen in arithmetischen Untersuchungen eben so sehr als in der Geometrie zur Pflicht gemacht hatten, viel schwerer zu erklären ist als in einer spätern Zeit, wo die Leichtigkeit und Einförmigkeit der neuen analytischen Methoden die Behandlung mathematischer

Gegenstände zuweilen in einen Mechanismus ausarten liess, dem man mit der grössten Zuversicht folgte, ohne auch nur an die Möglichkeit zu denken, dass die erhaltenen Resultate irgend einer Beschränkung unterworfen sein könnten.

In jedem Falle ist es für die Wissenschaft ein Vortheil gewesen, dass Fermat seine Sätze nicht bloss als durch Induction gefunden, sondern als mit strengen Beweisen versehen dargestellt hatte, indem es dadurch für die Mathematiker des vorigen Jahrhunderts zu einer Art von Ehrensache wurde, in diesem Punkte nicht hinter einem Vorgänger zurückzubleiben, seit dessen Auftreten alle übrigen Theile der Wissenschaft einen so grossen Aufschwung genommen hatten. Euler, welcher zuerst nach Fermat seine Aufmerksamkeit auf die Eigenschaften der Zahlen richtete, beschäftigte sich besonders mit dem oben erwähnten Zusammenhang, welcher zwischen Formen des ersten und zweiten Grades stattfindet, und wovon der einfachste Fall in dem Satze ausgesprochen ist, dass jede Primzahl von der Form $4n+1$, d. h. welche bei der Division durch 4 die Einheit zum Reste lässt, die Summe von zwei Quadraten oder, was dasselbe ist, in der Form t^2+u^2 enthalten ist. Seinen Bemühungen verdanken wir den Beweis des angeführten schönen Satzes und der demselben hinzugefügten Bestimmung, dass jede Primzahl von der erwähnten Linearform nur auf eine Weise in zwei Quadrate zerlegt werden könne. Aehnlichen Erfolg hatten die unermüdlichen Anstrengungen dieses grossen Forschers für mehrere dem genannten verwandte Fermat'sche Sätze, deren Anzahl er ausserdem auf dem Wege der Induction bedeutend vermehrte.

Lagrange, der sich bald nach Euler mit demselben Gegenstande beschäftigte, wusste der von diesem begonnenen Untersuchung einen neuen eben so einfachen als fruchtbaren Gesichtspunkt abzugewinnen, von wo aus sich bald alles zu einer umfassenden Theorie gestaltete. Das Wesen der von ihm geschaffenen Methode besteht in der Betrachtung der einfachen Divisoren der quadratischen Form t^2+cu^2, in welcher c eine gegebene positive oder negative ganze Zahl, t und u aber unbestimmte ganze Zahlen bezeichnen. Jeder Divisor einer solchen Form ist in einer dreigliedrigen Form:

$$gt^2+2htu+ku^2$$

enthalten, deren Coefficienten g, $2h$ und k mit c in der durch die Gleichung $gk-h^2=c$ ausgedrückten Beziehung stehen*). Diese Abhängigkeit der Coef-

*) *Théorie des Nombres* no. 138. (Troisième édition.)

ficienten, wie sie sich unmittelbar aus der Voraussetzung ergiebt, dass die eine Form durch die andere numerisch theilbar sei, lässt bei einem bestimmten Werthe von c unendlich viele Formen für den Divisor zu. Diese Formen aber sind nicht alle wesentlich von einander verschieden, sondern gehen durch die Einführung anderer unbestimmter Zahlen, welche an die Stelle von t und u treten, wobei der Grad ihrer Allgemeinheit ganz ungeändert bleibt, theilweise in einander über und reduciren sich solcherweise auf eine endliche Anzahl von Formen, die nicht nur nicht in einander transformirt werden können, sondern von denen auch keine eine Primzahl enthält, die durch eine der andern dargestellt werden kann. Diese Reduction der dreigliedrigen Formen oder quadratischen Divisoren auf eine endliche Anzahl wesentlich von einander verschiedener ist besonders, wenn c eine negative Zahl bedeutet, ein sehr schwieriges Problem, dessen vollständige Lösung die Anwendung einer schon früher von LAGRANGE bei einem verwandten Gegenstande gebrauchten Analyse erforderte. Eine weitere Untersuchung der reducirten quadratischen Formen zeigte, dass denselben gewisse Ausdrücke des ersten Grades entsprechen, so dass jeder in einer quadratischen Form enthaltenen Primzahl eine der entsprechenden Linearformen zukommt. Dass aber umgekehrt jede in einer der Linearformen enthaltene Primzahl eine der entsprechenden quadratischen Formen annehmen könne, geht aus dieser Betrachtungsweise nicht hervor, und es bedarf zum Beweise dieses umgekehrten Satzes der Nachweisung, dass eine solche Primzahl wirklich ein Divisor der Formel t^2+cu^2 ist. Für die Primzahlen von der Form $4n+3$ liess sich die Sache ziemlich leicht erledigen, indem von solchen gezeigt wurde, dass sie immer einer der beiden Formen:

$$t^2+cu^2, \quad t^2-cu^2,$$

aber auch nur einer derselben, als Divisoren angehören, woraus folgt, dass man sich in diesem Falle nur zu überzeugen hat, dass eine solche Primzahl von den Linearformen für die Divisoren der einen ausgeschlossen ist, um daraus folgern zu können, dass sie der andern als Divisor angehört. Für die Primzahlen der Form $4n+1$ bot die Frage bedeutende Schwierigkeiten dar, die es LAGRANGE nur in speciellen Fällen zu beseitigen gelang. Ich führe seine eignen Worte über diesen Punkt hier an, die für die Geschichte der Wissenschaft interessant sind, weil daraus hervorgeht, dass er den umgekehrten Satz in seinem ganzen Umfang als richtig erkannt hatte, wenngleich seine Methode zu einer vollständigen Beweisführung nicht ausreichte.

„Or quoique l'induction paraisse prouver que les nombres premiers des formes qui conviennent aux diviseurs de $t^2 \pm au^2$, peuvent toujours être effectivement des diviseurs de pareils nombres, cette proposition ne peut être prouvée rigoureusement par rapport aux nombres premiers $4n+1$ que pour un très petit nombre de cas; du moins toutes les tentatives que j'ai faites pour en venir à bout ont été jusqu'à présent inutiles; de sorte que je me bornerai ici à rapporter les résultats de mes recherches dans quelques cas particuliers où j'ai réussi à trouver la démonstration de la proposition dont il s'agit.“ *)

So fehlte also der grossen Entdeckung von LAGRANGE noch ein wesentliches Moment, um die Reihe der von FERMAT aufgestellten Sätze zu vervollständigen oder vielmehr ins Unbestimmte zu verlängern.

LEGENDRE, der einige Jahre später die Untersuchungen von LAGRANGE wieder aufnahm, zeigte, dass der eben erwähnte Satz von einem andern abhängig sei, der durch seine Einfachheit und Fruchtbarkeit gleich merkwürdig seitdem unter dem Namen des Reciprocitätsgesetzes berühmt geworden ist. Aber trotz seiner Einfachheit standen doch dem Beweise desselben sehr grosse Schwierigkeiten im Wege, die LEGENDRE durch die scharfsinnigsten Betrachtungen nur theilweise zu heben vermochte, bis endlich GAUSS in seinen 1801 erschienenen *„disquisitiones arithmeticae“* zwei Beweise desselben mittheilte. Spätere Abhandlungen dieses grossen Mathematikers enthalten noch mehrere andere, von denen namentlich zwei, die übrigens von demselben Princip ausgehen, so einfach sind, dass jetzt sogar für die Darstellung dieser Theorie wie sie für ein Elementenbuch passt, gar nichts mehr zu wünschen bleibt.

Auf diese Weise vervollständigt und in gewissem Sinne abgeschlossen, bietet die von FERMAT und EULER vorbereitete, von LAGRANGE in ihrem ganzen Umfang erkannte Theorie der quadratischen Formen und der entsprechenden Linearformen der durch sie darstellbaren Zahlen noch mehrere Fragen dar, von denen ich eine in der Abhandlung, welche ich der Akademie vorzulegen die Ehre habe, zu behandeln versuche.

Um den Gegenstand dieser Frage näher zu bezeichnen, ist es nöthig einige specielle Resultate anzugeben, welche aus der Theorie hervorgehen, deren allmähliche geschichtliche Entwickelung ich so eben angedeutet habe. Ich werde

---

*) *Mémoires de l'Académie de Berlin.* Année 1775 p. 350.

mich dabei auf den Fall beschränken, wo die vorher c genannte Zahl eine Primzahl ist, weil für diesen Fall die Frage sich in ihrer einfachsten Gestalt darstellt. Unter dieser Voraussetzung bilden die Linearformen, welche den einfachen Divisoren von t^2+cu^2 zukommen, eine oder zwei Gruppen, je nachdem c mit seinem Zeichen genommen, bei der Division durch 4 die Einheit negativ oder positiv genommen, zum Reste lässt. Wenn nun im ersteren Falle diesen Linearformen oder im letzteren Falle einer oder jeder der beiden Gruppen derselben, die sich dadurch von einander unterscheiden, dass die eine nur Primzahlen der Form $4n+1$, die andere nur solche der Form $4n+3$ enthält, mehrere quadratische Formen entsprechen, so liegt in der erwähnten Theorie eine Unvollständigkeit, indem sie zwar zeigt, dass eine Primzahl, sobald sie in einer der Linearformen enthalten ist, nothwendig eine der entsprechenden quadratischen Formen annehmen könne, allein durchaus kein Mittel angiebt *a priori* zu entscheiden, welche der quadratischen Formen ihr zukommt. Lässt man sich von der Analogie leiten, so geräth man leicht auf die Vermuthung, es könne die Gesammtheit der Linearformen einer Gruppe, der mehrere quadratische Formen entsprechen, in mehrere Unterabtheilungen zerfallen, von denen jede nur einer quadratischen Form angehöre. Allein diese Vermuthung bestätigt sich nicht, denn man findet bald, dass jede quadratische Form Primzahlen von jeder einzelnen Linearform darstellt. Es erhellt hieraus, dass die charakteristischen Eigenschaften der einzelnen zu einer Gruppe gehörigen quadratischen Formen nicht durch die den Primzahlen, welche sie enthalten, zukommenden Linearformen ausgedrückt werden können, sondern nothwendig von einem andern bisher in dieser Theorie nicht vorhandenen Elemente abhängig sein müssen. Eine schon vor mehreren Jahren unternommene Untersuchung, deren Gegenstand mit der vorher aufgeworfenen Frage in gar keinem Zusammenhange zu stehen scheint, hat mich auf einige Sätze geführt, welche für einzelne Fälle die charakteristischen Eigenschaften der in den verschiedenen quadratischen Formen enthaltenen Primzahlen kennen lehren, und zugleich den Weg bezeichnen, auf welchem sich die Induction zu allgemeineren Sätzen zu erheben hat. Obgleich die von mir gefundenen Resultate sich nicht auf den Fall beschränken, wo die oben mit c bezeichnete Zahl eine Primzahl ist, so soll doch dieser Fall, als der einfachere, in dieser Abhandlung ausschliesslich betrachtet werden.*)

*) Die im Folgenden entwickelte Methode bleibt fast ohne Modification anwendbar, wenn a eine zusammengesetzte Zahl ist.

§. 1.

Wir werden uns häufig eines von LEGENDRE eingeführten Zeichens bedienen, dessen Bedeutung also vor allen Dingen festzustellen ist. Ist p eine ungerade Primzahl und k irgend eine nicht durch p theilbare Zahl, so lässt $k^{\frac{p-1}{2}}$ den Rest $+1$ oder -1 bei der Division durch p, und zwar findet das erstere oder letztere bekanntlich statt, je nachdem k quadratischer Rest oder Nichtrest von p ist. Diesen Rest ± 1 nun werden wir mit LEGENDRE durch:

$$\left(\frac{k}{p}\right)$$

bezeichnen. Es ist nach der Bedeutung dieses Zeichens klar, dass:

$$\left(\frac{k}{p}\right)\left(\frac{k}{p}\right)=1 \quad \text{und} \quad \left(\frac{k}{p}\right)\left(\frac{l}{p}\right)=\left(\frac{kl}{p}\right)$$

ist, wo l wie k eine nicht durch p theilbare Zahl bezeichnet. Auch folgt aus bekannten Sätzen*), dass $\left(\frac{2}{p}\right)=1$, wenn p von der Form $8n\pm 1$, dass hingegen $\left(\frac{2}{p}\right)=-1$, wenn p in der Form $8n\pm 5$ enthalten ist. Das Reciprocitätsgesetz, welches zwischen irgend zwei ungeraden Primzahlen stattfindet**), lässt sich vermittelst dieses Zeichens sehr einfach ausdrücken. Denkt man sich nämlich unter k ebenfalls eine ungerade Primzahl, so ist dasselbe in der Gleichung:

$$\left(\frac{k}{p}\right)=\pm\left(\frac{p}{k}\right)$$

enthalten, in welcher das untere Zeichen zu nehmen ist, wenn die ungeraden Primzahlen beide von der Form $4n+3$ sind, das obere Zeichen dagegen, wenn jede oder auch nur eine die Form $4n+1$ hat. Dies vorausgesetzt wenden wir uns zu den in der Einleitung angekündigten Betrachtungen.

§. 2.

Es sei a eine Primzahl der Form $8n+1$ und p, q zwei andere Primzahlen von der Form $4n+1$, von solcher Beschaffenheit, dass:

$$\left(\frac{a}{p}\right)=1 \quad \text{und} \quad \left(\frac{a}{q}\right)=1.$$

---

*) *Théorie des Nombres*, no. 150.

**) *Théorie des Nombres*, no. 166.

Die Zahl p ist vermöge dieser Bedingungen in einem der quadratischen Divisoren $4n+1$*) von der Formel t^2+au^2, und als Primzahl auch nur in einem derselben enthalten**). Dasselbe gilt von der Zahl q. Wir machen nun die neue Annahme, dass beide Primzahlen p, q durch denselben quadratischen Divisor ausgedrückt werden, woraus nach einem bekannten Satze***) folgt, dass das Product pq in der Formel t^2+au^2 selbst enthalten ist. Wir haben also folgende Gleichung:

$$(1) \qquad t^2+au^2 = pq,$$

in welcher offenbar die Zahlen t, u keinen gemeinschaftlichen Factor haben. Auch ist klar, dass von diesen Zahlen die eine gerade, die andere ungerade sein wird. Wir unterscheiden jetzt zwei Fälle, je nachdem p, q, von denen jede bei der Division durch 8 den Rest 1 oder den Rest 5 lassen kann, gleiche oder verschiedene Reste geben.

Erster Fall. Die Primzahlen p und q sind entweder beide von der Form $8n+1$, oder beide von der Form $8n+5$, d. h. ihr Product pq hat die Form $8n+1$.

Wir wollen bei diesem ersten Falle zwei Unterabtheilungen eintreten lassen, je nachdem t oder u ungerade ist. Ist t ungerade, also u gerade, so setze man:

$$t = gg'g''\ldots, \quad u = 2^\beta hh'h''\ldots,$$

wo $g, g', g'', \ldots, h, h', h'', \ldots$ ungerade Primzahlen bezeichnen. Die Gleichung (1) giebt unmittelbar:

$$\left(\frac{a}{g}\right) = \left(\frac{pq}{g}\right) = \left(\frac{p}{g}\right)\left(\frac{q}{g}\right),$$

und wenn man das Reciprocitätsgesetz anwendet, indem a, p, g Primzahlen der Form $4n+1$ sind:

$$\left(\frac{g}{a}\right) = \left(\frac{g}{p}\right)\left(\frac{g}{q}\right).$$

Bildet man ähnliche Gleichungen für g', g'', ... und multiplicirt, so erhält man:

$$\left(\frac{gg'g''\ldots}{a}\right) = \left(\frac{gg'g''\ldots}{p}\right)\left(\frac{gg'g''\ldots}{q}\right),$$

---

*) Wir bedienen uns zur Abkürzung dieses Ausdrucks, um einen quadratischen Divisor zu bezeichnen, der keine andern ungeraden Zahlen als solche von der Form $4n+1$ darstellt.

**) *Théorie des Nombres*, no. 234.

***) *Théorie des Nombres*, no. 233.

oder:

$$\left(\frac{t}{a}\right) = \left(\frac{t}{p}\right)\left(\frac{t}{q}\right). \tag{2}$$

Ebenso folgt aus der Gleichung (1):

$$1 = \left(\frac{pq}{h}\right) = \left(\frac{p}{h}\right)\left(\frac{q}{h}\right), \quad \text{oder} \quad \left(\frac{h}{p}\right)\left(\frac{h}{q}\right) = 1.$$

Multiplicirt man diese Gleichung mit den ähnlichen für h', h'', ... und mit der Gleichung $\left(\frac{2^\beta}{p}\right)\left(\frac{2^\beta}{q}\right) = 1$, die aus $\left(\frac{2}{p}\right) = \left(\frac{2}{q}\right)$ folgt, so erhält man:

$$\left(\frac{u}{p}\right)\left(\frac{u}{q}\right) = 1. \tag{3}$$

Nimmt man, um zu der andern Unterabtheilung überzugehen, t gerade, u ungerade an, und setzt:

$$t = 2^\alpha g g' g'' \ldots, \quad u = h h' h'' \ldots,$$

wo g, g', g'', ... und h, h', h'', ... wieder ungerade Primzahlen bezeichnen, so erhält man leicht aus (1):

$$\left(\frac{g}{a}\right) = \left(\frac{g}{p}\right)\left(\frac{g}{q}\right)$$

und durch Multiplication dieser Gleichung mit den analogen für g', g'', ... und mit der aus den über a, p, q, gemachten Voraussetzungen leicht folgenden $\left(\frac{2^\alpha}{a}\right) = \left(\frac{2^\alpha}{p}\right)\left(\frac{2^\alpha}{q}\right)$:

$$\left(\frac{t}{a}\right) = \left(\frac{t}{p}\right)\left(\frac{t}{q}\right),$$

was mit (2) zusammenfällt. Ebenso findet man, dass die Gleichung (3) ebenfalls stattfindet.

Zweiter Fall. Von den Primzahlen p, q hat die eine die Form $8n+1$, die andere die Form $8n+5$, d. h. pq ist von der Form $8n+5$.

Da a und jedes ungerade Quadrat von der Form $8n+1$ ist, so folgt aus der Gleichung (1), deren zweite Seite die Form $8n+5$ hat, dass das auf der ersten Seite vorkommende gerade Glied nicht durch 8 theilbar sein kann. Es ist also diejenige der Zahlen t, u, welche gerade ist, bloss durch 2, nicht aber durch 4 theilbar. Betrachten wir zunächst t als ungerade, so haben wir:

$$t = g g' g'' \ldots, \quad u = 2 h h' h'' \ldots,$$

wo wieder g, g', g'', ..., h, h', h'', ... ungerade Primzahlen sind. Die Gleichung (1) giebt wieder unmittelbar:

$$\left(\frac{a}{g}\right)=\left(\frac{pq}{g}\right)=\left(\frac{p}{g}\right)\left(\frac{q}{g}\right),$$

woraus nach dem Reciprocitätsgesetze folgt:

$$\left(\frac{g}{a}\right)=\left(\frac{g}{p}\right)\left(\frac{g}{q}\right).$$

Diese Gleichung mit den ähnlichen für g', g'', ... geltenden multiplicirt giebt wie oben:

$$\left(\frac{t}{a}\right)=\left(\frac{t}{p}\right)\left(\frac{t}{q}\right).$$

Aehnlicherweise folgt aus (1):

$$1=\left(\frac{pq}{h}\right)=\left(\frac{p}{h}\right)\left(\frac{q}{h}\right), \quad \text{oder} \quad \left(\frac{h}{p}\right)\left(\frac{h}{q}\right)=1,$$

woraus wieder durch Multiplication in die analogen h', h'', ... enthaltenden Gleichungen die Relation:

$$\left(\frac{hh'h''\ldots}{p}\right)\left(\frac{hh'h''\ldots}{q}\right)=1$$

hervorgeht. Berücksichtigt man nun, dass, da von den Primzahlen p und q die eine von der Form $8n+1$, die andere von der Form $8n+5$ ist, von den Ausdrücken $\left(\frac{2}{p}\right)$ und $\left(\frac{2}{q}\right)$ der eine den Werth $+1$, der andere den Werth -1 und also ihr Product $\left(\frac{2}{p}\right)\left(\frac{2}{q}\right)$ den Werth -1 hat, so folgt, wenn man abermals multiplicirt:

$$\left(\frac{u}{p}\right)\left(\frac{u}{q}\right)=-1.$$

Betrachtet man nun jetzt t als gerade und setzt:

$$t=2gg'g''\ldots, \quad u=hh'h''\ldots,$$

so ergiebt die Gleichung (1) mit Anwendung des Reciprocitätsgesetzes:

$$\left(\frac{gg'g''\ldots}{a}\right)=\left(\frac{gg'g''\ldots}{p}\right)\left(\frac{gg'g''\ldots}{q}\right),$$

woraus unter Berücksichtigung, dass $\left(\frac{2}{a}\right)=1$ und $\left(\frac{2}{p}\right)\left(\frac{2}{q}\right)=-1$ ist, die Gleichung:

$$\left(\frac{t}{a}\right)=-\left(\frac{t}{p}\right)\left(\frac{t}{q}\right)$$

folgt. Ebenso erhält man leicht die Relation:

$$\left(\frac{u}{p}\right)\left(\frac{u}{q}\right) = 1.$$

Fasst man das Vorhergehende zusammen, so sieht man, dass, wenn die Primzahlen p und q beide die Form $8n+1$, oder beide die Form $8n+5$ haben, die beiden Gleichungen:

$$\left(\frac{t}{a}\right) = \left(\frac{t}{p}\right)\left(\frac{t}{q}\right), \quad \left(\frac{u}{p}\right)\left(\frac{u}{q}\right) = 1$$

stattfinden, dass hingegen, wenn von diesen Zahlen die eine in der Form $8n+1$, die andere in der Form $8n+5$ enthalten ist, entweder gleichzeitig:

$$\left(\frac{t}{a}\right) = \left(\frac{t}{p}\right)\left(\frac{t}{q}\right) \quad \text{und} \quad \left(\frac{u}{p}\right)\left(\frac{u}{q}\right) = -1$$

oder gleichzeitig:

$$\left(\frac{t}{a}\right) = -\left(\frac{t}{p}\right)\left(\frac{t}{q}\right) \quad \text{und} \quad \left(\frac{u}{p}\right)\left(\frac{u}{q}\right) = +1$$

ist. Man erhält ein einfacheres Resultat, wenn man die zusammengehörigen Gleichungen in einander multiplicirt.

Es ist nämlich offenbar:

$$\left(\frac{t}{a}\right)\left(\frac{u}{p}\right)\left(\frac{u}{q}\right) = \left(\frac{t}{p}\right)\left(\frac{t}{q}\right) \quad \text{oder} \quad \left(\frac{t}{a}\right)\left(\frac{u}{p}\right)\left(\frac{u}{q}\right) = -\left(\frac{t}{p}\right)\left(\frac{t}{q}\right),$$

je nachdem p und q bei der Division durch 8 gleiche oder verschiedene Reste geben, oder in blossen Zeichen ausgedrückt:

$$(4) \qquad \left(\frac{t}{a}\right)\left(\frac{u}{p}\right)\left(\frac{u}{q}\right) = (-1)^{\frac{p+q-2}{4}}\left(\frac{t}{p}\right)\left(\frac{t}{q}\right).$$

§. 3.

Kehren wir jetzt zu der Gleichung (1) zurück, so giebt dieselbe unmittelbar:

$$t^2 \equiv -au^2 \pmod{p},$$

und durch Erhebung zur Potenz $\frac{p-1}{4}$:

$$t^{\frac{p-1}{2}} \equiv (-a)^{\frac{p-1}{4}} u^{\frac{p-1}{2}} \pmod{p}.$$

Man erhält auf ganz gleiche Weise:

$$t^{\frac{q-1}{2}} \equiv (-a)^{\frac{q-1}{4}} u^{\frac{q-1}{2}} \pmod{q}.$$

Setzt man zur Abkürzung:

$$a^{\frac{p-1}{4}} \equiv \varepsilon \pmod{p},$$

wo ε den Werth $+1$ oder -1 hat, je nachdem a biquadratischer Rest oder Nichtrest von p ist, und eben so:

$$a^{\frac{q-1}{4}} \equiv \varepsilon' \pmod{q},$$

so lassen sich die beiden vorhergehenden Congruenzen mit folgenden Gleichungen vertauschen:

$$\left(\frac{t}{p}\right) = \varepsilon\left(\frac{u}{p}\right)(-1)^{\frac{p-1}{4}}, \quad \left(\frac{t}{q}\right) = \varepsilon'\left(\frac{u}{q}\right)(-1)^{\frac{q-1}{4}},$$

woraus durch Multiplication und Vergleichung mit (4) folgt:

$$(5) \qquad \left(\frac{t}{a}\right) = \varepsilon\varepsilon'.$$

Auf der andern Seite erhält man auch leicht aus (1):

$$t^{\frac{a-1}{2}} \equiv p^{\frac{a-1}{4}} q^{\frac{a-1}{4}} \pmod{a}.$$

Setzt man zur Abkürzung:

$$p^{\frac{a-1}{4}} \equiv \delta \pmod{a},$$

wo wieder $\delta = +1$ oder $= -1$, je nachdem p biquadratischer Rest oder Nichtrest von a ist, und ebenso:

$$q^{\frac{a-1}{4}} \equiv \delta' \pmod{a},$$

so lässt sich die obige Congruenz in die Form:

$$\left(\frac{t}{a}\right) = \delta\delta'$$

bringen, woraus sich endlich durch Vergleichung mit (5) folgendes Resultat ergiebt:

$$(6) \qquad \varepsilon\varepsilon' = \delta\delta'.$$

Erinnert man sich, dass ε, ε', δ, δ', abgesehen vom Zeichen, der Einheit gleich sind, so sieht man gleich, dass entweder gleichzeitig:

$$\varepsilon = \delta \quad \text{und} \quad \varepsilon' = \delta',$$

oder gleichzeitig:

$$\varepsilon = -\delta \quad \text{und} \quad \varepsilon' = -\delta'$$

ist. Die Gleichung $\varepsilon = \delta$ bedeutet nach Obigem, dass entweder zugleich a biquadratischer Rest von p und p biquadratischer Rest von a ist, oder zugleich a biquadratischer Nichtrest von p und p biquadratischer Nichtrest von a ist. Nennt man ein solches Verhalten der Primzahlen p und a zu einander biquadratische Reciprocität, und das umgekehrte durch die Gleichung $\varepsilon = -\delta$ ausgedrückte Verhältniss, wenn nämlich von den beiden Primzahlen die eine biquadratischer Rest von der andern ist, während diese biquadratischer Nichtrest von jener ist, biquadratische Nichtreciprocität, so lässt sich das Resultat (6) in folgender Art aussprechen:

„Die Primzahlen p und q stehen entweder beide zu a in biquadratischer Reciprocität oder beide in biquadratischer Nichtreciprocität."

Bedenkt man jetzt, dass nach den im §. 2 gemachten Voraussetzungen p und q irgend zwei Primzahlen $4n+1$ bezeichnen, die durch denselben quadratischen Divisor von t^2+au^2 dargestellt werden können, so ist das eben erhaltene Resultat ganz gleichbedeutend mit folgendem Satze:

„Bezeichnet a eine Primzahl der Form $8n+1$, so haben alle in demselben quadratischen Divisor $4n+1$ von t^2+au^2 enthaltenen Primzahlen entweder zu a ein biquadratisches Reciprocitätsverhältniss oder alle das entgegengesetzte Verhältniss."

Es zerfallen also hiernach die quadratischen Divisoren $4n+1$ der Form t^2+au^2 (wo a eine Primzahl $8n+1$) in zwei Klassen, von denen die eine — wir werden sie in der Folge die erste nennen — aus lauter quadratischen Formen besteht, die nur Primzahlen darstellen, welche mit a in biquadratischer Reciprocität stehen, während die Formen der zweiten Klasse nur Primzahlen von entgegengesetzter Beschaffenheit ausdrücken.

§. 4.

Nehmen wir als Beispiel den Fall wo $a = 17$. Es giebt für diesen Fall folgende zwei quadratische Divisoren $4n+1$*):

$$t^2+17u^2, \quad 2t^2+2tu+9u^2.$$

Jeder derselben bildet eine Klasse, und man sieht leicht, wenn man besondere Werthe für t und u setzt, z. B. in der ersten Form $t = 6$, $u = 1$ und in der zweiten $t = 1$, $u = 1$, wodurch man die Primzahlen 53 und 13 erhält, die

*) *Théorie des Nombres*, Tab. IV.

respective mit 17 in biquadratischer Reciprocität und Nichtreciprocität stehen, dass in diesem besondern Falle die erste und zweite Klasse sich respective auf die Formen t^2+17u^2 und $2t^2+2tu+9u^2$ reduciren. Bemerkt man zugleich, dass:

$$2(2t^2+2tu+9u^2) = (2t+u)^2+17u^2$$

ist, d. h. dass die zweite Form, mit 2 multiplicirt, mit der ersten zusammenfällt, so kann man das Resultat einfach so aussprechen:

> „Jede Primzahl von der Form $4n+1$, welche in der Formel t^2+17u^2 aufgeht*), ist einfach oder doppelt genommen in derselben Form t^2+17u^2 enthalten, je nachdem sie zu 17 in biquadratischer Reciprocität oder Nichtreciprocität steht."

In allen diesem Beispiel ähnlichen Fällen, wo nämlich nur zwei quadratische Divisoren $4n+1$ vorhanden sind, die alsdann jeder eine Klasse für sich bilden, giebt der obige Satz die charakteristischen Eigenschaften der in jedem derselben enthaltenen Primzahlen.

Besteht aber eine Klasse aus zwei oder mehr Formen, so geht aus unserm Satz nicht hervor, wodurch sich die in einer jeden derselben enthaltenen Primzahlen von den Primzahlen unterscheiden, welche durch die übrigen dargestellt werden.

Ohne die Behandlung dieser gewiss sehr schwierigen Frage zu versuchen, wollen wir in den folgenden Paragraphen bloss noch einige Untersuchungen darüber anstellen, wie sich sämmtliche quadratische Divisoren $4n+1$ unter die oben festgestellten zwei Klassen vertheilen.

§. 5.

Die Gesammtheit der quadratischen Divisoren von t^2+au^2 (wo a wie vorher eine Primzahl der Form $8n+1$ bezeichnet) lässt sich am übersichtlichsten darstellen, wenn man jeden Divisor in die Form bringt:

$$2\alpha t^2+2\beta tu+\gamma u^2,$$

wo α, β, γ ungerade positive Zahlen sind, die der Gleichung:

$$a = 2\alpha\gamma-\beta^2$$

und ausserdem den Ungleichheiten:

$$\alpha \gtreqless \beta \quad \text{und} \quad \gamma \gtreqless \beta$$

---

*) Diese doppelte Bedingung ist gleichbedeutend mit der, in einer der Linearformen $68n+1$, 9, 13, 21, 25, 33, 49, 53 enthalten zu sein. *Théorie des Nombres*, Tab. IV.

genügen*). Alle Formen, welche diese Bedingungen erfüllen, sind wesentlich von einander verschieden und entsprechen einander vermöge der symmetrischen Art, wie diese Bedingungen α und γ enthalten, paarweise wie die folgenden:

$$2\alpha t^2+2\beta tu+\gamma u^2, \quad \alpha t^2+2\beta tu+2\gamma u^2,$$

die wir conjugirte Divisoren nennen wollen, und die offenbar die Eigenschaft haben, dass jede durch eine von ihnen darstellbare ungerade Zahl doppelt genommen in der andern enthalten ist. Da die erste Form die ungerade Zahl γ, und die zweite α ausdrückt, und da α und γ nach der Gleichung:

$$a = 2\alpha\gamma-\beta^2,$$

in welcher a und β^2 von der Form $8n+1$ sind, entweder beide in der Form $4n+1$ oder beide in der Form $4n+3$ enthalten sind, so sieht man, dass beiden conjugirten Divisoren entweder die Form $4n+1$ oder die Form $4n+3$ zukommt. Man kann die Frage aufwerfen, ob ein Divisor sich selbst conjugirt sein könne. Die Bedingungen für die Existenz eines solchen Divisors bestehen nach Obigem darin, dass sowohl $a = 2\alpha^2-\beta^2$ als $\alpha > \beta$ sein muss. Bekanntlich lässt diese Gleichung unendlich viele Auflösungen zu, allein man überzeugt sich leicht, dass nur die in den kleinsten Zahlen ausgedrückte die Bedingung $\alpha > \beta$ erfüllt, während für alle übrigen $\beta > \alpha$ ist. Es giebt also immer einen und nur einen sich selbst conjugirten Divisor, dem die Form $4n+1$ oder $4n+3$ zukommen wird, je nachdem die durch ihn darstellbare Zahl α von der einen oder der andern dieser Formen ist.

§. 6.

Unter den quadratischen Divisoren $4n+1$ der Form t^2+au^2 befindet sich immer t^2+au^2 selbst. Nach der im vorhergehenden Paragraphen festgestellten Art die quadratischen Divisoren darzustellen, müssten wir eigentlich dafür die modificirte Form:

$$t^2+2tu+(a+1)u^2$$

einführen; doch behalten wir der Einfachheit wegen in diesem besondern Falle t^2+au^2 bei. Was nun diesen quadratischen Divisor betrifft, so lässt sich leicht zeigen, dass derselbe immer zur ersten Klasse gehört.

---

*) *Théorie des Nombres*, no. 217, 218.

Um dies zu beweisen, betrachten wir die Gleichung:

$$(7) \qquad t^2 + au^2 = p,$$

in der p eine Primzahl $4n+1$ bezeichnet. Nimmt man zuerst t ungerade und folglich u gerade an, und setzt:

$$t = gg'g''\ldots, \qquad u = 2^\beta hh'h''\ldots,$$

so kommt:

$$\left(\frac{a}{g}\right) = \left(\frac{p}{g}\right) \quad \text{oder} \quad \left(\frac{g}{a}\right) = \left(\frac{g}{p}\right),$$

woraus durch Multiplication in die ähnlichen Gleichungen für g', g'', ... die Relation:

$$(8) \qquad \left(\frac{t}{a}\right) = \left(\frac{t}{p}\right)$$

hervorgeht. Ebenso erhält man:

$$\left(\frac{p}{h}\right) = 1, \quad \text{oder} \quad \left(\frac{h}{p}\right) = 1,$$

und hieraus folgt:

$$(8^*) \qquad \left(\frac{hh'h''\ldots}{p}\right) = 1.$$

Ist p von der Form $8n+1$, so hat man bekanntlich $\left(\frac{2}{p}\right) = 1$ und also auch $\left(\frac{2^\beta}{p}\right) = 1$. Hat aber p die Form $8n+5$, so folgt aus der Gleichung (7), dass u nur durch die erste Potenz von 2 theilbar ist, d. h. dass $\beta = 1$ ist. Auf der andern Seite hat man bekanntlich in diesem Falle $\left(\frac{2}{p}\right) = -1$, oder was dasselbe ist, $\left(\frac{2^\beta}{p}\right) = -1$. Beide Fälle sind in der Formel:

$$\left(\frac{2^\beta}{p}\right) = (-1)^{\frac{p-1}{4}}$$

enthalten, die mit der Gleichung (8*) multiplicirt das Resultat giebt:

$$(9) \qquad \left(\frac{u}{p}\right) = (-1)^{\frac{p-1}{4}}.$$

Eine ähnliche Untersuchung des Falls, wo t gerade und u ungerade ist, ergiebt statt der Gleichungen (8) und (9) die beiden folgenden:

$$\left(\frac{t}{a}\right) = \left(\frac{t}{p}\right)(-1)^{\frac{p-1}{4}} \quad \text{und} \quad \left(\frac{u}{p}\right) = 1.$$

Verbindet man diese Gleichungen und ebenso die beiden Gleichungen (8) und (9) mit einander, so erhält man ein beiden Fällen gemeinschaftliches Resultat:

$$(10)\qquad \left(\frac{t}{a}\right) = \left(\frac{t}{p}\right)\left(\frac{u}{p}\right)(-1)^{\frac{p-1}{4}}.$$

Aus (7) folgt leicht:

$$t^{\frac{p-1}{2}} \equiv (-a)^{\frac{p-1}{4}} u^{\frac{p-1}{2}} \quad (\text{mod. } p),$$

oder:

$$\left(\frac{t}{p}\right) = \varepsilon\left(\frac{u}{p}\right)(-1)^{\frac{p-1}{4}},$$

wo wieder ε dieselbe Bedeutung wie oben hat. Ebenso erhält man:

$$t^{\frac{a-1}{2}} \equiv p^{\frac{a-1}{4}} \quad (\text{mod. } a)$$

oder:

$$\left(\frac{t}{a}\right) = \delta.$$

Multiplicirt man diese Ausdrücke für $\left(\frac{t}{a}\right)$ und $\left(\frac{t}{p}\right)$ in einander und vergleicht mit (10), so ergiebt sich:

$$\delta = \varepsilon,$$

welche Gleichung die aufgestellte Behauptung, dass die Form t^2+au^2 zur ersten Klasse gehört, rechtfertigt.

§. 7.

Wir wenden uns jetzt zur Betrachtung der conjugirten Divisoren, um zu untersuchen, wann solche zu derselben und wann sie zu entgegengesetzten Klassen gehören. Es seien zu diesem Ende p und q zwei Primzahlen $4n+1$, die respective durch zwei einander conjugirte Divisoren dargestellt werden können.

Nach der oben bemerkten Eigenschaft solcher Divisoren werden p und $2q$ demselben Divisor angehören, und mithin wird ihr Product $2pq$ in der Form t^2+au^2 enthalten sein. Wir haben daher folgende Gleichung:

$$(11)\qquad t^2+au^2 = 2pq,$$

in der t und u ungerade sind.

Zerlegt man t und u in Primzahlen und setzt:

$$t = gg'g''\ldots,\qquad u = hh'h''\ldots,$$

so hat man leicht aus (11):

$$\left(\frac{a}{g}\right)=\left(\frac{2pq}{g}\right)=\left(\frac{2}{g}\right)\left(\frac{p}{g}\right)\left(\frac{q}{g}\right).$$

Die Anwendung des Reciprocitätsgesetzes und eines andern bekannten Satzes giebt:

$$\left(\frac{g}{a}\right)=\pm\left(\frac{g}{p}\right)\left(\frac{g}{q}\right),$$

wo das obere oder untere Zeichen zu nehmen ist, je nachdem g die Form $8n\pm 1$ oder die Form $8n\pm 5$ hat. Multiplicirt man diese Gleichung mit den analogen für g', g'', ..., so kommt:

$$\left(\frac{t}{a}\right)=\pm\left(\frac{t}{p}\right)\left(\frac{t}{q}\right),$$

wo das obere oder das untere Zeichen gilt, je nachdem sich unter den einfachen Factoren von t eine gerade oder ungerade Anzahl von solchen befindet, die von der Form $8n\pm 5$ sind, oder was dasselbe ist, je nachdem t die Form $8n\pm 1$ oder die Form $8n\pm 5$ hat. Bemerkt man, dass $8n\pm 1$ und $8n\pm 5$ quadrirt respective die Form $16n+1$ und $16n+9$ annehmen, so lässt sich das doppelte Zeichen durch $(-1)^{\frac{t^2-1}{8}}$ ausdrücken, und man hat also:

$$\left(\frac{t}{a}\right)=\left(\frac{t}{p}\right)\left(\frac{t}{q}\right)(-1)^{\frac{t^2-1}{8}}.$$

Auf ganz ähnliche Weise erhält man aus (11):

$$\left(\frac{u}{p}\right)\left(\frac{u}{q}\right)=(-1)^{\frac{u^2-1}{8}}.$$

Verbindet man diese Gleichungen durch Multiplication, so kommt:

$$(12)\qquad \left(\frac{t}{a}\right)\left(\frac{u}{p}\right)\left(\frac{u}{q}\right)=\left(\frac{t}{p}\right)\left(\frac{t}{q}\right)(-1)^{\frac{t^2+u^2-2}{8}}.$$

Auf der andern Seite folgt aus (11):

$$t^2\equiv -au^2 \pmod{pq},$$

und hieraus:

$$t^{\frac{p-1}{2}}\equiv(-a)^{\frac{p-1}{4}}u^{\frac{p-1}{2}} \pmod{p},\qquad t^{\frac{q-1}{2}}\equiv(-a)^{\frac{q-1}{4}}u^{\frac{q-1}{2}} \pmod{q}.$$

Führt man wieder ε und ε', wie oben, zur Abkürzung ein, so dass:

$$a^{\frac{p-1}{4}} \equiv \varepsilon \pmod{p}, \qquad a^{\frac{q-1}{4}} \equiv \varepsilon' \pmod{q},$$

so lassen sich diese Congruenzen wie folgt als Gleichungen schreiben:

$$(13) \qquad \left(\frac{t}{p}\right) = \varepsilon\left(\frac{u}{p}\right)(-1)^{\frac{p-1}{4}}, \qquad \left(\frac{t}{q}\right) = \varepsilon'\left(\frac{u}{q}\right)(-1)^{\frac{q-1}{4}}.$$

Auch schliesst man leicht aus (11):

$$t^2 \equiv 2pq, \qquad t^{\frac{a-1}{2}} \equiv 2^{\frac{a-1}{4}} p^{\frac{a-1}{4}} q^{\frac{a-1}{4}} \pmod{a}.$$

Setzt man wie früher:

$$p^{\frac{a-1}{4}} \equiv \delta, \qquad q^{\frac{a-1}{4}} \equiv \delta' \pmod{a},$$

und in ähnlichem Sinne:

$$2^{\frac{a-1}{4}} \equiv \varrho \pmod{a},$$

so wird die vorige Congruenz:

$$\left(\frac{t}{a}\right) = \delta\delta'\varrho.$$

Substituirt man diesen Ausdruck für $\left(\frac{t}{a}\right)$ und die Ausdrücke (13) für $\left(\frac{t}{p}\right)$ und $\left(\frac{t}{q}\right)$ in (12), so kommt:

$$\delta\delta'\varrho = \varepsilon\varepsilon'(-1)^{\frac{p-1}{4}+\frac{q-1}{4}+\frac{t^2+u^2-2}{8}}.$$

Zur Vereinfachung dieser Gleichung bemerke man, dass man zum Exponenten die offenbar gerade Zahl:

$$\frac{p-1}{2}\,\frac{q-1}{2} \quad \text{oder} \quad \frac{pq-1}{4} - \frac{p-1}{4} - \frac{q-1}{4}$$

addiren darf. Man hat also auch:

$$\delta\delta'\varrho = \varepsilon\varepsilon'(-1)^{\frac{pq-1}{4}+\frac{t^2+u^2-2}{8}}$$

oder, wenn man nach (11):

$$t^2 = 2pq - au^2$$

substituirt:

$$\delta\delta'\varrho = \varepsilon\varepsilon'(-1)^{\frac{pq-1}{2}-\frac{a-1}{8}u^2},$$

oder endlich, da $\frac{pq-1}{2}$ gerade und u^2 ungerade ist:

$$\delta\delta'\varrho = \varepsilon\varepsilon'(-1)^{\frac{a-1}{8}}.$$

Diese Gleichung, aus welcher folgt, dass entweder gleichzeitig:

$$\delta\delta' = \varepsilon\varepsilon' \quad \text{und} \quad \varrho(-1)^{\frac{a-1}{8}} = 1,$$

oder gleichzeitig:

$$\delta\delta' = -\varepsilon\varepsilon' \quad \text{und} \quad \varrho(-1)^{\frac{a-1}{8}} = -1$$

ist, zeigt, dass die beiden conjugirten Formen zu derselben oder zu verschiedenen Klassen gehören, je nachdem:

$$\varrho(-1)^{\frac{a-1}{8}} = 1 \quad \text{oder} \quad \varrho(-1)^{\frac{a-1}{8}} = -1$$

ist. Erinnert man sich, dass $\varrho = +1$ oder $\varrho = -1$, je nachdem 2 biquadratischer Rest oder Nichtrest von a ist, so hängt die Entscheidung hauptsächlich davon ab, ob 2 biquadratischer Rest oder Nichtrest von a ist. Nun gilt aber für jede Primzahl a der Form $8n+1$ folgender Satz:

„Setzt man $a = \varphi^2+\psi^2$ (wo ψ als gerade angenommen ist), so ist 2 biquadratischer Rest oder Nichtrest von a, je nachdem ψ in der Form $8n$ oder in der Form $8n+4$ enthalten ist." *)

Vermöge dieses Satzes hat man also $\varrho = (-1)^{\frac{1}{4}\psi}$ oder auch, da φ ungerade ist, $\varrho = (-1)^{\frac{1}{4}\varphi\psi}$. Setzt man diesen Ausdruck und $a = \varphi^2+\psi^2$ in das zuletzt erhaltene Resultat, so findet man, dass conjugirte Formen zu derselben oder zu entgegengesetzten Klassen gehören, je nachdem:

$$(-1)^{\frac{(\varphi+\psi)^2-1}{8}} = +1, \quad \text{oder} \quad (-1)^{\frac{(\varphi+\psi)^2-1}{8}} = -1,$$

oder was dasselbe ist, je nachdem $\frac{(\varphi+\psi)^2-1}{8}$ gerade oder ungerade ist. Bemerkt man jetzt, dass $\varphi+\psi$ als ungerade Zahl in einer der Formen $8n\pm1$ und $8n\pm5$ enthalten ist, die quadrirt respective in $16n+1$ und $16n+9$ übergehen, und substituirt diese successive in den Ausdruck $\frac{(\varphi+\psi)^2-1}{8}$, so gelangt man zu folgendem Satz:

*) *Theoria residuorum biquadraticorum auct.* C. F. GAUSS. *Comment. prima art.* 23. I, oder CRELLE Journal Bd. III pag. 41 [1]).

[1]) S. 70 dieser Ausgabe von G. Lejeune Dirichlet's Werken. K.

„Setzt man $a = \varphi^2 + \psi^2$, so gehören irgend zwei conjugirte Divisoren $4n+1$ der Form $t^2 + au^2$ zu derselben Klasse oder zu entgegengesetzten Klassen, je nachdem $\varphi + \psi$ in der Form $8n \pm 1$ oder in der Form $8n \pm 5$ enthalten ist."

§. 8.

Schliesslich wollen wir noch ein Kriterium dafür aufsuchen, ob der sich selbst conjugirte Divisor:

$$\alpha t^2 + 2\beta tu + 2\alpha u^2$$

der Form $4n+1$ oder der Form $4n+3$ angehört. In dem Falle, wo conjugirte Formen zu verschiedenen Klassen gehören, bietet die Frage nicht die geringste Schwierigkeit dar. Es ist klar, dass alsdann der sich selbst conjugirte Divisor die Form $4n+3$ haben muss, indem derselbe, wenn er in der Form $4n+1$ enthalten sein sollte, widersprechende Eigenschaften in sich vereinigen müsste. Wenn aber conjugirte Divisoren in derselben Klasse vereinigt sind, so erfordert die Sache eine besondere Untersuchung. Um für dieselbe einen Ausgangspunkt zu gewinnen, bemerken wir, dass in jedem Falle nach dem am Ende des §. 5 Gesagten Alles darauf ankommt, ob α in der Gleichung:

$$2\alpha^2 - \beta^2 = a \tag{14}$$

die Form $4n+1$ oder $4n+3$ hat.

Setzt man:

$$a = gg'g'' \ldots, \quad \beta = hh'h'' \ldots,$$

wo $g, g', \ldots, h, h', \ldots$ ungerade Primzahlen sind, so hat man zunächst:

$$\left(\frac{a}{g}\right) = \left(\frac{-1}{g}\right)$$

und hieraus nach bekannten Sätzen:

$$\left(\frac{g}{a}\right) = \pm 1,$$

wo das obere oder das untere Zeichen gilt, je nachdem g die Form $4n+1$ oder $4n+3$ hat. Multiplicirt man alle ähnlichen Gleichungen in einander, so kommt:

$$\left(\frac{\alpha}{a}\right) = \pm 1,$$

wo das obere oder das untere Zeichen gilt, je nachdem unter den Primfactoren $g, g', \ldots$ von α sich eine gerade oder ungerade Anzahl in der Form $4n+3$ enthaltener befindet, oder je nachdem α selbst die Form $4n+1$ oder $4n+3$ hat. Nach dem vorher Bemerkten läuft also unsere Frage auf die Bestimmung von $\left(\frac{\alpha}{a}\right)$ hinaus.

Kehren wir zur Gleichung (14) zurück, so ergiebt dieselbe auch:

$$\left(\frac{a}{h}\right) = \left(\frac{2}{h}\right) \quad \text{oder} \quad \left(\frac{h}{a}\right) = \pm 1,$$

wo das obere oder untere Zeichen gilt, je nachdem h in der Form $8n\pm 1$ oder $8n\pm 5$ enthalten ist. Durch Multiplication erhält man wie in früheren ähnlichen Fällen:

$$\left(\frac{\beta}{a}\right) = (-1)^{\frac{\beta^2-1}{8}}.$$

Auch folgt leicht aus (14):

$$2^{\frac{a-1}{4}} \alpha^{\frac{a-1}{2}} \equiv \beta^{\frac{a-1}{2}} \pmod{a},$$

oder wenn man auf beiden Seiten mit $2^{\frac{a-1}{4}}$ multiplicirt, wie früher $\varrho \equiv 2^{\frac{a-1}{4}} \pmod{a}$ setzt und sich erinnert, dass $\left(\frac{2}{a}\right) = 1$ ist:

$$\left(\frac{\alpha}{a}\right) = \varrho \left(\frac{\beta}{a}\right),$$

oder für $\left(\frac{\beta}{a}\right)$ seinen Werth gesetzt:

$$\left(\frac{\alpha}{a}\right) = \varrho(-1)^{\frac{\beta^2-1}{8}}.$$

Die Substitution von $\beta^2 = 2\alpha^2 - a$ aus (14) giebt:

$$\left(\frac{\alpha}{a}\right) = \varrho(-1)^{\frac{\alpha^2-1}{4} - \frac{a-1}{8}},$$

oder was dasselbe ist, da $\frac{\alpha^2-1}{4}$ gerade ist:

$$\left(\frac{\alpha}{a}\right) = \varrho(-1)^{\frac{a-1}{8}}.$$

Dieser Werth für $\left(\frac{\alpha}{a}\right)$ fällt ganz mit dem Ausdruck zusammen, von dem im §. 7 die Entscheidung abhing, ob conjugirte Divisoren derselben oder verschiedenen Klassen angehören. Wir können also das dort aus der weiteren Betrachtung dieses Ausdrucks abgeleitete Kriterium auf unsere jetzige Frage anwenden und erhalten alsdann folgenden neuen Satz:

„Setzt man $a=\varphi^2+\psi^2$ (wo a eine Primzahl $8n+1$), so gehört der sich selbst conjugirte quadratische Divisor von t^2+au^2 der Form $4n+1$ oder $4n+3$ an, je nachdem $\varphi+\psi$ in der Form $8n\pm1$ oder in der Form $8n\pm5$ enthalten ist.“

EINIGE NEUE SÄTZE ÜBER UNBESTIMMTE GLEICHUNGEN.

[Gelesen in der Akademie der Wissenschaften am 19. Juni 1834.]

Obgleich die Methoden zur Auflösung der unbestimmten Gleichungen des zweiten Grades mit zwei Unbekannten, welche man Lagrange verdankt, nichts zu wünschen übrig lassen, wenn eine solche Gleichung mit numerisch gegebenen Coefficienten wirklich aufgelöst werden soll, mag man nun für die Unbekannten bloss Rationalzahlen verlangen oder die beschränkendere Bedingung hinzufügen, dass dieselben ganze Zahlen werden sollen, so findet doch zwischen diesen beiden Fällen ein wesentlicher Unterschied statt, wenn man, ohne die Auflösung wirklich darzustellen, bloss entscheiden will, ob die vorgelegte Gleichung eine solche zulässt oder nicht. Im ersten Falle, wo die Unbekannten nur rationale Werthe zu erhalten brauchen, sind die Transformationen, welche die wirkliche Auflösung der Gleichung erfordert, von so einfacher Art, dass man aus der genauen Betrachtung derselben einen Satz hat ableiten können, welcher die Möglichkeit der Gleichung unmittelbar aus den Coefficienten zu beurtheilen erlaubt. Werden hingegen ganze Zahlen für die Unbekannten verlangt, so ist zur Entscheidung über die Möglichkeit der Gleichung, wenn ihre Coefficienten nicht etwa von solcher Beschaffenheit sind, dass sie nicht einmal einer Auflösung in blossen Rationalzahlen fähig ist, die Ausführung aller Rechnungen nöthig, welche zur wirklichen Auflösung erfordert werden.

Man wird dies wenig befremdend finden, wenn man bedenkt, dass in diesem Falle unter den vorgeschriebenen Operationen die Verwandlung der Wurzel einer quadratischen Gleichung in einen Kettenbruch vorkommt, und dass man über den Zusammenhang der Glieder eines solchen Bruchs mit den Coefficienten der Gleichung, aus der er hervorgegangen, noch ziemlich im Dunkeln ist. Doch hat man für einige Gleichungen von specieller Form Kriterien, um über ihre Möglichkeit zu entscheiden, ohne die ganze Reihe der durch die allgemeine Auflösungsmethode vorgeschriebenen Transformationen zu durchlaufen. Zu den wenigen bekannten Sätzen, die diese Erleichterung gewähren, habe ich Gelegenheit gehabt, einige hinzuzufügen, welche ich der Akademie in dieser Abhandlung vorzulegen die Ehre habe.

Die eben erwähnten Sätze stehen im innigsten Zusammenhang mit der Gleichung:

$$t^2-Au^2 = 1,$$

welche in der Theorie der unbestimmten Gleichungen des zweiten Grades eine so wichtige Rolle spielt. Von FERMAT nach der damaligen Mode den englischen Mathematikern vorgelegt, beschäftigte dieselbe namentlich PELL und Lord BROUNKER, deren Auflösungen in die Lehrbücher der Algebra von WALLIS und EULER übergingen. Ihre eigentliche Wichtigkeit erhielt jedoch diese Gleichung erst durch die von EULER gemachte Bemerkung, dass mit Hülfe derselben aus einer bekannten Auflösung einer Gleichung des zweiten Grades neue Auflösungen in unendlicher Anzahl abgeleitet werden können. Diese Eigenschaft (die aller Wahrscheinlichkeit nach schon FERMAT bekannt war, und durch die er vielleicht auf die Gleichung selbst geführt worden war) machte es für die weitere Ausbildung dieses Theils der Analysis nothwendig, streng nachzuweisen, was man bis dahin stillschweigend vorausgesetzt hatte, dass die obige Gleichung für jeden nicht quadratischen Werth von A eine Auflösung zulässt; denn, wenngleich die BROUNKER'sche und PELL'sche Methode in jedem besondern Falle zur Auflösung führte, und, wie wir jetzt wissen, nothwendig führen musste (da sie von der jetzt gebräuchlichen Methode nicht wesentlich verschieden ist), so ging doch diese Nothwendigkeit nicht unmittelbar aus der Natur der Methode selbst hervor, und es konnte mit Recht gezweifelt werden, ob die Gleichung unter der oben ausgesprochenen Beschränkung immer möglich sei. LAGRANGE hob jeden Zweifel, indem er die Theorie der Kettenbrüche auf diese Frage anwandte, und legte so den Grund zu der vollständigen Behandlung der unbestimmten Gleichungen des zweiten Grades.

Was nun die früher erwähnten Kriterien betrifft, welche LEGENDRE aus der für jedes A stattfindenden Lösbarkeit der FERMAT'schen Gleichung abgeleitet hat, so geben dieselben unter andern auch über die für einige Untersuchungen wichtige Frage, für welche Werthe von A die Gleichung:

$$t^2-Au^2 = -1$$

eine Auflösung zulässt, in mehreren Fällen Aufschluss. LAGRANGE hatte in seiner ersten Abhandlung über unbestimmte Gleichungen*), von einer nicht weit genug fortgesetzten Induction verleitet, die Vermuthung ausgesprochen, dass die vorhergehende Gleichung stets möglich sei, wenn A keine anderen ungeraden Primfactoren enthält als solche von der Form $4n+1$. Diese Bedingung ist nöthig, indem sonst A kein Divisor von t^2+1 sein könnte, wie es die Gleichung erfordert, allein sie reicht nicht hin und ist z. B. für $A = 5.41$ erfüllt, ohne dass deshalb die Gleichung eine Auflösung zulässt. Man kann zwar mehrere Bedingungen auffinden, welche die Auflösbarkeit der Gleichung zur Folge haben, aber sie erschöpfen nicht alle Fälle, und es scheint eine sehr schwierige Aufgabe zu sein, das vollständige Merkmal anzugeben, woran sich alle Werthe von A erkennen lassen, für welche die Gleichung möglich ist.

---

§. 1.

Wir beginnen mit einer kurzen Darstellung der LEGENDRE'schen Methode**). Es bezeichne A eine gegebene positive Zahl ohne quadratischen Factor, d. h. deren Primfactoren alle von einander verschieden sind, und es seien p und q die kleinsten Werthe ($p = 1$ und $q = 0$ ausgenommen), welche der bekanntlich immer lösbaren Gleichung:

(1) $$p^2 - Aq^2 = 1$$

genügen. Bringt man dieselbe in die Form $(p+1)(p-1) = Aq^2$, und bemerkt man, dass $p+1$ und $p-1$ relative Primzahlen sind oder bloss den gemeinschaftlichen Factor 2 haben, je nachdem p gerade oder ungerade ist, so sieht man gleich, dass die Gleichung (1) im ersten Falle die folgenden nach sich zieht:

$$p+1 = Mr^2, \quad p-1 = Ns^2, \quad A = MN, \quad q = rs,$$

und ebenso im zweiten:

$$p+1 = 2Mr^2, \quad p-1 = 2Ns^2, \quad A = MN, \quad q = 2rs,$$

wo M, N und mithin r, s durch p völlig bestimmt sind. Es sind nämlich M, N im ersten Falle respective die grössten gemeinschaftlichen Theiler von A, $p+1$ und A, $p-1$, im andern dagegen von A, $\frac{p+1}{2}$ und A, $\frac{p-1}{2}$. Aus diesen Gleichungen folgt resp. für den ersten und zweiten Fall:

(2) $$Mr^2 - Ns^2 = 2, \quad Mr^2 - Ns^2 = 1.$$

---

*) *Mélanges de Turin. Tome IV, seconde partie*, p. 88.

**) *Théorie des Nombres, première partie*, §. VII.

Hat man die Gleichung (1) nicht wirklich aufgelöst, und ist also p nicht bekannt, so weiss man bloss, dass eine dieser Gleichungen stattfinden muss, und da unter dieser Voraussetzung M und N nicht einzeln gegeben sind, so enthält jede der Gleichungen (2) mehrere besondere Gleichungen, die man erhält, indem man successive für M alle Factoren von A (1 und A mit eingeschlossen) nimmt und $N=\frac{A}{M}$ setzt. Das LEGENDRE'sche Verfahren besteht nun darin, eine oder mehrere dieser Gleichungen als unmöglich nachzuweisen. Bleibt nach dieser Ausschliessung nur eine übrig, so ist die Lösbarkeit derselben dargethan; im anderen Falle ist nicht entschieden, welche unter den nicht ausgeschlossenen stattfindet*). Es lässt sich immer allgemein, d. h. für jedes A, eine Gleichung angeben, welche ausgeschlossen werden muss, diejenige nämlich, welche die zweite Gleichung (2) für den Fall darstellt, wo man $M=1$ setzt; denn, da diese der Form nach mit (1) zusammenfällt, und da r und s offenbar resp. kleiner als p und q sind, so würde aus derselben gegen die gemachte Voraussetzung folgen, dass man nicht von der in den kleinsten Zahlen ausgedrückten Auflösung der Gleichung (1) ausgegangen ist.

§. 2.

Es sei nun, um das eben angedeutete Verfahren anzuwenden, A zunächst eine ungerade Primzahl. Die Gleichungen (2) reduciren sich alsdann auf die folgenden:

$$r^2-As^2=2,\quad Ar^2-s^2=2,\quad Ar^2-s^2=1.$$

Hat A die Form $4n+1$, so sind die beiden ersten unmöglich, da in

---

*) Es geht aus dem Gesagten bloss hervor, dass von sämmtlichen Gleichungen (2) (welche man durch alle möglichen Zerfällungen von A in zwei Factoren M und N erhält) immer nur eine aus (1) folgt. Man könnte daher vermuthen, dass von allen diesen Gleichungen, wenn man von ihrem Ursprung aus (1) abstrahirt, d. h. r und s in denselben als ganz unbestimmte Zahlen betrachtet, mehrere möglich werden können. In diesem Falle müssten diese möglichen Gleichungen nach Anwendung irgend einer Ausschliessungsmethode übrig bleiben, insofern nämlich dabei die Gleichungen ebenfalls an und für sich betrachtet würden. Allein es ist leicht, jede Ungewissheit zu heben, denn man kann beweisen (man sehe das Ende der Abhandlung), dass von den Gleichungen (2), wenn man auch r und s in denselben ganz unbestimmt lässt, ausser der immer darunter befindlichen $r^2-As^2=1$, die nun nicht mehr auszuschliessen ist, nur noch eine einzige möglich ist. Wenn daher das LEGENDRE'sche Verfahren und die im Folgenden entwickelte Methode ausser dieser noch mehr als eine Gleichung übrig lassen, so liegt die dadurch entstehende Unbestimmtheit nicht in der Natur der Sache, und es sind neue Kriterien erforderlich, um unter diesen Gleichungen diejenige zu erkennen, welche allein eine Auflösung zulässt.

beiden die erste Seite offenbar nicht gerade sein kann, ohne durch 4 theilbar zu werden. Die dritte bleibt also allein übrig, und man erhält den Satz:

„Für jede Primzahl A der Form $4n+1$ ist die Gleichung $t^2-Au^2=-1$ möglich."

Ist A von der Form $4n+3$, welche in die beiden Unterabtheilungen $8n+3$, $8n+7$ zerfällt, so ist die dritte nicht zulässig, da nach derselben A ein Theiler von s^2+1 sein müsste, welche Eigenschaft keiner Primzahl dieser Form zukommt. Zugleich ist klar, dass, da in den beiden ersten r und s ungerade vorausgesetzt werden müssen und jedes ungerade Quadrat in der Form $8n+1$ enthalten ist, die ersten Seiten derselben resp. die Formen $8n+6$, $8n+2$ oder die Formen $8n+2$, $8n+6$ annehmen werden, je nachdem A in der Form $8n+3$ oder in der Form $8n+7$ enthalten ist. Vergleicht man diese Formen mit dem Werthe der zweiten Seite, so ergiebt sich der Satz:

„Für jede Primzahl A der Form $8n+7$ ist die Gleichung $t^2-Au^2=2$, für jede Primzahl A der Form $8n+3$ hingegen die Gleichung $t^2-Au^2=-2$ möglich."

Man sieht also, dass man nie ungewiss ist, welche Gleichung stattfindet, wenn A eine Primzahl ist. Anders stellt sich die Sache, wenn A mehrere einfache Factoren enthält. Setzt man $A=2a$, wo a irgend eine ungerade Primzahl bezeichnet, so ist p ungerade, und man erhält aus der zweiten Gleichung (2) die folgenden:

$$2r^2-as^2=1,\quad ar^2-2s^2=1,\quad 2ar^2-s^2=1.$$

Hat a die Form $4n+3$, so ist wieder die letzte auszuschliessen, weil a kein Theiler von s^2+1 sein kann. Ist $a=8n+3$, so ist auch die erste nicht möglich, da die erste Seite, wenn sie ungerade sein soll, nur eine der Formen $8n+5$, $8n+7$ annehmen kann. Ganz ähnlicherweise ist für $a=8n+7$ die zweite auszuschliessen. Es folgt also der Satz:

„Die Gleichung $2t^2-au^2=1$ gilt für jede Primzahl a der Form $8n+7$, die Gleichung $2t^2-au^2=-1$ hingegen für jede Primzahl a der Form $8n+3$."

Untersucht man jetzt den Fall, wo $a=4n+1$, so kann die dritte nicht mehr ausgeschlossen werden. Hat a die speciellere Form $8n+5$, so sind die beiden ersten nicht möglich, denn in jeder derselben kann die erste Seite, wenn sie ungerade bleiben soll, nur eine der Formen $8n+3$, $8n+5$ annehmen. Wir haben also den Satz:

„Ist a eine Primzahl der Form $8n+5$, so findet die Gleichung $t^2-2au^2=-1$ immer statt."

Für den Fall hingegen, wo man a die Form $8n+1$ beilegt, ergiebt diese Ausschliessungsmethode gar kein Resultat, und es bleibt völlig unentschieden, welche der drei Gleichungen stattfinden muss. Auf diesen Fall wollen wir nun die Methode anwenden, welche den eigentlichen Gegenstand dieser Abhandlung ausmacht. Wir werden zeigen, dass, sobald a gewisse Bedingungen erfüllt, die beiden ersten der zu untersuchenden Gleichungen, welche wir zu leichterer Uebersicht in der Doppelgleichung:

$$2t^2-au^2=\pm 1$$

vereinigen, nicht stattfinden können. Wir nehmen zunächst das obere Zeichen und haben also die Gleichung:

$$2t^2-au^2=1 \tag{3}$$

zu untersuchen. Zerlegt man u, welches offenbar ungerade ist, in seine einfachen Factoren $h, h', h'', \ldots$, so dass $u=hh'h''\ldots$, so ergiebt diese Gleichung auf der Stelle, wenn man sich des von LEGENDRE eingeführten Zeichens bedient:

$$\left(\frac{2}{h}\right)=1,\quad \left(\frac{2}{h'}\right)=1,\quad \left(\frac{2}{h''}\right)=1,\quad \ldots.$$

Jede der Primzahlen h, h', h'', ist also nach bekannten Sätzen in einer der Formen $8n+1$, $8n-1$ enthalten, und dasselbe gilt also auch von ihrem Product u.

Aus der für u gefundenen Form $8n\pm 1$ folgt für u^2 die Form $16n+1$, und da t offenbar ungerade, $2t^2$ mithin in der Form $16n+2$ enthalten ist, so ergiebt sich gleich, dass die erste Seite von (3) entweder die Form $16n+1$ oder $16n+9$ hat, je nachdem $a=16n+1$ oder $=16n+9$. Im letzten Falle ist daher die Gleichung (3) nicht möglich.

Nehmen wir jetzt das untere Zeichen, so haben wir folgende Gleichung zu betrachten:

$$2t^2-au^2=-1, \tag{4}$$

in der t gerade angenommen werden muss. Setzt man $t=2^r gg'g''\ldots$, wo $g, g', g'', \ldots$ ungerade Primzahlen bezeichnen, so folgt aus (4):

$$\left(\frac{a}{g}\right)=1,$$

und hieraus vermöge des Reciprocitätsgesetzes, da $a = 4n+1$:

$$\left(\frac{g}{a}\right) = 1,$$

und ebenso:

$$\left(\frac{g'}{a}\right) = 1, \quad \left(\frac{g''}{a}\right) = 1, \quad \ldots.$$

Zugleich ist, da a die Form $8n+1$ hat, $\left(\frac{2^r}{a}\right) = 1$. Man erhält also durch Multiplication:

$$\left(\frac{t}{a}\right) = 1.$$

Aus (4) ergiebt sich, wenn man zur Potenz $\frac{a-1}{4}$ erhebt und berücksichtigt, dass a von der Form $8n+1$ ist, $2^{\frac{a-1}{4}} t^{\frac{a-1}{2}} \equiv 1 \pmod{a}$, oder durch Vergleichung mit dem oben gefundenen Resultate:

$$2^{\frac{a-1}{4}} \equiv 1 \quad (\text{mod. } a).$$

Ist daher $2^{\frac{a-1}{4}} \equiv -1$ (mod. a), so kann die Gleichung (4) nicht stattfinden.

Sind die beiden Bedingungen, welche respective die Unmöglichkeit von (3) und (4) nach sich ziehen, vereinigt, so bleibt bloss die erste Gleichung übrig, und wir erhalten so den folgenden Satz:

„Ist a eine Primzahl der Form $16n+9$, und ist zugleich $2^{\frac{a-1}{4}} \equiv -1$ (mod. a), so ist die Gleichung $t^2 - 2au^2 = -1$ stets auflösbar."

Die Entscheidung des Zeichens in $2^{\frac{a-1}{4}} \equiv \pm 1$ (mod. a) kann nach einem bekannten Satz durch Zerlegung von a in zwei Quadrate geschehen. Setzt man $a = \varphi^2 + \psi^2$ (wo ψ gerade angenommen wird), so findet das obere oder untere Zeichen statt, je nachdem ψ die Form $8n$ oder die Form $8n+4$ hat.

Es sei z. B.:

$$a = 761 = 16.47+9 = \overline{19}^2 + \overline{20}^2.$$

Die Gleichung $t^2 - 1522u^2 = -1$ ist also möglich.

Die beiden Bedingungen sind jedoch nicht nothwendig zur Möglichkeit der Gleichung $t^2 - 2au^2 = -1$, und diese kann eine Auflösung zulassen, ohne dass auch nur eine derselben erfüllt ist. Es ist z. B. $15^2 - 2.113.1^2 = -1$, und doch ist 113 von der Form $16n+1$ und zugleich $2^{\frac{113-1}{4}} \equiv 1$ (mod. 113). Für die Primzahlen $8n+1$, die nicht beiden Bedingungen zugleich genügen, sind also neue Kriterien erforderlich, zu deren Entdeckung das hier gebrauchte Verfahren nicht geeignet scheint.

§. 3.

Wir behandeln jetzt den Fall, wo A das Product von zwei ungeraden Primzahlen a, b ist, die entweder beide die Form $4n+1$ oder beide die Form $4n+3$ haben; die Gleichungen werden für diesen Fall:

$$r^2-abs^2=2,\quad ar^2-bs^2=2,\quad br^2-as^2=2,\quad abr^2-s^2=2,$$
$$ar^2-bs^2=1,\quad br^2-as^2=1,\quad abr^2-s^2=1.$$

Die vier ersten sind nicht zulässig, da nach den gemachten Voraussetzungen in jeder derselben die erste Seite, wenn sie gerade sein soll, durch 4 theilbar wird. Sind a und b beide $4n+3$, so ist auch $abr^2-s^2=1$ auszuschliessen, und es entscheidet sich gleich, welche der beiden anderen stattfindet, denn die Existenz der ersten erfordert die Bedingung $\left(\frac{a}{b}\right)=1$, und ebenso die der zweiten $\left(\frac{-a}{b}\right)=1$, oder was dasselbe ist, $\left(\frac{a}{b}\right)=-1$.

Es gilt also folgender Satz:

„Sind a und b zwei Primzahlen $4n+3$, so ist die Gleichung $at^2-bu^2=\pm 1$ immer möglich, wo das Zeichen mit dem des Ausdrucks $\left(\frac{a}{b}\right)=\pm 1$ übereinstimmt."

Haben a und b die Form $4n+1$, so ist die letzte Gleichung nicht mehr auszuschliessen. Soll die erste stattfinden, so müssen die Bedingungen $\left(\frac{a}{b}\right)=1$ und $\left(\frac{-b}{a}\right)=\left(\frac{b}{a}\right)=1$ erfüllt sein. Nach dem Reciprocitätsgesetz reduciren sich dieselben auf eine von beiden, da immer für Primzahlen der genannten Form $\left(\frac{a}{b}\right)=\left(\frac{b}{a}\right)$ ist. Dieselbe Bedingung $\left(\frac{a}{b}\right)=\left(\frac{b}{a}\right)=1$ ist zur Möglichkeit der zweiten Gleichung erforderlich. Es folgt also hieraus der Satz:

„Sind a und b zwei Primzahlen $4n+1$ und hat man zugleich $\left(\frac{a}{b}\right)=-1$, so ist die Gleichung $t^2-abu^2=-1$ immer möglich."

Ist hingegen $\left(\frac{a}{b}\right)=\left(\frac{b}{a}\right)=1$, so bleibt es auf diese Weise unentschieden, welche der drei übrig bleibenden Gleichungen eine Auflösung zulässt. Um für diesen Fall Kriterien zu finden, wenden wir das vorher gebrauchte Verfahren auf die beiden ersten dieser Gleichungen an, und ziehen dieselben zu grösserer Gleichförmigkeit der Bezeichnung in die folgende zusammen:

$$at^2 - bu^2 = \pm 1.$$

Gilt zunächst das obere Zeichen, haben wir also die Gleichung:

$$(5) \qquad at^2 - bu^2 = 1$$

zu untersuchen, so müssen t und u respective ungerade und gerade angenommen werden. Man setze $u = 2^\nu hh'h''\ldots$, wo h, h', h'', ... ungerade Primzahlen bezeichnen. Aus (5) folgt leicht:

$$\left(\frac{a}{h}\right) = 1,$$

und hieraus mit Hülfe des Reciprocitätsgesetzes:

$$\left(\frac{h}{a}\right) = 1.$$

Multiplicirt man diese Gleichung und die ähnlichen für h', h'', ..., so kommt:

$$\left(\frac{hh'h''\ldots}{a}\right) = 1.$$

Die Zahl a hat eine der beiden Formen $8n+1$, $8n+5$. Im ersten Falle ist $\left(\frac{2}{a}\right) = 1$ und also auch $\left(\frac{2^\nu}{a}\right) = 1$. Für $a = 8n+5$ hat at^2 dieselbe Form (da $t^2 = 8n+1$), und man sieht leicht aus (5), dass u nicht durch 4 theilbar ist. Man hat also $\left(\frac{2^\nu}{a}\right) = \left(\frac{2}{a}\right) = -1$. Beide Resultate sind in der Formel:

$$\left(\frac{2^\nu}{a}\right) = (-1)^{\frac{a-1}{4}}$$

enthalten, und man erhält durch Multiplication mit der oben gefundenen:

$$(6) \qquad \left(\frac{u}{a}\right) = (-1)^{\frac{a-1}{4}}.$$

Andrerseits folgt aus (5), wenn man zur Potenz $\frac{a-1}{4}$ erhebt:

$$b^{\frac{a-1}{4}} u^{\frac{a-1}{2}} \equiv (-1)^{\frac{a-1}{4}} \pmod{a},$$

oder, wenn man hiermit das eben erhaltene Resultat (6) vergleicht:

$$b^{\frac{a-1}{4}} \equiv 1 \pmod{a}.$$

Diese Bedingung muss also erfüllt sein, wenn die Gleichung (5) möglich sein soll. Hat man daher $b^{\frac{a-1}{4}} \equiv -1 \pmod{a}$, so ist diese Gleichung auszuschliessen. Ebenso findet man (ohne alle neue Rechnung durch blosse Vertauschung von a und b), dass die Gleichung $at^2 - bu^2 = -1$ unmöglich ist, wenn $a^{\frac{b-1}{4}} \equiv -1 \pmod{b}$. Man erhält also, wenn man beide Bedingungen als gleichzeitig stattfindend voraussetzt, folgenden Satz*):

„Sind a und b zwei Primzahlen $4n+1$, für welche $\left(\frac{a}{b}\right) = 1$, und zugleich $\left(\frac{a}{b}\right)_4 = -1$, $\left(\frac{b}{a}\right)_4 = -1$, so ist die Gleichung $t^2 - abu^2 = -1$ immer auflösbar."

Setzt man z. B. $a = 5$, $b = 89$, so sind alle Bedingungen erfüllt. Die Gleichung $t^2 - 5.89u^2 = -1$ lässt also eine Auflösung zu, und man findet in der That für die kleinsten Werthe von t und u:

$$t = 4662, \quad u = 221.$$

Es gilt übrigens hier wieder die schon früher gemachte Bemerkung, dass die Gleichung sehr wohl möglich sein kann, wenngleich von den Bedingungen $\left(\frac{a}{b}\right)_4 = -1$ und $\left(\frac{b}{a}\right)_4 = -1$ keine oder nur eine erfüllt ist.

Es ist z. B. für $a = 5$, $b = 521$, $\left(\frac{a}{b}\right)_4 = 1$ und $\left(\frac{b}{a}\right)_4 = 1$, und doch ist die Gleichung $t^2 - 5.521u^2 = -1$ auflösbar, denn man findet $t = 66402$, $u = 1301$. Ein zweites Beispiel liefert die Gleichung:

$$1040^2 - 617.1753.1^2 = -1, \quad \left(\frac{1753}{617}\right)_4 = 1.$$

§. 4.

Wir überlassen dem Leser die Entwicklung des Falles, wo $A = ab$, und von den Zahlen a und b die eine die Form $4n+1$, die andere die Form $4n+3$ hat, so wie des Falles, wo $A = 2ab$, und a, b ungerade Primzahlen bezeichnen, und wählen als letztes Beispiel der Anwendung unserer Methode den Fall, wenn

---

*) Zur Abkürzung bediene ich mich hier und im Folgenden eines dem LEGENDRE'schen ganz ähnlichen Zeichens. Es sei c irgend eine Primzahl $4n+1$ und k eine nicht durch c theilbare Zahl, für welche $\left(\frac{k}{c}\right) = 1$, d. h. $k^{\frac{c-1}{2}} \equiv 1 \pmod{c}$, so ist entweder $k^{\frac{c-1}{4}} \equiv +1$ oder $k^{\frac{c-1}{4}} \equiv -1 \pmod{c}$. Diesen Rest $+1$ oder -1 werde ich durch $\left(\frac{k}{c}\right)_4$ bezeichnen.

A das Product von drei Primzahlen a, b, c ist, die alle drei in der Form $4n+1$ enthalten sind. Von den Gleichungen (2) sind alsdann diejenigen, deren zweite Seite 2 ist, auszuschliessen, da in denselben die erste Seite, wenn sie gerade sein soll, offenbar den Factor 4 enthält, und die übrigen lassen sich wie folgt schreiben:

$$(7)\qquad \begin{cases} at^2-bcu^2=\pm 1, & bt^2-acu^2 \;=\pm 1, \\ ct^2-abu^2=\pm 1, & t^2-abcu^2=-1. \end{cases}$$

Hat von den drei Ausdrücken:

$$\left(\frac{a}{b}\right)=\left(\frac{b}{a}\right),\quad \left(\frac{a}{c}\right)=\left(\frac{c}{a}\right),\quad \left(\frac{b}{c}\right)=\left(\frac{c}{b}\right),$$

keiner oder nur einer den Werth $+1$, so sind alle drei Doppelgleichungen unmöglich. Aus $\left(\frac{a}{b}\right)=\left(\frac{b}{a}\right)=-1$ z. B. folgt die Unmöglichkeit der ersten und zweiten, ebenso aus $\left(\frac{a}{c}\right)=\left(\frac{c}{a}\right)=-1$ die der dritten.

„Sind a, b, c Primzahlen der Form $4n+1$, und ist zugleich von den Resten $\left(\frac{a}{b}\right)$, $\left(\frac{b}{c}\right)$, $\left(\frac{c}{a}\right)$, keiner oder nur einer $+1$, so ist die Gleichung $t^2-abcu^2=-1$ immer möglich.“

Für die beiden anderen Fälle, wo die Reste $\left(\frac{a}{b}\right)$, $\left(\frac{b}{c}\right)$, $\left(\frac{c}{a}\right)$ sämmtlich oder zwei derselben den Werth $+1$ haben, ist also eine neue Untersuchung nöthig. Wir beginnen mit dem zweiten, d. h. wir gehen von folgenden Voraussetzungen aus:

$$\left(\frac{a}{b}\right)=1,\quad \left(\frac{b}{c}\right)=-1,\quad \left(\frac{c}{a}\right)=1.$$

Die zweite und dritte Doppelgleichung kann dann offenbar nicht stattfinden, und es bleibt bloss die erste zu untersuchen. Nimmt man zunächst das obere Zeichen, so dass:

$$(8)\qquad at^2-bcu^2=1$$

ist, so müssen t und u respective ungerade und gerade angenommen werden.

Setzt man $u=2^{\nu}hh'h''\ldots$, wo wieder h, h', h'', ... ungerade Primzahlen bezeichnen, so folgt aus (8):

$$\left(\frac{a}{h}\right)=1$$

und mit Hülfe des Reciprocitätsgesetzes:

$$\left(\frac{h}{a}\right) = 1.$$

Multiplicirt man diese Gleichung in die ähnlichen für h', h'', ..., so kommt:

$$\left(\frac{hh'h''\ldots}{a}\right) = 1.$$

Hat die Primzahl a die Form $8n+1$, so ist $\left(\frac{2}{a}\right) = 1$ und also auch $\left(\frac{2^\nu}{a}\right) = 1$; ist hingegen $a = 8n+5$, so hat man $\left(\frac{2}{a}\right) = -1$. In diesem Falle erhellt aus (8), dass u nicht durch 4 theilbar sein kann. Es ist also $\nu = 1$, d. h. $\left(\frac{2^\nu}{a}\right) = \left(\frac{2}{a}\right) = -1$. Beide Fälle vereinigt der Ausdruck:

$$\left(\frac{2^\nu}{a}\right) = (-1)^{\frac{a-1}{4}},$$

und man erhält, wenn man denselben in das vorhergehende Resultat multiplicirt:

$$\left(\frac{u}{a}\right) = (-1)^{\frac{a-1}{4}}.$$

Aus (8) folgt durch Erhebung zur Potenz $\frac{a-1}{4}$:

$$\left(\frac{bc}{a}\right)_4 \left(\frac{u}{a}\right) = (-1)^{\frac{a-1}{4}}$$

und folglich:

$$\left(\frac{bc}{a}\right)_4 = 1.$$

Diese Bedingung muss also nothwendig erfüllt sein, wenn die Gleichung (8) möglich sein soll, und diese Gleichung ist auszuschliessen, sobald $\left(\frac{bc}{a}\right)_4 = -1$, oder was dasselbe ist, $\left(\frac{b}{a}\right)_4 = -\left(\frac{c}{a}\right)_4$.

Lässt man jetzt das andere Zeichen gelten, so ist die zu untersuchende Gleichung:

$$at^2 - bcu^2 = -1, \tag{9}$$

wo t und u respective gerade und ungerade anzunehmen sind. Man setze:

$$t = 2^\mu gg'g''\ldots,$$

so erhält man gleich:

$$\left(\frac{bc}{g}\right) = \left(\frac{b}{g}\right)\left(\frac{c}{g}\right) = 1$$

und nach dem Reciprocitätsgesetz:

$$\left(\frac{g}{b}\right)\left(\frac{g}{c}\right) = 1.$$

Diese Gleichung, mit den ähnlichen für g', g'', ... multiplicirt, führt zu dem Resultate:

$$\left(\frac{gg'g''\ldots}{b}\right)\left(\frac{gg'g''\ldots}{c}\right) = 1.$$

Haben die Zahlen b und c beide die Form $8n+1$ oder beide die Form $8n+5$, so ist $\left(\frac{2}{b}\right)\left(\frac{2}{c}\right) = 1$, und also auch $\left(\frac{2^\mu}{b}\right)\left(\frac{2^\mu}{c}\right) = 1$. Ist aber eine derselben von der Form $8n+1$, während die andere von der Form $8n+5$ ist, so hat man $\left(\frac{2}{b}\right)\left(\frac{2}{c}\right) = -1$. Zugleich ist aus (9) klar, dass alsdann $\mu = 1$ ist. Man hat also für diesen Fall $\left(\frac{2^\mu}{b}\right)\left(\frac{2^\mu}{c}\right) = -1$. Multiplicirt man die Formel:

$$\left(\frac{2^\mu}{b}\right)\left(\frac{2^\mu}{c}\right) = (-1)^{\frac{b+c-2}{4}},$$

welche beide Resultate vereinigt, in die vorher gefundene, so findet man:

$$\left(\frac{t}{b}\right)\left(\frac{t}{c}\right) = (-1)^{\frac{b+c-2}{4}}$$

Auf der andern Seite folgt leicht aus (9), wenn man zur Potenz $\frac{b-1}{4}$ und $\frac{c-1}{4}$ erhebt:

$$\left(\frac{a}{b}\right)_4\left(\frac{t}{b}\right) = (-1)^{\frac{b-1}{4}}, \quad \left(\frac{a}{c}\right)_4\left(\frac{t}{c}\right) = (-1)^{\frac{c-1}{4}}.$$

Vergleicht man das Product dieser Ausdrücke mit dem vorher erhaltenen, so gelangt man zu der für die Möglichkeit der Gleichung (9) nothwendigen Bedingung:

$$\left(\frac{a}{b}\right)_4\left(\frac{a}{c}\right)_4 = 1.$$

Man weiss also, dass die Gleichung (9) nicht zulässig ist, sobald $\left(\frac{a}{b}\right)_4\left(\frac{a}{c}\right)_4 = -1$. Combinirt man diese Resultate, so erhält man den Satz:

„Sind a, b, c Primzahlen $4n+1$ von solcher Beschaffenheit, dass:

$$\left(\frac{b}{a}\right) = \left(\frac{c}{a}\right) = 1, \quad \left(\frac{b}{c}\right) = -1,$$

und zugleich:

$$\left(\frac{bc}{a}\right)_4 = -1 \quad \text{und} \quad \left(\frac{a}{b}\right)_4 \left(\frac{a}{c}\right)_4 = -1,$$

so ist die Gleichung $t^2 - abcu^2 = -1$ auflösbar."

Sämmtliche Bedingungen sind erfüllt, wenn man $a = 5$, $b = 41$, $c = 109$ annimmt, denn man hat:

$$\left(\frac{41}{5}\right) = 1, \quad \left(\frac{109}{5}\right) = 1, \quad \left(\frac{109}{41}\right) = -1,$$

$$\left(\frac{41}{5}\right)_4 = 1, \quad \left(\frac{109}{5}\right)_4 = -1, \quad \left(\frac{5}{41}\right)_4 = -1, \quad \left(\frac{5}{109}\right)_4 = 1.$$

Die Gleichung $t^2 - 5.41.109u^2 = -1$ ist also auflösbar. Dasselbe gilt von der Gleichung $t^2 - 5.29.101u^2 = -1$.

Der andere Fall, wo nämlich die Reste $\left(\frac{a}{b}\right)$, $\left(\frac{b}{c}\right)$, $\left(\frac{c}{a}\right)$ alle drei $+1$ sind, ist einer ähnlichen Behandlung fähig. Die beiden alsdann hinzutretenden Doppelgleichungen aus (7) sind von derselben Form wie die eben untersuchte, und man erhält, wenn man die vorher gefundenen Resultate durch blosse Vertauschung von a, b, c auf dieselben überträgt, einen Satz, der sich, wie folgt, aussprechen lässt:

„Sind a, b, c Primzahlen $4n+1$, welche die Bedingungen:

$$\left(\frac{a}{b}\right) = \left(\frac{b}{c}\right) = \left(\frac{c}{a}\right) = 1,$$

$$\left(\frac{bc}{a}\right)_4 = \left(\frac{ac}{b}\right)_4 = \left(\frac{ab}{c}\right)_4 = \left(\frac{a}{b}\right)_4\left(\frac{a}{c}\right)_4 = \left(\frac{b}{a}\right)_4\left(\frac{b}{c}\right)_4 = \left(\frac{c}{a}\right)_4\left(\frac{c}{b}\right)_4 = -1$$

erfüllen, so ist die Gleichung $t^2 - abcu^2 = -1$ immer möglich."

So ist z. B. die Gleichung $t^2 - 5.41.409u^2 = -1$ auflösbar, denn man hat:

$$\left(\frac{41}{5}\right) = \left(\frac{409}{5}\right) = \left(\frac{409}{41}\right) = 1,$$

und:

$$\left(\frac{41}{5}\right)_4 = 1, \quad \left(\frac{409}{5}\right)_4 = -1, \quad \left(\frac{409}{41}\right)_4 = 1,$$

$$\left(\frac{5}{41}\right)_4 = -1, \quad \left(\frac{5}{409}\right)_4 = 1, \quad \left(\frac{41}{409}\right)_4 = -1.$$

§. 5.

Es bleibt uns die oben in der Note zu §. 1 ausgesprochene Behauptung zu rechtfertigen. Zu diesem Zwecke bemerke man, dass die Anwendung des in dem genannten Paragraphen gebrauchten Verfahrens nicht auf die in den kleinsten Zahlen ausgedrückte Auflösung der Gleichung (1) beschränkt ist, sondern dass man ebenso gut von irgend einer anderen Auflösung ausgehen kann. Es seien P, Q irgend zwei Werthe, die der Gleichung genügen, so dass also:

$$P^2 - AQ^2 = 1, \tag{10}$$

während man p, q wie früher zur Bezeichnung der kleinsten Werthe beibehält, so folgt ganz auf dieselbe Weise aus (10) eine der Gleichungen:

$$M'R^2 - N'S^2 = 2, \tag{11}$$

$$M'R^2 - N'S^2 = 1, \tag{12}$$

wo M', N' mit Accenten versehen sind, um sie von M, N in (2) zu unterscheiden. Es ist immer $M'N' = A$, und die erste oder zweite Gleichung gilt, je nachdem P gerade oder ungerade ist. Die Zahlen M', N' sind im ersten Falle die grössten gemeinschaftlichen Theiler von $P+1$, A und $P-1$, A, im andern von $\frac{P+1}{2}$, A und $\frac{P-1}{2}$, A. Umgekehrt führt jede Auflösung einer der Gleichungen (11) und (12) zu einer Auflösung von (10); denn findet (11) statt, so darf man nur $P = M'R^2 - 1$ und $Q = RS$ setzen. Findet hingegen (12) statt, so setze man $P = 2M'R^2 - 1$, und $Q = 2RS$.

Es geht hieraus hervor, dass man alle Auflösungen sowohl der Gleichungen von der Form (11) als derjenigen von der Form (12) erhalten wird, wenn man nach einander alle Werthe P, Q betrachtet, die (10) genügen. Will man, ohne alle diese Auflösungen darzustellen, bloss entscheiden, welche der in (11) und (12) enthaltenen Gleichungen auflösbar sind, so hat man nur zu untersuchen, ob P gerade oder ungerade ist, und M' zu bestimmen. Je nachdem P gerade oder ungerade ist, gehört die entsprechende Gleichung zu (11) oder (12), und der grösste gemeinschaftliche Divisor von A und $P+1$ im ersten Falle und der von A und $\frac{P+1}{2}$ im zweiten giebt den Werth von M'. Um nun sämmtliche Auflösungen von (10) auf einmal zu umfassen, erinnere man sich, dass alle Werthe von P durch die Gleichung:

$$P = \frac{(p+q\sqrt{A})^n + (p-q\sqrt{A})^n}{2}$$

gegeben werden, in der n irgend eine ganze Zahl bezeichnet.

Entwickelt man, so erhalten alle Glieder mit Ausnahme des ersten, p^n, den Factor A; man hat also:

$$P \equiv p^n \pmod{A}. \tag{13}$$

Denkt man sich zunächst n ungerade, so wird, wie leicht zu sehen, P

gerade oder ungerade sein, je nachdem p gerade oder ungerade ist. Für ein gerades p folgt aus §. 1:

$$p \equiv -1 \pmod{M}, \quad p \equiv 1 \pmod{N}$$

und also:

$$p^n \equiv -1 \pmod{M}, \quad p^n \equiv 1 \pmod{N},$$

oder wenn man die Congruenz (13) und die Gleichung $A = MN$ berücksichtigt:

$$P \equiv -1 \pmod{M}, \quad P \equiv 1 \pmod{N},$$

d. h. $P+1$ ist ein Vielfaches von M, und $P-1$ ein Vielfaches von N. Es muss also, da $P+1$ und $P-1$ relative Primzahlen sind und ihr Product durch $M'N' = MN$ theilbar ist, $M' = M$ und $N' = N$ sein. Die aus (10) folgende Gleichung ist also für diesen Fall $MR^2 - NS^2 = 2$, d. h. sie hat dieselben Coefficienten M, $-N$, 2, wie die aus (1) abgeleitete.

Ist p ungerade, so hat man nach §. 1:

$$p \equiv 1 \pmod{2M}, \quad p \equiv 1 \pmod{2N}$$

und folglich:

$$p^n \equiv -1 \pmod{2M}, \quad p^n \equiv 1 \pmod{2N},$$

woraus sich mit Berücksichtigung der Congruenz (13) ergiebt, dass $\frac{P+1}{2}$ ein Vielfaches von M und $\frac{P-1}{2}$ ein Vielfaches von N ist. Man schliesst dann wie vorher $M' = M$, $N' = N$, so dass die aus (10) abgeleitete Gleichung $MR^2 - NS^2 = 1$ dieselbe Form hat, wie die aus (1) folgende. Man sieht also, dass, wenn man von irgend einer Auflösung von (10) ausgeht, die einem ungeraden n entspricht, die sich ergebende Gleichung (11) oder (12) der Form nach mit der aus (1) abgeleiteten in (2) zusammenfällt. Es bliebe nun noch übrig, die einem geraden n entsprechenden Auflösungen von (10) zu betrachten. Allein, ohne uns bei diesem Falle aufzuhalten, bemerken wir nur, dass sich durch ähnliche Betrachtungen oder noch directer aus dem allgemeinen Ausdruck für P leicht zeigen lässt, dass man alsdann als abgeleitete Gleichung die folgende $R^2 - AS^2 = 1$ erhält, welche dieselbe Form wie (10) hat. Es ist somit bewiesen, dass in dem System von Gleichungen (2), wenn man darin M und N der Bedingung $A = MN$ unterwirft und unter r und s unbestimmte ganze Zahlen versteht, ausser der immer darin vorkommenden, $r^2 - As^2 = 1$, nur noch eine einzige eine Auflösung zulässt.

ÜBER EINE NEUE ANWENDUNG BESTIMMTER INTEGRALE AUF DIE SUMMATION ENDLICHER ODER UNENDLICHER REIHEN.

[Gelesen in der Akademie der Wissenschaften am 25. Juni 1835.]

Unter den zahlreichen und überraschenden Folgerungen, welche GAUSS aus seiner Methode zur Auflösung der zweigliedrigen Gleichungen, oder wie man sie mit Rücksicht auf ihre geometrische Anwendung zu nennen pflegt, seiner Theorie der Kreistheilung gezogen hat, ist besonders die Bestimmung gewisser endlicher Reihen wegen der eigenthümlichen dabei zum Vorschein kommenden Schwierigkeiten merkwürdig. Bezeichnet man mit p irgend eine Primzahl und mit π wie gewöhnlich den halben Kreisumfang für den Radius 1, so lässt sich, je nachdem p die Form $4\mu+1$ oder die Form $4\mu+3$ hat, die Summe der Reihe:

$$\cos 0^2 \frac{2\pi}{p} + \cos 1^2 \frac{2\pi}{p} + \cos 2^2 \frac{2\pi}{p} + \cdots + \cos(p-1)^2 \frac{2\pi}{p}$$

oder die der Reihe:

$$\sin 0^2 \frac{2\pi}{p} + \sin 1^2 \frac{2\pi}{p} + \sin 2^2 \frac{2\pi}{p} + \cdots + \sin(p-1)^2 \frac{2\pi}{p}$$

auf eine höchst einfache Weise durch p ausdrücken. Die erwähnte Methode zeigt nämlich, dass diese Summe die Wurzel der reinen quadratischen Gleichung $x^2 = p$, und also $+\sqrt{p}$ oder $-\sqrt{p}$ ist. Da die Summe für jede Primzahl p nur einen Werth hat, so bleibt also bloss noch zu entscheiden, mit welchem Zeichen man die Wurzelgrösse zu nehmen habe. Eine Unbestimmtheit, wie die hier sich zeigende, findet sehr häufig statt, lässt sich aber gewöhnlich leicht beseitigen, indem aus der Natur der zu bestimmenden Grösse leicht erhellt, ob ihr das positive oder negative Zeichen zukommt. Im vorliegenden Falle aber treten dieser Entscheidung grosse Schwierigkeiten in den Weg, da die Glieder

der Reihe zum Theil positiv, zum Theil negativ sind, und sich im Allgemeinen nicht übersehen lässt, ob die einen oder die andern überwiegen. Für besondere Werthe von p ist die Frage natürlich, vermittelst der aus den Tafeln zu entnehmenden Werthe der trigonometrischen Functionen, leicht zu entscheiden, und man findet so, dass jedesmal das positive Zeichen genommen werden muss. Für die allgemeine Frage ist jedoch dadurch wenig gewonnen, und die Theorie der Kreistheilung scheint kein Mittel darzubieten, das auf dem Wege der Induction gefundene Resultat für alle Fälle festzustellen. Gauss ist in seinen *Disquisitiones arithmeticae* auf die Bestimmung des Zeichens nicht eingegangen sondern hat dieselbe später zum Gegenstande einer besondern Abhandlung gemacht*). Das darin befolgte Verfahren, welches der Idee nach ebenso einfach als in der Ausführung scharfsinnig ist, besteht darin, die obigen Reihen oder vielmehr die allgemeinen Ausdrücke von derselben Form, in denen irgend eine ganze Zahl n an die Stelle der Primzahl p getreten ist, in ein Product von Sinus zu verwandeln, deren Bogen in arithmetischer Progression fortschreiten, nach welcher Umformung sich das Zeichen sogleich bestimmen lässt, indem man findet, dass die negativen Factoren in gerader Anzahl vorhanden sind. Die Schwierigkeit, a priori, d. h. vor Durchführung aller Rechnungen, klar zu übersehen, warum der von dem grossen Geometer eingeschlagene Weg zu einer so merkwürdigen Umformung führt, hat den Wunsch in mir erregt, die Frage auf eine andere vielleicht übersichtlichere Weise zu behandeln, und ich glaube, das Resultat meiner Bemühungen der Akademie vorlegen zu dürfen, da die Erfahrung vielfältig bewiesen hat, dass bei so schwierigen Untersuchungen Gewinn für die Wissenschaft daraus entspringen kann, wenn man dasselbe Problem unter sehr verschiedenen Gesichtspunkten betrachtet.

Eine neue Auflösung der oben erwähnten Aufgabe wird um so eher einiges Interesse darbieten können, als die schöne, von Gauss gegebene Analyse bis jetzt die einzige ist, durch welche die eigenthümliche, durch das doppelte Zeichen hervorgebrachte Unbestimmtheit gehoben wird. Zwar hat sich auch Libri mit der Summation dieser Reihen beschäftigt, allein seine Methode, wie scharfsinnig sie auch sei, scheint nicht geeignet, die eben bezeichnete Schwierigkeit zu heben, indem sie, wie die Kreistheilung, auf eine quadratische Glei-

---

*) Summatio quarumdam serierum singularium. Comment. recent. Societ. Gottg. Tom. I.[1])

[1]) Gauss' Werke, Band II, S. 9. K.

chung führt. Zur Bestimmung des Zeichens ist der Verfasser genöthigt, die in ein Sinusproduct verwandelte Reihe zu Hülfe zu nehmen, ohne jedoch auf irgend eine Weise anzugeben, wie man sich von der Gleichheit dieser beiden Ausdrücke überzeugen könne*). Aber gerade in diesem Uebergange liegt, wie schon bemerkt worden, die eigentliche Schwierigkeit der Frage, und ist derselbe erst bewerkstelligt, so wird jede andere Betrachtung überflüssig, indem das Product, zu welchem man durch die Transformation gelangt, zu den längst bekannten gehört, welche schon EULER in seiner *Introductio in analysin infinitorum* auf eine höchst einfache Weise bestimmt hat.

---

§. 1.

Die in dieser Abhandlung enthaltenen Untersuchungen beruhen auf folgenden zwei Sätzen, auf welche man durch die Betrachtung der Reihen geführt wird, die nach den Sinus und Cosinus der Vielfachen einer Veränderlichen fortschreiten und für ein gewisses Intervall eine beliebig gegebene Function dieser Veränderlichen darstellen.

„Bezeichnet c eine Constante, welche die doppelte Bedingung $0 < c \overline{\overline{<}} \frac{\pi}{2}$ erfüllt, und ist $f(\beta)$ eine von $\beta = 0$ bis $\beta = c$ continuirlich bleibende Function von β, so nähert sich das Integral:

$$\int_0^c f(\beta) \frac{\sin(2k+1)\beta}{\sin\beta} d\beta$$

der Grenze $\frac{\pi}{2} f(0)$, wenn die darin enthaltene positive ganze Zahl k unendlich wird.“

„Sind b und c Constanten von solcher Beschaffenheit, dass $0 < b < c \overline{\overline{<}} \frac{\pi}{2}$, und bleibt die Function $f(\beta)$ continuirlich von $\beta = b$ bis $\beta = c$, so nähert sich das Integral:

$$\int_b^c f(\beta) \frac{\sin(2k+1)\beta}{\sin\beta} d\beta$$

bei unaufhörlichem Wachsen von k der Grenze Null.“

---

*) Journal für Mathematik von CRELLE, Band IX, S. 187.

In früheren Abhandlungen über die Theorie der vorher erwähnten Reihen*) habe ich gezeigt, wie sich diese beiden Sätze auf eine ebenso einfache als strenge Weise begründen lassen, wenn man zunächst annimmt, dass die Function $f(\beta)$ innerhalb der Grenzen der Integration, welcher sie unterworfen ist, nicht vom Abnehmen ins Zunehmen oder umgekehrt übergeht. Um von diesem besonderen Falle zu dem allgemeineren überzugehen, wo die Function zwischen den Integrationsgrenzen eine beliebige Anzahl Maxima und Minima hat, braucht man nur die Integrale in andere zu zerlegen, deren Grenzen durch die Werthe von β gegeben werden, für welche ein Maximum oder Minimum stattfindet.

Um dies für den ersten Satz zu zeigen, so seien $e_1, e_2, \ldots, e_h$ der Grösse nach geordnet die zwischen 0 und c liegenden Werthe von β, welchen ein Maximum oder Minimum von $f(\beta)$ entspricht. Zerlegt man nun das Integral:

$$\int_0^c f(\beta)\frac{\sin(2k+1)\beta}{\sin\beta}\,d\beta$$

in $h+1$ andere, deren Grenzen 0 und e_1, e_1 und $e_2, \ldots, e_h$ und c sind, so sind auf diese neuen Integrale die obigen für den erwähnten speciellen Fall als erwiesen vorausgesetzten Sätze anwendbar, und man sieht, dass alle diese Integrale mit Ausnahme des ersten für $k=\infty$ verschwinden, während das erste in demselben Falle den Werth $\frac{\pi}{2}f(0)$ annimmt, welcher Werth also auch die Grenze des Integrals:

$$\int_0^c f(\beta)\frac{\sin(2k+1)\beta}{\sin\beta}\,d\beta$$

für das unaufhörliche Wachsen von k ist. Auf ganz ähnliche Weise wird der Beweis des zweiten Satzes geführt.

Vermittelst der obigen Sätze ist es leicht, die Grenze des Integrals:

$$\int_0^c f(\beta)\frac{\sin(2k+1)\beta}{\sin\beta}\,d\beta$$

für $k=\infty$ zu bestimmen, wenn jetzt c irgend eine positive Constante bezeichnet. Bezeichnet $l\pi$ das grösste in c enthaltene Vielfache von π, so zerlege man das

*) Journal für Mathematik von Crelle, Band IV, S. 157, oder Repertorium der Physik von Dove und Moser[1]).

[1]) S. 117 und 133 dieser Ausgabe von G. Lejeune Dirichlet's Werken. K.

vorige Integral in die beiden folgenden:

$$\int_0^{l\pi} f(\beta)\frac{\sin(2k+1)\beta}{\sin\beta}d\beta,\quad \int_{l\pi}^{c} f(\beta)\frac{\sin(2k+1)\beta}{\sin\beta}d\beta.$$

Das erste kann in $2l$ zwischen den Grenzen:

$$0 \text{ und } \frac{\pi}{2},\quad \frac{\pi}{2} \text{ und } 2\cdot\frac{\pi}{2},\quad 2\cdot\frac{\pi}{2} \text{ und } 3\cdot\frac{\pi}{2},\ \ldots,\ (2l-1)\frac{\pi}{2} \text{ und } 2l\cdot\frac{\pi}{2}$$

genommene Integrale zerlegt werden, welche, wenn man der Reihe nach statt β in denselben:

$$\beta,\quad \pi-\beta,\quad \pi+\beta,\quad 2\pi-\beta,\ \ldots,\ (l-1)\pi-\beta,\quad (l-1)\pi+\beta,\quad l\pi-\beta$$

schreibt und nachher auf das 2te, 4te, 6te, ... die Gleichung

$$\int_g^h \psi(\beta)d\beta = -\int_h^g \psi(\beta)d\beta$$

anwendet, sich alle von $\beta=0$ bis $\beta=\frac{\pi}{2}$ erstrecken. Sie können daher in ein Integral vereinigt werden, welches, da k eine ganze Zahl ist, offenbar die Form hat:

$$\int_0^{\frac{\pi}{2}}[f(\beta)+f(\pi-\beta)+f(\pi+\beta)+\cdots+f((l-1)\pi-\beta)+f((l-1)\pi+\beta)+f(l\pi-\beta)]\frac{\sin(2k+1)\beta}{\sin\beta}d\beta$$

und nach dem ersten Satz für $k=\infty$ den Werth:

$$\pi(\tfrac{1}{2}f(0)+f(\pi))+\cdots+f((l-1)\pi)+\tfrac{1}{2}f(l\pi))$$

annimmt.

Was das andere Integral:

$$\int_{l\pi}^{c} f(\beta)\frac{\sin(2k+1)\beta}{\sin\beta}d\beta$$

betrifft, so ist dasselbe Null, wenn $c=l\pi$ ist. Für alle andern Fälle bringe man dasselbe in die Form:

$$\int_0^{c-l\pi} f(l\pi+\beta)\frac{\sin(2k+1)\beta}{\sin\beta}d\beta,$$

indem man $l\pi+\beta$ für β setzt. Ist nun $c-l\pi$ nicht grösser als $\frac{\pi}{2}$, so folgt aus dem ersten Satz, dass sich das Integral für $k=\infty$ in $\frac{\pi}{2}f(l\pi)$ verwandelt. Liegt hingegen $c-l\pi$ zwischen $\frac{\pi}{2}$ und π, so zerlege man es in zwei andere, deren Grenzen 0 und $\frac{\pi}{2}$, $\frac{\pi}{2}$ und $c-l\pi$ sind. Das erste nimmt für $k=\infty$ den Werth $\frac{\pi}{2}f(l\pi)$ an, während das andere, welches dadurch, dass man $\pi-\beta$ für β schreibt, in:

$$\int_{(l+1)\pi-c}^{\frac{\pi}{2}} f((l+1)\pi-\beta)\,\frac{\sin(2k+1)\beta}{\sin\beta}\,d\beta$$

übergeht, nach dem zweiten Satz für $k=\infty$ verschwindet.

Fasst man das Vorhergehende zusammen, so ergiebt sich, dass das Integral:

$$\int_0^c f(\beta)\,\frac{\sin(2k+1)\beta}{\sin\beta}\,d\beta,$$

wenn die darin enthaltene ganze positive Zahl k unaufhörlich wächst, sich immer der Grenze:

$$\pi(\tfrac{1}{2}f(0)+f(\pi)+\cdots+f(l\pi)) = \frac{\pi}{2}f(0)+\pi\sum_{s=1}^{s=l} f(s\pi)$$

nähert, wo l das grösste in $\frac{c}{\pi}$ enthaltene Ganze bezeichnet, mit Ausnahme des einzigen Falles, wo c ein Vielfaches von π ist, in welchem Falle das letzte Glied $\pi f(l\pi)$ der vorigen Summe nur halb zu nehmen ist.

§. 2.

Man betrachte die beiden Integrale:

$$\int_{-\infty}^{\infty}\cos(\alpha^2)d\alpha = a, \quad \int_{-\infty}^{\infty}\sin(\alpha^2)d\alpha = b^{*}).$$

---

*) Man behauptet zuweilen, dass Integrale, welche zwischen den Grenzen $-\infty$ und ∞ genommen sind, nothwendig immer unbestimmt werden, wenn die Function unter dem Zeichen an diesen Grenzen nicht verschwindet. Die hier betrachteten Integrale erfüllen diese Bedingung nicht und haben dennoch ganz bestimmte Werthe, wie sogleich erhellt, wenn man sie in die Form:

$$\int_0^{\infty}\frac{\cos\beta}{\sqrt{\beta}}\,d\beta, \quad \int_0^{\infty}\frac{\sin\beta}{\sqrt{\beta}}\,d\beta$$

bringt. Jedes der Integrale:

$$\int_{-p}^{p}\cos(\alpha^2)\,d\alpha, \quad \int_{-p}^{p}\sin(\alpha^2)\,d\alpha$$

nähert sich also einer bestimmten Grenze, wenn man die positive Grösse p ins Unendliche wachsen lässt, mag nun dieses Wachsen continuirlich oder, wie im Folgenden, nach irgend einem beliebigen Gesetze sprungweise geschehen.

Obgleich schon seit EULER bekannt ist, dass die Constanten a und b beide den Werth $\sqrt{\frac{\pi}{2}}$ haben, so brauchen wir dies nicht vorauszusetzen, da sich diese Werthe aus unserer Analyse von selbst ergeben.

Setzt man:

$$\alpha = \frac{\beta}{2}\sqrt{\frac{n}{2\pi}},$$

wo β eine neue Veränderliche und n eine positive ganze Zahl bezeichnet, so erhält man:

$$\int_{-\infty}^{\infty} \cos\frac{n\beta^2}{8\pi}\,d\beta = 2a\sqrt{\frac{2\pi}{n}}, \quad \int_{-\infty}^{\infty} \sin\frac{n\beta^2}{8\pi}\,d\beta = 2b\sqrt{\frac{2\pi}{n}}.$$

Wir denken uns diese beiden Integrale zunächst von $-(2k+1)\pi$ bis $(2k+1)\pi$ genommen, wo k eine positive ganze Zahl bezeichnet, und setzen nachher $k=\infty$. Zerlegt man jedes der beiden Integrale in $2k+1$ neue, deren Grenzen:

$$-(2k+1)\pi \text{ und } -(2k-1)\pi, \quad -(2k-1)\pi \text{ und } -(2k-3)\pi, \quad \ldots$$
$$\ldots, \quad (2k-3)\pi \text{ und } (2k-1)\pi, \quad (2k-1)\pi \text{ und } (2k+1)\pi$$

sind, und schreibt in diesen neuen Integralen der Reihe nach statt β:

$$-2k\pi+\gamma, \quad -2(k-1)\pi+\gamma, \quad \ldots, \quad 2(k-1)\pi+\gamma, \quad 2k\pi+\gamma,$$

so erhalten alle die Grenzen $-\pi$ und $+\pi$, und man findet:

$$\int_{-\pi}^{+\pi} d\gamma \sum_{h=-k}^{h=k} \cos\frac{n}{8\pi}(\gamma+2h\pi)^2, \quad \int_{-\pi}^{+\pi} d\gamma \sum_{h=-k}^{h=k} \sin\frac{n}{8\pi}(\gamma+2h\pi)^2.$$

Die Zahl n kann eine der folgenden vier Formen: 4μ, $4\mu+1$, $4\mu+2$, $4\mu+3$ haben. Findet zunächst die erste statt, d. h. ist n durch 4 theilbar, so kann man $\frac{n}{2}h^2\pi$ als ein Vielfaches von 2π unter dem trigonometrischen Zeichen weglassen, und man hat:

$$\sum_{h=-k}^{h=k} \cos\frac{n}{8\pi}(\gamma+2h\pi)^2 = \sum_{h=-k}^{h=k} \cos\left(\frac{n\gamma^2}{8\pi}+\frac{hn\gamma}{2}\right),$$

wofür man auch schreiben kann, indem man die Glieder, die entgegengesetzten Werthen von h entsprechen, vereinigt und sich einer bekannten Summationsformel bedient:

$$\cos\frac{n\gamma^2}{8\pi}+\sum_{h=1}^{h=k}\left[\cos\left(\frac{n\gamma^2}{8\pi}+\frac{hn\gamma}{2}\right)+\cos\left(\frac{n\gamma^2}{8\pi}-\frac{hn\gamma}{2}\right)\right]$$

$$=\left(1+2\sum_{h=1}^{h=k}\cos\frac{hn\gamma}{2}\right)\cos\frac{n\gamma^2}{8\pi}=\cos\frac{n\gamma^2}{8\pi}\,\frac{\sin(2k+1)\frac{n\gamma}{4}}{\sin\frac{n\gamma}{4}}.$$

Man findet auf dieselbe Weise für die im zweiten Integral enthaltene Summe:

$$\sin\frac{n\gamma^2}{8\pi}\,\frac{\sin(2k+1)\frac{n\gamma}{4}}{\sin\frac{n\gamma}{4}}.$$

Setzt man diese Werthe ein und führt eine neue durch die Gleichung $\frac{n\gamma}{4}=\beta$ bestimmte Veränderliche β ein, so erhalten die Integrale die Form:

$$\frac{4}{n}\int_{-\frac{n\pi}{4}}^{\frac{n\pi}{4}}\cos\left(\frac{2\beta^2}{n\pi}\right)\frac{\sin(2k+1)\beta}{\sin\beta}\,d\beta,\quad \frac{4}{n}\int_{-\frac{n\pi}{4}}^{\frac{n\pi}{4}}\sin\left(\frac{2\beta^2}{n\pi}\right)\frac{\sin(2k+1)\beta}{\sin\beta}\,d\beta.$$

Da die Functionen unter dem Integralzeichen für β und $-\beta$ denselben Werth haben, so kann man auch von $\beta=0$ bis $\beta=\frac{n\pi}{4}$ integriren und die Resultate doppelt nehmen. Man erhält so:

$$\frac{8}{n}\int_{0}^{\frac{n\pi}{4}}\cos\left(\frac{2\beta^2}{n\pi}\right)\frac{\sin(2k+1)\beta}{\sin\beta}\,d\beta,\quad \frac{8}{n}\int_{0}^{\frac{n\pi}{4}}\sin\left(\frac{2\beta^2}{n\pi}\right)\frac{\sin(2k+1)\beta}{\sin\beta}\,d\beta.$$

Nach Obigem werden diese Ausdrücke für $k=\infty$ respective:

$$2a\sqrt{\frac{2\pi}{n}},\quad 2b\sqrt{\frac{2\pi}{n}}.$$

Andrerseits ergeben sich aber auch die der Annahme $k=\infty$ entsprechenden Werthe unmittelbar aus dem am Ende des vorigen Paragraphen aufgestellten Satze, bei dessen Anwendung man nicht übersehen darf, dass der dort erwähnte Ausnahmefall hier stattfindet, indem $\frac{n}{4}$ eine ganze Zahl ist. Man gelangt so durch Vergleichung zu den Resultaten:

$$\tfrac{1}{2}+\cos 1^2\frac{2\pi}{n}+\cos 2^2\frac{2\pi}{n}+\cdots+\cos\left(\frac{n}{4}-1\right)^2\frac{2\pi}{n}+\tfrac{1}{2}\cos\left(\frac{n}{4}\right)^2\frac{2\pi}{n}=\frac{a}{2}\sqrt{\frac{n}{2\pi}},$$

$$\sin 1^2\frac{2\pi}{n}+\sin 2^2\frac{2\pi}{n}+\cdots+\sin\left(\frac{n}{4}-1\right)^2\frac{2\pi}{n}+\tfrac{1}{2}\sin\left(\frac{n}{4}\right)^2\frac{2\pi}{n}=\frac{b}{2}\sqrt{\frac{n}{2\pi}}.$$

Giebt man, um die Constanten a, b zu bestimmen, n einen besondern Werth, z. B. 4, so kommt:

$$\tfrac{1}{2}+\tfrac{1}{2}\cos\frac{\pi}{2}=\frac{a}{2}\sqrt{\frac{2}{\pi}},\qquad \tfrac{1}{2}\sin\frac{\pi}{2}=\frac{b}{2}\sqrt{\frac{2}{\pi}}$$

und folglich:

$$a=\sqrt{\frac{\pi}{2}},\qquad b=\sqrt{\frac{\pi}{2}}.$$

Setzt man diesen Werth für a in die erste Gleichung und transformirt die Glieder derselben, mit Ausnahme des ersten und letzten, nach der aus der Voraussetzung $n=4\mu$ evidenten Formel:

$$\cos s^2\frac{2\pi}{n}=\tfrac{1}{2}\cos s^2\frac{2\pi}{n}+\tfrac{1}{2}\cos\left(\frac{n}{2}-s\right)^2\frac{2\pi}{n},$$

so wird dieselbe:

$$1+\cos 1^2\frac{2\pi}{n}+\cos 2^2\frac{2\pi}{n}+\cdots+\cos\left(\frac{n}{2}-1\right)^2\frac{2\pi}{n}=\tfrac{1}{2}\sqrt{n},$$

oder wenn man $\frac{1}{2}+\frac{1}{2}\cos\left(\frac{n}{2}\right)^2\frac{2\pi}{n}$ für das erste Glied 1 schreibt und die übrigen mit Hülfe der Gleichung:

$$\cos s^2\frac{2\pi}{n}=\tfrac{1}{2}\cos s^2\frac{2\pi}{n}+\tfrac{1}{2}\cos(n-s)^2\frac{2\pi}{n}$$

umformt:

$$1+\cos 1^2\frac{2\pi}{n}+\cos 2^2\frac{2\pi}{n}+\cdots+\cos(n-1)^2\frac{2\pi}{n}=\sqrt{n}.$$

Ganz auf dieselbe Weise folgt aus der zweiten der oben erhaltenen Gleichungen:

$$\sin 1^2\frac{2\pi}{n}+\sin 2^2\frac{2\pi}{n}+\cdots+\sin(n-1)^2\frac{2\pi}{n}=\sqrt{n}.$$

§. 3.

Die Fälle, wo n nicht durch 4 theilbar sondern in einer der Formen $4\mu+1$, $4\mu+2$, $4\mu+3$ enthalten ist, lassen sich in ähnlicher Weise behandeln. Da jedoch die Resultate nicht unmittelbar in ihrer einfachsten Gestalt erscheinen, so wenden wir uns zu einem etwas modificirten Verfahren, welches allgemeinere Resultate liefert.

Setzt man in der vorher erhaltenen Gleichung:

$$\int_{-\infty}^{\infty}\cos(\alpha^2)\,d\alpha = \sqrt{\frac{\pi}{2}}$$

$\alpha = \beta+g$, wo β eine neue Veränderliche und g eine reelle Constante bezeichnet, so erhält man:

$$\int_{-\infty}^{\infty}\cos(\beta+g)^2\,d\beta = \sqrt{\frac{\pi}{2}},$$

oder wenn man entwickelt:

$$\int_{-\infty}^{\infty}\cos(\beta^2+g^2)\cos 2g\beta\,d\beta - \int_{-\infty}^{\infty}\sin(\beta^2+g^2)\sin 2g\beta\,d\beta = \sqrt{\frac{\pi}{2}}.$$

Das zweite Integral ist offenbar Null, und die Gleichung lässt sich in folgende Form bringen:

$$\cos(g^2)\int_{-\infty}^{\infty}\cos(\beta^2)\cos 2g\beta\,d\beta - \sin(g^2)\int_{-\infty}^{\infty}\sin(\beta^2)\cos 2g\beta\,d\beta = \sqrt{\frac{\pi}{2}}.$$

Aus der Gleichung:

$$\int_{-\infty}^{\infty}\sin(\alpha^2)\,d\alpha = \sqrt{\frac{\pi}{2}}$$

folgt auf dieselbe Weise:

$$\sin(g^2)\int_{-\infty}^{\infty}\cos(\beta^2)\cos 2g\beta\,d\beta + \cos(g^2)\int_{-\infty}^{\infty}\sin(\beta^2)\cos 2g\beta\,d\beta = \sqrt{\frac{\pi}{2}},$$

und durch Combination mit dem vorigen Resultat erhält man sogleich die bekannten Gleichungen:

$$\int_{-\infty}^{\infty}\cos(\beta^2)\cos 2g\beta\,d\beta = \sqrt{\frac{\pi}{2}}\,(\cos(g^2)+\sin(g^2)),$$

$$\int_{-\infty}^{\infty}\sin(\beta^2)\cos 2g\beta\,d\beta = \sqrt{\frac{\pi}{2}}\,(\cos(g^2)-\sin(g^2)).$$

Setzt man:

$$\beta = \frac{\alpha}{2}\sqrt{\frac{n}{2\pi}} \quad \text{und} \quad g = i\sqrt{\frac{2\pi}{n}},$$

wo α eine neue Veränderliche und n, i positive Constanten bezeichnen, die im

Folgenden als ganze Zahlen gelten sollen, so kommt:

$$\int_{-\infty}^{\infty}\cos\left(\frac{n\alpha^2}{8\pi}\right)\cos i\alpha\,d\alpha = \frac{2\pi}{\sqrt{n}}\left(\cos\frac{2i^2\pi}{n}+\sin\frac{2i^2\pi}{n}\right),$$

$$\int_{-\infty}^{\infty}\sin\left(\frac{n\alpha^2}{8\pi}\right)\cos i\alpha\,d\alpha = \frac{2\pi}{\sqrt{n}}\left(\cos\frac{2i^2\pi}{n}-\sin\frac{2i^2\pi}{n}\right).$$

Es sei jetzt:

$$(1)\qquad F(\alpha) = b_0+b_1\cos\alpha+b_2\cos 2\alpha+\cdots = \Sigma b_i\cos i\alpha$$

eine beliebige endliche oder unendliche Reihe, deren Coefficienten von α unabhängig sind. Es soll im letzteren Falle nur vorausgesetzt werden, dass die Reihe convergirt und die Function von α, welche sie darstellt, continuirlich ist.

Multiplicirt man die vorigen Gleichungen mit b_i und summirt von $i=0$ bis zu derselben Grenze wie in (1), so erhält man:

$$(2)\qquad \begin{cases} \displaystyle\int_{-\infty}^{\infty}\cos\frac{n\alpha^2}{8\pi}F(\alpha)d\alpha = \frac{2\pi}{\sqrt{n}}\Sigma b_i\left(\cos\frac{2i^2\pi}{n}+\sin\frac{2i^2\pi}{n}\right) = \frac{2\pi}{\sqrt{n}}(G+H), \\ \displaystyle\int_{-\infty}^{\infty}\sin\frac{n\alpha^2}{8\pi}F(\alpha)d\alpha = \frac{2\pi}{\sqrt{n}}\Sigma b_i\left(\cos\frac{2i^2\pi}{n}-\sin\frac{2i^2\pi}{n}\right) = \frac{2\pi}{\sqrt{n}}(G-H), \end{cases}$$

wenn man zur Abkürzung:

$$\Sigma b_i\cos\frac{2i^2\pi}{n} = G \quad\text{und}\quad \Sigma b_i\sin\frac{2i^2\pi}{n} = H$$

setzt. Um diese beiden Integrale zu finden, denken wir uns dieselben zunächst von $-(4k+1)\pi$ bis $(4k+1)\pi$, wo k eine positive ganze Zahl bezeichnet, genommen, und lassen nachher k unendlich werden. Zerlegt man jedes dieser Integrale in $4k+1$ andere, deren Grenzen durch die beiden Ausdrücke $(2h-1)\pi$ und $(2h+1)\pi$ gegeben werden, wenn man h alle ganzen Werthe von $-2k$ bis $2k$ incl. beilegt, und führt in diese Integrale eine für jedes durch die Gleichung $\alpha=\gamma+2h\pi$ bestimmte neue Veränderliche γ ein, so werden die Grenzen für alle $-\pi$ und $+\pi$, und man erhält mit Berücksichtigung, dass nach (1) offenbar $F(\gamma+2h\pi)=F(\gamma)$ ist:

$$\int_{-\pi}^{+\pi}d\gamma\,F(\gamma)\Sigma\cos\frac{n}{8\pi}(\gamma+2h\pi)^2,\quad \int_{-\pi}^{+\pi}d\gamma\,F(\gamma)\Sigma\sin\frac{n}{8\pi}(\gamma+2h\pi)^2,$$

wo sich die Summationen von $h=-2k$ bis $h=2k$ erstrecken. Vereinigt man die Glieder, welche entgegengesetzten Werthen von h entsprechen, so erhält man für die im ersten Integral enthaltene Summe:

$$\cos\frac{n\gamma^2}{8\pi}+\sum_{h=1}^{h=2k}\left(\cos\frac{n}{8\pi}(\gamma+2h\pi)^2+\cos\frac{n}{8\pi}(\gamma-2h\pi)^2\right)$$
$$=\cos\frac{n\gamma^2}{8\pi}+2\sum_{h=1}^{h=2k}\cos\frac{n}{8\pi}(\gamma^2+4h^2\pi^2)\cos\frac{hn\gamma}{2}.$$

Der Factor:

$$\cos\frac{n}{8\pi}(\gamma^2+4h^2\pi^2)\quad\text{oder}\quad\cos\left(nh^2\frac{\pi}{2}+\frac{n\gamma^2}{8\pi}\right)$$

unter dem Summenzeichen hat nur zwei verschiedene Werthe und ist offenbar:

$$\cos\frac{n\gamma^2}{8\pi}\quad\text{oder}\quad\cos\left(\frac{n\pi}{2}+\frac{n\gamma^2}{8\pi}\right),$$

je nachdem h gerade oder ungerade ist. Trennt man daher die Glieder, die einem geraden h entsprechen, von denen, welche zu einem ungeraden h gehören, so findet man:

$$\cos\frac{n\gamma^2}{8\pi}(1+2\cos n\gamma+2\cos 2n\gamma+\cdots+2\cos kn\gamma)$$
$$+\cos\left(\frac{n\pi}{2}+\frac{n\gamma^2}{8\pi}\right)\left(2\cos\frac{n\gamma}{2}+2\cos\frac{3n\gamma}{2}+\cdots+2\cos(2k-1)\frac{n\gamma}{2}\right),$$

oder wenn man für die beiden Reihen ihre bekannten Werthe:

$$\frac{\sin(2k+1)\frac{n\gamma}{2}}{\sin\frac{n\gamma}{2}},\quad\frac{\sin(4k+1)\frac{n\gamma}{4}}{\sin\frac{n\gamma}{4}}-\frac{\sin(2k+1)\frac{n\gamma}{2}}{\sin\frac{n\gamma}{2}}$$

substituirt:

$$\frac{\sin(4k+1)\frac{n\gamma}{4}}{\sin\frac{n\gamma}{4}}\cos\left(\frac{n\pi}{2}+\frac{n\gamma^2}{8\pi}\right)+\frac{\sin(2k+1)\frac{n\gamma}{2}}{\sin\frac{n\gamma}{2}}\left(\cos\frac{n\gamma^2}{8\pi}-\cos\left(\frac{n\pi}{2}+\frac{n\gamma^2}{8\pi}\right)\right).$$

Ganz auf dieselbe Weise ergiebt sich für die im zweiten Integrale enthaltene Summe der Werth:

$$\frac{\sin(4k+1)\frac{n\gamma}{4}}{\sin\frac{n\gamma}{4}}\sin\left(\frac{n\pi}{2}+\frac{n\gamma^2}{8\pi}\right)+\frac{\sin(2k+1)\frac{n\gamma}{2}}{\sin\frac{n\gamma}{2}}\left(\sin\frac{n\gamma^2}{8\pi}-\sin\left(\frac{n\pi}{2}+\frac{n\gamma^2}{8\pi}\right)\right).$$

Die vorhergehenden Ausdrücke bleiben ungeändert, wenn γ in $-\gamma$ verwandelt wird; dasselbe gilt nach (1) von $F(\gamma)$. Man kann daher die Integrale von $\gamma=0$

bis $\gamma = \pi$ nehmen und den Factor 2 vorsetzen. Man erhält so:

$$2\int_0^\pi \frac{\sin(4k+1)\frac{n\gamma}{4}}{\sin\frac{n\gamma}{4}}\cos\left(\frac{n\pi}{2}+\frac{n\gamma^2}{8\pi}\right)F(\gamma)d\gamma+2\int_0^\pi \frac{\sin(2k+1)\frac{n\gamma}{2}}{\sin\frac{n\gamma}{2}}\left(\cos\frac{n\gamma^2}{8\pi}-\cos\left(\frac{n\pi}{2}+\frac{n\gamma^2}{8\pi}\right)\right)F(\gamma)d\gamma,$$

$$2\int_0^\pi \frac{\sin(4k+1)\frac{n\gamma}{4}}{\sin\frac{n\gamma}{4}}\sin\left(\frac{n\pi}{2}+\frac{n\gamma^2}{8\pi}\right)F(\gamma)d\gamma+2\int_0^\pi \frac{\sin(2k+1)\frac{n\gamma}{2}}{\sin\frac{n\gamma}{2}}\left(\sin\frac{n\gamma^2}{8\pi}-\sin\left(\frac{n\pi}{2}+\frac{n\gamma^2}{8\pi}\right)\right)F(\gamma)d\gamma.$$

Setzt man im ersten und dritten Integral $\beta = \frac{n\gamma}{4}$, im zweiten und vierten $\beta = \frac{n\gamma}{2}$, so gehen diese beiden Ausdrücke über in:

$$\int_0^{\frac{n\pi}{4}} \frac{\sin(4k+1)\beta}{\sin\beta}\cos\left(\frac{n\pi}{2}+\frac{2\beta^2}{n\pi}\right)F\left(\frac{4\beta}{n}\right)d\beta+\frac{4}{n}\int_0^{\frac{n\pi}{2}}\frac{\sin(2k+1)\beta}{\sin\beta}\left(\cos\frac{\beta^2}{2n\pi}-\cos\left(\frac{n\pi}{2}+\frac{\beta^2}{2n\pi}\right)\right)F\left(\frac{2\beta}{n}\right)d\beta,$$

$$\int_0^{\frac{n\pi}{4}} \frac{\sin(4k+1)\beta}{\sin\beta}\sin\left(\frac{n\pi}{2}+\frac{2\beta^2}{n\pi}\right)F\left(\frac{4\beta}{n}\right)d\beta+\frac{4}{n}\int_0^{\frac{n\pi}{2}}\frac{\sin(2k+1)\beta}{\sin\beta}\left(\sin\frac{\beta^2}{2n\pi}-\sin\left(\frac{n\pi}{2}+\frac{\beta^2}{2n\pi}\right)\right)F\left(\frac{2\beta}{n}\right)d\beta.$$

Die Grenzen, welchen sich diese Ausdrücke nähern, wenn die darin enthaltene ganze Zahl k wachsend gedacht wird, ergeben sich auf der Stelle aus dem im ersten Paragraphen bewiesenen Satze. Man hat daher, wenn man, wie früher, die in (2) enthaltenen Reihen zur Abkürzung mit G und H bezeichnet und auf beiden Seiten mit $\frac{\sqrt{n}}{2\pi}$ multiplicirt:

$$\begin{aligned}G+H &= \frac{1}{\sqrt{n}}\left(1+\cos\frac{n\pi}{2}\right)F(0)+\frac{4}{\sqrt{n}}\Sigma\cos\left(\frac{n\pi}{2}+\frac{2s^2\pi}{n}\right)F\left(\frac{4s\pi}{n}\right)\\ &\quad+\frac{2}{\sqrt{n}}\Sigma\left(\cos\frac{s^2\pi}{2n}-\cos\left(\frac{n\pi}{2}+\frac{s^2\pi}{2n}\right)\right)F\left(\frac{2s\pi}{n}\right),\\ G-H &= \frac{1}{\sqrt{n}}\sin\frac{n\pi}{2}F(0)+\frac{4}{\sqrt{n}}\Sigma\sin\left(\frac{n\pi}{2}+\frac{2s^2\pi}{n}\right)F\left(\frac{4s\pi}{n}\right)\\ &\quad+\frac{2}{\sqrt{n}}\Sigma\left(\sin\frac{s^2\pi}{2n}-\sin\left(\frac{n\pi}{2}+\frac{s^2\pi}{2n}\right)\right)F\left(\frac{2s\pi}{n}\right).\end{aligned}$$

Von den beiden in jeder dieser Gleichungen enthaltenen Summationen erstreckt sich die erste von $s = 1$ bis zu der grössten in $\frac{n}{4}$, die zweite von $s = 1$ bis zu der grössten in $\frac{n}{2}$ enthaltenen ganzen Zahl, und es ist zugleich zu bemerken, dass das letzte Glied der zweiten Summe nur halb zu nehmen ist, wenn $\frac{n}{2}$ ein Ganzes ist, und dasselbe gilt vom letzten Gliede der ersten, wenn auch $\frac{n}{4}$ ein Ganzes ist.

Die eben gefundenen Gleichungen, welche die Bestimmung der endlichen oder unendlichen Reihen G und H auf die von andern endlichen Reihen zurückführen, enthalten als specielle Fälle die in der Einleitung erwähnten Summationen. Reducirt man nämlich die Reihe (1) auf n Glieder und setzt alle ihre Coefficienten der Einheit gleich, so ist:

$$F(\alpha) = 1 + \cos\alpha + \cos 2\alpha + \cdots + \cos(n-1)\alpha = \tfrac{1}{2} + \tfrac{1}{2}\,\frac{\sin(2n-1)\frac{\alpha}{2}}{\sin\frac{\alpha}{2}},$$

und man hat offenbar $F\left(\frac{2t\pi}{n}\right) = 0$, für jede nicht durch n theilbare ganze Zahl t. Alle Glieder der obigen Summen verschwinden daher durch die Factoren $F\left(\frac{4s\pi}{n}\right)$, $F\left(\frac{2s\pi}{n}\right)$, und da $F(0) = n$ ist, so kommt ganz einfach:

$$G + H = \left(1 + \cos\frac{n\pi}{2}\right)\sqrt{n}, \qquad G - H = \sin\frac{n\pi}{2}\sqrt{n}$$

und folglich:

$$G = \tfrac{1}{2}\left(1 + \cos\frac{n\pi}{2} + \sin\frac{n\pi}{2}\right)\sqrt{n}, \qquad H = \tfrac{1}{2}\left(1 + \cos\frac{n\pi}{2} - \sin\frac{n\pi}{2}\right)\sqrt{n}.$$

Legt man der ganzen Zahl n nach einander die 4 Formen 4μ, $4\mu+1$, $4\mu+2$, $4\mu+3$ bei und führt die durch G und H bezeichneten Reihen wieder ein, so erhält man:

$$\Sigma\cos\frac{2i^2\pi}{n} = \sqrt{n}, \quad \Sigma\sin\frac{2i^2\pi}{n} = \sqrt{n}, \quad n = 4\mu,$$

$$\Sigma\cos\frac{2i^2\pi}{n} = \sqrt{n}, \quad \Sigma\sin\frac{2i^2\pi}{n} = 0, \quad n = 4\mu+1,$$

$$\Sigma\cos\frac{2i^2\pi}{n} = 0, \quad \Sigma\sin\frac{2i^2\pi}{n} = 0, \quad n = 4\mu+2,$$

$$\Sigma\cos\frac{2i^2\pi}{n} = 0, \quad \Sigma\sin\frac{2i^2\pi}{n} = \sqrt{n}, \quad n = 4\mu+3,$$

wo sich die Summationen von $i = 0$ bis $i = n-1$ erstrecken.

§. 4.

Zum Schluss wollen wir nach GAUSS noch zeigen, wie man aus den eben erhaltenen Summenausdrücken den Fundamentalsatz der Theorie der quadratischen Reste auf eine höchst einfache Weise ableiten kann.

Bezeichnet p eine ungerade Primzahl, so ist der Rest irgend eines nicht durch p theilbaren Quadrats bei der Division durch p offenbar unter denen enthalten, welche die Reihe $1^2, 2^2, 3^2, \ldots, \left(\frac{p-1}{2}\right)^2$ liefert, und man beweist leicht, dass diese Reste, welche in irgend einer Ordnung mit:

$$\text{(I.)} \qquad a_1, \quad a_2, \quad a_3, \quad \ldots, \quad a_{\frac{p-1}{2}}$$

bezeichnet werden sollen, alle von einander verschieden sind. Es seien ferner:

$$\text{(II.)} \qquad b_1, \quad b_2, \quad b_3, \quad \ldots, \quad b_{\frac{p-1}{2}}$$

diejenigen Zahlen der Reihe $1, 2, 3, \ldots, p-1$, welche in (I.) nicht vorkommen. Dies vorausgesetzt, sagt man bekanntlich von einer durch p nicht theilbaren Zahl q, sie sei quadratischer Rest oder Nichtrest von p, je nachdem der Rest, den q bei der Division durch p lässt, zu (I.) oder zu (II.) gehört, und man beweist ohne Schwierigkeit, dass, je nachdem der erste oder der zweite Fall stattfindet, die Reste von $1^2q, 2^2q, 3^2q, \ldots, \left(\frac{p-1}{2}\right)^2 q$, wenn man von der Ordnung absieht, mit (I.) oder (II.) zusammenfallen*).

Man betrachte die Summe:

$$M = \sum_{s=0}^{s=p-1} e^{s^2 \frac{2q\pi}{p} \sqrt{-1}},$$

wo e wie gewöhnlich die Basis der natürlichen Logarithmen bezeichnet. Trennt man das Glied, welches $s = 0$ entspricht, von den übrigen, und vereinigt diese paarweise mit Berücksichtigung der evidenten Gleichung:

$$e^{s^2 \frac{2q\pi}{p} \sqrt{-1}} = e^{(p-s)^2 \frac{2q\pi}{p} \sqrt{-1}},$$

so kommt:

$$M = 1 + 2 \sum_{s=1}^{s=\frac{p-1}{2}} e^{s^2 \frac{2q\pi}{p} \sqrt{-1}},$$

oder wenn man statt der Zahlen $1^2q, 2^2q, \ldots, \left(\frac{p-1}{2}\right)^2 q$ die Reste setzt,

*) Disquisitiones arithmeticae. Sect. IV.

welche sie bei der Division durch p lassen, welche Veränderung keine andere Folge hat als die, dass man im Exponenten Vielfache von $2\pi\sqrt{-1}$ weglässt, so erhält man:

$$M = 1+2\sum_{s=1}^{s=\frac{p-1}{2}} e^{a_s\frac{2\pi}{p}\sqrt{-1}}, \quad \text{oder} \quad M = 1+2\sum_{s=1}^{s=\frac{p-1}{2}} e^{b_s\frac{2\pi}{p}\sqrt{-1}},$$

je nachdem nämlich q quadratischer Rest oder Nichtrest von p ist. Da offenbar:

$$\sum_{s=1}^{s=\frac{p-1}{2}} e^{a_s\frac{2\pi}{p}\sqrt{-1}} + \sum_{s=1}^{s=\frac{p-1}{2}} e^{b_s\frac{2\pi}{p}\sqrt{-1}} = \sum_{s=1}^{s=p-1} e^{s\frac{2\pi}{p}\sqrt{-1}} = -1$$

ist, so lässt sich die im letztern Falle stattfindende Gleichung auch so schreiben:

$$M = -1-2\sum_{s=1}^{s=\frac{p-1}{2}} e^{a_s\frac{2\pi}{p}\sqrt{-1}}.$$

Beide Fälle sind daher in der Gleichung:

$$\sum_{s=0}^{s=p-1} e^{s^2\frac{2q\pi}{p}\sqrt{-1}} = \delta\Big(1+2\sum_{s=1}^{s=\frac{p-1}{2}} e^{a_s\frac{2\pi}{p}\sqrt{-1}}\Big)$$

vereinigt, wenn man unter δ die positiv oder negativ genommene Einheit versteht, je nachdem q quadratischer Rest oder Nichtrest von p ist. Die Gleichung gilt für jede nicht durch p theilbare Zahl q; um den von q unabhängigen, zwischen den Klammern enthaltenen Ausdruck zu erhalten, setze man $q = 1$; es ist alsdann $\delta = 1$ und folglich:

$$\sum_{s=0}^{s=p-1} e^{s^2\frac{2\pi}{p}\sqrt{-1}} = 1+2\sum_{s=1}^{s=\frac{p-1}{2}} e^{a_s\frac{2\pi}{p}\sqrt{-1}}.$$

Der Werth der ersten Seite ergiebt sich sogleich aus den Ausdrücken des vorigen Paragraphen und ist, da p ungerade, $\sqrt{p}$ oder $\sqrt{p}\sqrt{-1}$, je nachdem p die Form $4\mu+1$ oder die Form $4\mu+3$ hat. Beide Werthe sind in dem Ausdrucke $\sqrt{p}(\sqrt{-1})^{\left(\frac{p-1}{2}\right)^2}$ enthalten, und es ist also:

$$1+2\sum_{s=1}^{s=\frac{p-1}{2}} e^{a_s\frac{2\pi}{p}\sqrt{-1}} = \sqrt{p}(\sqrt{-1})^{\left(\frac{p-1}{2}\right)^2}.$$

Die obige Gleichung wird so:

$$\sum_{s=0}^{s=p-1} e^{s^2\frac{2q\pi}{p}\sqrt{-1}} = \delta\sqrt{p}(\sqrt{-1})^{\left(\frac{p-1}{2}\right)^2}.$$

Nimmt man jetzt an, q sei ebenfalls eine ungerade Primzahl, so erhält man durch eine blosse Vertauschung:

$$\sum_{t=0}^{t=q-1} e^{t^2\frac{2p\pi}{q}\sqrt{-1}} = \varepsilon\sqrt{q}(\sqrt{-1})^{\left(\frac{q-1}{2}\right)^2},$$

wo $\varepsilon = +1$ oder -1, je nachdem p quadratischer Rest oder Nichtrest von q ist. Werden beide Gleichungen in einander multiplicirt, so kommt:

$$\sum_{t=0}^{t=q-1}\sum_{t=0}^{s=p-1} e^{(q^2s^2+p^2t^2)\frac{2\pi}{pq}\sqrt{-1}} = \delta\varepsilon\sqrt{pq}(\sqrt{-1})^{\left(\frac{p-1}{2}\right)^2+\left(\frac{q-1}{2}\right)^2},$$

oder was ganz dasselbe ist, indem man $4st\pi\sqrt{-1}$ zum Exponenten von e addirt:

$$\sum_{t=0}^{t=q-1}\sum_{s=0}^{s=p-1} e^{(qs+pt)^2\frac{2\pi}{pq}\sqrt{-1}} = \delta\varepsilon\sqrt{pq}(\sqrt{-1})^{\left(\frac{p-1}{2}\right)^2+\left(\frac{q-1}{2}\right)^2}.$$

Der Ausdruck $qs+pt$ lässt offenbar bei der Division durch pq innerhalb der Summationsgrenzen nicht zweimal denselben Rest; wären nämlich die Reste, welche $qs+pt$ und $qs'+pt'$ entsprechen, einander gleich, so wäre $q(s-s')+p(t-t')$ durch pq und folglich, da p und q von einander verschiedene Primzahlen bezeichnen, $s-s'$ durch p, und $t-t'$ durch q theilbar, was wegen der Grenzen, in welche s, s', sowie t, t' eingeschlossen sind, nur stattfinden kann, wenn zugleich $s=s'$ und $t=t'$ ist. Die Reste von $qs+pt$ in Bezug auf den Divisor pq sind also $0, 1, 2, 3, \ldots, pq-1$, und man kann diese Reste an die Stelle der Werthe setzen, welche $qs+pt$ bei der doppelten Summation successive annimmt, indem durch diese Veränderung bloss Vielfache von $2\pi\sqrt{-1}$ im Exponenten weggeworfen werden. Man erhält so:

$$\sum_{s=0}^{s=pq-1} e^{s^2\frac{2\pi}{pq}\sqrt{-1}} = \delta\varepsilon\sqrt{pq}(\sqrt{-1})^{\left(\frac{p-1}{2}\right)^2+\left(\frac{q-1}{2}\right)^2},$$

oder wenn man für die erste Seite ihren aus dem vorigen Paragraphen sich ergebenden Werth $\sqrt{pq}(\sqrt{-1})^{\left(\frac{pq-1}{2}\right)^2}$ setzt und den gemeinschaftlichen Factor $\sqrt{pq}$ weglässt:

$$\delta\varepsilon = (\sqrt{-1})^{\left(\frac{pq-1}{2}\right)^2-\left(\frac{p-1}{2}\right)^2-\left(\frac{q-1}{2}\right)^2}.$$

Der Exponent von $\sqrt{-1}$ lässt sich in die Form:

$$\tfrac{1}{2}(p-1)(q-1)+(p-1)(q-1)\left(\frac{(p+1)}{2}\frac{(q+1)}{2}-1\right)$$

bringen, wo der zweite Theil als durch 4 theilbar weggelassen werden kann. Es ist also:

$$\delta\varepsilon = (-1)^{\frac{p-1}{2}\frac{q-1}{2}}.$$

Diese Gleichung enthält das oben erwähnte Reciprocitätsgesetz; denn es folgt aus derselben, dass, wenn p und q beide die Form $4\mu+3$ haben, $\delta = -\varepsilon$, in allen andern Fällen aber $\delta = \varepsilon$ ist.

SUR L'USAGE DES INTÉGRALES DÉFINIES DANS LA SOMMATION DES SÉRIES FINIES OU INFINIES.

[Lu à l'Académie des Sciences de Berlin le 25 Juin 1835.]

(Extrait.)

Parmi les conséquences nombreuses et inattendues que M. GAUSS a tirées de sa belle théorie des équations binômes, il y en a une qui présente une singularité très remarquable. La lettre p désignant un nombre premier $4m+1$, et q un nombre premier $4m+3$, il résulte de cette théorie que les deux expressions:

$$s = \sum_{i=0}^{i=p-1} \cos \frac{2i^2\pi}{p}, \qquad t = \sum_{i=0}^{i=q-1} \sin \frac{2i^2\pi}{q}$$

sont données par ces deux équations du second degré: $s^2 = p$, $t^2 = q$. On conclut de là $s = \pm\sqrt{p}$, $t = \pm\sqrt{q}$, où il ne s'agit plus que de fixer le signe qui doit être unique dans l'un et l'autre cas, les sommes précédentes étant complètement déterminées. En attribuant des valeurs particulières aux nombres p et q, on trouve toujours que c'est le signe supérieur qui doit avoir lieu, mais il est très difficile de prouver la généralité de ce résultat indiqué par l'induction. Dans ses „*Disquisitiones arithmeticae*" M. GAUSS ne s'était pas attaché à lever cette difficulté singulière, mais il y est revenu dans un Mémoire particulier*) que les géomètres regardent comme une des plus belles productions de ce profond analyste. La méthode dont il y fait usage, consiste à transformer les sommes précédentes, ou plutôt les expressions plus générales qui s'en déduisent, en y remplaçant les nombres premiers p et q par un entier quelconque n, en produits de sinus d'arcs équidifférents, produits qui sont très faciles à évaluer et qui ne présentent plus aucune ambiguïté de signe. La difficulté de se rendre bien compte à quoi tient le succès des considérations délicates par

---

*) Summatio quarumdam serierum singularium. Comment. recent. societ. Gotting. Tom. I. [1])

[1]) Gauss Werke, Band II, S. 9. K.

lesquelles l'illustre auteur opère cette ingénieuse transformation, m'ayant fait rechercher, si on ne pourrait pas résoudre la même question sans y recourir, je suis parvenu au théorème suivant qui comprend les sommations précédentes:

„La somme de la série finie ou infinie:

$$F(\alpha) = c_0 + c_1 \cos\alpha + c_2 \cos 2\alpha + \cdots$$

étant connue, on peut toujours exprimer, au moyen de la fonction $F(\alpha)$, les nouvelles séries:

$$c_0 + c_1 \cos 1^2 \cdot \frac{2\pi}{n} + c_2 \cos 2^2 \cdot \frac{2\pi}{n} + \cdots,$$

$$c_1 \sin 1^2 \cdot \frac{2\pi}{n} + c_2 \sin 2^2 \cdot \frac{2\pi}{n} + \cdots,$$

qui ont les mêmes coefficients que la précédente."

Je me flatte que cette nouvelle manière de parvenir aux résultats si remarquables de M. Gauss pourra avoir quelque intérêt, l'histoire de la théorie des nombres nous montrant par de nombreux exemples, que c'est surtout dans cette partie de la science qu'il y a de l'avantage à envisager la même question sous des points de vue très différents. La méthode de M. Gauss était jusqu'à présent le seul moyen de vaincre la difficulté indiquée et qui consiste dans l'ambiguïté du signe. Celle que M. Libri a donnée, quoique très ingénieuse, ne paraît pas propre à résoudre cette difficulté puisqu'elle fait dépendre les sommes cherchées d'une équation du second degré. Pour faire disparaître l'ambiguïté que cette circonstance fait naître*), le savant auteur a recours à l'expression transformée en produit, sans indiquer aucun moyen de parvenir à cette transformée. Mais ce passage de la somme au produit est à lui seul la question tout entière, puisqu'une fois effectué, il dispense de toute autre analyse, l'expression en produit étant du nombre de ceux qu'Euler a déterminés depuis longtemps par les considérations les plus simples.

§. 1.

L'analyse dont nous ferons usage, repose sur ces deux théorèmes:

„La constante c remplissant la double condition $0 < c \leqq \frac{1}{2}\pi$, et la fonction $f(\beta)$ étant continue depuis $\beta = 0$ jusqu'à $\beta = c$, l'intégrale

---

*) Voyez le tome IX du Journal de Crelle, p. 187.

$\int_0^c \frac{\sin(2k+1)\beta}{\sin\beta} f(\beta)d\beta$ convergera vers la limite $\frac{1}{2}\pi f(0)$ pour des valeurs indéfiniment croissantes de l'entier positif k."

„Les constantes b et c étant telles qu'on ait $0 < b < c \overline{\overline{<}} \frac{1}{2}\pi$, et la fonction $f(\beta)$ étant supposée continue depuis $\beta = b$ jusqu'à $\beta = c$, l'intégrale $\int_b^c \frac{\sin(2k+1)\beta}{\sin\beta} f(\beta)d\beta$ convergera dans la même circonstance vers la limite zéro."

Ces théorèmes se démontrent facilement, comme je l'ai fait voir dans un précédent Mémoire*), lorsqu'on suppose d'abord la fonction $f(\beta)$ toujours croissante, ou toujours décroissante entre les limites de l'intégration. Pour passer ensuite au cas général où cette fonction présente plusieurs maxima et minima entre ces limites, il suffit de décomposer les intégrales en d'autres entre les limites desquelles la fonction $f(\beta)$ n'est plus alternativement croissante et décroissante.

Au moyen de ces théorèmes on détermine facilement la limite vers laquelle converge l'intégrale:

$$\int_0^a \frac{\sin(2k+1)\beta}{\sin\beta} f(\beta)d\beta,$$

a désignant une constante positive quelconque, et la fonction $f(\beta)$ étant continue depuis $\beta = 0$ jusqu'à $\beta = a$. Soit $l\pi$ le plus grand multiple de π contenu dans a, l'intégrale précédente sera la somme de celles-ci:

$$\int_0^{l\pi} \frac{\sin(2k+1)\beta}{\sin\beta} f(\beta)d\beta, \quad \int_{l\pi}^a \frac{\sin(2k+1)\beta}{\sin\beta} f(\beta)d\beta.$$

La première étant décomposée en $2l$ autres prises entre les limites:

$$0 \text{ et } \tfrac{1}{2}\pi, \quad \tfrac{1}{2}\pi \text{ et } 2.\tfrac{1}{2}\pi, \quad 2.\tfrac{1}{2}\pi \text{ et } 3.\tfrac{1}{2}\pi, \quad \ldots, \quad (2l-1).\tfrac{1}{2}\pi \text{ et } 2l.\tfrac{1}{2}\pi,$$

si dans ces nouvelles intégrales l'on écrit au lieu de β:

$$\beta, \quad \pi-\beta, \quad \pi+\beta, \quad 2\pi-\beta, \quad \ldots, \quad l\pi-\beta,$$

et si l'on transforme ensuite les intégrales dont le rang est un nombre pair,

*) Voyez le Journal de Crelle tome IV p. 157 ou le „Repertorium der Physik von Dove und Moser", où la même démonstration est simplifiée à quelques égards.[1])

[1]) S. 117 und 133 dieser Ausgabe von G. Lejeune Dirichlet's Werken. K.

d'après la formule:

$$\int_g^h \psi(\beta)d\beta = -\int_h^g \psi(\beta)d\beta,$$

toutes ces intégrales s'étendront depuis $\beta = 0$ jusqu'à $\beta = \frac{1}{2}\pi$. En les réunissant donc et ayant égard à ce que k est un entier, il viendra:

$$\int_0^{\frac{1}{2}\pi} [f(\beta)+f(\pi-\beta)+f(\pi+\beta)+\cdots+f((l-1)\pi+\beta)+f(l\pi-\beta)]\frac{\sin(2k+1)\beta}{\sin\beta}d\beta,$$

expression qui, d'après le premier des théorèmes précédents, convergera pour des valeurs croissantes de k vers cette limite:

$$\pi(\tfrac{1}{2}f(0)+f(\pi)+f(2\pi)+\cdots+\tfrac{1}{2}f(l\pi)).$$

La seconde intégrale:

$$\int_{l\pi}^a \frac{\sin(2k+1)\beta}{\sin\beta}f(\beta)d\beta,$$

évidemment nulle lorsque $a = l\pi$, devient généralement:

$$\int_0^{a-l\pi} \frac{\sin(2k+1)\beta}{\sin\beta}f(l\pi+\beta)d\beta,$$

en y remplaçant β par $l\pi+\beta$. Lorsque $a-l\pi$ ne surpasse pas $\frac{1}{2}\pi$, il résulte du premier théorème qu'elle converge vers la limite $\frac{1}{2}\pi f(l\pi)$; dans le cas où $a-l\pi$ est compris entre $\frac{1}{2}\pi$ et π, on décomposera l'intégrale précédente en deux autres prises l'une depuis $\beta = 0$ jusqu'à $\beta = \frac{1}{2}\pi$, l'autre depuis $\beta = \frac{1}{2}\pi$ jusqu'à $\beta = a-l\pi$. La première deviendra toujours $\frac{1}{2}\pi f(l\pi)$ pour $k = \infty$, tandis que la seconde qui, par le changement de β en $\pi-\beta$, prend la forme:

$$\int_{(l+1)\pi-a}^{\frac{1}{2}\pi} \frac{\sin(2k+1)\beta}{\sin\beta}f((l+1)\pi-\beta)d\beta,$$

converge vers la limite zéro en vertu du second théorème.

En réunissant ce qui précède, on voit que l'intégrale:

$$\int_0^a \frac{\sin(2k+1)\beta}{\sin\beta}f(\beta)d\beta,$$

lorsque l'entier positif k qu'elle renferme devient infini, prend toujours cette valeur:

$$\pi(\tfrac{1}{2}f(0)+f(\pi)+f(2\pi)+\cdots+f(l\pi)) = \tfrac{1}{2}\pi f(0)+\pi\sum_{s=1}^{s=l}f(s\pi),$$

$l\pi$ désignant le plus grand multiple de π contenu dans a. Il n'y a d'exception que lorsque a est un multiple exact de π, le dernier terme $\pi f(l\pi)$ devant, dans ce cas, être réduit à la moitié de sa valeur.

§. 2.

Considérons les deux intégrales:

$$\int_{-\infty}^{\infty}\cos(\alpha^2)d\alpha = a, \qquad \int_{-\infty}^{\infty}\sin(\alpha^2)d\alpha = b^{*}).$$

Quoiqu'on sache qu'on a $a = \sqrt{\tfrac{1}{2}\pi}$, $b = \sqrt{\tfrac{1}{2}\pi}$, nous n'avons pas besoin de supposer connues les valeurs de ces deux constantes qui se présentent d'elles-mêmes dans l'analyse que nous allons développer. Si l'on pose dans la première intégrale $\alpha = \beta + g$, β désignant une nouvelle variable et g étant une constante réelle quelconque, il viendra:

$$\int_{-\infty}^{\infty}\cos(\beta+g)^2 d\beta = \int_{-\infty}^{\infty}\cos(\beta^2+g^2)\cos 2g\beta . d\beta - \int_{-\infty}^{\infty}\sin(\beta^2+g^2)\sin 2g\beta . d\beta = a.$$

La seconde intégrale étant évidemment nulle, cette équation prendra la forme:

$$\cos(g^2)\int_{-\infty}^{\infty}\cos(\beta^2)\cos 2g\beta . d\beta - \sin(g^2)\int_{-\infty}^{\infty}\sin(\beta^2)\cos 2g\beta . d\beta = a.$$

On trouve d'une manière toute semblable:

$$\sin(g^2)\int_{-\infty}^{\infty}\cos(\beta^2)\cos 2g\beta . d\beta + \cos(g^2)\int_{-\infty}^{\infty}\sin(\beta^2)\cos 2g\beta . d\beta = b.$$

En éliminant successivement chacune de ces deux intégrales, on aura ces équations connues:

$$\int_{-\infty}^{\infty}\cos(\beta^2)\cos 2g\beta . d\beta = a\cos(g^2) + b\sin(g^2),$$

$$\int_{-\infty}^{\infty}\sin(\beta^2)\cos 2g\beta . d\beta = b\cos(g^2) - a\sin(g^2).$$

---

*) Il n'est peut-être pas inutile de prévenir une difficulté que l'emploi de ces deux intégrales pourrait faire naître. Quelques auteurs ont énoncé qu'une intégrale prise entre des limites infinies devient nécessairement indéterminée, lorsque la fonction sous le signe ne s'évanouit pas à ces deux limites. Les intégrales que nous considérons ne satisfont pas à cette condition et sont néanmoins complètement déterminées, comme on le voit sur le champ en les mettant sous cette autre forme:

$$\int_0^{\infty}\frac{\cos\beta}{\sqrt{\beta}}d\beta, \int_0^{\infty}\frac{\sin\beta}{\sqrt{\beta}}d\beta.$$

Il résulte de là que les intégrales $\int\cos(\alpha^2)d\alpha$, $\int\sin(\alpha^2)d\alpha$, prises depuis $\alpha = -p$ jusqu'à $\alpha = p$, convergent l'une et l'autre vers une limite fixe, lorsque la quantité positive p croît indéfiniment, soit que cette augmentation se fasse d'une manière continue, soit qu'elle ait lieu, comme dans ce qui va suivre, par sauts et suivant une loi quelconque. Il n'en serait pas de même pour l'intégrale $\int\cos\alpha\, d\alpha$, qu'on suppose quelquefois égale à zéro, et qui est essentiellement indéterminée, du moins tant qu'on la considère en elle-même.

Si l'on pose:

$$\beta = \tfrac{1}{2}\alpha\sqrt{\frac{n}{2\pi}}, \qquad g = i\sqrt{\frac{2\pi}{n}},$$

α étant une nouvelle variable, et n et i désignant des constantes positives que l'on considérera comme des entiers dans ce qui va suivre, il viendra:

$$\int_{-\infty}^{\infty} \cos\left(\frac{n\alpha^2}{8\pi}\right)\cos i\alpha\, d\alpha = 2\sqrt{\frac{2\pi}{n}}\cdot\left(a\cos\frac{2i^2\pi}{n} + b\sin\frac{2i^2\pi}{n}\right),$$

$$\int_{-\infty}^{\infty} \sin\left(\frac{n\alpha^2}{8\pi}\right)\cos i\alpha\, d\alpha = 2\sqrt{\frac{2\pi}{n}}\cdot\left(b\cos\frac{2i^2\pi}{n} - a\sin\frac{2i^2\pi}{n}\right).$$

Cela posé, soit:

$$(1) \qquad F(\alpha) = c_0 + c_1\cos\alpha + c_2\cos 2\alpha + \cdots = \Sigma c_i \cos i\alpha$$

une série de cosinus finie ou infinie. On suppose seulement que lorsque la série se prolonge à l'infini, elle est convergente et exprime une fonction continue de α. Les équations précédentes étant multipliées par c_i, si l'on somme ensuite entre les mêmes limites que dans l'équation (1), on aura:

$$(2) \qquad \begin{cases} \displaystyle\int_{-\infty}^{\infty} \cos\frac{n\alpha^2}{8\pi} F(\alpha)\, d\alpha = 2\sqrt{\frac{2\pi}{n}}(aG + bH), \\ \displaystyle\int_{-\infty}^{\infty} \sin\frac{n\alpha^2}{8\pi} F(\alpha)\, d\alpha = 2\sqrt{\frac{2\pi}{n}}(bG - aH), \end{cases}$$

où j'ai fait pour abréger:

$$(3) \qquad \Sigma c_i \cos\frac{2i^2\pi}{n} = G, \qquad \Sigma c_i \sin\frac{2i^2\pi}{n} = H.$$

Pour obtenir les intégrales précédentes, on les supposera d'abord prises depuis $\alpha = -(4k+1)\pi$ jusqu'à $\alpha = (4k+1)\pi$, k désignant un nombre entier positif quelconque que l'on considérera ensuite comme infini. Chacune de ces deux intégrales étant décomposée en $4k+1$ nouvelles intégrales dont les limites résultent des expressions $(2h-1)\pi$ et $(2h+1)\pi$, en attribuant à h toutes les valeurs entières depuis $h = -2k$ jusqu'à $h = 2k$, si l'on pose ensuite $\beta = 2h\pi + \gamma$ dans chacune de ces nouvelles intégrales, en observant qu'on a, d'après l'équation (1), $F(2h\pi + \gamma) = F(\gamma)$, il viendra:

$$\int_{-\pi}^{+\pi} d\gamma\, F(\gamma)\, \Sigma\cos\frac{n}{8\pi}(\gamma + 2h\pi)^2, \qquad \int_{-\pi}^{+\pi} d\gamma\, F(\gamma)\, \Sigma\sin\frac{n}{8\pi}(\gamma + 2h\pi)^2,$$

les sommations s'étendant depuis $h = -2k$ jusqu'à $h = 2k$. En réunissant les termes de la première somme qui correspondent à des valeurs opposées de h, cette somme prendra cette autre forme:

$$\cos\frac{n\gamma^2}{8\pi}+\sum_{h=1}^{h=2k}\left(\cos\frac{n}{8\pi}(\gamma+2h\pi)^2+\cos\frac{n}{8\pi}(\gamma-2h\pi)^2\right)$$

$$=\cos\frac{n\gamma^2}{8\pi}+2\sum_{h=1}^{h=2k}\cos\frac{n}{8\pi}(\gamma^2+4h^2\pi^2)\cos\frac{hn\gamma}{2}.$$

Le facteur $\cos\frac{n}{8\pi}(\gamma^2+4h^2\pi^2)$ n'a évidemment que deux valeurs différentes, à savoir:

$$\cos\left(\frac{n\gamma^2}{8\pi}\right) \quad \text{ou} \quad \cos\left(\frac{n\gamma^2}{8\pi}+\frac{n\pi}{2}\right),$$

selon que h est pair ou impair, puisque h^2, dans le premier cas, a la forme 4μ et, dans le second, celle-ci: $4\mu+1$. Il viendra donc en réunissant séparément les termes pour lesquels h est pair et ceux où h est impair:

$$\cos\frac{n\gamma^2}{8\pi}(1+2\cos n\gamma+2\cos 2n\gamma+\cdots+2\cos kn\gamma)$$

$$+\cos\left(\tfrac{1}{2}n\pi+\frac{n\gamma^2}{8\pi}\right)[2\cos\tfrac{1}{2}n\gamma+2\cos 3(\tfrac{1}{2}n\gamma)+\cdots+2\cos(2k-1)(\tfrac{1}{2}n\gamma)].$$

En substituant pour ces deux séries les expressions connues:

$$\frac{\sin(2k+1)\frac{1}{2}n\gamma}{\sin\frac{1}{2}n\gamma}, \quad \frac{\sin(4k+1)\frac{1}{4}n\gamma}{\sin\frac{1}{4}n\gamma}-\frac{\sin(2k+1)\frac{1}{2}n\gamma}{\sin\frac{1}{2}n\gamma},$$

il viendra:

$$\frac{\sin(4k+1)\frac{1}{4}n\gamma}{\sin\frac{1}{4}n\gamma}\cos\left(\tfrac{1}{2}n\pi+\frac{n\gamma^2}{8\pi}\right)+\frac{\sin(2k+1)\frac{1}{2}n\gamma}{\sin\frac{1}{2}n\gamma}\left[\cos\frac{n\gamma^2}{8\pi}-\cos\left(\tfrac{1}{2}n\pi+\frac{n\gamma^2}{8\pi}\right)\right].$$

La somme que la seconde intégrale renferme, est pareillement:

$$\frac{\sin(4k+1)\frac{1}{4}n\gamma}{\sin\frac{1}{4}n\gamma}\sin\left(\tfrac{1}{2}n\pi+\frac{n\gamma^2}{8\pi}\right)+\frac{\sin(2k+1)\frac{1}{2}n\gamma}{\sin\frac{1}{2}n\gamma}\left[\sin\frac{n\gamma^2}{8\pi}-\sin\left(\tfrac{1}{2}n\pi+\frac{n\gamma^2}{8\pi}\right)\right].$$

Ces expressions ayant la même valeur pour γ et pour $-\gamma$, et la même circonstance ayant lieu pour $F(\gamma)$ en vertu de l'équation (1), il est permis de n'étendre les intégrations que depuis $\gamma = 0$ jusqu'à $\gamma = \pi$, et de doubler les résultats. On trouve ainsi ces deux expressions:

$$2\int_0^{\pi}\frac{\sin(4k+1)\frac{1}{4}n\gamma}{\sin\frac{1}{4}n\gamma}\cos\left(\tfrac{1}{2}n\pi+\frac{n\gamma^2}{8\pi}\right)F(\gamma)d\gamma$$

$$+2\int_0^{\pi}\frac{\sin(2k+1)\frac{1}{2}n\gamma}{\sin\frac{1}{2}n\gamma}\left[\cos\frac{n\gamma^2}{8\pi}-\cos\left(\tfrac{1}{2}n\pi+\frac{n\gamma^2}{8\pi}\right)\right]F(\gamma)d\gamma,$$

$$2\int_0^{\pi}\frac{\sin(4k+1)\frac{1}{4}n\gamma}{\sin\frac{1}{4}n\gamma}\sin\left(\tfrac{1}{2}n\pi+\frac{n\gamma^2}{8\pi}\right)F(\gamma)d\gamma$$

$$+2\int_0^{\pi}\frac{\sin(2k+1)\frac{1}{2}n\gamma}{\sin\frac{1}{2}n\gamma}\left[\sin\frac{n\gamma^2}{8\pi}-\sin\left(\tfrac{1}{2}n\pi+\frac{n\gamma^2}{8\pi}\right)\right]F(\gamma)d\gamma.$$

Si l'on pose $\frac{1}{4}n\gamma=\beta$ dans la première et dans la troisième intégrale, et $\frac{1}{2}n\gamma=\beta$ dans la seconde et la quatrième, ces expressions prennent la forme:

$$\frac{8}{n}\int_0^{\frac{n\pi}{4}}\frac{\sin(4k+1)\beta}{\sin\beta}\cos\left(\tfrac{1}{2}n\pi+\frac{2\beta^2}{n\pi}\right)F\left(\frac{4\beta}{n}\right)d\beta$$

$$+\frac{4}{n}\int_0^{\frac{n\pi}{2}}\frac{\sin(2k+1)\beta}{\sin\beta}\left[\cos\frac{\beta^2}{2n\pi}-\cos\left(\tfrac{1}{2}n\pi+\frac{\beta^2}{2n\pi}\right)\right]F\left(\frac{2\beta}{n}\right)d\beta,$$

$$\frac{8}{n}\int_0^{\frac{n\pi}{4}}\frac{\sin(4k+1)\beta}{\sin\beta}\sin\left(\tfrac{1}{2}n\pi+\frac{2\beta^2}{n\pi}\right)F\left(\frac{4\beta}{n}\right)d\beta$$

$$+\frac{4}{n}\int_0^{\frac{n\pi}{2}}\frac{\sin(2k+1)\beta}{\sin\beta}\left[\sin\frac{\beta^2}{2n\pi}-\sin\left(\tfrac{1}{2}n\pi+\frac{\beta^2}{2n\pi}\right)\right]F\left(\frac{2\beta}{n}\right)d\beta.$$

Les limites de ces expressions correspondant à $k=\infty$ résultent immédiatement du théorème énoncé à la fin du premier paragraphe; en substituant ces valeurs dans les équations (2) et multipliant par $\frac{1}{2}\sqrt{\frac{n}{2\pi}}$, il viendra:

$$aG+bH=\sqrt{\frac{\pi}{2n}}\cdot\left(1+\cos\frac{n\pi}{2}\right)F(0)+4\sqrt{\frac{\pi}{2n}}\cdot\Sigma\cos\left(\frac{n\pi}{2}+\frac{2s^2\pi}{n}\right)F\left(\frac{4s\pi}{n}\right)$$

$$+2\sqrt{\frac{\pi}{2n}}\cdot\Sigma\left[\cos\frac{s^2\pi}{2n}-\cos\left(\frac{n\pi}{2}+\frac{s^2\pi}{2n}\right)\right]F\left(\frac{2s\pi}{n}\right),$$

$$bG-aH=\sqrt{\frac{\pi}{2n}}\cdot\sin\frac{n\pi}{2}F(0)+4\sqrt{\frac{\pi}{2n}}\cdot\Sigma\sin\left(\frac{n\pi}{2}+\frac{2s^2\pi}{n}\right)F\left(\frac{4s\pi}{n}\right)$$

$$+2\sqrt{\frac{\pi}{2n}}\cdot\Sigma\left[\sin\frac{s^2\pi}{2n}-\sin\left(\frac{n\pi}{2}+\frac{s^2\pi}{2n}\right)\right]F\left(\frac{2s\pi}{n}\right).$$

Dans chacune de ces deux équations la première somme s'étend depuis $s=1$ jusqu'au plus grand entier contenu dans $\frac{1}{4}n$, la seconde depuis $s=1$, jusqu'au plus grand entier contenu dans $\frac{1}{2}n$, le dernier terme de la seconde somme devant être réduit à moitié lorsque $\frac{1}{2}n$ est un nombre entier, et la même chose ayant lieu pour la première lorsque $\frac{1}{4}n$ est aussi un entier.

Pour déduire de ces équations les sommations dont il a été question dans le préambule de ce Mémoire, supposons la série (1) composée de n termes et tous ses coefficients égaux à l'unité. On aura alors:

$$F(\alpha) = 1+\cos\alpha+\cos 2\alpha+\cdots+\cos(n-1)\alpha = \frac{1}{2}+\frac{\sin(n-\frac{1}{2})\alpha}{2\sin\frac{1}{2}\alpha},$$

et la fonction $F\left(\frac{2t\pi}{n}\right)$ sera évidemment nulle, lorsque t est un nombre entier *non-divisible* par n. Il résulte de là, en ayant égard aux limites des sommations précédentes, que tous leurs termes disparaissent, et comme on a aussi $F(0) = n$, il viendra simplement:

$$aG+bH = (1+\cos\tfrac{1}{2}n\pi)\cdot\sqrt{\tfrac{1}{2}n\pi}, \qquad bG-aH = \sin\tfrac{1}{2}n\pi\cdot\sqrt{\tfrac{1}{2}n\pi}.$$

Pour déterminer les deux quantités a et b, indépendantes de n, il suffira de donner à n une valeur particulière. Posant par exemple $n = 1$, on aura $G = 1$, $H = 0$, et les équations précédentes deviendront $a = \sqrt{\frac{1}{2}\pi}$, $b = \sqrt{\frac{1}{2}\pi}$. On a donc généralement, quel que soit n:

$$G+H = (1+\cos\tfrac{1}{2}n\pi)\cdot\sqrt{n}, \qquad G-H = \sin\tfrac{1}{2}n\pi\cdot\sqrt{n},$$

et par conséquent:

$$G = \tfrac{1}{2}(1+\cos\tfrac{1}{2}n\pi+\sin\tfrac{1}{2}n\pi)\sqrt{n}, \qquad H = \tfrac{1}{2}(1+\cos\tfrac{1}{2}n\pi-\sin\tfrac{1}{2}n\pi)\sqrt{n}.$$

En attribuant successivement à n ces 4 formes: 4μ, $4\mu+1$, $4\mu+2$, $4\mu+3$, et remettant pour G et H les séries que ces lettres représentent d'après les équations (3), on aura:

$$\Sigma\cos\frac{2i^2\pi}{n} = \sqrt{n}, \qquad \Sigma\sin\frac{2i^2\pi}{n} = \sqrt{n}, \qquad n = 4\mu,$$

$$\Sigma\cos\frac{2i^2\pi}{n} = \sqrt{n}, \qquad \Sigma\sin\frac{2i^2\pi}{n} = 0, \qquad n = 4\mu+1,$$

$$\Sigma\cos\frac{2i^2\pi}{n} = 0, \qquad \Sigma\sin\frac{2i^2\pi}{n} = 0, \qquad n = 4\mu+2,$$

$$\Sigma\cos\frac{2i^2\pi}{n} = 0, \qquad \Sigma\sin\frac{2i^2\pi}{n} = \sqrt{n}, \qquad n = 4\mu+3,$$

les sommations s'étendant depuis $i = 0$ jusqu'à $i = n-1$.

§. 3.

Je ne terminerai pas cet extrait, sans avoir rappelé les considérations extrêmement simples par lesquelles M. GAUSS, dans le Mémoire déjà cité, a déduit des expressions précédentes, la loi de réciprocité qui existe entre deux nombres premiers impairs quelconques.

Le nombre premier impair p étant considéré comme diviseur, le reste provenant d'un carré quelconque non-divisible par p, sera évidemment compris parmi ceux que donne la série:

$$1^2,\quad 2^2,\quad 3^2,\quad \ldots,\quad \left(\frac{p-1}{2}\right)^2;$$

et l'on prouve facilement que ces restes que je désignerai par:

$$\text{(I)} \qquad a_1,\quad a_2,\quad a_3,\quad \ldots,\quad a_{\frac{p-1}{2}},$$

pris dans un ordre quelconque, sont tous différents entre eux. Soient encore:

$$\text{(II)} \qquad b_1,\quad b_2,\quad b_3,\quad \ldots,\quad b_{\frac{p-1}{2}}$$

ceux des nombres $1, 2, 3, \ldots, p-1$ que la série (I) ne renferme pas. Cela posé, le nombre quelconque q non-divisible par p, est dit résidu ou non-résidu quadratique par rapport au diviseur p, selon que le reste de q appartient à la série (I) ou à la série (II), et l'on s'assure facilement que les restes de:

$$1^2.q,\quad 2^2.q,\quad 3^2.q,\quad \ldots,\quad \left(\frac{p-1}{2}\right)^2 q,$$

abstraction faite de l'ordre, coïncident avec (I) ou (II), selon que le premier ou le second de ces deux cas a lieu*).

Considérons la somme $\sum_{s=0}^{s=p-1} e^{s^2.\frac{2\pi}{p}\sqrt{-1}}$, dans laquelle e désigne à l'ordinaire la base des logarithmes népériens. Comme p est impair, il résulte des expressions du paragraphe précédent que cette somme est $\sqrt{p}$ ou $\sqrt{p}.\sqrt{-1}$ selon que p a la forme $4\mu+1$ ou celle-ci: $4\mu+3$. Cette double valeur étant donnée par la formule unique $\sqrt{p}(\sqrt{-1})^{\left(\frac{p-1}{2}\right)^2}$, on aura:

$$\sum_{s=0}^{s=p-1} e^{s^2.\frac{2\pi}{p}\sqrt{-1}} = \sqrt{p}(\sqrt{-1})^{\left(\frac{p-1}{2}\right)^2}.$$

Si l'on met à part le premier terme et que l'on réunisse deux à deux les termes correspondant à s et à $p-s$, en ayant égard à l'équation évidente:

$$e^{s^2.\frac{2\pi}{p}\sqrt{-1}} = e^{(p-s)^2\frac{2\pi}{p}\sqrt{-1}},$$

*) Disquisitiones arithmeticae. Sect. IV.

il viendra:

$$1+2\sum_{s=1}^{s=\frac{p-1}{2}} e^{s^2.\frac{2\pi}{p}\sqrt{-1}} = \sqrt{p}(\sqrt{-1})^{\left(\frac{p-1}{2}\right)^2},$$

ou ce qui revient au même, en rejetant les multiples de $2\pi\sqrt{-1}$ dans l'exposant:

$$1+2\sum_{s=1}^{s=\frac{p-1}{2}} e^{a_s.\frac{2\pi}{p}\sqrt{-1}} = \sqrt{p}(\sqrt{-1})^{\left(\frac{p-1}{2}\right)^2}.$$

On a pareillement:

$$P = \sum_{s=0}^{s=p-1} e^{s^2.\frac{2q\pi}{p}\sqrt{-1}} = 1+2\sum_{s=1}^{s=\frac{p-1}{2}} e^{s^2.\frac{2q\pi}{p}\sqrt{-1}},$$

et comme les restes de la série $1^2.q$, $2^2.q$, $3^2.q$, ..., $\left(\frac{p-1}{2}\right)^2.q$, coïncident avec (I) ou (II), selon que q est ou n'est pas résidu quadratique par rapport à p, on a respectivement dans ces deux cas, en négligeant toujours les multiples de $2\pi\sqrt{-1}$ dans l'exposant:

$$P = 1+2\sum_{s=1}^{s=\frac{p-1}{2}} e^{a_s.\frac{2\pi}{p}\sqrt{-1}} \quad \text{ou} \quad P = 1+2\sum_{s=1}^{s=\frac{p-1}{2}} e^{b_s.\frac{2\pi}{p}\sqrt{-1}},$$

expressions dont la seconde, en vertu de l'équation évidente:

$$\sum_{s=1}^{s=\frac{p-1}{2}} e^{a_s.\frac{2\pi}{p}\sqrt{-1}} + \sum_{s=1}^{s=\frac{p-1}{2}} e^{b_s.\frac{2\pi}{p}\sqrt{-1}} = \sum_{s=1}^{s=p-1} e^{s.\frac{2\pi}{p}\sqrt{-1}} = -1,$$

se change en:

$$P = -1-2\sum_{s=1}^{s=\frac{p-1}{2}} e^{a_s.\frac{2\pi}{p}\sqrt{-1}}.$$

Si donc l'on désigne par δ l'unité prise positivement ou négativement selon que q est ou n'est pas résidu quadratique par rapport à p, on aura l'équation qui comprend les deux cas:

$$\sum_{s=0}^{s=p-1} e^{s^2.\frac{2q\pi}{p}\sqrt{-1}} = \delta\left(1+2\sum_{s=1}^{s=\frac{p-1}{2}} e^{a_s.\frac{2\pi}{p}\sqrt{-1}}\right) = \delta\sqrt{p}(\sqrt{-1})^{\left(\frac{p-1}{2}\right)^2}.$$

Si l'on suppose que q est aussi un nombre premier impair, on aura par une simple permutation:

$$\sum_{t=0}^{t=q-1} e^{t^2.\frac{2p\pi}{q}\sqrt{-1}} = \varepsilon\sqrt{q}(\sqrt{-1})^{\left(\frac{q-1}{2}\right)^2},$$

où $\varepsilon = +1$ ou $= -1$, selon que p est ou n'est pas résidu quadratique de q.

En multipliant les équations précédentes entre elles, il viendra:

$$\sum_{t=0}^{t=q-1}\sum_{s=0}^{s=p-1} e^{(q^2s^2+p^2t^2)\frac{2\pi}{pq}\sqrt{-1}} = \delta\varepsilon\sqrt{pq}(\sqrt{-1})^{\left(\frac{p-1}{2}\right)^2+\left(\frac{q-1}{2}\right)^2},$$

ou ce qui est la même chose, en ajoutant $4st\pi\sqrt{-1}$ à l'exposant:

$$\sum_{t=0}^{t=q-1}\sum_{s=0}^{s=p-1} e^{(qs+pt)^2\frac{2\pi}{pq}\sqrt{-1}} = \delta\varepsilon\sqrt{pq}(\sqrt{-1})^{\left(\frac{p-1}{2}\right)^2+\left(\frac{q-1}{2}\right)^2}.$$

Il est facile de voir qu'entre les limites de la double sommation $qs+pt$ ne saurait donner deux fois le même reste par rapport au diviseur pq; car si les restes provenant de $qs+pt$ et de $qs'+pt'$ étaient égaux, $q(s-s')+p(t-t')$ serait divisible par pq, ce qui exige, s, s' étant compris entre 0 et $p-1$, et t, t' entre 0 et $q-1$, qu'on ait à la fois $s=s'$, $t=t'$. Ces restes seront donc $0, 1, 2, \ldots, pq-1$, et l'on pourra les mettre à la place de la série de valeurs fournies par l'expression $qs+pt$, ce changement consistant évidemment à négliger des multiples de $2\pi\sqrt{-1}$ dans l'exposant. On aura ainsi:

$$\sum_{s=0}^{s=pq-1} e^{s^2\cdot\frac{2\pi}{pq}\sqrt{-1}} = \delta\varepsilon\sqrt{pq}(\sqrt{-1})^{\left(\frac{p-1}{2}\right)^2+\left(\frac{q-1}{2}\right)^2},$$

ou en remplaçant le premier membre par sa valeur qui résulte des expressions du paragraphe précédent:

$$\sqrt{pq}(\sqrt{-1})^{\left(\frac{pq-1}{2}\right)^2} = \delta\varepsilon\sqrt{pq}(\sqrt{-1})^{\left(\frac{p-1}{2}\right)^2+\left(\frac{q-1}{2}\right)^2},$$

et par conséquent:

$$\delta\varepsilon = (\sqrt{-1})^{\left(\frac{pq-1}{2}\right)^2-\left(\frac{p-1}{2}\right)^2-\left(\frac{q-1}{2}\right)^2},$$

et comme l'exposant est équivalent à l'expression:

$$\tfrac{1}{2}(p-1)(q-1)+(p-1)(q-1)\left(\frac{(p+1)(q+1)}{4}-1\right),$$

dont le second terme peut être négligé comme étant divisible par 4, il viendra:

$$\delta\varepsilon = (-1)^{\frac{p-1}{2}\cdot\frac{q-1}{2}}.$$

Cette équation renferme la loi de réciprocité, car il en résulte qu'on a $\delta=\varepsilon$, lorsque p et q sont l'un et l'autre de la forme $4\mu+1$, ou l'un de la forme $4\mu+1$, l'autre de la forme $4\mu+3$, et qu'au contraire on a $\delta=-\varepsilon$, lorsque p et q ont l'un et l'autre la forme $4\mu+3$.

SUR LES INTÉGRALES EULÉRIENNES.

Les intégrales que LEGENDRE a appelées Eulériennes de première et de seconde espèce, sont celles que renferment les équations:

$$(1)\qquad \int_0^1 (1-x)^{a-1}x^{b-1}dx = \int_0^\infty \frac{y^{a-1}dy}{(1+y)^{a+b}} = \left(\frac{b}{a}\right),$$

$$(2)\qquad \int_0^1 \left(\log\frac{1}{x}\right)^{a-1}dx = \int_0^\infty e^{-y}y^{a-1}dy = \Gamma(a),$$

dans lesquelles les constantes a et b, ou du moins leurs parties réelles doivent être supposées positives pour que les intégrales ne deviennent pas infinies. EULER a fait voir qu'il y a entre ces deux transcendantes la relation très simple:

$$(3)\qquad \left(\frac{b}{a}\right) = \frac{\Gamma(a)\Gamma(b)}{\Gamma(a+b)}.$$

Cette équation qui fait dépendre une intégrale de première espèce de trois intégrales de seconde espèce, renferme aussi une des principales propriétés de la fonction $\Gamma(a)$. En effet, si l'on y suppose $a+b=1$, on trouve, en ayant égard à l'équation évidente $\Gamma(1)=1$:

$$\Gamma(a)\Gamma(1-a) = \int_0^\infty \frac{y^{a-1}dy}{1+y}.$$

Or cette dernière intégrale a la valeur très simple $\frac{\pi}{\sin a\pi}$, comme EULER l'a trouvé par l'intégration d'une fraction rationnelle et comme on l'a vérifié de différentes manières. On a donc définitivement:

$$(4)\qquad \Gamma(a)\Gamma(1-a) = \frac{\pi}{\sin a\pi}.$$

Pour établir l'équation (3) et les autres propriétés des intégrales Eulériennes, les géomètres ont employé des procédés assez différents. M. GAUSS part de l'équation:

$$(5)\qquad \Gamma(a) = \frac{1.2.3\ldots k}{a(a+1)(a+2)\ldots(a+k-1)}k^{a-1},\quad (k=\infty),$$

qui s'accorde avec la formule que LAPLACE a donnée pour exprimer la valeur approchée du produit $a(a+1)\ldots(a+k-1)$, lorsqu'on y suppose k très grand. Après avoir démontré que l'expression (5) converge vers une limite déterminée lorsqu'on y fait croître indéfiniment l'entier positif k, M. GAUSS pose cette limite comme définition de $\Gamma(a)$ et déduit de là au moyen des séries et des produits infinis tous les théorèmes relatifs aux transcendantes Eulériennes, y compris les équations (1), (2) et (3). Cette marche très naturelle, lorsqu'on prend ce point de départ, ne l'est plus lorsqu'on définit ces transcendantes au moyen des équations (1) et (2), c'est-à-dire comme des intégrales. Il paraît alors plus simple et plus conforme à la définition de ces transcendantes de tout tirer du calcul intégral. L'équation (3) qui comprend la formule (4), ayant déjà été démontrée par MM. POISSON et JACOBI*), en transformant les intégrales qui y entrent, il reste pour rendre la théorie des intégrales Eulériennes plus uniforme, à prouver par l'intégration les autres formules qui s'y rapportent et particulièrement l'équation remarquable:

$$(6)\qquad \Gamma(a)\Gamma\left(a+\frac{1}{n}\right)\Gamma\left(a+\frac{2}{n}\right)\ldots\Gamma\left(a+\frac{n-1}{n}\right) = (2\pi)^{\frac{n-1}{2}}n^{\frac{1}{2}-na}\Gamma(na),$$

qui a été donnée par MM. GAUSS et LEGENDRE, mais qu'on n'a pas encore démontrée que je sache sans recourir aux développements infinis**). C'est l'objet que je vais remplir en peu de mots.

L'équation (2) donne par un simple changement de variable:

$$(7)\qquad \int_0^\infty e^{-sy}y^{a-1}dy = \frac{\Gamma(a)}{s^a},$$

où s est une constante positive.

Si l'on y suppose $a=1$, et que l'on intègre par rapport à s entre les limites 1 et s, on aura la formule connue:

$$(8)\qquad \int_0^\infty (e^{-y}-e^{-sy})\frac{dy}{y} = \log(s).$$

Si l'on différentie maintenant l'équation (2) par rapport à a, après y avoir remplacé y par s, on aura:

$$(9)\qquad \int_0^\infty e^{-s}s^{a-1}\log(s)ds = \Gamma'(a),$$

---

*) Journal de l'École Polyt. 19ième cahier p. 477. Journal de M. CRELLE, tome XI. p. 307.

**) Voyez sur ce point: Comment. Gottg. rec. vol. II., le Traité des fonctions elliptiques vol. II., les Exercices de M. CAUCHY 19ième livraison et un Mémoire de M. CRELLE tome VII. p. 375 de son Journal.

où l'on a fait pour abréger:

$$\frac{d\Gamma(a)}{da} = \Gamma'(a).$$

Substituant pour $\log(s)$ l'intégrale (8), et intervertissant l'ordre des intégrations, il vient:

$$\int_0^\infty \frac{dy}{y}\left(e^{-y}\int_0^\infty e^{-s}s^{a-1}ds - \int_0^\infty e^{-(1+y)s}s^{a-1}ds\right) = \Gamma'(a),$$

ou, si l'on met en vertu des équations (2) et (7), $\Gamma(a)$, $\frac{\Gamma(a)}{(1+y)^a}$ à la place des deux intégrales relatives à s:

$$\Gamma(a)\int_0^\infty \frac{dy}{y}\left(e^{-y} - \frac{1}{(1+y)^a}\right) = \Gamma'(a), \tag{10}$$

équation qu'on peut mettre sous cette autre forme, en introduisant une nouvelle variable x telle que $x = \frac{1}{1+y}$:

$$\int_0^1 \left(e^{1-\frac{1}{x}} - x^a\right)\frac{dx}{x(1-x)} = \frac{\Gamma'(a)}{\Gamma(a)} = \frac{d\log\Gamma(a)}{da}. \tag{11}$$

Mettant a, $a+\frac{1}{n}$, $a+\frac{2}{n}$, ..., $a+\frac{n-1}{n}$, où n désigne un entier positif indépendant de a, à la place de a et faisant la somme de toutes ces équations, on aura:

$$\int_0^1 \left[ne^{1-\frac{1}{x}} - x^a\left(1+x^{\frac{1}{n}}+x^{\frac{2}{n}}+\cdots+x^{\frac{n-1}{n}}\right)\right]\frac{dx}{x(1-x)} = S,$$

si l'on fait pour abréger:

$$S = \frac{d\log\Gamma(a)}{da} + \frac{d\log\Gamma\left(a+\frac{1}{n}\right)}{da} + \cdots + \frac{d\log\Gamma\left(a+\frac{n-1}{n}\right)}{da},$$

ou ce qui revient au même:

$$\int_0^1 \left(\frac{ne^{1-\frac{1}{x}}}{1-x} - \frac{x^a}{1-x^{\frac{1}{n}}}\right)\frac{dx}{x} = S.$$

Remplaçant x par x^n, cette équation deviendra:

$$n\int_0^1 \left(\frac{ne^{1-\frac{1}{x^n}}}{1-x^n} - \frac{x^{na}}{1-x}\right)\frac{dx}{x} = S.$$

Si l'on retranche de cette équation l'équation (11), après avoir multiplié celle-ci par n et y avoir remplacé a par na, on trouve, en remettant pour S sa valeur et en remarquant qu'on a $n\frac{\Gamma'(na)}{\Gamma(na)} = \frac{d\log\Gamma(na)}{da}$:

$$n\int_0^1\left(\frac{ne^{1-\frac{1}{x^n}}}{1-x^n}-\frac{e^{1-\frac{1}{x}}}{1-x}\right)\frac{dx}{x}=\frac{d}{da}\log\left(\frac{\Gamma(a)\Gamma\left(a+\frac{1}{n}\right)\ldots\Gamma\left(a+\frac{n-1}{n}\right)}{\Gamma(na)}\right).$$

Désignant par $\log(p)$ le premier membre de cette équation, qui ne dépend pas de a, intégrant par rapport à a et passant des logarithmes aux nombres, on aura:

$$\Gamma(a)\Gamma\left(a+\frac{1}{n}\right)\ldots\Gamma\left(a+\frac{n-1}{n}\right)=qp^a\Gamma(na), \tag{12}$$

où q est la constante introduite par l'intégration. Pour déterminer les quantités p et q, l'une et l'autre indépendantes de a, on changera a en $a+\frac{1}{n}\cdot$ Divisant l'équation qui résulte de ce changement par l'équation (12), on trouve:

$$\frac{\Gamma(a+1)}{\Gamma(a)}=p^{\frac{1}{n}}\frac{\Gamma(na+1)}{\Gamma(na)},$$

d'où l'on conclut en vertu de l'équation connue $\Gamma(b+1)=b\Gamma(b)$:

$$p=n^{-n}.$$

L'équation (12) devient ainsi:

$$\Gamma(a)\Gamma\left(a+\frac{1}{n}\right)\ldots\Gamma\left(a+\frac{n-1}{n}\right)=qn^{-na}\Gamma(na).$$

Pour déterminer q, on fera $a=\frac{1}{n}$, ce qui donne:

$$\Gamma\left(\frac{1}{n}\right)\Gamma\left(\frac{2}{n}\right)\ldots\Gamma\left(\frac{n-1}{n}\right)=\frac{1}{n}q.$$

Si l'on écrit cette équation une seconde fois en renversant l'ordre des facteurs et si l'on forme ensuite le produit des deux équations, en évaluant le produit de deux facteurs de même rang au moyen de la formule (4), on obtient:

$$\frac{\pi}{\sin\frac{\pi}{n}}\cdot\frac{\pi}{\sin\frac{2\pi}{n}}\cdots\frac{\pi}{\sin\frac{(n-1)\pi}{n}}=\frac{1}{n^2}q^2;$$

substituant pour le premier membre sa valeur connue, on conclut:

$$q=(2\pi)^{\frac{n-1}{2}}\sqrt{n}.$$

On a donc définitivement:

$$\Gamma(a)\Gamma\left(a+\frac{1}{n}\right)\Gamma\left(a+\frac{2}{n}\right)\ldots\Gamma\left(a+\frac{n-1}{n}\right)=(2\pi)^{\frac{n-1}{2}}n^{\frac{1}{2}-na}\Gamma(na),$$

ce qui coïncide avec l'équation (6).

L'équation (11) diffère un peu par sa forme de l'équation connue:

$$\int_0^1\left(\frac{1}{\log\left(\frac{1}{x}\right)}-\frac{x^{a-1}}{1-x}\right)dx=\frac{d\log\Gamma(a)}{da}. \tag{13}$$

Pour obtenir cette dernière, il faut transformer d'une manière différente les deux parties de l'intégrale (10). En posant, comme plus haut, $x=\frac{1}{1+y}$ dans la seconde, il faut, dans la première qui contient l'exponentielle e^{-y}, remplacer y par $\log\left(\frac{1}{x}\right)$. Mais ce procédé n'est pas exempt de difficulté, car on sait qu'il n'est pas permis en général d'employer des substitutions différentes dans deux parties d'une intégrale, lorsque ces parties sont séparément infinies. Pour se convaincre que dans le cas actuel le résultat auquel on arrive en opérant comme on vient de le dire, est néanmoins exact, on remarquera que, puisque la fonction sous le signe d'intégration dans l'intégrale (10) ne devient pas infinie pour $y=0$, la différence entre cette intégrale et l'expression:

$$(14)\qquad \int_{\varepsilon}^{\infty}\left(e^{-y}-\frac{1}{(1+y)^{a}}\right)\frac{dy}{y}$$

deviendra moindre que toute quantité assignable, lorsqu'on fait décroître indéfiniment le nombre positif ε. En effectuant dans l'intégrale (14) les deux substitutions indiquées, elle prendra cette forme:

$$\int_{0}^{e^{-\varepsilon}}\frac{dx}{\log\left(\frac{1}{x}\right)}-\int_{0}^{\frac{1}{1+\varepsilon}}\frac{x^{a-1}\,dx}{1-x},$$

ou, ce qui est la même chose, en ajoutant et en retranchant en même temps l'intégrale $\displaystyle\int_{e^{-\varepsilon}}^{\frac{1}{1+\varepsilon}}\frac{dx}{\log\left(\frac{1}{x}\right)}$:

$$(15)\qquad \int_{0}^{\frac{1}{1+\varepsilon}}\left(\frac{1}{\log\left(\frac{1}{x}\right)}-\frac{x^{a-1}}{1-x}\right)dx-\int_{e^{-\varepsilon}}^{\frac{1}{1+\varepsilon}}\frac{dx}{\log\left(\frac{1}{x}\right)}.$$

La fonction sous le signe d'intégration dans la dernière de ces deux intégrales qui est du genre de celles que M. Cauchy appelle singulières, croissant lorsque x passe de la limite inférieure à la limite supérieure, cette intégrale est évidemment moindre que la quantité:

$$\left(\frac{1}{1+\varepsilon}-e^{-\varepsilon}\right)\frac{1}{\log(1+\varepsilon)},$$

qui devient infiniment petite en même temps que ε. Il suit de là et de ce qui précède, que la première des intégrales (15) finira par différer de l'intégrale (10) d'une quantité moindre que toute grandeur assignable. D'un autre côté, comme la fonction $\dfrac{1}{\log\left(\dfrac{1}{x}\right)} - \dfrac{x^{a-1}}{1-x}$ a une valeur finie pour $x = 1$, cette même intégrale (15) converge aussi pour des valeurs décroissantes de ε vers la limite:

$$\int_0^1 \left(\frac{1}{\log\left(\frac{1}{x}\right)} - \frac{x^{a-1}}{1-x} \right) dx,$$

qui doit par conséquent coïncider avec l'intégrale (10); ce qui montre l'accord des équations (10) et (13).

Je ferai remarquer encore que l'équation (3), après y avoir remplacé $\left(\frac{b}{a}\right)$ par l'intégrale (1), étant différentiée logarithmiquement par rapport à b, donne d'abord:

$$\int_0^1 (1-x)^{a-1} x^{b-1} \log(x) dx = \left(\frac{\Gamma'(b)}{\Gamma(b)} - \frac{\Gamma'(a+b)}{\Gamma(a+b)} \right) \int_0^1 (1-x)^{a-1} x^{b-1} dx,$$

et par suite, en ayant égard à l'équation (11):

$$\int_0^1 (1-x)^{a-1} x^{b-1} \log\left(\frac{1}{x}\right) dx = \int_0^1 x^{b-1} \frac{(1-x^a)}{1-x} dx . \int_0^1 (1-x)^{a-1} x^{b-1} dx,$$

théorème connu qu'EULER a déduit de la considération d'un produit composé d'un nombre infini de facteurs.

En terminant je démontrerai une équation qui comprend la formule (3). L'équation (7) donne, en y mettant $c+z$ à la place de s:

$$\int_0^\infty e^{-(c+z)y} y^{a-1} dy = \frac{\Gamma(a)}{(c+z)^a} \cdot$$

Multipliant celle-ci par $e^{-kz} z^{b-1} dz$, b et k désignant ainsi que a et c des constantes positives, et intégrant depuis $z = 0$ jusqu'à $z = \infty$, il vient:

$$\int_0^\infty e^{-cy} y^{a-1} dy \int_0^\infty e^{-(k+y)z} z^{b-1} dz = \Gamma(a) \int_0^\infty \frac{e^{-kz} z^{b-1}}{(c+z)^a} dz,$$

équation qui prend cette autre forme, si l'on y met pour l'intégrale relative à z dans le premier membre sa valeur donnée par la formule (7):

$$\Gamma(b) \int_0^\infty \frac{e^{-cy} y^{a-1}}{(k+y)^b} dy = \Gamma(a) \int_0^\infty \frac{e^{-kz} z^{b-1}}{(c+z)^a} dz.$$

Cette relation entre deux transcendantes de même forme rentre dans l'équation (3) lorsqu'on fait $c = 0$, $k = 1$. Il faut dans ce cas, pour que les deux membres ne deviennent pas infinis, supposer $b > a$; mettant donc $a+b$ à la place de b, on aura précisément l'équation (3).

UEBER DIE METHODE DER KLEINSTEN QUADRATE.

[Auszug aus einer in der Akademie der Wissenschaften am 28. Juli 1836 gelesenen Abhandlung „über die Frage, in wiefern die Methode der kleinsten Quadrate bei sehr zahlreichen Beobachtungen unter allen linearen Verbindungen der Bedingungsgleichungen als das vortheilhafteste Mittel zur Bestimmung unbekannter Elemente zu betrachten sei".]

Der von Laplace in seiner „Théorie analytique des probabilités" gegebene Beweis beruht wesentlich auf der Voraussetzung, dass die verschiedenen Factorensysteme, zwischen denen man zu wählen hat, von den in den Gleichungen enthaltenen constanten Gliedern nicht abhängen. Hebt man diese Beschränkung auf, so lassen sich Factorensysteme angeben, die von demjenigen, welches der Methode der kleinsten Quadrate entspricht, ganz verschieden sind, und im Allgemeinen eine ebenso grosse Genauigkeit zu erwarten erlauben. Das einfachste Beispiel dieser Art liefert das bekannte Verfahren, den Werth einer Constante, welche unmittelbarer Gegenstand der Beobachtung ist, dadurch zu bestimmen, dass man die von einer grossen ungeraden Anzahl von Beobachtungen gegebenen Werthe ihrer Grösse nach ordnet, und den in der Mitte liegenden für die Unbekannte wählt. Sucht man die Grenzen, innerhalb welcher der Fehler des so bestimmten Werthes mit einer gegebenen Wahrscheinlichkeit liegt, und vergleicht diese Grenzen mit denen, welche dem arithmetischen Mittel entsprechen, in welches für den vorliegenden Fall das Resultat der Methode der kleinsten Quadrate übergeht, so ergiebt sich, dass bei gleicher Wahrscheinlichkeit die Fehlergrenzen für beide Methoden sich wie die Constanten:

$$\frac{1}{\sqrt{2}f(0)} \quad \text{und} \quad 2\sqrt{\int_0^a x^2 f(x)dx}$$

zu einander verhalten. Die Function $f(x)$, welche der Bedingung $f(-x) = f(x)$ unterworfen ist, drückt das Gesetz der Beobachtungsfehler aus, welche immer zwischen $-a$ und $+a$ liegend angenommen werden. Es ist klar, dass sich im Allgemeinen, d. h. so lange man keine Voraussetzung über die Function $f(x)$ macht, nicht entscheiden lässt, welche jener Constanten grösser ist, und es bleibt mithin ungewiss, ob das arithmetische Mittel oder das andere Verfahren den Vorzug verdient.

SUR LES SÉRIES
DONT LE TERME GÉNÉRAL DÉPEND DE DEUX ANGLES, ET QUI SERVENT A EXPRIMER DES FONCTIONS ARBITRAIRES ENTRE DES LIMITES DONNÉES.

Les séries que nous nous proposons de considérer, dans ce Mémoire, sont ordonnées suivant des fonctions d'une forme particulière, fonctions dont LEGENDRE a le premier fait usage dans ses belles recherches sur l'attraction des ellipsoïdes de révolution et sur la figure des planètes. Ces fonctions jouissent d'un grand nombre de propriétés remarquables et les séries qui en sont formées, sont propres à représenter des fonctions arbitraires entre certaines limites. La généralité de cette dernière proposition n'ayant pas été jugée suffisamment établie*) par les considérations qui amènent les développements de ce genre dans la théorie de l'attraction des sphéroïdes, on a cherché à la prouver d'une manière directe et indépendante de cette théorie.

Si l'on désigne par P_n le coefficient de α^n dans la valeur développée du radical:

$$\frac{1}{\sqrt{1-2\alpha(\cos\theta\cos\theta'+\sin\theta\sin\theta'\cos(\varphi'-\varphi))+\alpha^2}},$$

la proposition dont il s'agit, sera exprimée par l'équation:

$$(a) \qquad f(\theta,\varphi)=\frac{1}{4\pi}\sum_{n=0}^{n=\infty}(2n+1)\int_0^\pi d\theta'\sin\theta'\int_0^{2\pi}P_n f(\theta',\varphi')d\varphi',$$

qui a lieu pour toutes les valeurs de θ et de φ comprises entre les limites $\theta=0$ et $\theta=\pi$, $\varphi=0$ et $\varphi=2\pi$, la fonction $f(\theta,\varphi)$ restant entièrement arbitraire entre ces limites et étant seulement assujettie à ne pas devenir infinie. En ayant égard à l'origine de P_n, on prouve que ce coefficient considéré comme fonction des deux angles θ et φ, est une expression rationnelle et entière du degré n des trois quantités $\cos\theta$, $\sin\theta\cos\varphi$, $\sin\theta\sin\varphi$, qui satisfait à

*) Mécanique céleste, tome II. p. 72.

cette équation aux différences partielles:

$$(b)\qquad \frac{1}{\sin\theta}\cdot\frac{\partial\left(\sin\theta\frac{\partial P_n}{\partial\theta}\right)}{\partial\theta}+\frac{1}{\sin^2\theta}\cdot\frac{\partial^2 P_n}{\partial\varphi^2}+n(n+1)P_n=0.$$

Comme les intégrations, dans l'équation (a), ont lieu entre des limites constantes et sont relatives à des variables indépendantes de θ et de φ, il est évident que le terme général:

$$X_n=\frac{2n+1}{4\pi}\int_0^{\pi}d\theta'\sin\theta'\int_0^{2\pi}P_n f(\theta',\varphi')d\varphi'$$

sera aussi une fonction rationnelle et entière du degré n de $\cos\theta$, $\sin\theta\cos\varphi$, $\sin\theta\sin\varphi$, et qui satisfera pareillement à l'équation:

$$(c)\qquad \frac{1}{\sin\theta}\cdot\frac{\partial\left(\sin\theta\frac{\partial X_n}{\partial\theta}\right)}{\partial\theta}+\frac{1}{\sin^2\theta}\cdot\frac{\partial^2 X_n}{\partial\varphi^2}+n(n+1)X_n=0.$$

La proposition citée revient donc à dire qu'une fonction quelconque $f(\theta,\varphi)$ de deux variables peut être exprimée, pour toutes les valeurs de θ et φ comprises entre les limites indiquées, par une série de la forme:

$$f(\theta,\varphi)=X_0+X_1+X_2+\cdots+X_n+\cdots,$$

dans laquelle X_n est une fonction rationnelle et entière du degré n de $\cos\theta$, $\sin\theta\cos\varphi$, $\sin\theta\sin\varphi$, telle que l'équation (c) ait lieu. M. Poisson qui a appliqué la série (a) à des questions très variées de physique et de mécanique, en a donné une démonstration qui revient à peu près à ce qui suit*). Il suppose que les termes de cette série sont multipliés par les puissances successives d'une fraction positive α, c'est-à-dire qu'il considère la série:

$$\frac{1}{4\pi}\iint f(\theta',\varphi')\sin\theta'\,d\theta'\,d\varphi'\,\Sigma(2n+1)P_n\alpha^n.$$

L'opération indiquée par le signe Σ étant effectuée, il fait voir que l'intégrale double qui exprime la somme de la série ainsi modifiée, converge vers la limite $f(\theta,\varphi)$, lorsque la fraction α converge vers l'unité. De ce résultat que Lagrange avait déjà obtenu d'une autre manière**), il conclut l'équation (a) en posant $\alpha=1$. On voit que cette manière de procéder renferme implicite-

*) Journal de l'École Polyt., 19me cah. p. 145: Additions à la connaissance des temps pour l'an 1829 et pour l'an 1831. Théorie math. de la chaleur, p. 212.

**) Journal de l'École Polyt., 15me cah. p. 66.

ment deux suppositions. On admet que la série précédente dont la convergence est évidente tant que la quantité α reste inférieure à l'unité, conserve encore cette propriété pour $\alpha = 1$. On suppose encore que la valeur de la série correspondante à $\alpha = 1$, est en effet la limite de celle qui a lieu pour une fraction qu'on suppose converger vers l'unité. Cette seconde supposition ne doit pas paraître évidente; car il existe des séries dont les termes sont des fonctions continues d'une même variable α, et qui changent néanmoins d'une quantité finie lorsque la variable varie infiniment peu. Mais cette circonstance ne saurait avoir lieu dans le cas actuel, car l'on peut prouver généralement que les séries ordonnées suivant les puissances d'une variable α, sont nécessairement des fonctions continues de cette variable, tant qu'elles restent convergentes*). Tout se réduit donc à prouver que la série (a) est convergente.

Pour établir ce point essentiel, l'illustre auteur transforme le terme général au moyen de l'intégration par parties deux fois appliquée à chacune des variables θ', φ' et en ayant égard à l'équation (b). Les termes que cette double opération fait sortir du signe, se détruisant aux limites, il introduit dans l'intégrale transformée l'expression approchée que Laplace a donnée pour P_n lorsque l'indice n est très grand, et il conclut que les termes très éloignés de la série (a) finissent par devenir inférieurs à $\frac{A}{n\sqrt{n}}$, A désignant une constante**). Ce résultat étant supposé avoir lieu, la convergence de la série s'ensuit rigoureusement. Mais pour y parvenir, M. Poisson est obligé de faire plusieurs suppositions qui peuvent n'avoir pas lieu. Il suppose que les coefficients différentiels du premier et du second ordre de $f(\theta', \varphi')$ relatifs à l'une et à l'autre des variables restent finis, il suppose de plus que la fonction $f(\theta', \varphi')$ devient indépendante de φ', lorsqu'on y pose $\theta' = 0$. Outre ces restrictions que M. Poisson énonce, il y en a d'autres qui sont également nécessaires pour le succès de son analyse. Il faut encore, que $f(\theta', \varphi')$ et ses deux dérivées $\frac{\partial f(\theta', \varphi')}{\partial \theta'}$, $\frac{\partial f(\theta', \varphi')}{\partial \varphi'}$ soient des fonctions continues, car si cette circonstance n'avait pas lieu, les termes que l'intégration par parties fait sortir du signe, subsisteraient quoiqu'ils disparaissent aux limites des intégrations.

*) Voyez sur ce point un Mémoire de l'illustre Abel. Tome I. p. 314 du Journal de Crelle.[1]

**) Connaissance des temps pour 1831.

[1]) Oeuvres complètes de NIELS HENRIK ABEL, 1881. Tome I. p. 223. K.

Les différentes circonstances dont la transformation qu'on vient d'indiquer exige l'absence, peuvent se trouver réunies dans des cas très simples. Supposons par exemple, que la fonction $f(\theta', \varphi')$ ne renferme que θ', et soit exprimée par $\cos^k\theta'$ (k désignant une constante positive inférieure à l'unité) tant que $\theta' < \frac{1}{2}\pi$, et égale à zéro lorsque $\theta' > \frac{1}{2}\pi$. Dans cet exemple auquel M. Poisson a appliqué la série (a)*), la fonction $f(\theta')$ est continue, mais il n'en est pas de même de son coefficient différentiel, qui devient infini pour $\theta' = \frac{1}{2}\pi$ et passe ensuite brusquement à la valeur zéro, qu'il conserve dans tout l'intervalle compris entre $\theta' = \frac{1}{2}\pi$ et $\theta' = \pi$. Dans ce cas particulier, le terme général transformé se présente comme la différence de deux quantités infinies.

Il y a, au reste, une remarque générale à faire sur la série (a), qui s'applique également à toutes les autres formes de développement propres à représenter des fonctions arbitraires, c'est-à-dire des fonctions qui ne sont assujetties à aucune loi analytique. Les séries de ce genre, quoique toujours convergentes lorsque la fonction qu'elles développent, ne devient pas infinie, ne jouissent pas toujours de cette propriété en vertu du seul décroissement de leurs termes. Il existe des cas pour lesquels cette convergence résulte de la manière dont les termes consécutifs se détruisent en partie par l'opposition des signes, en sorte que les termes réduits à leurs valeurs numériques, formeraient une série divergente, et si une démonstration complète de la convergence de ces sortes de développements présente quelque difficulté, elle tient surtout à la possibilité de pareils cas. Quoi qu'il en soit, il résulte du moins de cette remarque très simple et qu'il serait facile de justifier par de nombreux exemples que tout moyen de démonstration qui n'aurait égard qu'au seul décroissement des termes, est nécessairement incomplet et ne saurait embrasser tous les cas.

Il existe un autre procédé qu'on peut appliquer aux questions de ce genre, procédé exempt des difficultés qu'on vient d'indiquer, et qui dérive d'ailleurs naturellement de l'idée que l'on doit se faire de la somme d'une suite infinie. Une pareille somme n'étant autre chose que la limite vers laquelle converge la somme des n premiers termes, lorsque n devient de plus en plus grand, on parviendra à une démonstration complète en déterminant la limite dont il s'agit. C'est ce procédé que j'ai déjà employé pour démontrer la for-

*) Connaissance des temps pour 1829 p. 348.

mule qui exprime une fonction arbitraire par une série ordonnée suivant les sinus et les cosinus des multiples de la variable*).

L'application du même moyen de démonstration à la série (a) est moins facile, non seulement parce que les termes de cette série sont donnés par une double intégration, mais surtout parce que, la fonction P_n étant plus compliquée qu'un simple sinus ou cosinus, il faut introduire une nouvelle expression intégrale pour pouvoir exécuter l'intégration aux différences finies étendue à un nombre indéterminé de termes. Néanmoins, si l'on met P_n d'une manière convenable sous forme d'intégrale définie, la somme des n premiers termes de la série prend une forme assez simple et la limite vers laquelle converge cette somme, pour des valeurs croissantes de n, résulte du même théorème dont j'ai déjà fait usage dans le Mémoire cité. Je commence par quelques recherches préliminaires sur le coefficient P_n.

§. 1.

Si l'on désigne par γ un angle réel que nous supposons compris entre 0 et π, et par α une fraction positive ou négative, le radical $\frac{1}{\sqrt{1-2\alpha\cos\gamma+\alpha^2}}$ peut être développé suivant les puissances positives de α:

$$(1)\qquad \frac{1}{\sqrt{1-2\alpha\cos\gamma+\alpha^2}} = P_0+P_1\alpha+P_2\alpha^2+\cdots+P_n\alpha^n+\cdots.$$

Le coefficient P_n est, comme l'on sait, une fonction rationnelle et entière de $\cos\gamma$, ayant pour expression:

$$(2)\quad P_n = \frac{1.3.5\ldots(2n-1)}{1.2.3\ldots n}\left[\cos^n\gamma-\frac{n(n-1)}{2(2n-1)}\cos^{n-2}\gamma + \frac{n(n-1)(n-2)(n-3)}{2.4(2n-1)(2n-3)}\cos^{n-4}\gamma-\cdots\right].$$

Je ferai observer, en passant, qu'on a aussi:

$$P_n = 1-\frac{(n+1)n}{1^2}\sin^2\frac{\gamma}{2}+\frac{(n+2)(n+1)n(n-1)}{1^2.2^2}\sin^4\frac{\gamma}{2} - \frac{(n+3)(n+2)\ldots(n-2)}{1^2.2^2.3^2}\sin^6\frac{\gamma}{2}+\cdots$$

$$P_n = (-1)^n\left[1-\frac{(n+1)n}{1^2}\cos^2\frac{\gamma}{2}+\frac{(n+2)(n+1)n(n-1)}{1^2.2^2}\cos^4\frac{\gamma}{2} - \frac{(n+3)(n+2)\ldots(n-2)}{1^2.2^2.3^2}\cos^6\frac{\gamma}{2}+\cdots\right],$$

---

*) Journal de CRELLE, Vol. IV, p. 157.[1])

[1]) S. 117 dieser Ausgabe von G. Lejeune Dirichlet's Werken. K.

$$P_n = \cos^{2n}\frac{\gamma}{2}\Big[1-\Big(\frac{n}{1}\Big)^2\operatorname{tang}^2\frac{\gamma}{2}+\Big(\frac{n(n-1)}{1.2}\Big)^2\operatorname{tang}^4\frac{\gamma}{2} -\Big(\frac{n(n-1)(n-2)}{1.2.3}\Big)^2\operatorname{tang}^6\frac{\gamma}{2}+\cdots\Big].$$

Ces expressions très simples et qui sont faciles à démontrer, ne paraissent pas avoir été remarquées.

Le même coefficient peut être développé suivant les cosinus des multiples de γ*):

$$\tfrac{1}{2}P_n = \frac{1.3\ldots(2n-1)}{2.4\ldots 2n}\cos n\gamma+\frac{1.3\ldots(2n-3)}{2.4\ldots(2n-2)}\cdot\frac{1}{2}\cos(n-2)\gamma +\frac{1.3\ldots(2n-5)}{2.4\ldots(2n-4)}\cdot\frac{1.3}{2.4}\cos(n-4)\gamma+\cdots,$$

expression qui a l'avantage de faire voir que la valeur numérique de P_n ne surpasse jamais l'unité. En effet, les coefficients de $\cos n\gamma$, $\cos(n-2)\gamma$, ... étant tous positifs, il est évident que la valeur numérique de P_n correspondant à une valeur quelconque de γ ne saurait surpasser celle qui a lieu pour $\gamma=0$, et il résulte d'un autre côté de l'équation (1), que, dans ce cas particulier, P_n se réduit à l'unité.

Laplace a fait voir que P_n peut être exprimé par cette intégrale définie**):

$$P_n = \frac{1}{\pi}\int_0^{\pi}[\cos\gamma-\sin\gamma\cos\psi\sqrt{-1}]^n\,d\psi.$$

C'est de cette expression de P_n que l'illustre géomètre a conclu la valeur approchée dont il a été question plus haut***). Il y est parvenu au moyen de la belle méthode dont l'Analyse lui est redevable et qui a pour objet d'obtenir les valeurs finales des intégrales définies où il entre sous le signe d'intégration des exposants qu'on suppose de plus en plus grands.

L'objet de ce Mémoire exige que nous mettions P_n sous forme d'intégrale définie. L'expression précédente ne se prêtant pas bien aux calculs que nous avons à faire, à cause des quantités imaginaires qui y entrent et qu'on ne saurait chasser sans que l'entier n paraisse à la fois comme exposant et comme facteur sous le signe trigonométrique, nous allons chercher une autre intégrale plus appropriée à la recherche qui nous occupe. Pour obtenir cette

*) Exercices de calcul intégral, tome II. p. 248.

**) Mécanique céleste, tome V. p. 32.

***) Mécanique céleste, tome V. p. 33. Voyez aussi le supplement au tome V. p. 2.

nouvelle expression de P_n, remplaçons dans l'équation (1), α par $e^{\psi\sqrt{-1}}$, ψ désignant un angle indépendant de γ et compris comme ce dernier entre 0 et π.

Le second membre de cette équation prendra la forme $G+H\sqrt{-1}$, en posant pour abréger:

$$G = P_0+P_1\cos\psi+P_2\cos 2\psi+\cdots+P_n\cos n\psi+\cdots,$$
$$H = \qquad P_1\sin\psi+P_2\sin 2\psi+\cdots+P_n\sin n\psi+\cdots.$$

Quant au premier membre, on trouve que sa partie réelle a une expression différente selon que ψ est inférieur ou supérieur à γ, et qu'il en est de même du coefficient de $\sqrt{-1}$. Cette partie réelle étant dans le premier cas, $\dfrac{\cos\frac{1}{2}\psi}{\sqrt{2(\cos\psi-\cos\gamma)}}$, et dans le second, $\dfrac{\sin\frac{1}{2}\psi}{\sqrt{2(\cos\gamma-\cos\psi)}}$, on aura aussi:

$$G=\frac{\cos\frac{1}{2}\psi}{\sqrt{2(\cos\psi-\cos\gamma)}} \quad \text{ou} \quad G=\frac{\sin\frac{1}{2}\psi}{\sqrt{2(\cos\gamma-\cos\psi)}},$$

selon que $\psi<\gamma$ ou $\psi>\gamma$. On trouve pareillement:

$$H=\frac{-\sin\frac{1}{2}\psi}{\sqrt{2(\cos\psi-\cos\gamma)}} \quad \text{ou} \quad H=\frac{\cos\frac{1}{2}\psi}{\sqrt{2(\cos\gamma-\cos\psi)}},$$

selon que $\psi<\gamma$ ou $\psi>\gamma$.

On a d'un autre côté, par la théorie connue des séries de sinus et de cosinus:

$$P_n=\frac{2}{\pi}\int_0^\pi G\cos n\psi\, d\psi \quad \text{et} \quad P_n=\frac{2}{\pi}\int_0^\pi H\sin n\psi\, d\psi.$$

Si l'on partage chacune de ces intégrales en deux autres prises entre les limites 0 et γ, γ et π, et qu'on mette ensuite pour G et H leurs valeurs données plus haut, il viendra:

$$(3) \qquad P_n= \frac{2}{\pi}\int_0^\gamma \frac{\cos n\psi\cos\frac{1}{2}\psi\, d\psi}{\sqrt{2(\cos\psi-\cos\gamma)}}+\frac{2}{\pi}\int_\gamma^\pi \frac{\cos n\psi\sin\frac{1}{2}\psi\, d\psi}{\sqrt{2(\cos\gamma-\cos\psi)}},$$

$$(4) \qquad P_n=-\frac{2}{\pi}\int_0^\gamma \frac{\sin n\psi\sin\frac{1}{2}\psi\, d\psi}{\sqrt{2(\cos\psi-\cos\gamma)}}+\frac{2}{\pi}\int_\gamma^\pi \frac{\sin n\psi\cos\frac{1}{2}\psi\, d\psi}{\sqrt{2(\cos\gamma-\cos\psi)}},$$

où il est essentiel de remarquer que, d'après la théorie citée, le second membre de l'équation (3) doit être réduit à moitié lorsque $n=0$, et que l'équation (4) ne s'applique pas à ce cas, P_0 n'entrant pas dans la série H.

Le procédé qui vient de nous conduire à cette double expression de P_n, n'est pas rigoureux en ce que nous n'avons pas démontré que les séries G et

H sont convergentes. Cette convergence a effectivement lieu, le cas excepté où $\psi = \gamma$, pour lequel les fonctions de ψ que ces séries représentent, deviennent infinies. Mais comme la considération de ces séries exigerait trop de détails, nous ne nous y arrêterons pas et nous allons faire voir, à posteriori, et par un calcul très simple que les intégrales précédentes expriment en effet les coefficients du développement du radical:

$$\frac{1}{\sqrt{1-2\alpha\cos\gamma+\alpha^2}}.$$

Si l'on désigne par Q_n la première des deux intégrales contenues dans l'équation (3), on aura:

$$Q_n = \frac{2}{\pi}\int_0^\gamma \frac{\cos n\psi \cos\frac{1}{2}\psi}{\sqrt{2(\cos\psi-\cos\gamma)}}\,d\psi$$

et la valeur numérique de Q_n sera évidemment inférieure à:

$$\frac{2}{\pi}\int_0^\gamma \frac{\cos\frac{1}{2}\psi\,d\psi}{\sqrt{2(\cos\psi-\cos\gamma)}} = 1.$$

La série:

$$\tfrac{1}{2}Q_0 + Q_1\alpha + Q_2\alpha^2 + \cdots + Q_n\alpha^n + \cdots$$

dans laquelle α désigne une fraction positive ou négative, sera donc convergente. Pour en obtenir la somme, mettons à la place de Q_0, Q_1, Q_2, ... ce que ces lettres représentent. Il viendra ainsi:

$$\frac{2}{\pi}\int_0^\gamma \frac{\cos\frac{1}{2}\psi\,d\psi}{\sqrt{2(\cos\psi-\cos\gamma)}}\left(\tfrac{1}{2}+\alpha\cos\psi+\alpha^2\cos 2\psi+\cdots\right)$$

ou, si l'on remplace dans l'intégrale la série convergente par sa valeur connue $\frac{1}{2}\cdot\frac{1-\alpha^2}{1-2\alpha\cos\psi+\alpha^2}$:

$$\frac{1-\alpha^2}{\pi}\int_0^\gamma \frac{\cos\frac{1}{2}\psi\,d\psi}{\sqrt{2(\cos\psi-\cos\gamma)}}\cdot\frac{1}{1-2\alpha\cos\psi+\alpha^2}.$$

L'introduction d'une nouvelle variable s telle que $s\sin\frac{\gamma}{2} = \sin\frac{\psi}{2}$, changera l'intégrale en celle-ci:

$$\frac{1-\alpha^2}{\pi}\int_0^1 \frac{ds}{\sqrt{1-s^2}}\cdot\frac{1}{(1-\alpha)^2+4\alpha s^2\sin^2\frac{1}{2}\gamma}.$$

L'intégration étant effectuée par les méthodes connues, on trouve:

$$\tfrac{1}{2}\cdot\frac{1+\alpha}{\sqrt{1-2\alpha\cos\gamma+\alpha^2}} = \tfrac{1}{2}Q_0 + Q_1\alpha + Q_2\alpha^2 + \cdots + Q_n\alpha^n + \cdots.$$

On pourrait obtenir d'une manière semblable la somme de la série:

$$\tfrac{1}{2}R_0 + R_1\alpha + R_2\alpha^2 + \cdots + R_n\alpha^n + \cdots,$$

R_n désignant pour abréger la seconde des intégrales (3). Mais on y parvient plus simplement par la considération suivante. Le terme général:

$$R_n\alpha^n = \frac{2}{\pi}\alpha^n \int_\gamma^\pi \frac{\cos n\psi \sin\frac{1}{2}\psi\, d\psi}{\sqrt{2(\cos\gamma - \cos\psi)}}$$

prendra cette autre forme, si l'on remplace ψ par $\pi - \psi$, et que l'on observe qu'on a $\cos n(\pi - \psi) = (-1)^n \cos n\psi$:

$$\frac{2}{\pi}(-\alpha)^n \int_0^{\pi-\gamma} \frac{\cos n\psi \cos\frac{1}{2}\psi\, d\psi}{\sqrt{2(\cos\psi - \cos(\pi - \gamma))}}.$$

Sous cette forme, il est évident que ce terme général résulte de celui de la série déjà sommée et qui est:

$$Q_n\alpha^n = \frac{2}{\pi}\alpha^n \int_0^\gamma \frac{\cos n\psi \cos\frac{1}{2}\psi\, d\psi}{\sqrt{2(\cos\psi - \cos\gamma)}}$$

en changeant simultanément α en $-\alpha$ et γ en $\pi - \gamma$. En faisant donc ce double changement dans l'expression de la somme de la première série, on trouve pour celle de la seconde:

$$\tfrac{1}{2}\cdot\frac{1-\alpha}{\sqrt{1 - 2\alpha\cos\gamma + \alpha^2}} = \tfrac{1}{2}R_0 + R_1\alpha + R_2\alpha^2 + \cdots + R_n\alpha^n + \cdots.$$

En ajoutant les deux séries, il vient:

$$\frac{1}{\sqrt{1 - 2\alpha\cos\gamma + \alpha^2}} = \tfrac{1}{2}P_0 + P_1\alpha + P_2\alpha^2 + \cdots + P_n\alpha^n + \cdots,$$

P_n désignant généralement l'expression (3), ce qu'il s'agissait de faire voir.

Pour vérifier l'équation (4), qui n'a pas lieu pour $n = 0$, considérons d'abord la série dont le terme général est le produit de α^n et de la première des intégrales qui y entrent. Ce terme général est:

$$-\frac{2}{\pi}\alpha^n \int_0^\gamma \frac{\sin n\psi \sin\frac{1}{2}\psi\, d\psi}{\sqrt{2(\cos\psi - \cos\gamma)}}.$$

En attribuant à n toutes les valeurs entières à partir de $n = 1$, et faisant la somme, il viendra:

$$-\frac{2}{\pi}\int_0^\gamma \frac{\sin\frac{1}{2}\psi d\psi}{\sqrt{2(\cos\psi-\cos\gamma)}}(\alpha\sin\psi+\alpha^2\sin 2\psi+\cdots)$$
$$=-\frac{2}{\pi}\int_0^\gamma \frac{\sin\frac{1}{2}\psi d\psi}{\sqrt{2(\cos\psi-\cos\gamma)}}\cdot\frac{\alpha\sin\psi}{1-2\alpha\cos\psi+\alpha^2}.$$

En remarquant que l'on a:

$$\frac{\alpha\sin\psi\sin\frac{1}{2}\psi}{1-2\alpha\cos\psi+\alpha^2}=\tfrac{1}{2}\cos\tfrac{1}{2}\psi-\tfrac{1}{2}\cdot\frac{(1-\alpha)^2\cos\frac{1}{2}\psi}{1-2\alpha\cos\psi+\alpha^2},$$

l'expression précédente devient:

$$-\frac{1}{\pi}\int_0^\gamma \frac{\cos\frac{1}{2}\psi d\psi}{\sqrt{2(\cos\psi-\cos\gamma)}}+\frac{(1-\alpha)^2}{\pi}\int_0^\gamma \frac{\cos\frac{1}{2}\psi d\psi}{\sqrt{2(\cos\psi-\cos\gamma)}}\cdot\frac{1}{1-2\alpha\cos\psi+\alpha^2}.$$

En mettant leurs valeurs pour ces deux intégrales dont la seconde s'est déjà présentée plus haut lorsqu'on a sommé la suite $\frac{1}{2}Q_0+Q_1\alpha+\cdots$, il viendra:

$$-\frac{1}{2}+\frac{1}{2}\frac{1-\alpha}{\sqrt{1-2\alpha\cos\gamma+\alpha^2}}.$$

Si l'on considère en second lieu la série dont le terme général est égal à la seconde des intégrales (4) multipliée par α^n, on s'assurera, comme plus haut, que cette série résulte de celle qu'on vient de sommer, en changeant simultanément α en $-\alpha$ et γ en $\pi-\gamma$. Cette nouvelle série a donc pour somme:

$$-\frac{1}{2}+\frac{1}{2}\frac{1+\alpha}{\sqrt{1-2\alpha\cos\gamma+\alpha^2}}.$$

En réunissant les deux résultats, on obtient cette égalité:

$$\frac{1}{\sqrt{1-2\alpha\cos\gamma+\alpha^2}}-1=P_1\alpha+P_2\alpha^2+\cdots+P_n\alpha^n+\cdots,$$

P_n étant donné par l'équation (4), qui se trouve ainsi vérifiée.

§. 2.

Après ces préliminaires, nous allons considérer la série:

(5) $$\frac{1}{4\pi}\Sigma(2n+1)\int_0^\pi d\theta'\sin\theta'\int_0^{2\pi}P_n f(\theta',\varphi')d\varphi',$$

le signe sommatoire s'étendant à toutes les valeurs entières de n depuis zéro jusqu'à l'infini, et la fonction $f(\theta', \varphi')$ étant donnée d'une manière arbitraire depuis $\theta' = 0$, $\varphi' = 0$ jusqu'à $\theta' = \pi$, $\varphi' = 2\pi$. On suppose seulement que cette fonction ne devient pas infinie entre ces limites. Quant à P_n, c'est le coefficient de α^n dans la valeur développée du radical:

$$\frac{1}{\sqrt{1-2\alpha(\cos\theta\cos\theta'+\sin\theta\sin\theta'\cos(\varphi'-\varphi))+\alpha^2}}.$$

On obtiendra ce coefficient, si l'on suppose:

$$\cos\gamma = \cos\theta\cos\theta'+\sin\theta\sin\theta'\cos(\varphi'-\varphi)$$

dans l'une des expressions de P_n obtenues dans le paragraphe précédent.

Pour sommer la suite (5), nous considérerons la somme de ses $n+1$ premiers termes, et nous montrerons que cette somme converge vers une limite lorsqu'on fait croître indéfiniment le nombre entier n. Supposons d'abord $\theta = 0$, cas auquel il sera très facile de ramener ensuite celui d'une valeur quelconque de cette variable. Cela étant, on aura $\cos\gamma = \cos\theta'$, et P_n ne contiendra pas la variable φ'. Si l'on pose pour abréger:

$$\frac{1}{2\pi}\int_0^{2\pi} f(\theta', \varphi')d\varphi' = F(\theta')$$

et que l'on écrive γ à la place de θ', la somme des $n+1$ premiers termes de la série deviendra:

$$S = \tfrac{1}{2}\int_0^{\pi}[P_0+3P_1+5P_2+\cdots+(2n+1)P_n]F(\gamma)\sin\gamma\, d\gamma.$$

La lettre θ' ayant été remplacée par γ, les expressions de P_0, P_1, P_2, ... seront celles qui résultent des équations (3) et (4), sans y rien changer.

La somme précédente peut être partagée en celles-ci:

$$T = \tfrac{1}{2}\int_0^{\pi}(P_0+P_1+P_2+\cdots+P_n)F(\gamma)\sin\gamma\, d\gamma,$$

$$U = \int_0^{\pi}(P_1+2P_2+\cdots+nP_n)F(\gamma)\sin\gamma\, d\gamma,$$

que nous examinerons l'une après l'autre. En introduisant dans la première les expressions de P_0, P_1, ..., P_n données par l'équation (3) et ayant égard à la formule connue:

$$1+2\cos\psi+2\cos 2\psi+\cdots+2\cos n\psi = \frac{\sin\frac{1}{2}(2n+1)\psi}{\sin\frac{1}{2}\psi},$$

il viendra:

$$T = \frac{1}{2\pi}\int_0^\pi d\gamma F(\gamma)\sin\gamma\left(\int_0^\gamma \frac{\cos\frac{1}{2}\psi}{\sqrt{2(\cos\psi-\cos\gamma)}}\cdot\frac{\sin\frac{1}{2}(2n+1)\psi d\psi}{\sin\frac{1}{2}\psi}\right.$$

$$\left.+\int_\gamma^\pi \frac{\sin\frac{1}{2}\psi}{\sqrt{2(\cos\gamma-\cos\psi)}}\cdot\frac{\sin\frac{1}{2}(2n+1)\psi d\psi}{\sin\frac{1}{2}\psi}\right).$$

Quoique les intégrations relatives à ψ doivent être effectuées entre des limites dépendant de la variable γ, à laquelle se rapporte l'autre intégration, on peut facilement intervertir l'ordre des deux intégrations. Il suffit pour cela de faire usage de la formule suivante:

$$\int_0^a dx\int_0^x \varphi(x,\, y)dy = \int_0^a dy\int_y^a \varphi(x,\, y)dx, \tag{6}$$

qu'il est très facile de démontrer et qui devient tout à fait évidente, lorsqu'on l'envisage sous un point de vue géométrique. En effet, si l'on conçoit que x, y, $\varphi(x, y)$ soient les coordonnées rectangulaires d'un point quelconque d'une surface courbe, on voit sur le champ que les intégrales précédentes représentent l'une et l'autre la partie de l'espace comprise entre cette surface, le plan des x, y et les trois plans perpendiculaires à ce dernier et dont les équations sont $y = 0$, $x = a$, et $y = x$.

On transformera la première partie de T, en l'assimilant au premier membre de l'égalité précédente et en remplaçant ce premier membre par le second, et l'on opérera en sens inverse pour la seconde partie de T. On trouve ainsi:

$$T = \frac{1}{2\pi}\int_0^\pi \frac{\sin\frac{1}{2}(2n+1)\psi}{\sin\frac{1}{2}\psi}\,\Pi(\psi)d\psi,$$

en posant pour abréger:

$$\Pi(\psi) = \cos\tfrac{1}{2}\psi\int_\psi^\pi \frac{F(\gamma)\sin\gamma d\gamma}{\sqrt{2(\cos\psi-\cos\gamma)}} + \sin\tfrac{1}{2}\psi\int_0^\psi \frac{F(\gamma)\sin\gamma d\gamma}{\sqrt{2(\cos\gamma-\cos\psi)}}.$$

$\Pi(\psi)$ sera une fonction de ψ qui reste finie pour toute valeur de ψ comprise entre 0 et π. En effet, si l'on désigne par M, abstraction faite du signe, la plus grande valeur de $F(\gamma)$ depuis $\gamma = 0$ jusqu'à $\gamma = \pi$, il est évident que la valeur numérique de l'intégrale:

$$\int_{\psi}^{\pi} \frac{F(\gamma)\sin\gamma\, d\gamma}{\sqrt{2(\cos\psi - \cos\gamma)}}$$

est moindre que:

$$M\int_{\psi}^{\pi} \frac{\sin\gamma\, d\gamma}{\sqrt{2(\cos\psi - \cos\gamma)}} = 2M\cos\tfrac{1}{2}\psi.$$

L'autre intégrale est inférieure à $2M\sin\frac{1}{2}\psi$ et par conséquent $\Pi(\psi)$ moindre que $2M$.

La fonction $\Pi(\psi)$ ne devenant pas infinie, on déterminera facilement la limite vers laquelle T converge, au moyen d'un théorème qui se présente dans la théorie des séries de sinus et de cosinus. En posant $\psi = 2\beta$, il viendra:

$$T = \frac{1}{\pi}\int_0^{\frac{\pi}{2}} \frac{\sin(2n+1)\beta}{\sin\beta}\, \Pi(2\beta)\, d\beta$$

et l'on conclura immédiatement de ce théorème (Voyez la note à la fin du Mémoire) que la limite de T pour des valeurs de n indéfiniment croissantes est égale à $\frac{1}{2}\Pi(0)$. En ayant égard à ce que $\Pi(\psi)$ représente, on trouve:

$$\Pi(0) = \int_0^{\pi} F(\gamma)\cos\tfrac{1}{2}\gamma\, d\gamma.$$

La limite vers laquelle T converge, est donc $\frac{1}{2}\int_0^{\pi} F(\gamma)\cos\frac{1}{2}\gamma\, d\gamma$.

§. 3.

Passons maintenant à la considération de U. En y mettant pour P_1, P_2, ..., P_n les expressions que fournit l'équation (4), et intervertissant ensuite l'ordre des intégrations au moyen de la formule (6), on aura:

$$(7) \qquad U = \frac{2}{\pi}\int_0^{\pi} \Theta(\psi)(\sin\psi + 2\sin 2\psi + \cdots + n\sin n\psi)\, d\psi,$$

en posant pour abréger:

$$\Theta(\psi) = -\sin\tfrac{1}{2}\psi \int_{\psi}^{\pi} \frac{F(\gamma)\sin\gamma\, d\gamma}{\sqrt{2(\cos\psi - \cos\gamma)}} + \cos\tfrac{1}{2}\psi \int_0^{\psi} \frac{F(\gamma)\sin\gamma\, d\gamma}{\sqrt{2(\cos\gamma - \cos\psi)}}.$$

Les deux intégrales que renferme $\Theta(\psi)$, étant les mêmes que celles qui entrent dans $\Pi(\psi)$, on conclut comme précédemment que la fonction $\Theta(\psi)$ ne devient pas infinie. Mais il faut prouver de plus que $\Theta(\psi)$ est une fonction continue, c'est-à-dire qui change par degrés insensibles lorsqu'on fait croître ψ d'une manière semblable, depuis $\psi = 0$ jusqu'à $\psi = \pi$. Cette propriété a lieu quand même la fonction $F(\gamma)$ qui entre dans la composition de $\Theta(\psi)$, serait discontinue, c'est-à-dire quand même la courbe dont γ est l'abscisse et $F(\gamma)$ l'ordonnée, serait composée de parties non contigues. Il est toujours bien entendu que $F(\gamma)$ doit rester finie, condition qui est évidemment remplie dès qu'elle a lieu pour la fonction $f(\theta', \varphi')$ dont $F(\gamma)$ dérive. La même propriété appartient aussi à $\Pi(\psi)$, mais il n'était pas nécessaire d'y avoir égard dans l'examen que nous avons fait de T.

Pour prouver la propriété énoncée, il suffit évidemment de faire voir que cette propriété convient à chacune des intégrales que renferme $\Theta(\psi)$. Si l'on suppose que dans la seconde de ces deux intégrales, ψ augmente de la quantité positive ε, l'intégrale augmentera de:

$$\int_0^{\psi+\varepsilon} \frac{F(\gamma)\sin\gamma\, d\gamma}{\sqrt{2(\cos\gamma - \cos(\psi+\varepsilon))}} - \int_0^{\psi} \frac{F(\gamma)\sin\gamma\, d\gamma}{\sqrt{2(\cos\gamma - \cos\psi)}}.$$

Cette différence peut être mise sous cette forme:

$$-\int_0^{\psi} F(\gamma)\left[\frac{\sin\gamma}{\sqrt{2(\cos\gamma - \cos\psi)}} - \frac{\sin\gamma}{\sqrt{2(\cos\gamma - \cos(\psi+\varepsilon))}}\right] d\gamma + \int_{\psi}^{\psi+\varepsilon} \frac{F(\gamma)\sin\gamma\, d\gamma}{\sqrt{2(\cos\gamma - \cos(\psi+\varepsilon))}}.$$

Comme le facteur de $F(\gamma)$, dans la première de ces deux intégrales, reste évidemment toujours positif entre les limites de l'intégration, il est évident que l'intégrale est moindre, abstraction faite du signe, que l'intégrale de ce facteur prise entre les mêmes limites, multipliée par la plus grande valeur de $F(\gamma)$, que nous désignerons par M comme plus haut.

L'intégration étant effectuée, on trouve pour la quantité que la valeur numérique de l'intégrale ne saurait surpasser:

$$2M\left[\sin\tfrac{1}{2}\psi - \sin\tfrac{1}{2}(\psi-\varepsilon) + \sqrt{\sin\tfrac{1}{2}\varepsilon\,\sin(\psi+\tfrac{1}{2}\varepsilon)}\right].$$

On trouve pareillement que la valeur numérique de la seconde intégrale est inférieure à:

$$2M\sqrt{\sin\tfrac{1}{2}\varepsilon\,\sin(\psi+\tfrac{1}{2}\varepsilon)}.$$

Les expressions précédentes s'évanouissant avec ε, il en résulte que l'accroissement de l'intégrale:

$$\int_0^{\psi} \frac{F(\gamma)\sin\gamma\, d\gamma}{\sqrt{2(\cos\gamma - \cos\psi)}},$$

correspondant à une augmentation infiniment petite de la variable ψ, est lui-même une quantité infiniment petite. Cette intégrale sera donc une fonction continue de ψ.

Le même raisonnement s'appliquant à l'autre intégrale que renferme $\Theta(\psi)$, la continuité de cette fonction se trouve établie.

Il est évident, à la seule inspection de l'expression de cette fonction, qu'elle s'évanouit aux deux limites $\psi = 0$ et $\psi = \pi$, c'est-à-dire que l'on a ces deux équations:

$$\Theta(0) = 0, \qquad \Theta(\pi) = 0. \tag{8}$$

Posons pour abréger $\dfrac{d\Theta(\psi)}{d\psi} = \Theta'(\psi)$, et voyons quelle est la valeur de $\Theta'(\psi)$, lorsque ψ obtient la valeur particulière 0. Si l'on désigne, pour un instant, par r et s les deux intégrales contenues dans $\Theta(\psi)$, on aura:

$$\Theta(\psi) = -r\sin\tfrac{1}{2}\psi + s\cos\tfrac{1}{2}\psi,$$

et en différentiant:

$$\Theta'(\psi) = -\tfrac{1}{2}r\cos\tfrac{1}{2}\psi - \tfrac{1}{2}s\sin\tfrac{1}{2}\psi - \frac{dr}{d\psi}\sin\tfrac{1}{2}\psi + \frac{ds}{d\psi}\cos\tfrac{1}{2}\psi.$$

Pour $\psi = 0$, on a évidemment:

$$r = \int_0^\pi F(\gamma)\cos\tfrac{1}{2}\gamma\, d\gamma, \qquad s = 0.$$

Pour déterminer $\dfrac{ds}{d\psi}$ dans ce même cas, on remarquera qu'à cause de $s = 0$, $\dfrac{ds}{d\psi}$ est évidemment la limite du rapport:

$$\frac{1}{\varepsilon}\int_0^\varepsilon \frac{F(\gamma)\sin\gamma\, d\gamma}{\sqrt{2(\cos\gamma - \cos\varepsilon)}},$$

la quantité positive ε décroissant indéfiniment. Ce rapport est compris entre les deux quantités:

$$\frac{g}{\varepsilon}\int_0^\varepsilon \frac{\sin\gamma\, d\gamma}{\sqrt{2(\cos\gamma - \cos\varepsilon)}} \quad \text{et} \quad \frac{h}{\varepsilon}\int_0^\varepsilon \frac{\sin\gamma\, d\gamma}{\sqrt{2(\cos\gamma - \cos\varepsilon)}},$$

ou ce qui revient au même, entre celles-ci:

$$g\frac{\sin\frac{1}{2}\varepsilon}{\frac{1}{2}\varepsilon} \quad \text{et} \quad h\frac{\sin\frac{1}{2}\varepsilon}{\frac{1}{2}\varepsilon},$$

g et h désignant les valeurs extrêmes de $F(\gamma)$ dans l'intervalle de l'intégration. Les expressions précédentes convergeant vers la limite $F(0)$, on aura $\dfrac{ds}{d\psi} = F(0)$, pour la valeur particulière $\psi = 0$. On trouverait d'une manière semblable, la valeur de $\dfrac{dr}{d\psi}$ correspondant à $\psi = 0$, valeur dont on n'a toutefois besoin que pour s'assurer qu'elle ne peut pas être infinie. Au moyen des déterminations précédentes, on conclut:

$$\Theta'(0) = F(0) - \tfrac{1}{2}\int_0^\pi F(\gamma)\cos\tfrac{1}{2}\gamma\,d\gamma. \tag{9}$$

Cela posé, reprenons l'expression de U (7). La suite:

$$\sin\psi + 2\sin 2\psi + \cdots + n\sin n\psi$$

étant mise sous la forme:

$$-\frac{d}{d\psi}(\tfrac{1}{2} + \cos\psi + \cos 2\psi + \cdots + \cos n\psi) = -\tfrac{1}{2}\frac{d}{d\psi}\frac{\sin(2n+1)\frac{1}{2}\psi}{\sin\frac{1}{2}\psi},$$

on aura:

$$U = -\frac{1}{\pi}\int_0^\pi \Theta(\psi)\frac{d}{d\psi}\frac{\sin(2n+1)\frac{1}{2}\psi}{\sin\frac{1}{2}\psi}\,d\psi.$$

En intégrant par parties, on trouve:

$$U = \frac{1}{\pi}\int_0^\pi \Theta'(\psi)\frac{\sin(2n+1)\frac{1}{2}\psi}{\sin\frac{1}{2}\psi}\,d\psi,$$

le terme:

$$-\Theta(\psi)\frac{\sin(2n+1)\frac{1}{2}\psi}{\sin\frac{1}{2}\psi}$$

que cette opération fait sortir du signe, disparaissant. Cela résulte 1^0 des deux équations (8) d'après lesquelles $\Theta(\psi)$ s'évanouit aux limites, et 2^0 de ce que cette fonction $\Theta(\psi)$ reste continue dans toute l'étendue de l'intégration, comme nous l'avons fait voir plus haut.

Sous cette forme il est évident par le théorème déjà cité (Voyez la note à la fin du Mémoire) que U converge vers la limite $\Theta'(0)$, ou ce qui revient au même d'après l'équation (9), vers la limite:

$$F(0) - \tfrac{1}{2}\int_0^\pi F(\gamma)\cos\tfrac{1}{2}\gamma\,d\gamma.$$

Il est essentiel de remarquer que ce résultat ne cesse pas d'être exact, quand même la fonction $\Theta'(\psi)$ deviendrait infinie pour certaines valeurs particulières de ψ. Quoique $\Theta(\psi)$ conserve toujours une valeur finie, la même propriété ne convient pas toujours à la fonction dérivée $\Theta'(\psi)$. Il serait au contraire facile de s'assurer que $\Theta'(\psi)$ devient nécessairement infinie pour certaines valeurs particulières de la variable ψ, toutes les fois que la fonction $F(\gamma)$, dont $\Theta(\psi)$ dépend, est une fonction discontinue.

Mais, comme on l'a déjà dit, cette circonstance n'empêchera pas le théorème de la note d'être applicable, la condition que ce théorème exige, et qui consiste en ce que l'intégrale $\int_0^\psi \Theta'(\psi)d\psi = \Theta(\psi)$ doit rester finie, étant évidemment remplie.

En réunissant les résultats qu'on vient d'obtenir, on conclura que la somme $S = T + U$ converge vers la limite $F(0)$ pour des valeurs croissantes de n. Il suit de là que la série (5), lorsqu'on y suppose $\theta = 0$, est convergente et a pour somme $F(0)$, et comme l'on a posé plus haut:

$$F(\theta') = \frac{1}{2\pi}\int_0^{2\pi} f(\theta', \varphi')d\varphi',$$

cette somme sera donnée par l'intégrale $\frac{1}{2\pi}\int_0^{2\pi} f(0, \varphi')d\varphi'$.

§. 4.

Pour passer plus facilement au cas général, où l'on attribue dans la série (5), à θ et φ des valeurs quelconques, il convient de présenter sous une forme géométrique le résultat auquel on vient de parvenir. Pour cela, concevons une surface sphérique d'un rayon égal à l'unité. Si par un point fixe de cette surface on fait passer un arc de grand cercle, que nous considérons également comme fixe et prolongé d'un seul côté, la position d'un point quelconque de cette surface sera déterminée dès que l'on connaîtra l'arc de grand cercle compris entre ce point et le point fixe, et l'angle sphérique que cet arc forme avec l'arc fixe. Ces deux coordonnées polaires sphériques étant désignées par θ' et φ', on embrassera évidemment la surface entière, en attribuant à θ' toutes les valeurs comprises entre $\theta' = 0$ et $\theta' = \pi$, et à φ' toutes celles comprises entre $\varphi' = 0$ et $\varphi' = 2\pi$, et il est également évident que l'élément de surface relatif à ces coordonnées, sera exprimé par $\sin\theta'\, d\theta'\, d\varphi'$. La fonction $f(\theta', \varphi')$ étant ainsi donnée pour la surface entière, on voit que l'intégrale:

$$F(\theta') = \frac{1}{2\pi}\int_0^{2\pi} f(\theta', \varphi')d\varphi'$$

est la moyenne de toutes les valeurs de cette fonction correspondant aux différents points de la circonférence d'un petit cercle, décrit de l'origine comme centre et avec un rayon sphérique égal à θ'. Si la fonction $f(\theta', \varphi')$ devient indépendante de l'angle φ', lorsqu'on y fait $\theta' = 0$, on aura:

$$F(0) = \frac{1}{2\pi}\int_0^{2\pi} f(0, \varphi')d\varphi' = f(0, \varphi'),$$

et la somme de la série (5) coïncidera avec la valeur de la fonction relative à l'origine des coordonnées. Mais dans le cas général où la supposition de $\theta' = 0$ ne fait pas disparaître φ', la fonction $f(\theta', \varphi')$ aura une infinité de valeurs différentes à cette origine et sera discontinue dans tous les sens autour de ce point. La somme de la série étant toujours exprimée par $\frac{1}{2\pi}\int_0^{2\pi} f(0, \varphi')d\varphi'$, sera alors la moyenne de toutes ces valeurs en nombre infini. On peut donc dire généralement que la série (5), lorsqu'on y pose $\theta = 0$, a pour somme la moyenne de toutes les valeurs de $f(\theta', \varphi')$ qui ont lieu sur la circonférence d'un cercle infiniment petit et dont le centre est à l'origine des coordonnées.

Pour passer du cas où $\theta = 0$, à celui où θ et φ sont quelconques mais inférieures à π et à 2π, on pourrait transporter l'origine au point dont les coordonnées sphériques sont θ et φ. Mais on peut se dispenser de ce calcul, en examinant attentivement le terme général dans l'un et dans l'autre cas.

Dans les deux cas le terme général est exprimé par une intégrale double étendue à toute la surface sphérique, et dont l'élément est le produit de deux facteurs. Le premier:

$$f(\theta', \varphi')\sin\theta' d\theta' d\varphi'$$

exprimant l'élément de surface multiplié par la valeur de $f(\theta', \varphi')$ qui s'y rapporte, est le même dans les deux cas et il n'y a de différence que pour l'autre facteur P_n. Dans le premier cas, ce facteur P_n est une certaine fonction de la distance sphérique θ' de l'élément de surface à l'origine des coordonnées, et dans le second cas, P_n est la même fonction de γ, γ étant donnée par l'équation:

$$\cos\gamma = \cos\theta\cos\theta' + \sin\theta\sin\theta'\cos(\varphi' - \varphi).$$

Or on sait, par la trigonométrie, que γ est la distance des deux points ayant pour coordonnées θ, φ et θ', φ', il est donc évident que les deux cas ne se distinguent qu'en ce que l'origine des distances qui coïncide avec celle des coordonnées dans le premier cas, se trouve dans le second au point quelconque (θ, φ). On voit donc que la série est de même nature dans l'un et l'autre cas, et comme on a prouvé la convergence de cette série pour le premier cas, en même temps qu'on en a obtenu la somme, on peut transporter au cas général le résultat trouvé plus haut. On trouve ainsi que la série (5) est une série convergente, et dont la somme est exprimée par la moyenne de toutes les valeurs de la fonction $f(\theta', \varphi')$, relatives aux différents points du contour d'un cercle infiniment petit ayant son centre au point (θ, φ). Cet énoncé embrasse tous les cas.

Lorsque le point (θ, φ) n'est pas du nombre de ceux autour desquels la fonction arbitrairement donnée pour toute l'étendue de la surface sphérique est discontinue, la moyenne précédente coïncidera avec $f(\theta, \varphi)$, qui est alors la somme de la série (5), ce qu'il s'agissait de faire voir.

Pour éclaircir cet énoncé par un exemple très simple, concevons qu'après avoir tracé un polygone sphérique quelconque, on suppose la fonction arbitraire $f(\theta', \varphi')$ égale à l'unité pour tous les points dans l'intérieur du polygone et égale à zéro pour les points extérieurs. Il faudra donc remplacer, dans la série (5), $f(\theta', \varphi')$ par l'unité et n'étendre ensuite la double intégration qu'à la surface du polygone. Les termes de la série étant ainsi complètement déterminés, si l'on substitue dans cette série des valeurs quelconques θ et φ, la valeur correspondante de la série sera l'unité ou zéro, selon que le point dont les coordonnées sont θ, φ, sera situé en dedans ou en dehors du polygone. Dans le cas intermédiaire où le point (θ, φ) appartiendra au contour du polygone, la moyenne de toutes les valeurs de $f(\theta', \varphi')$ correspondant aux différents points du contour du cercle infiniment petit, sera évidemment $\frac{1}{2}$, valeur qui sera donc aussi celle de la série. Mais ce résultat cesse lui-même d'être exact, lorsque le point (θ, φ) appartient à la fois à deux parties différentes du contour, c'est-à-dire lorsque les coordonnées θ, φ sont celles d'un sommet du polygone, et il résulte de l'énoncé général qu'alors la somme de la série est égale à l'angle auquel ce sommet appartient, divisé par quatre droits.

§. 5.

Après avoir prouvé qu'une fonction $f(\theta, \varphi)$, arbitrairement donnée depuis $\theta = 0$, $\varphi = 0$ jusqu'à $\theta = \pi$, $\varphi = 2\pi$, peut être exprimée par une série convergente dont le terme général X_n est une expression rationnelle et entière du degré n, des quantités $\cos\theta$, $\sin\theta\cos\varphi$, $\sin\theta\sin\varphi$, telle que l'équation (c) soit satisfaite, il nous reste à faire voir que la même fonction n'est susceptible que d'un seul développement de cette espèce. Il suffit pour cela de prouver, que, si Y_m est une expression de même nature que X_n et du degré m, on a toujours*):

$$(d) \qquad \iint X_n Y_m \sin\theta \, d\theta \, d\varphi = 0,$$

les intégrations s'étendant depuis $\theta = 0$, $\varphi = 0$ jusqu'à $\theta = \pi$, $\varphi = 2\pi$, et les indices n et m étant supposés différents. Si, après avoir remplacé dans l'intégrale précédente X_n par les deux termes qui sont équivalents à cette expression en vertu de l'équation (c), on chasse, au moyen de l'intégration par parties, les coefficients différentiels qui sont ainsi introduits, et que l'on ait ensuite égard à l'équation aux différences partielles à laquelle Y_m est supposé

*) Mécanique céleste. Tome II. p. 31.

satisfaire, il viendra:

$$[n(n+1)-m(m+1)]\iint X_n Y_m \sin\theta\, d\theta\, d\varphi = 0,$$

résultat qui coïncide avec l'équation (d).

Cela posé, si la fonction $f(\theta, \varphi)$, qu'on suppose complètement donnée pour toutes les valeurs de θ et de φ comprises entre $\theta = 0$, $\varphi = 0$ et $\theta = \pi$, $\varphi = 2\pi$, était susceptible de deux développements différents, on aurait entre ces limites:

$$Y_0 + Y_1 + Y_2 + \cdots + Y_n + \cdots = Z_0 + Z_1 + Z_2 + \cdots + Z_n + \cdots,$$

Z_n désignant une expression de même nature que Y_n. En posant $X_n = Y_n - Z_n$, X_n sera évidemment encore de même nature, et l'on conclut:

$$X_0 + X_1 + X_2 + \cdots + X_n + \cdots = 0.$$

Cette égalité ayant lieu entre les limites indiquées, si on l'intègre entre ces mêmes limites après l'avoir multipliée par $X_n \sin\theta\, d\theta\, d\varphi$, tous les termes, à l'exception d'un seul, disparaîtront en vertu de l'équation (d), et il viendra:

$$\iint X_n^2 \sin\theta\, d\theta\, d\varphi = 0,$$

d'où suit qu'on a identiquement $X_n = 0$, ce qu'il s'agissait de prouver.

Il n'est peut-être pas inutile de faire remarquer que la propriété importante qu'on vient de rappeler, n'est pas particulière aux séries dont les termes généraux satisfont à l'équation (c), comme on a paru le croire. Elle convient, au contraire, à toute autre forme de développement propre à exprimer une fonction arbitraire. Les termes d'un pareil développement sont toujours complètement déterminés, lorsque la fonction est donnée dans toute l'étendue de l'intervalle pour lequel elle peut être choisie à volonté. C'est ainsi, par exemple, qu'une fonction $f(x)$ donnée depuis $x = 0$ jusqu'à $x = \pi$, n'est susceptible que d'un seul développement de la forme:

$$a_1 \sin x + a_2 \sin 2x + \cdots + a_n \sin nx + \cdots,$$

et l'on a nécessairement $a_n = \dfrac{2}{\pi}\displaystyle\int_0^\pi \sin nx f(x)\, dx$.

Comme P_n considéré par rapport aux variables θ, φ, est de même nature que X_n, on aura en vertu de l'équation (d):

$$\iint P_n Y_m \sin\theta\, d\theta\, d\varphi = 0,$$

n étant toujours supposé différent de m. Soit Y'_m ce que Y_m devient lorsqu'on y remplace θ, φ par θ', φ'; l'équation précédente donnera en y mettant θ', φ'

à la place de θ, φ, et réciproquement, ce qui ne change rien au coefficient P_n:

$$\iint P_n Y'_m \sin\theta'\, d\theta'\, d\varphi' = 0.$$

Cela posé, si l'on suppose que, dans l'équation (a), la fonction $f(\theta, \varphi)$ se réduise à Y_m, tous les termes du second membre, à l'exception de celui dont l'indice est m, s'évanouiront en vertu de l'équation précédente et l'on obtient:

$$(e) \qquad Y_m = \frac{2m+1}{4\pi} \int_0^{\pi} d\theta' \sin\theta' \int_0^{2\pi} P_m Y'_m d\varphi',$$

résultat remarquable et qu'on a souvent occasion d'employer.

Addition au Mémoire précédent.

On a ces deux théorèmes:

„La fonction $f(\beta)$ restant finie depuis $\beta = 0$ jusqu'à $\beta = h$ (où $0 < h \overline{\overline{<}} \frac{1}{2}\pi$), l'intégrale $\int_0^h f(\beta) \frac{\sin k\beta}{\sin\beta} d\beta$ convergera vers $\frac{1}{2}\pi f(0)$, si la quantité positive k devient infinie."

„La fonction $f(\beta)$ restant finie depuis $\beta = g$ jusqu'à $\beta = h$, (où $0 < g < h \overline{\overline{<}} \frac{1}{2}\pi$), l'intégrale $\int_g^h f(\beta) \frac{\sin k\beta}{\sin\beta} d\beta$ s'évanouira pour $k = \infty$."

Ces deux théorèmes dont le premier est celui dont nous avons fait usage dans le Mémoire précédent, se démontrent d'une manière très simple lorsqu'on suppose d'abord que la fonction $f(\beta)$ reste continue et toujours croissante ou toujours décroissante entre les limites des intégrations*), et que l'on passe ensuite au cas général où cette fonction serait discontinue et alternativement croissante et décroissante entre ces limites, en décomposant les intégrales en d'autres entre les limites desquelles ni l'une ni l'autre de ces circonstances n'a plus lieu et dont les valeurs correspondant à $k = \infty$, résulteront par conséquent immédiatement du premier cas.

Pour que l'analyse par laquelle nous avons déterminé la limite de l'expression U (§. 3), soit complète, il est essentiel de remarquer que le premier des théorèmes précédents ne cesse pas d'être exact quand même la fonction $f(\beta)$ deviendrait infinie pour une ou pour plusieurs valeurs de β différentes de zéro et comprises entre $\beta = 0$ et $\beta = h$, pourvu qu'alors l'intégrale $\int_0^\beta f(\beta) d\beta = F(\beta)$ reste finie et continue depuis $\beta = 0$ jusqu'à $\beta = h$.

---

*) Journal de Crelle, Vol. IV, p. 165.[1])

[1]) S. 128 dieser Ausgabe von G. Lejeune Dirichlet's Werken. K.

Pour nous en assurer, supposons que $f(\beta)$ ne devienne infinie que pour $\beta = c$, le même raisonnement s'étendant sans difficulté au cas d'un plus grand nombre de valeurs. Désignons par ε une quantité positive que nous supposerons invariable tandis que k croît au-delà de toute limite, et décomposons l'intégrale $\int_0^h f(\beta)\frac{\sin k\beta}{\sin\beta}\,d\beta$ en quatre autres, ayant respectivement pour limites:

$$0 \text{ et } c-\varepsilon, \quad c-\varepsilon \text{ et } c, \quad c \text{ et } c+\varepsilon, \quad c+\varepsilon \text{ et } h.$$

La fonction $f(\beta)$ ne devenant pas infinie entre les limites de la première et de la quatrième de ces nouvelles intégrales, ces intégrales deviendront respectivement $\frac{1}{2}\pi f(0)$ et 0, pour $k=\infty$. Quant aux deux autres, on remarquera que la quantité arbitraire ε peut être choisie assez petite pour que $f(\beta)$ conserve toujours le même signe depuis $\beta = c-\varepsilon$ jusqu'à $\beta = c$, et qu'il en soit de même pour l'intervalle compris entre $\beta = c$ et $\beta = c+\varepsilon$, ce dernier signe pouvant d'ailleurs être différent du premier, puisque $f(\beta)$ peut changer de signe en passant par l'infini.

(Cela aurait lieu par exemple si l'on avait $f(\beta) = -\frac{1}{2\sqrt{c-\beta}}$, tant que $\beta < c$, et $f(\beta) = \frac{1}{2\sqrt{\beta-c}}$, lorsque $\beta > c$. Dans ce cas, $F(\beta)$ serait $\sqrt{c-\beta}-\sqrt{c}$ ou $\sqrt{\beta-c}-\sqrt{c}$ selon que $\beta < c$ ou $\beta > c$, et remplirait par conséquent la condition énoncée plus haut, les expressions précédentes étant des fonctions continues de β et coïncidant pour $\beta = c$.)

Cela posé, il est évident que la seconde et la troisième intégrale seront, abstraction faite du signe, et *quel que soit* k, respectivement inférieures aux quantités:

$$\frac{F(c)-F(c-\varepsilon)}{\sin(c-\varepsilon)}, \quad \frac{F(c+\varepsilon)-F(c)}{\sin c}.$$

Comme $F(\beta)$ est, par hypothèse, une fonction continue de β, et comme c diffère de zéro et de tout autre multiple de π (puisqu'on a $c<\frac{1}{2}\pi$), on voit que les valeurs précédentes peuvent devenir moindres que toute grandeur donnée, en choisissant ε suffisamment petit.

Mais on a vu, d'un autre côté, que quelque petit que l'on suppose la quantité invariable ε, la somme des deux autres intégrales convergera toujours pour des valeurs croissantes de k, vers la limite $\frac{1}{2}\pi f(0)$, limite qui sera donc aussi celle de l'intégrale $\int_0^h f(\beta)\frac{\sin k\beta}{\sin\beta}\,d\beta$, pour $k=\infty$, ce qu'il s'agissait de prouver.

BEWEIS EINES SATZES
UEBER DIE ARITHMETISCHE PROGRESSION.

[Auszug aus einer in der Akademie der Wissenschaften am 27. Juli 1837 gelesenen Abhandlung „über den Satz, dass jede arithmetische Progression, deren erstes Glied und Differenz keinen gemeinschaftlichen Factor haben, unendlich viele Primzahlen enthält.“]

Es existirte bisher kein strenger Beweis des Satzes,

dass jede arithmetische Progression, deren erstes Glied und Differenz keinen gemeinschaftlichen Factor haben, unendlich viele Primzahlen enthält.

Dieser Satz ist aber für die höhere Arithmetik nicht ohne Wichtigkeit, nicht nur weil derselbe bei verschiedenen Untersuchungen als Lemma benutzt werden kann, sondern auch weil derselbe als das Complement einer der schönsten Theorieen dieses Theiles der Wissenschaft anzusehen ist, der Lehre nämlich von den Linearformen der einfachen Divisoren der quadratischen Ausdrücke. Wird z. B. aus dem Fundamentalsatze dieser Lehre, dem sogenannten Reciprocitätsgesetze, gefolgert, dass der Ausdruck x^2+7 alle Primzahlen der drei Formen $7n+1$, $7n+2$, $7n+4$ und nur diese zu Divisoren hat, so bleibt ganz unentschieden, wie diese einfachen Divisoren unter jene Formen vertheilt sind. So lange der oben erwähnte Satz nicht bewiesen ist, wäre es denkbar, dass eine oder zwei der genannten Formen gar keine Primzahlen enthielten.

Was nun den Beweis des Satzes über die arithmetische Progression betrifft, so kann von demselben hier nur eine kurze Andeutung für den Fall gegeben werden, wo die Differenz der Progression eine ungerade Primzahl p ist. Für diesen Fall gestaltet sich der Beweis, der eine gewisse Analogie mit den von Euler in dem Capitel *de seriebus ex evolutione productorum ortis* seiner *Introductio in analysin infinitorum* entwickelten Betrachtungen darbietet*), dem Wesentlichen nach wie folgt:

Ist α eine primitive Wurzel der Primzahl p, so fallen die Reste:

$$a_0, \quad a_1, \quad a_2, \quad \ldots, \quad a_{p-2}$$

der Potenzen:

$$\alpha^0, \quad \alpha^1, \quad \alpha^2, \quad \ldots, \quad \alpha^{p-2},$$

wenn man von der Ordnung absieht, mit den Zahlen:

$$1, \quad 2, \quad 3, \quad \ldots, \quad p-1$$

zusammen, und der Beweis des erwähnten Satzes erfordert für diesen Fall die Nachweisung, dass jede der $p-1$ Formen:

$$np+a_0, \quad np+a_1, \quad np+a_2, \quad \ldots, \quad np+a_{p-2}$$

unendlich viele Primzahlen enthält.

Es sei q irgend eine von p verschiedene Primzahl, deren Index μ heisse, so dass also:

$$\alpha^\mu \equiv q \pmod{p},$$

es sei ferner ω eine Wurzel der Gleichung:

$$(1) \qquad \omega^{p-1}-1=0,$$

und man bilde die geometrische Reihe:

$$\frac{1}{1-\omega^\mu \dfrac{1}{q^s}} = 1+\omega^\mu \frac{1}{q^s}+\omega^{2\mu}\frac{1}{q^{2s}}+\cdots,$$

in welcher s positiv und grösser als *Eins* ist. Multiplicirt man die ähnlichen Gleichungen, welche allen q, d. h. allen Primzahlen, mit Ausnahme der einzigen p entsprechen, in einander, nimmt dann die natürlichen Logarithmen von beiden Seiten und entwickelt endlich die Logarithmen auf der ersten Seite nach Potenzen von ω, indem man nach (1) die Vielfachen von $p-1$ in den Exponenten dieser Potenzen überall weglässt, so kommt:

$$G_0+H_0+(G_1+H_1)\omega+\cdots+(G_{p-2}+H_{p-2})\omega^{p-2} = \log L,$$

wo L die unendliche Reihe:

---

*) Band I, Cap. XV.

$$\sum_{n=0}^{n=\infty}\left(\frac{1}{(np+1)^s}+\frac{1}{(np+a_1)^s}\omega+\cdots+\frac{1}{(np+a_{p-2})^s}\omega^{p-2}\right),$$

G_m die Summe der zur Potenz $-s$ erhobenen Primzahlen der Form $np+a_m$ bezeichnet, und auch das Bildungsgesetz von H_m leicht zu erkennen ist. Diese Gleichung gilt für alle Wurzeln der Gleichung (1), welche Wurzeln bekanntlich, wenn ω gehörig gewählt ist, durch:

$$1,\quad \omega,\quad \omega^2,\quad \ldots,\quad \omega^{p-2}$$

dargestellt werden können, und repräsentirt also $p-1$ besondere, diesen Wurzeln entsprechende Gleichungen.

Entwickelt man G_m+H_m aus diesen Gleichungen, so erhält man:

$$G_m+H_m = \frac{1}{p-1}(\log L_0+\omega^{-m}\log L_1+\omega^{-2m}\log L_2+\cdots+\omega^{-(p-2)m}\log L_{p-2}),$$

wo:

$$L_0,\quad L_1,\quad \ldots,\quad L_{p-2}$$

die den Wurzeln:

$$1,\quad \omega,\quad \ldots,\quad \omega^{p-2}$$

entsprechenden Werthe von L bezeichnen.

Lässt man jetzt s abnehmen und sich der Einheit ins Unendliche nähern, so wächst L_0 und also auch $\log L_0$ über alle Grenzen, während sich:

$$L_1,\quad L_2,\quad \ldots,\quad L_{p-2}$$

endlichen Grenzen nähern. Es werden also auch:

$$\log L_1,\quad \log L_2,\quad \ldots,\quad \log L_{p-2}$$

für $s=1$ endlich bleiben, wenn die Werthe, welche:

$$L_1,\quad L_2,\quad \ldots,\quad L_{p-2}$$

für $s=1$ annehmen, alle von Null verschieden sind. Dass dieses der Fall ist, lässt sich für alle leicht zeigen, mit Ausnahme von $L_{\frac{p-1}{2}}$, der eine ausführliche Untersuchung erfordert. Man findet durch dieselbe, dass der Grenzwerth von $L_{\frac{p-1}{2}}$, wenn p die Form $4\nu+3$ hat, durch:

$$\frac{\pi}{p\sqrt{p}}(B-A)$$

ausgedrückt ist, wo π die halbe Peripherie für den Radius *Eins* und A, B respective die Summe der quadratischen Reste und Nicht-Reste von p bezeichnen, welche kleiner als p sind, und man beweist leicht, dass immer $B > A$. Ist p von der Form $4\nu+1$, so wird der Grenzwerth von $L_{\frac{p-1}{2}}$, der auch in diesem Falle von Null verschieden ist, durch einen Logarithmus gegeben, und hängt mit den kleinsten Zahlen g, h zusammen, welche der Gleichung $g^2-ph^2=1$ genügen.

Da hiernach, wenn sich s der Einheit nähert, bloss das erste Glied $\log L_0$ der zweiten Seite, und also die ganze zweite Seite der vorigen Gleichung über alle Grenzen hinaus wächst, so wird auch die erste Seite G_m+H_m für $s=1$ unendlich. Man überzeugt sich aber leicht, dass H_m in diesem Falle endlich bleibt, woraus dann sogleich folgt, dass die Summe der reciproken Primzahlen der Form $np+a_m$ unendlich ist, und dass folglich in dieser Form unendlich viele Primzahlen enthalten sind.

BEWEIS DES SATZES, DASS JEDE UNBEGRENZTE ARITHMETISCHE PROGRESSION, DEREN ERSTES GLIED UND DIFFERENZ GANZE ZAHLEN OHNE GEMEINSCHAFTLICHEN FACTOR SIND, UNENDLICH VIELE PRIMZAHLEN ENTHÄLT.

[Gelesen in der Akademie der Wissenschaften am 27. Juli 1837.]

Die aufmerksame Betrachtung der natürlichen Reihe der Primzahlen lässt an derselben eine Menge von Eigenschaften wahrnehmen, deren Allgemeinheit durch fortgesetzte Induction zu jedem beliebigen Grade von Wahrscheinlichkeit erhoben werden kann, während die Auffindung eines Beweises, der allen Anforderungen der Strenge genügen soll, mit den grössten Schwierigkeiten verbunden ist. Eines der merkwürdigsten Resultate dieser Art bietet sich dar, wenn man sämmtliche Glieder der Reihe durch dieselbe übrigens ganz beliebige Zahl dividirt. Nimmt man die Primzahlen aus, die im Divisor aufgehen und mithin unter den ersten Gliedern der Reihe vorkommen, so werden alle übrigen einen Rest lassen, welcher relative Primzahl zum Divisor ist, und das Resultat, welches sich bei fortgesetzter Division herausstellt, besteht darin, dass jeder Rest der genannten Art unaufhörlich wiederkehrt, und zwar so, dass das Verhältniss der Zahlen, welche für irgend zwei solhe Reste bezeichnen, wie oft sie bis zu einem gewissen Gliede erschienen sind, bei immer weiter fortgesetzter Division die Einheit zur Grenze hat. Abstrahirt man von der zunehmenden Gleichmässigkeit des Vorkommens der einzelnen Reste und beschränkt das Beobachtungsresultat auf die nie aufhörende Wiederkehr eines jeden derselben, so lässt sich dasselbe in dem Satze aussprechen: „dass jede unbegrenzte arithmetische Reihe, deren erstes Glied und Differenz keinen gemeinschaftlichen Factor haben, unendlich viele Primzahlen enthält.“

Für diesen einfachen Satz existirte bis jetzt kein genügender Beweis, wie sehr auch ein solcher wegen der zahlreichen Anwendungen zu wünschen war, welche von dem Satze gemacht werden können. Der einzige Mathematiker, welcher die Begründung dieses Theorems versucht hat, ist, so viel ich weiss, LEGENDRE*), für den diese Untersuchung ausser dem Reiz, welcher in der Schwierigkeit des Gegenstandes liegt, noch ein ganz besonderes Interesse durch den Umstand haben musste, dass er die erwähnte Eigenschaft der arithmetischen Progression bei früheren Arbeiten als Lemma benutzt hatte. LEGENDRE macht den zu beweisenden Satz von der Aufgabe abhängig, die grösste Anzahl auf einander folgender Glieder einer arithmetischen Reihe zu finden, welche durch gegebene Primzahlen theilbar sein können, löst aber diese Aufgabe nur durch Induction. Versucht man, die auf diese Weise von ihm gefundene, durch die Einfachheit der Form des Resultates höchst merkwürdige Auflösung der Maximumsaufgabe zu beweisen, so stösst man auf grosse Schwierigkeiten, deren Ueberwindung mir nicht hat gelingen wollen. Erst nachdem ich den von LEGENDRE eingeschlagenen Weg ganz verlassen hatte, bin ich auf einen völlig strengen Beweis des Theorems über die arithmetische Progression gekommen. Der von mir gefundene Beweis, welchen ich der Akademie in dieser Abhandlung vorzulegen die Ehre habe, ist nicht rein arithmetisch, sondern beruht zum Theil auf der Betrachtung stetig veränderlicher Grössen. Bei der Neuheit der dabei zur Anwendung kommenden Principien hat es mir zweckmässig geschienen, dem Beweise des Theorems in seiner ganzen Allgemeinheit die Behandlung des besonderen Falles vorauszuschicken, in welchem die Differenz der Progression eine ungerade Primzahl ist.

§. 1.

Es sei p eine ungerade Primzahl und c eine primitive Wurzel derselben, so dass also die Reste der Potenzen:

$$c^0,\quad c^1,\quad c^2,\quad \ldots,\quad c^{p-2},$$

bei der Division durch p, wenn man von ihrer Ordnung absieht, mit den Zahlen:

$$1,\quad 2,\quad 3,\quad \ldots,\quad p-1$$

zusammenfallen. Ist n eine nicht durch p theilbare Zahl, so werden wir mit GAUSS den Exponenten $\gamma < p-1$, welcher der Congruenz $c^\gamma \equiv n \pmod{p}$

*) Théorie des Nombres. 4ième Partie. §. IX.

genügt, den Index von n nennen und, falls es nöthig sein sollte, mit γ_n bezeichnen. Die Wahl der primitiven Wurzel c ist gleichgültig, nur soll angenommen werden, dass man die einmal gewählte nicht ändere. In Bezug auf die eben definirten Indices gilt der leicht zu beweisende Satz, dass der Index eines Productes der Summe der Indices der Factoren, um das darin enthaltene Vielfache von $p-1$ vermindert, gleich ist. Ferner bemerke man, dass immer $\gamma_1 = 0$, $\gamma_{p-1} = \frac{1}{2}(p-1)$, so wie dass γ_n gerade oder ungerade sein wird, je nachdem n Quadratrest oder Nichtquadratrest von p ist, oder mit Anwendung des LEGENDRE'schen Zeichens, je nachdem:

$$\left(\frac{n}{p}\right) = +1 \quad \text{oder} \quad \left(\frac{n}{p}\right) = -1$$

ist.

Es sei nun q irgend eine von p verschiedene Primzahl (2 nicht ausgeschlossen), und s eine positive die Einheit übersteigende Grösse. Man bezeichne ferner mit ω irgend eine Wurzel der Gleichung:

$$\omega^{p-1} - 1 = 0 \tag{1}$$

und bilde die geometrische Reihe:

$$\frac{1}{1-\omega^{\gamma}\frac{1}{q^s}} = 1+\omega^{\gamma}\frac{1}{q^s}+\omega^{2\gamma}\frac{1}{q^{2s}}+\omega^{3\gamma}\frac{1}{q^{3s}}+\cdots, \tag{2}$$

in welcher γ den Index von q bedeutet. Denkt man sich für q alle von p verschiedenen Primzahlen gesetzt und multiplicirt die so entstehenden Gleichungen in einander, so erhält man auf der zweiten Seite eine Reihe, deren Gesetz leicht zu erkennen ist. Ist nämlich n irgend eine nicht durch p theilbare ganze Zahl, und setzt man $n = q'^{m'} q''^{m''} \ldots$, wo q', q'', ... verschiedene Primzahlen bezeichnen, so wird das allgemeine Glied die Form haben:

$$\omega^{m'\gamma_{q'}+m''\gamma_{q''}+\cdots}\frac{1}{n^s}.$$

Nun ist aber:

$$m'\gamma_{q'}+m''\gamma_{q''}+\cdots \equiv \gamma_n \pmod{p-1},$$

und folglich wegen (1):

$$\omega^{m'\gamma_{q'}+m''\gamma_{q''}+\cdots} = \omega^{\gamma_n}.$$

Man hat daher die Gleichung:

$$\Pi\frac{1}{1-\omega^{\gamma}\frac{1}{q^s}} = \Sigma\omega^{\gamma}\frac{1}{n^s} = L, \tag{3}$$

wo sich das Multiplicationszeichen auf die ganze Reihe der Primzahlen, mit alleiniger Ausnahme von p, erstreckt, während die Summation sich auf alle ganzen Zahlen von 1 bis ∞ bezieht, welche nicht durch p theilbar sind. Der Buchstabe γ bedeutet auf der ersten Seite γ_q, auf der zweiten dagegen γ_n.

Die eben gefundene Gleichung repräsentirt $p-1$ verschiedene Gleichungen, welche man erhält, wenn man für ω seine $p-1$ Werthe setzt. Bekanntlich lassen sich diese $p-1$ verschiedenen Werthe durch die Potenzen von einem derselben Ω darstellen, wenn dieser gehörig gewählt wird, und sind dann:

$$\Omega^0, \quad \Omega^1, \quad \Omega^2, \quad \ldots, \quad \Omega^{p-2}.$$

Wir werden, dieser Darstellung entsprechend, die verschiedenen Werthe L der Reihe oder des Productes mit:

$$L_0, \quad L_1, \quad L_2, \quad \ldots, \quad L_{p-2} \tag{4}$$

bezeichnen, wobei es einleuchtet, dass L_0 und $L_{\frac{1}{2}(p-1)}$ eine von der Wahl des Werthes Ω unabhängige Bedeutung haben und sich resp. auf $\omega = 1$, $\omega = -1$ beziehen.

Ehe wir weiter gehen, ist es nöthig, den Grund der oben gemachten Voraussetzung anzugeben, nach welcher $s > 1$ sein sollte. Man überzeugt sich von der Nothwendigkeit dieser Beschränkung, wenn man auf den wesentlichen Unterschied Rücksicht nimmt, welcher zwischen zwei Arten von unendlichen Reihen stattfindet. Betrachtet man statt jedes Gliedes seinen Zahlenwerth oder, wenn es imaginär ist, seinen Modul, so können zwei Fälle eintreten. Es lässt sich nämlich entweder eine endliche Grösse angeben, welche die Summe von irgend welchen und noch so vielen dieser Zahlenwerthe oder Moduln stets übertrifft, oder diese Bedingung wird von keiner noch so grossen aber endlichen Zahl erfüllt. Im ersteren Falle ist die Reihe immer convergirend und hat eine völlig bestimmte Summe, welche von der Anordnung der Glieder ganz unabhängig ist, sei es nun, dass diese nur nach einer Dimension, sei es, dass sie nach zwei oder mehr Dimensionen fortschreiten, und eine sogenannte Doppel- oder vielfache Reihe bilden. Im zweiten der eben unterschiedenen Fälle kann zwar die Reihe auch noch convergiren, aber diese Eigenschaft, so wie die Summe der Reihe, werden wesentlich durch die Art der Aufeinanderfolge der Glieder bedingt sein. Findet die Convergenz für eine gewisse Ordnung statt, so kann sie durch Aenderung dieser Ordnung aufhören, oder es kann, wenn dies nicht der Fall ist, die Summe der Reihe eine ganz andere werden. So ist z. B. von den beiden aus denselben Gliedern gebildeten Reihen:

$$1-\frac{1}{\sqrt{2}}+\frac{1}{\sqrt{3}}-\frac{1}{\sqrt{4}}+\frac{1}{\sqrt{5}}-\frac{1}{\sqrt{6}}+\cdots,$$

$$1+\frac{1}{\sqrt{3}}-\frac{1}{\sqrt{2}}+\frac{1}{\sqrt{5}}+\frac{1}{\sqrt{7}}-\frac{1}{\sqrt{4}}+\cdots$$

nur die erste convergirend, während die folgenden:

$$1-\frac{1}{2}+\frac{1}{3}-\frac{1}{4}+\frac{1}{5}-\frac{1}{6}+\cdots,$$

$$1+\frac{1}{3}-\frac{1}{2}+\frac{1}{5}+\frac{1}{7}-\frac{1}{4}+\cdots$$

zwar beide convergiren, aber keinesweges dieselbe Summe haben.

Was nun unsere unendliche Reihe L betrifft, so gehört diese, wie leicht zu sehen ist, nur dann in die erste der beiden eben unterschiedenen Classen, wenn man $s > 1$ annimmt, so dass also unter dieser Voraussetzung, wenn man $L = \lambda + \mu\sqrt{-1}$ setzt, λ und μ völlig bestimmte endliche Werthe sind. Bezeichnet man nun mit:

$$f_m + g_m\sqrt{-1}$$

das Product der m ersten Factoren der Form:

$$\frac{1}{1-\omega^\gamma \frac{1}{q^s}},$$

diese Factoren in einer beliebigen Ordnung gedacht, so wird man immer m so gross nehmen können, dass sich unter diesen m ersten Factoren alle diejenigen befinden, in denen $q < h$ ist, wo h irgend eine ganze Zahl bezeichnet. Sobald m diesen Grad von Grösse erreicht hat, wird offenbar jede der beiden Differenzen $f_m - \lambda$, $g_m - \mu$, abgesehen vom Zeichen, immerfort kleiner bleiben als:

$$\frac{1}{h^s}+\frac{1}{(h+1)^s}+\cdots,$$

wie weit man sich auch m noch ferner wachsend denke. Unter der Annahme $s > 1$ kann aber:

$$\frac{1}{h^s}+\frac{1}{(h+1)^s}+\cdots$$

für ein gehörig grosses h beliebig klein werden. Es ist somit bewiesen, dass das unendliche Product in (3) einen von der Ordnung seiner Factoren unabhängigen, der Reihe L gleichen Werth hat. Ist hingegen $s = 1$ oder $s < 1$, so ist dieser Beweis nicht mehr anwendbar, und in der That hat das unendliche Product in diesem Falle im Allgemeinen und unabhängig von der Ordnung der Factoren keinen bestimmten Werth mehr. Liesse sich bei einer gegebenen Art der Aufeinanderfolge der Factoren die Existenz eines Grenzwerthes für die ins Unendliche fortgesetzte Multiplication nachweisen, so würde zwar die Gleichung (3), gehörig verstanden, noch stattfinden aber zur Feststellung dieses Werthes keinen wesentlichen Nutzen mehr gewähren. Man müsste nämlich, wenn q', q'', q''', ... die der angenommenen Ordnung entsprechenden Werthe von q sind, die Reihe L als eine so zu ordnende vielfache Reihe betrachten, dass man zuerst diejenigen Glieder zu nehmen hätte, in denen n nur den Primfactor q' enthält, dann diejenigen der übrigen, in denen n keine anderen Primfactoren als q', q'' enthält, u. s. w. Durch die Nothwendigkeit, den Gliedern diese Ordnung zu geben, würde die Summation der Reihe eben so schwierig, als es die Untersuchung des Productes selbst ist, vor welchem die Reihe nur dann hinsichtlich der Einfachheit etwas voraus hat, wenn die Ordnung ihrer Glieder willkürlich ist, oder sich wenigstens nicht nach den Primfactoren in n richtet.

§. 2.

Setzt man $s = 1+\varrho$, so bleibt die Gleichung (3) gültig, wie klein man auch die positive Grösse ϱ annehme. Wir wollen nun untersuchen, in welcher Art sich die darin enthaltene Reihe L ändert, wenn man ϱ unendlich klein werden lässt. Das Verhalten der Reihe ist in dieser Beziehung ein ganz verschiedenes, je nachdem ω der positiven Einheit gleich ist oder irgend einen anderen Werth hat. Um mit dem ersten Falle oder mit der Untersuchung von L_0 zu beginnen, betrachten wir die Summe:

$$S = \frac{1}{k^{1+\varrho}} + \frac{1}{(k+1)^{1+\varrho}} + \frac{1}{(k+2)^{1+\varrho}} + \cdots,$$

in welcher k eine positive Constante bezeichnet. Schreibt man in der bekannten Formel:

$$\int_0^1 x^{k-1} \log^{\varrho}\left(\frac{1}{x}\right) dx = \frac{\Gamma(1+\varrho)}{k^{1+\varrho}}$$

für k der Reihe nach k, $k+1$, $k+2$, ... und addirt, so kommt:

$$S = \frac{1}{\Gamma(1+\varrho)} \int_0^1 \log^{\varrho}\left(\frac{1}{x}\right) \frac{x^{k-1}}{1-x} dx.$$

Addirt man $\frac{1}{\varrho}$ und subtrahirt zugleich:

$$\frac{1}{\varrho} = \frac{\Gamma(\varrho)}{\Gamma(1+\varrho)} = \frac{1}{\Gamma(1+\varrho)} \int_0^1 \log^{\varrho-1}\left(\frac{1}{x}\right) dx,$$

so geht diese Gleichung über in:

$$S = \frac{1}{\varrho} + \frac{1}{\Gamma(1+\varrho)} \int_0^1 \left(\frac{x^{k-1}}{1-x} - \frac{1}{\log\left(\frac{1}{x}\right)} \right) \log^{\varrho}\left(\frac{1}{x}\right) dx,$$

wo das zweite Glied für ein unendlich kleines ϱ sich der endlichen Grenze:

$$\int_0^1 \left(\frac{x^{k-1}}{1-x} - \frac{1}{\log\left(\frac{1}{x}\right)} \right) dx$$

nähert.

Betrachtet man statt der Reihe S die allgemeinere, welche zwei positive Constanten a, b enthält:

$$\frac{1}{b^{1+\varrho}} + \frac{1}{(b+a)^{1+\varrho}} + \frac{1}{(b+2a)^{1+\varrho}} + \cdots,$$

so braucht man diese nur in die Form:

$$\frac{1}{a^{1+\varrho}} \left(\frac{1}{\left(\frac{b}{a}\right)^{1+\varrho}} + \frac{1}{\left(\frac{b}{a}+1\right)^{1+\varrho}} + \frac{1}{\left(\frac{b}{a}+2\right)^{1+\varrho}} + \cdots \right)$$

zu bringen und mit S zu vergleichen, um sogleich zu sehen, dass sie einem Ausdrucke von folgender Form gleich ist:

$$\frac{1}{a} \cdot \frac{1}{\varrho} + \varphi(\varrho),$$

wo $\varphi(\varrho)$ für ein unendlich klein werdendes ϱ sich einer endlichen Grenze nähert.

Die zu untersuchende Reihe L_0 besteht aus $p-1$ Partialreihen, wie:

$$\frac{1}{m^{1+\varrho}} + \frac{1}{(p+m)^{1+\varrho}} + \frac{1}{(2p+m)^{1+\varrho}} + \cdots,$$

wo man successive:

$$m = 1, \quad 2, \quad \ldots, \quad p-1$$

zu setzen hat. Man hat mithin:

$$(5) \qquad L_0 = \frac{p-1}{p} \cdot \frac{1}{\varrho} + \varphi(\varrho),$$

wo wieder $\varphi(\varrho)$ eine Function von ϱ ist, die für ein unendlich kleines ϱ einen endlichen Werth annimmt, welchen man nach dem Vorigen leicht durch ein bestimmtes Integral ausdrücken könnte, was jedoch zu unserm Zwecke nicht erforderlich ist. Die Gleichung (5) zeigt, dass L_0 für ein unendlich kleines ϱ den Werth ∞ erhält, und zwar so, dass $L_0 - \frac{p-1}{p} \cdot \frac{1}{\varrho}$ endlich bleibt.

§. 3.

Nachdem wir gefunden haben, nach welchem Gesetze unsere Reihe, wenn darin $\omega = 1$ angenommen wird, für abnehmende der Einheit sich nähernde Werthe von s sich ändert, bleibt uns dieselbe Untersuchung auf die übrigen Wurzeln ω der Gleichung $\omega^{p-1} - 1 = 0$ auszudehnen. Obgleich die Summe der Reihe L, so lange $s > 1$, von der Ordnung der Glieder unabhängig ist, so wird es doch für diese Untersuchung vortheilhaft sein, sich die Glieder einander so folgend zu denken, dass die Werthe von n wachsend fortschreiten. Es ist nämlich unter dieser Voraussetzung:

$$\Sigma\, \omega^{\gamma} \frac{1}{n^s}$$

eine Function von s, welche für alle positiven Werthe von s stetig und endlich bleibt, so dass also namentlich die Grenze, der sich der Werth der Reihe nähert, wenn man darin $s = 1+\varrho$ setzt und ϱ unendlich klein werden lässt, und welche von der Ordnung der Glieder unabhängig ist, durch:

$$\Sigma\, \omega^{\gamma} \frac{1}{n}$$

ausgedrückt ist, was bei einer andern Ordnung nicht nothwendig der Fall wäre, indem für eine solche $\Sigma\, \omega^{\gamma} \frac{1}{n}$ von $\Sigma\, \omega^{\gamma} \frac{1}{n^{1+\varrho}}$ um eine endliche Grösse verschieden sein oder auch gar keinen Werth haben kann.

Um die eben ausgesprochene Behauptung zu beweisen, bezeichne man mit h irgend eine ganze positive Zahl und drücke die Summe der $h(p-1)$ ersten Glieder der Reihe:

$$\Sigma\, \omega^{\gamma} \frac{1}{n^s}$$

mit Hülfe der schon oben gebrauchten für jedes positive s gültigen Formel:

$$\int_0^1 x^{n-1} \log^{s-1}\left(\frac{1}{x}\right) dx = \frac{\Gamma(s)}{n^s}$$

durch ein bestimmtes Integral aus. Man erhält so für diese Summe:

$$\frac{1}{\Gamma(s)}\int_0^1 \frac{\frac{1}{x}f(x)}{1-x^p}\log^{s-1}\left(\frac{1}{x}\right)dx - \frac{1}{\Gamma(s)}\int_0^1 \frac{\frac{1}{x}f(x)}{1-x^p}x^{hp}\log^{s-1}\left(\frac{1}{x}\right)dx,$$

wo man zur Abkürzung:

$$f(x) = \omega^{\gamma_1}x+\omega^{\gamma_2}x^2+\cdots+\omega^{\gamma_{p-1}}x^{p-1}$$

gesetzt hat. Ist nun, wie wir voraussetzen, ω nicht $=1$, so ist das Polynom $\frac{1}{x}f(x)$ durch $1-x$ theilbar, denn man hat:

$$f(1) = \omega^{\gamma_1}+\omega^{\gamma_2}+\cdots+\omega^{\gamma_{p-1}} = 1+\omega+\cdots+\omega^{p-2} = 0.$$

Befreit man daher Zähler und Nenner des Bruches unter dem Integralzeichen von dem gemeinschaftlichen Factor $1-x$, so wird derselbe:

$$\frac{t+u\sqrt{-1}}{1+x+x^2+\cdots+x^{p-1}},$$

wo t und u Polynome mit reellen Coefficienten bedeuten. Bezeichnen T und U die grössten Zahlenwerthe von t und u zwischen $x=0$ und $x=1$, so sind offenbar der reelle und imaginäre Theil des zweiten Integrals:

$$\frac{1}{\Gamma(s)}\int_0^1 \frac{\frac{1}{x}f(x)}{1-x^p}x^{hp}\log^{s-1}\left(\frac{1}{x}\right)dx$$

respective kleiner als:

$$\frac{T}{\Gamma(s)}\int_0^1 x^{hp}\log^{s-1}\left(\frac{1}{x}\right)dx = \frac{T}{(hp+1)^s},$$

$$\frac{U}{\Gamma(s)}\int_0^1 x^{hp}\log^{s-1}\left(\frac{1}{x}\right)dx = \frac{U}{(hp+1)^s},$$

und das Integral verschwindet demnach für $h=\infty$. Die Reihe:

$$\Sigma\,\omega^\gamma\frac{1}{n^s}$$

ist also, bei der angenommenen Ordnung ihrer Glieder, convergirend, und man hat für ihre Summe den Ausdruck:

$$\Sigma\,\omega^\gamma\frac{1}{n^s} = \frac{1}{\Gamma(s)}\int_0^1 \frac{\frac{1}{x}f(x)}{1-x^p}\log^{s-1}\left(\frac{1}{x}\right)dx.$$

Diese Function von s bleibt nicht nur selbst, so lange $s>0$ ist, stetig und endlich, sondern dieselbe Eigenschaft kommt auch ihrem nach s genommenen Differentialquotienten zu. Es genügt, um sich davon zu überzeugen, nach s zu differentiiren und zu berücksichtigen, dass $\Gamma(s)$, $\frac{d\Gamma(s)}{ds}$, ebenfalls stetig und endlich sind, so wie dass $\Gamma(s)$ nicht Null wird, so lange s positiv bleibt.

Setzen wir daher:

$$\frac{1}{\Gamma(s)}\int_0^1 \frac{\frac{1}{x}f(x)}{1-x^p}\log^{s-1}\left(\frac{1}{x}\right)dx = \psi(s)+\chi(s)\sqrt{-1},$$

wo $\psi(s)$ und $\chi(s)$ reelle Functionen bedeuten, so haben wir nach einem bekannten Satze für ein positives ϱ:

$$(6) \qquad \psi(1+\varrho)=\psi(1)+\varrho\psi'(1+\delta\varrho), \quad \chi(1+\varrho)=\chi(1)+\varrho\chi'(1+\varepsilon\varrho),$$

wo zur Abkürzung:

$$\psi'(s)=\frac{d\psi(s)}{ds}, \quad \chi'(s)=\frac{d\chi(s)}{ds}$$

gesetzt ist und δ und ε positive von ϱ abhängige Brüche bedeuten.

Es versteht sich übrigens von selbst, dass für $\omega=-1$:

$$\chi(s)=0$$

ist, und dass, wenn man von einer imaginären Wurzel ω zu ihrer conjugirten $\frac{1}{\omega}$ übergeht, $\psi(s)$ denselben Werth behält, $\chi(s)$ aber den entgegengesetzten annimmt.

§. 4.

Wir haben jetzt nachzuweisen, dass die endliche Grenze, der sich:

$$\Sigma\omega^\gamma\frac{1}{n^{1+\varrho}},$$

unter der Voraussetzung, dass ω nicht die Wurzel 1 bedeutet, nähert, wenn man das positive ϱ unendlich klein werden lässt, von Null verschieden ist. Diese Grenze ist nach dem vorigen Paragraphen:

$$\Sigma\omega^\gamma\frac{1}{n}$$

und durch das Integral:

$$\Sigma\omega^\gamma\frac{1}{n}=-\int_0^1\frac{\frac{1}{x}f(x)}{x^p-1}dx$$

gegeben, welches sich leicht durch Logarithmen und Kreisfunctionen ausdrücken lässt.

Irgend ein Linearfactor des Nenners $x^p - 1$ ist:

$$x - e^{\frac{2m\pi}{p}\sqrt{-1}},$$

wo m aus der Reihe $0, 1, 2, \ldots, p-1$ zu nehmen ist. Zerlegt man:

$$\frac{\frac{1}{x}f(x)}{x^p - 1}$$

in Partialbrüche, so wird nach den bekannten Formeln der Zähler des Bruches:

$$\frac{A_m}{x - e^{\frac{2m\pi}{p}\sqrt{-1}}}$$

durch den Ausdruck:

$$\frac{\frac{1}{x}f(x)}{px^{p-1}}$$

gegeben, wo $x = e^{\frac{2m\pi}{p}\sqrt{-1}}$ zu setzen ist. Man hat also:

$$A_m = \frac{1}{p}f\left(e^{\frac{2m\pi}{p}\sqrt{-1}}\right).$$

Substituirt man diesen Werth und bemerkt, dass $A_0 = 0$ ist, so erhält man:

$$\Sigma\omega^\gamma \frac{1}{n} = -\frac{1}{p}\Sigma f\left(e^{\frac{2m\pi}{p}\sqrt{-1}}\right)\int_0^1 \frac{dx}{x - e^{\frac{2m\pi}{p}\sqrt{-1}}},$$

wo sich die Summe auf der zweiten Seite von $m = 1$ bis $m = p-1$ erstreckt.

Die Function:

$$f\left(e^{\frac{2m\pi}{p}\sqrt{-1}}\right)$$

ist die bekannte in der Kreistheilung vorkommende und lässt sich leicht auf:

$$f\left(e^{\frac{2\pi}{p}\sqrt{-1}}\right)$$

zurückführen. Es ist nämlich:

$$f\left(e^{\frac{2m\pi}{p}\sqrt{-1}}\right) = \Sigma\omega^{\gamma_g} e^{gm\frac{2\pi}{p}\sqrt{-1}},$$

wo sich die Summe von $g = 1$ bis $g = p-1$ erstreckt. Setzt man statt gm den jedesmaligen Rest h nach dem Modul p, so sind $1, 2, \ldots, p-1$ die verschiedenen Werthe von h, und man hat, wegen $gm \equiv h$ (mod. p):

$$\gamma_g \equiv \gamma_h - \gamma_m \pmod{p-1}.$$

Schreibt man also zugleich $\gamma_h - \gamma_m$ für γ_g, was wegen der Gleichung $\omega^{p-1}-1=0$ erlaubt ist, so kommt:

$$f\left(e^{\frac{2m\pi}{p}\sqrt{-1}}\right) = \omega^{-\gamma_m}\Sigma\omega^{\gamma_h}e^{h\frac{2\pi}{p}\sqrt{-1}} = \omega^{-\gamma_m}f\left(e^{\frac{2\pi}{p}\sqrt{-1}}\right).$$

Die obige Gleichung wird so:

$$\Sigma\omega^{\gamma}\frac{1}{n} = -\frac{1}{p}f\left(e^{\frac{2\pi}{p}\sqrt{-1}}\right)\Sigma\omega^{-\gamma_m}\int_0^1\frac{dx}{x-e^{\frac{2m\pi}{p}\sqrt{-1}}}.$$

Nun ist für einen positiven Bruch α:

$$\int_0^1\frac{dx}{x-e^{2\alpha\pi\sqrt{-1}}} = \log(2\sin\alpha\pi)+\frac{\pi}{2}(1-2\alpha)\sqrt{-1},$$

folglich:

$$\Sigma\omega^{\gamma}\frac{1}{n} = -\frac{1}{p}f\left(e^{\frac{2\pi}{p}\sqrt{-1}}\right)\Sigma\omega^{-\gamma_m}\left(\log\left(2\sin\frac{m\pi}{p}\right)+\frac{\pi}{2}\left(1-\frac{2m}{p}\right)\sqrt{-1}\right).$$

Obgleich dieser Ausdruck für $\Sigma\omega^{\gamma}\frac{1}{n}$ sehr einfach ist, so kann man doch im Allgemeinen nicht daraus schliessen, dass $\Sigma\omega^{\gamma}\frac{1}{n}$ einen von Null verschiedenen Werth hat. Es fehlt noch an gehörigen Principien zur Feststellung der Bedingungen, unter denen transcendente Verbindungen, welche unbestimmte ganze Zahlen enthalten, verschwinden können. Die verlangte Nachweisung gelingt jedoch für den besonderen Fall, wo $\omega = -1$ ist. Für die imaginären Werthe von ω werden wir im folgenden Paragraphen ein anderes Verfahren angeben, welches aber auf den genannten besonderen Fall nicht anwendbar ist.

Unter der Voraussetzung, dass $\omega = -1$ ist, erhält man, mit Berücksichtigung, dass γ_m gerade oder ungerade ist, je nachdem:

$$\left(\frac{m}{p}\right) = +1 \quad \text{oder} \quad = -1,$$

und dass folglich:

$$(-1)^{-\gamma_m} = \left(\frac{m}{p}\right)$$

ist, so wie dass:

$$(-1)^{\gamma_n} = \left(\frac{n}{p}\right),$$

als Grenze von $L_{\frac{1}{2}(p-1)}$ für ein unendlich klein werdendes ϱ:

$$\Sigma\left(\frac{n}{p}\right)\frac{1}{n} = -\frac{1}{p}f\left(e^{\frac{2\pi}{p}\sqrt{-1}}\right)\Sigma\left(\frac{m}{p}\right)\left(\log\left(2\sin\frac{m\pi}{p}\right)+\frac{\pi}{2}\left(1-\frac{2m}{p}\right)\sqrt{-1}\right),$$

oder einfacher, da $\Sigma\left(\frac{m}{p}\right) = 0$ ist, wenn von $m = 1$ bis $m = p-1$ summirt wird:

$$\Sigma\left(\frac{n}{p}\right)\frac{1}{n} = -\frac{1}{p}f\left(e^{\frac{2\pi}{p}\sqrt{-1}}\right)\Sigma\left(\frac{m}{p}\right)\left(\log\left(2\sin\frac{m\pi}{p}\right)-\frac{\pi}{p}m\sqrt{-1}\right).$$

Es sind jetzt zwei Fälle zu unterscheiden, je nachdem die Primzahl p die Form $4\mu+3$ oder $4\mu+1$ hat. Im ersteren Falle ist für zwei Werthe, wie m und $p-m$, die sich zu p ergänzen:

$$\left(\frac{m}{p}\right) = -\left(\frac{p-m}{p}\right) \quad \text{und} \quad \sin\frac{m\pi}{p} = \sin\frac{(p-m)\pi}{p}.$$

Mithin verschwindet der reelle Theil der Summe, und man erhält, wenn man mit a die Werthe von m bezeichnet, für welche $\left(\frac{m}{p}\right) = 1$, und mit b diejenigen, für welche $\left(\frac{m}{p}\right) = -1$, oder mit anderen Worten, wenn a und b die Quadratreste und Nichtquadratreste von p bedeuten, welche kleiner als p sind:

$$\Sigma\left(\frac{n}{p}\right)\frac{1}{n} = \frac{\pi}{p^2}f\left(e^{\frac{2\pi}{p}\sqrt{-1}}\right)(\Sigma a-\Sigma b)\sqrt{-1}.$$

Ist $p = 4\mu+1$, so verschwindet der imaginäre Theil der Summe, weil alsdann $\left(\frac{m}{p}\right) = \left(\frac{p-m}{p}\right)$, und man erhält:

$$\Sigma\left(\frac{n}{p}\right)\frac{1}{n} = \frac{1}{p}f\left(e^{\frac{2\pi}{p}\sqrt{-1}}\right)\log\frac{\Pi\sin\frac{b\pi}{p}}{\Pi\sin\frac{a\pi}{p}},$$

wo sich die durch Π angedeutete Multiplication auf alle a oder b erstreckt.

Bemerkt man jetzt, dass, unter der hier gemachten Annahme: $\omega = -1$, nach bekannten Formeln*)

$$f\left(e^{\frac{2\pi}{p}\sqrt{-1}}\right) \text{ im ersteren Falle } \sqrt{p}\sqrt{-1}, \text{ im letzteren } \sqrt{p}$$

ist, so kommt respective:

$$\Sigma\left(\frac{n}{p}\right)\frac{1}{n} = \frac{\pi}{p\sqrt{p}}(\Sigma b-\Sigma a), \quad \Sigma\left(\frac{n}{p}\right)\frac{1}{n} = \frac{1}{\sqrt{p}}\log\frac{\Pi\sin\frac{b\pi}{p}}{\Pi\sin\frac{a\pi}{p}}.$$

---

*) Comment. Gotting. rec. Vol. I oder die Abhandlungen unserer Akademie, Jahrg. 1835[1]).

[1]) S. 9, Band II von Gauss' Werken oder S. 254 und S. 268 dieser Ausgabe von G. Lejeune Dirichlet's Werken. K.

Für den Fall, wo $p = 4\mu+3$ ist, sieht man sogleich, dass $\Sigma\left(\frac{n}{p}\right)\frac{1}{n}$ von Null verschieden ist, indem $\Sigma a + \Sigma b = \frac{1}{2}p(p-1)$ ungerade ist und mithin nicht $\Sigma a = \Sigma b$ sein kann. Um dasselbe für $p = 4\mu+1$ zu beweisen, nehme man die aus der Kreistheilung bekannten Gleichungen*) zu Hülfe:

$$2\Pi\left(x - e^{\frac{2a\pi}{p}\sqrt{-1}}\right) = Y - Z\sqrt{p}, \quad 2\Pi\left(x - e^{\frac{2b\pi}{p}\sqrt{-1}}\right) = Y + Z\sqrt{p},$$

wo Y und Z Polynome mit ganzen Coefficienten bedeuten. Setzt man in diesen Gleichungen und der daraus folgenden:

$$4\frac{x^p-1}{x-1} = Y^2 - pZ^2$$

$x = 1$ und nennt g und h die ganzen Zahlen, welchen Y und Z gleich werden, so kommt, nach einigen leichten Reductionen:

$$2^{\frac{p+1}{2}}\Pi\sin\frac{a\pi}{p} = g - h\sqrt{p}, \quad 2^{\frac{p+1}{2}}\Pi\sin\frac{b\pi}{p} = g + h\sqrt{p}, \quad g^2 - ph^2 = 4p.$$

Aus der letzten Gleichung folgt, dass g durch p theilbar ist. Setzt man daher $g = pk$, und dividirt die beiden ersten durch einander, so erhält man:

$$\frac{\Pi\sin\frac{b\pi}{p}}{\Pi\sin\frac{a\pi}{p}} = \frac{k\sqrt{p}+h}{k\sqrt{p}-h}, \quad h^2 - pk^2 = -4.$$

Nach der zweiten dieser Gleichungen kann h nicht Null sein, folglich sind die beiden Seiten der ersten von der Einheit verschieden, woraus sogleich mit Berücksichtigung des oben erhaltenen Ausdruckes folgt, dass $\Sigma\left(\frac{n}{p}\right)\frac{1}{n}$ nicht den Werth Null haben kann, w. z. b. w.

Man kann noch hinzufügen, dass die Summe $\Sigma\left(\frac{n}{p}\right)\frac{1}{n}$, da sie als Grenzwerth eines Products aus lauter positiven Factoren, nämlich als Grenzwerth von:

$$\Pi\frac{1}{1-\left(\frac{q}{p}\right)\frac{1}{q^{1+\varrho}}},$$

für ein unendlich klein werdendes ϱ auch nicht negativ sein kann, nothwendig positiv sein wird.

Aus dieser Bemerkung folgen unmittelbar zwei wichtige und auf anderem

*) Disq. arith. art. 357.

Wege wahrscheinlich sehr schwer zu beweisende Sätze, von denen der auf den Fall $p = 4\mu + 3$ bezügliche darin besteht, dass für eine Primzahl dieser Form immer $\Sigma b > \Sigma a$ ist. Wir wollen uns jedoch bei diesen Folgerungen unserer Methode hier nicht aufhalten, da wir bei einer anderen Untersuchung Gelegenheit finden werden, auf diesen Gegenstand zurückzukommen.

§. 5.

Um für L_m, wenn m weder 0 noch $\frac{1}{2}(p-1)$ ist, nachzuweisen, dass sein einem unendlich kleinen ϱ entsprechender Grenzwerth von Null verschieden ist, nehme man den Logarithmus von:

$$\Pi \frac{1}{1-\omega^\gamma \frac{1}{q^{1+\varrho}}}$$

und entwickele den Logarithmus jedes Factors mittelst der Formel:

$$-\log(1-x) = x + \tfrac{1}{2}x^2 + \tfrac{1}{3}x^3 + \cdots.$$

Man findet so:

$$\Sigma \omega^\gamma \frac{1}{q^{1+\varrho}} + \tfrac{1}{2}\Sigma \omega^{2\gamma} \frac{1}{(q^2)^{1+\varrho}} + \tfrac{1}{3}\Sigma \omega^{3\gamma} \frac{1}{(q^3)^{1+\varrho}} + \cdots = \log L,$$

wo sich die Summationen auf q beziehen und γ den Index von q bedeutet. Setzt man der Reihe nach für ω seine Werthe:

$$1,\ \Omega,\ \Omega^2,\ \ldots,\ \Omega^{p-2},$$

addirt und berücksichtigt, dass die Summe:

$$1 + \Omega^{h\gamma} + \Omega^{2h\gamma} + \cdots + \Omega^{(p-2)h\gamma}$$

immer verschwindet, ausser wenn $h\gamma$ durch $p-1$ theilbar ist, in diesem Falle aber den Werth $p-1$ hat, und dass die Bedingung $h\gamma \equiv 0 \pmod{p-1}$ gleichbedeutend mit $q^h \equiv 1 \pmod{p}$ ist, so erhält man:

$$(p-1)\left(\Sigma \frac{1}{q^{1+\varrho}} + \tfrac{1}{2}\Sigma \frac{1}{q^{2+2\varrho}} + \tfrac{1}{3}\Sigma \frac{1}{q^{3+3\varrho}} + \cdots\right) = \log(L_0 L_1 \ldots L_{p-2}),$$

wo sich die erste, zweite, ... Summation resp. auf die Werthe von q bezieht, deren erste, zweite, ... Potenzen in der Form $\mu p + 1$ enthalten sind. Da die erste Seite reell ist, so folgt, dass das Product unter dem Zeichen log positiv ist, was auch sonst klar ist, und dass für den Logarithmus der arithmetische mit keiner Vieldeutigkeit behaftete Werth zu nehmen ist. Die Reihe auf der ersten Seite bleibt stets positiv, und wir werden nun zeigen, dass die zweite, in Widerspruch hiermit, für ein unendlich kleines ϱ den Werth $-\infty$ haben würde, wenn man die Grenze für L_m als verschwindend annehmen wollte. Die zweite Seite lässt sich in die Form bringen:

$$\log L_0+\log L_{\frac{1}{2}(p-1)}+\log L_1 L_{p-2}+\log L_2 L_{p-3}+\cdots,$$

wo $\log L_0$ nach (5) dem Ausdrucke:

$$\log\left(\frac{p-1}{p}\cdot\frac{1}{\varrho}+\varphi(\varrho)\right)$$

oder:

$$\log\left(\frac{1}{\varrho}\right)+\log\left(\frac{p-1}{p}+\varrho\varphi(\varrho)\right)$$

gleich ist, dessen zweites Glied sich der endlichen Grenze $\log\left(\frac{p-1}{p}\right)$ nähert; ebenso bleibt $\log L_{\frac{1}{2}(p-1)}$ endlich, da der Grenzwerth von $L_{\frac{1}{2}(p-1)}$ nach §. 4 von Null verschieden ist. Irgend einer der übrigen Logarithmen, wie $\log L_m L_{p-1-m}$, ist nach §. 3:

$$\log(\psi^2(1+\varrho)+\chi^2(1+\varrho)),$$

welcher Ausdruck, wenn L_m und also auch L_{p-1-m} die Null zur Grenze hätte, so dass gleichzeitig $\psi(1)=0$, $\chi(1)=0$ wäre, in:

$$\log(\varrho^2(\psi'^2(1+\delta\varrho)+\chi'^2(1+\varepsilon\varrho)))$$

oder:

$$-2\log\left(\frac{1}{\varrho}\right)+\log(\psi'^2(1+\delta\varrho)+\chi'^2(1+\varepsilon\varrho))$$

übergehen würde. Vereinigt man das Glied $-2\log\left(\frac{1}{\varrho}\right)$ mit dem ersten Gliede von $\log L_0$, so bleibt $-\log\left(\frac{1}{\varrho}\right)$, welcher Werth für ein unendlich kleines ϱ in $-\infty$ übergeht, und es ist klar, dass dieser unendlich grosse negative Werth nicht etwa durch:

$$\log(\psi'^2(1+\delta\varrho)+\chi'^2(1+\varepsilon\varrho))$$

aufgehoben werden kann, denn dieser Ausdruck bleibt entweder endlich oder wird selbst $-\infty$, wenn nämlich gleichzeitig $\psi'(1)=0$, $\chi'(1)=0$ wäre. Ebenso einleuchtend ist, dass, wenn man ausser L_m und L_{p-1-m} noch ein anderes oder mehrere andere Paare zusammengehöriger L als verschwindend betrachten wollte, der Widerspruch nur noch verstärkt würde. Es ist somit bewiesen, dass der einem unendlich klein werdenden ϱ entsprechende Grenzwerth von L_m, für $m>0$, endlich und von Null verschieden ist, so wie dass L_0 in demselben Falle ∞ wird, woraus sogleich folgt, dass die Reihe:

$$(7)\qquad \Sigma\omega^\gamma\frac{1}{q^{1+\varrho}}+\tfrac{1}{2}\Sigma\omega^{2\gamma}\frac{1}{q^{2+2\varrho}}+\tfrac{1}{3}\Sigma\omega^{3\gamma}\frac{1}{q^{3+3\varrho}}+\cdots=\log L$$

sich immer, wenn nur nicht $\omega = 1$ ist, einer endlichen Grenze nähert, für $\omega = 1$ aber unendlich gross wird, wenn man ϱ unendlich klein werden lässt.

Wollte man diese endliche Grenze selbst haben, deren Kenntniss jedoch zu unserem Zwecke nicht erforderlich ist, so würde (wenn ω nicht -1 ist) ihre Bestimmung durch den Ausdruck $\log(\psi(1)+\chi(1)\sqrt{-1})$ mit einer Vieldeutigkeit behaftet sein, die man aber in jedem speciellen Falle, d. h. sobald p und ω numerisch gegeben sind, leicht heben kann. Setzt man die Reihe (7) gleich $u+v\sqrt{-1}$ und folglich:

$$u+v\sqrt{-1} = \log L = \log(\psi(1+\varrho)+\chi(1+\varrho)\sqrt{-1}),$$

so hat man:

$$u = \tfrac{1}{2}\log(\psi^2(1+\varrho)+\chi^2(1+\varrho)),$$

$$\cos v = \frac{\psi(1+\varrho)}{\sqrt{\psi^2(1+\varrho)+\chi^2(1+\varrho)}}, \quad \sin v = \frac{\chi(1+\varrho)}{\sqrt{\psi^2(1+\varrho)+\chi^2(1+\varrho)}},$$

und folglich ist der Grenzwerth von u ohne Vieldeutigkeit:

$$\tfrac{1}{2}\log(\psi^2(1)+\chi^2(1)).$$

Um den von v ebenso zu erhalten, bemerke man, dass die Reihe, wie klein auch ϱ sei, stetig mit dieser Grösse veränderlich ist, wie man leicht nachweisen kann, und dass mithin auch v eine stetige Function von ϱ sein muss. Nun wird sich, da nicht zugleich $\psi(1) = 0$, $\chi(1) = 0$ sein kann, aus den oben gegebenen Ausdrücken von $\psi(1+\varrho)$ und $\chi(1+\varrho)$ in Form bestimmter Integrale immer ein positiver endlicher Werth R von solcher Beschaffenheit ableiten lassen, dass wenigstens eine der Functionen $\psi(1+\varrho)$, $\chi(1+\varrho)$ für jedes ϱ, welches kleiner als R ist, dasselbe Zeichen behält. Es wird demnach $\cos v$ oder $\sin v$, sobald ϱ abnehmend kleiner als R geworden ist, sein Zeichen nicht mehr ändern und mithin der continuirlich veränderliche Bogen v nicht mehr um π zunehmen oder abnehmen können. Bestimmt man also den $\varrho = R$ entsprechenden endlichen Werth von v, den wir V nennen wollen, und den man durch numerische Rechnung aus der Reihe (7) selbst leicht finden kann, da diese für jeden endlichen Werth von ϱ in die erste der im §. 1 unterschiedenen Classen gehört und also eine völlig bestimmte Summe hat, so ist nun der Grenzwerth v_0 von v durch die Gleichungen:

$$\cos v_0 = \frac{\psi(1)}{\sqrt{\psi^2(1)+\chi^2(1)}}, \quad \sin v_0 = \frac{\chi(1)}{\sqrt{\psi^2(1)+\chi^2(1)}},$$

mit der Bedingung verbunden, dass die Differenz $V-v_0$, abgesehen vom Zeichen, kleiner als π sein muss, vollständig bestimmt.

§. 6.

Wir sind jetzt im Stande zu beweisen, dass jede arithmetische Reihe, deren Differenz p ist, und deren erstes Glied nicht durch p theilbar ist, unendlich viele Primzahlen enthält, oder mit anderen Worten, dass es unendlich viele Primzahlen von der Form $\mu p + m$ giebt, wo μ eine unbestimmte ganze Zahl und m eine der Zahlen $1, 2, 3, \ldots, p-1$ bedeutet. Denkt man sich die in der Gleichung (7) enthaltenen Gleichungen, so wie sie der Reihe nach den Wurzeln*):

$$1, \quad \Omega, \quad \Omega^2, \quad \ldots, \quad \Omega^{p-2}$$

entsprechen, mit:

$$1, \quad \Omega^{-\gamma_m}, \quad \Omega^{-2\gamma_m}, \quad \ldots, \quad \Omega^{-(p-2)\gamma_m}$$

multiplicirt und addirt, so erhält man auf der ersten Seite:

$$\begin{aligned} &\Sigma\left(1+\Omega^{\gamma-\gamma_m}+\Omega^{2(\gamma-\gamma_m)}+\cdots+\Omega^{(p-2)(\gamma-\gamma_m)}\right)\frac{1}{q^{1+\varrho}} \\ &+\tfrac{1}{2}\Sigma\left(1+\Omega^{2\gamma-\gamma_m}+\Omega^{2(2\gamma-\gamma_m)}+\cdots+\Omega^{(p-2)(2\gamma-\gamma_m)}\right)\frac{1}{q^{2+2\varrho}} \\ &+\tfrac{1}{3}\Sigma\left(1+\Omega^{3\gamma-\gamma_m}+\Omega^{2(3\gamma-\gamma_m)}+\cdots+\Omega^{(p-2)(3\gamma-\gamma_m)}\right)\frac{1}{q^{3+3\varrho}} \\ &+\cdots, \end{aligned}$$

wo sich die Summationen auf q beziehen und γ den Index von q bezeichnet. Nun ist aber:

$$1+\Omega^{h\gamma-\gamma_m}+\Omega^{2(h\gamma-\gamma_m)}+\cdots+\Omega^{(p-2)(h\gamma-\gamma_m)} = 0,$$

ausser wenn $h\gamma - \gamma_m \equiv 0 \pmod{p-1}$ ist, in welchem Falle diese Summe gleich $p-1$ ist. Diese Congruenz ist aber gleichbedeutend mit: $q^h \equiv m \pmod{p}$. Man hat daher die Gleichung:

$$\begin{aligned} &\Sigma\frac{1}{q^{1+\varrho}}+\tfrac{1}{2}\Sigma\frac{1}{q^{2+2\varrho}}+\tfrac{1}{3}\Sigma\frac{1}{q^{3+3\varrho}}+\cdots \\ &\qquad = \frac{1}{p-1}\left(\log L_0+\Omega^{-\gamma_m}\log L_1+\Omega^{-2\gamma_m}\log L_2+\cdots+\Omega^{-(p-2)\gamma_m}\log L_{p-2}\right), \end{aligned}$$

wo sich die erste Summation auf alle Primzahlen q der Form $\mu p + m$ erstreckt, die zweite auf alle Primzahlen q, deren Quadrate, die dritte auf alle Primzahlen q, deren Cuben, u. s. w. in derselben Form enthalten sind. Denkt man sich nun ϱ unendlich klein werdend, so wird die zweite Seite durch das Glied $\log L_0$

---

*) Vergl. S. 318. K.

unendlich gross. Es muss also auch die erste Seite unendlich werden. Auf dieser Seite bleibt aber die Summe aller Glieder, mit Ausschluss des ersten, endlich, da bekanntlich:

$$\tfrac{1}{2}\Sigma\frac{1}{q^2}+\tfrac{1}{3}\Sigma\frac{1}{q^3}+\cdots$$

noch endlich ist, wenn man unter q nicht, wie hier, gewisse Primzahlen, sondern alle ganzen Zahlen, welche grösser als 1 sind, versteht. Folglich muss die Reihe:

$$\Sigma\frac{1}{q^{1+\varrho}}$$

über jede positive Grenze hinaus wachsen; sie muss mithin unendlich viele Glieder enthalten, d. h. es giebt unendlich viele Primzahlen q der Form $\mu p+m$, w. z. b. w.

§. 7.

Um den im Vorhergehenden geführten Beweis auf eine arithmetische Reihe auszudehnen, deren Differenz irgend eine zusammengesetzte Zahl ist, sind einige Sätze aus der Theorie der Potenzreste erforderlich, die wir hier kurz zusammenstellen wollen, um uns in der Folge leichter darauf berufen zu können. Die Begründung dieser Resultate kann man in den *Disq. arith. sect. III.* nachsehen, wo dieser Gegenstand ausführlich behandelt ist.

I. Die Existenz von primitiven Wurzeln ist nicht auf ungerade Primzahlen p beschränkt, sondern findet auch noch für irgend eine Potenz p^π einer solchen statt. Ist c eine primitive Wurzel für den Modul p^π, so sind die nach diesem genommenen Reste der Potenzen:

$$c^0,\quad c^1,\quad c^2,\quad \ldots,\quad c^{(p-1)p^{\pi-1}-1}$$

alle von einander verschieden und fallen mit der Reihe derjenigen Zahlen zusammen, welche kleiner als p^π und zu p^π relative Primzahlen sind. Hat man nun irgend eine nicht durch p theilbare Zahl n, so ist der Exponent $\gamma_n<(p-1)p^{\pi-1}$, welcher der Congruenz:

$$c^{\gamma_n}\equiv n \pmod{p^\pi}$$

genügt, völlig bestimmt und soll der Index von n heissen. Von solchen Indices gelten wieder die leicht zu beweisenden Sätze, dass der Index eines Productes der Summe der Indices der Factoren, um das grösste darin enthaltene Vielfache von $(p-1)p^{\pi-1}$ vermindert, gleich, so wie dass γ_n gerade oder ungerade ist, je nachdem $\left(\frac{n}{p}\right)=+1$ oder -1 ist.

II. Die Primzahl 2 verhält sich in der Theorie der primitiven Wurzeln wesentlich anders als die ungeraden Primzahlen, und es ist über diese Primzahl Folgendes zu bemerken, wenn wir die erste Potenz von 2, welche hier nicht in Betracht kommt, ausser Acht lassen.

1) Für den Modul 2^2 hat man die primitive Wurzel -1. Bezeichnet man den Index für irgend eine ungerade Zahl n mit α_n, so dass also:

$$(-1)^{\alpha_n} \equiv n \pmod{4},$$

so ist $\alpha_n = 0$ oder $\alpha_n = 1$, je nachdem n die Form $4\mu+1$ oder $4\mu+3$ hat, und man erhält den Index eines Productes, wenn man von der Summe der Indices der Factoren das grösste darin enthaltene Vielfache von 2 abzieht.

2) Hat der Modul die Form 2^λ, wo $\lambda \geqq 3$ ist, so giebt es keine primitive Wurzel mehr, d. h. es existirt keine Zahl, für welche die Periode ihrer Potenzreste nach dem Divisor 2^λ alle ungeraden Zahlen enthält, welche kleiner als 2^λ sind. Man kann nur die Hälfte dieser Zahlen als solche Reste darstellen. Wählt man irgend eine Zahl der Form $8\mu+5$ oder speciell 5 zur Basis, so sind die nach dem Modul 2^λ genommenen Reste der Potenzen:

$$5^0,\ 5^1,\ 5^2,\ \ldots,\ 5^{2^{\lambda-2}-1}$$

alle von einander verschieden und fallen mit den Zahlen zusammen, welche die Form $4\mu+1$ haben und kleiner als 2^λ sind. Hat man daher eine Zahl n der Form $4\mu+1$, so lässt sich immer der Congruenz:

$$5^{\beta_n} \equiv n \pmod{2^\lambda}$$

durch einen und nur durch einen Exponenten oder Index β_n genügen, wenn dieser kleiner als $2^{\lambda-2}$ sein soll. Hat n die Form $4\mu+3$, so ist diese Congruenz unmöglich. Da aber unter dieser Voraussetzung $-n$ die Form $4\mu+1$ hat, so wollen wir allgemein unter dem Index einer ungeraden Zahl n den völlig bestimmten Exponenten β_n verstehen, welcher kleiner als $2^{\lambda-2}$ ist und der Congruenz:

$$5^{\beta_n} \equiv \pm n \pmod{2^\lambda}$$

genügt, in welcher das obere oder das untere Zeichen zu nehmen ist, je nachdem n die Form $4\mu+1$ oder $4\mu+3$ hat. Wegen dieses doppelten Zeichens ist also der Rest von n nach dem Modul 2^λ durch den Index β_n nicht mehr völlig bestimmt, indem demselben Index zwei Reste entsprechen, die sich zu 2^λ ergänzen. Für die so definirten Indices gelten offenbar die Sätze, dass der Index eines Productes der Summe der Indices der Factoren, um das darin enthaltene grösste Vielfache von $2^{\lambda-2}$ vermindert, gleich ist, so wie dass β_n gerade oder ungerade sein wird, je nachdem n die Form $8\mu\pm1$ oder die Form $8\mu\pm5$ haben wird. Um die vorher erwähnte Zweideutigkeit zu heben, wird es genügen, neben dem Index β_n, welcher sich auf den Modul 2^λ und die Basis 5 bezieht, noch den Index α_n, welcher dem Modul 4 und der Basis -1 entspricht, zu betrachten, indem dann, je nachdem $\alpha_n = 0$ oder $\alpha_n = 1$ ist, das obere oder untere Zeichen in:

$$5^{\beta_n} \equiv \pm n \pmod{2^\lambda}$$

zu nehmen sein wird. Man kann auch, wenn man will, beide Indices in einer Formel vereinigen und:

$$(-1)^{\alpha_n} 5^{\beta_n} \equiv n \pmod{2^\lambda}$$

schreiben, durch welche Congruenz der Rest von n nach dem Modul 2^λ vollständig bestimmt ist.

III. Es sei nun:

$$k = 2^\lambda p^\pi p'^{\pi'} \ldots,$$

wo, wie in II. 2, $\lambda \overline{\gtrless} 3$ ist, und $p, p', \ldots$ von einander verschiedene ungerade Primzahlen bezeichnen. Hat man irgend eine durch keine der Primzahlen $2, p, p', \ldots$ theilbare Zahl n, und kennt man die den Moduln:

$$4, \quad 2^\lambda, \quad p^\pi, \quad p'^{\pi'}, \quad \ldots$$

und ihren primitiven Wurzeln:

$$-1, \quad 5, \quad c, \quad c', \quad \ldots$$

entsprechenden Indices:

$$\alpha_n, \quad \beta_n, \quad \gamma_n, \quad \gamma'_n, \quad \ldots,$$

so hat man die Congruenzen:

$$(-1)^{\alpha_n} \equiv n \pmod{4}, \qquad 5^{\beta_n} \equiv \pm n \pmod{2^\lambda},$$
$$c^{\gamma_n} \equiv n \pmod{p^\pi}, \quad c'^{\gamma'_n} \equiv n \pmod{p'^{\pi'}}, \quad \ldots,$$

durch deren Inbegriff der Rest von n, nach dem Divisor k genommen, vollständig bestimmt ist, wie aus bekannten Sätzen sogleich folgt, wenn man berücksichtigt, dass das doppelte Zeichen in der zweiten dieser Congruenzen durch die erste festgestellt wird. Wir werden die Indices $\alpha_n, \beta_n, \gamma_n, \gamma'_n, \ldots$ oder $\alpha, \beta, \gamma, \gamma', \ldots$ das System der Indices für die Zahl n nennen. Da die Indices:

$$\alpha, \quad \beta, \quad \gamma, \quad \gamma', \quad \ldots$$

beziehungsweise:

$$2, \quad 2^{\lambda-2}, \quad (p-1)p^{\pi-1}, \quad (p'-1)p'^{\pi'-1}, \quad \ldots$$

verschiedene Werthe erhalten können, so ist:

$$(8)\qquad 2.2^{\lambda-2}(p-1)p^{\pi-1}.(p'-1)p'^{\pi'-1}\ldots = k\left(1-\frac{1}{2}\right)\left(1-\frac{1}{p}\right)\left(1-\frac{1}{p'}\right)\cdots = K$$

die Anzahl aller möglichen Systeme dieser Art, was mit dem bekannten Satze übereinstimmt, nach welchem K die Anzahl derjenigen Zahlen ausdrückt, welche kleiner als k und zu k relative Primzahlen sind.

§. 8.

Indem wir nun dazu übergehen, das Theorem über die arithmetische Progression in seiner ganzen Allgemeinheit zu beweisen, bemerken wir, dass man, ohne dieser Allgemeinheit zu schaden, die Differenz k der Progression als durch 8 theilbar und also in der Form des §. 7, III enthalten annehmen kann. Ist der Satz unter dieser Voraussetzung bewiesen, so wird er offenbar um so mehr gelten, wenn die Differenz ungerade oder nur durch 2 oder 4 theilbar ist. Es seien θ, φ, ω, ω', ... irgend welche Wurzeln der Gleichungen:

$$(9)\qquad \theta^2-1=0,\quad \varphi^{2^{\lambda-2}}-1=0,\quad \omega^{(p-1)p^{\pi-1}}-1=0,\quad \omega'^{(p'-1)p'^{\pi'-1}}-1=0,\quad \ldots$$

und q eine beliebige von 2, p, p', ... verschiedene Primzahl. Bildet man nun die Gleichung:

$$\frac{1}{1-\theta^\alpha\varphi^\beta\omega^\gamma\omega'^{\gamma'}\cdots\dfrac{1}{q^s}} = 1+\theta^\alpha\varphi^\beta\omega^\gamma\omega'^{\gamma'}\cdots\frac{1}{q^s}+\theta^{2\alpha}\varphi^{2\beta}\omega^{2\gamma}\omega'^{2\gamma'}\cdots\frac{1}{q^{2s}}+\cdots,$$

in welcher $s>1$ ist, und das System der Indices α, β, γ, γ', ... sich auf q bezieht, und multiplicirt alle Gleichungen dieser Form, welche man erhält, wenn man für q alle von 2, p, p', ... verschiedenen Primzahlen setzt, in einander, so kommt, mit Berücksichtigung der oben erwähnten Eigenschaften der Indices und der Gleichungen (9):

$$(10)\qquad \Pi\frac{1}{1-\theta^\alpha\varphi^\beta\omega^\gamma\omega'^{\gamma'}\cdots\dfrac{1}{q^s}} = \Sigma\theta^\alpha\varphi^\beta\omega^\gamma\omega'^{\gamma'}\cdots\frac{1}{n^s} = L,$$

wo sich das Multiplicationszeichen auf die ganze Reihe der Primzahlen, mit Ausschluss von 2, p, p', ..., und das Summenzeichen auf alle positiven ganzen Zahlen, welche durch keine der Primzahlen 2, p, p', ... theilbar sind, erstreckt. Das System der Indices α, β, γ, γ', ... entspricht auf der ersten Seite der Zahl q, auf der zweiten Seite der Zahl n. Die allgemeine Gleichung (10), in welcher die verschiedenen Wurzeln θ, φ, ω, ω', ... auf irgend eine Weise mit einander combinirt werden können, enthält offenbar eine Anzahl K besonderer Gleichungen. Um die jeder dieser Verbindungen entsprechende Reihe L bequem zu bezeichnen, kann man sich die Wurzeln von jeder der Gleichungen (9) als Potenzen von einer derselben dargestellt denken. Sind $\Theta = -1$, Φ, Ω, Ω', ... hierzu geeignete Wurzeln, so kann man setzen:

$$\theta = \Theta^{\mathfrak{a}}, \quad \varphi = \Phi^{\mathfrak{b}}, \quad \omega = \Omega^{\mathfrak{c}}, \quad \omega' = \Omega'^{\mathfrak{c}'}, \quad \ldots,$$

wo:

$$\mathfrak{a} < 2, \quad \mathfrak{b} < 2^{\lambda-2}, \quad \mathfrak{c} < (p-1)p^{\pi-1}, \quad \mathfrak{c}' < (p'-1)p'^{\pi'-1}, \quad \ldots,$$

und dieser Darstellung entsprechend, die Reihe L mit:

$$(11) \qquad L_{\mathfrak{a}, \mathfrak{b}, \mathfrak{c}, \mathfrak{c}', \ldots}$$

bezeichnen. Die Nothwendigkeit der Voraussetzung $s > 1$ in der Gleichung (10) beruht auf den schon im §. 1 entwickelten Gründen.

§. 9.

Die mit $L_{\mathfrak{a}, \mathfrak{b}, \mathfrak{c}, \mathfrak{c}', \ldots}$ bezeichneten Reihen, deren Anzahl gleich K ist, lassen sich nach den verschiedenen Wurzelcombinationen θ, φ, ω, ω', ..., denen sie entsprechen, in folgende drei Classen theilen. Die erste Classe enthält nur eine Reihe, nämlich $L_{0,0,0,0,\ldots}$, d. h. diejenige, in welcher:

$$\theta = 1, \quad \varphi = 1, \quad \omega = 1, \quad \omega' = 1, \quad \ldots$$

ist. Die zweite Classe soll alle übrigen Reihen umfassen, in welchen nur reelle Wurzeln der Gleichungen (9) vorkommen, so dass also zur Darstellung dieser Reihen die Zeichen in:

$$\theta = \pm 1, \quad \varphi = \pm 1, \quad \omega = \pm 1, \quad \omega' = \pm 1, \quad \ldots$$

auf jede mögliche Weise combinirt werden müssen, wobei nur die eine der ersten Classe entsprechende Zeichenverbindung auszuschliessen ist. Die dritte Classe endlich wird alle Reihen L in sich begreifen, in denen wenigstens eine der Wurzeln φ, ω, ω', ... imaginär ist, und es leuchtet ein, dass die Reihen dieser Classe einander paarweise zugeordnet sind, da die beiden Wurzelcombinationen:

$$\theta, \quad \varphi, \quad \omega, \quad \omega', \quad \ldots; \qquad \frac{1}{\theta}, \ \frac{1}{\varphi}, \ \frac{1}{\omega}, \ \frac{1}{\omega'}, \ \ldots$$

unter der eben ausgesprochenen Voraussetzung offenbar von einander verschieden sind. Wir haben jetzt das Verhalten dieser Reihen zu untersuchen, wenn man darin $s=1+\varrho$ setzt und das positive ϱ unendlich klein werden lässt. Betrachten wir zunächst diejenige Reihe, welche die erste Classe constituirt, so ist klar, dass diese als die Summe von K Partialreihen angesehen werden kann, deren jede die Form hat:

$$\frac{1}{m^{1+\varrho}}+\frac{1}{(k+m)^{1+\varrho}}+\frac{1}{(2k+m)^{1+\varrho}}+\cdots,$$

wo $m<k$ und zu k relative Primzahl ist. Mithin ist die Reihe dieser Classe nach §. 2 dem Ausdrucke:

$$\frac{K}{k}\cdot\frac{1}{\varrho}+\varphi(\varrho) \tag{12}$$

gleich, wo $\varphi(\varrho)$ für ein unendlich kleines ϱ endlich bleibt.

Was die Reihen der zweiten und dritten Classe betrifft, so findet man, wenn man sich darin die Glieder so geordnet denkt, dass die Werthe von n wachsend fortschreiten, und $s>0$ setzt, für diese die Gleichung:

$$\Sigma\theta^{\alpha}\varphi^{\beta}\omega^{\gamma}\omega'^{\gamma'}\cdots\frac{1}{n^s}=\frac{1}{\Gamma(s)}\int_0^1\frac{\Sigma\theta^{\alpha}\varphi^{\beta}\omega^{\gamma}\omega'^{\gamma'}\cdots x^{n-1}}{1-x^k}\log^{s-1}\left(\frac{1}{x}\right)dx, \tag{13}$$

wo sich das Zeichen Σ auf der zweiten Seite auf alle positiven ganzen Zahlen n erstreckt, welche kleiner als k und zu k relative Primzahlen sind, und α, β, γ, γ', ... das System der Indices für n bedeutet. Man beweist leicht, dass die zweite Seite einen endlichen Werth hat, denn man darf hierzu nur bemerken, dass das Polynom $\Sigma\theta^{\alpha}\varphi^{\beta}\omega^{\gamma}\omega'^{\gamma'}\ldots x^{n-1}$ den Factor $1-x$ involvirt, was sogleich erhellt, wenn man $x=1$ setzt, wodurch dieses Polynom in das Product:

$$(1+\theta)(1+\varphi+\cdots+\varphi^{2^{\lambda-2}-1})(1+\omega+\cdots+\omega^{(p-1)p^{\pi-1}-1})(1+\omega'+\cdots+\omega'^{(p'-1)p'^{\pi'-1}-1})\ldots$$

übergeht, von dessen Factoren wenigstens einer verschwindet, da die Wurzelcombination:

$$\theta=1,\quad \varphi=1,\quad \omega=1,\quad \omega'=1,\quad \ldots,$$

als der ersten Classe entsprechend, ausgeschlossen ist. Ebenso leicht überzeugt man sich, dass die zweite Seite der Gleichung (13), so wie ihr nach s genommener Differentialquotient stetige Functionen von s sind. Es folgt hieraus sogleich, dass jede Reihe der zweiten und dritten Classe sich für ein unendlich klein werdendes ϱ einer endlichen, durch:

$$\Sigma\theta^{\alpha}\varphi^{\beta}\omega^{\gamma}\omega'^{\gamma'}\cdots\frac{1}{n}=\int_0^1\frac{\Sigma\theta^{\alpha}\varphi^{\beta}\omega^{\gamma}\omega'^{\gamma'}\ldots x^{n-1}}{1-x^k}dx \tag{14}$$

ausgedrückten Grenze nähert. Es bleibt nun zu beweisen, dass diese Grenze immer von Null verschieden ist.

§. 10.

Die Grenze für ein L der zweiten oder dritten Classe lässt sich zwar leicht, wie in §. 4, durch Logarithmen und Kreisfunctionen ausdrücken, allein diese Darstellung derselben gewährt gar keinen Nutzen für die geforderte Nachweisung, selbst dann nicht, wenn L zur zweiten Classe gehört, obgleich dieser Fall sonst eine grosse Analogie mit dem in der letzten Hälfte des §. 4 betrachteten darbietet. Wir wollen für jetzt annehmen, die erwähnte Eigenschaft sei für jedes L der zweiten Classe bewiesen, und nun zeigen, wie derselben Forderung für ein L der dritten Classe genügt werden kann. Zu diesem Zwecke nehme man die Logarithmen von beiden Seiten der Gleichung (10) und entwickle; man erhält so:

$$\Sigma\, \theta^{\alpha} \varphi^{\beta} \omega^{\gamma} \omega'^{\gamma'} \cdots \frac{1}{q^{1+\varrho}} + \tfrac{1}{2} \Sigma\, \theta^{2\alpha} \varphi^{2\beta} \omega^{2\gamma} \omega'^{2\gamma'} \cdots \frac{1}{q^{2+2\varrho}} + \cdots = \log L,$$

wo die Indices α, β, γ, γ', ... zu q gehören, und auch das Zeichen Σ sich auf q bezieht. Stellt man die Wurzeln θ, φ, ω, ω', ... auf die im §. 8 angegebene Weise dar und setzt:

$$\theta = \Theta^{\mathfrak{a}}, \quad \varphi = \Phi^{\mathfrak{b}}, \quad \omega = \Omega^{\mathfrak{c}}, \quad \omega' = \Omega'^{\mathfrak{c}'}, \quad \ldots,$$

so wird das allgemeine Glied der ersten Seite:

$$\frac{1}{h} \Sigma\, \Theta^{h\alpha\mathfrak{a}} \Phi^{h\beta\mathfrak{b}} \Omega^{h\gamma\mathfrak{c}} \Omega'^{h\gamma'\mathfrak{c}'} \cdots \frac{1}{q^{h+h\varrho}},$$

während nach (11) für die zweite Seite:

$$\log L_{\mathfrak{a},\, \mathfrak{b},\, \mathfrak{c},\, \mathfrak{c}',\, \ldots}$$

zu schreiben ist.

Es sei nun m irgend eine ganze Zahl kleiner als k, welche keinen gemeinschaftlichen Factor mit k hat. Multiplicirt man auf beiden Seiten mit:

$$\Theta^{-\alpha_m \mathfrak{a}} \Phi^{-\beta_m \mathfrak{b}} \Omega^{-\gamma_m \mathfrak{c}} \Omega'^{-\gamma'_m \mathfrak{c}'} \cdots$$

und schreibt zur Abkürzung auf der ersten Seite nur das allgemeine Glied, so kommt:

$$\cdots + \frac{1}{h} \Sigma\, \Theta^{(h\alpha - \alpha_m)\mathfrak{a}} \Phi^{(h\beta - \beta_m)\mathfrak{b}} \Omega^{(h\gamma - \gamma_m)\mathfrak{c}} \Omega'^{(h\gamma' - \gamma'_m)\mathfrak{c}'} \cdots \frac{1}{q^{h+h\varrho}} + \cdots$$
$$= \Theta^{-\alpha_m \mathfrak{a}} \Phi^{-\beta_m \mathfrak{b}} \Omega^{-\gamma_m \mathfrak{c}} \Omega'^{-\gamma'_m \mathfrak{c}'} \cdots \log L_{\mathfrak{a},\, \mathfrak{b},\, \mathfrak{c},\, \mathfrak{c}',\, \ldots}.$$

Summirt man jetzt, um alle Wurzelcombinationen zu umfassen, von:

$$\mathfrak{a}=0,\quad \mathfrak{b}=0,\quad \mathfrak{c}=0,\quad \mathfrak{c}'=0,\quad \ldots$$

bis:

$$\mathfrak{a}=1,\quad \mathfrak{b}=2^{\lambda-2}-1,\quad \mathfrak{c}=(p-1)p^{\pi-1}-1,\quad \mathfrak{c}'=(p'-1)p'^{\pi'-1}-1,\quad \ldots,$$

so kommt auf der ersten Seite als allgemeines Glied:

$$\frac{1}{h}\Sigma W\frac{1}{q^{h+h\varrho}},$$

wo sich das Zeichen Σ auf die Primzahlen q erstreckt und W das Product der nach $\mathfrak{a}, \mathfrak{b}, \mathfrak{c}, \mathfrak{c}', \ldots$ resp. zwischen den angegebenen Grenzen zu nehmenden Summen:

$$\Sigma\Theta^{(h\alpha-\alpha_m)\mathfrak{a}},\quad \Sigma\Phi^{(h\beta-\beta_m)\mathfrak{b}},\quad \Sigma\Omega^{(h\gamma-\gamma_m)\mathfrak{c}},\quad \Sigma\Omega'^{(h\gamma'-\gamma'_m)\mathfrak{c}'},\quad \ldots$$

bedeutet. Nun ersieht man leicht aus §. 7, dass die erste dieser Summen 2 oder 0 ist, je nachdem die Congruenz $h\alpha-\alpha_m\equiv 0 \pmod{2}$, oder was dasselbe ist, die Congruenz $q^h\equiv m \pmod{4}$ stattfindet oder nicht stattfindet, dass die zweite $2^{\lambda-2}$ oder 0 ist, je nachdem die Congruenz $h\beta-\beta_m\equiv 0 \pmod{2^{\lambda-2}}$, oder was dasselbe ist, die Congruenz $q^h\equiv \pm m \pmod{2^\lambda}$ stattfindet oder nicht stattfindet, dass die dritte $(p-1)p^{\pi-1}$ oder 0 ist, je nachdem die Congruenz $h\gamma-\gamma_m\equiv 0 \pmod{(p-1)p^{\pi-1}}$, oder was dasselbe ist, die Congruenz $q^h\equiv m \pmod{p^\pi}$ stattfindet oder nicht stattfindet, u. s. w. dass also W immer verschwindet, ausser wenn die Congruenz $q^h\equiv m$ nach jedem der Moduln 2^λ, p^π, $p'^{\pi'}$, ... stattfindet, d. h. wenn $q^h\equiv m \pmod{k}$ ist, in welchem Falle $W=K$ wird. Unsere Gleichung wird daher:

$$(15)\quad \begin{cases} \Sigma\frac{1}{q^{1+\varrho}}+\frac{1}{2}\Sigma\frac{1}{q^{2+2\varrho}}+\frac{1}{3}\Sigma\frac{1}{q^{3+3\varrho}}+\cdots \\ \qquad\qquad = \frac{1}{K}\Sigma\Theta^{-\alpha_m\mathfrak{a}}\Phi^{-\beta_m\mathfrak{b}}\Omega^{-\gamma_m\mathfrak{c}}\Omega'^{-\gamma'_m\mathfrak{c}'}\ldots\log L_{\mathfrak{a},\,\mathfrak{b},\,\mathfrak{c},\,\mathfrak{c}',\,\ldots}, \end{cases}$$

wo sich die Summationen auf der ersten Seite resp. auf alle Primzahlen q beziehen, deren erste, zweite, dritte Potenzen in der Form $\mu k+m$ enthalten sind, während die Summation auf der zweiten Seite über $\mathfrak{a}, \mathfrak{b}, \mathfrak{c}, \mathfrak{c}', \ldots$ zwischen den schon angegebenen Grenzen zu erstrecken ist. Im Falle $m=1$, wird $\alpha_m=0$, $\beta_m=0$, $\gamma_m=0$, $\gamma'_m=0$, ..., und die zweite Seite reducirt sich auf:

$$\frac{1}{K}\Sigma\log L_{\mathfrak{a},\,\mathfrak{b},\,\mathfrak{c},\,\mathfrak{c}',\,\ldots}.$$

Unter den Gliedern dieser Summe wird dasjenige, welches dem L der ersten Classe, $L_{0,\,0,\,0,\,0,\,\ldots}$, entspricht, vermöge des mit (12) bezeichneten Ausdruckes, $\log\left(\frac{1}{\varrho}\right)$ enthalten. Diejenigen Glieder, welche den verschiedenen L der zweiten

Classe entsprechen, werden, unter Voraussetzung der oben geforderten Nachweisung, für ein unendlich kleines ϱ endlich bleiben. Wäre nun der Grenzwerth für irgend ein L der dritten Classe der Null gleich, so würde, wie in §. 5, die Betrachtung der Continuität des Ausdruckes (13) für den Logarithmus dieses L, mit dem des ihm zugeordneten L verbunden, das Glied:

$$-2\log\left(\frac{1}{\varrho}\right)$$

ergeben, aus dessen Vereinigung mit $\log\left(\frac{1}{\varrho}\right)$ in $\log L_{0,\,0,\,0,\,0,\,\ldots}$ noch $-\log\left(\frac{1}{\varrho}\right)$ bliebe, welches für ein unendlich klein werdendes ϱ den Werth $-\infty$ annimmt, während die erste Seite aus lauter positiven Gliedern besteht. Kein L der dritten Classe kann also den Grenzwerth Null haben, und es folgt daher (unter Vorbehalt des noch zu gebenden Beweises für die Reihen der zweiten Classe), dass:

$$\log L_{\mathfrak{a},\,\mathfrak{b},\,\mathfrak{c},\,\mathfrak{c}',\,\ldots}$$

sich für ein unendlich klein werdendes ϱ immer einer endlichen Grenze nähert, ausgenommen, wenn gleichzeitig $\mathfrak{a}=0$, $\mathfrak{b}=0$, $\mathfrak{c}=0$, $\mathfrak{c}'=0$, ... ist, in welchem Falle dieser Logarithmus einen unendlich grossen Werth erhält.

Wendet man dieses Resultat auf die allgemeine Gleichung (15) an, so sieht man sogleich, dass die zweite Seite derselben für ein unendlich kleines ϱ unendlich wird, und zwar durch das Glied $\frac{1}{K}\log L_{0,\,0,\,0,\,0,\,\ldots}$, welches über jede Grenze hinaus wächst, während alle übrigen endlich bleiben. Es muss also auch die erste Seite jede endliche Grenze überschreiten, woraus wie in §. 6 folgt, dass die Reihe $\Sigma\frac{1}{q^{1+\varrho}}$ unendlich viele Glieder enthält, oder mit anderen Worten, dass die Anzahl derjenigen Primzahlen q, welche die Form $k\mu+m$ haben, in welcher μ eine unbestimmte ganze Zahl und m eine gegebene Zahl bezeichnet, die keinen gemeinschaftlichen Factor mit k hat, unendlich ist, w. z. b. w.

§. 11.

Was nun die zur Vervollständigung des eben entwickelten Beweises noch erforderliche Nachweisung betrifft, so reducirt sich diese nach dem unter (14) gegebenen Ausdrucke für den Grenzwerth eines L der zweiten oder dritten Classe darauf, dass man zeige, dass für irgend eine Wurzelcombination der Form:

$$\pm 1,\quad \pm 1,\quad \pm 1,\quad \pm 1,\quad \ldots,$$

mit alleiniger Ausnahme der folgenden:

$$+1,\quad +1,\quad +1,\quad +1,\quad \ldots,$$

die Summe:

$$\Sigma(\pm 1)^{\alpha}(\pm 1)^{\beta}(\pm 1)^{\gamma}(\pm 1)^{\gamma'}\cdots\frac{1}{n}, \tag{16}$$

worin α, β, γ, γ', ... das System der Indices für n bedeutet, und für n alle positiven ganzen, durch keine der Primzahlen 2, p, p', p'', ... theilbaren Zahlen, so wie sie ihrer Grösse nach auf einander folgen, zu setzen sind, einen von der Null verschiedenen Werth hat. In der Abhandlung, so wie sie der Akademie ursprünglich vorgelegt wurde, hatte ich diese Eigenschaft durch indirecte und ziemlich complicirte Betrachtungen bewiesen. Ich habe mich aber später überzeugt, dass man denselben Zweck auf einem andern Wege weit kürzer erreicht. Die Principien, von welchen wir hier ausgegangen sind, lassen sich auf mehrere andere Probleme anwenden, zwischen denen und dem hier behandelten Gegenstande man zunächst keinen Zusammenhang vermuthen sollte. Namentlich kann man mit Hülfe dieser Principien die sehr interessante Aufgabe lösen, die Anzahl der verschiedenen quadratischen Formen zu bestimmen, welche einer beliebigen positiven oder negativen Determinante entsprechen, und man findet, dass diese Anzahl (was jedoch nicht die Endform des Resultates dieser Untersuchung ist) als Product von zwei Factoren dargestellt werden kann, wovon der erste eine sehr einfache Function der Determinante ist, welche für jede Determinante einen endlichen Werth hat, während der andere Factor durch eine Reihe ausgedrückt ist, die mit der obigen (16) zusammenfällt. Aus diesem Resultat folgt dann unmittelbar, dass die Summe (16) nie Null sein kann, da sonst für die entsprechende Determinante die Anzahl der quadratischen Formen sich auf Null reduciren würde, während diese Anzahl wirklich immer $\geqq 1$ ist.

Aus diesem Grunde werde ich meinen früheren Beweis für die genannte Eigenschaft der Reihe (16) hier weglassen, und wegen dieses Punktes auf die erwähnten Untersuchungen über die Anzahl der quadratischen Formen verweisen*), welche nächstens erscheinen werden, und aus welchen der zur Vervollständigung der gegenwärtigen Abhandlung erforderliche Satz, wie schon bemerkt worden, als ein blosses Corollar hervorgeht.

---

*) Eine vorläufige Notiz über diesen Gegenstand findet man im Crelle'schen Journal Band XVIII. unter dem Titel: Sur l'usage des séries infinies dans la théorie des nombres.[1])

[1]) S. 357 dieser Ausgabe von G. Lejeune Dirichlet's Werken. K.

SUR LA MANIÈRE DE RÉSOUDRE L'ÉQUATION $t^2 - pu^2 = 1$ AU MOYEN DES FONCTIONS CIRCULAIRES.

Dans un Mémoire que j'ai lu à l'Académie des sciences de Berlin, et dont on trouve un extrait dans le compte rendu pour le mois de juillet dernier, je me suis proposé de prouver rigoureusement que toute progression arithmétique indéfinie dont le premier terme et la différence sont des entiers sans diviseur commun, renferme nécessairement une infinité de nombres premiers. Les recherches que j'ai eu à faire pour arriver à une démonstration complète de cette proposition qui peut être employée avec succès dans différentes questions relatives aux nombres, m'ont donné lieu de remarquer un rapport assez singulier entre deux théories qui ne présentaient jusqu'à présent aucun point de contact.

On sait que l'équation $t^2 - pu^2 = 1$, dans laquelle p désigne un entier positif non-carré, est toujours résoluble en nombres entiers, et que cette proposition fondamentale dans la théorie des équations indéterminées du second degré, a été déduite par Lagrange de la considération de la fraction continue périodique qui résulte du développement du radical $\sqrt{p}$. Il est remarquable que la résolution de l'équation précédente puisse aussi se rattacher à la théorie des équations binômes dont la science est redevable à M. Gauss. Il résulte non seulement de cette théorie que l'équation $t^2 - pu^2 = 1$ est toujours résoluble, mais on peut même en déduire des formules générales qui expriment les inconnues t et u en fonctions circulaires.

Quoique cette manière de traiter l'équation dont il s'agit soit applicable à tous les cas, je me bornerai dans cette note à développer celui où p est un nombre premier, ce cas suffisant pour faire connaître l'esprit de la méthode. Il est sans doute inutile d'ajouter que le mode de solution que nous allons indiquer, est beaucoup moins propre au calcul numérique que celui qui dérive de l'emploi des fractions continues, cette nouvelle manière de résoudre l'équation $t^2-pu^2=1$ devant être envisagée seulement sous le rapport théorique et comme un rapprochement entre deux branches de la science des nombres.

Soit p un nombre premier impair et considérons l'équation:

$$(1)\qquad \frac{x^p-1}{x-1}=X=0.$$

Les racines de cette équation sont données par l'expression $e^{m\frac{2\pi}{p}\sqrt{-1}}$, dans laquelle e et π ont la signification ordinaire et m désigne un entier compris dans la suite:

$$1,\ 2,\ 3,\ \ldots,\ p-1.$$

Parmi ces entiers il y a $\frac{1}{2}(p-1)$ résidus et autant de non-résidus quadratiques de p, que nous désignerons respectivement en les prenant dans un ordre quelconque par:

$$a_1,\ a_2,\ \ldots,\ a_{\frac{1}{2}(p-1)}\quad \text{et}\quad b_1,\ b_2,\ \ldots,\ b_{\frac{1}{2}(p-1)}.$$

Cela posé, il résulte de la théorie de M. Gauss*) qu'on a ces deux équations:

$$(2)\quad \begin{cases} Y+Z\sqrt{\pm p}=2\left(x-e^{a_1\frac{2\pi}{p}\sqrt{-1}}\right)\left(x-e^{a_2\frac{2\pi}{p}\sqrt{-1}}\right)\ldots\left(x-e^{a_{\frac{1}{2}(p-1)}\frac{2\pi}{p}\sqrt{-1}}\right),\\ Y-Z\sqrt{\pm p}=2\left(x-e^{b_1\frac{2\pi}{p}\sqrt{-1}}\right)\left(x-e^{b_2\frac{2\pi}{p}\sqrt{-1}}\right)\ldots\left(x-e^{b_{\frac{1}{2}(p-1)}\frac{2\pi}{p}\sqrt{-1}}\right),\end{cases}$$

les signes supérieurs ou inférieurs ayant lieu suivant que p a la forme $4\mu+1$ ou $4\mu+3$, et Y, Z étant des polynômes en x dont les coefficients sont entiers. Les équations précédentes étant multipliées entre elles donnent:

$$(3)\qquad 4X=Y^2\mp pZ^2.$$

Comme les nombres:

$$a_1,\ a_2,\ \ldots,\ a_{\frac{1}{2}(p-1)},$$

abstraction faite de l'ordre, sont les restes qui proviennent des carrés:

$$1^2,\ 2^2,\ \ldots,\ (\tfrac{1}{2}(p-1))^2$$

lorsqu'on les divise par p, la première des équations (2) peut évidemment être remplacée par celle-ci:

$$(4)\quad Y+Z\sqrt{\pm p}=2\left(x-e^{1^2\frac{2\pi}{p}\sqrt{-1}}\right)\left(x-e^{2^2\frac{2\pi}{p}\sqrt{-1}}\right)\ldots\left(x-e^{\left(\frac{p-1}{2}\right)^2\frac{2\pi}{p}\sqrt{-1}}\right).$$

Distinguons actuellement les deux cas que p peut présenter, et supposons en premier lieu p de la forme $4\mu+1$. Faisant $x=1$ dans les équations (3) et (4) et désignant par g et h les valeurs entières de Y et Z correspondant à

*) Disquisitiones arithmeticae. Art. 357.

cette supposition, il viendra:

$$(5) \qquad g^2-ph^2 = 4p,$$

$$g+h\sqrt{p} = 2\left(1-e^{1^2\cdot\frac{2\pi}{p}\sqrt{-1}}\right)\left(1-e^{2^2\cdot\frac{2\pi}{p}\sqrt{-1}}\right)\cdots\left(1-e^{\left(\frac{p-1}{2}\right)^2\frac{2\pi}{p}\sqrt{-1}}\right).$$

Comme on peut écrire:

$$1-e^{s^2\cdot\frac{2\pi}{p}\sqrt{-1}} = -2\sqrt{-1}.\sin s^2\frac{\pi}{p}\cdot e^{s^2\cdot\frac{\pi}{p}\sqrt{-1}},$$

la dernière équation prendra la forme:

$$g+h\sqrt{p} = 2^{\frac{1}{2}(p+1)}(-1)^{\frac{1}{4}(p-1)}\sin 1^2\frac{\pi}{p}\cdot\sin 2^2\frac{\pi}{p}\cdots\sin(\tfrac{1}{2}(p-1))^2\frac{\pi}{p}\cdot e^{[1^2+2^2+\ldots(\frac{1}{2}(p-1))^2]\frac{\pi}{p}\sqrt{-1}}.$$

On a d'un autre côté:

$$1+2^2+\cdots+(\tfrac{1}{2}(p-1))^2 = p\,\frac{p^2-1}{24},$$

où $\frac{p^2-1}{24}$ est évidemment un entier pair ou impair suivant que p a la forme $8\mu+1$ ou $8\mu+5$. Le facteur exponentiel est donc suivant ces deux cas $+1$ ou -1 et peut par conséquent être exprimé par $(-1)^{\frac{1}{4}(p-1)}$. Substituant cette expression dans l'équation précédente et se rappelant que $\frac{1}{2}(p-1)$ est pair, il viendra:

$$g+h\sqrt{p} = 2^{\frac{1}{2}(p+1)}\sin 1^2\frac{\pi}{p}\cdot\sin 2^2\frac{\pi}{p}\cdots\sin(\tfrac{1}{2}(p-1))^2\frac{\pi}{p}.$$

Il résulte de l'équation (5) que l'entier g est divisible par p; en mettant donc pk à la place de g, on aura:

$$(6) \qquad h^2-pk^2 = -4,$$

$$h+k\sqrt{p} = \frac{2^{\frac{1}{2}(p+1)}}{\sqrt{p}}\sin 1^2\frac{\pi}{p}\cdot\sin 2^2\frac{\pi}{p}\cdots\sin(\tfrac{1}{2}(p-1))^2\frac{\pi}{p} = \alpha.$$

On voit donc qu'il existe des entiers h et k tels que:

$$h^2-pk^2 = -4,$$

et que ces entiers peuvent généralement être exprimés par les fonctions circulaires, car l'on conclut facilement des équations précédentes:

$$h = \frac{\alpha}{2}-\frac{2}{\alpha}, \qquad k = \frac{1}{\sqrt{p}}\left(\frac{\alpha}{2}+\frac{2}{\alpha}\right).$$

Pour passer à l'équation:

$$t^2-pu^2 = 1,$$

il faudra distinguer le cas où p a la forme $8\mu+1$ et celui où $p = 8\mu+5$.

Dans le premier de ces deux cas, h et k seront évidemment pairs l'un et l'autre et l'on aura:

$$\left(\frac{h}{2}\right)^2-p\left(\frac{k}{2}\right)^2 = -1,$$

d'où l'on conclut:

$$\left(\frac{h}{2}+\frac{k}{2}\sqrt{p}\right)^2 = t+u\sqrt{p},$$

les parties rationnelles et les coefficients de $\sqrt{p}$ étant égalés séparément.

Lorsque p est de la forme $8\mu+5$, h et k seront impairs l'un et l'autre. En posant alors:

$$(h+k\sqrt{p})^3 = h'+k'\sqrt{p}$$

et par conséquent:

$$h' = h^3+3phk^2, \quad k' = 3h^2k+pk^3,$$

on aura l'équation:

$$h'^2-pk'^2 = -4^3.$$

Il est facile de voir que les nombres h' et k' sont l'un et l'autre divisibles par 8. Il suffit, pour s'en assurer, de les mettre, en ayant égard à l'équation (6) sous cette autre forme:

$$h' = 4h(pk^2-1), \qquad k' = 4k(h^2+1).$$

L'équation précédente deviendra donc:

$$\left(\frac{h'}{8}\right)^2-p\left(\frac{k'}{8}\right)^2 = -1,$$

d'où l'on déduit la solution de l'équation $t^2-pu^2=1$, en posant, comme plus haut:

$$\left(\frac{h'}{8}+\frac{k'}{8}\sqrt{p}\right)^2 = t+u\sqrt{p}.$$

Considérons en second lieu le cas où p est de la forme $4\mu+3$. Dans ce cas, les coefficients des termes à égale distance des extrêmes $2x^{\frac{1}{2}(p-1)}$ et -2 du polynôme Y ont les mêmes valeurs numériques avec des signes opposés, de sorte qu'on peut mettre ce polynôme sous la forme:

$$Y = 2(x^m-1)+ax(x^{m-2}-1)+bx^2(x^{m-4}-1)+\cdots,$$

en posant pour abréger $m=\frac{1}{2}(p-1)$.

Et comme, en attribuant à l'indéterminée x la valeur particulière $\sqrt{-1}$, on a:

$$x^m-1 = -(1+\sqrt{-1}), \qquad x(x^{m-2}-1) = -(1+\sqrt{-1}),$$
$$x^2(x^{m-4}-1) = 1+\sqrt{-1}, \qquad x^3(x^{m-6}-1) = 1+\sqrt{-1}, \quad \text{etc.}$$

ou:

$$x^m-1=-(1-\sqrt{-1}),\qquad x(x^{m-2}-1)=1-\sqrt{-1},$$
$$x^2(x^{m-4}-1)=1-\sqrt{-1},\qquad x^3(x^{m-6}-1)=-(1-\sqrt{-1}),\ \text{etc.}$$

suivant que m a la forme $4\mu+3$ ou $4\mu+1$, c'est-à-dire, suivant que p a la forme $8\mu+7$ ou $8\mu+3$, on voit que le polynôme Y deviendra selon ces deux cas:

$$g(1+\sqrt{-1})\quad \text{ou}\quad g(1-\sqrt{-1}),$$

g désignant un entier réel. Quant à l'autre polynôme Z dont les coefficients également distants du commencement et de la fin sont égaux, on trouve d'une manière toute semblable qu'il se réduit, pour $x=\sqrt{-1}$, à la forme $h(1-\sqrt{-1})$ ou à celle-ci: $h(1+\sqrt{-1})$, suivant qu'on a $p=8\mu+7$ ou $p=8\mu+3$, h désignant pareillement un entier réel.

Il résulte de là et de ce que l'on a évidemment $X=\sqrt{-1}$ pour $x=\sqrt{-1}$, que l'équation:

$$4X=Y^2+pZ^2$$

deviendra dans cette même supposition:

$$g^2(1\pm\sqrt{-1})^2+ph^2(1\mp\sqrt{-1})^2=4\sqrt{-1},$$

les signes supérieurs ou inférieurs ayant lieu suivant que p a la forme $8\mu+7$ ou $8\mu+3$.

L'équation précédente est équivalente à celle-ci:

$$g^2-ph^2=\pm 2, \tag{7}$$

qui est donc toujours résoluble et de laquelle on passe facilement à l'équation $t^2-pu^2=1$ en posant:

$$(g+h\sqrt{p})^2=2t+2u\sqrt{p},$$

où t et u seront des entiers, g et h étant évidemment impairs. Pour exprimer ensuite g et h par des fonctions circulaires, l'on posera $x=\sqrt{-1}$ dans l'équation (4) et l'on combinera le résultat de cette substitution avec l'équation (7).

On voit que la solution que l'on vient d'indiquer, n'est qu'un corollaire très simple du théorème dû à M. Gauss et d'après lequel le polynôme $4X$ peut toujours être mis sous la forme $Y^2\mp pZ^2$, p étant un nombre premier. Pour étendre la même solution au cas général où p est un nombre composé, il faut donner une plus grande étendue au théorème cité. Cette généralisation ne présente aucune difficulté et peut se déduire des principes sur lesquels repose l'analyse de M. GAUSS. C'est pourquoi je me contenterai d'indiquer le résultat pour le cas d'un nombre composé de deux facteurs premiers.

Les lettres p et q désignant deux nombres premiers impairs différents, on trouve que la fonction entière:

$$4\frac{(x^{pq}-1)(x-1)}{(x^p-1)(x^q-1)} \tag{8}$$

peut encore se mettre sous la forme:

$$Y^2\mp pqZ^2,$$

Y et Z désignant toujours des polynômes, dont tous les coefficients sont des entiers, et le signe supérieur ou le signe inférieur ayant lieu suivant que le produit pq a la forme $4\mu+1$ ou $4\mu+3$. Cette décomposition résulte, comme dans le cas particulier d'un seul nombre premier, de la distribution en deux groupes des racines de l'équation que l'on obtient en égalant l'expression (8) à zéro.

Voici un exemple de cette décomposition. Faisant $p=3$, $q=11$, on aura:

$$4\frac{(x^{33}-1)(x-1)}{(x^3-1)(x^{11}-1)} = Y^2-33Z^2,$$

$$Y = 2x^{10}-x^9+8x^8+5x^7+2x^6+14x^5+2x^4+5x^3+8x^2-x+2,$$

$$Z = x^9+x^7+2x^6+2x^4+x^3+x.$$

ÜBER DIE BESTIMMUNG ASYMPTOTISCHER GESETZE IN DER ZAHLENTHEORIE.

[Auszug aus einer in der Akademie der Wissenschaften am 8. Februar 1838 gelesenen Abhandlung.]

Es ist eine bekannte analytische Erscheinung, dass Functionen, deren Form um so zusammengesetzter wird, je grösser die Werthe sind, welche die unabhängige Veränderliche erhält, in vielen Fällen ungeachtet dieser scheinbar unaufhörlich steigenden Complication mit stets wachsender Regelmässigkeit sich ändern, so dass es einen einfachen Ausdruck giebt, der sich einer solchen Function immer inniger anschliesst und ihren Gang ungefähr so bezeichnet, wie eine Curve den Lauf einer andern darstellt, deren Asymptote sie ist. Man kann, auf die Analogie mit der Geometrie gestützt, eine solche einfache leicht zu übersehende Function das asymptotische Gesetz der complicirteren nennen, nur muss man das Wort „asymptotisch" im allgemeineren Sinne nehmen und auf den Quotienten beider beziehen, welcher als der Einheit unaufhörlich sich nähernd anzusehen ist, während ihre Differenz nicht nothwendig ins Unendliche abnimmt.

Das älteste Beispiel eines solchen asymptotischen Gesetzes bietet der merkwürdige Ausdruck:

$$\frac{2^{2n}}{\sqrt{n\pi}}$$

dar, welchen Stirling zur genäherten Bestimmung des mittleren Binomialcoefficienten einer sehr hohen geraden Potenz aus dem früher von Wallis gefundenen unendlichen Product für π abgeleitet hat. Spätere Untersuchungen haben eine Menge ähnlicher Resultate ergeben, die besonders für die Wahrscheinlichkeitsrechnung sehr wichtig geworden sind.

Die Existenz asymptotischer Gesetze ist nicht auf analytische Functionen beschränkt, sondern kann auch noch stattfinden, wo ein analytischer Ausdruck ganz fehlt, wie dies gewöhnlich bei den Functionen der Fall ist, welche sich auf Eigenschaften der Zahlen beziehen. So hat namentlich LEGENDRE durch Induction eine sehr merkwürdige Formel gefunden, welche auf eine sehr genäherte Weise die Anzahl der Primzahlen ausdrückt, die eine gegebene Grenze nicht übersteigen. Die *Disquisitiones arithmeticae* enthalten ebenfalls mehrere höchst interessante Ausdrücke ähnlicher Art, welche der Theorie der quadratischen Formen angehören und die mittlere Anzahl der Classen und Ordnungen solcher Formen in Function der Determinante darstellen. Für diese Ausdrücke ist aber bisher ebenso wenig als für die LEGENDREsche Formel ein Beweis bekannt geworden.

Die der Akademie vorgelegte Abhandlung hat den Zweck, mehrere Methoden zu entwickeln, welche bei Untersuchungen dieser Art in vielen Fällen mit Erfolg benutzt werden können, und deren Anwendung ausser verschiedenen andern Resultaten auch die LEGENDREsche Formel und einige der von GAUSS mitgetheilten ergiebt. Wir müssen uns in diesem Auszuge darauf beschränken, von einer dieser Methoden ein Beispiel an einem Problem zu zeigen, welches bisher nicht behandelt worden ist und sich auf die Theorie der Theiler bezieht.

Bezeichnet b_n die Anzahl der Divisoren von n (1 und n selbst mitgerechnet), so ist b_n eine sehr unregelmässig fortschreitende Function von n, die, obgleich im Ganzen mit n über alle Grenzen hinaus wachsend, dennoch unendlich oft sehr kleine Werthe wie 2, 3, ... annimmt. Betrachtet man aber statt dieser Function ihren mittleren Werth, diesen Ausdruck in dem Sinne genommen, wie derselbe in den *Disq. arith.* pag. 515[1]) definirt ist, so verschwindet die Unregelmässigkeit, und dieser mittlere Werth wird eines asymptotischen Gesetzes fähig.

Zur Bestimmung desselben betrachte man die unendliche Reihe:

$$b_1\varrho+b_2\varrho^2+\cdots+b_n\varrho^n+\cdots = f(\varrho),$$

welche, wie schon LAMBERT bemerkt hat, auch in folgender Form dargestellt werden kann:

$$\frac{\varrho}{1-\varrho}+\frac{\varrho^2}{1-\varrho^2}+\cdots+\frac{\varrho^m}{1-\varrho^m}+\cdots = f(\varrho).$$

[1]) Gauss' Werke, Band I, S. 363. K.

Die Summe dieser Reihe bleibt endlich, so lange ϱ ein echter Bruch ist, und wächst über jede Grenze hinaus, während sich ϱ (welches als positiv betrachtet wird) der Einheit nähert. Setzt man:

$$\varrho = e^{-\alpha}$$

und drückt die Reihe durch ein bestimmtes Integral aus, so findet man leicht, dass dieselbe für unendlich kleine positive Werthe von α durch den einfachen Ausdruck:

$$\frac{1}{\alpha}\log\left(\frac{1}{\alpha}\right)+\frac{C}{\alpha}$$

dargestellt wird, in welchem C die bekannte EULER'sche Constante bezeichnet, deren Werth:

$$0{,}5772156649\ldots..$$

ist.*)

Man übersieht bald, dass zwischen dem vorhergehenden Ausdruck, der den Grad der Schnelligkeit des Wachsens der Function:

$$b_1 e^{-\alpha}+b_2 e^{-2\alpha}+\cdots+b_n e^{-n\alpha}+\cdots$$

ausspricht und als ihr asymptotisches Gesetz für abnehmende Werthe von α anzusehen ist, und dem mittleren Werthe des allgemeinen Coefficienten b_n ein nothwendiger Zusammenhang stattfindet. Eine genauere auf die Eigenschaften der bekannten Integrale:

$$\Gamma(k)=\int_0^\infty e^{-x}x^{k-1}\,dx, \quad \Gamma'(k)=\int_0^\infty e^{-x}x^{k-1}\log x\,dx$$

gegründete Untersuchung ergiebt dann für das asymptotische Gesetz von b_n den Ausdruck:

$$\log n+2C.$$

Summirt man diesen von $n=1$ bis $n=n$, so erhält man für das asymptotische Gesetz der Summe:

$$b_1+b_2+\cdots+b_n$$

die Formel:

$$(n+\tfrac{1}{2})\log n+n+2Cn,$$

welche eine sehr grosse Annäherung gewährt.

*) Institutiones calculi differentialis, Caput VI, 143, p. 444.

Man erhält z. B. für $n = 100$:

$$b_1+b_2+\cdots+b_n = 482$$

und:

$$(n+\tfrac{1}{2})\log n+n+2Cn = 478{,}2,$$

für $n = 200$:

$$b_1+b_2+\cdots+b_n = 1098$$

und:

$$(n+\tfrac{1}{2})\log n+n+2Cn = 1093{,}2.$$

Wollte man statt der mittleren Anzahl die mittlere Summe der Divisoren von n bestimmen, so müsste man statt der LAMBERT'schen Reihe die folgende betrachten:

$$\frac{\varrho}{(1-\varrho)^2}+\frac{\varrho^2}{(1-\varrho^2)^2}+\cdots+\frac{\varrho^m}{(1-\varrho^m)^2}+\cdots$$

welche, wenn man sie nach Potenzen von ϱ entwickelt, in ihrem allgemeinen Gliede:

$$c_n\varrho^n$$

die Summe der Divisoren von n zum Coefficienten hat. Aehnliche Betrachtungen ergeben für den mittleren Werth dieses Coefficienten den asymptotischen Ausdruck:

$$\tfrac{1}{6}\pi^2 n-\tfrac{1}{2}\cdot$$

SUR L'USAGE DES SÉRIES INFINIES DANS LA THÉORIE DES NOMBRES.

Que toute progression arithmétique dont le premier terme et la raison sont des entiers sans diviseur commun, renferme une infinité de nombres premiers, c'est une proposition qui se présente, pour ainsi dire, d'elle-même, mais dont la démonstration rigoureuse n'en est pas moins sujette à de grandes difficultés. L'illustre LEGENDRE qui l'a employée comme lemme dans différentes recherches et particulièrement pour établir la belle loi de réciprocité qu'il avait découverte entre deux nombres premiers impairs quelconques, s'est aussi attaché à en donner la démonstration qui était en effet à désirer, à cause des nombreuses applications dont la proposition est susceptible. Cette démonstration dont le principe est très ingénieux, ne semble pas complète; en la considérant avec beaucoup d'attention, on reconnaît que l'auteur y fait usage d'un théorème qu'il ne fonde que sur l'induction, et qui n'est peut-être pas moins difficile à prouver que la proposition que l'auteur en déduit. Du moins les tentatives que j'ai faites pour compléter les recherches de LEGENDRE, ne m'ont pas réussi et j'ai été obligé de recourir à des moyens tout à fait différents. Je suis parvenu à établir la proposition dont il s'agit, en m'appuyant sur les propriétés d'une classe de séries infinies, qui ont beaucoup d'analogie avec celles qu'EULER considère dans le chap. XV. de son Introd. à l'Anal. de l'inf. Depuis que j'ai écrit le Mémoire qui contient cette démonstration*), et qui paraîtra dans le volume de l'Académie de Berlin, actuellement sous presse, j'ai continué à approfondir les propriétés des séries dont j'y ai fait usage. Ces nouvelles recherches m'ont fait reconnaître que la considération des séries de cette espèce constitue une méthode très féconde d'analyse indéterminée, et qui s'applique à des questions très variées. En attendant que je puisse achever un travail étendu sur cette matière, je vais indiquer rapidement quelques applications

*) S. 313 dieser Ausgabe von G. Lejeune Dirichlet's Werken. K.

nouvelles de ce genre d'analyse. La méthode que j'emploie, me paraît surtout mériter quelque attention par la liaison qu'elle établit entre l'Analyse infinitésimale et l'Arithmétique transcendante, et j'espère que sous ce rapport elle pourra même intéresser les géomètres qui ne s'occupent pas spécialement des questions relatives aux propriétés des nombres.

La lettre q désignant un nombre premier positif $4\nu+3$, les nombres premiers positifs impairs et différents de q seront de deux espèces. Pour ceux de la première espèce que nous désignerons généralement par f, on a suivant la notation et un théorème connus:

$$\left(\frac{-q}{f}\right)=\left(\frac{f}{q}\right)=1,$$

tandis que ceux de la seconde espèce, désignés par g, sont tels que:

$$\left(\frac{-q}{g}\right)=\left(\frac{g}{q}\right)=-1.$$

Soit de plus s une variable continue et positive, assujettie à rester supérieure à l'unité. Cela posé, on a évidemment ces trois équations:

$$(1)\qquad \left\{\begin{aligned} &\Pi\frac{1}{1-\frac{1}{f^s}}\cdot\Pi\frac{1}{1-\frac{1}{g^s}}=\Sigma\frac{1}{n^s},\\ &\Pi\frac{1}{1-\frac{1}{f^s}}\cdot\Pi\frac{1}{1+\frac{1}{g^s}}=\Sigma\left(\frac{n}{q}\right)\frac{1}{n^s},\\ &\Pi\frac{1}{1-\frac{1}{f^{2s}}}\cdot\Pi\frac{1}{1-\frac{1}{g^{2s}}}=\Sigma\frac{1}{n^{2s}},\end{aligned}\right.$$

le signe de multiplication se rapportant à toutes les valeurs de f ou de g, et le signe sommatoire à toutes les valeurs de n positives, impaires et non-divisibles par q. On conclut des équations précédentes:

$$(2)\qquad \Pi\frac{1+\frac{1}{f^s}}{1-\frac{1}{f^s}}=\frac{\Sigma\frac{1}{n^s}\cdot\Sigma\left(\frac{n}{q}\right)\frac{1}{n^s}}{\Sigma\frac{1}{n^{2s}}}.$$

Comme l'on a:

$$\frac{1+\frac{1}{f^s}}{1-\frac{1}{f^s}}=1+\frac{2}{f^s}+\frac{2}{f^{2s}}+\frac{2}{f^{3s}}+\cdots,$$

on voit facilement que le premier membre de l'équation (2) peut être développé en une série de la forme:

$$(3) \qquad \Sigma \frac{2^{\mu}}{m^s},$$

le signe Σ se rapportant à toutes les valeurs positives et impaires de m qui n'ont que des facteurs premiers de l'espèce f, et μ étant le nombre des diviseurs premiers inégaux de m.

Considérons maintenant les différentes formes quadratiques dont $-q$ est le déterminant. Soient:

$$(4) \qquad ax^2+2bxy+cy^2, \quad a'x^2+2b'xy+c'y^2, \quad \ldots$$

ces formes, les coefficients extrêmes étant positifs et jamais pairs à la fois, c'est-à-dire les formes qui constituent ce que M. Gauss appelle *genus positivum proprie primitivum*.

Dans cette énumération des formes quadratiques, nous adoptons la classification de M. Gauss, c'est-à-dire que nous regardons comme différentes deux formes qui ne présentent que ce que l'illustre auteur des *Disquisitiones arithmeticae* appelle l'équivalence impropre. Lagrange, qui le premier a fait voir que, pour un déterminant donné, il n'y a qu'un nombre fini de formes différentes, considère comme équivalentes deux expressions telles que:

$$ax^2+2bxy+cy^2, \quad a'x'^2+2b'x'y'+c'y'^2,$$

lorsqu'on peut passer de l'une à l'autre par une substitution de la forme:

$$x = \alpha x'+\beta y', \quad y = \gamma x'+\delta y',$$

les entiers α, β, γ, δ étant tels que $\alpha\delta-\beta\gamma = \pm 1$. Cette condition est en effet suffisante pour que les deux formes représentent les mêmes nombres. Néanmoins, il y a de l'avantage à ne regarder les deux formes comme complètement équivalentes que dans le cas, où il y a une transformation de l'une dans l'autre pour laquelle on a $\alpha\delta-\beta\gamma = +1$. En adoptant cette notion de l'équivalence propre, on simplifie singulièrement un grand nombre de recherches et l'on conserve la concision dans beaucoup d'énoncés qui, faute d'y avoir égard, se trouveraient surchargés de restrictions. Il y a même des théorèmes qui paraissent isolés et restreints aux déterminants qui remplissent certaines conditions, dans la manière ordinaire de considérer les formes quadratiques, tandis qu'ils ne se présentent que comme des cas particuliers de propriétés générales communes aux formes de même déterminant quelconque, lorsqu'on envisage les choses sous le point de vue de M. Gauss. On en voit un exemple remarquable, si l'on rapproche le théorème, démontré dans la Théorie des nombres 4. part. §. VI, de celui qui fait l'objet de l'art. 252 des *Disq. arith.*

Il est d'ailleurs facile de passer de la classification de LEGENDRE à celle de M. GAUSS. Ce passage consiste simplement à attribuer l'un et l'autre signe aux coefficients moyens, en exceptant toutefois quelques formes particulières qui ne se doublent pas et qui sont précisément celles qui troublent la concision des propositions.

Supposons que, dans l'une quelconque des formes (4), on attribue aux indéterminées x et y des valeurs positives ou négatives, premières entre elles et telles que la valeur correspondante m du trinôme soit impaire et non-divisible par q. Il résulte des théorèmes connus que m n'aura que des diviseurs premiers de l'espèce f. Réciproquement, un nombre quelconque m qui n'a que de pareils diviseurs, peut toujours être exprimé par une ou par plusieurs des formes (4), x et y recevant des valeurs sans diviseur commun, et pourra l'être autant de fois par la totalité de ces formes qu'il y a d'unités dans la puissance $2^{\mu+1}$, μ désignant, comme plus haut, le nombre des diviseurs simples inégaux de m. Il suffit pour s'en assurer, de rapprocher les art. 180 I., 155, 156 et 105 des *Disq. arithm.* On conclut de là cette équation:

$$2\Sigma\frac{2^\mu}{m^s} = \Sigma\frac{1}{(ax^2+2bxy+cy^2)^s}+\Sigma\frac{1}{(a'x^2+2b'xy+c'y^2)^s}+\cdots,$$

chacune des sommations indiquées dans le second membre s'étendant à tous les systèmes de valeurs positives ou négatives de x et y, premières entre elles et qui rendent le trinôme où elles sont substituées, impair et non-divisible par q. En comparant l'équation précédente aux équations (2) et (3), on aura:

$$(5) \qquad 2\Sigma\frac{1}{n^s}\cdot\Sigma\left(\frac{n}{q}\right)\frac{1}{n^s} = \Sigma\frac{1}{n^{2s}}\cdot\Sigma\frac{1}{(ax^2+2bxy+cy^2)^s}+\cdots.$$

Les termes du second membre peuvent prendre une forme plus simple. Le premier de ces termes, par exemple, est évidemment équivalent à l'expression:

$$\Sigma'\frac{1}{(ax^2+2bxy+cy^2)^s},$$

la double sommation indiquée par Σ', se rapportant à tous les systèmes de valeurs positives ou négatives de x et y, qui remplissent la seule condition de rendre le trinôme impair et non-divisible par q.

Cette double sommation ne saurait être effectuée tant que la variable s reste indéterminée, mais le résultat devient extrêmement simple lorsque cette variable surpasse infiniment peu l'unité. En posant $s = 1 + \varrho$, ϱ étant positif et infiniment petit, et exprimant la série double par une intégrale définie, on trouve assez facilement, surtout si l'on s'aide de considérations géométriques, que la valeur de la série est:

$$\frac{(q-1)}{2q\sqrt{q}} \cdot \frac{\pi}{\varrho},$$

c'est-à-dire que le rapport de la série à l'expression précédente converge vers l'unité, lorsque ϱ converge vers zéro. Ce résultat étant indépendant des coefficients a, b, c, et ne renfermant que le déterminant commun à toutes les formes (4), dont nous désignerons le nombre par h, on conclut que le second membre de l'équation (5) est équivalent à:

$$h \frac{(q-1)}{2q\sqrt{q}} \cdot \frac{\pi}{\varrho},$$

ϱ étant toujours considéré comme infiniment petit. D'un autre côté, on s'assure facilement que le facteur $\Sigma \frac{1}{n^s}$ du premier membre a pour valeur:

$$\frac{q-1}{2q} \cdot \frac{1}{\varrho},$$

tandis que l'autre facteur converge vers la limite finie $\Sigma \left(\frac{n}{q}\right) \frac{1}{n}$. On a donc l'égalité:

$$h = \frac{2\sqrt{q}}{\pi} \Sigma \left(\frac{n}{q}\right) \frac{1}{n} = \frac{2\sqrt{q}}{\pi} S.$$

Pour obtenir le nombre h, tout se réduit donc à déterminer S; à cet effet multiplions par $\dfrac{1}{1 - \left(\frac{2}{q}\right)\frac{1}{2}}$, il viendra ainsi:

$$\frac{1}{1 - \left(\frac{2}{q}\right)\frac{1}{2}} S = \Sigma \left(\frac{n}{q}\right) \frac{1}{n},$$

le signe se rapportant maintenant à toutes les valeurs entières de n, paires ou impaires, à partir de $n = 1$, à l'exception de celles qui sont divisibles par q. Pour effectuer cette sommation, nous aurons recours aux belles formules de M. Gauss. Désignant généralement par a et b (il est sans doute inutile d'avertir qu'il ne faut pas confondre cette signification des lettres a et b avec celle que nous leur avions donnée plus haut) les résidus et les non-résidus quadratiques de q moindres que ce nombre, et par n un entier quelconque non-divisible par q, on a:

$$\Sigma \sin\frac{2an\pi}{q} - \Sigma \sin\frac{2bn\pi}{q} = \left(\frac{n}{q}\right)\sqrt{q}\,^{*)},$$

les sommations se rapportant à toutes les valeurs de a ou de b. En introduisant cette expression de $\left(\frac{n}{q}\right)$ dans l'équation précédente, il viendra:

$$\frac{\sqrt{q}}{1-\left(\frac{2}{q}\right)\frac{1}{2}} S = \Sigma\Sigma\frac{1}{n}\sin\frac{2an\pi}{q} - \Sigma\Sigma\frac{1}{n}\sin\frac{2bn\pi}{q}.$$

Les sommations se rapportent l'une à a ou b, l'autre à n, et il n'est plus nécessaire maintenant d'exclure les valeurs de n divisibles par q, le sinus s'évanouissant pour ces valeurs particulières de n. En commençant par la sommation relative à n, qui peut s'effectuer au moyen de l'équation connue:

$$\frac{\pi - z}{2} = \Sigma\frac{1}{n}\sin nz,$$

qui a lieu tant que z reste compris entre 0 et 2π, on aura:

$$\frac{\sqrt{q}}{1-\left(\frac{2}{q}\right)\frac{1}{2}} S = \Sigma\left(\frac{\pi}{2} - \frac{a\pi}{q}\right) - \Sigma\left(\frac{\pi}{2} - \frac{b\pi}{q}\right)$$

et par suite, en remarquant qu'il y a autant de valeurs de a que de b:

$$S = \left[1-\left(\frac{2}{q}\right)\frac{1}{2}\right]\frac{\pi}{q\sqrt{q}}(\Sigma b - \Sigma a).$$

L'expression de h deviendra donc:

$$h = 2\left[1-\left(\frac{2}{q}\right)\frac{1}{2}\right]\frac{\Sigma b - \Sigma a}{q}.$$

Le nombre premier q peut présenter deux cas. S'il est de la forme $8\nu+3$, on a $\left(\frac{2}{q}\right) = -1$, et s'il est compris dans la forme $8\nu+7$, $\left(\frac{2}{q}\right) = +1$. On a donc pour le nombre h des formes quadratiques différentes dont le déterminant est $-q$:

$$h = 3\frac{\Sigma b - \Sigma a}{q}, \quad q = 8\nu+3 \quad \text{ou} \quad h = \frac{\Sigma b - \Sigma a}{q}, \quad q = 8\nu+7.$$

Ce double résultat s'accorde avec l'élégant théorème que M. Jacobi a

---

*) Ce théorème et les théorèmes analogues que nous emploierons plus bas, ont été énoncés dans les *Disq. arithm.* art. 356, mais la démonstration complète qui présentait de grandes difficultés à cause de l'ambiguïté de signe du radical, n'a été donnée que postérieurement par l'illustre auteur dans un mémoire spécial. Comment. societ. Gotting. recentiores. Vol. I[1]). J'en ai donné une autre, fondée sur des principes entièrement différents. Voyez les Mémoires de Berlin, année 1835, ou le Journal de Crelle, tome XVII.[2]) On pourra se convaincre par les nombreuses applications que nous ferons de ces formules, combien il importait de faire cesser l'ambiguïté du signe, qui affecterait également tous les résultats que ces formules concourent à faire obtenir.

[1]) Gauss' Werke, Band II, S. 9. [2]) S. 237 und S. 257 dieser Ausgabe von G. Lejeune Dirichlet's Werken. K.

énoncé, il y déjà plusieurs années*). Pour faire coïncider les deux résultats, il faut remarquer d'abord que l'illustre géomètre a adopté la classification de LEGENDRE, de sorte que le nombre des formes qu'il désigne par N, est tel qu'on a $h = 2N - 1$. En effet, parmi les formes du déterminant $-q$, il n'y a qu'une seule forme ambiguë qui est $x^2 + qy^2$, et qui ne se double pas en passant de la classification de LEGENDRE à celle de M. GAUSS. En second lieu, il faut faire attention que dans le cas où q est de la forme $8\nu + 3$, M. JACOBI considère des formes à coefficient moyen impair, comme LEGENDRE l'avait déjà fait dans sa Table, ce qui réduit le nombre des formes au tiers.

Si l'on somme la série S sans introduire le facteur $\dfrac{1}{1 - \left(\frac{2}{q}\right)\frac{1}{2}}$, on arrive à cet autre résultat plus simple que le précédent:

$$h = A - B = 2A - \tfrac{1}{2}(q-1),$$

où A et B désignent respectivement combien il y a de résidus et de non-résidus quadratiques de q moindres que $\frac{1}{2}q$.

Soit p un nombre premier $4\nu + 1$, l'unité exceptée, et partageons en deux classes les nombres premiers impairs et différents de p. Désignons généralement par f ceux pour lesquels on a:

$$\left(\frac{-p}{f}\right) = \left(\frac{f}{p}\right)(-1)^{\frac{f-1}{2}} = 1,$$

et par g ceux qui satisfont à la condition:

$$\left(\frac{-p}{g}\right) = \left(\frac{g}{p}\right)(-1)^{\frac{g-1}{2}} = -1.$$

On aura alors, comme dans le cas déjà considéré:

$$\Pi \frac{1}{1 - \frac{1}{f^s}} \cdot \Pi \frac{1}{1 - \frac{1}{g^s}} = \Sigma \frac{1}{n^s},$$

$$\Pi \frac{1}{1 - \frac{1}{f^s}} \cdot \Pi \frac{1}{1 + \frac{1}{g^s}} = \Sigma (-1)^{\frac{n-1}{2}} \left(\frac{n}{p}\right) \frac{1}{n^s},$$

$$\Pi \frac{1}{1 - \frac{1}{f^{2s}}} \cdot \Pi \frac{1}{1 - \frac{1}{g^{2s}}} = \Sigma \frac{1}{n^{2s}},$$

---

*) Observatio arithmetica etc. Vol. IX. du Journal de CRELLE. Voyez aussi le compte rendu des séances de l'Académie de Berlin, Oct. 1837, ainsi que les *Disq. arithm.* art. 306, X et surtout la note relative à cet art., à la fin de l'ouvrage, où M. GAUSS annonce des recherches sur le même sujet, mais qui n'ont pas été publiées jusqu'à présent.

et par suite:

$$\Sigma\frac{1}{n^{2s}}\cdot\Pi\frac{1+\frac{1}{f^s}}{1-\frac{1}{f^s}} = \Sigma\frac{1}{n^s}\cdot\Sigma(-1)^{\frac{n-1}{2}}\left(\frac{n}{p}\right)\frac{1}{n^s},$$

le signe Σ se rapportant aux valeurs de n impaires et non-divisibles par p, à partir de $n=1$. Cette équation prendra comme précédemment cette autre forme:

$$(6)\qquad \Sigma\frac{1}{n^{2s}}\cdot\Sigma\frac{2^\mu}{m^s} = \Sigma\frac{1}{n^s}\cdot\Sigma(-1)^{\frac{n-1}{2}}\left(\frac{n}{p}\right)\frac{1}{n^s},$$

m désignant tous les nombres impairs qui n'ont que des diviseurs premiers de l'espèce f, et μ le nombre de ces diviseurs premiers inégaux. On a par suite:

$$(7)\quad \Sigma'\frac{1}{(ax^2+2bxy+cy^2)^s}+\Sigma'\frac{1}{(a'x^2+2b'xy+c'y^2)^s}+\cdots = 2\Sigma\frac{1}{n^s}\cdot\Sigma(-1)^{\frac{n-1}{2}}\left(\frac{n}{p}\right)\frac{1}{n^s},$$

où le premier membre a autant de termes qu'il y a de formes pour le déterminant $-p$, et les sommations indiquées par Σ' s'étendant à tous les systèmes de valeurs positives ou négatives de x et y, qui rendent le trinôme sous le signe de sommation premier à $2p$. En faisant $s=1+\varrho$, et désignant par h le nombre des formes, le premier membre deviendra:

$$\frac{h(p-1)}{2p\sqrt{p}}\cdot\frac{\pi}{\varrho}$$

et l'on aura en même temps:

$$\Sigma\frac{1}{n^s} = \frac{p-1}{2p}\cdot\frac{1}{\varrho}.$$

On conclut de là:

$$h = \frac{2\sqrt{p}}{\pi}\Sigma(-1)^{\frac{n-1}{2}}\left(\frac{n}{p}\right)\frac{1}{n} = \frac{2\sqrt{p}}{\pi}S.$$

Pour obtenir la série qui entre dans cette expression de h, nous aurons recours à la formule de M. Gauss:

$$\Sigma\cos\frac{2an\pi}{p} - \Sigma\cos\frac{2bn\pi}{p} = \left(\frac{n}{p}\right)\sqrt{p},$$

dans laquelle n est un nombre quelconque non-divisible par p, et les sommations s'étendant à tous les résidus quadratiques a ou à tous les non-résidus quadratiques b de p qui sont moindres que ce nombre premier. Au moyen de ce théorème, il viendra:

$$\sqrt{p}.S = \Sigma\Sigma(-1)^{\frac{n-1}{2}}\frac{1}{n}\cos\frac{2an\pi}{p} - \Sigma\Sigma(-1)^{\frac{n-1}{2}}\frac{1}{n}\cos\frac{2bn\pi}{p},$$

où il est permis de ne plus exclure les valeurs de n divisibles par p, car il est facile de voir qu'on introduit ainsi les mêmes termes étrangers dans chacune des deux séries doubles qui sont précédées de signes opposés. La sommation relative à n peut être effectuée au moyen de la formule connue:

$$\varphi(z) = \Sigma(-1)^{\frac{n-1}{2}} \frac{\cos nz}{n} \;^{*}),$$

dont le premier membre est une fonction discontinue de z, et qui a respectivement pour valeur $\frac{1}{4}\pi$, $-\frac{1}{4}\pi$, ou $\frac{1}{4}\pi$ selon que z est compris entre 0 et $\frac{1}{2}\pi$, entre $\frac{1}{2}\pi$ et $\frac{3}{2}\pi$, ou enfin entre $\frac{3}{2}\pi$ et 2π. Si donc on désigne par A, A', A'' les nombres des valeurs de a comprises entre 0 et $\frac{1}{4}p$, $\frac{1}{4}p$ et $\frac{3}{4}p$, $\frac{3}{4}p$ et p, et par B, B', B'' les nombres analogues relatifs aux valeurs de b, l'expression de S deviendra:

$$S = \frac{\pi}{4\sqrt{p}}(A - A' + A'' - B + B' - B''),$$

et comme l'on a en vertu de propriétés connues du nombre premier p:

$$A = A'', \quad B = B'', \quad A + A' + A'' = B + B' + B'' = \tfrac{1}{2}(p-1),$$

on conclut:

$$S = \frac{\pi}{\sqrt{p}}(A - B).$$

On a donc cette formule très simple pour déterminer le nombre h des formes quadratiques dont le déterminant est $-p$:

$$h = 2(A - B) = 4A - \tfrac{1}{2}(p-1).$$

On sait que ces formes sont de deux espèces, les unes ne représentant que des nombres impairs $4\nu + 1$, et les autres que des nombres impairs $4\nu + 3$. Désignons par k et l les nombres des formes qui appartiennent respectivement au premier et au second de ces deux genres. Pour déterminer k et l, on remarquera que l'égalité (6) reste exacte, en y modifiant les signes comme il suit:

$$\Sigma \frac{1}{n^{2s}} \cdot \Sigma(-1)^{\frac{m-1}{2}} \frac{2^{\mu}}{m^s} = \Sigma(-1)^{\frac{n-1}{2}} \frac{1}{n^s} \cdot \Sigma\left(\frac{n}{p}\right)\frac{1}{n^s}.$$

L'équation qui en dérive et qui est analogue à l'équation (7), ne diffère de cette dernière qu'en ce que les séries doubles désignées par Σ', sont précédées du signe —, lorsque la forme quadratique qui s'y trouve sous le signe Σ', appartient au second genre. On aura donc, en posant toujours $s = 1 + \varrho$:

$$(k - l)\frac{(p-1)}{2p\sqrt{p}} \cdot \frac{\pi}{\varrho}$$

---

*) Théorie analytique de la chaleur, p. 175.

pour la valeur du premier membre, et comme le second membre reste évidemment fini, on conclut:

$$k-l = 0,$$

ce qui donne:

$$k = l = A-B = 2A-\tfrac{1}{4}(p-1).$$

Les deux genres contiennent donc chacun le même nombre de formes.

Ce résultat renferme le théorème déjà cité de la Théorie des Nombres. En effet, lorsque p est de la forme $8\nu+1$, les deux formes ambiguës:

$$x^2+py^2, \quad 2x^2+2xy+\tfrac{1}{2}(p+1)y^2,$$

qui ne se doublent pas en passant à la classification de M. Gauss, appartiennent l'une et l'autre au premier genre. On a donc, entre les signes de Legendre et ceux que nous venons d'employer, ces relations:

$$k = 2(M-2)+2, \quad l = 2N,$$

d'où l'on conclut $M = N+1$.

Par une analyse entièrement semblable à celle que nous avons appliquée, dans ce qui précède, aux déterminants $-q$ et $-p$, on peut obtenir le nombre des formes quadratiques dont le déterminant est un nombre quelconque, positif ou négatif, premier ou composé. On trouve ainsi les théorèmes suivants:

„q étant toujours un nombre premier $4\nu+3$, désignons par A et par B respectivement combien il y a de résidus et de non-résidus quadratiques de q entre les limites $\frac{1}{8}q$ et $\frac{3}{8}q$. Cela posé, le nombre des formes dont le déterminant est $-2q$, sera exprimé par:

$$2(A-B),$$

ces formes étant d'ailleurs également réparties entre les deux genres qui existent pour ce cas."

„p étant un nombre premier $4\nu+1$, soient A et B respectivement les nombres des résidus et des non-résidus quadratiques compris entre 0 et $\frac{1}{8}p$; soient de même A' et B' les nombres des résidus et des non-résidus qui tombent entre $\frac{3}{8}p$ et $\frac{1}{2}p$. Cela posé, le nombre des formes quadratiques, ayant $-2p$ pour déterminant, sera exprimé par:

$$2(A-B-A'+B'),$$

ces formes étant d'ailleurs également réparties entre les deux genres."

„Les lettres p et q conservant la signification précédente, désignons généralement par a les nombres inférieurs et premiers à pq, qui sont tels que $\left(\frac{a}{p}\right) = \left(\frac{a}{q}\right)$, et par b les nombres analogues qui remplissent la condition

$\left(\frac{b}{p}\right) = -\left(\frac{b}{q}\right)$. Cela posé, l'expression du nombre des formes quadratiques dont le déterminant est $-pq$, sera:

$$\frac{\Sigma b - \Sigma a}{pq} \quad \text{ou} \quad 3\frac{\Sigma b - \Sigma a}{pq},$$

selon que l'on aura $pq \equiv 7$ ou $\equiv 3$ (mod. 8), ces formes étant toujours également partagées entre les deux genres." (Ce théorème est susceptible d'un autre énoncé plus simple, comme celui donné ci-dessus pour le déterminant $-q$.)

Et ainsi de suite.

Lorsque le déterminant est un nombre positif D, l'analyse qui fait connaître le nombre des formes quadratiques différentes, exige une attention toute particulière à cause des nouvelles conditions auxquelles il faut avoir égard dans les sommations doubles que nous avons désignées par Σ'. Ces conditions qui s'ajoutent à celles qui ont lieu pour les déterminants négatifs, consistent 1^0, en ce que les valeurs de x et de y doivent être choisies de manière à rendre le trinôme $ax^2+2bxy+cy^2$ positif, et 2^0, en ce qu'il ne faut employer qu'un seul des systèmes de valeurs de x et de y, en nombre infini, qui se déduisent les uns des autres, au moyen des formules:

$$x' = xt-(bx+cy)u, \quad y' = yt+(ax+by)u,$$

t et u désignant tous les nombres positifs ou négatifs satisfaisant à l'équation:

$$t^2 - Du^2 = 1. \tag{8}$$

Cette circonstance introduit dans l'expression de la série double le facteur:

$$\log(T+U\sqrt{D}),$$

T et U désignant les plus petits nombres (à l'exception de 1 et 0) qui résolvent l'équation précédente, en sorte que ce logarithme joue ici le même rôle que le nombre π dans le cas des déterminants négatifs. D'un autre côté, la série analogue à celles que nous avons désignées par:

$$\Sigma\left(\frac{n}{q}\right)\frac{1}{n} \quad \text{et} \quad \Sigma(-1)^{\frac{1}{2}(n-1)}\left(\frac{n}{p}\right)\frac{1}{n},$$

et que renferme l'autre membre de l'équation, sera également exprimée par un logarithme tel que $\log(T'+U'\sqrt{D})$, T' et U' étant la solution de l'équation (8), qui se déduit de l'application des fonctions circulaires.*) Or, on a en vertu d'un

*) S. 343 dieser Ausgabe von Lejeune Dirichlet's Werken. K.

théorème connu:

$$T' + U'\sqrt{D} = (T + U\sqrt{D})^{\lambda},$$

λ étant un entier et par conséquent:

$$\lambda = \frac{\log(T' + U'\sqrt{D})}{\log(T + U\sqrt{D})}.$$

C'est donc de cet entier λ que dépend le nombre des formes, mais l'expression de cette dépendance présente quelque légère différence selon les différentes formes dont le déterminant D est susceptible.

L'analyse que nous venons d'indiquer d'une manière rapide, en même temps qu'elle détermine le nombre des formes, a l'avantage de simplifier singulièrement plusieurs théories très importantes déjà connues, mais qui n'avaient été établies que par des méthodes très compliquées. De ce genre sont celles qui se résument dans les beaux théorèmes démontrés par M. Gauss dans les art. 252, 261 et 287, III. des Disq. arith., et dont le dernier surtout exigeait jusqu'à présent le concours d'un grand nombre de recherches très étendues. (Voyez la fin de l'art. 287.) Ce même théorème résulte aussi d'une combinaison très simple de la loi de réciprocité avec la proposition sur la progression arithmétique, mais ce moyen de démonstration ne diffère pas au fond de celui que nous venons d'indiquer, du moins lorsque, pour établir que toute progression arithmétique renferme une infinité de nombres premiers, on a recours aux séries, comme nous l'avons fait dans le mémoire cité plus haut.

Les théorèmes qui déterminent le nombre des formes quadratiques, renferment implicitement un grand nombre de propositions qui peuvent s'énoncer indépendamment de la théorie de ces formes, et qui seraient peut-être très difficiles à démontrer sans le secours combiné de nos séries et des formules de M. Gauss. Il résulte, par exemple, de ce qu'on a vu plus haut que pour un nombre premier $q = 4\nu + 3$, la somme des non-résidus quadratiques surpasse toujours celle des résidus*), que pour un nombre premier $p = 4\nu + 1$, il y a toujours un plus grand nombre de résidus que de non-résidus moindres que $\frac{1}{4}p$, etc. On peut encore augmenter le nombre de ces propositions, les séries

---

*) On a encore $A > B$, A et B désignant comme ci-dessus combien il y a de résidus et de non-résidus de q, au-dessous de $\frac{1}{2}q$. Dans un article du Bulletin de M. de Férussac (Mars 1831, p. 137), où M. Cauchy énonce un théorème très remarquable sur les nombres premiers $4\nu + 3$, ce célèbre analyste distingue deux cas selon que $A > B$ ou $A < B$. Ce qu'on a prouvé plus haut, montre que le second cas ne saurait avoir lieu et fait cesser l'indétermination que le théorème de M. Cauchy semblait présenter.

que nous avons considérées étant susceptibles d'être sommées dans plusieurs cas sans que l'on y suppose $s = 1$. C'est ce qui arrive, par exemple, pour la série $\Sigma\left(\frac{n}{p}\right)\frac{1}{n^2}$, le signe Σ se rapportant à toutes les valeurs entières de n, à partir de $n = 1$, à l'exclusion de celles qui sont divisibles par p. En effectuant cette sommation, on arrive à la conclusion que pour un nombre premier $p = 4\nu + 1$, on a toujours $\Sigma a^2 > \Sigma b^2$.

Des considérations du même genre peuvent aussi servir à faire cesser l'indétermination que présentent les formules qui donnent une solution de l'équation $t^2 - Du^2 = 1$, au moyen des fonctions circulaires, et qui ont été publiées par M. Jacobi et par moi*). Pour en donner un exemple, supposons $D = p$. On a alors:

$$k\sqrt{p}+h = \frac{2}{\sqrt{p}}\,\Pi\left(1-e^{\frac{2a\pi}{p}\sqrt{-1}}\right) = \frac{2^{\frac{1}{2}(p+1)}}{\sqrt{p}}\,\Pi\sin\frac{a\pi}{p},$$

$$k\sqrt{p}-h = \frac{2}{\sqrt{p}}\,\Pi\left(1-e^{\frac{2b\pi}{p}\sqrt{-1}}\right) = \frac{2^{\frac{1}{2}(p+1)}}{\sqrt{p}}\,\Pi\sin\frac{b\pi}{p},$$

le signe Π se rapportant à toutes les valeurs de a ou de b, et les entiers h et k satisfaisant à l'équation:

$$h^2 - pk^2 = -4.$$

Il y a des questions qui exigent qu'on connaisse les signes dont les valeurs de k et h, tirées des équations précédentes, sont affectées.

Il est évident que la valeur de k est positive, mais la détermination du signe de h présente des difficultés. Pour y parvenir, on remarquera que h sera positif ou négatif, selon que le rapport:

$$\frac{k\sqrt{p}+h}{k\sqrt{p}-h}$$

sera supérieur ou inférieur à l'unité. Tout se réduit donc à voir si

$$\log\left(\frac{k\sqrt{p}+h}{k\sqrt{p}-h}\right)$$

est positif ou négatif. Le développement en série donne:

$$\log\left(\frac{k\sqrt{p}+h}{k\sqrt{p}-h}\right) = -\Sigma\frac{1}{n}\left(\Sigma e^{\frac{2an\pi}{p}\sqrt{-1}} - \Sigma e^{\frac{2bn\pi}{p}\sqrt{-1}}\right),$$

*) Compte rendu de l'Académie de Berlin, Octobre 1837. Tome XVII du Journal de Crelle.[1])

[1]) S. 343 dieser Ausgabe von G. Lejeune Dirichlet's Werken. K.

la sommation relative à n s'étendant à toutes les valeurs entières et positives. Or, la différence:

$$\Sigma e^{\frac{2an\pi}{p}\sqrt{-1}}-\Sigma e^{\frac{2bn\pi}{p}\sqrt{-1}}$$

s'évanouit lorsque n est divisible par p; dans les autres cas elle devient, par les formules de M. GAUSS, $\left(\frac{n}{p}\right)\sqrt{p}$. On a donc simplement:

$$\log\left(\frac{k\sqrt{p}+h}{k\sqrt{p}-h}\right)=-\sqrt{p}\,\Sigma\left(\frac{n}{p}\right)\frac{1}{n},$$

où il faut exclure les valeurs de n divisibles par p.

La série renfermée dans le second membre étant la limite de $\Sigma\left(\frac{n}{p}\right)\frac{1}{n^s}$, lorsque s converge vers l'unité, et cette dernière pouvant se décomposer en une infinité de facteurs tous positifs, comme il suit:

$$\frac{1}{1-\left(\frac{2}{p}\right)\frac{1}{2^s}}\cdot\frac{1}{1-\left(\frac{3}{p}\right)\frac{1}{3^s}}\cdot\frac{1}{1-\left(\frac{5}{p}\right)\frac{1}{5^s}}\cdots$$

où entre toute la série des nombres premiers, le seul nombre p excepté, on conclut que $\Sigma\left(\frac{n}{p}\right)\frac{1}{n}$ a une valeur positive, et partant que le signe de h qu'il s'agissait de déterminer, est négatif.

Je terminerai cette note, en montrant le parti qu'on peut tirer des séries précédentes, pour déterminer les expressions-limites des valeurs moyennes de certaines fonctions très irrégulières, relatives aux propriétés des nombres. (Voyez pour la définition des valeurs moyennes des fonctions de ce genre, les Disq. arithm. art. 301.) Dans un Mémoire récemment lu à l'Académie de Berlin*), je me suis attaché à établir quelques principes desquels on peut déduire ces expressions-limites ou lois finales, dont la connaissance est très utile dans différentes recherches. J'ai fait l'application de ces principes à la démonstration de la formule remarquable**) que LEGENDRE a donnée pour exprimer d'une manière très approchée combien il y a de nombres premiers au-dessous d'une limite quelconque, mais très grande, et à d'autres questions du même genre. J'ai trouvé, par exemple, que la formule très-simple:

$$\log n+2C,$$

*) Compte rendu pour le mois de Février 1838.[1])

**) qui n'est exacte que dans son premier terme, la véritable expression-limite étant $\Sigma\frac{1}{\log(n)}$ [2]).

[1]) S. 351 dieser Ausgabe von G. Lejeune Dirichlet's Werken. [2]) Anmerkung von Lejeune Dirichlet's Hand in dem an Gauss geschickten Exemplar. K.

C désignant une constante connue (EULERI Calc. diff. p. 444), exprime avec d'autant plus d'exactitude que n est plus grand, la valeur moyenne du nombre des diviseurs de l'entier n, et qu'on a pareillement pour la somme moyenne de ces mêmes diviseurs:

$$\tfrac{1}{6}\pi^2 n - \tfrac{1}{2}.$$

Ces résultats ont été conclus de la série connue de LAMBERT et d'une autre série analogue. Ils pourraient aussi se déduire des séries considérées plus haut. Voici maintenant un nouveau résultat qu'on tire de ces dernières séries. Soit $f(n)$ la fonction de n, qui indique de combien de manières le nombre n peut se décomposer en deux facteurs premiers entre eux. On a, comme l'on sait, $f(n) = 2^\lambda$, λ désignant le nombre des diviseurs premiers inégaux de n. Cela posé, on trouve facilement:

$$\Sigma \frac{f(n)}{n^s} = \frac{\varphi^2(s)}{\varphi(2s)},$$

où l'on a fait $\varphi(s) = 1 + \frac{1}{2^s} + \frac{1}{3^s} + \cdots$, et la sommation devant s'étendre à toutes les valeurs entières de n, à partir de $n = 1$. En posant, comme plus haut, $s = 1 + \varrho$, et développant le second membre suivant les puissances ascendantes de ϱ, il viendra:

$$\Sigma \frac{f(n)}{n^{1+\varrho}} = \frac{6}{\pi^2}\left[\frac{1}{\varrho^2} + \left(\frac{12C'}{\pi^2} + 2C\right)\frac{1}{\varrho} + \cdots\right].$$

La constante C est la même que ci-dessus, et C' désigne la série:

$$\frac{\log 2}{2^2} + \frac{\log 3}{3^2} + \frac{\log 4}{4^2} + \cdots.$$

Au moyen de la méthode développée dans le mémoire cité, on trouve sur le champ que l'expression-limite de la valeur moyenne de $f(n)$ est celle-ci:

$$\frac{6}{\pi^2}\left(\log n + \frac{12C'}{\pi^2} + 2C\right).$$

Les formules remarquables que M. GAUSS a indiquées dans les art. 301 et suiv. de son bel ouvrage, peuvent être obtenues par une analyse du même genre. Supposons, par exemple, qu'il s'agisse d'obtenir la valeur moyenne du nombre des genres pour le déterminant $-n$, nombre que nous désignerons par $F(n)$. Si l'on compare l'art. 231, où tous les caractères complets assignables *a priori* sont énumérés, avec les art. 261 et 287, où l'illustre auteur fait voir qu'il n'y a que la moitié de ces caractères qui correspondent à des genres réellement existants, on trouvera facilement les cinq équations qui suivent et dans lesquelles on a posé, pour abréger:

$$\psi(s) = 1+\frac{1}{3^s}+\frac{1}{5^s}+\cdots, \quad \chi(s) = 1-\frac{1}{3^s}+\frac{1}{5^s}-\frac{1}{7^s}+\cdots:$$

$$\begin{cases} \dfrac{2}{8^s-4^s}\cdot\dfrac{\psi^2(s)}{\psi(2s)} = \Sigma\dfrac{F(n)}{n^s}, & n = 8\nu, \\ \dfrac{1}{4^s}\cdot\dfrac{\psi^2(s)}{\psi(2s)} = \Sigma\dfrac{F(n)}{n^s}, & n = 8\nu+4, \\ \dfrac{1}{2^s}\cdot\dfrac{\psi^2(s)}{\psi(2s)} = \Sigma\dfrac{F(n)}{n^s}, & n = 4\nu+2, \\ \dfrac{1}{2}\cdot\dfrac{\psi^2(s)+\chi^2(s)}{\psi(2s)} = \Sigma\dfrac{F(n)}{n^s}, & n = 4\nu+1, \\ \dfrac{1}{4}\cdot\dfrac{\psi^2(s)-\chi^2(s)}{\psi(2s)} = \Sigma\dfrac{F(n)}{n^s}, & n = 4\nu+3, \end{cases}$$

les sommations se rapportant à toutes les valeurs positives et entières de n comprises dans la forme linéaire indiquée à côté. En faisant comme plus haut $s = 1+\varrho$, on trouve que l'expression-limite de la valeur moyenne de $F(n)$, est, suivant les cinq formes qu'on vient d'énumérer:

$$\frac{8}{\pi^2}\left(\log n+\frac{12C'}{\pi^2}+2C-\tfrac{8}{3}\log 2\right),$$

$$\frac{4}{\pi^2}\left(\log n+\frac{12C'}{\pi^2}+2C-\tfrac{2}{3}\log 2\right),$$

$$\frac{4}{\pi^2}\left(\log n+\frac{12C'}{\pi^2}+2C+\tfrac{1}{3}\log 2\right),$$

$$\frac{4}{\pi^2}\left(\log n+\frac{12C'}{\pi^2}+2C+\tfrac{4}{3}\log 2\right),$$

$$\frac{2}{\pi^2}\left(\log n+\frac{12C'}{\pi^2}+2C+\tfrac{4}{3}\log 2\right),$$

et comme sur huit entiers consécutifs quelconques il y en a respectivement

1, 1, 2, 2, 2,

qui sont compris dans ces cinq formes:

8ν, $8\nu+4$, $4\nu+2$, $4\nu+1$, $4\nu+3$,

on conclut que l'expression-limite de la valeur moyenne du nombre des genres pour un déterminant $-n$, dont on ne désigne pas la forme linéaire, est la somme des expressions précédentes respectivement multipliées par les fractions $\frac{1}{8}$, $\frac{1}{8}$, $\frac{2}{8}$, $\frac{2}{8}$, $\frac{2}{8}$. On trouve ainsi:

$$\frac{4}{\pi^2}\left(\log n+\frac{12C'}{\pi^2}+2C-\tfrac{1}{6}\log 2\right),$$

ce qui coïncide avec le résultat de M. Gauss.

Berlin, au mois de mai 1838.

SUR UNE NOUVELLE MÉTHODE POUR LA DÉTERMINATION DES INTÉGRALES MULTIPLES.

[Communication faite dans la séance du lundi 4 février 1839.]

On sait que l'évaluation ou même la réduction des intégrales multiples présente généralement de très grandes difficultés, lorsque les inégalités de condition qui définissent l'étendue des intégrations, renferment à la fois plusieurs des variables. En m'occupant de quelques questions de physique mathématique qui dépendent, en dernière analyse, de l'évaluation d'une classe d'intégrales multiples d'un ordre indéfini, j'ai été conduit à une méthode qui paraît diminuer, dans beaucoup de cas, les difficultés dont je viens de parler. Cette méthode consiste simplement à multiplier l'expression qu'il s'agit d'intégrer par un facteur dont la valeur est égale à l'unité dans l'étendue que les intégrations doivent embrasser, et qui s'évanouit en dehors de cette étendue. L'expression différentielle ainsi modifiée, pouvant être intégrée entre des limites constantes et très simples, telles que 0 et ∞, ou $-\infty$ et ∞, la question sera le plus souvent beaucoup plus facile à traiter. C'est ce procédé que je vais appliquer à quelques problèmes particuliers. Pour premier exemple, je choisirai la question si célèbre de l'attraction des ellipsoïdes homogènes. La méthode appliquée à ce problème présente cela de remarquable, que la solution pour les deux cas d'un point extérieur et d'un point intérieur, qu'on avait toujours ramenés du premier au second, ou traités par des moyens tout-à-fait différents, résulte d'une analyse uniforme, qui s'étend généralement à toute loi d'attraction proportionnelle à une puissance quelconque entière ou fractionnaire de la distance. La même analyse ramène ce problème aux quadratures, lorsque la densité, au lieu d'être constante, est une fonction quelconque rationnelle et entière des trois coordonnées rectangulaires; mais, pour plus de simplicité, je supposerai la densité constante et égale à l'unité.

Soient x, y, z, les coordonnées d'un point quelconque de la masse attirante, a, b, c celles du point attiré. Posons: $\varrho^2 = (x-a)^2+(y-b)^2+(z-c)^2$ et soit $\frac{1}{\varrho^p}$ la loi de l'attraction, la constante p étant supposée comprise entre 2 et 3, cas auquel il est facile de ramener tous les autres. Cela posé, la question se réduit à déterminer l'intégrale triple:

$$(1)\qquad -\frac{1}{p-1}\iiint\frac{dx\,dy\,dz}{\varrho^{p-1}} \qquad \left(\left(\frac{x}{\alpha}\right)^2+\left(\frac{y}{\beta}\right)^2+\left(\frac{z}{\gamma}\right)^2<1\right)$$

dont le coefficient différentiel pris par rapport à a, donne la composante de l'attraction parallèle à l'axe des x, que je désignerai par A. Or, comme l'intégrale:

$$\frac{2}{\pi}\int_0^\infty\frac{\sin\varphi}{\varphi}\cos g\varphi\,d\varphi$$

est égale à l'unité ou à zéro, suivant que la constante positive g est inférieure ou supérieure à l'unité, on conclut que l'intégrale (1) est la partie réelle de celle-ci:

$$-\frac{2}{\pi(p-1)}\int_0^\infty\frac{\sin\varphi}{\varphi}\,d\varphi\iiint e^{\left[\left(\frac{x}{\alpha}\right)^2+\left(\frac{y}{\beta}\right)^2+\left(\frac{z}{\gamma}\right)^2\right]\varphi\sqrt{-1}}\frac{dx\,dy\,dz}{\varrho^{p-1}},$$

les intégrations par rapport aux variables x, y, z pouvant maintenant s'étendre depuis $-\infty$ jusqu'à ∞. Pour obtenir l'intégrale triple relative à ces variables, on exprimera la fraction $\frac{1}{\varrho^{p-1}}$ ou $\frac{1}{(\varrho^2)^{\frac{1}{2}(p-1)}}$ par une intégrale définie, au moyen de la formule connue d'Euler:

$$(2)\qquad \int_0^\infty e^{q\psi\sqrt{-1}}\,\psi^{r-1}\,d\psi = \frac{\Gamma(q)e^{\frac{1}{2}r\pi\sqrt{-1}}}{q^r}$$

que M. Poisson a démontrée et qui suppose les constantes q et r positives, et de plus $r<1$. Il viendra ainsi, en remplaçant ϱ^2 par sa valeur:

$$-\frac{2}{\pi}\,\frac{e^{-\frac{1}{4}(p-1)\pi\sqrt{-1}}}{(p-1)\Gamma(\frac{1}{2}(p-1))}\int_0^\infty\frac{\sin\varphi}{\varphi}\,d\varphi\int_0^\infty\psi^{\frac{1}{2}(p-1)-1}e^{(a^2+b^2+c^2)\psi}d\psi\,.\,U,$$

U designant, pour abréger, le produit de trois intégrales simples, dont celle relative à x est, en vertu d'une formule connue qui dérive de l'équation (2):

$$\int_{-\infty}^{+\infty}e^{\left[\left(\psi+\frac{\varphi}{\alpha^2}\right)x^2-2a\psi x\right]\sqrt{-1}}dx = \frac{1+\sqrt{-1}}{\sqrt{2}}\cdot\sqrt{\frac{\alpha^2\pi}{\alpha^2\psi+\varphi}}\,e^{-\frac{a^2\alpha^2\psi^2}{\alpha^2\psi+\varphi}\sqrt{-1}}.$$

En substituant cette valeur et celles des deux autres intégrales de forme analogue, remplaçant ensuite la variable ψ par une autre s telle que $\psi=\frac{\varphi}{s}$, différentiant par rapport à a, et observant qu'on a:

$$\left(\frac{1+\sqrt{-1}}{\sqrt{2}}\right)^3 = \sqrt{-1}\,e^{\frac{1}{4}\pi\sqrt{-1}},$$

on trouvera:

$$\frac{\sqrt{\pi}}{\Gamma(\frac{1}{2}(p-1))}\frac{e^{-\frac{1}{4}(p-2)\pi\sqrt{-1}}}{p-1}\int_0^\infty \frac{s^{1-\frac{1}{2}p}ds}{\sqrt{\left(1+\frac{s}{\alpha^2}\right)^3\left(1+\frac{s}{\beta^2}\right)\left(1+\frac{s}{\gamma^2}\right)}}\int_0^\infty \frac{\sin\varphi}{\varphi^{2-\frac{1}{2}p}}\,e^{\varphi\left(\frac{a^2}{\alpha^2+s}+\frac{b^2}{\beta^2+s}+\frac{c^2}{\gamma^2+s}\right)\sqrt{-1}}\,d\varphi.$$

Cette expression devant être réduite à sa partie réelle, tout revient à avoir celle de:

$$e^{-\frac{1}{4}(p-2)\pi\sqrt{-1}}\int_0^\infty \frac{\sin\varphi}{\varphi^{2-\frac{1}{2}p}}\,e^{\sigma\varphi\sqrt{-1}}\,d\varphi,$$

en posant, pour abréger:

$$\sigma = \frac{a^2}{\alpha^2+s}+\frac{b^2}{\beta^2+s}+\frac{c^2}{\gamma^2+s}.$$

Or, cette intégrale en y remplaçant $\sin\varphi$ par des exponentielles imaginaires, sera immédiatement donnée par l'équation (2), en ayant soin d'observer que le second membre de cette équation doit être remplacé par:

$$\frac{\Gamma(r)e^{-\frac{1}{2}r\pi\sqrt{-1}}}{(-q)^r},$$

lorsque q a une valeur négative. On trouve ainsi que la partie réelle qu'il s'agit d'obtenir est zéro, ou:

$$-\frac{\Gamma(\frac{1}{2}p-1)\sin\frac{1}{2}p\pi}{2(1-\sigma)^{\frac{1}{2}p-1}} = \frac{\pi}{2\Gamma(2-\frac{1}{2}p)}\cdot\frac{1}{(1-\sigma)^{\frac{1}{2}p-1}},$$

suivant que $\sigma > 1$ ou $\sigma < 1$.

I. Si le point est intérieur, on aura:

$$\frac{a^2}{\alpha^2}+\frac{b^2}{\beta^2}+\frac{c^2}{\gamma^2} < 1,$$

et par conséquent aussi $\sigma < 1$, la variable s étant positive. Il viendra donc:

$$A = \frac{2a\pi^{\frac{3}{2}}}{(p-1)\alpha^2\Gamma(\frac{1}{2}(p-1))\Gamma(2-\frac{1}{2}p)}\int_0^\infty \frac{s^{1-\frac{1}{2}p}ds}{\sqrt{\left(1+\frac{s}{\alpha^2}\right)^3\left(1+\frac{s}{\beta^2}\right)\left(1+\frac{s}{\gamma^2}\right)}}\left(1-\frac{a^2}{\alpha^2+s}-\frac{b^2}{\beta^2+s}-\frac{c^2}{\gamma^2+s}\right)^{1-\frac{1}{2}p}.$$

II. Si le point est extérieur, on déterminera la racine positive unique λ de l'équation $\sigma = 1$, et l'on aura évidemment $\sigma > 1$ ou $\sigma < 1$, suivant que $s < \lambda$ ou $s > \lambda$. L'expression de A sera donc, dans ce cas:

$$A = \frac{2a\pi^{\frac{3}{2}}}{(p-1)\alpha^2\Gamma(\frac{1}{2}(p-1))\Gamma(2-\frac{1}{2}p)}\int_\lambda^\infty \frac{s^{1-\frac{1}{2}p}ds}{\sqrt{\left(1+\frac{s}{\alpha^2}\right)^3\left(1+\frac{s}{\beta^2}\right)\left(1+\frac{s}{\gamma^2}\right)}}\left(1-\frac{a^2}{\alpha^2+s}-\frac{b^2}{\beta^2+s}-\frac{c^2}{\gamma^2+s}\right)^{1-\frac{1}{2}p}.$$

Si dans cette dernière expression on écrit $\lambda+s$ au lieu de s, et qu'on fasse:

$$\alpha^2+\lambda=\alpha'^2,\quad a'=\frac{a\alpha}{\alpha'},\quad \beta^2+\lambda=\beta'^2,\quad b'=\frac{b\beta}{\beta'},\quad \gamma^2+\lambda=\gamma'^2,\quad c'=\frac{c\gamma}{\gamma'},$$

elle prendra la même forme que dans le cas du point intérieur, comme cela doit être en vertu du théorème des points correspondants, dû à M. Ivory, et qui, comme M. Poisson en a déjà fait la remarque, s'étend à toutes les lois d'attraction en fonction de la distance. Il est sans doute inutile d'ajouter que l'analyse que nous venons de développer, s'applique à toute intégrale dont la forme est semblable à celle de l'intégrale (1), et quel que soit le nombre des variables qu'elle puisse renfermer.

Comme second exemple j'indiquerai l'intégrale:

$$V=\int x^{a-1}y^{b-1}z^{c-1}\ldots dx\,dy\,dz\ldots,$$

qui doit être étendue à toutes les valeurs positives de x, y, z, ... telles qu'on ait:

$$\left(\frac{x}{\alpha}\right)^p+\left(\frac{y}{\beta}\right)^q+\left(\frac{z}{\gamma}\right)^r+\cdots<1,$$

les constantes a, b, c, ... p, q, r, ... α, β, γ, ... étant également positives. Par une analyse toute semblable, on parvient à cette expression très simple, qu'on peut aussi obtenir par d'autres moyens, et qui renferme un grand nombre de résultats relatifs aux volumes, aux centres de gravité, moments d'inertie, etc.:

$$V=\frac{\alpha^a\beta^b\gamma^c\ldots}{pqr\ldots}\;\frac{\Gamma\left(\frac{a}{p}\right)\Gamma\left(\frac{b}{q}\right)\Gamma\left(\frac{c}{r}\right)\cdots}{\Gamma\left(1+\frac{a}{p}+\frac{b}{q}+\frac{c}{r}+\cdots\right)}.$$

En terminant, je ferai observer que l'intégrale transformée que l'on obtient au moyen du procédé indiqué, peut, dans beaucoup de cas, devenir indéterminée, à cause des limites infinies. Pour éviter les difficultés et même les inexactitudes que cette circonstance pourrait faire naître, on aura recours à l'artifice ingénieux dont MM. Poisson et Cauchy ont fait usage dans différentes recherches, et qui consiste à remplacer l'intégrale proposée par une autre, dont la première puisse être considérée comme la limite, et qui reste complètement déterminée, lorsqu'on lui applique la méthode dont nous venons de donner quelques exemples.

ÜBER EINE NEUE METHODE ZUR BESTIMMUNG VIELFACHER INTEGRALE.

[Auszug aus einer in der Akademie der Wissenschaften am 14. Februar 1839 gelesenen Abhandlung.]

Bekanntlich gehört die Bestimmung eines vielfachen Integrals oder auch die Zurückführung eines solchen auf ein anderes von einer niedrigeren Ordnung im Allgemeinen zu den schwierigeren Problemen, namentlich wenn die Integrationsgrenzen für die einzelnen Veränderlichen nicht constant sondern gegenseitig von einander abhängig sind, so dass der Umfang der Integrationen durch eine oder mehrere Ungleichheiten ausgedrückt ist, welche mehr als eine Veränderliche enthalten. Bei der Behandlung einiger physikalischen Aufgaben, welche schliesslich auf die Bestimmung einer Classe vielfacher Integrale von einer unbestimmten Ordnung zurückkommen, wurde der Verfasser auf die Methode geführt, welche den Gegenstand der Abhandlung bildet, und die nicht nur die Werthe der Integrale ergiebt, auf die es bei der genannten Untersuchung ankommt, sondern sich auch auf viele andere Integrale von den verschiedenartigsten Formen anwendbar erweist. Mit dieser Fruchtbarkeit vereinigt die Methode einen so hohen Grad von Einfachheit, dass man sich in der That wundern muss, dass dieselbe nicht schon früher auf ähnliche Untersuchungen angewendet worden ist. Das Princip dieser Art der Behandlung vielfacher Integrale, welche zwischen veränderlichen Grenzen zu nehmen sind, beruht auf der bekannten Eigenschaft gewisser bestimmter Integrale, die von den in ihnen enthaltenen Constanten in verschiedenen Intervallen auf verschiedene Weise abhängen, oder mit anderen Worten, welche discontinuirliche Functionen dieser

Constanten darstellen. So weiss man z. B., dass der einfache Ausdruck:

$$\frac{2}{\pi}\int_0^\infty \cos g\varphi \frac{\sin\varphi}{\varphi}\, d\varphi$$

der Einheit gleich ist, so lange g zwischen -1 und $+1$ liegt, hingegen verschwindet, wenn g ausserhalb dieses Intervalles fällt. Hat man nun ein dreifaches Integral — und wir nehmen nur deshalb keines von einer höheren Ordnung, weil bei drei Veränderlichen dem Verfahren noch eine geometrische Deutung zukommt, welche den Gang desselben anschaulich auszusprechen erlaubt — welches über einen bestimmten Raum, z. B. über den von einer ellipsoidischen Fläche begrenzten zu erstrecken ist, so darf man nur bemerken, dass, wenn α, β, γ die halben Hauptaxen dieser Fläche bezeichnen, welche der Richtung nach mit den Coordinatenaxen zusammenfallen sollen, der Ausdruck:

$$\left(\frac{x}{\alpha}\right)^2+\left(\frac{y}{\beta}\right)^2+\left(\frac{z}{\gamma}\right)^2$$

unter oder über der Einheit liegt, je nachdem der Punkt (x, y, z) innerhalb oder ausserhalb des genannten Raumes liegt, um sogleich zu sehen, dass das bestimmte Integral:

$$\frac{2}{\pi}\int_0^\infty \frac{\sin\varphi}{\varphi}\cos\left(\left(\left(\frac{x}{\alpha}\right)^2+\left(\frac{y}{\beta}\right)^2+\left(\frac{z}{\gamma}\right)^2\right)\varphi\right) d\varphi$$

innerhalb des Ellipsoids die Einheit zum Werthe hat, ausserhalb aber verschwindet. Multiplicirt man also den gegebenen Differentialausdruck $P dx\, dy\, dz$, wo P irgend eine Function von x, y, z bezeichnet, mit vorstehendem Integral, so hat man nun bei der Integration auf die ursprünglichen Grenzen keine Rücksicht mehr zu nehmen, d. h. man kann die Integrationen nach den Veränderlichen x, y, z zwischen den constanten Grenzen $-\infty$ und ∞ ausführen, indem offenbar durch den hinzugekommenen discontinuirlichen Factor die Elemente, auf welche sich die Integration nicht erstrecken soll, von selbst herausfallen. Man kann das eben angegebene Verfahren mit zwei Worten so charakterisiren, dass jedes über einen bestimmten Theil des Raumes, oder wenn man will, über eine nach allen Seiten hin begrenzte Masse auszudehnende Integral sogleich in ein anderes verwandelt werden kann, welches sich über den ganzen unendlichen Raum erstreckt und mithin in den meisten Fällen viel leichter zu behandeln sein wird, und zwar dadurch, dass man die Dichtigkeit ausserhalb des gegebenen Umfanges der Null gleich werden lässt, welcher Voraussetzung immer leicht durch einen discontinuirlichen Factor genügt werden kann. Es ist überraschend, in welchem Grade durch diese Transformation, von welcher man auf den ersten Blick sich wenig Erfolg zu versprechen versucht ist, die schwierigsten Integrationen vereinfacht werden, und wie durch dieselbe Probleme, die auf anderem Wege sehr verborgene Kunstgriffe oder einen grossen Aufwand von Rechnung erfordern, ohne Schwierigkeit und mit alleiniger Hülfe einiger längst bekannter bestimmter Integrale gelöst werden können.

Von den in der Abhandlung gegebenen Anwendungen dieser Methode können hier nur einige der einfacheren kurz angedeutet werden. Als erstes Beispiel wählen wir die Attraction der Ellipsoide, welches Problem die Mathematiker so vielfach und mehr als irgend ein anderes der Integralrechnung beschäftigt hat.

Bekanntlich hat man bei diesem Probleme immer den Fall eines äusseren Punktes auf den des inneren, welcher weniger Schwierigkeiten darbietet, zurückgeführt, oder, wenn beide unabhängig von einander gelöst worden sind, so sind für jeden ganz verschiedene Mittel in Anwendung gekommen.

Durch das obige Verfahren werden beide Fälle einer ganz gleichförmigen und unabhängigen Behandlung fähig. Man hat erst dann einen Unterschied zwischen beiden zu machen, wenn man das Resultat der Untersuchung in seiner letzten und einfachsten Form aussprechen will. Ausserdem ist das Verfahren nicht auf die Voraussetzung beschränkt, dass die Attraction dem Quadrat der Entfernung umgekehrt proportional ist, sondern bleibt auch für jede andere ganze oder gebrochene Potenz der Entfernung anwendbar. Ebenso wenig braucht die Dichtigkeit der anziehenden Masse constant vorausgesetzt zu werden, sondern kann durch irgend eine rationale ganze Function der drei Coordinaten x, y, z ausgedrückt sein. Der Einfachheit wegen soll jedoch hier die Dichtigkeit als constant und der Einheit gleich angenommen werden.

Es seien α, β, γ die halben Axen des Ellipsoides, a, b, c die Coordinaten des angezogenen Punktes, x, y, z die irgend eines Punktes der anziehenden Masse. Es sei ferner:

$$\varrho^2 = (x-a)^2+(y-b)^2+(z-c)^2$$

und $\frac{1}{\varrho^p}$ das Attractionsgesetz, wo p zwischen 2 und 3 liegend angenommen wird, weil ausserhalb dieser Grenzen das Verfahren einige unbedeutende Modificationen erfordert. Nun ist bekanntlich die der Axe der x parallele Componente A der Attraction gleich dem nach a genommenen Differentialquotienten des über das ganze Ellipsoid zu erstreckenden Integrals:

$$-\frac{1}{p-1}\int\frac{dx\,dy\,dz}{\varrho^{p-1}},$$

und nach dem oben Gesagten verwandelt sich dieses Integral in:

$$-\frac{2}{\pi(p-1)}\int_0^\infty\frac{\sin\varphi}{\varphi}\,d\varphi\int\cos\left(\left(\frac{x}{\alpha}\right)^2+\left(\frac{y}{\beta}\right)^2+\left(\frac{z}{\gamma}\right)^2\right)\varphi\,\frac{dx\,dy\,dz}{\varrho^{p-1}},$$

wo jetzt die Integrationen nach x, y, z von $-\infty$ bis ∞ ausgedehnt werden können. Die Rechnung wird sehr vereinfacht, wenn man statt dieses Integrals das folgende betrachtet, dessen reeller Theil mit dem zu findenden zusammenfällt:

$$-\frac{2}{\pi(p-1)}\int_0^\infty\frac{\sin\varphi}{\varphi}\,d\varphi\int e^{\left(\left(\frac{x}{\alpha}\right)^2+\left(\frac{y}{\beta}\right)^2+\left(\frac{z}{\gamma}\right)^2\right)\varphi\sqrt{-1}}\,\frac{dx\,dy\,dz}{\varrho^{p-1}},$$

Die Integrationen nach x, y, z lassen sich in dieser Form nicht bewerkstelligen; sie werden aber leicht ausführbar, wenn man den Factor $\frac{1}{\varrho^{p-1}}$ mit Hülfe eines bestimmten Integrals so ausdrückt, dass die in ϱ enthaltenen Coordinaten x, y, z, wie in dem andern Factor, nur im Exponenten vorkommen. Man kann sich zu diesem Zwecke der bekannten Euler'schen Formel bedienen:

$$(1)\qquad \int_0^\infty e^{q\psi\sqrt{-1}}\,\psi^{r-1}d\psi=\frac{\Gamma(r)}{(\pm q)^r}\,e^{\pm\frac{1}{2}r\pi\sqrt{-1}},$$

in welcher r positiv und <1 sein muss, und die oberen oder die unteren Zeichen gelten, je nachdem q positiv oder negativ ist. Vermöge dieser Formel ist also:

$$\frac{1}{\varrho^{p-1}}=\frac{1}{(\varrho^2)^{\frac{1}{2}(p-1)}}=\frac{e^{-\frac{1}{4}(p-1)\pi\sqrt{-1}}}{\Gamma(\frac{1}{2}(p-1))}\int_0^\infty e^{\varrho^2\psi\sqrt{-1}}\,\psi^{\frac{1}{2}(p-3)}\,d\psi.$$

Substituirt man diesen Ausdruck, setzt für ϱ^2 seinen Werth und berücksichtigt, dass:

$$\tfrac{1}{2}(p-1)\Gamma(\tfrac{1}{2}(p-1))=\Gamma(\tfrac{1}{2}(p+1))$$

ist, so erhält man:

$$-\frac{1}{\pi\Gamma(\frac{1}{2}(p+1))}\,e^{\frac{1}{4}(1-p)\pi\sqrt{-1}}\int_0^\infty\int_0^\infty\frac{\sin\varphi}{\varphi}\,\psi^{\frac{1}{2}(p-3)}\,e^{(a^2+b^2+c^2)\psi\sqrt{-1}}\,U\,d\varphi\,d\psi,$$

wo mit U zur Abkürzung das Product von drei nach x, y, z resp. genommenen einfachen Integralen bezeichnet ist, von denen das erste:

$$\int_{-\infty}^{\infty} e^{\left(\left(\psi+\frac{\varphi}{\alpha^2}\right)x^2-2a\psi x\right)\sqrt{-1}}\,dx$$

nach einer bekannten Formel, welche leicht aus (1) folgt, den Werth hat:

$$\sqrt{\frac{\pi}{2}}\,\frac{1+\sqrt{-1}}{\sqrt{\psi+\frac{\varphi}{\alpha^2}}}\,e^{-\frac{a^2\alpha^2\psi^2\sqrt{-1}}{\alpha^2\psi+\varphi}}.$$

Substituirt man diesen Ausdruck und die beiden anderen von gleicher Form und berücksichtigt, dass:

$$\left(\frac{1+\sqrt{-1}}{\sqrt{2}}\right)^3 = \sqrt{-1}\,e^{\frac{1}{4}\pi\sqrt{-1}}$$

ist, so kommt:

$$\frac{\sqrt{\pi}\sqrt{-1}}{\Gamma(\frac{1}{2}(p+1))}\,e^{\frac{1}{4}(2-p)\pi\sqrt{-1}}\int_0^{\infty}\int_0^{\infty}\frac{\psi^{\frac{1}{2}(p-3)}\sin\varphi}{\varphi\sqrt{\left(\psi+\frac{\varphi}{\alpha^2}\right)\left(\psi+\frac{\varphi}{\beta^2}\right)\left(\psi+\frac{\varphi}{\gamma^2}\right)}}\,e^{\varphi\psi\left(\frac{a^2}{\varphi+\alpha^2\psi}+\frac{b^2}{\varphi+\beta^2\psi}+\frac{c^2}{\varphi+\gamma^2\psi}\right)\sqrt{-1}}\,d\varphi\,d\psi.$$

Da die Ausdrücke im Exponenten und unter dem Wurzelzeichen homogene Functionen von φ, ψ sind, so sieht man sogleich, dass sich das Integral vereinfachen wird, wenn man statt einer der Variabeln φ, ψ, etwa statt ψ, ihr Verhältniss zu der andern φ einführt. Man setze also:

$$\psi = \frac{\varphi}{s},$$

wo s die neue Veränderliche bezeichnet; dann werden die Grenzen für diese ∞ und 0, und man kann dafür auch 0 und ∞ nehmen, wenn man dem ganzen Ausdruck das Minus-Zeichen vorsetzt. Man erhält so, wenn man zur Abkürzung:

$$(2)\qquad S = \frac{a^2}{\alpha^2+s}+\frac{b^2}{\beta^2+s}+\frac{c^2}{\gamma^2+s}$$

setzt:

$$-\frac{\sqrt{\pi}\sqrt{-1}}{\Gamma(\frac{1}{2}(p+1))}\,e^{\frac{1}{4}(2-p)\pi\sqrt{-1}}\int_0^{\infty}\int_0^{\infty}\frac{\varphi^{\frac{1}{2}p-3}s^{1-\frac{1}{2}p}\sin\varphi}{\sqrt{\left(1+\frac{s}{\alpha^2}\right)\left(1+\frac{s}{\beta^2}\right)\left(1+\frac{s}{\gamma^2}\right)}}\,e^{\varphi S\sqrt{-1}}\,d\varphi\,ds.$$

Die Differentiation nach a ergiebt den Ausdruck:

$$\frac{2a}{\alpha^2}\,\frac{\sqrt{\pi}}{\sqrt{\frac{1}{2}(p+1)}}\,e^{\frac{1}{4}(2-p)\pi\sqrt{-1}}\int_0^{\infty}\frac{s^{1-\frac{1}{2}p}}{\sqrt{\left(1+\frac{s}{\alpha^2}\right)^3\left(1+\frac{s}{\beta^2}\right)\left(1+\frac{s}{\gamma^2}\right)}}\,ds\int_0^{\infty}\varphi^{\frac{1}{2}p-2}\,e^{\varphi S\sqrt{-1}}\sin\varphi\,d\varphi,$$

dessen reeller Theil nach Obigem die gesuchte Componente A darstellt. Um diesen reellen Theil zu erhalten, hat man nur den von:

$$e^{\frac{1}{4}(2-p)\pi\sqrt{-1}}\int_0^\infty \varphi^{\frac{1}{2}p-2}e^{\varphi S\sqrt{-1}}\sin\varphi\, d\varphi$$

zu suchen, welchen man sogleich findet, wenn man $\sin\varphi$ durch Exponentialgrössen ausdrückt, und dann mit (1) vergleicht. Man gelangt so zu dem Resultat, dass der reelle Theil dieses Ausdrucks Null oder:

$$\tfrac{1}{2}\Gamma(\tfrac{1}{2}p-1)\sin(\tfrac{1}{2}p-1)\pi.(1-S)^{1-\frac{1}{2}p} = \frac{\pi}{2\Gamma(2-\frac{1}{2}p)}(1-S)^{1-\frac{1}{2}p}$$

ist, je nachdem $S>1$ oder $S<1$ ist.

Um nun das Endresultat hinzuschreiben, hat man zu unterscheiden, ob der angezogene Punkt (a, b, c) ein innerer oder äusserer ist.

I. Für einen inneren Punkt ist:

$$\frac{a^2}{\alpha^2}+\frac{b^2}{\beta^2}+\frac{c^2}{\gamma^2}<1,$$

also auch:

$$S=\frac{a^2}{\alpha^2+s}+\frac{b^2}{\beta^2+s}+\frac{c^2}{\gamma^2+s}<1,$$

da s positiv ist. Man erhält mithin:

$$A=\frac{a}{\alpha^2}\frac{\pi^{\frac{3}{2}}}{\Gamma(\frac{1}{2}(p+1))\Gamma(2-\frac{1}{2}p)}\int_0^\infty \frac{s^{1-\frac{1}{2}p}}{\sqrt{\left(1+\frac{s}{\alpha^2}\right)^3\left(1+\frac{s}{\beta^2}\right)\left(1+\frac{s}{\gamma^2}\right)}}(1-S)^{1-\frac{1}{2}p}ds.$$

II. Ist der Punkt ein äusserer, so hat man:

$$\frac{a^2}{\alpha^2}+\frac{b^2}{\beta^2}+\frac{c^2}{\gamma^2}>1.$$

Der Ausdruck S ist also >1 für $s=0$. Da derselbe offenbar um so kleiner ist, je grösser s ist, und für $s=\infty$ verschwindet, so giebt es einen und nur einen positiven Werth σ von s, für welchen $S=1$ ist. So lange $s<\sigma$ ist, wird offenbar $S>1$; ist hingegen $s>\sigma$, so wird $S<1$. Folglich hat man das Integral nach s nur von:

$$s=\sigma \quad \text{bis} \quad s=\infty$$

zu nehmen, und man erhält:

$$A=\frac{a}{\alpha^2}\frac{\pi^{\frac{3}{2}}}{\Gamma(\frac{1}{2}(p+1))\Gamma(2-\frac{1}{2}p)}\int_\sigma^\infty \frac{s^{1-\frac{1}{2}p}}{\sqrt{\left(1+\frac{s}{\alpha^2}\right)^3\left(1+\frac{s}{\beta^2}\right)\left(1+\frac{s}{\gamma^2}\right)}}(1-S)^{1-\frac{1}{2}p}ds.$$

Für $p = 2$ fallen diese Resultate mit den bekannten für das NEWTON'sche Gesetz geltenden zusammen.

Ein anderes Beispiel der Anwendung unserer Methode bietet das Integral dar:

$$\int x^{a-1} y^{b-1} z^{c-1} \ldots dx\, dy\, dz \ldots,$$

welches über alle den Bedingungen:

$$x > 0, \quad y > 0, \quad z > 0, \quad \ldots, \quad \left(\frac{x}{\alpha}\right)^p + \left(\frac{y}{\beta}\right)^q + \left(\frac{z}{\gamma}\right)^r + \cdots < 1,$$

genügenden Elemente auszudehnen ist, und wo a, b, c, $\ldots$, α, β, γ, $\ldots$, p, q, r, $\ldots$ positive Constanten bezeichnen. Durch eine ähnliche, jedoch weit einfachere Rechnung findet man für dieses Integral den Ausdruck:

$$\frac{\alpha^a \beta^b \gamma^c \ldots}{p q r \ldots} \cdot \frac{\Gamma\left(\frac{a}{p}\right) \Gamma\left(\frac{b}{q}\right) \Gamma\left(\frac{c}{r}\right) \cdots}{\Gamma\left(1 + \frac{a}{p} + \frac{b}{q} + \frac{c}{r} + \cdots\right)}.$$

Es ist einleuchtend, dass durch dieses Resultat die Bestimmung des körperlichen Inhaltes, des Schwerpunktes und des Trägheitsmomentes einer grossen Anzahl von Körpern auf einfache Quadraturen zurückgeführt ist.

Schliesslich ist noch zu bemerken, dass man dem oben beschriebenen Verfahren durch gewisse Modificationen eine grössere Ausdehnung geben oder die Anwendung desselben erleichtern kann. Eine dieser Modificationen, welche sich sehr leicht darbietet, und sich auf den Fall bezieht, wo der zu integrirende Ausdruck in Factoren zerfällt, besteht darin, einen derselben in den discontinuirlichen Factor hineinzuziehen.

Will man z. B. den Werth des Integrals:

$$\int \frac{dx\, dy\, dz \ldots}{S^p\, T^q}$$

bestimmen, in welchem:

$$S = 1 + \left(\frac{x}{a}\right)^2 + \left(\frac{y}{b}\right)^2 + \cdots, \quad T = 1 - \left(\frac{x}{\alpha}\right)^2 - \left(\frac{y}{\beta}\right)^2 - \cdots$$

und die Integration über alle Elemente zu erstrecken ist, für welche T positiv ist, so kann man leicht mit Hülfe der Gleichung (1) den Factor:

$$\frac{1}{T^q}$$

durch ein bestimmtes Integral ausdrücken, welches für ein negatives T verschwindet, so dass also hierdurch schon der Bedingung hinsichtlich der Begrenzung des Integrals genügt wird. Man findet so, dass das Integral (durch welches für den speciellen Fall zweier Variabeln x und y und der Werthe:

$$p = -\tfrac{1}{2}, \quad q = \tfrac{1}{2}$$

die Oberfläche des Ellipsoids bestimmt wird) immer auf Quadraturen zurückführbar ist.

ÜBER EINE NEUE METHODE ZUR BESTIMMUNG VIELFACHER INTEGRALE.

[Vorgelesen in der Akademie der Wissenschaften am 14. Februar 1839.]

Bekanntlich gehört die Bestimmung eines vielfachen Integrals oder auch die Zurückführung eines solchen auf ein anderes von einer niedrigeren Ordnung im Allgemeinen zu den schwierigeren Problemen, namentlich wenn die Integrationsgrenzen für die einzelnen Veränderlichen nicht constant, sondern gegenseitig von einander abhängig sind, so dass der Umfang der Integrationen durch eine oder mehrere Ungleichheiten ausgedrückt ist, welche gleichzeitig mehrere der Veränderlichen enthalten. Bei der Behandlung einiger Aufgaben, welche schliesslich auf die Bestimmung einer Classe vielfacher Integrale von einer unbestimmten Ordnung zurückkommen, bin ich auf die Methode geführt worden, welche den Gegenstand dieser Abhandlung bildet, und die nicht nur die Werthe der Integrale ergiebt, auf welche es bei der genannten Untersuchung ankommt, sondern sich auch auf viele andere Integrale von den verschiedensten Formen anwendbar zeigt. Mit dieser Fruchtbarkeit verbindet die Methode einen so hohen Grad von Einfachheit, dass man sich in der That wundern muss, dass dieselbe nicht schon früher auf ähnliche Untersuchungen angewandt worden ist. Das Princip dieser Art der Behandlung vielfacher Integrale, bei welchen die einzelnen Integrationen nicht zwischen constanten Grenzen auszuführen sind, beruht auf der Möglichkeit discontinuirliche Functionen durch bestimmte Integrale auszudrücken. So weiss man zum Beispiel, dass der Ausdruck:

$$\frac{2}{\pi}\int_0^\infty \frac{\sin\varphi}{\varphi}\cos g\varphi\, d\varphi$$

der Einheit gleich ist, so lange die Constante g, abgesehen von ihrem Zeichen, unter der Einheit liegt, hingegen verschwindet, wenn die Constante die Einheit übersteigt. Hat man nun ein dreifaches Integral — und wir nehmen nur deshalb nicht eines von beliebiger Ordnung, weil bei drei Variabeln dem Verfahren noch eine geometrische Deutung zukommt, welche das Wesen derselben anschaulich auszusprechen erlaubt — und soll dieses Integral über einen bestimmten Raum, z. B. über den von einem Ellipsoide begrenzten erstreckt werden, so darf man nur bemerken, dass, wenn α, β, γ die halben Hauptaxen der Grenzfläche bezeichnen und der Richtung nach mit den Coordinatenaxen zusammenfallen, der Ausdruck:

$$\left(\frac{x}{\alpha}\right)^2+\left(\frac{y}{\beta}\right)^2+\left(\frac{z}{\gamma}\right)^2$$

unter oder über der Einheit liegt, je nachdem der Punkt (x, y, z) im inneren oder im äusseren Raume sich befindet, um sogleich zu sehen, dass das Integral:

$$\frac{2}{\pi}\int_0^\infty \frac{\sin\varphi}{\varphi}\cos\left[\left(\frac{x}{\alpha}\right)^2+\left(\frac{y}{\beta}\right)^2+\left(\frac{z}{\gamma}\right)^2\right]\varphi\, d\varphi$$

im Inneren die Einheit zum Werthe hat ausserhalb aber verschwindet. Multiplicirt man also den gegebenen Differentialausdruck:

$$P\,dx\,dy\,dz,$$

wo P irgend eine Function von x, y, z bezeichnet, mit vorstehendem Integral, so hat man bei der Integration auf die ursprünglichen Grenzen keine Rücksicht mehr zu nehmen, d. h. man kann die Integrationen in Bezug auf x, y, z zwischen den Grenzen $-\infty$ und ∞ ausführen, indem offenbar durch den hinzugetretenen discontinuirlichen Factor die Elemente, auf welche sich die Integration nicht erstrecken soll, von selbst heraus fallen. Um das eben beschriebene Verfahren mit zwei Worten zu charakterisiren, kann man sagen, dass jedes über einen bestimmten Theil des unendlichen Raumes oder, wenn man will, über eine nach allen Seiten hin begrenzte Masse auszudehnende Integral sogleich in ein anderes verwandelt werden kann, welches sich über den ganzen unendlichen Raum erstreckt und mithin in den meisten Fällen leichter zu behandeln sein wird, und zwar dadurch, dass man die Dichtigkeit im äusseren Raume verschwinden lässt, welcher Forderung immer leicht durch einen discontinuirlichen Factor genügt werden kann. Es ist überraschend, in welchem Grade durch diese Umformung, von der man auf den ersten Blick sich wenig Erfolg zu versprechen versucht ist, die schwierigsten Integrationen vereinfacht werden, und wie durch dieselbe Probleme, die auf anderen Wegen verborgene Kunstgriffe oder einen grossen Aufwand von Rechnung erfordern, ohne Schwierigkeit und mit alleiniger Hülfe einiger bestimmter Integrale gelöst werden können, welche wegen ihrer Wichtigkeit und ihres häufigen Vorkommens längst in die Elementarwerke übergegangen sind.

§. 1.

Ehe wir dazu übergehen, die in der Einleitung beschriebene Methode zur Bestimmung oder Reduction vielfacher Integrale auf Beispiele anzuwenden, wird es zweckmässig sein, einige allgemeine Bemerkungen über gewisse Schwierigkeiten vorauszuschicken, welche diese Anwendung zuweilen darbieten kann. Ist:

$$\int P dx dy \ldots$$

ein vielfaches Integral, in welchem P eine beliebige Function der Variabeln $x, y, \ldots$ darstellt und dessen Umfang wir uns durch Ungleichheitsbedingungen zwischen diesen oder auf irgend eine andere Weise bestimmt denken, so können zwei wesentlich verschiedene Fälle eintreten, welche denen ganz ähnlich sind, die bei unendlichen Reihen statt finden. Setzt man nämlich an die Stelle der Function ihren numerischen oder absoluten Werth, so wird das so modificirte, in demselben Umfange genommen gedachte Integral entweder einen endlichen Werth erhalten oder unendlich gross werden. Im ersteren Falle hat das ursprüngliche Integral einen völlig bestimmten endlichen Werth, welcher von der Ordnung, worin die Integrationen ausgeführt werden, ganz unabhängig ist und auch derselbe bleibt, wenn man statt der Veränderlichen $x, y, \ldots$ irgend welche neue einführt*). Ganz anders verhält sich die Sache im zweiten der eben erwähnten Fälle; das Integral ist dann wesentlich unbestimmt oder unendlich. Nimmt dasselbe bei einer gewissen Aufeinanderfolge der einzelnen Integrationen einen bestimmten endlichen Werth an, so kann bei veränderter Ordnung derselben oder nach Einführung neuer Variabeln ein solcher zu existiren aufhören, oder, wenn dies auch nicht der Fall sein sollte, so kann dieser Werth von demjenigen verschieden sein, welcher der Art, wie die Integrationen zuerst ausge-

*) Es ist hier nur von der Einführung neuer Variabeln im gewöhnlichen Sinne des Wortes die Rede, bei welcher Operation an die Stelle der ursprünglichen Variabeln $x, y, \ldots$ andere $p, q, \ldots$ in gleicher Anzahl treten, welche bestimmte Functionen der ersteren sind. Zerlegt man hingegen jedes Element des gegebenen Integrals durch Einführung neuer Integrale in unendlich viele neue Elemente, so kann das so entstehende Integral einer höheren Ordnung natürlich unbestimmt werden, obgleich das ursprüngliche einen völlig bestimmten endlichen Werth hatte. Es kommt dabei lediglich darauf an, ob die in das gegebene Integral eingeführten neuen Integrale völlig bestimmte sind oder nicht.

führt wurden, entsprach. Es folgt daraus, dass, wenn ein Integral der zweiten Art, bei einer bestimmten Ordnung der Integrationen, Gegenstand der Untersuchung ist, man keine der oben genannten Veränderungen damit vornehmen kann, ohne sich vorher überzeugt zu haben, dass diese keinen Einfluss auf das Resultat ausübt. Gewöhnlich wird man diesen Zweck dadurch erreichen, dass man statt der Function P eine andere allgemeinere P_ε einführt, welche eine neue Constante ε enthält und für $\varepsilon = 0$ in P übergeht. Ist alsdann das Integral $\int P_\varepsilon dx dy \ldots$ zwischen denselben Grenzen und, so lange als ε von Null verschieden ist, ein völlig bestimmtes, und lässt sich zugleich nachweisen, dass der Unterschied zwischen den Integralen:

$$\int P dx dy \ldots, \qquad \int P_\varepsilon dx dy \ldots$$

vor und nach der beabsichtigten Veränderung für ein unendlich kleines ε selbst unendlich klein wird, so kann man daraus schliessen, dass auch das Integral $\int P dx dy \ldots$ von dieser Veränderung nicht afficirt wird. Es ist dieses Verfahren demjenigen ganz analog, welches mehrere Mathematiker und namentlich POISSON und CAUCHY schon angewandt haben, um ähnlichen Unbestimmtheiten vorzubeugen. Über die Wahl der Function P_ε lassen sich keine allgemeinen Vorschriften geben. In bestimmten Fällen wird man jedoch in dieser Beziehung nur höchst selten auf erhebliche Schwierigkeiten stossen; vielmehr wird man bei einiger Übung leicht dahin gelangen, ohne das im Vorhergehenden angedeutete Verfahren wirklich anzuwenden, aus der blossen Ansicht der gegebenen Function P zu erkennen, ob das zu behandelnde Integral die beabsichtigte Umformung zulässt oder nicht.

§. 2.

Als erstes Beispiel der Anwendung der oben beschriebenen Methode wählen wir das Integral:

$$(1) \qquad \iint \ldots e^{-k(x+y+\cdots)} x^{a-1} dx \,.\, y^{b-1} dy \ldots,$$

in welchem k, a, b, ... positive Constanten bezeichnen, und welches über alle positiven Werthe der Veränderlichen ausgedehnt werden soll, die der Bedingung:

$$(2) \qquad \sigma = x+y+\cdots < 1$$

genügen. Es wird, wie immer in ähnlichen Fällen, vorausgesetzt, dass die Incremente dx, dy, ... positiv sein sollen. Multiplicirt man das Element dieses vielfachen Integrals mit:

$$\frac{2}{\pi}\int_0^\infty \frac{\sin\varphi}{\varphi}\cos\sigma\varphi\, d\varphi,$$

so wird man nach der oben bemerkten Eigenschaft dieses Ausdrucks die Integrationen nach den einzelnen Variabeln x, y, ... zwischen den Grenzen 0 und ∞ ausführen dürfen. Man erhält so:

$$(3) \qquad \frac{2}{\pi}\iiint \ldots e^{-k\sigma} x^{a-1}dx . y^{b-1}dy \ldots \frac{\sin\varphi}{\varphi}\cos\sigma\varphi\, d\varphi.$$

Dieses neue Integral ist kein völlig bestimmtes, und es bedarf einer Untersuchung, ob dasselbe seinen Werth nicht ändert, wenn wir, statt erst nach φ und dann nach x, y, ... zu integriren, wie es eigentlich geschehen sollte, was uns aber zu dem Integral (1) zurückführen würde, die Integrationen nach x, y, ... der nach φ vorangehen lassen. Um sich in diesem Falle zu überzeugen, dass die so veränderte Ordnung der Operationen keinen Einfluss auf das Resultat ausübt, darf man nur unter den Zeichen mit $e^{-\varepsilon\varphi}$ multipliciren. So lange die positive Constante ε von Null verschieden ist, bleibt das so modificirte Integral völlig bestimmt, und man sieht sogleich, dass der Werth desselben für ein unendlich klein werdendes ε das Integral (3) zur Grenze hat, man mag in diesem mit der Integration nach φ oder mit denen nach x, y, ... beginnen. Wir dürfen daher in dem Integral (3) zuerst nach x, y, ... integriren. Wir sehen so, und wenn wir zugleich statt $\cos\sigma\varphi$ die imaginäre Exponentialgrösse $e^{-\sigma\varphi i}$, wo i wie gewöhnlich $\sqrt{-1}$ bedeutet, einführen, dass das Integral (3) mit dem reellen Theile des folgenden zusammenfällt:

$$\frac{2}{\pi}\int_0^\infty \frac{\sin\varphi}{\varphi} Q\, d\varphi,$$

wo Q zur Abkürzung ein Product von einfachen, nach x, y, ... zu nehmenden Integralen bezeichnet, von welchen das auf x sich beziehende die Form hat:

$$\int_0^\infty e^{-(k+\varphi i)x} x^{a-1}dx,$$

und nach einer bekannten, zuerst von Euler durch Induction gefundenen Formel dem Ausdruck:

$$\frac{\Gamma(a)}{(k+\varphi i)^a}$$

gleich ist, in welchem die im Allgemeinen vieldeutige Potenz, wie ebenfalls bekannt ist, durch die Gleichung:

$$(k+\varphi i)^a = (k^2+\varphi^2)^{\frac{1}{2}a}\, e^{ia\operatorname{arctg}\frac{\varphi}{k}}$$

zu bestimmen ist, worin arctg innerhalb des Intervalls zwischen $-\frac{1}{2}\pi$ und $\frac{1}{2}\pi$ genommen werden muss.

Durch Substitution dieses Werthes und der Werthe von ähnlicher Form für die übrigen Integrale erhalten wir:

$$\frac{2}{\pi}\Gamma(a)\Gamma(b)\ldots\int_0^\infty \frac{\sin\varphi}{\varphi}\,\frac{1}{(k+\varphi i)^{a+b+\cdots}}\,d\varphi,$$

so dass also das vorgelegte vielfache Integral (1) auf den reellen Theil dieses einfachen zurückgeführt ist. Man kann diesem letzteren eine andere Form geben. Wenn nämlich in dem eben erhaltenen, für beliebig viele Veränderliche $x, y, \ldots$ gültigen Resultat nur eine Veränderliche x als vorhanden angenommen und zugleich die Constante a in $a+b+\cdots$ verwandelt wird, so zeigt sich, dass das Integral:

$$\int_0^1 e^{-kx}x^{a+b+\cdots-1}\,dx$$

gleich dem reellen Theile des Ausdrucks:

$$\frac{2}{\pi}\Gamma(a+b+\cdots)\int_0^\infty \frac{\sin\varphi}{\varphi}\,\frac{1}{(k+\varphi i)^{a+b+\cdots}}\,d\varphi$$

ist. Führt man daher statt dieses reellen Theiles das Integral $\int_0^1 e^{-kx}x^{a+b+\cdots-1}dx$ in das allgemeine Resultat ein, so kommt:

$$\iint\ldots e^{-k(x+y+\cdots)}x^{a-1}dx.y^{b-1}dy\cdots = \frac{\Gamma(a)\Gamma(b)\ldots}{\Gamma(a+b+\cdots)}\int_0^1 e^{-kx}x^{a+b+\cdots-1}dx,$$

wo das vielfache Integral sich über alle positiven der Bedingung (2) genügenden Werthe erstreckt. Man sieht sogleich, dass diese Gleichung ihre Gültigkeit nicht verliert, wenn man die bisher positiv vorausgesetzte Constante k in Null übergehen lässt, und erhält so:

$$\iint\ldots x^{a-1}dx.y^{b-1}dy\cdots = \frac{\Gamma(a)\Gamma(b)\ldots}{(a+b+\cdots)\Gamma(a+b+\cdots)} = \frac{\Gamma(a)\Gamma(b)\ldots}{\Gamma(1+a+b+\cdots)}.$$

Für den Fall, wo nur zwei Variabeln vorhanden sind, geht die eben erhaltene Gleichung in diejenige über, durch welche die EULER'schen Integrale der ersten Gattung auf die der zweiten zurückgeführt werden.

Man kann in die allgemeine Gleichung eine grössere Anzahl von Constanten einführen, indem man statt x, y, ... beziehungsweise:

$$\left(\frac{x}{\alpha}\right)^p, \quad \left(\frac{y}{\beta}\right)^q, \quad \ldots$$

setzt, wo α, β, ..., p, q, ... neue positive Constanten bezeichnen. Das vielfache Integral wird so:

$$\frac{p}{\alpha}\,\frac{q}{\beta}\cdots\iint\cdots\left(\frac{x}{\alpha}\right)^{ap-1}dx\cdot\left(\frac{y}{\beta}\right)^{bq-1}dy\ldots$$

mit der Grenzbedingung:

$$\left(\frac{x}{\alpha}\right)^p+\left(\frac{y}{\beta}\right)^q+\cdots<1.$$

Schreibt man zugleich $\frac{a}{p}$, $\frac{b}{q}$, ... statt a, b, ..., so geht die Gleichung in die folgende über:

$$\iint\ldots x^{a-1}dx.y^{b-1}dy\cdots = \frac{\alpha^a\beta^b\ldots}{pq\ldots}\,\frac{\Gamma\left(\frac{a}{p}\right)\Gamma\left(\frac{b}{q}\right)\cdots}{\Gamma\left(1+\frac{a}{p}+\frac{b}{q}+\cdots\right)},$$

wo der Umfang der Integrationen durch die vorher aufgestellte Ungleichheit bestimmt wird.

Es ist einleuchtend, dass durch dieses Resultat, auf drei Variabeln beschränkt, die Bestimmung des Inhaltes, des Schwerpunktes und des Trägheitsmomentes für eine grosse Anzahl von Körpern auf die EULER'schen Integrale zurückgeführt wird. So sieht man z. B., wenn man $a=b=c=1$ setzt, dass durch:

$$\frac{\alpha\beta\gamma}{pqr}\,\frac{\Gamma\left(\frac{1}{p}\right)\Gamma\left(\frac{1}{q}\right)\Gamma\left(\frac{1}{r}\right)}{\Gamma\left(1+\frac{1}{p}+\frac{1}{q}+\frac{1}{r}\right)}$$

der Raum ausgedrückt ist, welcher von den zwischen den positiven Coordinatenaxen liegenden Theilen der Coordinatenebenen und der Fläche:

$$\left(\frac{x}{\alpha}\right)^p+\left(\frac{y}{\beta}\right)^q+\left(\frac{z}{\gamma}\right)^r=1,$$

begrenzt wird. Sind p, q, r gerade Zahlen oder Brüche, die in ihrer einfachsten Gestalt grade Zahlen zu Zählern haben, so wird der bloss von der Fläche eingeschlossene Raum das Achtfache des eben gefundenen Ausdrucks sein.

Es ist also namentlich der von der Fläche:

$$\left(\frac{x}{\alpha}\right)^4+\left(\frac{y}{\beta}\right)^4+\left(\frac{z}{\gamma}\right)^4=1$$

eingeschlossene Raum:

$$\tfrac{1}{6}\alpha\beta\gamma\,\frac{\Gamma(\frac{1}{4})^3}{\Gamma(\frac{3}{4})},$$

und hängt nach den bekannten Eigenschaften der Function Γ bloss von dem Integral $\int_0^1 \frac{dx}{\sqrt{1-x^4}}$ ab, welches die Länge der Lemniscate ausdrückt.

§. 3.

In dem eben behandelten Falle liessen sich nach Einführung des discontinuirlichen Factors und durch eine blosse Umkehrung der Integrationsordnung die Integrationen nach den ursprünglichen Veränderlichen ohne Schwierigkeit ausführen. Bei anderen Formen des gegebenen Integrals kann es erforderlich werden, noch andere Umformungen mit demselben vorzunehmen, um dasselbe auf die niedrigste Ordnung, deren es fähig ist, zurückzuführen. Zu den wirksamsten Transformationen dieser Art gehört, nebst der Einführung neuer Variabeln, die Zerlegung des zu integrirenden Elementes in eine unendliche Anzahl neuer Elemente einer höheren Ordnung, oder was dasselbe ist, die Einführung neuer Integralzeichen unter den schon vorhandenen. Nimmt man zu dieser Umformung seine Zuflucht, so wird es fast immer vortheilhaft sein, dieselbe mit der Einführung des Discontinuitätsfactors zu einer Operation zu verschmelzen, indem man die neu aufzunehmenden Integrale so wählt, dass sie den Grenzbedingungen schon von selbst genügen und also den discontinuirlichen Factor ganz überflüssig machen. Enthält z. B. das Element des ursprünglichen Integrals den Factor $\frac{1}{\sigma^q}$, wo q eine positive, die Einheit nicht übersteigende Constante, und σ irgend eine Function der Veränderlichen bezeichnet, und sollen die nach diesen zu bewerkstelligenden Integrationen sich nur auf solche Werthe derselben erstrecken, denen ein positives σ entspricht, so kann man leicht den Factor $\frac{1}{\sigma^q}$ durch ein bestimmtes Integral darstellen, welches diesen nur für ein positives σ ausdrückt, für ein negatives dagegen verschwindet.

Zu diesem Zweck kann die Gleichung:

$$\int_0^\infty e^{\sigma\psi i}\psi^{q-1}\,d\psi = \frac{\Gamma(q)}{(\pm\sigma)^q}\,e^{\pm\frac{1}{2}q\pi i}$$

dienen, welche ein specieller Fall der schon im vorigen Paragraphen gebrauchten ist, und worin die oberen oder die unteren Zeichen gelten, je nachdem σ positiv oder negativ ist. Sie zerfällt in die beiden folgenden:

$$\int_0^\infty \cos\sigma\psi\,\psi^{q-1}d\psi = \frac{\Gamma(q)\cos\frac{1}{2}q\pi}{(\pm\sigma)^q},\qquad \int_0^\infty \sin\sigma\psi\,\psi^{q-1}d\psi = \pm\frac{\Gamma(q)\sin\frac{1}{2}q\pi}{(\pm\sigma)^q}.$$

Multiplicirt man diese resp. mit $\sin\frac{1}{2}q\pi$ und $\cos\frac{1}{2}q\pi$ und addirt, so erhält man:

$$\int_0^\infty \sin(\tfrac{1}{2}q\pi+\sigma\psi)\psi^{q-1}\,d\psi = \frac{\Gamma(q)\sin\frac{1}{2}(q\pi\pm q\pi)}{(\pm\sigma)^q},$$

so dass also:

$$\frac{1}{\Gamma(q)\sin q\pi}\int_0^\infty \sin(\tfrac{1}{2}q\pi+\sigma\psi)\psi^{q-1}d\psi = \frac{1}{\sigma^q}\quad \text{oder}\quad = 0$$

wird, je nachdem σ positiv oder negativ ist.

Mit Hülfe dieser Formel lässt sich z. B. das Integral:

$$U = \iint\cdots \frac{1}{(\lambda+\alpha x+\beta y+\cdots)^p}\,\frac{1}{(1-x-y-\cdots)^q}\,x^{a-1}dx.y^{b-1}dy\ldots \qquad (x+y+\cdots < 1)$$

so wie das Integral:

$$V = \iint\cdots \frac{1}{(\lambda+\alpha x+\beta y+\cdots)^p}\,\frac{1}{(-1+x+y+\cdots)^q}\,x^{a-1}dx.y^{b-1}dy\ldots \qquad (x+y+\cdots > 1$$

auf einfache Quadraturen zurückführen.

Um dies mit der grössten Kürze zu thun, wollen wir ein etwas allgemeineres betrachten, welches beide in sich begreift.

§. 4.

Setzt man zur Abkürzung:

$$\lambda+\alpha x+\beta y+\cdots = \varrho,\quad 1-x-y-\cdots = \sigma,$$

wo λ, α, β, ... positive Constanten bezeichnen, und sind ε, p, q, a, b, ... ebenfalls positive Constanten, welche der Bedingung:

$$p+q > a+b+\cdots$$

genügen, so ist, wie leicht zu sehen, das vielfache Integral:

$$W = \iint \cdots \frac{1}{\varrho^p} \frac{1}{(\varepsilon+\sigma i)^q} x^{a-1} dx . y^{b-1} dy \ldots,$$

welches sich über alle positiven Werthe der Variabeln erstrecken soll, und worin die Potenz mit imaginärer Basis in demselben Sinne, wie in §. 2, genommen gedacht wird, ein völlig bestimmtes.

Da ϱ und ε positiv sind, so hat man:

$$\int_0^\infty e^{-\varrho\varphi} \varphi^{p-1} d\varphi = \frac{\Gamma(p)}{\varrho^p}, \quad \int_0^\infty e^{-(\varepsilon+\sigma i)\psi} \psi^{q-1} d\psi = \frac{\Gamma(q)}{(\varepsilon+\sigma i)^q}.$$

Nach der oben gemachten Bemerkung wird das Integral nach Einsetzung dieser Werthe nicht aufhören völlig bestimmt zu sein Man kann daher die Integrationen nach x, y, ... als die zuerst auszuführenden betrachten und hat dann:

$$W = \frac{1}{\Gamma(p)\Gamma(q)} \int_0^\infty \int_0^\infty e^{-\lambda\varphi-(\varepsilon+i)\psi} \varphi^{p-1} \psi^{q-1} Q \, d\varphi \, d\psi,$$

wo Q ein Product von einfachen Integralen bedeutet, von denen das nach x zu nehmende:

$$\int_0^\infty e^{-(\alpha\varphi-\psi i)x} x^{a-1} dx = \frac{\Gamma(a)}{(\alpha\varphi-\psi i)^a}$$

ist.

Durch Substitution dieses Ausdruckes und der übrigen von ähnlicher Form erhält man:

$$W = \frac{\Gamma(a)\Gamma(b)\ldots}{\Gamma(p)\Gamma(q)} \int_0^\infty \int_0^\infty e^{-\lambda\varphi-(\varepsilon+i)\psi} \varphi^{p-1} \psi^{q-1} \frac{1}{(\alpha\varphi-\psi i)^a} \frac{1}{(\beta\varphi-\psi i)^b} \cdots d\varphi \, d\psi.$$

Bei aufmerksamer Betrachtung dieses Doppelintegrals sieht man sogleich, dass sich eine der beiden Integrationen wird ausführen lassen, wenn man statt einer der beiden Variabeln, z. B. statt ψ, ihr Verhältniss zur anderen als neue Veränderliche einführt. Setzt man also $\psi = \varphi s$, $d\psi = \varphi ds$ und integrirt dann nach φ, so kommt:

$$W = \frac{\Gamma(m)\Gamma(a)\Gamma(b)\ldots}{\Gamma(p)\Gamma(q)} \int_0^\infty \frac{s^{q-1}}{(\lambda+(\varepsilon+i)s)^m} \frac{1}{(\alpha-si)^a} \frac{1}{(\beta-si)^b} \cdots ds,$$

wo m zur Abkürzung für $p+q-a-b-\cdots$ gesetzt worden ist.

Durch diese Gleichung ist also das vielfache Integral W auf ein einfaches zurückgeführt. Da das Resultat für jeden positiven Werth von ε gilt, so dürfen wir ε als unendlich klein ansehen. Fügen wir aber zu den schon gemachten Voraussetzungen über die Constanten noch die hinzu, dass der Werth von q ein ächter Bruch sei, so wird sowohl die erste als die zweite Seite der Gleichung für ein unendlich klein werdendes ε nur unendlich wenig von dem Werthe, der $\varepsilon = 0$ entspricht, verschieden sein und folglich die Gleichung für $\varepsilon = 0$ noch gelten. Für das Integral auf der rechten Seite ist dies einleuchtend, und man wird sich auch hinsichtlich des vielfachen Integrals leicht von der Richtigkeit dieser Behauptung überzeugen, wenn man dieses in drei andere W_1, W_2, W_3 zerlegt, welche sich resp. über die Werthe der Veränderlichen erstrecken, welche den Bedingungen:

$$\sigma > k, \quad -k < \sigma < k, \quad \sigma < -k$$

genügen, in denen k einen constanten positiven Bruch bezeichnet. Offenbar haben dann die Integrale W_1 und W_3 für ein ins Unendliche abnehmendes ε die Integrale von ähnlicher Form, in denen geradezu $\varepsilon = 0$ gesetzt ist, zu Grenzen, und was das zweite W_2 betrifft, so sieht man eben so leicht, dass dieses oder vielmehr der reelle Theil, so wie der Coefficient des imaginären Theiles desselben, sowohl für $\varepsilon = 0$, als für ein unendlich kleines ε, unter einer gewissen Grenze liegt, welche beliebig klein ausfällt, wenn die Constante k gehörig klein gedacht wird, woraus dann die aufgestellte Behauptung sogleich folgt.

Berücksichtigen wir nun, dass der Ausdruck:

$$\frac{1}{(\varepsilon + \sigma i)^q}$$

nach der Bedeutung, worin derselbe hier zu nehmen ist, für $\varepsilon = 0$ in:

$$\frac{1}{\sigma^q} e^{-\frac{1}{2}q\pi i} \quad \text{oder in} \quad \frac{1}{(-\sigma)^q} e^{\frac{1}{2}q\pi i}$$

übergeht, je nachdem σ positiv oder negativ ist, so sehen wir, dass das Element des vielfachen Integrals nach diesen beiden Fällen eine verschiedene Form annimmt, und dass also das Integral W von selbst in zwei andere zerfällt. Wir erhalten so die Gleichung:

$$e^{-\frac{1}{2}q\pi i} U + e^{\frac{1}{2}q\pi i} V = \frac{\Gamma(m)\Gamma(a)\Gamma(b)\ldots}{\Gamma(p)\Gamma(q)} \int_0^\infty \frac{s^{q-1}\, ds}{(\lambda + si)^m} \frac{1}{(\alpha - si)^a} \frac{1}{(\beta - si)^b} \cdots,$$

in welcher U und V dieselben Integrale und zwischen denselben Grenzen, wie im vorigen Paragraphen, bedeuten. Diese Gleichung giebt, da sie die imaginäre

Grösse i enthält, sogleich zwei andere, welche zur Bestimmung der beiden Integrale U und V dienen. Durch Differentiation oder Integration nach den in diesen Gleichungen enthaltenen Constanten lassen sich die Werthe von anderen vielfachen Integralen ableiten, die theils von U und V der Form nach verschieden, theils mit diesen in der Form übereinstimmend, von einigen der Beschränkungen, denen die Constanten in U und V unterworfen waren, befreit sind. Wir übergehen jedoch diese Folgerungen, da wir nur den Zweck haben, die Anwendung der oben beschriebenen Methode an einigen Beispielen zu zeigen.

§. 5.

Zum Schlusse wollen wir die Attraction eines homogenen Ellipsoides bestimmen, welches Problem bekanntlich die Mathematiker mehr als irgend ein anderes der Integralrechnung beschäftigt hat.

Es seien α, β, γ die halben Axen des Ellipsoides, a, b, c die Coordinaten des angezogenen Punctes, x, y, z die irgend eines Punktes der anziehenden Masse. Es sei ferner:

$$\varrho^2 = (x-a)^2+(y-b)^2+(z-c)^2,$$

und $\frac{1}{\varrho^p}$ das Attractionsgesetz, wo p zwischen 2 und 3 angenommen wird, weil ausserhalb dieser Grenzen das Verfahren einige unbedeutende Modificationen erfordert. Dann ist bekanntlich die mit der Axe der x parallele und nach der Seite, nach welcher die x abnehmen, als positiv zu betrachtende Componente A der Attraction gleich dem nach a genommenen partiellen Differentialquotienten des über den ganzen ellipsoidischen Körper auszudehnenden dreifachen Integrals:

$$(1) \qquad -\frac{1}{p-1}\int\frac{dx\,dy\,dz}{\varrho^{p-1}}.$$

Nach dem oben Bemerkten verwandelt sich dieses Integral in das folgende:

$$-\frac{2}{\pi(p-1)}\int_0^\infty\frac{\sin\varphi}{\varphi}\,d\varphi\int\cos\left(\frac{x^2}{\alpha^2}+\frac{y^2}{\beta^2}+\frac{z^2}{\gamma^2}\right)\varphi\,\frac{dx\,dy\,dz}{\varrho^{p-1}},$$

wo sich jetzt die Integrationen nach x, y, z von $-\infty$ bis ∞ erstrecken dürfen. Die Rechnung wird sehr vereinfacht, wenn man statt des vorhergehenden Integrals das folgende betrachtet, dessen reeller Theil mit jenem zusammenfällt:

$$-\frac{2}{\pi(p-1)}\int_0^\infty\frac{\sin\varphi}{\varphi}\,d\varphi\int e^{\left(\frac{x^2}{\alpha^2}+\frac{y^2}{\beta^2}+\frac{z^2}{\gamma^2}\right)\varphi i}\,\frac{dx\,dy\,dz}{\varrho^{p-1}}.$$

Die Integrationen nach x, y, z lassen sich in dieser Form nicht bewerkstelligen; sie werden aber leicht ausführbar, wenn man den Factor $\frac{1}{\varrho^{p-1}}$ vermittelst der schon in §. 3 angeführten Gleichung durch ein bestimmtes Integral ausdrückt. Da ϱ^2 positiv ist, so hat man:

$$\int_0^\infty e^{\varrho^2\psi i}\psi^{\frac{1}{2}(p-3)}d\psi = \frac{\Gamma(\frac{1}{2}(p-1))}{\varrho^{p-1}}e^{\frac{1}{4}(p-1)\pi i}.$$

Durch Substitution dieses Werthes und mit Berücksichtigung, dass:

$$\tfrac{1}{2}(p-1)\Gamma(\tfrac{1}{2}(p-1)) = \Gamma(\tfrac{1}{2}(p+1))$$

ist, erhält man:

$$(2)\qquad -\frac{1}{\pi\Gamma(\frac{1}{2}(p+1))}e^{\frac{1}{4}(1-p)\pi i}\int_0^\infty\int_0^\infty\frac{\sin\varphi}{\varphi}\psi^{\frac{1}{2}(p-3)}e^{(a^2+b^2+c^2)\psi i}Q\,d\varphi\,d\psi,$$

wo Q ein Product von drei nach x, y, z resp. genommenen einfachen Integralen bezeichnet, wovon das erste:

$$\int_{-\infty}^\infty e^{\left(\psi+\frac{\varphi}{\alpha^2}\right)x^2 i-2a\psi x i}dx,$$

den Ausdruck:

$$\frac{e^{\frac{1}{4}\pi i}\sqrt{\pi}}{\sqrt{\psi+\frac{\varphi}{\alpha^2}}}e^{\frac{-a^2\alpha^2\psi^2 i}{\varphi+\alpha^2\psi}}$$

zum Werthe hat, wie dies aus einer bekannten Formel folgt. In der That hat man:

$$\int_{-\infty}^\infty e^{(lx^2+2mx)i}dx = \sqrt{\frac{\pi}{l}}e^{\frac{\pi}{4}i}e^{-\frac{m^2}{l}i},$$

wenn l, wie es hier der Fall ist, positiv ist. Diese Gleichung ist eine sehr einfache Folgerung aus der schon angeführten des §. 3, und daraus, dass $\Gamma(\frac{1}{2}) = \sqrt{\pi}$ ist.

Substituirt man diesen Ausdruck und die beiden anderen von ganz gleicher Form, und setzt zugleich $ie^{\frac{1}{4}\pi i}$ statt $e^{\frac{3}{4}\pi i}$, so erhält man:

$$(3)\qquad -\frac{i\sqrt{\pi}}{\Gamma(\frac{1}{2}(p+1))}e^{(2-p)\frac{\pi}{4}i}\int_0^\infty\int_0^\infty\frac{\sin\varphi}{\varphi}\psi^{\frac{1}{2}(p-3)}\frac{e^{S\varphi i}}{\sqrt{\left(\psi+\frac{\varphi}{\alpha^2}\right)\left(\psi+\frac{\varphi}{\beta^2}\right)\left(\psi+\frac{\varphi}{\gamma^2}\right)}}d\varphi\,d\psi,$$

wo zur Abkürzung:

$$S=\left(\frac{a^2}{\varphi+\alpha^2\psi}+\frac{b^2}{\varphi+\beta^2\psi}+\frac{c^2}{\varphi+\gamma^2\psi}\right)\psi$$

gesetzt ist.

Da der Exponent $S\varphi$, so wie der Ausdruck unter dem Wurzelzeichen, homogene Functionen von φ und ψ sind, so sieht man sogleich, dass sich das Integral vereinfachen wird, wenn man statt einer der Variabeln, etwa statt ψ, ihr Verhältniss zur anderen als neue Variable einführt. Man setze also:

$$\psi=\frac{\varphi}{s},$$

wo s die neue Veränderliche bezeichnet, so werden die Grenzen für diese ∞ und 0, wofür man auch 0 und ∞ nehmen kann, wenn man das Vorzeichen des Integrals ändert. Man erhält so:

$$(4)\qquad -\frac{i\sqrt{\pi}}{\Gamma(\frac{1}{2}(p+1))}e^{\frac{1}{4}(2-p)\pi i}\int_0^\infty\int_0^\infty\frac{s^{1-\frac{1}{2}p}\varphi^{\frac{1}{2}p-3}\sin\varphi}{\sqrt{\left(1+\frac{s}{\alpha^2}\right)\left(1+\frac{s}{\beta^2}\right)\left(1+\frac{s}{\gamma^2}\right)}}e^{S\varphi i}d\varphi\, ds,$$

wo S jetzt bloss von s abhängt, und die Form hat:

$$S=\frac{a^2}{\alpha^2+s}+\frac{b^2}{\beta^2+s}+\frac{c^2}{\gamma^2+s}.$$

Wir haben bisher, um den Fortgang der Rechnung nicht zu unterbrechen, nachzuweisen unterlassen, worauf die Befugniss beruht, in dem Integral (2), in welchem, nach den Betrachtungen, welche dasselbe herbeigeführt haben, die beiden von einander unabhängigen Integrationen nach φ und ψ den auf x, y, z bezüglichen vorangehen sollten, diese Ordnung der Operationen umzukehren. Man überzeugt sich von der Berechtigung zu dieser Veränderung, wenn man im Integral (2) die Function unter dem fünffachen Zeichen mit:

$$e^{-\varepsilon\varrho^2(\varphi+\psi)}$$

multiplicirt, wo ε eine positive Constante bezeichnet, wodurch das Integral zu einem völlig bestimmten wird. Es leuchtet zunächst ein, dass das so modificirte Integral, in welchem die Integrationen nach φ und ψ leicht ausgeführt werden können, für unendlich kleine Werthe von ε, das Integral (2), wie dieses eigentlich genommen werden sollte, zur Grenze hat. Beginnt man hingegen in dem modificirten Integral mit den Integrationen nach x, y, z, die sich ebenfalls leicht bewerkstelligen lassen, so sieht man ohne Schwierigkeit, dass das daraus hervorgehende doppelte Integral den Ausdruck (3), welcher von jeder Unbestimmtheit frei ist, zur Grenze hat, womit die verlangte Nachweisung geleistet ist. Die Ausführung der eben gegebenen Andeutung ist zu leicht, als dass es nöthig sein sollte, in weiteres Detail darüber einzugehen.

Differentiiren wir jetzt das Integral (4) nach a, welche Constante bloss in S vorkommt, und bringen den Factor $e^{\frac{1}{4}(2-p)\pi i}$ unter das auf die Variable s sich beziehende Integrationszeichen, so erhalten wir:

$$\frac{2a}{\alpha^2}\frac{\sqrt{\pi}}{\Gamma(\frac{1}{2}(p+1))}\int_0^\infty \frac{s^{1-\frac{1}{2}p}}{\sqrt{\left(1+\frac{s}{\alpha^2}\right)^3\left(1+\frac{s}{\beta^2}\right)\left(1+\frac{s}{\gamma^2}\right)}} R\,ds,$$

wo zur Abkürzung:

$$R = e^{\frac{1}{4}(2-p)\pi i}\int_0^\infty \sin\varphi\, e^{S\varphi i}\, \varphi^{\frac{1}{2}p-2}\, d\varphi$$

gesetzt worden. Da der reelle Theil dieses Doppelintegrals die gesuchte Componente A darstellt, so kommt Alles darauf hinaus, den von R zu erhalten. Man findet aber diesen letzteren sogleich, wenn man $\sin\varphi$ durch imaginäre Exponentialgrössen ausdrückt und dann die beiden Integrale, in welche R durch diese Substitution zerfällt, mit der schon häufig angeführten Gleichung des §. 3 vergleicht. Man erhält so das Resultat, dass der reelle Theil von R Null oder:

$$\tfrac{1}{2}\Gamma(\tfrac{1}{2}p-1)\sin(\tfrac{1}{2}p-1)\pi.(1-S)^{1-\frac{1}{2}p} = \frac{\pi}{2\Gamma(2-\frac{1}{2}p)}(1-S)^{1-\frac{1}{2}p}$$

ist, je nachdem $S>1$ oder $S<1$ ist.

Um nun zum Resultate in seiner definitiven Form zu gelangen, hat man zu unterscheiden, ob der angezogene Punkt im inneren oder im äusseren Raume liegt.

I. Für einen inneren Punkt hat man:

$$\frac{a^2}{\alpha^2}+\frac{b^2}{\beta^2}+\frac{c^2}{\gamma^2}<1,$$

und folglich auch:

$$S = \frac{a^2}{\alpha^2+s}+\frac{b^2}{\beta^2+s}+\frac{c^2}{\gamma^2+s}<1,$$

da s nur positive Werthe erhält. Es ist mithin:

$$A = \frac{a}{\alpha^2}\frac{\pi^{\frac{3}{2}}}{\Gamma(\frac{1}{2}(p+1))\Gamma(2-\frac{1}{2}p)}\int_0^\infty \frac{s^{1-\frac{1}{2}p}}{\sqrt{\left(1+\frac{s}{\alpha^2}\right)^3\left(1+\frac{s}{\beta^2}\right)\left(1+\frac{s}{\gamma^2}\right)}}(1-S)^{1-\frac{1}{2}p}ds.$$

II. Ist der Punkt ein äusserer, so hat man:

$$\frac{a^2}{\alpha^2}+\frac{b^2}{\beta^2}+\frac{c^2}{\gamma^2}>1,$$

d. h. $S>1$, für $s=0$. Da nun offenbar S um so kleiner ist, je grösser s ist, und für $s=\infty$ verschwindet, so giebt es einen und nur einen positiven Werth von s, für welchen $S=1$ ist. Nennt man s_1 diesen Werth, d. h. die positive Wurzel der Gleichung:

$$\frac{a^2}{\alpha^2+s}+\frac{b^2}{\beta^2+s}+\frac{c^2}{\gamma^2+s}=1,$$

so hat man $S>1$ oder <1, je nachdem $s<s_1$ oder $s>s_1$ ist. Das Integral erstreckt sich daher nur von $s=s_1$ bis $s=\infty$, und man erhält:

$$A = \frac{a}{\alpha^2}\frac{\pi^{\frac{3}{2}}}{\Gamma(\frac{1}{2}(p+1))\Gamma(2-\frac{1}{2}p)}\int_{s_1}^\infty \frac{s^{1-\frac{1}{2}p}}{\sqrt{\left(1+\frac{s}{\alpha^2}\right)^3\left(1+\frac{s}{\beta^2}\right)\left(1+\frac{s}{\gamma^2}\right)}}(1-S)^{1-\frac{1}{2}p}ds.$$

III. Wir haben, der etwas leichteren Rechnung wegen, die Differentiation an dem noch nicht auf ein einfaches Integral zurückgeführten Ausdruck (4) vollzogen. Hätte man umgekehrt die Differentiation erst nach Ausführung der auf φ bezüglichen Integration ausgeführt, so würde man zu denselben Resultaten gelangt sein. Man hat auf diesem etwas längeren Wege den Vortheil, das ursprüngliche Integral (1), dessen Differentialquotienten zur Kenntniss der Attractionscomponenten allein erforderlich sind, selbst zu bestimmen. Da der Werth dieses Integrals zuweilen gebraucht werden kann, so wollen wir ihn, der Vollständigkeit wegen, so wie er aus der angedeuteten Rechnung hervorgeht, hier noch beifügen. Man findet:

$$\int\frac{dx\,dy\,dz}{\varrho^{p-1}} = \frac{\pi^{\frac{3}{2}}}{\Gamma(\frac{1}{2}(p-1))\Gamma(3-\frac{1}{2}p)}\int^\infty \frac{s^{1-\frac{1}{2}p}}{\sqrt{\left(1+\frac{s}{\alpha^2}\right)\left(1+\frac{s}{\beta^2}\right)\left(1+\frac{s}{\gamma^2}\right)}}(1-S)^{2-\frac{1}{2}p}ds,$$

wo die nicht angegebene untere Grenze den Werth Null oder s_1 hat, je nachdem der angezogene Punkt ein innerer oder ein äusserer ist.

§. 6.*)

Unter den im Vorhergehenden nicht behandelten Problemen, worauf sich dieselbe Methode anwendbar erweist, verdienen diejenigen eine besondere Erwähnung, welche die Theorie der Attraction in dem Falle darbietet, wo man die auf einander wirkenden Massen beide als ausgedehnt betrachtet. Sind dv und dv' zwei beliebige Volumenelemente der beiden als homogen angenommenen Massen, bezeichnet ϱ die gegenseitige Entfernung dieser Elemente, und $f(\varrho)$ eine durch das Attractionsgesetz bestimmte Function, so hängt bekanntlich die vollständige Kenntniss der Wirkung, welche die Massen auf einander ausüben, von dem sechsfachen Integrale ab:

$$\int f(\varrho)dv\,dv',$$

welches über beide Massen auszudehnen ist, indem die sechs zu jener Kenntniss erforderlichen Grössen leicht durch die Differentialquotienten nach den sechs in den Grenzen des Integrals enthaltenen Constanten ausgedrückt werden, welche sich auf die relative Lage der beiden Massen beziehen. Das sechsfache Integral lässt sich allgemein auf ein vierfaches zurückführen**), welches sich über die Oberflächen beider Körper erstreckt, wenn man gewisse einfache von der Function $f(\varrho)$ abhängige Integrale als bekannt voraussetzt. Eine weitere Reduction des vierfachen Integrals wird nur für Körper von besonderer Gestalt und für ein bestimmtes Gesetz der Elementarwirkung stattfinden können; aber selbst auf solche specielle Fälle, wenn sie nicht zu den allereinfachsten gehören, wie dies z. B. von der Annahme gilt, wo eine der Massen als kugelförmig betrachtet wird, werden die bekannten Integrationsmethoden sehr schwer anwendbar sein. Ein Fall, für den die gewöhnlichen Mittel wenig Erfolg zu versprechen scheinen, ist der zweier Ellipsoide in ganz beliebiger Lage, deren Elemente sich nach dem im vorigen Paragraphen zu Grunde gelegten Gesetze anziehen. Wendet man hingegen auf dieses Problem unsere Methode an, so findet man ohne Schwierigkeit, dass das sechsfache Integral auf ein doppeltes zurückgeführt werden kann, welches sehr verschiedenartiger Formen fähig ist, welche theils von den in den ursprünglichen Ausdruck eingeführten Hülfsintegralen, theils

---

*) Dieser letzte Paragraph befand sich nicht in der ursprünglichen Abhandlung und ist erst während des Druckes hinzugefügt worden.

**) Principia generalia theoriae figurae fluidorum in statu aequilibrii, auct. C. F. Gauss, art. 6 et seq.

auch von der Wahl der Coordinaten abhängen, durch welche man sich die Elemente dv und dv' ausgedrückt denkt. Die einfachste und am meisten symmetrische Form des Endresultats scheint die zu sein, welche aus der Annahme eines geeigneten Systems schiefwinkliger Coordinaten hervorgeht. Nach einem bekannten Satze, welcher von MONGE herrührt und zuerst von CHASLES bewiesen worden ist*), haben zwei Flächen zweiten Grades mit Mittelpunkten immer ein der Richtung nach gemeinsames System von conjugirten Durchmessern. Nimmt man die Axen diesen Durchmessern parallel und legt zugleich den Anfangspunkt in die Mitte der Geraden, welche beide Mittelpunkte verbindet, so sind die Gleichungen für die Ellipsoide:

$$\left(\frac{x+a}{\alpha}\right)^2+\left(\frac{y+b}{\beta}\right)^2+\left(\frac{z+c}{\gamma}\right)^2=1, \quad \left(\frac{x'-a}{\alpha'}\right)^2+\left(\frac{y'-b}{\beta'}\right)^2+\left(\frac{z'-c}{\gamma'}\right)^2=1,$$

und die Rechnung gestaltet sich für beide ganz symmetrisch. Da das Resultat, welches diesem Ausgangspunkt entspricht, durch seine Form einiges Interesse darzubieten scheint, so wird es vielleicht nicht unpassend sein, wenn wir die Rechnungen, welche zu demselben führen, bei einer anderen Gelegenheit ausführlich entwickeln.

*) Correspondance sur l'École Polytechnique, Vol. III p. 328.

RECHERCHES SUR DIVERSES APPLICATIONS DE L'ANALYSE INFINITÉSIMALE A LA THÉORIE DES NOMBRES.

En m'occupant, il y a deux ans*), à prouver que toute progression arithmétique indéfinie dont les termes n'ont pas tous un même diviseur commun, renferme une infinité de nombres premiers, ce qui n'avait pas encore été fait d'une manière rigoureuse, j'ai été conduit à envisager un grand nombre de questions relatives aux nombres, sous un point de vue entièrement nouveau, et qui les rattache aux principes de l'analyse infinitésimale et aux propriétés remarquables d'une classe de séries et de produits infinis qui ont beaucoup d'analogie avec les expressions que l'illustre EULER a considérées dans le chapitre de son Introduction à l'analyse de l'infini, ayant pour titre „De seriebus ex evolutione factorum ortis.“ Dans une note insérée dans le Journal de CRELLE**), j'ai déjà indiqué plusieurs des questions auxquelles ce genre d'analyse peut être appliqué. Je me propose maintenant d'exposer mes recherches sur cette matière avec tous les développements nécessaires, dans une suite de mémoires dont celui que je soumets aujourd'hui au jugement des géomètres, sera particulièrement destiné à l'examen d'une question dont la solution n'avait pas encore été donnée, et qui a pour objet de déterminer le nombre des formes quadratiques différentes dont le déterminant D est un entier quelconque positif ou négatif, ou ce qui est la même chose, le nombre des diviseurs quadratiques qui appartiennent à l'expression $x^2 - Dy^2$. L'analyse qui nous conduira à la solution complète de cette question intéressante, nous fournira en même temps et pour ainsi dire, chemin faisant, des démonstrations nouvelles et très simples de plusieurs beaux théorèmes dus à M. GAUSS, mais que cet illustre géomètre

*) Le mémoire que j'ai lu sur cette question à l'Académie de Berlin, vient d'être imprimé dans la collection de l'Académie, année 1837.[1])

**) Tome XVIII. p. 259.[2])

[1]) S. 313 dieser Ausgabe von G. Lejeune Dirichlet's Werken. [2]) S. 357 dieser Ausgabe von G. Lejeune Dirichlet's Werken. K.

n'avait établis qu'au moyen de considérations très compliquées dans la seconde partie de la 5ième section de ses Disquisitiones arithmeticae.

Cette section de l'ouvrage de M. Gauss, qui est consacrée à la théorie des formes du second degré, se compose de deux parties très distinctes, dont la première, qui se termine à l'art. 223, peut être considérée comme l'exposition de la partie élémentaire de cette théorie, et renferme tous les résultats antérieurement donnés par Euler, Lagrange et Legendre, complétés et étendus à beaucoup d'égards et déduits d'ailleurs de principes nouveaux. La seconde partie qui commence, à proprement parler, à l'art. 234, (les art. 223—233 contenant des définitions et des lemmes qui servent d'introduction à la seconde partie) se compose presque exclusivement de recherches propres à l'illustre auteur. Ces recherches, aussi remarquables par la profondeur des méthodes que par le nombre et la variété des résultats, forment sans contredit la partie de tout l'ouvrage dont l'étude présente le plus de difficultés. Aussi sont-elles très peu connues des géomètres, et l'on doit y rapporter particulièrement ce que Legendre dit dans la préface de la seconde édition de sa Théorie des Nombres, lorsqu'après avoir indiqué les découvertes de M. Gauss qu'il avait fait entrer dans son ouvrage, il ajoute:

> „On aurait désiré enrichir cet Essai d'un plus grand nombre des excellents matériaux qui composent l'ouvrage de M. Gauss: mais les méthodes de cet auteur lui sont tellement particulières qu'on n'aurait pu, sans des circuits très étendus, et sans s'assujettir au simple rôle de traducteur, profiter de ses autres découvertes.“

J'ose donc espérer qu'indépendamment des résultats nouveaux qu'il fait connaître, mon travail pourra encore contribuer à l'avancement de la science, en établissant sur de nouvelles bases et en rapprochant des éléments, de belles et importantes théories qui n'ont été jusqu'à présent à la portée que du petit nombre de géomètres capables de la contention d'esprit nécessaire pour ne pas perdre le fil des idées dans une longue suite de calculs et de raisonnements très composés.

§. 1.

Les lettres k et ϱ désignant deux quantités positives, la première constante, la seconde variable, considérons la somme de la série infinie:

$$\frac{1}{k^{1+\varrho}}+\frac{1}{(k+1)^{1+\varrho}}+\frac{1}{(k+2)^{1+\varrho}}+\cdots \tag{1}$$

Cette somme croissant au delà de toute limite finie, lorsque la variable ϱ devient infiniment petite, voyons quelle est la fonction de ϱ la plus simple qui puisse servir de mesure à cette augmentation, ou en d'autres termes, dont le rapport à l'expression précédente converge vers l'unité, lorsque ϱ convergera vers zéro. Pour cela, nous aurons recours à la formule connue:

$$\int_0^1 x^{k-1}\log^\varrho\left(\frac{1}{x}\right)dx = \frac{\Gamma(1+\varrho)}{k^{1+\varrho}}.$$

En mettant successivement k, $k+1$, $k+2$, ... à la place de k et faisant la somme de toutes ces équations, la série (1) se trouvera exprimée comme il suit:

$$\frac{1}{\Gamma(1+\varrho)}\int_0^1 \frac{x^{k-1}}{1-x}\log^\varrho\left(\frac{1}{x}\right)dx.$$

Si l'on ajoute $\frac{1}{\varrho}$ à cette expression et que l'on en retranche la quantité égale:

$$\frac{\Gamma(\varrho)}{\Gamma(1+\varrho)} = \frac{1}{\Gamma(1+\varrho)}\int_0^1 \log^{\varrho-1}\left(\frac{1}{x}\right)dx,$$

elle deviendra:

$$\frac{1}{\varrho}+\frac{1}{\Gamma(1+\varrho)}\int_0^1\left[\frac{x^{k-1}}{1-x}-\frac{1}{\log\left(\frac{1}{x}\right)}\right]\log^\varrho\left(\frac{1}{x}\right)dx.$$

Comme le second terme converge vers la limite finie:

$$\int_0^1\left[\frac{x^{k-1}}{1-x}-\frac{1}{\log\left(\frac{1}{x}\right)}\right]dx,$$

k étant >0, on conclut que le rapport de la somme (1) à la fraction $\frac{1}{\varrho}$ a l'unité pour limite, lorsque la variable positive ϱ devient moindre que toute grandeur donnée.

Au moyen du résultat précédent, il nous sera facile de démontrer le théorème suivant, dont nous ferons un usage très fréquent dans nos recherches.

„Soient:

$$(2)\qquad l_1,\ l_2,\ l_3,\ \ldots,\ l_n,\ \ldots$$

des constantes en nombre infini, positives, différentes de zéro, inégales ou en partie égales; soit encore $f(t)$ une fonction discontinue de la variable positive t, qui exprime combien il y a dans la suite (2) de termes dont la valeur ne surpasse pas celle de t. Cela posé, si la fonction $f(t)$ peut être mise sous la forme:

$$(3) \qquad f(t) = ct + t^{\gamma}\psi(t),$$

c et γ désignant des constantes positives dont la seconde est inférieure à l'unité, et la nouvelle fonction $\psi(t)$, abstraction faite de son signe et quelque grande qu'on y suppose la variable t, restant toujours moindre que la constante positive C, je dis que la somme:

$$(4) \qquad \varphi(\varrho) = \frac{1}{l_1^{1+\varrho}} + \frac{1}{l_2^{1+\varrho}} + \frac{1}{l_3^{1+\varrho}} + \cdots,$$

dans laquelle ϱ désigne une variable positive, sera telle qu'on aura pour une valeur infiniment petite de ϱ:

$$(5) \qquad \varphi(\varrho) = \frac{c}{\varrho},$$

c'est-à-dire que le rapport de la somme $\varphi(\varrho)$ à la fraction $\frac{c}{\varrho}$ convergera vers l'unité, lorsque ϱ devient moindre que toute grandeur donnée."

Le nombre des termes de la suite (2) qui ne surpassent pas l'unité, est limité (ce nombre étant égal à $c+\psi(1)$), et comme parmi ces termes il n'y en a aucun dont la valeur soit zéro, il est évident par la nature de la proposition qu'il s'agit d'établir, que nous pouvons omettre la partie de l'expression $\varphi(\varrho)$, qui correspond à ces termes. Ce qui reste après ce retranchement, étant toujours désigné par $\varphi(\varrho)$, choisissons une constante δ supérieure à $\frac{1}{1-\gamma}$, et partageons la somme $\varphi(\varrho)$ en une infinité de sommes partielles, en comprenant dans la $m^{\text{ième}}$ de ces sommes partielles tous les termes qui satisfont à la double condition:

$$m^{\delta} < l_n \leqq (m+1)^{\delta},$$

et par suite à celle-ci:

$$\frac{1}{m^{\delta(1+\varrho)}} > \frac{1}{l_n^{1+\varrho}} \geqq \frac{1}{(m+1)^{\delta(1+\varrho)}}.$$

Le nombre de ces termes sera évidemment:

$$f((m+1)^{\delta}) - f(m^{\delta}).$$

La valeur numérique de $t^{\gamma}\psi(t)$, lorsqu'on suppose successivement $t = m^{\delta}$ et $t = (m+1)^{\delta}$, étant inférieure à $C(m+1)^{\gamma\delta}$, on aura ces deux inégalités:

$$f((m+1)^{\delta}) - f(m^{\delta}) < c((m+1)^{\delta} - m^{\delta}) + 2C(m+1)^{\gamma\delta}$$
$$f((m+1)^{\delta}) - f(m^{\delta}) > c((m+1)^{\delta} - m^{\delta}) - 2C(m+1)^{\gamma\delta}.$$

En combinant ces inégalités avec celles que nous venons d'écrire, on conclura que la somme partielle dont il s'agit, est respectivement inférieure et supérieure aux quantités:

$$c\frac{(m+1)^\delta - m^\delta}{m^{\delta(1+\varrho)}} + 2C\frac{(m+1)^{\gamma\delta}}{m^{\delta(1+\varrho)}}, \qquad c\frac{(m+1)^\delta - m^\delta}{(m+1)^{\delta(1+\varrho)}} - 2C\frac{(m+1)^{\gamma\delta}}{(m+1)^{\delta(1+\varrho)}}.$$

Il suit de là qu'on a:

$$\varphi(\varrho) < c\Sigma\frac{(m+1)^\delta - m^\delta}{m^{\delta(1+\varrho)}} + 2C\Sigma\frac{(m+1)^{\gamma\delta}}{m^{\delta(1+\varrho)}},$$

le signe Σ s'étendant depuis $m = 1$ jusqu'à $m = \infty$.

Puisqu'on a en vertu d'un théorème connu:

$$(m+1)^\delta - m^\delta = \delta m^{\delta-1} + \frac{\delta(\delta-1)}{2}(m+\varepsilon_m)^{\delta-2},$$

ε_m désignant une fraction positive, l'inégalité précédente pourra se mettre sous la forme:

$$\varphi(\varrho) < c\delta\Sigma\frac{1}{m^{1+\delta\varrho}} + \tfrac{1}{2}c\delta(\delta-1)\Sigma\left(1+\frac{\varepsilon_m}{m}\right)^\delta\frac{1}{m^{\delta\varrho}(m+\varepsilon_m)^2} + 2C\Sigma\left(1+\frac{1}{m}\right)^{\gamma\delta}\frac{1}{m^{\delta(1-\gamma)+\delta\varrho}}.$$

Or, ϱ devenant infiniment petit, les deux dernières sommes resteront finies, car elles seront constamment inférieures à celles-ci:

$$\Sigma\left(1+\frac{1}{m}\right)^\delta\frac{1}{m^2}, \qquad \Sigma\left(1+\frac{1}{m}\right)^{\gamma\delta}\frac{1}{m^{\delta(1-\gamma)}},$$

qui le sont elles-mêmes, comme il est facile de le voir au moyen des principes connus, si l'on se rappelle que, d'après la supposition faite sur la constante δ, on a $\delta(1-\gamma) > 1$. Quant à la première somme, comme elle a une forme analogue à l'expression (1) considérée plus haut, elle sera évidemment $\frac{1}{\delta\varrho}$, ϱ étant supposé infiniment petit. On voit donc que la limite supérieure de $\varphi(\varrho)$ prend la forme $\frac{c}{\varrho}$, lorsque ϱ devient moindre que toute grandeur donnée, et comme le même raisonnement peut s'appliquer à la limite inférieure et conduit au même résultat, la proposition énoncée se trouve établie.

On pourrait donner au théorème que nous venons de démontrer, beaucoup plus d'étendue, mais comme ce théorème tel que nous l'avons énoncé, suffit aux applications que nous avons en vue, quant à présent, nous ne nous arrêterons pas à cette généralisation qui ne présente d'ailleurs aucune difficulté.

Nous aurons encore besoin de deux autres lemmes qui appartiennent, comme le précédent, à l'analyse infinitésimale. Le premier de ces nouveaux lemmes est tellement simple que nous nous contenterons de l'énoncer, sans en donner la démonstration qui est très facile à suppléer.

Tous les points d'un plan infini étant rapportés à deux axes rectangulaires des x et des y, concevons dans ce plan une courbe fermée assujettie ou non à une même loi analytique dans toutes ses parties, supposons que les dimensions de cette courbe augmentent de plus en plus et au-delà de toute limite, de manière cependant que la courbe variable reste toujours semblable à elle-même, et désignons par σ l'aire également variable à laquelle la courbe sert de contour.

Soient maintenant a, b, α, β quatre constantes dont les deux premières ont des valeurs positives, et supposons que l'on construise tous les points dont les coordonnées x et y ont la forme:

$$x = av + \alpha, \quad y = bw + \beta, \tag{6}$$

où v et w désignent tous les entiers depuis $-\infty$ jusqu'à ∞. Cela posé, si l'on désigne par $F(\sigma)$ le nombre de ces points situés dans l'intérieur de la courbe, on aura évidemment pour des valeurs infinies de σ:

$$F(\sigma) = \frac{1}{ab}\sigma,$$

c'est-à-dire que le rapport des deux membres de cette équation convergera vers l'unité lorsque σ croît au-delà de toute limite positive. Il est également facile de voir que la différence $F(\sigma) - \frac{\sigma}{ab}$ croîtra moins rapidement que la puissance σ^γ, l'exposant γ étant supposé $> \frac{1}{2}$. Nous pouvons donc poser:

$$F(\sigma) = \frac{1}{ab}\sigma + \sigma^\gamma \psi(\sigma), \tag{7}$$

où l'on a $\frac{1}{2} < \gamma < 1$, et l'on sera assuré que la fonction $\psi(\sigma)$, abstraction faite de son signe, restera toujours moindre qu'une certaine constante finie C.

Le dernier des lemmes que nous emprunterons à l'analyse infinitésimale, se rapporte à la théorie des séries. On sait que les séries infinies convergentes sont de deux espèces très différentes, les séries de la première espèce étant convergentes indépendamment des signes dont leurs termes sont affectés, tandis que celles de la seconde ne jouissent de cette propriété que parce que les termes se détruisent en partie par l'opposition de leurs signes.

La convergence d'une série de la première espèce subsiste et sa somme conserve toujours la même valeur, quel que soit l'ordre que l'on établisse entre ses termes. Les séries de la seconde espèce se comportent d'une manière entièrement différente. Une série de cette espèce, convergente pour un certain arrangement de ses termes, peut perdre cette propriété lorsque cet ordre vient à être changé. Il peut arriver aussi que la série soit encore convergente après ce changement, mais que sa somme ait varié en même temps que l'ordre de ses termes. Ces remarques intimement liées à notre sujet, comme on le verra plus loin, ne sont pas sans importance pour d'autres recherches. Il en résulte par exemple et pour le dire en passant, que si l'on parvient à sommer une série qui appartient à la seconde espèce, et que l'on trouve pour la somme de la série une valeur entièrement déterminée, sans que l'ordre dans lequel les termes sont supposés se suivre, entre comme un élément essentiel dans l'analyse dont on fait usage, la méthode de sommation doit renfermer quelque vice caché, ou du moins a besoin d'être complétée par quelque considération qui indique clairement quel est l'arrangement des termes auquel la somme obtenue correspond.

Pour revenir à notre objet, soit s une variable positive et considérons la série dont le terme général est:

$$c_n \frac{1}{n^s},$$

l'entier n étant susceptible de toutes les valeurs depuis $n = 1$ jusqu'à $n = \infty$. Si nous supposons que c_n, abstraction faite de son signe, et quel que soit l'indice n, soit toujours moindre que la constante C, notre série appartiendra à la première espèce tant que l'on aura $s > 1$. En posant donc $s = 1+\varrho$, ϱ étant une variable positive aussi petite que l'on voudra, la somme:

$$\psi(1+\varrho) = \Sigma c_n \frac{1}{n^{1+\varrho}}$$

aura une valeur unique et entièrement indépendante de l'arrangement de ses termes. Concevons maintenant qu'il s'agisse d'obtenir la limite vers laquelle la fonction $\psi(1+\varrho)$, évidemment continue tant que la variable ϱ reste positive, converge lorsque ϱ devient moindre que toute grandeur donnée, en supposant toutefois qu'une pareille limite existe, ce qui peut n'avoir pas lieu. D'après les remarques faites plus haut, on ne serait pas fondé à dire que cette limite soit exprimée par:

$$\Sigma c_n \frac{1}{n},$$

l'ordre des termes étant arbitraire, car il est évident que cette dernière série appartient à la seconde espèce, et n'a par conséquent pas de somme déterminée.

Les suppositions énoncées plus haut étant conservées, soit k un entier positif, et concevons que c_n satisfasse à l'équation:

$$c_{n+k} = c_n, \tag{8}$$

ou en d'autres termes, que la suite:

$$c_1, \quad c_2, \quad \ldots, \quad c_k; \quad c_{k+1}, \quad c_{k+2}, \quad \ldots, \quad c_{2k}; \quad c_{2k+1}, \quad \ldots$$

soit périodique, le nombre des termes qui composent une période étant égal à k. Supposons encore que la somme de ces termes soit zéro, c'est-à-dire que l'on ait:

$$c_1 + c_2 + \cdots + c_k = 0. \tag{9}$$

Cela étant, je dis que la somme:

$$\Sigma c_n \frac{1}{n^{1+\varrho}}$$

qui ne dépend pas de l'ordre des termes, converge vers une limite finie, donnée par l'expression:

$$\Sigma c_n \frac{1}{n},$$

où les termes sont supposés se suivre dans l'ordre naturel, c'est-à-dire de manière à ce que les valeurs de n croissent constamment depuis $n = 1$ jusqu'à $n = \infty$. Pour démontrer cette assertion, il suffira évidemment de faire voir que la série:

$$\Sigma c_n \frac{1}{n^s},$$

les termes étant rangés dans l'ordre indiqué, reste convergente et exprime une fonction continue de s, depuis $s = \infty$ jusqu'à $s = 1$ inclusivement. Or il est facile de prouver que cette double propriété subsiste non seulement entre les limites précédentes, mais plus généralement tant que s reste supérieur à zéro. En effet, h étant un entier positif quelconque, exprimons par une intégrale définie la somme des hk premiers termes de la série précédente. Au moyen de la formule:

$$\int_0^1 x^{n-1}\log^{s-1}\left(\frac{1}{x}\right)dx = \frac{\Gamma(s)}{n^s},$$

et en ayant égard à l'équation (8), on trouvera pour cette somme:

$$\frac{1}{\Gamma(s)}\int_0^1 \frac{\Sigma c_n x^{n-1}}{1-x^k}\log^{s-1}\left(\frac{1}{x}\right)dx - \frac{1}{\Gamma(s)}\int_0^1 \frac{\Sigma c_n x^{n-1}}{1-x^k}x^{hk}\log^{s-1}\left(\frac{1}{x}\right)dx,$$

le signe sommatoire s'étendant depuis $n=1$ jusqu'à $n=k$. Le polynôme $\Sigma c_n x^{n-1}$ étant divisible par $1-x$, comme on le voit par l'équation (9), la fraction algébrique sous le signe d'intégration reste finie. Soit K la plus grande valeur numérique de cette fraction depuis $x=0$ jusqu'à $x=1$; la seconde intégrale sera donc moindre que:

$$\frac{K}{\Gamma(s)}\int_0^1 x^{kh}\log^{s-1}\left(\frac{1}{x}\right)dx = \frac{K}{(hk+1)^s},$$

et s'évanouira pour $h=\infty$. Il résulte de là que la série prolongée à l'infini est convergente, et l'on voit avec la même facilité que sa somme exprimée par la première intégrale, est une fonction de s, qui varie d'une manière continue avec cette variable tant que l'on a $s>0$.

§. 2.

p étant un nombre premier impair, positif ou négatif, et k un entier non-divisible par p, qui peut être aussi positif ou négatif, nous désignons avec Legendre par $\left(\frac{k}{p}\right)$ l'unité prise avec le signe plus ou avec le signe moins, suivant que k sera ou ne sera pas résidu quadratique relativement à p. L'illustre auteur définit le symbole $\left(\frac{k}{p}\right)$ comme le reste que donne la puissance $k^{\frac{1}{2}(p-1)}$, lorsqu'on la divise par p; la définition précédente, quoique la même au fond, est préférable pour notre objet en ce qu'elle ne suppose pas que p soit un nombre positif. Si nous désignons par l un second entier non-divisible par p et par q un nombre premier impair dont la valeur numérique diffère de celle de p, on aura suivant la notation précédente:

$$(1)\quad \begin{cases} \left(\frac{k}{p}\right)\left(\frac{l}{p}\right) = \left(\frac{kl}{p}\right), \quad \left(\frac{-1}{p}\right) = (-1)^{\frac{1}{2}(p-1)}, \quad \left(\frac{2}{p}\right) = (-1)^{\frac{1}{8}(p^2-1)}, \\ \left(\frac{q}{p}\right) = \left(\frac{p}{q}\right)(-1)^{\frac{1}{2}(p-1)\cdot\frac{1}{2}(q-1)}. \end{cases}$$

Ces équations qui renferment toute la théorie des résidus quadratiques, supposent de plus, la seconde que p est positif, la quatrième que p et q n'ont pas simultanément le signe négatif.

Les entiers k et P, positifs ou négatifs, n'ayant pas de diviseur commun, et le second P, que nous supposons impair, étant décomposé en ses facteurs simples $p, p', p'', \ldots$ égaux ou inégaux, de sorte que $P = pp'p''\ldots$, nous aurons souvent à distinguer si ceux des nombres premiers $p, p', p'', \ldots$ à l'égard desquels k est non-résidu quadratique, sont en nombre pair ou impair, ou ce qui est la même chose, si le produit:

$$\left(\frac{k}{p}\right)\left(\frac{k}{p'}\right)\left(\frac{k}{p''}\right)\cdots$$

a la valeur $+1$ ou -1. M. JACOBI a proposé d'étendre la notation de LEGENDRE à de semblables produits et d'écrire:

$$\left(\frac{k}{P}\right) = \left(\frac{k}{p}\right)\left(\frac{k}{p'}\right)\left(\frac{k}{p''}\right)\cdots.$$

Comme cette généralisation de la notation de LEGENDRE, dont l'illustre géomètre que je viens de citer, a fait des applications ingénieuses*), est très propre à simplifier les formules et à abréger les démonstrations, nous l'adopterons dans ce qui suivra. On aura suivant cette notation:

$$(2) \quad \begin{cases} \left(\frac{k}{P}\right)\left(\frac{l}{P}\right) = \left(\frac{kl}{P}\right), \quad \left(\frac{k}{P}\right)\left(\frac{k}{Q}\right) = \left(\frac{k}{PQ}\right), \quad \left(\frac{-1}{P}\right) = (-1)^{\frac{1}{2}(P-1)}, \\ \left(\frac{2}{P}\right) = (-1)^{\frac{1}{8}(P^2-1)}, \quad \left(\frac{Q}{P}\right) = \left(\frac{P}{Q}\right)(-1)^{\frac{1}{2}(P-1)\cdot\frac{1}{2}(Q-1)}, \end{cases}$$

en supposant que les entiers k et l n'ont pas de diviseur commun avec les nombres impairs P et Q, que P est positif dans la troisième, et enfin que P et Q sont premiers entre eux et n'ont pas simultanément le signe négatif dans la dernière de ces équations. Toutes ces équations sont ou évidentes ou se déduisent facilement des relations (1), et il serait d'autant plus inutile de nous arrêter à les démontrer que les théorèmes qu'elles expriment se trouvent déjà, à la notation près, dans l'ouvrage de M. GAUSS art. 133. Pour éviter des distinctions inutiles il conviendra de ne pas exclure le cas où P dans le symbole $\left(\frac{k}{P}\right)$ a la valeur ± 1, en supposant $\left(\frac{k}{\pm 1}\right) = 1$. Il est évident que cette

*) Compte rendu des séances de l'Académie de Berlin, Oct. 1837.

nouvelle convention est compatible avec les équations précédentes, et qu'en l'adoptant, la troisième de ces équations se trouvera comprise dans la cinquième et répondra à $Q = -1$.

Nous terminerons ce paragraphe, en posant les équations évidentes qui suivent, et dans lesquelles k et l désignent des nombres impairs et δ la valeur ± 1:

$$\delta^{\frac{1}{2}(k-1)}\delta^{\frac{1}{2}(l-1)} = \delta^{\frac{1}{2}(kl-1)}, \quad \delta^{\frac{1}{8}(k^2-1)}\delta^{\frac{1}{8}(l^2-1)} = \delta^{\frac{1}{8}((kl)^2-1)}. \tag{3}$$

§. 3.

Nous avons maintenant à rappeler quelques résultats connus qui se rapportent à la théorie des formes quadratiques. En désignant par D un entier positif ou négatif (le cas de $D = 0$ sera excepté), nous appellerons avec M. Gauss forme du déterminant D, toute expression comme:

$$ax^2 + 2bxy + cy^2,$$

a, b, c étant des entiers donnés, liés entre eux par la condition $b^2 - ac = D$, et x et y désignant des entiers indéterminés. Lorsque le déterminant D est un nombre négatif, les coefficients extrêmes seront toujours de même signe. Nous ne considérons, dans ce cas, que les formes pour lesquelles ce signe est $+$, c'est-à-dire les formes qui n'expriment que des nombres positifs. M. Gauss range les formes qui appartiennent à un même déterminant en différents ordres, en comprenant dans un même ordre toutes celles pour lesquelles le plus grand diviseur commun de a, b, c a la même valeur. Nous supposerons toujours qu'un pareil diviseur n'existe pas ou plutôt qu'il est égal à l'unité, les autres cas pouvant être immédiatement ramenés à celui-ci. Les formes dont il s'agit et dont l'ensemble forme l'ordre appelé primitif, peuvent elles-mêmes présenter deux cas. Il peut arriver que a et c soient simultanément pairs ou que cette condition n'ait pas lieu. Dans le second de ces cas, les formes constituent ce que M. Gauss appelle l'ordre proprement primitif, l'autre cas étant celui de l'ordre improprement primitif. Quand nous parlerons de formes quadratiques sans autre désignation, nous sous-entendrons toujours que ces formes appartiennent à l'ordre proprement primitif. On sait d'ailleurs que l'ordre improprement primitif n'existe que lorsqu'on a $D \equiv 1$ (mod. 4).

Deux formes:

$$ax^2 + 2bxy + cy^2, \quad a'x'^2 + 2b'x'y' + c'y'^2$$

étant telles que la première se change dans la seconde, au moyen de la substitution:

$$x = \alpha x' + \beta y', \quad y = \gamma x' + \delta y',$$

où l'on a:

$$\alpha\delta - \beta\gamma = \pm 1,$$

sont dites équivalentes et cette équivalence est appelée propre ou impropre, suivant que le signe supérieur ou le signe inférieur a lieu. Cette distinction que M. GAUSS a introduite dans la théorie des formes quadratiques, et qui est analogue à celle que l'on fait en géométrie entre l'égalité par superposition et l'égalité par symétrie*), a beaucoup d'importance en ce qu'elle conserve à la théorie des formes du second degré une simplicité que cette théorie n'aurait pas, à beaucoup près, si l'on n'y avait pas égard. Nous n'aurons pas à considérer l'équivalence impropre; en disant donc simplement que deux formes sont équivalentes, nous sous-entendrons toujours qu'il s'agit de l'équivalence propre.

Les formes (positives et proprement primitives) dont le déterminant est un nombre donné D, et qui sont toujours en nombre infini, peuvent se distribuer en un nombre limité de classes, en plaçant deux formes dans la même classe ou dans des classes différentes suivant que ces formes sont ou ne sont pas équivalentes. Si l'on prend dans chaque classe l'une quelconque des formes qui la composent, on aura ce que nous appellerons le système complet des formes différentes, ou plus simplement, les formes différentes du déterminant D. Ce système étant construit, il est évident que toute forme dont le déterminant est D, aura toujours son équivalente et n'en aura qu'une dans ce système. Il est également facile de voir que si l'on construit un système semblable pour l'ordre des formes improprement primitives, ce nouveau système jouira de la même propriété relativement à toute forme qui appartient au même ordre.

Les formes différentes qui correspondent au déterminant quelconque D, sont divisées par M. GAUSS en genres, qui sont analogues à ce que LEGENDRE appelle groupes de diviseurs quadratiques. La différence qui existe à cet égard entre les illustres géomètres que je viens de citer, tient uniquement à ce que LEGENDRE exclut les déterminants qui ont des diviseurs carrés, ce que M. GAUSS

*) On peut consulter sur cette analogie remarquable un article que M. GAUSS a inséré dans les annonces littéraires de Gottingue et dans lequel l'illustre auteur, après avoir rendu compte d'un ouvrage de M. SEEBER sur les formes quadratiques à trois indéterminées, entre dans des détails très intéressants, sur la manière dont on peut représenter géométriquement les propriétés des formes du second degré qui renferment deux ou trois entiers indéterminés.[1])

[1]) Gauss' Werke, Band II, S. 188—196. K.

ne fait pas et ce que nous ne ferons pas non plus, la considération des déterminants de cette espèce étant indispensable dans différentes recherches. Voici maintenant les principes très faciles à établir, sur lesquels repose la division en genres. (Disq. arithm. art. 229 et suivants.)

I. Si l est un nombre premier impair qui divise D, les entiers m, non-divisibles par l, qui peuvent être représentés par une même forme ayant D pour déterminant, sont ou tous tels que $\left(\frac{m}{l}\right)=1$, ou tous tels que $\left(\frac{m}{l}\right)=-1$.

II. Lorsqu'on a $D\equiv 3 \pmod{4}$, les nombres impairs m susceptibles d'être représentés par la même forme, sont ou tous tels que $(-1)^{\frac{1}{2}(m-1)}=1$, ou tous tels que $(-1)^{\frac{1}{2}(m-1)}=-1$.

III. Lorsqu'on a $D\equiv 2 \pmod{8}$, les nombres impairs m susceptibles d'être représentés par la même forme, sont ou tous tels que $(-1)^{\frac{1}{8}(m^2-1)}=1$, ou tous tels que $(-1)^{\frac{1}{8}(m^2-1)}=-1$.

IV. Lorsqu'on a $D\equiv 6 \pmod{8}$, les nombres impairs m susceptibles d'être représentés par la même forme, sont ou tous tels que $(-1)^{\frac{1}{2}(m-1)+\frac{1}{8}(m^2-1)}=1$, ou tous tels que $(-1)^{\frac{1}{2}(m-1)+\frac{1}{8}(m^2-1)}=-1$.

V. Lorsqu'on a $D\equiv 4 \pmod{8}$, les nombres impairs m susceptibles d'être représentés par la même forme, sont ou tous tels que $(-1)^{\frac{1}{2}(m-1)}=1$, ou tous tels que $(-1)^{\frac{1}{2}(m-1)}=-1$.

VI. Lorsqu'on a $D\equiv 0 \pmod{8}$, les nombres impairs m susceptibles d'être représentés par la même forme, sont tous exclusivement contenus dans l'une de ces quatre formes $8\mu+1$, 3, 5, 7, ou ce qui revient au même, on a à la fois $(-1)^{\frac{1}{2}(m-1)}=\pm 1$, $(-1)^{\frac{1}{8}(m^2-1)}=\pm 1$, chacun des deux signes ambigus restant invariable pour la même forme.

Toute propriété de la nature de celles exprimées dans les énoncés précédents, est ce que M. Gauss appelle un caractère particulier de la forme à laquelle cette propriété appartient. C'est ainsi que les caractères particuliers de la forme $5x^2+4xy+14y^2$, dont le déterminant est $-66=-2.3.11$, sont contenus dans les équations:

$$\left(\frac{m}{3}\right)=-1, \quad \left(\frac{m}{11}\right)=1, \quad (-1)^{\frac{1}{2}(m-1)+\frac{1}{8}(m^2-1)}=-1.$$

L'ensemble des caractères particuliers d'une forme constitue son caractère complet, et la distribution des formes en genres consiste à rapporter au même genre les formes qui ont le même caractère complet, et à des genres différents celles dont les caractères complets sont différents. Quant au nombre des genres différents, ou ce qui est la même chose, des caractères complets différents, il est, généralement parlant, moindre que celui des combinaisons que l'on peut former avec les caractères particuliers différents, puisqu'il existe toujours, à l'exception d'un cas singulier, une relation entre les caractères particuliers qui conviennent à la même forme quadratique, relation qui dérive des théorèmes (2) du paragraphe précédent. Pour voir en quoi consiste cette relation, soit S^2 le plus grand carré qui divise D, et désignons par P ou par $2P$ le quotient $\frac{D}{S^2}$, suivant qu'il est impair ou pair. Nous aurons donc selon ces deux cas:

$$D = PS^2, \quad \text{ou} \quad D = 2PS^2,$$

et le nombre impair P étant décomposé en ses facteurs simples $p, p', p'', \ldots.$

$$P = pp'p''\ldots,$$

ces facteurs seront tous inégaux. Si nous considérons maintenant une forme quelconque, appartenant à l'ordre proprement primitif et ayant D pour déterminant, on pourra toujours attribuer aux indéterminées x et y des valeurs premières entre elles et telles que la valeur correspondante m de la forme soit positive, impaire et première à D. Cela étant, D sera résidu quadratique relativement à m et par suite aussi à l'égard de tous les facteurs simples de m. (Disq. arithm. art. 154.) On aura donc $\left(\frac{D}{m}\right) = 1$, et par conséquent suivant les deux cas que nous venons de distinguer:

$$\left(\frac{P}{m}\right) = 1, \quad \text{ou} \quad \left(\frac{2P}{m}\right) = \left(\frac{2}{m}\right)\left(\frac{P}{m}\right) = 1.$$

D'un autre côté, m étant positif, il résulte des équations (2) §. 2:

$$\left(\frac{P}{m}\right) = \left(\frac{m}{P}\right)(-1)^{\frac{1}{2}(P-1)\cdot\frac{1}{2}(m-1)}.$$

Si l'on remarque maintenant que la puissance $(-1)^{\frac{1}{2}(P-1)\cdot\frac{1}{2}(m-1)}$ est équivalente à 1, ou à $(-1)^{\frac{1}{2}(m-1)}$, suivant que $P \equiv 1$, ou $P \equiv 3$ (mod. 4), et que l'on écrive $\left(\frac{m}{p}\right)\left(\frac{m}{p'}\right)\ldots$ à la place de $\left(\frac{m}{P}\right)$, et $(-1)^{\frac{1}{8}(m^2-1)}$ à la place de $\left(\frac{2}{m}\right)$, on aura ces résultats:

$$D = PS^2, \quad \begin{cases} P \equiv 1 \pmod{4}, & \left(\dfrac{m}{p}\right)\left(\dfrac{m}{p'}\right)\cdots = 1, \\ P \equiv 3 \pmod{4}, & (-1)^{\frac{1}{2}(m-1)}\left(\dfrac{m}{p}\right)\left(\dfrac{m}{p'}\right)\cdots = 1, \end{cases}$$

$$D = 2PS^2, \quad \begin{cases} P \equiv 1 \pmod{4}, & (-1)^{\frac{1}{8}(m^2-1)}\left(\dfrac{m}{p}\right)\left(\dfrac{m}{p'}\right)\cdots = 1, \\ P \equiv 3 \pmod{4}, & (-1)^{\frac{1}{2}(m-1)+\frac{1}{8}(m^2-1)}\left(\dfrac{m}{p}\right)\left(\dfrac{m}{p'}\right)\cdots = 1. \end{cases}$$

Quant aux caractères particuliers qui n'entrent pas dans ces relations, il n'existe aucune condition à leur égard, ou pour parler plus exactement et pour ne pas aller au delà de ce qui a été démontré, il ne résulte aucune condition qui les concerne, des théorèmes (2) §. 2 dont nous venons de faire usage. Au moyen des résultats précédents et des théorèmes énoncés plus haut, il sera facile de former le tableau suivant qui pourra servir dans chaque cas à faire l'énumération complète des genres différents qui répondent au déterminant D, et dans lequel:

$$r,\quad r',\quad r'',\quad \ldots$$

désignent les nombres premiers impairs inégaux qui divisent D sans diviser P.

Premier cas. $D = PS^2$, $P \equiv 1 \pmod{4}$.

$S \equiv 1 \pmod{2}$,	$\left(\frac{m}{p}\right), \left(\frac{m}{p'}\right), \ldots$	$\left(\frac{m}{r}\right), \left(\frac{m}{r'}\right), \ldots$
$S \equiv 2 \pmod{4}$,	$\left(\frac{m}{p}\right), \left(\frac{m}{p'}\right), \ldots$	$(-1)^{\frac{1}{2}(m-1)}, \left(\frac{m}{r}\right), \left(\frac{m}{r'}\right), \ldots$
$S \equiv 0 \pmod{4}$,	$\left(\frac{m}{p}\right), \left(\frac{m}{p'}\right), \ldots$	$(-1)^{\frac{1}{2}(m-1)}, (-1)^{\frac{1}{8}(m^2-1)}, \left(\frac{m}{r}\right), \left(\frac{m}{r'}\right), \ldots$

Second cas. $D = PS^2$, $P \equiv 3 \pmod{4}$.

$S \equiv 1 \pmod{2}$,	$(-1)^{\frac{1}{2}(m-1)}, \left(\frac{m}{p}\right), \left(\frac{m}{p'}\right), \ldots$	$\left(\frac{m}{r}\right), \left(\frac{m}{r'}\right), \ldots$
$S \equiv 2 \pmod{4}$,	$(-1)^{\frac{1}{2}(m-1)}, \left(\frac{m}{p}\right), \left(\frac{m}{p'}\right), \ldots$	$\left(\frac{m}{r}\right), \left(\frac{m}{r'}\right), \ldots$
$S \equiv 0 \pmod{4}$,	$(-1)^{\frac{1}{2}(m-1)}, \left(\frac{m}{p}\right), \left(\frac{m}{p'}\right), \ldots$	$(-1)^{\frac{1}{8}(m^2-1)}, \left(\frac{m}{r}\right), \left(\frac{m}{r'}\right), \ldots$

Troisième cas. $D = 2PS^2$, $P \equiv 1 \pmod{4}$.

$S \equiv 1 \pmod{2}$,	$(-1)^{\frac{1}{8}(m^2-1)}, \left(\frac{m}{p}\right), \left(\frac{m}{p'}\right), \ldots$	$\left(\frac{m}{r}\right), \left(\frac{m}{r'}\right), \ldots$
$S \equiv 0 \pmod{2}$,	$(-1)^{\frac{1}{8}(m^2-1)}, \left(\frac{m}{p}\right), \left(\frac{m}{p'}\right), \ldots$	$(-1)^{\frac{1}{2}(m-1)}, \left(\frac{m}{r}\right), \left(\frac{m}{r'}\right), \ldots$

Quatrième cas. $D = 2PS^2$, $P \equiv 3 \pmod{4}$.

$S \equiv 1 \pmod{2}$,	$(-1)^{\frac{1}{2}(m-1)+\frac{1}{8}(m^2-1)}$, $\left(\frac{m}{p}\right)$, $\left(\frac{m}{p'}\right)$, ...	$\left(\frac{m}{r}\right)$, $\left(\frac{m}{r'}\right)$, ...
$S \equiv 0 \pmod{2}$,	$(-1)^{\frac{1}{2}(m-1)}$, $(-1)^{\frac{1}{8}(m^2-1)}$, $\left(\frac{m}{p}\right)$, $\left(\frac{m}{p'}\right)$, ...	$\left(\frac{m}{r}\right)$, $\left(\frac{m}{r'}\right)$, ...

Pour énumérer les caractères complets, c'est-à-dire les genres différents pouvant avoir lieu pour un déterminant donné, il faudra écrire toutes les expressions qui forment la ligne horizontale relative au déterminant donné dans ce tableau, les unes à la suite des autres, après avoir égalé chaque expression à ± 1, et varier ensuite les signes ambigus de toutes les manières possibles, en s'assujettissant toutefois à la condition que les seconds membres de celles de ces équations qui répondent à la première partie de la ligne horizontale, doivent donner 1 pour produit, cette condition coïncidant avec celle dont la nécessité a été établie plus haut. Soit, par exemple, $D = 2.3.5^2$. Ce déterminant se rapportant à la première subdivision du quatrième cas, on aura ces 4 caractères complets:

$$(-1)^{\frac{1}{2}(m-1)+\frac{1}{8}(m^2-1)} = 1, \quad \left(\frac{m}{3}\right) = 1, \quad \left(\frac{m}{5}\right) = 1; \quad (-1)^{\frac{1}{2}(m-1)+\frac{1}{8}(m^2-1)} = 1, \quad \left(\frac{m}{3}\right) = 1, \quad \left(\frac{m}{5}\right) = -$$

$$(-1)^{\frac{1}{2}(m-1)+\frac{1}{8}(m^2-1)} = -1, \left(\frac{m}{3}\right) = -1, \left(\frac{m}{5}\right) = 1; \quad (-1)^{\frac{1}{2}(m-1)+\frac{1}{8}(m^2-1)} = -1, \left(\frac{m}{3}\right) = -1, \left(\frac{m}{5}\right) = -$$

Suivant la notation de M. Gauss, ces genres seraient caractérisés comme il suit:

1 et 3, 8; *R*3; *R*5: 1 et 3, 8; *R*3; *N*5;
5 et 7, 8; *N*3; *R*5; 5 et 7, 8; *N*3; *N*5.

Il importe de remarquer que les considérations précédentes ne prouvent nullement que les genres compatibles avec la condition énoncée, existent réellement; on peut en conclure seulement qu'il ne saurait y en avoir d'autres. Quant à la question de savoir 1°. si pour chaque déterminant il y a réellement des formes qui appartiennent à chacun des genres ainsi énumérés, et 2°. de quelle manière les formes différentes se distribuent entre les genres, qui ont une existence réelle, c'est une question très difficile qui forme l'un des principaux objets de la seconde partie de la 5ième section de l'ouvrage de M. Gauss, et dont nous donnerons aussi plus bas la solution au moyen de nos principes.

Nous ferons encore observer, avant d'aller plus loin, que si l'on désigne par λ le nombre des expressions contenues dans la même ligne horizontale du tableau précédent, le nombre des genres énumérés de la manière indiquée sera évidemment exprimé par $2^{\lambda-1}$. Il n'y a qu'une seule exception à cette règle générale, exception qui a lieu lorsque la première partie de la ligne qui est assujettie à une condition dont l'effet est de réduire le nombre des combinaisons de moitié, n'existe pas. En jetant les yeux sur le tableau, on voit de suite que cela ne peut arriver que lorsque le déterminant se trouve compris dans le premier cas, et qu'en même temps P ne contient aucun facteur premier $p, p', \ldots.$ Comme l'on a alors d'une part $P \equiv 1 \pmod{4}$ et de l'autre $P = \pm 1$, et par suite $P = 1$, on voit que ce cas n'a lieu que lorsque le déterminant est un carré positif, et que le nombre des genres est alors égal à 2^{λ}.

Tout ce qui précède, est relatif aux formes proprement primitives. Il nous reste à considérer le cas des formes appartenant à l'ordre improprement primitif, et qui ne peuvent représenter que des nombres pairs. Ce cas ne peut avoir lieu que lorsqu'on a $D \equiv 1 \pmod{4}$, et par suite $P \equiv 1 \pmod{4}$, $S \equiv 1 \pmod{2}$. Si l'on désigne par m un entier positif, impair et premier à D, dont le double puisse être exprimé par une pareille forme, on formera sans peine le tableau qui suit, et dont l'usage est entièrement semblable à celui du tableau donné plus haut:

$$D = PS^2, \quad P \equiv 1 \pmod{4}, \quad S \equiv 1 \pmod{2},$$
$$\left(\frac{m}{p}\right), \left(\frac{m}{p'}\right), \ldots \;\Big|\; \left(\frac{m}{r}\right), \left(\frac{m}{r'}\right), \ldots.$$

§. 4.

Nous avons maintenant à examiner sous quelles conditions et de combien de manières différentes un nombre m que je suppose positif, impair et premier à D, ou son double, peut être représenté par les formes du déterminant D, en supposant que les valeurs positives ou négatives que l'on attribuera à cet effet aux indéterminées x et y, doivent être premières entre elles. Pour qu'une telle représentation soit possible, il faut que D soit résidu quadratique relativement à m ou à $2m$ (Disq. arithm. 154), conditions dont la seconde ne diffère pas de la première. Or, pour que D soit résidu quadratique par rapport à m, il faut et il suffit qu'on ait pour chacun des diviseurs simples f de m (art. 105):

$$(1) \qquad \left(\frac{D}{f}\right) = 1.$$

En supposant f positif, et distinguant comme dans le paragraphe précédent, les quatre cas suivants que le déterminant D peut présenter:

$$D = PS^2,\quad P \equiv 1 \text{ ou } 3 \pmod 4,\qquad D = 2PS^2,\quad P \equiv 1 \text{ ou } 3 \pmod 4,$$

la condition dont il s'agit, pourra être remplacée, en vertu des théorèmes (2) §. 2 et selon les quatre cas, par l'une de celles-ci:

$$(2)\quad \left(\frac{f}{P}\right) = 1,\quad (-1)^{\frac{1}{2}(f-1)}\left(\frac{f}{P}\right) = 1,\quad (-1)^{\frac{1}{8}(f^2-1)}\left(\frac{f}{P}\right) = 1,\quad (-1)^{\frac{1}{2}(f-1)+\frac{1}{8}(f^2-1)}\left(\frac{f}{P}\right) = 1.$$

Cela posé, soit:

$$(3)\qquad ax^2+2bxy+cy^2,\quad a'x^2+2b'xy+c'y^2,\quad \ldots$$

le système complet des formes différentes (proprement primitives) ayant pour déterminant le nombre négatif D, et voyons combien de fois le nombre m dont tout diviseur simple f est supposé satisfaire à la condition (1), peut être représenté de la manière indiquée, par la totalité de ces formes. Si nous désignons par μ le nombre des diviseurs premiers inégaux f de m, la congruence:

$$z^2 \equiv D \pmod m$$

aura autant de racines différentes qu'il y aura d'unités dans la puissance 2^μ (art. 105). Soient:

$$l,\quad l',\quad l'',\quad \ldots$$

ces racines et cherchons, d'après les préceptes de l'art. 180, les représentations qui appartiennent à chacune de ces racines. Pour obtenir celles qui se rapportent à $z = l$, il faudra voir si parmi les formes (3) il y en a une qui soit équivalente à celle-ci:

$$mx^2+2lxy+\frac{l^2-D}{m}y^2.$$

Or, m étant impair et premier à D, cette dernière sera proprement primitive, et aura donc toujours son équivalente dans le système (3), par laquelle m pourra être représenté de deux manières. Le même raisonnement pouvant s'appliquer à toutes les autres racines l', l'', ..., on voit que m peut être représenté par la totalité des formes (3) d'autant de manières différentes qu'il y a d'unités dans la puissance $2^{\mu+1}$, deux représentations étant considérées comme différentes lorsqu'elles se font par des formes différentes ou lorsqu'ayant lieu par la même forme, et désignant par x, y et par x', y' les valeurs simultanées des indéterminées, on n'a pas à la fois $x = x'$, et $y = y'$.

Si le système complet (3) est celui de l'ordre improprement primitif, et si en même temps le nombre qu'il s'agit de représenter par ces formes, est

$2m$, on arrive à la même conclusion. Il suffit de remarquer que le nombre des racines de la congruence $z^2 \equiv D$ (mod. $2m$) est également 2^μ, et que l'une quelconque de ces racines étant désignée par l, la forme:

$$2mx^2+2lxy+\frac{l^2-D}{2m}y^2$$

sera improprement primitive. C'est ce qui résulte de ce que m est impair et premier à D, et de ce que, l^2 et D étant de la forme $4\nu+1$, le coefficient de y^2 est pair. Nous avons donc ce théorème dans lequel les deux cas sont réunis dans le même énoncé:

Théorème I.

Soient:

$$ax^2+2bxy+cy^2, \quad a'x^2+2b'xy+c'y^2, \quad \ldots$$

les formes proprement (improprement) primitives différentes, ayant l'entier négatif D pour déterminant; soit encore m un nombre positif, impair et premier à D, dont tous les diviseurs simples f satisfont à celle des conditions (2), qui se rapporte au nombre donné D, et désignons par μ le nombre des facteurs simples inégaux de m. Cela posé, je dis que, si les indéterminées x et y sont assujetties à n'avoir pas de diviseur commun, l'entier m ($2m$) sera toujours représenté par la totalité de ces formes, d'autant de manières différentes qu'il y a d'unités dans la puissance $2^{\mu+1}$.

Remarque. Le théorème précédent est sujet à deux exceptions, dont la première a lieu lorsqu'on a $D=-1$, la seconde lorsqu'on a $D=-3$, et qu'il s'agit des formes de l'ordre improprement primitif. Il résulte de l'article déjà cité de l'ouvrage de M. Gauss, que le nombre des représentations est respectivement dans ces cas $2^{\mu+2}$ ou $3.2^{\mu+1}$.

Pour établir le théorème que nous allons énoncer, et qui se rapporte au cas où D est un nombre positif (*non-carré*)*), il n'y aura rien à changer aux considérations précédentes, si ce n'est qu'au lieu de s'appuyer sur l'art. 180 des Disq. arithm., il faudra recourir à l'art. 205 du même ouvrage. Pour réunir le cas des formes proprement primitives et celui des formes improprement primitives dans un énoncé commun, nous avons fait usage de la lettre ω, par laquelle il faut entendre le nombre 1 ou 2 selon ces deux cas.

---

*) Les formes dont le déterminant est un carré positif, et qui se décomposent toujours en deux facteurs linéaires, ne sont pas de véritables formes quadratiques. Par cette raison nous les exclurons toujours dans ce qui va suivre.

Théorème II.

Soient:

$$ax^2+2bxy+cy^2, \quad a'x^2+2b'xy+c'y^2, \quad \ldots$$

les formes proprement (improprement) primitives différentes ayant l'entier positif D pour déterminant; soit encore m un nombre positif, impair et premier à D, dont tous les facteurs simples f satisfont à celle des conditions (2) qui se rapporte au nombre donné D, et désignons par μ le nombre des facteurs simples inégaux de m. Cela posé, et les indéterminées x et y étant assujetties à n'avoir pas de diviseur commun, je dis que les représentations de ωm par la totalité de ces formes pourront toujours être distribuées en 2^μ groupes distincts, en comprenant dans un même groupe deux représentations telles que:

$$ax^2+2bxy+cy^2 = \omega m, \quad ax'^2+2bx'y'+cy'^2 = \omega m,$$

qui se font par la même forme quadratique, et dans lesquelles les valeurs x, y et x', y' des indéterminées sont liées entre elles par les équations:

$$x = \frac{1}{\omega}(x't-(bx'+cy')u), \quad y = \frac{1}{\omega}(y't+(ax'+by')u),$$

t et u désignant des entiers quelconques positifs ou négatifs tels qu'on ait:

$$t^2-Du^2 = \omega^2. \tag{4}$$

[On peut remarquer que cet énoncé, si l'on y supprimait la condition que D doit être positif, resterait exact et comprendrait alors le théorème I avec ses deux exceptions. En effet, D étant supposé négatif, l'équation (4) n'a en général que ces deux solutions $t = \pm\omega$, $u = 0$, ce qui donne deux représentations pour chaque groupe, de sorte que le nombre total des représentations, fini dans ce cas, devient $2^{\mu+1}$ comme dans le théorème I. Il n'y a exception que lorsqu'on a ou $D = -1$, $\omega = 1$; ou $D = -3$, $\omega = 2$, auxquels cas le nombre des solutions de l'équation (4) est respectivement 4 ou 6, ce qui s'accorde avec les exceptions indiquées plus haut. Mais tout en faisant remarquer ce que le cas de D positif et celui de D négatif ont de commun, comme sous d'autres rapports ces deux cas sont très différents et doivent être traités séparément, nous avons cru devoir donnér deux énoncés distincts, pour pouvoir appliquer plus facilement les résultats précédents que nous aurons souvent à employer.]

Il est facile de voir que les représentations, ou ce qui est la même chose, les solutions de l'équation:

$$(5)\qquad ax^2+2bxy+cy^2 = \omega m,$$

qui appartiennent au même groupe, peuvent toujours se déduire toutes de l'une quelconque d'entre elles, $x=\alpha$, $y=\gamma$, au moyen des formules:

$$(6)\qquad x=\frac{1}{\omega}(\alpha t-(b\alpha+c\gamma)u), \quad y=\frac{1}{\omega}(\gamma t+(a\alpha+b\gamma)u),$$

en attribuant à t et u toutes les valeurs entières, tant positives que négatives, qui satisfont à l'équation (4).

Nous allons faire voir maintenant qu'il existe certaines limites très simples entre lesquelles se trouve toujours comprise une de ces solutions en nombre infini, et entre lesquelles il ne saurait y en avoir plus d'une. Pour éviter des distinctions inutiles à notre objet, nous supposerons que dans chacune des formes données:

$$ax^2+2bxy+cy^2, \quad a'x^2+2b'xy+c'y^2, \quad \ldots$$

les coefficients de x^2 et de xy sont positifs, et que celui de y^2 est négatif. On s'assure facilement de la légitimité de cette supposition; il suffit de remarquer que parmi les formes qui composent une même classe, et entre lesquelles nous pouvons en choisir une à volonté, pour construire ce que nous avons appelé le système complet des formes différentes, il y en a toujours au moins une qui satisfait aux conditions énoncées. En effet, la période des formes réduites qui appartiennent à une classe donnée de déterminant positif, contient toujours au moins deux formes (Disq. arithm. art. 187), et il est évident que sur deux formes contiguës quelconques de cette période, il y en a toujours une qui est telle que:

$$(7)\qquad a>0, \quad b>0, \quad c<0.$$

Ces conditions ayant lieu, il est facile de voir que parmi les solutions de l'équation (5), il ne saurait y en avoir aucune pour laquelle x soit zéro, puisqu'il résulterait de cette supposition: $cy^2=\omega m$, ce qui est impossible, c et m ayant des signes opposés. La valeur particulière α sera donc aussi différente de zéro, et nous remarquerons que cette valeur peut toujours être supposée positive. Cela résulte de ce que la solution $x=\alpha$, $y=\gamma$, qui sert de point de départ pour obtenir toutes celles qui appartiennent à un même groupe, peut être choisie à volonté dans ce groupe, et de ce que le groupe qui contient la solution $x=\alpha$, $y=\gamma$, renferme évidemment aussi celle-ci: $x=-\alpha$, $y=-\gamma$, cette dernière se déduisant par les formules (6) de la première, en supposant $t=-\omega$, $u=0$.

Les solutions, en nombre infini, qui forment un même groupe, et qui résultent des équations (6), peuvent se distribuer en deux groupes partiels dont le premier comprend toutes celles pour lesquelles on a $x > 0$, tandis que celles du second satisfont à la condition $x < 0$.

Nous allons maintenant faire voir que dans le premier de ces groupes partiels, les valeurs de y s'étendent depuis $-\infty$ jusqu'à ∞, sans que cette indéterminée puisse obtenir la même valeur dans deux solutions différentes, et que celle de ces solutions pour laquelle y a la plus petite valeur positive, différente de zéro, satisfait à des conditions d'inégalité très simples au moyen desquelles il est facile de la séparer de toutes les autres, et de réduire chaque groupe à une représentation unique, ce qui rendra le théorème II entièrement semblable au théorème I qui se rapporte aux déterminants négatifs. Pour remplir l'objet que nous avons en vue, nous observerons qu'il résulte de l'équation:

$$a\alpha^2+2b\alpha\gamma+c\gamma^2 = \omega m,$$

mise sous la forme:

$$(b\alpha+c\gamma)^2-D\alpha^2 = \omega c m,$$

et de ce que $\omega c m$ est négatif, qu'on a, abstraction faite des signes:

$$\alpha\sqrt{D} > b\alpha+c\gamma,$$

et comme on a pareillement en vertu de l'équation (4):

$$\frac{t}{\omega} > \frac{u}{\omega}\sqrt{D},$$

on conclut, en faisant toujours abstraction des signes:

$$\alpha t > (b\alpha+c\gamma)u.$$

Il suit de là et de la supposition $\alpha > 0$, que pour embrasser toutes les représentations contenues dans les équations (6) pour lesquelles x a une valeur positive, on n'aura à faire usage que de celles des solutions de l'équation (4) dans lesquelles t a le signe plus. Or, il résulte d'un théorème connu que toutes les solutions qui remplissent cette condition, sont données par les formules:

$$t_n = \frac{\omega}{2}\left\{\left(\frac{T}{\omega}+\frac{U}{\omega}\sqrt{D}\right)^n+\left(\frac{T}{\omega}-\frac{U}{\omega}\sqrt{D}\right)^n\right\},$$
$$u_n = \frac{\omega}{2\sqrt{D}}\left\{\left(\frac{T}{\omega}+\frac{U}{\omega}\sqrt{D}\right)^n-\left(\frac{T}{\omega}-\frac{U}{\omega}\sqrt{D}\right)^n\right\},$$

dans lesquelles T et U désignent les plus petits nombres positifs (autres que

ω et 0) qui satisfont à l'équation (4), n devant être égalé successivement à tous les entiers depuis $-\infty$ jusqu'à ∞. On aura donc pour le groupe partiel dans lequel x est positif, en distinguant les différentes solutions de ce groupe par l'indice n, déjà employé dans les équations précédentes:

$$x_n = \frac{1}{\omega}(\alpha t_n - (\alpha b + \gamma c)u_n), \quad y_n = \frac{1}{\omega}(\gamma t_n + (\alpha a + \gamma b)u_n).$$

En substituant les expressions de t_n, u_n, la seconde de ces équations deviendra:

$$y_n = \left(\frac{\gamma\sqrt{D}+\alpha a+\gamma b}{2\sqrt{D}}\right)\left(\frac{T}{\omega}+\frac{U}{\omega}\sqrt{D}\right)^n + \left(\frac{\gamma\sqrt{D}-\alpha a-\gamma b}{2\sqrt{D}}\right)\left(\frac{T}{\omega}-\frac{U}{\omega}\sqrt{D}\right)^n.$$

Il est facile de voir que les quantités:

$$\gamma\sqrt{D}+\alpha a+\gamma b, \quad \gamma\sqrt{D}-\alpha a-\gamma b$$

sont la première positive, la seconde négative. Pour s'en assurer il suffira de faire voir que $\alpha a+\gamma b$ est numériquement supérieur à $\gamma\sqrt{D}$ et positif. La première de ces assertions se prouve, en mettant l'équation:

$$a\alpha^2+2b\alpha\gamma+c\gamma^2 = \omega m$$

sous la forme:

$$(\alpha a+\gamma b)^2 - D\gamma^2 = \omega a m,$$

et observant que le second membre est positif. Pour justifier la seconde assertion, on remarquera que, puisque la valeur numérique de $\alpha a+\gamma b$ surpasse celle de $\gamma\sqrt{D}$, elle surpassera *a fortiori* celle de γb, b étant $<\sqrt{D}$. De là et de ce que αa a le signe positif, on conclut que $\alpha a+\gamma b$ est également positif.

Comme en vertu de ce qui précède, les coefficients qui entrent dans l'expression de y_n, sont le premier positif, le second négatif, et que d'un autre côté, les quantités positives:

$$\frac{T}{\omega}+\frac{U}{\omega}\sqrt{D}, \quad \frac{T}{\omega}-\frac{U}{\omega}\sqrt{D},$$

dont le produit est 1, sont évidemment la première supérieure, la seconde inférieure à l'unité, on voit sans peine que chacun des deux termes dont se compose y_n, croît avec l'indice n. On aura donc, quel que soit cet indice:

$$y_n > y_{n-1},$$

ce qui prouve, comme nous l'avons avancé plus haut, que l'indéterminée y ne saurait obtenir deux fois la même valeur dans le groupe partiel où x est positif, et l'on voit également que y doit passer du négatif au positif, car on a évidemment $y_{-\infty} = -\infty$, $y_{\infty} = \infty$. Pour obtenir la solution que nous avons en vue, et dans laquelle y_n a la plus petite valeur positive, différente de zéro, il faudra poser ces deux conditions:

$$y_n > 0, \quad y_{n-1} \overline{\gtrless} 0.$$

Si l'on observe qu'en vertu des expressions de x_n, y_n, t_n, u_n, données plus haut, on a la relation:

$$y_{n-1} = \frac{1}{\omega}(y_n T - (a x_n + b y_n) U),$$

la seconde de ces conditions prendra cette autre forme:

$$(T - bU) y_n \leqq a U x_n.$$

Comme on a $T > U\sqrt{D}$, $b < \sqrt{D}$, et par suite $T - bU > 0$, l'inégalité précédente est équivalente à celle-ci:

$$y_n \leqq \frac{aU}{T - bU} x_n.$$

Il résulte de ce qui précède, que parmi les représentations en nombre infini, formant un même groupe, et qui sont toutes données par les équations (6), il y en a toujours une qui satisfait à ces trois conditions:

$$x > 0, \quad y > 0, \quad y \leqq \frac{aU}{T - bU} x. \tag{8}$$

Ces inégalités ont été déduites de la définition de la solution particulière que nous voulions séparer de toutes les autres contenues dans le même groupe qu'elle. D'après cette définition, la solution dont il s'agit devait appartenir au premier des deux groupes partiels, et répondre dans ce groupe à la plus petite valeur positive de y. On peut prouver réciproquement que toute solution pour laquelle les inégalités précédentes ont lieu, est nécessairement, parmi toutes les solutions formant avec elle un même groupe total, celle à laquelle s'applique la définition précédente; il suffit pour cela de répéter en sens inverse les raisonnements que nous venons de développer. Cela étant, on voit que le théorème II peut être remplacé par un autre théorème dont voici l'énoncé.

Théorème III.

Les suppositions du théorème II étant conservées, si l'on ajoute que les coefficients et les indéterminées de la forme $ax^2 + 2bxy + cy^2$, doivent satisfaire aux conditions (7) et (8), et que l'on assujettisse toutes les autres formes à des conditions analogues, je dis que le nombre des représentations différentes de l'entier ωm, que l'on peut effectuer au moyen des formes données, sera exprimé par la puissance 2^{μ}.

Pour rendre plus faciles les applications que nous aurons à faire du théorème précédent, il conviendra de mettre sous une forme géométrique le résultat sur lequel ce théorème est fondé. Soient à cet effet OX, OY deux axes rectangulaires des x et des y, dirigés dans le sens des coordonnées positives, le premier horizontalement, le second verticalement et de bas en haut. Les variables x et y dans l'équation:

$$ax^2+2bxy+cy^2 = \omega m$$

étant considérées comme continues, cette équation sera à une hyperbole, et l'on déduira facilement des conditions $a>0$, $b>0$, $c<0$, que l'axe des y sépare l'une de l'autre, les deux branches infinies de cette courbe. Si donc nous appelons première branche celle de ces deux branches infinies sur laquelle l'abscisse x est partout positive, le premier des deux groupes partiels précédemment distingués, répondra à cette première branche. Cela étant l'interprétation géométrique du résultat établi plus haut consiste en ce que, parmi les solutions en nombre infini formant le même groupe total, et qui sont toutes comprises dans les équations (6), il y en a toujours une, et qu'il ne saurait y en avoir plus d'une, qui soit représentée par un point de l'arc de la première branche, intercepté d'une part par l'axe OX, et de l'autre par la droite qui a pour équation:

$$y = \frac{aU}{T-bU}x;$$

ce à quoi il faut ajouter qu'on doit toujours exclure la solution qui répond à l'extrémité inférieure de cet arc.

§. 5.

Il nous reste une dernière question préliminaire à résoudre, avant d'en venir au véritable objet de ce mémoire. Cette question consiste à assigner toutes les valeurs simultanées des indéterminées x et y qui, étant substituées dans une forme donnée du déterminant D, rendent cette forme première à D, et en outre impaire ou impairement paire suivant qu'il s'agit d'une forme proprement ou improprement primitive. Nous désignons par D_1 la valeur numérique de D, et nous commencerons cette recherche par l'examen du cas où la forme donnée appartient à l'ordre proprement primitif. Ce cas se subdivise lui-même, suivant que D est pair ou impair. Soit en premier lieu D impair. Les indéterminées x et y étant mises sous la forme:

$$2D_1 v+\alpha, \quad 2D_1 w+\gamma,$$

où v, w désignent des entiers quelconques positifs ou négatifs, α, γ étant des nombres pris l'un et l'autre dans la suite:

$$0, \ 1, \ 2, \ \ldots, \ 2D_1-1,$$

on aura évidemment:

$$ax^2+2bxy+cy^2 \equiv a\alpha^2+2b\alpha\gamma+c\gamma^2 \pmod{2D_1}.$$

La question proposée revient donc à voir pour lesquelles des combinaisons α, γ, ou plutôt, pour combien de ces combinaisons (car c'est uniquement leur nombre qu'il nous importe de connaître) le second membre est premier à $2D_1$. Nous observerons d'abord qu'on peut, sans nuire en rien à la généralité de la question, supposer l'un des coefficients extrêmes, le premier a par exemple, sans diviseur commun avec $2D_1$. En effet. si cette condition n'a pas lieu dans la forme donnée, on peut toujours transformer celle-ci en une autre où elle se trouve remplie. Soit $a'x'^2+2b'x'y'+c'y'^2$ la nouvelle forme équivalente à la première, et soient:

$$x=px'+qy', \quad y=rx'+sy', \quad ps-qr=1$$

les équations qui correspondent à cette transformation. Si maintenant dans les congruences:

$$\alpha \equiv p\alpha'+q\gamma', \quad \gamma \equiv r\alpha'+s\gamma' \pmod{2D_1}$$

on combine les nombres α', γ', pris l'un et l'autre dans la suite:

$$0, \ 1, \ 2, \ \ldots, \ 2D_1-1,$$

de toutes les manières possibles, et que l'on détermine α, γ de manière que ces nombres se trouvent compris entre les mêmes limites, à chaque combinaison α', γ' correspondra une combinaison α, γ, et réciproquement, comme on le voit en mettant les congruences précédentes sous la forme:

$$\alpha' \equiv s\alpha-q\gamma, \quad \gamma' \equiv -r\alpha+p\gamma \pmod{2D_1}.$$

De là et de ce que l'on a évidemment:

$$a\alpha^2+2b\alpha\gamma+c\gamma^2 \equiv a'\alpha'^2+2b'\alpha'\gamma'+c'\gamma'^2 \pmod{2D_1},$$

on conclut que les nombres des combinaisons α, γ et α', γ' pour lesquelles:

$$a\alpha^2+2b\alpha\gamma+c\gamma^2 \quad \text{et} \quad a'\alpha'^2+2b'\alpha'\gamma'+c'\gamma'^2$$

sont premiers à $2D_1$ coïncident. Cette conclusion justifiant l'assertion avancée plus haut, nous pouvons considérer a comme premier à $2D_1$. Cela posé, pour que le trinôme:

$$a\alpha^2+2b\alpha\gamma+c\gamma^2$$

n'ait pas de diviseur commun avec $2D_1$, il faut et il suffit que le produit:

$$a(a\alpha^2+2b\alpha\gamma+c\gamma^2) = (a\alpha+b\gamma)^2-D\gamma^2$$

jouisse de la même propriété, et par suite, que $a\alpha+b\gamma$ soit premier à $2D_1$, lorsque γ est pair, ou que $a\alpha+b\gamma$ soit pair et premier à D_1, lorsque γ est impair. Or, γ ayant une valeur déterminée, celles de l'expression $a\alpha+b\gamma$, lorsqu'on y pose successivement:

$$\alpha = 0,\ 1,\ 2,\ \ldots,\ 2D_1-1,$$

coïncideront, abstraction faite des multiples de $2D_1$, avec la même suite. Tout se réduit donc à voir dans le cas de γ pair, combien la suite précédente renferme de termes premiers à $2D_1$, et dans le cas de γ impair, combien il y en a dans la même suite, qui jouissent de la double propriété d'être pairs et premiers à D_1. Si l'on désigne par Δ le nombre des entiers positifs non-supérieurs*) à D_1, qui n'ont pas de diviseur commun avec D, le nombre des termes en question sera, pour l'un et l'autre cas, exprimé par Δ. Comme d'un autre côté, γ est susceptible de $2D_1$ valeurs différentes, on voit que les combinaisons α, γ qui donnent à:

$$a\alpha^2+2b\alpha\gamma+c\gamma^2$$

une valeur première à $2D_1$, sont au nombre de $2D_1\Delta$. Une discussion toute semblable étant appliquée au cas où D est pair, fait voir que le nombre des combinaisons est alors $4D_1\Delta$.

Considérons en dernier lieu le cas où la forme donnée:

$$ax^2+2bxy+cy^2$$

appartient à l'ordre improprement primitif. Si nous posons:

$$\tfrac{1}{2}a = a', \quad \tfrac{1}{2}c = c'$$

et comme précédemment:

$$x = 2D_1v+\alpha, \quad y = 2D_1w+\gamma,$$

nous aurons:

$$a'x^2+bxy+c'y^2 \equiv a'\alpha^2+b\alpha\gamma+c'\gamma^2 \pmod{2D_1},$$

*) Je dis à dessein non-supérieurs, pour que le cas de $D_1 = 1$ ne fasse pas exception.

et il s'agira de voir pour combien de combinaisons α, γ le second membre est impair et premier à D_1. Pour y parvenir de la manière la plus simple, nous supposerons, ce qui est permis, que a' n'ait pas de diviseur commun avec $2D_1$. Cela étant, il faut distinguer le cas où l'on a $D \equiv 1$, et celui où $D \equiv 5 \pmod{8}$. Dans le premier de ces deux cas, b étant impair, il résulte de l'équation:

$$D = b^2 - ac = b^2 - 4a'c',$$

que c' est pair, et l'on voit de même que dans le second, c' est impair. On conclut de là que:

$$a'\alpha^2 + b\alpha\gamma + c'\gamma^2$$

ne saurait être impair dans le premier cas, à moins que les nombres α, γ ne soient le premier impair, le second pair, et dans le second, à moins que α, γ ne soient ou l'un pair, l'autre impair, ou impairs tous les deux. Pour avoir égard à l'autre condition d'après laquelle:

$$a'\alpha^2 + b\alpha\gamma + c'\gamma^2$$

doit être premier à D_1, on remarquera qu'il faut et qu'il suffit, pour qu'elle soit remplie, que le produit:

$$4a'(a'\alpha^2 + b\alpha\gamma + c'\gamma^2) = (a\alpha + b\gamma)^2 - D\gamma^2$$

jouisse de la même propriété. Cela posé, si nous supposons d'abord $D \equiv 1 \pmod{8}$, il faudra, après avoir attribué à γ une valeur déterminée paire, égaler α à chaque terme de la suite:

$$1,\ 3,\ 5,\ \ldots,\ 2D_1 - 1,$$

et voir combien de fois $a\alpha + b\gamma$, ou ce qui est la même chose, le reste de cette expression, pris relativement au diviseur D_1, est premier à D_1. Or il est facile de voir que les restes de $a\alpha + b\gamma$ sont, abstraction faite de l'ordre:

$$0,\ 1,\ 2,\ \ldots,\ D_1 - 1;$$

on en conclut qu'à chaque valeur de γ correspond un nombre Δ de valeurs impaires de α, telles que:

$$a'\alpha^2 + b\alpha\gamma + c'\gamma^2$$

soit impair et premier à D. Il résulte de là et de ce que le nombre γ est lui-même susceptible de D_1 valeurs différentes, que le nombre des combinaisons α, γ qui donnent à l'expression:

$$\tfrac{1}{2}(a\alpha^2 + 2b\alpha\gamma + c\gamma^2)$$

une valeur impaire et première à D, est égal à $D_1\Delta$. Si nous considérons en second lieu le cas où $D \equiv 5 \pmod{8}$, on trouve, comme dans le cas précédent, qu'à chaque valeur paire de γ, il correspond un nombre de valeurs convenables de α, égal à Δ, puisque, γ étant pair, α doit être impair; mais il n'en est plus de même, lorsque la valeur déterminée que l'on attribue à γ, est impaire, α pouvant être alors pair ou impair. Il faut, dans cette dernière supposition, égaler α dans l'expression $a\alpha+b\gamma$ à chacun des nombres:

$$0,\ 1,\ 2,\ \ldots,\ 2D_1-1.$$

Or, les valeurs de $a\alpha+b\gamma$, correspondant à ces nombres, étant diminuées des multiples de D_1 qu'elles contiennent, coïncideront évidemment avec la suite:

$$0,\ 1,\ 2,\ \ldots,\ D_1-1,$$

chacun des termes de cette suite étant supposé écrit deux fois. On conclut de là que les valeurs convenables de α, répondant à une valeur impaire donnée de γ, sont toujours au nombre de 2Δ. Si l'on remarque maintenant que, parmi les valeurs:

$$0,\ 1,\ 2,\ \ldots,\ 2D_1-1$$

dont γ est susceptible, il y en a D_1 qui sont paires, et autant qui sont impaires, on verra que dans le cas où l'on a $D \equiv 5 \pmod{8}$, le nombre des combinaisons α, γ, rendant le trinôme:

$$\tfrac{1}{2}(a\alpha^2+2b\alpha\gamma+c\gamma^2)$$

impair et premier à D, est égal à $3D_1\Delta$.

Nous résumerons ici les résultats qui ont été établis dans ce paragraphe. La valeur numérique du déterminant D étant désignée par D_1, et Δ exprimant le nombre de ceux des termes:

$$1,\ 2,\ \ldots,\ D_1$$

qui n'ont pas de diviseur commun avec D_1, les valeurs simultanées de x et de y qui rendent une forme quelconque de ce déterminant, ou la moitié de cette forme lorsqu'elle appartient à l'ordre improprement primitif, impaire et première à D, peuvent toujours se distribuer en systèmes de la forme:

$$x = 2D_1v+\alpha, \quad y = 2D_1w+\gamma,$$

où v et w désignent des entiers indéterminés positifs où négatifs, et où α et γ sont l'un et l'autre compris dans la suite:

$$0,\ 1,\ 2,\ \ldots,\ 2D_1-1;$$

quant au nombre des systèmes qui jouissent de la propriété énoncée, il sera, lorsqu'il s'agit d'une forme proprement primitive $2D_1\Delta$ ou $4D_1\Delta$, suivant que

D est impair ou pair, et lorsque la forme est improprement primitive, $D_1\Delta$ ou $3D_1\Delta$, suivant que l'on a $D\equiv 1$ ou $D\equiv 5$ (mod. 8).

Nous terminerons les préliminaires en démontrant le lemme qui suit. „Soit $K = kk'k''\ldots$ le produit des nombres premiers positifs, impairs et inégaux $k, k', k'', \ldots$, et désignons par L un entier quelconque qui divise K. Posons encore $\theta = \pm 1$, $\eta = \pm 1$, les signes ambigus étant quelconques et indépendants l'un de l'autre. Cela étant, je dis que l'expression:

$$\Sigma\theta^{\frac{1}{2}(n-1)}\eta^{\frac{1}{8}(n^2-1)}\left(\frac{n}{L}\right),$$

où le signe sommatoire s'étend à tous les entiers n premiers à $2K$, et compris depuis $n=1$ jusqu'à $n = 8K-1$, est toujours égale à zéro, si on n'a pas simultanément $\theta = 1$, $\eta = 1$, $L = 1$."

Désignons par a l'un quelconque des nombres $1, 2, \ldots, k-1$, par a' l'un quelconque des nombres $1, 2, \ldots, k'-1$, et ainsi de suite. Soit encore b l'un quelconque des nombres 1, 3, 5, 7. Cela posé, il est facile de voir que l'on obtiendra toutes les valeurs que n doit recevoir dans la somme précédente, en déterminant, pour chacune des combinaisons $a, a', \ldots; b$, le nombre n, moindre que $8K$, qui satisfait aux congruences simultanées:

$$n\equiv a \text{ (mod. } k), \quad n\equiv a' \text{ (mod. } k'), \quad \ldots, \quad n\equiv b \text{ (mod. 8)}.$$

On conclut de ces congruences:

$$\left(\frac{n}{k}\right)=\left(\frac{a}{k}\right), \quad \left(\frac{n}{k'}\right)=\left(\frac{a'}{k'}\right), \quad \ldots, \quad \theta^{\frac{1}{2}(n-1)} = \theta^{\frac{1}{2}(b-1)}, \quad \eta^{\frac{1}{8}(n^2-1)} = \eta^{\frac{1}{8}(b^2-1)}.$$

Si maintenant on désigne ceux des nombres premiers $k, k', \ldots$ qui sont contenus dans L, par $k_0, k_0', \ldots$, les autres par $k_1, k_1', \ldots$, la somme du lemme:

$$\Sigma\theta^{\frac{1}{2}(n-1)}\eta^{\frac{1}{8}(n^2-1)}\left(\frac{n}{L}\right) \quad \text{ou} \quad \Sigma\theta^{\frac{1}{2}(n-1)}\eta^{\frac{1}{8}(n^2-1)}\left(\frac{n}{k_0}\right)\left(\frac{n}{k_0'}\right)\ldots,$$

sera exprimé par le produit*):

$$(k_1-1)(k_1'-1)\ldots\sum_a\left(\frac{a}{k_0}\right)\sum_{a'}\left(\frac{a'}{k_0'}\right)\ldots\sum_b\theta^{\frac{1}{2}(b-1)}\eta^{\frac{1}{8}(b^2-1)}$$

$$(a=1, 2, \ldots, k_0-1; \quad a'=1, 2, \ldots, k_0'-1; \quad \ldots; \quad b=1, 3, 5, 7)$$

dont les facteurs:

$$\sum_a\left(\frac{a}{k_0}\right), \quad \sum_{a'}\left(\frac{a'}{k_0'}\right), \quad \ldots$$

s'évanouissent évidemment. Comme on a encore:

$$\sum_b\theta^{\frac{1}{2}(b-1)}\eta^{\frac{1}{8}(b^2-1)} = 0$$

*) Im Originaltext sind die einzelnen Factoren des Products angegeben; die Formel-Darstellung habe ich der Deutlichkeit wegen hinzugefügt und deshalb noch einige Aenderungen angebracht. K.

pour les trois cas: $\theta = 1$, $\eta = -1$; $\theta = -1$, $\eta = 1$; $\theta = -1$, $\eta = -1$, il résulte que l'expression:

$$\Sigma \theta^{\frac{1}{2}(n-1)} \eta^{\frac{1}{8}(n^2-1)} \left(\frac{n}{L}\right)$$

s'évanouit toujours, à moins qu'on n'ait à la fois $\theta = 1$, $\eta = 1$, $L = 1$, ce qu'il s'agissait de prouver.

§. 6.

En passant maintenant aux questions indiquées dans le préambule de ce mémoire, nous conserverons les notations dont nous avons fait usage dans les §§. 3, 4 et 5. Nous poserons donc:

$$(1) \qquad D = PS^2, \quad \text{ou} \quad D = 2PS^2,$$

S^2 étant toujours le plus grand carré qui divise D, et:

$$(2) \qquad P = pp'p''\ldots,$$

p, p', p'', ... étant des nombres premiers impairs, positifs ou négatifs, tous différents les uns des autres. Nous poserons aussi:

$$(3) \qquad R = rr'r''\ldots,$$

r, r', r'', ... désignant, comme plus haut, les facteurs premiers impairs inégaux, contenus dans S, sans l'être dans P. Soit encore q un nombre premier positif impair quelconque, qui n'est contenu ni dans P ni dans R, et décomposons chacun de ces produits d'une manière quelconque en deux facteurs, sans exclure le cas où l'un de ces facteurs serait égal à l'unité, c'est-à-dire, écrivons les deux équations:

$$(4) \qquad P = P_1 P_2, \quad R = R_1 R_2.$$

Posons enfin:

$$(5) \qquad \delta = \pm 1, \quad \varepsilon = \pm 1, \quad \theta = \pm 1, \quad \eta = \pm 1,$$

les signes étant quelconques et indépendants les uns des autres. Cela étant et s désignant une variable continue positive, assujettie à rester supérieure à l'unité, nous aurons par le développement en série, et en ayant égard aux équations (2) et (3) du §. 2:

$$\frac{1}{1 - \theta^{\frac{1}{2}(q-1)} \eta^{\frac{1}{8}(q^2-1)} \left(\frac{q}{P_2 R_1}\right) \frac{1}{q^s}} = 1 + \cdots + \theta^{\frac{1}{2}(q^l-1)} \eta^{\frac{1}{8}(q^{2l}-1)} \left(\frac{q^l}{P_2 R_1}\right) \frac{1}{(q^l)^s} + \cdots,$$

où, pour abréger, on n'a écrit dans le second membre que son terme général, dans lequel il faut égaler l successivement à toutes les valeurs entières depuis $l = 0$ jusqu'à $l = \infty$.

Supposons maintenant que dans l'équation précédente, on mette pour q toutes les valeurs dont ce nombre est susceptible, c'est-à-dire tous les nombres premiers impairs positifs qui ne divisent pas D, et que l'on forme le produit de toutes ces équations. Le produit des seconds membres formera une série dont la loi est très facile à reconnaître, si l'on se rappelle que, d'après un théorème connu, un nombre composé ne peut résulter que d'une seule manière, de la multiplication de facteurs simples, et que l'on continue en même temps à avoir égard aux théorèmes cités du §. 2. On obtient ainsi l'équation:

$$(6) \qquad \Pi\frac{1}{1-\theta^{\frac{1}{2}(q-1)}\eta^{\frac{1}{8}(q^2-1)}\left(\dfrac{q}{P_2R_1}\right)\dfrac{1}{q^s}} = \Sigma\theta^{\frac{1}{2}(n-1)}\eta^{\frac{1}{8}(n^2-1)}\left(\frac{n}{P_2R_1}\right)\frac{1}{n^s},$$

le signe de multiplication Π se rapportant à toutes les valeurs de q, précédemment définies, et le signe sommatoire s'étendant à tous les entiers, compris depuis $n=1$ jusqu'à $n=\infty$, qui remplissent la double condition d'être impairs et premiers à D, ou plus simplement, qui sont premiers à $2D$.

Avant d'aller plus loin, nous aurions à montrer la nécessité de la supposition faite plus haut, et d'après laquelle on doit avoir $s>1$. On s'en rendra facilement compte, si l'on remarque que la série précédente n'a une somme indépendante de l'arrangement de ses termes, que lorsque la condition $s>1$ a lieu, et qu'il en est de même du produit, dont la valeur n'est également indépendant de l'ordre de ses facteurs qu'autant que la même condition est remplie. Il me semble d'autant plus inutile d'entrer dans de plus grands développements à ce sujet, que je me suis déjà expliqué avec détail sur le point en question, dans la démonstration du théorème sur la progression arithmétique que j'ai citée plus haut et qui est fondée sur une équation de même nature, mais plus générale que la précédente.

Si dans l'équation (6) on remplace θ, η respectivement par $\delta\theta$, $\varepsilon\eta$, et que l'on change en même temps P_2 en P_1, elle deviendra:

$$(7) \qquad \Pi\frac{1}{1-(\delta\theta)^{\frac{1}{2}(q-1)}(\varepsilon\eta)^{\frac{1}{8}(q^2-1)}\left(\dfrac{q}{P_1R_1}\right)\dfrac{1}{q^s}} = \Sigma(\delta\theta)^{\frac{1}{2}(n-1)}(\varepsilon\eta)^{\frac{1}{8}(n^2-1)}\left(\frac{n}{P_1R_1}\right)\frac{1}{n^s}.$$

On a encore, en y faisant $\theta=1$, $\eta=1$, $P_2=1$, $R_1=1$, et remplaçant s par $2s$:

$$(8) \qquad \Pi\frac{1}{1-\dfrac{1}{q^{2s}}} = \Sigma\frac{1}{n^{2s}},$$

les signes de multiplication et de sommation s'étendant toujours aux valeurs de q et de n, précédemment définies. Le produit des équations (6) et (7) étant divisé par l'équation (8), le facteur général dans le premier membre sera:

$$\frac{\left(1+\frac{1}{q^s}\right)\left(1-\frac{1}{q^s}\right)}{\left(1-(\delta\theta)^{\frac{1}{2}(q-1)}(\varepsilon\eta)^{\frac{1}{8}(q^2-1)}\left(\frac{q}{P_1R_1}\right)\frac{1}{q^s}\right)\left(1-\theta^{\frac{1}{2}(q-1)}\eta^{\frac{1}{8}(q^2-1)}\left(\frac{q}{P_2R_1}\right)\frac{1}{q^s}\right)}.$$

Comme le numérateur de cette fraction est évidemment équivalent à:

$$\left(1+\theta^{\frac{1}{2}(q-1)}\eta^{\frac{1}{8}(q^2-1)}\left(\frac{q}{P_2R_1}\right)\frac{1}{q^s}\right)\left(1-\theta^{\frac{1}{2}(q-1)}\eta^{\frac{1}{8}(q^2-1)}\left(\frac{q}{P_2R_1}\right)\frac{1}{q^s}\right),$$

elle pourra se mettre sous cette forme plus simple:

$$\frac{1+\theta^{\frac{1}{2}(q-1)}\eta^{\frac{1}{8}(q^2-1)}\left(\frac{q}{P_2R_1}\right)\frac{1}{q^s}}{1-(\delta\theta)^{\frac{1}{2}(q-1)}(\varepsilon\eta)^{\frac{1}{8}(q^2-1)}\left(\frac{q}{P_1R_1}\right)\frac{1}{q^s}}.$$

L'expression précédente présente deux cas différents, suivant que l'on a:

$$\delta^{\frac{1}{2}(q-1)}\varepsilon^{\frac{1}{8}(q^2-1)}\left(\frac{q}{P_1P_2}\right)=\delta^{\frac{1}{2}(q-1)}\varepsilon^{\frac{1}{8}(q^2-1)}\left(\frac{q}{P}\right)=-1 \quad \text{ou} \quad +1.$$

Dans le premier de ces deux cas, elle est égale à l'unité et peut être omise dans le produit; dans le second, on peut lui donner cette autre forme:

$$\frac{1+\theta^{\frac{1}{2}(q-1)}\eta^{\frac{1}{8}(q^2-1)}\left(\frac{q}{P_2R_1}\right)\frac{1}{q^s}}{1-\theta^{\frac{1}{2}(q-1)}\eta^{\frac{1}{8}(q^2-1)}\left(\frac{q}{P_2R_1}\right)\frac{1}{q^s}}.$$

Les doubles signes dans les valeurs $\delta=\pm1$, $\varepsilon=\pm1$, que contient l'équation (7), ont été tout à fait arbitraires jusqu'à présent. Nous supposerons désormais que suivant les quatre cas déjà distingués dans les §§. 3 et 4, et que le déterminant D peut présenter, savoir:

$$D=PS^2,\quad P\equiv1 \quad \text{ou} \quad 3 \ (\text{mod. } 4);\quad D=2PS^2,\quad P\equiv1 \quad \text{ou} \quad 3 \ (\text{mod. } 4),$$

ces signes seront respectivement:

(9) $\delta=1,\ \varepsilon=1;\quad \delta=-1,\ \varepsilon=1;\quad \delta=1,\ \varepsilon=-1;\quad \delta=-1,\ \varepsilon=-1.$

Cela étant, la condition:

$$\delta^{\frac{1}{2}(q-1)}\varepsilon^{\frac{1}{8}(q^2-1)}\left(\frac{q}{P}\right)=1$$

coïncidera avec celle des quatre conditions (2) du §. 4 qui correspond à chacun des quatre cas précédents. En désignant donc les nombres premiers q positifs, impairs et non-diviseurs de D qui y satisfont, par f, cette lettre aura la même signification que dans le §. 4, c'est-à-dire que l'on aura:

$$\delta^{\frac{1}{2}(f-1)}\varepsilon^{\frac{1}{8}(f^2-1)}\left(\frac{f}{P}\right) = 1, \tag{10}$$

et le premier membre de l'équation dont l'origine a été indiquée plus haut, sera:

$$\Pi\frac{1+\theta^{\frac{1}{2}(f-1)}\eta^{\frac{1}{8}(f^2-1)}\left(\frac{f}{P_2R_1}\right)\frac{1}{f^s}}{1-\theta^{\frac{1}{2}(f-1)}\eta^{\frac{1}{8}(f^2-1)}\left(\frac{f}{P_2R_1}\right)\frac{1}{f^s}},$$

le signe Π s'étendant à toutes les valeurs de f. Au moyen de l'équation:

$$\frac{1+z}{1-z} = 1+2z+2z^2+2z^3+\cdots$$

et en ayant égard aux équations (2) et (3) du §. 2, le facteur général du produit précédent pourra se développer en une série dont le $(l+1)^{\text{ième}}$ terme est:

$$2\theta^{\frac{1}{2}(f^l-1)}\eta^{\frac{1}{8}(f^{2l}-1)}\left(\frac{f^l}{P_2R_1}\right)\frac{1}{(f^l)^s}.$$

Le premier terme qui répond à $l=0$, fait exception à cette loi et a l'unité pour valeur. Il est facile de conclure de là, et en ayant toujours égard aux équations citées du §. 2, que le produit précédent peut lui-même prendre la forme d'une série, ayant pour terme général:

$$\theta^{\frac{1}{2}(m-1)}\eta^{\frac{1}{8}(m^2-1)}\left(\frac{m}{P_2R_1}\right)\frac{2^\mu}{m^s},$$

où m désigne généralement tous les entiers positifs, impairs et premiers à D, n'ayant que des diviseurs simples f tels que la condition (10) soit satisfaite, et où μ indique, comme dans le §. 4, le nombre des diviseurs simples inégaux de m, sans compter le diviseur 1. On peut remarquer que le terme qui répond à $m=1$, ne fait pas exception à la loi générale, l'expression précédente se réduisant à l'unité dans ce cas. Nous avons donc l'équation:

$$\left\{\begin{aligned}&\Sigma\frac{1}{n^{2s}}\cdot\Sigma\theta^{\frac{1}{2}(m-1)}\eta^{\frac{1}{8}(m^2-1)}\left(\frac{m}{P_2R_1}\right)\frac{2^\mu}{m^s}\\&=\Sigma(\delta\theta)^{\frac{1}{2}(n-1)}(\varepsilon\eta)^{\frac{1}{8}(n^2-1)}\left(\frac{n}{P_1R_1}\right)\frac{1}{n^s}\cdot\Sigma\theta^{\frac{1}{2}(n-1)}\eta^{\frac{1}{8}(n^2-1)}\left(\frac{n}{P_2R_1}\right)\frac{1}{n^s},\end{aligned}\right. \tag{11}$$

dans laquelle on doit étendre les sommations à tous les entiers n ou m, précédemment définis, et l'on doit se rappeler que les valeurs $\delta=\pm1$, $\varepsilon=\pm1$ sont celles que nous avons fixées par les conditions (9), tandis que les signes dans les équations $\theta=\pm1$, $\eta=\pm1$ restent arbitraires.

En faisant $\theta=1$, $\eta=1$, $P_2=1$, $R_1=1$, et par suite $P_1=P$, l'équation précédente prendra la forme:

$$\Sigma\frac{1}{n^{2s}}\cdot\Sigma\frac{2^{\mu}}{m^s}=\Sigma\frac{1}{n^s}\cdot\Sigma\delta^{\frac{1}{2}(n-1)}\,\varepsilon^{\frac{1}{8}(n^2-1)}\left(\frac{n}{P}\right)\frac{1}{n^s}.\tag{12}$$

C'est cette équation particulière qui nous servira à déterminer le nombre des formes différentes qui répondent à un déterminant quelconque positif ou négatif. Il faudra, dans cette recherche, traiter séparément le cas où D est positif et celui où D est négatif, et subdiviser encore chacun de ces deux cas suivant qu'il s'agira de formes proprement ou improprement primitives. Mais comme il y a néanmoins une partie commune à l'analyse de ces quatre cas, il conviendra, pour n'avoir pas à présenter deux fois les mêmes considérations, que nous nous occupions d'abord de cette partie de la discussion, dont l'objet consiste à voir quelle forme prend le second membre de l'équation (12), si l'on y suppose $s=1+\varrho$, et que l'on considère la variable positive ϱ comme devenant moindre que toute quantité donnée.

Pour commencer cet examen par le premier des deux facteurs contenus dans le second membre, soient e, e', e'', ... ceux des nombres:

$$1,\ 2,\ 3,\ \ldots,\ 2D_1-1$$

qui n'ont pas de diviseur commun avec $2D_1$. Cela posé, il est évident que la somme $\Sigma\frac{1}{n^{1+\varrho}}$, où n ne doit recevoir que des valeurs positives et premières à $2D_1$, peut être décomposée en autant de sommes partielles de la forme:

$$\frac{1}{e^{1+\varrho}}+\frac{1}{(2D_1+e)^{1+\varrho}}+\frac{1}{(4D_1+e)^{1+\varrho}}+\cdots$$

qu'il y a de termes dans la suite e, e', e'', ... Comme, d'un autre côté, on conclut facilement du résultat obtenu plus haut sur la série (1) du §. 1, que chacune de ces sommes partielles prend la forme $\frac{1}{2D_1}\cdot\frac{1}{\varrho}$, et qu'il est d'ailleurs évident que le nombre de ces sommes partielles, ou ce qui revient au même, le nombre des termes e, e', e'', ... est Δ ou 2Δ, selon que D est impair ou pair, la lettre Δ ayant la même signification que dans le §. 5, on aura selon ces deux cas:

$$\Sigma\frac{1}{n^{1+\varrho}}=\frac{\Delta}{2D_1}\cdot\frac{1}{\varrho},\quad\text{ou}\quad\Sigma\frac{1}{n^{1+\varrho}}=\frac{\Delta}{D_1}\cdot\frac{1}{\varrho},\tag{13}$$

la variable ϱ étant toujours supposée infiniment petite. Si nous considérons en second lieu l'autre facteur du second membre, il est facile de voir que ce facteur est un cas particulier de la série à laquelle se rapporte le troisième des lemmes du §. 1; il faudra, pour l'y comprendre, supposer dans la série générale de ce lemme:

$$c_n = \delta^{\frac{1}{2}(n-1)}\,\varepsilon^{\frac{1}{8}(n^2-1)}\left(\frac{n}{P}\right), \quad \text{ou} \quad c_n = 0,$$

suivant que n est ou n'est pas premier à $2D_1$. Quant aux deux conditions que ce lemme suppose, et qui consistent 1°. en ce que c_n doit être une fonction périodique de l'indice n, et 2°. en ce que la somme des termes qui composent une période, doit être zéro, on s'assure facilement qu'elles sont remplies. Cela est évident pour la première, et pour voir que la seconde a également lieu, il suffira de recourir au lemme qui termine le §. 5, et de remarquer qu'on ne saurait avoir à la fois $\delta = 1$, $\varepsilon = 1$, $P = \pm 1$. En effet, il résulte des conditions (9) que les équations précédentes ne sont compatibles entre elles que lorsqu'on a $P = 1$; ces équations se rapportent alors au cas que nous avons exclu où le déterminant est un carré positif. Il résulte de ce qui précède que la somme:

$$\Sigma\,\delta^{\frac{1}{2}(n-1)}\,\varepsilon^{\frac{1}{8}(n^2-1)}\left(\frac{n}{P}\right)\frac{1}{n^{1+\varrho}},$$

lorsqu'on y considère la variable positive comme devenant infiniment petite, converge vers une limite finie donnée par l'expression:

$$(14) \qquad \Sigma\,\delta^{\frac{1}{2}(n-1)}\,\varepsilon^{\frac{1}{8}(n^2-1)}\left(\frac{n}{P}\right)\frac{1}{n},$$

dans laquelle il faut supposer que les valeurs de n se suivent dans l'ordre naturel, c'est-à-dire de manière à former une suite croissante.

I. Revenons maintenant à l'équation (12), et considérons en premier lieu le cas où D est négatif de sorte que $D = -D_1$. Soient

$$(15) \qquad ax^2+2bxy+cy^2, \quad a'x^2+2b'xy+c'y^2, \quad \ldots$$

les formes différentes et proprement primitives de ce déterminant D, formes dont je désignerai le nombre par h. Cela étant, on aura l'égalité:

$$(16) \qquad \Sigma\frac{2^{\mu+1}}{m^s} = \Sigma\frac{1}{(ax^2+2bxy+cy^2)^s} + \Sigma\frac{1}{(a'x^2+2b'xy+c'y^2)^s} + \ldots,$$

où le second membre contient autant de termes qu'il y a de formes (15), et où la double sommation dans chaque terme doit s'étendre à tous les systèmes de valeurs entières de x et de y, comprises entre $-\infty$ et ∞, qui remplissent la double condition de n'avoir pas de diviseur commun et de donner à la forme où elles sont substituées, une valeur première à $2D$. Cela résulte 1°. de ce que chacun des entiers m contenus dans le premier membre est, en vertu du théorème I du §. 4, susceptible d'être représenté de la manière indiquée et par l'ensemble des formes (15), autant de fois qu'il y a d'unités dans l'expression $2^{\mu+1}$, et 2°. de ce que réciproquement toute valeur première à $2D$, que l'une quelconque des formes (15) peut obtenir lorsqu'on y attribue à x et y des valeurs sans diviseur commun, coïncide d'après les résultats connus et que nous avons rappelés au commencement du paragraphe cité, avec l'un des entiers désignés par m. Si maintenant l'on substitue l'expression de $\Sigma\frac{2^{\mu+1}}{m^s}$, donnée par l'équation précédente, dans l'équation (12), il viendra:

$$\Sigma\frac{1}{n^{2s}}\cdot\Sigma\frac{1}{(ax^2+2bxy+cy^2)^s}+\Sigma\frac{1}{n^{2s}}\cdot\Sigma\frac{1}{(a'x^2+2b'xy+c'y^2)^s}+\cdots$$
$$=2\Sigma\frac{1}{n^s}\cdot\Sigma\delta^{\frac{1}{2}(n-1)}\varepsilon^{\frac{1}{8}(n^2-1)}\left(\frac{n}{P}\right)\frac{1}{n^s}.$$

Il est facile de voir que chacun des termes du premier membre peut être mis sous une forme plus simple. Le premier de ces termes est évidemment équivalent à l'expression:

$$\Sigma'\frac{1}{(ax^2+2bxy+cy^2)^s},$$

où les valeurs simultanées de x et de y, dans la sommation double, ne sont plus assujetties qu'à la condition unique de rendre le trinôme où elles sont substituées, impair et premier à D. En attachant donc ce sens au signe Σ', on aura:

$$(17)\qquad\left\{\begin{aligned}&\Sigma'\frac{1}{(ax^2+2bxy+cy^2)^s}+\Sigma'\frac{1}{(a'x^2+2b'xy+c'y^2)^s}+\cdots\\&\qquad=2\Sigma\frac{1}{n^s}\cdot\Sigma\delta^{\frac{1}{2}(n-1)}\varepsilon^{\frac{1}{8}(n^2-1)}\left(\frac{n}{P}\right)\frac{1}{n^s}.\end{aligned}\right.$$

Il faut maintenant poser $s=1+\varrho$, la variable positive ϱ étant toujours considérée comme infiniment petite, et voir ce que les différents termes du premier membre deviendront dans cette supposition. Puisque d'après les résultats que nous avons établis dans le §. 5, les valeurs simultanées que l'on doit attribuer à x et y, dans chacune de ces sommes doubles, dans la première par exemple, peuvent être distribuées en systèmes de la forme:

$$(18)\qquad x=2D_1v+\alpha,\quad y=2D_1w+\gamma,$$

on voit que la somme en question peut être décomposée en autant de sommes partielles qu'il y a de ces systèmes, telles que:

$$\Sigma \frac{1}{(ax^2+2bxy+cy^2)^{1+\varrho}},$$

où il faut substituer pour x et y les expressions précédentes, et sommer ensuite relativement aux entiers v et w, depuis $-\infty$ jusqu'à ∞. Pour obtenir cette somme partielle, nous chercherons l'entier qui exprime combien de fois le trinôme $ax^2+2bxy+cy^2$, dans cette somme, obtient une valeur ne surpassant pas la quantité positive quelconque σ. Or, cette dernière question est évidemment identique à celle de savoir combien dans l'intérieur ou sur le contour de l'ellipse, déterminée par l'équation:

$$ax^2+2bxy+cy^2 = \sigma,$$

il y a de points dont les coordonnées x et y sont de la forme (18), et si l'on observe que l'aire de cette ellipse est:

$$\frac{\pi}{\sqrt{(ac-b^2)}}\sigma = \frac{\pi}{\sqrt{D_1}}\sigma,$$

où la lettre π a la signification ordinaire, on conclura immédiatement du second lemme du §. 1*) que le nombre qu'il s'agit de déterminer, peut être mis sous la forme:

$$\frac{\pi}{4\sqrt{D_1^5}}\sigma+\sigma^\delta\psi(\sigma)$$

l'exposant constant δ ayant une valeur quelconque comprise entre $\frac{1}{2}$ et 1, et la fonction $\psi(\sigma)$ restant finie quelque grande que l'on suppose la variable σ. Il résulte de là et du premier théorème du paragraphe déjà cité, que la somme partielle que nous considérons, a la valeur:

$$\frac{\pi}{4\sqrt{D_1^5}}\cdot\frac{1}{\varrho},$$

d'où l'on conclut, en considérant que d'après le §. 5, le nombre des systèmes (18) et par suite celui des sommes partielles dans lesquelles la somme:

$$\Sigma' \frac{1}{(ax^2+2bxy+cy^2)^{1+\varrho}}$$

*) Il est évident par la nature de ce lemme, que les points placés sur le contour de la courbe peuvent être considérés à volonté comme des points intérieurs ou comme des points extérieurs. On peut donc aussi et à plus forte raison, ranger ces points en partie parmi les points intérieurs et en partie parmi les points extérieurs, comme nous le ferons plus bas, lorsque nous nous occuperons des déterminants positifs.

a été partagée, est $2D_1\Delta$ ou $4D_1\Delta$, selon que D est impair ou pair, que la somme précédente est suivant ces deux cas:

$$\frac{\pi\Delta}{2\sqrt{D_1^3}}\cdot\frac{1}{\varrho} \quad \text{ou} \quad \frac{\pi\Delta}{\sqrt{D_1^3}}\cdot\frac{1}{\varrho}.$$

Comme ce résultat ne contient rien qui soit particulier à la forme $ax^2+2bxy+cy^2$, et qu'il ne renferme que le déterminant commun à toutes les formes (15), on voit que le premier membre de l'équation (17), en supposant toujours ϱ infiniment petit et en distinguant le cas de D impair et celui de D pair, est:

$$\frac{h\pi\Delta}{2\sqrt{D_1^3}}\cdot\frac{1}{\varrho} \quad \text{ou} \quad \frac{h\pi\Delta}{\sqrt{D_1^3}}\cdot\frac{1}{\varrho}.$$

Au moyen de ces expressions et des résultats (13) et (14), précédemment établis, l'équation (17) se changera pour une valeur infiniment petite de ϱ, dans l'équation remarquable qui suit et où les cas de D pair et impair sont confondus dans la même forme:

$$h = \frac{2}{\pi}\sqrt{D}\,\Sigma\,\delta^{\frac{1}{2}(n-1)}\,\varepsilon^{\frac{1}{8}(n^2-1)}\left(\frac{n}{P}\right)\frac{1}{n}. \tag{19}$$

Cette équation est sujette à une exception qui a lieu lorsque D est -1, et qui est une suite de l'exception que le théorème I du §. 4 souffre dans le même cas. Pour rétablir l'exactitude dans ce cas singulier, il faut doubler le second membre, comme cela résulte de l'analyse précédente, et comme on peut aussi le vérifier *à posteriori*. En effet, on a dans ce cas $h=1$, $D_1=1$, $\delta=-1$, $\varepsilon=1$, $P=-1$; l'équation modifiée, comme on vient de le dire, deviendra donc:

$$1 = \frac{4}{\pi}\left(1-\frac{1}{3}+\frac{1}{5}-\frac{1}{7}+\cdots\right),$$

ce qui est exact d'après la série connue de Leibniz.

II. Le déterminant D étant toujours négatif et en outre tel que $D\equiv 1$ (mod. 4), nous supposerons que les formes (15) sont celles de l'ordre improprement primitif. On aura dans cette supposition, $\delta=1$, $\varepsilon=1$, et l'égalité (16) devra être remplacée par celle-ci:

$$\Sigma\frac{2^{\mu+1}}{(2m)^s} = \Sigma\frac{1}{(ax^2+2bxy+cy^2)^s}+\Sigma\frac{1}{(a'x^2+2b'xy+c'y^2)^s}+\cdots,$$

où la double sommation s'étend dans chaque terme à toutes les valeurs simultanées de x et de y qui n'ont pas de diviseur commun, et qui rendent la moitié de la forme entrant dans ce terme, première à $2D$. La substitution de l'expression précédente dans l'équation (12) donne:

$$\Sigma \frac{1}{n^{2s}} \cdot \Sigma \frac{1}{(ax^2+2bxy+cy^2)^s} + \Sigma \frac{1}{n^{2s}} \cdot \Sigma \frac{1}{(a'x^2+2b'xy+c'y^2)^s} + \cdots$$
$$= 2^{1-s} \Sigma \frac{1}{n^s} \cdot \Sigma \left(\frac{n}{P}\right) \frac{1}{n^s},$$

équation de laquelle on passe, comme dans le cas déjà examiné, à cette autre:

$$(20) \quad \begin{cases} \Sigma' \dfrac{1}{(ax^2+2bxy+cy^2)^s} + \Sigma' \dfrac{1}{(a'x^2+2b'xy+c'y^2)^s} + \cdots \\ \qquad = 2^{1-s} \Sigma \dfrac{1}{n^s} \cdot \Sigma \left(\dfrac{n}{P}\right) \dfrac{1}{n^s}, \end{cases}$$

le signe Σ' indiquant que dans la double sommation la moitié de la forme quadratique ne doit recevoir que des valeurs premières à $2D$. En supposant maintenant $s = 1+\varrho$, ϱ étant toujours une variable infiniment petite et positive, on achèvera la solution comme dans le cas déjà traité, si l'on se rappelle que d'après ce qui a été démontré dans le §. 5, le nombre des systèmes de la forme:

$$x = 2D_1 v + \alpha, \qquad y = 2D_1 w + \gamma,$$

qui rendent la moitié d'une forme improprement primitive du déterminant D première à $2D$, est $D_1 \Delta$ ou $3D_1 \Delta$, suivant que l'on a $D \equiv 1$ ou $D \equiv 5$ (mod. 8). On trouve ainsi pour le nombre h des formes improprement primitives:

$$(21) \quad \begin{cases} h = \dfrac{2}{\pi} \sqrt{D_1}\, \Sigma \left(\dfrac{n}{P}\right) \dfrac{1}{n}, & D \equiv 1 \text{ (mod. 8)}, \\ h = \dfrac{1}{3} \dfrac{2}{\pi} \sqrt{D_1}\, \Sigma \left(\dfrac{n}{P}\right) \dfrac{1}{n}, & D \equiv 5 \text{ (mod. 8)}. \end{cases}$$

On doit ajouter que la seconde de ces équations est en défaut lorsqu'on a $D = -3$, comme cela résulte de l'exception à laquelle le théorème I du §. 4 est sujet dans le même cas, et que pour rétablir l'exactitude, le second membre doit être triplé.

III. Nous passons maintenant au cas des déterminants positifs, c'est-à-dire au cas où l'on a $D = D_1$, et nous supposerons d'abord que les formes différentes (15) appartiennent à l'ordre proprement primitif, et remplissent chacune les conditions (7) du §. 4. On a alors d'après le théorème III du §. 4:

$$\Sigma \frac{2^\mu}{m^s} = \Sigma \frac{1}{(ax^2+2bxy+cy^2)^s} + \Sigma \frac{1}{(a'x^2+2b'xy+c'y^2)^s} + \cdots,$$

où la double sommation dans chacun des termes du second membre doit s'étendre à tous les systèmes de valeurs simultanées de x et y, premières entre elles, qui donnent au trinôme où elles sont substituées, une valeur première à $2D$ et satisfont en outre aux inégalités (8) du paragraphe cité, lorsqu'il s'agit du premier terme, et à des inégalités de forme analogue pour tous les autres termes.

Comme les nombres susceptibles d'être exprimés par une forme de déterminant positif, peuvent être positifs ou négatifs, il semble d'abord que l'on doive ajouter encore la condition que les indéterminées soient choisies de manière à donner à la forme quadratique une valeur positive; mais il est aisé de voir que cette condition est déjà implicitement contenue dans les précédentes. En effet, a, b, x et y étant positifs, la condition:

$$x \geqq \frac{T-bU}{aU}y$$

entraînera évidemment celle-ci:

$$ax^2+2bxy+cy^2 \geqq \frac{y^2}{aU^2}(T^2-(b^2-ac)U^2) = \frac{y^2}{aU^2}\cdot$$

L'expression précédente de $\Sigma\frac{2^\mu}{m^s}$ étant substituée dans l'équation (12), il viendra:

$$\Sigma\frac{1}{n^{2s}}\cdot\Sigma\frac{1}{(ax^2+2bxy+cy^2)^s}+\Sigma\frac{1}{n^{2s}}\cdot\Sigma\frac{1}{(a'x^2+2b'xy+c'y^2)^s}+\cdots$$
$$=\Sigma\frac{1}{n^s}\cdot\Sigma\delta^{\frac{1}{2}(n-1)}\varepsilon^{\frac{1}{8}(n^2-1)}\left(\frac{n}{P}\right)\frac{1}{n^s}\cdot$$

On voit sans peine que le produit:

$$\Sigma\frac{1}{n^s}\cdot\Sigma\frac{1}{(ax^2+2bxy+cy^2)^s}$$

peut être mis sous cette forme plus simple:

$$\Sigma'\frac{1}{(ax^2+2bxy+cy^2)^s},$$

où la double sommation est supposée s'étendre à toutes les valeurs simultanées de x et y, qui rendent le trinôme premier à $2D$, et en outre telles que l'on ait:

$$x>0,\quad y>0,\quad y\leqq\frac{aU}{T-bU}x.$$

Il suffit pour cela de remarquer que les conditions (8) du §. 4 conservent la même forme lorsqu'on y remplace x et y par nx et ny, n étant positif, et que si l'on écrit ensuite x et y au lieu de nx et ny, les nouvelles indéterminées x et y ne seront plus assujetties à la condition d'être premières entre elles. En attachant donc au signe Σ' le sens que l'on vient de définir et en supposant, bien entendu, que s'il s'agit de la seconde forme, a, b dans la dernière des inégalités précédentes doivent être remplacées par a', b', et ainsi de suite, on aura l'équation:

$$(22)\qquad \begin{cases} \Sigma' \dfrac{1}{(ax^2+2bxy+cy^2)^s} + \Sigma' \dfrac{1}{(a'x^2+2b'xy+c'y^2)^s} + \cdots \\ \qquad = \Sigma \dfrac{1}{n^s} \cdot \Sigma \delta^{\frac{1}{2}(n-1)} \varepsilon^{\frac{1}{8}(n^2-1)} \left(\dfrac{n}{P}\right) \dfrac{1}{n^s}. \end{cases}$$

Il s'agira maintenant de voir ce que les différents termes de cette équation deviendront, lorsqu'après avoir posé $s = 1+\varrho$, la variable positive ϱ devient moindre que toute grandeur donnée. A cet effet, nous décomposerons chacun des termes du premier membre, le premier:

$$\Sigma' \frac{1}{(ax^2+2bxy+cy^2)^{1+\varrho}},$$

par exemple, en autant de sommes partielles qu'il y a de systèmes de la forme:

$$x = 2Dv+\alpha, \quad y = 2Dw+\gamma,$$

qui rendent le trinôme $ax^2+2bxy+cy^2$ premier à $2D$. Soit:

$$\Sigma \frac{1}{(ax^2+2bxy+cy^2)^{1+\varrho}}; \quad x > 0, \quad y > 0, \quad y \leqq \frac{aU}{T-bU}\,x,$$
$$x = 2Dv+\alpha, \quad y = 2Dw+\gamma,$$

l'une de ces sommes partielles, dans laquelle la sommation double relative à v et w doit s'étendre à toutes les valeurs entières depuis $-\infty$ jusqu'à ∞*). Pour obtenir l'expression de cette somme, nous désignerons par σ une variable positive quelconque, et nous chercherons le nombre qui exprime combien de fois le trinôme $ax^2+2bxy+cy^2$ dans la double sommation obtient une valeur nonsupérieure à σ. Or, d'après la construction géométrique indiquée dans le §. 4, la recherche dont il s'agit, revient évidemment à la question de savoir combien dans l'intérieur ou sur le contour du secteur hyperbolique, terminé d'une part par les droites:

$$y = 0, \quad y = \frac{aU}{T-bU}\,x,$$

et de l'autre par l'arc de la première branche de l'hyperbole:

$$ax^2+2bxy+cy^2 = \sigma,$$

*) Compatibles avec les conditions précédentes.[1])

[1]) Anmerkung von Dirichlet's Hand in dem an Gauss gesandten Exemplar. K.

il y a de points dont les coordonnées x et y sont de la forme:

$$x = 2Dv + \alpha, \quad y = 2Dw + \gamma.$$

Ajoutons, pour être tout à fait exact, quoique cela n'influe en rien sur le résultat définitif, que l'on doit faire abstraction de ceux des points en question qui pourraient se trouver sur la partie du contour, formée par l'axe de x. Si l'on a recours aux coordonnées polaires r et φ, liées aux coordonnées rectangulaires x et y par les équations $x = r\cos\varphi$, $y = r\sin\varphi$, l'aire du secteur sera:

$$\tfrac{1}{2}\int r^2 d\varphi = \tfrac{1}{2}\sigma\int \frac{d\varphi}{a\cos^2\varphi + 2b\cos\varphi\sin\varphi + c\sin^2\varphi},$$

les limites de l'intégrale étant zéro et l'angle aigu dont la tangente trigonométrique est $\frac{aU}{T - bU}$. L'intégration étant effectuée par les méthodes connues, on trouvera pour l'aire dont il s'agit, cette expression très simple:

$$\frac{\sigma}{2\sqrt{D}} \log(T + U\sqrt{D}).$$

Au moyen de ce résultat et du second lemme du §. 1, on conclura que le nombre que nous nous étions proposé de déterminer, peut être mis sous la forme:

$$\frac{\sigma}{8\sqrt{D^5}} \log(T + U\sqrt{D}) + \sigma^\delta \psi(\sigma),$$

l'exposant constant δ étant compris entre $\frac{1}{2}$ et 1, et la fonction $\psi(\sigma)$ restant finie, quelque grande que l'on suppose la variable σ. Il suit de là et du premier des théorèmes du §. 1, que la somme partielle que nous considérons, est:

$$\frac{1}{8\sqrt{D^5}} \log(T + U\sqrt{D}) \frac{1}{\varrho},$$

et comme d'après les résultats du §. 5, le nombre des sommes partielles contenues dans la même somme totale, est $4D\Delta$ ou $2D\Delta$, suivant que D est pair ou impair, on conclura que chacun des termes du premier membre de l'équation (22) est selon ces deux cas, et pour une valeur infiniment petite de ϱ:

$$\frac{\Delta}{2\sqrt{D^3}} \log(T + U\sqrt{D}) \frac{1}{\varrho}, \quad \text{ou} \quad \frac{\Delta}{4\sqrt{D^3}} \log(T + U\sqrt{D}) \frac{1}{\varrho}.$$

Si donc nous désignons par h le nombre des formes différentes du déterminant D, le premier membre sera:

$$\frac{h\Delta}{2\sqrt{D^3}} \log(T + U\sqrt{D}) \frac{1}{\varrho}, \quad \text{ou} \quad \frac{h\Delta}{4\sqrt{D^3}} \log(T + U\sqrt{D}) \frac{1}{\varrho},$$

selon que D est pair ou impair.

Comme, d'un autre côté et en vertu des résultats (13) et (14), le second membre est respectivement dans ces deux cas:

$$\frac{\varDelta}{D}\cdot\frac{1}{\varrho}\,\Sigma\,\delta^{\frac{1}{2}(n-1)}\,\varepsilon^{\frac{1}{8}(n^2-1)}\left(\frac{n}{P}\right)\frac{1}{n}\quad\text{ou}\quad\frac{\varDelta}{2D}\cdot\frac{1}{\varrho}\,\Sigma\,\delta^{\frac{1}{2}(n-1)}\,\varepsilon^{\frac{1}{8}(n^2-1)}\left(\frac{n}{P}\right)\frac{1}{n},$$

on conclura, en supprimant le facteur $\frac{1}{\varrho}$, commun aux deux membres:

$$h=\frac{2\sqrt{D}}{\log(T+U\sqrt{D})}\,\Sigma\,\delta^{\frac{1}{2}(n-1)}\,\varepsilon^{\frac{1}{8}(n^2-1)}\left(\frac{n}{P}\right)\frac{1}{n},\tag{23}$$

équation qui convient à un déterminant positif (non-carré) quelconque, pair ou impair, et dans laquelle T et U sont les plus petits entiers positifs, autres que 1 et 0, qui satisfont à l'équation $t^2-Du^2=1$.

IV. Le cas où le déterminant positif D est de la forme $4\nu+1$, et où les formes de ce déterminant dont il s'agit de déterminer le nombre h, sont celles de l'ordre improprement primitif, étant entièrement semblable à celui que nous venons de traiter en détail, nous nous contenterons de rapporter le résultat qui répond à ce cas, et qui est contenu dans les équations qui suivent:

$$(24)\quad\begin{cases} h=\dfrac{2\sqrt{D}}{\log\frac{1}{2}(T+U\sqrt{D})}\,\Sigma\left(\dfrac{n}{P}\right)\dfrac{1}{n}, & D\equiv 1 \pmod{8},\\[2ex] h=\dfrac{1}{3}\,\dfrac{2\sqrt{D}}{\log\frac{1}{2}(T+U\sqrt{D})}\,\Sigma\left(\dfrac{n}{P}\right)\dfrac{1}{n}, & D\equiv 5 \pmod{8},\end{cases}$$

dans lesquelles T et U désignent les moindres entiers positifs, autres que 2 et 0, qui satisfont à l'équation $t^2-Du^2=4$.

V. Nous nous occuperons maintenant de la recherche déjà indiquée dans le §. 3, en prouvant que les genres énumérés d'après les principes connus et que nous avons rappelés dans le paragraphe cité, existent tous réellement et contiennent chacun le même nombre de formes. Soient à cet effet:

$$(25)\qquad \varphi,\ \varphi',\ \varphi'',\ \ldots\ \mid\ \psi,\ \psi',\ \psi'',\ \ldots$$

les expressions qui servent à faire cette énumération pour un déterminant quelconque, soit qu'il s'agisse des formes proprement primitives, soit qu'il s'agisse de celles qui composent l'ordre improprement primitif, lorsque ce dernier ordre existe pour le déterminant donné. Les déterminants carrés étant exclus, la première partie de la ligne précédente contiendra au moins un terme, et il résulte de l'inspection des deux tableaux donnés dans le §. 3, que les expressions

φ, φ', φ'', ... qui forment cette première partie, sont toujours telles qu'on ait:

$$\varphi\varphi'\varphi''\cdots = \delta^{\frac{1}{2}(m-1)}\varepsilon^{\frac{1}{8}(m^2-1)}\left(\frac{m}{P}\right). \tag{26}$$

Nous désignerons généralement par χ l'une quelconque des expressions (25), ou l'un quelconque des produits que l'on peut former avec ces expressions, en les combinant 2 à 2, 3 à 3, et ainsi de suite, ou enfin le produit de toutes, en n'excluant que le seul produit (26), autrement dit, nous désignerons par χ l'un quelconque des termes de l'expression développée:

$$[(1+\varphi)(1+\varphi')(1+\varphi'')\ldots][(1+\psi)(1+\psi')(1+\psi'')\ldots]-\varphi\varphi'\varphi''\cdots-1. \tag{27}$$

Si nous conservons à la lettre λ la même signification que nous lui avons donnée dans le §. 3, le nombre des expressions χ sera $2^\lambda-2$. Cela supposé, nous allons faire voir que si l'on partage le nombre total h des formes qui répondent au déterminant donné, en deux groupes comprenant respectivement H et H' formes, en rangeant dans le premier groupe toutes celles qui satisfont à la condition $\chi=1$, et dans le second celles qui remplissent la condition opposée $\chi=-1$, on aura toujours:

$$H-H' = 0.$$

Pour prouver ce dont il s'agit, il suffira d'appliquer l'analyse dont nous avons fait usage, en partant de l'équation (12), à l'équation plus générale (11), après avoir attribué dans cette dernière à θ, η, P_2 et R_1 des valeurs qui font coïncider l'expression $\theta^{\frac{1}{2}(m-1)}\eta^{\frac{1}{8}(m^2-1)}\left(\frac{m}{P_2R_1}\right)$ avec χ. Il est facile de voir qu'en remplissant cette condition, il ne peut arriver qu'on ait à la fois, soit:

$$\theta=1,\quad \eta=1,\quad P_2R_1=\pm 1,$$

soit:

$$\delta\theta=1,\quad \varepsilon\eta=1,\quad P_1R_1=\pm 1.$$

L'impossibilité du premier système de valeurs simultanées résulte de ce que χ contient au moins un facteur de l'une des formes:

$$(-1)^{\frac{1}{2}(m-1)},\quad (-1)^{\frac{1}{8}(m^2-1)},\quad \left(\frac{m}{p}\right),\quad \left(\frac{m}{r}\right);$$

et pour que le second pût avoir lieu, il faudrait que l'on eût $\theta=\delta$, $\eta=\varepsilon$, $P_2R_1=\pm P$, ce qui donnerait à χ la forme:

$$\delta^{\frac{1}{2}(m-1)}\varepsilon^{\frac{1}{8}(m^2-1)}\left(\frac{m}{P}\right) = \varphi\varphi'\varphi''\ldots,$$

que nous avons exclue plus haut. Il résulte de là que chacun des deux facteurs du second membre de l'équation (11) est de même nature que le second facteur du second membre de l'équation (12), et que par conséquent ces deux facteurs convergent l'un et l'autre vers une limite finie de la forme (14), lorsque la variable ϱ devient infiniment petite. Pour discuter le premier membre de l'équation (11) dans la même circonstance, il faudra substituer à l'égalité (16), lorsqu'il s'agit d'un déterminant négatif et de l'ordre proprement primitif, celle-ci:

$$\Sigma\chi\frac{2^{\mu+1}}{m^s} = \pm\Sigma\frac{1}{(ax^2+2bxy+cy^2)^s}\pm\Sigma\frac{1}{(a'x^2+2b'xy+c'y^2)^s}\pm\cdots,$$

où l'on doit choisir le signe supérieur ou le signe inférieur dans chacun des termes du second membre, suivant que la forme que ce terme contient, satisfait à la condition $\chi = 1$, ou à $\chi = -1$, et il faudra faire une substitution analogue dans les trois autres cas. Cela posé, on voit sans peine et sans qu'il soit nécessaire d'entrer dans aucun détail à cet égard, que le premier membre de l'équation (11), en y supposant toujours la variable ϱ infiniment petite, sera, abstraction faite d'un facteur purement numérique, et qui varie suivant les quatre cas, le produit de $(H-H')\frac{1}{\varrho}$ et d'une expression telle que:

$$\frac{\Delta}{\sqrt{D_1^3}}\pi, \quad \frac{\Delta}{\sqrt{D^3}}\log(T+U\sqrt{D}) \quad \text{ou} \quad \frac{\Delta}{\sqrt{D^3}}\log\tfrac{1}{2}(T+U\sqrt{D}).$$

Or, cette dernière expression étant manifestement différente de zéro, il faut, pour que le premier membre reste fini comme le second, qu'on ait:

$$H-H' = 0,$$

ce qu'il s'agissait de faire voir.

Au moyen de ce résultat, il nous sera facile de prouver que les formes sont également réparties entre les genres énumérés d'après les règles du §. 3. Soit pour abréger $2^{\lambda-1} = \varkappa$, et désignons par $h_1, h_2, h_3, \ldots, h_\varkappa$ les nombres des formes contenues dans les différents genres, rangés dans un ordre quelconque, les termes de la suite précédente qui répondraient à des genres non-existants étant supposés égaux à zéro. Si maintenant l'on remarque que les formes qui composent un même genre, satisfont tous ou à la condition $\chi = 1$, ou à la condition opposée $\chi = -1$, il est évident que toute équation de la forme:

$$H-H' = 0$$

peut s'écrire comme il suit:

$$(28) \qquad h_1 \pm h_2 \pm h_3 \pm \ldots \pm h_\varkappa = 0.$$

Nous avons donné dans cette équation le signe + au premier terme; le signe de tout autre terme est + ou —, selon que le genre auquel ce terme correspond, satisfait à la même condition $\chi = \pm 1$ que celui auquel se rapporte h_1, ou à la condition opposée. Il s'agira maintenant d'examiner combien de fois, dans l'ensemble des équations analogues à la précédente et dont le nombre est $2^\lambda - 2$, comme celui des expressions χ, un terme quelconque h_ω, autre que le premier, a le signe + ou le signe —, ou autrement dit, combien de fois ce terme a un signe égal ou opposé à celui du premier terme. Soit à cet effet:

$$\varphi = \alpha, \quad \varphi' = \alpha', \quad \varphi'' = \alpha'', \quad \ldots \quad \mid \quad \psi = \beta, \quad \psi' = \beta', \quad \psi'' = \beta'', \quad \ldots$$

le caractère complet du genre pour lequel h_1 désigne le nombre des formes, $\alpha, \alpha', \alpha'', \ldots; \beta, \beta', \beta'', \ldots$ étant des valeurs déterminées de la forme ± 1, dont les premières satisfont à la condition $\alpha\alpha'\alpha''\cdots = 1$. Soit de même:

$$\varphi = \mathrm{a}, \quad \varphi' = \mathrm{a}', \quad \varphi'' = \mathrm{a}'', \quad \ldots \quad \mid \quad \psi = \mathrm{b}, \quad \psi' = \mathrm{b}', \quad \psi'' = \mathrm{b}'', \quad \ldots$$

le caractère complet du genre auquel se rapporte h_ω. Cela posé, il suffit de se reporter à l'expression (27) dont le développement donne toutes les expressions χ, pour voir que l'excès du nombre des cas où h_1 et h_ω ont le même signe, sur celui où ils sont précédés de signes opposés, sera donné par l'expression qui suit:

$$[(1+\alpha\mathrm{a})(1+\alpha'\mathrm{a}')\ldots][(1+\beta\mathrm{b})(1+\beta'\mathrm{b}')\ldots] - \alpha\mathrm{a}\alpha'\mathrm{a}'\ldots - 1.$$

Or les deux caractères complets étant différents, on ne saurait avoir à la fois:

$$\alpha\mathrm{a} = 1, \quad \alpha'\mathrm{a}' = 1, \quad \ldots; \quad \beta\mathrm{b} = 1, \quad \beta'\mathrm{b}' = 1, \quad \ldots;$$

la première partie de l'expression précédente a donc la valeur zéro, et comme l'on a évidemment:

$$\alpha\mathrm{a}.\alpha'\mathrm{a}'\cdots = 1,$$

l'excès dont il s'agit a la valeur —2. Il suit de là que si l'on ajoute toutes les équations de la forme (28), dont le nombre est $2^\lambda - 2$, et l'équation évidente:

$$2h_1 + 2h_2 + 2h_3 + \cdots + 2h_x = 2h,$$

il en résultera celle-ci: $2^\lambda h_1 = 2h$, et par suite $h_1 = \frac{h}{2^{\lambda-1}}$, ce qui prouve que la totalité des formes se partage également entre les différents genres, le genre auquel se rapporte le nombre h_1, ayant été arbitrairement choisi.

On a ainsi une démonstration nouvelle et très simple de l'un des principaux théorèmes de la théorie des formes quadratiques et qui n'avait été établi jusqu'à présent que par le concours d'un grand nombre de considérations diverses. Voyez l'ouvrage de M. GAUSS, art. 252, 261 et 287, III.

Il nous resterait maintenant à développer les théorèmes que contiennent les équations établies dans les quatre numéros précédents de ce paragraphe et qui sont de deux espèces, les uns résultant des expressions de h telles que nous les avons obtenues dans ce qui précède, les autres exigeant au contraire que l'on effectue préalablement les sommations indiquées dans ces expressions, pour que le nombre h se présente sous une forme purement arithmétique. Comme les résultats dont il s'agit, sont très nombreux et pour la plupart entièrement nouveaux, il sera convenable de les présenter avec quelque étendue. Par cette raison j'en remettrai l'exposition à la continuation de ces recherches, et je terminerai cette première partie, en remplissant l'engagement que j'ai pris dans le mémoire déjà cité sur la progression arithmétique. D'après le §. 11 de ce mémoire*), il reste à prouver que la somme:

$$\Sigma(\pm 1)^{\alpha}(\pm 1)^{\beta}(\pm 1)^{\gamma}(\pm 1)^{\gamma'}\cdots\frac{1}{n}$$

dans laquelle les signes supérieurs n'ont pas simultanément lieu, a une valeur différente de zéro.

Partageons les nombres premiers positifs p, p', p'', ... auxquels se rapportent les valeurs ambiguës de la forme ± 1, à partir de la troisième, en deux groupes, en comprenant dans le premier groupe tous ceux de ces nombres premiers, auxquels le signe inférieur correspond. En continuant à représenter par p, p', p'', ... les nombres du premier groupe, soit:

$$\pm pp'p''\ldots = P,$$

le double signe restant à fixer; soient encore r, r', r'', ... ceux du second groupe et posons:

$$rr'r''\ldots = R.$$

Cela posé, il résulte de la signification des lettres α, β, γ, γ', ..., expliquée dans le §. 7 du mémoire cité, que la somme précédente peut être mise sous la forme:

$$\Sigma(\pm 1)^{\frac{1}{2}(n-1)}(\pm 1)^{\frac{1}{8}(n^2-1)}\left(\frac{n}{P}\right)\frac{1}{n}\cdot$$

Si maintenant l'on suppose le signe arbitraire dans l'équation:

$$\pm pp'p''\ldots = P$$

*) S. 341 dieser Ausgabe von G. Lejeune Dirichlet's Werken. K.

tellement choisi que le nombre P soit de la forme $4\mu+1$ ou de la forme $4\mu+3$, suivant que le signe donné dans l'expression $(\pm 1)^{\frac{1}{2}(n-1)}$ est le signe supérieur ou inférieur, il est évident que la somme précédente coïncidera avec celle que contient l'expression obtenue plus haut pour le nombre h des formes qui répondent au déterminant D, en supposant ce déterminant égal à PR^2 ou à $2PR^2$, suivant que le signe donné dans l'expression $(\pm 1)^{\frac{1}{8}(n^2-1)}$ est le signe supérieur ou le signe inférieur. On conclut de là que la somme que nous avions à considérer, est en effet toujours différente de zéro, puisque, s'il en était autrement, le nombre h se réduirait lui-même à zéro, ce qui est impossible, comme on le voit par la forme x^2-Dy^2, qui a lieu quel que soit le déterminant D.*)

§. 7.

Nous allons maintenant développer les conséquences qui dérivent des équations établies dans les 4 premiers numéros du paragraphe précédent, en commençant par celles qui s'obtiennent indépendamment de la sommation des deux séries générales contenues dans les expressions de h. Nous passerons ensuite à celles qui résultent de cette sommation, que l'on peut effectuer soit par l'intégration d'une fraction rationnelle, soit au moyen des séries connues de sinus ou de cosinus.

Reprenons l'équation (17), dans laquelle les deux sommations relatives à n doivent s'étendre à tous les entiers positifs impairs et premiers au déterminant négatif D. Si dans la première de ces deux sommes l'on écrit n' à la place de n, l'équation pourra se mettre sous la forme:

$$(1)\quad \Sigma'\frac{1}{(ax^2+2bxy+cy^2)^s}+\Sigma'\frac{1}{(a'x^2+2b'xy+c'y^2)^s}+\cdots=2\,\Sigma\,\delta^{\frac{1}{2}(n-1)}\varepsilon^{\frac{1}{8}(n^2-1)}\left(\frac{n}{P}\right)\frac{1}{(nn')^s},$$

le signe Σ indiquant une double sommation relative à n et n'. Il est facile de donner à cette série la forme d'une série simple, en réunissant en un seul tous les termes pour lesquels le produit nn' a la même valeur. On aura ainsi pour terme général $\sigma_n\frac{1}{n^s}$, n ayant toujours la même signification que précédemment, et σ_n désignant l'excès du nombre des diviseurs k de n qui satisfont à la condition:

$$\delta^{\frac{1}{2}(k-1)}\varepsilon^{\frac{1}{8}(k^2-1)}\left(\frac{k}{P}\right)=1,$$

---

*) Hier schliesst der erste im 19. Bande des CRELLE'schen Journals abgedruckte, vom 4. Juli 1839 datirte Theil der Abhandlung. K.

sur celui de ces diviseurs qui satisfont à la condition opposée:

$$\delta^{\frac{1}{2}(k-1)}\varepsilon^{\frac{1}{8}(k^2-1)}\left(\frac{k}{P}\right) = -1.$$

Le premier membre peut également se réduire à une série simple de forme analogue et dont le terme général a pour coefficient le nombre qui exprime combien de fois l'entier n peut être représenté par la totalité des formes quadratiques, en attribuant aux indéterminées x et y de ces formes des valeurs quelconques positives ou négatives, premières entre elles ou non. En désignant le nombre dont il s'agit par τ_n, on aura:

$$\Sigma\tau_n\frac{1}{n^s} = 2\Sigma\sigma_n\frac{1}{n^s}.$$

Cette équation ayant lieu pour toute valeur de l'indéterminée s, supérieure à l'unité, il est facile d'en conclure qu'on a $\tau_n = 2\sigma_n$.

Ce résultat et celui qui se déduit de la même manière de l'équation (20), après en avoir mis le second membre sous la forme:

$$2\Sigma\left(\frac{n}{P}\right)\frac{1}{(2nn')^s},$$

peuvent être réunis dans l'énoncé commun que voici et dans lequel nous distinguons en formes de première et de seconde espèce celles que nous avons appelées précédemment proprement et improprement primitives*).

„n étant un entier positif impair et premier au déterminant négatif D, si l'on désigne par σ l'excès du nombre des diviseurs k de n qui sont tels qu'on ait $\delta^{\frac{1}{2}(k-1)}\varepsilon^{\frac{1}{8}(k^2-1)}\left(\frac{k}{P}\right) = 1$ (où δ, ε et P ont la signification que nous avons fixée au §. 6), sur celui de ces diviseurs qui remplissent la condition opposée $\delta^{\frac{1}{2}(k-1)}\varepsilon^{\frac{1}{8}(k^2-1)}\left(\frac{k}{P}\right) = -1$, le double du nombre σ exprimera de combien de manières différentes l'entier n ($2n$) est susceptible d'être représenté par le système complet des formes de première (seconde) espèce, dont D est le déterminant.“

*) J'ai cru devoir sur ce point m'écarter de la terminologie adoptée dans les Disq. arithm., pour pouvoir conserver dans les dénominations l'analogie qui existe entre les objets qu'elles servent à désigner. Les formes quadratiques à coefficients complexes dont nous aurons à nous occuper dans la suite de ces recherches, présentent sous le rapport dont il s'agit ici, une variété plus grande que les formes ordinaires, et à laquelle les expressions employées par M. Gauss ne s'adapteraient que difficilement. En effet dans les formes de cette nature, le plus grand diviseur commun de a, $2b$, c peut être l'unité, le nombre $1+\sqrt{-1}$, ou enfin le nombre 2, en supposant toujours celui de a, b, c égal à l'unité.

Il importe de remarquer que ce résultat présente les mêmes cas d'exception que le théorème I du §. 4, et que le nombre des représentations est respectivement pour ces deux cas 4σ ou 6σ.

En attribuant à D des valeurs déterminées, on obtient des théorèmes très simples tels que ceux-ci:

„Le nombre des solutions de l'équation $x^2+y^2=n$ est égal au quadruple de l'excès du nombre des diviseurs de n qui ont la forme $4\nu+1$, sur celui des diviseurs compris dans la forme $4\nu+3$."

„Le nombre des solutions de l'équation $x^2+2y^2=n$ est égal au double de l'excès des diviseurs de n, qui sont de l'une des formes $8\nu+1$, 3, sur celui de ces diviseurs qui sont de l'une de celles-ci: $8\nu+5$, 7."

Et ainsi de suite.

Le premier de ces théorèmes particuliers était déjà connu. M. Jacobi qui l'avait d'abord conclu du rapprochement de deux séries qui appartiennent à la théorie des fonctions elliptiques, en a donné depuis une démonstration purement arithmétique*).

On peut, par des considérations du même genre, parvenir au résultat général énoncé ci-dessus en partant du théorème déjà cité du §. 4. C'est ce que nous allons faire voir en peu de mots en nous bornant au cas où les formes sont de la première espèce, le même raisonnement s'appliquant à l'autre cas. Supposons en premier lieu que les diviseurs simples de n soient tous de l'espèce de ceux que nous avons désignés par f, et posons $n=f_1^{\lambda_1}f_2^{\lambda_2}f_3^{\lambda_3}\ldots$, $f_1, f_2, f_3, \ldots$ désignant des nombres premiers inégaux. Pour faire l'énumération complète de toutes les représentations dont n est susceptible, nous les rangerons en groupes, en comprenant dans le même groupe celles de ces représentations pour lesquelles le plus grand diviseur commun des indéterminées x et y a la même valeur l, dont le carré devra évidemment diviser n. Il est évident que le nombre des représentations contenues dans un pareil groupe, est le même que celui des représentations de l'entier $\frac{n}{l^2}$, en assujettissant les indéterminées x et y à être premières entre elles. Or il résulte de la supposition faite sur la nature de $f_1, f_2, \ldots$ et du théorème déjà cité, que ce dernier nombre est exprimé par 2.2^μ, μ désignant le nombre des diviseurs simples inégaux de $\frac{n}{l^2}$.

*) Voyez le Tome XII du Journal de Crelle p. 167.

Tout se réduit donc à déterminer la somme des puissances 2^μ qui correspondent aux entiers de la forme $\frac{n}{l^2}\cdot$ Pour obtenir cette somme, considérons le polynôme:

$$F_1 = 2f_1^{\lambda_1}+2f_1^{\lambda_1-2}+2f_1^{\lambda_1-4}+\cdots$$

qui doit être continué tant que les exposants ne deviennent pas négatifs, et dans lequel le coefficient du dernier terme est supposé égal à 2 ou à 1, selon que l'exposant de ce terme a la valeur 1 ou 0. Le produit développé de ce polynôme et des polynômes analogues relatifs à f_2, f_3, ... étant évidemment composé de tous les termes de la forme $2^\mu\frac{n}{l^2}$, on obtiendra la somme des puissances 2^μ, en remplaçant les nombres f_1, f_2, ... par l'unité. Mais par ce changement F_1, F_2, ... deviendront respectivement λ_1+1, λ_2+1, ..., d'où l'on conclut que le nombre des représentations qu'il s'agit d'obtenir, est égal au double du produit $(\lambda_1+1)(\lambda_2+1)\ldots$, qui exprime, comme l'on sait, le nombre des diviseurs de n. On voit que dans ce premier cas, le résultat est conforme à l'énoncé général, puisque dans ce cas, où les diviseurs remplissent tous la première des deux conditions exprimées dans cet énoncé, le nombre des diviseurs ne diffère pas de l'excès désigné par σ. Passons maintenant au cas général où n renferme aussi des nombres premiers g, tels qu'on ait:

$$\delta^{\frac{1}{2}(g-1)}\varepsilon^{\frac{1}{8}(g^2-1)}\left(\frac{g}{P}\right) = -1,$$

et posons:

$$n = f_1^{\lambda_1}f_2^{\lambda_2}\ldots\times g_1^{\nu_1}g_2^{\nu_2}\ldots.$$

Il est facile de conclure du cas déjà examiné que dans cette supposition le nombre des représentations dont n est susceptible, sera exprimé par $2(\lambda_1+1)(\lambda_2+1)\ldots$, lorsque les exposants ν_1, ν_2, ... sont tous pairs, et se réduit au contraire à zéro, lorsque cette circonstance n'a pas lieu. Nous avons donc à prouver que l'excès σ a la valeur $(\lambda_1+1)(\lambda_2+1)\ldots$ ou la valeur zéro, selon que n se trouve dans le premier ou le second de ces deux cas. Pour y parvenir, faisons le produit des expressions:

$$1+f_1+\cdots+f_1^{\lambda_1},\quad 1+f_2+\cdots f_2^{\lambda_2},\quad \ldots,\quad 1+g_1+\cdots+g_1^{\nu_1},\quad 1+g_2+\cdots g_2^{\nu_2},\quad \ldots$$

dont les différents termes donnent tous les diviseurs de n. L'un quelconque de ces diviseurs étant désigné par k, on aura $\delta^{\frac{1}{2}(k-1)}\varepsilon^{\frac{1}{8}(k^2-1)}\left(\frac{k}{P}\right)=\pm 1$, le signe supérieur ou inférieur ayant lieu, selon que le nombre des facteurs g_1, g_2, ...

contenus dans k sera pair ou impair. On conclut de là que le produit précédent se changera en σ, si l'on y fait $1 = f_1 = f_2 = \cdots$, $-1 = g_1 = g_2 = \cdots$. Le produit deviendra ainsi:

$$(\lambda_1+1)(\lambda_2+1)\ldots\times\frac{1-(-1)^{\nu_1+1}}{2}\cdot\frac{1-(-1)^{\nu_2+1}}{2}\cdots,$$

et il est évident que cette expression est en effet $(\lambda_1+1)(\lambda_2+1)\ldots$, lorsque $\nu_1, \nu_2, \ldots$ sont tous pairs, et zéro dans tout autre cas.

Les résultats précédents sont relatifs au cas où le déterminant D est un entier négatif. Il existe des propriétés analogues pour les formes dont le déterminant est positif. Pour établir ces propriétés, on peut faire usage des séries que nous avons considérées dans les Nos. III et IV du §. 6. On peut aussi y parvenir par des raisonnements purement arithmétiques entièrement semblables à ceux que nous venons d'indiquer, et en prenant pour point de départ le théorème III du §. 4.

Il serait donc inutile d'entrer dans de nouveaux détails à cet égard, et nous nous bornerons à énoncer les résultats qui se rapportent aux formes à déterminant positif. Mais il est bon de faire précéder cet énoncé d'une remarque propre à le simplifier et qui concerne les conditions auxquelles les coefficients des formes à déterminant positif ont été assujetties dans les §§. 4 et 6. On y a supposé, que les coefficients de chacune de ces formes, telle que $ax^2+2bxy+cy^2$, étaient les deux premiers positifs, le troisième négatif. Or de ces conditions la première et la troisième sont seules nécessaires, et tout ce qui a été démontré dans les paragraphes cités, subsiste également lorsque b est négatif ou zéro. Nous n'avons en effet eu nulle part égard au signe du coefficient moyen, si ce n'est dans le No. III du §. 6, pour prouver que l'expression $ax^2+2bxy+cy^2$ est positive, lorsqu'on y suppose:

$$x>0, \quad y>0, \quad y \leqq \frac{aU}{T-bU}\,x.$$

Mais il est facile de voir que ce résultat ne dépend pas non plus du signe de b. Pour s'en assurer, on remarquera que la dernière des inégalités précédentes peut se mettre sous la forme $(ax+by)\,U \geqq yT$, d'où l'on conclut, le second membre étant positif, $(ax+by)^2\,U^2 \geqq y^2T^2$. On a, d'un autre côté, $T^2 > DU^2$, et par suite en multipliant, $(ax+by)^2 > Dy^2$, ou ce qui revient au même, le coefficient a étant positif, $ax^2+2bxy+cy^2>0$; ce qu'il s'agissait de prouver.

En ayant égard à la remarque qui vient d'être faite, et désignant comme précédemment par ω l'unité ou le nombre 2, selon qu'il s'agira de formes de première ou de seconde espèce, on pourra réunir les résultats dont il s'agit dans l'énoncé suivant.

„D étant un entier positif (non-carré) et T et U désignant les plus petites valeurs positives de t et u (autres que ω et 0) qui satisfont à l'équation $t^2 - Du^2 = \omega^2$, supposons que:

$$ax^2 + 2bxy + cy^2, \quad a'x^2 + 2b'xy + c'y^2, \quad \ldots$$

soient les formes différentes de première (seconde) espèce, ayant le nombre D pour déterminant, ces formes étant tellement choisies que les coefficients de x^2 soient tous positifs, et ceux de y^2 tous négatifs; supposons encore que les indéterminées x et y ne doivent recevoir que des valeurs positives, et soient de plus assujetties dans la première de ces formes à la condition $y \leqq \frac{aU}{T - bU} x$, et dans les autres à des conditions analogues. Cela étant et n désignant un entier positif, impair et premier à D, je dis que le nombre des représentations différentes dont ωn est susceptible au moyen des formes données, est égal à l'excès du nombre des diviseurs k de n, pour lesquels l'expression $\delta^{\frac{1}{2}(k-1)} \varepsilon^{\frac{1}{8}(k^2-1)} \left(\frac{k}{P}\right)$ a la valeur 1, sur celui de ces diviseurs qui donnent à la même expression la valeur -1."

Pour appliquer ce théorème à un cas particulier, soit $D = 2$. On a alors $\omega = 1$, $T = 3$, $U = 2$, $\delta = 1$, $\varepsilon = -1$, $P = 1$, et le système complet des formes se réduit à un seul terme, pour lequel nous pouvons prendre la forme $x^2 - 2y^2$. Le résultat relatif à ce cas est donc:

„Si dans l'équation $x^2 - 2y^2 = n$, où n est impair et positif, les indéterminées x et y ne sont susceptibles que de valeurs positives et en outre telles qu'on ait $3y \leqq 2x$, le nombre des solutions de cette équation sera exprimé par l'excès du nombre des diviseurs de n qui ont l'une des formes $8\nu \pm 1$, sur celui de ces diviseurs qui sont de l'une de celles-ci: $8\nu \pm 5$."

Comme dans l'équation (1) établie ci-dessus, de même que dans les trois équations analogues que pour abréger nous nous sommes dispensés d'écrire, les deux membres sont égaux par groupes de termes, en ce sens que le terme unique qui résulte de la réunion de tous les termes particuliers du second membre, pour lesquels le produit nn' a une valeur déterminée, est identique à celui qui provient dans le premier de tous les termes particuliers pour lesquels les formes quadratiques ont cette même valeur déterminée, on voit que la vérité de ces équations est indépendante de la forme particulière de la fonction qui y entre, et que cette fonction qui, dans ces équations telles qu'elles se sont présentées d'abord, est une puissance de l'exposant $-s$, peut être remplacée par une fonction entièrement arbitraire. Il viendra ainsi, en n'écrivant toujours que l'équation qui se rapporte au premier des quatre cas généraux:

$$(2)\quad \Sigma'\varphi(ax^2+2bxy+cy^2)+\Sigma'\varphi(a'x^2+2b'xy+c'y^2)+\cdots = 2\Sigma\delta^{\frac{1}{2}(n-1)}\varepsilon^{\frac{1}{8}(n^2-1)}\left(\frac{n}{P}\right)\varphi(nn'),$$

les signes sommatoires ayant toujours la même signification. Il faut seulement ajouter que la fonction désignée par la caractéristique φ doit être telle que les séries précédentes soient convergentes et du nombre de celles que nous avons appelées séries de première espèce. Cette condition se trouvera remplie, par exemple, si l'on suppose:

$$\varphi(z) = q^z,$$

q étant une constante réelle ou imaginaire, dont la valeur numérique ou le module soit moindre que l'unité. Ce cas est surtout remarquable, en ce qu'il permet d'effectuer l'une des sommations dans le second membre et de transformer les séries doubles contenues dans le premier, en sommes de produits de séries simples, de sorte que l'équation exprime alors un rapport entre certaines séries simples qui sont précisément celles qui se présentent dans la théorie des fonctions elliptiques. La simplification dont nous parlons, n'a toutefois lieu que pour l'équation (2) et pour l'autre équation analogue qui se rapporte à une valeur négative de D; elle ne s'étend pas au cas où le déterminant est positif. On peut bien, dans ce dernier cas, exécuter encore l'une des sommations indiquées dans le second membre, mais les conditions d'inégalité auxquelles sont assujetties celles relatives à x et y empêchent que les séries doubles en x et y ne soient transformées en produits de séries simples.

Comme les formules auxquelles on se trouve conduit par la réduction dont nous venons de parler, sont nouvelles et paraissent présenter quelque intérêt, nous indiquerons brièvement la manière dont on peut l'effectuer. L'équation (2), lorsqu'on y attribue à la fonction φ la forme exponentielle, se change en celle-ci:

$$(3)\qquad \Sigma' q^{ax^2+2bxy+cy^2}+\Sigma' q^{a'x^2+2b'xy+c'y^2}+\cdots = 2\Sigma\delta^{\frac{1}{2}(n-1)}\varepsilon^{\frac{1}{8}(n^2-1)}\left(\frac{n}{P}\right)q^{nn'}.$$

Dans le cas particulier où les coefficients moyens b, b', ... sont tous égaux à zéro, le premier membre se présente immédiatement comme la somme d'un nombre limité de produits de séries simples. Soit, par exemple, $D=-2$; il n'existe alors que la seule forme x^2+2y^2, et la somme $\Sigma' q^{x^2+2y^2}$, dans laquelle x^2+2y^2 ne doit recevoir que des valeurs impaires, devra s'étendre à tous les entiers impairs x, et à tous les entiers pairs ou impairs y. En réunissant les termes qui répondent à des valeurs opposées de x ou de y, le premier membre prendra la forme de ce produit:

$$2(q+q^{3^2}+q^{5^2}+\cdots)(1+2q^2+2q^{2.2^2}+2q^{2.3^2}+\cdots).$$

Quant au second membre, comme l'on a $\delta=-1$, $\varepsilon=-1$, $P=-1$, il deviendra $2\Sigma(-1)^{\frac{1}{2}(n-1)+\frac{1}{8}(n^2-1)}q^{nn'}$, le signe Σ s'étendant à toutes les valeurs positives et impaires de n et de n'. En effectuant la sommation par rapport à n', on aura:

$$2\Sigma(-1)^{\frac{1}{2}(n-1)+\frac{1}{8}(n^2-1)}\frac{q^n}{1-q^{2n}}.$$

On a donc dans ce cas particulier l'équation:

$$(q+q^9+q^{25}+\cdots)(1+2q^2+2q^8+2q^{18}+\cdots)=\frac{q}{1-q^2}+\frac{q^3}{1-q^6}-\frac{q^5}{1-q^{10}}-\frac{q^7}{1-q^{14}}+\cdots,$$

facile à vérifier par les formules connues de la théorie des fonctions elliptiques.

Passons à un cas plus général et qui suffira pour montrer de quelle manière la réduction dont il est question, pourra être effectuée quelle que soit la valeur négative attribuée à D. Soit $D=-p$, p désignant un nombre premier $4\nu+3$. Dans cette supposition on a $\delta=1$, $\varepsilon=1$, $P=-p$; le second membre deviendra donc, en mettant au lieu de $\left(\frac{n}{-p}\right)$ l'expression équivalente $\left(\frac{n}{p}\right)$:

$$2\Sigma\left(\frac{n}{p}\right)q^{nn'}.$$

Comme n et n' doivent recevoir toutes les valeurs positives impaires et premières à p, l'expression précédente, en y effectuant la sommation relative à n', se changera en:

$$(4)\qquad 2\Sigma\left(\frac{n}{p}\right)\frac{q^n}{1-q^{2n}}-2\Sigma\left(\frac{n}{p}\right)\frac{q^{np}}{1-q^{2np}}.$$

Considérons maintenant l'une des sommes doubles contenues dans le premier membre de l'équation (3), la première par exemple. D'après ce que nous avons vu au §. 5, les valeurs simultanées que x et y doivent obtenir dans cette somme, peuvent être distribuées en un certain nombre de systèmes de la forme $x = 2pu + \alpha$, $y = 2pv + \gamma$, où α et γ sont des entiers déterminés et u et v des entiers indéterminés qui doivent prendre toutes les valeurs depuis $-\infty$ jusqu'à ∞. On aura donc, pour la somme partielle qui répond à ce système, en mettant $ax^2 + 2bxy + cy^2$ sous la forme $\frac{1}{a}((ax+by)^2 + py^2)$:

$$\Sigma q^{\frac{1}{a}(2p(au+bv)+a\alpha+b\gamma)^2} q^{\frac{p}{a}(2pv+\gamma)^2}.$$

Décomposons maintenant cette somme partielle à son tour en d'autres sommes, en écrivant successivement av, $av+1$, ..., $av+a-1$ à la place de v. On aura ainsi pour l'une quelconque de ces nouvelles sommes partielles, dont le nombre est a, l'expression suivante qui se rapporte à la substitution de $av+\lambda$, et dans laquelle on a fait, pour abréger, $2pb\lambda + a\alpha + b\gamma = k$, $2p\lambda + \gamma = l$:

$$\Sigma q^{\frac{1}{a}(2pa(u+bv)+k)^2} q^{\frac{p}{a}(2pav+l)^2}.$$

Or, si l'on considère maintenant la sommation relative à u comme devant être effectuée la première, rien n'empêche de remplacer $u+bv$ par u, et le résultat prend la forme d'un produit de deux séries simples:

$$\Sigma q^{\frac{1}{a}(2pau+k)^2} \Sigma q^{\frac{p}{a}(2pav+l)^2}. \tag{5}$$

Il est d'ailleurs facile de voir que ces deux séries peuvent être réduites à la fonction si remarquable que M. JACOBI a introduite dans la théorie des fonctions elliptiques et qui a pour expression:

$$1 - q\cos 2x + 2q^4 \cos 4x - 2q^9 \cos 6x + \cdots.$$

D'un autre côté, on peut aussi réduire aux fonctions elliptiques les deux séries (4), en combinant les formules connues de cette théorie avec les belles expressions que M. GAUSS a données pour exprimer $\left(\frac{n}{p}\right)$ par une série finie de sinus ou de cosinus.

Les formules que l'on obtient ainsi, me paraissent surtout remarquables en ce que les produits de la forme (5), qui composent le premier membre, dépendent, quant à leur nombre et quant aux constantes a, k, l qu'ils renferment, du nombre et des coefficients des formes quadratiques différentes qui ont lieu pour le déterminant correspondant, et il y a lieu d'espérer qu'en approfondissant le rapprochement que nous venons d'indiquer, on parviendra à des résultats plus importants et qui pourront jeter un nouveau jour sur la nature des formes quadratiques à déterminant négatif. C'est du moins la considération qui me détermine à proposer cet aperçu, tout incomplet qu'il est, à l'attention des géomètres.

§. 8.

Nous nous proposons dans ce paragraphe 1°. d'établir la relation très simple qui existe entre les nombres des formes de première et de seconde espèce qui répondent au même déterminant et 2°. d'examiner de quelle manière le nombre des formes d'un déterminant quelconque dépend de celui qui se rapporte à ce déterminant, divisé par le plus grand carré qu'il contient.

I. Soient h et h' respectivement les nombres des formes de première et de seconde espèce dont le déterminant D est un entier $4\nu+1$. Si nous supposons en premier lieu D négatif, l'équation (19) §. 6 donnera, en observant qu'on a $\delta = 1$, $\varepsilon = 1$:

$$h = \frac{2}{\pi}\sqrt{D_1}\,\Sigma\left(\frac{n}{P}\right)\frac{1}{n}.$$

Il suffit de comparer cette expression aux équations (21), pour en conclure:

$$h = h', \quad D \equiv 1 \pmod{8}; \qquad h = 3h', \quad D \equiv 5 \pmod{8}.$$

Il faut seulement ajouter que la seconde de ces équations est en défaut pour $D = -3$, et qu'on a alors $h = h'$.

II. Lorsque D est positif, la relation qui existe entre h et h', résulte de la même manière de la comparaison des équations (23) et (24). Si l'on désigne par T, U et T', U', respectivement les plus petites valeurs positives qui satisfont aux équations:

$$(1) \quad t^2 - Du^2 = 1, \qquad (2) \quad t'^2 - Du'^2 = 4,$$

la relation dont il s'agit, sera exprimée comme il suit:

$$h = \ h'\,\frac{\log\frac{1}{2}(T'+U'\sqrt{D})}{\log(T+U\sqrt{D})}, \quad D \equiv 1 \pmod{8};$$

$$h = 3h'\,\frac{\log\frac{1}{2}(T'+U'\sqrt{D})}{\log(T+U\sqrt{D})}, \quad D \equiv 5 \pmod{8}.$$

Pour réduire ce résultat à une forme plus simple, nous observerons que les solutions de l'équation (1) sont évidemment toutes comprises dans celles de l'équation (2); il suffit de considérer celles de ces dernières où t' et u' sont pairs et de poser $t = \frac{1}{2}t'$, $u = \frac{1}{2}u'$. Il résulte de là que si T' et U' sont pairs, on a $T = \frac{1}{2}T'$, $U = \frac{1}{2}U'$, et il est facile de voir que ce cas a toujours lieu lorsque D est de la forme $8\nu+1$, puisque dans cette supposition l'équation (2) ne saurait être satisfaite par des valeurs impaires de t' et u'. Reste à considérer le cas où D a la forme $8\nu+5$, et où en même temps T' et U' sont impairs. Comme toutes les solutions positives de l'équation (2) sont données par la formule:

$$\frac{t'+u'\sqrt{D}}{2}=\left(\frac{T'+U'\sqrt{D}}{2}\right)^n,$$

où n est un entier positif, on conclut de la remarque faite plus haut que l'on obtiendra les valeurs T et U, en déterminant le plus petit exposant n pour lequel t' et u' sont pairs, et en posant ensuite $T=\frac{1}{2}t'$, $U=\frac{1}{2}u'$. Or il est facile de voir que cet exposant est le nombre 3; car en faisant $n=2$, on trouve pour u' la valeur impaire $T'U'$, tandis que celle qui répond à $n=3$, et qui est $\frac{1}{4}U'(3T'^2+DU'^2)$, est évidemment paire. On a donc:

$$T+U\sqrt{D}=\left(\frac{T'+U'\sqrt{D}}{2}\right)^3.$$

En appliquant les résultats précédents aux deux équations données ci-dessus, on voit que, pour un déterminant de la forme $8\nu+1$, on a toujours $h=h'$, et que lorsque D a la forme $8\nu+5$, tout dépend des entiers T' et U'; selon que ces entiers seront pairs ou impairs, on aura $h=3h'$ ou $h=h'$.

III. Venant à la seconde des questions énoncées ci-dessus, nous remarquerons d'abord qu'après avoir établi dans ce qui précède, le rapport qui a lieu entre les formes de première et de seconde espèce qui appartiennent au même déterminant, nous pouvons, dans la question qui nous reste à traiter, considérer les formes qu'il s'agit de comparer, quant à leur nombre, comme appartenant à la première espèce. Soient D et $D'=DS^2$ les deux déterminants, D n'ayant pas de facteur carré et S étant supposé positif, et désignons par h et h' les nombres des formes qui répondent respectivement à ces deux déterminants. Comme les quantités δ, ε, P sont évidemment les mêmes pour ces deux déterminants, si l'on suppose en premier lieu D négatif, on aura en vertu de l'équation (19) du §. 6:

$$h=\frac{2\sqrt{D_1}}{\pi}\sum\delta^{\frac{1}{2}(n-1)}\varepsilon^{\frac{1}{8}(n^2-1)}\left(\frac{n}{P}\right)\frac{1}{n},\quad h'=\frac{2S\sqrt{D_1}}{\pi}\sum\delta^{\frac{1}{2}(n-1)}\varepsilon^{\frac{1}{8}(n^2-1)}\left(\frac{n}{P}\right)\frac{1}{n}.$$

Quoique les termes généraux des deux séries contenues dans ces expressions soient de même forme, ces séries ont néanmoins des valeurs différentes. En effet, dans la première équation la sommation doit s'étendre à tous les entiers n impairs et premiers à D, tandis que dans la seconde n ne doit recevoir que des valeurs impaires et premières à D'. Pour découvrir la relation qui existe entre ces deux sommes, il faut se reporter à l'équation (6) du §. 6. Si l'on suppose dans cette équation $\theta = \delta$, $\eta = \varepsilon$, $P_2 = P$, $R_1 = 1$, on voit que les séries précédentes peuvent être considérées l'une et l'autre comme la limite vers laquelle converge le produit:

$$\Pi \frac{1}{1-\delta^{\frac{1}{2}(q-1)}\varepsilon^{\frac{1}{8}(q^2-1)}\left(\frac{q}{P}\right)\frac{1}{q^s}}$$

lorsque la variable s approche indéfiniment de l'unité; mais il y a cette différence que lorsqu'il s'agit de la première série, il faut exclure de ce produit tous les nombres premiers impairs et positifs q qui divisent D, tandis que pour obtenir la seconde série, il faut exclure tous ceux de ces nombres q qui divisent $D' = DS^2$. Il résulte de là que si l'on désigne par r, r', r'', ... les nombres premiers impairs, positifs et inégaux, contenus dans D', sans l'être dans D, le rapport de la première série à la seconde a pour expression:

$$\Pi \frac{1}{1-\delta^{\frac{1}{2}(r-1)}\varepsilon^{\frac{1}{8}(r^2-1)}\left(\frac{r}{P}\right)\frac{1}{r}},$$

le signe Π s'étendant à toutes les valeurs de r qu'on vient de définir.

Au moyen de ce résultat, la comparaison des équations en h et h' donnera celle-ci:

$$h' = hS\Pi\left(1-\delta^{\frac{1}{2}(r-1)}\varepsilon^{\frac{1}{8}(r^2-1)}\left(\frac{r}{P}\right)\frac{1}{r}\right),$$

qui exprime la relation cherchée entre h et h'. On doit ajouter que cette équation ne s'applique pas au cas où $D = -1$, et qu'il faut dans ce cas doubler son premier membre.

IV. Le cas où D et D' sont positifs, étant susceptible d'une analyse toute semblable, nous nous bornerons à énoncer le résultat qui s'y rapporte. Si l'on désigne par T, U et T', U' les plus petites valeurs positives qui satisfont aux équations $t^2 - Du^2 = 1$, $t'^2 - D'u'^2 = 1$, le résultat dont il s'agit, sera:

$$h' = hS\frac{\log(T+U\sqrt{D})}{\log(T'+U'\sqrt{D'})}\left(1-\delta^{\frac{1}{2}(r-1)}\varepsilon^{\frac{1}{8}(r^2-1)}\left(\frac{r}{P}\right)\frac{1}{r}\right),$$

où l'on peut remarquer que le facteur logarithmique équivaut évidemment a l'unité divisée par le plus petit exposant positif λ tel que le coefficient de $\sqrt{D}$ dans la puissance $(T+U\sqrt{D})^\lambda$ développée soit divisible par S.

Nous observons, en finissant ce paragraphe et avant de nous occuper de la sommation mentionnée au commencement du précédent paragraphe, que les deux questions que nous venons de traiter, ont déjà été résolues dans l'ouvrage de M. Gauss (art. 253—256), mais par d'autres moyens. Quant aux résultats, on trouve que ceux de l'illustre auteur, identiques aux nôtres dans le cas des déterminants négatifs, en diffèrent essentiellement et se présentent sous une forme plus compliquée, lorsque la comparaison qu'il s'agit de faire, doit porter sur des formes à déterminant positif.

§. 9.

La sommation qui nous reste à effectuer, peut être opérée par deux méthodes différentes, en s'aidant des formules remarquables que M. Gauss a établies dans le beau Mémoire ayant pour titre „*Summatio quarumdam serierum singularium.*"*) La première de ces méthodes est fondée sur certaines séries connues ordonnées suivant les sinus ou les cosinus des arcs multiples. En l'employant dans la note**) qui a précédé le présent Mémoire, nous avons déjà remarqué qu'elle s'applique, de la même manière et avec une facilité égale, à toutes les séries qui servent à exprimer le nombre des formes pour un déterminant quelconque, c'est-à-dire aux deux séries générales (19) et (23) du §. 6. Nous avons même ajouté que les séries de cette forme sont encore susceptibles d'être sommées par le même moyen, dans plusieurs cas différents de celui où l'exposant s de la puissance $\frac{1}{n^s}$, contenue dans le terme général, est égal à l'unité, ce qui était d'ailleurs évident. En effet, la méthode dont il s'agit, consistant à remplacer le facteur qui multiplie $\frac{1}{n^s}$, au moyen des formules de M. Gauss par un nombre limité de termes de l'une des formes $\sin nx$, $\cos nx$, on voit que la série, après cette transformation, se trouve changée en une somme de suites trigonométriques dont chacune a pour terme général une expression telle que $\frac{\sin nx}{n^s}$ ou $\frac{\cos nx}{n^s}$, et peut par conséquent être sommée pour les mêmes valeurs de s, pour lesquelles D. Bernoulli a donné les sommes de ces dernières.

La seconde méthode est fondée sur le procédé connu de l'intégration des fractions rationnelles. Les séries déjà citées (19) et (23) §. 6, coïncident

*) Gauss' Werke, Bd. II, S. 9. K.

**) Voyez le tome XVIII du Journal de Crelle p. 259.[1])

[1]) S. 357 dieser Ausgabe von G. Lejeune Dirichlet's Werken. K.

avec celles qui forment la seconde des trois classes de suites infinies que nous avons eu à distinguer dans le Mémoire sur la progression arithmétique, et nous avons déjà observé dans le Mémoire cité §. 10, que les séries de seconde et troisième classe peuvent être sommées par la méthode qui avait été expliquée en détail dans le §. 4 du même Mémoire. Les deux méthodes que nous venons de citer, sont l'une et l'autre d'une grande simplicité. La seconde étant celle qui se présente le plus naturellement, nous allons l'employer d'abord. Mais avant d'entreprendre ce calcul, il faut rappeler les formules de M. Gauss. Voici une démonstration de ces expressions, fondée sur les mêmes principes dont j'ai déjà fait usage dans un précédent mémoire*), mais plus simple à quelques égards.

Désignant par $f(x)$ une fonction de x, que je suppose continue entre les limites $x = 0$ et $x = \pi$, si l'on pose:

$$\int_0^\pi f(x)\cos sx\,dx = c_s,$$

on aura, comme l'on sait:

$$c_0 + 2\Sigma c_s \cos sx = \pi f(x),$$

le signe Σ s'étendant à tous les entiers depuis $s = 1$ jusqu'à $s = \infty$. Comme ce développement subsiste entre les limites $x = 0$ et $x = \pi$ inclusivement, on aura en particulier:

$$c_0 + 2\Sigma c_s = \pi f(0).$$

Il est facile de voir comment cette équation doit être modifiée, lorsque les limites de l'intégrale c_s ont des valeurs quelconques. Considérons par exemple les limites 0 et $2h\pi$, h désignant un entier positif, et posons:

$$\int_0^{2h\pi} f(x)\cos sx\,dx = c_s, \tag{1}$$

la fonction étant toujours continue entre ces limites. L'intégrale précédente étant partagée en $2h$ intégrales partielles dont les limites sont:

$$0 \text{ et } \pi, \quad \pi \text{ et } 2\pi, \quad \ldots, \quad (2h-1)\pi \text{ et } 2h\pi,$$

et toutes ces nouvelles intégrales étant ramenées à avoir pour limites communes 0 et π, le premier membre de l'équation (1) se changera en:

$$\int_0^\pi [f(x)+f(2\pi-x)+f(2\pi+x)+\cdots+f(2(h-1)\pi-x)+f(2(h-1)\pi+x)+f(2h\pi-x)]\cos sx\,dx.$$

*) S. 237 und S. 257 dieser Ausgabe von G. Lejeune Dirichlet's Werken. K.

Cette expression de c_s ayant la même forme que celle donnée ci-dessus, on aura:

$$(2)\qquad c_0+2\sum_{s=1}^{s=\infty} c_s = \pi(f(0)+f(2h\pi)+2\sum_{s=1}^{s=h-1} f(2s\pi)),$$

le terme général c_s du premier membre étant donné par l'équation (1). Cela posé, considérons l'intégrale:

$$\int_{-\infty}^{\infty}\cos(x^2)dx = a,$$

a étant une quantité numérique. Posons dans cette intégrale $x=\frac{z}{2}\sqrt{\frac{n}{2\pi}}$, z désignant la nouvelle variable et n étant un entier positif divisible par 4. Il viendra ainsi:

$$\int_{-\infty}^{\infty}\cos\left(\frac{n}{8\pi}z^2\right)dz = 2a\sqrt{\frac{2\pi}{n}}.$$

Cette intégrale étant décomposée en une infinité d'autres ayant pour limites deux multiples consécutifs de 2π, tels que $2s\pi$ et $2(s+1)\pi$, et ces nouvelles intégrales étant ramenées à avoir les limites communes 0 et 2π par le changement de z en $2s\pi+z$, on aura:

$$\sum\int_0^{2\pi}\cos\frac{n}{8\pi}(2s\pi+z)^2dz = 2a\sqrt{\frac{2\pi}{n}},$$

le signe Σ s'étendant depuis $s=-\infty$ jusqu'à $s=\infty$.

En développant sous le signe cosinus, omettant le terme $\frac{1}{2}ns^2\pi$, multiple de 2π, et réunissant les termes de la somme qui répondent à des valeurs opposées de s, il viendra:

$$\int_0^{2\pi}\cos\left(\frac{n}{8\pi}z^2\right)dz+2\sum\int_0^{2\pi}\cos\left(\frac{n}{8\pi}z^2\right)\cos\left(s\frac{nz}{2}\right)dz = 2a\sqrt{\frac{2\pi}{n}},$$

le signe Σ s'étendant depuis $s=1$ jusqu'à $s=\infty$. Si maintenant l'on fait $nz=2x$, on aura:

$$\int_0^{n\pi}\cos\left(\frac{x^2}{2n\pi}\right)dx+2\sum\int_0^{n\pi}\cos\left(\frac{x^2}{2n\pi}\right)\cos sx\,dx = a\sqrt{2n\pi}.$$

Comme l'entier n est pair, le premier membre rentre dans la forme de celui de l'équation (2), $f(x)$ étant $\cos\left(\frac{x^2}{2n\pi}\right)$. On aura donc en vertu de cette équation:

$$\cos 0+\cos\left(\frac{n}{2}\right)^2\frac{2\pi}{n}+2\sum_{s=1}^{s=\frac{1}{2}n-1}\cos s^2\frac{2\pi}{n} = a\sqrt{\frac{2n}{\pi}}.$$

Si l'on observe que l'on a $\cos s^2 \frac{2\pi}{n} = \cos (n-s)^2 \frac{2\pi}{n}$, l'équation précédente pourra prendre cette forme plus simple:

$$\sum_{s=0}^{s=n-1} \cos s^2 \frac{2\pi}{n} = a\sqrt{\frac{2n}{\pi}}.$$

Pour déterminer la quantité a indépendante de n, il suffira de donner à n une valeur particulière. Posant, par exemple, $n=4$, on trouve $a=\sqrt{\frac{1}{2}\pi}$. On a donc définitivement, quel que soit l'entier $n=4\mu$:

$$\sum_{s=0}^{s=n-1} \cos s^2 \frac{2\pi}{n} = \sqrt{n}.$$

En opérant de la même manière sur l'intégrale $\int_{-\infty}^{\infty} \sin(x^2)dx$, on trouve aussi:

$$\sum_{s=0}^{s=n-1} \sin s^2 \frac{2\pi}{n} = \sqrt{n}.$$

Il serait facile d'obtenir par une analyse semblable les sommes de la forme des précédentes, pour les cas où n est de l'une des trois formes $4\mu+1$, $4\mu+2$, $4\mu+3$; mais il est plus simple encore de ramener ces cas à celui ou n a la forme 4μ.

Pour y parvenir, soient n et m deux entiers quelconques dont le premier est supposé positif, et posons:

$$\sum_{s=0}^{s=n-1} e^{s^2\frac{2m\pi i}{n}} = \varphi(m, n),$$

où i désigne, pour abréger, la quantité imaginaire $\sqrt{-1}$.

La fonction $\varphi(m, n)$ jouit de plusieurs propriétés remarquables. On a d'abord évidemment, si m' désigne un troisième entier tel qu'on ait $m' \equiv m \pmod{n}$:

$$\varphi(m, n) = \varphi(m', n). \tag{3}$$

On a encore, en supposant c premier à n:

$$\varphi(m, n) = \varphi(c^2 m, n). \tag{4}$$

Cela résulte de ce que l'expression cs, en y faisant successivement:

$$s = 0, \ 1, \ \ldots, \ n-1,$$

donne les mêmes nombres pour restes lorsqu'on la divise par n.

Une troisième propriété est exprimée par l'équation:

$$\varphi(m, n)\varphi(n, m) = \varphi(1, mn), \tag{5}$$

qui suppose les entiers n et m l'un et l'autre positifs et premiers entre eux.

En effet, comme on a:

$$\sum_{s=0}^{s=n-1} e^{s^2 \frac{2m\pi i}{n}} = \varphi(m, n), \qquad \sum_{t=0}^{t=m-1} e^{t^2 \frac{2n\pi i}{m}} = \varphi(n, m),$$

il viendra en multipliant:

$$\Sigma\Sigma e^{(m^2 s^2 + n^2 t^2)\frac{2\pi i}{mn}} = \varphi(m, n)\varphi(n, m),$$

ou encore, si l'on ajoute à l'exposant l'expression $2st\pi i$, multiple de $2\pi i$:

$$\Sigma\Sigma e^{(ms+nt)^2 \frac{2\pi i}{mn}} = \varphi(m, n)\varphi(n, m).$$

Le binôme $ms+nt$ peut être remplacé par son reste relatif au diviseur mn. Or, m et n étant premiers entre eux, il est facile de voir que les valeurs de ce reste entre les limites de la double sommation, coïncident, abstraction faite de l'ordre, avec les termes de la suite $0, 1, 2, \ldots, mn-1$. Le résultat prend donc la forme d'une somme simple et l'on a:

$$\sum_{s=0}^{s=mn-1} e^{s^2 \frac{2\pi i}{mn}} = \varphi(m, n)\varphi(n, m),$$

ce qu'il s'agissait de prouver.

Au moyen des équations qui viennent d'être établies, il est facile d'obtenir la valeur de $\varphi(1, n)$, quelle que soit la forme de l'entier n. Si l'on suppose d'abord $n = 4\mu$, on aura, en vertu des sommations effectuées plus haut:

$$\varphi(1, n) = (1+i)\sqrt{n}.$$

Soit en second lieu n un entier impair. L'équation (5) donne, en y faisant $m=4$:

$$\varphi(4, n)\varphi(n, 4) = \varphi(1, 4n).$$

Le second membre est, d'après l'équation précédente, égal à $2(1+i)\sqrt{n}$. D'un autre côté, les deux expressions $\varphi(4, n)$, $\varphi(n, 4)$ peuvent, au moyen des équations (3) et (4), être remplacées, la première par $\varphi(1, n)$, la seconde par $\varphi(1, 4)$ ou par $\varphi(3, 4)$, suivant que n est de la forme $4\mu+1$ ou de $4\mu+3$. Or il est facile de voir qu'on a:

$$\varphi(1, 4) = 2(1+i), \qquad \varphi(3, 4) = 2(1-i).$$

On conclut de là:

$$\varphi(1, n) = \sqrt{n}, \quad n = 4\mu+1; \qquad \varphi(1, n) = i\sqrt{n}, \quad n = 4\mu+3.$$

Reste à considérer le cas ou n a la forme $4\mu+2$. Dans cette supposition, $\frac{n}{2}$ et 2 étant premiers entre eux, l'équation (5) donnera:

$$\varphi\left(2, \frac{n}{2}\right) \cdot \varphi\left(\frac{n}{2}, 2\right) = \varphi(1, n),$$

et comme d'un autre côté, $\varphi\left(\frac{n}{2}, 2\right) = \varphi(1, 2) = 0$, il s'ensuivra:

$$\varphi(1, n) = 0.$$

Considérons spécialement le cas où n est un nombre premier impair p, et soient a et b respectivement les résidus et les non-résidus quadratiques de p, moindres que ce nombre. On aura alors, en observant que l'expression $i^{\left(\frac{p-1}{2}\right)^2}$ se réduit à 1 ou à i, suivant que p a la forme $4\mu+1$ ou $4\mu+3$:

$$\varphi(1, p) = i^{\left(\frac{p-1}{2}\right)^2} \sqrt{p},$$

équation qu'on peut mettre, en remplaçant s^2 par son reste, sous cette forme:

$$1+2\Sigma e^{a\frac{2\pi i}{p}} = i^{\left(\frac{p-1}{2}\right)^2} \sqrt{p},$$

le signe Σ s'étendant à toutes les valeurs de a. Si m désigne un entier non-divisible par p, on aura pareillement, en remplaçant ms^2 par son reste:

$$\varphi(m, p) = 1+2\Sigma e^{a\frac{2\pi i}{p}} \quad \text{ou} \quad \varphi(m, p) = 1+2\Sigma e^{b\frac{2\pi i}{p}},$$

suivant que:

$$\left(\frac{m}{p}\right) = 1 \quad \text{ou} \quad \left(\frac{m}{p}\right) = -1.$$

Puisque d'un autre côté:

$$\Sigma e^{a\frac{2\pi i}{p}} + \Sigma e^{b\frac{2\pi i}{p}} = -1,$$

on pourra réunir les deux résultats dans cette formule:

$$\varphi(m, p) = \left(\frac{m}{p}\right) i^{\left(\frac{p-1}{2}\right)^2} \sqrt{p}.$$

On donnera à l'expression $\varphi(m,p)$, en y mettant au lieu de s^2 son reste, cette forme:

$$\varphi(m, p) = 1+2\Sigma e^{a\frac{2m\pi i}{p}}$$

et la comparaison de ces deux équations fournira celle-ci:

$$1+2\Sigma e^{a\frac{2m\pi i}{p}} = \left(\frac{m}{p}\right) i^{\left(\frac{p-1}{2}\right)^2} \sqrt{p}.$$

Si maintenant l'on observe qu'on a évidemment $\Sigma e^{a\frac{2m\pi i}{p}} + \Sigma e^{b\frac{2m\pi i}{p}} = -1$, l'équation précédente pourra se changer en celle-ci:

$$1+2\Sigma e^{b\frac{2m\pi i}{p}} = -\left(\frac{m}{p}\right) i^{\left(\frac{p-1}{2}\right)^2} \sqrt{p}.$$

En soustrayant cette équation de la précédente et divisant le résultat par 2, on aura définitivement:

$$\Sigma e^{a\frac{2m\pi i}{p}} - \Sigma e^{b\frac{2m\pi i}{p}} = \left(\frac{m}{p}\right) i^{\left(\frac{p-1}{2}\right)^2} \sqrt{p}.$$

Cette équation subsiste quel que soit l'entier m, pourvu qu'il ne soit pas divisible par p. Lorsque m est un multiple de p, le premier membre se réduit évidemment à zéro. Nous écrirons l'équation d'une manière plus abrégée et comme il suit:

$$(6) \qquad \Sigma \left(\frac{g}{p}\right) e^{g\frac{2m\pi i}{p}} = \left(\frac{m}{p}\right) i^{\left(\frac{p-1}{2}\right)^2} \sqrt{p},$$

où le signe sommatoire s'étend depuis $g = 1$ jusqu'à $g = p-1$.

§. 10.

D'après les résultats obtenus dans le §. 8, où nous avons fait voir que la détermination du nombre h des formes quadratiques qui répondent à un déterminant quelconque, se réduit toujours à une question du même genre et relative au cas où le déterminant n'a pas de diviseur carré et où les formes dont il s'agit d'obtenir le nombre, appartiennent à la première espèce, nous n'aurons plus à nous occuper que des 4 déterminants:

$$P, \quad 2P, \quad -P, \quad -2P,$$

$P = pp'p'' \ldots$ désignant un entier impair et positif dont les diviseurs simples $p, p', p'', \ldots$ sont tous différents les uns des autres.

Il importe de remarquer que la lettre P telle qu'on vient de la définir, a la même signification que dans les §§. 5 et 6, lorsque le déterminant que nous désignerons toujours par D, est positif, mais que dans le cas de D négatif, cette lettre telle qu'elle a été employée dans les paragraphes cités, répond à ce que nous désignons maintenant par $-P$. Cela ne change rien à l'expression $\left(\frac{n}{P}\right)$, contenue dans l'équation (19) du §. 6, et à la valeur de ε fixée par les équations (9) du même paragraphe, cette valeur devant être $+1$ ou -1, suivant que le déterminant, délivré de tout diviseur carré, est impair ou pair. Mais il n'en est pas de même de δ, cette valeur dépendant du reste que donne P, pris avec son signe, relativement au diviseur 4. Il résulte de là qu'en posant pour abréger:

$$V = \Sigma \delta^{\frac{1}{2}(n-1)} \varepsilon^{\frac{1}{8}(n^2-1)} \left(\frac{n}{P}\right) \frac{1}{n},$$

où le signe Σ s'étend à tous les entiers n positifs, impairs et premiers à P, les expressions $\delta = \pm 1$, $\varepsilon = \pm 1$ qui doivent entrer dans la série V contenue dans l'équation (19) ou (23), suivant qu'il s'agit d'un déterminant négatif ou positif, seront déterminées comme il suit:

$$\begin{array}{lll} D = P, & P = 4\mu+1 & \\ D = -P, & P = 4\mu+3 & \end{array}\Big\} \quad \delta = 1, \quad \varepsilon = 1;$$

$$\begin{array}{lll} D = P, & P = 4\mu+3 & \\ D = -P, & P = 4\mu+1 & \end{array}\Big\} \quad \delta = -1, \quad \varepsilon = 1;$$

$$\begin{array}{lll} D = 2P, & P = 4\mu+1 & \\ D = -2P, & P = 4\mu+3 & \end{array}\Big\} \quad \delta = 1, \quad \varepsilon = -1;$$

$$\begin{array}{lll} D = 2P, & P = 4\mu+3 & \\ D = -2P, & P = 4\mu+1 & \end{array}\Big\} \quad \delta = -1, \quad \varepsilon = -1.$$

Cela posé, nous avons successivement à considérer les quatre combinaisons que présentent les équations simultanées $\delta = \pm 1$, $\varepsilon = \pm 1$.

I. Supposons d'abord $\delta = 1$, $\varepsilon = 1$. La série V étant divisée par $\left(1-\left(\frac{2}{P}\right)\frac{1}{2}\right)$, il viendra:

$$\frac{V}{1-\left(\frac{2}{P}\right)\frac{1}{2}} = \Sigma\left(\frac{n}{P}\right)\frac{1}{n},$$

le signe Σ s'étendant à tous les entiers positifs n, premiers à P, pairs ou impairs.

En exprimant la série par une intégrale comme au §. 1, on aura:

$$\frac{V}{1-\left(\frac{2}{P}\right)\frac{1}{2}} = -\int_0^1 \frac{\frac{1}{x}f(x)\,dx}{x^P-1},$$

où l'on a fait, pour abréger, $f(x) = \Sigma\left(\frac{n}{P}\right)x^n$, le signe Σ s'étendant aux entiers précédemment définis moindres que P. En appliquant à cette intégrale la méthode ordinaire de décomposition, on trouve:

$$\frac{V}{1-\left(\frac{2}{P}\right)\frac{1}{2}} = -\frac{1}{P}\Sigma f\left(e^{\frac{2m\pi i}{P}}\right)\int_0^1 \frac{dx}{x-e^{\frac{2m\pi i}{P}}},$$

le signe Σ s'étendant à tous les entiers m depuis $m = 0$ jusqu'à $m = P-1$. Tout se réduit donc à obtenir la fonction $f\left(e^{\frac{2m\pi i}{P}}\right) = \Sigma\left(\frac{n}{P}\right)e^{\frac{n}{P}2m\pi i}$.

Pour y parvenir, mettons la fraction $\frac{n}{P}$, contenue dans l'exposant, sous la forme:

$$\frac{n}{P} = \mu + \frac{g}{p} + \frac{g'}{p'} + \cdots,$$

μ étant un entier positif ou négatif, et $g, g', \ldots$ désignant des entiers positifs respectivement inférieurs à $p, p', \ldots$. On sait que cela ne peut se faire que d'une seule manière (*Disq. arith.* 311), et il est manifeste, n étant premier à P, qu'aucun des entiers $g, g', \ldots$ ne saurait être zéro. Il est encore facile de voir qu'en donnant à n toutes les valeurs qu'il doit recevoir dans la sommation, $g, g', \ldots$ présenteront toutes les combinaisons que l'on peut former avec les entiers depuis $g = 1$ jusqu'à $g = p-1$, depuis $g' = 1$ jusqu'à $g' = p'-1$, etc. Quant à l'entier μ, on pourra le négliger parce qu'il est multiplié par $2m\pi i$ dans l'exposant. Si maintenant nous faisons pour un instant $\frac{P}{p} = r$, $\frac{P}{p'} = r', \ldots$, l'équation précédente donne:

$$n \equiv gr + g'r' + \cdots \pmod{P},$$

d'où l'on conclut ces égalités:

$$\left(\frac{n}{p}\right) = \left(\frac{g}{p}\right)\left(\frac{r}{p}\right), \quad \left(\frac{n}{p'}\right) = \left(\frac{g'}{p'}\right)\left(\frac{r'}{p'}\right), \quad \ldots$$

au moyen desquelles la fonction $f\left(e^{\frac{2m\pi i}{P}}\right)$ deviendra le produit $\left(\frac{r}{p}\right)\left(\frac{r'}{p'}\right)\cdots$ multiplié par les sommes:

$$\Sigma\left(\frac{g}{p}\right)e^{g\frac{2m\pi i}{p}}, \qquad \Sigma\left(\frac{g'}{p'}\right)e^{g'\frac{2m\pi i}{p'}}, \quad \ldots.$$

Remplaçant ces dernières par leurs valeurs fournies par l'équation (6) du paragraphe précédent, on aura:

$$f\left(e^{\frac{2m\pi i}{P}}\right) = \left(\frac{r}{p}\right)\left(\frac{r'}{p'}\right)\cdots i^{\left(\frac{p-1}{2}\right)^2+\left(\frac{p'-1}{2}\right)^2+\cdots}\left(\frac{m}{P}\right)\sqrt{P}$$

en supposant m premier à P. Dans le cas contraire $f\left(e^{\frac{2m\pi i}{P}}\right)$ s'évanouira parce qu'une au moins des sommes précédentes se réduira à zéro. Quant au produit $\left(\frac{r}{p}\right)\left(\frac{r'}{p'}\right)\cdots$, on remarquera qu'il se compose d'autant de produits partiels de la forme $\left(\frac{p}{p'}\right)\left(\frac{p'}{p}\right)$, que les nombres $p, p', \ldots$ peuvent être combinés deux à deux. Or, comme on a:

$$\left(\frac{p}{p'}\right)\left(\frac{p'}{p}\right)=(-1)^{\frac{p-1}{2}\frac{p'-1}{2}}=i^{2\frac{p-1}{2}\frac{p'-1}{2}},$$

on voit que l'expression qui multiplie $\left(\frac{m}{P}\right)\sqrt{P}$ dans l'équation obtenue plus haut, peut prendre la forme:

$$i^{\left(\frac{p-1}{2}+\frac{p'-1}{2}+\cdots\right)^2}=i^{\left(\frac{P-1}{2}\right)^2}.$$

Nous avons donc définitivement:

$$(1)\qquad f\left(e^{\frac{2m\pi i}{P}}\right)=0 \quad \text{ou} \quad f\left(e^{\frac{2m\pi i}{P}}\right)=i^{\left(\frac{P-1}{2}\right)^2}\left(\frac{m}{P}\right)\sqrt{P},$$

suivant que m a ou n'a pas de diviseur commun avec P. Substituant cette valeur et observant que tant que $m<P$, on a:

$$\int_0^1\frac{dx}{x-e^{\frac{2m\pi i}{P}}}=\log\left(2\sin\frac{m\pi}{P}\right)+\frac{\pi}{2}\left(1-\frac{2m}{P}\right)i,$$

il viendra:

$$\frac{V}{1-\left(\frac{2}{P}\right)\frac{1}{2}}=-\frac{i^{\left(\frac{P-1}{2}\right)^2}}{\sqrt{P}}\Sigma\left(\frac{m}{P}\right)\left\{\log\left(2\sin\frac{m\pi}{P}\right)+\frac{\pi}{2}\left(1-\frac{2m}{P}\right)i\right\},$$

le signe sommatoire s'étendant à tous les entiers m inférieurs et premiers à P. L'équation précédente se simplifie en remarquant qu'on a $\Sigma\left(\frac{m}{P}\right)=0$; elle devient ainsi:

$$\frac{V}{1-\left(\frac{2}{P}\right)\frac{1}{2}}=-\frac{i^{\left(\frac{P-1}{2}\right)^2}}{\sqrt{P}}\Sigma\left(\frac{m}{P}\right)\left(\log\sin\frac{m\pi}{P}-\frac{m\pi}{P}i\right).$$

Le premier membre étant réel, les imaginaires doivent se détruire dans le second, comme il est d'ailleurs facile de le vérifier.

Distinguons maintenant les deux formes que P peut présenter, en supposant successivement $P=4\mu+1$ et $P=4\mu+3$. Nous obtenons ainsi:

$$(a)\qquad \begin{cases} P=4\mu+1, & V=-\dfrac{1}{\sqrt{P}}\left(1-\left(\dfrac{2}{P}\right)\dfrac{1}{2}\right)\Sigma\left(\dfrac{m}{P}\right)\log\sin\dfrac{m\pi}{P}, \\ P=4\mu+3, & V=-\dfrac{\pi}{(\sqrt{P})^3}\left(1-\left(\dfrac{2}{P}\right)\dfrac{1}{2}\right)\Sigma\left(\dfrac{m}{P}\right)m, \end{cases}$$

le signe Σ s'étendant toujours aux entiers m inférieurs et premiers à P.

II. Soit en second lieu $\delta = -1$, $\varepsilon = 1$. Comme le facteur qui multiplie $\frac{1}{n}$ dans la série V, est le même pour des valeurs de n qui diffèrent d'un multiple de $4P$, on aura d'après ce qui a été dit dans le §. 1:

$$V = -\int_0^1 \frac{\frac{1}{x} F(x)dx}{x^{4P}-1},$$

en posant pour abréger:

$$F(x) = \Sigma(-1)^{\frac{1}{2}(n-1)}\left(\frac{n}{P}\right)x^n,$$

le signe Σ s'étendant à tous les entiers n inférieurs et premiers à $4P$.

La méthode connue pour la décomposition des fractions rationnelles donne:

$$V = -\frac{1}{4P}\Sigma F\left(e^{\frac{2m\pi i}{4P}}\right)\int_0^1 \frac{dx}{x-e^{\frac{2m\pi i}{4P}}},$$

où le signe Σ s'étend à tous les entiers depuis $m=0$ jusqu'à $m=4P-1$. Tout se réduit donc à déterminer l'expression $F\left(e^{\frac{2m\pi i}{4P}}\right)$.

On peut y parvenir par des considérations analogues à celles que nous avons employées dans le numéro précédent pour trouver $f\left(e^{\frac{2m\pi i}{P}}\right)$, mais il est plus simple de ramener ce cas à celui que nous avons déjà examiné. Pour cela, on décomposera la fraction $\frac{n}{4P}$, contenue dans l'exposant, comme il suit:

$$\frac{n}{4P} = \mu + \frac{\gamma}{4} + \frac{n'}{P},$$

où il est facile de voir qu'en supposant γ et n' positifs et respectivement inférieurs à 4 et à P, les valeurs de γ et de n' présenteront, dans la sommation qu'il s'agit d'effectuer relativement à n, toutes les combinaisons des nombres γ inférieurs et premiers à 4, avec tous les nombres n' inférieurs et premiers à P. De l'équation précédente mise sous la forme:

$$n \equiv P\gamma + 4n' \pmod{4P},$$

on conclut facilement:

$$(-1)^{\frac{1}{2}(n-1)} = (-1)^{\frac{1}{2}(P-1)}(-1)^{\frac{1}{2}(\gamma-1)}, \qquad \left(\frac{n}{P}\right) = \left(\frac{n'}{P}\right).$$

La fonction $F\left(e^{\frac{2m\pi i}{4P}}\right)$ deviendra par la substitution de ces valeurs:

$$F\left(e^{\frac{2m\pi i}{4P}}\right) = (-1)^{\frac{1}{2}(P-1)}\Sigma(-1)^{\frac{1}{2}(\gamma-1)}e^{\gamma\frac{2m\pi i}{4}}.\Sigma\left(\frac{n'}{P}\right)e^{n'\frac{2m\pi i}{P}}$$

Quant à la seconde des deux sommes contenues dans le second membre, elle est évidemment identique à la fonction $f\left(e^{\frac{2m\pi i}{P}}\right)$, n' ayant ici la même signification que n dans le numéro précédent. La première somme pourrait se déduire des formules données dans le §. 9, mais comme elle n'a que deux termes répondant à $\gamma = 1, 3$, on voit sans peine et indépendamment de ces formules que, pour une valeur impaire de m, elle se réduit à $2i(-1)^{\frac{1}{2}(m-1)}$, et qu'elle s'évanouit dans le cas contraire. Substituant les valeurs des deux sommes et remplaçant en même temps $(-1)^{\frac{1}{2}(P-1)}$ par $(i^2)^{\frac{1}{2}(P-1)}$, on aura:

$$(2) \qquad F\left(e^{\frac{2m\pi i}{4P}}\right) = i^{\left(\frac{P+1}{2}\right)^2}(-1)^{\frac{1}{2}(m-1)}\left(\frac{m}{P}\right)\sqrt{4P}$$

en supposant m premier à $4P$. Dans le cas contraire le premier membre s'évanouit parce qu'une au moins des sommes que nous venons de considérer, se réduit à zéro. Au moyen de ce résultat, on conclura:

$$V = -\frac{i^{\left(\frac{P+1}{2}\right)^2}}{\sqrt{4P}}\Sigma(-1)^{\frac{1}{2}(m-1)}\left(\frac{m}{P}\right)\left(\log 2\sin\frac{m\pi}{4P} + i\frac{\pi}{2}\left(1-\frac{m}{2P}\right)\right),$$

le signe s'étendant aux entiers m inférieurs et premiers à $4P$. Si l'on observe que pour ces valeurs on a:

$$\Sigma(-1)^{\frac{1}{2}(m-1)}\left(\frac{m}{P}\right) = 0,$$

l'équation précédente prendra la forme plus simple:

$$V = -\frac{i^{\left(\frac{P+1}{2}\right)^2}}{\sqrt{4P}}\Sigma(-1)^{\frac{1}{2}(m-1)}\left(\frac{m}{P}\right)\left(\log\sin\frac{m\pi}{4P} - i\pi\frac{m}{4P}\right).$$

En distinguant maintenant les deux formes que le nombre P peut présenter lorsqu'on le divise par 4, on aura:

$$(b) \qquad \begin{cases} P = 4\mu+3, & V = -\dfrac{1}{\sqrt{4P}}\Sigma(-1)^{\frac{1}{2}(m-1)}\left(\dfrac{m}{P}\right)\log\sin\dfrac{m\pi}{4P}, \\ P = 4\mu+1, & V = -\dfrac{\pi}{(\sqrt{4P})^3}\Sigma(-1)^{\frac{1}{2}(m-1)}\left(\dfrac{m}{P}\right)m, \end{cases}$$

le signe sommatoire se rapportant aux entiers m inférieurs et premiers à $4P$.

III. Les cas qui nous restent à considérer et qui répondent à $\delta = 1$, $\varepsilon = -1$; $\delta = -1$, $\varepsilon = -1$, étant entièrement semblables à ceux qui viennent d'être traités, nous indiquerons rapidement le calcul qui s'y applique. En conservant d'abord la valeur ambiguë $\delta = \pm 1$, on aura:

$$V = -\int_0^1 \frac{\frac{1}{x} \Sigma \delta^{\frac{1}{2}(n-1)} (-1)^{\frac{1}{8}(n^2-1)} \left(\frac{n}{P}\right) x^n}{x^{8P}-1} dx,$$

le signe Σ s'étendant aux entiers n inférieurs et premiers à $8P$. On conclut de là:

$$V = -\frac{1}{8P} \Sigma A_m \int_0^1 \frac{dx}{x - e^{\frac{2m\pi i}{8P}}},$$

le signe Σ se rapportant aux entiers compris entre $m = 0$ et $m = 8P-1$, et A_m désignant, pour abréger, la somme:

$$\Sigma \delta^{\frac{1}{2}(n-1)} (-1)^{\frac{1}{8}(n^2-1)} \left(\frac{n}{P}\right) e^{\frac{n}{8P} 2m\pi i},$$

étendue aux entiers n définis plus haut. En faisant:

$$\frac{n}{8P} = \mu + \frac{\gamma}{8} + \frac{n'}{P},$$

il est facile de voir que n recevra toutes les valeurs auxquelles la sommation doit s'étendre, en combinant les entiers γ inférieurs et premiers à 8 avec les n' inférieurs et premiers à P. Si l'on remarque en outre qu'en vertu du §. 2, la congruence $n \equiv P\gamma + 8n'$ (mod. $8P$) entraîne ces équations:

$$\delta^{\frac{1}{2}(n-1)} = \delta^{\frac{1}{2}(P-1)} \delta^{\frac{1}{2}(\gamma-1)}, \qquad (-1)^{\frac{1}{8}(n^2-1)} = (-1)^{\frac{1}{8}(P^2-1)} (-1)^{\frac{1}{8}(\gamma^2-1)},$$

$$\left(\frac{n}{P}\right) = \left(\frac{2}{P}\right)\left(\frac{n'}{P}\right) = (-1)^{\frac{1}{8}(P^2-1)} \left(\frac{n'}{P}\right),$$

l'expression A_m prendra la forme:

$$A_m = \delta^{\frac{1}{2}(P-1)} f\left(e^{\frac{2m\pi i}{P}}\right) \Sigma \delta^{\frac{1}{2}(\gamma-1)} (-1)^{\frac{1}{8}(\gamma^2-1)} e^{\gamma \frac{2m\pi i}{8}}.$$

Tout se réduit donc à avoir la somme relative à γ. On pourrait la déduire du paragraphe précédent; mais comme elle ne se compose que d'un nombre limité de termes qui répondent à $\gamma = 1, 3, 5, 7$, on voit de suite que lorsqu'on a $\delta = 1$, la somme est zéro ou $(-1)^{\frac{1}{8}(m^2-1)} \sqrt{8}$, et que lorsqu'on a $\delta = -1$, elle est zéro ou $(-1)^{\frac{1}{2}(m-1)+\frac{1}{8}(m^2-1)}i\sqrt{8}$, suivant que m est pair ou impair. On conclut de là ces deux équations:

$$(3)\qquad \Sigma(-1)^{\frac{1}{8}(n^2-1)}\left(\frac{n}{P}\right)e^{n\frac{2m\pi i}{8P}} = (-1)^{\frac{1}{8}(m^2-1)}\left(\frac{m}{P}\right)i^{\left(\frac{P-1}{2}\right)^2}\sqrt{8P},$$

$$(4)\qquad \Sigma(-1)^{\frac{1}{2}(n-1)+\frac{1}{8}(n^2-1)}\left(\frac{n}{P}\right)e^{n\frac{2m\pi i}{8P}} = (-1)^{\frac{1}{2}(m-1)+\frac{1}{8}(m^2-1)}\left(\frac{m}{P}\right)i^{\left(\frac{P+1}{2}\right)^2}\sqrt{8P},$$

qui supposent m premier à $8P$, et dont les seconds membres, dans le cas contraire, doivent être remplacés par zéro. Au moyen de ces expressions le calcul s'achève comme dans les cas déjà examinés, et l'on trouve:

$$(c)\quad \begin{cases} \delta=1,\quad \varepsilon=-1 \begin{cases} P=4\mu+1, & V=-\dfrac{1}{\sqrt{8P}}\,\Sigma(-1)^{\frac{1}{8}(m^2-1)}\left(\dfrac{m}{P}\right)\log\sin\dfrac{m\pi}{8P}, \\ P=4\mu+3, & V=-\dfrac{\pi}{(\sqrt{8P})^3}\,\Sigma(-1)^{\frac{1}{8}(m^2-1)}\left(\dfrac{m}{P}\right)m, \end{cases} \\ \delta=-1,\quad \varepsilon=-1 \begin{cases} P=4\mu+3, & V=-\dfrac{1}{\sqrt{8P}}\,\Sigma(-1)^{\frac{1}{2}(m-1)+\frac{1}{8}(m^2-1)}\left(\dfrac{m}{P}\right)\log\sin\dfrac{m\pi}{8P}, \\ P=4\mu+1, & V=-\dfrac{\pi}{(\sqrt{8P})^3}\,\Sigma(-1)^{\frac{1}{2}(m-1)+\frac{1}{8}(m^2-1)}\left(\dfrac{m}{P}\right)m, \end{cases} \end{cases}$$

les sommations s'étendant aux entiers m inférieurs et premiers à $8P$.

IV. Nous allons maintenant résoudre la question dont nous venons de nous occuper, par la première des deux méthodes indiquées plus haut, qui est celle des séries trigonométriques, en nous bornant toutefois, pour abréger, aux séries V qui se rapportent aux déterminants négatifs.

Soit en premier lieu $\delta=1$, $\varepsilon=1$, $P=4\mu+3$; on a alors:

$$V=\Sigma\left(\frac{n}{P}\right)\frac{1}{n},$$

le signe Σ se rapportant aux entiers n impairs et premiers à P. D'après l'équation (1), on a pour un nombre P de la forme $4\mu+3$:

$$\frac{1}{\sqrt{P}}\,\Sigma\left(\frac{m}{P}\right)\sin n\frac{2m\pi}{P}=\left(\frac{n}{P}\right)\quad \text{ou}\quad =0,$$

suivant que n est ou n'est pas premier à P, le signe Σ s'étendant aux entiers m inférieurs et premiers à P. Si l'on introduit cette expression dans la série V à la place de $\left(\frac{n}{P}\right)$, on pourra étendre la sommation relative à n à tous les entiers impairs, l'expression précédente s'évanouissant pour des valeurs de

n qui ne sont pas premières à P. Il viendra ainsi, en intervertissant l'ordre des deux sommes:

$$V=\frac{1}{\sqrt{P}}\,\Sigma\left(\frac{m}{P}\right)\Sigma\frac{1}{n}\sin n\frac{2m\pi}{P}.$$

La première peut s'obtenir au moyen du résultat connu d'après lequel la série:

$$\frac{\sin x}{1}+\frac{\sin 3x}{3}+\frac{\sin 5x}{5}+\cdots \tag{5}$$

a la valeur $\frac{\pi}{4}$ ou $-\frac{\pi}{4}$, suivant que x est compris entre 0 et π, ou entre π et 2π. En distinguant donc les valeurs de m inférieures à $\frac{1}{2}P$ de celles qui surpassent $\frac{1}{2}P$, et désignant ces valeurs respectivement par m' et m'', il viendra:

$$V=\frac{\pi}{4\sqrt{P}}\left(\Sigma\left(\frac{m'}{P}\right)-\Sigma\left(\frac{m''}{P}\right)\right).$$

Comme dans la seconde somme on peut évidemment remplacer m'' par $P-m'$, et qu'on a d'ailleurs, P étant de la forme $4\mu+3$:

$$\left(\frac{P-m'}{P}\right)=\left(\frac{-1}{P}\right)\left(\frac{m'}{P}\right)=-\left(\frac{m'}{P}\right),$$

on aura:

$$V=\frac{\pi}{2\sqrt{P}}\,\Sigma\left(\frac{m'}{P}\right),$$

expression d'une forme différente de celle que nous avons trouvée plus haut. Si, avant de sommer, on avait divisé par $\left(1-\left(\frac{2}{P}\right)\frac{1}{2}\right)$, on serait tombé sur le même résultat que nous avons obtenu par l'autre méthode.

Soit en second lieu $\delta=-1$, $\varepsilon=1$, $P=4\mu+1$. On a alors:

$$V=\Sigma(-1)^{\frac{1}{2}(n-1)}\left(\frac{n}{P}\right)\frac{1}{n},$$

où n ne doit recevoir que des valeurs premières à $4P$. L'équation (2) donne pour ce cas:

$$\frac{1}{\sqrt{4P}}\,\Sigma(-1)^{\frac{1}{2}(m-1)}\left(\frac{m}{P}\right)\sin n\frac{2m\pi}{4P}=(-1)^{\frac{1}{2}(n-1)}\left(\frac{n}{P}\right)\quad \text{ou}\quad =0,$$

suivant que n est ou n'est pas premier à $4P$, le signe Σ s'étendant aux entiers m inférieurs et premiers à $4P$. Introduisant cette expression dans la série V, il viendra:

$$V = \frac{1}{\sqrt{4P}} \Sigma(-1)^{\frac{1}{2}(m-1)}\left(\frac{m}{P}\right)\Sigma\frac{1}{n}\sin n\frac{2m\pi}{4P}.$$

L'expression qu'on a substituée, s'évanouissant lorsque n n'est pas premier à $4P$, on voit que l'on peut, dans la somme:

$$\Sigma\frac{1}{n}\sin n\frac{2m\pi}{4P},$$

supposer à volonté que n obtient toutes les valeurs entières ou seulement celles qui sont impaires.

Dans la première supposition on aura en vertu de l'équation:

$$\tfrac{1}{2}(\pi - x) = \frac{\sin x}{1} + \frac{\sin 2x}{2} + \frac{\sin 3x}{3} + \cdots$$

qui subsiste depuis $x = 0$ jusqu'à $x = 2\pi$:

$$\Sigma\frac{1}{n}\sin n\frac{2m\pi}{4P} = \tfrac{1}{2}\left(\pi - \frac{m\pi}{2P}\right),$$

et par suite:

$$V = \frac{\pi}{2\sqrt{4P}}\Sigma(-1)^{\frac{1}{2}(m-1)}\left(\frac{m}{P}\right) - \frac{\pi}{(\sqrt{4P})^3}\Sigma(-1)^{\frac{1}{2}(m-1)}\left(\frac{m}{P}\right)m,$$

ou ce qui revient au même, la première somme étant évidemment nulle:

$$V = -\frac{\pi}{(\sqrt{4P})^3}\Sigma(-1)^{\frac{1}{2}(m-1)}\left(\frac{m}{P}\right)m,$$

ce qui coïncide avec la valeur obtenue par l'autre méthode.

Si en second lieu on suppose que n ne reçoit que des valeurs impaires, on trouvera, au moyen de l'équation (5), et en désignant par m' ou m'' les valeurs de m, suivant qu'elles sont inférieures ou supérieures à $2P$:

$$V = \frac{\pi}{4\sqrt{4P}}\left(\Sigma(-1)^{\frac{1}{2}(m'-1)}\left(\frac{m'}{P}\right) - \Sigma(-1)^{\frac{1}{2}(m''-1)}\left(\frac{m''}{P}\right)\right).$$

En mettant $4P - m'$ à la place de m'', et observant qu'on a:

$$(-1)^{\frac{1}{2}(4P-m'-1)}\left(\frac{4P-m'}{P}\right) = -(-1)^{\frac{1}{2}(m'-1)}\left(\frac{m'}{P}\right),$$

on obtiendra cette nouvelle expression de V:

$$V = \frac{\pi}{2\sqrt{4P}}\Sigma(-1)^{\frac{1}{2}(m'-1)}\left(\frac{m'}{P}\right).$$

En traitant les deux autres cas de la même manière, on trouvera, outre les résultats déjà obtenus par l'autre méthode, deux nouveaux résultats que nous allons réunir avec les deux précédents:

$$(d)\quad \begin{cases} \delta = 1, & \varepsilon = 1, \quad P = 4\mu+3, \quad V = \dfrac{\pi}{2\sqrt{P}}\Sigma\left(\dfrac{m'}{P}\right), \\ \delta = -1, & \varepsilon = 1, \quad P = 4\mu+1, \quad V = \dfrac{\pi}{2\sqrt{4P}}\Sigma(-1)^{\frac{1}{2}(m'-1)}\left(\dfrac{m'}{P}\right), \\ \delta = 1, & \varepsilon = -1, \quad P = 4\mu+3, \quad V = \dfrac{\pi}{2\sqrt{8P}}\Sigma(-1)^{\frac{1}{8}(m'^2-1)}\left(\dfrac{m'}{P}\right), \\ \delta = -1, & \varepsilon = -1, \quad P = 4\mu+1, \quad V = \dfrac{\pi}{2\sqrt{8P}}\Sigma(-1)^{\frac{1}{2}(m'-1)+\frac{1}{8}(m'^2-1)}\left(\dfrac{m'}{P}\right). \end{cases}$$

Les valeurs m' sont premières à P et en outre impaires dans les trois dernières équations. Quant aux limites des sommations, on doit ajouter que les valeurs de m' doivent être respectivement inférieures à $\frac{1}{2}P$, $2P$, $4P$, $4P$.

Les expressions de V peuvent prendre beaucoup d'autres formes encore. On obtient, par exemple, des expressions différentes des précédentes et plus simples, si dans le cas où le terme général renferme l'un des facteurs:

$$(-1)^{\frac{1}{2}(n-1)}, \quad (-1)^{\frac{1}{8}(n^2-1)},$$

ou l'un et l'autre, on les conserve dans la série, en n'introduisant les formules de M. GAUSS que pour remplacer l'expression $\left(\frac{n}{P}\right)$. C'est ce que nous allons faire pour les trois derniers cas du tableau précédent (d).

Dans le premier de ces trois cas, on a:

$$V = \Sigma(-1)^{\frac{1}{2}(n-1)}\left(\frac{n}{P}\right)\frac{1}{n}, \qquad P = 4\mu+1,$$

et l'équation (1) donne alors:

$$\Sigma\left(\frac{m}{P}\right)\cos n\frac{2m\pi}{P} = \left(\frac{n}{P}\right)\sqrt{P} \qquad \text{ou} \qquad = 0,$$

suivant que n est ou n'est pas premier à P, m devant recevoir toutes les valeurs inférieures et premières à P. En substituant cette expression de $\left(\frac{n}{P}\right)$, on aura:

$$V = \frac{1}{\sqrt{P}}\Sigma\left(\frac{m}{P}\right)\Sigma(-1)^{\frac{1}{2}(n-1)}\frac{1}{n}\cos n\frac{2m\pi}{P},$$

où la sommation relative à n, peut maintenant s'étendre à tous les entiers impairs. Or on sait que la série:

$$\frac{\cos x}{1} - \frac{\cos 3x}{3} + \frac{\cos 5x}{5} - \cdots$$

a la valeur:

$$\frac{\pi}{4}, \quad -\frac{\pi}{4}, \quad \frac{\pi}{4},$$

suivant que x est compris dans les trois intervalles:

$$0 \text{ et } \frac{\pi}{2}, \quad \frac{\pi}{2} \text{ et } \frac{3\pi}{2}, \quad \frac{3\pi}{2} \text{ et } 2\pi.$$

Désignant donc respectivement par m', m'', m''' les valeurs de m comprises dans les trois intervalles:

$$0 \text{ et } \tfrac{1}{4}P, \quad \tfrac{1}{4}P \text{ et } \tfrac{3}{4}P, \quad \tfrac{3}{4}P \text{ et } P,$$

on aura:

$$V = \frac{\pi}{4\sqrt{P}}\left[\Sigma\left(\frac{m'}{P}\right) - \Sigma\left(\frac{m''}{P}\right) + \Sigma\left(\frac{m'''}{P}\right)\right].$$

On a d'ailleurs évidemment:

$$\Sigma\left(\frac{m'}{P}\right) = \Sigma\left(\frac{m'''}{P}\right) \quad \text{et} \quad \Sigma\left(\frac{m'}{P}\right) + \Sigma\left(\frac{m''}{P}\right) + \Sigma\left(\frac{m'''}{P}\right) = 0,$$

d'où l'on conclut:

$$V = \frac{\pi}{\sqrt{P}}\Sigma\left(\frac{m'}{P}\right), \tag{e}$$

m' désignant les valeurs premières à P, comprises entre 0 et $\frac{1}{4}P$.

Dans le second cas on a:

$$V = \Sigma(-1)^{\frac{1}{8}(n^2-1)}\left(\frac{n}{P}\right)\frac{1}{n}, \quad P = 4\mu + 3.$$

En substituant la valeur de $\left(\frac{n}{P}\right)$ donnée par l'équation (1), il viendra:

$$V = \frac{1}{\sqrt{P}}\Sigma\left(\frac{m}{P}\right)\Sigma(-1)^{\frac{1}{8}(n^2-1)}\frac{1}{n}\sin n\frac{2m\pi}{P},$$

n pouvant maintenant recevoir toutes les valeurs impaires premières à P ou non. Or la série:

$$\frac{\sin x}{1} - \frac{\sin 3x}{3} - \frac{\sin 5x}{5} + \frac{\sin 7x}{7} + \cdots$$

étant sommée par les moyens connus, on trouve que sa valeur est respectivement:

$$0, \quad \frac{\pi}{2\sqrt{2}}, \quad 0, \quad -\frac{\pi}{2\sqrt{2}}, \quad 0,$$

suivant que x est compris dans les cinq intervalles:

$$0 \text{ et } \frac{\pi}{4}, \quad \frac{\pi}{4} \text{ et } \frac{3\pi}{4}, \quad \frac{3\pi}{4} \text{ et } \frac{5\pi}{4}, \quad \frac{5\pi}{4} \text{ et } \frac{7\pi}{4}, \quad \frac{7\pi}{4} \text{ et } 2\pi.$$

En désignant donc par m' les valeurs de m comprises entre $\frac{1}{8}P$ et $\frac{3}{8}P$, et par m'' celles qui tombent entre $\frac{5}{8}P$ et $\frac{7}{8}P$, on aura:

$$V = \frac{\pi}{2\sqrt{2P}}\left[\Sigma\left(\frac{m'}{P}\right) - \Sigma\left(\frac{m''}{P}\right)\right],$$

ou plus simplement en observant qu'on peut remplacer m'' par $P - m'$, et qu'on a $\left(\frac{P-m'}{P}\right) = -\left(\frac{m'}{P}\right)$:

$$(f) \qquad V = \frac{\pi}{\sqrt{2P}}\Sigma\left(\frac{m'}{P}\right).$$

On trouve d'une manière semblable, P étant de la forme $4\mu + 1$:

$$(g) \qquad V = \Sigma(-1)^{\frac{1}{2}(n-1)+\frac{1}{8}(n^2-1)}\left(\frac{n}{P}\right)\frac{1}{n} = \frac{\pi}{\sqrt{2P}}\left(\Sigma\left(\frac{m'}{P}\right) - \Sigma\left(\frac{m''}{P}\right)\right),$$

en désignant par m' et m'' les valeurs premières à P et respectivement comprises dans les deux intervalles 0 et $\frac{1}{8}P$, $\frac{3}{8}P$ et $\frac{1}{2}P$. Il importe de remarquer que les équations (e) et (g) ne s'appliquent pas au cas où $P = 1$.

§. 11.

On pourrait donner beaucoup d'autres formes à l'expression de la série V, soit que cette série réponde à un déterminant négatif, soit qu'elle se rapporte à un déterminant positif. Mais comme ces détails ne présentent aucune difficulté, nous ne nous y arrêterons pas et nous passons à l'énumération des différents théorèmes, qui résultent des équations (19) et (23) du §. 6, lorsqu'on y introduit les expressions qui viennent d'être obtenues.

Déterminants positifs.

$$\text{(I)}\qquad D=P,\quad P=4\mu+1,\quad h=\frac{2-\left(\frac{2}{P}\right)}{\log(T+U\sqrt{P})}\log\frac{\Pi\sin\frac{b\pi}{P}}{\Pi\sin\frac{a\pi}{P}},$$

où les entiers m inférieurs et premiers à P sont désignés par a ou par b, suivant que l'équation $\left(\frac{m}{P}\right)=\pm 1$ a lieu avec le signe supérieur ou avec le signe inférieur.

$$\text{(II)}\qquad D=P,\quad P=4\mu+3,\quad h=\frac{1}{\log(T+U\sqrt{P})}\log\frac{\Pi\sin\frac{b\pi}{4P}}{\Pi\sin\frac{a\pi}{4P}},$$

où les entiers m inférieurs et premiers à $4P$ sont désignés par a ou par b, suivant que le signe ambigu, dans l'équation $(-1)^{\frac{1}{2}(m-1)}\left(\frac{m}{P}\right)=\pm 1$, est le signe supérieur ou inférieur.

$$\text{(III)}\qquad D=2P,\quad P=4\mu+1,\quad h=\frac{1}{\log(T+U\sqrt{2P})}\log\frac{\Pi\sin\frac{b\pi}{8P}}{\Pi\sin\frac{a\pi}{8P}},$$

où les entiers m inférieurs et premiers à $8P$ sont désignés par a ou par b, suivant que le signe ambigu, dans l'équation $(-1)^{\frac{1}{8}(m^2-1)}\left(\frac{m}{P}\right)=\pm 1$, est le signe supérieur ou inférieur.

$$\text{(IV)}\qquad D=2P,\quad P=4\mu+3,\quad h=\frac{1}{\log(T+U\sqrt{2P})}\log\frac{\Pi\sin\frac{b\pi}{8P}}{\Pi\sin\frac{a\pi}{8P}},$$

où les entiers m inférieurs et premiers à $8P$ sont désignés par a ou par b, suivant que l'on a $(-1)^{\frac{1}{2}(m-1)+\frac{1}{8}(m^2-1)}\left(\frac{m}{P}\right)=+1$ ou $=-1$.

Déterminants négatifs.

$$\text{(V)}\qquad D=-P,\quad P=4\mu+3,\quad h=\left(2-\left(\frac{2}{P}\right)\right)\frac{\Sigma b-\Sigma a}{P}=A-B.$$

Dans cette équation a et b ont la même signification que dans le premier cas, et A et B désignent respectivement combien il existe de valeurs a et b au-dessous de $\frac{1}{2}P$.

$$\text{(VI)} \qquad D = -P, \quad P = 4\mu + 1, \quad h = \frac{\Sigma b - \Sigma a}{4P} = \frac{A - B}{2}.$$

Les lettres a et b ont la même signification que dans le second cas, et A et B désignent respectivement les nombres des valeurs a et b qui sont inférieures à $2P$. On a encore dans ce sixième cas, en désignant par A' et B' les nombres des valeurs a et b au-dessous de $\frac{1}{4}P$, a et b ayant le même sens que dans le premier cas:

$$h = 2(A' - B').$$

$$\text{(VII)} \qquad D = -2P, \quad P = 4\mu + 3, \quad h = \frac{\Sigma b - \Sigma a}{8P} = \frac{A - B}{2}.$$

Les lettres a et b ont la même signification que dans le troisième cas, et A et B désignent respectivement les nombres des valeurs a et b moindres que $4P$. On a encore dans ce septième cas, en désignant par A' et B' les nombres des valeurs a et b, comprises entre $\frac{1}{8}P$ et $\frac{3}{8}P$, a et b ayant le même sens que dans le premier cas:

$$h = 2(A' - B').$$

$$\text{(VIII)} \qquad D = -2P, \quad P = 4\mu + 1, \quad h = \frac{\Sigma b - \Sigma a}{8P} = \frac{A - B}{2},$$

où a et b ont le même sens que dans le quatrième cas, et A et B désignent les nombres des valeurs a et b qui tombent au-dessous de $4P$. On a encore si, conservant aux lettres a et b la même signification que dans le premier cas, l'on désigne par A', B' et A'', B'' les nombres des valeurs a, b qui sont contenues dans les deux intervalles compris entre 0 et $\frac{1}{8}P$, $\frac{3}{8}P$ et $\frac{1}{2}P$:

$$h = 2(A' - B' - A'' + B'').$$

Il nous reste à présenter quelques remarques sur les résultats qui viennent d'être énoncés. Pour parler d'abord des quatre premiers cas, nous devons dire que les expressions qui s'y rapportent, quoique très simples, ne sont pas sous la forme qui en montre la véritable signification. Pour leur donner cette forme, nous nous occuperons spécialement du premier de ces cas. Les trois autres donnent lieu à des remarques entièrement semblables. Soit x une indéterminée et considérons les deux produits:

$$\Pi\left(x - e^{\frac{2a\pi i}{P}}\right), \quad \Pi\left(x - e^{\frac{2b\pi i}{P}}\right).$$

Il est évident qu'en posant:

$$X = \Pi\left(x - e^{\frac{2a\pi i}{P}}\right)\Pi\left(x - e^{\frac{2b\pi i}{P}}\right),$$

le polynôme X ne sera autre chose que le premier membre de l'équation que l'on obtient en délivrant l'équation binôme $x^P - 1 = 0$ de ses racines non-primitives. Il est facile de conclure de là que pour $x = 1$, on a:

$$X = 1 \quad \text{ou} \quad X = P$$

suivant que le nombre des facteurs simples p, p', p'', ... de P est supérieur ou égal à l'unité. (Le cas où l'on aurait $P = 1$, est exclu, le déterminant étant un carré dans ce cas.)

On a donc suivant les deux cas qui viennent d'être distingués:

$$\Pi\left(1 - e^{\frac{2a\pi i}{P}}\right)\Pi\left(1 - e^{\frac{2b\pi i}{P}}\right) = 1 \quad \text{ou} \quad = P.$$

On a aussi:

$$\Pi\left(1 - e^{\frac{2a\pi i}{P}}\right) = \Pi\left(-2i\sin\frac{a\pi}{P}\right)e^{\frac{\pi i}{P}\Sigma a},$$

$$\Pi\left(1 - e^{\frac{2b\pi i}{P}}\right) = \Pi\left(-2i\sin\frac{b\pi}{P}\right)e^{\frac{\pi i}{P}\Sigma b};$$

observant donc que les valeurs a et b sont en nombre égal, que la suite des valeurs a renferme toujours avec un nombre a son complément $P - a$, et qu'il en est de même de la suite des valeurs b, on en conclura:

$$\frac{\Pi\sin\frac{b\pi}{P}}{\Pi\sin\frac{a\pi}{P}} = \frac{\Pi\left(1 - e^{\frac{2b\pi i}{P}}\right)}{\Pi\left(1 - e^{\frac{2a\pi i}{P}}\right)},$$

puis, en ayant égard à une équation précédente:

$$\frac{\Pi\sin\frac{b\pi}{P}}{\Pi\sin\frac{a\pi}{P}} = \Pi\left(1 - e^{\frac{2b\pi i}{P}}\right)^2 \quad \text{ou} \quad = \frac{1}{P}\Pi\left(1 - e^{\frac{2b\pi i}{P}}\right)^2$$

suivant les deux cas déjà distingués. La détermination de h dépend donc du produit:

$$\Pi\left(1 - e^{\frac{2b\pi i}{P}}\right).$$

Or il résulte d'un théorème connu dû à M. GAUSS et qu'il est facile d'étendre à un nombre composé P, que le polynôme:

$$\Pi\left(x-e^{\frac{2b\pi i}{P}}\right)$$

est toujours de la forme $\frac{1}{2}(Y+Z\sqrt{P})$, Y et Z étant des polynômes à coefficients entiers. En désignant donc par Y_1 et Z_1 les valeurs que Y et Z prennent pour $x=1$, et passant des logarithmes aux nombres, l'équation qui détermine h, deviendra:

$$(T+U\sqrt{P})^h=\left(\frac{Y_1+Z_1\sqrt{P}}{2}\right)^{4-2\left(\frac{2}{P}\right)} \quad \text{ou} \quad (T+U\sqrt{P})^h=\left(\frac{Y_1+Z_1\sqrt{P}}{2\sqrt{P}}\right)^{4-2\left(\frac{2}{P}\right)},$$

suivant que le nombre des facteurs simples de P est supérieur ou égal à l'unité.

Sous cette forme les résultats qui se rapportent à un déterminant positif, paraîtront bien remarquables, s'il est vrai, comme l'a dit un illustre géomètre, que l'intérêt que présentent les recherches arithmétiques ait sa source non seulement dans la difficulté de la matière, mais surtout dans les rapports intimes que les recherches de ce genre dévoilent entre des théories entre lesquelles on ne soupçonnerait aucune connexion.

Quant au calcul des polynômes Y et Z, il peut se faire, soit par la méthode de M. GAUSS, soit par un moyen dont LEGENDRE a fait usage et qui est fondé sur les relations connues qui existent entre les coefficients d'une équation et les sommes des puissances semblables de ses racines. Il est facile de voir qu'à l'aide de ces relations on peut obtenir successivement tous les coefficients d'une équation lorsque les sommes des puissances de ses racines sont connues, comme cela arrive ici, la somme des puissances $m^{\text{ièmes}}$ des racines de l'équation:

$$\Pi\left(x-e^{\frac{2b\pi i}{P}}\right)=0$$

résultant sans difficulté de la formule (1) du paragraphe précédent.

On trouve ainsi, en supposant par exemple $P=3\cdot 11$:

$$Y=2x^{10}-x^9+8x^8+5x^7+2x^6+14x^5+2x^4+5x^3+8x^2-x+2,$$
$$Z=x^9+x^7+2x^6+2x^4+x^3+x,$$

par suite:

$$Y_1=46, \qquad Z_1=8,$$

et comme on a $\left(\frac{2}{P}\right)=1$:

$$\left(\frac{Y_1+Z_1\sqrt{P}}{2}\right)^{4-2\left(\frac{2}{P}\right)}=(23+4\sqrt{33})^2.$$

On a d'un autre côté:

$$T+U\sqrt{P} = 23+4\sqrt{33},$$

d'où il suit $h = 2$, ce qui est exact, les formes qui répondent au déterminant 33, étant x^2-33y^2, $33x^2-y^2$.

Pour donner un exemple du cas où P se réduit à un nombre premier, soit $P = 17$; on trouve alors $Y_1 = 34$, $Z_1 = 8$, et l'expression:

$$\left(\frac{Y_1+Z_1\sqrt{P}}{2\sqrt{P}}\right)^{4-2\left(\frac{2}{P}\right)}$$

devient $(4+\sqrt{17})^2 = 33+8\sqrt{17}$, ce qui est la première puissance de $T+U\sqrt{P}$, comme cela doit être, puisque pour le déterminant 17 il n'existe que la seule forme x^2-17y^2.

Les expressions de h, relatives aux déterminants négatifs, n'ont besoin d'aucune explication. Nous ajouterons seulement que pour un cas particulier qui se rapporte au n^0. V, le résultat avait déjà été indiqué par M. Jacobi. (Voir le Journal de Crelle Tome IX.)

Nous terminerons ce mémoire en indiquant une application que l'on peut faire des expressions de h, dans le cas des déterminants négatifs. On sait que, lorsqu'un entier k peut être décomposé en trois carrés, ou en d'autres termes lorsque l'équation $x^2+y^2+z^2 = k$ est possible, le nombre de ses solutions dépend du nombre des formes dont le déterminant est $-k$. Les théorèmes qui fixent cette dépendance, ont d'abord été découverts par Legendre dans les cas les plus simples et par voie d'induction. M. Gauss les a ensuite démontrés d'une manière générale et très ingénieuse dans la 5ième section de son ouvrage. Il est évident qu'il suffit de comparer les théorèmes dont il s'agit avec les résultats auxquels nous sommes parvenus dans ce paragraphe et dans le §. 8, pour en conclure, par la simple élimination du nombre des formes quadratiques qui entre dans les uns et dans les autres, de nouvelles expressions pour le nombre des solutions de l'équation $x^2+y^2+z^2 = k$, expressions qui ne renfermeront plus rien qui soit relatif aux formes quadratiques. Je me bornerai ici à cette seule remarque et je n'entreprendrai pas quant à présent l'énumération de ces nouveaux théorèmes; ces détails seront mieux placés dans un autre mémoire dans lequel je chercherai à établir les résultats dont il s'agit d'une manière directe et sans y faire concourir les deux théories dont je viens de parler.

ÜBER EINE EIGENSCHAFT DER QUADRATISCHEN FORMEN.

[Auszug aus einer in der Akademie der Wissenschaften am 5. März 1840 gelesenen Abhandlung.]

Die vorgelesene Abhandlung ist als die Fortsetzung einer früheren zu betrachten, welche in dem Jahrgange von 1837 gedruckt ist, und worin der erste strenge Beweis des Satzes gegeben worden ist, dass jede arithmetische Reihe, deren erstes Glied und deren Differenz ganze Zahlen ohne gemeinschaftlichen Factor sind, unendlich viele Primzahlen enthält*). In der gegenwärtigen Abhandlung wird dieser Satz auf quadratische Formen, d. h. auf Ausdrücke von der Gestalt $ax^2+2bxy+cy^2$ ausgedehnt, die jedoch der Beschränkung unterworfen werden müssen, dass die darin enthaltenen bestimmten Zahlen a, $2b$, c keinen gemeinschaftlichen Factor haben.

Die Principien, auf welchen der Beweis dieser Eigenschaft beruht, obgleich im Wesentlichen mit denjenigen übereinstimmend, von welchen in der angeführten Abhandlung Gebrauch gemacht worden ist, bedürfen zum Behufe dieser neuen Anwendung einiger Modificationen, welche wir an einem speciellen Falle anzudeuten versuchen wollen. Es ist dies der Fall, wo die Determinante eine negative Primzahl $-p$ ist, welche, abgesehen vom Zeichen, die Form $4n+3$ hat, und wo diese Determinante zugleich zu den sogenannten regelmässigen gehört *(determinans regularis, Disq. arith. art. 306, VI)*.

Es sei $h = 2\lambda+1$ die Anzahl der verschiedenen Formen, welche für die Determinante $-p$ stattfinden, und welche unter der gemachten Voraussetzung sich alle aus einer derselben, φ_1, durch successives Zusammensetzen bilden lassen. Diese Formen, welche wir durch φ bezeichnen und durch Indices von einander unterscheiden wollen, lassen sich dann immer in folgende

---

*) S. 313 dieser Ausgabe von G. Lejeune Dirichlet's Werken. K.

Ordnung bringen:

(1) $\varphi_{-\lambda},\ \varphi_{-(\lambda-1)},\ \ldots,\ \varphi_{-1},\ \varphi_0,\ \varphi_1,\ \ldots,\ \varphi_{\lambda-1},\ \varphi_\lambda,$

welche Reihe als in sich zurückkehrend zu betrachten ist, so dass auf φ_λ wieder $\varphi_{-\lambda}$ folgt, und wo jede Form aus der vorhergehenden und der Form φ_1 zusammengesetzt ist, φ_0 die Hauptform x^2+py^2 bedeutet, und entgegengesetzten Formen:

$$ax^2+2bxy+cy^2, \qquad ax^2-2bxy+cy^2,$$

entgegengesetzte Indices entsprechen.

Theilt man die Gesammtheit der positiven ungeraden Primzahlen (p ausgenommen) in zwei Classen, von welchen die erste alle diejenigen enthält, in Bezug auf welche $-p$ quadratischer Rest ist, die zweite alle übrigen umfasst, und bezeichnet die in den beiden Classen enthaltenen Zahlen allgemein respective mit f und g, so lassen sich bekanntlich die Primzahlen der ersten Classe ausschliesslich durch die Formen (1) darstellen, und zwar ist jede Primzahl f fähig, durch zwei entgegengesetzte Formen:

$$\varphi_\gamma \quad \text{und} \quad \varphi_{-\gamma},$$

und nur durch diese ausgedrückt zu werden; wobei es sich von selbst versteht, dass für $\gamma=0$ diese beiden Formen sich auf die Hauptform reduciren. Der doppelte Werth:

$$\pm\gamma$$

soll nun der Index von f heissen.

Es sei ferner:

$$\frac{2\pi}{h}=\omega,$$

wo π die gewöhnliche Bedeutung hat, t irgend eine der Zahlen:

(2) $0,\ 1,\ 2,\ \ldots,\ \lambda$

und endlich s eine positive die Einheit übertreffende Grösse. Alsdann findet folgende Gleichung statt, deren Wahrheit leicht aus den bekannten Sätzen über die Zusammensetzung der Formen folgt:

$$2\Pi\frac{1}{1-\dfrac{1}{g^{2s}}}\cdot\Pi\frac{1}{1-2\dfrac{\cos t\gamma\omega}{f^s}+\dfrac{1}{f^{2s}}}=\Sigma\frac{1}{\varphi_0^s}+2\cos t\omega\,\Sigma\frac{1}{\varphi_1^s}+\cdots+2\cos\lambda t\omega\,\Sigma\frac{1}{\varphi_\lambda^s}\cdot$$

In dieser Gleichung bezieht sich das erste Multiplicationszeichen auf alle Primzahlen g, das zweite auf alle Primzahlen f, und $\pm\gamma$ ist der jedesmalige Index von f. Was das Zeichen Σ betrifft, so bedeutet dasselbe, dass man in der quadratischen Form, vor welcher es steht, den unbestimmten Zahlen x und y alle Systeme positiver oder negativer Werthe von solcher Beschaffenheit beilegen muss, dass der entsprechende Werth der Form ungerade und nicht durch p theilbar wird. Setzt man zur Abkürzung:

$$2\Pi\frac{1}{1-\frac{1}{g^{2s}}} = G$$

und bezeichnet die rechte Seite der Gleichung mit L_t, nimmt dann die Logarithmen von beiden Seiten und entwickelt jeden der Logarithmen, welche f enthalten, nach der bekannten Formel:

$$-\tfrac{1}{2}\log(1-2z\cos\alpha+z^2) = \frac{z}{1}\cos\alpha+\frac{z^2}{2}\cos 2\alpha+\cdots,$$

so erhält man:

$$\Sigma\frac{\cos t\gamma\omega}{f^s}+\tfrac{1}{2}\Sigma\frac{\cos 2t\gamma\omega}{f^{2s}}+\cdots = -\tfrac{1}{2}\log G+\tfrac{1}{2}\log L_t.$$

Diese allgemeine Gleichung enthält, wie die frühere, $\lambda+1$ besondere Gleichungen, welche den verschiedenen Werthen (2) von t entsprechen. Addirt man diese besonderen Gleichungen, nachdem man sie der Reihe nach mit:

$$1,\quad 2\cos\mu\omega,\quad 2\cos 2\mu\omega,\quad \ldots,\quad 2\cos\lambda\mu\omega$$

multiplicirt hat, und nimmt man für μ eine der Zahlen $1, 2, \ldots, \lambda$, so kommt:

$$(3)\qquad \Sigma\frac{1}{f^s}+\tfrac{1}{2}\Sigma\frac{1}{f^{2s}}+\cdots = \frac{1}{h}(\log L_0+2\cos\mu\omega\log L_1+\cdots+2\cos\lambda\mu\omega\log L_\lambda),$$

wo die erste Summation auf alle Primzahlen auszudehnen ist, deren Index $\pm\mu$ ist, die zweite auf diejenigen, deren doppelt genommener Index congruent $\pm\mu$ (mod. h) ist, u. s. w. Für $\mu = 0$ erhält man durch dasselbe Verfahren:

$$(4)\qquad \Sigma\frac{1}{f^s}+\tfrac{1}{2}\Sigma\frac{1}{f^{2s}}+\cdots = -\tfrac{1}{2}\log G+\frac{1}{2h}(\log L_0+2\log L_1+\cdots+2\log L_\lambda),$$

wo die Summation sich resp. über alle Primzahlen erstreckt, deren Indices, resp. mit $1, 2, \ldots$ multiplicirt, durch h theilbar werden.

Die Gleichungen (3) und (4) gelten, wie diejenigen, aus welchen sie abgeleitet sind, für jeden Werth von s, welcher grösser als 1 ist. Setzt man daher:

$$s = 1+\varrho,$$

wo ϱ positiv angenommen ist, so kann man die Veränderliche ϱ unendlich klein werden lassen. Untersucht man nun die unter dem Logarithmenzeichen vorkommenden Ausdrücke in dieser Voraussetzung, so findet man durch sehr einfache Betrachtungen, die jedoch hier nicht ausgeführt werden können, dass L_0 unendlich wird, dass hingegen L_t, wenn t nicht den Werth 0 hat, sich einer endlichen, von der Null verschiedenen Grenze nähert, und dass dieselbe Eigenschaft dem Producte G zukommt. Aus diesem Resultate folgt sogleich, dass die zweite und also auch die erste Seite jeder von den Gleichungen (3) und (4) für ein unendlich kleines ϱ unendlich gross wird, und dann ferner, wie in der früheren Abhandlung, dass die Summe:

$$\Sigma \frac{1}{f^{1+\varrho}}$$

aus unendlich vielen Gliedern besteht, oder, was dasselbe ist, dass jede der Formen (1) eine unendliche Anzahl von Primzahlen enthält.

UNTERSUCHUNGEN ÜBER DIE THEORIE DER COMPLEXEN ZAHLEN.

[Auszug aus einer in der Akademie der Wissenschaften am 27. Mai 1841 gelesenen Abhandlung.]

Da sich diese Untersuchungen, sowohl hinsichtlich der darin befolgten Methode als durch ihre Resultate, an frühere Arbeiten des Verfassers anschliessen, so wird es zur leichteren Verständlichkeit der hier zu gebenden Andeutungen zweckmässig sein, wenn wir diesen eine kurze Erwähnung einiger der früher behandelten Fragen vorausschicken.

In einer Abhandlung, welche unter denen der Akademie für das Jahr 1837 gedruckt ist*), hat man sich die Aufgabe gestellt, den längst bekannten und oft als Lemma benutzten Satz, nach welchem jede arithmetische Reihe, deren erstes Glied und deren Differenz keinen gemeinschaftlichen Factor haben, eine unendliche Anzahl von Primzahlen enthält, in aller Strenge zu beweisen. Der dort entwickelte Beweis bietet das Merkwürdige dar, dass er ungeachtet der rein arithmetischen Natur des zu begründenden Satzes wesentlich auf der Betrachtung stetig veränderlicher Grössen beruht, indem derselbe von der Bildung unendlicher Reihen ausgeht, die wie die schon von Euler in der *Introd. in Anal. inf.* behandelten durch Multiplication einer unendlichen Anzahl von Factoren entstehen. Diese neuen Reihen unterscheiden sich jedoch darin von den Euler'schen, dass in die Factoren, von denen jeder ein Glied der Reihe der Primzahlen enthält, noch Potenzen von Wurzeln der Einheit eingehen, deren Exponenten mit den sogenannten Indices der Primzahlen zusammenfallen, wenn diese mit allen übrigen auf ein System primitiver Wurzeln bezogen wird. Sobald man den eben angedeuteten Weg betreten hat, scheint sich der Beweis mit der grössten Leichtigkeit

---

*) S. 313 dieser Ausgabe von G. Lejeune Dirichlet's Werken. K.

und, so zu sagen, ganz von selbst zu gestalten; allein bei aufmerksamer Betrachtung bemerkt man eine Schwierigkeit, ohne deren Beseitigung das Verfahren ganz illusorisch werden oder doch nur auf besondere Fälle anwendbar sein würde. Diese Schwierigkeit besteht in der für den Erfolg unerlässlichen Nachweisung, dass die Summen gewisser Reihen, deren Convergenz leicht einzusehen ist, von der Null verschieden sind, und hat nicht etwa, wie man es zunächst vermuthen sollte, ihren Grund in der Unmöglichkeit die Summation auszuführen. Diese Operation ist vielmehr in allen Fällen leicht zu bewerkstelligen; allein der endliche Ausdruck, welchen man dadurch erhält, gewährt keine Erleichterung für die geforderte Nachweisung, und es ist im Allgemeinen eben so schwer aus der Summe in endlicher Form zu erkennen, dass sie von Null verschieden ist, als dies bei der ursprünglichen Reihe der Fall war.

Nach mancherlei fruchtlosen Versuchen war es zwar gelungen, die erwähnte Schwierigkeit vollständig zu überwinden; doch waren die Betrachtungen, zu welchen man seine Zuflucht zu nehmen genöthigt war, so complicirt und indirect, dass sie nur wenig befriedigen konnten und die Auffindung eines kürzeren und der Natur der Sache mehr entsprechenden Verfahrens sehr wünschenswerth machen mussten. Wiederholte auf diesen Gegenstand gerichtete Bemühungen hatten denn auch endlich den beabsichtigten Erfolg und führten zu dem unerwarteten Resultate, dass die erwähnten Reihen mit einer Aufgabe zusammenhängen, deren Lösung in einem der wichtigsten Theile der Zahlenlehre eine längst gefühlte Lücke ausfüllt. Die Theorie, von welcher wir reden, ist die der quadratischen Formen, welche zuerst von Lagrange begründet, später durch Legendre und besonders durch Gauss zu einem hohen Grade der Ausbildung gelangt ist. Bekanntlich sind die Eigenschaften solcher Formen hauptsächlich von einer durch ihre Coefficienten bestimmten ganzen Zahl, welche die Determinante der Form heisst, abhängig, und Lagrange hat gezeigt, dass jeder Determinante, sie sei positiv oder negativ, nur eine endliche Anzahl wesentlich verschiedener Formen entspricht, so wie derselbe grosse Geometer auch das Verfahren angegeben hat, nach welchem sich für jede numerisch gegebene Determinante diese wesentlich verschiedenen Formen darstellen lassen. Die Frage nach dem allgemeinen Zusammenhange zwischen der Anzahl der Formen und der Determinante wird jedoch durch die Kenntniss dieses nur in bestimmten Fällen auszuführenden Verfahrens nicht erledigt, und diese Frage ist es nun, welche in den oben erwähnten Untersuchungen ihre Lösung erhält.

Von den daraus hervorgehenden Resultaten, welche im CRELLE'schen Journal (Bd. XIX u. XXI)*) ausführlich entwickelt worden sind, ist für unseren Zweck nur zu erwähnen, dass die Abhängigkeit der Anzahl der Formen von der Determinante sich in einer ganz verschiedenen Weise darstellt, je nachdem die Determinante negativ oder positiv ist. Im ersteren Falle ist diese Abhängigkeit rein arithmetischer Natur, während der Ausdruck für die Anzahl der Formen im zweiten Falle gewisse Verbindungen der Coefficienten der Hülfsgleichungen enthält, welche bei der Kreistheilung vorkommen.

Was nun die neuen Untersuchungen betrifft, deren ersten Theil die der Akademie vorgelegte Abhandlung enthält, so haben diese den Zweck, die eben angeführten Resultate auf die Theorie der complexen Zahlen auszudehnen. Den Gedanken, complexe ganze Zahlen, d. h. Ausdrücke von der Form $t+u\sqrt{-1}$, in die höhere Arithmetik einzuführen, verdankt man dem berühmten Verfasser der *Disq. arithm.*, welcher auf diese Erweiterung durch seine Untersuchungen über die Theorie der biquadratischen Reste geführt worden ist, deren Fundamentaltheoreme nur dann in ihrer höchsten Einfachheit und ganzen Schönheit erscheinen, wenn man sie auf complexe Primzahlen bezieht. Die Wichtigkeit des so erweiterten Begriffs der ganzen Zahl ist jedoch nicht auf die eben erwähnte Anwendung beschränkt; es wird vielmehr durch dessen Einführung den Untersuchungen der höheren Arithmetik ein neues Gebiet aufgeschlossen, auf welchem fast jede Eigenschaft reeller Zahlen ihr Analogon findet, welches nicht selten der ersteren hinsichtlich der Einfachheit und Eleganz gleichkommt oder sie gar übertrifft. So gilt z. B. der angeführte Satz über die arithmetische Reihe auch noch für complexe Zahlen, d. h. der Ausdruck $an+b$ enthält unendlich viele complexe Primzahlen, wenn man darin a und b als gegebene complexe Zahlen ohne gemeinschaftlichen Factor, n dagegen als eine unbestimmte complexe Zahl betrachtet. Der Beweis bleibt dem für reelle Zahlen sehr ähnlich, und diese Ähnlichkeit erstreckt sich auch auf den hier gleichfalls vorkommenden Umstand, dass man zu zeigen hat, dass gewisse convergirende Reihen Summen haben, welche von Null verschieden sind. Die Analogie machte es im höchsten Grade wahrscheinlich, dass zwischen diesen Reihen und der Anzahl der quadratischen Formen für die entsprechende complexe Determinante ein ähnlicher Zusammenhang stattfinden müsse, wie er früher für reelle Determinanten nachgewiesen worden war.

---

*) S. 411 dieser Ausgabe von G. Lejeune Dirichlet's Werken.

Doch war dieser Zusammenhang in der Theorie der complexen Zahlen weit schwerer aufzufinden, nicht nur wegen der grösseren Complication des Gegenstandes, sondern hauptsächlich deshalb, weil die Theorie der quadratischen Formen auf dem Gebiete der complexen Zahlen noch ganz unausgebildet war und es also erforderlich wurde, die bekannten Sätze der Theorie der quadratischen Formen, im gewöhnlichen Sinne des Wortes, der Reihe nach durchzugehen, um zu erkennen, mit welchen Modificationen sie für complexe Zahlen gelten.

Nach dieser vorläufigen Untersuchung gelangt man in der That dahin, den vermutheten Zusammenhang nachzuweisen, und es bleibt alsdann nur noch übrig, die erwähnten Reihen zu summiren, um den Ausdruck zu erhalten, welcher die Anzahl der Formen für eine complexe Determinante als Function dieser Determinante bestimmt. Als schliessliches Resultat der Untersuchung stellt sich heraus, dass die Abhängigkeit der Anzahl der Formen von der Determinante derjenigen ganz ähnlich ist, welche in dem zweiten der oben angeführten Fälle stattfindet, nur mit dem Unterschiede, dass die Rolle, welche dort die Hülfsgleichungen für die Kreistheilung spielen, hier von den Gleichungen übernommen wird, welche sich auf die Theilung der Lemniscate oder, was dasselbe ist, auf die Theilung der elliptischen Functionen beziehen, welche dem Modul $\sqrt{\frac{1}{2}}$ entsprechen.

Merkwürdiger noch als dieses allgemeine Resultat ist ein besonderer Fall, wo die Anzahl der Formen unabhängig von der Theilung der Lemniscate bestimmt werden kann. Es ist dies der Fall einer reellen Determinante D; für eine solche ist nämlich, wenn man sie in der Theorie der complexen Zahlen betrachtet, die Anzahl der Formen ein Product von drei Factoren, von welchen der erste eine einfache algebraische Function der Determinante darstellt, während der zweite und dritte mit den Zahlen zusammenfallen, welche in der gewöhnlichen Theorie der quadratischen Formen bezeichnen, wie viel Formen für die Determinanten $+D$ und $-D$ stattfinden. Dieses Resultat enthält, wenn wir uns nicht sehr täuschen, einen der schönsten Sätze der Theorie der complexen Zahlen und muss um so mehr überraschen, als in der Theorie der reellen Zahlen zwischen den Formen, welche zwei entgegengesetzten Determinanten entsprechen, gar kein Zusammenhang zu bestehen scheint.

UNTERSUCHUNGEN ÜBER DIE THEORIE DER COMPLEXEN ZAHLEN.

[Gelesen in der Akademie der Wissenschaften am 27. Mai 1841.]

Gegenwärtige Abhandlung bildet einen Theil einer grösseren Arbeit, welche den Zweck hat, mehrere der Theorie der reellen ganzen Zahlen angehörige, früher von mir gelöste Fragen auf das Gebiet der complexen Zahlen zu verpflanzen und vermittelst derselben Methode, von welcher in den erwähnten Untersuchungen Gebrauch gemacht worden ist, zu behandeln. Zu dieser Erweiterung hat mich nicht nur die Aussicht auf die neuen Resultate, welche sich von derselben erwarten liessen, sondern auch und mehr noch der Wunsch bestimmt, auf solche Weise jene frühere Behandlungsweise einer Prüfung zu unterwerfen und klar zu übersehen, ob der Erfolg derselben einer wirklichen Übereinstimmung der Methode mit der wahren Natur der gelösten Fragen oder, wie es bei mathematischen Untersuchungen nicht selten der Fall ist, mehr zufälligen Umständen zuzuschreiben sei. Diese Probe nun hat die Methode mit Glück bestanden, indem es nur geringer, sich ganz von selbst aus der veränderten Beschaffenheit des Gegenstandes ergebender Modificationen bedurfte, um sie auf die analogen, der Theorie der complexen Zahlen angehörigen Fragen anwendbar zu machen.

Der bei weitem grössere Theil der neuen Untersuchungen, deren Zweck ich im Vorhergehenden bezeichnet habe, bezieht sich auf die Lehre von den quadratischen Formen und wird nächstens an einem anderen Orte erscheinen.*) In der gegenwärtigen Abhandlung beschäftige ich mich ausschliesslich mit dem Beweise des Satzes, dass der Ausdruck $kt+l$, in welchem t eine unbestimmte complexe ganze Zahl und k, l gegebene solche Zahlen ohne gemeinschaftlichen Factor bezeichnen, immer unendlich viele Primzahlen enthält. Dieser Beweis

---

*) S. 533 dieser Ausgabe von G. Lejeune Dirichlet's Werken. K.

setzt, wie der früher gegebene des analogen Satzes für reelle Zahlen, ausser den Fundamentaltheoremen über die complexen Zahlen gewisse Eigenschaften der quadratischen Formen voraus, weshalb ich mich, um unnütze Wiederholungen zu vermeiden, auf die eben erwähnten Untersuchungen berufen werde*).

§. 1.

Obgleich, wie schon bemerkt worden, die Elementareigenschaften der complexen Zahlen als bekannt vorausgesetzt werden, so wird es doch zweckmässig sein, einige dieser Eigenschaften, welche für das Folgende von besonderer Wichtigkeit sind, hier ganz kurz anzugeben.

Wir setzen, wie gewöhnlich, $\sqrt{-1} = i$ und nennen complexe ganze Zahl jeden Ausdruck $f+gi$, in welchem f und g reelle ganze Zahlen bedeuten. Die der complexen Zahl $f+gi$ entsprechende positive Zahl f^2+g^2 wird ihre Norm genannt und mit $N(f+gi)$ bezeichnet werden. Vier complexe Zahlen:

$$f+gi, \quad -g+fi, \quad -f-gi, \quad g-fi,$$

welche so von einander abhängen, dass irgend drei derselben aus der vierten entstehen, wenn man diese mit -1, $\pm i$ multiplicirt, sollen *zusammengehörig* heissen.

In Bezug auf einen gegebenen complexen Modul m lässt sich immer eine Zahlenreihe bilden, welche die doppelte Eigenschaft besitzt, dass sich unter ihren Gliedern eines und nur eines befindet, welches mit einer beliebigen Zahl nach dem Modul m congruent ist.

Die Anzahl der Glieder eines solchen Systems incongruenter Zahlen ist $N(m)$. Auch lässt sich allgemein bestimmen, wie viel Glieder es in einem solchen Systeme giebt, die mit m keinen gemeinschaftlichen Factor haben.

Setzt man nämlich:

$$(1) \qquad m = i^\mu a^\alpha b^\beta c^\gamma \ldots,$$

wo a, b, c, ... Primzahlen bedeuten, von denen keine der anderen gleich ist

*) Diese Untersuchungen sind, seit gegenwärtige Abhandlung der Akademie vorgelegt worden ist, unter dem Titel „*Recherches sur les formes quadratiques à coëfficients et à indéterminées complexes*“ im CRELLEschen Journal Band XXIV bekannt gemacht worden.[1]) Ausser dem im Titel angegebenen Gegenstande enthält die eben angeführte Abhandlung eine kurze Darstellung der Elemente der Theorie der complexen Zahlen, wobei ich mich jedoch auf die Sätze beschränkt habe, die zum Verständniss jener Abhandlung erforderlich waren. Eine vollständigere Darstellung dieser Elemente findet man in der zweiten Abhandlung über die biquadratischen Reste von GAUSS, in welcher dieser grosse Geometer den Begriff der complexen Zahl zuerst in die Wissenschaft eingeführt hat, und auf welche ich den Leser verweise.

[1]) S. 533 dieser Ausgabe von G. Lejeune Dirichlet's Werken.

noch mit ihr zusammengehört, und setzt ferner:

$$N(a) = A, \quad N(b) = B, \quad N(c) = C, \quad \ldots,$$

so wird die verlangte Anzahl $\psi(m)$ durch die Gleichung:

$$\psi(m) = (A-1)A^{\alpha-1}.(B-1)B^{\beta-1}.(C-1)C^{\gamma-1}\ldots$$

gegeben.

Sind:

$$(2) \qquad \mu, \quad \mu', \quad \mu'', \quad \ldots$$

die Glieder, deren Anzahl so eben bestimmt wurde, und bezeichnet l eine Zahl, die mit m keinen gemeinschaftlichen Factor hat, so beweist man leicht, dass die Zahlen:

$$l\mu, \quad l\mu', \quad l\mu'', \quad \ldots,$$

wenn man von ihrer Ordnung absieht, mit den Zahlen (2) nach dem Modul m congruent sind, und hieraus erschliesst man, wie in dem bekannten Beweise des FERMAT'schen Satzes für reelle Zahlen, die Congruenz:

$$(3) \qquad l^{\psi(m)} \equiv 1 \pmod{m}.$$

Wie man in der gewöhnlichen Zahlentheorie die positiven Zahlen als die ursprünglichen und die negativen als durch Multiplication mit dem Factor -1 aus diesen entstanden zu betrachten pflegt, so gewährt es für manche auf complexe Zahlen bezügliche Betrachtungen eine wesentliche Erleichterung, wenn man unter je vier zusammengehörigen Zahlen eine nach einem festen Princip gewählte als die ursprüngliche oder *primäre* und die übrigen als die Producte dieser in -1, $\pm i$ ansieht. Das Bedürfniss einer solchen Unterscheidung ist besonders bei der Betrachtung ungerader Zahlen fühlbar, und man hat bei der zu treffenden Wahl darauf zu sehen, dass, wie das Product von positiven Factoren selbst wieder positiv ist, so auch hier aus der Multiplication primärer Factoren wieder eine primäre Zahl hervorgehe. Wie leicht zu sehen, findet sich in jeder Gruppe zusammengehöriger ungerader Zahlen immer eine und nur eine Zahl $f+gi$, für welche f und g resp. die Form $4\mu+1$ und 2μ haben, so wie auch nur eine, für welche $f-1$ und g entweder beide in der Form 4μ oder beide in der Form $4\mu+2$ enthalten sind, und man überzeugt sich ohne Schwierigkeit, dass der eben ausgesprochenen Bedingung Genüge geschieht, welche dieser Zahlen man auch allgemein, d. h. für alle Gruppen zusammengehöriger Zahlen, als die primäre betrachte. In der oben citirten Abhandlung haben wir die erste Definition gewählt; doch bleibt alles dort Gesagte wörtlich richtig, wenn die zweite Definition zu Grunde gelegt wird. Diese letztere ist für unseren gegenwärtigen Zweck vorzuziehen; wir werden deshalb in dieser Abhandlung diejenigen ungeraden Zahlen $f+gi$ als primär betrachten, für welche $f-1$ und g gleichzeitig die Form 4μ oder gleichzeitig die Form $4\mu+2$ haben, und bemerken nur noch zur leichteren Anwendung dieser Definition, dass dieselbe offenbar darauf hinauskommt, in jeder Gruppe zusammengehöriger ungerader Zahlen diejenige als primär zu bezeichnen, welche nach dem Modul $2+2i$ der positiven Einheit congruent ist.

Unter dieser Voraussetzung hat man für jede ungerade primäre Zahl m:

$$m = a^{\alpha} b^{\beta} c^{\gamma} \ldots, \tag{4}$$

wo $a, b, c, \ldots$ von einander verschiedene primäre Primzahlen bedeuten, welche so wie ihre Exponenten durch m vollständig bestimmt sind.

§. 2.

Ehe wir an die Behandlung der Frage gehen können, welche den eigentlichen Gegenstand dieser Abhandlung bildet, sind einige Eigenschaften der Potenzreste für complexe Moduln abzuleiten.

Sind k und l zwei complexe Zahlen ohne gemeinschaftlichen Factor, und ist e der kleinste von Null verschiedene Exponent, für den $l^e \equiv 1 \pmod{k}$ ist, so sagt man, l gehöre für den Modul k zum Exponenten e. Es ist leicht sich zu überzeugen, dass alsdann:

$$1, \; l, \; l^2, \; \ldots, \; l^{e-1}$$

nach dem Modul k incongruent sind, so wie auch dass, wenn man die Reihe weiter fortsetzt, dieselben Reste periodisch wiederkehren, so dass also nur diejenigen Potenzen, deren Exponenten Vielfache von e sind, der Einheit congruent werden. Da:

$$l^{\psi(k)} \equiv 1 \pmod{k}$$

ist, so wird also e immer ein Theiler von $\psi(k)$ sein. In dem speciellen Falle, wo $e = \psi(k)$ ist, bilden die Potenzen:

$$1, \; l, \; l^2, \; \ldots, \; l^{\psi(k)-1}$$

ein System, wie wir es im vorigen Paragraphen betrachtet haben, d. h. welches ein Glied, aber auch nur eines enthält, welches mit einer beliebigen Zahl, die mit k keinen gemeinschaftlichen Factor hat, nach dem Modul k congruent ist, und l heisst dann eine primitive Wurzel von k. Kennt man den Exponenten e, zu welchem l gehört, so kann man leicht denjenigen bestimmen, zu dem irgend eine Potenz l^s von l gehört. Man sieht ohne Schwierigkeit, dass dieser Exponent gleich $\frac{e}{\delta}$ ist, wenn δ den grössten gemeinschaftlichen (positiven) Theiler von s und e bezeichnet.

I. Wir betrachten zuerst den Fall, wo der Modul eine Potenz $(a+bi)^f$ einer ungeraden zweigliedrigen Primzahl $a+bi$ ist, so dass also:

$$N(a+bi) = a^2+b^2 = p$$

eine reelle Primzahl $4\mu+1$ ist. Für diesen Fall ist es leicht, die Existenz einer primitiven Wurzel zu zeigen. Ist die reelle Zahl $\mathfrak{a}$ eine primitive Wurzel für den Modul p^f, so wird sie es auch in Bezug auf den Modul $(a+bi)^f$ sein. Da nämlich nach der ausgesprochenen Voraussetzung:

$$1, \quad \mathfrak{a}, \quad \mathfrak{a}^2, \quad \ldots, \quad \mathfrak{a}^{(p-1)p^{f-1}-1}$$

nach dem Modul p^f incongruent sind, so haben sie dieselbe Eigenschaft für den Modul $(a+bi)^f$, und andererseits ist:

$$\psi((a+bi)^f) = (p-1)p^{f-1}.$$

Hat man eine solche primitive Wurzel $\mathfrak{a}$ gewählt, so soll der Exponent:

$$\alpha_n < (p-1)p^{f-1},$$

für welchen:

$$\mathfrak{a}^{\alpha_n} \equiv n \pmod{(a+bi)^f}$$

ist, der Index der beliebigen nicht durch $a+bi$ theilbaren Zahl n heissen. Es folgt unmittelbar aus dieser Definition, dass man den Index eines Productes erhält, wenn man von der Summe der Indices der Factoren das grösste darin enthaltene Vielfache von $(p-1)p^{f-1}$ abzieht.

Die Zahl $\mathfrak{a}$ ist immer quadratischer Nichtrest von $a+bi$, da sonst jedes n quadratischer Rest von $a+bi$ sein müsste. Hieraus folgt sogleich, dass α_n gerade oder ungerade sein wird, je nachdem n quadratischer Rest oder Nichtrest von $a+bi$ ist. Man hat daher, wenn man sich des in der oben citirten Abhandlung eingeführten Zeichens bedient:

$$\left[\frac{n}{a+bi}\right] = (-1)^{\alpha_n}. \tag{5}$$

II. Der jetzt zu behandelnde Fall ist der eines Moduls von der Form r^g, wo r eine eingliedrige Primzahl bezeichnet. Da wir r reell und positiv voraussetzen können, so ist r eine Primzahl $4\mu+3$.

Zu dieser Untersuchung ist die Congruenz:

$$(b+zr)^{er^{g-2}} \equiv b^{er^{g-2}} + ezb^{er^{g-2}-1}r^{g-1} \pmod{r^g}$$

erforderlich, welche schon in den *Disq. arith.* (art. 86) benutzt worden ist. Es ist zwar dort angenommen worden, dass b und z reell sind, aber derselbe Beweis ist auch auf den Fall anwendbar, wo b und z complexe Zahlen sind. Die im Exponenten vorkommenden Zahlen e und $g \gtreqless 2$ sind, wie sich von selbst versteht, positiv.

Für den Modul r^g existirt keine primitive Wurzel, ausser wenn $g=1$ ist; denn es ist mit Hülfe der obigen Congruenz leicht einzusehen, dass der höchste Exponent, zu welchem eine Zahl für diesen Modul gehören kann, $(r^2-1)r^{g-1}$ ist, während:

$$\psi(r^g) = (r^2-1)r^{2g-2}$$

ist. Dass es aber zum Exponenten $(r^2-1)r^{g-1}$ gehörende Zahlen giebt, kann man, wie folgt, zeigen. Da die aufgestellte Behauptung für $g=1$ schon erwiesen ist (*Theor. res. biq. auct.* C. F. Gauss art. 53), so sei b eine für den Modul r zum Exponenten r^2-1 gehörige Zahl, d. h. eine primitive Wurzel von r. Unter dieser Voraussetzung wird:

$$(b+zr)^e-1$$

nur dann durch r theilbar sein, wenn e ein Vielfaches von r^2-1 ist. Es folgt hieraus, dass der Exponent, zu dem $b+zr$ für den Modul r^g gehört, durch r^2-1 theilbar sein muss. Da aber andererseits auch:

$$(b+zr)^{(r^2-1)r^{g-1}} \equiv 1 \pmod{r^g}$$

ist, wie aus obiger Congruenz sogleich folgt, wenn man:

$$(b+zr)^{r^2-1} = 1+ur$$

setzt, so sieht man, dass der erwähnte Exponent ein Theiler von $(r^2-1)r^{g-1}$ sein muss. Man wird daher eine zum Exponenten $(r^2-1)r^{g-1}$ gehörige Zahl $b+zr$ finden können, wenn sich z so wählen lässt, dass nicht:

$$(b+zr)^{(r^2-1)r^{g-2}} \equiv 1 \pmod{r^g}$$

ist. Es ist aber nach obigem Lemma:

$$-1+(b+zr)^{(r^2-1)r^{g-2}} \equiv -1+b^{(r^2-1)r^{g-2}}+(r^2-1)zb^{(r^2-1)r^{g-2}-1}r^{g-1} \pmod{r^g}.$$

Berücksichtigt man nun, dass:

$$-1+b^{(r^2-1)r^{g-2}} = Br^{g-1}$$

ist, wo B eine ganze Zahl bedeutet, und setzt zur Abkürzung:

$$(r^2-1)b^{(r^2-1)r^{g-2}-1} = C,$$

so ist klar, dass die geforderte Bedingung erfüllt sein wird, sobald man z so wählt, dass die Congruenz $Cz+B\equiv 0 \pmod{r}$ nicht stattfindet; und dies kann immer geschehen, da C kein Vielfaches von r ist.

Es liesse sich das eben erhaltene Resultat leicht vervollständigen und allgemein bestimmen, wie viel verschiedene, d. h. incongruente Zahlen zum Exponenten $(r^2-1)r^{g-1}$ oder überhaupt zu irgend einem Divisor desselben gehören. Ist er^ν ein solcher, wo e in r^2-1 aufgeht, und $\nu \overline{\lessgtr} g-1$, so wird die fragliche Anzahl durch den Ausdruck $\varphi(e)\psi(r^\nu)$ gegeben, worin $\varphi(e)$ die Anzahl der Zahlen bezeichnet, welche in der Reihe $0, 1, 2, \ldots, e-1$ keinen gemeinschaftlichen Factor mit e haben. Da aber die Kenntniss dieser Anzahl zu unserem Zwecke nicht erforderlich ist, so wollen wir uns bei deren Bestimmung nicht aufhalten. Das Einzige, was für das Folgende nöthig ist, betrifft die Form der zum Exponenten r^{g-1} gehörigen Zahlen, welche sehr leicht auszumitteln ist. Wenn $\mathfrak{c}$ zu dem genannten Exponenten gehört, so dass also $\mathfrak{c}^{r^{g-1}}-1$ durch r^g und folglich auch durch r theilbar ist, so wird r^{g-1} ein Vielfaches von dem Exponenten sein, zu dem $\mathfrak{c}$ für den Modul r gehört. Da der letztere Exponent aber auch andererseits ein Theiler von r^2-1 sein muss, so hat derselbe den Werth 1, d. h. $\mathfrak{c}$ ist von der Form $1+zr$, und es bleibt nur noch zu untersuchen, welcher Bedingung z unterworfen sein muss, damit $1+zr$ für den Modul r^g wirklich zum Exponenten r^{g-1} gehöre. Zu diesem Zwecke bemerke man, dass, da nach dem obigen Lemma:

$$(1+zr)^{r^{g-1}}-1$$

offenbar durch r^g theilbar ist, der Exponent, zu dem $1+zr$ gehört, in r^{g-1} aufgehen und also kein anderer als r^{g-1} selbst sein wird, wenn z so beschaffen ist, dass die Congruenz:

$$(1+zr)^{r^{g-2}} \equiv 1 \pmod{r^g}$$

nicht stattfindet. Giebt man dieser mit Hülfe des Lemmas die Form:

$$zr^{g-1} \equiv 0 \pmod{r^g},$$

so sieht man, dass die nöthige und ausreichende Bedingung, damit $\mathfrak{c}$ zum Exponenten r^{g-1} gehöre, darin besteht, dass $\mathfrak{c}$ in dem Ausdruck $1+zr$ enthalten und z kein Vielfaches von r sei.

Dies vorausgesetzt, wird es uns leicht sein nachzuweisen, dass, wenn $\mathfrak{b}$ eine gegebene zum Exponenten $(r^2-1)r^{g-1}$ gehörige Zahl ist, immer eine zweite zum Exponenten r^{g-1} gehörige Zahl $\mathfrak{c} = 1+zr$ von solcher Beschaffenheit gefunden werden kann, dass die Congruenz:

$$\mathfrak{b}^{\beta} \equiv \mathfrak{c}^{\gamma} \pmod{r^g},$$

worin β und γ resp. in den Reihen:

$$0,\ 1,\ 2,\ \ldots,\ (r^2-1)r^{g-1}-1; \quad 0,\ 1,\ \ldots,\ r^{g-1}-1$$

enthaltene Zahlen bedeuten, nicht anders bestehen kann, als wenn man gleichzeitig $\beta = 0$, $\gamma = 0$ hat. Wir bemerken zunächst, dass, da offenbar von den beiden Gleichungen $\beta = 0$, $\gamma = 0$ die eine die andere zur Folge hat, wir nur zu zeigen haben, dass $\mathfrak{c}$ so gewählt werden kann, dass die Congruenz nicht bestehen kann, wenn β und γ beide von Null verschieden sind. Es ist ferner leicht einzusehen, dass die Möglichkeit der Congruenz die Theilbarkeit von β durch r^2-1 voraussetzt. Setzen wir daher:

$$\beta = (r^2-1)\beta', \qquad \mathfrak{b}^{r^2-1} = 1+kr,$$

wo k eine gegebene, nicht durch r theilbare Zahl bedeutet, so wird unsere Congruenz:

$$(1+kr)^{\beta'} \equiv (1+zr)^{\gamma} \pmod{r^g},$$

und es ist nur noch übrig z so einzurichten, dass dieselbe nicht bestehen kann, wenn β' und γ beide in der Reihe $1, 2, \ldots, r^{g-1}-1$ gewählt werden. Da $1+kr$ und $1+zr$ zum Exponenten r^{g-1} und folglich $(1+kr)^{\beta'}$ und $(1+zr)^{\gamma}$ zu den Exponenten $r^{g-1-\lambda}$ und $r^{g-1-\mu}$ gehören, wo r^{λ} und r^{μ} die höchsten in β' und γ aufgehenden Potenzen von r bedeuten, so erfordert unsere Congruenz, dass man $\lambda = \mu$ habe, und wird, wenn man $\beta' = r^{\lambda}\beta''$ und $\gamma = r^{\lambda}\gamma'$ setzt:

$$(1+kr)^{\beta'' r^{\lambda}} \equiv (1+zr)^{\gamma' r^{\lambda}} \pmod{r^g}.$$

Da $\lambda \overline{\overline{<}}\, g-2$ ist, und diese letztere Congruenz, für $\lambda < g-2$ als richtig vorausgesetzt, auch noch für $\lambda = g-2$ bestehen wird, so haben wir bloss zu zeigen, dass für ein gehörig gewähltes z die Congruenz:

$$(1+kr)^{\beta'' r^{g-2}} \equiv (1+zr)^{\gamma' r^{g-2}} \pmod{r^g}$$

nicht stattfinden kann. Nach dem obigen Lemma ist diese ganz gleichbedeutend mit:

$$(\gamma' z - \beta'' k) r^{g-1} \equiv 0 \pmod{r^g},$$

oder was dasselbe ist, mit:

$$\gamma' z \equiv \beta'' k \pmod{r}.$$

Jetzt bemerke man, dass, da die nicht durch r theilbaren Zahlen γ' und β'' reell sind, man immer eine reelle und offenbar nicht durch r theilbare Zahl δ so bestimmen kann, dass $\beta'' \equiv \gamma'\delta \pmod{r}$ wird, wodurch die letzte Congruenz in:

$$z \equiv k\delta \pmod{r}$$

übergeht. Da δ und also auch $k\delta$ nur $r-1$ nach dem Modul r incongruente Werthe annehmen kann, während für z, welches nur die Bedingung zu erfüllen hat, nicht durch r theilbar zu sein, r^2-1 verschiedene Werthe gewählt werden können, so sieht man, dass es $r^2-1-(r-1) = r(r-1)$ incongruente Werthe von z von solcher Beschaffenheit giebt, dass die letzte Congruenz unmöglich wird, w. z. b. w.

Das eben erhaltene Resultat, nach welchem für die auf die angegebene Weise bestimmten und zu den Exponenten $(r^2-1)r^{g-1}$ und r^{g-1} gehörigen Basen $\mathfrak{b}$ und $\mathfrak{c}$ die Congruenz:

$$\mathfrak{b}^\beta \equiv \mathfrak{c}^\gamma \pmod{r^g},$$

in welcher β und γ resp. Glieder der Reihen:

$$0,\ 1,\ 2,\ \ldots,\ (r^2-1)r^{g-1}-1; \quad 0,\ 1,\ 2,\ \ldots,\ r^{g-1}-1$$

bedeuten, nur für den Fall $\beta = \gamma = 0$ bestehen kann, lässt sich auf eine etwas verschiedene Weise aussprechen, und man überzeugt sich ohne Schwierigkeit, dass nach demselben der Ausdruck:

$$\mathfrak{b}^\beta \mathfrak{c}^\gamma$$

für alle Verbindungen β, γ, deren Anzahl:

$$(r^2-1)r^{g-1}.r^{g-1} = (r^2-1)r^{2g-2} = \psi(r^g)$$

ist, lauter nach dem Modul r^g incongruente Zahlen darstellt, d. h. jeder nicht durch r theilbaren Zahl n einmal und nur einmal congruent wird.

Die Werthe β, γ, für welche dies geschieht, sollen die Indices von n heissen und mit β_n, γ_n bezeichnet werden. Offenbar haben congruente Zahlen dieselben Indices, und man sieht leicht, wie die Indices eines Productes aus denen der Factoren abzuleiten sind.

Da $\mathfrak{e} \equiv 1 \pmod{r}$ ist, so folgt aus:

$$\mathfrak{b}^{\beta_n} \mathfrak{c}^{\gamma_n} \equiv n \pmod{r^g}$$

sogleich:

$$\mathfrak{b}^{\beta_n} \equiv n \pmod{r},$$

und dann, da $\mathfrak{b}$ offenbar quadratischer Nichtrest von r ist, dass β_n gerade oder ungerade sein wird, je nachdem n quadratischer Rest oder Nichtrest von r ist, oder mit Anwendung des schon oben gebrauchten Zeichens:

$$\left[\frac{n}{r}\right] = (-1)^{\beta_n}. \tag{6}$$

III. Es bleibt uns noch der Fall zu untersuchen, wo der Modul eine Potenz von $1+i$ ist.

Es seien $\varkappa$ und e zwei positive Zahlen, von denen die letztere als ungerade vorausgesetzt wird, und ausserdem sei t eine beliebige complexe ungerade Zahl. Da:

$$(1+t(1+i)^\varkappa)^e = 1+et(1+i)^\varkappa+\cdots$$

ist und offenbar alle Glieder auf der rechten Seite, vom dritten an, durch $(1+i)^{\varkappa+1}$ theilbar sind, so folgt, dass $(1+t(1+i)^\varkappa)^e$ die Form $1+t'(1+i)^\varkappa$ haben wird, wo t' wieder ungerade ist. Ferner ist, wenn man $\varkappa \geqq 3$ annimmt:

$$(1+t(1+i)^\varkappa)^2 = 1+t'(1+i)^{\varkappa+2},$$

wo t' ebenfalls ungerade ist. Wenn man diese beiden Resultate mit einander verbindet, so findet man ohne Schwierigkeit, dass — immer unter der Voraussetzung $\varkappa \geqq 3$ — die Gleichung:

$$(1+t(1+i)^\varkappa)^\vartheta = 1+t'(1+i)^{\varkappa+2\varrho}$$

besteht, in welcher t' wie t ungerade ist und ϱ den Exponenten der höchsten in ϑ aufgehenden Potenz von 2 bezeichnet.

Zu unserem Zwecke reicht es hin, wenn der Exponent der als Modul zu betrachtenden Potenz von $1+i$ ungerade und $\geqq 7$ ist. Es sei daher der Modul:

$$(1+i)^{3+2h},$$

so dass $h \geqq 2$ ist. Setzt man in dem vorher erhaltenen Resultate $\varkappa = 3$ oder $\varkappa = 4$, so sieht man sogleich, dass $1+t(1+i)^\varkappa$ für den Modul $(1+i)^{3+2h}$ zum Exponenten 2^h gehört. Dies vorausgesetzt, ist es leicht sich zu überzeugen, dass die beiden zum Exponenten 2^h gehörigen Zahlen $1+t(1+i)^3$ und $1+u(1+i)^4$, in denen t und u ungerade sind, immer die Eigenschaft besitzen, dass die

Congruenz:

$$(1+t(1+i)^3)^\delta \equiv (1+u(1+i)^4)^\varepsilon \pmod{(1+i)^{3+2h}},$$

wenn man darin unter δ und ε aus der Reihe $0, 1, 2, \ldots, 2^h-1$ zu nehmende Zahlen versteht, nur für den Fall bestehen kann, wo:

$$\delta = \varepsilon = 0$$

ist. In der That, da offenbar jede der Voraussetzungen $\delta = 0$, $\varepsilon = 0$ die andere zur Folge hat, so haben wir nur noch nachzuweisen, dass unsere Congruenz unmöglich wird, wenn δ und ε beide von der Null verschieden sind.

Bezeichnet man mit 2^ϱ und 2^σ die höchsten in δ und ε resp. aufgehenden Potenzen von 2, wo $\varrho < h$, $\sigma < h$, so werden die beiden Seiten resp. in den beiden Formen:

$$1+t'(1+i)^{3+2\varrho}, \quad 1+u'(1+i)^{4+2\sigma}$$

enthalten sein, worin t' und u' ungerade Zahlen bezeichnen. Setzt man diese Werthe ein, so kommt:

$$t'(1+i)^{3+2\varrho} \equiv u'(1+i)^{4+2\sigma} \pmod{(1+i)^{3+2h}},$$

welche Congruenz offenbar unmöglich ist, da die Exponenten $3+2\varrho$ und $4+2\sigma$ ungleich und beide kleiner als $3+2h$ sind.

Setzt man speciell $t = 1$, $u = -1$, so kann also die Congruenz:

$$(-1+2i)^\delta \equiv 5^\varepsilon \pmod{(1+i)^{3+2h}}$$

nur unter der Voraussetzung stattfinden, dass man $\delta = \varepsilon = 0$ habe, oder, was, wie man sich leicht überzeugt, auf dasselbe hinauskommt, der Ausdruck:

$$(-1+2i)^\delta 5^\varepsilon$$

stellt für alle Verbindungen δ, ε, deren Anzahl offenbar 2^{2h} beträgt, lauter nach dem Modul $(1+i)^{3+2h}$ incongruente Zahlen dar. Alle diese Zahlen sind primär, d. h. congruent 1 $(\text{mod.}\ (1+i)^3)$, da $-1+2i$ und 5 selbst diese Eigenschaft besitzen. Erwägt man nun, dass offenbar für jeden durch $(1+i)^3$ theilbaren Modul zwei congruente ungerade Zahlen immer gleichzeitig primär oder nicht primär sind, und dass folglich unser Ausdruck nur primären Zahlen congruent werden kann, und bemerkt man ferner, dass für den Modul $(1+i)^{3+2h}$, wie leicht zu sehen ist, nur $\frac{1}{4}\psi((1+i)^{3+2h}) = 2^{2h}$ ungerade primäre Zahlen existiren, die unter einander incongruent sind, so sieht man, dass der obige Ausdruck jeder ungeraden primären Zahl n einmal und nur einmal congruent wird. Die Exponenten δ_n, ε_n, für welche dies geschieht, sollen wieder die Indices von n heissen, und es leuchtet ein, dass man den ersten oder zweiten Index eines Productes findet, indem man von der Summe der ersten oder zweiten Indices der Factoren das grösste darin enthaltene Vielfache von 2^h abzieht.

Die Indices δ_n, ε_n besitzen wieder Eigenschaften, welche den am Schlusse der beiden vorhergehenden Nummern bemerkten analog sind und sich wie diese auf die Theorie der quadratischen Reste beziehen. Setzt man:

$$(-1+2i)^{\delta_n}5^{\varepsilon_n} = \lambda'+\nu'i,$$

wo λ' und ν' resp. ungerade und gerade sind, so hat man nach dem in der angeführten Abhandlung (§. 8, Gleichung (e) und (f)) Bewiesenen[1]):

$$(-1)^{\frac{\lambda'^2+\nu'^2-1}{4}} = \left[\frac{i}{\lambda'+\nu'i}\right] = \left[\frac{i}{-1+2i}\right]^{\delta_n}\left[\frac{i}{5}\right]^{\varepsilon_n},$$

$$(-1)^{\frac{(\lambda'+\nu')^2-1}{8}} = \left[\frac{1+i}{\lambda'+\nu'i}\right] = \left[\frac{1+i}{-1+2i}\right]^{\delta_n}\left[\frac{1+i}{5}\right]^{\varepsilon_n},$$

und folglich, da:

$$\left[\frac{i}{-1+2i}\right] = -1, \quad \left[\frac{i}{5}\right] = 1, \quad \left[\frac{1+i}{-1+2i}\right] = 1, \quad \left[\frac{1+i}{5}\right] = -1$$

ist:

$$(-1)^{\frac{\lambda'^2+\nu'^2-1}{4}} = (-1)^{\delta_n}, \quad (-1)^{\frac{(\lambda'+\nu')^2-1}{8}} = (-1)^{\varepsilon_n}.$$

Wird nun $n = \lambda+\nu i$ gesetzt, und bemerkt man, dass wegen:

$$\lambda+\nu i \equiv \lambda'+\nu'i \pmod{8},$$

welche letztere Congruenz daraus folgt, dass 8 ein Factor von $(1+i)^{3+2h}$ ist, λ und ν resp. von λ' und ν' um Vielfache von 8 verschieden sind, so sieht man sogleich, dass in den zuletzt erhaltenen Gleichungen λ', ν' mit λ, ν vertauscht werden können, und man erhält:

$$(7) \qquad n = \lambda+\nu i, \quad (-1)^{\frac{\lambda^2+\nu^2-1}{4}} = (-1)^{\delta_n}, \quad (-1)^{\frac{(\lambda+\nu)^2-1}{8}} = (-1)^{\varepsilon_n}.$$

IV. Wir sind jetzt im Stande, eine beliebige Zahl k als Modul zu betrachten; um jedoch jede unnütze Weitläufigkeit zu vermeiden, beschränken wir uns auf den Fall, wo k gerade ist, die höchste darin aufgehende Potenz von $1+i$ einen Exponenten der Form $3+2h$ hat und $h \geqq 2$ ist. Die Zahl k sei,

[1]) S. 559 dieser Ausgabe von G. Lejeune Dirichlet's Werken. K.

abgesehen von dem Factor i^μ, das Product der Primzahlpotenzen:

$$(8) \qquad (a+bi)^f,\ (a'+b'i)^{f'},\ \ldots; \qquad r^g,\ r'^{g'},\ \ldots; \qquad (1+i)^{3+2h}.$$

Die ungeraden und zweigliedrigen Primzahlen $a+bi$, $a'+b'i$, ..., welche zu grösserer Einfachheit primär vorausgesetzt werden, sind ungleich, und r, r', ... sind eingliedrige, positive, ebenfalls von einander verschiedene Primzahlen.

Wählt man nun für jeden der Moduln (8) nach den Vorschriften der drei vorhergehenden Nummern eine oder zwei Basen:

$$(9) \qquad \mathfrak{a},\ \mathfrak{a}',\ \ldots; \qquad \mathfrak{b},\ \mathfrak{c},\ \mathfrak{b}',\ \mathfrak{c}',\ \ldots; \qquad -1+2i,\ 5,$$

so erhält man für jedes n, welches relative Primzahl zu k und zugleich primär ist, eine Reihe von Indices:

$$(10) \qquad \alpha_n,\ \alpha'_n,\ \ldots; \qquad \beta_n,\ \gamma_n,\ \beta'_n,\ \gamma'_n,\ \ldots; \qquad \delta_n,\ \varepsilon_n,$$

welche *das System der Indices von* n heissen soll und völlig bestimmt ist, wenn die Basen ein für allemal gewählt sind. Dass congruente Zahlen n und n' dasselbe System der Indices haben, ist klar, und dass auch der umgekehrte Satz stattfindet, geht daraus hervor, dass bei vorausgesetzter Identität der Systeme für zwei Zahlen n und n', die Congruenz $n \equiv n'$ für jeden der Moduln (8) und folglich auch für den Modul k besteht. Berücksichtigt man die Anzahl der Werthe, die den einzelnen Indices (10) zukommen können, so sieht man sogleich, dass die Anzahl der verschiedenen Systeme (10) durch das Product:

$$(p-1)p^{f-1}.(p'-1)p'^{f'-1}\ldots\times(r^2-1)r^{2g-2}.(r'^2-1)r'^{2g'-2}\ldots\times 2^{2h},$$

d. h. durch $\frac{1}{4}\psi(k)$ ausgedrückt wird, wie dies auch in der That der Fall sein muss, da $\frac{1}{4}\psi(k)$ offenbar mit der Anzahl aller nach dem Modul k incongruenten Zahlen, welche mit diesem keinen gemeinschaftlichen Factor haben und überdies primär sind, zusammenfällt.

Da wir in den folgenden Paragraphen häufig eine Reihe von Zahlen von der eben angegebenen Beschaffenheit zu betrachten haben werden, d. h. eine Reihe, die ein und nur ein Glied enthält, welches jeder primären, zu k relativen Primzahl nach dem Modul k congruent ist, so wollen wir übereinkommen, mit:

$$(11) \qquad l$$

das allgemeine Glied einer solchen aus $\frac{1}{4}\psi(k)$ Gliedern bestehenden Zahlenreihe zu bezeichnen.

§. 3.

Indem wir zu dem in der Einleitung als Gegenstand dieser Abhandlung bezeichneten Satze übergehen, nach welchem:

$$kt+l$$

immer unendlich viel Primzahlen enthält, wenn die gegebenen Zahlen k und l keinen gemeinsamen Theiler haben, bemerken wir zunächst, dass man offenbar, ohne der Allgemeinheit zu schaden, k als durch $1+i$ theilbar und den Exponenten der höchsten darin aufgehenden Potenz von $1+i$ als ungerade und $\overline{\gtrless} 7$ betrachten kann, so dass also k von der in §. 2, IV. vorausgesetzten Form sein wird. Erwägt man ferner, dass vier zusammengehörige Zahlen immer zugleich Primzahlen sind oder nicht sind, so leuchtet ein, dass man l als eine primäre Zahl ansehen kann, und dass daher auch dieser Buchstabe in der ihm unter (11) gegebenen Bedeutung genommen werden kann.

Dies vorausgesetzt, bilde man unter Beibehaltung aller in §. 2, IV. gebrauchten Bezeichnungen, den Basen (9) der Reihe nach entsprechend, die binomischen Gleichungen:

$$(12)\quad \begin{cases} \varphi^{(p-1)p^{f-1}} = 1, \quad \varphi'^{(p'-1)p'^{f'-1}} = 1, \quad \ldots, \\ \psi^{(r^2-1)r^{g-1}} = 1, \quad \chi^{r^{g-1}} = 1; \quad \psi'^{(r'^2-1)r'^{g'-1}} = 1, \quad \chi'^{r'^{g'-1}} = 1; \quad \ldots, \\ \vartheta^{2^h} = 1, \quad \eta^{2^h} = 1, \end{cases}$$

und setze ferner zur Abkürzung:

$$\Omega_n = \varphi^{\alpha_n}\varphi'^{\alpha'_n}\ldots\times\psi^{\beta_n}\chi^{\gamma_n}\psi'^{\beta'_n}\chi'^{\gamma'_n}\ldots\times\vartheta^{\delta_n}\eta^{\varepsilon_n}.$$

Das so gebildete Product besitzt mehrere sehr leicht zu beweisende und für das Folgende wichtige Eigenschaften, welche vor allen Dingen zu betrachten sind.

Denkt man sich zunächst die in Ω enthaltenen Wurzeln der Einheit als constant, so hat man offenbar:

$$(13)\qquad \Omega_{nn'} = \Omega_n\Omega_{n'},$$

und wenn $n' \equiv n \pmod{k}$ angenommen wird:

$$(13')\qquad \Omega_{n'} = \Omega_n.$$

Ferner ist, immer unter der Voraussetzung, dass man die in Ω enthaltenen Wurzeln der Einheit nicht ändert, und wenn das Zeichen Σ sich auf alle unter

(11) definirten Werthe von l erstreckt:

$$(14)\qquad \Sigma\Omega_l = 0, \quad \text{oder} \quad \Sigma\Omega_l = \tfrac{1}{4}\psi(k),$$

je nachdem unter den Wurzeln $\varphi, \varphi', \ldots, \psi, \chi, \psi', \chi', \ldots, \vartheta, \eta$ wenigstens eine von der positiven Einheit verschiedene sich befindet oder alle dieser gleich sind. In der That lässt sich unsere Summe, da allen l alle möglichen Systeme (10) entsprechen, leicht in Factoren zerlegen, von denen jeder nur eine der oben genannten Wurzeln enthält. Derjenige dieser Factoren, in welchem φ vorkommt, ist offenbar:

$$1+\varphi+\varphi^2+\cdots+\varphi^{(p-1)p^{f-1}-1}$$

und folglich gleich 0 oder gleich $(p-1)p^{f-1}$, je nachdem φ von der positiven Einheit verschieden oder derselben gleich ist, und da Ähnliches von allen übrigen gilt, so ist die ausgesprochene Behauptung bewiesen.

Wenn wir uns jetzt, wie überall im Folgenden, des Zeichens S bedienen, um eine Summation anzudeuten, welche sich über alle Combinationen der Wurzeln der Gleichungen (12) erstreckt, deren Anzahl offenbar gleich $\frac{1}{4}\psi(k)$ ist, so hat man endlich:

$$(15)\qquad S\Omega_n = \tfrac{1}{4}\psi(k), \quad \text{oder} \quad S\Omega_n = 0,$$

je nachdem $n \equiv 1$ oder nicht $\equiv 1$ (mod. k) ist.

Das erste Resultat folgt unmittelbar daraus, dass für $n \equiv 1$ alle Indices (10) verschwinden. Um sich von der Richtigkeit des zweiten zu überzeugen, darf man nur bemerken, dass $S\Omega_n$ in Factoren zerlegt werden kann, von denen jeder nur die Wurzeln einer der Gleichungen (12) enthält, und dass der auf die erste dieser Gleichungen sich beziehende nichts anderes ist als die Summe der α_n^{ten} Potenzen aller Wurzeln dieser Gleichung. Dieser Factor wird daher und wegen $\alpha_n < (p-1)p^{f-1}$ immer verschwinden, ausser wenn $\alpha_n = 0$ ist. Aus diesem und den ähnlichen Resultaten, welche für die übrigen Factoren gelten, folgt die zweite der Gleichungen (15) sogleich, wenn man berücksichtigt, dass, wenn n nicht $\equiv 1$ (mod. k) ist, wenigstens einer der Indices (10) von Null verschieden sein wird.

Nach den bisher getroffenen Einleitungen können wir ohne Schwierigkeit die Gleichung:

$$(16)\qquad \Pi \frac{1}{1-\Omega_q \dfrac{1}{(Nq)^s}} = \Sigma\Omega_n \frac{1}{(Nn)^s} = L$$

beweisen. In dieser Gleichung bedeutet s eine beliebige positive, die Einheit übertreffende Grösse, und was das Multiplicationszeichen Π und das Summationszeichen Σ betrifft, so erstreckt sich ersteres über alle primären Primzahlen q, welche nicht in k aufgehen, während letzteres auf alle primären Zahlen n auszudehnen ist, die mit k keinen gemeinsamen Theiler haben. Die in Ω eingehenden Wurzeln $\varphi, \varphi', \ldots$ können beliebig gewählt werden, müssen aber in jedem Ω dieselben sein, so dass also unsere allgemeine Gleichung $\frac{1}{4}\psi(k)$ besondere, den verschiedenen Wurzelverbindungen entsprechende Gleichungen darstellt.

Um sich von der Richtigkeit der Gleichung (16) zu überzeugen, entwickle man den allgemeinen Factor auf der ersten Seite mit Berücksichtigung der Gleichung (13). Man erhält so:

$$\frac{1}{1-\Omega_q\frac{1}{(Nq)^s}} = 1+\Omega_q\frac{1}{(Nq)^s}+\Omega_{q^2}\frac{1}{(Nq^2)^s}+\cdots.$$

Führt man nun die auf der ersten Seite der Gleichung (16) angedeutete Multiplication aus und erinnert sich, dass nach (4) jede Zahl n nur auf eine Weise als ein Product von Potenzen primärer Primzahlen dargestellt werden kann, so wird die erste Seite unserer Gleichung in die zweite übergehen, w. z. b. w.

§. 4.

Wir müssen jetzt die allgemeine Reihe L (16), welche, wie leicht zu sehen, so lange $s > 1$ ist, einen endlichen, von der Art der Aufeinanderfolge ihrer Glieder unabhängigen Werth hat, näher betrachten und namentlich auszumitteln suchen, wie sich dieser Werth ändert, wenn man, $s = 1+\varrho$ setzend, die positive Variable ϱ unendlich klein werden lässt. Die zu untersuchende Reihe L zerfällt in $\frac{1}{4}\psi(k)$ Partialreihen, von denen jede alle diejenigen Glieder enthält, für welche n derselben Zahl l (11) nach dem Modul k congruent ist. Irgend eine solche Partialreihe ist, wenn man von dem allen ihren Gliedern gemeinsamen Factor Ω_l abstrahirt:

$$W = \Sigma\frac{1}{N(kt+l)^{1+\varrho}},$$

wo sich das Zeichen Σ auf alle complexen ganzen Zahlen t bezieht. Nun ist in der Abhandlung[1]) *Recherches sur les formes quadratiques à coefficients et à*

[1]) S. 533 dieser Ausgabe von G. Lejeune Dirichlet's Werken. K.

indéterminées complexes (§. 18, II.) gezeigt worden, dass letztere Reihe für ein unendlich kleines ϱ dem Ausdruck $\frac{\pi}{N(k)}\frac{1}{\varrho}$ gleich wird. Dieses Resultat lässt sich mit Hülfe der am angeführten Orte entwickelten Betrachtungen vervollständigen, und man beweist leicht, dass:

$$W = \frac{\pi}{N(k)}\frac{1}{\varrho} + A + \varrho F(\varrho)$$

ist, wo A eine reelle Constante und $F(\varrho)$ eine reelle Function von ϱ bezeichnet, die sich für ein unendlich klein werdendes ϱ einer endlichen Grenze nähert. Hieraus folgt sogleich mit Berücksichtigung von (14), dass:

$$(17)\quad L = \frac{\pi\psi(k)}{4N(k)}\frac{1}{\varrho} + F(\varrho), \quad \text{oder} \quad L = A + A'i + \varrho(\Phi(\varrho) + i\Phi'(\varrho))$$

ist, je nachdem die in L enthaltenen Wurzeln der Einheit alle der positiven Einheit gleich sind oder wenigstens eine derselben von dieser verschieden ist. A und A' sind reelle Constanten und $F(\varrho)$, $\Phi(\varrho)$, $\Phi'(\varrho)$ reelle Functionen von ϱ, die für einen unendlich kleinen Werth der positiven Veränderlichen ϱ sich endlichen Grenzen nähern.

Die Reihen L zerfallen nach den verschiedenen in ihnen enthaltenen Wurzelcombinationen in folgende drei Classen. Die erste dieser Classen besteht aus der einzigen Reihe, in welcher alle Wurzeln der Einheit den Werth 1 haben, und auf welche sich die erste der Gleichungen (17) bezieht. Die zweite Classe umfasst alle übrigen Reihen, in denen nur reelle Wurzeln vorkommen. Bemerkt man nun, dass nur in denjenigen der Gleichungen (12), deren Wurzeln mit χ, χ', ... bezeichnet sind, die Exponenten ungerade sind, so sieht man, dass zur Darstellung aller Reihen der zweiten Classe die doppelten Zeichen in:

$$\varphi = \pm 1,\ \varphi' = \pm 1, \ldots;\ \psi = \pm 1,\ \chi = 1,\ \psi' = \pm 1,\ \chi' = 1, \ldots;\ \vartheta = \pm 1,\ \eta = \pm 1$$

auf jede mögliche Weise combinirt werden müssen, wobei nur die eine aus allen oberen Zeichen bestehende Verbindung als der ersten Classe entsprechend ausgeschlossen bleiben muss. Die dritte Classe endlich wird alle Reihen in sich begreifen, in denen wenigstens eine imaginäre Wurzel der Einheit vorkommt, und man sieht ohne Schwierigkeit, dass die Reihen dieser Classe immer paarweise einander zugeordnet sind, indem, unter der ausgesprochenen Voraussetzung, die beiden Wurzelcombinationen:

$$\varphi, \varphi', \ldots; \psi, \chi, \psi', \chi', \ldots; \vartheta, \eta \quad \text{und} \quad \frac{1}{\varphi}, \frac{1}{\varphi'}, \ldots; \frac{1}{\psi}, \frac{1}{\chi}, \frac{1}{\psi'}, \frac{1}{\chi'}, \ldots; \frac{1}{\vartheta}, \frac{1}{\eta}$$

offenbar von einander verschieden sind. Bei diesen Reihen findet der Übergang von einer derselben zu der ihr zugeordneten statt, wenn man in der zweiten Gleichung (17) i mit $-i$ vertauscht, während für die Reihen der zweiten Classe, für welche die erwähnte Gleichung ebenfalls gilt, die in dieser Gleichung vorkommenden imaginären Glieder verschwinden.

Wird ϱ unendlich klein, so wächst der Werth der die erste Classe L constituirenden Reihe über jede positive Grenze hinaus, während die Werthe aller übrigen sich endlichen Grenzen nähern, wie aus (17) ersichtlich. Dies ist jedoch zu unserem Zwecke nicht ausreichend, und wir müssen nachweisen, dass alle diese Grenzen von Null verschieden sind, d. h. dass in der zweiten der Gleichungen (17) nie gleichzeitig $A=0$, $A'=0$ ist. Wir wollen für einen Augenblick annehmen, dieser Nachweis sei für alle Reihen der zweiten Classe geführt. Unter dieser Voraussetzung soll im folgenden Paragraphen die Richtigkeit derselben Behauptung für die dritte Classe gezeigt und zugleich der am Anfang des §. 3 aufgestellte Satz abgeleitet werden, so dass uns dann nur noch übrig bleiben wird, am Schlusse der Abhandlung die hinsichtlich der Reihen der zweiten Classe vorausgesetzte Eigenschaft zu beweisen.

§. 5.

Nimmt man von beiden Seiten der Gleichung (16) die Neper'schen Logarithmen und entwickelt, so kommt:

$$\cdots + \frac{1}{\mu}\,\Sigma\,\Omega_{q^\mu}\frac{1}{(Nq)^{\mu+\mu\varrho}} + \cdots = \log L,$$

wo wir zur Abkürzung nur das allgemeine Glied geschrieben haben, in welchem für μ successive alle Werthe von $\mu=1$ bis $\mu=\infty$ zu setzen sind, und wo sich das Summenzeichen auf alle q erstreckt.

Es sei nun l irgend eine bestimmte der unter (11) definirten Zahlen, und man setze $ll'\equiv 1$ (mod. k), wo l', wie l, primär und Primzahl zu k ist. Multiplicirt man unsere Gleichung mit $\Omega_{l'}$ und summirt nach allen Wurzelverbindungen, so erhält man:

$$\cdots + \frac{1}{\mu}\,\Sigma(S\,\Omega_{l'q^\mu})\frac{1}{(Nq)^{\mu+\mu\varrho}} + \cdots = S\,\Omega_{l'}\log L.$$

Nun ist, nach (15):

$$S\,\Omega_{l'q^\mu} = 0,$$

ausser wenn $l'q^\mu \equiv 1$ oder, was dasselbe ist, ausser wenn $q^\mu \equiv l$ (mod. k) ist, für welchen Fall:

$$S\boldsymbol{\Omega}_{l'q^\mu} = \tfrac{1}{4}\psi(k)$$

ist. Die Gleichung wird daher:

$$\Sigma\frac{1}{(Nq)^{1+\varrho}} + \tfrac{1}{2}\Sigma\frac{1}{(Nq)^{2+2\varrho}} + \cdots = \frac{4}{\psi(k)}S\boldsymbol{\Omega}_{l'}\log L, \tag{18}$$

wo sich das Zeichen Σ im ersten, zweiten, ... Gliede resp. auf die Primzahlen q erstreckt, deren erste, zweite, ... Potenzen congruent l (mod. k) sind. Setzt man speciell $l \equiv 1$, so ist:

$$l' \equiv 1 \pmod{k}, \qquad \boldsymbol{\Omega}_{l'} = 1,$$

und das allgemeine Resultat geht über in:

$$\Sigma\frac{1}{(Nq)^{1+\varrho}} + \tfrac{1}{2}\Sigma\frac{1}{(Nq)^{2+2\varrho}} + \cdots = \frac{4}{\psi(k)}S\log L.$$

Wir betrachten jetzt die Summe $S\log L$ für den Fall, wo ϱ unendlich klein wird. Was zunächst die den Reihen der zweiten Classe entsprechenden Glieder betrifft, so werden sich diese sämmtlich endlichen Grenzen nähern, wogegen das der ersten Classe entsprechende Glied einen unendlich grossen positiven Werth annimmt, indem dasselbe nach (17) in die Form:

$$\log\left(\frac{1}{\varrho}\right) + \log\left(\frac{\pi\psi(k)}{4N(k)} + \varrho F(\varrho)\right)$$

gebracht werden kann, wo der erste Theil unendlich wird, während der zweite sich einer endlichen Grenze nähert. Wäre nun der endliche Grenzwerth einer Reihe der dritten Classe der Null gleich, d. h. wäre in (17) $A = 0$, $A' = 0$, so würde sich aus der Vereinigung der zwei Glieder, welche in unserer Summe dieser und der ihr zugeordneten Reihe entsprechen, der Ausdruck:

$$-2\log\left(\frac{1}{\varrho}\right) + \log(\boldsymbol{\Phi}(\varrho)^2 + \boldsymbol{\Phi}'(\varrho)^2)$$

ergeben, nach dessen Verbindung mit dem eben betrachteten die Summe das Glied:

$$-\log\left(\frac{1}{\varrho}\right)$$

darbieten würde, welches einen unendlich grossen negativen Werth annimmt und nicht etwa durch $\log\left(\Phi(\varrho)^2+\Phi'(\varrho)^2\right)$ aufgehoben werden kann, indem dieser letztere Logarithmus sich entweder einer endlichen Grenze nähert oder selbst einen unendlich grossen negativen Werth erhält. Dies widerspricht unserer obigen Gleichung, deren linke Seite nur positive Glieder enthält, und der hier hervortretende Widerspruch würde offenbar noch verstärkt werden, wenn man die Grenzwerthe für mehr als ein Paar zugeordneter Reihen der dritten Classe als verschwindend betrachten wollte. Es ist somit, unter Vorbehalt des noch zu leistenden Nachweises für die Reihen der zweiten Classe, bewiesen, dass $\log L$ sich immer einer endlichen Grenze nähert, den einzigen Fall ausgenommen, wenn L die Reihe der ersten Classe bezeichnet, da für diesen Fall unser Logarithmus über jede positive noch so grosse Zahl hinaus wächst.

Kehren wir jetzt zur allgemeinen Gleichung (18) zurück, so sehen wir, dass die rechte und also auch die linke Seite derselben für ein unendlich klein werdendes ϱ unendlich wird. Nun bleibt aber die Summe aller auf der linken Seite vorkommenden Reihen, von der zweiten ab, endlich, da, wie leicht zu sehen:

$$\tfrac{1}{2}\Sigma\frac{1}{(Nq)^2}+\tfrac{1}{3}\Sigma\frac{1}{(Nq)^3}+\cdots$$

noch endlich ist, wenn man die Summationen nicht, wie es hier geschieht, auf gewisse Primzahlen q beschränkt, sondern auf alle ganzen Zahlen, deren Norm die Einheit übertrifft, ausdehnt. Es muss daher die Summe:

$$\Sigma\frac{1}{(Nq)^{1+\varrho}}$$

über jede endliche Grenze hinaus wachsen, was nicht anders geschehen kann, als wenn die Gliederzahl derselben unendlich ist, d. h. als wenn es eine unendliche Anzahl von Primzahlen giebt, die in der Form $kt+l$ enthalten sind, w. z. b. w.

§. 6.

Zur Vervollständigung des eben gegebenen Beweises ist noch zu zeigen, dass der einem unendlich kleinen ϱ entsprechende Grenzwerth jeder Reihe der zweiten Classe von Null verschieden ist. Eine solche Reihe enthält eine Wurzelverbindung der Form:

$$\varphi=\pm1,\ \varphi'=\pm1,\ \ldots;\ \psi=\pm1,\ \chi=1,\ \psi'=\pm1,\ \chi'=1,\ \ldots;\ \vartheta=\pm1,\ \eta=\pm1.$$

Bildet man das Product aller derjenigen der Primzahlen $a+bi$, $a'+b'i$, $\ldots$,

$r, r', \ldots,$ denen in dieser Wurzelcombination eine der negativen Einheit gleiche Wurzel $\varphi, \varphi', \ldots, \psi, \psi', \ldots$ entspricht, und bezeichnet das Product dieser Primzahlen mit Q, so wie das aller übrigen mit V (wobei es sich von selbst versteht, dass, wenn in einer dieser Gruppen keine Primzahl vorkommen sollte, man für Q oder V die Einheit zu wählen hat), so wird der im allgemeinen Gliede der Reihe enthaltene Ausdruck Ω_n nach den unter (5) und (6) erhaltenen Resultaten folgende Gestalt annehmen können:

$$\Omega_n = \left[\frac{n}{Q}\right] \vartheta^{\delta_n} \eta^{\varepsilon_n}.$$

Setzt man ferner, wie oben, $n = \lambda + \nu i$, so hat man:

$$\vartheta^{\delta_n} = \vartheta^{\frac{\lambda^2+\nu^2-1}{4}}, \qquad \eta^{\varepsilon_n} = \eta^{\frac{(\lambda+\nu)^2-1}{8}}.$$

Ist $\vartheta = 1$, so ist die erste dieser Gleichungen evident; ist dagegen $\vartheta = -1$, so fällt sie mit einer der unter (7) bewiesenen zusammen, und mit der zweiten verhält es sich ebenso. Der Grenzwerth irgend einer Reihe der zweiten Classe ist folglich:

$$\Sigma \vartheta^{\frac{\lambda^2+\nu^2-1}{4}} \eta^{\frac{(\lambda+\nu)^2-1}{8}} \left[\frac{\lambda+\nu i}{Q}\right] \frac{1}{(\lambda^2+\nu^2)^{1+\varrho}},$$

wo ϱ unendlich klein vorausgesetzt ist, das Zeichen Σ sich über alle ungeraden primären Zahlen $\lambda + \nu i$ erstreckt, die mit k oder, was dasselbe ist, mit QV keinen Factor gemein haben, und noch zu bemerken ist, dass nicht gleichzeitig $Q = 1$, $\vartheta = 1$, $\eta = 1$ sein kann, da unter dieser Voraussetzung die oben betrachtete Wurzelcombination der Reihe L der ersten Classe entsprechen würde. Nun ist aber unsere Reihe mit der eben angegebenen Beschränkung immer in der allgemeinen Reihe enthalten, welche, wie wir in der schon oft citirten Abhandlung[1]) gezeigt haben, von einem endlichen Factor abgesehen, die Anzahl der Classen ausdrückt, in welche sich alle quadratischen Formen für eine beliebige, keinem Quadrat gleiche, Determinante vertheilen. Vergleicht man die in jener Abhandlung (§. 18, IV. Gleichung (18)) zur Bestimmung dieser Anzahl gefundene Reihe mit der obigen, so sieht man, dass letztere sich nach den vier Wurzelverbindungen:

$$\vartheta = 1,\ \eta = 1; \quad \vartheta = -1,\ \eta = 1; \quad \vartheta = 1,\ \eta = -1; \quad \vartheta = -1,\ \eta = -1,$$

---

[1]) S. 533 dieser Ausgabe von G. Lejeune Dirichlet's Werken. K.

welche darin vorkommen können, resp. auf die vier Determinanten:

$$QV^2,\quad iQV^2,\quad (1+i)QV^2,\quad i(1+i)QV^2$$

bezieht.

Hieraus folgt die zu beweisende Eigenschaft sogleich; denn wenn unsere Reihe sich auf Null reducirte, so würde auch die Anzahl der Classen der quadratischen Formen für die entsprechende Determinante verschwinden, was nicht möglich ist, indem diese Anzahl immer wenigstens der Einheit gleich ist.

Wir schliessen mit einer die vorher erwähnte Vergleichung erleichternden Bemerkung, welche darin besteht, dass man in der am angeführten Orte gefundenen Reihe, ohne den Werth derselben zu ändern, die Summation auf diejenigen ungeraden, mit der Determinante keinen gemeinschaftlichen Factor darbietenden, primären Zahlen $\lambda+\nu i$ beziehen kann, denen diese Benennung in dem in gegenwärtiger Abhandlung angenommenen Sinne zukommt. Dies ergiebt sich unmittelbar daraus, dass für irgend eine Gruppe ungerader zusammengehöriger Zahlen, die nach der einen Definition als primär zu betrachtende Zahl derjenigen, welche der anderen Definition entspricht, offenbar gleich oder entgegengesetzt ist, und dann ferner daraus, dass irgend ein Glied der Reihe ungeändert bleibt, wenn man darin $\lambda+\nu i$ mit $-\lambda-\nu i$ vertauscht.

RECHERCHES
SUR LES FORMES QUADRATIQUES
A COEFFICIENTS ET A INDÉTERMINÉES COMPLEXES.

Première partie.

Comme les recherches que nous aurons à exposer dans ce Mémoire, présentent, par leur objet et par les résultats auxquels elles conduisent, beaucoup d'analogie avec d'autres recherches déjà publiées*), il convient, avant d'en donner une idée générale, de rappeler en peu de mots la question qui a été traitée dans le Mémoire que nous venons de citer. Le Mémoire dont il s'agit, se rapporte à la théorie des *formes quadratiques*, théorie qui, préparée par quelques énoncés de Fermat et par les ingénieuses recherches d'Euler et définitivement fondée par Lagrange, a reçu plus tard de notables accroissements par les travaux de Legendre et surtout par ceux de M. Gauss, qui y a consacré la plus grande partie de ses „*Disquisitiones arithmeticae*", en sorte qu'elle constitue aujourd'hui l'une des branches principales de la science des nombres. On sait que les propriétés d'une telle expression dépendent surtout d'un entier qui est une fonction très simple de ses coefficients et que, pour cette raison, on nomme le *déterminant* de la forme quadratique. Quoique le nombre des formes qui ont un même déterminant donné quelconque, positif ou négatif, soit infini, ces formes se réduisent toujours à un nombre limité d'expressions distinctes, c'est-à-dire non-transformables les unes dans les autres. Cette propriété, capitale dans la matière, a été établie par Lagrange qui a aussi fait connaître les opérations arithmétiques, au moyen desquelles ces formes non-équivalentes peuvent être assignées, lorsque le déterminant est numériquement donné. Mais si ce procédé suffisait pour l'objet auquel son illustre auteur l'avait destiné, il ne donnait aucune lumière sur la liaison générale qui doit exister

*) Recherches sur diverses applications de l'Analyse infinitésimale à la Théorie des Nombres. Tome XIX et XXI du Journal de Crelle [1]).

[1]) S. 411 dieser Ausgabe von G. Lejeune Dirichlet's Werken.

entre le déterminant et le nombre des formes distinctes qui y répondent. La loi qui exprime cette dépendance et dont la connaissance, outre qu'elle devait présenter beaucoup d'intérêt par elle-même, était indispensable pour d'autres recherches, restait donc entièrement inconnue. Or tel est précisément l'objet de la question qu'on s'est proposée dans le Mémoire cité et qu'on y a résolue au moyen d'une analyse dont le principe fondamental consiste à exprimer les propriétés caractéristiques du système des formes non-équivalentes répondant à un déterminant quelconque, à l'aide d'une équation dont l'un des membres ne contient rien qui soit relatif à ces formes, tandis que l'autre se compose de suites infinies doubles dont le nombre est égal à celui des formes et dont chacune présente dans son terme général l'une des expressions quadratiques dont il s'agit. L'équation ainsi formée renfermant une variable assujettie à la seule condition de rester supérieure à l'unité, si l'on passe au cas-limite, où cette variable approche indéfiniment de l'unité, les séries doubles tendent toutes vers une limite commune facile à assigner, et l'égalité se transforme de manière à exprimer le nombre des formes par une suite infinie d'une loi très simple et dont la somme s'obtient aisément avec le secours des formules connues. En effectuant cette dernière opération, on reconnaît que l'expression du nombre des formes qui répondent à un déterminant quelconque, présente deux cas très distincts suivant que ce déterminant est un nombre négatif ou positif. Dans le premier de ces cas, l'expression de la loi dont il s'agit a un caractère purement arithmétique, tandis que pour un déterminant positif elle est d'une nature plus composée et en quelque sorte mixte, puisque, outre les éléments arithmétiques dont elle dépend, elle en renferme d'autres qui ont leur origine dans certaines équations auxiliaires qui se présentent dans la théorie des équations binômes, et appartiennent par conséquent à l'Algèbre. Ce dernier résultat est surtout remarquable et offre un nouvel exemple de ces rapports cachés que l'étude approfondie de l'Analyse mathématique nous fait découvrir entre les questions en apparence les plus disparates.

La solution dont nous venons de rappeler l'idée fondamentale, n'empruntant de la théorie des formes quadratiques que leurs propriétés les plus élémentaires et s'achevant sans difficulté, lorsque ces propriétés ont été une fois reconnues et mises en équation, il était naturel de chercher à étendre les applications de ce genre d'analyse et à résoudre par son moyen d'autres questions analogues mais d'un ordre plus élevé. Les questions que l'on doit considérer comme telles, sont assez nombreuses; on peut, dans les recherches de cette nature, remplacer les formes quadratiques par des fonctions homogènes d'un degré plus élevé; sans sortir du second degré, et c'est là le cas dont nous nous sommes occupé d'abord et que nous traiterons exclusivement dans ce Mémoire, on peut aussi modifier la nature des formes quadratiques et supposer par exemple que leurs coefficients sont des entiers complexes. On doit à M. Gauss l'idée de considérer de pareils entiers*), et l'on sait qu'il y a été conduit par ses recherches sur les résidus biquadratiques, qui lui ont fait reconnaître que la théorie de ces résidus qui paraît très compliquée tant qu'on la rapporte aux entiers réels, se présente sous une face bien différente, lorsqu'on l'envisage sous ce nouveau point de vue, et se résume alors dans une loi de réciprocité d'une simplicité et d'une élégance extrêmes et d'ailleurs parfaitement analogue à celle que l'on connaissait depuis longtemps pour les résidus quadratiques. L'importance de l'idée si profonde que nous venons de rappeler ne consiste pas seulement à amener de pareilles simplifications; elle est d'un usage beaucoup plus étendu et l'on doit la considérer comme ouvrant un nouveau champ aux spéculations arithmétiques.

Avant de transporter, dans la théorie des nombres ainsi généralisée, la question qui avait été traitée précédemment, il fallait se livrer à un travail préliminaire indispensable et ayant pour objet de se rendre compte des modifications que les propositions fondamentales de la théorie des formes quadratiques doivent subir pour être applicables aux entiers complexes. Ce travail achevé, on a pu reconnaître que les principes dont on avait fait usage dans le Mémoire cité, s'appliquent avec le même succès à la nouvelle question. Seulement, comme cette dernière est d'une nature plus compliquée, les discussions que la solution exige, prennent plus d'étendue et l'on trouve par exemple que pour passer à ce que nous avons nommé plus haut le cas-limite, il faut ici évaluer une intégrale définie quadruple, tandis que précédemment on n'avait eu à considérer que des intégrales doubles, se réduisant d'ailleurs sur-le-champ à la quadrature de l'ellipse ou de l'hyperbole.

Mais sans entrer ici dans d'autres détails sur la marche de la solution, nous nous bornerons à dire que le résultat définitif est entièrement semblable à celui qui répond au second des deux cas que nous avons distingués plus haut.

*) Theoria residuorum biquadraticorum. Commentatio secunda.

On reconnaît en effet que, pour un déterminant complexe, le nombre des formes se rattache généralement à la division de la fonction elliptique complète de première espèce dont le module est $\sqrt{\frac{1}{2}}$, ou ce qui revient au même, à la division de la lemniscate en parties égales, le diviseur ou le nombre de ces parties étant un entier complexe.

Outre le résultat dont nous venons d'indiquer la nature, la question présente deux résultats particuliers très singuliers et tout-à-fait inattendus. Ces résultats sont relatifs aux cas où le déterminant est un entier réel ou le produit d'un tel entier par $\sqrt{-1}$, le nombre des formes pouvant alors être assigné sans le secours des équations qui se rapportent à la division des fonctions elliptiques. Pour ne parler ici que du premier de ces deux cas dont le second ne diffère pas au fond, le résultat consiste en ce que, relativement à un entier réel D, considéré comme le déterminant de formes quadratiques à coefficients complexes, le nombre des formes distinctes est égal au produit ou au double produit des deux nombres qui expriment combien il existe de formes pour les deux déterminants opposés D et $-D$, considérés sous le point de vue ordinaire, ces deux cas étant d'ailleurs distingués par un critérium très simple.

Comme les recherches dont nous venons de présenter l'analyse, exigent des développements assez étendus, nous avons dû diviser notre travail en deux parties, dont la première que nous publions aujourd'hui, contient, outre les discussions préliminaires, la solution de la question principale conduite jusqu'au point où elle se trouve dépendre de la sommation d'une série double. Nous terminons cette première partie par l'examen des deux cas particuliers mentionnés plus haut, et qui peuvent être traités complètement, sans qu'il soit nécessaire d'effectuer la double sommation. Dans la seconde partie nous achèverons la solution générale et nous discuterons en outre quelques questions accessoires telles que celles qui concernent la distribution des formes quadratiques en genres, et que nous avons dû laisser de côté dans cette première partie, pour ne pas interrompre la marche des considérations qui se rapportent à la question principale.

Quoique les propositions élémentaires de la théorie des entiers complexes aient déjà été exposées par l'illustre géomètre que nous avons cité plus haut, nous avons pensé qu'il pourrait être commode pour le lecteur de trouver dans une courte introduction celles de ces propositions dont nous aurons à faire usage plus tard.

Définitions et théorèmes préliminaires.

§. 1.

On appelle *nombre complexe* toute expression de la forme:

$$a+bi,$$

i désignant la quantité imaginaire $\sqrt{-1}$, et a et b ayant des valeurs réelles quelconques. Comme il est souvent nécessaire de distinguer le cas où l'une des valeurs réelles a et b s'évanouit, de celui où ces valeurs sont l'une et l'autre différentes de zéro, nous nommerons l'expression précédente *monôme* ou *binôme* suivant ces deux cas.

Le nombre réel et toujours positif:

$$a^2+b^2,$$

le seul cas excepté où l'on a à la fois $a=0$, $b=0$, sera dit la *norme* du nombre complexe $a+bi$. Cette norme n'est donc autre chose que ce que l'on appelle communément le carré du module de l'expression imaginaire $a+bi$. Mais comme ce carré se présentera beaucoup plus souvent dans nos recherches que le module lui-même, il convient de lui consacrer une dénomination spéciale telle que la précédente déjà proposée par M. Gauss, d'autant plus que l'emploi du mot module pourrait donner lieu à des équivoques.

Nous conviendrons de désigner la norme en plaçant la caractéristique N devant le nombre complexe dont il s'agit, et d'écrire:

$$N(a+bi).$$

Au moyen de ce signe on aura les équations évidentes et qu'on a souvent occasion d'employer:

$$N(kl)=N(k)N(l), \qquad N\left(\frac{k}{l}\right)=\frac{N(k)}{N(l)}.$$

Dans la théorie des nombres complexes on a à considérer les quatre unités:

$$1, \quad i, \quad -1, \quad -i,$$

dont l'une quelconque peut être désignée par i^ϱ, en supposant $\varrho=0, 1, 2, 3$.

On appelle nombres complexes associés quatre nombres:

$$a+bi, \quad -b+ai, \quad -a-bi, \quad b-ai,$$

dont chacun produit les trois autres, lorsqu'on le multiplie par i, -1 et $-i$. Ces quatre nombres sont toujours inégaux à moins qu'on n'ait simultanément $a=0$, $b=0$.

Deux nombres complexes:

$$a+bi, \quad a-bi$$

sont dits conjugués, l'un se changeant dans l'autre, en remplaçant i par $-i$. De pareils nombres sont toujours inégaux, excepté lorsque $b=0$.

Des nombres associés ont une norme commune et la même chose a lieu pour deux nombres conjugués.

Ce qui précède s'applique à des nombres complexes quelconques.

Les nombres complexes $a+bi$ portent différents noms, suivant la nature des nombres réels a et b, qu'on en doit considérer comme leurs éléments. Un nombre complexe $a+bi$ s'appelle entier lorsque a et b sont l'un et l'autre des entiers, rationnel lorsque a et b sont l'un et l'autre rationnels, et irrationnel dans tout autre cas. Comme les nombres que nous aurons à considérer, seront presque toujours des nombres complexes entièrs, nous supprimerons généralement les adjectifs à moins que cette suppression ne puisse donner lieu à des équivoques.

Lorsque relativement à un entier complexe k on a $N(k)=1$, on peut en conclure: $k=i^\varrho$. On voit encore par l'équation $N(kl)=N(k)N(l)$, que la norme d'un entier kl, multiple d'un autre l, est elle-même un multiple de celle de ce dernier. Il résulte de là que les diviseurs d'un entier quelconque m ont toujours des normes inférieures ou tout au plus égales à celle de m, et que ce dernier cas ne peut avoir lieu que lorsque le diviseur coïncide avec le nombre dont il s'agit ou avec l'un de ses trois associés.

Si donc, pour abréger, on nomme plus grand qu'un autre un nombre complexe dont la norme surpasse celle de ce dernier, on peut dire que les plus grands diviseurs d'un entier complexe sont cet entier lui-même et ses associés.

Un entier complexe $a+bi$ autre que i^ϱ, est dit composé lorsqu'il peut se décomposer en deux facteurs qui ne sont ni l'un ni l'autre de la forme i^ϱ. Dans le cas contraire il s'appelle premier.

Il est facile de voir que des nombres associés sont toujours simultanément des nombres premiers ou simultanément des nombres composés, et qu'il en est de même pour deux nombres conjugués.

§. 2.

Si m et m_1 désignent deux entiers complexes quelconques, on pourra toujours trouver un entier complexe q tel que l'on ait:

$$N(m-m_1 q) \overline{\overline{<}} \tfrac{1}{2} N(m_1).$$

Il suffit, pour s'en assurer, de remarquer qu'on a:

$$N(m-m_1q) = N(m_1)N\left(\frac{m}{m_1}-q\right),$$

et que les deux entiers réels qui entrent dans q, peuvent toujours être choisis de manière à différer de la partie réelle de $\frac{m}{m_1}$ et du coefficient de i dans cette même expression, de quantités réelles dont les valeurs numériques ne surpassent pas le nombre $\frac{1}{2}$. Il est facile de fonder là-dessus un procédé propre à faire découvrir le plus grand diviseur commun de deux entiers complexes m et m_1 quelconques. On formera les équations:

$$m = m_1q+m_2, \quad m_1 = m_2q_1+m_3, \quad \ldots, \quad m_h = m_{h+1}q_h,$$

où les entiers q, q_1, ... sont choisis de manière que l'on ait:

$$N(m_2) \leqq \tfrac{1}{2}N(m_1), \quad N(m_3) \leqq \tfrac{1}{2}N(m_2), \quad \ldots,$$

ce qui aura nécessairement pour effet de conduire à une dernière équation où $m_{h+2} = 0$. Cela fait, il suffit de parcourir les équations précédentes, pour voir que tout diviseur commun de m et m_1 divise aussi les entiers m_2, m_3, ..., m_{h+1}. Si l'on considère ensuite les mêmes équations en sens inverse, on voit sur le champ que réciproquement tout diviseur de m_{h+1} est aussi diviseur commun de m et m_1, d'où l'on conclut que le plus grand diviseur commun cherché est l'entier m_{h+1} ou l'un de ses associés, et que dans le cas particulier où m et m_1 sont premiers entre eux, m_{h+1} sera toujours de la forme i^ϱ.

Le procédé précédent conduit à la démonstration du théorème suivant:

„Si, m et m_1 étant premiers entre eux, le produit mn est divisible par m_1, n sera nécessairement un multiple de m_1."

En effet d'après ce qui précède, on aura nécessairement $m_{h+1} = i^\varrho$. D'un autre côté, comme mn est supposé divisible par m_1, on conclut des équations précédentes multipliées par n, que les produits m_2n, m_3n, ..., $m_{h+1}n$ sont également des multiples de m_1, conclusions dont la dernière coïncide avec le résultat qu'il s'agit d'établir.

Le théorème que nous venons de démontrer, étant entièrement semblable à celui qui dans la théorie ordinaire sert de base à toutes les recherches sur les nombres en tant qu'ils sont divisibles les uns par les autres, décomposables en facteurs simples etc., on en tirera les mêmes conséquences pour la théorie des nombres complexes.

En considérant en particulier m_1 comme un nombre premier absolu, on en conclut qu'un pareil nombre, pour diviser le produit de deux ou d'un plus grand nombre de facteurs, doit diviser au moins l'un de ces facteurs. De là suit encore qu'un entier premier à plusieurs autres l'est aussi à leur produit, qu'un entier divisible par plusieurs autres qui n'ont pas de diviseur commun, pris deux à deux, l'est de même par le produit de ces derniers, et ainsi de suite.

Le théorème connu d'après lequel un nombre réel ne peut se décomposer que d'une seule manière en facteurs simples réels, a aussi son analogue dans la théorie des nombres complexes. Mais de même que dans le théorème énoncé on considère tacitement les facteurs simples comme positifs ou du moins pris chacun avec un signe déterminé, il faut agir ici d'une manière analogue. Supposons pour cela que dans chaque groupe de nombres associés, on distingue l'un d'entre eux, d'ailleurs arbitrairement choisi, en l'appelant nombre primaire. Dans cette hypothèse, un entier quelconque m pourra toujours se mettre sous la forme:

$$m = i^{\varrho} abc \ldots,$$

a, b, c étant des nombres premiers primaires, égaux ou inégaux, et il est facile de s'assurer que la décomposition précédente est toujours unique. En effet si l'on suppose encore:

$$m = i^{\varrho'} a' b' c' \ldots,$$

a', b', c' étant pareillement des nombres premiers primaires, il faudra nécessairement, pour que ces deux équations s'accordent, que a divise l'un des nombres a', b', c', ... Or ces derniers étant premiers et primaires, a devra coïncider avec l'un d'entre eux, avec a' par exemple. Divisant les deux équations par a et continuant de procéder toujours de la même manière, l'identité des deux décompositions se trouvera établie. Si, comme on le fait dans la théorie ordinaire, on réunit les facteurs simples égaux sous forme de puissances, on aura donc d'une manière unique:

$$m = i^{\varrho} a^{\alpha} b^{\beta} c^{\gamma} \ldots,$$

a, b, c, ... désignant des nombres premiers primaires inégaux et les exposants α, β, ... étant tous au moins égaux à l'unité, c'est-à-dire que les bases et leurs exposants, de même que le facteur i^{ϱ}, seront complètement déterminés dès que le nombre m sera donné.

§. 3.

Avant d'aller plus loin, il convient de rechercher les conditions propres à faire reconnaître si un entier complexe est premier ou composé.

I. Considérons d'abord un nombre binôme $a+bi$, et soit $N(a+bi)=p$. Cela posé, il est facile de prouver que $a+bi$ est un nombre premier ou non suivant que sa norme, considérée au point de vue ordinaire, est elle-même un nombre premier ou composé. Observons d'abord que, si $a+bi$ est composé, en sorte qu'on puisse supposer:

$$a+bi = (c+di)(f+gi), \quad N(c+di)>1, \quad N(f+gi)>1,$$

on aura:

$$N(a+bi) = N(c+di)N(f+gi),$$

c'est-à-dire $N(a+bi)$ égal à un nombre composé. Ce premier point établi, il ne reste évidemment qu'à prouver que si $N(a+bi)=a^2+b^2$ est un nombre composé, $a+bi$ sera aussi composé, pour que la proposition se trouve démontrée. Soit:

$$a^2+b^2 = mn,$$

m et n étant deux entiers réels l'un et l'autre différents de l'unité. Si maintenant $a+bi$, et par suite aussi $a-bi$, était supposé premier, l'équation précédente mise sous la forme $(a+bi)(a-bi)=mn$, exigerait d'après le théorème démontré à la fin du paragraphe précédent, que m et n fussent également des nombres premiers, sans quoi le second membre renfermerait plus de facteurs simples que le premier, et il faudrait de plus que m, abstraction faite d'un facteur de la forme i^ϱ, coïncidât avec l'un des nombres $a+bi$, $a-bi$, ce qui est impossible, ces derniers étant binômes, tandis que m est monôme.

II. D'après ce qu'on vient de prouver, on voit que pour assigner tous les nombres premiers binômes, tout revient à découvrir quels sont, parmi les nombres premiers réels et positifs, ceux qui peuvent se décomposer en deux carrés. Pour ceux de la forme $4n+3$, une pareille décomposition est impossible, la somme de deux carrés étant toujours de l'une des formes:

$$4n, \quad 4n+1, \quad 4n+2.$$

Il ne reste donc que les nombres premiers $4n+1$ et le nombre 2.

Soit p un nombre premier $4n+1$, il sera facile de prouver, qu'il existe toujours deux groupes de nombres premiers binômes associés ayant p pour norme commune. Cela résulte immédiatement du théorème connu, d'après lequel un nombre premier $4n+1$ est toujours la somme de deux carrés, et ne l'est que d'une seule manière. Mais nous n'avons pas besoin de ce théorème, qui peut être considéré au contraire comme un corollaire de la théorie des nombres complexes. Nous supposerons seulement qu'on sache que l'entier réel ξ peut toujours être choisi de manière à rendre la formule ξ^2+1 divisible par p, comme cela résulte entr'autres du théorème de WILSON, en vertu duquel on peut poser:

$$\xi = 1.2\ldots\tfrac{1}{2}(p-1).$$

Le produit $(\xi+i)(\xi-i)$ étant ainsi divisible par le nombre p, qui ne divise évidemment ni l'un ni l'autre de ces deux facteurs, on en conclut que p est un nombre composé. Soit en conséquence:

$$p = (a+bi)(c+di), \quad a^2+b^2>1, \quad c^2+d^2>1,$$

on aura $p^2=(a^2+b^2)(c^2+d^2)$, d'où l'on conclut, le nombre réel p^2 ne comportant que la seule décomposition $p\times p$ en facteurs positifs différents de l'unité:

$$p = a^2+b^2 = (a+bi)(a-bi),$$

où les deux facteurs évidemment binômes $a+bi$, $a-bi$, dont la norme commune est un nombre premier réel, seront premiers.

Remarquons encore que les nombres premiers $a+bi$ et $a-bi$ sont toujours distincts, c'est-à-dire qu'ils ne sont ni égaux ni associés. En effet, comme a, b sont évidemment l'un pair, l'autre impair, la supposition:

$$a-bi = i^\varrho(a+bi)$$

exigerait d'abord $i^\varrho=\pm 1$, et par suite l'une de celles-ci: $a=0$, $b=0$, dont l'impossibilité est manifeste.

On voit donc qu'il existe toujours deux groupes distincts de nombres premiers binômes ayant pour norme commune un nombre premier positif $4n+1$ quelconque, et l'on peut ajouter qu'il n'en existe que deux, car il résulte du théorème déjà cité que, si l'on suppose:

$$(a'+b'i)(a'-b'i) = (a+bi)(a-bi),$$

chacun des facteurs du premier membre est nécessairement égal ou associé à l'un des facteurs du second.

Le nombre 2 qui est également décomposable en deux carrés, ne donne lieu qu'à un seul groupe de nombres premiers binômes, les deux nombres conjugués $1+i$, $1-i$ appartenant pour ce cas au même groupe.

III. Il ne reste qu'à examiner quels sont les nombres monômes qui jouent le rôle de nombres premiers dans la théorie des entiers complexes. Comme sous le rapport dont il s'agit, un nombre quelconque se trouve dans la même catégorie que ses associés, nous n'aurons qu'à considérer des nombres monômes positifs, et comme, parmi ces derniers, ceux qui sont composés au point de vue ordinaire, le sont également dans la théorie des entiers complexes, il n'est plus question que des nombres premiers positifs. Or, les nombres premiers $4n+1$ et le nombre 2 ayant déjà été reconnus comme nombres composés, il ne reste en définitif qu'à considérer les nombres premiers $4n+3$, par rapport auxquels il est facile de s'assurer qu'ils sont ici des nombres premiers, comme ils le sont au point de vue ordinaire. En effet, si pour un nombre q de cette espèce on avait:

$$q = (a+bi)(c+di), \quad N(a+bi) > 1, \quad N(c+di) > 1,$$

et par suite $q^2 = (a^2+b^2)(c^2+d^2)$, il faudrait, q^2 n'étant susceptible que d'une seule décomposition en facteurs positifs différents de l'unité, qu'on eût $q = a^2+b^2$, ce qui est impossible, comme nous l'avons déjà remarqué.

IV. Les nombres complexes considérés relativement au diviseur $1+i$ et à sa seconde puissance $(1+i)^2 = 2i$, forment trois classes, pour la désignation desquelles il est utile d'introduire des dénominations spéciales.

Un nombre sera dit *impair* lorsqu'il n'est pas divisible par $1+i$, *semi-pair* lorsqu'il est divisible par $1+i$ sans l'être par $(1+i)^2$ ou, ce qui revient au même, par 2, et *pair* enfin lorsqu'il peut être divisé par 2. Il est évident qu'un entier complexe $a+bi$ présentera le premier cas lorsque les deux entiers réels a et b sont l'un pair, l'autre impair, le second lorsque ces deux entiers sont l'un et l'autre impairs, et enfin le troisième lorsque a et b sont tous deux pairs.

V. Nous avons déjà eu occasion de remarquer qu'il peut être utile de distinguer l'un des quatre nombres associés qui forment un même groupe, pour le considérer en quelque sorte comme le nombre primitif ou primaire de ce groupe, les trois autres étant censés dérivés de celui-là en le multipliant par -1, $\pm i$. Le besoin d'une telle distinction réglée sur un principe invariable, se fera surtout sentir en tant qu'il s'agira de nombres impairs, et nous conviendrons donc de considérer comme le nombre *primaire* dans un groupe d'entiers complexes impairs, celui évidemment unique $a+bi$ pour lequel on a simultanément:

$$a \equiv 1 \pmod{4}, \qquad b \equiv 0 \pmod{2}.$$

Il est facile de conclure de cette définition que le produit de deux et par suite d'un nombre quelconque d'entiers impairs primaires, est lui-même un entier primaire.

Cette convention embrasse déjà tous les nombres premiers, à l'exception de ceux qui dérivent du nombre 2, et qui sont $1+i$, $-1+i$, $-1-i$, $1-i$. Quoique, relativement à ces derniers, le choix d'un nombre primaire soit peu utile, nous conviendrons pour plus d'uniformité de regarder comme tel le nombre $1+i$.

§. 4.

Étant donné un entier complexe quelconque m, on peut toujours concevoir la série complète des entiers complexes, distribuée en séries partielles, deux entiers étant rangés dans la même série ou dans des séries distinctes, suivant que leur différence est un multiple de m ou non. Si ensuite on choisit dans chacune de ces séries partielles l'un quelconque des termes qui la composent, on aura ce que nous appellerons *un système de résidus* pour le module donné m. Un pareil système jouit donc de la double propriété de contenir un terme et de n'en contenir qu'un, qui soit congru à un entier quelconque suivant le module auquel il répond. Pour construire un système de résidus, tout se réduit à découvrir quelque condition qui soit satisfaite par l'un des termes de toute série partielle et ne le soit que par ce seul terme, et à assigner ensuite tous les entiers distincts qui remplissent la condition dont il s'agit. On parviendra, par exemple, à une condition de ce genre, si l'on cherche d'abord, $x+yi$ désignant le terme général d'une série partielle donnée, pour quels termes de cette dernière y a la plus petite valeur non-négative, et si l'on choisit ensuite, parmi ces termes en nombre infini, celui nécessairement unique où x, supposé pareillement non-négatif, est à son tour un minimum. Pour découvrir la nature d'un pareil terme, soit $m = a+bi$, et désignons par $\alpha+\beta i$ un entier complexe arbitrairement choisi. On aura alors pour le terme général de la série partielle à laquelle cet entier appartient:

$$x+yi = (a+bi)(t+ui)+\alpha+\beta i, \quad x = at-bu+\alpha, \quad y = bt+au+\beta,$$

où t et u désignent tous les entiers réels depuis $-\infty$ jusqu'à ∞. On voit, par la dernière de ces équations, que les valeurs dont y est susceptible, sont toutes telles qu'on ait $y \equiv \beta$ (mod. h), h désignant le plus grand diviseur commun (positif) de a et b. Il résulte de là que y peut toujours être égal à l'un des entiers $0, 1, 2, \ldots, h-1$, et ne peut être égal qu'à l'un d'entre eux. Soit donc y_0 celui de ces entiers qui satisfait à la congruence précédente. Pour que y obtienne cette valeur particulière, on aura à satisfaire à l'équation:

$$bt+au = y_0-\beta,$$

toujours résoluble et dont la solution complète, exprimée en fonction d'une solution particulière t_0, u_0, est:

$$t = t_0+\frac{a}{h}z, \quad u = u_0-\frac{b}{h}z,$$

z désignant un entier réel arbitraire. Au moyen de ces expressions, l'équation en x deviendra:

$$x = at_0 - bu_0 + \frac{p}{h} z,$$

où l'on suppose $a^2 + b^2 = p$. Comme il reste l'indéterminée z dont nous pouvons disposer à volonté, on voit que la plus petite valeur dont x soit susceptible, est l'une de celles-ci:

$$0,\ 1,\ 2,\ \ldots,\ \frac{p}{h} - 1,$$

et il est également manifeste que parmi ces dernières il n'en existe qu'une seule que x puisse comporter. Ayant ainsi reconnu que dans toute série partielle il existe toujours un terme unique pour lequel x et y soient respectivement compris dans les suites:

$$x = 0,\ 1,\ 2,\ \ldots,\ \frac{p}{h} - 1, \quad y = 0,\ 1,\ 2,\ \ldots,\ h-1,$$

on voit que pour obtenir un système de résidus pour le module $a+bi$, on n'a qu'à introduire, dans l'expression $x+yi$, les valeurs précédentes combinées entre elles de toutes les manières.

Il y a un cas particulier qui mérite une attention particulière; c'est celui où a et b sont premiers entre eux, le système à former se réduisant alors simplement à la suite:

$$0,\ 1,\ 2,\ \ldots,\ p-1,$$

de sorte que pour un module m de cette nature, on peut toujours satisfaire par un entier réel ξ à la congruence:

$$\xi \equiv k \pmod{m},$$

où k désigne un entier complexe quelconque.

§. 5.

Le résultat auquel nous venons de parvenir, donne lieu à plusieurs conséquences importantes que nous allons rapidement indiquer.

I. On voit d'abord que le système des résidus qui répond à un module quelconque m, contient toujours un nombre de termes exprimé par:

$$N(m),$$

car on a $\frac{p}{h} h = p = N(m)$.

II. On peut encore assigner séparément combien parmi ces termes il y en a de divisibles par un facteur k de m. Il est en effet facile de voir que ces derniers, étant divisés par k, constitueront un système de résidus pour le module $\frac{m}{k}$, en sorte que le nombre qu'il s'agit d'obtenir, est exprimé par:

$$N\left(\frac{m}{k}\right).$$

III. Connaissant, par ce qui précède, le nombre des termes dont tout système de résidus pour le module m doit se composer, on peut en conclure que si l'on a $N(m)$ entiers tels que la différence de deux quelconques d'entre eux ne soit pas un multiple de m, on est dès lors assuré que ces entiers forment un système de résidus relativement au module m.

Pour faire une application de ce principe, soit μ le terme général d'un système de résidus pour le module m, et désignons par n et l deux entiers déterminés dont le premier n'ait pas de diviseur commun avec m. Cela posé, je dis que l'expression $n\mu+l$ représentera également un pareil système. En effet, les valeurs de cette expression étant en nombre convenable, il ne reste plus qu'à s'assurer que deux quelconques d'entre elles ne sauraient présenter une différence multiple de m. Or cela est évident, puisque, μ' et μ'' désignant deux des valeurs dont μ est susceptible, la différence $n\mu'+l-(n\mu''+l)$ est égale au produit $n(\mu'-\mu'')$, dont le premier facteur n'a pas de diviseur commun avec m, et dont le second n'est pas un multiple de cet entier.

L'expression $n\mu+l$ représentant un système de résidus, on voit que parmi les valeurs que μ comporte, il y a toujours une valeur unique telle que cette expression soit divisible par m, ou en d'autres termes, que la congruence:

$$nx+l \equiv 0 \pmod{m},$$

lorsque n n'a pas de diviseur commun avec m, est toujours possible, et que sa solution générale est de la forme:

$$x \equiv x_0 \pmod{m},$$

x_0 désignant une solution particulière, de sorte que cette congruence a une racine unique, en considérant à l'ordinaire comme ne constituant qu'une seule racine, toutes les valeurs qui diffèrent les unes des autres de multiples du module. La congruence en question étant équivalente à l'équation:

$$nx+my+l = 0,$$

on voit encore que la solution générale de celle-ci est donnée par les formules:

$$x = x_0+mz, \quad y = y_0-nz,$$

x_0, y_0 désignant une solution particulière quelconque, et z étant un entier complexe arbitraire. Quant à la résolution effective de cette équation ou de la congruence équivalente, elle peut s'effectuer au moyen de l'algorithme employé plus haut pour découvrir le plus grand diviseur commun de deux entiers complexes; mais comme nous n'aurons pas à en faire usage, nous ne nous arrêterons pas sur cette résolution, d'ailleurs entièrement semblable à celle qui concerne les entiers réels.

IV. Soient maintenant a, b, c, ... des entiers complexes en nombre quelconque et premiers entre eux. Construisons des systèmes de résidus pour chacun de ces entiers ainsi que pour leur produit $m = abc\ldots$, et désignons par α, β, γ, ... et μ les termes généraux de ces systèmes. Cela posé, si relativement à chacun des entiers μ, nous déterminons les nombres α, β, γ, ... qui en diffèrent respectivement d'un multiple de a, b, c, ..., à tout entier μ se trouvera correspondre une combinaison unique de la forme α, β, γ, ... Prouvons réciproquement que toute combinaison de cette espèce provient toujours de l'un des entiers μ, et ne saurait provenir que de l'un d'entre eux. Cette dernière assertion est facile à justifier; en effet si la même combinaison répondait à deux entiers μ distincts, leur différence serait divisible par a, b, c, ... et par suite aussi par m, ce qui est contraire à la nature du système dont μ désigne le terme général. Ayant ainsi reconnu que les combinaisons qui proviennent des entiers μ, sont toutes différentes entre elles, il suffit de remarquer que le nombre de toutes les combinaisons possibles est évidemment:

$$N(a)N(b)N(c)\ldots = N(m),$$

c'est-à-dire égal à celui des entiers μ, pour que la proposition énoncée se trouve établie.

V. Il est facile de voir que si μ est premier à m, les entiers correspondants α, β, γ, ... seront *tous* respectivement premiers à a, b, c, ... et réciproquement. Si donc, relativement à un entier quelconque l, on désigne par $\psi(l)$ le nombre de ceux des termes formant un système de résidus pour le module l qui n'ont pas de diviseur commun avec ce dernier, on aura pour un module m décomposé en facteurs a, b, c, ... premiers entre eux:

$$\psi(m) = \psi(a)\psi(b)\psi(c)\ldots.$$

VI. Nous pouvons, au moyen de la remarque qui vient d'être faite, déterminer la fonction $\psi(m)$ pour un module m quelconque. Soit d'abord $m = a^\alpha$, a désignant un nombre premier et l'exposant α étant au moins égal à l'unité. Pour ce cas on obtiendra évidemment le nombre de ceux des termes formant le système des résidus pour le module m qui sont premiers à m, si du nombre total des termes du système on retranche le nombre de ses termes divisibles par a. Ces nombres étant le premier égal à $N(a^\alpha)$ et le second égal à $N(a^{\alpha-1})$ (voyez plus haut I. et II.), on obtiendra pour la différence cherchée:

$$N(a^\alpha)-N(a^{\alpha-1}) = (A-1)A^{\alpha-1},$$

en supposant $A = N(a)$.

Après cela il est facile de voir que relativement à un nombre quelconque:

$$m = i^\varrho a^\alpha b^\beta c^\gamma \ldots,$$

$a, b, c, \ldots$ étant des nombres premiers primaires inégaux et les exposants α, β, γ, ... étant tous différents de zéro, on aura:

$$\psi(m) = (A-1)A^{\alpha-1}.(B-1)B^{\beta-1}.(C-1)C^{\gamma-1}\ldots,$$

en posant pour abréger:

$$N(a) = A, \quad N(b) = B, \quad N(c) = C, \quad \ldots,$$

et l'on doit ajouter que, lorsque m est de la forme i^ϱ, la fonction $\psi(m)$ se réduit à l'unité positive.

Théorie des résidus quadratiques.

§. 6.

Étant donnés deux entiers complexes quelconques k et m, le premier est dit *résidu* ou *non-résidu quadratique* par rapport au second, suivant que la congruence:

$$x^2 \equiv k \pmod{m},$$

dont l'inconnue x est aussi considérée comme complexe, est ou n'est pas possible.

Pour procéder du simple au composé, dans la recherche des conditions propres à distinguer l'un de l'autre ces deux cas, nous considérons en premier lieu m comme un nombre premier impair*) non-diviseur de k qui reste quelconque. Soit:

$$(M) \qquad \mu_1, \quad \mu_2, \quad \mu_3, \quad \ldots$$

le système des résidus relatif au module m, à l'exclusion de celui des termes

---

*) Le cas où le module se réduit à la forme i^ϱ, ne donne lieu à aucune question, un entier quelconque étant toujours résidu quadratique d'un tel module. Il est néanmoins bon d'observer que les formules qu'on va établir, lorsqu'on y suppose m de cette forme, ne donnent rien d'inexact, pour être dispensé dans les recherches générales d'avoir égard à ce cas singulier.

de ce système qui est un multiple de m. Cela étant, la congruence:

$$\mu x \equiv k \pmod{m},$$

où μ désigne l'un quelconque des entiers du système (M), sera toujours satisfaite par une valeur unique x comprise dans la suite (M). Distinguons maintenant les deux cas différents que la relation de k à m peut présenter, et supposons d'abord que k soit non-résidu quadratique relativement à m. Dans cette hypothèse, x sera toujours différent de μ, d'où il suit que les entiers (M) peuvent être distribués en groupes composés chacun de deux termes dont le produit soit congru à k (mod. m). Or, le nombre de ces groupes étant évidemment $\frac{1}{2}(p-1)$, où l'on suppose $p = N(m)$, on aura en multipliant:

$$\mu_1\mu_2\mu_3\cdots \equiv k^{\frac{1}{2}(p-1)} \pmod{m}.$$

Dans la seconde hypothèse qui est celle de k résidu quadratique par rapport à m, la distribution en groupes peut encore s'effectuer sur la suite (M), après en avoir retranché les termes μ tels que $\mu^2 \equiv k$ (mod. m). Mais comme les termes qui satisfont à cette dernière condition, évidemment toujours au nombre de deux, et tels que l'un est congru à l'autre pris avec le signe moins, donnent un produit congru à $-k$ (mod. m), on voit qu'en multipliant ce produit par tous les autres termes rangés en groupes, il viendra:

$$\mu_1\mu_2\mu_3\cdots \equiv -k^{\frac{1}{2}(p-1)} \pmod{m}.$$

Comme le produit $\mu_1\mu_2\mu_3\ldots$ est indépendant de l'entier k, nous pouvons le déterminer en attribuant à k une valeur particulière. Si l'on suppose à cet effet $k = 1$, ce qui se rapporte évidemment au second cas, on trouve le résultat:

$$\mu_1\mu_2\mu_3\cdots \equiv -1 \pmod{m},$$

qui est analogue au théorème connu de Wilson et au moyen duquel les congruences précédentes, réunies en une seule, prennent cette forme plus simple:

$$k^{\frac{1}{2}(p-1)} \equiv \pm 1 \pmod{m},$$

où il faut prendre le signe supérieur ou le signe inférieur, suivant que k est ou n'est pas résidu quadratique relativement à m.

Nous conviendrons de désigner désormais par $\left[\frac{k}{m}\right]$ le nombre ± 1 qui entre dans la congruence précédente, de sorte qu'on aura:

$$k^{\frac{1}{2}(p-1)} \equiv \left[\frac{k}{m}\right] \pmod{m}.$$

Le symbole $\left[\frac{k}{m}\right]$ est analogue à celui que Legendre a introduit, et dont l'usage est aujourd'hui généralement adopté; mais il importe de ne pas confondre ces deux genres de notations dont la seconde, restreinte aux entiers réels, n'exprime pas toujours la même valeur que celle que nous venons de proposer désigne pour ce cas particulier. C'est ce qu'on voit par exemple, en supposant $k=2$, $m=3$, puisqu'on a alors:

$$\left[\frac{2}{3}\right]=1, \qquad \left(\frac{2}{3}\right)=-1.$$

Cette circonstance n'a d'ailleurs rien qui puisse étonner, une congruence telle que $x^2 \equiv 2 \pmod{3}$, qui n'est pas possible tant que l'inconnue est supposée réelle, pouvant admettre des solutions, lorsque cette inconnue est considérée comme susceptible de valeurs imaginaires.

Relativement à la notation que nous venons d'adopter, on a les deux équations évidentes:

$$(a) \qquad \left[\frac{k}{m}\right]=\left[\frac{l}{m}\right], \quad \left[\frac{k}{m}\right]\left[\frac{k'}{m}\right]\left[\frac{k''}{m}\right]\cdots=\left[\frac{kk'k''\ldots}{m}\right],$$

où l'on suppose $k\equiv l \pmod{m}$, et où k, k', k'', ... sont des entiers quelconques non-divisibles par m.

Nous allons maintenant faire voir que la question de savoir si k est ou n'est pas résidu quadratique par rapport à m, peut toujours se ramener à une question analogue, mais qui ne porte que sur des entiers réels; en d'autres termes, nous démontrerons qu'une expression telle que $\left[\frac{k}{m}\right]$ est toujours réductible à une autre de la forme $\left(\;\right)$.

Avant de montrer comment cette réduction peut être effectuée, nous remarquerons que, l'expression $\left[\frac{k}{m}\right]$ restant évidemment invariable lorsque le nombre m est remplacé par l'un de ses associés, il sera permis de supposer désormais $m=a+bi$, a et b étant respectivement impair et pair. Cela posé, nous traiterons successivement le cas où $b=0$ et celui où b est différent de zéro.

1. Dans le premier de ces deux cas, on a $m=a$, a désignant, abstraction faite du signe, un nombre premier réel $4n+3$. Posons de plus $k=\alpha+\beta i$. Pour obtenir la valeur de $\left[\frac{\alpha+\beta i}{a}\right]$, tout se réduit à voir si la congruence:

$$(1) \qquad x^2 \equiv \alpha+\beta i \pmod{a}$$

est ou n'est pas possible. Si l'on y suppose $x=\varphi+\psi i$, cette congruence se décomposera en ces deux congruences simultanées équivalentes qui ne contiennent que des entiers réels:

$$(2) \qquad \varphi^2 - \psi^2 \equiv \alpha, \quad 2\varphi\psi \equiv \beta \pmod{a}.$$

Ces dernières étant élevées au carré et ajoutées donnent:

$$(\varphi^2 + \psi^2)^2 \equiv \alpha^2 + \beta^2 \pmod{a},$$

ou ce qui revient au même, $\alpha^2 + \beta^2$ n'étant pas divisible par a:

$$(3) \qquad \left(\frac{\alpha^2 + \beta^2}{a}\right) = 1,$$

de sorte que la possibilité de la congruence (1) suppose la condition (3). Je dis réciproquement que si cette dernière est satisfaite, la possibilité de la congruence (1), ou ce qui revient au même, celle des deux congruences simultanées (2) s'ensuit. Considérons d'abord le cas où $\alpha \equiv 0 \pmod{a}$ et dans lequel la condition (3) a évidemment lieu. On voit qu'on satisfait alors à la première des congruences (2), en posant $\psi = \pm\varphi$, ce qui change la seconde en celle-ci: $2\varphi^2 \equiv \pm\beta \pmod{a}$, évidemment possible si le signe est convenablement choisi. Reste à considérer le cas où α n'est pas divisible par a. En vertu de la condition (3) supposée satisfaite, il existera un entier réel s tel qu'on ait $s^2 \equiv \alpha^2 + \beta^2$, et par suite $(s+\beta)(s-\beta) \equiv \alpha^2 \pmod{a}$. Or, α n'étant pas divisible par a, on conclut de cette dernière congruence:

$$\left(\frac{s+\beta}{a}\right) = \left(\frac{s-\beta}{a}\right) = \pm 1,$$

et nous observerons qu'on peut toujours faire en sorte que le signe supérieur ait lieu. En effet la congruence en s, d'où nous sommes parti, ne contenant que le carré s^2, nous pouvons, lorsque le signe inférieur a lieu, remplacer s par $-s$, ce qui changera les expressions $\left(\frac{s+\beta}{a}\right)$, $\left(\frac{s-\beta}{a}\right)$ respectivement en $-\left(\frac{s-\beta}{a}\right)$, $-\left(\frac{s+\beta}{a}\right)$. On voit donc que, si s est convenablement choisi, on a:

$$\left(\frac{s+\beta}{a}\right) = \left(\frac{s-\beta}{a}\right) = 1.$$

Cela supposé, on pourra trouver deux entiers réels t et u tels qu'on ait:

$$t^2 \equiv s+\beta, \quad u^2 \equiv s-\beta \pmod{a},$$

et par suite:

$$(tu)^2 \equiv s^2 - \beta^2 \equiv \alpha^2, \quad tu \equiv \pm\alpha \pmod{a},$$

le signe ambigu dépendant du choix de t et u. Ajoutons que, les entiers t et u pouvant être pairs ou impairs à volonté, il sera toujours possible de les choisir de même espèce, c'est-à-dire tous les deux pairs ou tous les deux impairs. Cela fait, il est facile de voir qu'on satisfera aux congruences (2) au moyen de ces expressions entières:

$$\varphi = \tfrac{1}{2}(t \pm u), \quad \psi = \tfrac{1}{2}(t \mp u),$$

où nous supposons que les signes soient choisis conformément à celui qui a lieu dans la congruence $tu \equiv \pm\alpha$. C'est ce dont on s'assure sans difficulté, en faisant la substitution et en ayant égard aux conditions auxquelles s, t, u sont supposés satisfaire.

Il résulte de ce qui précède que si l'on a $\left[\frac{\alpha+\beta i}{a}\right] = 1$, il s'ensuit $\left(\frac{\alpha^2+\beta^2}{a}\right) = 1$, et que la réciproque a également lieu. On conclut de là et de ce que chacune des expressions précédentes est toujours de la forme ± 1, que quel que soit l'entier $\alpha+\beta i$ non-divisible par le nombre premier a, on a toujours:

$$(b) \qquad \left[\frac{\alpha+\beta i}{a}\right] = \left(\frac{\alpha^2+\beta^2}{a}\right).$$

On peut remarquer que dans le cas particulier où l'un des entiers α, β s'évanouit, on a:

$$\left[\frac{\alpha+\beta i}{a}\right] = 1.$$

II. Considérons maintenant le cas où la partie imaginaire de $m = a + bi$ n'est pas nulle. Pour décider dans ce cas si la congruence $x^2 \equiv \alpha+\beta i$ (mod. m) est ou n'est pas possible, nous observerons que d'après ce qui a été prouvé plus haut sur les résidus d'un module $a+bi$, pour lequel a et b sont premiers entre eux, nous pouvons considérer x comme réel. Cela étant, la congruence précédente est équivalente à l'équation:

$$x^2 - \alpha - \beta i = (\varphi + \psi i)(a + bi),$$

ou à ces équations simultanées qui ne contiennent que des entiers réels:

$$(4) \qquad x^2 - \alpha = a\varphi - b\psi, \quad -\beta = b\varphi + a\psi.$$

En les ajoutant, après les avoir multipliées par a et b, on trouve:

$$(5) \qquad ax^2 - a\alpha - b\beta = p\varphi.$$

Observons maintenant que $a\alpha + b\beta$ ne saurait être divisible par p. En effet, si cela était, p diviserait aussi x, ce qui est impossible en vertu de la congruence $x^2 \equiv \alpha + \beta i$ (mod. $a + bi$), dont le premier membre est, comme le second, premier à $a + bi$ et par conséquent aussi à p, x étant réel. Cela étant, l'équation (5) donne:

$$(6)\qquad \left(\frac{a}{p}\right)=\left(\frac{a\alpha+b\beta}{p}\right).$$

Je dis maintenant que, cette équation qui est une conséquence très simple de la congruence $x^2\equiv\alpha+\beta i$ (mod. m) étant supposée satisfaite, la possibilité de la congruence ou, ce qui revient au même, celle des équations (4) s'ensuit. En effet, la condition (6) entraîne immédiatement l'équation (5), qui, en y substituant pour p sa valeur a^2+b^2, se change en:

$$a(x^2-\alpha-a\varphi)=b(\beta+b\varphi).$$

Or, a et b n'ayant pas de diviseur commun, il faut qu'on ait $\beta+b\varphi=-a\psi$, ψ étant un entier, et par suite $x^2-\alpha-a\varphi=-b\psi$, équations qui coïncident avec celles dont il s'agit de prouver la possibilité.

L'équation (6) pouvant se mettre sous la forme:

$$\left(\frac{a}{p}\right)\left(\frac{a\alpha+b\beta}{p}\right)=1,$$

on voit que chacune des deux équations:

$$\left[\frac{\alpha+\beta i}{a+bi}\right]=1,\quad \left(\frac{a}{p}\right)\left(\frac{a\alpha+b\beta}{p}\right)=1$$

est toujours une conséquence nécessaire de l'autre. De là et de ce que les expressions qui forment leurs premiers membres, sont toujours de la forme ±1, on conclut:

$$\left[\frac{\alpha+\beta i}{a+bi}\right]=\left(\frac{a}{p}\right)\left(\frac{a\alpha+b\beta}{p}\right).$$

Cette dernière égalité peut prendre une forme plus simple, car on a toujours:

$$\left(\frac{a}{p}\right)=1.$$

En effet, l'équation $a^2+b^2=p$ donne sur le champ $\left(\frac{p}{a}\right)=1$, si l'on fait usage du signe de LEGENDRE étendu, comme l'a proposé M. JACOBI, aux nombres composés[1]), et par suite $\left(\frac{a}{p}\right)=1$, p étant positif et de la forme $4n+1$.

---

[1]) Les théorèmes qui constituent la théorie des résidus quadratiques, en tant qu'il s'agit de nombres réels, étant généralement connus, nous nous dispenserons d'en rappeler les énoncés, lorsque nous aurons à faire usage de ces théorèmes. Quant à l'usage du signe de LEGENDRE, étendu aux nombres composés, qui est moins connu, on peut sur ce point consulter le compte rendu de l'Académie de Berlin, Oct. 1837, ou le §. 2 du Mémoire déjà cité: „Recherches sur diverses applications de l'Analyse infinitésimale à la Théorie des Nombres.“ *)

*) S. 422 dieser Ausgabe von G. Lejeune Dirichlet's Werken.

Nous avons donc, quel que soit l'entier $\alpha+\beta i$ non-divisible par le nombre premier $a+bi$, dans lequel b est pair, mais différent de zéro:

$$(c) \qquad \left[\frac{\alpha+\beta i}{a+bi}\right] = \left(\frac{a\alpha+b\beta}{p}\right).$$

Il importe de remarquer que l'équation (b) est tout-à-fait distincte de celle que nous venons d'établir, et ne se déduit nullement de cette dernière, en y faisant $b = 0$.

§. 7.

Nous pouvons maintenant nous occuper de la question que l'on doit regarder comme la plus importante parmi celles que la théorie des résidus quadratiques présente, et qui a pour objet, étant donné un entier complexe quelconque k, d'assigner les caractères propres à distinguer les nombres premiers impairs m dont k est résidu quadratique, de ceux auxquels cet entier a la relation opposée. Comme d'après l'équation (a), démontrée plus haut, la question proposée, lorsque k est un nombre composé, se réduit sur-le-champ à des questions analogues relatives aux facteurs de k, on voit que nous n'aurons à considérer que les quatre hypothèses:

$$k = \pm 1, \quad i, \quad 1+i, \quad \alpha+\beta i,$$

$\alpha+\beta i$ étant un nombre premier impair que nous pourrions considérer comme primaire, mais dans lequel nous supposerons simplement que β, qui peut d'ailleurs s'évanouir, est pair.

Le premier cas ne donne lieu à aucune question, ± 1 étant un carré. Les trois autres sont résolus par les équations qui suivent et dans lesquelles le nombre premier impair $a+bi$ est pareillement tel que b, qui peut d'ailleurs se réduire à zéro, soit pair, et où l'on a posé pour abréger, $a^2+b^2=p$:

$$(d) \quad \left[\frac{i}{a+bi}\right] = (-1)^{\frac{1}{4}(p-1)}, \quad \left[\frac{1+i}{a+bi}\right] = (-1)^{\frac{1}{8}((a+b)^2-1)}, \quad \left[\frac{\alpha+\beta i}{a+bi}\right] = \left[\frac{a+bi}{\alpha+\beta i}\right].$$

La première de ces équations se déduit sans difficulté, soit de la formule $k^{\frac{1}{2}(p-1)} \equiv \left[\frac{k}{m}\right]$ (mod. m) obtenue plus haut, soit des deux équations (b) et (c), si, en suivant cette dernière voie, on suppose successivement $b = 0$ et b différent de zéro.

Pour démontrer la seconde des équations (d), soit d'abord $b=0$. On a alors, au moyen de l'équation (b) et d'un théorème connu:

$$\left[\frac{1+i}{a}\right]=\left(\frac{2}{a}\right)=(-1)^{\frac{1}{8}(a^2-1)},$$

conformément à l'équation qu'il s'agit d'établir. Supposons, en second lieu, b différent de zéro. L'équation (c) donne alors:

$$\left[\frac{1+i}{a+bi}\right]=\left(\frac{a+b}{p}\right).$$

Pour obtenir la valeur du second membre, nous aurons recours à l'équation identique $2p=(a+b)^2+(a-b)^2$, de laquelle on conclut successivement au moyen de théorèmes connus:

$$\left(\frac{p}{a+b}\right)=\left(\frac{2}{a+b}\right),\quad \left(\frac{a+b}{p}\right)=\left(\frac{2}{a+b}\right)=(-1)^{\frac{1}{8}((a+b)^2-1)},$$

ce qui s'accorde également avec l'équation que nous nous proposions de vérifier.

La démonstration de la troisième des équations (d), à laquelle nous arrivons maintenant et qui exprime une loi de réciprocité entre deux nombres premiers impairs différents, c'est-à-dire ni égaux ni opposés, donne lieu à distinguer trois cas. Le premier de ces cas est celui où b et β sont tous les deux égaux à zéro. Dans ce premier cas, la vérité de l'équation est évidente, puisque d'après la formule (b) on a à la fois:

$$\left[\frac{\alpha}{a}\right]=1,\quad \left[\frac{a}{\alpha}\right]=1.$$

Considérons, en second lieu, le cas où l'un des entiers b et β se réduit à zéro, et soit β cet entier évanouissant, ce que la forme symétrique de notre équation permet évidemment de supposer. On a alors, en vertu des équations (c) et (b) et d'après une remarque déjà faite*):

$$\left[\frac{\alpha}{a+bi}\right]=\left(\frac{a\alpha}{p}\right)=\left(\frac{\alpha}{p}\right),\quad \left[\frac{a+bi}{\alpha}\right]=\left(\frac{p}{\alpha}\right),$$

de sorte que la vérification à effectuer résulte de l'équation connue:

$$\left(\frac{\alpha}{p}\right)=\left(\frac{p}{\alpha}\right).$$

Passant enfin au troisième cas où b et β sont l'un et l'autre différents de zéro, on appliquera la formule (c) à chacun des deux membres de l'équation qu'il

*) S. 555: $\left(\frac{a}{p}\right)=1$. K.

s'agit de prouver et qui deviendra ainsi:

$$\left(\frac{a\alpha+b\beta}{p}\right)=\left(\frac{a\alpha+b\beta}{\varpi}\right),$$

en posant, pour un instant, $\alpha^2+\beta^2=\varpi$. Pour s'assurer de la vérité de cette dernière équation, il suffit de recourir à l'identité:

$$(a\alpha+b\beta)^2+(b\alpha-a\beta)^2=p\varpi,$$

d'où résulte successivement, $a\alpha+b\beta$ étant impair:

$$\left(\frac{p}{a\alpha+b\beta}\right)=\left(\frac{\varpi}{a\alpha+b\beta}\right),\quad \left(\frac{a\alpha+b\beta}{p}\right)=\left(\frac{a\alpha+b\beta}{\varpi}\right),\quad \text{c. q. f. d.}$$

Nous ne terminerons pas ce paragraphe sans observer que les équations (d) sont dues à M. Gauss qui les a données sans démonstration, du moins la dernière, dans le Mémoire cité plus haut. La démonstration que nous venons de développer, déjà indiquée dans une Note insérée dans le Journal de Crelle[1]), est comme on voit, une application très simple des théorèmes (b) et (c), qui indépendamment de l'usage que nous en faisons ici, nous seront indispensables pour la solution de la question qui fait le principal sujet du présent Mémoire.

§. 8.

Le symbole $\left[\frac{k}{m}\right]$, tel que nous l'avons employé jusqu'à présent, suppose que m est un nombre premier impair. Il arrive souvent qu'on a à considérer des produits de la forme:

$$\left[\frac{k}{m}\right]\left[\frac{k}{m'}\right]\left[\frac{k}{m''}\right]\cdots,$$

où $m, m', m'', \ldots$ sont des nombres premiers impairs non-diviseurs de k, mais d'ailleurs égaux ou inégaux. Soit $M=mm'm''\ldots$ et convenons de désigner désormais le produit précédent simplement par:

$$\left[\frac{k}{M}\right],$$

de sorte que la valeur de notre symbole ainsi généralisé, toujours égale soit à $+1$ soit à -1, n'indiquera plus, suivant ces deux cas, si k est ou n'est pas résidu quadratique par rapport à M, et fera seulement connaître, si parmi les facteurs simples égaux ou inégaux de M, il y en a un nombre pair ou impair,

---

[1]) S. 173 dieser Ausgabe von G. Lejeune Dirichlet's Werken.

auxquels k présente la dernière de ces deux relations. L'extension que nous venons d'indiquer, entièrement semblable à celle que M. JACOBI a proposée relativement au signe de LEGENDRE et dont nous avons déjà fait un fréquent usage dans ce qui précède, donne lieu à plusieurs théorèmes analogues à ceux qui ont été démontrés dans le paragraphe précédent et faciles à déduire de ces derniers. On a d'abord évidemment les équations:

$$(e)\qquad \left[\frac{k}{M}\right]=\left[\frac{l}{M}\right],\quad \left[\frac{kk'}{M}\right]=\left[\frac{k}{M}\right]\left[\frac{k'}{M}\right],\quad \left[\frac{k}{MM'}\right]=\left[\frac{k}{M}\right]\left[\frac{k}{M'}\right],$$

qui supposent, la première, que k, toujours sans diviseur commun avec l'entier impair M, est tel qu'on ait $k\equiv l\,(\text{mod. } M)$, la seconde que k et k' sont premiers à M, et la troisième que k est premier aux entiers impairs M et M'.

Voici maintenant les équations analogues aux équations (d), ou pour mieux dire, d'une forme tout identique avec ces dernières:

$$(f)\ \left[\frac{i}{A+Bi}\right]=(-1)^{\frac{1}{4}(P-1)},\quad \left[\frac{1+i}{A+Bi}\right]=(-1)^{\frac{1}{8}((A+B)^2-1)},\quad \left[\frac{\alpha+\beta i}{A+Bi}\right]=\left[\frac{A+Bi}{\alpha+\beta i}\right].$$

Dans ces équations $A+Bi$ et $\alpha+\beta i$ sont deux entiers complexes impairs quelconques premiers entre eux et pour lesquels les coefficients B et β, toujours considérés comme pairs, peuvent se réduire à zéro. On a d'ailleurs $P=A^2+B^2$.

La première de ces équations coïncidant avec la première des équations (d) déjà établies, lorsque $A+Bi$ se réduit au nombre premier $a+bi$, on voit que pour s'assurer qu'elle a généralement lieu, tout se réduit à faire voir que, si on la suppose exacte pour un nombre quelconque $A+Bi$, elle ne cessera pas de subsister lorsque ce dernier vient à être remplacé par le produit:

$$(a+bi)(A+Bi)$$

que nous désignerons par $A'+B'i$. Nous avons donc à montrer que la troisième des équations:

$$\left[\frac{i}{a+bi}\right]=(-1)^{\frac{1}{4}(p-1)},\quad \left[\frac{i}{A+Bi}\right]=(-1)^{\frac{1}{4}(P-1)},\quad \left[\frac{i}{A'+B'i}\right]=(-1)^{\frac{1}{4}(P'-1)},$$

où l'on suppose $p=a^2+b^2$, $P'=A'^2+B'^2$, est une conséquence des deux premières. Il suffit évidemment pour cela de prouver que les deux entiers réels:

$$\tfrac{1}{4}(p-1)+\tfrac{1}{4}(P-1),\quad \tfrac{1}{4}(P'-1)$$

sont toujours de même espèce, c'est-à-dire tous les deux pairs ou tous les deux impairs. C'est ce qui résulte sur-le-champ de l'équation identique:

$$\tfrac{1}{4}(Pp-1)-\tfrac{1}{4}(p-1)-\tfrac{1}{4}(P-1)=\tfrac{1}{4}(P-1)(p-1)$$

dont le second membre est pair et même divisible par 4, P et p étant de la forme $4n+1$.

Le même moyen de démonstration peut s'appliquer à la seconde des équations (f), et l'on voit qu'il s'agira ainsi de démontrer que les deux nombres:

$$\tfrac{1}{8}((a+b)^2-1)+\tfrac{1}{8}((A+B)^2-1), \quad \tfrac{1}{8}((A'+B')^2-1)$$

sont toujours de même espèce. Observons pour cela qu'en vertu de l'équation identique:

$$\tfrac{1}{8}((rs)^2-1)-\tfrac{1}{8}(r^2-1)-\tfrac{1}{8}(s^2-1) = \tfrac{1}{8}(r^2-1)(s^2-1),$$

dont le second membre est pair, si r et s sont des entiers impairs, le premier des deux entiers que nous avons à considérer, est de même espèce que $\frac{1}{8}\{((a+b)(A+B))^2-1\}$. Mais, comme d'un autre côté deux carrés dont les racines diffèrent d'un multiple de 8, diffèrent eux-mêmes d'un multiple de 16, ce dernier est à son tour de même espèce que:

$$\tfrac{1}{8}\{((a+b)(A+B)-2Bb)^2-1\} = \tfrac{1}{8}\{(A'+B')^2-1\},$$

et l'assertion avancée se trouve établie.

La troisième des équations (f) est également très facile à obtenir. En effet, d'après l'hypothèse faite sur les entiers $A+Bi$, $\alpha+\beta i$, on peut les décomposer l'un et l'autre en facteurs simples ayant leurs parties réelles impaires. Soit n l'un des facteurs de $A+Bi$, et m l'un de ceux de $\alpha+\beta i$, on pourra, par l'emploi répété des deux dernières des équations (e), remplacer l'expression $\left[\frac{\alpha+\beta i}{A+Bi}\right]$ par un produit d'expressions de la forme $\left[\frac{m}{n}\right]$, où tout facteur m doit être combiné avec tout facteur n. Si maintenant on remplace tout symbole $\left[\frac{m}{n}\right]$ par celui-ci: $\left[\frac{n}{m}\right]$ qui lui est équivalent en vertu de la troisième des équations (d), et que l'on effectue la multiplication au moyen des équations déjà citées, le premier membre de l'équation qu'il s'agit de vérifier, se trouvera identique au second.

Il reste à opérer d'une manière générale la réduction qui pour le cas particulier d'un nombre premier $a+bi$, peut s'obtenir au moyen des équations (b) et (c) du paragraphe précédent. Soit $A+Bi$ un entier impair quelconque (B étant pair et pouvant se réduire à zéro) et $\alpha+\beta i$ un second entier, assujetti à la condition unique d'être premier à $A+Bi$; il s'agira de remplacer l'expression $\left[\frac{\alpha+\beta i}{A+Bi}\right]$ par des expressions analogues ne contenant que des entiers réels.

Considérons d'abord le cas où B s'évanouit, et celui où A et B n'ont pas de diviseur commun; nous verrons ensuite que le cas le plus général se réduit immédiatement à ceux-là. Relativement aux deux cas qui viennent d'être indiqués, on a respectivement:

$$(g) \qquad \left[\frac{\alpha+\beta i}{A}\right]=\left(\frac{\alpha^2+\beta^2}{A}\right), \quad \left[\frac{\alpha+\beta i}{A+Bi}\right]=\left(\frac{A\alpha+B\beta}{P}\right),$$

P désignant pour abréger, dans la seconde de ces équations, le binôme A^2+B^2.

Pour démontrer la première, observons qu'on peut y considérer A comme positif, les deux membres ne changeant pas lorsqu'on y remplace A par $-A$. Cela posé, soit:

$$A = \mathrm{a}\mathrm{a}' \ldots \times pp' \ldots,$$

$\mathrm{a}, \mathrm{a}', \ldots, p, p', \ldots$ désignant des nombres premiers réels et positifs, les premiers, $\mathrm{a}, \mathrm{a}', \ldots$, de la forme $4n+3$, les seconds, $p, p', \ldots$, de la forme $4n+1$. D'après l'équation (b), chacun des premiers donne une équation telle que:

$$\left[\frac{\alpha+\beta i}{\mathrm{a}}\right] = \left(\frac{\alpha^2+\beta^2}{\mathrm{a}}\right),$$

tandis que pour chacun des derniers, p par exemple, qui peut se décomposer en deux facteurs premiers binômes $(a+bi)(a-bi)$, où b est supposé pair, on a en vertu de l'équation (c):

$$\left[\frac{\alpha+\beta i}{p}\right]=\left[\frac{\alpha+\beta i}{a+bi}\right]\left[\frac{\alpha+\beta i}{a-bi}\right]=\left(\frac{a\alpha+b\beta}{p}\right)\left(\frac{a\alpha-b\beta}{p}\right)=\left(\frac{a^2\alpha^2-b^2\beta^2}{p}\right),$$

et par suite, puisque $-b^2 \equiv a^2 \pmod{p}$:

$$\left[\frac{\alpha+\beta i}{p}\right]=\left(\frac{a^2}{p}\right)\left(\frac{\alpha^2+\beta^2}{p}\right)=\left(\frac{\alpha^2+\beta^2}{p}\right).$$

Ces deux systèmes de relations étant multipliés entre eux, donnent la formule qu'il s'agissait d'établir.

Passons à la vérification de la seconde des équations précédentes (g).

Nous supposerons d'abord $\beta=0$, cas auquel celui où β n'est pas zéro, se ramène facilement. Comme, par hypothèse, A et B n'ont pas de diviseur commun, on pourra poser:

$$A+Bi = (a+bi)(a'+b'i) \ldots,$$

où les facteurs du second membre désignent des nombres premiers binômes, dans lesquels $b, b', \ldots$ sont supposés pairs. L'équation (c) donne relativement au facteur $a+bi$:

$$\left[\frac{\alpha}{a+bi}\right]=\left(\frac{a\alpha}{p}\right)=\left(\frac{\alpha}{p}\right),$$

en posant pour abréger $a^2+b^2=p$. En faisant le produit de cette équation et des équations analogues, il viendra:

$$\left[\frac{\alpha}{A+Bi}\right]=\left(\frac{\alpha}{pp'\ldots}\right)=\left(\frac{\alpha}{P}\right).$$

Or, l'équation qu'il s'agit de prouver se réduisant, par la supposition $\beta=0$, à celle-ci:

$$\left[\frac{\alpha}{A+Bi}\right]=\left(\frac{A\alpha}{P}\right)=\left(\frac{A}{P}\right)\left(\frac{\alpha}{P}\right),$$

nous n'avons plus qu'à démontrer qu'on a $\left(\frac{A}{P}\right)=1$. Mais, comme A et B sont premiers entre eux, il résulte de l'équation $A^2+B^2=P$ que A et P sont pareillement sans diviseur commun, de sorte que $\left(\frac{P}{A}\right)=1$, et par suite $\left(\frac{A}{P}\right)=1$.

Reste à considérer le cas où β a une valeur différente de zéro. On cherchera alors un entier réel s tel qu'on ait:

$$s\equiv\alpha+\beta i \pmod{A+Bi},$$

dont l'existence suit de l'hypothèse admise sur les nombres A et B. Cela fait, on aura:

$$\left[\frac{\alpha+\beta i}{A+Bi}\right]=\left[\frac{s}{A+Bi}\right]$$

et par suite, en vertu du cas déjà démontré:

$$\left[\frac{\alpha+\beta i}{A+Bi}\right]=\left(\frac{As}{P}\right).$$

D'un autre côté, si l'on remplace la congruence précédente par deux équations équivalentes, on reconnaît sur-le-champ que s satisfait à la condition:

$$As\equiv A\alpha+B\beta \pmod{P}.$$

Cela étant, cette dernière congruence conduit à l'équation:

$$\left(\frac{As}{P}\right)=\left(\frac{A\alpha+B\beta}{P}\right),$$

dont la comparaison avec celle que nous avons obtenue plus haut, donne un résultat qui s'accorde avec la seconde des formules (g).

Il nous reste enfin à supposer l'entier impair $A+Bi$ tout-à-fait arbitraire, si ce n'est que nous considérons toujours B comme pair, ce qui ne nuit en rien à la généralité. Soit L le plus grand diviseur commun (réel) de A et B, et posons:

$$A = A'L, \quad B = B'L, \quad A'^2+B'^2 = P'.$$

L'expression $\left[\dfrac{\alpha+\beta i}{A+Bi}\right]$ dans laquelle $\alpha+\beta i$ n'est assujetti qu'à la seule condition d'être premier à $A+Bi$, se décomposera alors en deux facteurs:

$$\left[\frac{\alpha+\beta i}{L}\right], \quad \left[\frac{\alpha+\beta i}{A'+B'i}\right]$$

respectivement de même forme que les premiers membres des équations (g), et l'on aura en conséquence:

$$(h) \qquad \left[\frac{\alpha+\beta i}{A+Bi}\right] = \left(\frac{\alpha^2+\beta^2}{L}\right)\left(\frac{A'\alpha+B'\beta}{P'}\right).$$

§. 9.

Nous terminerons ce que nous avons à dire sur les résidus quadratiques, en considérant la congruence:

$$(1) \qquad x^2 \equiv k \pmod{m},$$

où k et m sont des entiers complexes quelconques premiers entre eux, le second impair. Pour que cette congruence soit possible, il faut évidemment qu'elle puisse subsister par rapport à chacun des facteurs simples de m. Soient:

$$f, \; f', \; f'', \; \ldots$$

les nombres premiers primaires inégaux qui divisent m et soit μ leur nombre. Il faudra donc qu'on ait:

$$(2) \qquad \left[\frac{k}{f}\right] = 1, \quad \left[\frac{k}{f'}\right] = 1, \quad \left[\frac{k}{f''}\right] = 1, \quad \ldots.$$

Je dis de plus que, ces conditions ayant lieu, la possibilité de la congruence s'ensuit et que le nombre de ses racines sera 2^μ, en considérant à l'ordinaire comme ne constituant qu'une seule racine, les entiers en nombre infini qui diffèrent les uns des autres de multiples du module m. Considérons d'abord la congruence $x^2 \equiv k \pmod{f^h}$, l'exposant étant un nombre positif quelconque. Si l'on y satisfait par la supposition de $x = \alpha$, et par suite par l'hypothèse plus générale de $x = \alpha + tf^h$, t étant un entier arbitraire, il est facile d'en déduire une solution pour la congruence de même forme, mais relative au module

f^{h+l} où l'on suppose $l \leqq h$. En effet, la substitution de l'expression de x donnant:

$$\frac{x^2-k}{f^h} = \frac{\alpha^2-k}{f^h}+2\alpha t+t^2 f^h,$$

où le premier terme du second membre est par hypothèse un entier, on voit que pour satisfaire à la congruence $x^2 \equiv k \pmod{f^{h+l}}$, il reste à faire en sorte qu'on ait $2\alpha t \equiv -\frac{\alpha^2-k}{f^h} \pmod{f^l}$, ce qui est toujours possible, α et par suite 2α étant évidemment premier au module. Comme on peut, par ce procédé, s'élever à des exposants de plus en plus grands, en partant de l'exposant $h = 1$, on voit que la condition de possibilité de la congruence:

$$x^2 \equiv k \pmod{f^h},$$

quel que soit h, est celle qui se rapporte à $h = 1$, consistant en ce que l'on doit avoir:

$$\left[\frac{k}{f}\right] = 1.$$

Voyons maintenant quel est le nombre des racines de la congruence précédente. En considérant toujours α comme une de ses racines, on pourra lui donner la forme:

$$x^2-\alpha^2 = (x+\alpha)(x-\alpha) \equiv 0 \pmod{f^h}.$$

Or, $x+\alpha$ et $x-\alpha$ ne pouvant être simultanément divisibles par f, on voit qu'on ne peut satisfaire à cette dernière qu'en supposant:

$$x \equiv \alpha \quad \text{ou} \quad x \equiv -\alpha \pmod{f^h},$$

ce qui ne donne que deux racines, qui seront toujours distinctes, leur différence 2α n'étant pas divisible par f.

Si maintenant l'on observe qu'en posant $m = i^\varrho f^h f'^{h'} \ldots$, la congruence (1) est évidemment équivalente à ces congruences simultanées:

$$x^2 \equiv k \pmod{f^h}, \quad x^2 \equiv k \pmod{f'^{h'}}, \quad \ldots,$$

dont chacune, en vertu de ce qui précède, admet deux racines distinctes de la forme $\pm\alpha$, on conclura facilement, d'après la remarque faite plus haut (§. 5, IV.) que la congruence (1) admet elle-même 2^μ racines distinctes, lorsque les conditions (2), nécessaires pour sa possibilité, sont toutes remplies. Il est bon d'ajouter que dans le cas où m est de la forme i^ϱ, et où il n'y a aucune condition à remplir, le nombre des solutions de la congruence (1) est toujours exprimé par la formule 2^μ, car on a dans ce cas $\mu = 0$.

Théorèmes fondamentaux sur les formes quadratiques.

§. 10.

Avant d'entrer dans le sujet indiqué par le titre, il convient de faire une remarque nécessaire pour que l'exposition qu'on va lire, soit considérée sous son véritable point de vue. L'objet du présent Mémoire étant purement théorique, nous avons cherché à résoudre les questions que nous avions à traiter, par les considérations qui, théoriquement parlant, nous ont paru les plus simples, sans nous attacher à rendre les solutions propres au calcul numérique. Pour satisfaire à cette dernière condition, il faudrait entrer dans des développements assez étendus, qui ne présenteraient que très peu d'intérêt et ne seraient d'ailleurs d'aucune utilité pour l'objet de pure théorie que nous avons en vue. Limités comme nous venons de l'indiquer, les éléments de la théorie des formes quadratiques à coefficients et à indéterminées complexes peuvent être présentés dans un petit nombre de pages, si aux moyens déjà employés par les illustres géomètres qui ont fondé ou perfectionné la théorie analogue relative aux entiers réels, on ajoute quelques principes nouveaux, qui nous paraissent mériter l'attention des géomètres. Leur extrême fécondité ne sera toutefois mise dans tout son jour que par des recherches ultérieures que nous avons entreprises sur les formes des degrés supérieurs et que nous aurons à exposer plus tard.

Toute expression:

$$ax^2+2bxy+cy^2, \tag{1}$$

où a, b, c sont des entiers complexes déterminés, et x, y de pareils entiers indéterminés, est ce que nous appellerons une *forme quadratique binaire* ou simplement une *forme*, cette abréviation ne pouvant donner lieu ici à aucune ambiguïté. Il est essentiel de suivre un ordre fixe tant par rapport aux indéterminées x et y, qui seront respectivement nommées la première et la seconde, que par rapport aux coefficients a, b, c, dont la désignation indiquera toujours la place que ces coefficients occupent dans l'expression que nous venons d'écrire.

Les propriétés de la forme (1) dépendant principalement du nombre D, donné par l'équation $D = b^2 - ac$, ce nombre sera dit le *déterminant* de la forme en question. Dans le cas particulier où D est un carré, ce qui comprend la supposition de $D = 0$, la forme se décompose évidemment en deux facteurs linéaires à coefficients rationnels, en sorte que ses propriétés se déduisent facilement de celles bien connues des expressions de ce genre. C'est pourquoi nous ferons toujours abstraction de ce cas particulier. Sous cette restriction, les coefficients extrêmes a et c sont l'un et l'autre différents de zéro, d'où il suit que l'un d'entre eux, c par exemple, peut se déduire sans indétermination de l'autre a, du coefficient moyen b et du déterminant D, supposés connus, au moyen de la formule:

$$c = \frac{b^2 - D}{a}.$$

Si dans la forme (1) on remplace les indéterminées x et y par de nouvelles indéterminées x' et y', liées aux premières par les équations:

$$(2) \qquad x = \alpha x' + \beta y', \quad y = \gamma x' + \delta y',$$

où α, β, γ, δ sont des entiers donnés, elle se changera en cette autre:

$$(3) \qquad a'x'^2 + 2b'x'y' + c'y'^2,$$

où l'on a:

$$(4) \quad a' = a\alpha^2 + 2b\alpha\gamma + c\gamma^2, \quad b' = a\alpha\beta + b(\alpha\delta + \beta\gamma) + c\gamma\delta, \quad c' = a\beta^2 + 2b\beta\delta + c\delta^2,$$

et l'on dit alors que la nouvelle forme (3) est *contenue* sous la forme primitive (1). En substituant les coefficients a', b', c' de la forme (3) dans l'expression de son déterminant D', il viendra:

$$(5) \qquad D' = (\alpha\delta - \beta\gamma)^2 D.$$

On voit ainsi qu'une forme contenue sous une autre a toujours un déterminant multiple de celui de cette dernière, et que le quotient de ces déterminants est un carré, d'où il suit que, pour que deux formes puissent se contenir mutuellement, il faut nécessairement que leurs déterminants soient ou égaux ou opposés.

Réciproquement, si les déterminants de deux formes telles que (1) et (3) sont égaux ou opposés, et qu'en outre la première contienne la seconde, je dis que celle-ci contiendra la première. Pour le prouver, remarquons que l'hypothèse $D' = \pm D$, comparée à l'équation (5), donne celle-ci:

$$(6) \qquad \alpha\delta - \beta\gamma = i^\varrho,$$

les déterminants égaux à zéro étant toujours exclus. Si maintenant l'on résout les équations (2) par rapport à x' et y', on obtiendra les expressions:

$$(7) \qquad x' = \frac{\delta}{i^\varrho}x - \frac{\beta}{i^\varrho}y, \quad y' = -\frac{\gamma}{i^\varrho}x + \frac{\alpha}{i^\varrho}y,$$

dont les quatre coefficients sont entiers, et qui, étant introduites dans la forme (3), la feront évidemment coïncider avec la forme (1), ce qu'il s'agissait de prouver.

Deux formes dont chacune contient l'autre, sont dites *équivalentes*. Quoique la relation mutuelle de deux formes, exprimée par cette désignation, puisse subsister aussi bien entre deux formes à déterminants opposés qu'entre deux formes dont les déterminants sont égaux, nous nous bornerons à considérer le dernier de ces deux cas. Il est en effet facile de voir que ces deux cas ne sont pas essentiellement différents, puisque, étant données deux formes qui répondent au premier, il suffit évidemment de multiplier les trois coefficients de l'une d'entre elles respectivement par 1, i, -1, pour que le groupe des deux formes rentre dans le second de ces deux cas.

La définition de l'équivalence ainsi restreinte, donne encore lieu à une nouvelle subdivision qu'il est essentiel de prendre en considération. Comme on a $D' = D$, et par suite en vertu de l'équation (5):

$$\alpha\delta-\beta\gamma=\pm 1=\varepsilon, \tag{8}$$

nous pouvons avoir égard au signe dont l'unité est précédée dans cette équation. Nous dirons désormais que la substitution donnée par les formules (2), et qui change la forme (1) dans la forme équivalente (3), est *propre* ou *impropre*, suivant que le signe supérieur ou le signe inférieur a lieu dans l'équation (8). Observons d'abord que la substitution inverse (7) qui sert à revenir de la forme (3) à la forme (1) et qui, pour le cas qui nous occupe, se réduit à poser:

$$x' = \frac{\delta}{\varepsilon}x - \frac{\beta}{\varepsilon}y, \quad y' = -\frac{\gamma}{\varepsilon}x + \frac{\alpha}{\varepsilon}y,$$

sera toujours de même nom que la substitution directe (2). Il suffit, pour s'en assurer, de remplacer dans l'expression (8) les entiers α, β, γ, δ respectivement par $\frac{\delta}{\varepsilon}$, $-\frac{\beta}{\varepsilon}$, $-\frac{\gamma}{\varepsilon}$, $\frac{\alpha}{\varepsilon}$, ce qui changera cette expression en:

$$\frac{\alpha\delta-\beta\gamma}{\varepsilon^2}=\varepsilon.$$

Les deux substitutions étant de même nature quant à la distinction que nous venons de faire, on peut transporter la dénomination précédente au groupe des deux formes et appeler l'équivalence de ces formes propre ou impropre suivant que la valeur de ε, commune aux deux substitutions en question, est

$+1$ ou -1. Il n'est pas nécessaire pour notre objet de considérer l'équivalence impropre qui au reste se change toujours en équivalence propre, si dans l'une des formes on change le signe du coefficient moyen. En disant donc désormais que deux formes sont équivalentes, nous entendrons toujours qu'il s'agit de l'équivalence propre, ou autrement dit, qu'on peut passer de chacune de ces formes à l'autre, par une substitution telle que (2), où l'on a $\alpha\delta-\beta\gamma=1$. Pareillement, quand nous nous proposerons de découvrir toutes les transformations qui changent ces formes l'une dans l'autre, nous n'aurons en vue que celles qui satisfont à la condition précédente, et nous rejetterons toutes les transformations pour lesquelles on aurait $\alpha\delta-\beta\gamma=-1$. Comme dans ce qui va suivre, il sera le plus souvent inutile de désigner les indéterminées par des lettres particulières, nous conviendrons d'indiquer une forme telle que (1), ou une substitution telle que (2), par ces notations abrégées:

$$(a,\ b,\ c),\qquad \begin{pmatrix}\alpha, & \beta\\ \gamma, & \delta\end{pmatrix}.$$

La notion de l'équivalence ainsi que nous venons de la fixer, donne lieu à ces théorèmes très simples:

I. Toute forme est équivalente à elle-même, puisqu'il est évident qu'elle ne varie pas, si on lui applique la substitution $\begin{pmatrix}1, & 0\\ 0, & 1\end{pmatrix}$.

II. Deux formes qui équivalent à une troisième, sont équivalentes entre elles. En effet, si la forme f, supposée équivalente à f', se transforme en celle-ci au moyen de la substitution $\begin{pmatrix}\alpha, & \beta\\ \gamma, & \delta\end{pmatrix}$, et si f' devient à son tour identique avec f'', au moyen de la substitution $\begin{pmatrix}\alpha', & \beta'\\ \gamma', & \delta'\end{pmatrix}$, on passera évidemment de f à f'', en faisant usage de la substitution unique $\begin{pmatrix}\alpha'', & \beta''\\ \gamma'', & \delta''\end{pmatrix}$, où l'on a:

$$\alpha''=\alpha\alpha'+\beta\gamma',\qquad \beta''=\alpha\beta'+\beta\delta',$$
$$\gamma''=\gamma\alpha'+\delta\gamma',\qquad \delta''=\gamma\beta'+\delta\delta',$$

et il ne reste plus qu'à prouver qu'on a $\alpha''\delta''-\beta''\gamma''=1$. Mais cette équation résulte sur-le-champ de l'équation identique:

$$\alpha''\delta''-\beta''\gamma''=(\alpha\delta-\beta\gamma)(\alpha'\delta'-\beta'\gamma'),$$

où l'on a par hypothèse, $\alpha\delta-\beta\gamma=1$ et $\alpha'\delta'-\beta'\gamma'=1$.

La substitution $\begin{pmatrix}\alpha'', & \beta'' \\ \gamma'', & \delta''\end{pmatrix}$, qui produit le même effet que les deux substitutions $\begin{pmatrix}\alpha, & \beta \\ \gamma, & \delta\end{pmatrix}$, $\begin{pmatrix}\alpha', & \beta' \\ \gamma', & \delta'\end{pmatrix}$, employées l'une après l'autre, peut s'appeler convenablement une *substitution composée*, où il importe de remarquer que l'ordre des substitutions composantes ne peut pas être interverti.

III. Deux formes (a, b, c) et (a', b', c') étant supposées équivalentes, le plus grand diviseur commun des entiers a, b, c est le même que celui des entiers a', b', c', et la même égalité subsiste entre les deux groupes a, $2b$, c et a', $2b'$, c'.

En effet l'équivalence admise supposant une transformation telle que (2), et par suite les équations (4), on voit immédiatement que tout diviseur commun de a, b, c divise aussi a', b', c', et l'on arrive à un résultat semblable relativement aux groupes a, $2b$, c et a', $2b'$, c', si préalablement on suppose les deux membres de la seconde des équations (4) multipliés par 2. Un raisonnement analogue pouvant se faire en sens inverse, la proposition énoncée se trouve établie.

Nous observerons qu'il serait inutile de considérer des formes (a, b, c) pour lesquelles le plus grand diviseur commun σ de leurs coefficients a, b, c différerait de l'unité, puisque de pareilles formes ne sont évidemment que des formes du déterminant $\frac{D}{\sigma^2}$, affectées du facteur entier σ. Nous supposerons donc toujours a, b, c libres de tout diviseur commun; cela étant, le plus grand diviseur commun de a, $2b$, c, que nous désignerons constamment par ω, ne peut avoir que l'une des trois valeurs 1, $1+i$ ou 2, ce qui donne lieu à diviser les formes quadratiques en trois *espèces* appelées, suivant l'ordre des cas énoncés, la *première*, la *seconde* ou la *troisième*, de sorte que des formes équivalentes sont toujours de même espèce.

§. 11.

Relativement à l'équivalence des formes, il se présente deux questions principales à résoudre. Étant données deux formes ayant le même déterminant et appartenant à la même espèce, on peut demander 1⁰ si ces formes sont équivalentes ou non, et l'équivalence supposée reconnue, on peut se proposer 2⁰ d'assigner toutes les substitutions par lesquelles ces formes se transforment l'une dans l'autre. Nous ne sommes pas pour le moment en mesure d'aborder la première de ces deux questions; mais nous pouvons traiter dès à présent la seconde, en la posant comme il suit:

„Étant données deux formes équivalentes ainsi qu'une transformation de la première dans la seconde, trouver toutes les transformations qui produisent le même effet.“

I. La question énoncée peut se réduire à une autre plus simple et qui n'est au fond qu'une question particulière, mais de même nature que la proposée. Cette question particulière consiste à assigner toutes les substitutions par lesquelles une forme donnée se change en elle-même ou, autrement dit, reste invariable quant à ses coefficients. Pour le prouver, soit:

$$(1) \qquad \begin{pmatrix} \alpha, & \beta \\ \gamma, & \delta \end{pmatrix}$$

la substitution donnée par laquelle la première f des formes données se change dans la seconde f'. Si maintenant l'on désigne par:

$$(2) \qquad \begin{pmatrix} \lambda, & \mu \\ \nu, & \varrho \end{pmatrix}$$

une substitution quelconque qui change en elle-même la forme f, il résulte du paragraphe précédent (II.), que par la substitution composée des précédentes, rangées dans l'ordre (2), (1):

$$(3) \qquad \begin{pmatrix} \alpha', & \beta' \\ \gamma', & \delta' \end{pmatrix}$$

où l'on a:

$$(4) \qquad \begin{cases} \alpha' = \alpha\lambda + \gamma\mu, & \beta' = \beta\lambda + \delta\mu, \\ \gamma' = \alpha\nu + \gamma\varrho, & \delta' = \beta\nu + \delta\varrho, \end{cases}$$

f se change en f'. Cela posé, je dis que, si dans les équations (4) on introduit successivement toutes les substitutions (2), on obtiendra toutes les transformations possibles de f en f', et de plus que chacune d'entre elles ne se présentera ainsi qu'une seule fois. Pour prouver d'abord ce dernier point, il suffit d'observer que les équations (4), en y considérant λ, μ, ν, ϱ comme des inconnues, donnent ces valeurs complètement déterminées:

$$\lambda = \delta\alpha' - \gamma\beta', \quad \mu = \alpha\beta' - \beta\alpha',$$
$$\nu = \delta\gamma' - \gamma\delta', \quad \varrho = \alpha\delta' - \beta\gamma'.$$

Reste à faire voir qu'il n'existe aucune transformation $\begin{pmatrix} \alpha', & \beta' \\ \gamma', & \delta' \end{pmatrix}$ de f en f', qui ne soit contenue dans les formules (4), en y considérant λ, μ, ν, ϱ généralement comme les coefficients des substitutions (2) définies plus haut.

Comme la résolution des équations en question a donné des valeurs entières, et que d'un autre côté, on conclut de l'équation identique:

$$(\lambda\varrho-\mu\nu)(\alpha\delta-\beta\gamma) = \alpha'\delta'-\beta'\gamma',$$

combinée avec celles-ci:

$$\alpha\delta-\beta\gamma = 1, \quad \alpha'\delta'-\beta'\gamma' = 1,$$

que l'on a aussi $\lambda\varrho-\mu\nu = 1$, tout revient évidemment à s'assurer que la substitution $\begin{pmatrix}\lambda, & \mu\\ \nu, & \varrho\end{pmatrix}$ formée avec les entiers λ, μ, ν, ϱ, donnés par la résolution effectuée, est en effet l'une de celles qui changent la forme f en elle-même. Désignant pour un instant par χ la forme encore inconnue dans laquelle f se transforme par la substitution dont il s'agit, on voit d'abord que χ devient f' au moyen de la substitution $\begin{pmatrix}\alpha, & \beta\\ \gamma, & \delta\end{pmatrix}$, et que par suite f' se change en χ au moyen de la substitution inverse $\begin{pmatrix}\delta, & -\beta\\ -\gamma, & \alpha\end{pmatrix}$. Mais d'un autre côté, cette dernière change aussi f' en f, d'où il suit qu'on a $f=\chi$, ce qu'il s'agissait de prouver.

II. Tout se réduit donc à découvrir toutes les substitutions $\begin{pmatrix}\lambda, & \mu\\ \nu, & \varrho\end{pmatrix}$ par lesquelles la forme donnée $f=(a, b, c)$ se change en elle-même. Pour résoudre cette question, il s'agira d'assigner toutes les valeurs entières λ, μ, ν, ϱ telles qu'en remplacant dans l'expression:

$$ax^2+2bxy+cy^2,$$

ou ce qui revient au même, a différant de zéro, dans celle-ci:

$$a(ax^2+2bxy+cy^2),$$

x et y respectivement par $\lambda x+\mu y$ et $\nu x+\varrho y$, cette expression reste identiquement la même. Nous ferons d'abord abstraction de la condition $\lambda\varrho-\mu\nu = 1$, toujours exigée dans les transformations que nous employons, et de plus nous considérerons λ, μ, ν, ϱ comme susceptibles de valeurs rationnelles quelconques. La question ainsi généralisée une fois résolue, il sera facile d'avoir égard aux conditions jusque-là négligées.

L'expression dont il s'agit, se décompose en ces deux facteurs linéaires:

$$(ax+(b+\sqrt{D})y), \quad (ax+(b-\sqrt{D})y),$$

où nous entendons par $\sqrt{D}$ une valeur déterminée, mais qui peut être arbitrairement choisie parmi les deux valeurs opposées que comporte généralement un radical carré. La substitution indiquée change le produit précédent en celui-ci:

$$[(a\lambda+b\nu+\nu\sqrt{D})x+(a\mu+b\varrho+\varrho\sqrt{D})y][(a\lambda+b\nu-\nu\sqrt{D})x+(a\mu+b\varrho-\varrho\sqrt{D})y].$$

Désignant pour un instant les huit coefficients de x et y par des lettres particulières, en posant:

$$p=a, \quad q=b+\sqrt{D}, \quad \ldots, \quad p'=a\lambda+b\nu+\nu\sqrt{D}, \quad q'=a\mu+b\varrho+\varrho\sqrt{D}, \quad \ldots$$

l'égalité qu'il s'agit d'établir entre ces deux produits, s'écrira ainsi:

$$(px+qy)(rx+sy)=(p'x+q'y)(r'x+s'y).$$

Or, les quatre constantes p, q, r, s données étant évidemment toutes différentes de zéro, les conditions nécessaires et suffisantes pour l'identité de ces deux expressions exigent évidemment qu'on ait 1° $\frac{p'r'}{pr}=1$, et en outre 2° l'un ou l'autre de ces deux systèmes d'équations:

$$\frac{p'}{p}=\frac{q'}{q}, \quad \frac{r'}{r}=\frac{s'}{s}; \quad \frac{r'}{p}=\frac{s'}{q}, \quad \frac{p'}{r}=\frac{q'}{s}.$$

Si maintenant, suivant qu'il s'agit du premier ou du second cas, on pose:

$$\frac{p'}{p}=\varphi+\psi\sqrt{D}, \quad \text{ou} \quad \frac{r'}{p}=\varphi+\psi\sqrt{D},$$

où nous supposons φ et ψ rationnels, ce qui est permis, les coefficients p, q, ... ne renfermant que la seule irrationnelle $\sqrt{D}$, on aura respectivement:

$$\frac{r'}{r}=\varphi-\psi\sqrt{D}, \quad \text{ou} \quad \frac{p'}{r}=\varphi-\psi\sqrt{D},$$

et l'équation $\frac{p'r'}{pr}=1$, commune aux deux cas, prendra la forme:

$$\varphi^2-D\psi^2=1. \tag{5}$$

Quant à l'autre condition, exprimée par deux équations, il suffit d'écrire pour l'un et l'autre cas, la première de ces deux équations, celle-ci comprenant virtuellement la seconde qui n'en diffère que par le signe du radical.

On aura donc suivant les deux cas:

$$\frac{a\lambda+b\nu+\nu\sqrt{D}}{a}=\frac{a\mu+b\varrho+\varrho\sqrt{D}}{b+\sqrt{D}}=\varphi+\psi\sqrt{D},$$

ou:

$$\frac{a\lambda+b\nu-\nu\sqrt{D}}{a}=\frac{a\mu+b\varrho-\varrho\sqrt{D}}{b+\sqrt{D}}=\varphi+\psi\sqrt{D}.$$

En égalant séparément dans ces formules les parties rationnelles et les coefficients de $\sqrt{D}$, et résolvant ensuite les équations que l'on obtient ainsi, par rapport à λ, μ, ν, ϱ, on trouve sans indétermination et suivant les deux cas:

$$\lambda = \varphi - b\psi, \quad \mu = -c\psi, \qquad \Bigg| \qquad \lambda = \varphi + b\psi, \quad \mu = \frac{2b}{a}\varphi + \frac{b^2+D}{a}\psi,$$

$$\nu = a\psi, \quad \varrho = \varphi + b\psi, \qquad \Bigg| \qquad \nu = -a\psi, \quad \varrho = -\varphi - b\psi.$$

On voit donc que toutes les valeurs rationnelles λ, μ, ν, ϱ qui satisfont à la condition d'invariabilité exigée, sont données par ces deux systèmes de formules très simples, où φ et ψ désignent généralement toutes les valeurs rationnelles simultanées compatibles avec l'équation (5).

Il s'agit maintenant d'avoir égard aux conditions que nous avons négligées, et dont l'une est exprimée par l'équation $\lambda\varrho - \mu\nu = 1$. La substitution des expressions précédentes montre, par un calcul très simple, que le premier système y satisfait, tandis que relativement au second, on trouve $\lambda\varrho - \mu\nu = -1$. Ce dernier devant ainsi être rejeté, il ne reste plus qu'à examiner sous quelles conditions les expressions de λ, μ, ν, ϱ, données par le premier système, sont entières. Il est facile de voir que cela exige que les produits $\omega\varphi$, $\omega\psi$ (ω désignant toujours le plus grand diviseur commun de a, $2b$, c) soient des entiers. En effet, comme des équations précédentes on conclut facilement:

$$\nu = \frac{a}{\omega}\,\omega\psi, \quad \varrho - \lambda = \frac{2b}{\omega}\,\omega\psi, \quad -\mu = \frac{c}{\omega}\,\omega\psi,$$

on voit que, si le produit $\omega\psi$, réduit à sa plus simple expression, avait un dénominateur autre que l'unité, ce dénominateur serait diviseur commun des entiers $\frac{a}{\omega}$, $\frac{2b}{\omega}$, $\frac{c}{\omega}$, qui n'admettent pas de pareil diviseur. La conclusion obtenue pour $\omega\psi$, s'étend à $\omega\varphi$, au moyen de l'équation $\omega\varphi = \omega\lambda + b\omega\psi$. Mais la réciproque a également lieu, et il est facile de s'assurer que, si l'on fait usage de valeurs de φ et ψ, telles que $\varphi = \frac{t}{\omega}$, $\psi = \frac{u}{\omega}$, où t et u sont des entiers, et satisfaisant à l'équation (5), il en résultera des valeurs entières pour λ, μ, ν, ϱ. Pour le voir, substituons ces expressions dans les équations obtenues plus haut; il viendra ainsi:

$$t^2 - Du^2 = \omega^2, \tag{6}$$

$$\lambda = \frac{t-bu}{\omega}, \quad \mu = -\frac{cu}{\omega}, \quad \nu = \frac{au}{\omega}, \quad \varrho = \frac{t+bu}{\omega}. \tag{7}$$

Relativement à μ et ν il n'y a rien à prouver, a et c étant divisibles par ω. Quant à λ et ϱ, comme leur différence $\varrho - \lambda = \frac{2bu}{\omega}$ est évidemment un entier, tout revient à faire voir que l'une des expressions $\frac{t+bu}{\omega}$, $\frac{t-bu}{\omega}$ est pareillement un entier. Mais de l'équation à laquelle t et u sont supposés satisfaire, mise sous la forme:

$$\frac{(t+bu)(t-bu)}{\omega^2} = 1 - \frac{ac}{\omega^2}u^2,$$

on conclut que le produit des deux facteurs $t+bu$ et $t-bu$ est un multiple de ω^2, d'où et de ce que ω ne renferme pas plusieurs nombres premiers différents, il suit que l'un au moins des deux facteurs est divisible par ω, ce qu'il s'agissait de faire voir. Les formules (7), en y substituant successivement toutes les solutions entières de l'équation (6), donneront donc toutes les transformations $\begin{pmatrix}\lambda, \mu \\ \nu, \varrho\end{pmatrix}$ de la forme (a, b, c) en elle-même, et il est d'ailleurs évident que chacune de ces transformations ne se présentera qu'une seule fois, car on voit par les deux premières des formules en question qu'à des valeurs déterminées λ et μ répondent toujours des valeurs également déterminées pour t et u.

Remarque. L'analyse qui vient de nous conduire de la manière la plus simple à la solution de la question proposée, a en outre l'avantage de montrer clairement ce qui distingue les transformations propres, les seules que nous ayons à considérer, de celles qu'on appelle impropres. On voit en effet que, s'il s'agit des transformations d'une forme en elle-même, les premières sont celles pour lesquelles les deux expressions linéaires dont la forme donnée peut être considérée comme le produit, restent l'une et l'autre invariables, abstraction faite des facteurs constants qu'elles acquièrent; tandis que les transformations impropres qui n'existent toutefois que pour des formes d'une nature particulière et répondent alors au second des deux systèmes d'équations obtenus plus haut, ont pour effet d'échanger entre elles les deux expressions linéaires dont il s'agit. La même remarque s'étend aux substitutions qui ne reproduisent pas la forme donnée, et la changent au contraire en une autre équivalente, mais distincte. En combinant ce qui précède avec le résultat du numéro précédent, il est facile de s'assurer que, si après avoir décomposé en facteurs linéaires la forme primitive et celle qui en dérive, on considère comme correspondants ceux de leurs facteurs qui contiennent le radical $\sqrt{D}$ avec le même signe, toute transformation de la première dans la seconde sera propre ou impropre, suivant que les facteurs linéaires se changent en leurs correspondants ou non.

III. Si maintenant nous substituons les expressions (7) dans les équations (4), ces dernières prendront la forme:

$$\alpha' = \frac{\alpha t-(b\alpha+c\gamma)u}{\omega}, \quad \beta' = \frac{\beta t-(b\beta+c\delta)u}{\omega},$$
$$\gamma' = \frac{\gamma t+(a\alpha+b\gamma)u}{\omega}, \quad \delta' = \frac{\delta t+(a\beta+b\delta)u}{\omega}.$$

Au moyen de ces équations, on pourra donc, une première transformation $\begin{pmatrix}\alpha, & \beta\\ \gamma, & \delta\end{pmatrix}$ d'une forme (a, b, c) en une autre (a', b', c') équivalente étant donnée, en déduire toutes les transformations possibles, en supposant d'ailleurs que la solution complète de l'équation (6) soit également connue.

§. 12.

Lorsque la forme:

$$(1) \qquad ax^2+2bxy+cy^2,$$

dont nous désignerons le déterminant par D, et dont nous considérerons d'abord les coefficients a, b, c comme susceptibles d'un diviseur commun quelconque, obtient une valeur déterminée m, en y attribuant des valeurs particulières r et s aux indéterminées x et y, nous dirons que l'entier m est *représenté* par la forme donnée. Nous supposerons toujours, si nous n'avertissons expressément du contraire, que les entiers déterminés r et s sont premiers entre eux. Sous cette restriction, m diffère toujours de zéro; car il est facile de voir que l'hypothèse de $m = 0$ suppose $r = 0$, $s = 0$, valeurs dont un nombre quelconque est diviseur commun. Il s'agit maintenant de déduire les conséquences qui résultent d'une représentation telle que nous venons de la définir. On voit tout d'abord que, si l'on choisit deux entiers ϱ et σ qui satisfassent à l'équation:

$$(2) \qquad r\sigma-s\varrho = 1,$$

évidemment résoluble, et que l'on applique ensuite la substitution $\begin{pmatrix}r, & \varrho\\ s, & \sigma\end{pmatrix}$ à la forme (1), elle se changera en cette autre équivalente:

$$(3) \qquad \left(m,\ n,\ \frac{n^2-D}{m}\right),$$

où:

(4) $m = ar^2+2brs+cs^2$, (5) $n = ar\varrho+b(r\sigma+s\varrho)+cs\sigma$.

Le troisième coefficient de la forme (3) étant entier, on conclut que n satisfait à la congruence:

$$z^2 \equiv D \pmod{m}. \tag{6}$$

On voit donc qu'une condition nécessaire, quoique nullement suffisante, pour que m puisse être représenté par la forme (1), consiste en ce que D doit être résidu quadratique relativement au module m, et que d'une représentation supposée connue, on peut toujours déduire une racine n de la congruence (6), en substituant une solution quelconque de l'équation (2) dans la formule (5). Comme l'équation (2) admet toujours une infinité de solutions, il est naturel de rechercher comment n varie, lorsqu'on passe d'une de ces solutions à une autre. Pour y parvenir, soit ϱ_0, σ_0 une solution particulière et soit n_0 la valeur correspondante de n; si maintenant l'on introduit dans la formule (5) la solution générale $\varrho = \varrho_0+r\xi$, $\sigma = \sigma_0+s\xi$, où ξ désigne un entier complexe arbitraire, on aura pour la valeur générale de n:

$$n = n_0+m\xi,$$

d'où l'on conclut que les valeurs en nombre infini dont n est susceptible, forment une racine unique de la congruence (6), puisqu'elles sont toutes congrues entre elles suivant le module m, et l'on doit ajouter que l'arbitraire ξ peut toujours être choisie de manière à faire coïncider n avec l'une quelconque des valeurs en nombre infini, que l'on peut considérer comme autant d'expressions différentes d'une même racine de la congruence en question.

Cela étant, nous dirons désormais d'une manière abrégée, que la représentation de l'entier m par la forme (1), pour laquelle on a $x = r$, $y = s$, *appartient à la valeur n de l'expression* $\sqrt{D}$ (mod. m), que l'on déduit de l'équation (5), en y substituant deux quelconques des entiers ϱ et σ qui satisfont à l'équation (2).

La conclusion que nous venons d'obtenir et qui consiste en ce que la représentation $x = r$, $y = s$, appartenant à la valeur n de $\sqrt{D}$ (mod. m), a toujours pour conséquence l'équivalence des formes (1) et (3), a également lieu en sens inverse. En effet si, supposant l'équivalence de ces dernières, nous désignons par $\begin{pmatrix} r, & \varrho \\ s, & \sigma \end{pmatrix}$ l'une quelconque des substitutions par lesquelles la première se change dans la seconde, nous aurons évidemment les équations (2), (4) et (5), dont la seconde fournit une représentation qui, en vertu des deux autres, appartient évidemment à la valeur n de $\sqrt{D}$ (mod. m). Je dis de plus qu'il n'y a aucune représentation satisfaisant à la condition exigée, qui ne puisse s'obtenir ainsi au moyen d'une transformation de la forme (1) en (3), et que chaque représentation se présentera une seule fois, c'est-à-dire qu'elle proviendra toujours d'une transformation unique et déterminée. Pour prouver d'abord le premier point, remarquons qu'en vertu de la définition même de la valeur n à laquelle une représentation est dite appartenir, supposer l'existence d'une telle représentation pour l'entier m, c'est supposer les équations (4), (2) et (5), desquelles il résulte sur-le-champ que la forme (1), au moyen de la substitution $\begin{pmatrix} r, & \varrho \\ s, & \sigma \end{pmatrix}$, se change en une autre du même déterminant D, et dont les deux premiers coefficients sont m et n. On conclut de là que le troisième coefficient est $\frac{n^2-D}{m}$, et que la substitution indiquée est en effet l'une de celles par lesquelles la forme (1) se change en (3). Quant au second point, il est évident que pour l'établir, on n'a qu'à faire voir que les deux équations (2) et (5), en y considérant r et s comme donnés, ne sauraient être satisfaites par plus d'un couple de valeurs de ϱ et de σ. Mais cela est manifeste, puisque les équations dont il s'agit, étant résolues, donnent ces valeurs complètement déterminées:

$$\varrho = \frac{(n-b)r-cs}{m}, \quad \sigma = \frac{ar+(n+b)s}{m}.$$

On voit par ce qui précède, que pour que l'entier m puisse être représenté par la forme (1) de manière que ces représentations appartiennent à une valeur donnée n de l'expression $\sqrt{D}$ (mod. m), il faut et il suffit que les formes (1) et (3) soient équivalentes entre elles. Cette condition supposée remplie, on n'aura plus qu'à chercher toutes les substitutions $\begin{pmatrix} r, & \varrho \\ s, & \sigma \end{pmatrix}$ par lesquelles la forme (1) se change en (3), et l'on posera $x = r$, $y = s$. Or, les substitutions dont il s'agit ayant été exprimées dans le paragraphe précédent en fonction de l'une quelconque d'entre elles, on en conclut, si nous revenons maintenant à l'hypothèse que les coefficients de la forme (1) n'ont pas de diviseur commun, que les représentations cherchées sont toutes comprises dans ces deux équations:

$$x = \frac{\alpha t - (b\alpha + c\gamma)u}{\omega}, \quad y = \frac{\gamma t + (a\alpha + b\gamma)u}{\omega},$$

où α, γ appartiennent à une substitution $\begin{pmatrix}\alpha, & \beta \\ \gamma, & \delta\end{pmatrix}$ arbitrairement choisie parmi celles qui transforment la forme (1) en (3), et où t et u satisfont généralement à l'équation $t^2 - Du^2 = \omega^2$. Il est bon de remarquer que le résultat est maintenant tout-à-fait indépendant de la forme (3) que nous avons eu à considérer pour l'obtenir. En effet, comme $x = \alpha$, $y = \gamma$ est évidemment une représentation particulière comprise dans les formules précédentes et qui s'en déduit en supposant $t = \omega$, $u = 0$, on peut l'énoncer en disant que les équations que nous venons d'obtenir, expriment toutes les représentations appartenant à une même valeur de $\sqrt{D}$ (mod. m), en fonction de l'une quelconque d'entre elles.

§. 13.

Les questions que nous avons traitées dans les paragraphes précédents, s'étant trouvées dépendre de la solution de l'équation indéterminée:

$$t^2 - Du^2 = \omega^2,$$

il est temps de nous occuper de cette dernière. Mais pour ne pas donner une étendue démesurée au présent Mémoire, nous considérerons exclusivement le cas où $\omega = 1$, cas qui est celui des formes de première espèce; et nous laisserons au lecteur qui voudrait s'exercer sur ces matières, le soin de chercher les modifications assez légères qu'il faudrait apporter aux recherches suivantes pour les rendre applicables aux formes des deux autres espèces.

La théorie de l'équation:

$$t^2 - Du^2 = 1$$

peut se déduire d'un lemme dont voici l'énoncé:

„a désignant un nombre complexe irrationnel donné, on pourra toujours trouver une infinité d'entiers complexes simultanés x et y, tels qu'on ait:

$$N(x - ay) < \frac{4}{N(y)}.\text{“}$$

Observons d'abord que, si l'on satisfait à la condition du lemme par le système

x, y, on y satisfera aussi par $i^\varrho x$, $i^\varrho y$. Comme dans l'application que nous aurons à faire du lemme, il importe de ne pas employer simultanément des systèmes dérivant ainsi l'un de l'autre, nous éviterons cet inconvénient, en ne considérant deux systèmes comme distincts qu'autant que les valeurs de $N(x-ay)$ qui s'y rapportent, sont différentes entre elles. Il est en effet évident que pour deux systèmes comme ceux dont il vient d'être question, l'expression $N(x-ay)$ a toujours la même valeur. On voit encore que la condition du lemme se trouve remplie lorsque, x étant quelconque, on a $y=0$; mais nous ferons pareillement abstraction de ce cas, de sorte que $x-ay$ aura toujours une valeur irrationnelle et par conséquent différente de zéro.

Pour démontrer notre lemme, commençons par faire voir qu'on peut toujours trouver deux entiers x et y, qui satisfaisant à l'inégalité proposée, soient en outre tels que l'on ait:

$$N(x-ay) < A,$$

A désignant une quantité positive arbitrairement choisie. Soit à cet effet n un entier positif pour lequel on ait $A > \frac{1}{2n^2}$, et désignons par η l'un quelconque des entiers complexes dont les deux parties, et j'entends par là la partie réelle et le coefficient de i qui entrent dans une expression complexe quelconque, soient comprises dans la suite:

$$-n, \quad -(n-1), \quad \ldots, \quad -1, \quad 0, \quad +1, \quad \ldots, \quad n-1, \quad n.$$

Relativement à chacun des entiers η dont le nombre est évidemment égal à $(2n+1)^2$, déterminons l'entier correspondant ξ tel que les deux parties de l'expression:

$$\xi - a\eta$$

obtiennent des valeurs non-négatives et inférieures à l'unité. Cela supposé, il est évident que, si l'on désigne par:

$$p\frac{1}{2n}, \quad q\frac{1}{2n}$$

les plus grands multiples de $\frac{1}{2n}$, respectivement contenus dans les deux parties dont il s'agit, les entiers réels p et q seront l'un et l'autre compris dans la suite:

$$0, \quad 1, \quad 2, \quad \ldots, \quad 2n-1.$$

Or, comme avec de pareils entiers on ne peut former qu'un nombre de combinaisons distinctes, exprimé par $(2n)^2$, tandis que celui des expressions $\xi - a\eta$ est $(2n+1)^2$, on voit que l'une au moins des combinaisons p, q devra se reproduire. Soient donc:

$$\xi - a\eta, \quad \xi' - a\eta'$$

les deux expressions ou deux des expressions pour lesquelles cette circonstance se présente; il est évident qu'en formant la différence de ces expressions, on obtiendra, en posant:

$$\xi - \xi' = x, \quad \eta - \eta' = y,$$

une nouvelle expression:

$$x - ay,$$

dans laquelle l'entier y sera évidemment différent de zéro, et dont les deux parties seront, abstraction faite du signe, inférieures à $\frac{1}{2n}$, de sorte qu'on aura:

$$N(x - ay) < \frac{1}{2n^2}, \quad \text{et par suite} \quad N(x - ay) < A,$$

ce qui coïncide avec la seconde des conditions posées plus haut. Pour prouver que l'expression $N(x-ay)$ satisfait aussi à l'autre condition qui est celle du lemme, observons que, les deux parties de $y = \eta - \eta'$ ayant évidemment des valeurs numériques non-supérieures à $2n$, on a l'inégalité $N(y) \leqq 8n^2$, dont la comparaison avec celle que nous venons d'obtenir, donne:

$$N(x - ay) < \frac{4}{N(y)},$$

conformément à l'énoncé.

Ayant ainsi prouvé qu'on peut toujours trouver un couple x, y qui, en même temps qu'il s'accorde avec la condition de l'énoncé, satisfasse à l'inégalité $N(x-ay) < A$, où A est d'une petitesse arbitraire, il est facile d'en conclure la vérité du lemme. Il suffit pour cela d'observer que, quel que soit le nombre des systèmes qu'on suppose déjà connus, on trouvera un nouveau système distinct des premiers si, appliquant le procédé que nous venons d'exposer, on y suppose A égal à la plus petite des valeurs que l'expression $N(x-ay)$ présente dans les systèmes antérieurement obtenus.

Remarquons maintenant que, relativement à deux quantités complexes quelconques r et s, on a l'inégalité connue et d'ailleurs facile à vérifier:

$$\sqrt{N(r+s)} \leqq \sqrt{N(r)} + \sqrt{N(s)},$$

les radicaux étant supposés pris positivement. Supposant $r = x - ay$, $s = 2ay$, il viendra:

$$\sqrt{N(x+ay)} \leqq \sqrt{N(x-ay)} + \sqrt{N(2ay)},$$

inégalité qui au moyen de celle du lemme, mise sous la forme:

$$\sqrt{N(x-ay)} < \frac{2}{\sqrt{N(y)}},$$

se change en:

$$\sqrt{N(x+ay)} < 2\sqrt{N(ay)} + \frac{2}{\sqrt{N(y)}}.$$

Ces deux dernières étant multipliées entre elles, donnent:

$$\sqrt{N(x^2-a^2y^2)} < 4\sqrt{N(a)} + \frac{4}{N(y)}$$

et par suite, y étant un entier complexe différent de zéro de sorte que $N(y) \geqq 1$:

$$\sqrt{N(x^2-a^2y^2)} < 4(\sqrt{N(a)}+1).$$

On voit donc que pour tous les couples d'entiers qui satisfont au lemme et dont le nombre est infini, $N(x^2-a^2y^2)$ reste au-dessous d'une limite invariable. Appliquons ce résultat au cas où $a = \sqrt{D}$, D étant un entier complexe non-carré et le radical désignant une racine déterminée qui restera toujours la même dans ce qui va suivre. Comme dans cette hypothèse, $x^2 - a^2y^2 = x^2 - Dy^2$ est un entier complexe et qu'il n'y a qu'un nombre fini d'entiers dont la norme soit inférieure à une limite donnée, il faudra nécessairement que l'expression $x^2 - Dy^2$ obtienne une infinité de fois une même valeur l qui sera évidemment différente de zéro, y n'étant pas nul. L'équation $x^2 - Dy^2 = l$ étant ainsi satisfaite par un nombre infini de systèmes x, y, on voit encore que parmi ces systèmes il s'en trouvera nécessairement un nombre illimité, pour lesquels les valeurs tant de x que de y présentent des différences multiples de l. Soient:

$$x^2 - Dy^2 = l, \qquad x'^2 - Dy'^2 = l$$

deux équations pour lesquelles cela arrive, de sorte qu'on ait simultanément $x \equiv x'$, $y \equiv y'$ (mod. l). Le produit de ces équations étant:

$$(xx' - Dyy')^2 - D(xy' - yx')^2 = l^2,$$

et $xy' - yx'$ étant divisible par l en vertu des conditions supposées, $xx' - Dyy'$ sera aussi un multiple de l, de sorte qu'en divisant par l^2, on aura:

$$t^2 - Du^2 = 1,$$

les entiers t et u étant donnés par les formules:

$$t = \frac{xx' - Dyy'}{l}, \quad u = \frac{xy' - yx'}{l}.$$

Nous ajouterons qu'il ne saurait arriver qu'on eût $u = 0$, car il est facile de se convaincre que cela supposerait $x' = \pm x$, $y' = \pm y$, de sorte que les systèmes x, y et x', y' ne seraient pas distincts.

Étant ainsi assuré que l'équation $t^2 - Du^2 = 1$ est toujours résoluble sans qu'on suppose $u = 0$, on parviendra nécessairement à une solution si l'on attribue successivement à u toutes les valeurs entières dont les normes forment la suite croissante des entiers positifs susceptibles d'être décomposés en deux carrés, jusqu'à ce que l'on tombe sur une valeur de u pour laquelle Du^2+1 soit égal à un carré. Cette simple possibilité suffit pour notre objet. Il existe un algorithme assez expéditif et analogue à celui des fractions continues, au moyen duquel on peut obtenir toutes les solutions de l'équation proposée ou plutôt celle de ces solutions, que l'on doit considérer comme fondamentale et dont les autres se déduisent facilement; mais comme l'exposition de cet algorithme exigerait de longs détails qui ne sont nullement nécessaires pour le but que nous avons en vue, nous ne nous en occuperons pas ici.

§. 14.

La possibilité de l'équation:

$$(1) \qquad t^2 - Du^2 = 1$$

ayant été établie dans le paragraphe précédent, il s'agira maintenant de découvrir le lien qui existe entre ses solutions en nombre infini. C'est à quoi nous parviendrons par les considérations suivantes.

I. Observons d'abord que la double solution évidente $t = \pm 1$, $u = 0$ est la seule pour laquelle l'une des indéterminées soit égale à zéro. Car il est manifeste que l'hypothèse $t = 0$ est inadmissible, D n'étant pas un carré. Pour cette solution on a $N(t+u\sqrt{D}) = 1$, et je dis de plus qu'elle est la seule pour laquelle cette équation ait lieu. En effet, comme les expressions $N(t+u\sqrt{D})$, $N(t-u\sqrt{D})$ ont toujours des valeurs réciproques l'une de l'autre, puisque l'on a:

$$N(t+u\sqrt{D})\,N(t-u\sqrt{D}) = N(t^2 - Du^2) = 1,$$

la condition précédente est équivalente à celle-ci:

$$N(t+u\sqrt{D})+N(t-u\sqrt{D}) = 2.$$

Si maintenant l'on remarque que, r et s étant des quantités complexes quelconques, on a identiquement:

$$N(r+s)+N(r-s) = 2N(r)+2N(s),$$

cette dernière pourra prendre la forme:

$$N(t)+N(u)N(\sqrt{D}) = 1.$$

Or, $N(\sqrt{D})$ étant une quantité égale ou supérieure à l'unité, cette équation exige évidemment que l'on ait $u = 0$, ou $t = 0$ lorsque $N(D) = 1$; mais la dernière hypothèse ne pouvant avoir lieu, l'assertion avancée se trouve justifiée.

II. Je dis en second lieu que, si pour deux solutions t, u et t', u' on a $N(t'+u'\sqrt{D}) = N(t+u\sqrt{D})$, ces deux solutions sont ou identiques ou opposées, de sorte que $t' = \pm t$, $u' = \pm u$, les signes se correspondant. En effet il est clair que de deux solutions quelconques t, u et t', u' on peut en déduire une troisième au moyen de l'équation:

$$\frac{t'+u'\sqrt{D}}{t+u\sqrt{D}} = \tau+v\sqrt{D},$$

dans laquelle il faut égaler séparément les parties rationnelles et les coefficients de $\sqrt{D}$, ce qui donne:

$$\tau = tt'-Duu', \qquad v = tu'-ut'.$$

Comme, relativement à cette nouvelle solution, on a:

$$N(\tau+v\sqrt{D}) = \frac{N(t'+u'\sqrt{D})}{N(t+u\sqrt{D})} = 1,$$

et par suite $\tau = \pm 1$, $v = 0$, on conclut $t' = \pm t$, $u' = \pm u$, ce qu'il s'agissait de prouver.

III. Si l'on excepte la double solution $t = \pm 1$, $u = 0$, les solutions de l'équation (1) existent toujours par groupes de quatre, les indéterminées pouvant être prises avec un signe arbitraire. Il est évident que relativement à un pareil groupe, l'expression $t+u\sqrt{D}$ a quatre valeurs distinctes exprimées par $\pm\chi$, $\pm\frac{1}{\chi}$, χ désignant l'une quelconque d'entre elles, tandis que

$N(t+u\sqrt{D})$ ne présente que ces deux valeurs distinctes: $N(\chi)$, $N\left(\frac{1}{\chi}\right)$, réciproques l'une de l'autre. L'expression $N(t+u\sqrt{D})$ n'ayant qu'une valeur unique supérieure à l'unité pour chaque groupe, cette valeur pourra servir à caractériser ce groupe et à le distinguer de tous les autres, comme cela résulte du numéro précédent où l'on a vu que la supposition $N(t+u\sqrt{D}) = N(t'+u'\sqrt{D})$ ne peut avoir lieu que pour des solutions identiques ou opposées, c'est-à-dire appartenant au même groupe. Cela posé, nous appellerons *groupe fondamental* celui pour lequel la valeur de $N(t+u\sqrt{D})$, toujours supposée supérieure à l'unité, est moindre que la valeur analogue relative à tout autre groupe. Si maintenant l'on remarque que, la variable positive ϱ étant supposée croître à partir de $\varrho=1$, la fonction $\varrho+\frac{1}{\varrho}$ croîtra également à partir de la valeur 2, on voit que la définition précédente revient à dire que le groupe fondamental est celui pour lequel l'expression:

$$N(t+u\sqrt{D})+\frac{1}{N(t+u\sqrt{D})} = N(t+u\sqrt{D})+N(t-u\sqrt{D}) = 2N(t)+2N(u)N(\sqrt{D})$$

a la plus petite valeur supérieure à 2. Sous cette forme, la définition, quoique la même au fond, a l'avantage d'être indépendante de la supposition $N(t+u\sqrt{D})>1$, l'expression précédente ayant évidemment la même valeur pour chacune des quatre solutions formant un même groupe. Il est actuellement facile d'indiquer une méthode propre à faire découvrir le groupe fondamental, en supposant toujours qu'il s'agisse de simples possibilités et nullement d'une opération commode sous le rapport du calcul pratique. Ayant trouvé une première solution t, u, et déterminé la valeur correspondante de $N(t+u\sqrt{D})$, désignée par b, tout revient à voir quels sont parmi les couples d'entiers t et u, tels qu'on ait:

$$1 < N(t)+N(u)N(\sqrt{D}) \leqq \tfrac{1}{2}\left(b+\frac{1}{b}\right),$$

et qui sont évidemment en nombre fini, ceux qui, satisfaisant à l'équation (1), donnent la plus petite valeur à l'expression qui vient d'être écrite. Les quatre couples qui remplissent ces conditions, coïncident avec les quatre solutions du groupe cherché.

Il nous reste à faire voir comment de l'une des solutions de ce groupe l'on peut déduire toutes les solutions de la proposée. Quoique cela puisse se faire au moyen de l'une quelconque d'entre elles, nous conviendrons, pour éviter des distinctions tout-à-fait inutiles, de nous servir constamment de l'une des deux solutions opposées pour lesquelles on a $N(t+u\sqrt{D})>1$. Nous désignerons par T, U celle des solutions fondamentales que nous emploierons et nous poserons:

$$N(T+U\sqrt{D}) = \sigma,$$

la quantité $\sigma>1$ devant se présenter souvent dans ce qui suivra.

IV. Cela posé, je dis que toutes les solutions de l'équation (1) sont données par la formule:

$$t+u\sqrt{D} = \pm(T+U\sqrt{D})^n, \tag{2}$$

où il faut employer successivement chacun des deux signes et attribuer à l'exposant n toutes les valeurs entières depuis $-\infty$ jusqu'à ∞, et de plus, que chaque solution est contenue d'une seule manière dans cette équation, c'est-à-dire qu'elle répond toujours à un signe et à un exposant déterminés. Il est sans doute inutile d'ajouter que pour faire usage de la formule (2), il faut égaler séparément les parties rationnelles et les coefficients de $\sqrt{D}$, après avoir développé le second membre, mis préalablement sous la forme $\pm(T-U\sqrt{D})^{-n}$, lorsque n est négatif.

1°. Il est d'abord facile de prouver que les entiers t, u donnés par la formule (2), satisfont en effet à l'équation (1). Il suffit pour cela de remarquer que l'équation (2) subsiste également lorsqu'on y remplace $\sqrt{D}$ par $-\sqrt{D}$, et que l'équation ainsi modifiée, étant multipliée par l'équation primitive, donne précisément l'équation (1).

2°. Pour faire voir en second lieu qu'il n'y a aucune solution de l'équation qui ne soit comprise dans la formule (2), posons pour un instant:

$$t_n+u_n\sqrt{D} = (T+U\sqrt{D})^n.$$

L'équation (2) est alors équivalente à ces deux équations simultanées:

$$t=\pm t_n, \quad u=\pm u_n,$$

les signes étant arbitraires, mais égaux dans les deux équations. Observons maintenant que, comme la puissance $(N(T+U\sqrt{D}))^n = \sigma^n$ croît constamment depuis la valeur zéro jusqu'à une valeur infinie, lorsque l'exposant n croît lui-même depuis $-\infty$ jusqu'à ∞, il faut nécessairement que relativement à une solution donnée τ, v quelconque, on ait:

$$N(\tau+v\sqrt{D}) = \sigma^n, \quad \text{ou} \quad \sigma^n < N(\tau+v\sqrt{D}) < \sigma^{n+1},$$

l'exposant n ayant une valeur unique et déterminée. Dans le premier cas, où l'on a $N(\tau+v\sqrt{D}) = N(t_n+u_n\sqrt{D})$, on conclura, en vertu du numéro II:

$$\tau = \pm t_n, \quad v = \pm u_n,$$

où le signe qui doit être le même pour les deux équations, est complètement déterminé, l'entier donné τ ne pouvant se réduire à zéro. On voit donc que pour ce premier cas, la solution donnée τ, v est comprise dans l'équation (2) et répond à un exposant et à un signe entièrement déterminés. Reste à considérer la seconde hypothèse; la double inégalité qui s'y rapporte, étant divisée par σ^n, se change en celle-ci:

$$1 < \frac{N(\tau+v\sqrt{D})}{N(t_n+u_n\sqrt{D})} < N(T+U\sqrt{D}),$$

en vertu de laquelle la nouvelle solution τ', v' donnée par la formule:

$$\tau'+v'\sqrt{D} = \frac{\tau+v\sqrt{D}}{t_n+u_n\sqrt{D}},$$

satisferait à la condition:

$$1 < N(\tau'+v'\sqrt{D}) < N(T+U\sqrt{D}),$$

ce qui est impossible, cette dernière inégalité étant en contradiction avec la définition du groupe fondamental. La seconde hypothèse ne pouvant avoir lieu, la proposition se trouve établie.

V. L'équation (1) présente deux cas particuliers qui méritent une mention spéciale comme devant donner lieu plus tard à une application très remarquable: ces cas sont ceux où D est un entier réel ou le produit d'un tel entier par i. Comme dans la théorie des nombres complexes, l'équation (1) ne diffère pas essentiellement de celle où D est remplacé par la valeur opposée, nous pouvons toujours considérer comme positif l'entier réel dont il vient d'être question.

1°. Considérons en premier lieu le cas où D est réel et positif et supposons le radical $\sqrt{D}$ également positif. Il est évident que, si l'on satisfait alors à l'équation (1) par les valeurs $t = \alpha+\beta i$, $u = \gamma+\delta i$, on y satisfera aussi par celles-ci: $t = \alpha-\beta i$, $u = \gamma-\delta i$. Or, ces deux solutions donnant évidemment la même valeur pour l'expression $N(t+u\sqrt{D})$ sont nécessairement identiques ou opposées, de sorte qu'on aura:

$$\alpha-\beta i = \pm(\alpha+\beta i), \quad \gamma-\delta i = \pm(\gamma+\delta i)$$

et par suite ou $\beta = 0$, $\delta = 0$ ou $\alpha = 0$, $\gamma = 0$. On voit donc que t et u sont ou l'un et l'autre des entiers réels ou l'un et l'autre de tels entiers affectés du facteur i. Il résulte de là, et en ayant égard à la formule (2), que si la solution fondamentale se trouve dans le premier cas, l'équation (1) n'a que des solutions réelles, tandis que pour une solution fondamentale imaginaire, les solutions de l'équation (1) sont en partie réelles, en partie imaginaires, les premières répondant à des valeurs paires et les dernières à des valeurs impaires de l'exposant. Si l'on observe ensuite que toute solution imaginaire de l'équation (1) donne sur-le-champ une solution réelle de $t^2-Du^2 = -1$, et réciproquement, on peut dire que la solution fondamentale présentera le second ou le premier des deux cas indiqués, suivant que l'équation $t^2-Du^2 = -1$ admet des solutions réelles ou non. Remarquons encore qu'en vertu de la condition $N(T+U\sqrt{D}) > 1$ à laquelle la solution fondamentale est toujours supposée satisfaire, il est évident que dans le premier cas T, U et dans le second T_1, U_1 (en supposant $T = T_1 i$, $U = U_1 i$) sont toujours de même signe, de sorte que nous pourrons toujours considérer ces entiers comme positifs, l'inégalité précédente laissant le choix entre deux solutions fondamentales opposées. Cela posé, on voit que si dans le premier cas on n'a en vue que les solutions positives de l'équation (1), il faudra, dans la formule (2), adopter le signe supérieur et n'attribuer à n que des valeurs pareillement positives. La formule (2) ainsi restreinte donne évidemment des valeurs d'autant plus grandes pour le binôme $t+u\sqrt{D}$, et par suite pour chacun des entiers t et u, qui en vertu de l'équation (1) croissent toujours simultanément, que l'exposant n est lui-même plus grand, d'où il suit que les deux termes de la solution fondamentale T, U sont les plus petits entiers positifs qui résolvent l'équation (1).

Il serait également facile de faire voir que dans le second cas T_1, U_1 sont les plus petits entiers positifs qui satisfont à l'équation $t^2-Du^2 = -1$, mais il sera plus commode pour notre objet de n'employer que l'équation (1). Observons donc que pour obtenir toutes les solutions positives de cette dernière, il faudra, après avoir posé dans la formule (2) $T = T_1 i$, $U = U_1 i$, remplacer n par $2n$ et supprimer ensuite le facteur $\pm(-1)^n$. On obtient ainsi:

$$t+u\sqrt{D} = (T_1+U_1\sqrt{D})^{2n},$$

et l'on voit alors que la plus petite solution positive de l'équation (1) est donnée par $(T_1+U_1\sqrt{D})^2$.

En désignant donc généralement par τ, v les plus petits entiers positifs qui résolvent l'équation (1), on aura suivant les deux cas:

$$\tau+v\sqrt{D}=T+U\sqrt{D},\qquad \tau+v\sqrt{D}=\left(\frac{T+U\sqrt{D}}{i}\right)^2.$$

Ces deux formules peuvent être réunies dans cette formule unique:

$$\sigma=N(T+U\sqrt{D})=(\tau+v\sqrt{D})^{\varkappa}, \tag{3}$$

dans laquelle $\varkappa$ désigne le nombre 1 ou le nombre 2, suivant que l'équation $t^2-Du^2=-1$ admet des solutions réelles ou n'en admet pas.

2°. Pour traiter l'autre cas, soit $D=D'i$, D' étant positif. Il est facile de voir que si l'on satisfait alors à l'équation (1), en posant:

$$t=\alpha+\beta i,\quad u=\gamma+\delta i,$$

on y satisfera pareillement en posant:

$$t=\alpha-\beta i,\quad u=\delta+\gamma i.$$

Or, ces deux solutions donnant évidemment la même valeur pour l'expression $N(t)+N(u)N(\sqrt{D})$ qui, d'après ce qu'on a vu plus haut, peut servir à caractériser les différents groupes de solutions, on voit que les solutions précédentes appartiennent au même groupe. On a donc:

$$\delta+\gamma i=\pm(\gamma+\delta i)$$

et par conséquent $\delta=\pm\gamma$. Comme en vertu de ce résultat, u est toujours divisible par $1-i$, si nous posons dans l'équation (1):

$$u=(1-i)u',\quad t=t',$$

elle prendra la forme:

$$t'^2-2D'u'^2=1,$$

et nous retombons sur le cas déjà traité. Il est facile de conclure de là que l'expression $\sigma=N(T+U\sqrt{D})$, toujours supposée supérieure à l'unité, est pour le cas dont nous nous occupons, donnée par l'équation:

$$\sigma=N(T+U\sqrt{D})=(\tau+v\sqrt{2D'})^{\varkappa}, \tag{4}$$

τ et v désignant les plus petits entiers positifs qui résolvent l'équation:

$$t'^2-2D'u'^2=1,$$

et $\varkappa$ ayant la valeur 1 ou la valeur 2, suivant que l'équation $t'^2-2D'u'^2=-1$ admet des solutions réelles ou non.

§. 15.

La théorie de l'équation $t^2-Du^2=1$ étant maintenant connue, nous pouvons reprendre les questions déjà traitées plus haut et en achever la solution en nous bornant, comme nous en avons déjà averti, à considérer des formes quadratiques qui appartiennent à la première espèce.

I. Nous nous occuperons en premier lieu de celle de ces questions qui concerne les représentations d'un entier donné m par une forme (a, b, c) également donnée. Supposons que m soit susceptible d'être représenté par la forme dont il s'agit, et soient $x=\alpha$, $y=\gamma$ des valeurs particulières et premières entre elles, telles que la valeur correspondante de la forme soit égale à m. Cela posé, il résulte du §. 12 que toutes les représentations appartenant à la même valeur de l'expression $\sqrt{D}$ (mod. m), à laquelle appartient la représentation particulière dont il s'agit, sont données par les deux équations:

$$x=\alpha t-(b\alpha+c\gamma)u, \qquad y=\gamma t+(a\alpha+b\gamma)u,$$

où il faut substituer toutes les solutions de l'équation $t^2-Du^2=1$. Les équations précédentes, étant respectivement multipliées par a et $b+\sqrt{D}$, et ensuite ajoutées, donnent le résultat très simple:

$$ax+(b+\sqrt{D})y = (a\alpha+(b+\sqrt{D})\gamma)(t+u\sqrt{D}),$$

qui, au moyen de l'équation (2) du §. 14, se change en:

$$ax+(b+\sqrt{D})y = \pm(a\alpha+(b+\sqrt{D})\gamma)(T+U\sqrt{D})^n.$$

Soit pour abréger $N(a\alpha+(b+\sqrt{D})\gamma)=A$, et comme dans le paragraphe cité. $N(T+U\sqrt{D})=\sigma>1$. Cela posé, si l'on prend les normes des deux membres de l'équation précédente, on en conclura:

$$N(ax+(b+\sqrt{D})y) = A\sigma^n,$$

où il importe de remarquer que chaque valeur de $N(ax+(b+\sqrt{D})y)$, donnée par cette dernière équation, se présentera deux fois dans la totalité des représentations que nous considérons et que pour abréger, nous nommerons désormais un *groupe* de représentations, comme cela résulte évidemment du double signe contenu dans l'équation précédente, et que le passage des nombres à leurs normes a fait disparaître. Observons encore que si k désigne une constante positive arbitrairement choisie, l'entier réel n qui doit croître depuis $-\infty$

jusqu'à ∞, obtiendra évidemment une valeur et n'en obtiendra qu'une seule qui satisfasse à la double condition:

$$k < A\sigma^n \leqq k\sigma.$$

On conclut de là que dans tout groupe de représentations, ou en d'autres termes, que parmi toutes les représentations qui appartiennent à une même valeur de l'expression $\sqrt{D}$ (mod. m), il en existe toujours deux et qu'il n'en existe que deux pour lesquelles on ait:

$$k < N(ax+(b+\sqrt{D})y) \leqq k\sigma,$$

et il est d'ailleurs manifeste que les deux représentations particulières dont il s'agit et qui varient avec la constante k, sont toujours telles que, l'une étant exprimée par les formules: $x = r$, $y = s$, l'autre le sera par celles-ci: $x = -r$, $y = -s$.

Le résultat que nous venons d'obtenir, va nous fournir un moyen très simple de décider 1° si un entier donné m peut être représenté par une forme également donnée (a, b, c) ou non, et 2° d'assigner dans le premier de ces deux cas, toutes les représentations dont m est susceptible au moyen de la forme dont il s'agit. On voit d'abord que la question proposée revient à examiner si l'on peut satisfaire à ces deux conditions simultanées:

$$ax^2+2bxy+cy^2 = m, \tag{1}$$

$$k < N(ax+(b+\sqrt{D})y) \leqq k\sigma, \tag{2}$$

par des entiers x et y premiers entre eux. Si cela n'est pas possible, on sera assuré que m n'est pas susceptible d'être représenté par la forme donnée. Dans le cas contraire on trouvera une ou plusieurs doubles représentations telles que $x = \pm r$, $y = \pm s$; $x = \pm r'$, $y = \pm s'$; ..., qui appartiendront à autant de groupes distincts, et l'on obtiendra toutes les représentations cherchées, si dans les deux équations rappelées au commencement de ce paragraphe, on pose successivement $\alpha = r$, $\gamma = s$; $\alpha = r'$, $\gamma = s'$; ....

Réduite à ce point, la question ne présente plus aucune difficulté, car il est facile de se convaincre que, pour que les entiers x et y puissent satisfaire aux conditions simultanées (1) et (2), leurs normes doivent être comprises entre certaines limites faciles à assigner, de sorte que l'examen qu'il s'agit de faire, ne doit porter que sur un nombre limité de combinaisons x, y. En effet, si après avoir multiplié par a l'équation (1), on prend les normes de ses deux membres, il viendra:

$$N(ax+(b+\sqrt{D})y)N(ax+(b-\sqrt{D})y) = N(am).$$

Cette équation étant comparée avec la double inégalité (2), on en conclura celle-ci:

$$\frac{N(am)}{k\sigma} \leqq N(ax+(b-\sqrt{D})y) < \frac{N(am)}{k},$$

et par suite en ajoutant cette dernière et l'inégalité (2):

$$k+\frac{N(am)}{k\sigma} < 2N(ax+by)+2N(\sqrt{D})N(y) < k\sigma+\frac{N(am)}{k}.$$

Il est facile de voir que les entiers x et y, et à plus forte raison les entiers x et y, premiers entre eux qui satisfont à cette double inégalité qui est une conséquence nécessaire des deux conditions (1) et (2), ne présentent qu'un nombre limité de combinaisons faciles à former; on pourra donc toujours décider si parmi ces entiers simultanés il en existe qui remplissent les deux conditions dont il s'agit, ce que nous nous étions proposé de faire voir.

La condition (2) qui, étant jointe à l'équation (1), a pour effet de réduire chaque groupe de représentations de l'entier m par la forme (a, b, c) à deux représentations particulières qu'elle sépare ainsi de toutes les autres, prend une forme remarquable lorsqu'on fait un choix convenable de la constante arbitraire k qu'elle contient.

Soit $k = N(\sqrt{am})$. La condition dont nous parlons, deviendra ainsi:

$$N(\sqrt{am}) < N(ax+(b+\sqrt{D})y) \leqq \sigma N(\sqrt{am}).$$

Observons que, comme il ne s'agit que de quantités positives, cette double inégalité est tout-à-fait équivalente à celle-ci:

$$N(am) < (N(ax+(b+\sqrt{D})y))^2 \leqq \sigma^2 N(am)$$

qui, à son tour, peut être remplacée par celle qu'on en déduit en divisant par $N(ax+(b+\sqrt{D})y)$, et en observant qu'on a:

$$N(am) = N(ax+(b+\sqrt{D})y)N(ax+(b-\sqrt{D})y).$$

On trouve ainsi:

$$(3) \qquad N(ax+(b-\sqrt{D})y) < N(ax+(b+\sqrt{D})y) \leqq \sigma^2 N(ax+(b-\sqrt{D})y).$$

C'est sous cette dernière forme que nous emploierons dorénavant la condition qui sert à réduire tout groupe de représentations à deux de ses termes.

II. Quant aux deux questions que nous nous étions proposées sur l'équivalence des formes, comme celle d'entre elles qui a pour objet de déduire toutes les transformations d'une forme en une autre équivalente, d'une première transformation supposée donnée, s'est trouvée dépendre de l'équation $t^2 - Du^2 = 1$, dont nous avons donné la solution générale, nous n'avons plus à traiter que la première des questions énoncées au commencement du §. 11. Il s'agit donc de faire voir comment, étant données deux formes (a, b, c) et (a', b', c') ayant un déterminant commun D, on peut décider si ces formes sont équivalentes ou non, et obtenir, dans le premier de ces deux cas, l'une des substitutions au moyen desquelles la première se change dans la seconde. Pour résoudre cette question, on se rappellera que, d'après ce qu'on a démontré dans le §. 12, tout revient à voir s'il existe des représentations de l'entier a' par la forme (a, b, c), qui appartiennent à la valeur b' de l'expression $\sqrt{D}$ (mod. a'). Si l'on trouve qu'il n'y a aucune représentation pour laquelle la condition énoncée soit satisfaite, on sera assuré que les deux formes ne sont pas équivalentes; dans le cas contraire, l'une quelconque des représentations obtenues donnera sur-le-champ la transformation cherchée. La question proposée se trouvant ainsi réduite à celle dont nous avons donné la solution dans le numéro précédent de ce paragraphe, doit elle-même être considérée comme résolue.

III. Avant d'en venir à la question qui forme le principal sujet de ce Mémoire, nous avons encore à indiquer comment, étant donnée une forme $ax^2 + 2bxy + cy^2$ du déterminant D, on peut assigner d'une manière générale les valeurs simultanées x et y, pour lesquelles la valeur de cette forme soit impaire et première à D, ou plus simplement, soit première à $(1+i)D = \Delta$. Comme, en posant $x \equiv \alpha$, $y \equiv \gamma$ (mod. Δ), où α et γ peuvent être choisis dans un système de résidus relatif au module Δ, on a:

$$ax^2 + 2bxy + cy^2 \equiv a\alpha^2 + 2b\alpha\gamma + c\gamma^2 \pmod{\Delta},$$

on voit que la question proposée se réduit à examiner pour lesquelles des combinaisons α, γ ou plutôt pour combien de ces combinaisons, car c'est uniquement leur nombre qu'il nous importe de connaître, le second membre est premier à Δ. J'observe maintenant que sans nuire en rien à la généralité de la question, il est permis de considérer le coefficient a comme premier à Δ. En effet, comme la forme donnée est supposée de première espèce, on peut toujours, si elle ne satisfait pas à la condition énoncée, la transformer en une autre où cette dernière se trouve remplie; et l'on prouve facilement que relativement à la nouvelle forme, le nombre des combinaisons dont il s'agit, est le même que pour la forme donnée. Le raisonnement par lequel cette dernière assertion peut être justifiée, étant très simple et d'ailleurs entièrement semblable à celui dont nous avons déjà fait usage dans la question analogue, relative aux entiers réels*), nous nous dispenserons de le répéter ici.

Cela posé, il est évident que, pour que l'expression $a\alpha^2+2b\alpha\gamma+c\gamma^2$ soit première à $\Delta=(1+i)D$, il faut et il suffit qu'il en soit de même du produit:

$$a(a\alpha^2+2b\alpha\gamma+c\gamma^2) = (a\alpha+b\gamma)^2-D\gamma^2.$$

Distinguons maintenant le cas où D est impair et celui où D est divisible par $1+i$. Dans le premier de ces deux cas, il faudra, si γ est divisible par $1+i$, que $a\alpha+b\gamma$ soit premier à Δ, et si γ est impair, que $a\alpha+b\gamma$ soit divisible par $1+i$ et premier à D. Or comme, γ ayant une valeur déterminée, l'expression $a\alpha+b\gamma$, dans laquelle α est le terme général d'un système de résidus pour le module Δ, représente elle-même un semblable système (§. 5, III.), il s'agira de déterminer combien, dans un système de résidus pour le module Δ, il existe de termes premiers à Δ ou de termes premiers à D et en outre divisibles par $1+i$, selon que γ sera ou ne sera pas divisible par $1+i$. Le premier de ces deux nombres est $\psi(\Delta)$; pour obtenir le second, on se rappellera que, si l'on divise par $1+i$ ceux des termes du système en question qui renferment le facteur $1+i$, les quotients formeront un système de résidus pour le module D (§. 5, II.), d'où l'on conclut que le nombre que nous avons à déterminer, est exprimé par $\psi(D)$. J'ajoute que cette dernière expression peut être remplacée par $\psi(\Delta)$ puisque, D et $1+i$ étant premiers entre eux, on a (§. 5, V.):

$$\psi(\Delta) = \psi((1+i)D) = \psi(1+i)\psi(D) = \psi(D).$$

Ayant ainsi reconnu qu'à toute valeur déterminée γ il répond $\psi(\Delta)$ valeurs α qui satisfont aux conditions exigées, et sachant d'un autre côté que γ est susceptible d'un nombre de valeurs exprimé par $N(\Delta)$, on en conclura que les combinaisons α, γ qui rendent $a\alpha^2+2b\alpha\gamma+c\gamma^2$ premier à Δ, sont au nombre de $N(\Delta)\psi(\Delta)$.

Le cas où D est supposé divisible par $1+i$, donne le même résultat. En effet, comme le terme $D\gamma^2$ est dans ce cas divisible par $1+i$, tout se ré-

*) Recherches sur diverses applications de l'Analyse infinitésimale à la théorie des Nombres, §. 5 [1]).

[1]) S. 437 dieser Ausgabe von G. Lejeune Dirichlet's Werken.

duit à faire en sorte que $a\alpha + b\gamma$ soit premier à Δ, et l'on voit facilement que les valeurs α qui, répondant à une valeur déterminée γ, satisfont à cette condition, sont toujours au nombre de $\psi(\Delta)$, d'où l'on conclut que celui des combinaisons dont il s'agit, est égal à $N(\Delta)\psi(\Delta)$, comme dans le premier cas.

On voit ainsi que les valeurs simultanées de x et de y qui, étant substituées dans l'expression $ax^2 + 2bxy + cy^2$, la rendent première à $(1+i)D = \Delta$, peuvent toujours être distribuées en systèmes de la forme:

$$x = \Delta v + \alpha, \quad y = \Delta w + \gamma,$$

où v et w sont des entiers indéterminés, et α et γ des entiers déterminés, et que le nombre de ces systèmes est toujours exprimé par $N(\Delta)\psi(\Delta)$.

Classification des formes et théorèmes qui s'y rapportent.

§. 16.

La classification dont il s'agit, consiste à rapporter deux quelconques des formes qui ont un déterminant commun D, à la même classe ou à des classes distinctes, suivant que ces formes sont équivalentes ou non. Nous démontrerons d'abord que les classes ainsi définies sont toujours en nombre limité, quel que soit le déterminant donné. C'est à quoi nous parviendrons en faisant voir que dans chaque classe il existe au moins une forme (a, b, c) telle qu'on ait à la fois $\frac{1}{2}N(a) \geqq N(b)$, $N(a) \leqq N(c)$, et en prouvant ensuite que les formes de cette nature, qu'on appelle des formes *réduites*, sont toujours en nombre fini.

Pour établir le premier de ces deux points, il s'agira de montrer qu'une forme quelconque (a, b, a') peut toujours se transformer en une forme réduite équivalente. Considérons à cet effet la substitution $\begin{pmatrix}\alpha, & \beta \\ \gamma, & \delta\end{pmatrix}$, où nous n'avons que cette seule condition $\alpha\delta - \beta\gamma = 1$, et observons que cette dernière sera satisfaite si, δ restant quelconque, nous supposons $\alpha = 0$, $\beta = 1$, $\gamma = -1$. Au moyen de la substitution ainsi particularisée, la forme (a, b, a') se changera en une autre (a', b', a''), où l'on aura $b' = -b - a'\delta$. D'après ce que nous avons remarqué au commencement du §. 2, nous pouvons toujours disposer de l'indéterminée δ de manière que l'on ait $\frac{1}{2}N(a') \geqq N(b')$. La nouvelle forme (a', b', a'') satisfaisant alors à la première des deux conditions qui définissent les formes réduites, si l'on a en outre $N(a') \leqq N(a'')$, cette forme aura toutes les propriétés requises; si non, on en déduira par le même procédé une troisième forme (a'', b'', a'''), où l'on aura $\frac{1}{2}N(a'') \geqq N(b'')$, et qui par conséquent sera une forme réduite si l'on a en outre $N(a'') \leqq N(a''')$. Il est manifeste que si l'on continue à opérer toujours de la même manière, on finira nécessairement par tomber sur une forme réduite équivalente à la proposée; car pour qu'il en fût autrement, il faudrait que la suite $N(a') > N(a'') > N(a''') > \cdots$ pût être indéfiniment prolongée, ce qui évidemment est impossible, les entiers a', a'', a''', ... étant tous différents de zéro si, comme on le suppose toujours, D n'est pas un carré.

Le premier point se trouvant ainsi établi, il nous reste à faire voir que les formes réduites (a, b, c) qui ont un déterminant donné D, sont en nombre limité et peuvent toujours être assignées facilement. Les deux conditions $\frac{1}{2}N(a) \geqq N(b)$, $N(a) \leqq N(c)$ donnent d'abord $N(ac) \geqq 4N(b^2)$, et par suite $\sqrt{N(ac)} \geqq 2N(b)$. Si d'un autre côté, on applique à l'équation $ac = b^2 - D$ le théorème déjà employé dans le §. 13, on en conclura:

$$\sqrt{N(ac)} \leqq \sqrt{N(b^2)} + \sqrt{N(-D)},$$

ou ce qui revient au même:

$$\sqrt{N(ac)} \leqq N(b) + \sqrt{N(D)},$$

inégalité qu'il suffit de comparer à celle déjà obtenue, pour voir qu'on a:

$$N(b) \leqq \sqrt{N(D)}.$$

Comme $N(b)$ et par conséquent aussi b n'est ainsi susceptible que d'un nombre limité de valeurs faciles à assigner, pour obtenir toutes les formes réduites du déterminant D, il suffira de décomposer chacune des valeurs correspondantes de $b^2 - D$ de toutes les manières possibles en deux facteurs a et c, en supposant $N(a) \leqq N(c)$, et de ne conserver que celles des combinaisons a, b, c pour lesquelles on a $\frac{1}{2}N(a) \geqq N(b)$ *).

Ayant ainsi obtenu toutes les formes réduites (a, b, c) qui répondent à un déterminant donné, si comme nous le supposons, on n'a en vue que les formes qui appartiennent à la première espèce, il ne restera plus qu'à effacer celles des formes trouvées, pour lesquelles a, b, c ou a, $2b$, c auraient un diviseur commun.

---

*) On voit que la méthode dont nous venons de faire usage pour obtenir les formes réduites, est entièrement analogue à celle qui sert pour le même objet dans la théorie des entiers réels. Nous ajouterons que la possibilité d'appliquer cette dernière aux entiers complexes, avait déjà été remarquée par M. Jacobi (Tome XIX, p. 314 du Journal de Crelle.)[1]).

[1]) Bericht über die Verhandlungen der Königl. Preuss. Akademie der Wissenschaften, Jahrgang 1839, S. 86

Il s'agit maintenant de faire l'énumération complète des classes qui répondent au déterminant D, en choisissant dans chacune de ces classes l'une quelconque des formes dont elle se compose. Des formes choisies d'après cette règle constitueront ce que nous appellerons un système complet de formes non-équivalentes ou plus simplement, *un système de formes* pour le déterminant dont il s'agit. Un tel système jouira évidemment de la double propriété de présenter une forme et de n'en présenter qu'une seule qui soit équivalente à une forme quelconque, pourvu que cette dernière ait l'entier D pour déterminant et soit d'ailleurs de première espèce. Pour construire un système de cette nature, on peut se servir des formes réduites que nous avons appris à déterminer dans ce qui précède. En effet, comme parmi les formes réduites il s'en trouve toujours au moins une, qui appartienne à une classe arbitrairement choisie, tout reviendra à éliminer les formes surabondantes. Après avoir rangé à cet effet les formes réduites dans un ordre quelconque, on commencera par comparer la première d'entre elles à chacune des suivantes et l'on effacera toutes celles de ces dernières, que l'on reconnaîtra lui être équivalentes. Cela fait, on comparera la seconde des formes que cette première opération aura laissées subsister, à chacune des suivantes pour effacer encore les formes qu'on trouvera lui être équivalentes, et ainsi de suite.

Le procédé que nous venons d'indiquer, suffit pour assigner le nombre des classes, ou ce qui revient au même, celui des termes composant un système de formes pour un déterminant quelconque, lorsque ce dernier est numériquement donné. Mais tel n'est pas l'objet principal que nous nous sommes proposé dans ce Mémoire, et qui consiste plutôt à découvrir la loi générale par laquelle le nombre des classes se trouve lié au déterminant auquel ces classes se rapportent. Pour résoudre cette dernière question, il faut pénétrer plus avant dans la nature de ce que nous avons nommé un système de formes, et se rendre compte des rapports qui existent entre un tel assemblage et la totalité des entiers que ces formes peuvent servir à représenter.

§. 17.

Soit:

(1) $$ax^2+2bxy+cy^2,\quad a'x^2+2b'xy+c'y^2,\quad \ldots$$

un système de formes (de première espèce) pour le déterminant D, et proposons-nous de rechercher sous quelles conditions un entier m que nous supposerons impair et premier à D, ou réunissant ces deux conditions en une seule, que nous supposerons premier à $\Delta = (1+i)D$, peut être représenté par une ou par plusieurs de ces formes, et de déterminer, lorsque de telles représentations existent, le nombre des groupes dans lesquels leur totalité se distribue. Il est bien entendu que, comme dans ce qui précède, il n'est toujours question que de représentations pour lesquelles les indéterminées x et y soient premières entre elles. D'après le §. 12, il y a une première condition à remplir, consistant en ce que D doit être résidu quadratique à l'égard de m, et il résulte d'un autre côté du §. 9 que, pour qu'elle soit satisfaite, il faut et il suffit que pour chacun des diviseurs simples f de m, on ait:

$$\left[\frac{D}{f}\right] = 1. \tag{2}$$

Ces conditions particulières étant supposées remplies, si l'on désigne par μ le nombre des facteurs simples primaires inégaux que l'entier m contient, la congruence $z^2 \equiv D \pmod{m}$ aura 2^μ racines, et il s'agira de chercher quels sont les groupes de représentations qui puissent répondre à ces diverses racines. Soit l l'une quelconque de ces racines, et proposons-nous de déterminer les représentations qui lui appartiennent. D'après ce qui a été démontré dans le §. 12, nous avons à examiner si parmi les formes (1) il y en a une qui soit équivalente à celle-ci:

$$\left(m,\ l,\ \frac{l^2-D}{m}\right).$$

Observons d'abord que les coefficients de cette dernière sont évidemment sans diviseur commun, puisqu'un tel diviseur diviserait aussi le déterminant D, ce qui serait contraire à l'hypothèse admise d'après laquelle m est premier à D. Comme d'un autre côté, m est supposé impair, on voit que la forme précédente appartient à la première espèce, d'où il suit que la forme dont il s'agit, a son équivalente dans le système (1). Il résulte de là et du paragraphe déjà cité, qu'il existe toujours un groupe de représentations appartenant à une racine déterminée l, et qu'il n'en existe qu'un seul, d'où l'on conclut que les représentations dont l'entier m est susceptible au moyen des expressions (1), forment toujours un nombre de groupes distincts, égal à la puissance 2^μ.

Nous pouvons maintenant réduire chacun des groupes dont il s'agit, à deux représentations individuelles, si dans chacune des formes (1), nous limitons les indéterminées x et y, au moyen de la condition d'inégalité déjà donnée dans le §. 15, cette condition étant pour la première des expressions (1):

$$(3) \qquad N(ax+(b-\sqrt{D})y) < N(ax+(b+\sqrt{D})y) \leqq \sigma^2 N(ax+(b-\sqrt{D})y),$$

et se déduisant pour les autres de celle que nous venons d'écrire, en y accentuant les lettres a, b, c. Ces conditions étant jointes aux formes (1), on voit que le nombre des représentations dont m est susceptible au moyen des formes dont il s'agit, sera fini et exprimé par $2^{\mu+1}$.

Au moyen du résultat que nous venons d'obtenir, il est facile de former l'équation générale que nous allons écrire:

$$(4) \qquad \Sigma 2^{\mu+1} F(m) = \Sigma F(ax^2+2bxy+cy^2) + \Sigma F(a'x^2+2b'xy+c'y^2) + \cdots\cdots$$

La sommation indiquée dans le premier membre est supposée embrasser la totalité des entiers m premiers à Δ dont tous les diviseurs simples f satisfont à la condition (2), μ désignant, pour chacun de ces entiers m, le nombre de ses facteurs simples primaires inégaux. Quant aux sommes contenues dans le second membre, elles sont en même nombre que les formes (1), et répondent chacune à l'une des formes en question. Dans chacune de ces sommes le signe Σ doit s'étendre à tous les systèmes de valeurs simultanées x et y qui remplissent la triple condition de n'avoir pas de diviseur commun, de donner à la forme où elles sont substituées, une valeur première à Δ, et enfin de satisfaire à la double inégalité (3) lorsqu'il s'agit de la première somme, et à des inégalités de même forme pour chacune des autres. La fonction désignée par la caractéristique F est arbitraire et doit seulement être choisie de manière que les séries contenues dans l'équation, soient convergentes et aient des sommes indépendantes de l'ordre de succession de leurs termes. La vérité de l'équation ainsi formée est évidente, et l'on voit que cette équation n'est que la traduction de la double propriété remarquée plus haut et consistant en ce que d'une part tout entier supposé premier à Δ, pour être susceptible d'être représenté par les formes (1), doit être compris parmi ceux que nous venons de désigner par m, et en ce que d'autre part chacun de ces derniers admet en effet $2^{\mu+1}$ représentations au moyen des expressions (1), si à chacune de ces expressions l'on suppose jointe une condition d'inégalité comme celle de (3). D'après la manière dont l'équation précédente subsiste, il est manifeste qu'elle ne cessera pas d'avoir lieu si l'on y remplace partout les entiers complexes qui se trouvent sous le signe F, par leurs normes, de sorte qu'on aura aussi:

$$\Sigma 2^{\mu+1} F(N(m)) = \Sigma F(N(ax^2+2bxy+cy^2)) + \Sigma F(N(a'x^2+2b'xy+c'y^2)) + \cdots,$$

les signes sommatoires ayant toujours la même signification.

Particularisons la fonction arbitraire contenue dans l'équation, et supposons que cette fonction soit une puissance de l'exposant $-s$, où s est une quantité positive supérieure à l'unité. Il viendra ainsi:

$$\Sigma \frac{2^{\mu+1}}{(N(m))^s} = \Sigma \frac{1}{(N(ax^2+2bxy+cy^2))^s} + \Sigma \frac{1}{(N(a'x^2+2b'xy+c'y^2))^s} + \cdots.$$

Comme d'après la définition des entiers m, quatre nombres associés se trouvent évidemment toujours simultanément compris ou non parmi ces entiers m, on voit que nous pouvons considérer la sommation indiquée dans le premier membre, comme ne devant plus s'étendre qu'aux entiers m qui satisfaisant aux conditions énoncées plus haut, soient en outre primaires, c'est-à-dire tels qu'en posant $m = \alpha + \beta i$, on ait $\alpha \equiv 1 \pmod{4}$, $\beta \equiv 0 \pmod{2}$, pourvu qu'en même temps nous quadruplions le premier membre. On aura ainsi:

$$(5) \qquad 8\Sigma \frac{2^{\mu}}{(N(m))^s} = \Sigma \frac{1}{(N(ax^2+2bxy+cy^2))^s} + \Sigma \frac{1}{(N(a'x^2+2b'xy+c'y^2))^s} + \cdots.$$

L'entier m étant primaire, on aura toujours, d'une manière unique (§§. 2 et 3, V.), $m = f'^{h'} f''^{h''} \ldots$, les exposants h', h'', ... étant tous différents de zéro, et f', f'', ... désignant des nombres premiers primaires inégaux qui satisfont à la condition (2), et dont le nombre est exprimé par μ. Cela étant, il est facile de se convaincre qu'on a:

$$(6) \qquad \Sigma \frac{2^{\mu}}{(N(m))^s} = \Pi \frac{1+\dfrac{1}{(N(f))^s}}{1-\dfrac{1}{(N(f))^s}},$$

le signe Π s'étendant à tous les nombres premiers impairs et primaires f, qui ne divisent pas le déterminant D et remplissent la condition (2). Il suffit de développer le facteur général comme il suit:

$$\frac{1+\dfrac{1}{(N(f))^s}}{1-\dfrac{1}{(N(f))^s}} = 1 + \frac{2}{(N(f))^s} + \frac{2}{(N(f^2))^s} + \frac{2}{(N(f^3))^s} + \cdots$$

et d'effectuer ensuite la multiplication pour reconnaître, au moyen de la remarque que nous venons de faire, que l'équation (6) est en effet exacte.

Afin de transformer ultérieurement le second membre de cette équation, soit q le terme général de la suite des nombres premiers impairs et primaires, à l'exclusion de ceux qui divisent D, et considérons le produit:

$$\Pi \frac{1}{1-\frac{1}{(N(q))^s}},$$

où le signe de multiplication est supposé s'étendre à toutes les valeurs q que nous venons de définir. Comme l'on a:

$$\frac{1}{1-\frac{1}{(N(q))^s}} = 1+\frac{1}{(N(q))^s}+\frac{1}{(N(q^2))^s}+\frac{1}{(N(q^3))^s}+\cdots$$

et qu'on sait d'un autre côté, que tout entier impair et primaire n'est susceptible que d'une seule décomposition en facteurs simples primaires, on voit que le produit précédent équivaut à une série d'une loi très simple, et que l'on a:

$$(7) \qquad \Pi \frac{1}{1-\frac{1}{(N(q))^s}} = \Sigma \frac{1}{(N(n))^s},$$

le signe Σ se rapportant à tous les entiers impairs n, primaires et premiers à D. Si au lieu du produit précédent, l'on considère le suivant:

$$\Pi \frac{1}{1-\left[\frac{D}{q}\right]\frac{1}{(N(q))^s}},$$

on reconnaîtra que ce nouveau produit, traité de la même manière, se transforme en une série ayant pour terme général $\chi \frac{1}{(N(n))^s}$, où le coefficient χ sera donné par la formule:

$$\chi = \left[\frac{D}{q'}\right]^{h'}\left[\frac{D}{q''}\right]^{h''}\ldots,$$

si l'on suppose $n = q'^{h'}q''^{h''}\ldots$, les exposants étant positifs, et q', q'', ... désignant les nombres premiers inégaux q que l'entier n contient. Si maintenant l'on observe qu'en vertu de la troisième des équations (e) du §. 8, l'expression χ peut être remplacée par:

$$\left[\frac{D}{q'^{h'}}\right]\left[\frac{D}{q''^{h''}}\right]\cdots = \left[\frac{D}{q'^{h'}q''^{h''}\ldots}\right] = \left[\frac{D}{n}\right],$$

on aura l'équation:

$$(8) \qquad \Pi \frac{1}{1-\left[\frac{D}{q}\right]\frac{1}{(N(q))^s}} = \Sigma\left[\frac{D}{n}\right]\frac{1}{(N(n))^s},$$

dans laquelle les signes Π et Σ ont la même signification que dans l'équation (7). Cela posé, faisons le produit des équations (7) et (8), et divisons ensuite ce produit par l'équation (7), après avoir remplacé dans cette dernière s par $2s$. Le facteur général du premier membre de l'équation que l'on obtient ainsi, sera évidemment:

$$\frac{1-\dfrac{1}{(N(q))^{2s}}}{\left(1-\dfrac{1}{(N(q))^s}\right)\left(1-\left[\dfrac{D}{q}\right]\dfrac{1}{(N(q))^s}\right)} = \frac{1+\dfrac{1}{(N(q))^s}}{1-\left[\dfrac{D}{q}\right]\dfrac{1}{(N(q))^s}}.$$

Ce facteur présente deux cas différents selon que l'on a:

$$\left[\frac{D}{q}\right]=1, \quad \text{ou} \quad \left[\frac{D}{q}\right]=-1.$$

Dans le second il se réduit à l'unité et peut être omis, tandis que pour le premier il prend la forme:

$$\frac{1+\dfrac{1}{(N(q))^s}}{1-\dfrac{1}{(N(q))^s}}.$$

Or, les nombres premiers q pour lesquels on a $\left[\dfrac{D}{q}\right]=1$, coïncidant avec ceux que nous avons précédemment désignés par f, on voit que l'équation qu'il s'agit de former, est:

$$\Pi\frac{1+\dfrac{1}{(N(f))^s}}{1-\dfrac{1}{(N(f))^s}} = \frac{\Sigma\dfrac{1}{(N(n))^s}\cdot\Sigma\left[\dfrac{D}{n}\right]\dfrac{1}{(N(n))^s}}{\Sigma\dfrac{1}{(N(n))^{2s}}}.$$

Au moyen de ce résultat et de l'équation (6), l'équation (5) peut prendre la forme:

$$8\Sigma\frac{1}{(N(n))^s}\cdot\Sigma\left[\frac{D}{n}\right]\frac{1}{(N(n))^s} = \Sigma\frac{1}{(N(n^2))^s}\cdot\Sigma\frac{1}{(N(ax^2+2bxy+cy^2))^s}+\cdots,$$

où les signes sommatoires qui se rapportent à n, s'étendent à tous les entiers primaires et premiers à Δ, tandis que ceux qui sont relatifs aux valeurs simultanées x et y, conservent la signification indiquée plus haut. Il est facile de se convaincre que les produits de séries, contenus dans le second membre, sont susceptibles d'une forme beaucoup plus simple, qu'ils prennent lorsque la multiplication indiquée est effectuée. Pour leur donner cette nouvelle forme, nous considérerons particulièrement le premier de ces produits, la même transformation s'appliquant à tous les autres. En faisant le produit des termes généraux des deux sommes qu'il s'agit de multiplier entre elles, on aura:

$$\frac{1}{(N(n^2))^s(N(ax^2+2bxy+cy^2))^s} = \frac{1}{(N(ax'^2+2bx'y'+cy'^2))^s},$$

où l'on a posé $x' = nx$, $y' = ny$. Voyons quelle est la nature des systèmes x', y' auxquels la nouvelle sommation doit se rapporter. Comme on a:

$$n^2(ax^2+2bxy+cy^2) = ax'^2+2bx'y'+cy'^2,$$

on voit d'abord, en ayant égard aux conditions que x, y, n sont supposés remplir, 1° que pour chacun des systèmes en question, $ax'^2+2bx'y'+cy'^2$ est premier à Δ, et 2° que les entiers x', y' satisfont à la double inégalité:

$$N(ax'+(b-\sqrt{D})y') < N(ax'+(b+\sqrt{D})y') \leqq \sigma^2 N(ax'+(b-\sqrt{D})y')$$

de même forme que (3), et qui résulte de cette dernière en multipliant par $N(n)$. Il est facile de prouver réciproquement que tout système x', y' qui satisfait à ces deux conditions, est en effet compris parmi ceux auxquels la nouvelle sommation doit s'étendre, et ne s'y présente qu'une fois. C'est à quoi l'on parvient, en assignant l'entier n et le système x, y, l'un et l'autre entièrement déterminés, dont la combinaison fournit le système donné x', y'. Soit à cet effet $x' = nx$, $y' = ny$, où n désigne le plus grand diviseur commun primaire de x et y, qui sera complètement déterminé ainsi que les entiers x et y. Cela étant, il est évident que n est premier à Δ, et l'on voit également sans difficulté que les entiers x et y, premiers entre eux, satisfont aussi aux deux autres conditions auxquelles les systèmes x, y sont assujettis. Cela est manifeste pour celle de ces conditions qui consiste en ce que $ax^2+2bxy+cy^2$ doit être premier à Δ, et pour prouver que la double inégalité (3) a pareillement lieu, il suffit de diviser par $N(n)$ celle que nous avons écrite plus haut et à laquelle x' et y' sont supposés satisfaire.

Après avoir ainsi reconnu la nature des systèmes x', y' que la nouvelle sommation doit embrasser, nous pouvons supprimer les accents des indéterminées x' et y'. L'équation qu'il s'agissait de transformer, deviendra ainsi:

$$(9) \qquad 8\Sigma\frac{1}{(N(n))^s}\cdot\Sigma\left[\frac{D}{n}\right]\frac{1}{(N(n))^s} = \Sigma\frac{1}{(N(ax^2+2bxy+cy^2))^s}+\cdots,$$

où la double sommation indiquée dans le premier terme du second membre est supposée s'étendre aux valeurs simultanées x et y telles que $ax^2+2bxy+cy^2$ soit premier à Δ, et satisfaisant en outre à la condition (3). Quant aux autres termes, comme ils sont de même nature que celui dont nous venons de parler, et résultent de ce dernier en accentuant les lettres a, b, c, nous continuerons à ne pas les écrire. Il s'agit maintenant de transformer l'équation que nous venons d'obtenir, de manière qu'elle exprime le nombre des formes non-équivalentes qui répondent au déterminant D. Ce sera là l'objet du paragraphe suivant.

Expression du nombre des classes au moyen d'une suite infinie double.

§. 18.

Pour parvenir au but que nous avons en vue, nous aurons à examiner ce que les différents termes de l'équation (9) du paragraphe précédent deviennent, lorsque la variable s que cette équation contient, converge vers sa limite qui est l'unité.

I. Occupons-nous d'abord du second membre, en nous bornant toujours à considérer la première des sommes dont ce membre se compose. Comme indépendamment de la double condition d'inégalité à laquelle x et y sont supposés satisfaire, ces indéterminées doivent être telles que la valeur du trinôme $ax^2+2bxy+cy^2$ soit première à Δ, on conclut du §. 15, III que les valeurs simultanées de x et y que la sommation embrasse, peuvent être distribuées en systèmes de la forme:

$$x = v\Delta+\alpha, \quad y = w\Delta+\gamma, \tag{1}$$

où v, w et α, γ désignent des entiers complexes, les deux premiers indéterminés et les deux derniers déterminés, et que le nombre de ces systèmes est toujours $N(\Delta)\psi(\Delta)$. La somme dont il s'agit se décompose ainsi en $N(\Delta)\psi(\Delta)$ sommes partielles, telles que la suivante:

$$\Sigma \frac{1}{(N(ax^2+2bxy+cy^2))^s}, \tag{2}$$

où le signe sommatoire doit s'étendre à toutes les valeurs de x et y, données par les formules (1), et en outre telles que l'on ait:

$$N(ax+(b-\sqrt{D})y) < N(ax+(b+\sqrt{D})y) \leqq \sigma^2 N(ax+(b-\sqrt{D})y). \tag{3}$$

Pour évaluer la somme partielle (2), soit z une variable positive, et proposons-nous de déterminer l'entier positif Z qui exprime combien de fois dans la somme dont il s'agit, l'expression $N(ax^2+2bxy+cy^2)$ obtient une valeur non-supérieure à z. On sent que Z est une fonction discontinue très compliquée de la variable z; mais il ne s'agira pas d'obtenir cette fonction avec une exactitude absolue, et il suffira de connaître son expression-limite, c'est-à-dire une expression dont le rapport à Z converge vers l'unité, lorsque la variable z devient infinie. D'après ce qui précède, l'entier Z désigne le nombre des combinaisons v, w pour lesquelles on a, outre la condition (3), celle que nous allons écrire:

$$N(ax^2+2bxy+cy^2) \leqq z,$$

ou ce qui revient au même, celle-ci:

$$N(ax+(b+\sqrt{D})y)N(ax+(b-\sqrt{D})y) \leqq zN(a), \tag{4}$$

x et y étant supposés remplacés dans les conditions (3) et (4) par les expressions (1).

Observons maintenant que, comme il ne s'agit que d'obtenir le nombre des combinaisons v, w qui satisfont aux inégalités précédentes, nous pouvons remplacer les entiers v, w par d'autres indéterminées v', w', entières ou non, mais tellement liées à v et w qu'à toute combinaison v, w réponde une combinaison unique v', w', et réciproquement. Soit, pour abréger, $z=\frac{1}{\zeta^4}$, où ζ est supposé positif; il est facile de voir que nous remplirons la condition énoncée en posant les équations linéaires:

$$v'=\left(v+\frac{\alpha}{\Delta}\right)\zeta, \quad w'=\left(w+\frac{\gamma}{\Delta}\right)\zeta,$$

en vertu desquelles, ζ étant réel et v, w désignant des entiers complexes indéterminés, v' et w' exprimeront l'un et l'autre des nombres complexes, dont les deux parties sont les termes généraux de progressions arithmétiques réelles, ayant la quantité ζ pour raison commune. Au moyen de ces expressions les formules (1) que nous avons à substituer dans les conditions (3) et (4), deviennent:

$$x=\frac{v'\Delta}{\zeta}, \quad y=\frac{w'\Delta}{\zeta}.$$

Si maintenant l'on effectue la substitution dont il s'agit, et que l'on multiplie ensuite les inégalités (3) et (4) respectivement par $\frac{\zeta^2}{N(\Delta)}$ et $\frac{\zeta^4}{N(\Delta^2)}$, il viendra simplement:

$$(5)\qquad \begin{cases} N(av'+(b-\sqrt{D})w') < N(av'+(b+\sqrt{D})w') \leqq \sigma^2 N(av'+(b-\sqrt{D})w'), \\ N(av'+(b+\sqrt{D})w')N(av'+(b-\sqrt{D})w') \leqq N\left(\frac{a}{\Delta^2}\right), \end{cases}$$

de sorte que le nombre Z qu'il s'agit de déterminer, coïncide maintenant avec celui des combinaisons v', w' qui satisfont à ces dernières inégalités, dans lesquelles v' et w' ont la signification indiquée plus haut.

Il faut maintenant remplacer les nombres complexes, contenus dans ces inégalités, par leurs éléments réels. Posons pour cela:

$$(6)\qquad v' = x+x'i, \quad w' = y+y'i,$$

où les quatre quantités réelles x, x', y, y' sont les termes généraux d'autant de progressions arithmétiques, indéfiniment prolongées dans les deux sens et dont la raison commune est ζ. Posons encore:

$$(7)\qquad a = \alpha+\alpha' i, \quad b = \beta+\beta' i, \quad \sqrt{D} = \delta+\delta' i,$$

α, α', β, β', δ, δ' étant des constantes réelles, et soit enfin, pour abréger:

$$(8)\qquad \begin{cases} p = \alpha x-\alpha' x', & q = \beta y-\beta' y', & r = \delta y-\delta' y', \\ p' = \alpha' x+\alpha x', & q' = \beta' y+\beta y', & r' = \delta' y+\delta y'. \end{cases}$$

En substituant les expressions (6) et (7), les inégalités (5) prendront la forme:

$$(9)\qquad \begin{cases} (p+q-r)^2+(p'+q'-r')^2 < (p+q+r)^2+(p'+q'+r')^2 \\ \qquad \leqq \sigma^2((p+q-r)^2+(p'+q'-r')^2), \\ ((p+q+r)^2+(p'+q'+r')^2)((p+q-r)^2+(p'+q'-r')^2) \leqq N\left(\frac{a}{\Delta^2}\right). \end{cases}$$

Il est maintenant facile de reconnaître que l'entier Z, lorsque la variable ζ dont il est fonction, devient infiniment petite, dépend de l'intégrale suivante:

$$(10)\qquad \iiiint dx\,dx'\,dy\,dy' = A,$$

dans laquelle les différentielles dx, dx', dy, dy' sont considérées comme positives, et qui est supposée s'étendre à toutes les valeurs des variables x, x', y, y' compatibles avec les conditions (9). En effet, si dans l'intégrale précédente l'on considère les quatre différentielles comme constantes et égales à ζ, tous les éléments de cette intégrale auront la valeur commune ζ^4, de sorte que l'intégrale sera égale au produit de ζ^4 par le nombre des combinaisons x, x', y, y' qui satisfont aux conditions (9), et dans lesquelles les variables sont supposées croître de la différence constante ζ. Or, ce dernier nombre étant précisément l'entier Z, on aura pour une valeur infiniment petite de ζ:

$$Z\zeta^4 = A,$$

ou ce qui revient au même:

$$Z = Az, \tag{11}$$

z étant supposé infini. Il est encore facile de s'assurer qu'en même temps que le rapport des deux membres de cette dernière équation tend vers la limite 1, leur différence croît moins rapidement qu'une puissance de z, dont l'exposant constant serait tant soit peu supérieur à $\frac{3}{4}$, et généralement à $\frac{m-1}{m}$, s'il s'agissait d'une intégrale de l'ordre m*).

Tout se réduit donc maintenant à obtenir la valeur A de l'intégrale (10). Pour y parvenir, on pourrait faire usage d'une substitution unique, mais le calcul devient beaucoup plus simple, si l'on emploie plusieurs substitutions successives. Observons que, l'ordre des intégrations étant arbitraire, nous pouvons considérer les intégrations relatives à x et x' comme devant être effectuées les premières, et que rien ne s'oppose alors à ce que nous remplacions les variables x et x' par de nouvelles variables t et t', liées aux premières par des équations qui contiennent y et y', pourvu que dans ces équations l'on traite y et y' comme des constantes. Posons donc:

$$t = p+q, \quad t' = p'+q',$$

p, q, p', q' désignant les expressions linéaires (8). Si l'on applique la formule connue qui sert à la transformation des intégrales doubles, on trouvera que le produit $dxdx'$ devra être remplacé par:

$$\frac{1}{\alpha^2+\alpha'^2}\,dtdt' = \frac{1}{N(a)}\,dtdt'.$$

*) Le principe dont nous faisons usage dans le texte, est évident et résulte immédiatement de la notion même d'une intégrale multiple, considérée comme une somme d'éléments infiniment petits, lorsque, comme il arrive ici, les variables ne doivent pas obtenir des valeurs infinies dans les intégrations qu'il s'agit d'effectuer; mais il est bon d'ajouter que si, l'intégrale elle-même restant toujours finie, cette dernière circonstance n'avait plus lieu, l'application du même principe pourrait conduire à des résultats entièrement erronés, ce dont il est facile de voir la raison, et comme on peut d'ailleurs s'en assurer par des exemples, en considérant une intégrale double exprimant une aire finie, comprise entre une courbe et son asymptote. Quant à l'assertion que nous venons d'avancer et d'après laquelle les variables x, x', y, y' ne sauraient être infinies dans notre cas, elle résulte trop simplement des conditions (9), pour qu'il soit nécessaire de nous y arrêter.

En substituant cette dernière expression dans l'intégrale et les nouvelles variables dans les conditions (9), qui définissent l'étendue des intégrations, on aura:

$$\iiiint dt\,dt'\,dy\,dy' = A\,N(a),$$
$$(t-r)^2+(t'-r')^2 < (t+r)^2+(t'+r')^2 < \sigma^2((t-r)^2+(t'-r')^2),$$
$$((t+r)^2+(t'+r')^2)((t-r)^2+(t'-r')^2) < N\left(\frac{a}{\Delta^2}\right),$$

où nous avons supprimé les signes d'égalité qui accompagnaient ceux d'inégalité et qui sont désormais inutiles, les conditions précédentes se rapportant maintenant à des variables continues. Si en second lieu, t et t' étant considérés comme constants, nous remplaçons les variables y et y' à leur tour par de nouvelles variables r et r', liées à y et y' par les deux dernières des formules (8), l'intégrale deviendra:

$$\iiiint dt\,dt'\,dr\,dr' = AN(a\sqrt{D}),$$

les conditions qui en définissent l'étendue, étant toujours celles que nous venons d'écrire. Distribuons actuellement les quatre variables en ces deux groupes: t, r; t', r', et remplaçons-les respectivement par ces deux nouveaux groupes: x, x'; y, y', liés aux précédents par les équations:

$$x = t-r, \quad x' = t+r; \quad y = t'-r', \quad y' = t'+r',$$

en vertu desquelles il faudra mettre $\frac{1}{2}dx\,dx'$, $\frac{1}{2}dy\,dy'$ respectivement à la place de $dt\,dr$, $dt'\,dr'$. L'intégrale et les conditions qui s'y rapportent, se changeront ainsi en:

$$\iiiint dx\,dy\,dx'\,dy' = 4\,AN(a\sqrt{D}),$$
$$x^2+y^2 < x'^2+y'^2 < \sigma^2(x^2+y^2), \quad (x^2+y^2)(x'^2+y'^2) < N\left(\frac{a}{\Delta^2}\right).$$

Remplaçons maintenant les variables de chacun des groupes x, y et x', y' par des coordonnées polaires, en posant:

$$x = \varrho\cos\theta, \quad y = \varrho\sin\theta; \quad x' = \varrho'\cos\theta', \quad y' = \varrho'\sin\theta',$$

où il importe de remarquer qu'indépendamment des conditions auxquelles les nouvelles variables doivent satisfaire en vertu des inégalités précédentes, il faudra regarder ϱ comme positif et θ comme étant compris entre les limites 0 et 2π, pour qu'à une même combinaison x, y ne réponde pas plus d'une combinaison ϱ, θ, et que ϱ', θ' doivent être assujettis à la même limitation. Par l'introduction de ces nouvelles variables, il viendra:

$$\iiiint \varrho\varrho' d\varrho d\varrho' d\theta d\theta' = 4AN(a\sqrt{D}), \quad \varrho^2 < \varrho'^2 < \sigma^2\varrho^2, \quad \varrho^2\varrho'^2 < N\left(\frac{a}{\Delta^2}\right).$$

Les conditions d'inégalité ne contenant pas les variables θ et θ', les intégrations qui s'y rapportent, devront s'étendre depuis 0 jusqu'à 2π; en effectuant ces deux intégrations et remplaçant en outre ϱ^2, ϱ'^2 respectivement par ϱ, ϱ', de sorte que ces nouvelles variables devront être considérées comme positives, on trouvera:

$$\iint d\varrho d\varrho' = \frac{4}{\pi^2} AN(a\sqrt{D}), \quad \varrho < \varrho' < \sigma^2\varrho, \quad \varrho\varrho' < N\left(\frac{a}{\Delta^2}\right).$$

Si maintenant, ϱ étant regardé comme constant, nous remplaçons ϱ' par une nouvelle variable ν, déterminée par l'équation $\varrho' = \nu\varrho$, et qui en vertu de ce qui précède, doit être considérée comme positive, nous aurons d'abord:

$$\iint \varrho d\varrho d\nu = \frac{4}{\pi^2} AN(a\sqrt{D}), \quad 1 < \nu < \sigma^2, \quad \varrho^2 < \frac{1}{\nu} N\left(\frac{a}{\Delta^2}\right),$$

et par suite, en effectuant l'intégration relative à ϱ, et qui doit s'étendre depuis $\varrho^2 = 0$ jusqu'à $\varrho^2 = \frac{1}{\nu} N\left(\frac{a}{\Delta^2}\right)$:

$$\int \frac{d\nu}{\nu} = \frac{8}{\pi^2} AN(\Delta^2\sqrt{D}), \quad 1 < \nu < \sigma^2,$$

d'où l'on conclut enfin:

$$A = \frac{\pi^2 \log\sigma}{4N(\Delta^2\sqrt{D})}.$$

Après avoir ainsi déterminé le coefficient A, contenu dans l'équation (11), il sera facile de voir ce que la somme partielle (2) devient, lorsque l'exposant s converge vers l'unité, ou ce qui revient au même, lorsque la variable positive ϱ, supposée liée à s par l'équation $s = 1+\varrho$, est considérée comme infiniment petite. En effet, comme la fonction Z qui exprime combien de fois dans la somme en question, l'expression $N(ax^2+2bxy+cy^2)$ obtient une valeur qui ne surpasse pas celle de z, est telle que les deux rapports:

$$\frac{Z}{Az}, \quad \frac{Z-Az}{z^\gamma},$$

où γ désigne une constante supérieure à la fraction $\frac{3}{4}$, convergent le premier vers une limite égale à l'unité, le second vers la limite zéro, lorsque la variable z devient plus grande que toute grandeur donnée, on conclut sur-le-champ, du lemme démontré dans le §. 1 du Mémoire déjà plusieurs fois cité[1]), que pour une valeur infiniment petite de ϱ, la somme (2) prend cette forme très simple:

$$\frac{A}{\varrho} = \frac{\pi^2 \log \sigma}{4N(\Delta^2 \sqrt{D})} \frac{1}{\varrho} \text{*)}.$$

Cette expression ne présente rien qui soit particulier à la somme partielle que nous avons considérée, ni même rien qui soit particulier à la somme totale dont cette somme partielle fait partie, puisqu'elle n'est fonction que du seul déterminant D, commun à toutes les formes quadratiques contenues dans le second membre de l'équation (9) du §. 17. On voit donc qu'il suffit de la multiplier par le nombre $N(\Delta)\psi(\Delta)$ des sommes partielles contenues dans une même somme totale, et par celui des formes qui constituent un système complet relativement au déterminant D, pour en conclure la valeur du second membre de l'équation dont il s'agit, lorsqu'on y considère ϱ comme infiniment petit. Il viendra ainsi:

$$H \frac{\pi^2 \psi(\Delta) \log \sigma}{4N(\Delta \sqrt{D})} \frac{1}{\varrho}, \tag{12}$$

H désignant le nombre des classes qui répondent au déterminant D.

II. Il s'agit maintenant de considérer le premier membre de l'équation citée. Ce membre pouvant se mettre sous la forme:

$$4\Sigma \frac{1}{(N(n))^s} \cdot 2\Sigma \left[\frac{D}{n}\right] \frac{1}{(N(n))^s},$$

occupons-nous d'abord du premier de ces deux facteurs. Comme la somme dont il s'agit, doit s'étendre à tous les entiers n, premiers à Δ et en outre primaires, il est évident que nous pouvons faire abstraction de la dernière de ces deux conditions, pourvu qu'en même temps nous omettions le facteur 4. Les valeurs que n doit recevoir, peuvent se distribuer en systèmes de la forme

---

*) Quoique les deux propriétés dont nous venons de faire usage, ressortent l'une et l'autre avec évidence des considérations indiquées plus haut, il peut être bon de faire remarquer que la première de ces propriétés suffit à elle seule pour en tirer la conclusion que nous venons d'énoncer. C'est ce qui résulte d'une remarque déjà faite dans le Mémoire précédent, et d'après laquelle le lemme dont il s'agit, comporte plus d'étendue qu'il n'a été nécessaire de lui donner à l'endroit cité. Il est en effet facile de reconnaître que la vérité de ce lemme ne suppose qu'une seule condition, consistant en ce que la fonction, désignée par $f(t)$ dans son énoncé, doit être telle que l'on ait $\frac{f(t)}{t} = c$, lorsque t obtient une valeur infinie. Pour s'en assurer, on n'aura qu'à apporter une modification assez légère et qui se présente facilement, à la démonstration qui a été exposée dans le Mémoire précédent.

[1]) S. 415 und 416 dieser Ausgabe von G. Lejeune Dirichlet's Werken.

$n = v\varDelta + \alpha$, v et α désignant des entiers complexes, le premier indéterminé, le second déterminé pour chaque système, et devant être égalé successivement à tous ceux des termes d'un système de résidus pour le module $\varDelta$ qui n'ont pas de diviseur commun avec ce module. Considérons la somme partielle, répondant à l'un quelconque de ces termes, et qui est:

$$\Sigma \frac{1}{(N(v\varDelta+\alpha))^{1+\varrho}}.$$

Pour en obtenir la valeur, soit z une variable positive et Z la fonction discontinue de z qui exprime le nombre des entiers v pour lesquels on a:

$$N(v\varDelta+\alpha) \leqq z.$$

Si nous posons, pour abréger, $z = \frac{1}{\zeta^2}$, ζ étant positif, et que nous remplacions v par une nouvelle indéterminée v' telle qu'on ait:

$$v' = \left(v + \frac{\alpha}{\varDelta}\right)\zeta,$$

l'inégalité précédente se changera en celle-ci:

$$N(v') \leqq \frac{1}{N(\varDelta)},$$

et Z désignera alors le nombre des valeurs v' qui satisfont à cette condition. Or, en posant $v' = x + x'i$, x et x' seront évidemment les termes généraux de deux suites dont la première différence est constante et égale à ζ; on voit donc, comme plus haut, que pour une valeur infinie de z, on aura $Z = Bz$, B désignant l'intégrale:

$$\iint dx dx', \quad x^2 + x'^2 < \frac{1}{N(\varDelta)}.$$

Mais cette intégrale étant évidemment égale à $\frac{\pi}{N(\varDelta)}$, on conclura du lemme déjà employé dans le numéro précédent que la somme partielle que nous considérons, se réduit simplement à $\frac{\pi}{N(\varDelta)}\frac{1}{\varrho}$ lorsque la variable ϱ est supposée devenir moindre que toute grandeur donnée; d'où il suit enfin:

$$(13) \qquad 4\Sigma \frac{1}{(N(n))^{1+\varrho}} = \frac{\pi\psi(\varDelta)}{N(\varDelta)}\frac{1}{\varrho},$$

le signe sommatoire s'étendant, comme dans l'équation (9) du §. 17, à tous les entiers n premiers à $\varDelta$ et en outre primaires.

III. Pour mettre enfin la seconde des deux sommes, rappelées au commencement du numéro précédent, sous la forme appropriée à notre but, il faut distinguer plusieurs cas différents que le déterminant D peut présenter. Observons pour cela que, si nous réunissons en un seul carré tous les facteurs doubles de D, nous pourrons toujours mettre cet entier sous la forme:

$$(14) \qquad D = \chi Q V^2,$$

χ ayant l'une de ces quatre valeurs:

$$(15) \qquad \chi = 1, \quad \chi = i, \quad \chi = 1+i, \quad \chi = i(1+i),$$

et Q ou $-Q$ désignant un produit de facteurs simples impairs et primaires, tous inégaux, sans exclure le cas où l'on aurait $Q = \pm 1$, qui ne peut toutefois avoir lieu qu'autant qu'on n'a pas $\chi = 1$, les déterminants carrés étant toujours exclus. Nous ajouterons que si les entiers χ, Q, V doivent être tels que nous venons de les définir, ils seront complètement déterminés pour tout déterminant donné, si ce n'est que Q, V^2 peuvent être simultanément remplacés par $-Q$, $(Vi)^2$.

Cela posé, nous allons transformer l'expression $\left[\frac{D}{n}\right]$ au moyen des équations (e) et (f) du §. 8. On a d'abord évidemment en vertu des équations citées:

$$\left[\frac{D}{n}\right] = \left[\frac{\chi Q V^2}{n}\right] = \left[\frac{\chi}{n}\right]\left[\frac{Q}{n}\right] = \left[\frac{\chi}{n}\right]\left[\frac{n}{Q}\right].$$

Pour transformer le facteur $\left[\frac{\chi}{n}\right]$, il devient nécessaire d'introduire explicitement les deux entiers réels contenus dans n; posons donc $n = \lambda + \nu i$, λ et ν étant respectivement des formes $4k+1$, $2k$. Il viendra alors suivant les quatre cas déjà distingués (15), et en ayant égard aux deux premières des équations (f) citées:

$$\left[\frac{\chi}{n}\right] = 1, \quad \left[\frac{\chi}{n}\right] = (-1)^{\frac{1}{4}(\lambda^2+\nu^2-1)},$$

$$\left[\frac{\chi}{n}\right] = (-1)^{\frac{1}{8}((\lambda+\nu)^2-1)}, \quad \left[\frac{\chi}{n}\right] = (-1)^{\frac{1}{4}(\lambda^2+\nu^2-1)+\frac{1}{8}((\lambda+\nu)^2-1)}.$$

Pour réunir ces quatre expressions en une seule formule, nous poserons $\delta = \pm 1$, $\varepsilon = \pm 1$, les signes ambigus étant choisis suivant les quatre cas que χ peut présenter en vertu des équations (15), comme il suit:

$$(16) \qquad \delta = 1, \quad \varepsilon = 1; \quad \delta = -1, \quad \varepsilon = 1; \quad \delta = 1, \quad \varepsilon = -1; \quad \delta = -1, \quad \varepsilon = -1.$$

Cette convention admise, nous aurons pour tous les cas:

$$\left[\frac{\chi}{n}\right] = \delta^{\frac{1}{4}(\lambda^2+\nu^2-1)} \varepsilon^{\frac{1}{8}((\lambda+\nu)^2-1)}.$$

Au moyen de cette dernière expression et de celles déjà obtenues, le facteur du premier membre de l'équation (9) du §. 17, qu'il s'agissait de transformer, prendra la forme:

$$(17)\quad 2\Sigma\left[\frac{D}{n}\right]\frac{1}{(N(n))^{1+\varrho}} = 2\Sigma\delta^{\frac{1}{4}(\lambda^2+\nu^2-1)}\,\varepsilon^{\frac{1}{8}((\lambda+\nu)^2-1)}\left[\frac{\lambda+\nu i}{Q}\right]\frac{1}{(\lambda^2+\nu^2)^{1+\varrho}}.$$

IV. Si maintenant nous substituons les expressions (12), (13) et (17) dans l'équation citée, et que nous effacions le facteur $\frac{1}{\varrho}$ et les autres facteurs communs aux deux membres, l'équation dont il s'agit, prendra la forme:

$$(18)\qquad H = \frac{8N(\sqrt{D})}{\pi\log\sigma}\,\Sigma\delta^{\frac{1}{4}(\lambda^2+\nu^2-1)}\,\varepsilon^{\frac{1}{8}((\lambda+\nu)^2-1)}\left[\frac{\lambda+\nu i}{Q}\right]\frac{1}{(\lambda^2+\nu^2)^{1+\varrho}}.$$

Telle est la suite infinie double qui exprime le nombre des classes pour un déterminant quelconque non-carré D, et dans laquelle nous avons conservé la quantité infiniment petite ϱ, qui ne doit être annulée qu'après que l'on aura fixé l'ordre dans lequel les termes de la double somme doivent se suivre, pour que cette somme soit en effet la limite de celle qui répond à une valeur infiniment petite de la variable positive ϱ. La signification des lettres qui entrent dans l'équation, a été fixée dans ce qui précède, et l'on devra se rappeler que la double sommation doit s'étendre à tous les couples d'entiers réels λ et ν, respectivement des formes $4k+1$, $2k$, et tels que l'entier complexe correspondant $\lambda+\nu i$ soit premier à D.

Pour effectuer la double sommation, il faudra d'abord transformer le facteur $\left[\frac{\lambda+\nu i}{Q}\right]$ au moyen de l'équation (h) du §. 8, et remplacer ensuite les nouveaux symboles ainsi introduits par une suite finie de sinus ou de cosinus, en se servant pour cet objet des formules connues dues à M. Gauss. Après ces deux substitutions, l'une des deux sommations pourra être exécutée au moyen d'une suite trigonométrique, dont la somme a été donnée par Euler, et la suite infinie double, réduite par-là à une série simple, se décomposera alors en plusieurs séries partielles qui rentrent dans celles par lesquelles Abel et M. Jacobi ont développé les fonctions trigonométriques de l'amplitude d'une fonction elliptique de première espèce. Mais si avec le secours des formules dont les illustres géomètres que nous venons de citer, ont enrichi l'Analyse, la sommation en elle-même ne présente pas de difficulté réelle et n'exige que peu d'espace, il n'en est pas de même de la discussion à laquelle il faut soumettre le résultat qui s'en déduit, pour en reconnaître la véritable nature. Comme le résultat dont il s'agit, se trouve dépendre de la division en parties égales de la fonction elliptique complète de première espèce, pour le cas où le module a la valeur $\sqrt{\frac{1}{2}}$, et où le nombre de ces parties égales est un entier complexe, et que la théorie des équations algébriques qui se rapportent à une telle division, n'a été qu'ébauchée jusqu'à présent*), il sera nécessaire d'entrer à cet égard dans de nouveaux développements dont l'étendue excéderait de beaucoup les bornes que nous avons dû imposer à cette première partie de notre travail. C'est pourquoi et comme nous en avons déjà averti, nous réserverons ces détails pour la seconde partie, et nous terminerons celle-ci par l'examen des deux cas particuliers, déjà mentionnés dans le préambule du présent Mémoire.

Examen de deux cas particuliers.

§. 19.

Les deux cas qu'il s'agit de considérer, sont ceux où le déterminant D est un entier réel ou le produit d'un tel entier par i. Comme en vertu de l'équation (18) du paragraphe précédent, le nombre des classes est évidemment le même pour deux déterminants opposés, nous pourrons toujours considérer comme positif, l'entier dont il vient d'être question.

I. Soit en premier lieu D un entier positif non-carré, et soit S^2 le plus grand carré réel qui divise D. Nous aurons alors l'un de ces deux cas:

$$(1) \qquad D = PS^2, \quad D = 2PS^2,$$

P désignant un produit de nombres premiers positifs, impairs et tous inégaux, produit qui peut d'ailleurs se réduire à l'unité dans le second cas. Comme, en considérant P comme complexe, cet entier ou son opposé est primaire et n'a que des facteurs simples inégaux, il suffit de mettre la seconde des équations (1) sous la forme $D = iP((1-i)S)^2$, pour reconnaître que les équations (14), (15) et (16) du §. 18, qui se rapportent à un déterminant quelconque, donnent relativement au cas particulier qui nous occupe, $Q = P$, $\varepsilon = 1$, $\delta = \pm 1$, où il faut choisir le signe supérieur ou le signe inférieur dans la dernière de ces équations, selon que D présente le premier ou le second des deux cas (1). En substituant

---

*) Voir un Mémoire d'Abel, inséré dans le Journal de Crelle, Tome III, p. 160[1]).

[1]) Oeuvres complètes de N. H. Abel, Édition de 1839, T. I, p. 221; Édition de 1881, T. I, p. 352.

ces valeurs dans l'expression générale de H, et remplaçant en même temps σ par sa valeur, donnée par la formule (3) du §. 14, ainsi que $\left[\frac{\lambda+\nu i}{P}\right]$ par l'expression équivalente, fournie par la première des équations (g) du §. 8, il viendra:

$$(2) \qquad H = \frac{8D}{\pi\varkappa\log(\tau+v\sqrt{D})}\Sigma\delta^{\frac{1}{4}(\lambda^2+\nu^2-1)}\left(\frac{\lambda^2+\nu^2}{P}\right)\frac{1}{(\lambda^2+\nu^2)^{1+\varrho}},$$

de sorte que la somme double ne contient plus l'entier complexe $\lambda+\nu i$, mais seulement sa norme $\lambda^2+\nu^2$. Il est vrai que cet entier semble y entrer encore implicitement par la condition que $\lambda+\nu i$ doit être premier à D; mais ce dernier entier étant réel, on voit que la condition dont il s'agit, revient à celle que D et $\lambda^2+\nu^2$ doivent être sans diviseur commun.

II. Considérons en second lieu un déterminant de la forme $D = D'i$, D' étant un entier positif qu'il faudra seulement supposer tel que $2D'$ ne soit pas un carré, sans quoi D serait lui-même un carré. Si nous désignons par S'^2 le plus grand carré réel qui divise $2D'$, nous aurons l'une ou l'autre de ces deux équations:

$$(3) \qquad 2D' = P'S'^2, \quad 2D' = 2P'S'^2,$$

dans lesquelles P' est un produit de nombres premiers positifs, impairs et inégaux, S' étant pair dans la première de ces deux équations. Ces équations donnent respectivement celles-ci:

$$D = P'((1+i)\tfrac{1}{2}S')^2, \qquad D = P'iS'^2,$$

qu'il suffit de comparer aux équations déjà citées du §. 18, pour voir que nous avons $Q = P'$, $\varepsilon = 1$, $\delta = \pm 1$, le signe supérieur ou le signe inférieur devant être choisi, selon que $2D'$ présente le premier ou le second des deux cas (3). Au moyen de ces valeurs et par des transformations analogues à celles que nous avons opérées dans le numéro précédent, l'on trouvera:

$$(4) \qquad H = \frac{8D'}{\pi\varkappa\log(\tau+v\sqrt{2D'})}\Sigma\delta^{\frac{1}{4}(\lambda^2+\nu^2-1)}\left(\frac{\lambda^2+\nu^2}{P'}\right)\frac{1}{(\lambda^2+\nu^2)^{1+\varrho}},$$

$\varkappa$, τ, v ayant la même signification que dans l'équation (4) du §. 14, et la double sommation devant s'étendre à tous les couples d'entiers réels λ, ν, respectivement compris dans les formes $4k+1$, $2k$, et tels que $\lambda^2+\nu^2$ soit premier à D'.

III. Nous allons maintenant faire voir que les sommes doubles (2) et (4) peuvent être remplacées chacune par un produit de deux séries simples. La transformation qu'il s'agit d'effectuer, n'est qu'une application très particulière de certaines équations générales dont nous avons eu à faire usage dans le Mémoire précédent (§. 6, V.)[1]; mais, pour mieux faire sentir le principe sur lequel cette transformation repose, il nous paraît préférable de la rattacher à un théorème arithmétique très simple et susceptible d'une démonstration tout élémentaire. Voici en quoi consiste ce théorème:

„m désignant un entier positif et impair donné, le nombre des solutions de l'équation $m = x^2+y^2$, dans laquelle x et y sont des entiers réels indéterminés, est égal au quadruple excès du nombre des diviseurs (positifs) de m, qui sont compris dans la forme $4k+1$, sur celui de ces diviseurs qui ont la forme $4k+3$.“ *)

Comme les entiers x et y qui satisfont à l'équation précédente, sont toujours l'un pair, l'autre impair, on voit que si l'on considère l'un de ces entiers, le second par exemple, comme devant être pair, le nombre des solutions se réduira de moitié, et l'on voit également que si l'on suppose en outre x, pris avec son signe, de la forme $4k+1$, le nombre des solutions éprouvera une seconde réduction de même étendue, et deviendra simplement égal à l'excès défini dans l'énoncé, puisqu'à une même valeur de y répondent toujours deux valeurs opposées de x, qui sont l'une de la forme $4k+1$, l'autre de la forme $4k+3$. Au moyen de ce résultat, il est facile de former l'équation générale que nous allons écrire:

$$\Sigma F(x^2+y^2) = \Sigma(-1)^{\frac{1}{2}(n-1)} F(nn'),$$

et dans laquelle la double sommation, indiquée dans le premier membre, doit s'étendre à tous les entiers positifs ou négatifs x et y, respectivement compris dans les formes $4k+1$, $2k$, tandis que celle du second membre est supposée embrasser tous les entiers impairs et positifs n et n'. D'après la manière dont cette équation subsiste, il est encore évident qu'elle ne cessera pas d'avoir lieu, si aux conditions énoncées nous ajoutons celles que x^2+y^2 soit premier à un entier réel donné K, et qu'il en soit de même du produit nn', ces nouvelles conditions n'ayant d'autre effet que de supprimer les mêmes termes de part et d'autre. Ainsi restreintes, les indéterminées x et y auront la même signification

---

[1]) S. 456 dieser Ausgabe von G. Lejeune Dirichlet's Werken.

*) Voyez pour la démonstration de ce théorème, dû à M. JACOBI, le Tome XII du Journal de CRELLE, p. 167, ou le Mémoire cité, §. 7.[2])

[2]) S. 463 dieser Ausgabe von G. Lejeune Dirichlet's Werken.

que celles désignées par λ et ν dans les sommes (2) et (4), en supposant respectivement $K = D$ ou $K = D'$, tandis que n et n' devront être respectivement supposés premiers à D ou à D'. Cela posé, si dans les deux sommes (2) et (4) nous remplaçons l'exposant de δ, par le produit:

$$\tfrac{1}{4}(\lambda^2+\nu^2-1)\cdot\tfrac{1}{2}(\lambda^2+\nu^2+1) = \tfrac{1}{8}((\lambda^2+\nu^2)^2-1),$$

ce qui est permis, le facteur ajouté étant impair, il suffira de supposer la fonction arbitraire $F(z)$ de la forme:

$$\delta^{\frac{1}{8}(z^2-1)}\left(\frac{z}{P}\right)\frac{1}{z^{1+\varrho}},$$

pour conclure de l'équation en question que la somme double (2) est équivalente à celle-ci:

$$\Sigma(-1)^{\frac{1}{2}(n-1)}\,\delta^{\frac{1}{8}((nn')^2-1)}\left(\frac{nn'}{P}\right)\frac{1}{(nn')^{1+\varrho}},$$

où le signe Σ se rapporte à tous les entiers positifs n et n', impairs et premiers à D. Observons maintenant que, l'exposant de δ étant toujours pair ou impair en même temps que le nombre $\frac{1}{8}(n^2-1)+\frac{1}{8}(n'^2-1)$, comme nous avons déjà eu occasion de le remarquer dans le §. 8, nous pouvons le remplacer par ce dernier. Par cette substitution, le terme général de la somme précédente se changera en un produit de deux facteurs qui ne contiennent chacun qu'un seul des entiers n et n', de sorte que la somme elle-même prendra la forme d'un produit de deux séries simples. On obtient ainsi et en substituant dans l'équation (2), celle que nous allons écrire:

$$(2')\qquad H = \frac{8D}{\pi\varkappa\log(\tau+v\sqrt{D})}\,\Sigma\delta^{\frac{1}{8}(n^2-1)}\left(\frac{n}{P}\right)\frac{1}{n}\cdot\Sigma(-1)^{\frac{1}{2}(n-1)}\delta^{\frac{1}{8}(n^2-1)}\left(\frac{n}{P}\right)\frac{1}{n},$$

chacune des deux sommations indiquées s'étendant à tous les entiers positifs n, impairs et premiers à D. Pour plus de simplicité, nous avons remplacé n' par n, ce qui est permis, ces deux lettres ayant la même signification et ne se trouvant plus maintenant mêlées dans une même sommation. Nous avons en outre réduit à zéro la variable infiniment petite ϱ, les sommes précédentes étant en effet les limites de celles où l'on aurait conservé la quantité ϱ, pourvu que dans ces sommes l'on considère les entiers n comme formant une suite croissante, comme il est facile de s'en assurer, et comme on l'a d'ailleurs prouvé, en établissant les résultats qu'il sera nécessaire de rappeler dans le numéro suivant.

L'équation (4) étant soumise aux mêmes transformations, se changera en celle-ci:

$$(4') \qquad H = \frac{8D'}{\pi\varkappa\log(\tau+v\sqrt{2D'})}\,\Sigma\delta^{\frac{1}{8}(n^2-1)}\left(\frac{n}{P'}\right)\frac{1}{n}\cdot\Sigma(-1)^{\frac{1}{2}(n-1)}\delta^{\frac{1}{8}(n^2-1)}\left(\frac{n}{P'}\right)\frac{1}{n}.$$

IV. Il faut maintenant rappeler les résultats qui se rapportent aux formes quadratiques à coefficients réels, pour les comparer à ceux que nous venons d'établir. C'est ce que nous allons faire, en choisissant les notations de manière à faciliter la comparaison dont il s'agit. Dans le Mémoire précédent (§. 6, éq. 23)[1]), on a démontré que relativement à un déterminant positif non-carré D, le nombre des classes que nous désignerons par h_1, est donné par l'équation:

$$(5) \qquad h_1 = \frac{2\sqrt{D}}{\log(\tau+v\sqrt{D})}\,\Sigma\theta^{\frac{1}{2}(n-1)}\,\delta^{\frac{1}{8}(n^2-1)}\left(\frac{n}{P}\right)\frac{1}{n}.$$

Dans cette équation la signification des lettres τ, v, δ, P et n est la même que dans les équations précédentes (1), (2) et (2'), et la sommation a la même étendue que dans la dernière de ces équations. Quant à la lettre θ, elle désigne l'unité positive ou négative, selon que P est de la forme $4k+1$ ou $4k+3$. Si nous considérons en second lieu le déterminant opposé $-D$, et que nous dénotions par h_2 le nombre des classes qui y répondent, il résulte de l'équation (19)[2]) du paragraphe déjà cité, qu'on aura:

$$(6) \qquad h_2 = \frac{2\sqrt{D}}{\pi}\,\Sigma(-\theta)^{\frac{1}{2}(n-1)}\,\delta^{\frac{1}{8}(n^2-1)}\left(\frac{n}{P}\right)\frac{1}{n},$$

la signification de toutes les lettres et l'étendue de la sommation restant toujours les mêmes. Or, θ étant toujours de la forme ± 1, on voit que les deux séries contenues dans les équations (5) et (6), coïncident avec celles de l'équation (2'), de sorte qu'en divisant cette dernière par le produit des deux autres (5) et (6), on trouvera ce résultat très simple:

$$H = \frac{2}{\varkappa}h_1 h_2.$$

L'autre cas qui est celui d'un déterminant de la forme $D'i$, conduit à un résultat analogue; il suffit pour l'obtenir, de remplacer dans ce qui précède, les équations (5) et (6), par celles qui expriment les nombres h_1 et h_2 des classes

[1]) S. 456 dieser Ausgabe von G. Lejeune Dirichlet's Werken.

[2]) S. 451 dieser Ausgabe von G. Lejeune Dirichlet's Werken.

réelles répondant aux déterminants $2D'$ et $-2D'$. On trouve alors:

$$H = \frac{1}{\varkappa} h_1 h_2 .$$

Nous avons donc ces deux théorèmes très remarquables:

„D désignant un entier positif non-carré, soit H le nombre des classes dans lesquelles se distribuent les formes à coefficients complexes et au déterminant D, soient encore h_1 et h_2 les nombres des classes pour les formes à coefficients réels, répondant respectivement aux deux déterminants D et $-D$; toutes ces formes étant supposées telles que les coefficients extrêmes et le double coefficient moyen ne présentent pas de diviseur commun. Cela étant, on aura toujours:

$$H = 2h_1 h_2 \quad \text{ou} \quad H = h_1 h_2,$$

selon que l'équation indéterminée $t^2 - Du^2 = -1$ admettra des solutions réelles ou non.“

„D désignant un entier positif dont le double ne soit pas un carré, si l'on suppose que les lettres H, h_1, h_2, en conservant une signification analogue à celle de l'énoncé précédent, se rapportent maintenant aux déterminants Di, $2D$, $-2D$, on aura:

$$H = h_1 h_2 \quad \text{ou} \quad 2H = h_1 h_2,$$

selon que l'équation $t^2 - 2Du^2 = -1$ admettra des solutions réelles ou non.“ *)

Quoique les théorèmes précédents ne contiennent aucun élément qui ne soit relatif aux nombres entiers, il paraît difficile de les établir par des considérations purement arithmétiques, tandis que la méthode mixte dont nous venons de faire usage, et qui est fondée en partie sur l'emploi de quantités variant par degrés insensibles, nous y a conduit de la manière la plus naturelle et, pour ainsi dire, sans effort.

*) On suppose tacitement dans ces énoncés, comme on le fait ordinairement, que pour un déterminant négatif on n'admette que des formes réelles dont les coefficients extrêmes soient positifs. Si l'on n'adoptait pas cet usage, le nombre h_2 aurait une valeur double de celle que nous lui supposons, et les deux énoncés seraient à modifier en conséquence.

SUR LA THÉORIE DES NOMBRES.

[Extrait d'une lettre adressée à M. LIOUVILLE.]

En voyant dans votre Journal l'élégante traduction que M. TERQUEM a bien voulu faire de mon *Mémoire sur la progression arithmétique**), j'ai eu l'idée d'étendre la même analyse aux formes quadratiques. En combinant cette analyse avec les considérations ingénieuses que M. GAUSS développe dans les derniers numéros de sa cinquième section, on prouve non seulement que toute forme quadratique renferme une infinité de nombres premiers, mais encore qu'elle en contient qui soient d'une forme linéaire quelconque compatible avec la forme quadratique donnée.

Je me suis aussi beaucoup occupé dans ces derniers temps à étendre aux formes quadratiques à coefficients et indéterminées complexes, c'est-à-dire de la forme $t+u\sqrt{-1}$, les théorèmes qui ont lieu dans les cas ordinaires des entiers réels. Si l'on cherche en particulier à obtenir le nombre des formes quadratiques différentes qui existent dans cette hypothèse pour un déterminant donné, on arrive à ce résultat assez remarquable, que le nombre dont il s'agit dépend de la division de la lemniscate, de même que dans le cas des formes réelles et à déterminant positif, il se rattache à la section du cercle. Ce qui m'a surtout fait plaisir dans ce travail, c'est le parti qu'on y tire de considérations géométriques et particulièrement de la théorie des propriétés perspectives des figures. Au moyen de cet auxiliaire, la question qui d'abord, et considérée d'une manière purement analytique, paraît extrêmement compliquée, devient presque aussi simple que lorsqu'il s'agit de déterminants réels.

---

*) Tome IV du Journal de LIOUVILLE, page 393 [1]).

[1]) Bd. II dieser Ausgabe von G. Lejeune Dirichlet's Werken.

Les recherches dont je viens de vous indiquer l'objet, m'ont conduit à un théorème remarquable par sa simplicité et qui ne paraît pas sans importance pour la théorie des équations indéterminées des degrés supérieurs au second, matière encore très peu cultivée. Voici en quoi consiste ce théorème:

„Si l'équation:

$$(1) \qquad s^n + a s^{n-1} + \cdots + g s + h = 0,$$

à coefficients entiers, n'a pas de diviseur rationnel, et si parmi ses racines:

$$\alpha, \; \beta, \; \ldots, \; \omega$$

il y en a au moins une qui soit réelle, je dis que l'équation indéterminée:

$$(2) \qquad F(x, y, \ldots, z) = \varphi(\alpha)\varphi(\beta)\ldots\varphi(\omega) = 1,$$

où l'on a posé pour abréger:

$$\varphi(\alpha) = x + \alpha y + \cdots + \alpha^{n-1} z,$$

a toujours une infinité de solutions entières.“

Pour établir ce théorème, il faut d'abord faire voir qu'il existe au moins un entier m tel que l'équation:

$$(3) \qquad F(x, y, \ldots, z) = m$$

ait une infinité de solutions. C'est à quoi l'on peut parvenir par différents moyens. Dans le cas du second degré, la chose, qui pour ce cas n'est pas nouvelle, résulte immédiatement des propriétés des fractions continues.

L'équation (3) ayant une infinité de solutions, il en existera deux telles que l'on ait:

$$F(x, y, \ldots, z) = m, \qquad F(x', y', \ldots, z') = m,$$

et en même temps:

$$(4) \qquad x \equiv x', \quad y \equiv y', \quad \ldots, \quad z \equiv z' \pmod{m}.$$

Cela posé, si nous considérons la fraction:

$$\frac{x' + \alpha y' + \cdots + \alpha^{n-1} z'}{x + \alpha y + \cdots + \alpha^{n-1} z},$$

on pourra évidemment, en multipliant par:

$$\varphi(\beta) \quad \ldots \quad \varphi(\omega),$$

lui donner la forme:

$$\frac{X + \alpha Y + \cdots + \alpha^{n-1} Z}{m},$$

où X, Y, ..., Z sont des fonctions entières et à coefficients entiers de:

$$x, y, \ldots, z, \quad x', y', \ldots, z'.$$

Je dis maintenant que X, Y, ..., Z sont des multiples de m. Pour le faire voir, admettons pour un instant que dans ces expressions:

$$x', \quad y', \quad \ldots, \quad z'$$

soient changés en:

$$x, \quad y, \quad \ldots, \quad z,$$

changement par lequel X, Y, ..., Z resteront, en vertu des congruences (4), congrus à eux-mêmes. Par le changement dont il s'agit:

$$X+\alpha Y+\cdots+\alpha^{n-1} Z$$

doit devenir égal à m, ce qui ne peut arriver [l'équation (1) n'ayant pas de diviseurs rationnels] qu'autant que:

$$X, \quad Y, \quad \ldots, \quad Z$$

deviennent respectivement:

$$m, \quad 0, \quad \ldots, \quad 0.$$

Donc X, Y, ..., Z sont divisibles par m, et la fraction considérée plus haut est:

$$\xi+\alpha\eta+\cdots+\alpha^{n-1}\zeta,$$

ξ, η, ..., ζ étant des entiers; d'où l'on conclut:

$$F(\xi, \eta, \ldots, \zeta) = 1,$$

solution qui en fournira une infinité d'autres.

Parmi les conséquences nombreuses qu'on peut tirer de ce théorème, il y en a une qui se présente pour ainsi dire d'elle-même; elle consiste en ce que les fonctions que LAGRANGE a d'abord considérées dans les *Mémoires de Berlin*, plus tard dans les *Additions à l'Algèbre* d'EULER, et qui se reproduisent par multiplication, si elles peuvent obtenir une certaine valeur, sont dès lors susceptibles de la même valeur pour une infinité de systèmes de valeurs des indéterminées x, y, ..., z, en supposant toutefois que l'équation algébrique d'où ces fonctions tirent leur origine satisfasse aux conditions ci-dessus énoncées.

EINIGE RESULTATE VON UNTERSUCHUNGEN ÜBER EINE CLASSE HOMOGENER FUNCTIONEN DES DRITTEN UND DER HÖHEREN GRADE.

[Mitgetheilt in der Sitzung der physikalisch-mathematischen Classe der Akademie der Wissenschaften am 11. October 1841.]

Die homogenen Functionen mit ganzzahligen Coefficienten, auf welche sich diese Untersuchungen beziehen, sind diejenigen besonderen Functionen jedes Grades, welche eine ihrem Grade gleiche Anzahl von unbestimmten ganzen Zahlen enthalten und zugleich in lineare Factoren mit irrationalen Coefficienten zerlegt werden können. Für den zweiten Grad fallen dieselben mit den so vielfach behandelten binären quadratischen Formen zusammen, und wie die Theorie dieser Formen einen der fruchtbarsten Theile der Arithmetik bildet, so kommen auch den analogen Ausdrücken von höherem Grade eine Menge der interessantesten Eigenschaften zu, deren Erforschung nicht nur der Theorie der Zahlen sondern auch anderen damit zusammenhängenden Disciplinen bedeutende Erweiterungen zu versprechen scheint. Von den zahlreichen Untersuchungen, zu welchen dieser Gegenstand Veranlassung giebt, betrifft die der Classe gemachte Mittheilung nur die Aufgabe:

„Alle Darstellungen einer gegebenen Zahl durch eine gegebene Function der genannten Art aufzufinden, oder sich doch zu überzeugen, dass die gegebene Zahl einer solchen Darstellung nicht fähig ist.“

Um die Betrachtungen, auf welchen die Lösung der eben ausgesprochenen Frage beruht, in das gehörige Licht zu setzen, wird es zweckmässig sein, dieselben zunächst auf den zweiten Grad anzuwenden, obgleich die Aufgabe für diesen Fall längst durch andere Methoden ihre vollständige Erledigung gefunden hat.

Für diesen Fall verlangt die Aufgabe, dass man alle Auflösungen der unbestimmten Gleichung:

$$(1)\qquad ax^2+2bxy+cy^2 = m$$

darstelle, in welcher:

$$b^2-ac = D$$

als positiv und keinem Quadrate gleich vorausgesetzt werden kann, da sonst die Frage gar keine Schwierigkeit darbietet. Die Methode, welche wir anzudeuten versuchen wollen, macht die Lösung dieses Problems von der Kenntniss irgend zweier Werthe abhängig, welche der bekanntlich immer möglichen Gleichung:

$$(2)\qquad t^2-Du^2 = 1$$

genügen. Sind:

$$T,\quad U$$

zwei solche Werthe (die wir beide positiv voraussetzen können), und hätte man andererseits irgend eine Auflösung:

$$(X,\ Y)$$

der Gleichung (1), so würde man, nach einer von EULER gemachten Bemerkung, unzählige neue Auflösungen daraus ableiten können, welche durch die Formel:

$$(3)\qquad ax+(b+\sqrt{D})y = \pm(aX+[b+\sqrt{D}]\,Y)(T+U\sqrt{D})^n$$

bestimmt werden, in welcher n irgend eine positive oder negative ganze Zahl bezeichnet, und nach geschehener Entwickelung die rationalen Theile und die Coefficienten von $\sqrt{D}$ auf beiden Seiten besonders gleich zu setzen sind. Wie wichtig die von EULER gemachte Bemerkung auch sei, so begründet dieselbe doch noch keineswegs eine vollständige Zurückführung der Gleichung (1) auf die Gleichung (2), da dieselbe kein Mittel an die Hand giebt, eine erste Auflösung:

$$(X,\ Y)$$

zu finden, und andererseits, wie LAGRANGE gezeigt hat, der Ausdruck (3) nicht nothwendig alle Auflösungen der Gleichung (1) zu enthalten braucht, selbst wenn man für:

$$T,\quad U$$

die kleinsten der Gleichung (2) genügenden Werthe wählt.

Um nun die oben verlangte vollständige Zurückführung zu bewerkstelligen, bemerke man, dass die in (3) enthaltenen Auflösungen eine Gruppe bilden, welche dieselben Auflösungen zu enthalten fortfahren wird, wenn man statt der Auflösung (X, Y) irgend eine der daraus ableitbaren einführt. Es folgt hieraus, dass die Gesammtheit aller Auflösungen der Gleichung (1) in Gruppen dieser Art vertheilt werden kann, und dass es zur vollständigen Lösung unserer Aufgabe nur darauf ankommen wird, aus jeder Gruppe eine Auflösung zu kennen, da alsdann die ganze Gruppe selbst durch (3) gegeben sein wird. Nun ist aber aus (3) klar, dass in jeder Gruppe der Ausdruck:

$$ax+(b+\sqrt{D})y$$

nothwendig einmal und nur einmal einen Werth annimmt, der zwischen die beiden Grenzen:

$$\sigma \quad \text{und} \quad \sigma(T+U\sqrt{D})$$

mit Ausschluss von einer derselben fällt, wenn σ einen beliebigen positiven oder negativen Werth bezeichnet. Nimmt man z. B. σ positiv, so giebt es also in jeder Gruppe eine und nur eine Auflösung von solcher Beschaffenheit, dass:

$$\sigma < ax+(b+\sqrt{D})y \leqq \sigma(T+U\sqrt{D}). \tag{4}$$

Mit diesem Resultate ist nun die Frage sogleich erledigt, da man leicht durch eine endliche Anzahl von Versuchen alle den Ungleichheiten (4) genügenden Auflösungen der Gleichung (1) finden oder doch sich überzeugen kann, dass keine solche existirt. Man sieht die Möglichkeit hiervon sogleich, wenn man der Sache eine geometrische Einkleidung giebt. Als Gleichung einer auf rechtwinklige Coordinaten bezogenen Curve betrachtet, stellt (1) eine Hyperbel dar, von welcher nur ein endlicher Bogen den Bedingungen (4) genügt, so dass man also in der That leicht alle innerhalb dieses Bogens liegenden Punkte finden kann, deren Coordinaten ganze Zahlen sind. Jeder dieser Punkte bestimmt dann eine Gruppe von Auflösungen der Gleichung (1), und falls sich keiner findet, ist die Unmöglichkeit dieser Gleichung dargethan.

Wie man sieht, ist der Erfolg des eben beschriebenen Verfahrens von der Wahl der Auflösung (T, U), welche dabei als Ausgangspunkt dient, ganz unabhängig. Die Rechnung wird jedoch am kürzesten, wenn diese Auflösung die in den kleinsten Zahlen ausgedrückte ist, aus welcher bekanntlich alle übrigen durch Potenziren erhalten werden können. Wählt man eine dieser abgeleiteten, so hat dies keinen anderen Uebelstand, als dass die Anzahl der Gruppen im Endresultat dadurch vergrössert wird.

Indem wir zum dritten Grade übergehen, werden wir, der Kürze wegen und um das Schreiben zu complicirter Ausdrücke zu vermeiden, nicht die allgemeinste Function der oben näher bezeichneten Art betrachten, sondern uns auf diejenige besondere dritten Grades beschränken, welche zu der allgemeinsten dieses Grades in ähnlicher Beziehung steht, wie sich für den zweiten Grad die sogenannte Hauptform:

$$x^2 - Dy^2$$

zu der allgemeinen Form:

$$ax^2 + 2bxy + cy^2$$

derselben Determinante verhält. Ist:

$$s^3 + as^2 + bs + c = 0 \tag{5}$$

eine cubische Gleichung, deren Coefficienten ganze Zahlen sind, und welche durch keinen rationalen Factor theilbar ist, und bezeichnen:

$$\alpha, \quad \beta, \quad \gamma$$

die Wurzeln derselben, so ist der zu betrachtende Ausdruck:

$$F(x, y, z)$$

das Product von:

$$x + \alpha y + \alpha^2 z$$

und zwei ähnlichen aus β und γ gebildeten linearen Functionen. Die zu lösende Gleichung wird alsdann:

$$F(x, y, z) = m, \tag{6}$$

während die der obigen Gleichung (2) entsprechende mit der folgenden zusammenfällt:

$$F(t, u, v) = 1, \tag{7}$$

Was diese letztere betrifft, so lässt sich durch Betrachtungen, die hier nicht ausgeführt werden können, nachweisen, dass sie wie jene (2) immer auflösbar ist, und es wird nun zu zeigen sein, wie man aus einer oder zwei Auflösungen der Gleichung (7) alle Werthe x, y, z ableiten kann, welche der Gleichung (6) genügen, oder wie man sich davon überzeugen kann, dass keine solche existiren. Hierbei treten nun zwei wesentlich verschiedene Fälle ein, je nachdem nämlich die Gleichung (5) nur eine oder drei reelle Wurzeln hat.

Im ersteren dieser Fälle, den wir allein hier ausführlich besprechen werden, hat die Gleichung (7) mit der Gleichung (2) die Eigenschaft gemein, dass alle ihre Auflösungen aus einer Fundamental-Auflösung durch Potenziren abgeleitet werden können; allein es ist für unsern Zweck nicht erforderlich, diese einfachste Auflösung zu kennen, sondern das Verfahren bleibt bis auf die grössere Länge der Rechnung ganz dasselbe, wenn man von einer der abgeleiteten Auflösungen ausgeht. Ist nämlich:

$$(T,\quad U,\quad V)$$

eine solche*), und bezeichnet man andrerseits mit:

$$X,\quad Y,\quad Z$$

irgend welche ganze Zahlen, die der Gleichung (6) genügen, so lassen sich daraus unendlich viele neue ableiten, wenn man in der Gleichung:

$$x+\alpha y+\alpha^2 z = (X+\alpha Y+\alpha^2 Z)(T+\alpha U+\alpha^2 V)^n \tag{8}$$

nach geschehener Entwickelung die rationalen Theile, so wie die Coefficienten von α und α^2 besonders gleich setzt. Die durch diese Formel mit einander verbundenen Auflösungen bilden offenbar wieder eine Gruppe, welche von der Wahl des Anfangsgliedes (X, Y, Z) unabhängig ist, d. h. welche dieselbe bleibt, wenn man dieses mit irgend einem anderen Gliede derselben Gruppe vertauscht. Es folgt daraus, wie oben, dass sich die Gesammtheit aller Auflösungen der Gleichung (6) in solche Gruppen vertheilen lassen muss, und dass man sich im Besitze aller dieser Auflösungen befinden wird, sobald man aus jeder Gruppe ein Glied anzugeben im Stande ist. Nun ist aus (6) und (8) sogleich klar, wenn man unter α diejenige der Wurzeln der Gleichung (5) versteht, welche reell ist, dass:

$$x+\alpha y+\alpha^2 z$$

dasselbe Zeichen wie m hat und in jeder Gruppe einmal und nur einmal einen Werth erhält, der zwischen den Grenzen:

$$\sigma \quad \text{und} \quad \sigma(T+\alpha U+\alpha^2 V)$$

mit beliebigem Ausschlusse von einer derselben liegt, wo die Grösse σ ganz willkürlich und der einzigen Beschränkung unterworfen ist, ein dem Zeichen von m gleiches Zeichen zu haben. Die Auffindung aller Auflösungen, welche diese doppelte Bedingung erfüllen und die Repräsentanten von eben so vielen Gruppen sind, lässt sich aber sogleich durch Versuche in endlicher Anzahl

*) Es versteht sich von selbst, dass die ganz illusorische Auflösung (1, 0, 0) ausgeschlossen werden muss.

bewerkstelligen, oder es lässt sich erkennen, dass keine solche und also überhaupt keine Auflösungen der Gleichung (6) existiren. In der That stellt die Gleichung (6), wenn man darin x, y, z als rechtwinklige Coordinaten betrachtet, eine krumme Fläche von unendlicher Ausdehnung dar, welche in unserem Falle, wo nur eine der Wurzeln α, β, γ reell ist, eine Ebene und eine Gerade zu Asymptoten hat. Die oben erhaltenen Ungleichheitsbedingungen haben dann die geometrische Bedeutung, dass man nur das Stück der Fläche zu betrachten hat, welches zwischen den durch die Gleichungen:

$$x+\alpha y+\alpha^2 z = \sigma, \qquad x+\alpha y+\alpha^2 z = \sigma(T+\alpha U+\alpha^2 V)$$

bestimmten Ebenen liegt, welche mit der vorher erwähnten Asymptoten-Ebene parallel sind. Dieses Stück aber hat, wie man leicht sieht, nur eine endliche Ausdehnung, so dass man also durch Versuche in beschränkter Anzahl immer wird entscheiden können, welche Punkte desselben ganzzahlige Coordinaten haben, wenn überhaupt Punkte dieser Art vorhanden sind.

Wir bemerken nur noch, dass in dem zweiten der früher unterschiedenen Fälle die Gleichung (7), wie in dem eben besprochenen, unendlich viele Auflösungen zulässt, die aber nicht alle aus einer durch Potenziren abgeleitet werden können. Es existiren vielmehr in diesem Falle zwei Grundauflösungen, welche durch Multiplication und Potenzirung alle übrigen erzeugen. Ohne diese zu kennen, wird es hinlänglich sein, von den derivirten zwei von solcher Beschaffenheit zu haben, dass nicht beide durch Potenzirung in eine und dieselbe dritte übergehen können, um daraus nach einem dem oben angegebenen ähnlichen Verfahren die Gesammtheit aller Auflösungen der Gleichung (6) ableiten zu können.

VERALLGEMEINERUNG EINES SATZES AUS DER LEHRE VON DEN KETTENBRÜCHEN NEBST EINIGEN ANWENDUNGEN AUF DIE THEORIE DER ZAHLEN.

[Auszug aus einer in der Akademie der Wissenschaften am 14. April 1842 gelesenen Abhandlung.]

Ist α ein irrationaler Werth, so giebt es immer unendlich viele zusammengehörige ganze Zahlen x und y, für welche der lineare Ausdruck $x - \alpha y$ numerisch kleiner als $\frac{1}{y}$ ist, wie dies aus der Theorie der Kettenbrüche längst bekannt ist. Die eben ausgesprochene Eigenschaft lässt sich wie folgt verallgemeinern:

„Sind $\alpha_1, \alpha_2, \ldots, \alpha_m$ gegebene positive oder negative Werthe von solcher Beschaffenheit, dass der lineare Ausdruck:

$$x_0 + \alpha_1 x_1 + \alpha_2 x_2 + \cdots + \alpha_m x_m, \tag{1}$$

in welchem:

$$x_0, \quad x_1, \quad \ldots, \quad x_m \tag{2}$$

unbestimmte positive oder negative ganze Zahlen bezeichnen, nur in dem Falle verschwinden kann, wenn $x_1 = x_2 = \cdots = x_m = 0$ und also auch $x_0 = 0$ ist, so giebt es immer unendlich viele Systeme (2), worin nicht:

$$x_1 = x_2 = \cdots = x_m = 0,$$

und für welche der Ausdruck (1) numerisch kleiner als $\frac{1}{s^m}$ ist, wo unter s der grösste der Zahlenwerthe von $x_1, x_2, \ldots, x_m$ verstanden wird.“

Um diesen eben so einfachen als fruchtbaren Satz zu beweisen, wird es genügen nachzuweisen, dass ein System von der verlangten Beschaffenheit gefunden werden kann, für welches ausserdem der numerische Werth von (1) kleiner als eine vorher bestimmte Grösse δ ist. Um ein solches zu erhalten, nehme man eine positive ganze Zahl n, welche die Bedingung:

$$\frac{1}{(2n)^m} < \delta$$

erfüllt, und lege in dem Ausdrucke (1) jeder der Zahlen:

$$x_1, \quad x_2, \quad \ldots, \quad x_m$$

alle in der Reihe:

$$-n, \quad -(n-1), \quad \ldots, \quad -1, \quad 0, \quad 1, \quad \ldots, \quad n-1, \quad n$$

enthaltenen Werthe bei. Bestimmt man nun für jede dieser $(2n+1)^m$ Verbindungen x_0 so, dass (1) einen nicht negativen unter der Einheit liegenden Werth erhält, so hat man $(2n+1)^m$ ächte Brüche, von denen nothwendig wenigstens zwei in *demselben* der durch die Werthe:

$$0, \quad \frac{1}{(2n)^m}, \quad \frac{2}{(2n)^m}, \quad \ldots, \quad \frac{(2n)^m-1}{(2n)^m}, \quad 1$$

begrenzten $(2n)^m$ Intervalle liegen müssen. Zieht man zwei Ausdrücke, denen solche Werthe entsprechen, von einander ab, so erhält man einen neuen Ausdruck von der Form (1), in welchem offenbar *erstens* die Zahlen $x_1, x_2, \ldots, x_m$ nicht alle zugleich verschwinden, *zweitens* keine dieser Zahlen, abgesehen vom Zeichen, $2n$ übertrifft, und dessen numerischer Werth endlich *drittens* kleiner als:

$$\frac{1}{(2n)^m} < \delta$$

und also auch kleiner als $\frac{1}{s^m}$ ist.

Hieraus folgt dann sogleich die Existenz von unendlich vielen Systemen (2), welche der Aussage des Satzes entsprechen. In der That, wie viele solcher Systeme man auch als schon bekannt voraussetzen möge, so wird es, da für keines derselben der Ausdruck (1) verschwindet, nach dem eben Gesagten möglich sein, ein neues von den gegebenen verschiedenes zu finden, indem man zu diesem Zwecke nur für δ den kleinsten Zahlenwerth des Ausdrucks (1) zu wählen braucht, welcher einem der schon bekannten Systeme entspricht.

Es giebt analoge Sätze für zwei oder mehr simultane Ausdrücke der Form (1), welche durch dieselben einfachen Betrachtungen erwiesen werden können, und von welchen der auf zwei bezügliche so lautet:

„Sind:

$$\alpha_1, \quad \alpha_2, \quad \ldots, \quad \alpha_m$$

und:

$$\beta_1, \quad \beta_2, \quad \ldots, \quad \beta_m$$

(wo $m > 2$) zwei Reihen gegebener Werthe von solcher Beschaffenheit, dass die Summen:

$$\alpha_1 x_1 + \alpha_2 x_2 + \cdots + \alpha_m x_m, \tag{3}$$

$$\beta_1 x_1 + \beta_2 x_2 + \cdots + \beta_m x_m, \tag{4}$$

nur in dem Falle gleichzeitig verschwinden können, wenn:

$$x_1 = x_2 = \cdots = x_m = 0$$

ist, so giebt es immer unendlich viele Systeme x_1, x_2, ..., x_m nicht gleichzeitig verschwindender Zahlen, für welche (3) und (4) resp. numerisch kleiner sind als:

$$\frac{A}{s^a}$$

und:

$$\frac{B}{s^{m-2-a}},$$

in welchen Ausdrücken A und B bestimmte von:

$$\alpha_1, \quad \alpha_2, \quad \ldots, \quad \alpha_m, \quad \beta_1, \quad \beta_2, \quad \ldots, \quad \beta_m$$

abhängende und a eine beliebige zwischen 0 und $m-2$ liegende Constante bezeichnen."

Ein für die Anwendungen auf die Zahlentheorie besonders wichtiger Fall ist der, wo die Exponenten a und $m-2-a$ einander gleich genommen werden und die Ausdrücke in $\frac{A}{s^{\frac{m}{2}-1}}$ und $\frac{B}{s^{\frac{m}{2}-1}}$ übergehen.

Wir fügen noch hinzu, dass diese Sätze und ihre Beweise mit geringen Modificationen auf complexe Zahlen ausgedehnt werden können.

Vermittelst der eben erhaltenen Resultate lässt sich das Lemma, auf welchem die Verallgemeinerung der FERMATschen Gleichung $t^2 - Du^2 = 1$ beruht, ganz elementar beweisen*), und man sieht zugleich, dass das Lemma, so wie der

*) Comptes rendus des séances de l'Académie des sciences de Paris. Premier semestre 1840, p. 286.[1])

[1]) S. 622 dieser Ausgabe von G. Lejeune Dirichlet's Werken.

darauf gegründete Satz noch richtig bleibt, wenn die algebraische Gleichung:

$$s^n + as^{n-1} + \cdots + gs + h = 0,$$

nur imaginäre Wurzeln hat, vorausgesetzt dass alsdann n grösser als 2 sei. Die in Rede stehende Erweiterung fordert den Nachweis, dass es immer wenigstens *eine* ganze Zahl m giebt, für welche die unbestimmte Gleichung:

$$F(x, y, z, \ldots) = m$$

unendlich viele Auflösungen zulässt, und dies folgt mit der grössten Leichtigkeit aus dem ersten oder dem erwähnten besonderen Falle des zweiten der obigen Sätze, je nachdem sich unter den Wurzeln der Gleichung wenigstens eine reelle befindet oder diese sämmtlich imaginär sind.

ZUR THEORIE DER COMPLEXEN EINHEITEN.[1])

[Mitgetheilt in der Sitzung der physikalisch-mathematischen Classe der Akademie der Wissenschaften am 30. März 1846.]

Es sei:

$$(1) \qquad F(\omega) = \omega^n + p_1\omega^{n-1} + p_2\omega^{n-2} + \cdots + p_n = 0$$

eine Gleichung von beliebigem Grade mit ganzen Coefficienten $p_1, p_2, \ldots, p_n$, die keinen rationalen Factor hat, und deren Wurzeln mit $\alpha, \beta, \ldots, \varrho$ bezeichnet werden sollen. Bildet man nun mit n unbestimmten ganzen Zahlen $t, u, \ldots, z$ Ausdrücke von der Form:

$$\varphi(\alpha) = t + u\alpha + \cdots + z\alpha^{n-1}, \quad \varphi(\beta) = t + u\beta + \cdots + z\beta^{n-1}, \quad \ldots,$$

so wird das Product:

$$\varphi(\alpha)\varphi(\beta) \cdots \varphi(\varrho)$$

eine homogene Function mit ganzen Coefficienten von $t, u, \ldots, z$ sein, welche, wie Lagrange zuerst bemerkt hat, die merkwürdige Eigenschaft besitzt, sich durch Multiplication und folglich auch durch Potenzirung zu reproduciren. Für die Theorie der so gebildeten Functionen ist nun vor Allem die Beantwortung der Frage, für welche Systeme von Werthen $t, u, \ldots, z$ sie der Einheit gleich werden, d. h. die vollständige Auflösung der Gleichung:

$$(2) \qquad \varphi(\alpha)\varphi(\beta) \cdots \varphi(\varrho) = 1$$

von der grössten Wichtigkeit und als ein Fundamentalproblem dieser Theorie zu betrachten.

Nimmt man gewisse besondere Auflösungen dieser Gleichung aus, welche immer leicht gefunden werden können, und für welche die Factoren:

$$\varphi(\alpha), \ \varphi(\beta), \ \ldots, \ \varphi(\varrho)$$

Wurzeln der Einheit sind, so wird jede gegebene Auflösung, zu einer unbestimmten ganzen positiven oder negativen Potenz erhoben, unendlich viele neue Auflösungen erzeugen, und eben so einleuchtend ist es, dass man bei zwei oder mehr gegebenen Auflösungen unbestimmte Potenzen derselben durch Multiplication zu dem-

---

[1]) Die einleitenden Worte im Bericht über die Sitzung lauten: „Hr. Lejeune Dirichlet machte einige Mittheilungen über eine von ihm ausgeführte Untersuchung, welche die Theorie der complexen Einheiten zum Gegenstande hat und nächstens an einem andern Orte bekannt gemacht werden soll“.

selben Zwecke verbinden kann. Für den speciellen Fall, wo $F(\omega) = \omega^2 - D$, geht unsere Gleichung in die bekannte PELLsche Gleichung über, deren sämmtliche Auflösungen aus einer Fundamentalauflösung durch Potenziren und Multipliciren mit ± 1 erhalten werden. Es entsteht nun hier die Frage, ob für die allgemeine Gleichung eine ähnliche Eigenschaft stattfindet, und ob auch für diese solche Fundamentalauflösungen existiren, aus welchen durch Potenziren und Multipliciren sämmtliche Auflösungen gebildet werden können. Diese Frage findet ihre vollständige Erledigung in folgendem durch seine grosse Allgemeinheit merkwürdigen Satze:

„Bezeichnet h die Gesammtanzahl der reellen und der Paare imaginärer conjugirter Wurzeln der Gleichung (1), so giebt es immer $h-1$ Fundamentalauflösungen von solcher Beschaffenheit, dass, wenn man dieselben potenzirt und in einander multiplicirt und dem so gebildeten allgemeinen Product der Reihe nach jede der vorher erwähnten besonderen Auflösungen als Factor zugesellt, alle Auflösungen von (2) und zwar jede nur einmal dargestellt werden.“

Für die nächsten Grade nach dem zweiten liess sich dieser Satz ohne erhebliche Schwierigkeiten beweisen, und wir haben das auf den dritten Grad bezügliche Resultat in einer früheren Note*) schon vor mehreren Jahren ausgesprochen. Dem Beweise des Satzes in seiner ganzen Allgemeinheit, wie er sich auf dem Wege der Induction bald herausstellte, traten jedoch die grössten Schwierigkeiten entgegen, die erst nach vielen fruchtlosen Versuchen vollständig überwunden werden konnten. Fortgesetzte Beschäftigung mit diesem Gegenstande hat dann endlich den Beweis in solchem Grade vereinfacht, dass wir die Hauptmomente desselben mit wenigen Worten auf eine verständliche Weise zu bezeichnen im Stande sind.

Als der eigentliche Nerv dieses Beweises ist die Auffindung von $h-1$ von einander unabhängigen Auflösungen zu betrachten, unter welcher Benennung wir solche verstehen, die, zu beliebigen Potenzen erhoben und in einander multiplicirt, nie die evidente Auflösung $t = 1,\ u = 0,\ \ldots,\ z = 0$ ergeben, ausser wenn sämmtliche Potenzexponenten der Null gleich genommen werden. Sind nämlich $h-1$ solche Auflösungen bekannt, so lässt sich vermittelst der in der vorher angeführten Note entwickelten Methode die Gleichung:

$$\varphi(\alpha)\varphi(\beta) \cdots \varphi(\varrho) = r,$$

*) Monatsbericht für October 1841.[1])

[1]) S. 625 dieser Ausgabe von G. Lejeune Dirichlet's Werken.

in welcher r eine gegebene ganze Zahl bezeichnet, immer vollständig auflösen oder doch zeigen, dass diese Gleichung keiner Auflösung fähig ist. Auf den besonderen Fall angewandt, wo $r = 1$, giebt dieses Verfahren die vollständige Auflösung der Gleichung (2) und nach einigen Umformungen des Resultats gerade in der Form, wie sie unser Satz ausspricht.

Was nun den Nachweis betrifft, dass immer $h-1$ von einander unabhängige Auflösungen existiren, so wird das dazu erforderliche Princip durch gewisse allgemeine Sätze an die Hand gegeben, die eine merkwürdige Verallgemeinerung der Eigenschaften der Kettenbrüche darbieten und der Akademie schon vor vier Jahren mitgetheilt worden sind*). Mit Hülfe dieser Sätze kann man immer eine Auflösung der Gleichung (2) finden, für welche der Zahlenwerth jedes der Ausdrücke $\varphi(\alpha)$, $\varphi(\beta)$, ..., $\varphi(\varrho)$, die reellen Wurzeln entsprechen, so wie jedes Product von je zweien, zu conjugirten imaginären Wurzeln gehörenden nach Belieben unter oder über der Einheit liegt, wenn man nur die zwei offenbar unmöglichen Combinationen ausschliesst, wo alle zugleich grösser oder alle zugleich kleiner als die Einheit sein sollen. Ist dieser Punkt erst erledigt, so lässt sich das über die unabhängigen Auflösungen Behauptete wie folgt zeigen.

Bezeichnet man für eine gegebene Auflösung mit:

$$a, b, \ldots, k$$

diejenigen der Ausdrücke $\varphi(\alpha)$, $\varphi(\beta)$, ..., $\varphi(\varrho)$, welche reell sind, so wie die Producte von je zwei zusammengehörigen imaginären, so hat man:

$$ab \cdots k = 1.$$

Sollen nun z. B. drei Auflösungen, für die wir $a, b, \ldots, k$ mit den Indices 1, 2, 3 versehen wollen, unabhängig von einander sein, so muss die Gleichung:

$$a_1^{m_1} a_2^{m_2} a_3^{m_3} = 1$$

nicht anders bestehen können, als wenn die ganzen Zahlen m_1, m_2, m_3 gleichzeitig verschwinden. Berücksichtigt man, dass diese Gleichung, wenn sie stattfindet, nicht aufhören wird, richtig zu sein, wenn man a in b oder c verwandelt, und bezeichnet mit den grossen Buchstaben die Logarithmen der Zahlenwerthe der durch die entsprechenden kleinen ausgedrückten Grössen, so sieht man, dass die Bedingung für die Unabhängigkeit der drei Auflösungen darin besteht, dass die drei linearen Gleichungen:

*) Monatsbericht für April 1842.[1])

[1]) S. 633 dieser Ausgabe von G. Lejeune Dirichlet's Werken.

$$A_1 m_1 + A_2 m_2 + A_3 m_3 = 0, \quad B_1 m_1 + B_2 m_2 + B_3 m_3 = 0, \quad C_1 m_1 + C_2 m_2 + C_3 m_3 = 0$$

keine andere Auflösung in ganzen Zahlen zulassen dürfen als:

$$m_1 = 0, \quad m_2 = 0, \quad m_3 = 0.$$

Diese Bedingung wird aber offenbar erfüllt sein, wenn die sogenannte Determinante aus den neun Coefficienten oder nach der üblichen Bezeichnung der Ausdruck:

$$\Sigma \pm A_1 B_2 C_3$$

von Null verschieden ist, da alsdann die Gleichungen nur auf die angegebene Weise erfüllt werden können, selbst wenn man davon abstrahirt, dass m_1, m_2, m_3 ganz sein sollen.

Durch dieses Resultat, in Verbindung mit dem vorher erwähnten, ist nun ein Mittel gegeben, die Anzahl der unabhängigen Auflösungen allmählich zu vergrössern, bis sie gleich $h-1$ geworden ist. Um z. B. zu drei bekannten, für welche $\Sigma \pm A_1 B_2 C_3$ von Null verschieden ist, eine vierte hinzuzufügen, hat man nur A_4, B_4, C_4, D_4 so einzurichten, dass $\Sigma \pm A_1 B_2 C_3 D_4$ ebenfalls nicht verschwinde. Nun ist aber bekanntlich:

$$\Sigma \pm A_1 B_2 C_3 D_4 = D_4 \Sigma \pm A_1 B_2 C_3 + C_4 F + B_4 G + A_4 H,$$

wo F, G, H nichts die nun hinzukommende Auflösung Betreffendes enthalten. Giebt man jetzt D_4 dasselbe Zeichen, welches $\Sigma \pm A_1 B_2 C_3$ hat, und C_4, B_4, A_4 resp. die Zeichen von F, G, H, falls sie nicht verschwinden, so ist die zweite Seite und also auch die erste positiv, d. h. die neu hinzugekommene Auflösung bildet mit den drei schon vorhandenen ein System unabhängiger Auflösungen.

Wir bemerken zum Schlusse noch, dass die Untersuchungen, über welche wir so eben einige Andeutungen gegeben haben, mittelst derselben Principien einer viel grösseren Ausdehnung fähig sind, als denselben hier gegeben worden ist. Man kann, statt wie es hier geschehen ist, nur *eine* Gleichung zu Grunde zu legen, mehrere Gleichungen betrachten, und die Factoren der zu bildenden Function aus den einzelnen Combinationen der Wurzeln dieser Gleichungen zusammensetzen, so wie man auch andererseits statt der ganzen Zahlen, welche als Coefficienten oder als Variabeln der homogenen Function vorkommen, complexe Zahlen einer beliebigen Form einführen kann. Auf alle diese Erweiterungen bleiben dieselben Principien anwendbar, was das günstigste Zeugniss dafür ablegt, dass diese Principien dem wahren Wesen des Gegenstandes entnommen sind.

G. LEJEUNE DIRICHLET'S WERKE.

HERAUSGEGEBEN AUF VERANLASSUNG

DER

KÖNIGLICH PREUSSISCHEN AKADEMIE DER WISSENSCHAFTEN

VON

L. KRONECKER.

FORTGESETZT

VON

L. FUCHS.

ZWEITER BAND.

VORWORT.

Der Herausgeber des ersten Bandes von DIRICHLET's Werken, welcher zum Schmerz der mathematischen Welt und seiner Freunde aus voller Schaffensfreude jählings abgerufen worden, hatte mit grosser Liebe und Sorgfalt die Vorbereitungen für eine würdige Ausgabe der gesammelten Schriften DIRICHLET's betrieben, wie jeder Leser des ersten Bandes der Werke schon selber zu erkennen Gelegenheit gehabt. Um so mehr ist es zu bedauern, dass es ihm nicht vergönnt war das Werk zu vollenden. Als die Königliche Akademie der Wissenschaften mich beauftragte die Fortsetzung der Herausgabe zu übernehmen, waren vom zweiten Bande die ersten fünfzehn Bogen bereits gedruckt, während für den Druck des Restes der ersten Abtheilung ein von KRONECKER verfasstes Programm vorlag. Dieses Programm hat in der Ausführung im Ganzen zur Richtschnur gedient, als wesentliche Abweichung von demselben ist hervorzuheben, dass nicht alle Uebersetzungen DIRICHLET'scher Abhandlungen — wie es in dem Programm vorgesehen war — sondern nur solche Aufnahme gefunden haben, welche von DIRICHLET selbst oder unter seiner Antheilnahme gemacht worden waren. Von den übrigen findet sich ein Verzeichniss am Schlusse dieses Bandes.

Ueber das Material, welches KRONECKER aus den nachgelassenen Schriften aufgenommen wissen wollte, fanden sich im Programm nur unvollständige Notizen vor. Von dem handschriftlichen Nachlass war nur ein Theil so beschaffen, dass eine Reconstruction des Inhaltes noch möglich war und in den Anhang mit aufgenommen werden konnte. Das Uebrige, aus unzusammenhängenden Notizen bestehend, musste als Material für einen späteren Enträthsler zurückgelassen werden. Zu spät, um noch in die erste Abtheilung aufgenommen zu werden, fand sich die Preisaufgabe über die ABEL'schen Functionen, welche ebenfalls im Anhang (S. 358) Platz gefunden hat. Gleichfalls im Anhang ist der Briefwechsel zwischen DIRICHLET und GAUSS, sowie zwischen DIRICHLET und KRONECKER zum Abdruck gekommen. Von der Correspondenz zwischen DIRICHLET und ALEXANDER VON HUMBOLDT konnte nur derjenige Theil Platz finden, welcher mit mathematischen Fragen in Zusammenhang steht.

Den Schluss des Anhanges bilden zwei Anmerkungen; die eine von Herrn DEDEKIND enthält eine Berichtigung einer Stelle des ersten Bandes, die andere von Herrn H. WEBER eine interessante Mittheilung von G. KIRCHHOFF.

Leider fanden sich in dem mir zu Gebote stehenden von KRONECKER hinterlassenen Material zum zweiten Bande nicht genügende Anhaltspunkte, um die im Vorwort zum ersten Bande von KRONECKER erörterte Frage über die redactionelle Abweichung der beiden im ersten Bande S. 1 und S. 21 abgedruckten denselben Gegenstand behandelnden Arbeiten DIRICHLET's vollständig zu klären.

Es ist mir eine angenehme Pflicht, an dieser Stelle allen denjenigen Herren, welche der Herausgabe ihr wohlwollendes Interesse zugewendet haben, zu danken, insbesondere dem Herrn HERMITE, welcher auch im zweiten Bande die grosse Güte gehabt hat, die französischen Correcturbogen durchzusehen, in gleicher Weise den Herren SCHERING, FROBENIUS, HENSEL und LUDWIG SCHLESINGER für ihre gütige Antheilnahme an der Revision der Correcturbogen. Herrn HETTNER verdanke ich den Hinweis auf die S. 368 abgedruckte Mittheilung von ENCKE. Herr HIRSCHFELD hatte die Güte, die Note: Entwurf zu einer akademischen Rede (S. 364), Herr M. CANTOR die Arbeit: *Mémoire sur la géométrie des Hindous* (S. 345) durchzusehen. Um die Sichtung des handschriftlichen Nachlasses, der in den Anhang aufgenommen worden ist, haben sich mein Sohn RICHARD und Herr H. LEMKE ganz besonders verdient gemacht. Den Druck hat mit dankenswerther Sorgfalt Herr E. E. BOEHM geleitet.

Vor allem aber drängt es mich Herrn DEDEKIND meinen wärmsten Dank abzustatten, welcher nicht nur die Richtigstellung des Textes einer sorgfältigen Kritik unterwarf, sondern auch Dank seiner tiefen Kenntniss der DIRICHLET'schen Schriften und den Erinnerungen aus seinem persönlichen Umgange mit DIRICHLET mich in der Auswahl des handschriftlichen Nachlasses zu unterstützen in der Lage war.

Berlin, Juli 1897.

L. FUCHS.

ÜBER DIE STABILITÄT DES GLEICHGEWICHTS.

[Auszug aus einer am 22. Januar 1846 in der Königl. Akademie der Wissenschaften gelesenen Abhandlung.] [1])

Wenn auf ein System materieller Punkte anziehende oder abstossende, bloss von der Entfernung abhängige Kräfte wirken, die entweder nach festen Centren gerichtet sind, oder für die, wenn sie gegenseitig zwischen zwei Massen stattfinden, Wirkung und Gegenwirkung einander gleich sind, und überdies die Bedingungsgleichungen, welche die Coordinaten der Punkte unter einander verbinden, die Zeit nicht enthalten, so gilt immer das sogenannte Integral der lebendigen Kraft, welches in seiner ganzen Allgemeinheit zuerst von D. Bernoulli aufgestellt worden und in der Gleichung:

$$\Sigma mv^2 = f(x, y, z, x', \ldots) + C$$

enthalten ist. Das Summenzeichen erstreckt sich auf alle Massen des Systems, von denen jede mit m, ihre Geschwindigkeit mit v bezeichnet ist, und C bedeutet die willkürliche Constante. Die Function der Coordinaten hängt bloss von der Natur der Kräfte ab und lässt sich immer durch eine bestimmte Anzahl unabhängiger Variabeln λ, μ, ν, ... ausdrücken, wodurch die Gleichung in:

$$\Sigma mv^2 = \varphi(\lambda, \mu, \nu, \ldots) + C$$

übergeht. Die Function φ steht in inniger Beziehung zu den Gleichgewichtslagen des Systems, indem die Bedingung, dass für eine, bestimmten Werthen von λ, μ, ν, ... entsprechende Lage Gleichgewicht stattfinde, mit der zusammenfällt, dass für diese Werthe das vollständige Differential von φ verschwinde; so dass also im Allgemeinen für jede Gleichgewichtslage die Function ein Maximum oder Minimum sein wird. Findet wirklich das Maximum statt, so hat das Gleichgewicht den Charakter der Stabilität, d. h. das System wird sich, wenn die Punkte aus einer solchen Lage nur wenig verrückt werden und kleine Anfangsgeschwindigkeiten erhalten, im Laufe der Zeit nie über gewisse enge Grenzen hinaus von derselben entfernen.

---

[1]) Im Jahrgang 1846 der Akademie-Berichte wird der Auszug auf S. 34 mit den Worten eingeleitet: Hr. Lejeune Dirichlet las *über die Bedingungen der Stabilität des Gleichgewichts.* Für den Abdruck im Journal hat Dirichlet den Titel, so wie an einigen Stellen den Text etwas verändert und den ganzen Absatz am Schlusse neu hinzugefügt.

Der eben erwähnte Satz gehört unstreitig zu den wichtigsten der ganzen Mechanik; auf ihm beruht namentlich die Theorie der kleinen Schwingungen, welche so viele interessante physikalische Anwendungen in sich begreift, und man muss sich in der That wundern, dass die Wahrheit desselben bisher nicht mit der nöthigen Strenge dargethan worden ist. Setzt man voraus, dass die Gleichgewichtslage oder das Maximum der Function φ den Werthen $\lambda = 0$, $\mu = 0, \ldots$ entspricht, was immer geschehen kann, ohne der Allgemeinheit Abbruch zu thun, so besteht der von LAGRANGE*) gegebene Beweis darin, dass die Entwickelung der Function nach Potenzen von $\lambda, \mu, \nu, \ldots$, welche mit den Gliedern zweiter Ordnung beginnt, auf diese beschränkt wird, und dass dann aus dem bekannten Kriterium für das Maximum, nach welchem die Glieder zweiter Ordnung als eine Summe von negativen Quadraten dargestellt werden können, Grenzen für $\lambda, \mu, \nu, \ldots$ abgeleitet werden, die sie nicht überschreiten können. Diese Schlussweise, welche auch bei anderen Fragen der Stabilität, und namentlich in der physischen Astronomie nicht selten in Anwendung gebracht wird, ermangelt aber offenbar der Beweiskraft, und es kann mit Recht gezweifelt werden, ob Grössen, für die man unter der *Voraussetzung*, dass sie immer klein bleiben — denn nur in dieser liegt die Befugniss, die höheren Glieder zu vernachlässigen —, kleine Grenzen findet, nach einer beliebigen Zeit wirklich in diese oder überhaupt nur in enge Grenzen eingeschlossen sein werden.

Der oben erwähnte Beweis ist, so viel ich weiss, bisher ohne wesentliche Veränderung von allen Schriftstellern reproducirt worden, welche sich mit diesem Gegenstande beschäftigt haben, und was namentlich POISSON**) zu demselben hinzugefügt hat, um die Glieder höherer Ordnung zu berücksichtigen, beruht auf der ganz unhaltbaren Annahme, dass *jedes* Glied zweiter Ordnung den Inbegriff aller höheren Glieder übertreffe. Aber selbst wenn die von LAGRANGE angestellten Betrachtungen für den Fall, worauf sie sich beziehen, und wo sich das Maximum in den Gliedern zweiter Ordnung zu erkennen giebt, vervollständigt würden, wäre damit der fragliche Satz noch nicht in seinem ganzen Umfange bewiesen. Bekanntlich ist die Existenz eines Maximums mit dem Verschwinden der Glieder zweiter Ordnung verträglich; nur muss immer die niedrigste Ordnung, für welche nicht sämmtliche Glieder verschwinden, eine gerade sein und das Aggregat aller dieser Glieder immer negativ bleiben. Die

*) Mécanique analytique, première partie, section III. **) Traité de Mécanique, tome second, page 492.[1])

[1]) Dieses Citat fehlt im Akademie-Bericht.

vollständigen Kriterien für diese letztere Bedingung sind bisher, selbst wenn es sich um die vierte Ordnung handelt, nicht aufgestellt worden (Théorie des fonctions, seconde partie, no. 57); sie wären daher vor Allem aufzusuchen; was nothwendig in den Beweis des mechanischen Satzes grosse Complication bringen würde.

Glücklicherweise lässt sich das Princip der Stabilität des Gleichgewichts unabhängig von diesen Kriterien und durch höchst einfache, unmittelbar an den Begriff des Maximums anknüpfende Betrachtungen nachweisen.

Indem wir die obige Voraussetzung beibehalten, dass die Gleichgewichtslage verschwindenden Werthen von λ, μ, ν, ... entspricht, machen wir noch die zweite: dass der Werth von $\varphi(0, 0, 0, \ldots)$ ebenfalls Null ist; was wegen der willkürlichen Constante gestattet ist. Bestimmt man nun die Constante aus dem gegebenen Anfangszustande, für welchen v, λ, μ, ν, ... mit v_0, λ_0, μ_0, ν_0, ... bezeichnet werden sollen, so erhält man:

$$\Sigma m v^2 = \varphi(\lambda, \mu, \nu, \ldots) - \varphi(\lambda_0, \mu_0, \nu_0, \ldots) + \Sigma m v_0^2.$$

Vermöge der Annahme, dass $\varphi(\lambda, \mu, \nu, \ldots)$ für $\lambda = 0$, $\mu = 0$, $\nu = 0$, ... ein Maximum ist, dessen Werth selbst verschwindet, lassen sich nun immer so kleine positive Grössen l, m, n, ... angeben, dass für jedes System λ, μ, ν, ..., wenn die Zahlenwerthe dieser Variabeln respective nicht grösser als l, m, n, ... sind, $\varphi(\lambda, \mu, \nu, \ldots)$ stets negativ ist; den einzigen Fall ausgenommen, wo λ, μ, ν, ... gleichzeitig verschwinden. Dieser Fall wird ausgeschlossen, wenn wir nur solche Systeme betrachten, in welchen wenigstens eine der Variabeln λ, μ, ν, ..., abgesehen vom Zeichen, ihrer Grenze l, m, n, ... gleich ist. Ist von allen diesen negativen Werthen der Function, $-p$, abgesehen vom Zeichen, der kleinste, so lässt sich leicht zeigen, dass, wenn λ_0, μ_0, ν_0, ... numerisch kleiner als l, m, n, ... genommen werden und zugleich der Bedingung:

$$-\varphi(\lambda_0, \mu_0, \nu_0, \ldots) + \Sigma m v_0^2 < p$$

Genüge geschieht, jede der Variabeln λ, μ, ν, ... im Laufe der Bewegung numerisch unter ihrer Grenze l, m, n, ... bleiben wird. Fände das Gegentheil statt, so müsste, da die anfänglichen Werthe λ_0, μ_0, ν_0, ... der Voraussetzung nach die eben ausgesprochene Bedingung erfüllen und bei der Stetigkeit der Variabeln λ, μ, ν, ...[1]), zu einer gewissen Zeit zuerst Gleichheit zwischen einem oder mehreren der Zahlenwerthe von λ, μ, ν, ... und der entsprechenden Grenze l, m, n, ... eintreten, ohne dass einer der übrigen diese noch überschritten hätte. Für diesen Zeitpunkt wäre der negative Werth von $\varphi(\lambda, \mu, \nu, \ldots)$

[1]) Die Worte „und bei der Stetigkeit der Variabeln λ, μ, ν, ...“ fehlen im Akademie-Bericht.

numerisch nicht kleiner als p, und also die zweite Seite unserer Gleichung wegen der obigen auf den Anfangszustand sich beziehenden Ungleichheit negativ; was mit der Natur der ersten Seite in Widerspruch steht. Zugleich ist klar, dass auch die Geschwindigkeiten v immer in Grenzen eingeschlossen bleiben werden, da stets:

$$\Sigma m v^2 \leqq \Sigma m v_0^2 - \varphi(\lambda_0, \mu_0, \nu_0, \ldots)$$

sein wird, so wie auch, dass die Grenzen für jedes v, so wie für jede der die Lage des Systems bestimmenden Variabeln λ, μ, ν, ..., beliebig enge gemacht werden können, da l, m, n, ... jedes Grades von Kleinheit fähig sind.[1])

Schliesslich wollen wir noch auf einen merkwürdigen, bei verschiedenen Schriftstellern vorkommenden Irrthum aufmerksam machen, welcher den eben besprochenen Gegenstand betrifft*). Es wird behauptet, dass, wenn das System im Laufe der Bewegung durch mehrere Gleichgewichtslagen hindurch geht, diese abwechselnd Lagen des stabilen und unstabilen Gleichgewichts, d. h. solche sind, denen ein Maximum oder Minimum der Function $\varphi(\lambda, \mu, \nu, \ldots)$ entspricht; und diese Behauptung wird darauf gegründet, dass 1^0 ein Maximum oder Minimum diesen Charakter nicht verliert, wenn die früher als unabhängig betrachteten Variabeln λ, μ, ν, ... die besonderen Werthe, für welche ein solches stattfindet, dadurch erhalten, dass sie Functionen von einer neuen Grösse t werden, und dann 2^0 darauf, dass bei einer Function einer einzigen Variabeln t Maxima und Minima einander abwechselnd folgen. Beides ist richtig, berechtigt aber nicht zu der daraus gezogenen Folgerung; es wäre vielmehr erforderlich, dass das Erstere auch umgekehrt gültig bliebe, d. h. dass die bloss von t abhängige Function $\varphi(\lambda, \mu, \nu, \ldots)$, wenn sie für ein bestimmtes t ein Maximum oder Minimum darbietet, dieselbe Eigenschaft behielte, wenn man die entsprechenden Werthe von λ, μ, ν, ... als besondere Werthe der als unabhängige Variabeln betrachteten Grössen λ, μ, ν, ... ansieht. Dies braucht aber nicht der Fall zu sein, selbst dann nicht, wenn nur eine Grösse, z. B. λ, vorkommt. So hat die Function λ^2 nur ein Minimum und gar kein Maximum, während für die Function $\sin^2 t$, in welche jene durch die Annahme $\lambda = \sin t$ übergeht, nicht nur unendlich viele Minima, welche einander und dem früheren gleich sind, sondern überdies unendlich viele Maxima stattfinden. Der Irrthum, in welchen man in dieser Beziehung verfallen ist, muss um so mehr befremden, als die Unrichtigkeit der aufgestellten Behauptung sich schon bei der gewöhnlichen Pendelbewegung zu erkennen giebt.

---

[1]) Hier schliesst der Auszug im Akademie-Bericht (vgl. S. 37 im Jahrgang 1846).

*) Traité de Mécanique par Poisson, tome second, page 491.

SUR UN MOYEN GÉNÉRAL DE VÉRIFIER L'EXPRESSION DU POTENTIEL RELATIF A UNE MASSE QUELCONQUE, HOMOGÈNE OU HÉTÉROGÈNE.

Étant donnée une masse quelconque, limitée en tout sens, formant un tout continu ou composée de plusieurs parties séparées, et ayant en chacun de ses points une densité finie, si l'on fait la somme de tous les éléments de cette masse, divisés chacun par sa distance à un point quelconque m, on aura ce que les géomètres sont convenus d'appeler le potentiel de la masse par rapport à ce point. On sait que l'intégrale triple ainsi définie, qui est toujours une fonction déterminée des coordonnées rectangulaires x, y, z du point m, jouit d'un grand nombre de propriétés importantes dont je ne rappellerai ici que celles sur lesquelles porte la remarque qui fait l'objet de cette note.

1) Le potentiel v et ses coefficients différentiels du premier ordre:

$$\frac{\partial v}{\partial x}, \quad \frac{\partial v}{\partial y}, \quad \frac{\partial v}{\partial z},$$

qui expriment les composantes de l'attraction exercée par la masse au point m, sont des fonctions finies et continues de x, y, z dans toute l'étendue de l'espace.

2) Il existe toujours des limites déterminées que les produits:

$$xv, \quad yv, \quad zv, \quad x^2\frac{\partial v}{\partial x}, \quad y^2\frac{\partial v}{\partial y}, \quad z^2\frac{\partial v}{\partial z}$$

ne sauraient dépasser en aucun point de l'espace.

3) Si l'on fait abstraction des points particuliers autour desquels la densité varie d'une manière brusque, chacune des trois dérivées:

$$\frac{\partial^2 v}{\partial x^2}, \quad \frac{\partial^2 v}{\partial y^2}, \quad \frac{\partial^2 v}{\partial z^2}$$

aura toujours une valeur finie et unique, et ces valeurs simultanées seront telles que:

$$(a) \qquad \frac{\partial^2 v}{\partial x^2} + \frac{\partial^2 v}{\partial y^2} + \frac{\partial^2 v}{\partial z^2} = -4\pi\varrho,$$

ϱ désignant la densité au point (x, y, z), que l'on devra considérer comme nulle lorsque ce point se trouve en dehors de la masse. Pour les points que nous venons d'excepter et qui seront toujours situés sur certaines surfaces, parmi lesquelles se trouveront aussi comprises celles qui servent de limite à la masse ou du moins les parties de ces dernières où la densité n'est pas nulle, les fonctions:

$$\frac{\partial^2 v}{\partial x^2}, \quad \frac{\partial^2 v}{\partial y^2}, \quad \frac{\partial^2 v}{\partial z^2}$$

auront généralement chacune deux valeurs distinctes, mais toujours finies, qui pour la première, par exemple, seront les deux limites du rapport:

$$\frac{\varDelta \dfrac{\partial v}{\partial x}}{\varDelta x},$$

qui répondent à une valeur infiniment petite de $\varDelta x$, positive ou négative. De la combinaison de ces doubles valeurs résulteront en général pour le trinôme (a) huit valeurs différentes qu'il n'est pas nécessaire de considérer; il suffit pour notre objet de savoir qu'elles sont toutes finies.

Voici maintenant la remarque très simple à laquelle les propriétés que nous venons d'énoncer, donnent lieu et qui n'avait pas encore été faite, que je sache. C'est que ces propriétés caractérisent complètement le potentiel v, et qu'il n'existe aucune autre fonction v' qui jouisse de toutes ces propriétés réunies.

Pour le prouver, admettons que le contraire ait lieu, et voyons ce qui en résultera pour la différence $v' - v = u$. D'après la nature des propriétés dont il s'agit, il est évident que la nouvelle fonction u satisfera encore aux conditions (1) et (2), tandis que l'équation (a) sera remplacée par celle-ci:

$$\frac{\partial^2 u}{\partial x^2} + \frac{\partial^2 u}{\partial y^2} + \frac{\partial^2 u}{\partial z^2} = 0.$$

Il faut toutefois excepter les points mentionnés plus haut; nous savons seulement qu'à de tels points répondent des valeurs finies du trinôme. Ces valeurs finies — inconnues pour le moment, mais qui sont effectivement toutes égales à zéro, puisque nous allons voir qu'on a $u = 0$ — n'ayant lieu que le long de certaines surfaces, seront sans aucune influence sur le résultat d'une triple intégration, et nous aurons rigoureusement:

$$\iiint u\left(\frac{\partial^2 u}{\partial x^2}+\frac{\partial^2 u}{\partial y^2}+\frac{\partial^2 u}{\partial z^2}\right)dx\,dy\,dz = 0,$$

les limites étant quelconques. Étendons chacune des trois intégrations depuis $-a$ jusqu'à $+a$, et considérons en particulier l'intégrale du premier terme. Si nous commençons par l'opération relative à x, l'intégration par parties donnera:

$$\int_{-a}^{+a} u\frac{\partial^2 u}{\partial x^2}dx = \left(u\frac{\partial u}{\partial x}\right)_{-a}^{+a} - \int_{-a}^{+a}\left(\frac{\partial u}{\partial x}\right)^2 dx,$$

les indices ajoutés au premier terme indiquant qu'il faut prendre la différence des deux valeurs qui répondent à $+a$ et à $-a$. C'est en effet à cette seule différence que se réduisent les termes que l'intégration par parties produit en dehors du signe, $u\frac{\partial u}{\partial x}$ étant une fonction continue de x. En opérant d'une manière analogue sur les deux autres intégrales, il viendra:

$$\iiint\left(\left(\frac{\partial u}{\partial x}\right)^2+\left(\frac{\partial u}{\partial y}\right)^2+\left(\frac{\partial u}{\partial z}\right)^2\right)dx\,dy\,dz$$

$$= \iint\left(u\frac{\partial u}{\partial x}\right)_{-a}^{+a}dy\,dz + \iint\left(u\frac{\partial u}{\partial y}\right)_{-a}^{+a}dx\,dz + \iint\left(u\frac{\partial u}{\partial z}\right)_{-a}^{+a}dx\,dy.$$

En vertu des conditions (2), la fonction de y et z, qui se trouve sous le signe dans la première intégrale double, sera dans toute l'étendue de cette intégrale numériquement moindre que $\frac{k}{a^3}$, k ne dépendant pas de a; l'intégrale est donc inférieure à $\frac{4k}{a}$, et s'évanouit pour $a = \infty$. La même chose ayant lieu relativement aux deux autres, il s'ensuit que l'intégrale triple, prise entre des limites infinies, est pareillement nulle. Or, la fonction soumise à la triple intégration, étant continue et ne pouvant jamais devenir négative, on conclut qu'elle est identiquement nulle, et par suite que u a une valeur constante, qui ne saurait être que zéro, u devant s'évanouir à l'infini, ce qu'il s'agissait de faire voir.

Le résultat que nous venons d'obtenir, fournit un moyen général de vérifier l'expression du potentiel, lorsque ce potentiel est donné dans toute l'étendue de l'espace. Il suffira pour cela de s'assurer que l'expression donnée satisfait à toutes les conditions énumérées plus haut.

L'application de ce procédé aux formules connues qui se rapportent à un ellipsoïde homogène, offre peut-être le moyen le plus expéditif d'établir les théorèmes relatifs à cette question célèbre, si toutefois il ne s'agit que d'une simple vérification et si l'on n'a pas en vue une méthode qui conduise naturellement aux résultats supposés inconnus, en même temps qu'elle les démontre.

L'équation de l'ellipsoïde étant:

$$\frac{x^2}{\alpha^2}+\frac{y^2}{\beta^2}+\frac{z^2}{\gamma^2}=1,$$

le trinôme qui en forme le premier membre, sera inférieur ou supérieur à l'unité, selon que le point (x, y, z) sera intérieur ou extérieur à l'ellipsoïde. Dans le second cas, l'équation:

$$\frac{x^2}{\alpha^2+\sigma}+\frac{y^2}{\beta^2+\sigma}+\frac{z^2}{\gamma^2+\sigma}=1$$

a une racine positive unique σ, qui varie d'une manière continue avec les variables x, y et z. On le voit en remarquant que les dérivées:

$$\frac{\partial\sigma}{\partial x},\quad \frac{\partial\sigma}{\partial y},\quad \frac{\partial\sigma}{\partial z},$$

données par les équations:

$$(b)\qquad l\frac{\partial\sigma}{\partial x}=\frac{2x}{\alpha^2+\sigma},\quad l\frac{\partial\sigma}{\partial y}=\frac{2y}{\beta^2+\sigma},\quad l\frac{\partial\sigma}{\partial z}=\frac{2z}{\gamma^2+\sigma},$$

où:

$$l=\frac{x^2}{(\alpha^2+\sigma)^2}+\frac{y^2}{(\beta^2+\sigma)^2}+\frac{z^2}{(\gamma^2+\sigma)^2},$$

ont des valeurs toujours finies. Cela posé, si nous faisons pour abréger:

$$D=\sqrt{\left(1+\frac{s}{\alpha^2}\right)\left(1+\frac{s}{\beta^2}\right)\left(1+\frac{s}{\gamma^2}\right)},$$

il s'agira de prouver qu'on a:

$$v=\pi\int_0^\infty\left(1-\frac{x^2}{\alpha^2+s}-\frac{y^2}{\beta^2+s}-\frac{z^2}{\gamma^2+s}\right)\frac{ds}{D},$$

ou:

$$v=\pi\int_\sigma^\infty\left(1-\frac{x^2}{\alpha^2+s}-\frac{y^2}{\beta^2+s}-\frac{z^2}{\gamma^2+s}\right)\frac{ds}{D},$$

selon que le point (x, y, z) se trouve dans l'intérieur ou en dehors de la masse, dont la densité est supposée égale à l'unité. La différentiation donne:

$$\frac{\partial v}{\partial x} = -2\pi x \int_0^\infty \frac{ds}{(\alpha^2+s)D},$$

ou:

$$\frac{\partial v}{\partial x} = -2\pi x \int_\sigma^\infty \frac{ds}{(\alpha^2+s)D},$$

le terme provenant de la variabilité de la limite σ dans le second cas, s'évanouissant en vertu de l'équation dont σ est racine. Il est manifeste que les premières expressions de v et de $\frac{\partial v}{\partial x}$ et les expressions analogues pour $\frac{\partial v}{\partial y}$, $\frac{\partial v}{\partial z}$ varient d'une manière continue avec les coordonnées x, y, z, et qu'il en est de même de celles qui répondent à un point extérieur; et l'on voit également que la continuité n'est pas non plus rompue à la surface où l'on a $\sigma = 0$, ce qui fait coïncider les expressions correspondantes.

Les conditions (2) ont évidemment lieu pour un point intérieur, et sont déjà comprises pour ce cas dans les conditions (1). Pour les vérifier en dehors de l'ellipsoïde, soit λ le plus petit des demi-axes α, β, γ; on aura évidemment, en observant que le facteur de $\frac{ds}{D}$ dans la seconde expression de v est moindre que l'unité, et en n'ayant égard qu'aux valeurs numériques:

$$v < \frac{2\pi\alpha\beta\gamma}{(\lambda^2+\sigma)^{\frac{1}{2}}}, \qquad \frac{1}{x}\cdot\frac{\partial v}{\partial x} < \frac{4\pi\alpha\beta\gamma}{3(\lambda^2+\sigma)^{\frac{3}{2}}}.$$

Comme d'un autre côté, l'équation en σ donne, abstraction faite du signe, $x < (\alpha^2+\sigma)^{\frac{1}{2}}$, on en conclut:

$$xv < 2\pi\alpha\beta\gamma\left(\frac{\alpha^2+\sigma}{\lambda^2+\sigma}\right)^{\frac{1}{2}}, \qquad x^2\frac{\partial v}{\partial x} < \tfrac{4}{3}\pi\alpha\beta\gamma\left(\frac{\alpha^2+\sigma}{\lambda^2+\sigma}\right)^{\frac{3}{2}},$$

inégalités dont les seconds membres restent finis, lorsque σ croît depuis zéro jusqu'à l'infini.

Passons aux dérivées du second ordre. On trouve:

$$\frac{\partial^2 v}{\partial x^2} = -2\pi \int_0^\infty \frac{ds}{(\alpha^2+s)D}$$

ou:

$$\frac{\partial^2 v}{\partial x^2} = \frac{2\pi x}{(\alpha^2+\sigma)\Delta}\cdot\frac{\partial\sigma}{\partial x} - 2\pi\int_\sigma^\infty \frac{ds}{(\alpha^2+s)D},$$

$\varDelta$ désignant la valeur de D qui répond à $s = \sigma$. Ces expressions sont encore finies et déterminées, mais ne coïncident plus à la surface. Si nous ajoutons maintenant à chacune de ces équations les deux équations analogues, et que nous observions qu'on a indéfiniment:

$$\int\left(\frac{1}{\alpha^2+s}+\frac{1}{\beta^2+s}+\frac{1}{\gamma^2+s}\right)\frac{ds}{D} = -\frac{2}{D}+\text{const.},$$

il viendra selon les deux cas:

$$\frac{\partial^2 v}{\partial x^2}+\frac{\partial^2 v}{\partial y^2}+\frac{\partial^2 v}{\partial z^2} = -4\pi,$$

ou:

$$\frac{\partial^2 v}{\partial x^2}+\frac{\partial^2 v}{\partial y^2}+\frac{\partial^2 v}{\partial z^2} = \left(\frac{2x}{\alpha^2+\sigma}\cdot\frac{\partial\sigma}{\partial x}+\frac{2y}{\beta^2+\sigma}\cdot\frac{\partial\sigma}{\partial y}+\frac{2z}{\gamma^2+\sigma}\cdot\frac{\partial\sigma}{\partial z}-4\right)\frac{\pi}{\varDelta}.$$

La première de ces deux équations s'accorde déjà avec la condition (a), et pour s'assurer qu'il en est de même de la seconde, il suffira de faire la somme des trois équations (b), multipliées chacune par son second membre, et de supprimer ensuite le facteur commun l, évidemment différent de zéro. On reconnaît ainsi que le second membre de la dernière équation s'évanouit, comme cela doit être pour un point extérieur.

Nous avons supposé jusqu'à présent que la masse donnée présentait trois dimensions; lorsque cette masse n'en aura que deux et sera distribuée sur une ou sur plusieurs surfaces, le mode de vérification que nous venons d'exposer, devra subir certaines modifications qui résultent toutefois trop simplement des théorèmes connus qui se rapportent à ce cas, pour qu'il soit nécessaire d'entrer dans de nouveaux détails à cet égard.[1])

---

[1]) Vgl. den unmittelbar folgenden Aufsatz.

ÜBER DIE CHARAKTERISTISCHEN EIGENSCHAFTEN DES POTENTIALS EINER AUF EINER ODER MEHREREN ENDLICHEN FLÄCHEN VERTHEILTEN MASSE.

Wie schon in einer früheren Abhandlung*) bemerkt worden, lässt sich die dort für den Fall einer nach drei Dimensionen ausgedehnten Masse entwickelte Methode auch auf die eben erwähnte Frage anwenden und ergiebt, dass für eine auf Flächen vertheilte Masse die charakteristischen Eigenschaften des Potentials, d. h. diejenigen, welche den Ausdruck desselben vollständig bestimmen, die folgenden sind:

1) Das Potential v ist für den ganzen Raum eine endliche und stetige Function der rechtwinkligen Coordinaten x, y, z.

2) Die drei nach den Coordinaten genommenen partiellen Differentialquotienten des Potentials sind ebenfalls überall ausserhalb der Flächen stetig; für einen auf diesen liegenden Punkt hingegen findet eine Unterbrechung der Stetigkeit statt, welche darin besteht, dass, wenn man das Potential für einen solchen und die auf der Normale nach beiden Seiten in der Entfernung ε liegenden Punkte mit v, v', v'' bezeichnet, der Quotient $\frac{v'+v''-2v}{\varepsilon}$ für ein unendlich kleines positives ε den Ausdruck $-4\pi\varrho$ zur Grenze hat, wo ϱ die im Punkte der Fläche stattfindende Dichtigkeit bedeutet.

3) Ueberall ausserhalb der Flächen gilt die Gleichung:

$$\frac{\partial^2 v}{\partial x^2}+\frac{\partial^2 v}{\partial y^2}+\frac{\partial^2 v}{\partial z^2}=0.$$

4) In unendlicher Entfernung von den Flächen sind dieselben Bedingungen wie für eine nach drei Dimensionen ausgedehnte Masse erfüllt.

*) Crelle's Journal, Band 32, Seite 80. [1]

[1]) S. 9 des II. Bandes dieser Ausgabe von G. Lejeune Dirichlet's Werken. Die Bemerkung findet sich am Schlusse der Abhandlung auf S. 16.

Ausser dem Nutzen, den der Beweis, dass die eben angeführten Eigenschaften das Potential vollständig charakterisiren, gewähren kann, um den irgendwoher bekannten Ausdruck des Potentials zu verificiren, bietet derselbe noch ein anderes wesentlicheres Interesse dar. Es geht nämlich daraus hervor, dass der wichtige von Gauss aufgestellte Satz, nach welchem immer eine Masse so auf gegebenen Flächen vertheilt werden kann, dass das dieser Vertheilung entsprechende Potential in jedem Punkte der Flächen einen beliebig gegebenen, nach der Stetigkeit sich ändernden Werth erhalte, ganz identisch mit der Aussage ist, dass in einer den ganzen Raum erfüllenden homogenen Masse, wenn nur ursprünglich in unendlicher Entfernung verschwindende Temperaturen stattfinden, sich immer unter dem Einflusse von constanten auf Flächen vertheilten Wärmequellen nach unendlicher Zeit überall eine feste Temperatur einstellen wird. Die Identität beider Sätze und die dadurch begründete neue Beziehung zwischen zwei schon so grosse Verwandtschaft darbietenden Zweigen der mathematischen Physik erhellt augenblicklich aus dem oben Gesagten, indem die bekannten Bedingungen, welche den permanenten Wärmezustand bestimmen, ganz mit denen zusammenfallen, wodurch das der verlangten Massenvertheilung entsprechende Potential charakterisirt wird.

ÜBER DIE REDUCTION DER POSITIVEN QUADRATISCHEN FORMEN MIT DREI UNBESTIMMTEN GANZEN ZAHLEN.

Bekanntlich hat Lagrange zuerst gezeigt, dass jede binäre quadratische Form reducirt werden d. h. in eine andere verwandelt werden kann, deren Coefficienten gewisse Ungleichheitsbedingungen erfüllen, und hat zugleich nachgewiesen, dass in jeder Classe positiver Formen immer nur eine einzige solche Form existirt, so dass für diesen Fall die verschiedenen einer gegebenen Determinante entsprechenden reducirten Formen als die Repräsentanten der verschiedenen Classen dienen können. Nachdem später in den *Disquisitiones arithmeticae* die ternären Formen aus einem allgemeinen Gesichtspunkt betrachtet worden waren, wurde es für die weitere Ausbildung dieser Theorie erforderlich, die von Lagrange ausgeführte Untersuchung auf die positiven Formen dieser Art auszudehnen, d. h. solche Ungleichheitsbedingungen zwischen den Coefficienten aufzufinden, dass dieselben in jeder Classe von einer und nur von einer Form erfüllt werden. Diese mit grossen Schwierigkeiten verbundene Erweiterung ist von Seeber in einem speciell den positiven ternären Formen gewidmeten Werke geleistet worden, dessen Hauptinhalt sie ausmacht. Die grosse Complication der von Seeber befolgten Methode liess einen einfacheren zu denselben Resultaten führenden Weg wünschenswerth erscheinen, der jedoch erst nach manchen fruchtlosen Versuchen hat aufgefunden werden können.

Zu leichterer Bezeichnung dieses neuen Verfahrens von überraschender Einfachheit wird es zweckmässig sein, die Sache in ein geometrisches Gewand zu kleiden, indem wir dabei die interessante geometrische Construction benutzen, durch welche Gauss in einem kleinen Aufsatz, worin er das Seebersche Werk bespricht*), die Haupteigenschaften der positiven binären und ternären Formen darstellt. Nach dieser geometrischen Darstellung entspricht jeder positiven ternären Form ein unendliches System parallelepipedisch geordneter Punkte, und die verschiedenen Unterformationen der Form sind nichts Anderes als veränderte Anordnungen desselben Systems, nach einem andern Elementarparallelepipedon. In dieser Sprache ausgedrückt, bestehen die Seeberschen Resultate wesentlich in Folgendem.

1. Jedes System parallelepipedisch geordneter Punkte lässt sich immer so abtheilen, dass bei dem entsprechenden Elementarparallelepipedon weder die Seiten der Flächen grösser sind als die Diagonalen derselben, noch die Kanten des Parallelepipedons grösser als die Diagonalen des Parallelepipedons.
2. Eine solche Anordnung kann bei einem gegebenen System im Allgemeinen nur auf eine Weise bewerkstelligt werden.

Von der Richtigkeit des ersten dieser Sätze überzeugt man sich leicht durch folgende höchst einfache Betrachtung.

Es sei (0) ein beliebiger Punkt des Systems. Die übrigen Punkte desselben liegen offenbar immer paarweise in gleicher Entfernung und entgegengesetzter Richtung von (0). Es sei (1) einer der Punkte des Paares, für welche die Entfernung von (0) kleiner ist als für jedes andere Paar. Findet dieselbe kleinste Entfernung für mehrere Paare statt, so wähle man (1) nach Belieben in irgend einem derselben. Legt man jetzt durch die Gerade (01) und irgend einen Punkt des Systems ausserhalb derselben eine unendliche Ebene, so werden alle in diese Ebene fallenden Punkte ein parallelogrammatisches System bilden. In einer der beiden nächsten Parallellinien dieses Systems nehme man den am nächsten bei (0) liegenden Punkt, oder nach Belieben einen derselben, falls dieselbe kürzeste Entfernung für zwei Punkte dieser Linie stattfindet. Unter allen Ebenen, welche auf die angegebene Weise durch (01) gelegt werden können, wird diese kürzeste Entfernung bei einer oder bei einigen kleiner sein als bei allen übrigen. Diese Ebene, oder eine derselben, wenn dieselbe kürzeste Entfernung mehreren gemeinsam sein sollte,

*) Crelle's Journal, Band 20, Seite 312.[1])

[1]) Gauss' Werke, Bd. II S. 188.

und den Punkt in ihr, den wir mit (2) bezeichnen wollen, halte man fest. Man hat dann offenbar:

$$(02) \geqq (01),$$

und eben so leicht sieht man, dass in dem durch die Seiten (01) und (02) bestimmten Parallelogramm die beiden Diagonalen nicht kleiner als diese Seiten sind. Nachdem auf diese Weise die Ebene (012) fixirt worden, bemerke man, dass das gesammte Punktensystem in der Ebene (012) und anderen mit dieser parallelen und untereinander aequidistanten Ebenen liegt. Nun nehme man in einer der beiden der Ebene (012) benachbarten Ebenen den bei (0) nächsten Punkt, oder einen der nächsten, wenn dieselbe kürzeste Entfernung bei mehreren stattfinden sollte. Nennt man diesen Punkt (3), so hat man offenbar:

$$(03) \geqq (02),$$

und das durch die Kanten (01), (02) und (03) bestimmte Grundparallelepipedon wird die verlangten Eigenschaften haben.

Nach dem, was oben über das Parallelogramm mit den Seiten (01) und (02) bemerkt worden ist, haben wir noch zu zeigen, dass sowohl bei den Parallelogrammen (013), (023) als bei dem Parallelepipedon die Seiten und Kanten nicht grösser als die Diagonalen sind. Dies kommt wegen der zwei Ungleichheiten:

$$(03) \geqq (02) \geqq (01)$$

offenbar darauf hinaus, nachzuweisen, dass (03) weder grösser ist als eine der 4 Diagonalen der genannten Parallelogramme, noch grösser als eine der 4 Diagonalen des Parallelepipedons. Nun fallen aber offenbar diese 8 Diagonalen der Länge nach mit den 8 Geraden zusammen, welche von (0) nach den 8 Parallelogramm-Ecken gezogen werden können, die in der mit (012) parallelen, durch (3) gehenden Ebene um (3) herum liegen. Dass aber von diesen 8 Verbindungslinien keine kleiner als (03) ist, folgt unmittelbar aus der Bedingung, nach welcher der Punkt (3) gewählt worden.

Sind bei der eben angedeuteten Construction (1), (2) und (3) völlig bestimmte Punkte (von der immer stattfindenden Möglichkeit abgesehen, dass man für jeden derselben auch den Punkt nehmen kann, welcher in Bezug auf (0) in gleicher Entfernung und entgegengesetzter Richtung liegt), so werden die Kanten (01), (02) und (03) des erhaltenen Grundparallelepipedons ungleich und die Diagonalen wirklich grösser als die Seiten und Kanten sein, von denen sie im Allgemeinen nicht übertroffen werden sollen. Für diesen Fall beweist man dann leicht, dass dem System nur dieses einzige Elementarparallelepipedon mit den verlangten Eigenschaften entspricht.

Etwas anders gestaltet sich die Sache, wenn bei unserer Construction zwischen verschiedenen nicht entgegengesetzten Lagen für die Punkte (1), (2) und (3) gewählt werden kann; in solchen singulären Fällen können für das System mehrere nicht congruente Grundparallelepipeda existiren, welche die verlangten Eigenschaften besitzen. Alle diese Parallelepipeda lassen sich jedoch ohne Schwierigkeit vollständig aufzählen, und man kann immer eines derselben durch gewisse Nebenbedingungen von den übrigen trennen, so dass durch das Hinzutreten dieser secundären Bedingungen der Satz, dass jede Classe nur eine reducirte Form enthält, seine Gültigkeit nicht verliert. Etwas Ähnliches findet bekanntlich auch schon in der Theorie der positiven binären Formen statt, wo man in zwei besondern Fällen für den mittleren Coefficienten ein bestimmtes Zeichen vorschreiben muss, wenn man in jeder Classe nur eine reducirte Form behalten will.

ÜBER
DIE REDUCTION DER POSITIVEN QUADRATISCHEN FORMEN MIT DREI UNBESTIMMTEN GANZEN ZAHLEN.

[Vorgetragen in der Sitzung der physikalisch-mathematischen Classe der Akademie am 31. Juli 1848*).]

Bekanntlich hat LAGRANGE zuerst gezeigt, dass jede binäre quadratische Form reducirt, d. h. in eine andere äquivalente verwandelt werden kann, deren Coefficienten gewisse Ungleichheitsbedingungen erfüllen, und zugleich nachgewiesen, dass in jeder Classe positiver Formen immer nur eine einzige solche Form existirt, so dass für diesen Fall die verschiedenen, einer gegebenen Determinante entsprechenden reducirten Formen als die Repräsentanten der verschiedenen Classen dienen können. Nachdem später in den *„Disquisitiones arithmeticae"* die ternären Formen aus einem allgemeinen Gesichtspunkt betrachtet worden waren, wurde es für die weitere Ausbildung dieser Theorie erforderlich, die von LAGRANGE für die positiven binären Formen ausgeführte Untersuchung auf die ternären derselben Art auszudehnen, d. h. solche Ungleichheitsbedingungen zwischen den Coefficienten aufzufinden, dass dieselben in jeder Classe von einer und nur von einer Form erfüllt werden.

Diese mit grossen Schwierigkeiten verbundene Erweiterung ist von SEEBER in einem speciell den positiven ternären Formen gewidmeten Werke geleistet worden, dessen Hauptinhalt sie ausmacht und welches GAUSS in einer höchst

*) Von dieser Abhandlung ist bereits ein Auszug im Monatsbericht der Akademie gegeben worden, worin das Princip dieser neuen Behandlung der Reduction der positiven ternären Formen, die Betrachtung successiver Minima, angedeutet und der Beweis des ersten der beiden SEEBER'schen Resultate nach diesem Princip vollständig durchgeführt ist. [1])

[1]) S. 21 des II. Bandes dieser Ausgabe von G. Lejeune Dirichlet's Werken.

interessanten Anzeige*) wie folgt charakterisirt:

„Dem Geiste der Gründlichkeit, womit diese Gegenstände**) durchgeführt sind, müssen wir volle Gerechtigkeit widerfahren lassen, und wenn wir es dabei bedauern müssen, dass damit eine grosse und vielleicht manchen abschreckende Weitläuftigkeit verbunden gewesen ist, da die Auflösung des Problems 41 Seiten und der Beweis des Theorems 91 Seiten einnimmt, so wollen wir dies doch keineswegs als einen Tadel angesehen wissen. Wenn ein schwieriges Problem oder Theorem aufzulösen oder zu beweisen vorliegt, so ist allezeit der erste und mit gebührendem Danke zu erkennende Schritt, dass überhaupt eine Auflösung oder ein Beweis gefunden werde, und die Frage, ob dies nicht auf eine leichtere und einfachere Art hätte geschehen können, bleibt so lange eine müssige, als die Möglichkeit nicht zugleich durch die That entschieden wird. Wir halten es daher für unzeitig, hier bei dieser Frage zu verweilen.“

Die grosse Complication der Seeberschen Methode hat mich schon vor längerer Zeit zu dem Versuche gereizt, die Theorie der reducirten ternären Formen auf eine einfachere Weise zu begründen. Indem ich jetzt der Classe das Resultat meiner dahin gerichteten Bemühungen mitzutheilen mir erlaube, glaube ich im Interesse der Kürze und, wenn ich so sagen darf, der Durchsichtigkeit der Darstellung, die geometrische Form beibehalten zu müssen, worin ich die Untersuchung geführt habe, der ich die merkwürdigen Beziehungen zu Grunde gelegt habe, welche zwischen den quadratischen Formen mit zwei oder drei Elementen und gewissen räumlichen Gebilden stattfinden. Ich beginne mit der Ausführung der schon von Gauss in der erwähnten Anzeige über diese Beziehungen gegebenen Andeutungen.

§. 1.

Die ternäre Form:

$$(1)\qquad ax^2+by^2+cz^2+2a'yz+2b'xz+2c'xy = \varphi,$$

in welcher wir x, y, z als erstes, zweites, drittes Element betrachten, heisst

*) Crelle's Journal, Band 20, pag. 312.[1])

**) Die Auflösung der Aufgabe nämlich, in jeder Classe eine reducirte Form zu finden, und der Beweis, dass es in jeder nur eine giebt.

[1]) Gauss' Werke, Bd. II, S. 191.

positiv, wenn φ für reelle Werthe dieser Elemente nie negativ wird; in einer solchen Form sind die Coefficienten:

$$a, \quad b, \quad c$$

immer positiv, während die Coefficientenverbindungen:

$$(2) \quad a'^2-bc, \quad b'^2-ac, \quad c'^2-ab, \quad aa'^2+bb'^2+cc'^2-abc-2a'b'c' = -D,$$

deren letzte $-D$ die Determinante der Form heisst, negativ sind*). Vermöge dieser Bedingungen giebt es immer drei durch die Gleichungen:

$$\cos\lambda = \frac{a'}{\sqrt{bc}}, \quad \cos\mu = \frac{b'}{\sqrt{ac}}, \quad \cos\nu = \frac{c'}{\sqrt{ab}}$$

völlig bestimmte spitze oder stumpfe Winkel λ, μ, ν, aus denen eine dreikantige Ecke gebildet werden kann, da die hierzu erforderliche Bedingung:

$$\cos^2\lambda+\cos^2\mu+\cos^2\nu-2\cos\lambda\cos\mu\cos\nu < 1$$

mit $D > 0$ zusammenfällt. Da jedoch mit denselben Winkeln λ, μ, ν zwei zu einander symmetrische Ecken gebildet werden können, so wollen wir übereinkommen, immer diejenige von diesen beiden Ecken zu wählen, bei welcher die Kanten, wie sie diesen Winkeln der Reihe nach gegenüber liegen, in Bezug auf eine vom Scheitel 0 nach dem Innern der Ecke gerichtete und als nach oben gehend gedachte Gerade einander von der Rechten zur Linken folgen. Betrachten wir nun die drei Kanten als die positiven Axen eines Coordinatensystems, so können wir den ganzen unendlichen Raum auf unsere Form beziehen, indem wir die Producte $x\sqrt{a}$, $y\sqrt{b}$, $z\sqrt{c}$ als die Coordinaten eines beliebigen Punktes desselben ansehen, und φ drückt dann das Quadrat der Entfernung dieses Punktes vom Scheitel aus, oder noch allgemeiner das Quadrat der Entfernung zweier Punkte, deren gleichnamige Coordinaten jene Producte zu Differenzen haben.

Bildet man jetzt mit drei neuen unbestimmten Elementen x', y', z' die linearen Ausdrücke:

$$(3) \quad x = \alpha x'+\beta y'+\gamma z', \quad y = \alpha' x'+\beta' y'+\gamma' z', \quad z = \alpha'' x'+\beta'' y'+\gamma'' z',$$

wobei nur die eine Beschränkung stattfinden soll, dass die aus den 9 Coefficienten α, β, γ, α', β', γ', α'', β'', γ'' gebildete Determinante:

$$(4) \quad \alpha\beta'\gamma''+\beta\gamma'\alpha''+\gamma\alpha'\beta''-\gamma\beta'\alpha''-\alpha\gamma'\beta''-\beta\alpha'\gamma'' = E$$

nicht Null ist, so geht φ in eine neue Form φ' über, in Bezug auf welche alles

*) Disquisitiones arithmeticae, art. 271.

Entsprechende mit den accentuirten Buchstaben bezeichnet werden soll[1]). Lässt man der neuen Form wieder einen unendlichen Raum entsprechen, so sind dadurch zwei unendliche Räume Punkt für Punkt auf einander bezogen, indem je zwei Punkte einander entsprechen, wenn in den Ausdrücken ihrer Coordinaten:

$$x\sqrt{a},\quad y\sqrt{b},\quad z\sqrt{c};\quad x'\sqrt{a'},\quad y'\sqrt{b'},\quad z'\sqrt{c'}$$

die Elemente x, y, z und x', y', z' durch die Gleichungen (3) mit einander verbunden sind. Sind die eben geschriebenen Ausdrücke die Coordinatendifferenzen für zwei Paare correspondirender Punkte, so finden offenbar noch dieselben Beziehungen zwischen x, y, ... statt, woraus nach Obigem und wegen $\varphi = \varphi'$ sogleich folgt, dass die Entfernung je zweier Punkte des einen Raumes der Entfernung der entsprechenden des andern gleich ist. Die beiden punktweise auf einander bezogenen Räume sind also entweder congruent oder symmetrisch, d. h. sie lassen sich, indem die Anfangspunkte 0 und 0′ auf einander gelegt werden, in eine solche Lage bringen, dass entweder jeder Punkt auf seinen entsprechenden oder auf den Gegenpunkt des letzteren fällt, wenn wir zur Abkürzung zwei Punkte desselben Raumes, die vom Anfangspunkte aus in gleicher Entfernung und entgegengesetzter Richtung liegen, Gegenpunkte nennen. Um zu entscheiden, welcher von diesen beiden Fällen stattfindet, hat man in dem einen Raume vom Scheitel aus nach drei beliebigen Punkten Linien zu ziehen und dann zu untersuchen, ob die im andern von seinem Scheitel aus nach den entsprechenden Punkten gezogenen Geraden eine übereinstimmende oder die entgegengesetzte Aufeinanderfolge darbieten. Nimmt man z. B. im zweiten Raume die nach den Punkten mit den Coordinaten:

$$\sqrt{a'},\ 0,\ 0;\qquad 0,\ \sqrt{b'},\ 0;\qquad 0,\ 0,\ \sqrt{c'}$$

gezogenen, auf die positiven Axen des zweiten Raumes fallenden Linien, so folgen diese nach der oben getroffenen Uebereinkunft einander von der Rechten zur Linken. Für die entsprechenden Punkte im ersten Raume hat man die Coordinaten:

$$\alpha\sqrt{a'},\quad \alpha'\sqrt{a'},\quad \alpha''\sqrt{a'};\qquad \beta\sqrt{b'},\quad \beta'\sqrt{b'},\quad \beta''\sqrt{b'};\qquad \gamma\sqrt{c'},\quad \gamma'\sqrt{c'},\quad \gamma''\sqrt{c'}.$$

Um auszumitteln, ob die nach diesen Punkten gerichteten Linien einander von der Rechten zur Linken, d. h. wie die Axen des ersten Raumes, oder in umgekehrter Ordnung folgen, kann man sich des bekannten oder wenigstens aus

[1]) Die hierdurch bestimmte Bedeutung ist es, in welcher die accentuirten Buchstaben a', b', c' nachher gebraucht werden; sie ist also in diesem zweiten Absatz des §. 1 eine wesentlich andere als im ersten.

bekannten Eigenschaften leicht ableitbaren Satzes*) bedienen, nach welchem die nach den drei Punkten (ξ, η, ζ), (ξ', η', ζ'), (ξ'', η'', ζ'') gezogenen Geraden dieselbe Aufeinanderfolge wie die Axen der ξ, η, ζ oder die entgegengesetzte darbieten, je nachdem die aus den 9 Coordinaten gebildete Determinante, wenn man darin dem Gliede $\xi\eta'\zeta''$ das positive Zeichen giebt, positiv oder negativ ist. Für unseren Fall wird diese Determinante $E\sqrt{a'b'c'}$; es findet also Congruenz oder Symmetrie statt, je nachdem E positiv oder negativ ist.

Bisher hatten die Elemente x, y, z beliebige Werthe. Lässt man sie jetzt nur noch ganze Zahlen bedeuten, so haben wir statt des ganzen Raumes ein unendliches System parallelepipedisch geordneter Punkte, d. h. ein Punktensystem, welches durch die Durchschnitte dreier Reihen paralleler äquidistanter Ebenen gebildet wird. Nehmen wir nun noch an, dass auch die Substitutionscoefficienten α, β, γ, ... ganze Zahlen sind und E den Werth ± 1 hat, so wird jeder ganzzahligen Verbindung x, y, z eine ganzzahlige Verbindung x', y', z' und umgekehrt entsprechen. Die so auf einander bezogenen parallelepipedischen Systeme können nach Obigem in solche Lage gebracht werden, dass das eine entweder mit dem anderen oder mit den Gegenpunkten des letzteren zusammenfällt. Doch sind, da die Gegenpunkte der Punkte eines solchen Systems wieder dasselbe System bilden, die beiden Fälle nicht von einander verschieden, und dies erhellt auch aus dem Umstande, dass φ' ungeändert bleibt, wenn man α, β, γ, ... mit entgegengesetzten Zeichen nimmt, wodurch E in $-E$ übergeht. Die beiden Systeme sind also immer congruent, und man sieht, dass Systeme, welche zwei äquivalenten ternären Formen φ und φ' entsprechen, dasselbe räumliche Gebilde in zwei verschiedenen Anordnungen sind. Umgekehrt entsprechen irgend zwei verschiedenen parallelepipedischen Anordnungen desselben Systems äquivalente Formen. Nimmt man nämlich irgend einen Punkt des Systems zum gemeinschaftlichen Anfangspunkt, so hat man zwischen den auf die beiden Axensysteme bezüglichen Coordinaten und also auch zwischen den ihnen proportionalen Elementen x, y, z, x', y', z' lineare Gleichungen ohne constantes Glied, d. h. Gleichungen von der Form (3), und da nach unserer Voraussetzung, wenn x, y, z ganze Zahlen sind, auch x', y', z' dieselbe Eigenschaft haben müssen und umgekehrt, so folgt, dass α, β, γ, ... ebenfalls ganze

*) Disquisitiones generales circa superficies curvas auctore C. F. Gauss. §. 2. VII.[1])

[1]) Gauss' Werke, Bd. IV, S. 221.

Zahlen sind und dass $E = \pm 1$ ist. Andererseits hat man für zusammengehörige ganze Werthe der Elemente die Gleichung $\varphi = \varphi'$, welche daher auch identisch stattfindet, w. z. b. w.

Aehnliche Beziehungen finden zwischen einer positiven binären Form:

$$lx^2 + 2mxy + ny^2$$

und einem System parallelogrammatisch geordneter Punkte statt. Nimmt man hier zwei unter dem durch die Gleichung $m = \sqrt{ln}\cos\theta$ bestimmten Winkel θ gegen einander geneigte Axen, indem man bei der Unterscheidung dieser Axen immer gleichförmig verfährt und z. B. die zweite links von der ersten wählt, nachdem eine bestimmte Seite der Ebene als die obere bezeichnet worden, und betrachtet $x\sqrt{l}$, $y\sqrt{n}$ als Coordinaten, so erhält man ein durch die quadratische Form völlig bestimmtes System von Punkten, welche als die Durchschnitte von zwei Reihen äquidistanter Parallellinien betrachtet werden können. Findet dann zwischen zwei Formen die sogenannte eigentliche Aequivalenz statt, so dass $\alpha\delta - \beta\gamma$ in den Substitutionsgleichungen $x = \alpha x' + \beta y'$, $y = \gamma x' + \delta y'$ der positiven Einheit gleich ist, so lassen sich die entsprechenden Systeme durch Bewegung in der Ebene zum Coïncidiren bringen, während im anderen Falle, wo $\alpha\delta - \beta\gamma = -1$ ist, allgemein zu reden, eines der Systeme zu diesem Zwecke umgelegt werden muss.

§. 2.

Nachdem wir im Vorhergehenden den Zusammenhang zwischen den quadratischen Formen und gewissen geometrischen Gebilden festgestellt haben, sind einige weitere Eigenschaften dieser Gebilde zu entwickeln, wobei wir zur Abkürzung ein System parallelogrammatisch oder parallelepipedisch geordneter Punkte ein *System zweiter* oder *dritter Ordnung*, und eine unendliche Reihe äquidistanter Punkte in gerader Linie ein *System erster Ordnung* nennen werden.

Der gemeinsame Charakter aller drei Gattungen von Systemen besteht offenbar darin, dass, wenn ein solches System durch eine Bewegung ohne Drehung, die wir eine Verschiebung nennen wollen, so in eine andere Lage gebracht wird, dass ein Punkt desselben in die anfänglich von einem anderen eingenommene Stelle übergeht, dasselbe für alle Punkte stattfindet, so dass das System in seiner neuen Lage mit dem System in der ursprünglichen Lage vollständig coïncidirt. Es lässt sich leicht nachweisen, dass die eben besprochene Verschiebbarkeit alle drei Gattungen von Systemen vollständig charakterisirt, und dass ein mit diesem Charakter begabtes System, wenn es in einer Geraden liegt und zwei Punkte enthält, wenn es in einer Ebene liegt und drei nicht in einer Geraden liegende Punkte enthält, so wie endlich ein System, welches wenigstens vier nicht in einer Ebene befindliche Punkte enthält, respective ein System erster, zweiter oder dritter Ordnung sein wird.

Hat man z. B. ein System von Punkten, die sämmtlich in derselben Geraden liegen, und sind a und a' zwei benachbarte Punkte desselben, so wird durch eine Verschiebung, durch welche a nach a' gelangt, a' nach einem Punkte a'' gelangen, welcher von a' ebenso weit wie a' von a entfernt ist; der Punkt a'' gehört daher ebenfalls zum System, und dasselbe hat keinen Punkt zwischen a' und a'', da ein solcher vor der Bewegung zwischen a und a' gewesen wäre. Da sich diese Betrachtung nach beiden Seiten ins Unbestimmte fortsetzen lässt, so ist die Behauptung bewiesen.

Es seien jetzt in einem ebenen Systeme mit dem Charakter der Verschiebbarkeit zwei benachbarte Punkte a und a', so dass in der Linie aa' zwischen a und a' kein Punkt des Systems sich befindet. Da durch die Verschiebung von a nach a' die unendliche Gerade aa' sich in sich selbst fortbewegt, so folgt, dass sämmtliche Punkte des Systems in dieser Geraden ein System erster Ordnung $\ldots{}''a'aaa'a''\ldots$ bilden. Da nun das System nach der Voraussetzung noch wenigstens einen Punkt ausserhalb dieser Geraden hat, so sei b einer der dieser Geraden nächsten Punkte. Tritt jetzt eine Verschiebung ein, durch welche a nach b gelangt, so geht das System erster Ordnung in die neue Lage $\ldots{}''b'bbb'b''\ldots$ über und gehört in dieser dem ursprünglichen Systeme an; zugleich ist klar, dass weder zwischen den Punkten $\ldots{}''b$, $'b$, b, b', b'', $\ldots$ noch zwischen den Geraden $\ldots{}'bbb'\ldots$, $\ldots{}'aaa'\ldots$ sich ein Punkt des Systems befinden kann. Schliesst man so fort, so sieht man, dass das gesammte System parallelogrammatisch angeordnet werden kann, und dass man $aa'b'b$ zu einem Grundparallelogramm desselben wählen kann. Wir fügen noch hinzu, dass durch die angegebene Construction offenbar alle parallelogrammatischen Anordnungen, deren das System fähig ist, erhalten werden können. Es folgt dies daraus, dass die Wahl von a' bis auf die offenbar nothwendige Beschränkung, dass zwischen a und a' kein Punkt liege, ganz beliebig ist, und dass dann b in der nächsten Parallellinie beliebig angenommen werden kann.

Hat man endlich ein System mit dem Charakter der Verschiebbarkeit, welches wenigstens vier nicht in derselben Ebene liegende Punkte enthält, so lege man durch irgend drei nicht in einer Geraden liegende Punkte desselben eine Ebene. Da durch jede parallel mit dieser Ebene bewirkte Verschiebung diese sich in sich selbst bewegt, so bilden nach dem Vorigen die in dieser befindlichen Punkte ein System der zweiten Ordnung. Nachdem man dieses auf irgend eine Art parallelogrammatisch abgetheilt hat, nehme man einen der übrigen Punkte des räumlichen Systems, welche der Ebene am nächsten liegen, und ertheile dem System eine Verschiebung, durch welche ein beliebiger Punkt in der Ebene nach dem schon ausserhalb derselben gewählten Punkte gelangt. Durch wiederholte Anwendung derselben und der dieser entgegengesetzten Bewegung erhält man offenbar eine parallelepipedische Anordnung des gegebenen Systems, und zugleich ist klar, dass die angegebene Construction die gehörige Allgemeinheit hat, da die Wahl der ersten Ebene, die Anordnung des Systems zweiter Ordnung in dieser und endlich die Wahl des Punktes in der nächsten Ebene nach Belieben geschehen kann.

Zum Schlusse dieses Paragraphen wollen wir noch zeigen, dass, wie man dasselbe System zweiter oder dritter Ordnung auch abtheile, das der jedesmaligen Abtheilung zu Grunde liegende Parallelogramm oder Parallelepipedon immer denselben Inhalt behält, was die geometrische Bedeutung des Satzes ist, dass äquivalente Formen gleiche Determinanten haben. Denkt man sich nämlich in der Ebene eines Systems zweiter Ordnung eine in sich zurückkehrende Linie, z. B. eine Kreislinie, bezeichnet mit z den von ihr eingeschlossenen Flächenraum und mit s die Anzahl der Punkte im Innern der Linie, wobei es gleichgültig ist, ob man die Punkte auf dem Umfang mitzählen will oder nicht, so hat offenbar der Quotient $\frac{z}{s}$ bei wachsendem Radius den Inhalt eines Grundparallelogramms zur Grenze, woraus, da s und z von der Art der Anordnung des Systems unabhängig sind, der Satz für Systeme zweiter Ordnung erhellt. Ganz auf dieselbe Weise folgt die Richtigkeit der Behauptung für räumliche Systeme.

§. 3.

Wir wollen jetzt zeigen, dass ein System zweiter Ordnung sich immer nach einem Grundparallelogramm abtheilen lässt, dessen Seiten nicht grösser sind als seine Diagonalen.

I. Es sei o ein beliebiger Punkt des Systems. Die übrigen Punkte desselben liegen immer paarweise in gleicher Entfernung und entgegengesetzter Richtung von o. Es sei nun p einer der Punkte des Paares, für welches die Entfernung von o kleiner als für jedes andere Paar ist. Findet dieselbe kürzeste Entfernung für mehr als ein Paar statt, so wähle man p nach Belieben in einem derselben. Das gegebene System besteht aus einer unendlichen Anzahl unter einander congruenter und äquidistanter Systeme erster Ordnung, deren eines dasjenige ist, wozu o und p gehören.

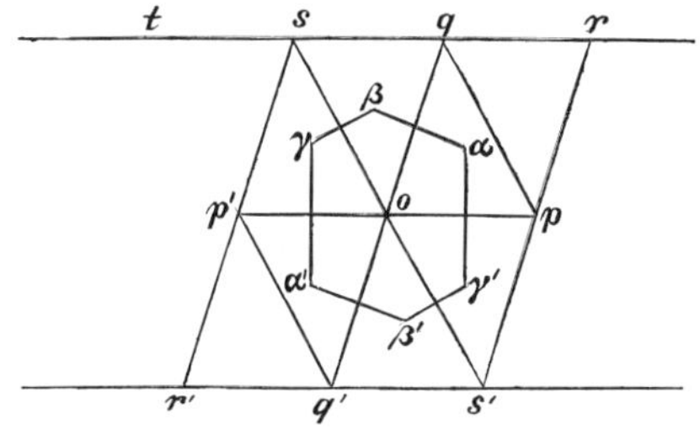

In einem der beiden diesem letzteren benachbarten nehme man den Punkt q, welcher o am nächsten ist, oder, falls dieselbe kürzeste Entfernung für zwei Punkte stattfinden sollte, einen derselben nach Belieben. Das so erhaltene Parallelogramm $poqr$ hat die verlangten Eigenschaften, da nach der Construction $op \leqq oq$, $oq \leqq or$, $oq \leqq os = pq$. Ein Grundparallelogramm, welches diese Bedingungen erfüllt, soll fortan ein *reducirtes* heissen.

II. Wir haben jetzt die Beziehungen zwischen einem solchen Parallelogramm und dem ebenen System, dem es angehört, festzustellen. Ist $poqr$ ein reducirtes Parallelogramm, so können wir, ohne der Allgemeinheit zu schaden, den Winkel poq als nicht stumpf voraussetzen, da im entgegengesetzten Falle der Winkel bei o für das anliegende zu derselben Anordnung gehörige Parallelogramm ein spitzer ist, und ebenso können wir $op \leqq oq$ annehmen. Alsdann ist offenbar $or > oq$, und wir haben nur noch die Bedingung $pq \geqq oq$ zu berücksichtigen. Dies vorausgesetzt und wenn wir zur Abkürzung $op = \sqrt{l}$, $oq = \sqrt{n}$ setzen, so dass also $l \leqq n$, lässt sich die Beziehung unseres Parallelogramms zum gesammten Punktensystem dahin aussprechen, dass das Minimum der Entfernung irgend eines Punktes des Systems von o gleich $\sqrt{l}$ ist, und dass, nachdem man einen Punkt in dieser Entfernung gewählt, in allen noch übrigen Richtungen, d. h. ausserhalb der von o nach dem ersteren gezogenen Geraden, das zweite Minimum gleich $\sqrt{n}$ ist. Das eben Gesagte gilt ganz allgemein; was wir jetzt hinzufügen, dass nämlich das erste Minimum nur für den Punkt p (wenn wir von zwei Gegenpunkten immer nur einen erwähnen), das zweite nur für q stattfindet, gilt mit folgenden Ausnahmen:

1°. Ist $op < oq$, $oq = pq = os$, so findet das erste Minimum nur für p, das zweite für q und s statt.

2°. Ist $op = oq$, $oq < pq = os$, so sind die Minima gleich, und man kann p und q mit einander vertauschen.

3°. Ist endlich $op = oq = pq = os$, so kann man einen der Punkte p, q, s als ersten Punkt und dann einen der übrigen als zweiten wählen.

Um das eben Behauptete zu beweisen, haben wir offenbar, da Gegenpunkte immer gleich weit von o entfernt sind, nur zu zeigen, dass q näher bei o liegt, *erstens* als alle übrigen Punkte in der Geraden sqr, mit Ausnahme des Punktes s, dessen Entfernung von o, nach der Voraussetzung gleich $os = pq \geqq oq$ ist, und *zweitens* als alle Punkte der folgenden Parallellinien.

Da $pq \geqq op$, $pq \geqq oq$ und Winkel poq nicht stumpf ist, so hat das Dreieck opq und also auch das mit ihm congruente oqs keinen stumpfen Winkel; es fällt daher das von o auf qs herabgelassene Perpendikel zwischen s und q (incl.), womit der erste Punkt erledigt ist.

Setzt man:

$$\cos poq = \frac{m}{\sqrt{ln}},$$

wo also m nicht negativ ist, so hat man:

$$\overline{pq}^2 = l - 2m + n \geqq \overline{oq}^2 = n,$$

und folglich:

$$2m \leqq l, \quad 2m \leqq n, \quad 4m^2 \leqq ln.$$

Setzt man noch das Quadrat der Höhe unseres Parallelogramms ($op = \sqrt{l}$ als Grundlinie betrachtet) gleich k, so erhält man für das Quadrat Δ seines Inhalts:

$$\Delta = lk = ln - m^2 \geqq \tfrac{3}{4} ln,$$

und folglich:

$$\sqrt{k} \geqq \tfrac{1}{2}\sqrt{3n}.$$

Hiernach ist schon die zweite Parallellinie wenigstens um $\sqrt{3n} = oq\sqrt{3}$ entfernt, und es ist also auch der zweite Punkt bewiesen.

III. Da die successiven Minima $\sqrt{l}$, $\sqrt{n}$ durch das System an sich und unabhängig von jeder bestimmten Anordnung desselben bestimmt sind und andererseits, wie wir so eben gesehen haben, der Grösse nach mit den Seiten des reducirten Parallelogramms übereinstimmen, so sieht man, dass, wenn das System verschiedene Anordnungen dieser Art gestattet, die Seiten der reducirten Parallelogramme immer die Werthe $\sqrt{l}$ und $\sqrt{n}$ behalten werden. Man wird daher nothwendig alle möglichen Grundparallelogramme erhalten, wenn man von o aus nach allen nächsten Punkten (immer mit Ausschluss der Gegenpunkte) Linien zieht und dann in einer der jedesmaligen nächsten Parallellinien den nächsten oder die beiden nächsten Punkte nimmt; und da nach dem so eben (II.) Bewiesenen dieser nächste oder diese nächsten Punkte näher bei o liegen als alle Punkte der folgenden Parallellinien, so kann man von der Bedingung absehen, dass die zweiten Punkte in der ersten Parallellinie zu nehmen sind. Es werden sich daher alle möglichen Anordnungen des Systems ergeben, wenn man o nach einander mit allen Punktenpaaren verbindet, für welche die successiven Minima stattfinden, woraus mit Berücksichtigung von (II.) sogleich folgt, dass es im Allgemeinen und in dem zweiten der dort erwähnten singulären Fälle nur eine solche Anordnung, im ersten und dritten Ausnahmefalle dagegen resp. zwei und drei Anordnungen des Systems giebt.

In unseren jetzigen Zeichen entsprechen die eben erwähnten singulären Fälle den Voraussetzungen $2m = l < n$, $2m < l = n$, $2m = l = n$.

§. 4.

Wir haben bisher nur Eigenschaften der geometrischen Gebilde behandelt, welche als die constructive Repräsentation bekannter Sätze aus der Theorie der Formen anzusehen und schon in dem in der Einleitung angeführten Aufsatz angedeutet sind. Es ist jetzt noch eine Aufgabe anderer Art zu lösen, die Aufgabe nämlich, wenn ein System zweiter Ordnung gegeben und ein bestimmter Punkt o desselben bezeichnet ist, den Theil der Ebene zu bestimmen, innerhalb dessen jeder Punkt näher bei o als bei irgend einem anderen Punkte des Systems liegt. Da die Bedingung, dass ein Punkt nicht weiter von o als von einem anderen v liege, darin besteht, dass der Punkt mit o auf derselben Seite des in der Mitte von ov errichteten Perpendikels sich befinde, so werden wir also o mit allen übrigen Punkten des Systems zu combiniren und das von allen entsprechenden Perpendikeln gebildete convexe Vieleck zu construiren haben. Aber von diesen Perpendikeln in unendlicher Anzahl kommt nur eine beschränkte Anzahl in Betracht, indem die übrigen das durch diese bestimmte Vieleck nicht treffen. Wir behalten alle obigen Annahmen bei, so dass also in dem reducirten Parallelogramm $(poqr)$ $op \leqq oq$, der Winkel poq nicht stumpf ist und opq, oqp spitz sind. Dies vorausgesetzt, ist leicht zu beweisen, dass man nur die sechs Eckpunkte p, q, s, p', q', s' der vier in o zusammenstossenden Parallelogramme zu berücksichtigen hat, und dass selbst die s und s' entsprechenden Perpendikel die zu bildende Figur in dem besonderen Falle, wenn poq ein Rechter ist, nur streifen, wo dann aber dasselbe von den r und r' entsprechenden Perpendikeln geschieht. Zieht man die Geraden pq, os, $p'q'$, os', so erhält man die congruenten Dreiecke:

$$poq, \quad qos, \quad sop', \quad p'oq', \quad q'os', \quad s'op.$$

Berücksichtigt man nur die Punkte p, q, s, p', q', s', so hat man in den Mitten der von o nach diesen gehenden Geraden Perpendikel zu errichten, d. h. dieselbe Construction zu machen, als wenn man für die genannten Dreiecke die Mittelpunkte der umgeschriebenen Kreise finden wollte. Da in den Dreiecken kein stumpfer Winkel vorkommt, so werden sich je zwei aufeinanderfolgende Perpendikel nicht ausserhalb des entsprechenden Dreiecks schneiden. Man erhält so das Sechseck $\alpha\beta\gamma\alpha'\beta'\gamma'$ mit dem Mittelpunkt o und gleichen gegenüberliegenden Winkeln und Seiten als den Raum, innerhalb dessen jeder Punkt weniger weit von o entfernt ist, als von einem der Punkte p, q, s, p', q', s', und man überzeugt sich leicht, dass, mit Ausnahme von r und r', die den übrigen Punkten entsprechenden Perpendikel unser Sechseck nicht treffen. Dies braucht, wegen der Symmetrie, nur für die Punkte in und über der Geraden pop' nachgewiesen zu werden. Für die ersteren ist es klar; für die letzteren wird es daraus erhellen, dass ihre Entfernung von o grösser ist als der Durchmesser des um das Sechseck beschriebenen Kreises. Nennt man das Quadrat seines Radius ϱ, so ist:

$$4\varrho\Delta = ln(l-2m+n),$$

woraus wegen $2m \leqq l$, $2m \leqq n$, $\Delta \geqq \frac{3}{4}ln$, folgt:

$$4\varrho \leqq \tfrac{4}{3}(l-2m+n) \leqq \tfrac{8}{3}n.$$

Da nun für die Punkte der zweiten und der folgenden Parallellinien, wie schon bemerkt, das Quadrat ihrer Entfernung von o wenigstens $3n$ beträgt, so bleiben bloss noch die Punkte in $tsqr$ ausser s, q, r zu betrachten. Von allen diesen ist aber keiner näher bei o als t, für den das Quadrat der Entfernung gleich $4l-4m+n$ ist, und dass dies grösser als 4ϱ ist, sieht man sogleich, wenn man mit Δ multiplicirt und dann die Ungleichheiten $2m \leqq l \leqq n$ berücksichtigt[1]). Was den Punkt r betrifft, so überzeugt man sich auf dieselbe Weise, dass das Quadrat seiner Entfernung von o gleich $l+2m+n > 4\varrho$ ist, den einzigen Fall aus-

[1]) Die Differenz $4l-4m+n-4\varrho$, multiplicirt mit Δ, lässt sich durch den Ausdruck darstellen:

$$4m^3+n(l^2-m^2)+ln(l-2m)+l(ln-4m^2),$$

in welchem die beiden ersten Glieder positiv, die beiden letzten nicht negativ sind.

genommen, wo $m = 0$, in welchem das entsprechende Perpendikel streift. Es ist also bewiesen, dass jeder Punkt im Innern des Sechsecks $\alpha\beta\gamma\alpha'\beta'\gamma'$, und nur ein solcher, dem Punkte o näher liegt als irgend einem anderen des Systems. Auf jeder Seite wird die Entfernung von o der Entfernung von einem zweiten Punkte gleich, welcher z. B. für $\alpha\beta$ der Punkt q ist, und jeder Eckpunkt der Figur ist in gleicher Entfernung von o und noch zwei anderen Punkten des Systems. Die letztere Aussage erleidet nur in dem besonderen Falle eine Modification, wenn der Winkel poq ein rechter ist; alsdann fallen β und γ sowie β' und γ' zusammen, und das Sechseck wird zu einem Rechteck, dessen Ecken von o und noch drei anderen Punkten des Systems gleich weit entfernt sind.

Es versteht sich von selbst, dass man immer dasselbe Sechseck erhalten wird, welches reducirte Parallelogramm man auch in den singulären Fällen, wo mehr als eines existirt, der Construction zu Grunde lege, so wie auch, dass die allen Punkten des Systems entsprechenden Sechsecke oder Vierecke congruent sind und die ganze Ebene desselben bedecken.

Wir bemerken noch, dass, wie man sich leicht überzeugt, der Ausdruck:

$$\varrho = \frac{ln(l-2m+n)}{4(ln-m^2)}$$

abnimmt, wenn man darin, l und n constant voraussetzend, m von Null bis zu seiner Grenze $\frac{1}{2}l$ wachsen lässt, so dass also:

$$(1) \qquad \varrho \leqq \tfrac{1}{4}(l+n) \leqq \tfrac{1}{2}n.$$

Auch findet noch die folgende Ungleichheit statt:

$$(2) \qquad 2\Delta(n-\varrho) \geqq ln^2,$$

deren Richtigkeit sogleich erhellt, wenn man mit 2 multiplicirt, alles auf eine Seite bringt und dann $\Delta = ln - m^2$, $4\Delta\varrho = ln(l-2m+n)$ einsetzt, wodurch sie in $ln(l-2m)+2mn(n-l) \geqq 0$ übergeht.

§. 5.

Wir kommen nun zu unserem eigentlichen Gegenstande und haben nachzuweisen, dass sich jedes System dritter Ordnung nach einem Parallelepipedon anordnen lässt, dessen Flächen reducirte Parallelogramme sind, und dessen Kanten, von denen je vier einander gleich sind, seine Diagonalen nicht übertreffen.

Nachdem man einen beliebigen Punkt (0) des Systems fixirt hat, wähle man in dem Paare von Gegenpunkten, für welche die Entfernung von (0) ein Minimum ist, oder, wenn das Minimum der Entfernung für mehrere Paare stattfindet, nach Belieben in einem dieser Paare einen Punkt (1). Von allen Punkten ausserhalb der Geraden (01) wähle man wieder einen der beiden nächsten (2), wobei wieder die Wahl unter verschiedenen Paaren, für welche dieselbe kürzeste Entfernung stattfindet, nach Belieben geschehen kann. Da im ganzen System, mit Ausnahme der Punkte in (01), kein Punkt näher bei (0) liegt als (2), so gilt dasselbe auch von der Ebene (102), und für das in dieser enthaltene System ist (102) ein reducirtes Parallelogramm (§. 3, III.). Nimmt man nun in einer der beiden nächsten Parallelebenen den bei (0) nächsten Punkt oder, wenn das Minimum für mehr als einen stattfindet, einen der nächsten und verbindet (0) mit dem gewählten Punkt (3), so wird das Parallelepipedon mit den Kanten (01), (02), (03), wie leicht zu sehen, der Forderung genügen. Zunächst folgt aus der Construction: (01) $\leqq$ (02) $\leqq$ (03). Da für die Grundflächen des Parallelepipedon (als solche werden wir immer diejenigen einander gegenüberliegenden Flächen bezeichnen, in denen die beiden die dritte an Grösse nicht übertreffenden Kanten vorkommen, und die Benennung Seitenflächen auf die vier übrigen anwenden) schon bewiesen ist, dass sie reducirte sind, so haben wir vermöge der eben bemerkten doppelten Ungleichheit nur noch zu zeigen, dass die vier Diagonalen der Seitenflächen, so wie die vier Diagonalen des Körpers nicht kleiner als (03) sind. Nun stimmen aber die acht genannten Diagonalen, wie man sogleich sieht, der Grösse nach mit den acht Verbindungslinien überein, welche von (0) nach den in der Ebene der oberen Grundfläche um (3) herumliegenden acht Punkten gezogen werden können, wenn wir so der Bequemlichkeit wegen die acht Eckpunkte der in (3) zusammenstossenden vier Parallelogramme bezeichnen. Dass aber von den genannten Verbindungslinien keine kleiner als (03) ist, folgt aus der Bedingung, nach welcher (3) gewählt worden ist.

Nachdem wir uns überzeugt haben, dass ein System dritter Ordnung immer nach einem reducirten Parallelepipedon abgetheilt werden kann, haben wir nun die Beziehungen zwischen einem solchen und dem System festzustellen und namentlich die Entfernungen der Punkte des Systems von (0) mit einander zu vergleichen. Wir setzen (01) $= \sqrt{a}$, (02) $= \sqrt{b}$, (03) $= \sqrt{c}$ und halten immer die Voraussetzung $a \leqq b \leqq c$ fest.

1°. In der Ebene der Grundfläche finden die oben (§. 3, II.) besprochenen Verhältnisse statt, so dass also die successiven Minima der Entfernung der Grösse nach hier immer $\sqrt{a}$, $\sqrt{b}$ sind, wobei dann in den dort erwähnten singulären Fällen eine Willkür in der Wahl der Punkte stattfindet.

2°. Betrachten wir jetzt die Punkte ausserhalb der Ebene der unteren Grundfläche und zwar zunächst die in der Ebene der oberen Grundfläche. Da nach der Voraussetzung, dass unser Parallelepipedon ein reducirtes ist, die Linie (03) nicht grösser ist als eine der von (0) nach den acht um (3) herumliegenden Punkten gezogenen Geraden, so wird also der Fusspunkt des von (0) auf die Ebene der oberen Grundfläche herabgelassenen Perpendikels nicht weiter von (3) entfernt sein als von einem der genannten acht Punkte. Dieser Fusspunkt fällt also nicht ausserhalb des im vorigen Paragraphen construirten zu (3) gehörigen Sechsecks oder Vierecks. Von jenen acht Punkten kann ausnahmsweise, wenn der Fusspunkt auf eine Seite fällt, einer, oder es können, wenn der Fusspunkt mit einem Eckpunkt zusammenfällt, zwei (drei, wenn das Vieleck ein Rechteck wird,) dem Fusspunkt ebenso nahe liegen als der Punkt (3), während alle übrigen Punkte der Ebene von demselben weiter entfernt sind. Es folgt daraus, dass die ($\sqrt{c}$ betragende) kürzeste Entfernung von (0) nach einem Punkte in der oberen Grundfläche im Allgemeinen nur für den Punkt (3) gilt, aber ausnahmsweise noch für einen, zwei oder gar drei andere Punkte stattfinden kann.

3°. Für die Betrachtung der folgenden Parallelebenen haben wir eine Grenze für das Quadrat h des schon erwähnten Perpendikels zu bestimmen. Da der Fusspunkt desselben nicht ausserhalb des zu (3) gehörigen Sechsecks fällt, so ist, wenn ϱ das Quadrat des Radius des umgeschriebenen Kreises bezeichnet:

$$h \geqq c - \varrho.$$

Nun ist aber auch nach §. 4: $\varrho \leqq \frac{1}{2}b \leqq \frac{1}{2}c$, folglich $h \geqq \frac{1}{2}c$. Da mithin schon die zweite Parallelebene wenigstens um $\sqrt{2c}$ entfernt ist, so giebt es über der oberen Grundfläche nur Punkte, deren Entfernung von (0) grösser als $\sqrt{c}$ ist.

Fasst man das Gesagte zusammen, so sieht man, dass das Minimum der Entfernung für das ganze System den Werth $\sqrt{a}$ hat, dass, nachdem ein Punkt in dieser Entfernung gewählt ist, das Minimum in den noch übrigen Richtungen $\sqrt{b}$ beträgt, und dass endlich, nachdem auch der zweite Punkt fixirt worden, für alle Punkte ausserhalb der Ebene, welche durch (0) und die beiden ersten Punkte bestimmt wird, die kleinste Entfernung von (0) sich auf $\sqrt{c}$ reducirt. Sind aber auch die successiven Minima $\sqrt{a}$, $\sqrt{b}$, $\sqrt{c}$ der Grösse nach immer völlig bestimmt, so gilt dasselbe in örtlicher Beziehung nicht ohne einige leicht aufzuzählende

Ausnahmen. Ist z. B. $a \leqq b$, $b < c$, so sind die beiden ersten Punkte in der unteren Grundfläche zu wählen, wobei die in §. 3, II. erwähnten singulären Fälle stattfinden können, während der dritte Punkt in der oberen Grundfläche liegt, dort im Allgemeinen eine bestimmte Lage hat, in singulären Fällen jedoch zwei, drei oder vier verschiedene Stellen einnehmen kann. Eben so leicht übersieht man, welche Varietäten in den beiden anderen Fällen, wo $a < b = c$ oder $a = b = c$ ist, eintreten können.

Da aus der Voraussetzung eines reducirten Parallelepipedon mit den Kanten $\sqrt{a} \leqq \sqrt{b} \leqq \sqrt{c}$ die Längen dieser Kanten sich als die successiven Minima des Systems ergeben haben, so folgt sogleich, dass, wenn mehrere reducirte Parallelepipeda existiren, nach welchen das System angeordnet werden kann, diese hinsichtlich der Länge ihrer Kanten alle unter einander übereinstimmen werden, und es lässt sich auch leicht zeigen, dass drei von (0) nach Punkten des Systems gerichtete Linien von den Längen $\sqrt{a}$, $\sqrt{b}$, $\sqrt{c}$, wenn sie nur nicht in einer Ebene liegen, immer die Kanten eines reducirten Parallelepipedon sind. Es bedarf dazu nur der einfachen schon in einem ähnlichen Falle (§. 3, III.) angewandten Betrachtung. Da hiernach sämmtliche reducirte Parallelepipeda des Systems erhalten werden, wenn man die successiven Minima auf alle möglichen Arten construirt, so erhellt, dass, wenn dies nur auf eine Weise geschehen kann (wohin wir auch den Fall rechnen, wo bei der Gleichheit von zweien der Grössen $\sqrt{a}$, $\sqrt{b}$, $\sqrt{c}$, oder bei der Gleichheit von allen dreien, die drei Linien örtlich völlig bestimmt sind und nur eine Vertauschung zwischen zweien oder allen dreien stattfinden kann), das räumliche System nur eine Anordnung nach einem reducirten Parallelepipedon zulässt. In allen anderen Fällen giebt es mehrere solche Anordnungen, denen Parallelepipeda zu Grunde liegen, die entweder alle von einander verschieden oder zum Theil oder sogar alle unter einander congruent sein können. (Ähnlicher Weise waren in den zwei oben erwähnten singulären Fällen eines Systems zweiter Ordnung die den zwei oder drei verschiedenen Anordnungen zu Grunde liegenden reducirten Parallelogramme unter einander congruent.)

Zur Entscheidung der Frage, ob ein System dritter Ordnung nur eine einzige oder mehr als eine Anordnung nach einem reducirten Parallelepipedon gestattet, wird es somit nur der Kenntniss einer einzigen Anordnung des Systems bedürfen, und der erste Fall wird immer und ausschliesslich dann stattfinden, wenn das durch diese Anordnung gegebene reducirte Parallelepipedon von solcher Beschaffenheit ist, dass alle Linien, welche von anderen nicht übertroffen werden dürfen, diese wirklich übertreffen, d. h. wenn alle Diagonalen der Flächen grösser als die Seiten derselben, und ebenso alle Diagonalen des Parallelepipedon grösser als die Kanten des Körpers sind.

§. 6.

Indem wir jetzt die Resultate des vorigen Paragraphen auf die ternären Formen übertragen, soll der Gleichförmigkeit wegen und zur Vermeidung unnützer Unterscheidungen vorausgesetzt werden, dass man jeder ternären Form:

$$ax^2+by^2+cz^2+2a'yz+2b'xz+2c'xy \tag{1}$$

durch Vertauschung oder Zeichenänderung der unbestimmten Elemente, wodurch die Form nicht aufhört derselben Classe anzugehören, eine solche Gestalt gegeben habe, dass erstens $a \leqq b \leqq c$ sei, dass zweitens unter den Coefficienten a', b', c', wenn sie nicht alle drei von Null verschieden und negativ sind, keiner das negative Zeichen habe, und dass drittens, wenn $b = c$ ist, c' abgesehen vom Zeichen nicht grösser als b', wenn $a = b$ ist, b' nicht grösser als a', und wenn endlich $a = b = c$ ist, weder c' grösser als b', noch b' grösser als a' sei. Wie leicht zu sehen, lässt sich diesen Bedingungen immer nur auf eine Weise genügen, und die Einführung derselben gewährt den Vortheil, dass, wie schon ohne diese Bedingungen jeder ternären Form ein völlig bestimmtes Parallelepipedon entspricht, nun auch zu jedem Parallelepipedon ein analytischer Ausdruck gehört, dessen Coefficienten auch hinsichtlich ihrer Aufeinanderfolge und ihrer Zeichen völlig bestimmt sind. Dies vorausgesetzt, nennen wir die Form (1), in der also $a \leqq b \leqq c$ ist, eine *reducirte*, wenn sie einem reducirten Parallelepipedon entspricht. Da die Diagonalen der Flächen nicht kleiner als die Seiten derselben sein dürfen, so hat man:

$$a \pm 2c' + b \geqq b, \quad a \pm 2b' + c \geqq c, \quad b \pm 2a' + c \geqq c.$$

Setzt man $\sigma = -1$, wenn a', b', c' alle drei negativ sind, sonst $\sigma = 1$, so sind diese Bedingungen gleichbedeutend mit:

$$a \geqq 2c'\sigma, \quad a \geqq 2b'\sigma, \quad b \geqq 2a'\sigma, \tag{2}$$

und nur, wenn das Gleichheitszeichen stattfindet, wird in dem entsprechenden Parallelogramm die eine der Diagonalen einer Seite gleich sein. Die Bedingungen hinsichtlich der Diagonalen des Parallelepipedon ergeben:

$$a+b+c+2a'\varepsilon+2b'\delta+2c'\delta\varepsilon \geqq c \qquad (\delta = \pm 1,\ \varepsilon = \pm 1),$$

wo die Zeichen in $\delta = \pm 1$, $\varepsilon = \pm 1$ beliebig sind. Betrachtet man zunächst den Fall, wo keiner der Coefficienten a', b', c' negativ ist, und berücksichtigt die vier Zeichencombinationen, sowie dass, wenn a und b einander gleich sind, $b' \leqq a'$ ist, so sieht man sogleich, dass unsere Ungleichheit vermöge der schon erhaltenen Bedingungen immer von selbst erfüllt ist, und dass der Grenzfall der Gleichheit, in welchem die Diagonale der Kante $\sqrt{c}$ gleich wird, nur einmal und nur dann eintreten kann, wenn eine der Grössen b', c' gleich Null ist, und wenn zugleich von den Bedingungen (2) die auf die andere der beiden Grössen b', c' bezügliche, sowie diejenige, welche a' enthält, den Grenzfall der Gleichheit darbietet. Sind a', b', c' negativ, so ist unsere Ungleichheit immer und zwar so erfüllt, dass der Grenzfall nicht stattfinden kann, ausser wenn $\delta = \varepsilon = 1$, so dass also die neue Bedingung aufzustellen ist:

$$a+b+2a'+2b'+2c' \geqq 0, \tag{3}$$

wo wieder das untere Zeichen sich auf das Gleichwerden einer Diagonale mit der Kante $\sqrt{c}$ bezieht.

Sind die eben entwickelten Bedingungen (2) und, wenn a', b', c' negativ sind, überdies (3) so erfüllt, dass in keiner der Ungleichheiten der Grenzfall der Gleichheit stattfindet, so wird es in der Classe, zu welcher die Form gehört, nicht noch eine zweite von dieser verschiedene mit oder ohne Gleichheitszeichen in den Definitionsbedingungen geben, da nach dem am Ende des vorigen Paragraphen Bemerkten das entsprechende Punktensystem nur nach einem reducirten Parallelepipedon abgetheilt werden kann. Anders verhält sich die Sache, wenn nicht in allen Bedingungen die oberen Zeichen stattfinden; es können alsdann in derselben Classe mehrere reducirte Formen vorkommen, die sich dann aus einer gegebenen ableiten lassen. Es wird genügen, dies für einen Hauptfall zu zeigen. Wir wählen dazu den Fall, wo $b < c$ ist.

Setzt man zunächst $a > 2c'\sigma$ voraus, so kann nur die Richtung der Kante $\sqrt{c}$ verändert werden, wenn es nämlich in der Ebene der oberen Grundfläche noch einen oder mehrere Punkte giebt, deren Entfernung vom Scheitel $\sqrt{c}$ beträgt. Sind ξ, η, 1 die einem solchen Punkte entsprechenden Werthe der Elemente, so werden, wenn die dritte Kante nach demselben gerichtet wird, alle Coefficienten bis auf a', b' ungeändert bleiben, diese aber resp. in $a'+c'\xi+b\eta$, $b'+a\xi+c'\eta$ übergehen, wie man sich leicht und fast ohne Rechnung überzeugt. Nun sind aber nach der vorher gemachten Aufzählung die Werthe von ξ, η, welche die Bedingung erfüllen, wenn $a = 2b'\sigma$ ist:

$$\xi = -\sigma, \quad \eta = 0;$$

wenn $b = 2a'\sigma$ ist:

$$\xi = 0, \quad \eta = -\sigma;$$

wenn gleichzeitig $a = 2b'$, $b = 2a'$, $c' = 0$ ist:

$$\xi = -1, \quad \eta = -1;$$

und wenn a', b', c' negativ sind und die Gleichung $a+b+2a'+2b'+2c' = 0$ erfüllen:

$$\xi = 1, \quad \eta = 1.$$

Diesen vier Voraussetzungen entsprechend hat man also a', b' in:

$$a'-c'\sigma,\ \ b'-a\sigma\,(=-b'); \qquad -a',\ \ b'-c'\sigma; \qquad -a',\ \ -b'; \qquad a'+b+c',\ \ a+b'+c'$$

zu verwandeln. Von dem dritten Falle und überhaupt von der Annahme $c' = 0$ kann man absehen, da dieser eine neue Form entspricht, welche, nachdem man in derselben die zu Anfang dieses Paragraphen vorgeschriebenen Zeichenänderungen vorgenommen hat, offenbar mit der Form, von welcher man ausgegangen ist, identisch wird. In jeder der drei übrigen Voraussetzungen erhält man nach Anwendung der erforderlichen Zeichenänderungen eine derselben Classe angehörige neue reducirte Form (falls sie nicht mit der ursprünglichen coïncidirt), und man erhält zwei solche Formen, wenn zwei unserer Voraussetzungen zugleich bestehen. Damit ist dann die Aufzählung der Formen beendigt, da offenbar die Gleichzeitigkeit von allen drei Voraussetzungen nicht stattfinden kann. Wäre, immer unter der Voraussetzung $b < c$, $a = 2c'\sigma$ gewesen, so hätte man, falls $a < b$, die zweite Kante in der Grundfläche drehen, für $a = b$ auch noch die erste Kante in die ursprüngliche Lage der zweiten übergehen lassen und diese neue oder diese beiden neuen Lagen der zwei ersten Kanten mit allen Richtungen der dritten, die ursprüngliche nicht ausgenommen, in Verbindung bringen müssen.

Man kann dem Übelstande, dass sich in singulären Fällen mehrere reducirte Formen in derselben Classe befinden können, leicht abhelfen und diese Ausnahmen dadurch entfernen, dass man für solche singuläre Fälle in die allgemeine Definition noch gewisse secundäre Bedingungen aufnimmt, die sich leicht ergeben, wenn man z. B. die Forderung aufstellt, dass der letzte Coëfficient c', falls er nicht völlig bestimmt ist, den kleinsten numerischen Werth erhalte, dessen er in den reducirten Formen der Classe fähig ist, und dann eben so in Bezug auf b' verfährt. Um dies an einem Beispiel zu zeigen, wollen wir unter den vorher behandelten singulären Fällen den betrachten, wo $b < c$ ist, von den drei Bedingungen (2) keine mit dem unteren Zeichen gilt, dagegen die drei negativen

Werthe a', b', c' die Gleichung:

$$a+b+2a'+2b'+2c' = 0$$

erfüllen. Nach dem vorher Bemerkten ist c' bestimmt, und giebt es für diesen Fall nur zwei reducirte Formen. Sind a' und b' die Werthe des vierten und fünften Coefficienten in einer derselben, so sind sie in der anderen $a'+b+c'$, $a+b'+c'$, oder, da diese letzteren Werthe offenbar positiv sind, c' aber negativ und folglich, um der Zeichenvorschrift zu genügen, z in $-z$ zu verwandeln ist, vielmehr $-(a'+b+c')$, $-(a+b'+c')$. Wie es in der Natur der Sache liegt, genügen diese Werthe, wenn man sie für a', b' substituirt, wieder der Gleichung:

$$a+b+2a'+2b'+2c' = 0,$$

und aus ihnen gehen die Werthe a', b' auf dieselbe Weise hervor, wie sie selbst aus a', b' entstanden sind. Da hiernach der fünfte Coëfficient nur die beiden negativen Werthe b' und $-(a+b'+c')$ zulässt, deren Summe gleich $-a-c'$ ist, so sieht man, dass, wenn man zu den Definitionsbedingungen noch:

$$-b' \leqq \tfrac{1}{2}(a+c')$$

hinzufügt, die Classe nur eine reducirte Form enthalten wird.

Indem wir die Abhandlung beschliessen, wollen wir noch aus unseren Principien einen schönen, von Seeber durch Induction gefundenen und von Gauss in der schon oft erwähnten Anzeige bewiesenen Satz ableiten. Nach diesem Satze ist in einer reducirten Form das Product der drei ersten Coefficienten nicht grösser als der doppelte absolute Werth der Determinante.

Da der absolute Werth der Determinante dem Quadrate des Rauminhaltes des der Form entsprechenden Parallelepipedon gleich ist, so ist also, nach der in §. 5, 3° gebrauchten Bezeichnung, die zu beweisende Ungleichheit:

$$abc \leqq 2\Delta h,$$

worin Δ das Quadrat der Grundfläche bedeutet. Setzt man:

$$c = b+t,$$

wo also t nicht negativ ist, zieht von der in §. 5, 3° erhaltenen Ungleichheit:

$$h \geqq c-\varrho = b-\varrho+t,$$

nachdem man sie mit 2Δ multiplicirt hat, die Gleichung ab:

$$abc = ab^2+abt,$$

so erhält man:

$$2\Delta h-abc \geqq 2\Delta(b-\varrho)-ab^2+(2\Delta-ab)t.$$

Da nun nach der am Ende von §. 4 bewiesenen Ungleichheit $2\Delta(b-\varrho)-ab^2$ nicht negativ und $2\Delta-ab \geqq \tfrac{1}{2}ab$ positiv ist, so erhellt die Wahrheit des Satzes.

ÜBER DIE BESTIMMUNG DER MITTLEREN WERTHE IN DER ZAHLENTHEORIE.

[Gelesen in der Akademie der Wissenschaften am 9. August 1849[1]).]

Obgleich die Functionen, welche in der Theorie der Zahlen betrachtet werden, fast nie durch analytische Ausdrücke darstellbar sind und scheinbar ganz regellos fortschreiten, so tritt doch in den mittleren Werthen derselben eine um so grössere Gesetzmässigkeit hervor, je weiter man die Reihe derselben verfolgt, d. h. es giebt bestimmte einfache Ausdrücke, welche den Fortgang der mittleren Werthe mit unaufhörlich wachsender Genauigkeit und gerade so darstellen, wie eine Curve sich dem Laufe einer anderen immer näher anschliesst, deren Asymptote sie ist. Man findet namentlich gegen das Ende der fünften Section der *Disquisitiones arithmeticae* mehrere höchst merkwürdige Ausdrücke dieser Art, welche sich auf die Theorie der quadratischen Formen beziehen. Da weder diese interessanten Resultate, welche dort nur beiläufig und ohne Begründung mitgetheilt werden, bisher bewiesen worden sind, noch überhaupt Methoden zur Behandlung ähnlicher Fragen bekannt sind, so habe ich mich schon vor mehreren Jahren mit der Aufsuchung dazu geeigneter Mittel beschäftigt. Ich habe jedoch von meiner damaligen Arbeit ausser einigen neuen Resultaten nichts der Öffentlichkeit übergeben[2]), da sich mir die Aussicht darbot, durch fortgesetzte Bemühungen die Behandlung solcher Probleme noch wesentlich zu vereinfachen und namentlich von der Integralrechnung unabhängig zu machen. Andere Untersuchungen haben mich dann längere Zeit von diesem Gegenstande abgezogen. Nachdem ich denselben später wieder aufgenommen, habe ich mich überzeugt, dass man in vielen Fällen durch ganz elementare, auf

---

[1]) Die darauf bezügliche Mittheilung im Akademie-Bericht von 1849, S. 218 lautet: „Hr. Dirichlet las über die Bestimmung der mittleren Werthe in der Zahlentheorie". K.

[2]) Vgl. S. 351 und S. 372 des I. Bandes dieser Ausgabe von G. Lejeune Dirichlet's Werken.

eine höchst einfache Reihenumformung gegründete Betrachtungen zum asymptotischen Ausdruck des mittleren Werthes gelangt. Ich beschränke mich für jetzt auf eine Reihe von Aufgaben, für welche das angeführte Mittel allein ausreicht. In einer folgenden Abhandlung werde ich mich mit schwierigeren Problemen beschäftigen, deren Lösung die Verbindung der eben erwähnten Transformation mit anderen Hülfsmitteln erfordert.

1.

Um die Transformation, auf welcher die Lösung der in dieser Abhandlung behandelten Aufgaben hauptsächlich beruht, in das rechte Licht zu setzen, scheint es zweckmässig, sogleich mit einer der einfachsten Fragen zu beginnen, die Lösung derselben so weit zu führen, als es ohne jene Umformung geschehen kann, und sie dann mit Hülfe derselben zu vervollständigen.

Es bezeichne $f(n)$ die Anzahl der Divisoren der ganzen Zahl n, und man stelle sich die Aufgabe, das sogenannte summatorische Glied dieser Function, d. h. die Summe:

$$f(1)+f(2)+\cdots+f(n) = F(n),$$

zu bestimmen. Ist s eine ganze Zahl $\leqq n$, so wird sich in so vielen Gliedern unserer Summe eine dem Divisor s entsprechende Einheit befinden, als es unter den Zahlen $1, 2, \ldots, n$ Vielfache von s giebt. Nun ist aber die Anzahl dieser Vielfachen $\left[\frac{n}{s}\right]$, wenn wir uns, wie überall in der Folge, der eckigen Klammern zur Bezeichnung der grössten ganzen Zahl bedienen, welche in dem eingeklammerten Werthe enthalten ist. Es folgt daraus:

$$F(n) = \Sigma_1^n \left[\frac{n}{s}\right],$$

wo sich das Summenzeichen auf s erstreckt. Aus dieser Gleichung ergiebt sich sogleich eine angenäherte Bestimmung, d. h. ein asymptotischer Ausdruck für $F(n)$. Da nämlich $\frac{n}{s}$ die ganze Zahl $\left[\frac{n}{s}\right]$ um weniger als eine Einheit übertrifft, so hat man bis auf einen Fehler, der die Grenze n nicht übersteigen kann:

$$F(n) = n\Sigma_1^n \frac{1}{s}.$$

Nun ist aber:

$$\Sigma_1^n \frac{1}{s} = \log n + C + \frac{1}{2n} + \cdots,$$

wo $C = 0,5772156\ldots.$ ist. Da jedoch der letzte Ausdruck für $F(n)$ schon mit einem Fehler der Ordnung n behaftet ist, so ist von der unendlichen Reihe nur das erste Glied beizubehalten, und man sieht, dass die Gleichung:

$$F(n) = n \log n$$

nur bis auf einen Fehler erster Ordnung genau ist, für welchen sich übrigens leicht eine Grenze angeben lässt, die er nicht überschreiten kann. Ob die Function, die von der Ordnung $n\log n$ ist, in ihrem asymptotischen Ausdruck ein Glied der Ordnung n mit constantem Coefficienten enthält, oder mit anderen Worten, ob $\frac{1}{n}F(n) - \log n$ sich für wachsende Werthe von n einer festen Grenze nähert, lässt sich auf diesem Wege nicht entscheiden.

2.

Die schon erwähnte Umformung, mit welcher wir uns jetzt beschäftigen wollen, beruht auf der einfachen Bemerkung, dass, während die Glieder der Reihe:

$$\left[\frac{n}{1}\right],\ \left[\frac{n}{2}\right],\ \ldots,\ \left[\frac{n}{s}\right],\ \ldots,$$

welche mit dem n^{ten} Gliede abbricht, anfangs sehr rasch abnehmen, von einer gewissen Stelle ab jedes Glied dem folgenden entweder gleich ist oder dasselbe um eine Einheit übertrifft. Es wird dies offenbar der Fall sein, sobald der Unterschied:

$$\frac{n}{s} - \frac{n}{s+1} = \frac{n}{s(s+1)}$$

der Einheit oder einem ächten Bruche gleich geworden ist. Bestimmt man also die kleinste ganze Zahl μ, welche der Bedingung $\mu(\mu+1) \geqq n$ entspricht, so wird die erwähnte Eigenschaft spätestens vom μ^{ten} Gliede incl. ab stattfinden. Da es jedoch für unseren Zweck ganz unwesentlich ist, ob in die beabsichtigte Umformung ein Glied mehr oder weniger hineingezogen wird, so werden wir der grösseren Einfachheit wegen für μ die ganze Zahl wählen, welche entweder der Wurzel $\sqrt{n}$ gleich ist oder, im Falle der Irrationalität derselben, unmittelbar darüber liegt. Man hat also:

$$\mu^2 \geqq n$$

und folglich $\mu(\mu+1) > n$. Setzt man nun:

$$\left[\frac{n}{\mu}\right] = \nu,$$

wo, wie leicht zu sehen ist, ν höchstens um 2 Einheiten von μ verschieden sein kann, und bezeichnet mit t irgend eine der Zahlen ν, $\nu-1$, ..., 2, 1, so lässt sich leicht der Zeiger s des vom Anfange entferntesten Gliedes $\left[\frac{n}{s}\right]$ bestimmen, welchem der Werth t zukommt, und auf welches daher ein Glied mit dem Werthe $t-1$ folgt. Der gesuchte Zeiger wird durch die doppelte Bedingung gegeben:

$$\frac{n}{s} \geqq t, \qquad \frac{n}{s+1} < t,$$

woraus sogleich folgt:

$$s \leqq \frac{n}{t}, \qquad s+1 > \frac{n}{t}, \qquad \text{d. h.} \qquad s = \left[\frac{n}{t}\right].$$

Betrachten wir jetzt die Summe:

$$\left[\frac{n}{1}\right]\varphi(1) + \left[\frac{n}{2}\right]\varphi(2) + \cdots + \left[\frac{n}{p}\right]\varphi(p),$$

wo p, wie sich von selbst versteht, grösser als μ und nicht grösser als n angenommen wird, oder vielmehr nur denjenigen Theil der Summe, welcher sich vom μ^{ten} Gliede ab erstreckt:

$$\left[\frac{n}{\mu}\right]\varphi(\mu) + \cdots + \left[\frac{n}{s}\right]\varphi(s) + \cdots + \left[\frac{n}{p}\right]\varphi(p),$$

so können wir diesen dadurch umformen, dass wir die Glieder, für welche $\left[\frac{n}{s}\right]$ denselben Werth hat, in Partialsummen vereinigen und dann alle Partialsummen addiren.

Lassen wir der grösseren Gleichförmigkeit wegen aus der ersten Partialsumme das $s = \mu$ entsprechende Glied weg, ziehen dasselbe zu den schon abgesonderten $\mu - 1$ ersten Gliedern und setzen:

$$\left[\frac{n}{p}\right] = q,$$

so erstrecken sich die Partialsummen nach Obigem respective von

$$\begin{array}{llll}
s = \mu & \text{excl. bis } s = \left[\frac{n}{\nu}\right] & \text{incl., und der entsprechende Werth von } \left[\frac{n}{s}\right] & \text{ist } \nu, \\
s = \left[\frac{n}{\nu}\right] & \text{,, ,, } s = \left[\frac{n}{\nu-1}\right] & \text{,, ,, ,, ,, ,, ,, } \left[\frac{n}{s}\right] & \text{,, } \nu-1, \\
s = \left[\frac{n}{\nu-1}\right] & \text{,, ,, } s = \left[\frac{n}{\nu-2}\right] & \text{,, ,, ,, ,, ,, ,, } \left[\frac{n}{s}\right] & \text{,, } \nu-2, \\
\cdots & \cdots & \cdots & \cdots \\
s = \left[\frac{n}{q+1}\right] & \text{,, ,, } s = p & \text{,, ,, ,, ,, ,, ,, } \left[\frac{n}{s}\right] & \text{,, } q.
\end{array}$$

Bezeichnet nun $\psi(s)$ das summatorische Glied der Function $\varphi(s)$, ist also:

$$\psi(s) = \sum_{h=1}^{h=s} \varphi(h),$$

so sind die Werthe der Partialsummen:

$$\nu\left(\psi\left[\frac{n}{\nu}\right]-\psi(\mu)\right), \quad (\nu-1)\left(\psi\left[\frac{n}{\nu-1}\right]-\psi\left[\frac{n}{\nu}\right]\right),$$

$$(\nu-2)\left(\psi\left[\frac{n}{\nu-2}\right]-\psi\left[\frac{n}{\nu-1}\right]\right), \quad \ldots, \quad q\left(\psi(p)-\psi\left[\frac{n}{q+1}\right]\right),$$

deren Vereinigung den Ausdruck:

$$-\nu\psi(\mu)+\psi\left[\frac{n}{\nu}\right]+\psi\left[\frac{n}{\nu-1}\right]+\cdots+\psi\left[\frac{n}{q+1}\right]+q\psi(p)$$

ergiebt. Wir erhalten so die allgemeine Transformationsgleichung:

$$(a) \qquad \Sigma_1^p\left[\frac{n}{s}\right]\varphi(s) = q\psi(p)-\nu\psi(\mu)+\Sigma_1^\mu\left[\frac{n}{s}\right]\varphi(s)+\Sigma_{q+1}^\nu\psi\left[\frac{n}{s}\right].$$

Der bei der Anwendung dieser Gleichung am häufigsten vorkommende Fall ist der, wo $p = n$ und folglich $q = 1$ ist. Man erhält bei dieser Voraussetzung:

$$(b) \qquad \Sigma_1^n\left[\frac{n}{s}\right]\varphi(s) = -\nu\psi(\mu)+\Sigma_1^\mu\left[\frac{n}{s}\right]\varphi(s)+\Sigma_1^\nu\psi\left[\frac{n}{s}\right].$$

Wie man sieht, besteht der Vortheil dieser Umformung darin, dass durch dieselbe eine Reihe, deren Gliederzahl n ist, und die in jedem Gliede einen Ausdruck der Form $\left[\frac{n}{s}\right]$ enthält, auf zwei andere zurückgeführt wird, in denen die Anzahl der ebenfalls $\left[\frac{n}{s}\right]$ enthaltenden Glieder sich auf die Ordnung $\sqrt{n}$ erniedrigt. Eine ähnliche Umformung bleibt noch ausführbar, wenn an die Stelle des Nenners s in dem Ausdruck $\left[\frac{n}{s}\right]$ eine mit s wachsende Function von s tritt. Da jedoch eine solche Allgemeinheit für unseren gegenwärtigen Zweck überflüssig ist, so beschränken wir uns auf die eben betrachtete speciellere Reihenform.

3.

Nehmen wir jetzt die in Art. 1 behandelte Aufgabe wieder auf, so erhalten wir, wenn in der Gleichung (b) $\varphi(s) = 1$ und folglich $\psi(s) = s$ gesetzt wird:

$$F(n) = \Sigma_1^n\left[\frac{n}{s}\right] = -\mu\nu+\Sigma_1^\mu\left[\frac{n}{s}\right]+\Sigma_1^\nu\left[\frac{n}{s}\right].$$

Setzt man in den beiden Summen $\frac{n}{s}$ statt $\left[\frac{n}{s}\right]$, so ist der Fehler nur von der Ordnung $\sqrt{n}$, und da ebenso:

$$n\Sigma_1^\mu \frac{1}{s} = n\Sigma_1^\nu \frac{1}{s} = \tfrac{1}{2} n \log n + Cn, \quad \mu\nu = n,$$

so folgt bis auf einen Fehler der Ordnung $\sqrt{n}$ genau:

$$F(n) = n \log n + (2C - 1)n.$$

Aus dem eben gefundenen asymptotischen Ausdruck für die Function $F(n)$ lässt sich nun leicht ein Ausdruck für den mittleren Werth der Divisorenanzahl ableiten. Schreibt man die Gleichung zur grösseren Deutlichkeit in der Form:

$$F(n) = n \log n + (2C - 1)n + \zeta\sqrt{n},$$

wo ζ zwar unbekannt ist aber für ein noch so grosses n numerisch unter einer bestimmten Grenze, die leicht anzugeben wäre, bleiben wird, verwandelt n in $n+s$, wobei ζ in ζ' übergehe, und dividirt die Differenz beider Gleichungen durch s, so erhält man für das arithmetische Mittel der den s Zahlen $n+1$, $n+2, \ldots, n+s$ entsprechenden Factorenanzahlen:

$$\log(n+s) + 2C - 1 + \frac{n}{s} \log\left(1 + \frac{s}{n}\right) + \frac{\zeta'\sqrt{n+s} - \zeta\sqrt{n}}{s}.$$

Denkt man sich nun $\frac{s}{\sqrt{n}}$ über jede Grenze hinaus wachsend, so nähert sich das letzte Glied der Null, d. h. der Unterschied zwischen dem erwähnten arithmetischen Mittel und dem aus den übrigen Gliedern gebildeten Ausdruck wird kleiner als jede angebbare Grösse. Verbindet man mit der schon gemachten Annahme noch die, dass auch $\frac{n}{s}$ jede Grenze überschreite, so erhält man für das dieser doppelten Voraussetzung entsprechende Mittel den höchst einfachen asymptotischen Werth:

$$\log n + 2C,$$

der, wie leicht zu sehen, auch dann noch gilt, wenn n, statt die der Reihe von s Zahlen, in Bezug auf welche das Mittel genommen wird, unmittelbar vorhergehende Zahl zu bezeichnen, mit einer dieser Zahlen selbst zusammenfällt. Ist nämlich m eine derselben, so hat man $n+t = m$, wo $t \leqq s$, und der Unterschied $\log m - \log n$ nähert sich in Folge obiger Voraussetzung der Null.

4.

Die oben erhaltene Gleichung:

$$\Sigma_1^n \left[\frac{n}{s}\right] = n\log n+(2C-1)n,$$

in welcher der Fehler von der Ordnung $\sqrt{n}$ ist, giebt zu einer Bemerkung Veranlassung, bei welcher wir einen Augenblick verweilen wollen. Da andererseits:

$$\Sigma_1^n \frac{n}{s} = n\log n+Cn$$

ist, wo der Fehler für jedes n eine feste Grenze nicht überschreitet, so hat man mit einem Fehler der Ordnung $\sqrt{n}$:

$$\Sigma_1^n \left(\frac{n}{s}-\left[\frac{n}{s}\right]\right) = (1-C)n.$$

Da hiernach das arithmetische Mittel aus den Werthen der Differenz:

$$\frac{n}{s}-\left[\frac{n}{s}\right],$$

welche $s = 1, 2, \ldots, n$ entsprechen, gleich $1-C$, also kleiner als $\frac{1}{2}$ ist, so lässt sich vermuthen, dass, wenn man n der Reihe nach durch die genannten Zahlen dividirt, der Fall öfter vorkommen wird, wo der Rest unter dem halben Divisor liegt, als der entgegengesetzte, wo er demselben gleich ist oder ihn übertrifft. Wir wollen die Richtigkeit dieser Vermuthung zu prüfen und das Verhältniss, nach welchem die Zahlen $1, 2, \ldots, n$ sich in dieser Beziehung in zwei Gruppen vertheilen, zu bestimmen suchen.

Die Zahl s wird den ersten oder den zweiten Fall darbieten, je nachdem:

$$\frac{n}{s}-\left[\frac{n}{s}\right]<\tfrac{1}{2} \quad \text{oder} \quad \geqq \tfrac{1}{2}$$

ist. Da hiernach respective:

$$\left[\frac{2n}{s}\right]-2\left[\frac{n}{s}\right]=0 \quad \text{oder} \quad \left[\frac{2n}{s}\right]-2\left[\frac{n}{s}\right]=1$$

ist, so wird die Anzahl der in der zweiten Gruppe enthaltenen Zahlen durch den Ausdruck:

$$\Sigma_1^n \left[\frac{2n}{s}\right]-2\Sigma_1^n \left[\frac{n}{s}\right]$$

gegeben, dessen zweites Glied oben schon bestimmt worden ist. Zur Bestimmung des ersten dient die Gleichung (a), in welcher n in $2n$ zu verwandeln und $p = n$, $q = 2$, $\varphi(s) = 1$, $\psi(s) = s$ zu setzen ist. Man erhält so:

$$\Sigma_1^n \left[\frac{2n}{s}\right] = 2n - \mu\nu + \Sigma_1^\mu \left[\frac{2n}{s}\right] + \Sigma_3^\nu \left[\frac{2n}{s}\right].$$

Da μ die unmittelbar über $\sqrt{2n}$ liegende ganze Zahl und $\nu = \left[\frac{2n}{\mu}\right]$ ist, so ist $\mu\nu$ von $2n$ nur um eine Grösse der Ordnung $\sqrt{n}$ verschieden, und die beiden ersten Glieder heben sich auf. Der Werth der ersten Summe wird, immer mit Vernachlässigung der Ordnung $\sqrt{n}$, durch die Gleichung gegeben:

$$\Sigma_1^\mu \left[\frac{2n}{s}\right] = 2n \Sigma_1^\mu \frac{1}{s} = 2n(\log\mu + C) = n\log 2n + 2Cn.$$

Derselbe Werth würde auch für die zweite Summe gelten, wenn darin nicht die beiden, $s = 1$ und $s = 2$ entsprechenden Glieder fehlten. Man hat also, um $\Sigma_1^n \left[\frac{2n}{s}\right]$ zu erhalten, den eben gefundenen Ausdruck zu verdoppeln und $\left[\frac{2n}{1}\right] + \left[\frac{2n}{2}\right] = 3n$ abzuziehen. Man findet so für die Zahlen der zweiten Gruppe die Anzahl:

$$(\log 4 - 1)n$$

und also für die Zahlen der ersten Gruppe:

$$(2 - \log 4)n.$$

Für ein grosses n verhält sich daher die Anzahl der Divisoren, denen die erste Eigenschaft entspricht, zu der Anzahl derjenigen, welchen die zweite zukommt, wie $2 - \log 4$ zu $\log 4 - 1$.

5.

Betrachten wir jetzt die Function $f(n)$, welche die Summe der Divisoren von n ausdrückt, oder vielmehr zunächst wieder, wie in No. 1, die daraus gebildete Summe:

$$F(n) = f(1) + f(2) + \cdots + f(n).$$

Durch Betrachtungen, welche denen ganz ähnlich sind, die wir dort angestellt haben, erhält man:

$$F(n) = \Sigma_1^n s \left[\frac{n}{s}\right].$$

Durch Anwendung der Gleichung (b) ergiebt sich hieraus:

$$F(n) = -\tfrac{1}{2}(\mu^2 + \mu)\nu + \Sigma_1^\mu s \left[\frac{n}{s}\right] + \tfrac{1}{2}\Sigma_1^\nu \left(\left[\frac{n}{s}\right]^2 + \left[\frac{n}{s}\right]\right).$$

Um zu übersehen, von welcher Ordnung die Grössen sind, welche man als nicht vollständig bestimmbar vernachlässigen muss, betrachte man zunächst den ersten Theil der letzten Summe. Setzt man:

$$\left[\frac{n}{s}\right] = \frac{n}{s} - \varepsilon,$$

wo ε ein von n und s abhängiger positiver ächter Bruch ist, so erhält man:

$$\Sigma_1^\nu \left[\frac{n}{s}\right]^2 = \Sigma_1^\nu \frac{n^2}{s^2} - 2\Sigma_1^\nu \frac{n}{s}\varepsilon + \Sigma_1^\nu \varepsilon^2,$$

wo das zweite und dritte Glied, welche resp. die Ordnung $n\log n$ und $\sqrt{n}$ nicht überschreiten können, wegen des darin vorkommenden, analytisch nicht ausdrückbaren Bruchs ε wegzulassen sind. Es ist daher auch der zweite Theil der Summe, nämlich $\Sigma_1^\nu \left[\frac{n}{s}\right]$, den wir schon oben bestimmt haben, und welcher von der Ordnung $n\log n$ ist, nicht zu berücksichtigen, obgleich dieser Theil bis auf die erste Ordnung incl. genau angebbar ist. Ferner ist mit Vernachlässigung der ersten Ordnung:

$$(\mu^2+\mu)\nu = n^{\frac{3}{2}}, \quad \Sigma_1^\mu s\left[\frac{n}{s}\right] = n^{\frac{3}{2}};$$

es ergiebt sich daher, bis auf einen Fehler der Ordnung $n\log n$ genau:

$$F(n) = \tfrac{1}{2}n^{\frac{3}{2}} + \tfrac{1}{2}n^2\Sigma_1^\nu \frac{1}{s^2}.$$

Da nun andererseits nach einer bekannten Formel:

$$\Sigma_1^\nu \frac{1}{s^2} = \frac{\pi^2}{6} - \frac{1}{\nu} + \frac{1}{2\nu^2} - \cdots,$$

also bis auf die erste Ordnung exclusive:

$$\tfrac{1}{2}n^2\Sigma_1^\nu \frac{1}{s^2} = \frac{\pi^2}{12}n^2 - \tfrac{1}{2}n^{\frac{3}{2}},$$

so erhält man schliesslich die Gleichung:

$$F(n) = \frac{\pi^2}{12}n^2,$$

in welcher der Fehler die Ordnung $n\log n$ nicht überschreitet.

Bestimmt man mit Hülfe des eben gefundenen Ausdrucks den mittleren Werth von $f(n)$, so findet man für diesen mittleren Werth, nämlich für:

$$\frac{1}{s}(f(n+1)+\cdots+f(n+s)),$$

den asymptotischen Ausdruck:

$$\frac{\pi^2}{6}n,$$

vorausgesetzt, dass man sich das gleichzeitige Wachsen von s und n so denke, dass dabei:

$$\frac{n}{s} \quad \text{und} \quad \frac{s}{\log n}$$

jede endliche Grenze überschreiten. Dieses Resultat hat jedoch, wie leicht zu sehen, eine wesentlich andere Bedeutung als das am Ende von No. 3 gefundene. Während dort der Unterschied zwischen dem wahren mittleren Werth und seinem asymptotischen Ausdruck kleiner als jede gegebene Grösse wurde, gilt dies hier nur von dem Verhältniss dieses Unterschiedes zum wahren oder genäherten mittleren Werthe.

6.

In den bisher behandelten Aufgaben, zu denen andere auf ganz ähnliche Weise zu lösende hinzuzufügen überflüssig scheint, hatte die näherungsweise zu bestimmende Function unmittelbar die Form der Reihe (a). In anderen Fällen wird diese Function durch eine Gleichung gegeben, welche eine solche Reihe enthält, in deren allgemeinem Gliede die zu bestimmende Function vorkommt, so dass man also nur eine recurrirende Beziehung zwischen auf einander folgenden Werthen der Function kennt. Das einfachste Beispiel dieser Art bietet die Function $\varphi(n)$ dar, welche die Anzahl der in der Reihe $1, 2, \ldots, n$ enthaltenen relativen Primzahlen zu n ausdrückt und welche in der Theorie der Zahlen eine so grosse Rolle spielt. Bekanntlich ist der Ausdruck für diese Function:

$$\varphi(n) = n\left(1-\frac{1}{a}\right)\left(1-\frac{1}{b}\right)\left(1-\frac{1}{c}\right)\cdots,$$

wo $a, b, c, \ldots$ die verschiedenen in n aufgehenden Primzahlen bezeichnen. Diese Formel ist jedoch für unsere Untersuchung nicht geeignet, und wir müssen für dieselbe einen anderen Ausgangspunkt wählen. Wir gehen von der bekannten Gleichung aus:

$$\Sigma\varphi(\delta) = n,$$

in welcher sich das Summenzeichen auf sämmtliche Divisoren δ von n bezieht. Addirt man diese Gleichung und die ähnlichen für $n-1, n-2, \ldots, 1$ geltenden, so wird auf der linken Seite das Glied $\varphi(s)$, in welchem $s \leqq n$ ist, so oft vorkommen, als es in der Reihe 1, 2, ..., n Vielfache von s giebt, d. h. $\left[\frac{n}{s}\right]$ mal. Man erhält also:

$$\Sigma_1^n \left[\frac{n}{s}\right] \varphi(s) = \tfrac{1}{2}n^2 + \tfrac{1}{2}n.$$

Ehe wir weiter gehen, wollen wir einen Augenblick auf die Formel (b) zurückkommen und die Bemerkung machen, dass es für manche Aufgaben, zu denen auch die in No. 5 behandelte gehört, eine Abkürzung gewährt, wenn die Umformung die ganze Reihe umfasst, obgleich dadurch der in anderen Fällen unentbehrliche Vortheil verloren geht, die Anzahl der Glieder auf eine niedrigere Ordnung zu bringen. Um die so modificirte Formel zu erhalten, erwäge man, dass der Werth t, wenn t ganz allgemein eine der Zahlen 1, 2, 3, ..., n bedeutet, sich zwar nicht immer unter den Gliedern:

$$\left[\frac{n}{1}\right], \quad \left[\frac{n}{2}\right], \quad \ldots, \quad \left[\frac{n}{s}\right], \quad \ldots, \quad \left[\frac{n}{n}\right]$$

finden wird, da diese Glieder im Anfange der Reihe sehr rasch abnehmen, dass es aber immer ein und nur ein Glied geben wird, welches nicht grösser als t ist, und auf welches ein anderes folgt, dessen Werth kleiner als t ist. Der Zeiger s dieses Gliedes muss, wie oben, die Ungleichheiten erfüllen:

$$\frac{n}{s} \geqq t, \quad \frac{n}{s+1} < t,$$

aus welchen folgt:

$$s = \left[\frac{n}{t}\right].$$

Hiernach ist allgemein $\left[\frac{n}{s}\right] = t$, von $s = \left[\frac{n}{t+1}\right]$ excl. bis $s = \left[\frac{n}{t}\right]$ incl., und die Summe aller Glieder, in denen $\left[\frac{n}{s}\right]$ den Werth t hat, ist gleich:

$$\left(\psi\left[\frac{n}{t}\right] - \psi\left[\frac{n}{t+1}\right]\right) t,$$

welcher Ausdruck verschwindet und richtig bleibt, wenn keine solche Glieder existiren, d. h. wenn $\left[\frac{n}{t}\right] = \left[\frac{n}{t+1}\right]$ wird. Vereinigt man die Werthe des Ausdrucks für $t = 1, 2, \ldots, n$ und bemerkt, dass für $t = n$ das Glied $\psi\left[\frac{n}{t+1}\right]$ offenbar auf Null zu reduciren ist, so erhält man:

$$(c) \qquad \Sigma_1^n \left[\frac{n}{s}\right] \varphi(s) = \Sigma_1^n \psi\left[\frac{n}{s}\right],$$

und diese Umformung ist es, von welcher wir nun in unserer Aufgabe Gebrauch machen wollen. Unsere obige Gleichung wird mit Hülfe derselben:

$$\Sigma_1^n \psi\left[\frac{n}{s}\right] = \tfrac{1}{2}n^2+\tfrac{1}{2}n.$$

Man übersieht bald, dass der asymptotische Ausdruck für $\psi(n)$ die Form αn^2 haben wird, wo α eine Constante ist. Man könnte diese Constante in dem folgenden Beweise zunächst unbestimmt lassen, wo sich dann im Laufe der Entwickelung der Werth $\alpha = \frac{3}{\pi^2}$ herausstellen würde. Da jedoch dieser Werth ebenfalls leicht vorherzusehen ist, so werden wir der Kürze wegen sogleich den Ausdruck $\frac{3}{\pi^2}n^2$ betrachten. Wie auch die noch unbekannte Function $\psi(n)$ beschaffen sein möge, so können wir allgemein setzen:

$$\psi(n) = \frac{3}{\pi^2}n^2+\zeta\chi(n),$$

wo auch ζ von n abhängt und die Function $\chi(n)$ beliebig und nur mit der Beschränkung gewählt werden soll, dass sie immer positiv bleibe, mit dem Argumente wachse und für den Werth $n = 1$ desselben nicht verschwinde. Denkt man sich $\chi(n)$ auf die angegebene Weise gewählt und dann in unsere Gleichung für n alle Werthe von $n = 1$ bis $n = N$ eingesetzt, so werden die entsprechenden Werthe von ζ alle endlich sein. Es sei nun A der grösste der so für ζ erhaltenen numerischen Werthe. Dies vorausgesetzt, bringen wir unsere Gleichung in die Form:

$$\psi(n) = -\Sigma_2^n \psi\left[\frac{n}{s}\right]+\tfrac{1}{2}n^2+\tfrac{1}{2}n$$

und betrachten nun die Werthe von n, welche zwischen $n = N+1$ und $n = 2N$ liegen. Da $\left[\frac{n}{s}\right]$ in der Summe die Grenze N nicht überschreitet, so sieht man, dass derjenige Theil unserer Summe, welcher aus dem Einsetzen des zweiten Gliedes des oben für $\psi(n)$ angenommenen Ausdrucks entsteht, numerisch kleiner ist als:

$$A\Sigma_2^n\chi\left(\frac{n}{s}\right).$$

Der vom ersten Gliede herrührende Theil, nämlich:

$$\frac{3}{\pi^2}\Sigma_2^n\left[\frac{n}{s}\right]^2,$$

geht, wenn man wieder $\left[\frac{n}{s}\right] = \frac{n}{s} - \varepsilon$ setzt, über in:

$$\frac{3n^2}{\pi^2}\Sigma_2^n \frac{1}{s^2} - \frac{6n}{\pi^2}\Sigma_2^n \frac{\varepsilon}{s} + \frac{3}{\pi^2}\Sigma_2^n \varepsilon^2.$$

Da nun:

$$\Sigma_2^n \frac{1}{s^2} = \frac{\pi^2}{6} - 1 + \tau,$$

wo τ von der Ordnung $\frac{1}{n}$ ist, und die beiden anderen Summen resp. die Ordnung $\log n$ und n nicht überschreiten können, so erhält man eine Gleichung:

$$\psi(n) = \frac{3}{\pi^2} n^2 + \xi,$$

in welcher ξ numerisch kleiner ist als:

$$Pn\log n + A\,\Sigma_2^n \chi\left(\frac{n}{s}\right),$$

wo P eine hinlänglich grosse von N unabhängige Constante ist. Vergleicht man dieses von $n = N+1$ bis $n = 2N$ geltende Resultat mit dem oben für $\psi(n)$ angenommenen Ausdruck:

$$\frac{3}{\pi^2} n^2 + \zeta\chi(n),$$

so ergiebt sich, dass für dieses neue Intervall der grösste Zahlenwerth von ζ das Maximum der in dem genannten Intervall stattfindenden Werthe des Ausdrucks:

$$\frac{Pn\log n}{\chi(n)} + \frac{A}{\chi(n)}\Sigma_2^n \chi\left(\frac{n}{s}\right)$$

nicht überschreitet. Giebt man jetzt der bisher unbestimmt gelassenen Function $\chi(n)$ die Form einer positiven Potenz n^δ, so erhält man für den in A multiplicirten Ausdruck:

$$\Sigma_2^n \frac{1}{s^\delta} < \Sigma_2^\infty \frac{1}{s^\delta} = q,$$

und δ lässt sich so zwischen 1 und 2 wählen, dass die Constante q ein ächter Bruch wird. Andererseits kann man N so gross wählen, dass für $n \gtreqqless N$:

$$\frac{Pn\log n}{n^\delta} < k$$

wird, wo die Constante k beliebig klein ist. Bezeichnet man mit A' den grössten zwischen $n = N+1$ und $n = 2N$ vorkommenden Zahlenwerth von ζ, so hat man:

$$A' < Aq + k.$$

Da nun k für ein wachsendes N beliebig klein werden kann, A nicht abnimmt, q aber constant bleibt, so ist für ein hinlänglich grosses N:

$$A' < A,$$

d. h. das ursprünglich bis $n = N$ geltende Maximum A gilt auch bis $2N$, aus demselben Grunde aber auch bis $4N$, $8N$, ..., oder ganz allgemein.

Es ist also:

$$\psi(n) = \frac{3}{\pi^2} n^2$$

mit einem Fehler, der die Ordnung n^δ nicht überschreiten kann, wo die Constante δ den durch die Gleichung:

$$\Sigma_2^\infty \frac{1}{s^\gamma} = 1$$

gegebenen Werth γ, wenn auch noch so wenig, übersteigt. Für den mittleren Werth von $\varphi(n)$ ergiebt sich hiernach der Ausdruck:

$$\frac{6}{\pi^2} n,$$

dessen Bedeutung aus Obigem klar ist.

7.

Als letztes Beispiel wählen wir die Function $\varphi(n)$, welche die Anzahl aller möglichen Zerfällungen von n in zwei Factoren ohne gemeinschaftlichen Theiler bezeichnet und bekanntlich die Potenz 2^ϱ zum Ausdruck hat, wenn man unter ϱ die Anzahl der verschiedenen in n aufgehenden Primzahlen versteht. Setzt man wieder:

$$\Sigma_1^n \varphi(s) = \psi(n),$$

so wird $\psi(n)$ in einem einfachen Zusammenhang mit der in Art. 1 und 3 behandelten Function $F(n)$ stehen. $F(n)$ drückt nämlich offenbar die Anzahl der Zahlenpaare x, y aus, welche der Bedingung $xy \leqq n$ genügen, während $\psi(n)$ die Anzahl der Paare der zu einander relativen Primzahlen ξ, η bezeichnet, für welche ebenfalls $\xi\eta \leqq n$ ist. Theilt man nun die Paare x, y in Gruppen, deren s^{te} diejenigen Paare x, y enthält, für welche s der grösste gemeinschaftliche Theiler ist, so dass also, wenn $x = \xi s$, $y = \eta s$ gesetzt wird, ξ und η relative Primzahlen sind, und dividirt die Ungleichheit durch s^2, so kommt:

$$\xi\eta \leqq \frac{n}{s^2} \quad \text{oder} \quad \xi\eta \leqq \left[\frac{n}{s^2}\right].$$

Da nun auch umgekehrt je zwei relative Primzahlen ξ, η, welche dieser Bedingung entsprechen, durch Multiplication mit s zwei Zahlen x, y mit dem grössten gemeinschaftlichen Theiler s ergeben, für welche $xy \leqq n$ ist, so folgt, dass die Anzahl der in der s^{ten} Gruppe enthaltenen Paare durch $\psi\left[\frac{n}{s^2}\right]$ ausgedrückt wird. Man erhält so die Gleichung:

$$\Sigma\psi\left[\frac{n}{s^2}\right] = F(n) = n\log n + (2C-1)n,$$

wo sich die Summe von $s = 1$ bis $s = [\sqrt{n}]$ erstreckt, und nach Obigem das vernachlässigte Glied die Ordnung $\sqrt{n}$ nicht überschreitet. Es ist hiernach leicht zu übersehen, dass der asymptotische Ausdruck für $\psi(n)$ die Form:

$$\alpha n\log n + \beta n$$

haben wird, wo α und β zwei noch zu bestimmende Constanten bezeichnen. Setzt man nämlich, wie im vorigen Artikel, in unserer Gleichung:

$$\psi(n) = \alpha n\log n + \beta n + \zeta n^{\delta},$$

wählt α und β so, dass sich die Glieder der Ordnung $n\log n$ und n aufheben, nämlich:

$$\alpha = \frac{6}{\pi^2}, \quad \beta = \frac{6}{\pi^2}\left(\frac{12C'}{\pi^2} + 2C - 1\right),$$

wo C die frühere Bedeutung hat und $C' = \Sigma_2^\infty \frac{\log s}{s^2}$ ist, so findet man durch Schlüsse, welche den im vorigen Artikel entwickelten ganz analog sind, dass ζ für ein beliebig grosses n unter einer festen Grenze bleibt, wenn nur $\delta > \frac{1}{2}\gamma$ ist, γ in der obigen Bedeutung genommen. Aus dem so gefundenen Ausdruck für $\psi(n)$:

$$\alpha n\log n + \beta n$$

folgt dann für $\varphi(n)$, in einem durch das eben Gesagte bestimmten Sinne, der mittlere Werth:

$$\frac{6}{\pi^2}\left(\log n + \frac{12C'}{\pi^2} + 2C\right).$$

Mit der eben behandelten Frage hängt der im Art. 301 der *Disquisitiones arithmeticae* gegebene mittlere Werth für die Anzahl der *genera* zusammen, welche einer negativen Determinante $-n$ entsprechen. Der Ausdruck für die Anzahl der *genera* ist nämlich nach bekannten Sätzen, den 5 Linearformen:

$$n = 8h, \quad n = 8h+4, \quad n = 4h+2, \quad n = 4h+1, \quad n = 4h+3$$

entsprechend:

$$\varphi(n), \qquad \tfrac{1}{2}\varphi(n), \qquad \tfrac{1}{2}\varphi(n), \qquad \varphi(n), \qquad \tfrac{1}{2}\varphi(n).$$

Andererseits lässt sich durch nahe liegende, an die vorher angestellten Betrachtungen anzubringende Modificationen, deren Ausführung wir dem Leser überlassen, der genäherte Werth von $\psi(n)$ bestimmen, wenn n eine vorgeschriebene Linearform hat, und die Summe $\Sigma\varphi(s) = \psi(n)$ nicht mehr über alle Zahlen $1, 2, \ldots, n$, sondern nur über die in dieser Reihe enthaltenen Zahlen dieser Form erstreckt wird, und dann daraus der mittlere Werth von $\varphi(n)$ ableiten. Man findet so für die oben angegebenen Linearformen:

$$n = 8h, \qquad n = 8h+4, \qquad n = 4h+2, \qquad n = 4h+1, \qquad n = 4h+3$$

als mittleren Werth von $\varphi(n)$, wenn man zur Abkürzung:

$$\log n + \frac{12C'}{\pi^2} + 2C = \varDelta$$

setzt:

$$\frac{8}{\pi^2}(\varDelta - \tfrac{8}{3}\log 2), \quad \frac{8}{\pi^2}(\varDelta - \tfrac{2}{3}\log 2), \quad \frac{8}{\pi^2}(\varDelta + \tfrac{1}{3}\log 2), \quad \frac{4}{\pi^2}(\varDelta + \tfrac{4}{3}\log 2), \quad \frac{4}{\pi^2}(\varDelta + \tfrac{4}{3}\log 2).$$

Nach Obigem ergeben diese Ausdrücke, resp. mit $1, \frac{1}{2}, \frac{1}{2}, 1, \frac{1}{2}$ multiplicirt, die mittleren Anzahlen der *genera* der Determinante $-n$ für die vorher aufgezählten Linearformen, und da von je 8 aufeinander folgenden Zahlen resp. 1, 1, 2, 2, 2 in diesen Formen enthalten sind, so ist die Summe unserer der Reihe nach mit:

$$1\cdot\tfrac{1}{8}, \quad \tfrac{1}{2}\cdot\tfrac{1}{8}, \quad \tfrac{1}{2}\cdot\tfrac{2}{8}, \quad 1\cdot\tfrac{2}{8}, \quad \tfrac{1}{2}\cdot\tfrac{2}{8}$$

multiplicirten Ausdrücke, d. h.:

$$\frac{4}{\pi^2}(\varDelta - \tfrac{1}{6}\log 2),$$

die gesuchte mittlere Anzahl der *genera*, welche der Determinante $-n$ entsprechen, wenn diese allgemein, d. h. nicht mehr auf eine besondere Linearform beschränkt, gedacht wird, was mit dem am angeführten Orte gegebenen Resultat übereinstimmt. Dass übrigens derselbe Ausdruck auch für die positive Determinante n gilt, folgt leicht daraus, dass die den Linearformen $4h+1$, $4h+3$ entsprechenden mittleren Werthe von $\varphi(n)$ zusammenfallen, und dass andererseits die bei den quadratischen Determinanten eintretenden Ausnahmen offenbar ohne Einfluss auf das Endresultat sind.

ÜBER
EINEN NEUEN AUSDRUCK ZUR BESTIMMUNG DER DICHTIGKEIT EINER UNENDLICH DÜNNEN KUGELSCHALE, WENN DER WERTH DES POTENTIALS DERSELBEN IN JEDEM PUNKTE IHRER OBERFLÄCHE GEGEBEN IST.

[Gelesen in der Akademie der Wissenschaften am 28. November 1850. [1])]

Nach einem schönen, von Gauss zuerst aufgestellten und bewiesenen Satze*) lässt sich jede Fläche mit einer unendlich dünnen Massenschicht belegen, deren Potential in jedem Punkte der Fläche einen beliebig gegebenen Werth erhält, vorausgesetzt dass dieser Werth im ganzen Umfange der Fläche sich nach der Stetigkeit ändere. Die wirkliche Ausmittelung aber der dies leistenden Massenvertheilung ist im gegenwärtigen Zustande der Wissenschaft nur für einige besondere Flächen ausführbar, zu welchen, wie Gauss schon bemerkt hat, die ganze Kugelfläche gehört.

Bezeichnet R den Kugelradius, r die Entfernung jedes Punktes im Raume vom Mittelpunkte, θ den Winkel zwischen r und einer festen Geraden und φ den Flächenwinkel zwischen der durch diese und r gelegten Ebene und einer festen Ebene, so kann man den auf der ganzen Fläche gegebenen durch θ und φ ausgedrückten Potentialwerth V nach den bekannten Kugelfunctionen entwickeln. Es sei:

$$V = \Sigma X_n$$

diese Entwickelung, wo sich das Summenzeichen von $n = 0$ bis $n = \infty$ er-

---

[1]) Im Akademie-Bericht von 1850 wird auf S. 464 darüber mitgetheilt: „Hr. Dirichlet hielt einen Vortrag über einen neuen Ausdruck der Massen-Vertheilung auf einer Kugelfläche, wenn das Potential in jedem Punkte der Fläche einen beliebig gegebenen Werth erhalten soll." K.

*) Allgemeine Lehrsätze in Beziehung auf die im verkehrten Verhältnisse des Quadrats der Entfernung wirkenden Anziehungs- und Abstossungs-Kräfte von C. F. Gauss. [2])

[2]) Gauss' Werke, Bd. V, S. 195.

streckt, und:

$$\varrho = \Sigma Y_n$$

die ähnliche Entwickelung der zu bestimmenden Dichtigkeit ϱ. Mit Hülfe dieser letzteren lässt sich das Potential v für jeden Punkt im Raume darstellen*). Von den beiden Ausdrücken desselben, von welchen der eine im inneren, der andere im äusseren Raume gilt und jeder zu unserem Zwecke genügt, ist der erstere:

$$v = 4\pi R \Sigma \frac{1}{2n+1}\left(\frac{r}{R}\right)^n Y_n.$$

Da dieser Ausdruck bis $r = R$ gültig bleibt, für welchen Fall v in V übergeht, und dieselbe Function nur einer Entwickelung nach Kugelfunctionen fähig ist, so ergiebt die Vergleichung mit der ersten Reihe $Y_n = \frac{2n+1}{4\pi R} X_n$, und daher:

$$\varrho = \frac{1}{4\pi R}\Sigma(2n+1)X_n.$$

In einer früheren Abhandlung**) ist gezeigt worden, dass jede für die ganze Kugelfläche, d. h. von $\theta = 0$, $\varphi = 0$ bis $\theta = \pi$, $\varphi = 2\pi$, beliebig gegebene Function, wenn sie nur nirgends unendlich wird, convergirend nach Kugelfunctionen entwickelt werden kann. Die Convergenz der Reihe für V, welche den Ausgangspunkt der eben entwickelten Lösung bildet, ist daher unzweifelhaft. Anders verhält es sich aber mit der für die Dichtigkeit ϱ angenommenen und dann durch Vergleichung mit jener bestimmten Reihe ΣY_n. Da es mit der Existenz einer völlig bestimmten Massenvertheilung, welcher der gegebene Potentialwerth V entspricht, verträglich ist, dass die Dichtigkeit in einzelnen Punkten oder Linien unendlich werde, so bleibt es für alle solche Fälle völlig ungewiss, ob die Reihe an allen Stellen, wo die Dichtigkeit endlich bleibt, ihre Convergenz behält und die Dichtigkeit wirklich darstellt. Es schien mir nicht uninteressant, diese Frage einer näheren Erörterung zu unterwerfen, wozu meine frühere Abhandlung die nöthigen Hülfsmittel darbot, um so mehr als sich von dieser Untersuchung eine Vereinfachung des eben für ϱ gefundenen Ausdrucks erwarten liess. Dieser Ausdruck involvirt eine vierfache unendliche Operation, eine doppelte Summation und eine ebenfalls doppelte Integration. Dass die

*) Mécanique céleste. Livre III, No. 13.

**) Sur les séries dont le terme général dépend de deux angles, et qui servent à exprimer des fonctions arbitraires entre des limites données. CRELLE's Journal Band XVII.[1])

[1]) Bd. I, S. 283 dieser Ausgabe von G. Lejeune Dirichlet's Werken.

letztere nicht aus dem Ausdrucke entfernt werden kann, leuchtet ein, da die Dichtigkeit für jeden Punkt von sämmtlichen im ganzen Umfange der Fläche bis auf die Stetigkeit als beliebig vorauszusetzenden Potentialwerthen abhängen muss. Dagegen hat sich ergeben, dass die Dichtigkeit immer ohne Reihen durch ein doppeltes Integral dargestellt werden kann, welches sogar in vielen Fällen auf ein einfaches zurückführbar ist.

1.

Setzt man:

$$V = f(\theta, \varphi),$$

so hat man bekanntlich für das allgemeine Glied X_n:

$$\frac{2n+1}{4\pi}\iint f(\theta', \varphi')P_n(\cos\omega)\sin\theta'\,d\theta'\,d\varphi',$$

wo:

$$\cos\omega = \cos\theta\cos\theta' + \sin\theta\sin\theta'\cos(\varphi-\varphi')$$

gesetzt ist, $P_n(\cos\omega)$ den Coefficienten von α^n in dem entwickelten Radical:

$$\frac{1}{\sqrt{1-2\alpha\cos\omega+\alpha^2}}$$

bezeichnet und sich die doppelte Integration von:

$$\theta' = 0, \quad \varphi' = 0$$

bis:

$$\theta' = \pi, \quad \varphi' = 2\pi$$

erstreckt. Lässt man den Divisor R weg oder, was dasselbe ist, setzt den Kugelradius der Einheit gleich, so wird das allgemeine Glied der ϱ darstellenden Reihe:

$$\frac{(2n+1)^2}{(4\pi)^2}\iint f(\theta', \varphi')P_n(\cos\omega)\sin\theta'\,d\theta'\,d\varphi'.$$

Es wird offenbar genügen, diese Reihe für den Fall zu untersuchen, wo $\theta = 0$ gesetzt wird, d. h. für den Pol p der sphärischen Polarcoordinaten θ, φ, da sich, wie in der früheren Abhandlung, das für den Punkt p gefundene Resultat unmittelbar auf jeden anderen Punkt m der Fläche übertragen lässt. Man hat dann:

$$\cos\omega = \cos\theta',$$

und $P_n(\cos\omega)$ wird von φ' unabhängig. Setzt man:

$$\frac{1}{2\pi}\int_0^{2\pi} f(\theta', \varphi')\,d\varphi' = F(\theta'),$$

so dass also $F(\theta')$ den mittleren Werth des Potentials V auf dem von p als Mittelpunkt mit dem sphärischen Radius θ' beschriebenen Kreise bedeutet, und schreibt γ statt θ' zur Uebereinstimmung mit der Bezeichnung in der früheren Abhandlung, auf die wir uns häufig zu beziehen haben, so wird das allgemeine Glied:

$$\frac{(2n+1)^2}{8\pi}\int_0^\pi F(\gamma)P_n(\cos\gamma)\sin\gamma\, d\gamma.$$

Zerlegt man $(2n+1)^2$ in seine Bestandtheile $4n^2$, $4n$, 1, so zerfällt das allgemeine Glied in drei andere und folglich die Reihe selbst in drei Partialreihen. Da die Convergenz der zweiten und dritten dieser Reihen schon in der früheren Abhandlung gezeigt worden ist, so haben wir es nur mit der ersten zu thun, deren allgemeines Glied:

$$\frac{1}{2\pi}n^2\int_0^\pi F(\gamma)P_n(\cos\gamma)\sin\gamma\, d\gamma.$$

Nimmt man die Summe der $n+1$ ersten Glieder, drückt $P_n(\cos\gamma)$ nach Gleichung (3) der früheren Abhandlung[1]) durch ein bestimmtes Integral aus und kehrt die Ordnung der beiden Integrationen um, so erhält man:

$$\frac{1}{\pi^2}\int_0^\pi(\cos\psi+4\cos 2\psi+\cdots+n^2\cos n\psi)\Pi(\psi)d\psi,$$

wo wie früher:

$$\Pi(\psi) = \sin\tfrac{1}{2}\psi\int_0^\psi F(\gamma)\sin\gamma\frac{d\gamma}{\Delta}+\cos\tfrac{1}{2}\psi\int_\psi^\pi F(\gamma)\sin\gamma\frac{d\gamma}{E},$$

$$\Delta = \sqrt{2(\cos\gamma-\cos\psi)},\qquad E = \sqrt{2(\cos\psi-\cos\gamma)}$$

gesetzt ist. Da die in $\Pi(\psi)$ enthaltenen Integrale (nach §. 3 der früheren Abhandlung) Functionen von ψ sind, welche von $\psi = 0$ bis $\psi = \pi$ stetig bleiben, so kommt dieselbe Eigenschaft auch der Function $\Pi(\psi)$ zu.

Unsere gegenwärtige Untersuchung erfordert überdies die Discussion des Differentialquotienten $\Pi'(\psi)$, zu dessen Bildung, wegen der in den Integralen enthaltenen Nenner Δ und E, eine vorgängige Umformung durch theilweise Integration erforderlich ist. Berücksichtigt man, dass $F(\gamma)$, nach seinem Ursprunge aus dem stetigen Potentialwerthe $f(\theta, \varphi)$, selbst stetig ist, so ergiebt diese doppelte Operation:

---

[1]) Bd. I, S. 291 dieser Ausgabe von G. Lejeune Dirichlet's Werken.

$$\Pi'(\psi) = (F(0)-F(\pi))\sin\psi + \tfrac{1}{2}\cos\tfrac{1}{2}\psi\int_0^\psi F'(\gamma)\varDelta d\gamma + \tfrac{1}{2}\sin\tfrac{1}{2}\psi\int_\psi^\pi F'(\gamma)\boldsymbol{E}d\gamma$$
$$+\sin\tfrac{1}{2}\psi\sin\psi\int_0^\psi F'(\gamma)\frac{d\gamma}{\varDelta} + \cos\tfrac{1}{2}\psi\sin\psi\int_\psi^\pi F'(\gamma)\frac{d\gamma}{\boldsymbol{E}}.$$

Wir machen nun die Annahme, dass $F'(\gamma)$ von $\gamma = 0$ bis $\gamma = \pi$ überall endlich bleibt. Alsdann werden sämmtliche Bestandtheile von $\Pi'(\psi)$, und also auch $\Pi'(\psi)$ selbst, von $\psi = 0$ bis $\psi = \pi$ endlich und stetig sein. Für die drei ersten Glieder ist dies einleuchtend, und hinsichtlich der beiden letzten überzeugt man sich durch Betrachtungen, welche den oben citirten ganz ähnlich sind, dass die in ihnen enthaltenen Integrale diese doppelte Eigenschaft so lange behalten, als im ersten $\psi < \pi$ und im zweiten $\psi > 0$ vorausgesetzt wird. Für $\psi = \pi$ und $\psi = 0$ können zwar diese Integrale beziehungsweise unendlich grosse Werthe erhalten, die aber, wie leicht zu sehen, resp. die Ordnung:

$$\log\left(\frac{1}{\cos\frac{1}{2}\psi}\right) \quad \text{und} \quad \log\left(\frac{1}{\sin\frac{1}{2}\psi}\right)$$

nicht überschreiten können, so dass die Glieder selbst Null werden.

Für das Folgende ist noch die Kenntniss der zweiten Derivirten $\Pi''(\psi)$ für den besonderen Werth $\psi = 0$ erforderlich. Bemerkt man, dass $\Pi'(0) = 0$ ist, so lässt sich der gesuchte Werth am leichtesten dadurch finden, dass man ψ in dem Quotienten $\frac{1}{\psi}\Pi'(\psi)$ unendlich klein werden lässt. Man erhält so:

$$\Pi''(0) = F(0) - F(\pi) + \tfrac{1}{2}\int_0^\pi F'(\gamma)\sin\tfrac{1}{2}\gamma\, d\gamma + \tfrac{1}{2}\int_0^\pi \frac{F'(\gamma)d\gamma}{\sin\frac{1}{2}\gamma},$$

oder, wenn man das dritte Glied theilweise integrirt:

$$\Pi''(0) = F(0) - \tfrac{1}{2}F(\pi) - \tfrac{1}{4}\int_0^\pi F(\gamma)\cos\tfrac{1}{2}\gamma\, d\gamma + \tfrac{1}{2}\int_0^\pi \frac{F'(\gamma)d\gamma}{\sin\frac{1}{2}\gamma}.$$

Findet nun ausser der vorhin angenommenen Endlichkeit von $F'(\gamma)$ und der daraus folgenden Stetigkeit von $\Pi'(\psi)$ noch ein bestimmter endlicher Werth für $\Pi''(0)$ statt, oder, was dasselbe ist, hat das zweite Integral einen solchen Werth, so wird unsere Reihe immer convergiren und die Summe derselben leicht anzugeben sein. Setzt man nämlich zur Abkürzung:

$$X(\psi) = \frac{\sin(2n+1)\frac{1}{2}\psi}{2\sin\frac{1}{2}\psi} = \tfrac{1}{2} + \cos\psi + \cos 2\psi + \cdots + \cos n\psi,$$

so wird obiger Ausdruck für die Summe der $n+1$ ersten Glieder:

$$-\frac{1}{\pi^2}\int_0^\pi \Pi(\psi)X''(\psi)d\psi.$$

Da das bei zweimaliger theilweiser Integration heraustretende Glied:

$$\Pi(\psi)X'(\psi)-\Pi'(\psi)X(\psi)$$

stetig ist und an beiden Grenzen verschwindet, so kommt durch diese Operation:

$$-\frac{1}{\pi^2}\int_0^\pi \Pi''(\psi)\frac{\sin(2n+1)\frac{1}{2}\psi}{2\sin\frac{1}{2}\psi}d\psi,$$

und dieser Ausdruck nähert sich nach einem bekannten Satze, selbst dann, wenn $\Pi''(\psi)$ für einen oder mehrere von Null verschiedene Werthe von ψ unendlich wird, bei wachsendem n der Grenze:

$$-\frac{1}{2\pi}\Pi''(0) = -\frac{1}{2\pi}F(0)+\frac{1}{4\pi}F(\pi)+\frac{1}{8\pi}\int_0^\pi F(\gamma)\cos\tfrac{1}{2}\gamma d\gamma-\frac{1}{4\pi}\int_0^\pi \frac{F'(\gamma)d\gamma}{\sin\frac{1}{2}\gamma}.$$

Addirt man zu diesem Werthe die der beiden anderen Reihen, wie sie in der früheren Abhandlung gefunden worden, so erhält man für die Dichtigkeit in p:

$$\varrho = \frac{1}{4\pi}\left[F(\pi)-\int_0^\pi \frac{F'(\gamma)}{\sin\frac{1}{2}\gamma}d\gamma\right].$$

Es bliebe nun noch zu untersuchen, wie es sich mit der die Dichtigkeit ausdrückenden Reihe rücksichtlich ihrer Convergenz in dem Falle verhält, wo zwar das Integral:

$$\int_0^\pi \frac{F'(\gamma)}{\sin\frac{1}{2}\gamma}d\gamma$$

und also auch der eben gefundene Ausdruck für ϱ einen bestimmten endlichen Werth behält, die Function $F'(\gamma)$ aber für einen oder mehrere von Null verschiedene Werthe von γ unendlich wird. Die Bedingung für die Convergenz besteht alsdann nach Obigem lediglich darin, dass die aus $F'(\gamma)$ abgeleitete Function $\Pi'(\psi)$ von $\psi=0$ bis $\psi=\pi$ endlich und stetig bleibe. Eine genauere Betrachtung der Bildungsweise von $\Pi'(\psi)$ ergiebt nun, dass, wenn das Unendlichwerden von $F'(\gamma)$ so erfolgt, dass für jeden Werth c, für den $F'(\gamma)$ einen unendlich grossen Werth erhält, $\sqrt{\varepsilon}\,F'(c\pm\varepsilon)$ für ein unendlich kleines ε selbst unendlich klein wird, die Continuität von $\Pi'(\psi)$ ebenso stattfindet wie in dem vorhin untersuchten Falle einer überall endlichen Function $F'(\gamma)$ und mit ihr die Convergenz der Reihe, welche die Dichtigkeit darstellt, dass hingegen im Allgemeinen Divergenz eintritt, wenn die eben ausgesprochene Bedingung nicht mehr erfüllt ist. Obgleich die Begründung des erwähnten Resultates keine wesentlichen Schwierigkeiten darbietet, so erfordert sie doch andererseits zu viel Raum und gewährt zu wenig Interesse, um dieselbe hier durchzuführen. Es genügt für den sicheren Gebrauch der Reihe, durch das Obige die Fälle zu kennen, in denen allein die Convergenz der Reihe aufhören kann. Uebrigens wird sich weiter unten Gelegenheit finden, die in einem solchen Falle wirklich eintretende Divergenz an einem höchst einfachen Beispiele nachzuweisen.

2.

Da die vorige Ableitung des für ϱ gefundenen endlichen Ausdrucks ihre Gültigkeit verliert, wenn die Reihe zu convergiren aufhört, so bedarf es noch eines auf alle Fälle anwendbaren Beweises dieses Ausdrucks.

Nach einem bekannten Satze nähert sich der Differentialquotient $\frac{\partial v}{\partial r}$, wenn darin θ und φ als constant, r aber der Einheit sich nähernd gedacht werden, zwei verschiedenen Grenzen, je nachdem dabei immerfort $r<1$ oder $r>1$ vorausgesetzt wird. Nennt man diese Grenzwerthe beziehungsweise K und L, so wird die Dichtigkeit im entsprechenden Punkte der Fläche durch die Gleichung:

$$\varrho = \frac{1}{4\pi}(K-L)$$

bestimmt. Zwischen den Grenzen K, L und dem Potentialwerth V auf der Fläche findet ein einfacher Zusammenhang statt, so dass man es nur mit der Ausmittelung eines der Grenzwerthe zu thun hat. Sind nämlich v und v_1 die Potentialwerthe für zwei Punkte auf demselben Radiusvector, deren Entfernungen vom Mittelpunkt, r und r_1, der Gleichung:

$$rr_1 = 1$$

genügen, so hat man, wie leicht ersichtlich:

$$v_1 = \frac{1}{r_1}v$$

und folglich:

$$\frac{\partial v_1}{\partial r_1} = -\frac{1}{r_1^2}v + \frac{1}{r_1}\cdot\frac{\partial v}{\partial r}\cdot\frac{\partial r}{\partial r_1} = -\frac{1}{r_1^2}v - \frac{1}{r_1^3}\cdot\frac{\partial v}{\partial r}\cdot$$

Man sieht also, dass:

$$L = -V-K$$

und:

$$\varrho = \frac{1}{4\pi}(V+2K)$$

ist. Zur Bestimmung von K bedarf es nur des für den inneren Raum geltenden Ausdrucks von v:

$$v = \frac{(1-r^2)}{4\pi}\iint\frac{f(\theta', \varphi')\sin\theta'\, d\theta'\, d\varphi'}{(1-2r\cos\omega+r^2)^{\frac{3}{2}}},$$

welcher leicht ohne Reihenentwickelung bewiesen wird. Es genügt dazu die Bemerkung, dass der Ausdruck, wenn in demselben r sich seiner oberen Grenze 1 nähert, nach einem bekannten vielfach behandelten Satze in $f(\theta, \varphi) = V$ übergeht, und dass derselbe andererseits der zuerst von LAPLACE für v aufgestellten partiellen Differentialgleichung genügt, da:

$$\frac{(1-r^2)}{(1-2r\cos\omega+r^2)^{\frac{3}{2}}},$$

als Function der Polarcoordinaten r, θ, φ betrachtet, ein particuläres Integral dieser Gleichung darstellt. Für den Fall, wo $\theta = 0$ ist, nimmt der Ausdruck, wenn wieder γ statt θ' geschrieben und die frühere Bezeichnung beibehalten wird, die einfache Form an:

$$v = \tfrac{1}{2}(1-r^2)\int_0^\pi\frac{F(\gamma)\sin\gamma\, d\gamma}{(1-2r\cos\gamma+r^2)^{\frac{3}{2}}}.$$

Differentiirte man den Ausdruck in dieser Gestalt, so würde sich der Grenzwerth von $\frac{\partial v}{\partial r}$ schwer bestimmen lassen, und es ist zweckmässig, vorher eine theilweise Integration mit demselben vorzunehmen. Man erhält so:

$$2v = \left(\frac{1}{r}+1\right)F(0)-\left(\frac{1}{r}-1\right)F(\pi)+\left(\frac{1}{r}-r\right)\int_0^\pi\frac{F'(\gamma)\,d\gamma}{(1-2r\cos\gamma+r^2)^{\frac{1}{2}}},$$

wo jetzt der Uebergang zur Grenze nach vorher geschehener Differentiation keine Schwierigkeiten mehr darbietet und das Resultat ergiebt:

$$K = -\tfrac{1}{2}F(0)+\tfrac{1}{2}F(\pi)-\tfrac{1}{2}\int_0^\pi\frac{F'(\gamma)}{\sin\frac{1}{2}\gamma}\,d\gamma.$$

Hieraus folgt mit Berücksichtigung, dass für den Punkt p:

$$V = F(0)$$

ist, die Gleichung:

$$\varrho = \frac{1}{4\pi}\left[F(\pi) - \int_0^\pi \frac{F'(\gamma)}{\sin\frac{1}{2}\gamma}\,d\gamma\right],$$

welche mit der aus der Reihe abgeleiteten übereinstimmt.

3.

Wird das Resultat, welches für den $\theta = 0$ entsprechenden Punkt gefunden worden ist, auf einen beliebigen Punkt m übertragen, so ergiebt sich zur Bestimmung der Dichtigkeit die folgende allgemeine Regel.

Man suche durch eine erste Integration für den von m als Mittelpunkt mit dem beliebigen sphärischen Radius λ auf der Fläche beschriebenen Kreis den mittleren Werth des gegebenen Potentials V. Bezeichnet man diesen mit $\varphi(\lambda)$, so wird die gesuchte Dichtigkeit ϱ durch die Gleichung gegeben:

$$\varrho = \frac{1}{4\pi}\left[\varphi(\pi) - \int_0^\pi \frac{\varphi'(\lambda)}{\sin\frac{1}{2}\lambda}\,d\lambda\right].$$

Man kann noch bemerken, dass, nach der Bedeutung der Function $\varphi(\lambda)$, der besondere Werth $\varphi(\pi)$ den Potentialwerth für den Gegenpunkt des Punktes m bezeichnet, und es bedarf kaum der Erwähnung, dass die Function $\varphi(\lambda)$ für jeden Punkt m eine andere sein, oder mit anderen Worten, dass $\varphi(\lambda)$ ausser λ noch die beiden Grössen enthalten wird, durch welche die Lage von m auf der Fläche bestimmt wird.

Dagegen ist es vielleicht nicht überflüssig, einem Irrthum vorzubeugen, welcher bei unaufmerksamer Betrachtung des eben ausgesprochenen Resultats leicht entstehen kann. Man ist auf den ersten Blick wegen des unter dem Integralzeichen vorkommenden, an der unteren Grenze verschwindenden Divisors versucht zu vermuthen, dass das Integral nur für besondere Lagen des Punktes m endlich bleibt, im Allgemeinen aber unendlich wird, während gerade das umgekehrte Verhältniss stattfindet. Zunächst ist in Folge der Stetigkeit von $\varphi(\lambda)$ leicht einzusehen, dass der Theil des Integrals, welcher sich von einem noch so kleinen positiven Werthe δ bis zur oberen Grenze π erstreckt, immer bestimmt und endlich bleibt, wie oft auch $\varphi'(\lambda)$ selbst in diesem Intervalle unendlich werde. Dass aber auch für den von 0 bis δ sich erstreckenden Theil des Integrals, singuläre Fälle ausgenommen, dasselbe gilt, hat seinen Grund darin, dass $\varphi'(\lambda)$ für kleine Werthe von λ im Allgemeinen wie der Nenner von der ersten Ordnung ist. Stellt man den Potentialwerth V als Function $\chi(\lambda, \psi)$ der sphärischen Polarcoordinaten λ, ψ dar, deren Pol der Punkt m ist, wo dann:

$$\varphi(\lambda) = \frac{1}{2\pi}\int_0^{2\pi} \chi(\lambda, \psi) d\psi$$

wird, so tritt die erwähnte Eigenschaft nur deshalb nicht hervor, weil die Function $\chi(\lambda, \psi)$ keine beliebige ist sondern die besonderen Bedingungen erfüllen muss, in Bezug auf ψ periodisch zu sein und für $\lambda = 0$ von ψ unabhängig zu werden. Man überzeugt sich dagegen sogleich von dem vorhin Behaupteten, wenn man die Kugelfläche auf eine beliebige Ebene projicirt, deren Punkte auf zwei rechtwinklige Axen der t und u bezogen sind, und dann V für jeden Punkt durch die Coordinaten t, u seiner Projection ausdrückt. Es hat diese Darstellungsweise allerdings den Uebelstand, dass man, um die ganze Fläche zu umfassen, zwei Functionen von t und u zu betrachten hat; dieser Uebelstand fällt aber für unseren Zweck weg, der nur die Berücksichtigung eines beliebig kleinen, den Punkt m einschliessenden Flächenstücks erfordert. Nimmt man die an m gelegte Tangentialebene zur Projectionsebene, m zum Anfangspunkt der Coordinaten und setzt $V = \chi(t, u)$, so hat diese neue Function keine andere Bedingung als die der Stetigkeit zu erfüllen. Da nun offenbar:

$$t = \sin\lambda \cos\psi, \qquad u = \sin\lambda \sin\psi$$

angenommen werden kann, so erhält $\varphi(\lambda)$ die Form:

$$\varphi(\lambda) = \frac{1}{2\pi}\int_0^{2\pi} \chi(\sin\lambda \cos\psi,\ \sin\lambda \sin\psi) d\psi,$$

in welcher das Stattfinden der oben erwähnten Eigenschaft einleuchtet, wenn anders die Differentialquotienten von $\chi(t, u)$ bis zur zweiten Ordnung incl. für den Fall, wo gleichzeitig $t = 0$ und $u = 0$ ist, bestimmte endliche Werthe behalten. Übrigens ist es für die Endlichkeit von ϱ nicht einmal erforderlich, dass $\varphi'(\lambda)$ für kleine Werthe der Veränderlichen von der ersten Ordnung sei; es genügt, dass die Ordnung von $\varphi'(\lambda)$ mit der irgend einer positiven Potenz von λ übereinstimme.

Ähnlich wie mit dem Unendlichwerden von ϱ und der daraus folgenden Divergenz der Reihe verhält es sich mit dem Falle, wo die Reihe bei endlich bleibender Dichtigkeit zu convergiren aufhört. Dieser Fall hat sogar noch weniger Umfang als der eben besprochene, wie man sich bei näherer Erwägung der Bedingungen, von denen er abhängt, sehr leicht überzeugen wird.

4.

Um das wirkliche Stattfinden der Divergenz der Reihe für ϱ in den oben bezeichneten Ausnahmefällen durch ein einfaches Beispiel zu erläutern, machen wir die Voraussetzung, dass der Potentialwerth V den Winkel φ nicht enthält und durch $f(\theta)$ dargestellt wird. Es tritt dann bekanntlich eine einfachere Form für die Kugelfunctionreihen ein, und man hat:

$$V = \tfrac{1}{2}\Sigma(2n+1)A_n P_n(\cos\theta) \quad \text{und} \quad \varrho = \frac{1}{8\pi}\Sigma(2n+1)^2 A_n P_n(\cos\theta),$$

wo der allgemeine Coefficient A_n durch die Gleichung:

$$A_n = \int_0^\pi f(\theta) P_n(\cos\theta)\sin\theta\, d\theta$$

gegeben wird. Setzt man:

$$f(\theta) = \sqrt{\cos\theta},$$

so lange $\theta < \frac{1}{2}\pi$, und:

$$f(\theta) = 0,$$

wenn θ zwischen $\frac{1}{2}\pi$ und π liegt, so wird der Forderung der Continuität genügt, und man hat das Integral:

$$A_n = \int_0^{\frac{1}{2}\pi} P_n(\cos\theta)\sqrt{\cos\theta}\sin\theta\, d\theta$$

zu bestimmen. Da die Ausmittelung desselben mit Hülfe der bekannten Ausdrücke für $P_n(\cos\theta)$ das Resultat nicht unmittelbar in der einfachsten Form ergiebt, so ist der folgende Weg vorzuziehen.

In Folge der Gleichung:

$$\Sigma P_n(\cos\theta)\alpha^n = \frac{1}{\sqrt{1-2\alpha\cos\theta+\alpha^2}}$$

ist das gesuchte Integral der Coefficient von α^n in dem entwickelten Ausdrucke:

$$\int_0^{\frac{1}{2}\pi} \frac{\sqrt{\cos\theta}\sin\theta\, d\theta}{\sqrt{1-2\alpha\cos\theta+\alpha^2}},$$

in welchem der ächte Bruch α als positiv betrachtet werden kann. Durch die

Substitution $t=\sqrt{\cos\theta}$ und Ausführung der Integration erhält man:

$$2\int_0^1 \frac{t^2dt}{\sqrt{1-2\alpha t^2+\alpha^2}} = \sqrt{\frac{1}{8\alpha^3}}\left((1+\alpha^2)\arcsin\sqrt{\frac{2\alpha}{1+\alpha^2}}-(1-\alpha)\sqrt{2\alpha}\right).$$

Setzt man zur Erleichterung der Entwickelung:

$$z = \arcsin\sqrt{\frac{2\alpha}{1+\alpha^2}}$$

und differentiirt, so kommt:

$$\frac{dz}{d\alpha} = \frac{1+\alpha}{1+\alpha^2}\sqrt{\frac{1}{2\alpha}} = \frac{1}{\sqrt{2}}(\alpha^{-\frac{1}{2}}+\alpha^{\frac{1}{2}}-\alpha^{\frac{3}{2}}-\alpha^{\frac{5}{2}}+\cdots),$$

und wenn man integrirt und bemerkt, dass z mit α verschwindet:

$$\arcsin\sqrt{\frac{2\alpha}{1+\alpha^2}} = \sqrt{2}(\alpha^{\frac{1}{2}}+\tfrac{1}{3}\alpha^{\frac{3}{2}}-\tfrac{1}{5}\alpha^{\frac{5}{2}}-\tfrac{1}{7}\alpha^{\frac{7}{2}}+\cdots).$$

Setzt man ein, so erhält man für die gesuchte Entwickelung:

$$-\frac{1}{2}\left(\left(\frac{1}{-1}-\frac{1}{3}\right)-\left(\frac{1}{1}-\frac{1}{5}\right)\alpha-\left(\frac{1}{3}-\frac{1}{7}\right)\alpha^2+\left(\frac{1}{5}-\frac{1}{9}\right)\alpha^3+\cdots\right),$$

wo die Vorzeichen innerhalb der Klammer die viergliedrige Periode:

$$+\;-\;-\;+$$

bilden, welche durch $(-1)^{\frac{1}{2}n(n+1)}$ dargestellt werden kann. Es ist also:

$$A_n = -(-1)^{\frac{1}{2}n(n+1)}\frac{2}{(2n-1)(2n+3)},$$

und obige Reihen erhalten die Form:

$$V = -\Sigma(-1)^{\frac{1}{2}n(n+1)}\frac{2n+1}{(2n-1)(2n+3)}P_n(\cos\theta),$$

$$\varrho = -\frac{1}{4\pi}\Sigma(-1)^{\frac{1}{2}n(n+1)}\frac{(2n+1)^2}{(2n-1)(2n+3)}P_n(\cos\theta).$$

Nach dem im vorigen Artikel Bemerkten sieht man in unserem Falle ohne Schwierigkeit, dass der Differentialquotient $\varphi'(\lambda)$ nur dann, und zwar für $\lambda=\frac{1}{2}\pi$, so unendlich wird, dass die am Ende von Art. 1 ausgesprochene Bedingung nicht erfüllt ist, wenn der Punkt m dem Werthe $\theta=0$ oder $\theta=\pi$ entspricht, in welchen Fällen jedoch $\varphi'(\lambda)$ für kleine Werthe von λ die Ordnung λ und also ϱ einen bestimmten endlichen Werth behält, so wie auch dass die Dichtigkeit nur am Äquator oder für $\theta=\frac{1}{2}\pi$ unendlich wird, indem alsdann $\varphi'(\lambda)$ für ein kleines λ von der Ordnung $\lambda^{-\frac{1}{2}}$ ist. In diesen drei Fällen wird also die Reihe zu convergiren aufhören, wovon man sich sogleich überzeugt, wenn man berücksichtigt, dass $P_n(\cos\theta)$ für $\theta = 0$ und $\theta = \pi$ beziehungsweise die Werthe 1 und $(-1)^n$ hat, für $\theta = \frac{1}{2}\pi$ aber, wenn n ungerade ist, verschwindet und, wenn n gerade ist, dem Ausdrucke:

$$\frac{1.3.5\ldots(n-1)}{2.4.6\ldots n}(-1)^{\frac{1}{2}n}$$

gleich wird, welcher bekanntlich für grosse Werthe von n von der Ordnung $n^{-\frac{1}{2}}$ ist.

In den beiden ersten Fällen, wo ϱ einen bestimmten endlichen Werth behält, hat die Reihe den Charakter einer oscillirenden, indem ihre Glieder, von denen unter je vier auf einander folgenden zwei das positive und zwei das negative Zeichen haben, sich der Einheit als Grenze nähern, während im dritten Falle alle Glieder dasselbe Vorzeichen erhalten und eine unendlich grosse Summe ergeben.

5.

Obgleich die Methode, durch welche wir vorhin den Coefficienten A_n bestimmt haben, nicht mehr anwendbar ist, wenn man, unter Beibehaltung der Voraussetzung $f(\theta) = 0$ für den zweiten Theil des Intervalls, im ersten $f(\theta) = \cos^k\theta$ annimmt, wo k eine beliebige positive Constante bezeichnet, so lässt die höchst einfache Form des für den besonderen Werth $k = \frac{1}{2}$ gefundenen Resultats etwas Ähnliches für den allgemeineren Fall erwarten. Da der einfachste Ausdruck von A_n jedoch etwas versteckt ist, so wollen wir uns einen Augenblick bei dessen Ausmittelung aufhalten. Poisson, welcher in einer seiner Abhandlungen*) die eben definirte Function als Beispiel der Entwickelung nach Kugelfunctionen gewählt hat, lässt dem Coefficienten A_n die Form:

$$\frac{1.3\ldots(2n-1)}{1.2\ldots n}\cdot\left(\frac{1}{k+n+1}-\frac{n(n-1)}{2(2n-1)}\cdot\frac{1}{k+n-1}+\frac{n(n-1)(n-2)(n-3)}{2.4.(2n-1)(2n-3)}\cdot\frac{1}{k+n-3}-\cdots\right),$$

in welcher sich derselbe unmittelbar darstellt, wenn man bei der Entwickelung den gewöhnlichen Ausdruck von $P_n(\cos\theta)$ zu Grunde legt, ohne die grosse Vereinfachung zu bemerken, deren diese Form fähig ist, und welche man in der That nicht leicht vermuthet, wenn man nicht durch einen besonderen Fall, wie der obige, darauf aufmerksam gemacht wird. Zu dem einfachsten Ausdruck für A_n führt der folgende sehr kurze, wenn auch nicht elementare Weg.

---

*) Connaissance des temps pour l'an 1829.

Da nach §. 1 der früheren Abhandlung[1]) die beiden Integrale:

$$\frac{2}{\pi}\int_0^\gamma \frac{\cos n\psi \cos\frac{1}{2}\psi}{\sqrt{2(\cos\psi - \cos\gamma)}}\,d\psi, \qquad -\frac{2}{\pi}\int_0^\gamma \frac{\sin n\psi \sin\frac{1}{2}\psi}{\sqrt{2(\cos\psi - \cos\gamma)}}\,d\psi$$

resp. den Coefficienten von α^n in den Entwickelungen von:

$$\frac{1}{2}+\frac{1}{2}\,\frac{1+\alpha}{\sqrt{1-2\alpha\cos\gamma+\alpha^2}}, \qquad -\frac{1}{2}+\frac{1}{2}\,\frac{1-\alpha}{\sqrt{1-2\alpha\cos\gamma+\alpha^2}}$$

gleich sind, so erhält man durch Addition:

$$P_n(\cos\gamma) = \frac{2}{\pi}\int_0^\gamma \frac{\cos(n+\frac{1}{2})\psi}{\sqrt{2(\cos\psi-\cos\gamma)}}\,d\psi.$$

Wird diese Gleichung mit $\cos^k\gamma \sin\gamma\, d\gamma$ multiplicirt, alsdann von $\gamma = 0$ bis $\gamma = \frac{1}{2}\pi$ integrirt, und die Ordnung der Integrationen auf der zweiten Seite umgekehrt, so ergiebt sich:

$$A_n = \frac{2}{\pi}\int_0^{\frac{1}{2}\pi} d\psi \cos(n+\tfrac{1}{2})\psi \int_\psi^{\frac{1}{2}\pi} \frac{\cos^k\gamma \sin\gamma}{\sqrt{2(\cos\psi-\cos\gamma)}}\,d\gamma,$$

oder, wenn man für γ durch die Gleichung $\cos\gamma = t\cos\psi$ eine neue Veränderliche t einführt, wodurch sich die beiden Integrationen von einander trennen:

$$A_n = \frac{\sqrt{2}}{\pi}\int_0^1 \frac{t^k}{\sqrt{1-t}}\,dt \cdot \int_0^{\frac{1}{2}\pi} \cos^{k+\frac{1}{2}}\psi \cos(n+\tfrac{1}{2})\psi\, d\psi.$$

Nun ist nach einer bekannten Formel:

$$\int_0^{\frac{1}{2}\pi} \cos^{p-1}\psi \cos q\psi\, d\psi = \frac{\Gamma(p)}{\Gamma(\frac{1}{2}(1+p+q))\Gamma(\frac{1}{2}(1+p-q))}\cdot\frac{\pi}{2^p},$$

in welcher die Constante p positiv sein muss und die Transcendente $\Gamma(l)$, wenn das Argument l negativ wird, nach der Relation $\Gamma(l+1) = l\Gamma(l)$, oder, was dasselbe ist, nach der von Gauss gegebenen Definition zu verstehen ist, welche positive und negative Argumente gleichmässig umfasst. Vermittelst dieser Formel und der bekannten Darstellung eines Eulerschen Integrals der ersten Gattung

[1] Bd. I, S. 292—294 dieser Ausgabe von G. Lejeune Dirichlet's Werken.

durch drei der zweiten, wird unsere Gleichung:

$$A_n = \frac{\Gamma(k+1)}{\Gamma(\frac{1}{2}(k+n-3))\Gamma(\frac{1}{2}(k-n+2))} \cdot \frac{\sqrt{\pi}}{2^{k+1}}$$

oder:

$$A_n = \frac{k(k-1)(k-2)\cdots(k-n+1)}{\frac{1}{2}(k+n+1).(\frac{1}{2}(k+n+1)-1)\cdots(\frac{1}{2}(k+n+1)-n)} \cdot \frac{\Gamma(k-n+1)}{\Gamma(\frac{1}{2}(k-n+1))\Gamma(\frac{1}{2}(k-n+2))} \cdot \frac{\sqrt{\pi}}{2^{k+1}},$$

und wenn man für den zweiten Factor seinen bekannten Werth $2^{k-n}\pi^{-\frac{1}{2}}$ setzt:

$$A_n = \frac{k(k-1)(k-2)\cdots(k-n+1)}{(k+n+1)(k+n-1)(k+n-3)\cdots(k-n+1)},$$

wo die Factoren im Nenner um zwei Einheiten abnehmen.

Es bedarf kaum der Erwähhung, dass dieser einfache Ausdruck mit der grössten Leichtigkeit verificirt werden kann. Man darf denselben z. B. nur in Partialbrüche zerlegen, um die Übereinstimmung mit dem oben erwähnten zu erkennen. Will man letzteren zu dieser Verification nicht benutzen, so kann man sich dazu der Gleichung:

$$(n+1)A_{n+1,k} = (2n+1)A_{n,k+1} - nA_{n-1,k}$$

bedienen, die unmittelbar aus der Relation folgt, welche zwischen je drei aufeinander folgenden der Entwickelungscoefficienten $P_n(\cos\gamma)$ stattfindet.

Um den gefundenen Ausdruck noch weiter zu vereinfachen, hat man zu unterscheiden, ob n gerade oder ungerade ist, und erhält beziehungsweise:

$$A_n = \frac{k(k-2)\cdots\cdots(k-n+2)}{(k+1)(k+3)\cdots(k+n+1)}, \qquad A_n = \frac{(k-1)(k-3)\cdots(k-n+2)}{(k+2)(k+4)\cdots(k+n+1)}.$$

Mit Hülfe dieser Ausdrücke und der bekannten Formeln, welche die genäherten Werthe von Facultäten sehr grosser Factorenanzahl ergeben, kann man sich leicht überzeugen, dass der oben speciell untersuchte Fall $k = \frac{1}{2}$ hinsichtlich der bei $\theta = 0$ und $\theta = \pi$ stattfindenden Divergenz der Reihe gerade der Grenzfall ist, und dass die Divergenz aufhört, sobald $k > \frac{1}{2}$ ist. Anders verhält es sich dagegen mit dem Werthe $\theta = \frac{1}{2}\pi$; an dieser Stelle besteht die Divergenz und der unendlich grosse Werth der Dichtigkeit so lange fort, als nicht $k > 1$ angenommen wird.

6.

Wir wollen nun noch von dem für die Dichtigkeit gefundenen endlichen Ausdruck eine Anwendung auf einen speciellen Fall machen. Wird wieder V als eine blosse Function von θ betrachtet, die wir in die Form $f(\cos\theta)$ bringen können, so wird auch ϱ nur von der sphärischen Entfernung θ des Punktes m vom Pol p abhängen. Auf dem von m als Mittelpunkt mit dem sphärischen Radius λ beschriebenen Kreise ist dann in Folge der Grundformel der Trigonometrie:

$$V = f(\cos\theta\cos\lambda + \sin\theta\sin\lambda\cos\psi),$$

wo ψ den Winkel zwischen einem beliebigen Radius λ und dem von m nach p gerichteten bezeichnet. Da dieser Ausdruck für ψ und $-\psi$ denselben Werth hat, so kann man das den mittleren Werth $\varphi(\lambda)$ ausdrückende Integral von $\psi = 0$ bis $\psi = \pi$ nehmen und dann verdoppeln. Man erhält so:

$$\varphi(\lambda) = \frac{1}{\pi}\int_0^\pi f(\cos\theta\cos\lambda + \sin\theta\sin\lambda\cos\psi)d\psi.$$

So oft sich $\varphi'(\lambda)$ ohne Integralzeichen darstellen lässt, was namentlich der Fall ist, wenn $f(z)$ oder noch allgemeiner $f'(z)$ eine rationale Function von z ist, mag nun die Form dieser Function für das ganze Intervall zwischen $z = -1$ und $z = +1$ dieselbe bleiben oder sich stellenweise so ändern, dass die Stetigkeit nicht verletzt wird, wird ϱ auf ein einfaches Integral zurückgeführt oder selbst ohne Integralzeichen ausgedrückt werden können*).

Wir behandeln unter den hierher gehörigen Fällen nur den, wo:

$$f(\cos\theta) = \cos\theta,$$

so lange $\theta < \frac{1}{2}\pi$, und:

$$f(\cos\theta) = 0,$$

wenn $\theta > \frac{1}{2}\pi$ angenommen wird. Das Integral wird sich dann nur über den

---

*) Im allgemeinen Falle, wo V beide Winkel θ, φ enthält, findet die Zurückführung von ϱ auf eine einfache Quadratur immer statt, wenn man, $x = \cos\theta$, $y = \sin\theta\cos\varphi$, $z = \sin\theta\sin\varphi$ setzend, V durch eine Function $f(x, y, z)$ der Grössen x, y, z darstellen kann, deren drei Differentialquotienten erster Ordnung rationale, ganze oder gebrochene Functionen von x, y, z sind, wobei wieder die Form von $f(x, y, z)$ in verschiedenen Theilen der Fläche eine andere sein kann, was ein durch seinen grossen Umfang bemerkenswerthes Resultat ist.

Theil des Intervalls zwischen $\psi = 0$ und $\psi = \pi$ erstrecken, innerhalb dessen:

$$\cos\theta\cos\lambda + \sin\theta\sin\lambda\cos\psi$$

positive Werthe erhält. Setzt man $\theta < \frac{1}{2}\pi$ voraus, auf welchen Fall der, wo $\theta > \frac{1}{2}\pi$ ist, leicht zurückgeführt wird, so findet man durch eine einfache Discussion des vorigen Ausdrucks, dass, so lange λ unter $\frac{1}{2}\pi - \theta$ liegt, das Integral von $\psi = 0$ bis $\psi = \pi$ zu nehmen ist, dass für die Werthe von λ, welche zwischen $\frac{1}{2}\pi - \theta$ und $\frac{1}{2}\pi + \theta$ liegen, die Grenzen des Integrals 0 und der durch die Gleichung:

$$\cos\theta\cos\lambda + \sin\theta\sin\lambda\cos\psi_1 = 0$$

bestimmte, zwischen 0 und π liegende Winkel ψ_1 sind, und dass endlich für $\lambda > \frac{1}{2}\pi + \theta$ das Integral verschwindet, indem der obige Ausdruck immerfort negativ ist. Die Function $\varphi(\lambda)$ ist also nach den drei eben unterschiedenen Intervallen:

$$\cos\theta\cos\lambda, \qquad \frac{1}{\pi}\int_0^{\psi_1}(\cos\theta\cos\lambda + \sin\theta\sin\lambda\cos\psi)d\psi, \qquad 0,$$

wo im zweiten Falle die Ausführung der Integration zur Abkürzung der Rechnung bis nach der Differentiation aufgeschoben ist. Bei dieser verschwindet das von der Veränderlichkeit der oberen Grenze ψ_1 herrührende Glied in Folge der ψ_1 bestimmenden Gleichung, und man erhält für $\varphi'(\lambda)$ die drei Ausdrücke:

$$-\cos\theta\sin\lambda, \qquad \frac{1}{\pi}(-\psi_1\cos\theta\sin\lambda + \sin\psi_1\sin\theta\cos\lambda), \qquad 0,$$

an welchen man sich im Vorbeigehen überzeugen kann, dass, wenigstens so lange m auf der Halbkugel bleibt, für welche sie gelten, $\varphi'(\lambda)$ nicht unendlich wird und für ein kleines λ, für welches die erste Formel gilt, von der ersten Ordnung bleibt. Es findet in letzterer Beziehung nur für $\theta = \frac{1}{2}\pi$ eine Ausnahme statt, in welchem Falle, da die beiden äusseren Intervalle verschwinden, $\varphi'(\lambda)$ überall den Ausdruck $\frac{1}{\pi}\cos\lambda$ erhält, welcher für kleine Werthe von λ von der Ordnung Null ist, so dass also am Äquator eine unendlich grosse Dichtigkeit stattfindet.

Nach den für $\varphi'(\lambda)$ gefundenen Ausdrücken zerfällt das im allgemeinen Ausdrucke für ϱ enthaltene Integral in zwei andere, welche sich beziehungsweise von 0 bis $\frac{1}{2}\pi - \theta$ und von $\frac{1}{2}\pi - \theta$ bis $\frac{1}{2}\pi + \theta$ erstrecken, und deren erstes den einfachen Werth:

$$-4\cos\theta\sin(\tfrac{1}{4}\pi-\tfrac{1}{2}\theta)$$

erhält. Das zweite, welches aus zwei Theilen besteht, ist, wenn man zunächst die Grenzen nicht berücksichtigt:

$$\frac{\sin\theta}{\pi}\int\frac{\sin\psi_1\cos\lambda}{\sin\frac{1}{2}\lambda}\,d\lambda-\frac{2\cos\theta}{\pi}\int\psi_1\cos\tfrac{1}{2}\lambda\,d\lambda,$$

und erhält durch theilweise Integration des letzten Theils die Form:

$$\frac{\sin\theta}{\pi}\int\frac{\sin\psi_1\cos\lambda}{\sin\frac{1}{2}\lambda}\,d\lambda+\frac{4\cos\theta}{\pi}\int\frac{\partial\psi_1}{\partial\lambda}\sin\tfrac{1}{2}\lambda\,d\lambda-\frac{4}{\pi}\psi_1\cos\theta\sin\tfrac{1}{2}\lambda.$$

Bemerkt man, dass nach der ψ_1 bestimmenden Gleichung an den Grenzen resp. $\psi_1=\pi$ und $\psi_1=0$ ist, so erhält man beim Übergange zu den Grenzen aus dem vom Integralzeichen freien Gliede einen Werth, welcher dem oben für das erste Integral gefundenen entgegengesetzt ist. Es bleiben daher nur die beiden ersten Glieder, welche durch Substitution der aus der Gleichung für ψ_1 sich ergebenden Ausdrücke:

$$\sin\psi_1=\frac{\sqrt{\sin^2\theta-\cos^2\lambda}}{\sin\theta\sin\lambda},$$

$$\frac{\partial\psi_1}{\partial\lambda}=-\frac{\cos\theta}{\sin\lambda}\,\frac{1}{\sqrt{\sin^2\theta-\cos^2\lambda}}$$

die Form erhalten:

$$\frac{1}{\pi}\int\frac{\cos\lambda}{\sin\lambda\sin\frac{1}{2}\lambda}\sqrt{\sin^2\theta-\cos^2\lambda}\,d\lambda-\frac{4\cos^2\theta}{\pi}\int\frac{\sin\frac{1}{2}\lambda}{\sin\lambda}\cdot\frac{d\lambda}{\sqrt{\sin^2\theta-\cos^2\lambda}},$$

in welcher die Integrale von $\lambda=\frac{1}{2}\pi-\theta$ bis $\lambda=\frac{1}{2}\pi+\theta$ zu nehmen sind. Führt man als neue Veränderliche $z=\dfrac{\cos\lambda}{\sin\theta}$ ein, so werden die Grenzen für diese $+1$ und -1, oder wenn man das Vorzeichen ändert, -1 und $+1$, und man erhält, wenn man in den Ausdruck für ϱ einsetzt und zugleich berücksichtigt, dass $\varphi(\pi)$ verschwindet:

$$\varrho=\frac{1}{2\sqrt{2}\,\pi^2}\int_{-1}^{+1}\left(\frac{2-z\sin\theta}{1-z^2\sin^2\theta}\cos^2\theta-z\sin\theta\right)\frac{dz}{\sqrt{(1-z^2)(1-z\sin\theta)}}.$$

Dieses Resultat enthält nur scheinbar einen von den elliptischen Integralen der dritten Gattung abhängigen Bestandtheil. Da nämlich die Grenzen zwei der aufeinander folgenden Werthe sind, für welche das Radical verschwindet, so wird der Ausdruck, auf die gewöhnliche Form gebracht, nur sogenannte vollständige elliptische Integrale enthalten*) und folglich nach einem schönen von LEGENDRE herrührenden Satze auf die erste und zweite Gattung zurückgeführt werden können.

Zum Schluss wollen wir noch bemerken, wie der in der oben erwähnten Abhandlung behandelte Fall des Problems für eine Fläche, welche nur wenig von der Kugelfläche abweicht, ohne Reihenentwickelung auf den Fall der Kugel zurückgeführt werden kann.

Es sei $r = 1+\gamma z$ die Gleichung der Fläche, worin γ eine kleine Constante, deren höhere Potenzen vernachlässigt werden sollen, und z eine Function von θ und φ bezeichnet. Kommt man überein, den Werth, welchen eine Function von θ, φ erhält, wenn darin θ, φ in θ', φ' verwandelt werden, durch einen hinzugefügten Accent zu bezeichnen, nennt ds' das zu θ', φ' gehörige Element der Fläche, und p die Entfernung der den Coordinatenverbindungen θ, φ und θ', φ' entsprechenden Punkte derselben, so erfordert die Aufgabe, dass der Gleichung:

$$V = \int \frac{\varrho' ds'}{p},$$

worin sich die doppelte Integration über die ganze Fläche, oder von $\theta' = 0$, $\varphi' = 0$ bis $\theta' = \pi$, $\varphi' = 2\pi$ erstreckt, für alle Werthe von θ, φ in demselben Umfange genügt werde. Ist $d\sigma'$ das dem Elemente ds' entsprechende Element der Kugelfläche, welches von denselben Radienvectoren wie dieses ausgeschieden wird, und q die Entfernung der auf der Kugelfläche zu θ, φ und θ', φ' gehörigen Punkte, so hat man sogleich durch die einfachsten geometrischen Betrachtungen:

$$ds' = (1+2\gamma z')d\sigma'$$

und

$$p = q(1+\tfrac{1}{2}\gamma(z+z')).$$

---

*) Fundamenta nova theoriae functionum ellipticarum, auctore C. G. J. JACOBI, p. 14.[1])

[1]) C. G. J. Jacobi's gesammelte Werke, Bd. I, S. 67.

Setzt man diese Ausdrücke ein, so wird unsere Gleichung:

$$V = \int \varrho' (1 + \gamma(\tfrac{3}{2}z' - \tfrac{1}{2}z)) \frac{d\sigma'}{q}$$

oder:

$$V + \tfrac{1}{2}\gamma z \int \frac{\varrho' \, d\sigma'}{q} = \int \varrho' (1 + \tfrac{3}{2}\gamma z') \frac{d\sigma'}{q}.$$

Da in Folge der vorletzten Gleichung das in der letzten mit γ multiplicirte Integral von V nur um eine Grösse der Ordnung γ verschieden ist, so kann V für dasselbe gesetzt werden, und man erhält die Gleichung:

$$(1 + \tfrac{1}{2}\gamma z) V = \int \varrho' (1 + \tfrac{3}{2}\gamma z') \frac{d\sigma'}{q},$$

durch welche die Aufgabe auf den Fall der Kugelfläche zurückgeführt ist. Man sieht, dass man den gegebenen Potentialwerth, mit $1 + \frac{1}{2}\gamma z$ multiplicirt, als für die Kugelfläche geltend zu betrachten und dann die für diese Voraussetzung bestimmte Dichtigkeit durch $1 + \frac{3}{2}\gamma z$ zu dividiren hat.

ÜBER
DIE ZERLEGBARKEIT DER ZAHLEN IN DREI QUADRATE.

Die Theorie der Zerlegung der ganzen Zahlen n, welche nicht eine der Formen $4k$, $8k+7$ haben, in drei Quadrate ohne gemeinschaftlichen Theiler, gehört zu den complicirteren der höheren Arithmetik, wenn man diese Theorie vollständig entwickeln, d. h. nicht bloss die Zerlegbarkeit nachweisen, sondern zugleich die Anzahl aller möglichen Zerlegungen bestimmen will, welche entweder durch die der binären Formen für die Determinante $-n$, wie es GAUSS zuerst gezeigt hat*), oder auch unabhängig von dieser letzteren ausgedrückt werden kann**). Da es jedoch Fälle giebt, in denen nur die Zerlegbarkeit vorauszusetzen ist, wie denn namentlich der von CAUCHY gegebene***), später von LEGENDRE vereinfachte Beweis des FERMAT'schen Satzes über die Polygonalzahlen lediglich darauf beruht, dass jede Zahl, mit Ausnahme der vorher ausgeschlossenen, die Summe von drei Quadraten ist, so scheint ein einfacher Beweis für die Zerlegbarkeit nicht ganz ohne Interesse zu sein. Ein solcher soll in diesem Aufsatz mitgetheilt werden.

Zunächst bedarf man dazu des bekannten Satzes, dass jede positive ternäre Form von der Determinante -1, d. h. jeder Ausdruck:

$$(1) \qquad ax^2+by^2+cz^2+2a'yz+2b'xz+2c'xy,$$

*) Disquisitiones arithmeticae art. 229.

**) CRELLE's Journal Band 21, Seite 155. [1]

***) Exercices de Mathématiques par CAUCHY, année 1826, page 265. [2]

[1] S. 496 des I. Bandes dieser Ausgabe von G. Lejeune Dirichlet's Werken. K.

[2] Oeuvres complètes d'Augustin Cauchy, II. Série, Tome VI, p. 320. K.

dessen ganzzahlige Coefficienten der Gleichung:

$$aa'^2+bb'^2+cc'^2-abc-2a'b'c' = -1 \tag{2}$$

genügen und überdies die Bedingungen erfüllen, dass:

$$a, \quad b, \quad c, \quad bc-a'^2, \quad ac-b'^2, \quad ab-c'^2$$

positiv sind (von welchen Bedingungen übrigens die erste und vierte die übrigen involviren), mit der Form:

$$x^2+y^2+z^2 \tag{3}$$

äquivalent ist. Zum Beweise dieses Satzes genügt es, sich zu überzeugen, dass für die Determinante -1 der Ausdruck (3) die einzige reducirte positive Form ist.

Soll die Form (1) eine reducirte sein, so darf nach dem am Ende der vorhergehenden Abhandlung[1]) bewiesenen Satze abc nicht grösser als 2 sein, woraus, wenn man $a \leqq b \leqq c$ voraussetzt, sogleich:

$$a = b = 1$$

folgt. Da nun aber andererseits nach der Definition der reducirten Formen sowohl $2c'$ als auch $2b'$, abgesehen vom Zeichen, nicht grösser als a sein darf und $2a'$ nicht grösser als b, so erhält man:

$$a' = b' = c' = 0$$

und dann aus (2):

$$c = 1.$$

Dies vorausgesetzt, wird die Zerlegbarkeit der positiven Zahl a dargethan sein, sobald man eine positive ternäre Form (1) von der Determinante -1 gefunden hat, deren erster Coefficient a ist. Da nämlich eine solche Form mit der Form (3) äquivalent ist, so kann letztere in sie transformirt werden, und man erhält:

$$a = \alpha^2+\alpha'^2+\alpha''^2,$$

wo α, α', α'' drei der neun Substitutionscoefficienten sind und keinen gemeinschaftlichen Theiler haben können, da jedes Glied der aus diesen neun Coeffi-

[1]) Bd. II, S. 48 dieser Ausgabe von G. Lejeune Dirichlet's Werken. Die citirte Abhandlung „Über die Reduction der positiven quadratischen Formen mit drei unbestimmten ganzen Zahlen" ist im 40. Bande des Crelle'schen Journals unmittelbar vor diesem Aufsatze abgedruckt.

cienten gebildeten Determinante entweder α, oder α', oder α'' zum Factor hat, und diese Determinante der Einheit gleich ist.

Alles kommt also darauf hinaus, a als gegeben angenommen, der Gleichung (2) durch fünf ganze Zahlen b, c, a', b', c' zu genügen, wobei nur noch die einzige Bedingung zu erfüllen ist, dass $bc-a'^2$ positiv werden muss. Nimmt man $b'=1$, $c'=0$, so wird die Gleichung:

$$b = a\Delta - 1,$$

wo:

$$\Delta = bc - a'^2$$

gesetzt ist, und man hat nur zu zeigen, dass man die positive Zahl Δ so wählen kann, dass $-\Delta$ quadratischer Rest von $b = a\Delta - 1$ wird, indem unter dieser Voraussetzung c und a' sich so bestimmen lassen, dass $a'^2 - bc = -\Delta$ wird. Es soll nun nachgewiesen werden, dass der eben ausgesprochenen Bedingung immer durch einen ungeraden Werth Δ genügt werden kann, für den, wenn a die Form $4k+2$ hat, $b = a\Delta - 1$ einer ungeraden Primzahl p und, wenn a ungerade aber nicht von der Form $8k+7$ ist, dem Doppelten einer solchen Primzahl p gleich wird.

Beginnen wir mit dem zweiten Fall, so haben wir die Gleichung:

$$2p = a\Delta - 1,$$

worin wir zunächst p noch nicht als Primzahl, sondern bloss ungerade voraussetzen. Setzt man $\Delta = 8t + \varepsilon$, wo ε einer der Zahlen 1, 3, 5, 7 gleich ist, so sieht man sogleich, dass in jedem der vier Fälle, welche a in Bezug auf den Divisor 8 darbieten kann, Δ zwei Formen nach diesem Divisor oder ε zwei Werthe zulässt, wenn p, wie wir verlangen, ungerade sein soll. Für jeden der sich so ergebenden acht Fälle wende man in der aus $2p = a\Delta - 1$ folgenden Gleichung:

$$\left(\frac{p}{\Delta}\right) = \left(\frac{-2}{\Delta}\right)$$

(worin das LEGENDRE'sche Zeichen in der von JACOBI eingeführten erweiterten Bedeutung gebraucht ist) auf die erste Seite das Reciprocitätsgesetz an, setze für $\left(\frac{-2}{\Delta}\right)$ seinen bekannten Werth und multiplicire dann mit $\left(\frac{-1}{p}\right) = \pm 1$, wo ± 1 ebenfalls nach der jedesmaligen Linearform von p bekannt sein wird. Man erhält so die Resultate:

$$a = 8k+1, \quad \begin{cases} \Delta = 8t+3, & p = 4s+1, & \left(\frac{-\Delta}{p}\right) = +1, \\ \Delta = 8t+7, & p = 4s+3, & \left(\frac{-\Delta}{p}\right) = -1, \end{cases}$$

$$a = 8k+3, \quad \begin{cases} \Delta = 8t+1, & p = 4s+1, & \left(\frac{-\Delta}{p}\right) = +1, \\ \Delta = 8t+5, & p = 4s+3, & \left(\frac{-\Delta}{p}\right) = +1, \end{cases}$$

$$a = 8k+5, \quad \begin{cases} \Delta = 8t+3, & p = 4s+3, & \left(\frac{-\Delta}{p}\right) = +1, \\ \Delta = 8t+7, & p = 4s+1, & \left(\frac{-\Delta}{p}\right) = -1, \end{cases}$$

$$a = 8k+7, \quad \begin{cases} \Delta = 8t+1, & p = 4s+3, & \left(\frac{-\Delta}{p}\right) = -1. \\ \Delta = 8t+5, & p = 4s+1, & \left(\frac{-\Delta}{p}\right) = -1. \end{cases}$$

Man sieht, dass wenn, wie vorausgesetzt worden, a nicht von der Form $8k+7$ ist, der Bedingung $\left(\frac{-\Delta}{p}\right) = 1$ immer genügt werden kann. Dass aber auch in allen acht Fällen p eine Primzahl werden kann, erhellt aus dem Ausdruck:

$$p = \tfrac{1}{2}(a\Delta - 1) = 4at + \tfrac{1}{2}(a\varepsilon - 1),$$

in welchem $\frac{1}{2}(a\varepsilon - 1)$ nach der Wahl von ε ungerade und überdies ohne gemeinschaftlichen Theiler mit a ist. Dieser Ausdruck ist also das allgemeine Glied einer arithmetischen Reihe, welche nothwendig Primzahlen enthält. Hat man nun eine Primzahl p, für welche $\left(\frac{-\Delta}{p}\right) = 1$, so ist $-\Delta$ quadratischer Rest von p und folglich auch von $2p$, w. z. b. w.

Im Falle eines geraden a setzen wir sogleich $a = 4k+2$, da man im voraus weiss, dass für $a = 4k$ die Bedingung sich nicht erfüllen lässt. Da wir in der Gleichung:

$$p = a\Delta - 1$$

Δ ungerade voraussetzen, so hat p die Form $4s+1$, und man erhält:

$$\left(\frac{-1}{\Delta}\right) = \left(\frac{p}{\Delta}\right) = \left(\frac{\Delta}{p}\right) = \left(\frac{-\Delta}{p}\right).$$

Man muss also Δ die Form $4t+1$ geben, damit $\left(\frac{-\Delta}{p}\right) = 1$ werde. Man erhält so:

$$p = 4at + a - 1,$$

und dieser Ausdruck kann wieder eine Primzahl werden, von welcher dann $-\Delta$ quadratischer Rest ist.

Die Anwendung des eben entwickelten Verfahrens ist nicht auf den Fall der Determinante -1 beschränkt, und wir wollen noch ein zweites Beispiel für die Determinante -3 hinzufügen.

Sucht man wieder, wie oben, die reducirten Formen für diese Determinante, so giebt die Bedingung:

$$abc \leqq 6,$$

unter der Voraussetzung $a \leqq b \leqq c$, für a den Werth 1, während b gleich 1 oder 2 sein kann. Es folgt dann, da $2c'$ und $2b'$ numerisch nicht grösser als $a = 1$ sein dürfen:

$$b' = c' = 0,$$

und die Gleichung, durch welche die Determinante bestimmt wird, reducirt sich auf:

$$a'^2 - bc = -3.$$

Da nun auch $2a'$ numerisch nicht grösser als b sein darf, so hat man, wenn $b = 1$ ist, $a' = 0$, und folglich $c = 3$. Ist dagegen $b = 2$, so hat man $2a' = 0$ oder $2a' = \pm 2$. Der erste Werth genügt obiger Gleichung nicht, in welcher $bc \geqq 4$ ist. Es bleibt also nur $a' = \pm 1$ zu setzen, woraus sich $c = 2$ ergiebt. Vernachlässigt man das untere Zeichen, was auf eine blosse Zeichenänderung von z hinauskommt, so erhält man demnach die beiden reducirten Formen:

$$(4) \qquad x^2+y^2+3z^2, \quad x^2+2y^2+2z^2+2yz,$$

so dass also jede positive ternäre Form (1) von der Determinante -3, d. h. in welcher die Coefficienten die Gleichung:

$$(5) \qquad aa'^2+bb'^2+cc'^2-abc-2a'b'c' = -3$$

befriedigen, einer dieser Formen (4) äquivalent sein wird. Untersucht man nun die Reste nach dem Divisor 8, welche die Ausdrücke (4) lassen, wenn man in denselben den Elementen x, y, z alle Combinationen gerader und ungerader Werthe beilegt, wobei nur die Gleichzeitigkeit von drei geraden Werthen auszuschliessen ist, da die Elemente immer ohne gemeinschaftlichen Theiler vorauszusetzen sind, so findet man, dass die erste der Formen (4) alle möglichen Reste nach dem Modul 8 darbietet, während der zweite Ausdruck für keine Combination eine der Formen $8k+5$, $4k$ annimmt. Erwägt man nun ferner, dass zwei äquivalente Formen immer dieselben Zahlen darstellen, so wird man für eine Form der Determinante -3, die eine Zahl $8k+5$ oder $4k$ darstellt (was namentlich immer der Fall ist, wenn einer ihrer drei ersten Coefficienten, z. B. b, eine solche Zahl ist), sogleich schliessen können, dass sie nicht mit der zweiten, und folglich, dass sie mit der ersten der Formen (4) äquivalent ist.

Soll nun bewiesen werden, dass die gegebene Zahl a durch die erste der Formen (4) darstellbar ist, so haben wir nach unserer obigen Betrachtungsweise, und indem wir in (5) wieder:

$$b' = 1, \quad c' = 0, \quad \Delta = bc - a'^2$$

setzen, nur darzuthun, dass die positive Zahl Δ so bestimmt werden kann, dass $b = a\Delta - 3$ die Form $8k+5$ oder $4k$ erhält und $-\Delta$ zugleich quadratischer Rest von b wird. Wir beschränken uns dabei auf die Zahlen a, welche mit der Determinante keinen gemeinschaftlichen Theiler haben, d. h. nicht durch 3 theilbar sind. Setzt man:

$$\Delta = 8\Delta',$$

wo Δ' ungerade und nicht durch 3 theilbar sein soll, so wird b relative Primzahl zu Δ' sein und die Form $8k+5$ erhalten, und wir haben nur noch die andere Bedingung zu erfüllen. Aus der Gleichung $b = 8a\Delta' - 3$ folgt sogleich:

$$\left(\frac{b}{\Delta'}\right) = \left(\frac{-3}{\Delta'}\right),$$

oder, wenn man die Congruenz $b \equiv 1 \pmod{4}$ berücksichtigt und bekannte Sätze anwendet:

$$\left(\frac{b}{\Delta'}\right) = \left(\frac{\Delta'}{b}\right) = \left(\frac{-\Delta'}{b}\right) = \left(\frac{-3}{\Delta'}\right).$$

Durch Multiplication mit $\left(\frac{8}{b}\right) = \left(\frac{2}{b}\right) = -1$ ergiebt sich hieraus:

$$\left(\frac{-\Delta}{b}\right) = -\left(\frac{-3}{\Delta'}\right),$$

und man sieht, dass die Bedingung $\left(\frac{-\Delta}{b}\right) = 1$ erfüllt ist, wenn:

$$\Delta' = 6t - 1$$

und folglich:

$$b = 48at - 8a - 3$$

gesetzt wird. Da dieser letztere Ausdruck offenbar einer Primzahl gleich werden kann, so ist bewiesen, dass jede nicht durch 3 theilbare Zahl durch die Form:

$$x^2 + y^2 + 3z^2$$

so ausgedrückt werden kann, dass x, y, z keinen gemeinschaftlichen Theiler erhalten. Ähnliche Betrachtungen lassen sich auf die durch 3 theilbaren Zahlen, zu deren Darstellbarkeit eine sich leicht ergebende Bedingung erforderlich ist, so wie auch auf die durch die zweite der Formen (4) ausdrückbaren Zahlen anwenden.

Berlin, im Juni 1850.

ÜBER EIN DIE DIVISION BETREFFENDES PROBLEM.

[Mitgetheilt in der Sitzung der physikalisch-mathematischen Classe der Akademie der Wissenschaften am 20. Januar 1851.*)]

In einer Abhandlung**), welche sich unter denen des Jahres 1849 befindet, ist beiläufig bemerkt worden, dass bei der Division einer ganzen Zahl n durch alle nicht grösseren der Fall häufiger vorkommt, dass der Rest unter dem halben Divisor liegt, als der entgegengesetzte, wo er denselben übertrifft oder ihm gleich ist, und es ist dort zugleich gezeigt worden, dass das Verhältniss der Anzahl der Divisoren, bei welchen der erste Fall eintritt, zu ihrer Gesammtanzahl n für ein wachsendes n sich der Grenze $2-\log 4 = 0{,}61370\ldots$ nähert. Es scheint einiges Interesse darzubieten, die Untersuchung zu verallgemeinern und die Anzahl h derjenigen der Divisoren $1, 2, \ldots, p$, wo $p \leqq n$, zu bestimmen, denen ein Rest entspricht, dessen Verhältniss zum Divisor unter einem gegebenen echten Bruche α liegt. Bedient man sich der eckigen Klammern zur Bezeichnung der grössten ganzen Zahl, welche der eingeklammerte Werth enthält, so dass also $x-[x]$ immer Null oder ein positiver echter Bruch ist, so ist leicht zu sehen, dass der Divisor s die verlangte Eigenschaft haben oder nicht haben wird, je nachdem die Differenz $\left[\frac{n}{s}\right]-\left[\frac{n}{s}-\alpha\right]$ der po-

---

*) Im Jahrgang 1851 der Akademie-Berichte wird die Mittheilung auf S. 20 mit den Worten eingeleitet: Hr. Lejeune Dirichlet legte folgende Note *über ein die Theorie der Division betreffendes Problem* vor.

Beim Abdruck auf Seite 151 bis 154 des 47. Bandes des Crelle'schen Journals (1854) hat Dirichlet Titel und Text etwas verändert. Ich habe hier fast durchweg diese spätere Fassung benutzt. K.

**) Über die Bestimmung der mittleren Werthe in der Zahlentheorie.[1])

[1]) Bd. II, S. 49 dieser Ausgabe von G. Lejeune Dirichlet's Werken. Die angeführte Bemerkung findet sich auf S. 57.

sitiven Einheit oder der Null gleich ist. Man hat also:

$$h = \sum_1^p \left(\left[\frac{n}{s}\right] - \left[\frac{n}{s} - \alpha\right]\right) = \sum_1^p \left[\frac{n}{s}\right] - \sum_1^p \left[\frac{n}{s} - \alpha\right],$$

wo sich das Summenzeichen, wie überall im Folgenden, auf s bezieht. In dieser Form ist der Ausdruck für h weder zur numerischen Rechnung geeignet, noch lässt sich daraus erkennen, wie h für wachsende Werthe von n und p sich ändert. Eine diesem doppelten Zweck entsprechende Gestalt erhält derselbe durch die folgende auch in vielen anderen Fällen anwendbare Umformung.

Es sei $y = f(x)$ eine Function, welche, wenn die Veränderliche x von $x = \mu$ bis $x = p$ wächst, immerfort abnimmt. Die durch Umkehrung daraus entstehende Function $x = F(y)$ wird offenbar denselben Charakter haben und ebenfalls immer kleiner werden, während die Veränderliche y von $y = f(p)$ bis $y = f(\mu)$ zunimmt. Versteht man unter den Constanten μ und p ganze Zahlen, setzt zur Abkürzung:

$$[f(\mu)] = \nu, \quad [f(p)] = q,$$

und bildet die Reihe:

$$[f(\mu)], \quad [f(\mu+1)], \quad \ldots, \quad [f(s)], \quad \ldots, \quad [f(p)],$$

in welcher jedes Glied dem folgenden gleich ist oder dasselbe übertrifft, so soll nun ausgemittelt werden, welche Glieder dieser Reihe einer beliebigen zwischen q und ν liegenden ganzen Zahl t gleich sind.

Hierzu suche man zunächst den völlig bestimmten Zeiger s desjenigen Gliedes, dessen Werth $\geqq t$, während das folgende $< t$ ist. Man hat also:

$$[f(s)] \geqq t, \quad [f(s+1)] < t,$$

oder, was dasselbe ist:

$$f(s) \geqq t, \quad f(s+1) < t,$$

und hieraus folgt nach der über die Function $f(x)$ gemachten Voraussetzung:

$$s \leqq F(t), \quad s+1 > F(t),$$

also:

$$s = [F(t)].$$

Wendet man dieses Resultat auf t und $t+1$ an, so sieht man, dass der Werth t

nur denjenigen Gliedern zukommt, deren Zeiger s die doppelte Bedingung:

$$s > [F(t+1)], \quad s \leqq [F(t)]$$

erfüllen. Dieses Resultat erleidet, wegen des gegebenen Anfangs und Endes der Reihe, für $t = \nu$ die Modification, dass alsdann die erste Bedingung $s \geqq \mu$ wird, und für $t = q$ die, dass statt der zweiten $s \leqq p$ zu setzen ist.

Mit Berücksichtigung dieses Resultates ist es nun leicht, die Summe:

$$\sum_{\mu+1}^{p} [f(s)]\varphi(s),$$

in welcher $\varphi(s)$ eine ganz beliebige Function bedeutet, dadurch zu transformiren, dass man zuerst alle Glieder vereinigt, in denen $[f(s)]$ einen und denselben Werth hat, und dann alle so erhaltenen Partialsummen addirt. Setzt man:

$$\sum_{1}^{s} \varphi(s) = \Psi(s),$$

so erhält man für die Partialsumme, in welcher $[f(s)]$ den Werth t hat:

$$t(\Psi[F(t)] - \Psi[F(t+1)]), \quad \text{wenn } q < t < \nu \text{ ist,}$$

$$\nu(\Psi[F(\nu)] - \Psi(\mu)), \quad \text{wenn } t = \nu \text{ ist,}$$

$$q(\Psi(p) - \Psi[F(q+1)]), \quad \text{wenn } t = q \text{ ist,}$$

und also:

$$\sum_{\mu+1}^{p} [f(s)]\varphi(s) = q\Psi(p) - \nu\Psi(\mu) + \sum_{q+1}^{\nu} \Psi[F(s)].$$

Sondert man jetzt in jeder der beiden Summen, welche der oben für h gegebene Ausdruck enthält, die μ ersten Glieder ab und wendet die eben gefundene Formel auf die übrigen Glieder an, so ergiebt sich:

$$\sum_{\mu+1}^{p} \left[\frac{n}{s}\right] = \sum_{q+1}^{\nu} \left[\frac{n}{s}\right] + pq - \mu\nu,$$

wo $\left[\frac{n}{\mu}\right] = \nu$ und $\left[\frac{n}{p}\right] = q$ ist, und:

$$\sum_{\mu+1}^{p} \left[\frac{n}{s} - \alpha\right] = \sum_{q'+1}^{\nu'} \left[\frac{n}{s+\alpha}\right] + pq' - \mu\nu',$$

wo $\left[\frac{n}{\mu} - \alpha\right] = \nu'$, $\left[\frac{n}{p} - \alpha\right] = q'$ gesetzt ist.

Bezeichnet man zur Abkürzung $\nu-\nu'$ mit δ und $q-q'$ mit ε, so dass δ und ε nur die Werthe 0 oder 1 haben können, bringt die letzte Summe in die Form:

$$\sum_{q'+1}^{\nu'}\left[\frac{n}{s+\alpha}\right]=\sum_{q+1}^{\nu}\left[\frac{n}{s+\alpha}\right]+\varepsilon\left[\frac{n}{q+\alpha}\right]-\delta\left[\frac{n}{\nu+\alpha}\right]$$

und substituirt, so kommt:

$$h=\sum_{1}^{\mu}\left(\left[\frac{n}{s}\right]-\left[\frac{n}{s}-\alpha\right]\right)+\sum_{q+1}^{\nu}\left(\left[\frac{n}{s}\right]-\left[\frac{n}{s+\alpha}\right]\right)+\left(p-\left[\frac{n}{q+\alpha}\right]\right)\varepsilon-\left(\mu-\left[\frac{n}{\nu+\alpha}\right]\right)\delta.$$

Die eben bewirkte Umformung, obgleich für alle Werthe von p gültig, ist nur in dem Falle vortheilhaft, wenn p grösser als $\sqrt{n}$ ist, und wird bei dieser Voraussetzung am vortheilhaftesten, wenn man, wie es im Folgenden geschehen soll, für die bisher beliebig gelassene Zahl μ eine der ganzen Zahlen wählt, welche $\sqrt{n}$ benachbart sind. Wie leicht zu übersehen, beträgt alsdann die Anzahl der zur genauen Bestimmung von h nöthigen Divisionen ungefähr:

$$2\sqrt{n}-\frac{n}{p},$$

während der ursprüngliche Ausdruck p Divisionen erforderte.

Wir wollen nun unter der Voraussetzung, dass p von einer höheren Ordnung als $\sqrt{n}$ ist, d. h. dass $\frac{p}{\sqrt{n}}$ mit n über jede Grenze hinaus wächst, den Grenzwerth des Verhältnisses $\frac{h}{p}$ der Anzahl der Divisoren, welchen die verlangte Eigenschaft zukommt, zu deren Gesammtzahl p zu bestimmen suchen. Bei dieser Untersuchung kann man in dem Ausdrucke für h alle Glieder, deren Ordnung niedriger als die von p ist, vernachlässigen. Lässt man das erste weg, dessen Ordnung $\sqrt{n}$ nicht überschreiten, so wie das vierte, welches nur eine beschränkte Anzahl Einheiten enthalten kann, so kommt:

$$h=\sum_{q+1}^{\nu}\left(\left[\frac{n}{s}\right]-\left[\frac{n}{s+\alpha}\right]\right)+\left(p-\left[\frac{n}{q+\alpha}\right]\right)\varepsilon,$$

oder auch, wenn man die eckigen Klammern weglässt, was offenbar nur eine Änderung, welche die Ordnung $\sqrt{n}$ nicht übersteigt, zur Folge hat:

$$h=n\sum_{q+1}^{\nu}\left(\frac{1}{s}-\frac{1}{s+\alpha}\right)+\left(p-\frac{n}{q+\alpha}\right)\varepsilon.$$

Verwandelt man die obere Grenze ν in ∞, so erhält die Summe den Zuwachs:

$$\frac{1}{\nu+1}-\frac{1}{\nu+1+\alpha}+\frac{1}{\nu+2}-\frac{1}{\nu+2+\alpha}+\cdots<\frac{1}{\nu+1},$$

dessen Werth, mit n multiplicirt, die Ordnung $\sqrt{n}$ ebenfalls nicht übersteigt. Man erhält so:

$$\lim\frac{h}{p}=\frac{n}{p}\sum_{q+1}^{\infty}\left(\frac{1}{s}-\frac{1}{s+\alpha}\right)+\left(p-\frac{n}{q+\alpha}\right)\frac{\varepsilon}{p}.$$

Man muss jetzt den Fall, wo der Quotient $\frac{n}{p}$, welcher der Voraussetzung nach $\overline{\overline{>}}\,1$ ist, über jede Grenze hinaus wächst, und denjenigen, wo dieser Quotient endlich bleibt, von einander unterscheiden.

Im ersten Falle nähert sich das zweite Glied der Null, während das Verhältniss der im ersten enthaltenen Summe zu $\frac{\alpha}{q}$ die Einheit zur Grenze hat, so dass also die Grenze von $\frac{h}{p}$ mit der von $\frac{n}{pq}\alpha$, d. h. mit α zusammenfällt.

Im zweiten Falle, wo $\frac{n}{p}$ und also auch $q=\left[\frac{n}{p}\right]$ endlich bleibt, ist es zweckmässig, den unmittelbar durch die letzte Gleichung gegebenen Grenzwerth von $\frac{h}{p}$ in eine andere Form zu bringen, indem man statt der Summe die Differenz von zwei anderen einführt, welche von $s=1$ bis resp. $s=\infty$ und $s=q$ genommen sind, und dann die erste durch ein Integral ausdrückt. Unsere Gleichung wird so:

$$\lim\frac{h}{p}=\frac{n}{p}\int_0^1\frac{1-\varphi^\alpha}{1-\varphi}\,d\varphi-\frac{n}{p}\sum_1^q\left(\frac{1}{s}-\frac{1}{s+\alpha}\right)+\left(1-\frac{n}{p}\,\frac{1}{q+\alpha}\right)\varepsilon,$$

wo das Integral, welches für jeden rationalen Werth von α durch Logarithmen und Kreisfunctionen darstellbar ist, eine bekannte vielfach untersuchte Transcendente ist. Setzt man speciell $p=n$, so wird $q=1$, $q'=0$, $\varepsilon=1$, und der Grenzausdruck geht über in:

$$\lim\frac{h}{n}=\int_0^1\frac{1-\varphi^\alpha}{1-\varphi}\,d\varphi.$$

Mit Hülfe der in der Abhandlung *Disquisitiones generales circa seriem infinitam* . . . von GAUSS gegebenen Tafel dieser Transcendenten[1]) kann man leicht den Werth von α bestimmen, dem ein gegebener Werth des Integrals entspricht, und man findet z. B., dass, wenn für die halbe Anzahl der Divisoren 1, 2, . . ., n das Verhältniss des Restes zum Divisor unter α liegen soll, $\alpha = 0{,}384686\ldots$ sein muss.

[1]) Gauss' Werke, Bd. III, S. 161.

DE FORMARUM BINARIARUM SECUNDI GRADUS COMPOSITIONE[1]).

Plures abhinc iam annos cum esset propositum quaestionem de numero classium formarum secundi gradus, quae determinanti dato respondent, ad theoriam numerorum complexorum transferre, elementa doctrinae de formis ab integro mihi fuerunt exponenda, quippe quae nonnisi in casu, ubi de integris realibus agitur, ante erant evoluta. Quam elementorum expositionem paucis pagellis absolvere mihi successit quibusdam adiuto considerationibus in hac doctrina nondum adhibitis, quae integris tam realibus quam complexis aeque sunt accommodatae*). Disquisitionem illo loco ad proprietates restrinxi, quae ad formarum aequivalentiam et transmutationem numerorumque per formas repraesentationem spectant, et quae solae ad quaestionem, cui illa commentatio erat dicata, requirebantur. De formarum compositione tunc non egi, quod argumentum ab illustrissimo GAUSS in „Disquisitionum arithmeticarum" sectione quinta maxima quidem generalitate sed per calculos tam prolixos tractatum esse constat, ut perpauci compositionis naturam percipere valuerint, eo magis quod summus geometra, ut ipse monuit, brevitati consulens theorematum difficiliorum demonstrationes synthetice adornavit, suppressa analysi per quam erant eruta. Quare confidere posse mihi videor, huius argumenti expositionem novam et plane elementarem artis analyticae cultoribus non fore ingratam.

I.

Antequam formarum compositionem aggrediamur, pauca, quae vel nota sunt vel ex notis facile deducuntur, sunt praemittenda.

---

[1]) Bei dem Abdrucke auf Seite 155 bis 160 des 47. Bandes des Crelle'schen Journals (1854) hat Dirichlet an einigen Stellen den Text etwas verändert. Ich habe hier fast durchweg diese spätere Fassung benutzt. K.

*) Recherches sur les formes quadratiques à coefficients et à indéterminées complexes, in Diarii Crelliani tomo XXIV[2]).

[2]) Bd. I, S. 533 dieser Ausgabe von G. Lejeune Dirichlet's Werken.

Valores datos ζ, ζ', ζ'', ..., qui congruentiae:

$$u^2 \equiv D$$

secundum modulos m, m', m'', ... resp. satisfaciunt, inter se concordantes vocabimus, si radix Z eiusdem congruentiae ad modulum $mm'm''\ldots$ relatae inveniri poterit ita comparata, ut habeatur:

$$\zeta \equiv Z \pmod{m}, \quad \zeta' \equiv Z \pmod{m'}, \quad \zeta'' \equiv Z \pmod{m''}, \quad \ldots .$$

Sufficiet considerare casum, ubi moduli m, m', m'', ... sunt impares et ad ipsum D primi.

Facile perspicitur, congruentiis propositis satisfieri non posse, nisi respectu singulorum numerorum primorum, duos pluresve ipsorum m, m', m'', ... metientium, valores respondentes ζ, ζ', ζ'', ... inter se sint congrui. Quae conditio si locum habet, ex valoribus datis ζ, ζ', ζ'', ... cognoscentur residua π, π', π'', ... ipsius Z respectu singulorum numerorum primorum inaequalium p, p', p'', ..., productum $mm'm''\ldots$ metientium. Cum vero residua π, π', π'', ... sint manifesto radices congruentiae nostrae secundum modulos p, p', p'', ... resp., ex notis de congruentiis doctrinae elementis colligitur, exstare radicem et quidem unicam Z congruentiae secundum modulum $mm'm''\ldots$ satisfacientem ipsisque π, π', π'', ... secundum modulos p, p', p'', ... congruam, simulque nullo negotio perspicitur fore:

$$Z \equiv \zeta \pmod{m}, \quad Z \equiv \zeta' \pmod{m'}, \quad Z \equiv \zeta'' \pmod{m''}, \quad \ldots .$$

Cum terminus constans D in congruentia nostra contentus in sequentibus semper eundem valorem servare debeat, brevitatis gratia radicem datam ζ, modulo m respondentem, per notationem (m, ζ) designabimus. Qua notatione introducta, radicem Z ex datis ζ, ζ', ζ'', ... inter se concordantibus modo indicato deducendam, quam ex his compositam dicemus, commode hoc modo designare possumus:

$$(m, \zeta)(m', \zeta')(m'', \zeta'')\cdots = (mm'm''\ldots, Z).$$

Caeterum observamus, radices ζ, ζ', ζ'', ... semper inter se concordare, si m, m', m'', ... inter se sint primi, et hoc etiam valere in casu, quem exclusimus et ubi m, m', m'', ... ad $2D$ non sunt primi. Patet enim, tum Z jam plene definiri respectu moduli $mm'm''\ldots$ per congruentias:

$$Z \equiv \zeta \pmod{m}, \quad Z \equiv \zeta' \pmod{m'}, \quad Z \equiv \zeta'' \pmod{m''}, \quad \ldots$$

simulque fore:

$$Z^2 \equiv D \pmod{mm'm''\ldots}.$$

II.

In formis secundi gradus hic considerandis:

$$ax^2+2bxy+cy^2,$$

quarum determinans $D=b^2-ac$, coefficientes a, b, c a divisore communi liberos supponemus, quippe ad quem casum reliqui facile reducuntur. Constat formas conditioni enunciatae satisfacientes duos constituere ordines, prout coefficientium externorum a, c alteruter saltem est impar aut uterque par. Casum posteriorem brevitatis causa hic excludemus, cum ratiocinia ad priorem applicanda mutatis mutandis in altero quoque valeant.

Si in forma data indeterminatis x, y valores determinati inter se primi (id quod semper erit subintelligendum) tribuuntur, ita ut habeatur:

$$ax^2+2bxy+cy^2 = m,$$

numerum m (qui semper ad $2D$ primus erit supponendus) per formam repraesentari dicemus. Acceptis integris ξ, η talibus ut sit $x\eta-y\xi=1$, notum est facileque demonstratur, expressionem:

$$\zeta = (ax+by)\xi+(bx+cy)\eta$$

fore radicem congruentiae $u^2\equiv D$ (mod. m), semperque hoc modo eandem radicem esse prodituram, quomodocunque ipsi ξ, η varientur. Radix (m,ζ), ad quam repraesentationem datam pertinere dicemus, alio modo definiri potest, ad propositum nostrum accommodatiore. Si in aequatione, per quam ζ exhibuimus, per y multiplicata, $x\eta-1$ loco producti $y\xi$ ponis, perspicitur esse:

$$(1) \qquad ax+by \equiv -y\zeta \text{ (mod. } m),$$

qua congruentia ζ plene definitur, dummodo y ad modulum m sit primus. Sin autem ipsi y cum modulo est divisor communis maximus δ, unitate maior, quem etiam ipsum a metiri patet, congruentia nostra nihil aliud docet quam haec:

$$\frac{ax+by}{\delta} \equiv -\frac{y}{\delta}\zeta \left(\text{mod.} \frac{m}{\delta}\right),$$

ita ut respectu divisorum primorum ipsius δ, si qui sunt, ipsum $\frac{m}{\delta}$ non metientium, residua ipsius ζ hoc modo cognosci non possint. Cui incommodo facile medeberis, si attenderis, ex aequationibus supra datis sequi:

$$\zeta \equiv bx\eta, \quad x\eta \equiv 1 \text{ (mod. } \delta)$$

ideoque:

$$(2) \qquad \zeta \equiv b \pmod{\delta},$$

qua formula cum superiore iuncta, residua ipsius ζ respectu singulorum divisorum ipsius m iam plene erunt nota. Observamus, si ε sit divisor communis ipsorum x et m, simili modo haberi:

$$(3) \qquad \zeta \equiv -b \pmod{\varepsilon}.$$

His addimus sequentia, quae quamquam abunde sunt nota, hic in conspectum produxisse e re erit.

1°. Si duae formae sunt aequivalentes (proprie, id quod semper subintelligemus) et prior in posteriorem transit ope substitutionis:

$$x = \alpha x' + \beta y', \quad y = \gamma x' + \delta y',$$

ubi $\alpha\delta - \beta\gamma = 1$, patet numerum m per alteram repraesentabilem etiam per alteram repraesentari posse facileque demonstratur, binas eiusdem numeri repraesentationes, ope aequationum praecedentium inter se connexas, ad eandem radicem (m, ζ) pertinere. Quare repraesentationes, ad expressionem datam (m, ζ) pertinentes, ad classem integram erunt referendae, quae erit unica.

2°. Vice versa enim demonstrari potest, ex duabus eiusdem numeri m per duas formas eiusdem determinantis repraesentationibus, quae ad eandem radicem (m, ζ) pertineant, sequi formarum aequivalentiam.

3°. Denique patet, data radice qualibet (m, ζ), exstare classem per cuius formas m ita repraesentari possit, ut radix his repraesentationibus respondens sit (m, ζ). Manifesto enim m per formam:

$$\left(m, \zeta, \frac{\zeta^2 - D}{m}\right),$$

cuius coefficientes a divisore communi sunt liberi et in qua m est impar, repraesentatur ponendo:

$$x = 1, \quad y = 0,$$

quam repraesentationem ad (m, ζ) pertinere elucet.

III.

His praemissis propositum aggrediamur. Datis duabus formis φ et φ' eiusdem determinantis D, sint m et m' bini quilibet integri impares et ad D primi tali modo per φ et φ' resp. repraesentabiles, ut radices (m, ζ), (m', ζ'), ad quas hae repraesentationes pertineant, inter sese sint concordantes. Quibus suppositis, totius rei cardo in eo vertitur, ut demonstretur, repraesentationes ipsius mm', ad expressionem $(m,\zeta)(m',\zeta')$ pertinentes, semper per eandem formam effectum iri sive potius ad eandem classem esse referendas, quocunque modo ipsi m, m' varientur. Quod est theorema in hac doctrina fundamentale.

Supponamus formas datas (a, b, c), (a', b', c') ita praeparatas esse, ut expressiones (a, b), (a', b') inter se concordent, id quod exempli gratia efficitur, formarum alterutram transmutando in aequivalentem, cuius coefficiens primus cum alterius coefficiente primo divisorem communem non habeat. At probe notandum est, analysin in sequentibus evolvendam nihil requirere, nisi ut (a, b) et (a', b') inter sese sint concordantes, sed neque opus esse, ut a et a' inter se, neque magis, ut ad $2D$ sint primi. Designando per (aa', B) expressionem ex compositione ipsarum (a, b) et (a', b') oriundam, ita ut habeatur:

$$B \equiv b \pmod{a}, \qquad B \equiv b' \pmod{a'}, \qquad D = B^2 - aa'C,$$

ubi C est integer, patet formas cum his ipsis aequivalentibus:

$$ax^2 + 2Bxy + a'Cy^2 = \varphi, \qquad a'x'^2 + 2Bx'y' + aCy'^2 = \varphi'$$

commutari posse, quibus primo per a et a' resp., dein inter sese multiplicatis prodibunt aequationes:

$$(ax+By)^2 - Dy^2 = a\varphi, \qquad (a'x'+By')^2 - Dy'^2 = a'\varphi',$$
$$((ax+By)(a'x'+By')+Dyy')^2 - D((ax+By)y'+(a'x'+By')y)^2 = aa'\varphi\varphi'.$$

Si iam observamus, propter $D = B^2 - aa'C$, haberi:

$$(ax+By)(a'x'+By')+Dyy' = aa'X + BY, \tag{4}$$

ubi positum est:

$$X = xx' - Cyy', \qquad Y = (ax+By)y' + (a'x'+By')y = axy' + a'x'y + 2Byy', \tag{5}$$

aequatio ultima, per aa' divisa, induet formam:

$$aa'X^2 + 2BXY + CY^2 = \varphi\varphi' = \psi. \tag{6}$$

Postquam productum formarum φ et φ' per formam ψ eiusdem determinantis D indefinite exhibuimus, tum ipsis x, y tum ipsis x', y' valores determinatos inter se primos tribui supponamus, pro quibus $\varphi = m$, $\varphi' = m'$ evadat, et qui conditionibus supra indicatis satisfaciant. Quo facto, demonstrandum erit, 1^0 repraesentationem ipsius mm' per formam ψ, quam aequationibus (5) et (6) praeberi videmus, fore propriam, sive X et Y a divisore communi fore liberos, et 2^0 radicem, ad quam haec repraesentatio pertinet et quae sit (mm', Z), revera ex radicibus (m, ζ), (m', ζ'), ad quas repraesentationes ipsorum m et m' pertinere supponemus, fore compositam.

1^0. Ut evincatur, ipsos X et Y divisorem communem non habere, proficiscamur a suppositione, numerum primum p ambos metiri et quae hinc sequantur videamus. Cum p alterutrum ipsorum m, m' metiri debeat, ponamus id quod licet, m ipsius p esse multiplum. Iam dico, etiam ipsum m' per p divisibilem esse supponendum. Cum enim X et Y per p sint divisibiles, patet, multiplicando aequationum (5) priorem per $-ay'$ posteriorem per x' et addendo, proditurum esse integrum per p divisibilem:

$$(a'x'^2+2Bx'y'+aCy'^2)y = m'y.$$

Si iam ipsum m' per p divisibilem non esse supponere velis, ipse y et proin etiam a ipsius p erunt multipla. Tum autem propter:

$$xx'-Cyy' = X \equiv 0 \pmod{p},$$

et ex eo, quod x ad ipsum y est primus, colligitur $x' \equiv 0$, unde tandem:

$$m' = a'x'^2+2Bx'y'+aCy'^2$$

ipsius p esse multiplum perspicitur. Cum p ambos m et m' metiatur, erit per aequationem (1):

$$ax+By \equiv -y\zeta, \quad a'x'+By' \equiv -y'\zeta' \pmod{p},$$

quarum formularum substitutione secunda aequationum (5) transit in congruentiam:

$$(\zeta+\zeta')yy' \equiv 0 \pmod{p}.$$

Si $\zeta+\zeta' \equiv 0$ esset, sequeretur $\zeta' \equiv -\zeta$ contra hypothesin, radices ζ et ζ' inter se concordare sive $\zeta' \equiv \zeta$ esse. Restat ut videamus, quid ex alterutra suppositionum $y \equiv 0$, $y' \equiv 0$, quae plane inter se sunt similes, sequatur. Si y ideoque propter congruentiam $xx'-Cyy' \equiv 0$ etiam x' per p esset divisibilis, haberemus per aequationes (2) et (3):

$$\zeta \equiv B, \quad \zeta' \equiv -B \pmod{p},$$

et perinde ut supra:

$$\zeta+\zeta' \equiv 0 \pmod{p}.$$

Evictum est igitur, ipsos X et Y inter se esse primos.

2^0. Ut iam probemus, radicem, ad quam repraesentatio ipsius mm' pertinet et quam per (mm', Z) designavimus, revera ex ipsis (m, ζ), (m', ζ') esse compositam, propter symmetriam ostendere sufficiet, esse $Z \equiv \zeta$ respectu cuiuslibet divisoris primi p ipsius m. Cum per aequationem (1) habeatur:

$$ax+By \equiv -\zeta y \pmod{p},$$

ex aequatione (4) et secunda aequationum (5) facile deducuntur congruentiae:

$$(-\zeta(a'x'+By')+Dy')y \equiv aa'X+BY, \quad (-\zeta y'+a'x'+By')y \equiv Y \pmod{p},$$

unde, posteriore per ζ multiplicata ad priorem addita, et ratione habita formulae $\zeta^2 \equiv D \pmod{m}$, sequitur:

$$aa'X+BY \equiv -Y\zeta \pmod{p},$$

qua congruentia comparata cum hac:

$$aa'X+BY \equiv -YZ \pmod{p},$$

vides esse:

$$Z \equiv \zeta \pmod{p},$$

si p ipsum Y non metiatur. Restat ut consideremus casum, ubi Y per p est divisibilis, in quo casu erit per aequationem (2) $Z \equiv B \pmod{p}$. Si iam etiam y ipsius p est multiplum, erit simili modo $\zeta \equiv B \pmod{p}$ et proinde:

$$Z \equiv \zeta \pmod{p}.$$

Si vero y per p non est divisibilis, e congruentia, quam supra nacti eramus, concluditur esse:

$$a'x'+By'-\zeta y' \equiv 0 \pmod{p},$$

unde facile deducitur, ipsum p producti $a'm'$ esse factorem. Est enim:

$$a'm' = (a'x'+By')^2-Dy'^2 \equiv (a'x'+By')^2-\zeta^2y'^2 \equiv 0 \pmod{p}.$$

Iam duo casus sunt distinguendi. Supponamus primo, ipsum a' per p non esse divisibilem. Quo casu cum m' per p sit divisibilis, habetur:

$$a'x'+By'+\zeta'y' \equiv 0 \pmod{p},$$

qua formula cum superiore collata sequitur:

$$(\zeta+\zeta')y' \equiv 0 \pmod{p},$$

quae congruentia ad conclusionem absurdam deducit. Nam cum $\zeta+\zeta'$ multiplum ipsius p esse non possit, sequeretur $y'\equiv 0$ (mod. p), ideoque propter aequationem:

$$m' = a'x'^2+2Bx'y'+aCy'^2,$$

$a'\equiv 0$ (mod. p) contra hypothesin. Quare hic casus locum habere non potest. In casu posteriore, ubi a' per p est divisibilis, e congruentia:

$$a'x'+By'-\zeta y' \equiv 0 \pmod p,$$

deducitur:

$$(B-\zeta)y' \equiv 0 \pmod{p}.$$

Si iam p ipsum y' non metitur, habetur:

$$\zeta \equiv B \pmod{p},$$

id quod cum congruentia $Z\equiv B$ (mod. p) convenit. Si vero p ipsius y' ideoque etiam ipsius m' est divisor, habetur per aequationem (2):

$$\zeta' \equiv B \pmod{p},$$

unde ut supra esse $\zeta\equiv B$ (mod. p) colliges, si radices ζ et ζ' inter se concordantes esse attenderis.

ÜBER DIE BEWEGUNG EINES FESTEN KÖRPERS IN EINEM INCOMPRESSIBELN FLÜSSIGEN MEDIUM[1]).

Wie es scheint, ist bis jetzt für keinen noch so einfachen Fall der Widerstand, den ein in einer ruhenden Flüssigkeit fortbewegter fester Körper von dieser erleidet, aus den seit EULER bekannten allgemeinen Gleichungen der Hydrodynamik abgeleitet worden, oder, was im Grunde auf dasselbe hinauskommt, giebt es kein Beispiel einer rein theoretischen Bestimmung der Modificationen, welche ein im Innern einer Flüssigkeit befindlicher unbeweglicher fester Körper in der fortschreitenden Bewegung derselben hervorbringt. Ein namhafter und in Untersuchungen dieser Art sehr geübter Mathematiker*) ist daher zu der Meinung veranlasst worden, dass für das erwähnte Problem selbst in dem Falle, wo die Flüssigkeit von unendlicher Ausdehnung ist und man dem festen Körper die einfachste Gestalt giebt, die bekannten Integrationsmethoden nicht ausreichen. Diese Meinung ist jedoch ohne Grund, und das Problem lässt sich vollständig behandeln, wenn der feste Körper die Gestalt einer Kugel oder auch die eines Ellipsoides hat. Von diesen beiden Fällen soll nur der erstere als der einfachere in dieser Anzeige besprochen werden.

Um das Problem zunächst in der zweiten der oben erwähnten Formen zu behandeln, sei c der Radius der unbeweglichen Kugel und der Mittelpunkt derselben der Anfangspunkt der rechtwinkligen Axen der x, y, z. Auf die anfänglich ruhende homogene Flüssigkeit, deren Dichtigkeit mit ϱ bezeichnet werden soll, wirke eine beschleunigende Kraft σ, die zu derselben Zeit t überall dieselbe Intensität und Richtung habe, sich aber mit der Zeit beliebig ändern kann, so dass die Componenten α, β, γ derselben gegebene Functionen von t sind. Bezeichnet man nun mit p den im Punkte (x, y, z) nach der Zeit t stattfindenden Druck, mit u, v, w die drei Componenten der Geschwindigkeit, setzt ferner zur Abkürzung:

[1]) Im Jahrgang 1852 der Akademie-Berichte wird die Mittheilung auf S. 12 mit den Worten eingeleitet: Hr. Lejeune Dirichlet las über einige Fälle, in welchen sich die Bewegung eines festen Körpers in einem incompressibeln flüssigen Medium theoretisch bestimmen lässt. K.

*) Résumé des leçons de Mécanique données à l'Ecole Polytechnique par M. NAVIER, page 480.

$$r = \sqrt{x^2+y^2+z^2},$$
$$\lambda = \int_0^t \alpha\, dt, \quad \mu = \int_0^t \beta\, dt, \quad \nu = \int_0^t \gamma\, dt,$$
$$\varphi = \left(1+\frac{c^3}{2r^3}\right)(\lambda x+\mu y+\nu z),$$

so hat man zur Bestimmung von p, u, v, w:

$$u = \frac{\partial\varphi}{\partial x} = \left(1+\frac{c^3}{2r^3}\right)\lambda - \frac{3c^3x}{2r^5}(\lambda x+\mu y+\nu z),$$
$$v = \frac{\partial\varphi}{\partial y} = \left(1+\frac{c^3}{2r^3}\right)\mu - \frac{3c^3y}{2r^5}(\lambda x+\mu y+\nu z),$$
$$w = \frac{\partial\varphi}{\partial z} = \left(1+\frac{c^3}{2r^3}\right)\nu - \frac{3c^3z}{2r^5}(\lambda x+\mu y+\nu z),$$
$$\frac{1}{\varrho}p = T - \frac{c^3}{2r^3}(\alpha x+\beta y+\gamma z) - \tfrac{1}{2}(u^2+v^2+w^2),$$

wo T eine willkürliche bloss von t abhängige Grösse bedeutet, die, wie schon Euler bemerkt hat, in jedem Problem der Hydrodynamik so lange unbestimmt bleibt, als man sich nicht den Druck für jeden Augenblick an einem Punkte der Oberfläche der Flüssigkeit gegeben denkt. Diese Unbestimmtheit im Ausdrucke von p hat jedoch offenbar keinen Einfluss auf das Resultat, welches man erhält, wenn man alle gegen eine geschlossene Fläche wirkenden elementaren Druckkräfte in eine einzelne Kraft und ein Kräftepaar vereinigt. Für die Oberfläche unserer Kugel haben alle diese Elementarkräfte eine einzige Resultante, welche durch den Mittelpunkt geht, und für deren Componenten man durch eine sehr einfache Rechnung die Werthe:

$$\frac{2\pi}{3}c^3\alpha\varrho, \quad \frac{2\pi}{3}c^3\beta\varrho, \quad \frac{2\pi}{3}c^3\gamma\varrho$$

findet, woraus sich für die Resultante der Ausdruck:

$$\frac{2\pi}{3}c^3\varrho\sigma$$

ergiebt und zugleich erhellt, dass diese der Kraft σ parallel ist. Man sieht also, dass in unserem Falle der von der bewegten Flüssigkeit gegen die Oberfläche des festen Körpers ausgeübte Druck nur von der jeden Augenblick wirkenden beschleunigenden Kraft, nicht aber von der Geschwindigkeit der Flüssigkeit abhängt. Hört die beschleunigende Kraft zu wirken auf, so verschwindet auch der Druck, λ, μ, ν werden constant, und die Bewegung wird sogleich zu einer permanenten, bei welcher u, v, w nicht mehr von t abhängen. Die so eintretende permanente Bewegung ist immer von derselben Art, insofern man nämlich nur auf die Verhältnisse der Geschwindigkeiten Rücksicht nimmt und bei den von den Theilchen der Flüssigkeit beschriebenen Bahnen nur die relative Lage dieser Curven, nicht aber ihre absolute Lage im Raume betrachtet. Diese Curven sind sämmtlich eben, und die Ebenen aller gehen immer durch eine bestimmte Gerade, die man als Axe des Systems der Curven ansehen kann, und um welche diese symmetrisch so herumliegen, dass die in einer Ebene befindlichen Curven durch Umdrehung um die Axe alle übrigen erzeugen. Die Richtung der Axe, welche durch den Mittelpunkt der Kugel geht, wird durch die drei Winkel bestimmt, welche sie mit den Coordinatenaxen bildet, und deren Cosinus den Ausdrücken:

$$\frac{\lambda}{\sqrt{\lambda^2+\mu^2+\nu^2}}, \quad \frac{\mu}{\sqrt{\lambda^2+\mu^2+\nu^2}}, \quad \frac{\nu}{\sqrt{\lambda^2+\mu^2+\nu^2}}$$

gleich sind, wo unter λ, μ, ν die Werthe dieser constant gewordenen Grössen zu verstehen sind. Die Gleichungen der erwähnten Curven erhalten eine sehr einfache Form, wenn man Polarcoordinaten einführt. Legt man durch die Axe eine beliebige Ebene, und bezeichnet mit θ den Winkel zwischen der Axe und dem nach jedem Punkte in der Ebene gerichteten Radiusvector r, so sind sämmtliche Curven in der Gleichung:

$$(r^3-c^3)\sin^2\theta = \varepsilon r$$

enthalten, wo der Parameter ε das Intervall von 0 bis ∞ durchlaufen muss, damit die Gleichung alle in der Ebene befindlichen Curven darstelle. Man sieht ohne Schwierigkeit, dass diese Curven für ein grosses ε immer mehr die Gestalt von geraden mit der Axe parallelen Linien annehmen, während die Form einer solchen Curve für ein abnehmendes ε sich immerfort einem Halbkreise nähert, der sich in seinen beiden Endpunkten im verlängerten Durchmesser fortsetzt.

Um aus den eben angedeuteten Resultaten den einfachsten Fall der Bewegung eines festen Körpers in einer ruhenden Flüssigkeit abzuleiten, denke man sich die Kugel homogen oder setze wenigstens voraus, dass der Schwerpunkt derselben mit dem Mittelpunkt coincidirt. Bezeichnet ϱ' die mittlere Dichtigkeit der Kugel, und lässt man auf alle Theile derselben eine beschleunigende Kraft wirken, deren Componenten:

$$-\frac{\varrho}{2\varrho'}\alpha, \quad -\frac{\varrho}{2\varrho'}\beta, \quad -\frac{\varrho}{2\varrho'}\gamma$$

sind, so wird der von der Flüssigkeit ausgeübte Druck jeden Augenblick aufgehoben, und man kann die Kugel beweglich voraussetzen, ohne dass sie zu ruhen aufhört, und ohne dass die vorhin bestimmte Bewegung der Flüssigkeit modificirt wird. Wird jetzt auf das ganze von der Kugel und der Flüssigkeit gebildete mechanische System, welches den Charakter eines sogenannten freien hat, überall die beschleunigende Kraft als wirkend gedacht, deren Componenten $-\alpha$, $-\beta$, $-\gamma$ sind, so erhält man durch Zusammensetzung die in unserem anfänglich in Ruhe befindlichen System eintretende Bewegung für den Fall, wo auf die Kugel eine beschleunigende Kraft wirkt, deren Componenten die Werthe:

$$-\left(1+\frac{\varrho}{2\varrho'}\right)\alpha, \quad -\left(1+\frac{\varrho}{2\varrho'}\right)\beta, \quad -\left(1+\frac{\varrho}{2\varrho'}\right)\gamma$$

haben, während die Flüssigkeit von keiner Kraft getrieben wird. Bei dieser Bewegung sind die Componenten der Geschwindigkeit zur Zeit t für alle Theile der Kugel $-\lambda$, $-\mu$, $-\nu$, wogegen in der Flüssigkeit zu derselben Zeit an der durch die Coordinaten:

$$x-\int_0^t \lambda\,dt, \quad y-\int_0^t \mu\,dt, \quad z-\int_0^t \nu\,dt$$

bestimmten Stelle die Geschwindigkeitscomponenten die Werthe:

$$u-\lambda, \quad v-\mu, \quad w-\nu$$

haben. Man sieht, dass die Kugel unter Einwirkung der nach Richtung und Intensität beliebig veränderlichen beschleunigenden Kraft $\left(1+\frac{\varrho}{2\varrho'}\right)\sigma$ sich im widerstehenden Mittel gerade so bewegt, wie sie sich im leeren Raume bewegen würde, wenn die Kraft jeden Augenblick mit Beibehaltung der Richtung im Verhältniss von $2\varrho'+\varrho$ zu $2\varrho'$ verkleinert würde. Die Zusatzkraft $\frac{\varrho}{2\varrho'}\sigma$ wird also zur Überwindung des Widerstandes der Flüssigkeit verwandt. Aber dieser Widerstand entspricht nicht der Vorstellung. welche man sich von der Wirkung eines flüssigen Mediums auf einen in ihm bewegten festen Körper zu machen pflegt, und nach welcher ein Widerstand auch dann schon vorhanden und zu überwinden ist, wenn die in einem Zeitmomente stattfindende Bewegung für den nächsten Zeittheil nicht alterirt werden soll, wogegen nach Obigem in unserem Falle die Bewegung des festen Körpers augenblicklich in eine geradlinige und gleichförmige übergeht, sobald die beschleunigende Kraft zu wirken aufhört. Der Widerstand hängt hier gar nicht von der vorhandenen Bewegung, sondern lediglich von der im nächsten Zeittheile hervorzubringenden Änderung der Bewegung ab und ist immer demselben aliquoten Theile der Kraft gleich, welche dieselbe Änderung im leeren Raume hervorbringen würde, und dieser gerade entgegengerichtet, was man für den Fall, wo die Geschwindigkeit vermindert werden soll, kaum hätte erwarten können.

ÜBER DEN ERSTEN DER VON GAUSS GEGEBENEN BEWEISE DES RECIPROCITÄTSGESETZES IN DER THEORIE DER QUADRATISCHEN RESTE.

Unter den zahlreichen Beweisen des Fundamentaltheorems der Lehre von den quadratischen Congruenzen hat mir der früheste, von Gauss schon im Jahre 1796 gefundene und in den *Disquisitiones arithmeticae (Sectio IV)* bekannt gemachte[1]) immer besonders merkwürdig geschienen, sowohl wegen des so einfachen Gedankens, welcher demselben zu Grunde liegt, als auch deshalb, weil dieser Beweis, so viel ich weiss, der einzige ist, in welchem die Betrachtung das Gebiet der Congruenzen zweiten Grades, welchem der Satz wesentlich angehört, nirgends verlässt, wogegen die übrigen Begründungsarten auf Principien beruhen, die diesem Gebiete mehr oder weniger fremd zu sein scheinen*). Wenn aber dieser schöne Beweis die Kürze vermissen lässt, welche einige der späteren in so hohem Grade auszeichnet, so liegt dieser Mangel nicht im Wesen der Methode und hat vielmehr seinen Grund in dem zufälligen Umstande, dass zur Darstellung gewisser Beziehungen, welche bei dieser Behandlungsweise häufig wiederkehren, kein zur Rechnung geeignetes Zeichen benutzt ist, wodurch es nöthig geworden ist, acht verschiedene Fälle zu unterscheiden, von denen jeder wieder in mehrere Unterabtheilungen zerfällt. Durch Einführung des zuerst von Legendre gebrauchten Zeichens in der allgemeineren Bedeutung, welche Jacobi demselben später gegeben hat, und durch einige andere Vereinfachungen, welche jedoch das Wesen des Beweises eben so wenig ändern, zieht sich dieser in

---

[1]) Gauss' Werke, Bd. I, S. 104—111. K.

*) Gauss selbst beurtheilt seinen ersten Beweis in einer späteren Abhandlung (*Comment. soc. Gott. vol. XVI pag.* 70)[2]) wie folgt: „*Sed omnes hae demonstrationes, etiamsi respectu rigoris nihil desiderandum relinquere videantur, e principiis nimis heterogeneis derivatae sunt, prima forsan excepta, quae tamen per ratiocinia magis laboriosa procedit, operationibusque prolixioribus premitur.*“

[2]) Gauss' Werke, Bd. II, S. 4.

solchem Grade zusammen, dass er kaum noch hinter einem der übrigen hinsichtlich der Kürze zurückzustehen scheint, insofern man nämlich nicht unberücksichtigt lässt, dass ein Theil der in demselben vorkommenden Entwickelungen für die Theorie der quadratischen Reste auch dann unentbehrlich bleibt, wenn man für das Reciprocitätsgesetz eine andere Beweismethode wählt. Ich habe einer auf die angegebene Weise vereinfachten neuen Darstellung dieses Gegenstandes um so mehr einige Seiten widmen zu dürfen geglaubt, als mir die Erfahrung wiederholt gezeigt hat, wie sehr angehenden Mathematikern das Verständniss der früheren durch die grosse Anzahl der darin unterschiedenen Fälle erschwert wird.

§. 1.

In diesem ersten Paragraphen sollen einige für das Folgende unentbehrliche Elementarsätze und Definitionen angeführt werden.

Je nachdem die Congruenz:

$$x^2 \equiv k \pmod{m},$$

in welcher k eine positive oder negative ganze Zahl bedeutet, möglich oder nicht möglich ist, heisst k quadratischer Rest oder Nichtrest des Moduls m, dessen Zeichen natürlich gleichgültig ist. Es ist zu unserem Zwecke gestattet, k und m immer ohne gemeinschaftlichen Theiler vorauszusetzen. Für den besonders wichtigen Fall, wo m eine ungerade Primzahl p ist, soll das Zeichen:

$$\left(\frac{k}{p}\right)$$

die positive oder negative Einheit bedeuten, je nachdem k quadratischer Rest oder Nichtrest von p ist.

Der bekannte Satz, dass das Product $k'k''\ldots$ quadratischer Rest oder Nichtrest von p ist, je nachdem diejenigen der Factoren $k', k'', \ldots,$ die quadratische Nichtreste von p sind, in gerader oder ungerader Anzahl vorhanden sind, wird mit Hülfe unseres Zeichens durch die Gleichung:

$$\left(\frac{k'k''\ldots}{p}\right) = \left(\frac{k'}{p}\right)\left(\frac{k''}{p}\right)\cdots$$

ausgedrückt.

Für die Möglichkeit der Congruenz:

$$x^2 \equiv k \pmod{p^{\varpi}},$$

worin $\varpi > 1$, ist offenbar die Bedingung:

$$\left(\frac{k}{p}\right) = 1$$

erforderlich, und man beweist auch leicht, dass, sobald diese Bedingung erfüllt ist, die Congruenz für jeden Werth von ϖ lösbar ist.

Anders verhält es sich mit der Congruenz:

$$x^2 \equiv k \pmod{2^{\varpi}}.$$

Für $\varpi = 1$ hat die ungerade Zahl k keine Bedingung zu erfüllen; ist:

$$\varpi = 2 \quad \text{oder} \quad \varpi \geqq 3,$$

so besteht die zur Lösbarkeit der Congruenz nöthige und auch ausreichende Bedingung resp. darin, dass k die Form:

$$4\mu + 1 \quad \text{oder} \quad 8\mu + 1$$

habe.

Ist der Modul in unserer Congruenz das Product von Potenzen verschiedener Primzahlen, so ist es für die Möglichkeit derselben nöthig und ausreichend, dass sie nach den verschiedenen Primzahlpotenzen lösbar sei.

Wir wollen jetzt dem Zeichen $\left(\frac{k}{p}\right)$, welches oben für den Fall definirt worden ist, dass p eine ungerade Primzahl bezeichnet, die in der positiven oder negativen Zahl k nicht aufgeht, eine allgemeinere Bedeutung geben, und in der Voraussetzung, dass die ungerade Zahl m, deren Zeichen gleichgültig ist, mit k keinen gemeinschaftlichen Theiler habe und in ihre gleichen oder ungleichen Primfactoren p', p'', p''', ... zerlegt sei, so dass also $m = p'p''p''' \ldots$, unter dem Zeichen $\left(\frac{k}{m}\right)$ das Product:

$$\left(\frac{k}{p'}\right)\left(\frac{k}{p''}\right)\left(\frac{k}{p'''}\right) \cdots$$

verstehen. Wie leicht zu sehen, kann in einem solchen Symbol statt k eine nach dem Modul m mit k congruente Zahl gesetzt werden und gelten für solche Symbole die beiden Gleichungen:

$$\left(\frac{k}{m}\right)\left(\frac{l}{m}\right) = \left(\frac{kl}{m}\right), \quad \left(\frac{k}{m}\right)\left(\frac{k}{n}\right) = \left(\frac{k}{mn}\right).$$

Es ist aber nicht zu übersehen, dass $\left(\frac{k}{m}\right)$ zur Congruenz:

$$x^2 \equiv k \pmod{m}$$

jetzt nicht mehr dieselbe Beziehung hat wie früher, wo m eine Primzahl war. Ist die Congruenz lösbar, so folgt zwar noch, dass $\left(\frac{k}{m}\right) = 1$ sein muss, da alsdann nach Obigem alle Factoren, als deren Product wir $\left(\frac{k}{m}\right)$ definirt haben, der positiven Einheit gleich sind, aber man kann offenbar nicht umgekehrt von der Bedingung $\left(\frac{k}{m}\right) = 1$ auf die Möglichkeit der Congruenz schliessen.

Schliesslich soll noch bemerkt werden, dass, m immer ungerade vorausgesetzt, die Möglichkeit der Congruenz:

$$lx^2 \equiv k \pmod{m},$$

wenn darin k und l relative Primzahlen zu m sind, die Gleichung:

$$\left(\frac{kl}{m}\right) = 1$$

zur Folge hat, wie sogleich erhellt, wenn man die Congruenz in die Form:

$$(lx)^2 \equiv kl \pmod{m}$$

bringt.

§. 2.

Wir kommen nun zu dem eigentlichen Gegenstande dieser Abhandlung, zu den Kriterien, durch welche für eine gegebene positive oder negative Zahl k die einfachen ungeraden Moduln p, deren quadratischer Rest k ist, von denjenigen unterschieden werden, zu denen k das entgegengesetzte Verhalten hat.

Da nach dem oben angeführten Satze die verlangte Unterscheidung auf die ähnliche hinsichtlich der Primfactoren von k zurückkommt, so haben wir nur die drei Fälle zu untersuchen, wo k einer der Zahlen -1, 2 oder einer positiven ungeraden Primzahl q gleich ist. Für diese drei Fälle sind die gewünschten Kriterien in den folgenden Gleichungen enthalten, in denen die ungerade Primzahl p als von q verschieden und, wie q, als positiv vorausgesetzt ist:

$$(a) \qquad \left(\frac{-1}{p}\right) = (-1)^{\frac{1}{2}(p-1)},$$

$$(b) \qquad \left(\frac{2}{p}\right) = (-1)^{\frac{1}{8}(p^2-1)},$$

$$(c) \qquad \left(\frac{q}{p}\right)\left(\frac{p}{q}\right) = (-1)^{\frac{1}{2}(p-1)\cdot\frac{1}{2}(q-1)}.$$

Nach der ersten dieser Gleichungen ist:

$$\left(\frac{-1}{p}\right) = +1 \quad \text{oder} \quad \left(\frac{-1}{p}\right) = -1,$$

je nachdem p in der Form $4\mu+1$ oder $4\mu+3$ enthalten ist; nach der zweiten hat man:

$$\left(\frac{2}{p}\right) = 1 \qquad \text{für} \quad p = 8\mu+1,\ 8\mu+7,$$

dagegen:

$$\left(\frac{2}{p}\right) = -1 \quad \text{für} \quad p = 8\mu+3,\ 8\mu+5,$$

und nach der dritten ist immer:

$$\left(\frac{q}{p}\right) = \left(\frac{p}{q}\right),$$

ausgenommen wenn beide Primzahlen p, q die Form $4\mu+3$ haben, in welchem Falle:

$$\left(\frac{q}{p}\right) = -\left(\frac{p}{q}\right)$$

ist.

Die Gleichungen (a) und (b) sind für gewisse besondere Fälle leicht zu beweisen; für die erstere in dem Falle, wo p die Form $4\mu+3$ hat, und also $\left(\frac{-1}{p}\right) = -1$ sein muss. Fände dies nämlich nicht für alle Primzahlen $4\mu+3$ statt, so sei p die kleinste, für welche $\left(\frac{-1}{p}\right) = 1$ ist. Dann kann man setzen:

$$e^2+1 = ph,$$

und wenn man, wie es immer geschehen kann, $e<p$ und zugleich gerade wählt, wird auch $h<p$ und in der Form $4\mu+3$ enthalten sein. Die Zahl h hat also einen Primfactor $r<p$ von derselben Form $4\mu+3$, für welchen aus der Gleichung $e^2+1=ph$ die Gleichung:

$$\left(\frac{-1}{r}\right) = 1$$

folgt, was unserer Voraussetzung widerspricht.

Um zweitens zu beweisen, dass immer:

$$\left(\frac{2}{p}\right) = -1$$

ist, wenn p in einer der Formen $8\mu+3$, $8\mu+5$ enthalten ist, nehme man an, es gebe Primzahlen von einer dieser Formen, für welche der Satz nicht stattfindet, und bezeichne mit p die kleinste derselben. Man kann dann wieder setzen:

$$e^2-2 = ph,$$

und wenn man e ungerade und zugleich kleiner als p wählt, wird wegen:

$$e^2-2 = 8\mu+7$$

h der Form $8\mu+3$, $8\mu+5$ von p entsprechend die Form $8\mu+5$, $8\mu+3$ haben und überdies kleiner als p sein. Da nun aus Primfactoren, die sämmtlich in einer der Formen $8\mu+1$, $8\mu+7$ enthalten sind, keine Zahl von der Form $8\mu+3$ oder $8\mu+5$ entstehen kann, so giebt es also einen Primfactor r von h, welcher die Form $8\mu+3$ oder $8\mu+5$ hat, und für den nach obiger Gleichung, unserer Voraussetzung zuwider, $\left(\frac{2}{r}\right)=1$ wäre.

Den in ganz ähnlicher Weise zu führenden Beweis, dass $\left(\frac{-2}{p}\right)=-1$ ist, wenn p eine der Formen $8\mu+5$, $8\mu+7$ hat, werden wir der Kürze wegen übergehen. Bringt man dieses letztere Resultat für den Fall, wo $p=8\mu+7$ ist, in die Form:

$$\left(\frac{2}{p}\right)\left(\frac{-1}{p}\right)=-1,$$

und bemerkt, dass nach Obigem, da die Form $8\mu+7$ ein besonderer Fall der Form $4\mu+3$ ist:

$$\left(\frac{-1}{p}\right)=-1$$

ist, so erhält man für die Primzahlen $p=8\mu+7$:

$$\left(\frac{2}{p}\right)=1,$$

so dass also jetzt der Satz (*b*) für alle Primzahlen bewiesen ist, die nicht in der Form $8\mu+1$ enthalten sind.

§. 3.

Ehe wir die in dem vorigen Paragraphen aufgestellten Gleichungen allgemein zu beweisen unternehmen können, sind aus diesen als richtig vorausgesetzten Gleichungen einige Folgerungen zu ziehen, denen wir folgende Bemerkung vorausschicken.

Will man für ein Product ungerader Factoren r:

$$R=\Pi r$$

den Rest nach dem Divisor 4 bestimmen und bringt jeden Factor r in die Form $(r-1)+1$, so kann man bei der Multiplication alle Glieder weglassen, in denen erste Theile dieser Binomien in einander multiplicirt vorkommen. Es ist also:

$$R\equiv 1+\Sigma(r-1) \pmod{4},$$

oder: $\frac{1}{2}(R-1)$ und $\Sigma\frac{1}{2}(r-1)$ sind *gleichartig*, d. h. entweder beide gerade oder beide ungerade.

Auf dieselbe Weise folgt aus $R^2 = \Pi r^2$, da jedes ungerade Quadrat r^2 die Form $8\mu+1$ hat:

$$R^2 \equiv 1+\Sigma(r^2-1) \pmod{64}$$

und daraus wieder die Gleichartigkeit der Zahlen $\frac{1}{8}(R^2-1)$ und $\Sigma\frac{1}{8}(r^2-1)$.

Mit Hülfe dieser Bemerkung ist es nun leicht, aus den obigen Gleichungen die folgenden allgemeineren von gleicher Form abzuleiten, in welchen P und Q irgend zwei positive ungerade Zahlen bezeichnen, die keinen gemeinschaftlichen Theiler haben:

$$(a') \qquad \left(\frac{-1}{P}\right) = (-1)^{\frac{1}{2}(P-1)},$$

$$(b') \qquad \left(\frac{2}{P}\right) = (-1)^{\frac{1}{8}(P^2-1)},$$

$$(c') \qquad \left(\frac{Q}{P}\right)\left(\frac{P}{Q}\right) = (-1)^{\frac{1}{2}(P-1)\cdot\frac{1}{2}(Q-1)}.$$

Setzt man $P = \Pi p$, wo p jeden der gleichen oder ungleichen in P enthaltenen Primfactoren bezeichnet, wendet auf jedes p den Satz (a) an und multiplicirt alle so entstehenden Gleichungen mit einander, so erhält man das Resultat:

$$\left(\frac{-1}{P}\right) = (-1)^{\Sigma\frac{1}{2}(p-1)},$$

welches in die Gleichung (a') übergeht, wenn man den Exponenten durch die mit ihm gleichartige Zahl $\frac{1}{2}(P-1)$ ersetzt. Auf dieselbe Weise erhellt die Richtigkeit des Satzes (b').

Zum Beweise der Gleichung (c') zerlege man auch Q in seine einfachen Factoren q; die linke Seite kann dann als ein Product von Ausdrücken der Form $\left(\frac{q}{p}\right)\left(\frac{p}{q}\right)$ dargestellt werden, wo jedes p mit jedem q zu combiniren ist. Setzt man für jeden solchen Ausdruck seinen durch die Formel (c) gegebenen Werth, so ergiebt sich:

$$\left(\frac{Q}{P}\right)\left(\frac{P}{Q}\right) = (-1)^{\Sigma\frac{1}{2}(p-1)\cdot\frac{1}{2}(q-1)},$$

wo das Summenzeichen alle Combinationen p, q umfasst. Die Summe ist daher das Product der Factoren:

$$\Sigma\tfrac{1}{2}(p-1) \quad \text{und} \quad \Sigma\tfrac{1}{2}(q-1),$$

für welche man die mit diesen gleichartigen Zahlen:

$$\tfrac{1}{2}(P-1) \quad \text{und} \quad \tfrac{1}{2}(Q-1)$$

substituiren kann, und man erhält so die Gleichung (c').

Durch Multiplication der Gleichungen (a') und (c') erhält man:

$$\left(\frac{-Q}{P}\right)\left(\frac{P}{Q}\right) = (-1)^{\frac{1}{2}(P-1)\cdot\frac{1}{2}(Q+1)} \quad \text{oder} \quad \left(\frac{-Q}{P}\right)\left(\frac{P}{-Q}\right) = (-1)^{\frac{1}{2}(P-1)\cdot\frac{1}{2}(-Q-1)}.$$

Man sieht also, dass die Gleichung (c') noch richtig bleibt, wenn man sie auf die positive Zahl P und die negative $-Q$ anwendet, und dass sie für diesen Fall eine Folge von (a') und der ursprünglichen Gleichung (c') ist. Ebenso ist diese letztere offenbar eine Folge von (a') und der auf die Combination $P, -Q$ angewandten Gleichung (c'), und dieselbe Bemerkung findet natürlich auch auf die Gleichungen (a) und (c) Anwendung, die in unseren gegenwärtigen enthalten sind.

§. 4.

Um nun die Sätze (a) und (c) allgemein zu beweisen, gehen wir von der Voraussetzung aus, dass beide bis zu einer beliebigen positiven ungeraden Primzahl q ausschliesslich gelten, d. h. dass der erste für jede positive ungerade Primzahl, welche kleiner als q ist, der zweite für je zwei solche Primzahlen stattfindet. Lässt sich dann aus dieser Voraussetzung ableiten, dass die Gleichung (a) für q gilt, und die Gleichung (c) für jede Combination p, q, wenn nur die positive ungerade Primzahl p kleiner als q ist, so sind beide Sätze, da sie für die ersten Primzahlen offenbar richtig sind, allgemein dargethan.

Es ist leicht einzusehen, dass der zu gebende Nachweis sich auf die Erledigung von folgenden zwei Punkten reducirt.

Erstens ist zu zeigen, dass, wenn für ein in $\varpi = \pm p$ gehörig gewähltes Zeichen:

$$\left(\frac{\varpi}{q}\right) = 1$$

ist, gemäss der Gleichung (c), auf die Combination q, ϖ angewandt:

$$\left(\frac{q}{\varpi}\right) = \left(\frac{\varpi}{q}\right)(-1)^{\frac{1}{2}(q-1)\cdot\frac{1}{2}(\varpi-1)} = (-1)^{\frac{1}{2}(q-1)\cdot\frac{1}{2}(\varpi-1)}$$

sein muss.

Zweitens ist, wenn q die Form $4\mu+1$ hat und $\left(\frac{p}{q}\right) = -1$ ist, daraus die Gleichung $\left(\frac{q}{p}\right) = -1$ abzuleiten und zugleich zu zeigen, dass dieser zweite Fall für jedes q der Form $4\mu+1$ stattfindet, d. h. dass es unter den Primzahlen p, welche kleiner als q sind, immer wenigstens eine giebt, welche quadratischer Nichtrest von q ist.

Hat nämlich q die Form $4\mu+3$, so ist die Gleichung (a) für q schon bewiesen, und es ist daher nach dem am Ende des vorigen Paragraphen Bemerkten gleichgültig, für welche der Combinationen p, q und $-p$, q man die Richtigkeit der Gleichung (c) zeigt. Aus:

$$\left(\frac{-1}{q}\right) = -1$$

folgt aber:

$$\left(\frac{-p}{q}\right) = -\left(\frac{p}{q}\right),$$

d. h. eine dieser Combinationen ist immer unter dem ersten Falle enthalten.

Ist dagegen q von der Form $4\mu+1$, so folgt aus der Annahme:

$$\left(\frac{p}{q}\right) = 1$$

nach dem ersten Falle (wenn man $\varpi = p$ setzt):

$$\left(\frac{q}{p}\right) = 1,$$

aus der Annahme:

$$\left(\frac{p}{q}\right) = -1$$

nach dem zweiten:

$$\left(\frac{q}{p}\right) = -1,$$

wie es sein muss; dass aber auch:

$$\left(\frac{-1}{q}\right) = 1$$

ist, erhellt wie folgt. Für eine zum zweiten Falle gehörige Primzahl p hat man:

$$\left(\frac{p}{q}\right) = -1, \quad \left(\frac{q}{p}\right) = -1.$$

Wäre nun:

$$\left(\frac{-1}{q}\right) = -1$$

und folglich:

$$\left(\frac{-p}{q}\right) = 1,$$

so würde sich aus dem ersten Falle das Resultat:

$$\left(\frac{q}{p}\right) = 1$$

ergeben, welches dem aus dem zweiten Falle abgeleiteten Resultate widerspricht.

Ehe wir dazu schreiten, die vorhin näher bezeichneten zwei Punkte zu erledigen, muss bemerkt werden, dass die zu Anfang dieses Paragraphen gemachte Voraussetzung, nach der im vorigen gegebenen Ableitung der Gleichungen (a') und (c') aus den Gleichungen (a) und (c), offenbar die Richtigkeit der Gleichung (c') für je zwei ungerade relative Primzahlen involvirt, wofern diese nicht beide negativ sind und die in ihnen enthaltenen Primfactoren sämmtlich kleiner als q sind.

§. 5.

Nach der im ersten Falle geltenden Bedingung:

$$\left(\frac{\varpi}{q}\right) = 1$$

kann man setzen:

$$e^2 - \varpi = qf.$$

Nimmt man in dieser Gleichung, wie es immer geschehen kann, e gerade und zugleich kleiner als q an, so wird f ungerade, positiv*) (da der numerische Werth p von ϖ kleiner als q ist) und ebenfalls kleiner als q sein. Unsere Gleichung erfordert nun eine gesonderte Behandlung, je nachdem f durch ϖ theilbar oder nicht durch ϖ theilbar ist.

I. Ist f nicht durch ϖ theilbar, so hat man nach §. 1:

$$\left(\frac{\varpi}{f}\right) = 1, \quad \left(\frac{qf}{\varpi}\right) = \left(\frac{q}{\varpi}\right)\left(\frac{f}{\varpi}\right) = 1,$$

und hieraus durch Multiplication und Anwendung der Gleichung (c') auf die Combination f, ϖ:

$$\left(\frac{q}{\varpi}\right) = (-1)^{\frac{1}{2}(f-1)\cdot\frac{1}{2}(\varpi-1)}.$$

Andererseits folgt aus obiger Gleichung, in welcher e gerade ist, dass:

$$\tfrac{1}{2}(f-1) \quad \text{und} \quad \tfrac{1}{2}(q-1)+\tfrac{1}{2}(\varpi+1)$$

gleichartige Zahlen sind; substituirt man also im Exponenten die letztere statt der ersteren und lässt $\frac{1}{4}(\varpi^2-1)$ als gerade weg, so erhält man, wie es sein muss:

$$\left(\frac{q}{\varpi}\right) = (-1)^{\frac{1}{2}(q-1)\cdot\frac{1}{2}(\varpi-1)}.$$

*) Im Folgenden bezeichnen die lateinischen Buchstaben wesentlich positive Zahlen, die griechischen dagegen solche, die positiv oder negativ sein können.

II. Enthält f den Factor ϖ, so setze man:

$$e = \varpi\varepsilon, \quad f = \varpi\varphi,$$

so dass ϖ und φ gleiche Zeichen haben. Aus der so entstehenden Gleichung:

$$\varpi\varepsilon^2 - 1 = q\varphi$$

folgt dann:

$$\left(\frac{\varpi}{\varphi}\right) = 1, \quad \left(\frac{-q\varphi}{\varpi}\right) = \left(\frac{q}{\varpi}\right)\left(\frac{-\varphi}{\varpi}\right) = 1,$$

und hieraus durch Multiplication und Anwendung von (c') auf die Zahlen ϖ, $-\varphi$, von denen nur eine negativ ist:

$$\left(\frac{q}{\varpi}\right) = (-1)^{\frac{1}{2}(\varpi-1)\cdot\frac{1}{2}(\varphi+1)},$$

oder da $\frac{1}{2}(q-1)$ und $\frac{1}{2}(\varphi+1)$ offenbar gleichartig sind:

$$\left(\frac{q}{\varpi}\right) = (-1)^{\frac{1}{2}(q-1)\cdot\frac{1}{2}(\varpi-1)}.$$

§. 6.

Die für den zweiten Fall stattfindende Voraussetzung:

$$\left(\frac{p}{q}\right) = -1, \quad q = 4\mu + 1,$$

erlaubt nicht unmittelbar, wie im ersten, eine Gleichung anzusetzen. Es ist vorher die Existenz einer Hülfsprimzahl p' nachzuweisen, welche kleiner als q ist und die Bedingung $\left(\frac{q}{p'}\right) = -1$ erfüllt. Hat q die Form $8\mu + 5$, so bietet dieser Nachweis keine Schwierigkeit dar; $q - 2$ hat nämlich alsdann die Form $8\mu + 3$ und folglich einen Primfactor p' von einer der Formen $8\mu + 3$, $8\mu + 5$, welcher kleiner als q ist und für welchen $q \equiv 2 \pmod{p'}$, folglich $\left(\frac{q}{p'}\right) = \left(\frac{2}{p'}\right)$ oder, nach §. 2, $\left(\frac{q}{p'}\right) = -1$ ist.

Nicht so leicht ist es, die Existenz von p' zu zeigen, wenn q von der Form $8\mu + 1$ ist. In der Nothwendigkeit, den Nachweis auch für diesen Fall zu liefern, lag vielleicht die grösste Schwierigkeit, welche Gauss bei der ersten Begründung des Reciprocitätssatzes zu überwinden hatte. Er gelangte dazu durch eine ungemein scharfsinnige Betrachtung, welche im Wesentlichen auf die folgende zurückkommt.

Es sei $2m + 1 < q$, und man nehme an, q sei quadratischer Rest von allen ungeraden Primzahlen, welche nicht grösser als $2m + 1$ sind. Dann ist nach §. 1 und weil $q = 8\mu + 1$ ist, die Congruenz $x^2 \equiv q$ für jeden Modul lösbar, der ausser einer beliebigen Potenz von 2 nur ungerade, $2m+1$ nicht übertreffende Primfactoren enthält. Diese Bedingungen erfüllt aber das Product:

$$1 \,.\, 2 \,.\, 3 \ldots (2m+1) = M,$$

und man kann also setzen:

$$k^2 \equiv q \pmod{M},$$

wo k positiv gewählt sei. Man hat dann:

$$(q-1^2)(q-2^2)\ldots(q-m^2) \equiv (k^2-1^2)(k^2-2^2)\ldots(k^2-m^2) \pmod{M}.$$

Nun lässt sich die rechte Seite, wenn man sie mit dem Factor k multiplicirt, welcher relative Primzahl zu M ist, als continuirliches Product:

$$(k+m)(k+m-1)\ldots(k-m)$$

schreiben, und dieses Product ist ein Vielfaches von M, wie sich leicht rein arithmetisch zeigen lässt, und wie dies auch daraus folgt, dass dasselbe, durch M dividirt, eine Combinationsanzahl darstellt. Es muss also auch die linke Seite durch M getheilt werden können. Giebt man dem Quotienten dieser Division die Form:

$$\frac{1}{m+1} \cdot \frac{q-1^2}{(m+1)^2-1^2} \cdot \frac{q-2^2}{(m+1)^2-2^2} \cdots \frac{q-m^2}{(m+1)^2-m^2},$$

so stellt sich offenbar ein Widerspruch heraus, wenn man für m diejenige ganze Zahl wählt, welche unmittelbar unter $\sqrt{q}$ liegt, indem dann der Quotient ein Product echter Brüche wird. Es ist dabei stillschweigend angenommen, dass diese Wahl der Zahl m der Bedingung $2m+1 < q$, die unserer Deduction zu Grunde liegt, gemäss ist, was wirklich der Fall ist, da $2m+1 < 2\sqrt{q}+1$ ist und $2\sqrt{q}+1$ augenscheinlich für alle Primzahlen $8\mu+1$, deren kleinste 17 ist, kleiner als q ist. Es ist somit bewiesen, dass es immer eine Primzahl p' giebt, welche kleiner als $2m+1$ und daher kleiner als q ist, und für welche $\left(\frac{q}{p'}\right) = -1$ ist.

Man bemerke noch, dass für unsere Hülfsprimzahl p':

$$\left(\frac{p'}{q}\right) = -1$$

ist, da aus der Annahme $\left(\frac{p'}{q}\right) = 1$, nach dem vorigen Paragraphen, $\left(\frac{q}{p'}\right) = 1$ folgen würde.

Indem wir jetzt dazu übergehen nachzuweisen, dass aus:

$$\left(\frac{p}{q}\right) = -1,$$

wo $q = 4\mu + 1$ ist, immer:

$$\left(\frac{q}{p}\right) = -1$$

folgt, können wir p als von der Hülfsprimzahl p' verschieden betrachten, da für diese die Gleichzeitigkeit der Gleichungen:

$$\left(\frac{p'}{q}\right) = -1, \quad \left(\frac{q}{p'}\right) = -1$$

schon feststeht, mit deren Benutzung wir unsere Voraussetzung durch die Gleichung:

$$\left(\frac{pp'}{q}\right) = 1,$$

und die daraus zu ziehende Folgerung durch die Gleichung:

$$\left(\frac{q}{pp'}\right) = 1$$

darstellen können. Nach der ersten dieser Gleichungen kann also gesetzt werden:

$$e^2 - pp' = q\varphi,$$

wo e gerade und kleiner als q sein soll. Alsdann wird φ ungerade und, wegen $p < q$, $p' < q$, numerisch kleiner als q sein. Es sind nun drei Fälle zu unterscheiden, je nachdem φ durch keine der Primzahlen p, p', durch eine einzige von ihnen, oder endlich durch beide zugleich theilbar ist. Da die obige Gleichung und die daraus abzuleitende:

$$\left(\frac{q}{pp'}\right) = 1$$

in Beziehung auf p und p' symmetrisch sind, so macht es für die Behandlung des zweiten Falles keinen Unterschied, ob man p oder p' als Factor von φ betrachtet.

I. Wenn φ weder durch p noch durch p' theilbar ist, so folgt aus unserer Gleichung $e^2 - pp' = q\varphi$:

$$\left(\frac{pp'}{\varphi}\right) = 1, \quad \left(\frac{q\varphi}{pp'}\right) = \left(\frac{q}{pp'}\right)\left(\frac{\varphi}{pp'}\right) = 1,$$

und hieraus durch Multiplication und Anwendung von (c'):

$$\left(\frac{q}{pp'}\right) = (-1)^{\frac{1}{2}(pp'-1)\cdot\frac{1}{2}(\varphi-1)}.$$

Nach obiger Gleichung, in welcher $q = 4\mu + 1$ ist, sind aber die Zahlen $\frac{1}{2}(pp'-1)$, $\frac{1}{2}(\varphi-1)$ ungleichartig, d. h. die eine ist gerade, so dass also:

$$\left(\frac{q}{pp'}\right) = 1$$

sein muss.

II. Wegen der oben schon bemerkten Symmetrie können wir φ als durch p' theilbar betrachten. Setzt man:

$$\varphi = p'\psi, \quad e = p'g,$$

so geht unsere Gleichung $e^2 - pp' = q\varphi$ über in:

$$p'g^2 - p = q\psi,$$

wo ψ weder durch p noch durch p' theilbar ist. Aus dieser letzteren erhält man:

$$\left(\frac{pp'}{\psi}\right) = 1, \quad \left(\frac{p'q\psi}{p}\right) = 1, \quad \left(\frac{-pq\psi}{p'}\right) = 1,$$

und hieraus durch Multiplication:

$$\left(\frac{q}{pp'}\right) = \left(\frac{pp'}{\psi}\right)\left(\frac{\psi}{pp'}\right)\left(\frac{p'}{p}\right)\left(\frac{-p}{p'}\right),$$

oder, wenn man die Gleichung (c') auf die beiden Combinationen pp', ψ und p', $-p$ anwendet:

$$\left(\frac{q}{pp'}\right) = (-1)^{\frac{1}{2}(pp'-1)\cdot\frac{1}{2}(\psi-1)+\frac{1}{2}(p+1)\cdot\frac{1}{2}(p'-1)}.$$

Setzt man statt $\frac{1}{2}(\psi-1)$ die Zahl $\frac{1}{2}(p+1)$, welche nach obiger Gleichung mit $\frac{1}{2}(\psi-1)$ gleichartig ist, und $\frac{1}{2}(p-1)+\frac{1}{2}(p'-1)$ statt $\frac{1}{2}(pp'-1)$, so erhält der Exponent den Werth:

$$\tfrac{1}{2}(p+1)(p'-1)+\tfrac{1}{4}(p^2-1),$$

welcher offenbar gerade ist. Es ist also:

$$\left(\frac{q}{pp'}\right) = 1.$$

III. Setzt man im dritten Falle:

$$\varphi = pp'\psi, \quad e = pp'g,$$

so geht die Gleichung $e^2 - pp' = q\varphi$ über in:

$$pp'g^2 - 1 = q\psi,$$

woraus:

$$\left(\frac{pp'}{\psi}\right) = 1, \quad \left(\frac{-q\psi}{pp'}\right) = \left(\frac{q}{pp'}\right)\left(\frac{-\psi}{pp'}\right) = 1,$$

und dann:

$$\left(\frac{q}{pp'}\right) = (-1)^{\frac{1}{2}(pp'-1)\cdot\frac{1}{2}(\psi+1)}$$

folgt. Da nun $\frac{1}{2}(\psi+1)$ offenbar gerade ist, so kommt schliesslich:

$$\left(\frac{q}{pp'}\right) = 1.$$

Die Gleichungen (a) und (c) und die daraus abgeleiteten (a') und (c') sind somit allgemein bewiesen.

§. 7.

Es ist nun noch übrig, den oben unerledigt gebliebenen Fall des Satzes (b) für die Primzahlen der Form $8\mu+1$ nachzuholen.

Man bezeichne mit q eine beliebige Primzahl dieser Form und nehme an, der Satz sei für alle Primzahlen derselben Form, welche kleiner als q sind, oder, was nach dem in §. 2 schon Bewiesenen ganz dasselbe ist, für alle Primzahlen, die kleiner als q sind, gültig. Lässt sich aus dieser Voraussetzung die Gleichung $\left(\frac{2}{q}\right) = 1$ deduciren, so wird der Satz ohne Beschränkung gelten. Die Richtigkeit dieser Gleichung soll nun dadurch gezeigt werden, dass aus der Annahme $\left(\frac{2}{q}\right) = -1$ ein Widerspruch abgeleitet wird.

Wählt man eine Hülfsprimzahl p, welche kleiner als q und von solcher Beschaffenheit ist, dass $\left(\frac{p}{q}\right) = -1$ wird, so hat man nach der eben gemachten Annahme:

$$\left(\frac{2p}{q}\right) = 1,$$

und kann folglich setzen:

$$e^2-2p = q\varphi,$$

wo, e ungerade und kleiner als q vorausgesetzt, φ ebenfalls ungerade und, abgesehen vom Zeichen, kleiner als q sein wird. Es ist jetzt zu unterscheiden, ob φ durch p nicht theilbar oder theilbar ist.

I. Im ersten Falle ergiebt sich sogleich:

$$\left(\frac{2p}{q\varphi}\right) = \left(\frac{2}{q}\right)\left(\frac{2}{\varphi}\right)\left(\frac{p}{q\varphi}\right) = 1, \quad \left(\frac{q\varphi}{p}\right) = 1,$$

und dann:

$$\left(\frac{2}{q}\right) = \left(\frac{2}{\varphi}\right)\left(\frac{p}{q\varphi}\right)\left(\frac{q\varphi}{p}\right) = \left(\frac{2}{\varphi}\right)(-1)^{\frac{1}{2}(p-1)\cdot\frac{1}{2}(q\varphi-1)}.$$

Nun ist die Gleichung (b'), in welcher das Zeichen von P gleichgültig ist, und welche eine Folge von (b) ist, offenbar auf die Zahl φ anwendbar, deren sämmtliche Primfactoren der Gleichung (b) genügen. Da hiernach:

$$\left(\frac{2}{\varphi}\right) = (-1)^{\frac{1}{8}(\varphi^2-1)}$$

ist, so kann man der letzten Gleichung, wegen der Annahme $\left(\frac{2}{q}\right) = -1$, die Form geben:

$$-1 = (-1)^{\frac{1}{8}[2(p-1)(q\varphi-1)+\varphi^2-1]}.$$

Der eingeklammerte Ausdruck ändert sich offenbar um ein Vielfaches von 16, wenn man darin für $q\varphi-1$ und φ andere Zahlen setzt, welche diesen *modulo* 8 congruent sind. Nun folgt aber aus obiger Gleichung $e^2-2p = q\varphi$, wegen:

$$e^2 \equiv 1, \quad q \equiv 1 \pmod{8},$$

sogleich:

$$q\varphi-1 \equiv -2p, \quad \varphi \equiv 1-2p \pmod{8},$$

so dass also unser Ausdruck *modulo* 16 congruent:

$$-4p(p-1)+(1-2p)^2-1,$$

also congruent Null und folglich die rechte Seite unserer Gleichung im Widerspruch mit der linken der positiven Einheit gleich ist.

II. Ist φ durch p theilbar, so setze man:

$$\varphi = p\psi, \quad e = pg,$$

so dass die obige Gleichung $e^2-2p = q\varphi$ in folgende übergeht:

$$pg^2-2 = q\psi.$$

In Folge dieser letzteren Gleichung und wegen der Annahme $\left(\frac{2}{q}\right) = -1$ hat man:

$$\left(\frac{2p}{q\psi}\right) = -\left(\frac{2}{\psi}\right)\left(\frac{p}{q\psi}\right) = 1, \quad \left(\frac{-2q\psi}{p}\right) = \left(\frac{2}{p}\right)\left(\frac{-q\psi}{p}\right) = 1,$$

und dann, wie oben:

$$-1 = (-1)^{\frac{1}{8}[2(p-1)(q\psi+1)+p^2+\psi^2-2]}.$$

Setzt man wieder statt der Zahlen $q\psi+1$ und ψ die diesen in Folge obiger Gleichung nach dem Modul 8 congruenten Zahlen $p-1$ und $p-2$, so sieht man, dass der eingeklammerte Ausdruck im Exponenten *modulo* 16 congruent:

$$2(p-1)^2+p^2+(p-2)^2-2 = 4(p-1)^2,$$

also congruent Null ist, woraus sich derselbe Widerspruch wie oben ergiebt.

VEREINFACHUNG
DER THEORIE DER BINÄREN QUADRATISCHEN FORMEN VON POSITIVER DETERMINANTE.

[Gelesen in der Akademie der Wissenschaften am 13. Juli 1854. [1])]

Je grösser der Umfang ist, welchen die höhere Arithmetik durch das Epoche machende Werk von Gauss und andere spätere Arbeiten gewonnen hat, um so wünschenswerther erscheint es, dass der Zugang zu diesem schönen Zweige der Analysis durch Vereinfachung des elementaren Theiles desselben so viel als möglich erleichtert werde. In solcher Absicht habe ich schon in mehreren früheren Abhandlungen meinen Untersuchungen die dazu erforderlichen bekannten Sätze mit neuer Begründung vorausgeschickt: eine ähnliche Vereinfachung bezweckt der gegenwärtige Aufsatz, welcher der Theorie der quadratischen Formen von positiver Determinante gewidmet ist. Bekanntlich erfordert diese Lehre in ihrer bisherigen Gestalt sehr ins Einzelne gehende Betrachtungen, die sich, wie die folgende Darstellung zeigen wird, daraus entfernen lassen.

Ich beginne mit einigen Bemerkungen über Kettenbrüche, die, obgleich ihrem wesentlichen Inhalte nach nicht neu, in der für die hier davon zu machende Anwendung geeigneten Form vorauszuschicken sind.

§. 1.

Ein endlicher oder unendlicher Kettenbruch wie:

$$\alpha + \cfrac{1}{\beta + \cfrac{1}{\gamma + \cdots}}$$

soll im Folgenden durch:

$$(\alpha, \beta, \gamma, \ldots)$$

bezeichnet werden, und wir bemerken sogleich, dass wir nur Kettenbrüche zu

---

[1]) Die darauf bezügliche Mittheilung im Akademie-Bericht von 1854, S. 384 lautet: „Hr. Dirichlet las: Ueber eine Eigenschaft der Kettenbrüche und deren Gebrauch zur Vereinfachung der Theorie der quadratischen Formen von positiver Determinante.“

betrachten haben, deren sämmtliche Glieder ganze Zahlen sind, natürlich mit Ausnahme des letzten für den Fall, wo die Entwickelung nicht zu Ende geführt ist, und wo dieses Glied als ein sogenannter vollständiger Quotient jeden anderen Werth haben kann. Von besonderer Wichtigkeit für arithmetische Untersuchungen sind diejenigen Kettenbrüche, deren Glieder bis auf das erste, für welches auch der Werth Null zulässig ist, positiv sind. Durch einen solchen Kettenbruch lässt sich eine positive Irrationalgrösse ω nur auf eine Weise ausdrücken, und wir wollen die Darstellung von ω in dieser Form, oder, wenn ω negativ ist, die Darstellung ihres absoluten Werthes mit vorgesetztem negativen Zeichen die normale Kettenbruch-Entwickelung von ω nennen.

Wir haben nun zunächst die Aufgabe zu behandeln, aus einem Kettenbruche wie:

$$\omega = (\alpha,\ \beta,\ \ldots,\ \mu,\ \nu,\ p,\ q,\ r,\ \ldots,\ u,\ v,\ \ldots),$$

in welchem die Glieder erst von p ab, und zwar p eingeschlossen, sämmtlich positiv sind, die normale Entwickelung der Irrationalgrösse ω abzuleiten. Es wird sich leicht zeigen lassen, dass dies durch eine Reihe von Umformungen bewerkstelligt werden kann, bei welchen die Glieder, die auf ein hinlänglich entferntes u folgen, unberührt bleiben, und dass die Anzahl der neuen Glieder, welche schliesslich an die Stelle von $\alpha, \beta, \ldots, u$ getreten sind, von der Anzahl der letzteren um eine gerade oder ungerade Zahl verschieden sein wird, je nachdem ω positiv oder negativ ist.

Um sich hiervon zu überzeugen, betrachte man zunächst den Fall, wo ν nicht das erste Glied ist. Unter dieser Voraussetzung kann man μ, ν und einige der unmittelbar folgenden Glieder, während alle übrigen ungeändert bleiben, durch neue Glieder ersetzen, deren Anzahl von der Anzahl jener um eine gerade Zahl verschieden ist, und welche mit Ausnahme des ersten, welches Null oder negativ sein kann, sämmtlich positiv sind, so dass die Unregelmässigkeit in der gegebenen Entwickelung wenigstens um eine Stelle zurücktritt. Bei dieser partiellen Umformung hat man zu unterscheiden, ob ν Null ist oder einen negativen Werth $-n$ hat. Im ersteren Falle sind die drei Glieder μ, 0, p durch das einzige Glied $\mu+p$ zu ersetzen, wogegen der andere Fall in die drei Unterabtheilungen zerfällt:

$$n>1; \quad n=1,\ p>1; \quad n=1,\ p=1;$$

denen entsprechend eine der folgenden Gleichungen, welche sich leicht verificiren lassen, in Anwendung zu bringen ist:

$$(\mu,\ -n,\ p,\ q,\ \ldots\ldots) = (\mu-1,\ 1,\ n-2,\ 1,\ p-1,\ q,\ \ldots)^{*}),$$
$$(\mu,\ -1,\ p,\ q,\ \ldots\ldots) = (\mu-2,\ 1,\ p-2,\ q,\ \ldots),$$
$$(\mu,\ -1,\ 1,\ q,\ r,\ s,\ \ldots) = (\mu-q-2,\ 1,\ r-1,\ s,\ \ldots).$$

Wie man sieht, beträgt die durch eine solche partielle Umformung hervorgebrachte Änderung in der Gliederzahl beziehungsweise 2, 0, -2 Einheiten, und es bedarf kaum der Erwähnung, dass, wenn eine der Differenzen:

$$n-2,\quad p-1,\quad p-2,\quad r-1,$$

die nach unseren Voraussetzungen nicht negativ werden können, sich auf Null reducirt, für die Null und die beiden benachbarten positiven Glieder ein einziges der Summe der letzteren gleiches Glied zu setzen ist.

Durch wiederholte Anwendung desselben Verfahrens lässt es sich bewirken, dass alle Glieder, vom zweiten (einschliesslich) ab, positiv werden. Ist dann zugleich das erste nicht negativ, so ist die Operation geschlossen und das Resultat dem oben Gesagten gemäss, indem alle nach und nach in der Gliederzahl eingetretenen Änderungen durch gerade Zahlen ausgedrückt sind. Hat hingegen das erste Glied einen negativen Werth $-a$, und folglich der Kettenbruch die Form:

$$\omega = (-a,\ b,\ c,\ d,\ \ldots),$$

so hat man für denselben, je nachdem $b > 1$ oder $b = 1$ ist:

$$\omega = -(a-1,\ 1,\ b-1,\ c,\ \ldots) \quad \text{oder} \quad \omega = -(a-1,\ c+1,\ d,\ \ldots)$$

zu setzen, so dass das Resultat wieder mit dem früher Behaupteten übereinstimmt.

§. 2.

I. Finden zwischen zwei Grössen ω, Ω und den ganzen Zahlen α, β, γ, δ, deren erste nicht Null ist, die Relationen statt:

$$\omega = \frac{\gamma+\delta\Omega}{\alpha+\beta\Omega},\quad \alpha\delta-\beta\gamma = 1,$$

so lässt sich immer eine Gleichung der Form:

$$\omega = (\lambda,\ m,\ \ldots,\ r,\ \sigma,\ \Omega)$$

---

*) Dass sich die negativen Glieder aus einem Kettenbruche entfernen lassen, hat schon LAGRANGE bemerkt (Mém. de l'Acad. de Berlin, année 1768, p. 152)[1]); aber die von ihm zu diesem Zwecke gegebene Gleichung, welche mit der ersten der obigen zusammenfällt, reicht nicht aus, da sie für den Fall $n = 1$ ein neues negatives Glied einführt. Will man dieses durch abermalige Anwendung derselben Gleichung beseitigen, so wird man zu dem ursprünglichen Kettenbruche zurückgeführt.

[1]) Oeuvres de LAGRANGE, t. 2 p. 624.

bilden, in welcher von den ganzen Zahlen λ, m, $\ldots$, r, σ nur die erste und letzte Null oder negativ sein können, die Zwischenglieder aber, wenn sie nicht ganz fehlen, positiv und in gerader Anzahl sind.

Da man nach der Form der vorausgesetzten Gleichungen die Zeichen von α, β, γ, δ gleichzeitig ändern kann, so darf α positiv angenommen werden. Ist nun $\alpha = 1$, so hat man sogleich:

$$\omega = \frac{\gamma+(\beta\gamma+1)\Omega}{1+\beta\Omega} = (\gamma,\ \beta,\ \Omega).$$

Ist hingegen $\alpha > 1$, so verwandle man $\frac{\gamma}{\alpha}$ auf die gewöhnliche Weise in einen Kettenbruch, indem man alle Divisionsreste positiv wählt. Man erhält so den Kettenbruch:

$$\frac{\gamma}{\alpha} = (\lambda,\ m,\ \ldots,\ r),$$

in welchem nur λ Null oder negativ sein kann, und die Anzahl der Glieder m, $\ldots$, r gerade vorausgesetzt werden kann, da sich das Glied r, für welches man zunächst einen Werth, der grösser als Eins ist, erhält, nöthigen Falles in $(r-1,\ 1)$ auflösen lässt. Da die zu diesem Kettenbruche gehörigen Näherungsbrüche:

$$\frac{\lambda}{1},\quad \frac{\lambda m+1}{m},\quad \ldots,\quad \frac{\varphi}{f},\quad \frac{\gamma}{\alpha}$$

irreductibel sind und positive Nenner haben, so wird der letzte derselben, wie im Werthe, so auch in der Form mit $\frac{\gamma}{\alpha}$ zusammenfallen. Da ferner nach einem bekannten Satze:

$$\alpha\varphi - \gamma f = 1$$

ist, so ergiebt die Vergleichung mit der zwischen α, β, γ, δ stattfindenden Relation:

$$\beta = \alpha\sigma + f, \qquad \delta = \gamma\sigma + \varphi,$$

wo σ eine ganze Zahl ist. Der Bruch $\frac{\delta}{\beta}$ lässt sich also vermittelst des neuen Gliedes σ der Reihe der Näherungsbrüche anschliessen, und man hat:

$$\omega = (\lambda,\ m,\ \ldots,\ r,\ \sigma,\ \Omega).$$

II. Für das Folgende ist noch der besondere Fall näher zu betrachten, wo α, β, γ, δ sämmtlich positiv sind und zugleich die Bedingungen:

$$\gamma \overline{\gtrless} \alpha, \qquad \delta > \gamma$$

erfüllen. Wie leicht zu sehen, sind alsdann λ und σ positiv. Ist $\alpha = 1$, so liegt dies schon in unserer Voraussetzung; denn für diesen Fall ist:

$$\lambda = \gamma, \quad \sigma = \beta.$$

Ist dagegen $\alpha > 1$, so ist wenigstens sogleich klar, dass λ, welches nach Obigem der unmittelbar unter $\frac{\gamma}{\alpha}$ liegenden ganzen Zahl gleich ist, positiv sein wird. Dass aber auch σ positiv ist, erhellt wie folgt. Da λ positiv ist, so sind auch die Zähler der oben gebildeten Näherungsbrüche positiv und bilden vom ersten incl. ab eine wachsende Reihe, so dass also $\gamma > \varphi$ ist. Da nun:

$$\delta = \gamma\sigma + \varphi,$$

so wäre, wenn $\sigma = 0$ angenommen würde, $\delta = \varphi < \gamma$, und wenn man σ negativ voraussetzte, δ ebenfalls negativ entgegen unserer Annahme.

Bezeichnen wir zu grösserer Gleichförmigkeit die positiven Zahlen λ, σ mit l, s, so ist also in unserem besonderen Falle:

$$\frac{\gamma}{\alpha} = (l, m, \ldots, r), \quad \frac{\delta}{\beta} = (l, m, \ldots, r, s), \quad \omega = (l, m, \ldots, r, s, \Omega),$$

wo die Glieder $l, m, \ldots, r, s$ sämmtlich positiv und in gerader Anzahl sind.

§. 3.

Indem wir jetzt zu dem eigentlichen Gegenstande dieser Abhandlung übergehen, bemerken wir, dass alle quadratischen Formen:

$$ax^2 + 2bxy + cy^2 = (a, b, c),$$

die hier zu betrachten sind, dieselbe positive Determinante:

$$D = b^2 - ac$$

haben, was daher nicht weiter zu erwähnen sein wird. Die positive ganze Zahl D ist beliebig bis auf die Beschränkung, dass sie keinem Quadrate gleich sein darf. Da hiernach die äusseren Coefficienten a, c immer von Null verschieden sind, so erhellt, dass, sobald ausser D noch der mittlere und einer der äusseren Coefficienten gegeben sind, auch der andere, und folglich die Form selbst völlig bestimmt sein wird.

Jeder Form (a, b, c) lassen wir eine aus denselben Coefficienten gebildete Gleichung:

$$a + 2b\omega + c\omega^2 = 0$$

entsprechen, deren Wurzeln:

$$\omega = \frac{-b \mp \sqrt{D}}{c}$$

immer auf dieselbe Weise, wie es hier geschieht, nämlich so dargestellt werden sollen, dass der unveränderte dritte Coefficient c den Nenner bildet. Unter dieser Voraussetzung können die beiden Werthe von ω, dem oberen und unteren Zeichen entsprechend, als die erste und zweite der zur Form (a, b, c) gehörigen Wurzeln unterschieden werden. Wie leicht zu sehen, ist eine Form durch ihre Determinante und eine der zu ihr gehörigen Wurzeln völlig bestimmt. Gehört nämlich derselbe Werth zu beiden Formen (a, b, c), (A, B, C) als erste Wurzel oder zu beiden als zweite, so hat man die Gleichung:

$$\frac{-b \mp \sqrt{D}}{c} = \frac{-B \mp \sqrt{D}}{C},$$

in welcher entweder die oberen oder die unteren Zeichen gelten, und aus der wegen der Irrationalität von $\sqrt{D}$ sogleich:

$$B = b, \quad C = c,$$

d. h. die Identität der beiden Formen folgt.

Wenn im Folgenden zwei Formen:

$$ax^2 + 2bxy + cy^2, \quad AX^2 + 2BXY + CY^2 \tag{1}$$

äquivalent genannt werden, so ist darunter immer die eigentliche Äquivalenz zu verstehen, so dass also dieser Ausdruck die Existenz einer Substitution:

$$x = \alpha X + \beta Y, \quad y = \gamma X + \delta Y, \quad \begin{pmatrix} \alpha, & \beta \\ \gamma, & \delta \end{pmatrix} \tag{2}$$

einschliesst, deren Coefficienten die Bedingung:

$$\alpha\delta - \beta\gamma = 1 \tag{3}$$

erfüllen, und durch welche die erste Form in die zweite übergeht. Aus jeder solchen Substitution folgt dann durch Auflösung der Gleichung (2) nach X und Y eine ähnliche, welche die zweite Form in die erste verwandelt.

In gewissen singulären Fällen giebt es bekanntlich ausser den eben besprochenen Substitutionen andere, durch welche äquivalente Formen in einander übergehen und die statt der Bedingung (3) die entgegengesetzte $\alpha\delta - \beta\gamma = -1$ erfüllen. Wir bemerken hier ausdrücklich, dass Substitutionen dieser letzteren Art im Folgenden überall auszuschliessen sind.

Nach diesen vorläufigen Feststellungen ist es nun leicht, die folgenden Sätze zu beweisen.

I. „Zwischen den gleichnamigen zu den äquivalenten Formen (1) gehörigen Wurzeln ω und Ω, und den Coefficienten der Substitution (2) besteht immer die Gleichung:

$$(4) \qquad \omega = \frac{\gamma+\delta\Omega}{\alpha+\beta\Omega}.\text{“}$$

Bringt man die zu beweisende Gleichung in die Form:

$$\Omega = \frac{\gamma-\alpha\omega}{\beta\omega-\delta},$$

setzt für ω seinen Werth und befreit den Nenner von der Irrationalität, so wird die rechte Seite mit Berücksichtigung der Gleichungen $\alpha\delta-\beta\gamma = 1$, $D = b^2-ac$:

$$\frac{-M\mp\sqrt{D}}{N},$$

wo:

$$M = a\alpha\beta+b(\alpha\delta+\beta\gamma)+c\gamma\delta,$$
$$N = a\beta^2+2b\beta\delta+c\delta^2$$

gesetzt ist. Da nun die Ausdrücke M und N mit denjenigen zusammenfallen, welche man für B und C erhält, wenn man die Substitution (2) auf die erste der Formen (1) anwendet, so ist die Behauptung bewiesen.

II. „Findet die Gleichung (4) für ein Paar gleichnamiger zu den Formen (1) gehöriger Wurzeln ω und Ω statt, und erfüllen zugleich die ganzen Zahlen α, β, γ, δ die Bedingung (3), so sind die Formen äquivalent und die erste geht durch die Substitution (2) in die zweite über.“

In Folge der Voraussetzung hat man ohne neue Rechnung:

$$\frac{-B\mp\sqrt{D}}{C} = \frac{-M\mp\sqrt{D}}{N},$$

wo entweder die oberen oder die unteren Zeichen gelten. Es ist folglich:

$$B = M, \quad C = N,$$

d. h. die Form, in welche (a, b, c) durch die Substitution (2) übergeht, fällt mit der Form (A, B, C) zusammen.

Es versteht sich übrigens von selbst, dass die Gleichung (4), sobald sie für ein Wurzelpaar gültig ist, auch für das andere stattfindet.

III. Es werden später häufig sogenannte benachbarte Formen, d. h. Formen zu betrachten sein, die sich wie:

$$(a,\ b,\ a'),\quad (a',\ b',\ a'')$$

so an einander schliessen, dass der letzte Coefficient der ersten mit dem ersten der zweiten zusammenfällt, und deren mittlere Coefficienten b, b' zugleich die Bedingung erfüllen:

$$b+b' \equiv 0 \pmod{a'}.$$

Solche Formen sind immer äquivalent. Wendet man nämlich auf die erste die Substitution $\begin{pmatrix} 0, & 1 \\ -1, & \delta \end{pmatrix}$ an, welche die Bedingung (3) erfüllt, ohne dass δ bestimmt wird, so erhält man eine neue Form, deren erster Coefficient a' ist, während der zweite gleich $-b-a'\delta$, also dem gegebenen b' gleich wird, wenn man $\delta = -\frac{b+b'}{a'}$ setzt. Für unsere Formen wird die Gleichung (4) zwischen den gleichnamigen zu denselben gehörigen Wurzeln ω, ω':

$$\omega = \delta - \frac{1}{\omega'},\quad \text{oder}\quad \omega' = -\frac{1}{\omega-\delta}.$$

§. 4.

Wenn von den beiden zur Form (a, b, c) gehörigen Wurzeln:

$$\frac{-b-\sqrt{D}}{c},\quad \frac{-b+\sqrt{D}}{c}$$

die erste ihrem absoluten Werthe nach über, die zweite unter der Einheit liegt, und diese Wurzeln überdies entgegengesetzte Zeichen haben, so heisst die Form eine *reducirte*. In Folge der ersten Bedingung ist $b > 0$, in Folge der zweiten $b < \sqrt{D}$. Das Product $-ac = D-b^2$ ist demnach positiv, d. h. die äusseren Coefficienten a, c haben entgegengesetzte Zeichen, und es leuchtet zugleich ein, dass das Zeichen der ersten Wurzel mit dem von a übereinstimmt und dem Zeichen von c entgegengesetzt ist.

Ist die Form (a, b, c) eine reducirte, so ist es auch die Form (c, b, a), wie dies daraus folgt, dass offenbar jede zu der einen gehörige Wurzel dem reciproken Werthe der zur andern gehörigen ungleichnamigen Wurzel gleich ist.

Für jede Determinante D giebt es nur eine endliche Anzahl von reducirten Formen, die man sämmtlich erhält, wenn man für jedes positive $b < \sqrt{D}$ alle positiven und negativen Factoren c von $D-b^2$ aufsucht, welche ihrem absoluten Werthe nach zwischen $\sqrt{D}+b$ und $\sqrt{D}-b$ liegen, und dann für jede so erhaltene Combination b, c den ersten Coefficienten a durch die Formel:

$$a = -\frac{D-b^2}{c}$$

bestimmt.

Es soll jetzt mit Beibehaltung der in §. 3, III gebrauchten Zeichen und unter der Voraussetzung, dass (a, b, a') eine gegebene reducirte Form sei, untersucht werden, ob unter den dieser nach der rechten Seite benachbarten Formen (a', b', a''), deren mittlere Coefficienten durch die Gleichung:

$$b' = -b-a'\delta$$

bestimmt werden, es eine oder mehrere reducirte giebt. Hierzu bemerke man zunächst, dass, wenn (a', b', a'') eine reducirte Form sein soll, die zu ihr gehörige erste Wurzel ω' in ihrem Zeichen der ersten zu (a, b, a') gehörigen Wurzel ω entgegengesetzt sein muss, da dieselbe Zahl a' in der einen Form als erster, in der andern als dritter Coefficient vorkommt. Hiernach ist also in der Gleichung $\omega' = -\frac{1}{\omega-\delta}$, wenn darin ω den ersten Werth von ω bedeutet, die willkürliche ganze Zahl δ so zu wählen, dass ω' ein unechter Bruch werde und ω im Zeichen entgegengesetzt sei. Diese Forderung, ganz gleichbedeutend mit der, dass $\omega-\delta$ ein echter Bruch werde und im Zeichen mit ω übereinstimme, lässt sich offenbar immer und zwar nur auf eine Art erfüllen, indem man für δ diejenige der beiden ω unmittelbar benachbarten ganzen Zahlen zu wählen hat, welche auf derselben Seite von ω liegt, wo sich die Null befindet. Da ω numerisch grösser als die Einheit ist, so kann diese völlig bestimmte ganze Zahl δ nie Null sein, stimmt im Zeichen mit ω überein, und liegt ihrem absoluten Werthe nach unmittelbar unter dem von ω. Es ist hierdurch schon dargethan, dass es unter den Formen (a', b', a'') nicht mehr als eine reducirte geben kann. Dass aber die dem eben definirten Werthe von δ entsprechende Form wirklich eine reducirte ist, erhellt wie folgt. Lässt man in unserer Gleichung:

$$\omega' = -\frac{1}{\omega-\delta}$$

ω die zweite Wurzel bedeuten, so hat ω dasselbe Zeichen wie $-\delta$, da δ im Zeichen mit dem ersten Werthe von ω übereinstimmt. Der Nenner $\omega-\delta$, dessen zweiter Bestandtheil wenigstens der Einheit gleich ist, ist also ein unechter Bruch und folglich ω' ein echter Bruch, dessen Zeichen mit dem von δ und also auch mit dem der ersten Wurzel ω übereinstimmt, d. h. dem Zeichen der ersten Wurzel ω' entgegengesetzt ist, wie es sein muss.

Um den mittleren Coefficienten b' der völlig bestimmten reducirten Form (a', b', a''), welche der gegebenen (a, b, a') nach der rechten Seite benachbart ist, bequem darzustellen, bemerke man, dass nach Obigem, wenn $\omega - \delta = \sigma$ gesetzt wird, wo ω die erste Wurzel bezeichnet, σ ein echter Bruch von demselben Zeichen wie ω sein wird. Setzt man nun $\omega - \sigma$ statt δ in die Gleichung:

$$b' = -b - a'\delta,$$

und führt zugleich für ω seinen Werth ein, so erhält man:

$$b' = \sqrt{D} + a'\sigma.$$

Hiernach und da der echte Bruch σ hinsichtlich seines Zeichens mit ω übereinstimmt und folglich a' entgegengesetzt ist, liegt also b' zwischen $\sqrt{D}$ und $\sqrt{D} \mp a'$, wo das obere oder das untere Zeichen gilt, je nachdem a' positiv oder negativ ist. Durch diese Bedingung, verbunden mit der Congruenz:

$$b' \equiv -b \pmod{a'},$$

wird b' leicht und ohne Zweideutigkeit erhalten.

Auf dieselbe Weise oder noch einfacher, indem man vermittelst der oben gemachten Bemerkung die Frage auf die eben behandelte zurückführt, überzeugt man sich, dass es eine und nur eine reducirte Form $('a, 'b, a)$ giebt, welche der gegebenen nach links benachbart ist.

§. 5.

Bildet man aus einer reducirten Form φ_0 die ihr nach rechts benachbarte φ_1, aus dieser auf dieselbe Weise die Form φ_2, u. s. w., und verfährt ähnlich nach der entgegengesetzten Seite, so dass die reducirte Form φ_{-1} der gegebenen nach der linken Seite benachbart ist, u. s. w., so erhält man die nach beiden Seiten unendliche Reihe äquivalenter Formen:

$$\ldots, \quad \varphi_{-2}, \quad \varphi_{-1}, \quad \varphi_0, \quad \varphi_1, \quad \varphi_2, \quad \ldots,$$

von welcher wegen der Endlichkeit der Anzahl der zu einer gegebenen Determinante gehörigen reducirten Formen zunächst klar ist, dass die in ihr enthaltenen Formen nicht alle von einander verschieden sind, so wie auch, dass zwei dieser Formen, deren erste Coefficienten abwechselnd positiv und negativ sind, nur dann identisch sein können, wenn die Differenz ihrer Indices gerade ist. Andererseits folgt aus der Bildungsweise unserer Reihe, nach welcher jedes Glied das vorhergehende und folgende völlig bestimmt, dass, wenn zwei Formen identisch sind, je zwei andere, welche von diesen nach derselben Seite gleich weit abstehen, d. h. je zwei andere, deren Indices denselben Unterschied wie die Indices jener haben, ebenfalls identisch sein werden. Da sich hiernach jede Form nach beiden Seiten wiederholt, so sei unter den auf φ_0 folgenden Formen φ_{2n} die erste mit dieser identische. Alsdann sind die Formen:

$$\varphi_0, \quad \varphi_1, \quad \varphi_2, \quad \ldots, \quad \varphi_m, \quad \ldots, \quad \varphi_{2n-1}$$

alle von einander verschieden. Dass die erste mit keiner der übrigen identisch sein kann, liegt schon in unserer Voraussetzung, und wären von den letzteren zwei, deren Indices um $2h$ verschieden seien, identisch, so wäre nach der vorhin gemachten Bemerkung auch φ_0 mit φ_{2h} identisch, was offenbar unserer Voraussetzung widerstreitet, da $2h < 2n$ ist. Die eben betrachteten $2n$ Formen bilden eine Periode, die sich nach beiden Seiten ins Unendliche wiederholt, so dass also zwei Formen φ_μ, φ_ν identisch oder nicht identisch sind, je nachdem ihre Indices der Congruenz:

$$\mu \equiv \nu \pmod{2n}$$

genügen oder nicht genügen. Übrigens versteht sich von selbst, dass man die Periode bei irgend einem ihrer Glieder beginnen kann, und dass unsere Reihe auch durch Wiederholung der aus denselben Formen gebildeten Periode:

$$\varphi_m, \quad \varphi_{m+1}, \quad \ldots, \quad \varphi_{2n-1}, \quad \varphi_0, \quad \varphi_1, \quad \ldots, \quad \varphi_{m-1}$$

erzeugt werden kann.

Da nach §. 3 eine Form φ_ν und die zu ihr gehörigen Wurzeln ω_ν sich gegenseitig bestimmen, so ist auch für die Gleichheit von zwei gleichnamigen Wurzeln ω_μ, ω_ν die erforderliche und ausreichende Bedingung in der Congruenz:

$$\mu \equiv \nu \pmod{2n}$$

gegeben.

Bezeichnet ferner δ_ν die in dem absoluten Werthe der ersten Wurzel ω_ν enthaltene grösste ganze Zahl, mit dem Zeichen von ω_ν genommen, so findet nach §. 4 zwischen den gleichnamigen Wurzeln ω_ν, $\omega_{\nu+1}$ die Gleichung statt:

$$\omega_\nu = \delta_\nu - \frac{1}{\omega_{\nu+1}}.$$

Da δ_ν durch die erste Wurzel ω_ν völlig bestimmt wird, so hat die Congruenz:

$$\mu \equiv \nu \pmod{2n}$$

die Gleichung:

$$\delta_\mu = \delta_\nu$$

zur Folge, aber natürlich nicht umgekehrt.

Da es gleichgültig ist, welchem Gliede der Reihe wir den Index Null beilegen, so soll zur Vermeidung unnützer Unterscheidungen angenommen werden, dass die ersten Coefficienten der Formen mit geradem Index positiv sind. Unter dieser Voraussetzung stimmt also das Zeichen jeder ersten Wurzel ω_ν und des entsprechenden Werthes δ_ν mit dem von $(-1)^\nu$ überein, wogegen die zweite Wurzel ω_ν das entgegengesetzte Zeichen hat.

Wir bezeichnen endlich noch den absoluten Werth von δ_ν mit k_ν, so dass also:

$$\delta_\nu = (-1)^\nu k_\nu$$

und wieder $k_\mu = k_\nu$ sein wird, wenn μ und ν nach dem Modul $2n$ congruent sind.

Multiplicirt man obige Gleichung:

$$\omega_\nu = \delta_\nu - \frac{1}{\omega_{\nu+1}} = (-1)^\nu k_\nu - \frac{1}{\omega_{\nu+1}}$$

und alle ähnlichen folgenden, je nachdem ν gerade oder ungerade ist, abwechselnd mit ± 1, ∓ 1, so erhält man:

$$\pm\omega_\nu = k_\nu + \frac{1}{\mp\omega_{\nu+1}}, \qquad \mp\omega_{\nu+1} = k_{\nu+1} + \frac{1}{\pm\omega_{\nu+2}}, \ldots .$$

Versteht man nun unter den gleichnamigen Wurzeln ω_ν, $\omega_{\nu+1}$, $\omega_{\nu+2}$, ... erste Wurzeln, so sind $\pm\omega_\nu$, $\mp\omega_{\nu+1}$, ... positive unechte Brüche. Man hat also die normale rein periodische Kettenbruchentwickelung:

$$\pm\omega_\nu = (k_\nu,\, k_{\nu+1},\, k_{\nu+2},\, \ldots)$$

oder:

$$\omega_\nu = (-1)^\nu (k_\nu,\, k_{\nu+1},\, \ldots,\, k_{2n+\nu-1};\, k_\nu,\, k_{\nu+1},\, \ldots).$$

Auf dieselbe Weise erhält man aus der Gleichung:

$$\omega_{\nu-1} = \delta_{\nu-1} - \frac{1}{\omega_\nu},$$

der man die Form:

$$\frac{1}{\omega_\nu} = \delta_{\nu-1} - \frac{1}{\dfrac{1}{\omega_{\nu-1}}}$$

geben kann, und den ähnlichen dieser vorhergehenden, für den reciproken Werth der zweiten Wurzel:

$$\frac{1}{\omega_\nu} = (-1)^{\nu-1}(k_{\nu-1}, k_{\nu-2}, \ldots, k_{\nu-2n}; k_{\nu-1}, k_{\nu-2}, \ldots),$$

und man sieht, dass die hier vorkommende Periode, deren Glieder sich auch wie folgt schreiben lassen:

$$k_{2n+\nu-1}, \quad k_{2n+\nu-2}, \quad \ldots, \quad k_{\nu+1}, \quad k_\nu,$$

durch Umkehrung der in der Entwickelung der ersten Wurzel enthaltenen Periode entsteht.

Es ist noch zu bemerken, dass für die Zahlenreihe, deren allgemeines Glied k_μ ist, eine $2n$-gliedrige Periode die kürzeste Periode von gerader Gliederzahl ist, durch deren Wiederholung sie erzeugt werden kann. Gäbe es nämlich eine kürzere mit der Gliederzahl $2m$, so würden nach der oben für die erste Wurzel ω_ν gefundenen Entwickelung ω_0 und ω_{2m}, und folglich auch φ_0 und φ_{2m} zusammenfallen, entgegen unserer Voraussetzung, dass $2n$ der kleinste Index ist, für den φ_{2n} mit φ_0 identisch wird.

Endlich werde noch erwähnt, dass man die Gesammtheit der zu einer gegebenen Determinante gehörigen reducirten Formen immer in Perioden vertheilen kann, wie wir sie in diesem Paragraphen betrachtet haben. Nachdem man aus einer reducirten Form die Periode, der sie angehört, gebildet hat, verfährt man, falls nicht schon alle reducirten Formen in dieser ersten Periode enthalten sind, auf dieselbe Weise mit einer der noch übrigen Formen. Die so gebildete zweite Periode besteht aus Formen, die wie sie von einander, so auch offenbar von denen der ersten verschieden sind. Auf diese Weise fährt man fort neue Perioden zu bilden, bis alle reducirten Formen erschöpft sind.

§. 6.

Wir kommen nun zu der Frage, welche die Entscheidung betrifft, ob zwei gegebene Formen äquivalent sind oder nicht. Da man aus jeder Form leicht eine mit ihr äquivalente reducirte ableiten kann, andererseits aber Formen, welche derselben Periode angehören, immer äquivalent sind, so bleibt nur zu untersuchen, ob Formen aus verschiedenen Perioden äquivalent sein können. Da offenbar bei dieser Untersuchung jede der beiden mit einander zu vergleichenden Formen beliebig in ihrer Periode gewählt werden kann, so wollen wir die ersten Coefficienten beider Formen:

$$\varphi_0 = (a,\ b,\ c), \quad \Phi_0 = (A,\ B,\ C)$$

positiv voraussetzen, jeder in ihrer Periode den Index Null beilegen, für die Periode der ersten alle in §. 5 gebrauchten Zeichen beibehalten und uns für die der zweiten der entsprechenden grossen Buchstaben bedienen, so dass also die zu unseren Formen gehörigen ersten Wurzeln durch die normalen Kettenbrüche:

$$\omega_0 = (k_0,\ k_1,\ k_2,\ \ldots), \quad \Omega_0 = (K_0,\ K_1,\ K_2,\ \ldots)$$

dargestellt werden. Werden nun die Formen äquivalent vorausgesetzt, und geht die erste in die zweite durch die Substitution $\begin{pmatrix}\alpha, \beta \\ \gamma, \delta\end{pmatrix}$ über, so ist nach §. 3, I:

$$\alpha\delta - \beta\gamma = 1, \quad \omega_0 = \frac{\gamma + \delta\Omega_0}{\alpha + \beta\Omega_0}.$$

Wie leicht zu sehen, kann α nicht Null sein. Alsdann wäre nämlich $\gamma = \pm 1$, und folglich $A = c$, was der hinsichtlich der Zeichen der Coefficienten gemachten Voraussetzung widerspricht. Wir haben also nach §. 2, I eine Gleichung der Form:

$$\omega_0 = (\lambda,\ m,\ \ldots,\ r,\ \sigma,\ \Omega_0) = (\lambda,\ m,\ \ldots,\ r,\ \sigma,\ K_0,\ K_1,\ \ldots,\ K_\nu,\ \ldots),$$

wo die Glieder $\lambda,\ m, \ldots, r,\ \sigma$ in gerader Anzahl $2g$ sind. Wird nun der Kettenbruch nach §. 1 in einen normalen umgeformt, so wird, da ω_0 positiv ist, die Anzahl der Glieder, bis zu einem hinlänglich entfernten, unberührt bleibenden Gliede K_ν gezählt, sich um eine gerade Zahl $2h$ ändern, wo h positiv oder negativ sein soll, je nachdem die Anzahl wächst oder abnimmt, und $h = 0$ auch den Fall in sich begreift, wo der ursprüngliche Kettenbruch schon ein normaler ist. Nach der Umformung muss der Kettenbruch mit dem oben für ω_0 angenommenen zusammenfallen. Es ist daher, wenn der Index ν eine gewisse Grenze überschreitet:

$$K_\nu = k_{2g+2h+\nu}.$$

Schreibt man $2Ni + \nu$ statt ν, wo $2Ni$ ein hinlänglich grosses Multiplum von $2N$ bedeutet, so kann das neue ν jeden positiven Werth mit Einschluss der Null annehmen, und man erhält, wenn man $2Ni$ im Index von K weglässt und $2g + 2h + 2Ni$ im Index von k auf seinen nach dem Modul $2n$ genommenen Rest $2m$ reducirt:

$$K_\nu = k_{2m+\nu}.$$

Es ist mithin $\Omega_0 = \omega_{2m}$ und folglich $\Phi_0 = \varphi_{2m}$, d. h. die zweite Form ist in der zur ersten gehörigen Periode enthalten und entspricht in dieser dem Index $2m$. Formen aus verschiedenen Perioden können demnach nicht äquivalent sein.

§. 7.

Nachdem wir den schwierigsten Satz der Theorie der quadratischen Formen von positiver Determinante auf eine einfache Weise bewiesen haben, bleibt uns noch mit wenigen Worten anzudeuten, wie die übrige Lehre in denjenigen Punkten, die nicht sowohl auf diesem Satze als vielmehr auf der Begründung desselben beruhen, unserem Beweise gemäss zu modificiren ist.

Da die Operationen, durch welche man die Äquivalenz zweier Formen erkennt, immer eine erste Substitution ergeben, durch welche die eine Form in die andere übergeht, so bleibt hinsichtlich der Äquivalenz nur noch die Aufgabe, aus einer gegebenen Transformation einer Form in eine andere alle übrigen abzuleiten. Diese Aufgabe wird leicht auf die einfachere zurückgeführt, alle Transformationen einer Form in sich selbst darzustellen, und man kann dabei voraussetzen, dass die Coefficienten der Form ohne gemeinschaftlichen Theiler sind, da jede Substitution, durch welche eine Form in sich selbst übergeht, bei der durch Entfernung des gemeinschaftlichen Theilers entstandenen neuen Form denselben Erfolg hervorbringt und umgekehrt. Ist nun (a, b, c) eine Form, deren Coefficienten a, b, c keinen gemeinschaftlichen Theiler haben, so wird der grösste gemeinschaftliche Theiler von a, $2b$, c, den wir, positiv genommen, σ nennen wollen, 1 oder 2 sein, von welchen beiden Fällen der letztere übrigens nur stattfinden kann, wenn die Determinante $D = b^2 - ac$ die Form $4h+1$ hat. Dies vorausgesetzt, beweist man*), dass alle Substitutionen $\begin{pmatrix}\alpha, \beta \\ \gamma, \delta\end{pmatrix}$, welche die Form in sich selbst verwandeln, durch die Gleichungen:

$$\alpha = \frac{t - bu}{\sigma}, \quad \beta = -\frac{cu}{\sigma}, \quad \gamma = \frac{au}{\sigma}, \quad \delta = \frac{t + bu}{\sigma}$$

erhalten werden, wenn man in diese alle ganzen Zahlen t, u einsetzt, welche

*) Disq. arith. pag. 181 oder CRELLE's Journal Band 24 S. 328[1]). Der am letzteren Orte gegebene Beweis gilt für complexe Zahlen, bleibt aber wörtlich für reelle anwendbar, wenn man unter dem dort gebrauchten Zeichen ω dasselbe versteht, was hier mit σ bezeichnet ist.

[1]) Bd. I, S. 573 dieser Ausgabe von G. Lejeune Dirichlet's Werken.

der Gleichung:

$$t^2 - Du^2 = \sigma^2$$

genügen, und zeigt zugleich, dass die vollständige Auflösung dieser unbestimmten Gleichung leicht aus der in den kleinsten positiven Zahlen ausgedrückten Auflösung abzuleiten ist.

Man kann nun den Zusammenhang zwischen beiden Problemen zur Auflösung der unbestimmten Gleichung benutzen, da sich das Transformationsproblem für den Fall einer reducirten Form direct lösen lässt. Wir können hierbei a in der reducirten Form positiv voraussetzen und uns auf die Betrachtung derjenigen Substitutionen beschränken, deren Coefficienten α, β, γ, δ sämmtlich positiv sind. Ist:

$$\omega = (k_0, k_1, k_2, \ldots, k_{2n-1}; k_0, k_1, \ldots)$$

der normale periodische Kettenbruch, welcher die erste der zur Form (a, b, c) gehörigen Wurzeln darstellt, und bezeichnen $\frac{\gamma}{\alpha}$, $\frac{\delta}{\beta}$ zwei auf einander folgende Näherungswerthe desselben, deren zweiter dem Endgliede k_{2n-1} irgend einer Periode entspricht, so hat man:

$$\alpha\delta - \beta\gamma = 1, \quad \omega = \frac{\gamma + \delta\omega}{\alpha + \beta\omega},$$

aus welchen Gleichungen nach §. 3, II, wenn man die dort vorkommenden Formen identisch voraussetzt, folgt, dass unsere Form durch die aus vier positiven Coefficienten gebildete Substitution α, β, γ, δ in sich selbst übergeht. Umgekehrt ist leicht zu zeigen, dass man alle Substitutionen der bezeichneten Art auf diese Weise erhält. Sind nämlich α, β, γ, δ die Coefficienten einer solchen, so schliesst man aus §. 3, I, dass obige zwei Gleichungen stattfinden. Giebt man nun der zweiten, welche für beide Wurzeln ω gilt, die Form:

$$\beta\omega^2 + (\alpha - \delta)\omega - \gamma = 0,$$

und bemerkt, dass von diesen Wurzeln die erste zwischen 1 und ∞, die zweite zwischen -1 und 0 liegt, so folgt, dass die linke Seite für $\omega = 1$ negativ, für $\omega = -1$ positiv sein muss. Man erhält so die beiden Ungleichheiten:

$$\gamma - \alpha > \beta - \delta, \quad \delta - \gamma > \alpha - \beta,$$

aus welchen leicht diese neuen:

$$\delta > \gamma, \quad \gamma \geqq \alpha$$

abgeleitet werden.[1]) Die Richtigkeit der ersten ergiebt sich, indem man von der entgegengesetzten Annahme $\delta \leqq \gamma$ ausgeht, aus welcher, wegen $\alpha\delta > \beta\gamma$, $\alpha > \beta$ oder $\alpha - \beta > 0$, und dann, nach der zweiten der obigen Ungleichheiten, $\delta > \gamma$ folgt. Setzt man zweitens $\alpha > \gamma$, so kann nicht zugleich $\delta > \beta$ sein, da dann $\alpha\delta$ um wenigstens 3 Einheiten grösser als $\beta\gamma$ sein würde. Aus $\beta - \delta \gtreqless 0$ folgt aber nach der ersten der obigen Ungleichheiten: $\gamma > \alpha$. Da so die Annahme $\alpha > \gamma$ auf einen Widerspruch führt, so ist nothwendig $\gamma \geqq \alpha$.

Es finden hiernach alle in §. 2, II gemachten Voraussetzungen statt, und man hat:

$$\frac{\gamma}{\alpha} = (l, m, \ldots, r), \quad \frac{\delta}{\beta} = (l, m, \ldots, r, s), \quad \omega = (l, m, \ldots, r, s, \omega).$$

Setzt man für die erste Wurzel ω obige Entwickelung ein, so erhält man zwei gleiche und folglich identische normale Kettenbrüche, so dass die Reihe $l, m, \ldots, r, s$ nothwendig aus einer oder mehreren Perioden k_0, $k_1, \ldots, k_{2n-1}$ besteht und $\frac{\gamma}{\alpha}$, $\frac{\delta}{\beta}$, wie vorhin behauptet wurde, zwei auf einander folgende dem Ende einer Periode entsprechende Näherungswerthe sind. Da nun α, β, γ, δ offenbar wachsen, wenn man von einer Periode zur folgenden übergeht, so werden die kleinsten positiven Substitutionscoefficienten dem Ende der ersten Periode entsprechen, und man überzeugt sich auch leicht, dass sie in den oben angeführten Gleichungen aus den kleinsten positiven Werthen von t und u erhalten werden. Nach der ersten und vierten jener Gleichungen ist nämlich:

$$\alpha\delta = \frac{t^2 - b^2u^2}{\sigma^2} = \frac{t^2 - Du^2}{\sigma^2} - \frac{acu^2}{\sigma^2} = 1 - \frac{acu^2}{\sigma^2}.$$

Da nun $-ac$ positiv ist, so haben α und δ immer dasselbe Zeichen, welches wegen:

$$\alpha + \delta = \frac{2t}{\sigma}$$

das Zeichen von t ist. Ebenso sieht man aus den Ausdrücken für β und γ,

---

[1]) Die beiden ersteren Ungleichheiten können, da γ positiv und $\alpha\delta - \beta\gamma = 1$ ist, in folgende transformirt werden:

$$(\gamma - \alpha)(\gamma + \delta) > -1, \quad (\delta - \gamma)(\alpha + \gamma) > 1,$$

aus welchen, da $\gamma + \delta$ und $\alpha + \gamma$ positiv sind, direct zu ersehen ist, dass die beiden Ungleichheiten:

$$\gamma - \alpha \geqq 0, \quad \delta - \gamma > 0$$

bestehen müssen.

dass auch diese, wenn sie nicht beide Null sind, was $u = 0$ voraussetzt, im Zeichen mit u übereinstimmen. Die oben untersuchten positiven Substitutionen α, β, γ, δ werden also aus positiven t, u erhalten, und da β, γ mit u wachsen, so entspricht die in den kleinsten Zahlen ausgedrückte Substitution den kleinsten positiven Werthen von t, u, die folglich, sobald jene aus dem Kettenbruche bestimmt ist, durch die Gleichungen:

$$t = \frac{\sigma}{2}(\delta+\alpha), \quad u = \frac{\sigma}{2b}(\delta-\alpha)$$

gefunden werden.

SIMPLIFICATION DE LA THÉORIE DES FORMES BINAIRES DU SECOND DEGRÉ A DÉTERMINANT POSITIF.

Lu à l'Académie des Sciences de Berlin le 13 juillet 1854.
[Traduit de l'Allemand par M. JULES HOÜEL.*)]

Plus le domaine de l'arithmétique transcendante s'est agrandi, depuis l'époque mémorable de la publication de l'ouvrage de GAUSS et par les travaux qui l'ont suivie, plus il est à désirer que l'accès de cette belle branche de l'analyse soit rendu plus facile par des simplifications apportées à ses éléments. C'est pour arriver à ce but que déjà, dans plusieurs de mes Mémoires, j'ai fait précéder mes propres recherches de nouvelles démonstrations des propositions connues sur lesquelles je m'appuyais. Le présent travail, consacré à la théorie des formes quadratiques à déterminants positifs, a aussi pour but une simplification analogue. On sait que cette théorie, sous sa forme actuelle, exige des considérations très détaillées, et que l'on peut écarter, comme on le verra par l'exposition suivante. Je vais commencer par quelques remarques sur les fractions continues; bien que ces remarques ne contiennent aucun fait nouveau, il n'en est pas moins utile de les placer ici sous la forme qui convient à l'application que nous devons en faire.

§ 1.

Nous désignerons, dans ce qui va suivre, une fraction continue

$$\alpha+\cfrac{1}{\beta+\cfrac{1}{\gamma+\ddots}}$$

---

*) Nous sommes heureux de pouvoir joindre à la traduction de M. HOÜEL une addition (relative au § VII) que l'auteur même du Mémoire, M. DIRICHLET, a bien voulu nous remettre au mois d'août dernier, et l'extrait d'une Lettre qu'il nous a adressée plus tard au sujet du § IV.

(J. LIOUVILLE.)

d'un nombre de termes fini ou infini, par la notation

$$(\alpha,\ \beta,\ \gamma,\ \ldots);$$

et d'abord observons que nous n'aurons à considérer que des fractions continues dont tous les termes seront des nombres entiers, à l'exception bien entendu, du dernier, dans le cas où, le développement n'étant pas poussé jusqu'au bout, ce dernier terme, considéré comme un quotient complet, peut avoir une valeur quelconque. Les fractions continues dont la considération est la plus importante dans les recherches sur les nombres, sont celles dont tous les termes, excepté le premier (qui peut aussi être nul), ont des valeurs positives. Une quantité irrationnelle positve ω peut s'exprimer d'une seule manière par une fraction continue de cette espèce; et l'expression de ω sous cette forme, ou, si ω est négatif, l'expression de sa valeur absolue précédée du signe —, est ce que nous appellerons le développement normal de ω en fraction continue.

Le problème que nous devons traiter d'abord est celui-ci: D'une fraction continue de la forme

$$\omega = (\alpha,\ \beta,\ \ldots,\ \mu,\ \nu,\ p,\ q,\ r,\ \ldots,\ u,\ v,\ \ldots),$$

où les termes ne commencent à être tous positifs qu' à partir de p inclusivement, déduire le développement normal de la quantité irrationnelle ω. Il est aisé de montrer que l'on peut atteindre ce but par une série de transformations n'affectant en rien les termes qui suivent un terme suffisamment éloigné u, et que la différence entre le nombre des nouveaux termes qui se trouvent finalement introduits à la place de α, β, $\ldots$, u et le nombre des termes primitifs sera paire ou impaire, suivant que ω est positif ou négatif.

Pour nous en convaincre, considérons d'abord le cas où ν n'est pas le premier terme. Dans cette hypothèse, on peut remplacer μ, ν et quelques-uns des termes qui les suivent immédiatement, tous les autres restant sans altération, par de nouveaux termes dont le nombre a une différence paire avec le nombre des anciens termes, et qui, à l'exception du premier (lequel peut être nul ou négatif), sont tous positifs, de sorte que l'irrégularité du développement donné recule au moins d'un rang. Dans cette transformation partielle, il faut distinguer divers cas, selon que ν a une valeur nulle ou une valeur négative $-n$. Dans le premier cas, les trois termes, μ, 0, p doivent être remplacés par le terme unique $\mu+p$. Le second cas se subdivise en trois autres, suivant que l'on a

$$n>1;\quad n=1,\quad p>1;\quad n=1,\quad p=1.$$

Dans ces trois cas, on se servira respectivement des trois équations suivantes, qu'il est facile de vérifier,

$$(\mu,\ -n,\ p,\ q,\ \ldots\ldots) = (\mu-1,\ 1,\ n-2,\ 1,\ p-1,\ q,\ \ldots)^{*}),$$
$$(\mu,\ -1,\ p,\ q,\ \ldots\ldots) = (\mu-2,\ 1,\ p-2,\ q,\ \ldots),$$
$$(\mu,\ -1,\ 1,\ q,\ r,\ s,\ \ldots) = (\mu-q-2,\ 1,\ r-1,\ s,\ \ldots).$$

On voit qu'une telle transformation partielle fait varier, suivant le cas, le nombre des termes de 2, 0, -2 unités; et il est à peine besoin d'avertir que lorsqu'une des différences $n-2$, $p-1$, $p-2$, $r-1$, qui, d'après nos suppositions, ne sauraient être négatives, se réduit à zéro, il faut remplacer le terme nul et les deux termes positifs qui le précèdent et le suivent immédiatement, par un seul terme égal à la somme de ces deux termes.

Par un emploi répété de ce procédé, on parvient à rendre positifs tous les termes, à partir du second inclusivement. Si alors le premier terme n'est pas négatif, l'opération est terminée, et le résultat est conforme à ce qui a été dit plus haut, puisque tous les changements introduits successivement dans le nombre des termes sont exprimés par des nombres pairs. Si au contraire le premier terme a une valeur négative $-a$, la fraction continue étant de la forme

$$\omega = (-a,\ b,\ c,\ d,\ \ldots),$$

on remplacera celle-ci, suivant qu'on aura

$$b > 1 \quad \text{ou} \quad b = 1,$$

par la première ou la seconde des deux expressions

$$\omega = -(a-1,\ 1,\ b-1,\ c,\ \ldots),$$
$$\omega = -(a-1,\ c+1,\ d,\ \ldots),$$

de sorte que le résultat sera encore ramené à l'énoncé donné ci-dessus.

§. II.

1°. Si, entre deux quantités ω, Ω et les nombres entiers α, β, γ, δ, dont le premier n'est pas nul, on a les relations

$$\omega = \frac{\gamma+\delta\Omega}{\alpha+\beta\Omega}, \quad \alpha\delta-\beta\gamma = 1,$$

---

*) LAGRANGE avait déjà remarqué (Mémoires de l'Académie de Berlin, année 1768, page 152) que l'on peut débarrasser une fraction continue de ses termes négatifs; mais l'équation qu'il donne pour remplir cet objet, laquelle n'est autre chose que la première de nos trois équations, n'est pas suffisante, parce que, dans le cas de $n = 1$, elle introduit un nouveau terme négatif, et si l'on veut le faire disparaître en appliquant de nouveau la même opération, on retombe sur la fraction continue proposée.

on peut toujours former une équation telle que

$$\omega = (\lambda, m, \ldots, r, \sigma, \Omega),$$

le premier et le dernier des nombres entiers $\lambda, m, \ldots, r, \sigma$ pouvant seuls être nuls ou négatifs, tandis que les intermédiaires, quand ils ne manquent pas tout à fait, sont positifs et en nombre pair.

Comme on peut, d'après la forme que nous avons supposée aux deux équations, changer simultanément tous les signes de α, β, γ, δ, il est permis de supposer α positif. Si l'on a maintenant $\alpha = 1$, il en résulte immédiatement

$$\omega = \frac{\gamma + (\beta\gamma + 1)\Omega}{1 + \beta\Omega} = (\gamma, \beta, \Omega).$$

Si $\alpha > 1$, changeons, par la méthode ordinaire, $\frac{\gamma}{\alpha}$ en fraction continue, en faisant les divisions de manière à avoir toujours des restes positifs. On obtiendra ainsi la fraction continue

$$\frac{\gamma}{\alpha} = (\lambda, m, \ldots, r),$$

où le terme λ est le seul qui puisse être nul ou négatif, et où le nombre des termes $m, \ldots, r$ peut être supposé pair; car le terme r, pour lequel on a d'abord obtenu une valeur plus grande que l'unité, peut, s'il est nécessaire, se décomposer en $(r-1, 1)$. Les réduites successives de cette fraction continue,

$$\frac{\lambda}{1}, \quad \frac{\lambda m + 1}{m}, \quad \ldots, \quad \frac{\varphi}{f}, \quad \frac{\gamma}{\alpha},$$

étant irréductibles et ayant des dénominateurs positifs, la dernière de ces réduites aura non seulement la même valeur, mais aussi les mêmes termes que $\frac{\gamma}{\alpha}$. Comme on a de plus, par une propriété connue,

$$\alpha\varphi - \gamma f = 1,$$

il vient, en comparant cette relation avec celle qui a lieu entre α, β, γ, δ,

$$\beta = \alpha\sigma + f, \quad \delta = \gamma\sigma + \varphi,$$

σ étant un nombre entier. La fraction $\frac{\delta}{\beta}$ peut donc, au moyen du nouveau terme σ, être introduite dans la série des réduites, et l'on a

$$\omega = (\lambda, m, \ldots, r, \sigma, \Omega).$$

2°. Il faut encore, pour ce qui va suivre, examiner de plus près le cas particulier où α, β, γ, δ sont tous positifs, et satisfont en même temps aux conditions

$$\gamma \geqq \alpha, \quad \delta > \gamma.$$

Il est facile de voir que λ et σ sont alors positifs. Si $\alpha = 1$, cela résulte immédiatement de notre hypothèse, puisque, dans ce cas, $\lambda = \gamma$, $\sigma = \beta$. Si, au contraire, $\alpha > 1$, il est au moins tout d'abord évident que λ, qui est égal, d'après ce qui précède, au nombre entier immédiatement inférieur à $\frac{\gamma}{\alpha}$, doit être positif. On peut s'assurer comme il suit qu'il en est de même pour σ. Puisque λ est positif, les numérateurs des réduites que nous avons formées plus haut seront aussi positifs, et iront en croissant à partir du premier inclusivement, de sorte que l'on a aussi $\gamma > \varphi$. Or, de ce que $\delta = \gamma\sigma + \varphi$, il en résulterait, si l'on supposait $\sigma = 0$,

$$\delta = \varphi < \gamma,$$

et si l'on supposait σ négatif, δ serait aussi négatif, contrairement à notre hypothèse.

Désignons, pour plus d'uniformité, par l, s les nombres positifs λ, σ; on aura, dans le cas particulier que nous considérons,

$$\frac{\gamma}{\alpha} = (l, m, \ldots, r), \quad \frac{\delta}{\beta} = (l, m, \ldots, r, s), \quad \omega = (l, m, \ldots, r, s, \Omega),$$

les termes $l, m, n, \ldots, r, s$ étant tous positifs et en nombre pair.

§. III.

Passons maintenant à l'objet principal de ce Mémoire, et remarquons d'abord que toutes les formes quadratiques

$$ax^2 + 2bxy + cy^2 = (a, b, c),$$

dont nous nous occuperons, auront le même déterminant positif

$$D = b^2 - ac;$$

nous en avertissons ici une fois pour toutes. Le nombre entier et positif D est arbitraire, avec cette seule restriction qu'il ne peut être égal à un carré. Les coefficients extrêmes a, c, étant, en vertu de notre hypothèse, différents de zéro il est évident que, dès qu'on connaît, outre D, le coefficient moyen et l'un des deux extrêmes, l'autre extrême sera complètement déterminé, et partant la forme elle-même le sera aussi.

A chaque forme $(a, b, c,)$, nous ferons correspondre une équation

$$a + 2b\omega + c\omega^2 = 0,$$

formée avec les mêmes coefficients, et dont nous représenterons toujours les racines sous la forme

$$\omega = \frac{-b \mp \sqrt{D}}{c},$$

de telle sorte que le troisième coefficient c non altéré forme le dénominateur. Cela posé, les deux valeurs de ω, qui correspondent au signe supérieur et au signe inférieur, seront désignées, pour les distinguer, par les noms respectifs de *première* et de *seconde* racine appartenant à la forme (a, b, c). On voit aisément qu'une forme est complètement déterminée lorsqu'on connaît son déterminant et l'une des racines qui lui appartiennent. Car si une même quantité appartient à la fois, soit comme première racine, soit comme seconde racine, à deux formes (a, b, c), (A, B, C), on aura l'égalité

$$\frac{-b \mp \sqrt{D}}{c} = \frac{-B \mp \sqrt{D}}{C},$$

dans laquelle il faut prendre ensemble, soit les signes supérieurs, soit les signes inférieurs. Il en résultera immédiatement, à cause de l'irrationalité de $\sqrt{D}$, $B = b$, $C = c$; donc les deux formes sont identiques.

Lorsque nous dirons que deux formes

$$(1) \qquad ax^2 + 2bxy + cy^2, \quad AX^2 + 2BXY + CY^2,$$

sont équivalentes, nous entendrons toujours qu'il s'agit de l'équivalence propre, de sorte que cette supposition implique l'existence d'une substitution

$$(2) \qquad x = \alpha X + \beta Y, \quad y = \gamma X + \delta Y,$$

que je désignerai par $\begin{pmatrix} \alpha, & \beta \\ \gamma, & \delta \end{pmatrix}$ et dont les coefficients satisfont à la condition

$$(3) \qquad \alpha\delta - \beta\gamma = 1,$$

et par laquelle la première forme se change en la seconde. Au moyen d'une telle substitution, en résolvant les équations (2) par rapport à X et à Y, on en déduit une autre substitution semblable par laquelle la seconde forme se change en la première.

On sait que, dans certains cas particuliers, outre les substitutions dont nous venons de parler, il y en a d'autres qui servent aussi à passer d'une forme à une autre forme équivalente, et qui, au lieu de satisfaire à l'équation (3), satisfont à celle-ci

$$\alpha\delta - \beta\gamma = -1.$$

Nous avertissons ici expressément que nous excluons tout à fait cette dernière espèce de substitutions.

Après les préliminaires que nous avons posés, il est facile de démontrer les propositions suivantes:

1°. Entre les racines correspondantes, ou de même nom, ω, Ω, appartenant aux formes équivalentes (1), et les coefficients de la substitution (2), on a toujours la relation

$$\omega = \frac{\gamma + \delta\Omega}{\alpha + \beta\Omega}. \tag{4}$$

Mettons l'équation que nous voulons démontrer sous la forme

$$\Omega = \frac{\gamma - \alpha\omega}{\beta\omega - \delta},$$

remplaçons ω par sa valeur, et faisons disparaître l'irrationalité du dénominateur; le second membre, en vertu des équations

$$\alpha\delta - \beta\gamma = 1, \quad D = b^2 - ac,$$

deviendra

$$\frac{-M \mp \sqrt{D}}{N}$$

en posant

$$M = a\alpha\beta + b(\alpha\delta + \beta\gamma) + c\gamma\delta, \quad N = a\beta^2 + 2b\beta\delta + c\delta^2.$$

Or les expressions de M et de N coïncidant avec celles que l'on obtient pour B et C lorsqu'on applique la substitution (2) à la première des formes (1), notre assertion est demontrée.

2°. Si l'équation (4) a lieu pour un couple de racines correspondantes ω, Ω appartenant aux formes (1), et que les nombres entiers α, β, γ, δ satisfassent en même temps à la condition (3), les deux formes sont équivalentes, et la première se change dans la seconde par la substitution (2).

D'après l'hypothèse, on trouve sans nouveau calcul

$$\frac{-B \mp \sqrt{D}}{C} = \frac{-M \mp \sqrt{D}}{N},$$

où l'on doit prendre ensemble, soit les signes supérieurs, soit les signes inférieurs. On a par conséquent

$$B = M, \ C = N,$$

c'est-à-dire que la forme dans laquelle (a, b, c) se change par la substitution (2) coïncide avec la forme (A, B, C).

Il va sans dire d'ailleurs que si l'équation (4) a lieu pour un des couples de racines, elle a aussi lieu pour l'autre.

3°. Nous aurons souvent à considérer, dans ce qui suit, des formes contiguës, c'est-à-dire des formes liées entre elles comme les formes

$$(a,\ b,\ a'),\quad (a',\ b',\ a''),$$

de telle sorte que le dernier coefficient de l'une soit égal au premier coefficient de l'autre, tandis que leurs coefficients moyens b, b' satisfont à la condition

$$b+b'\equiv 0 \pmod{a'}.$$

De pareilles formes sont toujours équivalentes. Car si l'on applique à la première la substitution $\begin{pmatrix} 0, & 1 \\ -1, & \delta \end{pmatrix}$, qui remplit la condition (3), δ restant indéterminé, on obtient une nouvelle forme dont le premier coefficient est $=a'$, tandis que le second, $=-b-a'\delta$, devient égal au coefficient donné b', si l'on pose

$$\delta=-\frac{b+b'}{a'}.$$

Pour ces deux formes, l'équation (4), entre les deux racines correspondantes ω, ω' qui leur appartiennent respectivement, devient

$$\omega=\delta-\frac{1}{\omega'},\ \text{ou}\ \omega'=-\frac{1}{\omega-\delta}.$$

§. IV.

Si les deux racines

$$\frac{-b-\sqrt{D}}{c},\quad \frac{-b+\sqrt{D}}{c},$$

qui appartiennent à la forme $(a,\ b,\ c)$ ont leurs valeurs absolues, la première supérieure, la seconde inférieure à l'unité, et que de plus ces racines soient de signe contraire, la forme est dite alors une forme r é d u i t e. En vertu de la première condition, on a $b>0$, et en vertu de la seconde $b<\sqrt{D}$. Le produit $-ac = D-b^2$ est donc positif, et les coefficients extrêmes a, c sont de signe contraire. Il est évident en même temps que la première racine est de même signe que a et de signe contraire à c.

Si la forme $(a,\ b,\ c)$ est une forme réduite, il en est de même aussi de la forme $(c,\ b,\ a)$; cela résulte de ce que chaque racine de l'une des formes a pour valeur l'inverse de la racine non correspondante appartenant à l'autre forme.

Pour un déterminant donné D, il n'existe qu'un nombre fini de formes réduites, qui s'obtiennent toutes en cherchant pour chaque valeur de $b < \sqrt{D}$ tous les diviseurs c, positifs ou négatifs, de $D-b^2$, dont les valeurs absolues soient comprises entre $\sqrt{D}+b$ et $\sqrt{D}-b$; puis en déterminant, pour chaque combinaison b, c ainsi obtenue, le premier coefficient a par la formule

$$a = -\frac{D-b^2}{c}.$$

En conservant la notation du §. III, 3°, supposons que (a, b, a') soit une forme réduite donnée, et cherchons si, parmi les formes (a', b', a'') contiguës à celle-là par la dernière partie, et dont les coefficients moyens sont déterminés par l'équation

$$b' = -b - a'\delta,$$

il se trouve une ou plusieurs formes réduites. Pour cela, remarquons d'abord que, si (a', b', a'') est une forme réduite, la première racine ω' appartenant à cette forme, devra être de signe contraire à la première racine ω appartenant à (a, b, a'), puisque le même nombre a' entre dans l'une de ces formes comme premier coefficient, et dans l'autre comme troisième coefficient. Par conséquent, dans l'équation

$$\omega' = -\frac{1}{\omega-\delta},$$

où ω est pris avec sa première valeur, il faut choisir le nombre entier arbitraire δ de telle sorte que ω' soit numériquement plus grand que l'unité, et de signe contraire à ω. Cette condition, qui revient simplement à exiger que $\omega-\delta$ soit numériquement moindre que l'unité et de même signe que ω, peut évidemment être satisfaite dans tous les cas, et ne peut l'être que d'une seule manière, en prenant δ égal au plus grand nombre entier contenu dans la valeur numérique de ω, et lui donnant le signe de ω. ω étant numériquement plus grand que l'unité, ce nombre entier δ, qui est maintenant complètement déterminé, ne pourra jamais être nul. Il est donc ainsi démontré que, parmi les formes (a', b', a''), il n'y a pas plus d'une forme réduite. Nous allons maintenant faire voir que la forme correspondante à la valeur de δ que nous venons de déterminer est réellement réduite. Supposons que, dans notre équation

$$\omega' = -\frac{1}{\omega-\delta},$$

ω désigne la seconde racine; ω sera de même signe que $-\delta$, puisque δ est de même signe que la première valeur de ω. Le dénominateur $\omega-\delta$, dont le second terme est au moins égal à l'unité, est donc numériquement plus grand, et par conséquent ω' est numériquement moindre que l'unité, et son signe est le même que celui de δ, et par suite aussi que celui de la première racine ω; il est donc contraire à celui de la première racine ω', comme cela devait être.

Pour obtenir commodément le coefficient moyen b' de la forme réduite (a', b', a''), laquelle est maintenant complètement déterminée*), remarquons que, d'après ce qui précède, si l'on pose

$$\omega-\delta = \sigma$$

(ω désignant la première racine), σ sera numériquement moindre que l'unité et de même signe que ω. Remplaçons δ par $\omega-\sigma$ dans l'équation

$$b' = -b-a'\delta,$$

et substituons en même temps à ω sa valeur; on a ainsi

$$b' = \sqrt{D}+a'\sigma.$$

De cette équation et de ce que la fraction σ est de même signe que ω et par suite de signe contraire à a', il résulte que b' est compris entre $\sqrt{D}$ et $\sqrt{D}\mp a'$, en prenant le signe supérieur ou le signe inférieur, selon que a' est positif ou négatif. Au moyen de cette condition, jointe à la congruence

$$b' \equiv -b \pmod{a'},$$

on déterminera facilement et sans ambiguïté la valeur de b'.

Par un raisonnement semblable, et que l'on peut encore simplifier en ramenant, d'après une remarque faite plus haut, la question à celle que l'on vient de traiter, on démontre qu'il existe une forme réduite, et une seule $('a, 'b, a)$, contiguë par la première partie à la forme donnée.

§. V.

Étant donnée une forme réduite φ_0, calculons la forme φ_1 contiguë à φ_0 par la dernière partie; calculons de même la forme φ_2 contiguë à φ_1, et ainsi de suite. Effectuons un calcul semblable de l'autre côté, et désignons par φ_{-1} la forme contiguë à la proposée par la première partie, et ainsi de suite. On obtient ainsi la série suivante de formes équivalentes,

$$\ldots, \varphi_{-2}, \varphi_{-1}, \varphi_0, \varphi_1, \varphi_2, \ldots,$$

*) Voir plus bas (page 375) [1]) l'extrait d'une Lettre de M. Dirichlet. (J. Liouville).

[1]) Seite 180 dieses Bandes.

indéfinie dans les deux sens. Le nombre de formes réduites qui appartiennent à un déterminant donné étant fini, il en résulte évidemment que les formes contenues dans cette série ne sont pas toutes différentes entre elles; et en même temps que ces formes, ayant leurs premiers coefficients alternativement positifs et négatifs, deux d'entre elles ne peuvent être identiques que si la différence de leurs indices est paire. D'autre part, d'après la manière dont notre série a été formée, chaque terme détermine complètement le précédent et le suivant, d'où il suit que, si deux formes sont identiques, il en est de même de deux autres formes quelconques respectivement équidistantes des premières dans le même sens, c'est-à-dire telles, que la différence de leurs indices soit la même que celle des indices des premières. Chaque forme se reproduisant donc des deux côtés, soit φ_{2n} la première des formes venant à la suite de φ_0 qui soit identique avec φ_0. Alors les formes

$$\varphi_0,\quad \varphi_1,\quad \varphi_2,\quad \ldots,\quad \varphi_m,\quad \ldots,\quad \varphi_{2n-1}$$

seront toutes différentes entre elles. En effet, nous supposons déjà que la première n'est identique avec aucune des suivantes, et s'il s'en trouvait parmi celles-ici deux qui fussent identiques, et dont les indices différassent de $2h$, il faudrait, d'après la remarque que nous avons faite, que φ_0 fût aussi identique avec φ_{2h}, ce qui est évidemment contraire à notre supposition, puisque $2h < 2n$. Les $2n$ formes considérées composent ainsi une période qui se répète à l'infini dans les deux sens, de sorte que deux formes φ_μ, φ_ν sont ou ne sont pas identiques, selon que leurs indices satisfont ou ne satisfont pas à la congruence

$$\mu \equiv \nu \pmod{2n}.$$

Il est clair du reste qu'on peut faire commencer la période à l'un quelconque de ses termes, et que notre série peut aussi s'obtenir par la répétition de la période suivante, composée des mêmes formes,

$$\varphi_m,\quad \varphi_{m+1},\quad \ldots,\quad \varphi_{2n-1},\quad \varphi_0,\quad \varphi_1,\quad \ldots,\quad \varphi_{m-1}.$$

Puisque, d'après le §. III, une forme φ_ν et les racines ω_ν appartenant à cette forme se déterminent réciproquement, la condition nécessaire et suffisante pour l'égalité de deux racines correspondantes ω_μ, ω_ν est donnée aussi par la congruence

$$\mu \equiv \nu \pmod{2n}.$$

Désignons de plus par δ_ν le plus grand nombre entier contenu dans la valeur absolue de la première racine ω_ν, et pris avec le signe de ω_ν, on aura

(§. IV) entre les racines correspondantes ω_ν, $\omega_{\nu+1}$ l'équation

$$\omega_\nu = \delta_\nu - \frac{1}{\omega_{\nu+1}}.$$

Puisque δ_ν est complètement déterminé par la première racine ω_ν, la congruence $\mu \equiv \nu \pmod{2n}$ entraînera l'égalité $\delta_\mu = \delta_\nu$. Mais la réciproque ne s'ensuit pas.

Comme on peut attribuer indifféremment l'indice zéro à un terme quelconque de la série, nous conviendrons, pour éviter des distinctions inutiles, que les premiers coefficients des formes d'indices pairs seront positifs. D'après cette convention, le signe de chaque première racine ω_ν et celui de la valeur correspondante de δ_ν seront celui de $(-1)^\nu$, tandis que la secónde racine ω_ν aura le signe contraire.

Nous désignerons enfin par k_ν la valeur absolue de δ_ν, de sorte que

$$\delta_\nu = (-1)^\nu k_\nu,$$

et l'on aura encore

$$k_\mu = k_\nu,$$

lorsque μ et ν seront congrus suivant le module $2n$.

Multiplions l'équation précédente

$$\omega_\nu = \delta_\nu - \frac{1}{\omega_{\nu+1}} = (-1)^\nu k_\nu - \frac{1}{\omega_{\nu+1}},$$

et toutes les équations analogues qui viennent à la suite, par ± 1, ∓ 1 alternativement, suivant que ν sera pair ou impair; il viendra

$$\pm\omega_\nu = k_\nu + \frac{1}{\mp\omega_{\nu+1}}, \quad \mp\omega_{\nu+1} = k_{\nu+1} + \frac{1}{\pm\omega_{\nu+2}}, \ldots.$$

Si l'on suppose que les racines correspondantes ω_ν, $\omega_{\nu+1}$, $\omega_{\nu+2}$, ... soient les premières racines, alors $\pm\omega_\nu$, $\mp\omega_{\nu+1}$, $\pm\omega_{\nu+2}$, ... seront des quantités positives plus grandes que l'unité. On obtient ainsi le développement normal en fraction continue périodique par

$$\pm\omega_\nu = (k_\nu, k_{\nu+1}, k_{\nu+2}, \ldots),$$

ou

$$\omega_\nu = (-1)^\nu (k_\nu, k_{\nu+1}, \ldots, k_{2n+\nu-1}; k_\nu, k_{\nu+1}, \ldots).$$

Pareillement, de l'équation

$$\omega_{\nu-1} = \delta_{\nu-1} - \frac{1}{\omega_\nu},$$

que l'on peut écrire sous la forme

$$\frac{1}{\omega_\nu} = \delta_{\nu-1} - \frac{1}{\left(\frac{1}{\omega_{\nu-1}}\right)},$$

et des équations anologues qui la précèdent, on peut tirer la valeur inverse de la seconde racine

$$\frac{1}{\omega_\nu} = (-1)^{\nu-1}(k_{\nu-1},\ k_{\nu-2},\ \ldots,\ k_{\nu-2n};\ k_{\nu-1},\ k_{\nu-2},\ \ldots),$$

et l'on voit que la période qui se présente ici, et dont les termes peuvent s'écrire ainsi:

$$k_{2n+\nu-1},\quad k_{2n+\nu-2},\quad \ldots,\quad k_{\nu+1},\quad k_\nu,$$

s'obtient en renversant l'ordre des termes de la période qui correspond au développement de la première racine.

Il est encore à remarquer que, pour la série de nombres dont k_μ est le terme général, une période de $2n$ termes est la plus courte période d'un nombre pair de termes dont la répétition puisse produire cette série. Car, s'il en existait une plus courte de $2m$ termes, il résulterait alors du développement que nous avons trouvé pour la première racine ω_ν, que ω_0 coïnciderait avec ω_{2m}, et par suite aussi φ_0 avec φ_{2m}, tandis qu'au contraire nous avons supposé que $2n$ était le plus petit indice qui donnât φ_{2n} identique avec φ_0.

Observons enfin que la totalité des formes réduites appartenant à un déterminant donné peut toujours se partager en périodes comme celles que nous avons considérées dans ce paragraphe. Après avoir calculé, en partant d'une certaine forme réduite, la période dont cette forme fait partie, si cette période ne contient pas toutes les formes réduites, on procède de la même manière en partant d'une des formes restantes. La seconde période ainsi trouvée se compose de formes toutes différentes entre elles, et évidemment différentes aussi de celles de la première période. On continuera de cette manière à calculer de nouvelles périodes, jusqu'à ce qu'on ait épuisé toutes les formes réduites.

§. VI.

Abordons maintenant le problème qui consiste à décider si deux formes données, sont ou ne sont pas équivalentes. Comme on peut aisément, de chaque forme, déduire une forme réduite qui lui soit équivalente, et que d'ailleurs les formes qui appartiennent à la même période sont toujours équivalentes, il ne reste plus qu'à rechercher si des formes appartenant à des périodes différentes peuvent être équivalentes. Dans cette recherche, il est évident que les deux formes que l'on doit comparer peuvent être choisies arbitrairement parmi celles de leurs périodes respectives. Nous supposerons en conséquence que les premiers coefficients des deux formes

$$\varphi_0 = (a,\ b,\ c),\quad \Phi_0 = (A,\ B,\ C)$$

sont positifs; nous attribuerons à chacune d'elles, dans sa période, l'indice zéro; nous conserverons, pour la période de la première, toutes les notations du §. V, et nous emploierons pour la période de la seconde les lettres capitales correspondantes; de sorte que les premières racines appartenant à nos deux formes seront représentées par les fractions continues normales:

$$\omega_0 = (k_0,\ k_1,\ k_2,\ \ldots),\quad \Omega_0 = (K_0,\ K_1,\ K_2,\ \ldots).$$

Si l'on suppose maintenant que les deux formes soient équivalentes, et que la première se change en la seconde par la substitution $\begin{pmatrix}\alpha, & \beta\\ \gamma, & \delta\end{pmatrix}$, on aura par le §. III, 1°,

$$\alpha\delta - \beta\gamma = 1,\quad \omega_0 = \frac{\gamma + \delta\Omega_0}{\alpha + \beta\Omega_0}.$$

Il est aisé de voir que α ne peut pas être nul. Car on aurait alors

$$\gamma = \pm 1,$$

et par suite

$$A = c,$$

ce qui est contraire à l'hypothèse que l'on a faite sur les signes des coefficients. Nous avons donc, d'après le §. II, 1°, une équation de la forme

$$\omega_0 = (\lambda,\ m,\ \ldots,\ r,\ \sigma,\ \Omega_0) = (\lambda,\ m,\ \ldots,\ r,\ \sigma,\ K_0,\ K_1,\ \ldots,\ K_\nu,\ \ldots),$$

les termes $\lambda,\ m,\ \ldots\ r,\ \sigma$ étant en nombre pair $2g$. Si l'on ramène maintenant, d'après le §. I, la fraction continue à la forme normale, alors, puisque ω_0 est positif, le nombre des termes qui précèdent un terme K_ν, à partir duquel la fraction ne subit plus aucun changement, variera d'un nombre pair $2h$, h étant positif ou négatif suivant que le nombre des termes croît ou décroît, et pouvant aussi être nul, comme il arrive, entre autres, si la fraction primitive a déjà la forme normale. Après la transformation, la fraction continue doit être identique avec celle qui représente ω_0. On a donc, pour toute valeur de l'indice ν

supérieure à une certaine limite,

$$K_\nu = k_{2g+2h+\nu}.$$

Écrivons $2Ni+\nu$ au lieu de ν, $2Ni$ désignant un multiple suffisamment grand de $2N$. Le nouveau ν pourra recevoir une valeur positive quelconque, zéro compris, et l'on aura, en négligeant $2Ni$ dans l'indice de K, et réduisant, dans l'indice de k, $2g+2h+2Ni$ à son résidu *minimum* $2m$ suivant le module $2n$,

$$K_\nu = k_{2m+\nu}.$$

On obtient par conséquent

$$\Omega_0 = \omega_{2m},$$

et partant

$$\Phi_0 = \varphi_{2m},$$

c'est-à-dire que la seconde forme est contenue dans la période appartenant à la première, et répond, dans cette période, à l'indice $2m$. Donc des formes appartenant à des périodes différentes ne peuvent être équivalentes.

§. VII.

Après avoir donné une démonstration simple de la proposition la plus difficile de la théorie des formes du second degré de déterminant positif, il nous reste à indiquer en quelques mots les modifications que doit subir le reste de la théorie, conformément à notre mode de démonstration, dans les points qui s'appuient, soit sur la proposition elle-même, soit sur les principes qui servent à l'établir.

Comme les opérations par lesquelles on reconnaît l'équivalence de deux formes, fournissent toujours une première substitution au moyen de laquelle l'une des formes se change en l'autre, il ne reste plus que ce problème à résoudre pour compléter ce qui concerne l'équivalence et la transformation des formes: Connaissant une transformation d'une forme en une autre, en déduire toutes les autres transformations qui remplissent le même objet. Ce problème se ramène facilement à cet autre plus simple: Trouver l'expression de toutes les transformations d'une forme en elle-même; et l'on peut supposer en outre que les coefficients de la forme n'ont pas de diviseur commun; car toute substitution par laquelle une forme se transforme en elle-même, opère de la même manière sur la forme que l'on obtient par la suppression du diviseur commun, et *vice versâ*. Soit maintenant (a, b, c) une forme dont les coefficients a, b, c n'ont pas de diviseur commun; le plus grand diviseur commun de a, $2b$, c

aura une valeur numérique égale à 1 ou à 2, et que nous désignerons par σ, le cas de $\sigma = 2$ ne pouvant se présenter que lorsque le déterminant $D = b^2 - ac$ sera de la forme $4h+1$. Cela posé, on démontre*) que toutes les substitutions par lesquelles une forme se transforme en elle-même, s'obtiennent au moyen des équations

$$(1) \qquad \alpha = \frac{t - bu}{\sigma}, \quad \beta = -\frac{cu}{\sigma}, \quad \gamma = \frac{au}{\sigma}, \quad \delta = \frac{t + bu}{\sigma},$$

où l'on mettra pour t, u tous les nombres entiers qui satisfont simultanément à la relation

$$t^2 - Du^2 = \sigma^2;$$

et l'on fait voir en même temps que la solution complète de cette équation indéterminée peut se déduire facilement de la solution exprimée par les plus petits nombres entiers et positifs.

On peut maintenant profiter de la dépendence mutuelle des deux problèmes pour la résolution de l'équation indéterminée, le problème de la transformation pouvant être résolu directement dans le cas d'une forme réduite. Nous pourrons ici supposer a positif dans la forme réduite, et nous borner à considérer les substitutions dont tous les coefficients α, β, γ, δ sont positifs. Soit

$$\omega = (k_0, k_1, k_2, \ldots, k_{2n-1}; k_0, k_1, \ldots)$$

le développement normal en fraction continue périodique de la première racine appartenant à la forme (a, b, c), et désignons par $\frac{\gamma}{\alpha}$, $\frac{\delta}{\beta}$ deux réduites consécutives, dont la seconde corresponde au dernier terme k_{2n-1} d'une période; on a alors

$$\alpha\delta - \beta\gamma = 1, \quad \omega = \frac{\gamma + \delta\omega}{\alpha + \beta\omega},$$

et de ces équations il résulte, d'après le §. III, 2°, en y supposant que les deux formes considérées soient identiques, que notre forme se transforme en elle-même par la substitution composée des quatre coefficients positifs α, β, γ, δ. Réciproquement, il est aisé de faire voir que toutes les substitutions de l'espèce dont nous parlons peuvent s'obtenir de cette manière. Soient, en effet, α, β, γ, δ

---

*) Disq. arith. page 181, ou Journal de Crelle, tome XXIV, page 328 [1]). La seconde de ces deux démonstrations est donnée pour des nombres complexes; mais elle s'applique, sans y changer un mot, à des nombres réels, en supposant que la lettre ω y représente ce que nous désignons ici par σ. — Voir au surplus *l'Addition*, page 373. [2])

[1]) Bd. I. S. 573 dieser Ausgabe von G. Lejeune Dirichlet's Werken.

[2]) S. 178 dieses Bandes.

les coefficients d'une telle substitution; on conclut du §. III, 1°, que les deux égalités précédentes ont lieu. Mettant maintenant la seconde de ces équations, qui est satisfaite par les deux racines, sous la forme

$$\beta\omega^2+(\alpha-\delta)\omega-\gamma = 0,$$

et remarquant que la première de ces racines est comprise entre 1 et ∞, et la seconde entre -1 et 0, il s'ensuit que le premier membre doit être négatif pour $\omega = 1$, et positif pour $\omega = -1$. On obtient ainsi les deux inégalités

$$(2) \qquad \gamma-\alpha > \beta-\delta, \quad \delta-\gamma > \alpha-\beta,$$

et l'on en déduit aisément ces deux autres[1])

$$\delta > \gamma, \quad \gamma \geqq \alpha,$$

dont la première se vérifie de la manière suivante: Si l'on partait de la supposition contraire $\delta \leqq \gamma$, puisque $\alpha\delta > \beta\gamma$, il en résulterait $\alpha > \beta$, ou $\alpha-\beta > 0$, et par suite, en vertu de la seconde des inégalités (2), $\delta > \gamma$. Si l'on supposait, en second lieu, $\alpha > \gamma$, on ne pourrait pas avoir en même temps $\delta > \beta$, parce qu'alors $\alpha\delta$ surpasserait $\beta\gamma$ au moins de trois unités. Mais de $\beta-\delta \gtreqless 0$, il s'ensuivrait, par la première des inégalités (2), $\gamma > \alpha$. Donc, puisque la supposition $\alpha > \gamma$ conduit à une contradiction, on a nécessairement $\gamma \geqq \alpha$.

Toutes les suppositions faites au §. II, 2°, se trouvent donc ici réalisées, et l'on a

$$\frac{\gamma}{\alpha} = (l,\ m,\ \ldots,\ r), \quad \frac{\delta}{\beta} = (l,\ m,\ \ldots,\ r,\ s), \quad \omega = (l,\ m,\ \ldots,\ r,\ s,\ \omega).$$

Si l'on substitue à ω le développement normal supposé ci-dessus, pour la première racine, on obtient deux développements normaux en fraction continue, égaux entre eux et par suite identiques. Donc la suite $l, m, \ldots, r, s$ se compose nécessairement d'une ou de plusieurs périodes, telles que $k_0, k_1, \ldots, k_{2n-1}$, et $\frac{\gamma}{\alpha}$, $\frac{\delta}{\beta}$ sont, comme nous l'avons annoncé, deux réduites consécutives correspondantes à la fin d'une période. Or, comme $\alpha, \beta, \gamma, \delta$ croissent évidemment, si l'on passe d'une période à la suivante, il en résulte que les plus petites valeurs positives que l'on puisse donner aux coefficients d'une substitution sont celles qui correspondent à la fin de la première période, et il est facile de s'assurer que ces valeurs s'obtiennent en donnant à t et à u, dans les équations (1), les valeurs positives *minima*. En effet, la première et la quatrième

[1]) Vgl. die Anmerkung auf S. 157 dieses Bandes.

de ces équations donnent

$$\alpha\delta = \frac{t^2-b^2u^2}{\sigma^2} = \frac{t^2-Du^2}{\sigma^2} - \frac{acu^2}{\sigma^2} = 1 - \frac{acu^2}{\sigma^2}.$$

Or $-ac$ étant positif, α et δ ont toujours le même signe, lequel, à cause de

$$\alpha+\delta = \frac{2t}{\sigma},$$

est aussi signe de t. On voit de la même manière, d'après les expressions de β et de γ, que ces dernières quantités, lorsqu'elles ne sont pas nulles toutes les deux (ce qui supposerait $u=0$), sont aussi de même signe que u. Les substitutions positives cherchées α, β, γ, δ s'obtiennent donc au moyen de valeurs positives de t et de u, et puisque β et γ croissent avec u, la substitution exprimée par les moindres nombres possibles correspond aux valeurs positives *minima* de t et de u. Celles-ci, par conséquent, une fois que les autres auront été déterminées à l'aide de la fraction continue, seront données par les équations

$$t = \frac{\sigma}{2}(\delta+\alpha), \quad u = \frac{\sigma}{2b}(\delta-\alpha).$$

Addition à ce mémoire; par l'auteur.

Pour que le lecteur soit dispensé de recourir aux écrits cités dans la Note relative au §. VII, nous allons démontrer en peu de mots les formules rappelées au point auquel se rapporte cette Note.

Les conditions nécessaires et suffisantes pour que la substitution

$$\begin{pmatrix}\alpha, & \beta \\ \gamma, & \delta\end{pmatrix}$$

change la forme (a, b, c) en elle-même, sont évidemment exprimées par ces équations

$$\alpha\delta-\beta\gamma = 1, \quad a(\alpha^2-1)+2b\alpha\gamma+c\gamma^2 = 0, \quad a\alpha\beta+2b\beta\gamma+c\gamma\delta = 0,$$

dont la troisième a été simplifiée en ce qu'on y a remplacé $\alpha\delta$ par $\beta\gamma+1$. En ajoutant les deux dernières après les avoir multipliées par δ et $-\gamma$, et ensuite après les avoir multipliées par $-\beta$ et α et ayant égard à la première, on obtient ce nouveau système d'équations

$$\alpha\delta-\beta\gamma = 1, \quad a(\alpha-\delta)+2b\gamma = 0, \quad a\beta+c\gamma = 0,$$

tout à fait équivalent au système primitif qui s'en déduit en faisant la somme des deux dernières équations qu'on vient d'écrire après les avoir multipliées d'abord par α, γ, et ensuite par β, δ. Comme a n'est pas nul, si nous posons $\gamma = a\psi$, la quantité rationnelle ψ sera complètement déterminée par γ, et nos deux dernières égalités pourront être remplacées pas celles-ci:

$$(1) \qquad \delta - \alpha = 2b\psi, \quad \beta = -c\psi, \quad \gamma = a\psi.$$

Or $\delta - \alpha$, β, γ étant des entiers, et le plus grand diviseur commun de a, $2b$, c ayant été désigné par σ, ψ sera nécessairement de la forme $\frac{u}{\sigma}$, où u est un entier, et nous aurons

$$\delta - \alpha = \frac{2bu}{\sigma}, \quad \beta = -\frac{cu}{\sigma}, \quad \gamma = \frac{au}{\sigma}.$$

Si maintenant, dans l'équation

$$(\delta + \alpha)^2 = (\delta - \alpha)^2 + 4\alpha\delta = (\delta - \alpha)^2 + 4\beta\gamma + 4,$$

noùs substituons les expressions précédentes et si nous multiplions ensuite par σ^2, il viendra

$$[\sigma(\delta + \alpha)]^2 = 4[(b^2 - ac)u^2 + \sigma^2] = 4(Du^2 + \sigma^2),$$

d'où nous concluons que $\sigma(\delta + \alpha)$ est pair. En posant donc

$$\sigma(\delta + \alpha) = 2t,$$

t étant un entier, la dernière équation prendra la forme

$$(2) \qquad t^2 - Du^2 = \sigma^2,$$

et nos entiers, α, β, γ, δ se trouveront exprimés par les formules suivantes:

$$\alpha = \frac{t - bu}{\sigma}, \quad \beta = -\frac{cu}{\sigma}, \quad \gamma = \frac{au}{\sigma}, \quad \delta = \frac{t + bu}{\sigma}.$$

Après avoir prouvé que les coefficients de toute substitution qui change la forme (a, b, c) en elle-même, sont exprimables au moyen des formules précédentes par deux entiers t et u liés entre eux par l'équation (2), il nous reste à faire voir que, réciproquement, toute solution entière (t, u) de cette dernière donne des valeurs entières pour α, β, γ, δ, et que ces valeurs satisfont aux équations (1) qui expriment les conditions suffisantes pour que la substitution formée au moyen des coefficients α, β, γ, δ change la forme (a, b, c) en elle-même. Le premier point, qui est évident, lorsque $\sigma = 1$, se prouve pour $\sigma = 2$ en observant que D et b étant impairs dans ce cas, t et u seront évidemment tous deux pairs ou tous deux impairs, et il n'est pas moins facile de vérifier la seconde assertion: il suffit de faire la substitution de α, β, γ, δ dans les équations (1), et d'avoir égard à l'équation (2).

(Toul, 14 août 1857).

Extrait d'une Lettre de M. Dirichlet à M. Liouville.

„... En jetant les yeux sur le Mémoire que M. Hoüel a traduit récemment (j'ai vu la traduction entre vos mains à Toul), je me suis aperçu qu'on pourrait le rendre plus complet, sans l'allonger, en profitant d'une remarque que j'ai eu occasion de faire dans mon Cours. Si donc ce Mémoire n'est pas encore imprimé, veuillez y faire le changement indiqué ci-après*).

„Les deux derniers alinéas du §. IV sont à remplacer par ce qui suit:

„Pour déterminer le coefficient b', on remarquera que la valeur réciproque de la première des racines appartenant à la forme (a', b', a'') devant être une quantité σ numériquement inférieure à l'unité et de même signe que a', on aura

$$\sigma = \frac{-b'+\sqrt{D}}{a'}, \quad b' = \sqrt{D} - a'\sigma,$$

c'est-à-dire que b' se trouve compris entre $\sqrt{D}$ et $\sqrt{D}-(a')$, (a') désignant la valeur absolue de a'. Cette condition jointe à la congruence $b' \equiv -b \pmod{a'}$ sert à déterminer b' sans ambiguïté et d'une manière facile.

„On prouve d'une manière toute semblable qu'il existe toujours une réduite unique contiguë à la proposée vers la gauche, et cela résulte aussi du cas précédent au moyen de la remarque faite plus haut.

„Nous terminerons ce paragraphe en faisant voir qu'on peut toujours obtenir une forme réduite équivalente à une forme quelconque donnée (a, b, a'). Pour cela on formera la suite de formes

$$(a, b, a'), (a', b', a''), (a'', b'', a'''), \ldots,$$

dont chacune se déduit de celle qui la précède par le procédé indiqué ci-dessus, la seconde par exemple de la première, en déterminant b' par la double condition, de satisfaire à la congruence $b' \equiv -b \pmod{a'}$ et d'être compris entre $\sqrt{D}$ et $\sqrt{D}-(a')$. Il est facile de s'assurer que les formes ainsi obtenues finiront par être toutes des réduites, et que cela aura lieu au plus tard lorsqu'on sera arrivé à une forme dont le premier coefficient ne surpasse pas numériquement le troisième, circonstance qui ne pourra manquer de se présenter, les

---

*) Cette Lettre ne m'est parvenue qu'au moment où j'allais donner le bon à tirer. Pour éviter un remaniement difficile, je laisse subsister la rédaction ancienne, qui, d'ailleurs, était déjà très satisfaisante; mais j'ajoute la rédaction nouvelle dont nos lecteurs feront leur profit suivant le voeu de l'illustre auteur.

(J. Liouville).

entiers positifs

$$(a),\ (a'),\ (a''),\ldots$$

ne pouvant aller indéfiniment en décroissant.

„Il s'agit donc de prouver qu'une forme telle que

$$(A,\ B,\ C),$$

où $(A) \leqq (C)$ et (B) compris entre $\sqrt{D}$ et $\sqrt{D}-(A)$ est une forme réduite.

„En vertu de la dernière condition, on a

$$B=\sqrt{D}-A\sigma,\quad \sigma=\frac{-B+\sqrt{D}}{A},\quad \frac{1}{\sigma}=\frac{-B-\sqrt{D}}{C},$$

la quantité σ étant numériquement inférieure à l'unité et de même signe que A. Il resulte des deux dernières équations et de la condition $(A) \overline{\overline{<}} (C)$, que les racines

$$\frac{-B-\sqrt{D}}{C},\quad \frac{-B+\sqrt{D}}{C},$$

qui appartiennent à notre forme, sont, quant à leurs valeurs absolues, la première supérieure, la seconde inférieure à l'unité. La première racine étant ainsi numériquement supérieure à la seconde, B sera nécessairement positif, et l'on conclura ensuite de l'avant-dernière des équations ci-dessus, dans laquelle σ et A ont le même signe, que $B<\sqrt{D}$; d'où il suit enfin, d'après leurs expressions, que ces racines ont des signes opposés. *C. Q. F. D.*"

ÜBER EINE EIGENSCHAFT DER QUADRATISCHEN FORMEN VON POSITIVER DETERMINANTE.

[Mitgetheilt in der Sitzung der physikalisch-mathematischen Classe der Akademie der Wissenschaften am 16. Juli 1855.]

Da der neue Satz, welcher den Gegenstand dieser Vorlesung bildet, innig mit der Theorie der Gleichung:

$$(1) \qquad t^2 - Du^2 = 1$$

zusammenhängt, so sind zunächst einige Bemerkungen über diese Gleichung zu machen, worin die gegebene positive ganze Zahl D keinem Quadrate gleich sein soll, und von welcher hier nur die in positiven ganzen Zahlen t, u ausgedrückten Auflösungen zu berücksichtigen sind.

Sind T, U die kleinsten der Gleichung (1) genügenden Werthe, so werden bekanntlich sämmtliche Auflösungen von der eben erwähnten Beschaffenheit durch die Formel:

$$(T + U\sqrt{D})^n = t_n + u_n\sqrt{D}$$

erhalten, wenn man der ganzen Zahl n alle positiven Werthe beilegt. Unter diesen Auflösungen giebt es unendlich viele, in denen u_n durch eine beliebige (positive) Zahl S theilbar ist, und die Exponenten n, für die dieser Umstand stattfindet, sind die auf einander folgenden Vielfachen des kleinsten N derselben. Setzt man nämlich:

$$D' = DS^2,$$

und bildet die neue Gleichung:

$$t'^2 - D'u'^2 = 1,$$

so erhellt, dass jede Auflösung dieser letzteren, wenn:

$$t = t', \quad u = Su'$$

gesetzt wird, eine Auflösung von (1) ergiebt, in welcher u durch S aufgeht, und umgekehrt, woraus das Behauptete und überdies folgt, dafs N durch die Gleichung:

$$(T+U\sqrt{D})^N = T'+U'\sqrt{D'}$$

bestimmt wird, worin T', U' die kleinsten Werthe von t', u' bedeuten.

Man kann, ohne T', U' zu kennen, den Exponenten N angeben, sobald für jeden der verschiedenen in S enthaltenen Primfactoren p der kleinste Werth ν, für den u_ν durch p aufgeht, und zugleich der Exponent δ der höchsten Potenz von p bekannt ist, durch welche u_ν theilbar ist. Man überzeugt sich nämlich ohne Schwierigkeit, dass, wenn e eine beliebige durch p^ε (wo ε auch Null sein kann) und keine höhere Potenz von p theilbare Zahl bedeutet, unter der vorhin gemachten Voraussetzung $p^{\delta+\varepsilon}$ die höchste in $u_{\nu e}$ aufgehende Potenz von p sein wird, so dass also die erforderliche und ausreichende Bedingung dafür, dass $u_{\nu e}$ durch p^α aufgehe, darin besteht, dass e durch $p^{\alpha-\delta}$ theilbar sein muss, wo natürlich die Differenz $\alpha-\delta$, wenn sie negativ wird, auf Null zu reduciren ist.

Unterscheidet man nun die verschiedenen in S enthaltenen Primfactoren p so wie die ihnen entsprechenden Werthe ν, δ durch Indices, und setzt:

$$S = p_1^{\alpha_1} p_2^{\alpha_2} \ldots,$$

so ist nach dem Gesagten N das kleinste gemeinschaftliche Vielfache der Zahlen:

$$\nu_1 p_1^{\alpha_1-\delta_1}, \quad \nu_2 p_2^{\alpha_2-\delta_2}, \quad \ldots,$$

und man sieht sogleich, dass, wenn man ohne neue Primzahlen in S aufzunehmen, sämmtliche Exponenten α_1, α_2, ... über jede Grenze hinaus wachsen lässt, der Quotient $\frac{S}{N}$ bald einen festen von α_1, α_2, ... nicht mehr abhängigen Werth erreichen wird.

Aus der eben bewiesenen Eigenschaft ergiebt sich eine interessante Folgerung für die Theorie der quadratischen Formen von positiver Determinante. Fügt man zu den schon gemachten Voraussetzungen noch die hinzu, dass D keinen quadratischen Factor enthält, bezeichnet mit h die Anzahl der Classen, in welche die zur Determinante D gehörigen Formen zerfallen, und nimmt h' in ähnlicher Bedeutung für die Determinante $D' = DS^2$, so hat man, wie in einer früheren Abhandlung (Recherches sur diverses applications de l'analyse infinitésimale à la théorie des nombres) bewiesen worden ist[1]), die Gleichung:

$$h' = h\frac{\log(T+U\sqrt{D})}{\log(T'+U'\sqrt{D})}SR,$$

wo hinsichtlich des Factors R zu bemerken ist, dass derselbe von den Primzahlen $p_1, p_2, \ldots$, nicht aber von den Exponenten $\alpha_1, \alpha_2, \ldots$, abhängt. Da man dieser Gleichung auch die Form geben kann:

$$h' = h\frac{S}{N}R,$$

so folgt, dass aus jeder Determinante D unendlich viele andere Determinanten DS^2 abgeleitet werden können, welchen allen dieselbe Classenanzahl entspricht. Durch schickliche Wahl von D und der Primzahlen $p_1, p_2, \ldots$ lässt sich bewirken, dass diese unveränderliche Anzahl der Classen mit der der genera übereinstimmt, und so die Richtigkeit der von GAUSS ausgesprochenen Vermuthung beweisen, dass die Reihe der positiven Determinanten, welche in jedem genus nur eine Classe besitzen, nicht abbricht, während die mit derselben Eigenschaft begabten negativen Determinanten nur in endlicher Anzahl zu sein scheinen [Disquisitiones arithmeticae, art. 304[2])].

---

1) Bd. I, S. 472 dieser Ausgabe von G. Lejeune Dirichlet's Werken.

2) Gauss' Werke, Bd. I, S. 368.

SUR UNE PROPRIÉTÉ DES FORMES QUADRATIQUES A DÉTERMINANT POSITIF.

[Extrait des Comptes rendus de l'Académie de Berlin (juillet 1855), et librement traduit par l'auteur.]

Comme la propriété des formes quadratiques que je me propose de faire connaître dans cette Note est liée intimement à la théorie de l'équation:

$$t^2 - Du^2 = 1, \tag{1}$$

je commencerai par quelques remarques sur cette équation dans laquelle l'entier positif donné D est supposé non carré, et dont nous n'aurons à considérer que les solutions exprimées en entiers positifs t et u.

On sait que si l'on désigne par T, U les plus petits entiers positifs, satisfaisant à l'équation proposée, toutes les solutions positives de l'équation seront données par la formule:

$$(T+U\sqrt{D})^n = t_n + u_n\sqrt{D},$$

où il faut attribuer à n successivement les valeurs entières depuis $n = 1$ jusqu'à $n = \infty$. Parmi les valeurs que l'on obtient ainsi pour u_n, il y en a une infinité qui sont divisibles par un entier quelconque S (positif), et l'on prouve facilement que si N désigne le plus petit indice n, pour lequel cette condition a lieu, les autres valeurs convenables de n forment la suite des multiples successifs de N. Pour nous en assurer, soit $D' = DS^2$, et considérons l'équation:

$$t'^2 - D'u'^2 = 1, \tag{2}$$

qui a la même forme que l'équation (1). On voit qu'en posant:

$$t = t', \quad u = Su',$$

toute solution de l'équation (2) donnera une solution de l'équation (1), pour laquelle u est divisible par S, et *vice versâ;* l'assertion avancée plus haut se trouve donc justifiée, et l'on reconnaît de plus que l'entier N est donné par l'équation:

$$(T+U\sqrt{D})^N = T'+U'\sqrt{D'},$$

T' et U' désignant les plus petites valeurs positives de t' et u'.

L'exposant N peut être assigné sans que l'on détermine préalablement T' et U'; il suffit de connaître pour chacun des diviseurs premiers p de S le plus petit indice ν tel que u_ν soit divisible par p, et de savoir en même temps quelle est la puissance la plus élevée p^δ de p qui divise u_ν. Dans la double supposition qu'on vient de faire, on peut indiquer immédiatement l'exposant de la plus haute puissance de p contenue dans $u_{\nu e}$, e étant un entier arbitrairement choisi. L'exposant dont il s'agit est $\delta+\varepsilon$, ε, qui peut d'ailleurs se réduire à zéro, désignant la puissance la plus élevée de p qui divise e.

Pour reconnaître la vérité de ce qui vient d'être avancé, soient θ et η deux entiers qui satisfassent à l'équation (1), et soit de plus p^k (k différant de zéro) la plus haute puissance de p contenue dans η. En déduisant de cette solution une solution nouvelle au moyen de la formule:

$$(\theta+\eta\sqrt{D})^m = t+u\sqrt{D},$$

nous aurons:

$$u = \eta\left(m\theta^{m-1}+\frac{m(m-1)(m-2)}{1.2.3}\theta^{m-3}\eta^2 D+\cdots\right),$$

et il est manifeste, θ n'étant pas divisible par p, que la puissance la plus élevée de p contenue dans u sera p^k, si m n'est pas divisible par p, et que cette puissance sera p^{k+1}, si l'on suppose $m=p$. Or l'élévation à une puissance quelconque pouvant se réduire à la combinaison des deux cas particuliers précédents, le résultat énoncé plus haut se trouve établi.

D'après la propriété qui vient d'être démontrée, on voit que la condition nécessaire et suffisante pour que $u_{\nu e}$ soit divisible par une puissance quelconque p^α, où $\alpha > 0$, consiste en ce que e doit avoir le facteur $p^{\alpha-\delta}$, l'exposant $\alpha-\delta$, s'il dévient négatif, devant être remplacé par zéro.

Servons-nous maintenant d'indices pour désigner les nombres premiers inégaux p contenus dans S, et les valeurs correspondantes de ν et δ, et posons:

$$S = p_1^{\alpha_1}p_2^{\alpha_2}\cdots;$$

l'exposant cherché N sera, d'après ce qui précède, le plus petit multiple commun des nombres:

$$\nu_1 p_1^{\alpha_1-\delta_1}, \quad \nu_2 p_2^{\alpha_2-\delta_2}, \quad \ldots,$$

et l'on voit sans peine que si, sans introduire de nouveaux facteurs premiers dans S, on fait croître indéfiniment tous les exposants $\alpha_1, \alpha_2, \ldots$, le quotient $\frac{S}{N}$ finira bientôt par ne plus varier, en conservant une valeur indépendante de $\alpha_1, \alpha_2, \ldots$.

Le théorème que nous venons d'établir sur l'équation (1) donne lieu à une conséquence remarquable qui se rapporte à la théorie des formes quadratique à déterminant positif. Aux suppositions précédemment énoncées, ajoutons celle que D n'ait pas de diviseur carré, désignons alors par h le nombre des classes dans lesquelles se distribuent les formes quadratiques ayant D pour déterminant commun, et donnons à la lettre h' une signification analogue relativement au déterminant $D' = DS^2$, nous aurons l'équation suivante:

$$h' = h\frac{\log(T+U\sqrt{D})}{\log(T'+U'\sqrt{D'})}SR,$$

établie dans mon Mémoire: *Recherches sur diverses applications de l'Analyse infinitésimale à la Théorie des Nombres*, 2e partie[1]). Quant à la quantité R qui y entre et dont nous n'avons pas eu à parler plus haut, il suffira pour notre objet de rappeler que cette quantité dépend à la vérité des nombres premiers $p_1, p_2, \ldots$, mais nullement des exposants $\alpha_1, \alpha_2, \ldots$. Notre équation pouvant se mettre sous la forme:

$$h' = h\frac{S}{N}R,$$

nous concluons du résultat précédemment obtenu que de tout déterminant positif D, on peut déduire une infinité d'autres déterminants de la forme DS^2, ayant tous le même nombre de classes. En choisissant convenablement l'entier D et les nombres premiers $p_1, p_2, \ldots$, on peut faire en sorte, et cela d'une infinité de manières, que le nombre invariable des classes coïncide pour toute cette série infinie de déterminants avec celui des genres, ce qui confirme la conjecture énoncée par l'illustre auteur des *Disquisitiones arithmeticae*

---

[1]) Bd. I, S. 472 dieser Ausgabe von G. Lejeune Dirichlet's Werken.

(*voir* art. 304)[1]), d'après laquelle les déterminants positifs possédant une seule classe dans chacun des genres qui leur correspondent forment une suite infinie. C'est là un phénomène analytique d'autant plus remarquable, que les déterminants négatifs jouissant de la même propriété ne paraissent être qu'en nombre fini et même très restreint. Si l'on peut s'en rapporter à une induction portée très loin (jusqu'à 10 000 si je ne me trompe) d'abord par EULER qui s'est occupé de ces mêmes nombres sous le nom de *numeri idonei*, c'est-à-dire de nombres propres à faire trouver des nombres premiers très grands, à une époque où la théorie des formes quadratiques, fondée par LAGRANGE, n'existait pas encore, et plus tard par GAUSS, les déterminants négatifs dont il s'agit ne seraient qu'au nombre de 65, et le plus grand de ces déterminants, abstraction fait du signe, aurait pour valeur 1848.

---

1) Gauss' Werke, Bd. I, S. 368.

SUR UN THÉORÈME RELATIF AUX SÉRIES.

Le théorème que je vais établir d'une manière nouvelle est le même qui m'a servi comme lemme dans plusieurs Mémoires précédents. La démonstration que j'en ai donnée dans le premier de ces Mémoires*) suppose une certaine condition qui, bien qu'elle se trouve remplie dans la plupart des applications qu'on peut faire du lemme, n'est pas indispensable, comme j'en ai déjà fait la remarque ailleurs, et comme ón pourra au reste le voir dans ce qui va suivre.

Je commence par un cas particulier très simple et qui consiste en ce que, a et b désignant des constantes positives et ϱ une variable également positive, on a:

$$\lim \varrho \sum_{n=0}^{n=\infty} \frac{1}{(b+na)^{1+\varrho}} = \frac{1}{a},$$

la limite se rapportant au décroissement indéfini de ϱ. Pour démontrer ce cas particulier, considérons l'intégrale:

$$\int_b^\infty \frac{dx}{x^{1+\varrho}} = \frac{1}{\varrho b^\varrho}$$

comme l'aire d'une courbe ayant x pour abscisse; cette courbe se rapprochant

*) Journal de Crelle, tome XIX. [1])

[1]) Bd. I., S. 414—417 dieser Ausgabe von G. Lejeune Dirichlet's Werken.

de plus en plus de l'axe des x, si l'on mène des parallèles à cet axe par les extrémités des ordonnées qui répondent à $x = b$, $b+a$, etc., on aura des rectangles extérieurs et intérieurs à notre aire, et l'on conclura sur-le-champ que la somme dont il s'agit d'avoir la limite, se trouve comprise entre les deux quantités:

$$\frac{1}{ab^\varrho} \quad \text{et} \quad \frac{1}{ab^\varrho} + \frac{\varrho}{b^{1+\varrho}},$$

dont la limite commune est $\frac{1}{a}$.

Pour passer maintenant au théorème général, soient:

$$k_1, \; k_2, \; k_3, \; \ldots, \; k_n, \; \ldots,$$

des constantes positives rangées par ordre de grandeur croissante, de sorte que $k_n \leqq k_{n+1}$, et supposons que ces constantes soient telles, qu'en désignant par t une variable continue et positive, et par T le nombre des termes de notre suite qui ne surpassent pas t, le rapport:

$$\frac{T}{t}$$

converge vers la limite finie α lorsque t croît indéfiniment. Cela supposé, je dis que cette même quantité α sera aussi la limite de la somme:

$$\varrho \sum_{n=1}^{n=\infty} \frac{1}{k_n^{1+\varrho}} \tag{1}$$

pour une valeur infiniment petite de ϱ.

D'après la condition supposée, on peut, δ désignant un nombre aussi petit que l'on voudra, en choisir un autre τ assez grand pour que, t surpassant τ, on ait constamment:

$$\alpha - \delta < \frac{T}{t} < \alpha + \delta.$$

Cela fait, soit N la valeur de T qui répond à $t = \tau$, et ne considérons d'abord que les termes de notre série ayant un indice $n > N$. Un pareil terme k_n peut présenter deux cas, selon que l'on aura:

$$k_n < k_{n+1} \quad \text{ou} \quad k_n = k_{n+1}.$$

Dans le premier cas, la valeur de T qui répond à $t=k_n$ sera n, et l'on aura:

$$\alpha-\delta<\frac{n}{k_n}<\alpha+\delta.$$

Dans le second cas, soit, parmi les termes qui suivent k_n, $k_{m'}$ le dernier qui soit encore égal à k_n; soit de plus, parmi les termes précédents, k_m le premier dont la valeur soit inférieure à celle de k_n. Si maintenant nous faisons croître t à partir de $t=k_m$, T restera invariablement égal à m, tant que t n'atteindra pas la valeur $k_{m'}$, et notre rapport $\frac{T}{t}$ approchant ainsi indéfiniment de $\frac{m}{k_{m'}}$, en même temps qu'il reste toujours supérieur à $\alpha-\delta$, nous aurons:

$$\frac{m}{k_{m'}}>\alpha-\delta.$$

Mais comme par le premier cas nous avons aussi:

$$\frac{m'}{k_{m'}}<\alpha+\delta,$$

et en outre:

$$m<n<m',\quad k_n=k_{m'},$$

nous concluons, comme précédemment:

$$\alpha-\delta<\frac{n}{k_n}<\alpha+\delta.$$

Cette double inégalité étant mise sous la forme:

$$(\alpha-\delta)^{1+\varrho}\frac{\varrho}{n^{1+\varrho}}<\frac{\varrho}{k_n^{1+\varrho}}<(\alpha+\delta)^{1+\varrho}\frac{\varrho}{n^{1+\varrho}},$$

si nous sommons depuis $n=N+1$ jusqu'à $n=\infty$, il viendra:

$$(\alpha-\delta)^{1+\varrho}.\varrho\,\Sigma\frac{1}{n^{1+\varrho}}<\varrho\,\Sigma\frac{1}{k_n^{1+\varrho}}<(\alpha+\delta)^{1+\varrho}.\varrho\,\Sigma\frac{1}{n^{1+\varrho}}.$$

Or l'expression $\varrho\Sigma\frac{1}{n^{1+\varrho}}$ rentrant dans le cas particulier examiné plus haut, en supposant:

$$b = N+1, \quad a = 1,$$

et ayant par suite l'unité pour limite, on voit que la partie de notre somme (1), qui s'étend depuis $n = N+1$ jusqu'à $n = \infty$, finira par rester comprise entre $\alpha - \varepsilon$ et $\alpha + \varepsilon$, le nombre ε étant tant soit peu supérieur à δ et par conséquent, comme ce dernier, d'une petitesse arbitraire, et comme en même temps la première partie qui n'a qu'un nombre fini N de termes, converge évidemment vers zéro, il s'ensuit que la limite de l'expression (1) est en effet α; C. Q. F. D.

SUR L'ÉQUATION

$$t^2 + u^2 + v^2 + w^2 = 4m.$$

[Extrait d'une Lettre de M. LEJEUNE DIRICHLET à M. LIOUVILLE.]

Permettez-moi, cher ami, de revenir un instant sur la conversation que nous avons eue dernièrement sur le beau théorème de JACOBI relatif au nombre des décompositions d'un entier en quatre carrés, théorème que l'illustre géomètre a tiré d'abord de ses séries elliptiques et dont il a donné depuis une démonstration arithmétique *). Ayant mieux rappelé mes souvenirs, je vais vous présenter avec plus de développement, et surtout avec un peu plus d'ordre, ce que l'autre jour je n'ai pu que vous indiquer. Comme je vous le disais, j'ai toujours éprouvé quelque difficulté, ce qui, je crois, est arrivé aussi à d'autres personnes, lorsque j'ai voulu reproduire cette belle démonstration sans avoir le texte de l'auteur sous les yeux et sans recourir aux opérations sur les séries, dont la démonstration de JACOBI, ainsi qu'il en avertit lui-même, n'est que la traduction. Cette circonstance m'a fait chercher il y a déjà longtemps à fonder sur d'autres principes une nouvelle démonstration du théorème dont il s'agit, mais je n'en parlerai pas ici, cette démonstration devant trouver naturellement sa

---

*) Journal de Crelle, tome XII, page 167.[1])

[1]) Jacobi's gesammelte Werke, Bd. VI, S. 245.

place dans un travail dont la rédaction m'occupe depuis quelque temps. Pour le moment, je n'ai d'autre objet que de simplifier celle de JACOBI, et de la rendre surtout plus facile à retenir, en mettant dans tout son jour le fait arithmétique ou plutôt algébrique qui en forme le principal fondement.

Pour éviter des répétitions inutiles, je remarquerai que tous les entiers que nous désignerons par des lettres latines sont positifs et impairs, à l'exception de ceux désignés par x et x', qui ne sont pas assujettis à cette limitation.

Quant au lemme qui sert de point de départ à JACOBI et qui définit le nombre des solutions de l'équation:

$$t^2+u^2 = 2p,$$

p étant supposé donné, je ne reproduirai pas ici la démonstration très simple que JACOBI en a donnée, d'autant plus que ce lemme rentre dans une proposition générale dont j'ai eu à parler ailleurs*). On sait qu'il faut opérer toutes les décompositions:

$$p = ad$$

de p en deux facteurs, et que le nombre en question est égal à l'excès du nombre des cas où le premier facteur a est de la forme $4\nu+1$, sur celui des cas où a est de la forme $4\nu+3$; en convenant donc de faire correspondre à chaque décomposition une unité δ, positive ou négative selon ces deux cas, le nombre dont il s'agit sera exprimé par la somme:

$$\Sigma\delta.$$

Cela posé, cherchons à déterminer le nombre des solutions de l'équation:

$$t^2+u^2+v^2+w^2 = 4m, \tag{1}$$

dans laquelle m indique un entier impair donné. Pour obtenir toutes ces solutions, il faudra poser de toutes les manières possibles:

$$4m = 2p+2q \quad \text{ou} \quad 2m = p+q,$$

*) Journal de Crelle, tome XXI, page 3.[1])

[1]) Bd. I, S. 463 dieser Ausgabe von G. Lejeune Dirichlet's Werken.

et résoudre ensuite pour chaque couple p, q, de la manière la plus générale, les deux équations:

$$t^2+u^2=2p,\quad v^2+w^2=2q.$$

Si, considérant d'abord un couple déterminé p, q, nous faisons correspondre à chaque décomposition:

$$q=bc,$$

une unité $\varepsilon=\pm 1$, qui dépende de b de la même manière que δ de a, le nombre des solutions de l'équation (1) qui répondent à ce couple p, q, sera:

$$\Sigma\delta.\Sigma\varepsilon,$$

ou encore:

$$\Sigma\eta,$$

les termes de cette somme répondant aux combinaisons différentes que l'on peut former avec les décompositions:

$$p=ad,\quad q=bc,$$

et η étant égal à l'unité positive ou négative, selon que les restes de a et b, lorsqu'on les divise par 4, sont ou ne sont pas égaux, ou, ce qui revient au même, selon que $a-b$ est ou n'est pas divisible par 4. Ceci bien entendu, il est manifeste que le nombre de toutes les solutions de notre équation (1) sera encore exprimé par la somme:

$$\Sigma\eta,$$

dont les termes dépendront toujours de la même manière de a et b, mais répondront maintenant à toutes les combinaisons que a et b présentent dans la solution complète de l'équation:

$$(2)\qquad 2m=ad+bc.$$

Avant d'aller plus loin, il est bon de faire une remarque très simple et qui nous sera utile plus tard: c'est que, parmi les deux entiers pairs:

$$a-b\quad\text{et}\quad c+d,$$

il y en a toujours un, et qu'il n'y en a qu'un qui soit divisible par 4. En effet, s'il en était autrement, on aurait

$$\text{ou}\quad a\equiv b,\quad c\equiv -d,\quad \text{ou}\quad a\equiv -b,\quad c\equiv d \pmod{4},$$

et il en résulterait $ad+bc\equiv 0 \pmod{4}$. On peut donc définir η autrement en disant que η est égal à -1 ou à $+1$, selon que $c+d$ est ou n'est pas divisible par 4.

Distribuons maintenant les solutions de l'équation (2) en deux classes, en comprenant dans la première celles qui sont telles que $a=b$, et dans la seconde toutes les autres. Comme ces dernières sont associées deux à deux et résultent l'une de l'autre, en échangeant à la fois a avec b, et d avec c, ce qui ne changera pas la valeur de η, on voit que le nombre $\boldsymbol{H}$ des solutions de l'équation (1) peut être mis sous la forme:

$$\boldsymbol{H}=\boldsymbol{\Sigma}\eta'+2\boldsymbol{\Sigma}\eta'',$$

les termes η' de la prémière somme, qui sont d'ailleurs tous égaux à l'unité positive, répondant aux solutions de l'équation (2) pour lesquelles on a $a=b$, et ceux η'' de la seconde aux solutions de la même équation qui satisfont à la condition $a>b$.

Cela posé, nous allons considérer d'abord les solutions (2) pour lesquelles on a $a>b$. Posant pour cela:

$$\begin{aligned} a' &= c(x+1)+d(x+2), & c' &= a(x+1)-b(x+2),\\ b' &= cx+d(x+1), & d' &= -ax+b(x+1), \end{aligned}$$

nous aurons identiquement:

$$a'd'+b'c' = ad+bc.$$

Il résulte de là que toute solution de l'équation (2) en fournit une infinité d'autres au moyen de l'entier indéterminé x, mais il reste à voir à quelle limitation cet entier doit être assujetti pour que a', b', c', d' soient impairs et positifs, et qu'on ait de plus $a'>b'$ comme dans la solution primitive. Or chacun des couples:

$$x,\ x+1 \quad \text{et} \quad x+1,\ x+2,$$

étant composé de deux entiers, l'un pair, l'autre impair, la première condition se trouve toujours remplie. Quant à la seconde, comme on a:

$$c' = (a-b)(x+1)-b, \quad d' = b-(a-b)x,$$

on voit qu'elle détermine complètement l'entier x, $(a-b)x$ devant être le multiple du nombre pair et positif $a-b$, immédiatement inférieur à l'impair b, et l'on voit encore, x n'étant pas négatif, que a' et b' seront positifs, et qu'on a de plus $a' > b'$. Après nous être assurés que les expressions données plus haut fournissent toujours une solution unique assujettie aux mêmes conditions que la solution primitive, voyons à quelle solution nous serons conduits, si nous prenons la solution a', b', c', d' à son tour pour point de départ. Comme pour cela il faut dans les expressions:

$$\begin{aligned} &c'(x'+1)+d'(x'+2), \qquad && a'(x'+1)-b'(x'+2), \\ &c'x'+d'(x'+1), && -a'x'+b'(x'+1), \end{aligned}$$

donner à l'indéterminée x' la valeur entièrement déterminée en vertu de ce qui précède, qui rend ces expressions positives et que, d'un autre côté, les équations posées plus haut donnent par leur résolution celles-ci:

$$\begin{aligned} &a = c'(x+1)+d'(x+2), \quad && c = a'(x+1)-b'(x+2), \\ &b = c'x+d'(x+1), && d = -a'x+b'(x+1), \end{aligned}$$

dont les premiers membres sont positifs, on voit que x' coïncide avec x, et que nous nous trouvons ramenés à la solution primitive a, b, c, d.

Si maintenant nous observons qu'à nos deux solutions ainsi liées entre elles, et qui se déduisent mutuellement l'une de l'autre par un procédé uniforme, correspondent toujours des valeurs opposées de η'', comme cela résulte de l'équation:

$$a-b = c'+d'$$

et de la remarque faite plus haut, nous concluons que $\Sigma\eta''$ se réduit à zéro, et nous aurons simplement:

$$H = \Sigma\eta'.$$

Pour évaluer cette somme dont tous les termes η' sont égaux à l'unité positive, tout se réduit à trouver le nombre des solutions de l'équation:

$$a(d+c) = 2m.$$

Or a étant un diviseur déterminé de m, $\frac{m}{a}=e$ sera aussi un tel diviseur, et l'on aura à résoudre l'équation:

$$d+c = 2e,$$

dont le nombre des solutions est e; d'où il suit, a et par conséquent aussi e devant être successivement égalés à tous les diviseurs de m, que le nombre $\boldsymbol{H}$ qu'il s'agissait de déterminer coïncide avec la somme des diviseurs de m.

DÉMONSTRATION NOUVELLE D'UNE PROPOSITION RELATIVE A LA THÉORIE DES FORMES QUADRATIQUES.

La proposition dont je veux donner une démonstration nouvelle et très simple appartenant à une théorie exposée avec détail dans les *Disquisitiones arithmeticae* de GAUSS, je puis m'en référer à cet ouvrage quant à la terminologie dont j'aurai à faire usage, et passer immédiatement à l'objet qu'il s'agit de remplir.

„Étant donnée une substitution impropre $\begin{pmatrix}\alpha, & \beta \\ \gamma, & \delta\end{pmatrix}$ par laquelle la forme quadratique $(a, b, c) = f$ (dont le déterminant est supposé différent de zéro) se change en elle-même, on peut toujours obtenir une nouvelle forme appartenant à la même classe, et pour laquelle le double du coefficient moyen soit un multiple du premier coefficient.“

La supposition de l'énoncé fournit sur-le-champ, outre l'équation:

$$\alpha\delta - \beta\gamma = -1$$

les trois que voici:

$$\begin{aligned} a(\alpha^2 - 1) + 2b\alpha\gamma + c\gamma^2 &= 0, \\ a\alpha\beta + 2b\alpha\delta + c\gamma\delta &= 0, \\ a\beta^2 + 2b\beta\delta + c(\delta^2 - 1) &= 0, \end{aligned}$$

dont la seconde a été simplifiée par la substitution de $\alpha\delta + 1$ à la place de $\beta\gamma$. En faisant la somme des deux premières après les avoir multipliées respectivement par $-\delta$ et γ, et ensuite la somme des deux dernières multipliées par β

et $-\alpha$, on obtient ces nouvelles équations:

$$a[\alpha(\beta\gamma-\alpha\delta)+\delta] = a(\alpha+\delta) = 0,$$
$$c[\delta(\beta\gamma-\alpha\delta)+\alpha] = c(\alpha+\delta) = 0.$$

Il résulte de là que si a et c ne s'évanouissent pas à la fois, on a:

$$\alpha+\delta = 0.$$

Mais cette dernière équation a également lieu dans le cas excepté; en effet, comme dans ce cas b est différent de zéro, on a en même temps

$$\alpha\gamma = 0, \quad \alpha\delta = 0, \quad \beta\delta = 0,$$

équations qui ne sont compatibles avec l'équation:

$$\alpha\delta-\beta\gamma = -1,$$

qu'autant qu'on suppose simultanément:

$$\alpha = 0, \quad \delta = 0.$$

Il est donc prouvé que notre substitution impropre est toujours de la forme:

$$\begin{pmatrix}\alpha, & \beta \\ \gamma, & -\alpha\end{pmatrix}$$

où:

$$\alpha^2+\beta\gamma = 1.$$

Arrêtons-nous un instant au cas particulier où le troisième coefficient γ de cette substitution s'évanouit. Nos équations donnent alors

$$\alpha = -\delta = \pm 1, \quad 2b = \pm a\beta.$$

On voit que, dans ce cas, la forme donnée f jouit déjà de la propriété exigée. On conclut de là que si γ n'est pas zéro, tout se réduit à obtenir une forme équivalente à la forme f, et qui soit transformable en elle-même par une substitution impropre dont le troisième coefficient s'évanouisse.

Soit, à cet effet:

$$\begin{pmatrix}\lambda, & \mu \\ \nu, & \varrho\end{pmatrix}$$

la substitution propre la plus générale, ou, autrement dit, soient λ, μ, ν, ϱ quatre entiers assujettis à la seule condition:

$$\lambda\varrho-\mu\nu = 1.$$

Appelons φ la forme en laquelle se change f lorsqu'on lui applique cette substitution. La substitution inverse:

$$\begin{pmatrix} \varrho, & -\mu \\ -\nu, & \lambda \end{pmatrix}$$

qui est également propre, changera φ en f.

Cela posé, composons les trois substitutions:

$$\begin{pmatrix} \varrho, & -\mu \\ -\nu, & \lambda \end{pmatrix} \begin{pmatrix} \alpha, & \beta \\ \gamma, & -\alpha \end{pmatrix} \begin{pmatrix} \lambda, & \mu \\ \nu, & \varrho \end{pmatrix}$$

dans l'ordre où nous venons de les écrire; ces substitutions changeant, la première φ en f, la seconde f en f, la troisième f en φ, la substitution composée, qui est d'ailleurs évidemment impropre, changera la forme φ en elle-même. La question est donc réduite à rendre égal à zéro le troisième coefficient de notre substitution composée.

Pour obtenir ce coefficient, commençons par composer les deux premières substitutions, et bornons-nous à écrire le troisième et le quatrième coefficient de la substitution qui résulte de cette première composition. Ces coefficients étant:

$$\gamma\lambda-\alpha\nu, \quad -\alpha\lambda-\beta\nu,$$

il en résulte, pour le coefficient qu'il s'agit d'obtenir, l'expression:

$$(\gamma\lambda-\alpha\nu)\lambda-(\alpha\lambda+\beta\nu)\nu = \gamma\lambda^2-2\alpha\lambda\nu-\beta\nu^2.$$

Comme γ par hypothèse n'est pas zéro, nous pouvons, avant d'égaler notre expression à zéro, la multiplier par γ; nous aurons ainsi:

$$\gamma(\gamma\lambda^2-2\alpha\lambda\nu-\beta\nu^2) = (\gamma\lambda-\alpha\nu)^2-(\alpha^2+\beta\gamma)\nu^2 = (\gamma\lambda-\alpha\nu)^2-\nu^2 = 0,$$

par conséquent:

$$[\gamma\lambda-(\alpha+1)\nu][\gamma\lambda-(\alpha-1)\nu] = 0,$$

et l'on voit que si, après avoir réduit le rapport $\frac{\alpha \pm 1}{\gamma}$ (où le signe ambigu est à volonté) à sa plus simple expression $\frac{\lambda}{\nu}$, on déduit des entiers λ, ν deux entiers μ, ϱ qui satisfassent à l'équation:

$$\lambda\varrho - \mu\nu = 1,$$

la substitution $\begin{pmatrix}\lambda, & \mu \\ \nu, & \varrho\end{pmatrix}$ appliquée à la forme f changera cette forme en une autre équivalente φ jouissant de la propriété exigée.

Toul, le 15 août 1857.

UNTERSUCHUNGEN ÜBER EIN PROBLEM DER HYDRODYNAMIK.

[Auszug aus einer der Königlichen Societät am 31. Juli 1857 überreichten Abhandlung.[1])]

Obgleich die Grundgleichungen der Hydrodynamik in der Form, in welcher man sie in den Lehrbüchern findet, seit Euler und in einer andern Form, welche man Lagrange verdankt, seit dem Erscheinen der ersten Ausgabe der *Mécanique analytique* bekannt sind, so hat man doch in allen bis jetzt untersuchten Fällen, in welchen die Flüssigkeit im Laufe der Bewegung ihre Gestalt ändert, aus den Grundgleichungen nicht die vollständige Lösung des Problems abgeleitet, sondern sich auf eine genäherte Bestimmung der Bewegung beschränkt. Durch den eben erwähnten Umstand zu dem Versuche angeregt, ein Problem der bezeichneten Art in aller Strenge zu behandeln, war der Verfasser der Abhandlung bei der Schwierigkeit des Gegenstandes, dessen Erledigung die Integration eines Systems von nicht linearen partiellen Differentialgleichungen erfordert, darauf gefasst, dass ein solcher Versuch nur unter den einfachsten Voraussetzungen über die Bedingungen, welche die Bewegung der Flüssigkeit bestimmen, Erfolg haben würde, und deshalb nicht wenig überrascht, als sich nach einigen vergeblichen Bemühungen ein Fall darbot, der in so fern nicht zu den einfacheren zu zählen ist, als darin die gegenseitige Anziehung der Elemente der Flüssigkeit berücksichtigt wird, und in welchem ungeachtet dieses Umstandes die Bewegung nicht nur ihrem allgemeinen Charakter nach erkannt, sondern auch unter gewissen Beschränkungen in ihren Einzelheiten bestimmt werden kann.

Die Bedingungen dieses Falles der Bewegung, welcher in der Abhandlung behandelt wird, und das darauf bezügliche allgemeine Resultat sind in folgendem Satze ausgesprochen:

---

[1]) Der Auszug wird in No. 14 der Nachrichten der Göttinger Königlichen Gesellschaft der Wissenschaften auf Seite 105 mit den Worten eingeleitet: Am 31. Juli 1857 überreichte Hr. Prof. G. Lejeune Dirichlet der Kön. Societät eine Abhandlung, die den Titel führt:

„Untersuchungen über ein Problem der Hydrodynamik“

von welcher das Nachfolgende ein Auszug ist.

„Hat eine homogene incompressible Flüssigkeit, die an ihrer Oberfläche einen constanten oder nur mit der Zeit veränderlichen Druck erleidet, anfänglich die Gestalt eines Ellipsoides; ist ferner die anfängliche Bewegung in zwei einfachere zerlegbar, eine Drehung der Flüssigkeit wie eines festen Körpers um eine durch den Schwerpunkt gehende Axe und eine zweite die relative Lage der Elemente ändernde Bewegung, bei welcher die Geschwindigkeiten derselben, senkrecht gegen drei bestimmte sich im Mittelpunkt rechtwinklig schneidende Ebenen zerlegt, den Abständen von den Ebenen proportional sind, so wird die Flüssigkeit in der in Folge eines solchen Anfangszustandes entstehenden Bewegung auch zu jeder späteren Zeit die Gestalt eines Ellipsoides haben, welches mit dem ursprünglichen concentrisch ist, dessen Axen sich aber im Allgemeinen mit der Zeit an Richtung und Grösse ändern. Von der augenblicklichen zu einer beliebigen Zeit stattfindenden Bewegung gilt dasselbe, was hinsichtlich der ursprünglichen vorausgesetzt worden ist, d. h. sie ist in zwei einfachere zerlegbar, wie sie vorhin definirt worden sind, so jedoch, dass sowohl die Drehungsaxe als die drei auf einander senkrechten Ebenen, auf welche sich diese Theilbewegungen beziehen, ebenfalls im Allgemeinen jeden Augenblick eine andere Lage annehmen.“

Zur vollständigen Kenntniss der Bewegung, deren allgemeine Beschaffenheit soeben angegeben worden ist, wird die Bestimmung von 9 Functionen der Zeit erfordert, welche durch eben so viel Gleichungen, eine endliche und 8 Differentialgleichungen zweiter Ordnung definirt werden. Von diesen letzteren lassen sich allgemein 7 Integrale erster Ordnung aufstellen, die jedoch zur vollständigen Lösung des Problems d. h. zur Zurückführung desselben auf Quadraturen nicht ausreichen, wenn nicht die anfängliche Gestalt und der im ersten Augenblick stattfindende Bewegungszustand, welcher 8 willkürliche Elemente einschliesst, weiteren Beschränkungen unterworfen werden.

Unter den auf Quadraturen zurückführbaren Fällen ist der einfachste, welcher allein hier erwähnt werden kann, der, wo die Masse ursprünglich die Form eines Umdrehungsellipsoides hat und keine anfänglichen Geschwindigkeiten vorhanden sind. Die Bewegung besteht dann aus isochronen Schwingungen, in welchen die Flüssigkeit durch die Kugelgestalt hindurchgehend abwechselnd die Form eines verlängerten und die eines abgeplatteten Ellipsoides annimmt.

NACHRICHT
ÜBER JACOBI'S WISSENSCHAFTLICHEN NACHLASS.

Bald nach Jacobi's beklagenswerthem Tode hat mir Frau Professor Jacobi mit einem mich ehrenden Vertrauen den gesammten wissenschaftlichen Nachlass meines unvergesslichen Freundes übergeben. Um zunächst eine allgemeine Uebersicht über denselben zu gewinnen, war es erforderlich, die zahlreichen Handschriften des grossen Mathematikers nach den Gegenständen zu ordnen. Dieses Geschäft, dem ich mich, gemeinschaftlich mit Jacobi's hiesigen Freunden, den Herren Borchardt und Joachimsthal, unterzogen habe, war nicht ohne Schwierigkeit, da die Manuscripte, wahrscheinlich in Folge wiederholten Wohnungswechsels, sich in grosser Unordnung befanden und die einzelnen zusammengehörigen Bogen oder Blätter, gewöhnlich ohne Pagination, nicht selten mühsam aus verschiedenen Convoluten hervorgesucht werden mussten. Sobald diese vorläufige Arbeit beendigt sein wird, in deren Ausführung wir durch die momentan hier anwesenden Herren Kummer und Rosenhain unterstützt worden sind, sollen die Handschriften unter des Verewigten Freunde, die sich dazu bereit erklärt haben, zum Behufe einer ins Einzelne gehenden Durchsicht vertheilt werden. Es hat sich bei der vorläufigen Anordnung gefunden, dass nur Weniges völlig zum Drucke bereit ist. Meistens liegen wiederholte Bearbeitungen derselben oder nahe verwandter Gegenstände vor, die offenbar, wenngleich jede Zeitangabe in den Manuscripten fehlt, sehr verschiedenen Zeiten angehören. Es werden diese Bearbeitungen mit der grössten Sorgfalt durchzusehen und zu vergleichen sein, um auszumitteln, welche der früheren durch die späteren überflüssig geworden sind, oder was aus jenen herauszunehmen und in die späteren an geeigneter Stelle einzureihen sein wird, damit der Wissenschaft nichts Wesentliches von des grossen, unermüdlichen Forschers Schöpfungen verloren gehe. Die zur Veröffentlichung geeigneten Abhandlungen werden im gegenwärtigen Journal gedruckt werden, in welchem, mit Ausnahme der beiden besonderen Werke: „*Fundamenta nova theoriae functionum ellipticarum*" und „*Canon arithmeticus*", fast alle Arbeiten JACOBI's zuerst erschienen sind, und sollen später gesammelt werden; wie er dies schon selbst durch die Herausgabe des ersten Bandes seiner Werke (Berlin bei G. Reimer, 1846) zu thun begonnen hatte.

Neben der Herausgabe der von JACOBI selbst verfassten Abhandlungen beabsichtigen seine Freunde, die wichtigsten der von ihm in Königsberg und hier gehaltenen Universitätsvorlesungen der Oeffentlichkeit zu übergeben. Allen, die an den Fortschritten der mathematischen Wissenschaften Interesse nehmen, ist es bekannt, welchen Einfluss JACOBI auch in seinem Berufe als Universitätslehrer, dem er sich stets mit besonderer Liebe und dem seltensten Erfolge gewidmet hat, auf den grossen Aufschwung geübt hat, den die mathematischen Studien während des letzten Vierteljahrhunderts in unserem deutschen Vaterlande genommen haben. Wenn jetzt die Kenntniss der höheren Analysis unter uns in einem Grade verbreitet ist, wie zu keiner früheren Zeit, wenn zahlreiche jüngere Mathematiker die Wissenschaft in den verschiedensten Richtungen erweitern und bereichern: so hat er an einer so erfreulichen Erscheinung den grössten Antheil. Fast alle sind seine Schüler gewesen, selten ist ein aufkeimendes Talent seiner Aufmerksamkeit entgangen, keinem, sobald er es erkannt, hat sein fördernder Rath, seine aufmunternde Theilnahme gefehlt.

Damit einer so erfolgreichen Lehrthätigkeit, welcher der Tod ein so frühes Ziel gesetzt, wenigstens die Nachwirkung erhalten werde, die das gedruckte Wort in Ermangelung des lebendigen, gesprochenen hervorzubringen vermag, werden die Freunde des Verewigten seine wichtigsten Vorlesungen in genauer Reproduction durch den Druck veröffentlichen. Sie sind der Ueberzeugung, dass den Jüngern der Wissenschaft kein wirksameres Bildungsmittel in die Hand gegeben werden kann, als es ihnen die Vorträge eines schöpferischen Geistes darbieten, der es sich zur besonderen Aufgabe gemacht hatte, seine Zuhörer bei allen schwierigen Untersuchungen in den Gedankengang der Erfindung einzuweihen. Da JACOBI seine Vorlesungen immer ganz frei und ohne Benutzung einer schriftlichen Ausarbeitung gehalten hat, so enthält sein Nachlass, bis auf wenige kurze Notizen, zwar nichts von seiner Hand, was auf seine Vorlesungen Bezug hat: dagegen finden sich in demselben sehr genaue Nachschriften seiner bedeutendsten Vorlesungen, welche von mehreren seiner ausgezeichnetsten Zuhörer herrühren, und die er seit Jahren sorgfältig gesammelt hatte, theils um sich später dadurch die Vorbereitung auf seine Vorträge zu erleichtern, theils um sie bei der Ausarbeitung von Lehrbüchern zu benutzen, deren Herausgabe er beabsichtigte. Mit Hülfe dieser Nachschriften und anderer von gleicher Genauigkeit, die ihnen zu diesem Zwecke zur Disposition gestellt worden sind, werden JACOBI's Freunde im Stande sein, seine wichtigsten Vorlesungen mit grosser Treue zu reproduciren. Es können von diesen Vorlesungen, die in einzelnen Bänden erscheinen werden, hier vorläufig die folgenden: 1^0. die über die Theorie der elliptischen Functionen, 2^0. über die Kreistheilung und ihre Anwendungen auf die Zahlentheorie, 3^0. über die analytische Mechanik, und endlich 4^0. über die allgemeine Theorie der Curven und Flächen genannt werden. Bei einigen anderen von geringerem Umfange bleibt die Entscheidung, ob sie zu drucken sind, noch vorbehalten.

Berlin, im August 1851.

GEDÄCHTNISSREDE AUF CARL GUSTAV JACOB JACOBI.

[Gehalten in der Akademie der Wissenschaften am 1. Juli 1852[1]).]

Indem ich es unternehme, die wissenschaftlichen Leistungen des grössten Mathematikers zu schildern, welcher seit LAGRANGE unserer Körperschaft als anwesendes Mitglied angehört hat, treten mir lebhaft die Schwierigkeiten der Aufgabe vor Augen, die ganze Bedeutung der Schöpfungen eines Mannes darzustellen, welcher mit starker Hand in fast alle Gebiete einer durch zweitausendjährige Arbeit zu unermesslichem Umfange angewachsenen Wissenschaft eingegriffen, überall, wohin er seinen schöpferischen Geist gerichtet, wichtige oft tief verborgene Wahrheiten zu Tage gefördert und neue Grundgedanken in die Wissenschaft einführend, die mathematische Speculation in mehr als einer Richtung auf eine höhere Stufe erhoben hat. Nur die Ueberzeugung, dass solchen der Wissenschaft und ihren Pflegern geleisteten Diensten gegenüber eine Pflicht der Dankbarkeit zu erfüllen ist, kann die Bedenken, welche das Bewusstsein meiner Unzulänglichkeit in mir hervorruft, zum Schweigen bringen: denn wem könnte die Erfüllung dieser Pflicht mehr obliegen als mir, der ich, wie alle meine Fachgenossen durch JACOBI's wissenschaftliche Productionen so wesentlich gefördert, überdies eine nicht geringere Belehrung meinem vieljährigen, so nahen Verkehr mit dem grossen Forscher verdanke. —

CARL GUSTAV JACOB JACOBI wurde den 10. Dec. 1804 zu Potsdam geboren, wo sein Vater ein begüterter Kaufmann war. Die erste Unterweisung in den alten Sprachen und den Elementen der Mathematik erhielt er von seinem mütterlichen Oheim, Hrn. LEHMANN, der den regsamen Knaben weniger zu unterrichten als zu lenken hatte, und unter dessen einsichtiger Leitung dieser so rasche Fortschritte machte, dass er noch nicht zwölf Jahre alt in die zweite Klasse des Potsdamer Gymnasiums und schon nach einem

---

[1]) Die darauf bezügliche Notiz im Akademie-Bericht von 1852 lautet auf S. 433: „Hierauf hielt Hr. Dirichlet eine Gedächtnissrede auf das verstorbene Mitglied der Akademie, den Mathematiker Jacobi." K.

halben Jahre in die erste aufgenommen wurde. In dieser blieb er volle vier Jahre, da er nicht füglich vor zurückgelegtem sechzehnten Jahre die Universität besuchen konnte. Der mathematische Unterricht, der ganz als Gedächtnisssache behandelt wurde, konnte dem jungen Primaner nicht zusagen. Sein Verhältniss zum Lehrer war daher längere Zeit sehr unangenehm, gestaltete sich jedoch zuletzt besser, da der Lehrer einsichtig genug war, den ungewöhnlichen Schüler gewähren zu lassen und es zu gestatten, dass dieser sich mit EULER's „*Introductio*" beschäftigte, während die übrigen Schüler mühsam erlernte Elementarsätze hersagten. Wie weit JACOBI's geistige Entwickelung damals schon vorgeschritten war, zeigt der Versuch, den er um diese Zeit zur Auflösung der Gleichungen des 5ten Grades anstellte, und dessen er in einer seiner Abhandlungen später erwähnt hat.

An dieser Aufgabe hat mehr als einer von denen, welche später einen grossen Namen erlangt haben, zuerst seine Kräfte geübt, und man begreift in der That leicht, welchen Reiz gerade dieses Problem auf ein erwachendes Talent ausüben musste, so lange die Unmöglichkeit desselben noch nicht erwiesen war. Zu der Berühmtheit, welche so viele fruchtlose Bemühungen dieser Untersuchung gegeben hatten, gesellte sich der besondere Umstand, dass das Problem, als einem Gebiete angehörig, welches unmittelbar an die Elemente grenzt, ohne ein grosses Maass von Vorkenntnissen zugänglich schien.

Auf der hiesigen Universität theilte JACOBI seine Zeit zwischen philosophischen, philologischen und mathematischen Studien. Als Theilnehmer an den Uebungen des philologischen Seminars erregte er die Aufmerksamkeit unseres Collegen BÖCKH, des Vorstehers dieses Instituts, welcher den jungen Mann wegen seines scharfen und eigenthümlichen Geistes sehr lieb gewann und durch besonderes Wohlwollen auszeichnete.

Mathematische Vorlesungen scheint er wenig besucht zu haben, da diese damals auf der hiesigen Universität einen zu elementaren Charakter hatten, als dass sie JACOBI, der schon mit einigen der Hauptwerke von EULER und LAGRANGE vertraut war, wesentlich hätten fördern können. Desto eifriger sah er sich in der mathematischen Litteratur um und suchte namentlich eine allgemeine Uebersicht der grossen wissenschaftlichen Schätze zu gewinnen, welche die akademischen Sammlungen enthalten. JACOBI, dessen Natur das blosse Einsammeln von Kenntnissen nicht zusagte, und der das Bedürfniss fühlte, der Dinge, womit er sich beschäftigte, ganz Herr zu werden, erkannte nach etwa zweijährigen Universitätsstudien die Nothwendigkeit einen Entschluss zu fassen, und entweder der Philologie oder der Mathematik zu entsagen. Da die Entscheidung, welche er traf, nicht nur für ihn, sondern auch für die Wissenschaft, welcher er sich von nun an ausschliesslich widmete, so wichtige Folgen gehabt hat, so wird man die Gründe, welche seine Wahl bestimmten, gern von ihm selbst erfahren. Er schreibt darüber an seinen schon genannten Oheim: „Indem ich so doch einige Zeit mich ernstlich mit der Philologie beschäftigte, gelang es mir einen Blick wenigstens zu thun in die innere Herrlichkeit des alten hellenischen Lebens, so dass ich wenigstens nicht ohne Kampf dessen weitere Erforschung aufgeben konnte. Denn aufgeben muss ich sie für jetzt ganz. Der ungeheure Koloss, den die Arbeiten eines Euler, Lagrange, Laplace hervorgerufen haben, erfordert die ungeheuerste Kraft und Anstrengung des Nachdenkens, wenn man in seine innere Natur eindringen will, und nicht bloss äusserlich daran herumkramen. Ueber diesen Meister zu werden, dass man nicht jeden Augenblick fürchten muss von ihm erdrückt zu werden, treibt ein Drang, der nicht rasten und ruhen lässt, bis man oben steht und das ganze Werk übersehen kann. Dann ist es auch erst möglich mit Ruhe an der Vervollkommnung seiner einzelnen Theile recht zu arbeiten und das ganze, grosse Werk nach Kräften weiter zu führen, wenn man seinen Geist erfasst hat."

Zu seiner Doctordissertation wählte Jacobi einen schon vielfach behandelten Gegenstand, die Zerlegung der algebraischen Brüche. Er beweist darin zuerst merkwürdige Formeln, welche Lagrange ohne Beweis in den Abhandlungen unserer Akademie gegeben hatte, geht dann zu einer neuen Art der Zerlegung über, welche nicht, wie die bis dahin ausschliesslich betrachtete, völlig bestimmt ist, und beschliesst die Abhandlung mit Untersuchungen über die Umformung der Reihen, wobei schon ein neues Princip bemerklich wird, von welchem er in späteren Arbeiten mehrfach Gebrauch gemacht hat.

Gleich nach seiner Promotion habilitirte sich Jacobi bei der Universität und hielt eine Vorlesung über die Theorie der krummen Flächen und Curven im Raume. Nach dem Zeugniss eines seiner damaligen Zuhörer muss sein Lehrtalent bei diesem ersten Auftreten schon sehr entwickelt gewesen sein und er es verstanden haben, sein Thema mit grosser Klarheit und auf eine seine Zuhörer sehr anregende Weise zu behandeln. Der 21jährige

Docent zeigte auch darin eine sehr frühe Reife des Urtheils, dass er unbeirrt durch den Misscredit, in welchen die Methode des Unendlichkleinen um jene Zeit durch eine grosse Autorität gekommen war, gerade dieser in seiner Darstellung folgte und seine Zuhörer mit dem besten Erfolge zu überzeugen sich bemühte, dass die verdächtigte Methode nur in ihrer abgekürzten Form von der strengen Methode der Alten unterschieden ist, aber gerade durch diese Form bei allen zusammengesetzteren Fragen unentbehrlich wird.

Die Aufmerksamkeit, welche JACOBI zu erregen anfing, veranlasste die höchste Unterrichtsbehörde ihn aufzufordern, seine Lehrthätigkeit vorläufig als Privatdocent in Königsberg fortzusetzen, wo durch die eben vacant gewordene Professur der Mathematik sich zu seiner Beförderung mehr Aussichten als in Berlin darboten.

Bei seiner Uebersiedelung nach Königsberg war es für JACOBI ein wichtiges Ereigniss den grossen Astronomen BESSEL persönlich kennen zu lernen, und zum ersten Male in einem dem seinigen so nahe verwandten Fache ein Genie in der Nähe zu sehen. Die tägliche Anschauung des Feuereifers dieses ausserordentlichen Mannes übte selbst auf ihn, der es doch von seiner frühesten Jugend an gewohnt war, die grössten Anstrengungen von sich zu fordern, den mächtigsten Einfluss, dessen er später oft dankbar erwähnt hat.

Es war für JACOBI's schriftstellerische Laufbahn ein glücklicher Umstand, dass der Anfang derselben mit der Gründung der mathematischen Zeitschrift zusammenfiel, durch deren Herausgabe sich unser College CRELLE ein so grosses und bleibendes Verdienst nicht nur um die Verbreitung sondern auch um die Belebung des Studiums der Wissenschaft erworben hat. JACOBI, der zu den frühesten Mitarbeitern der Zeitschrift gehörte, ist ihr bis zu seinem Tode treu geblieben, und wenn man die beiden besonderen Werke „*Fundamenta nova theoriae functionum ellipticarum*“ und „*Canon arithmeticus*“ ausnimmt, so sind fast alle seine anderen Arbeiten zuerst im Crelleschen Journal erschienen.

JACOBI's erste Abhandlungen zeigen ihn schon als durchaus vollendeten Mathematiker, mag er nun, wie in den Aufsätzen „über GAUSS' neue Methode zur genäherten Bestimmung der Integrale“ und „über die PFAFF'sche Methode für die Integration der partiellen Differentialgleichungen“, bekannte Theorieen aus einem neuen Gesichtspunkte betrachten und wesentlich vereinfachen, oder noch nicht gelöste Probleme behandeln und zu neuen Resultaten gelangen. Unter den Arbeiten der letzteren Art sind hier zwei besonders zu erwähnen: eine Abhandlung von wenigen Seiten, in der er eine bis dahin unbekannt gebliebene Grundeigenschaft der merkwürdigen Function kennen lehrt, welche von LEGENDRE zuerst in die Wissenschaft eingeführt, in allen späteren allgemeinen Untersuchungen über die Anziehung eine so grosse Rolle gespielt hat, und eine andere „über die cubischen Reste". Diese letztere enthält zwar nur Sätze ohne Beweise, aber diese Sätze sind der Art, dass sie nicht das Ergebniss der Induction sein können und keinen Zweifel darüber lassen, dass JACOBI schon damals in dem wissenschaftlichen Gebiete, welches GAUSS ein Vierteljahrhundert früher der mathematischen Speculation eröffnet hatte, und welches ebenso sehr der höheren Algebra als der Theorie der Zahlen angehört, im Besitze neuer, fruchtbarer Principien sein musste, was auch durch eine spätere Publication bestätigt wird, in der er ausdrücklich erwähnt, dass er diese Principien schon damals GAUSS brieflich mitgetheilt habe.

Von der weiteren Verfolgung dieses Gegenstandes wurde JACOBI zu jener Zeit durch eine andere Arbeit, seine Untersuchungen über die elliptischen Functionen abgezogen, welche ihm bald eine so grosse Berühmtheit verleihen und eine Stelle unter den ersten Mathematikern der Zeit anweisen sollten.

Der junge Mathematiker, der sich schon in so vielen Richtungen mit Erfolg versucht hatte, schien längere Zeit in der Theorie der elliptischen Functionen vom Glücke nicht begünstigt zu werden. Einer seiner Freunde, der ihn eines Tages auffallend verstimmt fand, erhielt auf die Frage nach dem Grunde dieser Verstimmung von ihm die Antwort: „Sie sehen mich eben im Begriff dieses Buch (LEGENDRE'S *Exercices etc.*) auf die Bibliothek zurückzuschicken, mit welchem ich entschiedenes Unglück habe. Wenn ich sonst ein bedeutendes Werk studirt habe, hat es mich immer zu eigenen Gedanken angeregt und ist dabei immer etwas für mich abgefallen. Diesmal bin ich ganz leer ausgegangen und nicht zum geringsten Einfalle inspirirt worden."

Wenn die eigenen Gedanken in diesem Falle etwas lange auf sich warten liessen, so stellten sie sich dafür später um so reichlicher ein, so reichlich, dass sie in Verbindung mit den gleichzeitigen Gedanken ABEL's eine unerwartete Erweiterung und die völlige Umgestaltung eines der wichtigsten Zweige der Analysis zur Folge hatten.

Indem der Fortschritt hier zu derselben Zeit von zwei verschiedenen

Seiten ausging, wird es erforderlich, neben JACOBI's Untersuchungen die gleichzeitigen Arbeiten ABEL's zu erwähnen. Im Ursprunge von einander unabhängig, greifen die Entdeckungen beider später so in einander ein, dass die Darstellung der einen ohne Berücksichtigung der anderen kaum verständlich sein würde.

Die Theorie der elliptischen Functionen, mit welcher ABEL's und JACOBI's Namen auf immer verbunden sind, reicht in ihren Anfängen nicht über die erste Hälfte des vorigen Jahrhunderts zurück. Ein italienischer Mathematiker von ungewöhnlichem Scharfsinn, der Graf FAGNANO aus dem Kirchenstaate, machte die merkwürdige Entdeckung, dass das Integral, welches den Bogen der Curve ausdrückt, welche damals die Mathematiker unter dem Namen Lemniscate vielfach beschäftigte, ähnliche Eigenschaften besitzt wie das einfachere Integral, welches einen Kreisbogen darstellt, und dass z. B. zwischen den Grenzen zweier Integrale dieser Art, deren eines dem doppelten Werthe des anderen gleich ist, ein einfacher algebraischer Zusammenhang stattfindet, so dass ein Lemniscatenbogen, wenn gleich eine Transcendente höherer Art, doch wie ein Kreisbogen durch geometrische Construction verdoppelt oder gehälftet werden kann[1]). EULER fand einige Jahre später die eigentliche Quelle dieser und anderer ähnlicher Eigenschaften in einem Satze, der zu den schönsten Bereicherungen gehört, welche die Wissenschaft diesem grossen Forscher verdankt. Nach diesem EULER'schen Satze hängt ein gewisses Integral, welches allgemeiner ist als das von FAGNANO betrachtete und in unserer jetzigen Terminologie elliptisches Integral der ersten Gattung heisst, so von seiner Grenze ab, dass zwei solche Integrale mit beliebigen Grenzen immer in ein drittes vereinigt werden können, dessen Grenze eine einfache algebraische Verbindung der Grenzen jener ist, gerade so wie der Sinus eines zweitheiligen Bogens algebraisch aus den Sinus seiner Bestandtheile gebildet werden kann. Aber das elliptische Integral ist allgemeiner als dasjenige, welches einen Kreisbogen ausdrückt. Auf die einfachste Form gebracht hängt es nicht wie dieses bloss von seiner Grenze, sondern auch von einer anderen in der Function enthaltenen Grösse, dem sogenannten Modul ab. Das EULER'sche Theorem ergab nur Beziehungen zwischen Integralen mit demselben Modul. Das erste Beispiel eines Zusammenhanges zwischen Integralen, die sich durch ihre Moduln unterscheiden, bot

[1]) Der Satz von FAGNANO befindet sich im Giornale de' Letterati d'Italia, tomo 29 Anno 1718.

eine spätere von LANDEN und in etwas anderer Form von LAGRANGE gemachte Entdeckung dar, nach welcher ein elliptisches Integral durch eine einfache algebraische Substitution in ein anderes Integral derselben Art verwandelt werden kann.

Es ist LEGENDRE's unvergänglicher Ruhm in den eben erwähnten Entdeckungen die Keime eines wichtigen Zweiges der Analysis erkannt, und durch die Arbeit eines halben Lebens auf diesen Grundlagen eine selbständige Theorie errichtet zu haben, welche alle Integrale umfasst, in denen keine andere Irrationalität enthalten ist als eine Quadratwurzel, unter welcher die Veränderliche den vierten Grad nicht übersteigt. Schon EULER hatte bemerkt, mit welchen Modificationen sein Satz auf solche Integrale ausgedehnt werden kann; LEGENDRE, indem er von dem glücklichen Gedanken ausging, alle diese Integrale auf feste canonische Formen zurückzuführen, gelangte zu der für die Ausbildung der Theorie so wichtig gewordenen Erkenntniss, dass sie in drei wesentlich verschiedene Gattungen zerfallen. Indem er dann jede Gattung einer sorgfältigen Untersuchung unterwarf, entdeckte er viele ihrer wichtigsten Eigenschaften, von welchen namentlich die, welche der dritten Gattung zukommen, sehr verborgen und ungemein schwer zugänglich waren. Nur durch die ausdauerndste Beharrlichkeit, die den grossen Mathematiker immer von neuem auf den Gegenstand zurückkommen liess, gelang es ihm hier Schwierigkeiten zu besiegen, welche mit den Hülfsmitteln, die ihm zu Gebote standen, kaum überwindlieh scheinen mussten.

Die Theorie, wie ABEL und JACOBI sie vorfanden, bot mehrere höchst räthselhafte Erscheinungen dar, zu deren Aufklärung die damals bekannten Principien nicht ausreichten. So hatte man, um nur eine dieser Erscheinungen zu erwähnen, gefunden, dass der Grad der mit Hülfe des EULERschen Satzes gebildeten Gleichung, von deren Lösung die Theilung des elliptischen Integrals abhängt, nicht wie in der analogen Frage der Kreistheilung der Anzahl der Theile, sondern dem Quadrate dieser Anzahl gleich ist. Die Bedeutung der reellen Wurzeln, deren Anzahl mit jener übereinstimmt, war leicht ersichtlich, wogegen die zahlreicheren imaginären ganz unerklärlich erscheinen mussten. Aber dass hier ein Geheimniss verborgen liege, darüber hatte man vor ABEL und JACOBI kein Bewusstsein, und ihnen war es vorbehalten, sich zuerst über diese und ähnliche Erscheinungen zu wundern, was in der Mathematik wie in anderen Gebieten oft schon eine halbe Entdeckung ist.

Obgleich die Umgestaltung der Theorie der elliptischen Functionen, welche man ABEL und JACOBI verdankt, aus dem Zusammenwirken mehrerer sich gegenseitig unterstützender Gedanken hervorgegangen ist, so scheint doch zweien dieser Gedanken die grösste Wichtigkeit zugeschrieben werden zu müssen, weil sie alle Theile der neuen Theorie innig durchdringen. Während die früheren Bearbeiter dieses Gegenstandes das elliptische Integral der ersten Gattung als eine Function seiner Grenze ansahen, erkannten ABEL und JACOBI unabhängig von einander, wenn auch der erstere einige Monate früher, die Nothwendigkeit, die Betrachtungsweise umzukehren und die Grenze nebst zwei einfachen von ihr abhängigen Grössen, die so unzertrennlich mit ihr verbunden sind wie der Sinus zum Cosinus gehört, als Functionen des Integrals zu behandeln, gerade wie man schon früher zur Erkenntniss der wichtigsten Eigenschaften der vom Kreise abhängigen Transcendenten gelangt war, indem man den Sinus und Cosinus als Functionen des Bogens und nicht diesen als eine Function von jenen betrachtete.

Ein zweiter, ABEL und JACOBI gemeinsamer Gedanke, der Gedanke das Imaginäre in diese Theorie einzuführen, war von noch grösserer Bedeutung, und JACOBI hat es später oft wiederholt, dass die Einführung des Imaginären allein alle Räthsel der früheren Theorie gelöst habe. Wäre es nicht eine so alte Erfahrung, dass das nahe Liegende sich fast immer zuletzt darbietet, so würde man es auffallend finden müssen, dass dieser Gedanke EULER entgangen ist, zu dessen frühesten und schönsten Leistungen es gehört, die Theorie der Kreisfunctionen, indem er diese als imaginäre Exponentialgrössen behandelte, in solchem Grade vereinfacht und erweitert zu haben, dass fast das ganze Gebiet der Analysis eine wesentliche Umgestaltung dadurch erfuhr.

Indem ABEL und JACOBI in die vorhin erwähnten, durch Umkehrung aus dem elliptischen Integral der ersten Gattung gebildeten Functionen, welche nach unserer jetzigen Terminologie ausschliesslich elliptische Functionen genannt werden, das Imaginäre einführten, erkannten sie, dass diese Functionen gleichzeitig an der Natur der Kreisfunctionen und an der der Exponentialgrössen Theil haben, und dass, während jene nur für reelle, diese nur für imaginäre Werthe des Argumentes periodisch sind, die elliptischen Functionen beide Arten der Periodicität in sich vereinigen.

Durch den Besitz dieser Grundgedanken auf einen neuen Boden gestellt, richteten ABEL und JACOBI ihre Untersuchungen auf zwei verschiedene Regionen der Theorie. ABEL's Thätigkeit wandte sich den Problemen zu, welche die Vervielfältigung und Theilung der elliptischen Integrale betreffen, und indem er mit Hülfe des Princips der doppelten Periode in die Natur der Wurzeln der Gleichung, von welcher die Theilung abhängt, tief eindrang, gelangte er zu der ganz unerwarteten Entdeckung, dass die allgemeine Theilung des elliptischen Integrals mit beliebiger Grenze immer algebraisch, d. h. durch blosse Wurzelausziehungen bewerkstelligt werden kann, sobald die besondere Theilung der sogenannten vollständigen Integrale als schon ausgeführt vorausgesetzt wird. Die eben genannte besondere Theilung scheint nur für specielle Moduln möglich, unter welchen derjenige der einfachste ist, dem die Lemniscate entspricht. Indem er die Lösung des Problems für diesen Fall durchführte, zeigte er, dass die Theilung der ganzen Lemniscate der Kreistheilung völlig analog ist und in denselben Fällen durch geometrische Construction geleistet werden kann, in welchen nach der schönen fünfundzwanzig Jahre früher von GAUSS gegebenen Theorie der Kreis eine solche Theilung zulässt.

An diese letztere Arbeit ABEL's knüpft sich eine erwähnenswerthe historische Merkwürdigkeit. In der Einleitung zum letzten Abschnitte der „Disquisitiones arithmeticae", welcher der Kreistheilung gewidmet ist, hatte GAUSS im Vorbeigehen bemerkt, dass dasselbe Princip, worauf seine Kreistheilung beruht, auch auf die Theilung der Lemniscate anwendbar sei, und in der That liegt das GAUSSische Princip, nach welchem die Wurzeln der zu lösenden Gleichung so in einen Cyclus zu bringen sind, dass jede von der vorhergehenden auf dieselbe Weise abhängt, der Abhandlung ABEL's über die Theilung der Lemniscate wesentlich zu Grunde; wenn aber für die Kreistheilung längst bekannte Eigenschaften der trigonometrischen Functionen genügten, um die Wurzeln dem GAUSSischen Principe gemäss zu ordnen, so war für den Fall der Lemniscate zu einer ähnlichen Anordnung, ja um nur die Möglichkeit einer solchen zu erkennen, eine Einsicht in die Natur der Wurzeln erforderlich, welche nur das Princip der doppelten Periodicität gewähren konnte. Die vorhin erwähnte Aeusserung ist also durch ABEL's Abhandlung zu einem unwidersprechlichen Zeugnisse geworden, dass GAUSS seiner Zeit weit vorauseilend, schon zu Anfange des Jahrhunderts das Princip der doppelten Periode erkannt hatte. Dieses Zeugniss ist jedoch erst durch die spätere Arbeit ABEL's verständlich geworden, und thut daher seinem und JACOBI's Anrecht an diese Erfindung keinen Abbruch.

Ausser den schon erwähnten auf die Theilung bezüglichen Resultaten hatten ABEL's Untersuchungen noch eine andere nicht weniger wichtige Entdeckung zur Folge. Indem er in den Formeln, durch welche er die elliptischen Functionen eines vielfachen Argumentes durch die Functionen des einfachen dargestellt hatte, den Multiplicator unendlich werden liess, erhielt er merkwürdige Ausdrücke für die elliptischen Functionen in Form von unendlichen Reihen, so wie von Quotienten unendlicher Producte, eine Entdeckung, welche für die Analysis vielleicht von noch grösserer Bedeutung ist als die von ABEL nachgewiesene algebraische Lösbarkeit der Gleichungen für die Theilung.

Zu derselben Zeit als ABEL diese schönen Untersuchungen ausführte, war JACOBI in einem anderen Theile desselben Gebietes nicht weniger erfolgreich beschäftigt. Die oben erwähnte Substitution, durch welche ein elliptisches Integral in ein Integral derselben Form übergeht, war bis dahin die einzige ihrer Art. Zwar hatte LEGENDRE nicht lange vor der Zeit, wo JACOBI sich diesem Gegenstande zuwandte, eine zweite Transformation der elliptischen Integrale aufgefunden, aber diese zweite Transformation, mit welcher er den Gegenstand für abgeschlossen hielt, war damals in Deutschland noch nicht bekannt, und es gehörte daher ein seltener Scharfsinn dazu aus einem sichtbaren Ringe auf das Vorhandensein einer unendlichen Kette zu schliessen, und eine eben so grosse Kühnheit, sich die Erkenntniss der Natur dieser Kette als Aufgabe zu stellen.

Eine glückliche Induction, bei welcher der feine und ganz neue Gedanke eine wesentliche Rolle spielte, die Transformation und die Multiplication aus einem gemeinschaftlichen Gesichtspunkte und letztere als einen speciellen Fall der ersteren zu betrachten, leitete JACOBI auf die Vermuthung, dass rationale Functionen jedes Grades geeignet seien, ein elliptisches Integral in ein Integral derselben Form zu verwandeln. Diese Vermuthung bestätigte sich sogleich, indem sich ergab, dass die Anzahl der willkürlichen Coefficienten, über welche man für jeden Grad zu verfügen hatte, ausreichte um allen Bedingungen zu genügen, welche zu erfüllen waren, wenn das transformirte Integral der Form nach mit dem ursprünglichen übereinstimmen sollte. Aber wenn eine so einfache Betrachtungsweise über die Möglichkeit der Sache kaum einen Zweifel lassen konnte, so war noch ein grosser Schritt zu thun, um die innere analytische Natur der zur Transformation geeigneten gebrochenen Ausdrücke zu erkennen. Von welcher Art die hierbei zu besiegenden Schwierigkeiten waren, und durch welche geistreiche Betrachtungen Jacobi diese überwand, kann hier nicht ausgeführt werden, eben so wenig als es mir gestattet ist alle wichtigen Folgerungen aufzuzählen, die sich aus dem vollständig gelösten Probleme ergaben. Ich erwähne nur des merkwürdigen Ergebnisses dieser Untersuchung, dass die Multiplication immer aus zwei Transformationen zusammengesetzt werden kann.

Indem Abel und Jacobi so die Theorie gleichzeitig in zwei verschiedenen Richtungen vervollkommneten, schien es, als habe das Schicksal die Ehre des zu vollbringenden Fortschrittes gleichmässig unter die jungen Wettkämpfer vertheilen wollen, denn die Art wie bald darauf einer die Erfindung des anderen weiter führte, liess keinen Zweifel, dass jeder von ihnen, wäre ihm der andere nicht in einem Theile der Arbeit zuvorgekommen, den ganzen Fortschritt allein vollbracht haben würde.

Jacobi war in seinen Untersuchungen von der Annahme ausgegangen, dass bei der Transformation die ursprüngliche Variable rational durch die neue ausgedrückt sei. Abel behandelte das Problem in der weiteren Voraussetzung, dass zwischen beiden irgend eine algebraische Gleichung stattfinde, und gelangte zu dem Resultate, dass das so verallgemeinerte Problem immer auf den Fall zurückgeführt werden kann, den Jacobi so vollständig behandelt hatte.

Nicht minder erfolgreich griff Jacobi in die von Abel gegebene Theorie der allgemeinen Theilung ein. Die Art, wie Abel das Problem gelöst hatte, zeigte zwar, dass die Wurzeln immer algebraisch ausdrückbar sind, erforderte aber zur wirklichen Darstellung derselben die Bildung von gewissen symmetrischen Wurzelverbindungen, die nur in jedem besonderen Falle bewerkstelligt werden konnte. Aus einem neuen Principe, welches bald näher zu erwähnen sein wird, leitete Jacobi die schliesslichen, für jeden Grad geltenden und unmittelbar aus den Daten des Problems gebildeten Ausdrücke der Wurzeln ab, welche Ausdrücke überdies vor den Abel'schen eine grössere Einfachheit ihrer Form voraus haben. Als Jacobi das Resultat dieser Arbeit in einer kurzen Notiz bekannt machte, hoffte er, Abel durch die Vervollkommnung der Lösung des Theilungsproblems in Verwunderung zu setzen, aber diese

Hoffnung blieb unerfüllt. — Abel war eben gestorben, kaum 27 Jahre alt, weniger als zwei Jahre nach der Bekanntmachung seiner ersten Arbeiten über die elliptischen Functionen. Ein so frühes Ziel hatte der Tod der glänzenden Laufbahn dieses tiefsinnigen und umfassenden Geistes gesetzt.

Jacobi's weitere Untersuchungen über die elliptischen Transcendenten, wie auch die zuletzt erwähnte, sind aus einem Gedanken hervorgegangen, dem man wegen der Folgen, die er gehabt, vielleicht die erste Stelle unter seinen Conceptionen einräumen muss. Es war dies der Gedanke, die unendlichen Producte, durch deren Quotienten Abel die elliptischen Functionen ausgedrückt hatte, als selbständige Transcendenten in die Analysis einzuführen. Als es ihm gelungen war diese Producte, die übrigens alle von derselben Natur und als besondere Fälle einer Transcendente anzusehen sind, in Reihenform darzustellen, erkannte er eine Function, welche sich französischen Mathematikern schon in Untersuchungen der mathematischen Physik dargeboten hatte, wo sie aber wenig beachtet und nur eine ihrer Eigenschaften bemerkt worden war. Jacobi unterwarf sie einer tief eindringenden Untersuchung, erforschte ihre analytische Natur und führte sie dann in die Theorie der Integrale der zweiten und dritten Gattung ein, was nicht nur die Erkenntniss des inneren Zusammenhanges schon bekannter, isolirt stehender Eigenschaften dieser Integrale, sondern auch die wichtige Entdeckung zur Folge hatte, dass die Integrale der dritten Gattung, welche von drei Elementen abhängen, vermittelst der neuen Transcendente, welche deren nur zwei enthält, ausgedrückt werden können.

Bei der späteren Darstellung der ganzen Theorie, wie Jacobi sie in seinen Vorlesungen zu geben pflegte, bildet die Betrachtung der erwähnten Function den Ausgangspunkt. Die ganze Lehre gewinnt dadurch nicht nur einen überraschenden Grad von Einfachheit und Durchsichtigkeit, sondern dieser umgekehrte Gang ist auch dadurch bemerkenswerth, dass er für andere später zu erwähnende Untersuchungen das Vorbild geworden ist.

Bedenkt man, dass die neue Function jetzt das ganze Gebiet der elliptischen Transcendenten beherrscht, dass Jacobi aus ihren Eigenschaften wichtige Theoreme der höheren Arithmetik abgeleitet hat, und dass sie eine wesentliche Rolle in vielen Anwendungen spielt, von welchen hier nur die vermittelst dieser Transcendente gegebene Darstellung der Rotationsbewegung erwähnt werden mag, welche eine von Jacobi's letzten und schönsten Arbeiten ist, so wird man dieser Function die nächste Stelle nach den längst in die

Wissenschaft aufgenommenen Elementartranscendenten einräumen müssen. Auffallender Weise hat eine so wichtige Function noch keinen anderen Namen, als den der Transcendente Θ, nach der zufälligen Bezeichnung, mit der sie zuerst bei JACOBI erscheint, und die Mathematiker würden nur eine Pflicht der Dankbarkeit erfüllen, wenn sie sich vereinigten ihr JACOBI's Namen beizulegen, um das Andenken des Mannes zu ehren, zu dessen schönsten Entdeckungen es gehört, die innere Natur und hohe Bedeutung dieser Transcendente zuerst erkannt zu haben.

ABEL's oben erwähnte Arbeiten sind nicht die einzige Leistung ersten Ranges dieses hervorragenden Mathematikers, sie sind nicht einmal die bedeutendste seiner Leistungen. Seine grösste Entdeckung hat er in einem Satze niedergelegt, welcher seinen Namen führt, und ganz das Gepräge seines ausserordentlichen Geistes trägt, dessen charakteristische Eigenschaft es war, die Fragen der Wissenschaft in der umfassendsten Allgemeinheit zu behandeln.

Das schon oben bezeichnete EULER'sche Theorem — ich rede hier von demselben als Princip, nicht von den daraus gezogenen Folgerungen, die sich täglich weiter erstreckten — bildete damals auf dem Gebiete, dem es angehört, die Grenze der Wissenschaft, über welche hinauszugehen EULER selbst, LAGRANGE und andere Vorgänger ABEL's sich vergebens bemüht hatten. Welche Bewunderung musste daher eine Entdeckung hervorrufen, welche die Integrale aller algebraischen Functionen umfassend, die Grundeigenschaft derselben enthüllte.

LEGENDRE nennt das ABEL'sche Theorem ein *monumentum aere perennius*, und JACOBI bezeichnete denselben Satz, „wie er in einfacher Gestalt und ohne Apparat von Calcul den tiefsten und umfassendsten mathematischen Gedanken ausspreche, als die grösste mathematische Entdeckung unserer Zeit, obgleich erst eine künftige, vielleicht späte, grosse Arbeit ihre ganze Bedeutung aufweisen könne“.

Diese Arbeit hat bereits begonnen und JACOBI selbst hat daran den wesentlichsten Antheil gehabt.

Der nahe liegende Versuch, die umgekehrten Functionen der ABEL'schen Integrale auf dieselbe Weise, wie es bei den elliptischen mit so grossem Erfolge geschehen war, in die Analysis einzuführen, erwies sich bald als unausführbar, und verwickelte in unauflöslichen Widerspruch, denn JACOBI erkannte sogleich, dass diese umgekehrten Functionen vier- oder mehrfach periodisch sein müssten, während doch eine analytische Function, wenn sie wie die elliptischen und Kreisfunctionen einwerthig, und wo sie nicht unendlich wird, stetig sein soll, nur zwei Perioden zulässt. Es bedurfte also hier eines neuen verborgenen Gedankens, wenn das Abel'sche Theorem nicht unfruchtbar bleiben, wenn es die Basis einer grossen analytischen Theorie werden sollte.

Nachdem Jacobi mehrere Jahre hindurch den Gegenstand nach allen Seiten erwogen hatte, fand er endlich die Lösung des Räthsels darin, dass hier gleichzeitig vier oder mehr Integrale zu betrachten, und aus ihnen durch Umkehrung zwei oder mehr Functionen von eben so vielen Argumenten zu bilden sind. Diese Divination machte er in einer Abhandlung von zehn Seiten bekannt, der zwei Jahre später eine umfangreichere folgte, in welcher die analytische Natur dieser umgekehrten Functionen im hellsten Lichte erschien.

Gehört auch die später gefundene Darstellung dieser Functionen nicht Jacobi sondern zwei jüngeren Mathematikern von ungewöhnlichem Talente, so muss ich doch auch dieses wichtigen Fortschrittes hier in so fern erwähnen, als Jacobi's Einfluss unverkennbar darin hervortritt. Goepel und Rosenhain haben beide, Jacobi's oben erwähnte zweite Behandlungsweise der Theorie der elliptischen Functionen zum Vorbilde nehmend, ihren schönen Arbeiten die Betrachtung von unendlichen Reihen zu Grunde gelegt, deren Bildungsgesetz allgemeiner aber von derselben Art wie das der Reihe ist, durch welche die Jacobi'sche Function ausgedrückt wird.

Obgleich ich mich bei der eben gegebenen Darstellung von Jacobi's Entdeckungen im Gebiete der elliptischen und Abel'schen Transcendenten auf das Wesentlichste beschränkt habe, so ist dieselbe dennoch zu einem Umfange angewachsen, der mich zwingt, die noch zu erwähnenden Leistungen Jacobi's hier in eine kurze Uebersicht zusammenzufassen, aus welcher ich viele Arbeiten, welche nur einzelne Fragen betreffen und das Detail der Wissenschaft vervollkommnet haben, ausschliessen muss.

Schon oben ist von Jacobi's Untersuchungen über die Kreistheilung und die Anwendungen derselben auf die höhere Arithmetik als zu seinen frühesten Arbeiten gehörend die Rede gewesen. Bei diesen Untersuchungen, denen er die Form zum Grunde legte, welche die zuerst von Gauss gegebene

Auflösung der zweigliedrigen Gleichungen später durch LAGRANGE erhalten hatte, traf er in einigen Resultaten mit dem grossen Mathematiker CAUCHY zusammen, der zu derselben Zeit mit ähnlichen Forschungen beschäftigt war und dieses Umstandes erwähnte, als er während JACOBI's ersten Aufenthaltes in Paris seine Arbeiten im Auszuge veröffentlichte.

Aus einem schönen aus der Kreistheilung abgeleiteten Satze, auf den auch CAUCHY gekommen war, und nach welchem alle Primzahlen, die bei der Division durch eine gegebene Primzahl oder das Vierfache derselben die Einheit zum Reste lassen, auf eine bestimmte Potenz erhoben, deren Exponent bloss von der letzteren Primzahl abhängt, durch die sogenannte quadratische Hauptform dargestellt werden, welche die negativ genommene gegebene Primzahl zur Determinante hat, schöpfte JACOBI die Vermuthung, dass jener Exponent mit der Anzahl der von einander verschiedenen quadratischen Formen übereinstimmen müsse, welche der erwähnten Determinante entsprechen. Da sich diese Vermuthung in allen numerischen Beispielen bestätigte, so trug er kein Bedenken, diese Bemerkung in einer kurzen Notiz zu veröffentlichen. Ich glaube den bisher unbekannt gebliebenen Ursprung dieses Resultats nach JACOBI's mündlicher Mittheilung als ein merkwürdiges Beispiel scharfsinniger Induction hier erwähnen zu müssen, obgleich der strenge Beweis desselben nicht auf die Kreistheilung gegründet werden zu können, sondern wesentlich verschiedene, der Integralrechnung und der Reihenlehre entnommene Principien zu erfordern scheint, die erst später in die Wissenschaft eingeführt worden sind.

Die im Jahre 1832 erschienene zweite Abhandlung von GAUSS über die biquadratischen Reste, die durch den tiefsinnigen Gedanken, complexe ganze Zahlen in der höheren Arithmetik gerade so wie reelle zu behandeln, und durch das darin aufgestellte Reciprocitätsgesetz Epoche macht, welches in der Theorie der biquadratischen Reste zwischen zwei complexen Primzahlen stattfindet, gab JACOBI Veranlassung, seine früheren Untersuchungen wieder aufzunehmen, und es gelang ihm, den erwähnten schönen Satz von GAUSS und einen ähnlichen, welcher sich auf die cubischen Reste bezieht, mit grosser Einfachheit aus der Kreistheilung abzuleiten.

Obgleich JACOBI die eben angeführten Untersuchungen und andere damit zusammenhängende, die ich nicht einmal andeutungsweise bezeichnen kann, in den Jahren 1836-39 vollständig niedergeschrieben hat, so ist er doch nie dazu gekommen, sie durch den Druck zu veröffentlichen. Seine Zögerung entsprang aus dem Wunsche, einigen seiner Resultate eine grössere Ausdehnung zu geben, wozu er, von so vielen anderen Arbeiten in Anspruch genommen, die nöthige Musse nicht gefunden hat. Ein Theil seiner Forschungen und namentlich die schon erwähnten Beweise der Reciprocitätssätze sind jedoch einigen deutschen Mathematikern durch Nachschriften der Vorlesungen bekannt geworden, welche er im Winter 1836-37 in Königsberg über die Kreistheilung und deren Anwendung auf die Theorie der Zahlen gehalten hat.

Eine andere höchst ergiebige Quelle für die höhere Arithmetik hat Jacobi in der Theorie der elliptischen Functionen entdeckt, aus welcher er schöne Sätze über die Anzahl der Zerlegungen einer Zahl in 2, 4, 6 und 8 Quadrate, so wie andere über solche Zahlen abgeleitet hat, welche gleichzeitig in mehreren quadratischen Formen enthalten sind. Diese wichtigen Bereicherungen der Wissenschaft sind eine Frucht der oben erwähnten Einführung der Jacobi'schen Function in die Theorie der elliptischen Transcendenten.

Jacobi hat sich wiederholt mit der Reduction und Werthbestimmung doppelter und vielfacher Integrale beschäftigt. Ich erwähne hier besonders der einfachen Methode, durch welche er die Bestimmung der Oberfläche eines ungleichaxigen Ellipsoides auf elliptische Integrale der ersten und zweiten Gattung zurückführt, welche Zurückführung Legendre, zu dessen schönsten Leistungen sie gehört, nur mit Hülfe sehr verborgener Eigenschaften der Integrale der dritten Gattung gelungen war. In einer anderen hierher gehörigen Abhandlung hat Jacobi das Euler'sche Additionstheorem auf doppelte Integrale ausgedehnt, und bald darauf bemerkt, wie auch der Abel'sche Satz einer ähnlichen Erweiterung fähig sei.

Von Jacobi's Arbeiten über das eben genannte Kapitel der Integralrechnung ist nur ein Theil veröffentlicht worden. Eine grosse Abhandlung, welche die Attraction der Ellipsoide zum Gegenstande hat, obgleich seit langer Zeit beinahe vollendet, ist bisher ungedruckt geblieben, und nur durch einige gelegentliche Notizen bekannt geworden. Als er sich mit dem erwähnten Problem beschäftigte, kam er auch auf den schönen von Poisson um dieselbe Zeit gefundenen Satz, nach welchem die Anziehung, welche eine unendlich dünne, von zwei concentrischen, ähnlichen und ähnlich liegenden ellipsoidischen Flächen begrenzte Schale auf einen Punkt im äusseren Raume ausübt, ohne

Integralzeichen dargestellt werden kann. JACOBI hat dieses Umstandes nie öffentlich Erwähnung gethan, obgleich er sich dabei auf das Zeugniss mehrerer Mathematiker hätte berufen können, denen er den Satz mitgetheilt hatte, ehe die erste Anzeige der POISSON'schen Abhandlung erschienen war.

Mit den eben besprochenen Untersuchungen hängt eine andere Arbeit JACOBI's zusammen, die wegen ihres überraschenden Resultates hier nicht unerwähnt bleiben darf. MACLAURIN hat bekanntlich zuerst gezeigt, dass eine homogene flüssige Masse mit Beibehaltung ihrer äusseren Gestalt sich gleichförmig um eine feste Axe drehen kann, wenn diese Gestalt die eines Rotationsellipsoides ist, und dieses schöne Resultat ist später von d'ALEMBERT und LAPLACE durch den Nachweis vervollständigt worden, dass jedem Werthe der Winkelgeschwindigkeit, wenn dieser unter einer gewissen Grenze liegt, zwei und nur zwei solche Ellipsoide entsprechen. LAGRANGE scheint zuerst an die Möglichkeit gedacht zu haben, dass auch ein ungleichaxiges Ellipsoid den Bedingungen der Permanenz genügen könne; wenigstens geht dieser grosse Mathematiker in seiner analytischen Mechanik bei Behandlung dieser Frage von Formeln aus, welche für ein beliebiges Ellipsoid gelten. Indem er aber so zu zwei zu erfüllenden Gleichungen gelangt, in welchen die beiden Aequatorialaxen auf eine symmetrische Weise enthalten sind, zieht er aus dieser Symmetrie den Schluss, dass jene Axen gleich sein müssen, während doch nur daraus folgt, dass sie gleich sein können, wo dann beide Gleichungen in eine und mit der von MACLAURIN zuerst aufgestellten und von d'ALEMBERT und LAPLACE discutirten zusammenfallen.

Der Verfasser eines bekannten Lehrbuchs, der in der Darstellung dieses Gegenstandes LAGRANGE gefolgt ist, und den eben erwähnten übereilten Schluss mit dem Worte „nothwendig" begleitet, erregte zuerst JACOBI's Verdacht, welcher bei genauerer Betrachtung jener zwei Gleichungen zu seiner und gewiss aller Mathematiker grossen Ueberraschung bald fand, dass auch ein ungleichaxiges Ellipsoid den Bedingungen des Gleichgewichts genügen kann.

Der Veranlassung, welche JACOBI in seinen Untersuchungen über die Attraction der Ellipsoide fand, sich mit den Flächen zweiten Grades zu beschäftigen, verdankt man die Kenntniss mehrerer interessanter Eigenschaften, und einer höchst eleganten Erzeugungsweise dieser Flächen. Die mir gestellten Grenzen zwingen mich, mich auf diese Andeutung zu beschränken, und JACOBI's übrige der Geometrie gewidmeten Arbeiten nur dem Gegenstande nach zu bezeichnen. Ich nenne daher nur die Abhandlung über ein Problem der Elementargeometrie, welches vor ihm nur in speciellen Fällen behandelt worden war, und dessen vollständige Lösung er aus der Theorie der elliptischen Transcendenten ableitet, seine Untersuchungen über die Anzahl der Doppeltangenten algebraischer Curven und einige kleinere Aufsätze, in welchen er Sätze über die Krümmung der Flächen und kürzeste Linien mit grosser Einfachheit auf rein synthetischem Wege beweist.

Zu JACOBI's wichtigsten Untersuchungen gehören diejenigen über die analytische Mechanik. HAMILTON hatte die interessante Entdeckung gemacht, dass die Integration der Differentialgleichungen der Mechanik sich immer auf die Lösung von zwei simultanen partiellen Differentialgleichungen zurückführen lässt, aber diese Entdeckung war, wie merkwürdig sie auch erscheinen musste, völlig unfruchtbar geblieben, bis JACOBI sie von einer unnöthigen Complication befreite, indem er zeigte, dass die zu findende Lösung nur einer der beiden partiellen Differentialgleichungen zu genügen braucht. Indem er vermittelst der so vereinfachten Theorie, um nur eine der zahlreichen Anwendungen anzuführen, das noch ungelöste Problem behandelte, die geodätische Linie auf dem ungleichaxigen Ellipsoid zu bestimmen, gelang es ihm, mit Hülfe eines analytischen Instruments, welches sich schon früher in seinen Händen als sehr wirksam gezeigt hatte und jetzt unter dem Namen der elliptischen Coordinaten allgemein bekannt ist, die partielle Differentialgleichung zu integriren, und so die Gleichung der geodätischen Linie in Form einer Relation zwischen zwei ABEL'schen Integralen darzustellen. Diese JACOBI'sche Entdeckung ist die Grundlage eines der schönsten Kapitel der höheren Geometrie geworden, welches deutsche, französische und englische Mathematiker wetteifernd ausgebildet haben.

Durch den oben erwähnten Zusammenhang zwischen einem Systeme von gewöhnlichen Differentialgleichungen und einer partiellen Differentialgleichung wurde er, die Sache in umgekehrter Ordnung betrachtend, zur Theorie der partiellen Differentialgleichungen zurückgeführt, mit welcher er sich schon in einer seiner frühesten Abhandlungen über die PFAFF'sche Methode beschäftigt hatte, und gelangte jetzt zu dem Resultate, dass von der ganzen Reihe von Systemen, deren successive Integration PFAFF fordert, die Behandlung des ersten alle übrigen überflüssig macht, dass also schon der erste Schritt der früheren Methode vollständig zum Ziele führt.

Einen ähnlichen Charakter hat die Vervollkommnung, welche die Variationsrechnung Jacobi verdankt. Während zur Existenz eines Maximums oder Minimums das Verschwinden der ersten Variation nothwendig ist, so ist diese Bedingung allein nicht ausreichend und erst die Beschaffenheit der zweiten Variation entscheidet, ob ein Maximum oder ein Minimum oder keines von beiden stattfindet. Zufolge der Theorie, wie sie Jacobi vorfand, waren nach den Integrationen, die durch das Verschwinden der ersten Variation gefordert werden, neue Integrationen zu leisten, um die zweite Variation zu discutiren; Jacobi zeigte, dass die ersteren die letzteren involviren, so dass also auch hier die vollständige Lösung der Aufgabe bereits mit der Vollendung des ersten Schrittes gegeben ist.

Wenn es die immer mehr hervortretende Tendenz der neueren Analysis ist, Gedanken an die Stelle der Rechnung zu setzen, so giebt es doch gewisse Gebiete, in denen die Rechnung ihr Recht behält. Jacobi, der jene Tendenz so wesentlich gefördert hat, leistete vermöge seiner Meisterschaft in der Technik auch in diesen Gebieten Bewundernswürdiges. Dahin gehören seine Abhandlungen über die Transformation homogener Functionen des zweiten Grades, über Elimination, über die simultanen Werthe, welche einer Anzahl von algebraischen Gleichungen genügen, über die Umkehrung der Reihen, und über die Theorie der Determinanten. In dem letztgenannten Kapitel verdankt man ihm eine ausgebildete Theorie der von ihm mit dem Namen der Functional-Determinanten bezeichneten Ausdrücke. Indem er die Analogie dieser Ausdrücke mit den Differentialquotienten weit verfolgte, gelangte er zu einem allgemeinen Principe, welches er das Princip des letzten Multiplicators nannte, und welches bei fast allen in den Anwendungen vorkommenden Integrationsproblemen die letzte Integration zu bewerkstelligen das Mittel giebt, indem es den dazu erforderlichen integrirenden Factor *a priori* angiebt.

Der Einfluss, welchen Jacobi auf die Fortschritte der Wissenschaft geübt hat, würde nur unvollständig hervortreten, wenn ich nicht seiner Thätigkeit als öffentlicher Lehrer Erwähnung thäte. Es war nicht seine Sache, Fertiges und Ueberliefertes von neuem zu überliefern, seine Vorlesungen bewegten sich sämmtlich ausserhalb des Gebietes der Lehrbücher, und umfassten nur diejenigen Theile der Wissenschaft, in denen er selbst schaffend aufgetreten war, und das hiess bei ihm, sie boten die reichste Fülle der Abwechselung. Seine Vorträge zeichneten sich nicht durch diejenige Deutlichkeit aus, welche auch der geistigen Armuth oft zu Theil wird, sondern durch eine Klarheit höherer Art. Er suchte vor allem die leitenden Gedanken, welche jeder Theorie zu Grunde liegen, darzustellen, und indem er alles, was den Schein der Künstlichkeit an sich trug, entfernte, entwickelte sich die Lösung der Probleme so naturgemäss vor seinen Zuhörern, dass diese Aehnliches schaffen zu können die Hoffnung fassen konnten. Wie er die schwierigsten Gegenstände zu behandeln wusste, konnte er seine Zuhörer mit Recht durch die Versicherung ermuthigen, dass sie in seinen Vorlesungen sich nur ganz einfache Gedanken anzueignen haben würden.

Der Erfolg einer so ungewöhnlichen Lehrart, wie ich sie eben geschildert habe und wie sie nur einem schöpferischen Geiste zu Gebote steht, war wahrhaft ausserordentlich. Wenn jetzt in Deutschland die Kenntniss der Methoden der Analysis in einem Grade verbreitet ist wie zu keiner früheren Zeit, wenn zahlreiche jüngere Mathematiker die Wissenschaft nach allen Richtungen erweitern und bereichern: so hat Jacobi an einer so erfreulichen Erscheinung den wesentlichsten Antheil. Fast alle sind seine Schüler gewesen, selten ist ein aufkeimendes Talent seiner Aufmerksamkeit entgangen, keinem, sobald er es erkannt, hat sein fördernder Rath, seine aufmunternde Theilnahme gefehlt.

Ich habe mich eben bemüht, Jacobi als Erfinder und in seiner Wirksamkeit als Lehrer darzustellen. Soll ich jetzt den Versuch wagen, ihn zu schildern, wie er ausserhalb der wissenschaftlichen Sphäre denen erschien, die den mathematischen Wissenschaften fern stehen, so muss ich es als den Grundzug seines Wesens bezeichnen, dass er ganz in der Welt der Gedanken lebte, und dass in ihm das, wozu es bei den meisten, selbst bedeutenden Menschen eines besonderen Anlaufs bedarf, das Denken zum habituellen Zustande und wie zur zweiten Natur geworden war. Wenn etwas im Leben oder in der Wissenschaft einmal seine Aufmerksamkeit erregt hatte, so ruhte er nicht, bis er es zu eigenen Gedanken verarbeitet hatte, und mit dieser ununterbrochenen geistigen Thätigkeit war in ihm ein so seltenes Gedächtniss vereinigt, dass er alles, womit er sich einmal beschäftigt hatte, sich sogleich vergegenwärtigen und darüber verfügen konnte.

Der unerschöpfliche Vorrath an Wissen und eigenen Gedanken, welcher Jacobi jeden Augenblick zu Gebote stand, eine seltene geistige Beweglichkeit, durch die er sich jedem Alter, jeder Fassungskraft anzupassen wusste, und eine eigenthümlich humoristische, die Dinge scharf bezeichnende Ausdrucksweise verliehen dem grossen Mathematiker auch im geselligen Verkehr eine ungewöhnliche Bedeutung, die noch durch die Bereitwilligkeit wissenschaftliche Fragen aus dem Stegreif zu behandeln erhöht wurde. Diese Bereitwilligkeit entsprang aus dem innersten Wesen seiner Natur, die in der Ueberwindung von Schwierigkeiten ihre eigentliche Befriedigung fand, und es lag daher für ihn ein ganz besonderer Reiz darin, wissenschaftliche Ergebnisse durch einfache Betrachtungen selbst solchen verständlich zu machen, denen die dazu scheinbar unentbehrlichen Vorkenntnisse fehlten. Nur musste er, um einen solchen Versuch anzustellen, die Ueberzeugung haben, dass die, mit welchen er sich unterhielt, ein wirkliches Interesse an der Sache nahmen. Wo er hingegen gedankenlose Neugier zu bemerken glaubte, oder entschiedene Meinungen mit Selbstgefälligkeit von solchen aussprechen hörte, die sich nie die harte Arbeit des Selbstdenkens zugemuthet hatten, verliess ihn die Geduld, und er machte dann gewöhnlich der Unterhaltung durch eine ironische, nicht selten scharf abweisende Bemerkung ein Ende. Man hat ihm oft vorgeworfen, dass er sich bei solchen Anlässen seiner geistigen Kraft zu sehr bewusst gezeigt habe. Aber die, welche ihn so beurtheilten, würden vielleicht ihre Meinung geändert haben, hätten sie den Preis gekannt, um welchen er das Recht auf ein solches Bewusstsein erlangt hatte. Ein Brief aus dem Jahr 1824, aus einer Zeit also, zu welcher Jacobi noch völlig unbekannt war und daher durchaus kein Interesse haben konnte, seine geistigen Kämpfe mit übertriebenen Farben zu schildern, enthält folgende Stelle, die ich als merkwürdigen Beitrag zur Charakteristik des ausserordentlichen Mannes hier wörtlich mittheile. Jacobi war damals eben 20 Jahre alt geworden und seit etwa einem Jahre ausschliesslich mit mathematischen Studien beschäftigt.

„Es ist eine saure Arbeit, die ich gethan habe, und eine saure Arbeit, in der ich begriffen bin. Nicht Fleiss und Gedächtniss sind es, die hier zum Ziele führen, sie sind hier die untergeordnetsten Diener des sich bewegenden reinen Gedankens. Aber hartnäckiges, hirnzersprengendes Nachdenken erheischt mehr Kraft als der ausdauerndste Fleiss. Wenn ich daher durch stete Uebung dieses Nachdenkens einige Kraft darin gewonnen habe, so glaube man nicht, es sei mir leicht geworden, durch irgend eine glückliche Naturgabe etwa. Saure, saure Arbeit hab' ich zu bestehen, und die Angst des Nachdenkens hat oft mächtig an meiner Gesundheit gerüttelt. Das Bewusstsein freilich der erlangten Kraft giebt den schönsten Lohn der Arbeit, so wie wiederum die Ermuthigung fortzufahren und nicht zu erschlaffen. Gedankenlose Menschen, denen jene Arbeit und jenes Bewusstsein also auch ein ganz fremdes ist, suchen diesen Trost, der doch allein machen kann, dass man auf der schwierigen Bahn den Muth nicht sinken lässt, dadurch zu verkümmern, dass sie das Bewusstsein ein eignes, freies zu sein — denn nur in der Bewegung des Gedankens ist der Mensch frei und bei sich — unter dem Namen Eigendünkel oder Anmassung gehässig machen. Jeder, der die Idee einer Wissenschaft in sich trägt, kann nicht anders als die Dinge danach abschätzen, wie sich der menschliche Geist in ihnen offenbart: nach diesem grossen Massstab muss ihm daher manches als geringfügig vorkommen, was den anderen ziemlich preiswürdig erscheinen kann. So hat man auch mir oft Anmassung vorgeworfen, oder wie man mich am schönsten gelobt hat, indem man einen Tadel auszusprechen meinte, ich sei stolz gegen alles Niedre und nur demüthig gegen das Höhere. Aber jener unendliche Massstab, den man an die Welt in sich und ausser sich legt, hindert vor aller Ueberschätzung seiner selbst, indem man immer das unendliche Ziel im Auge hat und seine beschränkte Kraft. In jenem Stolze und jener Demuth will ich immer zu beharren streben, ja immer stolzer und immer demüthiger werden".

Dass es bei Jacobi keine blosse Phrase war, wenn er von sich sagt, dass er die Dinge danach abschätze, wie sich der menschliche Geist in ihnen offenbare, und dass er wirklich alles, was die Welt der Gedanken nicht berührte, wenn nicht mit Gleichgültigkeit, doch mit Gleichmuth behandelte, hat er in den schwierigsten Lagen seines Lebens gezeigt. Am bewunderungswürdigsten offenbarte sich dieser wahrhaft philosophische Gleichmuth, als ihn das Unglück traf, sein ganzes von seinem Vater ererbtes Vermögen zu verlieren, ein Verlust, der ihm um so empfindlicher hätte sein können, als er seit zehn Jahren verheirathet, für eine zahlreiche Familie zu sorgen hatte. Wer ihn damals sah, als er herbeigeeilt war, um seiner von ähnlichem Verluste betroffenen Mutter mit Rath und That beizustehen, konnte in seiner Stimmung nicht die geringste Veränderung wahrnehmen. Er sprach mit demselben Interesse wie immer von wissenschaftlichen Dingen und klagte nur darüber, dass die unerwartete Reise ihn aus einer Untersuchung gerissen habe, die ihn gerade lebhaft beschäftigte.

Wie Jacobi's Gedankencultus sich in der Anerkennung von Abel's grosser Entdeckung kund gab, habe ich schon früher erwähnt. Einen ähnlichen Sinn zeigte er für alles geistig Bedeutende, und auf ihn findet der Ausspruch eines alten Schriftstellers keine Anwendung, dass die Menschen eigentlich nur das bewundern, was sie selbst vollbringen zu können glauben. Seine Anerkennung umfasste das ganze geistige Gebiet, und in seiner Wissenschaft war Jacobi's Freude über eine fremde Erfindung um so lebhafter, je mehr sich diese durch ihr Gepräge von seinen eigenen Schöpfungen unterschied. Es war eine ihm natürliche Bewegung, in solchem Falle den Ausdruck seines Beifalls durch das Geständniss zu verstärken, dass er diesen Gedanken nie gehabt haben würde.

Es bleibt mir nun noch übrig, das was ich oben von Jacobi's äusseren Lebensverhältnissen erwähnt habe, mit wenigen Worten zu vervollständigen.

Als er seine Untersuchungen über die elliptischen Functionen bekannt zu machen anfing, war er noch Privatdocent; die Bewunderung, welche seine Entdeckungen bei allen denen erregten, denen in solchen Dingen ein Urtheil zustand, hatte die Folge, dass er sogleich zum ausserordentlichen und bald darauf zum ordentlichen Professor befördert wurde.

Indem ich von der Aufnahme rede, welche Abel's und Jacobi's Entdeckungen — denn beider Namen sind hier unzertrennlich — bei allen Fachgenossen fanden, kann ich nicht umhin des Mannes namentlich zu erwähnen, der durch seine vieljährigen Forschungen ganz besonders berufen war, den unerwarteten Fortschritt nach seiner ganzen Bedeutung zu würdigen. Legendre, der seine Zeitgenossen so oft der Theilnahmlosigkeit angeklagt und noch kurz vor jener Zeit das Bedauern ausgesprochen hatte, dass seine Lieblingswissenschaft, von allen anderen verlassen, durch ihn allein erst nach 40jähriger Arbeit, wie er glaubte, zum Abschluss gekommen sei, begrüsste Abel's und Jacobi's Entdeckungen, welche die Theorie weit über die Grenzen hinausführten, die ihm selbst durch die Natur des Gegenstandes gesetzt schienen, mit so warmer, ja enthusiastischer Anerkennung, dass es schwer zu sagen ist, wen eine solche Anerkennung mehr ehrte, die jungen Mathematiker, welchen sie am Eingange ihrer Laufbahn zu Theil ward, oder den edlen Altmeister, der fast am Ziele angelangt sich solcher Gefühlswärme fähig zeigte.

Eine nicht minder ehrenvolle Auszeichnung war es, als bald darauf die Pariser Akademie, obgleich sie keine Preisbewerbung über die Theorie der elliptischen Functionen eröffnet hatte, Abel's und Jacobi's Arbeiten als der wichtigsten Entdeckung der Zeit einen ihrer grossen mathematischen Preise zuerkannte und zwischen JACOBI und ABEL's Erben theilte.

Ich muss mich darauf beschränken, hier die Beweise der Anerkennung, zu erwähnen, welche JACOBI's Eintritt in die wissenschaftliche Laufbahn bezeichneten, die mir gesteckten Grenzen gestatten mir nicht, alle die Auszeichnungen anzuführen, die ihm auch später in so reichem Maasse zu Theil wurden, und deren Erwähnung in einer ausführlichen Biographie nicht fehlen dürfte.

Bald nachdem JACOBI im Jahre 1829 seine „*Fundamenta nova theoriae functionum ellipticarum*“, die nur einen Theil seiner Untersuchungen über diesen Gegenstand enthalten, veröffentlicht hatte, machte er die erste grössere Reise ins Ausland, schlug den Weg über Göttingen ein, um GAUSS persönlich kennen zu lernen, und wandte sich dann nach Paris, wo er mehrere Monate sich aufhielt und wo damals ausser LEGENDRE, mit dem er seit längerer Zeit in naher brieflicher Verbindung stand, und für den er immer eine grosse Pietät bewahrt hat, noch FOURIER, POISSON und andere hervorragende Mathematiker, die JACOBI überlebt haben, vereinigt waren.

Eine zweite Reise ins Ausland unternahm JACOBI, der seit 1831 mit einer Frau von hervorragender Geistesbildung verheirathet war, erst wieder im Jahre 1842 in Gesellschaft seiner Frau. Die Veranlassung zu dieser Reise war für ihn zu ehrenvoll, als dass ich sie unerwähnt lassen könnte. Dem erleuchteten Staatsmanne, welcher damals an der Spitze der Verwaltung in der Provinz Preussen stand, schien es im Interesse der Wissenschaft wünschenswerth, dass BESSEL und JACOBI einmal der schon oft an sie ergangenen Aufforderung zur Theilnahme an der jährlich in England stattfindenden Gelehrtenversammlung Folge leisteten, und er stellte daher bei dem Könige den Antrag auf Bewilligung der Kosten zu einer solchen Reise, welchem Antrage Seine Majestät mit Königlicher Munificenz zu willfahren geruhte.

Bald nach seiner Rückkehr von dieser Reise zeigten sich bei JACOBI die Symptome einer leider unheilbaren Krankheit. Er schwebte längere Zeit in der grössten Gefahr, und als diese endlich für den Augenblick beseitigt war, erklärten seine Aerzte zu seiner Kräftigung einen längeren Aufenthalt in einem südlichen Klima für nothwendig. Diese ärztliche Erklärung setzte JACOBI in nicht geringe Verlegenheit, aber diese Verlegenheit war nicht von langer Dauer, denn die Lage der Sache war nicht sobald durch unsern Collegen

Alexander von Humboldt, dessen gewichtige Vermittelung nirgends fehlt, wo es die Ehre der Wissenschaft und das Wohl ihrer Vertreter gilt, zur Kenntniss Seiner Majestät des Königs gelangt, als durch einen neuen Akt Königlicher Grossmuth eine ansehnliche Summe zu einer Reise nach Italien angewiesen wurde.

Das milde Klima von Rom, wo Jacobi den Winter zubrachte, wirkte so wohlthätig auf ihn, dass die, welche ihn dort sahen, weit entfernt, in ihm einen Reconvalescenten zu erkennen, über seine wahrhaft ausserordentliche Thätigkeit erstaunen mussten. Er schrieb nicht nur während der fünf Monate seines dortigen Aufenthaltes ausser mehreren kleineren Aufsätzen, welche in einer wissenschaftlichen Zeitschrift in Rom selbst erschienen, eine wichtige sehr umfangreiche für das Crelle'sche Journal bestimmte Abhandlung, sondern unternahm auch die Vergleichung der im Vatikan aufbewahrten Handschriften des Diophantus, mit welchem er sich seit längerer Zeit angelegentlich beschäftigt hatte.

In sein Vaterland zurückgekehrt, wurde er von Königsberg nach Berlin versetzt, wo das wenigstens relativ mildere Klima seine Gesundheit weniger zu bedrohen schien. Ohne hier der Universität anzugehören, hatte er nur die Verpflichtung Vorlesungen zu halten, so weit es mit der Schonung, deren sein Gesundheitszustand so sehr bedurfte, verträglich sein würde. Seine schriftstellerische Thätigkeit während seines hiesigen Aufenthaltes stand gegen die der besten Königsberger Zeit kaum zurück, wie es die hier in etwa sechs Jahren geschriebenen Abhandlungen bezeugen, welche zwei starke Quartbände füllen.

Zu Anfang des Jahres 1851 hatte er einen Anfall der Grippe zu bestehen; da er sich jedoch schnell erholte und wieder mit grossem Eifer zu arbeiten anfing, so durften seine Freunde sich der Hoffnung überlassen, dass er ihnen und der Wissenschaft noch lange erhalten bleiben würde, als er plötzlich am 11ten Februar von neuem erkrankte. Sein Zustand erregte sogleich die grössten Besorgnisse, und als man nach einigen Tagen erkannte, dass er von den Blattern ergriffen sei, die auf dem durch das alte Uebel unterwühlten Boden den bösartigsten Charakter zeigten, schwand jede Hoffnung. Den 18ten Februar Abends 11 Uhr acht Tage nach seiner Erkrankung erlag er ohne Kampf.

Jacobi's wissenschaftliche Laufbahn umfasst gerade ein Vierteljahrhundert, also einen weit kürzeren Zeitraum als die der meisten früheren Mathematiker ersten Ranges, und kaum die Hälfte der Zeit, über welche sich EULER's Wirksamkeit erstreckt hat, mit dem er wie durch Vielseitigkeit und Fruchtbarkeit, so auch darin die grösste Aehnlichkeit hat, dass ihm alle Hülfsmittel der Wissenschaft immer gegenwärtig waren und jeden Augenblick zu Gebote standen.

Der Tod, welcher ihn so früh und so plötzlich im Besitze seiner vollen Kraft von der Arbeit hinweggenommen, hat der Wissenschaft die grossen Bereicherungen nicht gegönnt, die sie von JACOBI's nie ermüdender Thätigkeit noch erwarten durfte. Indem ich dies ausspreche, thue ich es nicht nur in der Voraussetzung, dass in einem solchen Geiste die schöpferische Kraft nur mit der physischen zugleich erlöschen konnte, ich habe auch eine Reihe von fast vollendeten Arbeiten vor Augen, an die er selbst in kurzer Zeit — vielleicht während des Druckes, wie er es in der letzten Zeit so gern that — die letzte Hand hätte legen können, und die jetzt durch seine Freunde als Bruchstücke, in unvollkommener Form ans Licht treten müssen. Noch während seiner Krankheit, kaum vier Tage vor seinem Tode, beklagte er das Missgeschick, welches über vielen seiner grösseren Arbeiten gewaltet habe, die Krankheit oder häusliches Unglück unterbrochen habe. „Wenn ich dann", setzte er wehmüthig hinzu, „später an die Arbeit zurückkehrte, habe ich lieber etwas Neues anfangen als Untersuchungen wieder aufnehmen wollen, die so traurige Erinnerungen in mir erweckten. Aber ich sehe ein, dass ich nicht länger zögern darf, jene älteren Arbeiten, denen ich einen so grossen Theil meiner besten Kraft gewidmet habe, der Oeffentlichkeit zu übergeben, wenn sie noch erfolgreich in den Gang der Wissenschaft eingreifen sollen. Glücklicher Weise bedarf es dazu nur sehr kurzer Zeit, die mir ja hoffentlich nicht fehlen wird."

Auszüge aus den Monatsberichten der Akademie der Wissenschaften zu Berlin.

Ueber die Darstellung beliebiger Functionen durch bestimmte Integrale in specieller Anwendung auf die Function P_n, welche bei der Attraction der Sphäroide vorkommt.

(Monatsbericht 1837 S. 79.)[1]

Ueber einige Aufgaben, welche die Bestimmung einer unbekannten Function unter dem Integralzeichen erfordern.

(Monatsbericht 1843 S. 152.)[2]

[1]) Nur der Titel; vergl. Band I dieser Ausgabe von G. Lejeune Dirichlet's Werken S. 285 u. flgde. F.

[2]) Nur der Titel. F.

Bemerkungen zu Kummer's Beweis des Fermat'schen Satzes, die Unmöglichkeit von $x^\lambda - y^\lambda = z^\lambda$ für eine unendliche Anzahl von Primzahlen λ betreffend.

(Monatsbericht 1847 S. 139—141.)

Was die zweite der beiden Voraussetzungen betrifft, welche dem scharfsinnigen Beweise des Herrn KUMMER zu Grunde liegen, so lässt sich deren Richtigkeit für jeden besonderen Werth von λ mit Hülfe der allgemeinen Theorie der complexen Einheiten prüfen, über welche im Märzbericht von 1846 einige Andeutungen gegeben worden sind, und welche in einem der nächsten Hefte des CRELLE'schen Journales bekannt gemacht werden wird[1]). Nach der erwähnten Theorie lässt sich nämlich für jedes λ der allgemeine Ausdruck aller aus λ^{ten} Wurzeln der Einheit zusammengesetzten complexen Einheiten aufstellen, und die Bildung dieses Ausdruckes bietet keine andere Schwierigkeit dar als die einer mit wachsendem λ rasch an Complication zunehmenden numerischen Rechnung. Ist dieser Ausdruck, der $\frac{\lambda-3}{2}$ zu unbestimmten Potenzen erhobene Fundamentaleinheiten enthält, bekannt, so lässt sich ohne grosse Mühe bald entscheiden, ob die in der Voraussetzung (B.) ausgesprochene Bedingung erfüllt ist, d. h. ob der Ausdruck nur dann nach dem Modul λ einer reellen Zahl congruent werden kann, wenn alle Exponenten durch λ aufgehen.

Die Voraussetzung (A.) bezieht sich auf eine Theorie, welche mit der der quadratischen Formen die grösste Analogie hat. Wie nämlich nicht jede Zahl m, für welche die Congruenz

$$\xi^2 \equiv D \quad (\text{mod. } m)$$

möglich ist, immer in der Form $x^2 - Dy^2$ enthalten ist, sondern im allgemeinen eine beschränkte Anzahl wesentlich verschiedener quadratischer Formen existirt, durch welche sämmtliche Zahlen m dargestellt werden können, so finden ähnliche Beziehungen zwischen höheren Congruenzen und ihnen entsprechenden höheren Formen Statt. Betrachtet man z. B. die Congruenz

$$\frac{\xi^\lambda - 1}{\xi - 1} \equiv 0 \quad (\text{mod. } m),$$

hinsichtlich welcher schon EULER die Moduln m, für welche sie möglich ist,

[1]) Die Abhandlung ist erschienen in Bd. 40 des Journals S. 130—138. F.

vollständig bestimmt hat, so sind auch diese Zahlen m nicht immer von der Form

$$\varphi(\alpha)\varphi(\alpha^2)\dots\varphi(\alpha^{\lambda-1}),$$

wo

$$\varphi(\alpha) = x_0 + \alpha x_1 + \alpha^2 x_2 + \dots + \alpha^{\lambda-2} x_{\lambda-2}$$

und $x_0, x_1, \dots, x_{\lambda-2}$ unbestimmte ganze Zahlen bezeichnen, aber es existiren immer Formen in endlicher Anzahl, welche wie die vorige in lineare Factoren zerlegt werden können, und mit dieser vereinigt alle Zahlen m ausdrücken, für welche die Euler'sche Congruenz auflösbar ist. Nachdem die Darstellbarkeit aller Einheiten durch $\frac{\lambda-3}{2}$ Fundamentaleinheiten erkannt worden war, was hier das Analogon von der allgemeinen Lösung der Fermat'schen Gleichung

$$x^2 - Dy^2 = 1$$

ist, lag der Versuch nahe, die Analogie zwischen den quadratischen und diesen höheren Formen weiter zu verfolgen und namentlich die Anzahl der letzteren durch ähnliche Mittel zu bestimmen, durch welche dieselbe Frage in der Theorie der quadratischen Formen früher erledigt worden war. Diese Untersuchung, auf welche sich Herr Kummer im Eingange seiner Mittheilung bezieht, ist denn auch vor etwa drei Jahren mit Hülfe eines neuen Princips, dessen es bei der Ermittelung der Formenzahl für den zweiten Grad nicht bedurft hatte, glücklich zu Ende und zu einem Resultate geführt worden, welches durch seine Form merkwürdig scheint und so einfach ist, als man es bei einer Frage, die Formen aller Grade umfasst, nur immer erwarten konnte. Der von mir für die Anzahl der Formen $(\lambda-1)$-ten Grades gefundene Ausdruck, welcher, wie die Analogie mit den quadratischen Formen vorhersehen liess, die oben erwähnten $\frac{\lambda-3}{2}$ Fundamentaleinheiten enthält, giebt, sobald diese bekannt sind, das Mittel, durch eine ziemlich einfache numerische Rechnung die Voraussetzung (A.) zu prüfen. Ob es aber möglich sein werde, aus der Art, wie die Fundamentaleinheiten in den Ausdruck für die Formenzahl eingehen, etwas Allgemeines über den Zusammenhang der beiden Voraussetzungen abzuleiten und die von Herrn Kummer am Ende seines Briefes ausgesprochene Vermuthung zu prüfen, dass die erste Voraussetzung die zweite immer involvire, darüber wage ich für jetzt nicht zu entscheiden. Eine solche Entscheidung wird nur das Ergebniss einer sorgfältigen aus dem eben besprochenen Gesichtspunkte vorzunehmenden Discussion des Ausdruckes für die Formenzahl sein können.

Bericht über Ehrenzeller's Auflösung numerischer Gleichungen durch Reihen.

(Monatsbericht 18. Februar 1850 S. 36.)

Herr Dirichlet erstattete Bericht über das der Klasse zugewiesene Schreiben des Herrn Ehrenzeller (St. Gallen d. 21. 12) eine Auflösung numerischer Gleichungen durch Reihen enthaltend. Das Verfahren ist übereinstimmend mit der Erweiterung der Newtonschen Approximationsmethode auf das Glied der zweiten Ordnung bei der Entwickelung nach dem Taylorschen Lehrsatze und kann sonach nicht auf Neuheit Anspruch machen.

Ueber eine neue Ableitung von zwei arithmetischen Sätzen aus einer gemeinschaftlichen Quelle.

(Monatsbericht 1853 S. 300.)[1]

[1]) Nur der Titel. F.

ÜBER DEN BIQUADRATISCHEN CHARAKTER DER ZAHL „ZWEI“.

Es sei p eine Primzahl der Form $4n+1$ und

$$p = a^2+b^2,$$

wo a ungerade. Aus dieser Gleichung und der daraus folgenden

$$2p = (a+b)^2+(a-b)^2$$

ergiebt sich sogleich mit Anwendung des verallgemeinerten Symbols von LEGENDRE

$$\left(\frac{p}{a}\right)=1,\quad \left(\frac{2p}{a+b}\right)=1$$

oder

$$\left(\frac{p}{a+b}\right)=\left(\frac{2}{a+b}\right),$$

und dann nach bekannten Sätzen:

$$\left(\frac{a}{p}\right)=1,\quad \left(\frac{a+b}{p}\right)=(-1)^{\frac{1}{8}[(a+b)^2-1]}$$

oder, was dasselbe ist:

$$a^{\frac{1}{2}(p-1)}\equiv 1,\quad (a+b)^{\frac{1}{2}(p-1)}\equiv(-1)^{\frac{1}{8}[(a+b)^2-1]}\pmod{p}.$$

Andererseits erhält man aus:

$$(a+b)^2 = a^2+b^2+2ab\equiv 2ab \pmod{p}$$

durch Erhebung zur Potenz $\frac{1}{4}(p-1)$:

$$(a+b)^{\frac{1}{2}(p-1)}\equiv 2^{\frac{1}{4}(p-1)}a^{\frac{1}{4}(p-1)}.b^{\frac{1}{4}(p-1)} \pmod{p}$$

oder, wenn man

$$b\equiv af$$

setzt und die beiden letzten Congruenzen berücksichtigt:

$$(-1)^{\frac{1}{8}[(a+b)^2-1]}=(-1)^{\frac{1}{8}(p-1+2ab)}\equiv 2^{\frac{1}{4}(p-1)}.f^{\frac{1}{4}(p-1)} \pmod{p}.$$

Nun ist, weil

$$a^2+b^2 = p, \quad b^2 \equiv a^2 f^2,$$

also

$$f^2 \equiv -1 \pmod{p},$$

$$(f^2)^{\frac{1}{8}(p-1+2ab)} = f^{\frac{1}{4}(p-1)}.f^{\frac{1}{2}ab} \equiv 2^{\frac{1}{4}(p-1)}.f^{\frac{1}{4}(p-1)} \pmod{p}$$

oder, wenn man mit $f^{\frac{1}{4}(p-1)}$ dividirt,

$$2^{\frac{1}{4}(p-1)} \equiv f^{\frac{1}{2}ab} \pmod{p},$$

welches Resultat in das von GAUSS im § 24 seiner „*theoria residuorum biquadraticorum*" gegebene übergeht, wenn man mit $a^{\frac{1}{2}ab}$ multiplicirt und für af wieder b einführt.

Göttingen, den 21. Januar 1857.

UNTERSUCHUNGEN ÜBER EIN PROBLEM DER HYDRODYNAMIK.

Vorwort.

Ueber die Vollendung und Herausgabe dieser Abhandlung, welche nach dem letzten Willen des Verfassers mir übertragen worden ist, sind einige Bemerkungen vorauszuschicken. Das hier behandelte hydrodynamische Problem, dessen Lösung aus dem Winter 1856—57 stammt, wurde in kurzen Zügen zuerst am Schlusse der Vorlesungen über partielle Differentialgleichungen im Juli 1857 vorgetragen, und gleichzeitig wurde das Hauptresultat der ganzen Untersuchung in den Nachrichten von der Königl. Gesellschaft der Wissenschaften[1]) durch eine kurze Anzeige veröffentlicht. Die vollständige Darstellung verzögerte sich aber, theils durch den Wunsch des Verfassers, den Gegenstand in seinen Einzelheiten noch mehr zu durchforschen, theils durch die Beschäftigung mit anderen Arbeiten, bis die plötzliche Krankheit und der zu frühe Tod die Vollendung unmöglich machten. Unter den hinterlassenen Papieren, die sich auf diesen Gegenstand beziehen, und die am 21. Juli 1859 in meine Hände gelangten, fand sich zunächst ein so sorgfältig ausgeführtes Manuscript, dass es ohne die geringste Aenderung dem Druck übergeben werden konnte; nur ist es sehr zu beklagen, dass auch in diesem Bruchstück die Einleitung, welche der Erörterung einiger allgemeiner Eigenschaften der hydrodynamischen Grundgleichungen gewidmet war, unvollendet geblieben ist. Ausser diesem Manuscript, welches in der folgenden Anordnung bis gegen den Schluss des § 3 reicht, fand sich eine grosse Menge einzelner Papiere, mit flüchtig hingeworfenen Formeln ohne Text, deren Bedeutung aber leicht zu erkennen war. Zum grössten Theil waren es Wiederholungen des schon Dargestellten, und nur selten ergab sich aus ihnen ein Anhaltspunkt für die weitere Ausführung. Indessen fiel es mit

[1]) S. 217 des II. Bandes dieser Ausgabe von G. Lejeune Dirichlet's Werken. F.

Hülfe dieser Papiere nicht schwer, die sieben Integralgleichungen erster Ordnung aufzufinden, welche in der vorläufigen Anzeige der Abhandlung erwähnt sind; sie finden sich in § 5 der folgenden Darstellung. Ausserdem wiesen zahlreiche Stellen auf den in § 8 behandelten Fall hin, wenn auch nirgends sich eine Discussion vorfand; ich habe ihn (in § 6) mit dem anderen in § 7 untersuchten zu verbinden gesucht, der seiner Einfachheit halber auch in der schon erwähnten vorläufigen Anzeige mitgetheilt ist. Ferner gaben, wie aus den sämmtlich von mir hinzugefügten Anmerkungen zu sehen ist, manche Stellen des erwähnten Manuscriptes Veranlassung zur Ausführung mehr mühsamer als schwieriger Rechnungen, die, weil sie für künftige Arbeiten wohl nützlich sein können, ihren Resultaten nach in die Abhandlung aufgenommen sind und so den § 4 bilden. Nachdem ich sie einmal abgeleitet hatte, dienten sie mir bei einigen weiteren Untersuchungen, deren Ergebnisse, so weit sie bis jetzt gelungen sind, ich in dem Schlussparagraphen mittheilen zu dürfen glaubte. Ich verhehle mir nicht, dass trotz aller auf die Arbeit gewendeten Sorgfalt und Liebe, Manches vollständiger und besser hätte ausgeführt werden können; allein ich wollte die Herausgabe nicht noch länger verzögern, um so weniger, da ich vertrauen darf, dass man dieses letzte Werk des grossen Denkers, dem es nicht vergönnt war selbst die Meisterhand an die Darstellung zu legen, auch in der unvollkommenen Form würdigen wird.

Zürich, 10. November 1859.

R. Dedekind.

Bei der Begründung der allgemeinen Gleichungen, durch welche die Bewegung flüssiger Körper bestimmt wird, kann man von zwei verschiedenen Gesichtspunkten ausgehen. Nach der einen Auffassung des Gegenstandes stellt man sich die Aufgabe, für eine beliebige Stelle (x, y, z) und eine beliebige Zeit t den Zustand der bewegten Masse, d. h. die Dichtigkeit, den Druck und die drei Componenten der Geschwindigkeit auszumitteln und diese fünf Grössen als Functionen der vier Veränderlichen x, y, z, t zu bestimmen. Dem eben erwähnten Gesichtspunkt entsprechen die Grundgleichungen der Hydrodynamik, welche man in allen Lehrbüchern findet, und welche EULER zuerst aufgestellt hat*). Diese EULER'schen Gleichungen liegen auch einer grossen Abhandlung zu Grunde, welche LAGRANGE mehr als zwanzig Jahre später in derselben akademischen Sammlung**) veröffentlicht hat, und aus welcher er später mit einigen Zusätzen den Abschnitt seiner *Mécanique analytique* gebildet hat, welcher der Hydrodynamik gewidmet ist. Der wichtigste dieser Zusätze beginnt den erwähnten Abschnitt und betrifft eine von der EULER'schen wesentlich verschiedene Behandlung des Gegenstandes; LAGRANGE geht nämlich darauf aus, die Bewegung jedes Elementes der Flüssigkeit zu verfolgen, d. h. die Coordinaten x, y, z, den Druck und die Dichtigkeit dieses Elementes durch seine anfänglichen Coordinaten a, b, c und die seit dem Anfang der Bewegung verflossene Zeit t zu bestimmen[1]). Merkwürdiger Weise macht jedoch LAGRANGE von den diesem Gesichtspunkt entsprechenden Gleichungen gar keinen Ge-

*) Principes généraux du mouvement des fluides (Histoire de l'Acad. de Berlin, Année 1755).

**) Mémoire sur la Théorie du mouvement des fluides (Nouveaux Mémoires de l'Acad. de Berlin, Année 1781).

[1]) Diese Darstellung der historischen Entwickelung der Grundlagen der Hydrodynamik bedarf einer Berichtigung. Es hat EULER ausser der im Texte erwähnten Behandlung des Gegenstandes, auch die andere Behandlung, die Coordinaten eines Elementes der Flüssigkeit, so wie den Druck und die Dichtigkeit desselben durch seine anfänglichen Coordinaten und die seit dem Anfange der Bewegung verflossene Zeit zu bestimmen, in den *Novi Commentarii Academiae Petropolitanae t. 14 pro anno 1759 pars prior p. 358 sqq.* entwickelt. Diese letztere Arbeit EULER's ist ebenso wenig wie die aus der *Histoire de l'Académie de Berlin* 1755 von LAGRANGE in seinem hier erwähnten *Mémoire sur la théorie du mouvement des fluides* citirt worden. Auch in den ersten Ausgaben der *Mécanique analytique* von LAGRANGE vermissen wir diese Citate. Erst in der dritten von Herrn BERTRAND besorgten Ausgabe t. II Paris 1855 p. 249 findet sich die Abh. von EULER aus der *Histoire de l'Acad. de Berlin* 1755 (vgl. daselbst eine Note des Herrn BERTRAND) citirt, aber auch dort ist die Abhandlung aus den *Commentarii Academiae Petropolitanae* nicht erwähnt. Die richtigen historischen Angaben über die Grundlagen der Hydrodynamik finden sich schon in einer Anmerkung zu HATTENDORFF's Ausgabe der Vorlesungen RIEMANN's über partielle Differentialgleichungen (1869) S. 314.

brauch; nachdem er nämlich bemerkt hat, dass sie etwas complicirt seien, formt er seine Gleichungen in die EULER'schen um, und fügt dann hinzu, dass die letzteren wegen ihrer grösseren Einfachheit zur Lösung besonderer Aufgaben vorzugsweise geeignet seien. Ich muss jedoch gestehen, dass mir der Vorzug, welchen LAGRANGE den EULER'schen Gleichungen vor den seinigen einräumt, durchaus nicht begründet scheint, indem jene eine Eigenthümlichkeit darbieten, von welcher die letzteren frei sind, und durch welche die einfachere Form mehr als aufgewogen wird.

Die Eigenthümlichkeit, von welcher ich rede, und die LAGRANGE völlig übersehen zu haben scheint, besteht darin, dass die Coordinaten x, y, z nicht unabhängige Variable im eigentlichen Sinne des Wortes sind, da die Ausdehnung, in welcher sie gelten, die des Raumes ist, welchen die bewegte Masse jeden Augenblick einnimmt, und folglich durch die ganze vorangegangene Bewegung bestimmt wird. Es ist aus diesem Umstande leicht ersichtlich, in welche Schwierigkeiten die Anwendung der EULER'schen Gleichungen auf besondere Probleme verwickeln muss, da wir jetzt wissen, was freilich zur Zeit des Erscheinens der *Mécanique analytique* noch nicht erkannt war, ein wie wesentliches Element für die Bestimmung von Functionen mehrerer Veränderlichen, welche durch partielle Differentialgleichungen und andere der besonderen Frage angehörige Bedingungen definirt werden, der Umfang bildet, welcher diesen Veränderlichen zukommt. Der Vorzug der EULER'schen Form scheint auf den Fall beschränkt, wo die flüssige Masse im Laufe der Bewegung dieselbe äussere Gestalt behält, auf welchen Fall übrigens auch der leicht zurückgeführt wird, wo sich ein fester Körper in einer unendlichen Flüssigkeit bewegt.

Dass die erwähnte Eigenthümlichkeit der von EULER gegebenen Gleichungen LAGRANGE entgangen ist, hat einige Unrichtigkeiten zur Folge gehabt, von welchen ich die wesentlichste hier erwähnen zu müssen glaube, da sie in alle Lehrbücher übergegangen ist, und wissenschaftliche Irrthümer um so schwerer verschwinden, je grösser die Autorität ist, unter deren Schutz sie stehen. Schon EULER hatte in der oben citirten Abhandlung bemerkt, dass seine Grundgleichungen sich sehr vereinfachen und auf eine zurückkommen, wenn für die ganze Dauer der Bewegung sowohl die drei Componenten der Geschwindigkeit als die der beschleunigenden Kraft die nach den drei Coordinaten genommenen partiellen Differentialquotienten derselben Function dieser Coordinaten sind, und diese Bemerkung ist von LAGRANGE durch den wichtigen Zusatz vervollständigt worden, dass die eben ausgesprochene Voraussetzung immer für die Componenten der Geschwindigkeit von selbst stattfindet, wenn sie nur für den Anfang der Bewegung gilt und überdies die Componenten der Kraft zu jeder Zeit dieselbe Bedingung erfüllen*).

§ 1.

Die Grundgleichungen der Hydrodynamik in der Form, welche LAGRANGE denselben gegeben hat, sind die folgenden, wenn wir uns auf den Fall der Homogeneität beschränken und die Dichtigkeit der Einheit gleich setzen:

$$(1)\quad \begin{cases} \left(\frac{d^2x}{dt^2}-X\right)\frac{dx}{da}+\left(\frac{d^2y}{dt^2}-Y\right)\frac{dy}{da}+\left(\frac{d^2z}{dt^2}-Z\right)\frac{dz}{da}+\frac{dp}{da}=0,\\ \left(\frac{d^2x}{dt^2}-X\right)\frac{dx}{db}+\left(\frac{d^2y}{dt^2}-Y\right)\frac{dy}{db}+\left(\frac{d^2z}{dt^2}-Z\right)\frac{dz}{db}+\frac{dp}{db}=0,\\ \left(\frac{d^2x}{dt^2}-X\right)\frac{dx}{dc}+\left(\frac{d^2y}{dt^2}-Y\right)\frac{dy}{dc}+\left(\frac{d^2z}{dt^2}-Z\right)\frac{dz}{dc}+\frac{dp}{dc}=0,\\ \Sigma\pm\frac{dx}{da}\frac{dy}{db}\frac{dz}{dc}=1. \end{cases}$$

In diesen Gleichungen sind a, b, c die anfänglichen Coordinaten eines beliebigen Elementes, so dass also der unveränderliche Umfang dieses Systemes von drei Variablen durch die ursprüngliche Gestalt der Flüssigkeit bestimmt wird, x, y, z bezeichnen für die Zeit t die Coordinaten desselben Elementes,

---

*) Hier bricht leider das Manuscript vollständig ab, und es war nirgends eine Andeutung über die weitere Ausführung zu finden; doch ist wohl kaum zu zweifeln, dass die beabsichtigte Berichtigung in Folgendem bestehen sollte. Wenn man diejenige Function, deren partielle Derivirte die Componenten der wirkenden Kraft liefern, durch partielle Differentiationen aus den drei ersten der von LAGRANGE gegebenen Grundgleichungen eliminirt, so erhält man drei Resultate, welche eine unmittelbare Integration in Bezug auf die Zeit gestatten; bezeichnet man mit $\mathfrak{A}$, $\mathfrak{B}$, $\mathfrak{C}$ die drei Integrationsconstanten, welche also nur noch von a, b, c abhängen können, so ergeben sich mit Hülfe der vierten LAGRANGE'schen Gleichung, welche die Incompressibilität der Flüssigkeit ausdrückt, leicht die drei folgenden Gleichungen

$$\frac{dv}{dz}-\frac{dw}{dy}=\mathfrak{A}\frac{dx}{da}+\mathfrak{B}\frac{dx}{db}+\mathfrak{C}\frac{dx}{dc},\quad \frac{dw}{dx}-\frac{du}{dz}=\mathfrak{A}\frac{dy}{da}+\mathfrak{B}\frac{dy}{db}+\mathfrak{C}\frac{dy}{dc},\quad \frac{du}{dy}-\frac{dv}{dx}=\mathfrak{A}\frac{dz}{da}+\mathfrak{B}\frac{dz}{db}+\mathfrak{C}\frac{dz}{dc},$$

in welchen u, v, w die nach den Axen der x, y, z genommenen Componenten der Geschwindigkeit bedeuten. Aus diesen Gleichungen folgt, dass, wenn für ein bestimmtes Element (a, b, c) der flüssigen Masse die Werthe der drei zur Linken stehenden Differenzen anfänglich verschwinden, dasselbe während der ganzen Dauer der Bewegung für das nämliche Massenelement (a, b, c) gelten wird. Ist daher ursprünglich in einem von flüssiger Masse erfüllten Raume — denn nur in einem solchen kommt den Zeichen u, v, w eine wirkliche Bedeutung zu — der Ausdruck $udx+vdy+wdz$ ein vollständiges Differential, so wird dasselbe auch zu jeder späteren Zeit für denjenigen Raum gelten, welcher augenblicklich die nämlichen Elemente der flüssigen Masse enthält. Es haftet daher diese Eigenthümlichkeit der Bewegung nicht sowohl, wie LAGRANGE zu beweisen glaubte, an dem absoluten Raume, als vielmehr an der Masse. — Die weitere Untersuchung der Bedeutung der drei Integralgleichungen gehört nicht hierher.

p den Druck, welchen dasselbe erleidet, und X, Y, Z endlich sind die Componenten der auf das Element wirkenden beschleunigenden Kraft. Was die letzte Gleichung betrifft, welche die Incompressibilität der Flüssigkeit ausdrückt, so hat das Summenzeichen in derselben nach der üblichen Bezeichnung die Bedeutung einer Determinante. Wir werden einen Fall behandeln, in welchem die beschleunigende Kraft von der Anziehung der gesammten Masse herrührt und die Elementaranziehung dem Quadrat der Entfernung umgekehrt proportional ist. Bezeichnet daher V zur Zeit t das Potential der Flüssigkeit für den inneren Punkt (x, y, z), so dass also V eine Function von x, y, z und t ist, und bezeichnet ferner ε die Constante, welche die Anziehung zwischen zwei Masseneinheiten in der Einheit der Entfernung ausdrückt, so ist

$$X = \varepsilon \frac{dV}{dx}, \quad Y = \varepsilon \frac{dV}{dy}, \quad Z = \varepsilon \frac{dV}{dz}.$$

Durch Substitution dieser Ausdrücke nehmen die drei ersten Gleichungen folgende Gestalt an

$$(2) \qquad \begin{cases} \dfrac{d^2x}{dt^2}\dfrac{dx}{da} + \dfrac{d^2y}{dt^2}\dfrac{dy}{da} + \dfrac{d^2z}{dt^2}\dfrac{dz}{da} - \varepsilon\dfrac{dV}{da} + \dfrac{dp}{da} = 0, \\[2ex] \dfrac{d^2x}{dt^2}\dfrac{dx}{db} + \dfrac{d^2y}{dt^2}\dfrac{dy}{db} + \dfrac{d^2z}{dt^2}\dfrac{dz}{db} - \varepsilon\dfrac{dV}{db} + \dfrac{dp}{db} = 0, \\[2ex] \dfrac{d^2x}{dt^2}\dfrac{dx}{dc} + \dfrac{d^2y}{dt^2}\dfrac{dy}{dc} + \dfrac{d^2z}{dt^2}\dfrac{dz}{dc} - \varepsilon\dfrac{dV}{dc} + \dfrac{dp}{dc} = 0. \end{cases}$$

Unsere Untersuchung ist auf die Voraussetzung beschränkt, dass die zu bestimmenden Functionen x, y, z der vier unabhängigen Variablen a, b, c, t die drei ersten derselben nur linear enthalten, und wir bemerken sogleich, dass wir überall in der Folge unter einem linearen Ausdruck einen solchen verstehen werden, der kein von den Variablen unabhängiges Glied enthält. Wir haben also:

$$(3) \qquad \begin{cases} x = la + mb + nc, \\ y = l'a + m'b + n'c, \\ z = l''a + m''b + n''c, \end{cases}$$

wo die Coefficienten l, m etc. nur von der Zeit t abhängig sind und in Folge der Incompressibilität folgende Gleichung befriedigen müssen

$$\theta = \Sigma \pm l m' n'' = 1.$$

Für $t=0$ fallen x, y, z mit a, b, c zusammen, so dass also $l=m'=n''=1$, während die sechs übrigen dieser Grössen verschwinden. Differentiirt man obige Gleichungen nach t, so erhält man für die Componenten u, v, w der Geschwindigkeit

$$(3^a)\quad \begin{cases} u = \dfrac{dx}{dt} = \dfrac{dl}{dt}a + \dfrac{dm}{dt}b + \dfrac{dn}{dt}c, \\[2ex] v = \dfrac{dy}{dt} = \dfrac{dl'}{dt}a + \dfrac{dm'}{dt}b + \dfrac{dn'}{dt}c, \\[2ex] w = \dfrac{dz}{dt} = \dfrac{dl''}{dt}a + \dfrac{dm''}{dt}b + \dfrac{dn''}{dt}c. \end{cases}$$

Die anfänglichen Werthe der Grössen

$$(4)\quad \begin{cases} \dfrac{dl}{dt}, & \dfrac{dm}{dt}, & \dfrac{dn}{dt} \\[2ex] \dfrac{dl'}{dt}, & \dfrac{dm'}{dt}, & \dfrac{dn'}{dt} \\[2ex] \dfrac{dl''}{dt}, & \dfrac{dm''}{dt}, & \dfrac{dn''}{dt} \end{cases}$$

sind nicht ganz willkürlich, sondern es findet zwischen denselben die Bedingungsgleichung

$$\left(\frac{dl}{dt}\right)_0 + \left(\frac{dm'}{dt}\right)_0 + \left(\frac{dn''}{dt}\right)_0 = 0$$

statt, welche man erhält, wenn man $\dfrac{d\theta}{dt}$ bildet und dann $t=0$ setzt.

Wir wollen nun zeigen, dass unsere Ausdrücke, in denen neun unbekannte Functionen der Zeit t vorkommen, die Bewegung einer flüssigen Masse darstellen, deren Elemente sich nach dem Gesetze der Natur anziehen, wenn die Masse ursprünglich die Gestalt eines Ellipsoides hat, die anfängliche Bewegung den Gleichungen (3^a), welche acht willkürliche Constanten enthalten, gemäss ist und endlich an der Oberfläche ein constanter oder nur von der Zeit abhängiger Druck stattfindet. Lässt man den Anfangspunkt der Coordinaten mit dem Mittelpunkt, die Axen der x, y, z oder a, b, c mit den Hauptaxen des Ellipsoides zusammenfallen, so hat die Gleichung der anfänglichen Oberfläche die Form

$$(5)\qquad \frac{a^2}{A^2} + \frac{b^2}{B^2} + \frac{c^2}{C^2} = 1.$$

Ehe wir weiter gehen, ist zu bemerken, dass unsere Ausdrücke (3) und (4) die bei der Begründung der Gleichungen (1) vorausgesetzte Continuitätsbedingung erfüllen, welche wesentlich darin besteht, dass die Punkte, welche anfänglich eine geschlossene Fläche bilden, auch zu jeder späteren Zeit eine solche bilden, und dass jeder ursprünglich innerhalb oder ausserhalb dieser Fläche liegende Punkt eine ähnliche Lage in Bezug auf die neue Fläche einnimmt. Es ist dies eine Folge daraus, dass zu jedem System bestimmter und endlicher Werthe a, b, c ein eben solches System von Werthen x, y, z und wegen $\theta = 1$ auch umgekehrt gehört.

Löst man die Gleichungen (3) nach a, b, c auf, so erhält man

$$(6) \qquad \begin{cases} a = \lambda x + \lambda' y + \lambda'' z, \\ b = \mu x + \mu' y + \mu'' z, \\ c = \nu x + \nu' y + \nu'' z, \end{cases}$$

wo λ, λ' etc. wegen $\theta = 1$ Ausdrücke ohne Nenner und die sogenannten aus den neun Grössen l, m etc. gebildeten partiellen Determinanten sind, so dass also z. B. $\lambda = m'n'' - m''n'$. Setzt man die Werthe a, b, c in obige Gleichung ein, so erhält man zur Bestimmung der Oberfläche zur Zeit t

$$(7) \qquad \frac{1}{A^2}(\lambda x + \lambda' y + \lambda'' z)^2 + \frac{1}{B^2}(\mu x + \mu' y + \mu'' z)^2 + \frac{1}{C^2}(\nu x + \nu' y + \nu'' z)^2 = 1,$$

so dass also bei einer durch die Gleichungen (3) bestimmten Bewegung die anfänglich ellipsoidisch vorausgesetzte Oberfläche auch zu jeder späteren Zeit die Gestalt eines mit dem ursprünglichen concentrischen Ellipsoides hat. Man kann noch hinzufügen, dass Punkte, welche anfänglich ein mit der Oberfläche concentrisches, ähnliches und ähnlich liegendes Ellipsoid bilden, zu jeder anderen Zeit in ähnlicher Beziehung zu der jedesmaligen Oberfläche stehen werden. Es soll nun gezeigt werden, dass die Ausdrücke (3) den Gleichungen (2) genügen, wenn die darin enthaltenen Functionen der Zeit, l, m etc. gehörig gewählt werden. Hierzu ist zunächst erforderlich, dass das Potential V der von dem Ellipsoid (7) begrenzten Masse für einen inneren Punkt (x, y, z) bestimmt und dann durch a, b, c ausgedrückt werde. Nach einem bekannten Satze ist das Potential eines auf seine Hauptaxen bezogenen Ellipsoides für einen inneren Punkt ein viergliedriger Ausdruck, der ausser einem constanten Theile drei den Quadraten der Coordinaten proportionale Glieder enthält. Um das Potential für unser Ellipsoid (7), welches nicht auf seine Hauptaxen bezogen ist, zu erhalten, müsste man also durch Auflösung einer cubischen Gleichung zu diesen übergehen und dann das für das neue Coordinatensystem geltende Potential durch x, y, z ausdrücken. Bei der eben angedeuteten etwas umständlichen Rechnung stellt sich heraus, dass das Resultat nur symmetrische Verbindungen der Wurzeln der cubischen Gleichung enthält und also ohne Lösung dieser Gleichung aufgestellt werden kann. Man gelangt zu demselben Ergebniss auf weit kürzerem Wege, wenn man sich zur Auffindung des Potentials der Methode des discontinuirlichen Factors bedient, welche unmittelbar auf ein Ellipsoid angewandt werden kann, welches auf beliebige Axen bezogen ist *). Da jedoch der sehr complicirte Ausdruck, welchen man durch die eine oder die andere der angegebenen Verfahrungsarten erhält, zu unserem Zwecke entbehrlich ist, so wollen wir uns bei der Ableitung desselben nicht aufhalten**). Es genügt für uns zu bemerken, dass das durch x, y, z ausgedrückte Potential offenbar ausser einem constanten, den Werth desselben im Mittelpunkt darstellenden Bestandtheil eine vollständige homogene Function des zweiten Grades von x, y, z enthält. Dieselbe Form wird das Potential in Bezug auf a, b, c darbieten, wenn man für x, y, z die Ausdrücke (3) einsetzt. Es ist also

$$V = H - La^2 - Mb^2 - Nc^2 - 2L'bc - 2M'ca - 2N'ab,$$

wo L, M, $\ldots$, N' sehr zusammengesetzte, elliptische Integrale enthaltende Functionen von l, m, $\ldots$, n'' bezeichnen. Da hiernach $\frac{dV}{da}$, $\frac{dV}{db}$, $\frac{dV}{dc}$ die Variablen a, b, c nur linear enthalten, und dasselbe von den drei ersten Gliedern in jeder der Gleichungen (2) gilt, so werden diese Gleichungen unabhängig von a, b, c nur bestehen können, wenn der Druck ausser einem von a, b, c unabhängigen Bestandtheil nur Glieder zweiter Ordnung enthält. Da wir nun andererseits voraussetzen, dass dieser Druck an der ganzen Oberfläche zu derselben Zeit den-

*) Ueber eine neue Methode zur Bestimmung vielfacher Integrale (Abhandlungen der Akademie der Wissenschaften zu Berlin; 1839)[1]). — Unter den hinterlassenen Papieren fand sich die folgende vereinzelte Bemerkung: „Als einmal zwischen Jacobi und mir die Rede von der Attraction der Ellipsoide war, mit welchem Problem der grosse Mathematiker sich früher sehr angelegentlich beschäftigt hatte, erwähnte er eines Umstandes, der ihn sehr überrascht hatte, des Umstandes nämlich, dass die Bestimmung der auf einen äusseren Punkt ausgeübten Anziehung auch dann nur die Lösung einer einzigen cubischen Gleichung erfordere, wenn das Ellipsoid nicht auf seine Hauptaxen bezogen sei, und legte mir die Frage vor, wie sich die Methode des discontinuirlichen Factors in dieser Beziehung verhalte. Ich konnte sogleich antworten, dass sich bei Anwendung der eben erwähnten Methode dieselbe Erscheinung zeige, und Jacobi's Bemerkung zugleich durch die Angabe vervollständigen, dass sich für einen inneren Punkt gar keine cubische Gleichung einstelle." — Vergl. die erste Anmerkung zu § 4.

**) Es erschien zweckmässig, die hier und im Folgenden angedeutete, durchaus nicht schwierige Rechnung wirklich auszuführen; die Resultate findet man weiter unten im § 4.

[1]) S. 393—410 des I. Bandes dieser Ausgabe von G. Lejeune Dirichlet's Werken. F.

selben bloss von dieser abhängigen Werth P hat, so muss p offenbar die Form

$$p = P + \sigma\left(1 - \frac{a^2}{A^2} - \frac{b^2}{B^2} - \frac{c^2}{C^2}\right)$$

haben, wo σ eine nur mit t veränderliche Grösse bezeichnet. Setzt man alle im Vorhergehenden erhaltenen Ausdrücke in die Gleichungen (2) ein, so zerfällt jede derselben in drei neue Gleichungen, indem die mit a, b, c multiplicirten Glieder besonders verschwinden müssen. Man hat also zur Bestimmung der 10 Functionen der Zeit, l, m, ..., n'', σ die folgenden Gleichungen, welche in gleicher Anzahl sind

$$(a)\quad \left\{\begin{aligned}
l\frac{d^2l}{dt^2} + l'\frac{d^2l'}{dt^2} + l''\frac{d^2l''}{dt^2} &= -2L\varepsilon + \frac{2\sigma}{A^2},\\
m\frac{d^2m}{dt^2} + m'\frac{d^2m'}{dt^2} + m''\frac{d^2m''}{dt^2} &= -2M\varepsilon + \frac{2\sigma}{B^2},\\
n\frac{d^2n}{dt^2} + n'\frac{d^2n'}{dt^2} + n''\frac{d^2n''}{dt^2} &= -2N\varepsilon + \frac{2\sigma}{C^2},\\
m\frac{d^2n}{dt^2} + m'\frac{d^2n'}{dt^2} + m''\frac{d^2n''}{dt^2} &= -2L'\varepsilon,\\
n\frac{d^2m}{dt^2} + n'\frac{d^2m'}{dt^2} + n''\frac{d^2m''}{dt^2} &= -2L'\varepsilon,\\
n\frac{d^2l}{dt^2} + n'\frac{d^2l'}{dt^2} + n''\frac{d^2l''}{dt^2} &= -2M'\varepsilon,\\
l\frac{d^2n}{dt^2} + l'\frac{d^2n'}{dt^2} + l''\frac{d^2n''}{dt^2} &= -2M'\varepsilon,\\
l\frac{d^2m}{dt^2} + l'\frac{d^2m'}{dt^2} + l''\frac{d^2m''}{dt^2} &= -2N'\varepsilon,\\
m\frac{d^2l}{dt^2} + m'\frac{d^2l'}{dt^2} + m''\frac{d^2l''}{dt^2} &= -2N'\varepsilon,\\
\Sigma \pm lm'n'' &= 1.
\end{aligned}\right.$$

Es ist leicht, die Unbekannte σ zu eliminiren, indem man aus den drei ersten dieser Gleichungen eine Doppelgleichung bildet; der grösseren Symmetrie halber wollen wir jedoch die Gleichungen in unveränderter Form beibehalten.

§ 2.

Obgleich das eben aufgestellte System allen Bedingungen der Aufgabe genügt und ebensoviel Gleichungen als Unbekannte enthält, so reicht, streng genommen, dieser doppelte Umstand nicht aus, um die Möglichkeit der oben angedeuteten Bewegung zu zeigen. Es ist vielmehr noch nachzuweisen, dass unsere Gleichungen ausreichen, um aus den anfänglichen Werthen der Grössen $l, m, \ldots, n''$ und ihrer Derivirten $\frac{dl}{dt}, \ldots, \frac{dn''}{dt}$, für welche anfänglichen Werthe die obigen Bedingungen gelten, die Werthe der Grössen $l, m, \ldots, n''$ für eine beliebige Zeit t ableiten zu können. Es kommt dieser Nachweis offenbar darauf hinaus, zu zeigen, dass, wenn für eine beliebige Zeit die Werthe von $l, m, \ldots, n''$ und ihren ersten Derivirten als endlich und völlig bekannt vorausgesetzt werden, aus unseren Gleichungen die Werthe der zweiten Derivirten $\frac{d^2l}{dt^2}, \frac{d^2m}{dt^2}, \ldots, \frac{d^2n''}{dt^2}$ für dieselbe Zeit abgeleitet werden können. Es wird genügen, die hier erforderliche Rechnung, welche durchaus keine Schwierigkeit darbietet, mit wenigen Worten anzudeuten. Löst man die drei der Gleichungen (α), welche $\frac{d^2l}{dt^2}, \frac{d^2l'}{dt^2}, \frac{d^2l''}{dt^2}$ enthalten, nach diesen Grössen auf und verfährt ebenso in Bezug auf die sechs übrigen, so erhält man für jede der neun zweiten Derivirten einen Ausdruck der Form $e\sigma+f$, wo e und f wegen $\theta = 1$ ohne Nenner sind und völlig bestimmte endliche Werthe haben, so dass alles darauf hinauskommt sich zu überzeugen, dass σ einen bestimmten endlichen Werth hat. Dieser Werth aber ergiebt sich aus einer Gleichung der Form $e'\sigma+f' = 0$, welche man erhält, wenn man die eben erwähnten Ausdrücke in die Gleichung $\frac{d^2\theta}{dt^2} = 0$ setzt, und in welcher von e' und f' dasselbe gilt, was vorhin in Bezug auf e und f bemerkt wurde, und e' als eine Summe von Quadraten, die nicht gleichzeitig verschwinden können, von Null verschieden sein wird*).

Es ist übrigens hinsichtlich der Bewegung, welche durch unsere Gleichungen definirt wird, eine wesentliche Bemerkung zu machen, welche den jeden Augenblick an der Oberfläche ausgeübten Druck betrifft. Dieser Druck muss in gewissen Fällen eine bestimmte Grenze übersteigen, wenn die Bewegung physisch möglich sein soll, es sei denn, dass man unter einer incompressiblen Flüssigkeit eine solche verstehen wollte, die, wie sie jeder Zusammendrückung, so auch jeder sie zur Trennung sollicitirenden Kraft widersteht. Nimmt man diese letztere Fähigkeit, wie gewöhnlich, nicht in die Definition auf, so ist es für die Darstellbarkeit der Bewegung durch die hydro-

*) Das ausgeführte Resultat dieser Rechnung findet man in § 4.

dynamischen Gleichungen erforderlich, dass der Druck in der bewegten Masse nie negativ werde. Da nun in unserem Falle

$$p = P+\sigma\left(1-\frac{a^2}{A^2}-\frac{b^2}{B^2}-\frac{c^2}{C^2}\right),$$

und der eingeklammerte Ausdruck innerhalb der Masse alle Werthe zwischen 0 und 1 annimmt, so besteht für den Fall, wo die Grösse σ, die im Allgemeinen nur durch die Integration unserer Differentialgleichungen bestimmt werden kann, zu irgend einer Zeit einen negativen Werth erhält, die Bedingung, dass P nicht unter dem absoluten Werthe von σ liege. Nur wenn σ nie negativ wird, bleibt P unbeschränkt und kann die durch unsere Gleichungen definirte Bewegung im leeren Raume und ohne äusseren Druck stattfinden.

Nur der anfängliche d. h. $t = 0$ entsprechende Werth von σ lässt sich ohne Integration bestimmen. Setzt man $t = 0$ in der Gleichung $\frac{d^2\theta}{dt^2} = 0$, so erhält man

$$\frac{d^2l}{dt^2}+\frac{d^2m'}{dt^2}+\frac{d^2n''}{dt^2} = \left\{\begin{array}{l} -2\frac{dm'}{dt}\frac{dn''}{dt}-2\frac{dn''}{dt}\frac{dl}{dt}-2\frac{dl}{dt}\frac{dm'}{dt} \\ +2\frac{dm''}{dt}\frac{dn'}{dt}+2\frac{dn}{dt}\frac{dl''}{dt}+2\frac{dl'}{dt}\frac{dm}{dt} \end{array}\right\}.$$

Den drei ersten Gliedern der zweiten Seite kann man die Form geben

$$\left(\frac{dl}{dt}\right)^2+\left(\frac{dm'}{dt}\right)^2+\left(\frac{dn''}{dt}\right)^2-\left(\frac{dl}{dt}+\frac{dm'}{dt}+\frac{dn''}{dt}\right)^2,$$

wo das letzte Quadrat nach der schon früher bemerkten Bedingungsgleichung verschwindet. Andererseits ergiebt sich, immer unter der Voraussetzung $t = 0$, durch Addition der drei ersten der Gleichungen (a),

$$\frac{d^2l}{dt^2}+\frac{d^2m'}{dt^2}+\frac{d^2n''}{dt^2} = -2(L+M+N)\varepsilon+2\left(\frac{1}{A^2}+\frac{1}{B^2}+\frac{1}{C^2}\right)\sigma,$$

und da zu Anfang x, y, z mit a, b, c zusammenfallen, so hat V die Form

$$V = H-Lx^2-My^2-Nz^2,$$

so dass also nach einem bekannten Satze

$$4\pi = -\frac{d^2V}{dx^2}-\frac{d^2V}{dy^2}-\frac{d^2V}{dz^2} = 2(L+M+N).$$

Hiernach wird unsere obige Gleichung

$$\left(\frac{1}{A^2}+\frac{1}{B^2}+\frac{1}{C^2}\right)\sigma = 2\pi\varepsilon+\tfrac{1}{2}\left[\left(\frac{dl}{dt}\right)^2+\left(\frac{dm'}{dt}\right)^2+\left(\frac{dn''}{dt}\right)^2\right]+\frac{dm''}{dt}\frac{dn'}{dt}+\frac{dn}{dt}\frac{dl''}{dt}+\frac{dl'}{dt}\frac{dm}{dt}.$$

Sind nun z. B. diejenigen der anfänglichen Werthe (4), welche sich ausserhalb der Diagonale befinden und zu dieser eine symmetrische Lage einnehmen, einander gleich, so ist der anfängliche Werth von σ positiv, und wir werden weiter unten sehen, dass in diesem besonderen Falle dasselbe für die ganze Dauer der Bewegung stattfindet*).

§ 3.

Um von der im § 1 betrachteten Bewegung eine einfache Anschauung zu gewinnen, ist es zweckmässig, die durch lineare Ausdrücke dargestellte momentane Bewegung in zwei einfachere zu zerlegen. Wir bemerken jedoch, dass diese Zerlegung nur den eben angegebenen Zweck hat und für die vollständige Behandlung des Problems keinen wesentlichen Nutzen gewährt, da die beiden Theilbewegungen sich im Allgemeinen nicht für die ganze Dauer der Bewegung getrennt bestimmen lassen, und bemerken ferner, dass einige der in diesem Paragraphen gebrauchten Zeichen eine von der denselben in der übrigen Abhandlung beigelegten abweichende Bedeutung haben. Substituirt man in den obigen Ausdrücken von u, v, w für a, b, c die Werthe (6), so erhalten die Componenten die Form

$$(1)\qquad \begin{cases} u = gx+hy+kz, \\ v = g'x+h'y+k'z, \\ w = g''x+h''y+k''z, \end{cases}$$

wo g, h etc. einfache Verbindungen von den selbst durch l, m etc. ausgedrückten Grössen λ, μ etc. und den Grössen (4) sind, und man überzeugt sich leicht, dass in Folge der oben bemerkten Bedingungsgleichung immer die Relation

$$g+h'+k'' = 0$$

stattfindet**).

Nun lässt sich die augenblickliche Bewegung eines Systems, bei welcher

---

*) Den Beweis dieser Behauptung findet man in § 5.

**) Die Werthe der Coefficienten g, h, .., k'' sind in § 4 angegeben.

wie hier die Componenten u, v, w der Geschwindigkeit eines beliebigen den Coordinaten x, y, z entsprechenden Punktes lineare Functionen dieser Coordinaten sind, immer, auch abgesehen von der in unserem Falle stattfindenden Relation zwischen den drei Coefficienten g, h', k'', in zwei einfachere Bewegungen zerlegen. Die eine dieser Theilbewegungen ist von solcher Beschaffenheit, dass, wenn das System auf drei gehörig gewählte neue Axen der ξ, η, ζ bezogen wird, die diesen parallelen Componenten p, q, r der Geschwindigkeit die einfache Gestalt

$$p = a\xi, \quad q = b\eta, \quad r = c\zeta \tag{2}$$

annehmen, wogegen die andere Theilbewegung in einer blossen Rotation besteht, bei welcher das System sich wie ein fester Körper um eine durch den Anfangspunkt gehende Axe dreht. Um sich von der Möglichkeit einer solchen Zerlegung zu überzeugen, ist zunächst zu untersuchen, wie sich die Componenten u_1, v_1, w_1 der durch die Gleichungen (2) ausgedrückten Bewegung darstellen, wenn man diese Bewegung auf drei ganz beliebige Axen der x, y, z bezieht. Setzt man zu diesem Zwecke unter Anwendung der üblichen Bezeichnung für die von den Axen gebildeten Winkel

$$\begin{aligned} \cos x\xi &= \alpha, & \cos x\eta &= \beta, & \cos x\zeta &= \gamma, \\ \cos y\xi &= \alpha', & \cos y\eta &= \beta', & \cos y\zeta &= \gamma', \\ \cos z\xi &= \alpha'', & \cos z\eta &= \beta'', & \cos z\zeta &= \gamma'', \end{aligned}$$

so hat man nach den bekannten Sätzen

$$\begin{aligned} u_1 &= \alpha\, p + \beta\, q + \gamma\, r, & \xi &= \alpha x + \alpha' y + \alpha'' z, \\ v_1 &= \alpha' p + \beta' q + \gamma' r, & \eta &= \beta x + \beta' y + \beta'' z, \\ w_1 &= \alpha'' p + \beta'' q + \gamma'' r, & \zeta &= \gamma x + \gamma' y + \gamma'' z. \end{aligned}$$

Werden die obigen Werthe von p, q, r in den drei ersten Gleichungen und dann für ξ, η, ζ ihre durch die drei letzten gegebenen Werthe substituirt, so erhält man

$$\left\{ \begin{aligned} u_1 &= lx + n'y + m'z, \\ v_1 &= n'x + my + l'z, \\ w_1 &= m'x + l'y + nz, \end{aligned} \right. \tag{3}$$

wo zur Abkürzung gesetzt ist

$$\begin{aligned} l &= a\alpha^2 + b\beta^2 + c\gamma^2, & l' &= a\alpha'\alpha'' + b\beta'\beta'' + c\gamma'\gamma'', \\ m &= a\alpha'^2 + b\beta'^2 + c\gamma'^2, & m' &= a\alpha''\alpha + b\beta''\beta + c\gamma''\gamma, \\ n &= a\alpha''^2 + b\beta''^2 + c\gamma''^2, & n' &= a\alpha\alpha' + b\beta\beta' + c\gamma\gamma'. \end{aligned}$$

Man sieht also, dass, wenn die durch (2) bestimmte Bewegung auf ein beliebiges Axensystem bezogen wird, in den Ausdrücken für die Componenten nur sechs verschiedene Coefficienten vorkommen und je zwei derselben, welche in Bezug auf die Diagonale symmetrische Stellen einnehmen, gleich sind. Es ist nun auch umgekehrt leicht, sich zu überzeugen, dass jede durch lineare Ausdrücke von der eben erwähnten Beschaffenheit definirte Bewegung so auf drei neue Axen der ξ, η, ζ bezogen werden kann, dass die Componenten die obige einfache Form (2) annehmen. Diese Behauptung rechtfertigt sich sogleich durch den bekannten Satz, nach welchem der Ausdruck

$$lx^2+my^2+nz^2+2l'yz+2m'zx+2n'xy$$

durch Einführung anderer Axen auf die Form

$$a\xi^2+b\eta^2+c\zeta^2$$

gebracht werden kann, da offenbar die zur Erfüllung dieser Forderung zu lösenden Gleichungen mit denjenigen zusammenfallen, auf welche unsere Frage zurückkommt. Wir können daher dies bekannte Resultat auf unsere Untersuchung anwenden. Nach diesem Resultate sind a, b, c völlig bestimmt und die drei immer reellen Wurzeln *einer* cubischen Gleichung; von diesen Wurzeln ist eine nach Belieben für a, eine zweite für b, und die dritte endlich für c zu nehmen, da eine Vertauschung derselben keinen anderen Erfolg hat, als eine entsprechende Aenderung in der Benennung der Axen nach sich zu ziehen. Sind die Werthe a, b, c ungleich, so ist auch das System der Axen der ξ, η, ζ seiner Lage nach völlig bestimmt. Etwas anders verhält es sich, wenn zwei der Wurzeln oder alle drei einander gleich sind. Im ersteren Falle, wenn z. B. a und b gleich, aber von c verschieden sind, ist nur die Axe der ζ ihrer Lage nach bestimmt, wogegen für die beiden anderen irgend zwei auf einander und auf jener senkrechte Gerade genommen werden können. In diesem Falle wird die schon so leicht zu übersehende durch die Gleichungen (2) definirte Bewegung noch anschaulicher, wenn man die beiden ersten Componenten zu einer Geschwindigkeit vereinigt, die der Richtung nach mit dem auf die dritte Axe herabgelassenen Perpendikel h zusammenfällt und den Werth ah hat. Sind endlich die drei Wurzeln a, b, c alle einander gleich, so bleibt das System der drei rechtwinkligen Axen seiner Lage nach ganz willkürlich, die Geschwindigkeit fällt überall ihrer Richtung nach mit der Entfernung ϱ vom Nullpunkte zusammen und hat den Werth $a\varrho$.

Was nun zweitens eine Bewegung betrifft, in welcher das System ohne Aenderung in der relativen Lage seiner Theile um eine durch den Anfangspunkt gehende Axe rotirt, so sind für eine solche Bewegung die Componenten u_2, v_2, w_2 der Geschwindigkeit von der Form

$$(4) \qquad u_2 = q'z - r'y, \quad v_2 = r'x - p'z, \quad w_2 = p'y - q'x,$$

und umgekehrt ist jede durch diese Ausdrücke bestimmte Bewegung eine Rotation der bezeichneten Art.

Hiernach wird also die Richtigkeit der oben ausgesprochenen Behauptung über die Zerlegbarkeit einer durch die Gleichungen (1) dargestellten Bewegung dargethan sein, wenn die neun in den Gleichungen (3) und (4) enthaltenen Coefficienten so gewählt werden können, dass

$$u = u_1 + u_2, \quad v = v_1 + v_2, \quad w = w_1 + w_2$$

wird; dass dies aber stets und zwar nur auf eine einzige Weise möglich ist, erhellt unmittelbar aus der Form dieser Forderungen, und es bleibt nur noch zu bemerken, dass in Folge der Relation

$$g + h' + k'' = 0$$

der Charakter der ersten der beiden Theilbewegungen in unserem Falle die Beschränkung erleidet, welche durch die Gleichung

$$a + b + c = 0$$

ausgedrückt wird und ihren Grund in der Incompressibilität der Flüssigkeit findet.

§ 4.

Bevor wir weitergehen, wird es zweckmässig sein, die Resultate einiger oben nur angedeuteten Rechnungen hier anzugeben. Dazu gehört vor allem der Ausdruck des Potentials V eines nicht auf seine Hauptaxen bezogenen durch die Ungleichheit

$$Sx^2 + S'y^2 + S''z^2 + 2Tyz + 2T'zx + 2T''xy < 1$$

begrenzten Ellipsoids für irgend einen inneren Punkt (x, y, z). Bezeichnet man die auf der linken Seite dieser Ungleichheit befindliche ternäre quadratische Form mit F, die ihr adjungirte

$$(S'S'' - T^2)x^2 + (S''S - T'^2)y^2 + (SS' - T''^2)z^2 + 2(T'T'' - TS)yz$$
$$+ 2(T''T - T'S')zx + 2(TT' - T''S'')xy$$

mit F', ferner die positive Quadratwurzel aus der Determinante

$$Gs^3 + G_1 s^2 + G_2 s + 1$$

der neun Grössen

$$\begin{matrix} Ss+1, & T''s, & T's, \\ T''s, & S's+1, & Ts, \\ T's, & Ts, & S''s+1 \end{matrix}$$

mit Δ, so findet man nach jeder der beiden in § 1 angegebenen Methoden*)

$$V = \pi \int_0^\infty \frac{ds}{\Delta} \left\{ 1 - \frac{F - F's + (x^2+y^2+z^2)(G_1 s + G s^2)}{\Delta^2} \right\}.$$

In unserem Falle hängen die Coefficienten der beiden Formen F und F' auf folgende Weise von den Functionen $l, m, \ldots, n''$ und den entsprechenden $\lambda, \mu, \ldots, \nu''$ ab:

$$S = \frac{\lambda^2}{A^2} + \frac{\mu^2}{B^2} + \frac{\nu^2}{C^2}; \quad T = \frac{\lambda'\lambda''}{A^2} + \frac{\mu'\mu''}{B^2} + \frac{\nu'\nu''}{C^2};$$

$$S' = \frac{\lambda'^2}{A^2} + \frac{\mu'^2}{B^2} + \frac{\nu'^2}{C^2}; \quad T' = \frac{\lambda''\lambda}{A^2} + \frac{\mu''\mu}{B^2} + \frac{\nu''\nu}{C^2};$$

$$S'' = \frac{\lambda''^2}{A^2} + \frac{\mu''^2}{B^2} + \frac{\nu''^2}{C^2}; \quad T'' = \frac{\lambda\lambda'}{A^2} + \frac{\mu\mu'}{B^2} + \frac{\nu\nu'}{C^2}$$

und

$$S'S'' - T^2 = \frac{A^2l^2 + B^2m^2 + C^2n^2}{A^2B^2C^2}; \quad T'T'' - TS = \frac{A^2l'l'' + B^2m'm'' + C^2n'n''}{A^2B^2C^2};$$

$$S''S - T'^2 = \frac{A^2l'^2 + B^2m'^2 + C^2n'^2}{A^2B^2C^2}; \quad T''T - T'S' = \frac{A^2l''l + B^2m''m + C^2n''n}{A^2B^2C^2};$$

$$SS' - T''^2 = \frac{A^2l''^2 + B^2m''^2 + C^2n''^2}{A^2B^2C^2}; \quad TT' - T''S'' = \frac{A^2ll' + B^2mm' + C^2nn'}{A^2B^2C^2}$$

und endlich ist

$$G = \frac{1}{A^2B^2C^2}$$

der Werth der Determinante der neun Grössen

$$\begin{matrix} S, & T'', & T', \\ T'', & S', & T, \\ T', & T, & S''. \end{matrix}$$

Um nun die Werthe der in den neun Differentialgleichungen (a) vorkommenden Grössen $L, M, \ldots, N'$ zu bestimmen, hat man in dem eben für V aufgestellten Ausdruck die Coordinaten x, y, z durch ihre Ausdrücke als Functionen

*) Die in der ersten Anmerkung zu § 1 erwähnte cubische Gleichung in Bezug auf s erhält man, wenn man den eingeklammerten Ausdruck unter dem Integralzeichen $=0$ setzt.

von a, b, c zu ersetzen; das Resultat dieser Rechnung ist dadurch bemerkenswerth, dass das Potential V die Functionen der Zeit $l, m, \ldots, n''$ nur in den sechs Verbindungen*)

$$\begin{aligned} P &= l^2+l'^2+l''^2; & P' &= mn+m'n'+m''n''; \\ Q &= m^2+m'^2+m''^2; & Q' &= nl+n'l'+n''l''; \\ R &= n^2+n'^2+n''^2; & R' &= lm+l'm'+l''m'' \end{aligned}$$

enthält, zwischen welchen ausserdem noch die Determinantengleichung

$$PQR-PP'^2-QQ'^2-RR'^2+2P'Q'R' = 1$$

besteht. Die gesuchten Werthe sind nämlich die folgenden:

$$L = \frac{\pi}{A^2}\int_0^\infty \frac{ds}{\Delta^3}+\left(\frac{RP-Q'^2}{B^2}+\frac{PQ-R'^2}{C^2}\right)\frac{\pi}{A^2}\int_0^\infty \frac{sds}{\Delta^3}+\frac{P\pi}{A^2B^2C^2}\int_0^\infty \frac{s^2ds}{\Delta^3},$$

$$M = \frac{\pi}{B^2}\int_0^\infty \frac{ds}{\Delta^3}+\left(\frac{PQ-R'^2}{C^2}+\frac{QR-P'^2}{A^2}\right)\frac{\pi}{B^2}\int_0^\infty \frac{sds}{\Delta^3}+\frac{Q\pi}{A^2B^2C^2}\int_0^\infty \frac{s^2ds}{\Delta^3},$$

$$N = \frac{\pi}{C^2}\int_0^\infty \frac{ds}{\Delta^3}+\left(\frac{QR-P'^2}{A^2}+\frac{RP-Q'^2}{B^2}\right)\frac{\pi}{C^2}\int_0^\infty \frac{sds}{\Delta^3}+\frac{R\pi}{A^2B^2C^2}\int_0^\infty \frac{s^2ds}{\Delta^3},$$

$$L' = -\frac{(Q'R'-P'P)\pi}{B^2C^2}\int_0^\infty \frac{sds}{\Delta^3}+\frac{P'\pi}{A^2B^2C^2}\int_0^\infty \frac{s^2ds}{\Delta^3},$$

$$M' = -\frac{(R'P'-Q'Q)\pi}{C^2A^2}\int_0^\infty \frac{sds}{\Delta^3}+\frac{Q'\pi}{A^2B^2C^2}\int_0^\infty \frac{s^2ds}{\Delta^3},$$

$$N' = -\frac{(P'Q'-R'R)\pi}{A^2B^2}\int_0^\infty \frac{sds}{\Delta^3}+\frac{R'\pi}{A^2B^2C^2}\int_0^\infty \frac{s^2ds}{\Delta^3},$$

und hierin ist Δ die positive Quadratwurzel aus der Determinante

$$\frac{s^3}{A^2B^2C^2}+\left(\frac{P}{B^2C^2}+\frac{Q}{C^2A^2}+\frac{R}{A^2B^2}\right)s^2+\left(\frac{QR-P'^2}{A^2}+\frac{RP-Q'^2}{B^2}+\frac{PQ-R'^2}{C^2}\right)s+1$$

der neun Grössen

$$\begin{matrix} P+\frac{s}{A^2}, & R', & Q', \\ R', & Q+\frac{s}{B^2}, & P', \\ Q', & P', & R+\frac{s}{C^2}. \end{matrix}$$

*) Der Umstand, dass hier und im Folgenden der Buchstabe P, welcher schon in § 1 als Zeichen für den auf der Oberfläche stattfindenden Druck gebraucht wurde, eine ganz andere Bedeutung hat, wird kaum zu einer Verwechselung führen können.

Mit Hülfe dieser Formeln lässt sich nun auch die in § 2 angedeutete Rechnung ausführen, welche den Zweck hat, die Function σ durch die Grössen $l, m, \ldots, n''$ und deren Derivirte erster Ordnung auszudrücken. Das Resultat dieser etwas mühsamen, aber durchaus nicht schwierigen Operation ist in der Gleichung

$$\left(\frac{QR-P'^2}{A^2}+\frac{RP-Q'^2}{B^2}+\frac{PQ-R'^2}{C^2}\right)\sigma = 2\varepsilon\pi-\tfrac{1}{2}\Sigma\frac{dl}{dt}\frac{d\lambda}{dt}$$

enthalten, wo das Summenzeichen sich auf alle neun Paare (l, λ), $(m, \mu), \ldots,$ (n'', ν'') bezieht. Der Coefficient, mit welchem hier σ behaftet ist, lässt sich in die Form

$$\frac{\lambda^2+\lambda'^2+\lambda''^2}{A^2}+\frac{\mu^2+\mu'^2+\mu''^2}{B^2}+\frac{\nu^2+\nu'^2+\nu''^2}{C^2} = S+S'+S''$$

bringen, woraus unmittelbar hervorgeht, dass er niemals verschwinden kann, da die Annahme, dass alle neun Grössen $\lambda, \mu, \ldots, \nu''$ sich auf Null reduciren, mit der Gleichung

$$\Sigma\pm\lambda\mu'\nu'' = 1$$

im Widerspruch steht.

Um unser System von Formeln zu vervollständigen, bilden wir auch noch die folgenden Ausdrücke für die Coefficienten $g, h, \ldots, k''$ in den Geschwindigkeitscomponenten u, v, w:

$$g=\frac{du}{dx}=\lambda\frac{dl}{dt}+\mu\frac{dm}{dt}+\nu\frac{dn}{dt}, \qquad g'=\frac{dv}{dx}=\lambda\frac{dl'}{dt}+\mu\frac{dm'}{dt}+\nu\frac{dn'}{dt},$$

$$h=\frac{du}{dy}=\lambda'\frac{dl}{dt}+\mu'\frac{dm}{dt}+\nu'\frac{dn}{dt}, \qquad h'=\frac{dv}{dy}=\lambda'\frac{dl'}{dt}+\mu'\frac{dm'}{dt}+\nu'\frac{dn'}{dt},$$

$$k=\frac{du}{dz}=\lambda''\frac{dl}{dt}+\mu''\frac{dm}{dt}+\nu''\frac{dn}{dt}, \qquad k'=\frac{dv}{dz}=\lambda''\frac{dl'}{dt}+\mu''\frac{dm'}{dt}+\nu''\frac{dn'}{dt},$$

$$g''=\frac{dw}{dx}=\lambda\frac{dl''}{dt}+\mu\frac{dm''}{dt}+\nu\frac{dn''}{dt},$$

$$h''=\frac{dw}{dy}=\lambda'\frac{dl''}{dt}+\mu'\frac{dm''}{dt}+\nu'\frac{dn''}{dt},$$

$$k''=\frac{dw}{dz}=\lambda''\frac{dl''}{dt}+\mu''\frac{dm''}{dt}+\nu''\frac{dn''}{dt}.$$

Die Bedingung der Incompressibilität giebt dann zunächst die Gleichung

$$\frac{d\theta}{dt}=\frac{du}{dx}+\frac{dv}{dy}+\frac{dw}{dz}=0,$$

und für das letzte Glied in der zur Bestimmung von σ dienenden Gleichung findet man den Ausdruck

$$-\tfrac{1}{2}\Sigma\frac{dl}{dt}\frac{d\lambda}{dt}=\frac{dv}{dz}\frac{dw}{dy}-\frac{dv}{dy}\frac{dw}{dz}+\frac{dw}{dx}\frac{du}{dz}-\frac{dw}{dz}\frac{du}{dx}+\frac{du}{dy}\frac{dv}{dx}-\frac{du}{dx}\frac{dv}{dy}$$
$$=\tfrac{1}{2}\left[\left(\frac{du}{dx}\right)^2+\left(\frac{dv}{dy}\right)^2+\left(\frac{dw}{dz}\right)^2\right]+\frac{dv}{dz}\frac{dw}{dy}+\frac{dw}{dx}\frac{du}{dz}+\frac{du}{dy}\frac{dv}{dx},$$

der uns dazu dienen wird, die am Ende des § 2 ausgesprochene Behauptung zu rechtfertigen.

Ausserdem mag noch bemerkt werden, dass die Rotationen p', q', r' um die drei Coordinatenaxen, in welche sich die augenblickliche Rotation zerlegen lässt, die Werthe

$$p'=\tfrac{1}{2}\left(\frac{dw}{dy}-\frac{dv}{dz}\right),\quad q'=\tfrac{1}{2}\left(\frac{du}{dz}-\frac{dw}{dx}\right),\quad r'=\tfrac{1}{2}\left(\frac{dv}{dx}-\frac{du}{dy}\right)$$

haben.

§ 5.

Wir gehen nun über zu der Aufstellung von sieben Integralen erster Ordnung, welche stets gelten, ohne besondere Voraussetzungen über den anfänglichen Bewegungszustand zu machen. Drei derselben ergeben sich unmittelbar aus den Differentialgleichungen (a), wenn man je zwei derselben, welche rechts dasselbe Glied $-2L'\varepsilon$, $-2M'\varepsilon$, $-2N'\varepsilon$ enthalten, von einander abzieht; auf diese Weise erhält man

$$\text{(I)}\quad\begin{cases} m\dfrac{dn}{dt}-n\dfrac{dm}{dt}+m'\dfrac{dn'}{dt}-n'\dfrac{dm'}{dt}+m''\dfrac{dn''}{dt}-n''\dfrac{dm''}{dt}=\mathfrak{A}=\left(\dfrac{dn'}{dt}\right)_0-\left(\dfrac{dm''}{dt}\right)_0,\\[2ex] n\dfrac{dl}{dt}-l\dfrac{dn}{dt}+n'\dfrac{dl'}{dt}-l'\dfrac{dn'}{dt}+n''\dfrac{dl''}{dt}-l''\dfrac{dn''}{dt}=\mathfrak{B}=\left(\dfrac{dl''}{dt}\right)_0-\left(\dfrac{dn}{dt}\right)_0,\\[2ex] l\dfrac{dm}{dt}-m\dfrac{dl}{dt}+l'\dfrac{dm'}{dt}-m'\dfrac{dl'}{dt}+l''\dfrac{dm''}{dt}-m''\dfrac{dl''}{dt}=\mathfrak{C}=\left(\dfrac{dm}{dt}\right)_0-\left(\dfrac{dl'}{dt}\right)_0. \end{cases}$$

Will man die Componenten u, v, w der Geschwindigkeit an der Stelle (x, y, z) und ihre nach den Coordinaten x, y, z genommenen partiellen Derivirten einführen, so lassen sich diese Integrale mit Hülfe der im vorhergehenden Paragraphen gegebenen Ausdrücke leicht in die folgende Form bringen*):

*) Vergl. die Anmerkung zu der Einleitung.

$$\frac{dv}{dz}-\frac{dw}{dy} = \mathfrak{A}l + \mathfrak{B}m + \mathfrak{C}n,$$

$$\frac{dw}{dx}-\frac{du}{dz} = \mathfrak{A}l' + \mathfrak{B}m' + \mathfrak{C}n',$$

$$\frac{du}{dy}-\frac{dv}{dx} = \mathfrak{A}l'' + \mathfrak{B}m'' + \mathfrak{C}n'',$$

aus welcher unmittelbar hervorgeht, dass die Axe der augenblicklichen Rotation stets von denselben Elementen der flüssigen Masse gebildet wird und dass, wenn die drei links stehenden Grössen zu irgend einer Zeit gleichzeitig verschwinden, d. h. wenn keine Rotation stattfindet, dasselbe für die ganze Dauer der Bewegung gilt; die Bedingungen, welchen der Anfangszustand der Bewegung in diesem Falle unterliegt, sind in den Gleichungen

$$\left(\frac{dn'}{dt}\right)_0 = \left(\frac{dm''}{dt}\right)_0, \quad \left(\frac{dl''}{dt}\right)_0 = \left(\frac{dn}{dt}\right)_0, \quad \left(\frac{dm}{dt}\right)_0 = \left(\frac{dl'}{dt}\right)_0$$

ausgesprochen, und man erkennt unmittelbar aus dem im vorigen Paragraphen mitgetheilten Ausdrucke für die Function σ, dass dieselbe während der ganzen Bewegung nur positive Werthe annimmt; hiermit ist also die Richtigkeit der am Ende des § 2 aufgestellten Behauptung nachgewiesen*).

Da ferner in unserem Problem die wirkenden Kräfte nur von der wechselseitigen Anziehung der Elemente der flüssigen Masse herrühren, so liefert uns das Princip der Flächen drei Integrale

$$\int\left(y\frac{dz}{dt}-z\frac{dy}{dt}\right)d\tau = \text{const.}, \quad \int\left(z\frac{dx}{dt}-x\frac{dz}{dt}\right)d\tau = \text{const.}, \quad \int\left(x\frac{dy}{dt}-y\frac{dx}{dt}\right)d\tau = \text{const.},$$

in welchen die Integrationen über alle Elemente $d\tau$ der flüssigen Masse auszudehnen sind. Drückt man die Coordinaten x, y, z durch die ursprünglichen Coordinaten a, b, c aus, indem man das anfängliche Ellipsoid in unendlich kleine Elemente $d\tau = da\,db\,dc$ zerlegt, und berücksichtigt, dass

$$\int a^2 d\tau = \frac{\mathfrak{M}}{5}\cdot A^2, \quad \int b^2 d\tau = \frac{\mathfrak{M}}{5}\cdot B^2, \quad \int c^2 d\tau = \frac{\mathfrak{M}}{5}\cdot C^2,$$

$$\int bc\,d\tau = 0, \qquad \int ca\,d\tau = 0, \qquad \int ab\,d\tau = 0$$

ist, wo $\mathfrak{M}$ zur Abkürzung für die Gesammtmasse $\frac{4\pi ABC}{3}$ gesetzt ist, so nehmen

*) Es mag beiläufig bemerkt werden, dass die drei Integralgleichungen (I) hinreichen, um aus den neun Differentialgleichungen (a) sechs andere abzuleiten, welche die neun Functionen $l, m, \ldots n''$ nur noch in den sechs Verbindungen $P, Q, \ldots, R'$, und ausserdem noch die Grösse σ enthalten.

diese Integrale die folgende Form an:

$$\text{(II)}\quad \begin{cases} A^2\left(l'\dfrac{dl''}{dt}-l''\dfrac{dl'}{dt}\right)+B^2\left(m'\dfrac{dm''}{dt}-m''\dfrac{dm'}{dt}\right)+C^2\left(n'\dfrac{dn''}{dt}-n''\dfrac{dn'}{dt}\right)=\mathfrak{K}\;=B^2\left(\dfrac{dm''}{dt}\right)_0-C^2\left(\dfrac{dn'}{dt}\right)_0,\\ A^2\left(l''\dfrac{dl}{dt}-l\dfrac{dl''}{dt}\right)+B^2\left(m''\dfrac{dm}{dt}-m\dfrac{dm''}{dt}\right)+C^2\left(n''\dfrac{dn}{dt}-n\dfrac{dn''}{dt}\right)=\mathfrak{K}'=C^2\left(\dfrac{dn}{dt}\right)_0-A^2\left(\dfrac{dl''}{dt}\right)_0,\\ A^2\left(l\dfrac{dl'}{dt}-l'\dfrac{dl}{dt}\right)+B^2\left(m\dfrac{dm'}{dt}-m'\dfrac{dm}{dt}\right)+C^2\left(n\dfrac{dn'}{dt}-n'\dfrac{dn}{dt}\right)=\mathfrak{K}''=A^2\left(\dfrac{dl'}{dt}\right)_0-B^2\left(\dfrac{dm}{dt}\right)_0. \end{cases}$$

Setzt man die in dem vorhergehenden Paragraphen mitgetheilten Ausdrücke für die Grössen $L, M, \ldots, N'$ als bekannt voraus, so ergeben sich die vorstehenden Integralgleichungen auch aus unseren Differentialgleichungen (a) durch eine etwas mühsame Rechnung, bei welcher vorzüglich zu berücksichtigen ist, dass zwischen den Grössen $L, M, \ldots, N'$ und $P, Q, \ldots, R'$ folgende Relationen stattfinden

$$\begin{aligned} A^2(R'M'-Q'N')+B^2(QL'-P'M)+C^2(P'N-RL') &= 0,\\ A^2(Q'L-PM')+B^2(P'N'-R'L')+C^2(RM'-Q'N) &= 0,\\ A^2(PN'-R'L)+B^2(R'M-QN')+C^2(Q'L'-P'M') &= 0, \end{aligned}$$

von denen nur eine verificirt zu werden braucht, weil aus ihr die beiden anderen durch einfache Permutation abgeleitet werden können.

Das siebente Integral wird uns endlich durch das Princip der lebendigen Kraft geliefert, welches nach der Natur der in unserem Problem wirkenden Kräfte durch die Gleichung

$$\int\left[\left(\frac{dx}{dt}\right)^2+\left(\frac{dy}{dt}\right)^2+\left(\frac{dz}{dt}\right)^2\right]d\tau = \text{Const.}+\varepsilon\int V d\tau$$

ausgedrückt wird, in welcher die Integrationen über alle Elemente $d\tau$ der bewegten Masse auszudehnen sind; die wirkliche Ausführung derselben, wie sie sogleich angedeutet werden soll, giebt dann das Resultat

$$\text{(III)}\quad \left\{\begin{aligned} &A^2\left[\left(\frac{dl}{dt}\right)^2+\left(\frac{dl'}{dt}\right)^2+\left(\frac{dl''}{dt}\right)^2\right]\\ +&B^2\left[\left(\frac{dm}{dt}\right)^2+\left(\frac{dm'}{dt}\right)^2+\left(\frac{dm''}{dt}\right)^2\right]\\ +&C^2\left[\left(\frac{dn}{dt}\right)^2+\left(\frac{dn'}{dt}\right)^2+\left(\frac{dn''}{dt}\right)^2\right] \end{aligned}\right\} = \text{Const.}+4\varepsilon\pi\int_0^\infty\frac{ds}{\Delta}.$$

Auf der linken Seite kann man nämlich das frühere Verfahren anwenden, indem man den ursprünglich von der Masse erfüllten Raum in unendlich kleine Elemente $d\tau = da\,db\,dc$ zerlegt und die Integrationen in Bezug auf die Variablen a, b, c ausführt; man erhält dann unmittelbar nach Unterdrückung des constanten Factors $\frac{\mathfrak{M}}{5}$ den auf der linken Seite der Gleichung (III) befindlichen Ausdruck. Auf der rechten Seite würde man durch dasselbe Verfahren zunächst

$$\int V d\tau = \mathfrak{M}\left(H - \frac{A^2L + B^2M + C^2N}{5}\right)$$

finden; aus den in § 4 gegebenen Ausdrücken für L, M, N ergiebt sich ferner ohne Schwierigkeit

$$A^2L + B^2M + C^2N = H = \pi\int_0^\infty \frac{ds}{\varDelta},$$

also

$$\int V d\tau = \frac{\mathfrak{M}}{5}\cdot 4\pi\int_0 \frac{ds}{\varDelta},$$

woraus dann unmittelbar die Richtigkeit der Integralgleichung (III) erhellt. Allein man kann auch ohne Hülfe der Ausdrücke für L, M, N den Werth des auf sich selbst bezogenen Potentials der flüssigen Masse leicht auf folgende Weise finden. Ist nämlich

$$\frac{x'^2}{\alpha^2} + \frac{y'^2}{\beta^2} + \frac{z'^2}{\gamma^2} = 1$$

die Gleichung des auf seine Hauptaxen bezogenen Ellipsoides, welches augenblicklich die flüssige Masse begrenzt, so ist der Werth des Potentials im inneren Punkte (x', y', z')

$$V = \pi\int_0^\infty \frac{ds}{\varDelta}\left(1 - \frac{x'^2}{\alpha^2+s} - \frac{y'^2}{\beta^2+s} - \frac{z'^2}{\gamma^2+s}\right),$$

wo $\varDelta$ die positive Quadratwurzel aus dem Ausdruck

$$\left(1+\frac{s}{\alpha^2}\right)\left(1+\frac{s}{\beta^2}\right)\left(1+\frac{s}{\gamma^2}\right)$$

bedeutet. Zerlegt man nun die ganze Masse in unendlich kleine Elemente $d\tau = dx'\,dy'\,dz'$, und bedenkt, dass

$$\int d\tau = \frac{4\pi\alpha\beta\gamma}{3} = \frac{4\pi ABC}{3} = \mathfrak{M};\quad \int x'^2 d\tau = \frac{\mathfrak{M}}{5}\alpha^2,\quad \int y'^2 d\tau = \frac{\mathfrak{M}}{5}\beta^2,\quad \int z'^2 d\tau = \frac{\mathfrak{M}}{5}\gamma^2$$

ist, so findet man zunächst

$$\int V d\tau = \mathfrak{M}\pi\int_0^\infty \frac{ds}{\varDelta}\left(1 - \frac{1}{5}\frac{\alpha^2}{\alpha^2+s} - \frac{1}{5}\frac{\beta^2}{\beta^2+s} - \frac{1}{5}\frac{\gamma^2}{\gamma^2+s}\right);$$

nun ist aber

$$\frac{\alpha^2}{\alpha^2+s}+\frac{\beta^2}{\beta^2+s}+\frac{\gamma^2}{\gamma^2+s}=3-s\left(\frac{1}{\alpha^2+s}+\frac{1}{\beta^2+s}+\frac{1}{\gamma^2+s}\right)$$

$$=3-s\frac{d\log(\Delta^2)}{ds}=3-2\frac{s}{\Delta}\frac{d\Delta}{ds},$$

und hierdurch geht die vorige Gleichung in die folgende über

$$\int V d\tau=\frac{\mathfrak{M}}{5}2\pi\int_0^\infty\frac{ds}{\Delta}\left(1+\frac{s}{\Delta}\frac{d\Delta}{ds}\right),$$

und da ferner durch theilweise Integration leicht bewiesen wird, dass

$$\int_0^\infty\frac{sds}{\Delta^2}\cdot\frac{d\Delta}{ds}=-\int_0^\infty s\frac{d\left(\frac{1}{\Delta}\right)}{ds}\cdot ds=\int_0^\infty\frac{ds}{\Delta}$$

ist, so erhält man endlich wieder

$$\int V d\tau=\frac{\mathfrak{M}}{5}\cdot 4\pi\int_0^\infty\frac{ds}{\Delta},$$

und hierin ist nach bekannten Sätzen

$$\Delta^2=\begin{vmatrix}1+\frac{s}{\alpha^2} & 0 & 0\\ 0 & 1+\frac{s}{\beta^2} & 0\\ 0 & 0 & 1+\frac{s}{\gamma^2}\end{vmatrix}=\begin{vmatrix}Ss+1 & T''s & T's\\ T''s & S's+1 & Ts\\ T's & Ts & S''s+1\end{vmatrix}=\begin{vmatrix}P+\frac{s}{A^2} & R' & Q'\\ R' & Q+\frac{s}{B^2} & P'\\ Q' & P' & R+\frac{s}{C^2}\end{vmatrix},$$

wenn man sich einer üblichen Bezeichnungsweise der Determinanten bedient.

Natürlich lässt sich die Gleichung (III) auch ohne das Princip der lebendigen Kraft anzuwenden, aus den Differentialgleichungen (α) ableiten; man bedarf aber dann der im § 4 gegebenen Ausdrücke für die Grössen $L, M, \ldots, N'$, und ausserdem ist die Rechnung sehr beschwerlich.

§ 6.

Bei der grossen Complication der Differentialgleichungen (α) wird man eine vollständige Lösung des Problems wohl nur unter besonders einfachen Voraussetzungen über den anfänglichen Zustand der flüssigen Masse erreichen können; wir werden uns daher im Folgenden nur noch mit solchen speciellen Fällen beschäftigen. Eine solche einfache Voraussetzung ist diejenige, dass im

Anfang der Bewegung sowohl hinsichtlich der Gestalt als auch des Bewegungszustandes vollständige Symmetrie in Bezug auf eine bestimmte Axe stattfindet; es leuchtet nämlich ein, dass dann dasselbe für die ganze Dauer der Bewegung gelten wird. Dazu ist zunächst erforderlich, dass die Masse ursprünglich durch ein Rotationsellipsoid begrenzt wird, dass also die Axe der Symmetrie eine der drei Hauptaxen des ursprünglichen Ellipsoids ist; wir wollen annehmen, es sei dies die Axe C, so dass $B = A$ ist. Denkt man sich ferner an jedem Punkte a, b, c die Anfangsgeschwindigkeit, deren Componenten

$$u = \left(\frac{dl}{dt}\right)_0 a + \left(\frac{dm}{dt}\right)_0 b + \left(\frac{dn}{dt}\right)_0 c,$$
$$v = \left(\frac{dl'}{dt}\right)_0 a + \left(\frac{dm'}{dt}\right)_0 b + \left(\frac{dn'}{dt}\right)_0 c,$$
$$w = \left(\frac{dl''}{dt}\right)_0 a + \left(\frac{dm''}{dt}\right)_0 b + \left(\frac{dn''}{dt}\right)_0 c$$

sind, nach Grösse und Richtung construirt, so darf durch eine beliebige Drehung φ des Coordinatensystems um die Axe der c nichts geändert werden, d. h., wenn a, b resp. in $a\cos\varphi - b\sin\varphi$, $a\sin\varphi + b\cos\varphi$ übergehen, ohne dass c sich ändert, so muss u in $u\cos\varphi - v\sin\varphi$, v in $u\sin\varphi + v\cos\varphi$ übergehen, und w ungeändert bleiben, wenn der Bewegungszustand wirklich symmetrisch in Bezug auf die Axe der c sein soll. Dies giebt folgende Bedingungen

$$\left(\frac{dn}{dt}\right)_0 = 0, \quad \left(\frac{dn'}{dt}\right)_0 = 0, \quad \left(\frac{dl''}{dt}\right)_0 = 0, \quad \left(\frac{dm''}{dt}\right)_0 = 0,$$
$$\left(\frac{dm'}{dt}\right)_0 = \left(\frac{dl}{dt}\right)_0, \quad \left(\frac{dl'}{dt}\right)_0 = -\left(\frac{dm}{dt}\right)_0,$$

zu welchen in Folge der Incompressibilität noch

$$\left(\frac{dl}{dt}\right)_0 + \left(\frac{dm'}{dt}\right)_0 + \left(\frac{dn''}{dt}\right)_0 = 0$$

kommt. Der Anfangszustand der Bewegung wird daher durch Gleichungen von der Form

$$u = ga + hb, \quad v = -ha + gb, \quad w = -2gc$$

ausgedrückt. Die beiden Theilbewegungen, in welche jede solche Bewegung zerlegbar ist, werden daher folgende Componenten haben

$$u_1 = ga, \quad v_1 = gb, \quad w_1 = -2gc,$$
$$u_2 = hb, \quad v_2 = -ha, \quad w_2 = 0,$$

woraus sich ergiebt, wie sich erwarten liess, dass die Theilchen der flüssigen Masse ausser einer Rotation um die Axe der Symmetrie eine derselben parallele Bewegung $-2gc$ und eine auf ihr senkrechte $g\sqrt{a^2+b^2}$ besitzen, deren Richtung durch die Axe selbst hindurch geht.

Sind diese Bedingungen für den Anfangszustand erfüllt, so wird dieselbe Symmetrie auch für die ganze Dauer der Bewegung gelten; alle Theilchen, welche ursprünglich eine symmetrische Lage in Bezug auf die Axe der c einnehmen, d. h. für welche a^2+b^2 und c constant sind, werden zu jeder späteren Zeit in derselben Beziehung stehen, so dass wieder x^2+y^2 und z für diese Theilchen dieselben Werthe besitzen. Diese Eigenschaften der linearen Functionen x, y, z der ursprünglichen Coordinaten a, b, c haben zur Folge, dass stets

$$n = 0,\quad n' = 0,\quad l'' = 0,\quad m'' = 0,$$
$$m' = l,\quad l' = -m$$

sein muss, so dass diese linearen Ausdrücke folgende Form annehmen

$$x = la+mb,\quad y = -ma+lb,\quad z = n''c,$$

und offenbar sind die Bedingungen, welche hieraus für die anfänglichen Werthe der Derivirten $\frac{dl}{dt}$, $\frac{dm}{dt}$, ..., $\frac{dn''}{dt}$ folgen, identisch mit den soeben aufgestellten. Die Bedingung der Incompressibilität besteht in der Gleichung

$$(l^2+m^2)n'' = 1,$$

und folglich erhält man durch Umkehrung der vorstehenden Gleichungen

$$a = ln''x - mn''y,\quad b = mn''x+ln''y,\quad c = \frac{1}{n''}z.$$

Die Gleichung des augenblicklichen Ellipsoids ist daher

$$\frac{n''}{A^2}(x^2+y^2)+\frac{z^2}{C^2n''^2} = 1,$$

und die Componenten der Geschwindigkeit haben die Form

$$u = \frac{dl}{dt}a+\frac{dm}{dt}b = -\frac{1}{2n''}\frac{dn''}{dt}x+n''\left(l\frac{dm}{dt}-m\frac{dl}{dt}\right)y,$$
$$v = -\frac{dm}{dt}a+\frac{dl}{dt}b = -n''\left(l\frac{dm}{dt}-m\frac{dl}{dt}\right)x-\frac{1}{2n''}\frac{dn''}{dt}y,$$
$$w = \frac{dn''}{dt}c = \frac{1}{n''}\frac{dn''}{dt}z,$$

wodurch wieder ausgedrückt wird, dass Gestalt und Bewegungszustand zu jeder

Zeit symmetrisch in Bezug auf die Axe der c oder z ist; besonders bemerken wollen wir noch, dass

$$n''\left(l\frac{dm}{dt}-m\frac{dl}{dt}\right)=\tfrac{1}{2}\left(\frac{du}{dy}-\frac{dv}{dx}\right)=\omega$$

das Maass für die augenblickliche Rotation um die Axe der z ist.

Wir haben jetzt zu untersuchen, in welcher Weise unsere Hypothese über die Natur der Bewegung mit den Fundamentalgleichungen (a) in Uebereinstimmung zu bringen ist. Da in unserer Annahme das Potential V für einen inneren Punkt durch die Gleichung

$$V=\pi\int_0^\infty\frac{ds}{\Delta}\left(1-\frac{n''(x^2+y^2)}{A^2+n''s}-\frac{z^2}{C^2n''^2+s}\right)=\pi\int_0^\infty\frac{ds}{\Delta}\left(1-\frac{a^2+b^2}{A^2+n''s}-\frac{n''^2c^2}{C^2n''^2+s}\right)$$

ausgedrückt wird, in welcher

$$\Delta=\left(1+\frac{n''s}{A^2}\right)\sqrt{1+\frac{s}{C^2n''^2}}$$

ist, so erhält man für die Grössen $L, M, \ldots, N'$ folgende Werthe

$$L=M=\pi\int_0^\infty\frac{ds}{\Delta}\cdot\frac{1}{A^2+n''s},\quad N=\pi\int_0^\infty\frac{ds}{\Delta}\cdot\frac{n''^2}{C^2n''^2+s},$$

$$L'=0,\quad M'=0,\quad N'=0.$$

Hieraus folgt, dass vier von den neun Differentialgleichungen (a) durch unsere Hypothese identisch erfüllt sind, während die fünf übrigen sich auf die drei folgenden von einander wesentlich verschiedenen reduciren

$$l\frac{d^2l}{dt^2}+m\frac{d^2m}{dt^2}=\frac{2\sigma}{A^2}-2\varepsilon L,\quad n''\frac{d^2n''}{dt^2}=\frac{2\sigma}{C^2}-2\varepsilon N,\quad l\frac{d^2m}{dt^2}-m\frac{d^2l}{dt^2}=0,$$

welche in Verbindung mit der schon vorher aufgestellten Bedingung der Incompressibilität zur Bestimmung der vier Functionen l, m, n'', σ vollständig hinreichen, wie aus den in § 2 gegebenen Andeutungen erhellt.

Nachdem so die Zulässigkeit unserer Hypothese nachgewiesen ist, schreiten wir zur vollständigen Lösung des entsprechenden Problems, indem wir dasselbe auf Quadraturen zurückführen. Die letzte der drei vorstehenden Differentialgleichungen hat das Integral (vergl. § 5. I.)

$$l\frac{dm}{dt}-m\frac{dl}{dt}=\left(\frac{dm}{dt}\right)_0=\omega_0,$$

und hieraus ergiebt sich die Folgerung, dass die Rotationsgeschwindigkeit

$\omega = \omega_0 n''$ stets proportional der Länge der Rotationsaxe Cn'' des Ellipsoids ist. Durch zweimalige Differentiation der Gleichung

$$l^2+m^2 = \frac{1}{n''}$$

erhält man ferner

$$l\frac{dl}{dt}+m\frac{dm}{dt} = -\frac{1}{2n''^2}\frac{dn''}{dt},$$

$$l\frac{d^2l}{dt^2}+m\frac{d^2m}{dt^2}+\left(\frac{dl}{dt}\right)^2+\left(\frac{dm}{dt}\right)^2 = -\frac{1}{2n''^2}\frac{d^2n''}{dt^2}+\frac{1}{n''^3}\left(\frac{dn''}{dt}\right)^2;$$

quadrirt man die erste dieser beiden Gleichungen und addirt dazu das Quadrat der vorstehenden Integralgleichung, so erhält man

$$\frac{1}{n''}\left\{\left(\frac{dl}{dt}\right)^2+\left(\frac{dm}{dt}\right)^2\right\} = \omega_0^2+\frac{1}{4n''^4}\left(\frac{dn''}{dt}\right)^2,$$

und hierdurch geht die zweite Gleichung in die folgende über

$$l\frac{d^2l}{dt^2}+m\frac{d^2m}{dt^2} = -\omega_0^2 n''+\frac{3}{4n''^3}\left(\frac{dn''}{dt}\right)^2-\frac{1}{2n''^2}\frac{d^2n''}{dt^2}.$$

Auf diese Weise gelingt es, die beiden Functionen l und m vollständig zu eliminiren, und wir erhalten zur Bestimmung der Functionen n'', σ die beiden folgenden Differentialgleichungen

$$-\frac{1}{2n''^2}\frac{d^2n''}{dt^2}+\frac{3}{4n''^3}\left(\frac{dn''}{dt}\right)^2-\omega_0^2 n'' = \frac{2\sigma}{A^2}-2\varepsilon L,\quad n''\frac{d^2n''}{dt^2} = \frac{2\sigma}{C^2}-2\varepsilon N,$$

in welchen die Grössen L, N nur noch von der Variable n'' abhängen. Eliminirt man aus diesen beiden Gleichungen $\frac{d^2n''}{dt^2}$, indem man die erste mit n'', die zweite mit $\frac{1}{2n''^2}$ multiplicirt und dann addirt, so erhält man nach Substitution der Ausdrücke für L und N die Gleichung

$$\sigma\left\{\frac{2n''}{A^2}+\frac{1}{C^2n''^2}\right\} = 2\varepsilon\pi-\omega_0^2 n''^2+\tfrac{3}{4}\frac{1}{n''^2}\left(\frac{dn''}{dt}\right)^2,$$

welche mit der im § 4 gegebenen übereinstimmt. Eliminirt man dagegen σ aus den beiden vorhergehenden Gleichungen, indem man die zweite mit $\frac{C^2}{n''}$, die erste mit $\frac{A^2}{n''}$ multiplicirt, und dann subtrahirt, so erhält man die Differentialgleichung zweiter Ordnung

$$\left(\frac{A^2}{2n''^3}+C^2\right)\frac{d^2n''}{dt^2}-\tfrac{3}{4}\frac{A^2}{n''^4}\left(\frac{dn''}{dt}\right)^2+A^2\omega_0^2 = 2\varepsilon\pi\int_0^\infty\frac{sds}{\Delta}\cdot\frac{A^2-C^2n''^3}{n''(A^2+n''s)(C^2n''^2+s)};$$

multiplicirt man dieselbe mit $2\frac{dn''}{dt}$, so lässt sich eine Integration ausführen, deren Resultat

$$\left(\frac{A^2}{2n''^3}+C^2\right)\left(\frac{dn''}{dt}\right)^2+2A^2\omega_0^2 n'' = \text{Const.}+4\varepsilon\pi\int_0^\infty \frac{ds}{\varDelta}$$

offenbar nichts anderes ist, als das durch das Princip der lebendigen Kraft gegebene Integral.

Um nun diese Gleichungen, durch welche das Problem in der That auf Quadraturen zurückgeführt ist[1]), bequem discutiren zu können, ist es zweckmässig, das Verhältniss

$$\alpha = \frac{Cn''}{\sqrt[3]{A^2C}} = n''\sqrt[3]{\frac{C^2}{A^2}} = n''\alpha_0$$

der Rotationsaxe Cn'' des Ellipsoids zu dem Radius $D=\sqrt[3]{A^2C}$ der Kugel, deren Volumen dem des Ellipsoids gleich ist, als neue Variable einzuführen. Ferner wollen wir

$$\varrho = \frac{\omega}{\sqrt{2\varepsilon\pi}} = \frac{\omega_0}{\sqrt{2\varepsilon\pi}}n'' = \frac{\varrho_0}{\alpha_0}\alpha$$

setzen. Ersetzt man endlich die Integrationsvariable s durch D^2s, und führt zur Abkürzung folgende Bezeichnung ein

$$f(\alpha) = \int_0^\infty \frac{ds}{(1+\alpha s)\sqrt{1+\frac{s}{\alpha^2}}}, \quad \frac{df(\alpha)}{d\alpha} = f'(\alpha) = \left(\frac{1}{\alpha^3}-1\right)\int_0^\infty \frac{s\,ds}{(1+\alpha s)^2\sqrt{\left(1+\frac{s}{\alpha^2}\right)^3}},$$

so nehmen die drei zuletzt erhaltenen Gleichungen folgende Formen an:

$$(b)\qquad \begin{cases} \dfrac{\sigma}{D^2}\left(2\alpha+\dfrac{1}{\alpha^2}\right) = 2\varepsilon\pi(1-\varrho^2)+\frac{3}{4}\left(\dfrac{1}{\alpha}\dfrac{d\alpha}{dt}\right)^2, \\ 2\left(2+\dfrac{1}{\alpha^3}\right)\dfrac{d^2\alpha}{dt^2}-\dfrac{3}{\alpha^4}\left(\dfrac{d\alpha}{dt}\right)^2+8\varepsilon\pi\left\{\dfrac{\varrho_0^2}{\alpha_0^2}-f'(\alpha)\right\} = 0, \\ \left(2+\dfrac{1}{\alpha^3}\right)\left(\dfrac{d\alpha}{dt}\right)^2+8\varepsilon\pi\left\{\dfrac{\varrho_0^2}{\alpha_0^2}\alpha-f(\alpha)\right\} = 8\varepsilon\pi K, \end{cases}$$

wo K eine Constante bezeichnet, deren Werth von ϱ_0, α_0, $\left(\frac{d\alpha}{dt}\right)_0$ abhängt. Für

[1]) Nachdem nämlich die Function n'' bestimmt ist, ergeben sich aus den obigen Gleichungen

$$(l^2+m^2)\,n'' = 1, \quad l\frac{dm}{dt}-m\frac{dl}{dt} = \omega_0$$

auch die Functionen l, m in der Form

$$l = \frac{\cos\varphi}{\sqrt{n''}}, \quad m = \frac{\sin\varphi}{\sqrt{n''}}, \quad \varphi = \omega_0\int n''dt.$$

die Discussion selbst ist es nothwendig, einige zum Theil schon bekannte Eigenschaften der Function $f(\alpha)$ vorauszuschicken. Durch wirkliche Ausrechnung des bestimmten Integrals erhält man

$$f(\alpha) = \frac{2}{\alpha\sqrt{\frac{1}{\alpha^3}-1}} \operatorname{arctang}\sqrt{\frac{1}{\alpha^3}-1}$$

oder

$$f(\alpha) = \frac{1}{\alpha\sqrt{1-\frac{1}{\alpha^3}}} \log \frac{1+\sqrt{1-\frac{1}{\alpha^3}}}{1-\sqrt{1-\frac{1}{\alpha^3}}},$$

je nachdem $\alpha < 1$ oder $\alpha > 1$ ist; für $\alpha = 1$ nehmen beide Formen denselben Werth $f(1) = 2$ an; wird α unendlich klein oder unendlich gross, so wird $f(\alpha)$ unendlich klein; und aus dem obigen Ausdruck für $f'(\alpha)$ geht hervor, dass $f(\alpha)$ ein und nur ein Maximum $f(1) = 2$ hat. Ist daher p irgend ein zwischen 0 und 2 liegender Werth, so hat die Gleichung $f(\alpha) = p$ zwei Wurzeln, von denen eine unter, die andere über der Einheit liegt. Ferner überzeugt man sich leicht, dass, wenn α von 0 bis 1 wächst, die Function $f'(\alpha)$ beständig von $+\infty$ bis 0 abnimmt und dann für $\alpha > 1$ negativ wird, so dass, wenn q irgend ein positiver Werth ist, die Gleichung $f'(\alpha) = q$ stets eine und nur eine Wurzel hat, und zwar liegt dieselbe unter der Einheit. Endlich ist aus den früheren Untersuchungen über die gleichförmige Rotation einer flüssigen Masse bekannt, dass die Function $\alpha^2 f'(\alpha)$ ein Maximum $= 0{,}2246\ldots$ hat.

§ 7.

Betrachten wir nun zunächst denjenigen speciellen Fall, in welchem ursprünglich, und folglich auch während der ganzen Bewegung keine Rotation stattfindet, also

$$\varrho_0 = 0$$

ist. Nehmen wir ausserdem vorläufig noch an*), dass ursprünglich gar keine Geschwindigkeit vorhanden, also auch

$$\left(\frac{d\alpha}{dt}\right)_0 = 0$$

*) Das Resultat der Untersuchung für diesen Fall ist von DIRICHLET in der vorläufigen Anzeige der Abhandlung vollständig ausgesprochen [1]).

[1]) S. 218 des II. Bandes dieser Ausgabe von G. Lejeune Dirichlet's Werken.

ist, so haben wir die Gleichungen

$$\frac{\sigma}{D^2}\left(2\alpha+\frac{1}{\alpha^2}\right) = 2\varepsilon\pi+\tfrac{3}{4}\left(\frac{1}{\alpha}\frac{d\alpha}{dt}\right)^2,$$

$$2\left(2+\frac{1}{\alpha^3}\right)\frac{d^2\alpha}{dt^2}-\frac{3}{\alpha^4}\left(\frac{d\alpha}{dt}\right)^2 = 8\varepsilon\pi f'(\alpha),$$

$$\left(2+\frac{1}{\alpha^3}\right)\left(\frac{d\alpha}{dt}\right)^2 = 8\varepsilon\pi\left\{f(\alpha)-f(\alpha_0)\right\}.$$

Aus der letzten derselben folgt, dass während der ganzen Bewegung $f(\alpha)\geqq f(\alpha_0)$ sein muss; ist daher ursprünglich $\alpha_0 = 1$, d. h. ist die ursprüngliche Gestalt der ruhenden flüssigen Masse eine Kugel, so folgt, dass stets $\alpha = \alpha_0 = 1$ bleiben muss. Nehmen wir dagegen an, dass $\alpha_0 < 1$, dass also die ursprüngliche Gestalt ein abgeplattetes Sphäroid ist, so ergiebt sich, dass während der ganzen Bewegung $\alpha_0 \leqq \alpha \leqq \alpha_1$ sein muss, wo α_1 die zweite Wurzel der Gleichung $f(\alpha) = f(\alpha_0)$ bedeutet, von der wir wissen, dass sie über der Einheit liegt. In der That wird nun α alle Werthe des Intervalls von α_0 bis α_1, und wieder zurück von α_1 bis α_0 periodisch, und jedesmal nach Verlauf derselben Zeit

$$\tau = \frac{1}{\sqrt{8\varepsilon\pi}}\int_{\alpha_0}^{\alpha_1} d\alpha\sqrt{\frac{2+\frac{1}{\alpha^3}}{f(\alpha)-f(\alpha_0)}}$$

durchlaufen; man überzeugt sich hiervon sogleich, wenn man bedenkt, dass $\frac{d\alpha}{dt}$ nur dann sein Zeichen ändern kann, wenn $\alpha = \alpha_0$ oder $= \alpha_1$ ist, und dass $\frac{d^2\alpha}{dt^2}$ im ersten Falle einen positiven, im zweiten einen negativen Werth hat, und wenn man ferner berücksichtigt, dass der vorstehende Werth von τ endlich ist, da an den Grenzen des bestimmten Integrals die Function $f(\alpha)-f(\alpha_0)$ von derselben Ordnung unendlich klein wird, wie $\alpha-\alpha_0$ oder $\alpha-\alpha_1$. Die Bewegung besteht also aus isochronen Schwingungen, in welchen die Flüssigkeit durch die Kugelgestalt hindurchgehend abwechselnd die Form eines verlängerten und die eines abgeplatteten Ellipsoides annimmt. Natürlich würde die Bewegung genau dieselbe sein, wenn das Sphäroid ursprünglich ein verlängertes wäre; es würde dann nur α_0 mit α_1 zu vertauschen sein.

Der Charakter der Bewegung bleibt auch dann noch derselbe, wenn das Sphäroid seine Bewegung nicht aus der Ruhe beginnt, wenn nur die Anfangsgeschwindigkeit in Bezug auf die Anfangsgestalt unterhalb einer gewissen Grenze liegt, welche durch die Bedingung

$$\left(2+\frac{1}{\alpha_0^3}\right)\left(\frac{d\alpha}{dt}\right)_0^2 < 8\varepsilon\pi f(\alpha_0)$$

bestimmt wird. Ist dagegen diese Bedingung nicht erfüllt, also

$$\left(2+\frac{1}{\alpha_0^3}\right)\left(\frac{d\alpha}{dt}\right)_0^2 \geqq 8\varepsilon\pi f(\alpha_0),$$

so kann $\frac{d\alpha}{dt}$ nach Verlauf einer endlichen Zeit niemals verschwinden; denn bezeichnet k eine nicht negative Constante, so wird das Integral

$$\frac{1}{\sqrt{8\varepsilon\pi}}\int_{\alpha_0}^{\alpha} d\alpha \sqrt{\frac{2+\frac{1}{\alpha^3}}{f(\alpha)+k}}$$

mit unendlich wachsendem α, und das Integral

$$\frac{1}{\sqrt{8\varepsilon\pi}}\int_{\alpha}^{\alpha_0} d\alpha \sqrt{\frac{2+\frac{1}{\alpha^3}}{f(\alpha)+k}}$$

mit unendlich abnehmendem α über alle Grenzen wachsen. Ist daher $\left(\frac{d\alpha}{dt}\right)_0$ positiv, so wird $\frac{d\alpha}{dt}$ stets positiv bleiben und sich unbegrenzt dem Werth

$$\sqrt{\left(1+\frac{1}{2\alpha_0^3}\right)\left(\frac{d\alpha}{dt}\right)_0^2 - 4\varepsilon\pi f(\alpha_0)}$$

nähern, während α mit t unbegrenzt wächst; das Ellipsoid wird sich also unbegrenzt verlängern. Ist dagegen $\left(\frac{d\alpha}{dt}\right)_0$ negativ, so wird $\frac{d\alpha}{dt}$ stets negativ bleiben und dem absoluten Werth nach mit α unbegrenzt abnehmen, während t über alle Grenzen wächst; das Ellipsoid wird sich daher unbegrenzt abplatten.

In allen diesen Fällen wird aber die Function σ niemals negative Werthe annehmen, so dass diese Bewegungen ohne Annahme eines äusseren Druckes physisch möglich sind.

§ 8.

Wir wollen jetzt zu dem Falle übergehen, in welchem ϱ_0 von Null verschieden ist, also während der ganzen Bewegung Rotation stattfindet. Zufolge der am Ende des § 6 angeführten Eigenschaften der Function $f(\alpha)$ und ihrer Derivirten $f'(\alpha)$ giebt es stets einen und nur einen Werth δ, welcher der Gleichung

$$f'(\delta) = \frac{\varrho_0^2}{\alpha_0^2}$$

genügt, und zwar ist $0 < \delta < 1$. Betrachten wir nun die Function

$$\psi(\alpha) = f'(\delta)\alpha - f(\alpha),$$

so ergiebt sich leicht, dass $\psi(0) = 0$ und dass $\psi(\alpha)$, wenn α von 0 bis δ wächst, beständig abnimmt, also negativ wird und für $\alpha = \delta$ den kleinsten Werth $\psi(\delta)$ erreicht, der also ebenfalls negativ ist; wächst dann α weiter, so wächst auch $\psi(\alpha)$ und zwar mit α über alle Grenzen. Die Gleichungen der Bewegung nehmen nun die folgenden Formen an

$$\frac{\sigma}{D^2}\left(2\alpha + \frac{1}{\alpha^2}\right) = 2\varepsilon\pi(1 - f'(\delta)\alpha^2) + \tfrac{3}{4}\left(\frac{1}{\alpha}\frac{d\alpha}{dt}\right)^2,$$

$$2\left(2 + \frac{1}{\alpha^3}\right)\frac{d^2\alpha}{dt^2} - \frac{3}{\alpha^4}\left(\frac{d\alpha}{dt}\right)^2 + 8\varepsilon\pi\psi'(\alpha) = 0,$$

$$\left(2 + \frac{1}{\alpha^3}\right)\left(\frac{d\alpha}{dt}\right)^2 + 8\varepsilon\pi\psi(\alpha) = 8\varepsilon\pi[\psi(\alpha_0) + k],$$

in denen zur Abkürzung

$$\frac{d\psi(\alpha)}{d\alpha} = f'(\delta) - f'(\alpha) = \psi'(\alpha); \quad \left(2 + \frac{1}{\alpha_0^3}\right)\left(\frac{d\alpha}{dt}\right)_0^2 = 8\varepsilon\pi k$$

gesetzt ist. Hieraus geht zunächst hervor, dass für die ganze Dauer der Bewegung

$$\psi(\alpha) \leqq \psi(\alpha_0) + k,$$

und folglich α stets unterhalb einer angebbaren endlichen Grenze liegen muss; das Vorhandensein auch der geringsten anfänglichen Rotationsbewegung verhindert also eine unbegrenzte Verlängerung des Sphäroids.

Da ferner $\psi(\delta)$ der algebraisch kleinste Werth der Function $\psi(\alpha)$ ist, so haben wir je nach dem Werth der Constante $\psi(\alpha_0) + k$ nur drei Fälle zu unterscheiden.

$$1) \qquad \psi(\alpha_0) + k = \psi(\delta).$$

Dies ist, da k nicht negativ sein kann, nur dann möglich, wenn $k = 0$

und $\alpha_0 = \delta$, also

$$\left(\frac{d\alpha}{dt}\right)_0 = 0 \text{ und } \varrho_0^2 = \alpha_0^2 f'(\alpha_0), \text{ also } \alpha_0 < 1$$

ist; in diesem Falle muss α constant $= \alpha_0$ bleiben, sodass die Bewegung in einer gleichförmigen Rotation eines abgeplatteten Sphäroids von unveränderlicher Gestalt um die kleine Axe besteht, was der zuerst von MACLAURIN behandelte Fall ist. Bekanntlich ist erforderlich, dass der Werth von ϱ_0^2 einen bestimmten numerischen Werth 0,2246 ... nicht übersteigt; für jeden unterhalb dieser Grenze liegenden Werth von ϱ_0^2 existiren zwei verschiedene entsprechende Sphäroide, die identisch werden, wenn ϱ_0^2 diesen Grenzwerth selbst erreicht. Ferner leuchtet ein, dass die Grösse σ dann einen unveränderlichen positiven Werth hat, dass also die Bewegung wieder ohne einen äusseren Druck physisch möglich ist. Endlich ergiebt sich auch umgekehrt, dass α nur unter den Bedingungen dieses Falles constant sein kann.

$$2) \qquad \psi(\delta) < \psi(\alpha_0) + k < 0.$$

Dieser Fall ist, da k nicht negativ sein kann, nur dann möglich, wenn

$$\varrho_0^2 < \alpha_0 f(\alpha_0),$$

und ausserdem der absolute Werth von $\left(\frac{d\alpha}{dt}\right)_0$ eine von ϱ_0 und α_0 abhängige Grenze nicht übersteigt. Die Gleichung $\psi(\alpha) = \psi(\alpha_0) + k$ hat dann zwei bestimmte Wurzeln α' und $\alpha'' > \alpha'$, und zwar ist $0 < \alpha' < \delta$. Hieraus folgt, dass α stets zwischen den beiden Grenzen α' und α'' liegen muss, und in der That wird α abwechselnd diese beiden Grenzwerthe, stets nach Verlauf derselben Zeit

$$\tau = \frac{1}{\sqrt{8\varepsilon\pi}} \int_{\alpha'}^{\alpha''} d\alpha \sqrt{\frac{2 + \frac{1}{\alpha^3}}{k + \psi(\alpha_0) - \psi(\alpha)}}$$

erreichen; die Rotationsgeschwindigkeit ist bei dem Minimumwerth α' zu klein, bei dem Maximumwerth α'' zu gross, als dass die flüssige Masse ihre augenblickliche Gestalt beibehalten könnte. Auch ist zu bemerken, dass, wenn die Rotationsgeschwindigkeit im Augenblicke der grössten Verlängerung des Sphäroids einen gewissen Werth übersteigt, diese Bewegung nur unter der Wirkung eines hinreichend starken äusseren Druckes physisch möglich ist.

3) $\psi(\alpha_0)+k \geqq 0.$

In diesem Falle hat die Gleichung $\psi(\alpha)=\psi(\alpha_0)+k$ eine einzige Wurzel, und es wird daher entweder von vornherein, oder wenigstens nach Ablauf einer endlichen Zeit das Sphäroid anfangen, sich immer mehr und ohne Grenzen abzuplatten. Auch hier gilt die eben gemachte Bemerkung über die physische Möglichkeit der Bewegung.

§ 9.

Die soeben behandelten Fälle bieten die Eigenthümlichkeit dar, dass in ihnen die Werthe der drei in § 4 mit P', Q', R' bezeichneten Verbindungen während der ganzen Dauer der Bewegung verschwinden. Es erschien nun der Mühe werth, zu untersuchen, ob ausser den genannten Fällen noch andere möglich sind, welche dieselbe Eigenschaft besitzen. Durch eine sorgfältige Analyse ergab sich, dass noch zwei andere solche Bewegungen mit den Fundamentalgleichungen (α) in Uebereinstimmung gebracht werden können. Die erste derselben wird durch die Gleichungen

$$x=la,\quad y=m'b,\quad z=n''c;\quad lm'n''=1;$$

$$l\frac{d^2l}{dt^2}=\frac{2\sigma}{A^2}-2\varepsilon\pi\int_0^\infty\frac{ds}{\Delta}\cdot\frac{l^2}{A^2l^2+s},\quad m'\frac{d^2m'}{dt^2}=\frac{2\sigma}{B^2}-2\varepsilon\pi\int_0^\infty\frac{ds}{\Delta}\cdot\frac{m'^2}{B^2m'^2+s},$$

$$n''\frac{d^2n''}{dt^2}=\frac{2\sigma}{C^2}-2\varepsilon\pi\int_0^\infty\frac{ds}{\Delta}\cdot\frac{n''^2}{C^2n''^2+s}$$

ausgedrückt, in denen zur Abkürzung

$$\Delta=\sqrt{\left(1+\frac{s}{A^2l^2}\right)\left(1+\frac{s}{B^2m'^2}\right)\left(1+\frac{s}{C^2n''^2}\right)}$$

gesetzt ist*); allein hier reicht das von dem Princip der lebendigen Kraft herrührende Integral nicht aus, um das Problem auf Quadraturen zurückzuführen.

Der zweite Fall, welcher sich bei der Untersuchung auf eine eigenthümliche Weise von den übrigen absondert, giebt das schöne von JACOBI gefundene Resultat, dass ein dreiaxiges Ellipsoid, dessen Axen A, B, C der Bedingung

$$\int_0^\infty\frac{ds}{\Delta}\cdot\frac{1}{\left(1+\frac{s}{A^2}\right)\left(1+\frac{s}{B^2}\right)}=\int_0^\infty\frac{ds}{\Delta}\cdot\frac{1}{1+\frac{s}{C^2}};\quad \Delta=\sqrt{\left(1+\frac{s}{A^2}\right)\left(1+\frac{s}{B^2}\right)\left(1+\frac{s}{C^2}\right)}$$

*) Diese Gleichungen finden sich an verschiedenen Stellen, aber ohne weitere Discussion, in den von DIRICHLET hinterlassenen Papieren.

genügen, um die kleinste Axe C mit constanter Winkelgeschwindigkeit, deren Quadrat

$$k^2 = \frac{2\varepsilon\pi}{A^2B^2}\int_0^\infty \frac{s\,ds}{\Delta\left(1+\frac{s}{A^2}\right)\left(1+\frac{s}{B^2}\right)}$$

ist, rotiren kann, so dass

$$x = a\cos kt + b\sin kt,\quad y = -a\sin kt + b\cos kt,\quad z = c$$

die Gleichungen der Bewegung sind.

Aus dieser Untersuchung ergiebt sich also auch das Resultat, dass ein flüssiges homogenes Ellipsoid, dessen Elemente sich gegenseitig nach dem NEWTON'schen Gesetze anziehen, nur dann wie ein fester Körper um seinen Schwerpunkt rotiren kann, wenn die Bewegung um eine feste, mit einer der Hauptaxen des Ellipsoids zusammenfallende Axe geschieht, was der von MACLAURIN und JACOBI untersuchte Fall ist*); offenbar nämlich würden ausser den Gleichungen $P' = 0$, $Q' = 0$, $R' = 0$ noch die Bedingungen $P = 1$, $Q = 1$, $R = 1$ zu erfüllen sein, wodurch die übrigen ausser den beiden soeben erwähnten Fällen ausgeschlossen werden.

Die geometrische Bedeutung der Gleichungen $P' = 0$, $Q' = 0$, $R' = 0$ besteht darin, dass diejenigen Elemente der flüssigen Masse, welche anfänglich auf den drei Coordinatenaxen, also auf den Hauptaxen liegen, auch während der ganzen Bewegung drei zu einander senkrechte Gerade erfüllen; da nun andererseits aus der linearen Natur der Ausdrücke für x, y, z erhellt, dass solche Theilchen der flüssigen Masse, welche ursprünglich in drei conjugirten Durchmessern liegen, dieselbe Eigenschaft stets beibehalten, so ist der eigentliche Sinn der erwähnten drei Gleichungen der, dass die drei Hauptaxen des Ellipsoids stets von denselben Elementen der flüssigen Masse gebildet werden. Es lag nun nahe, eine verwandte Hypothese zu machen, die nämlich, dass die Richtungen der drei Hauptaxen stets unverändert bleiben; bedient man sich der in § 4 eingeführten Bezeichnungen, so wird diese Forderung durch die drei Gleichungen $T = 0$, $T' = 0$, $T'' = 0$ ausgedrückt und sie ist offenbar sowohl in dem ersten der beiden in diesem Paragraphen erwähnten Fälle, als auch in demjenigen erfüllt, welcher vorher (in § 6—8) ausführlich behandelt ist; ausserdem ergab aber die Durchführung dieser Hypothese noch einen dritten Fall,

*) Diese Bemerkung ist fast wörtlich einem Briefe DIRICHLET's an Herrn KRONECKER entnommen.

welcher ein schönes Seitenstück zu dem soeben angeführten von JACOBI herrührenden Satze bildet und sich auf folgende Weise aussprechen lässt:

Ein jedes dreiaxige Ellipsoid, welches dem Satze von JACOBI genügt, kann auch seine äussere Gestalt und *Lage* unverändert beibehalten, wenn eine innere Bewegung der Elemente stattfindet, die durch die Gleichungen

$$x = a\cos kt + b\frac{A}{B}\sin kt, \quad y = -a\frac{B}{A}\sin kt + b\cos kt, \quad z = c$$

ausgedrückt wird, in denen die Constante k die frühere Bedeutung hat; jedes Theilchen beschreibt eine Ellipse, deren Gleichungen

$$\frac{x^2}{A^2} + \frac{y^2}{B^2} = \frac{a^2}{A^2} + \frac{b^2}{B^2}; \quad z = c$$

sind, und zwar in derselben Weise, wie wenn es isolirt wäre und gegen den Mittelpunkt seiner Bahn durch eine der Entfernung proportionale Kraft angezogen würde, deren Maass für die Einheit der Entfernung gleich k^2 ist.

DÉMONSTRATION D'UN THÉORÈME D'ABEL.

[Note de M. Lejeune Dirichlet communiquée par M. Liouville.]

Il s'agit de prouver que si la série

$$a_0 + a_1 + a_2 + \cdots + a_n + \cdots$$

est convergente et a pour somme A, la somme de la série

$$a_0 + a_1 \varrho + a_2 \varrho^2 + \cdots + a_n \varrho^n + \cdots,$$

qui sera convergente à fortiori en prenant la variable ϱ positive et inférieure à l'unité, tendra vers la limite A, lorsque l'on fera tendre indéfiniment ϱ vers l'unité. Causant un jour avec mon excellent et si regrettable ami Lejeune Dirichlet, je lui disais que je trouvais assez difficile à exposer (et même à comprendre) la démonstration qu'Abel a donnée de ce théorème important; Dirichlet se mit sur-le-champ à écrire sous mes yeux, dans le seul but de me venir en aide, la Note ci-après, qui m'a été d'un grand secours et qu'on me saura gré de livrer au public. Le mode de démonstration qu'on y trouve comporte de nombreuses applications et m'a été souvent utile dans mes leçons au Collège de France.

Je transcris textuellement la Note de Dirichlet sans y rien ajouter, et bien entendu sans y rien changer.

„Il résulte de la convergence supposée de la série

$$A = a_0 + a_1 + a_2 + \cdots + a_n + \text{ etc.},$$

que la somme

$$s_n = a_0 + a_1 + \cdots + a_n$$

reste toujours numériquement inférieure à une certaine constante k et converge vers la limite A, lorsque n croît indéfiniment. Considérons maintenant la série

$$S = a_0 + a_1 \varrho + a_2 \varrho^2 + \cdots + a_n \varrho^n + \text{ etc.},$$

la quantité ϱ étant supposée positive et inférieure à l'unité; en y remplaçant

a_0, a_1, a_2, etc., par s_0, s_1-s_0, s_2-s_1, etc., elle prendra la forme

$$S = s_0+(s_1-s_0)\varrho+(s_2-s_1)\varrho^2+\cdots+(s_n-s_{n-1})\varrho^n+ \text{etc.}$$

et ensuite celle-ci, en ordonnant autrement,

$$S = (1-\varrho)(s_0+s_1\varrho+s_2\varrho^2+\cdots+s_n\varrho^n+\cdots),$$

transposition, qui ne souffre aucune difficulté, puisqu'elle se réduit à ajouter à la somme des $n+1$ premiers termes le terme $-s_n\varrho^{n+1}$, qui s'évanouit pour $n=\infty$."

„Voyons maintenant vers quelle limite converge S, lorsque la variable positive $\varepsilon = 1-\varrho$ devient infiniment petite. Décomposons pour cela S en deux parties, comprenant l'une les n premiers termes et l'autre tous les termes suivants, et faisons croître n à mesure que ε décroît, mais assez lentement pour que la limite de $n\varepsilon$ soit zéro. La première partie

$$(1-\varrho)(s_0+s_1\varrho+\cdots+s_{n-1}\varrho^{n-1}),$$

étant numériquement moindre que $n\varepsilon k$, converge vers zéro. Quant à la seconde

$$(1-\varrho)(s_n\varrho^n+s_{n+1}\varrho^{n+1}+\cdots)$$

on pourra lui donner la forme

$$P(1-\varrho)(\varrho^n+\varrho^{n+1}+\cdots) = P\varrho^n = P(1-\varepsilon)^n,$$

P désignant une valeur comprise entre la plus grande et la plus petite des quantités s_n, s_{n+1}, $\cdots$. Or ces dernières convergeant toutes vers la limite A, il en sera de même pour P, et comme d'un autre côté le facteur $(1-\varepsilon)^n$, en vertu de l'hypothèse faite plus haut, converge évidemment vers l'unité, il est prouvé, que la limite de S, lorsque la variable positive $\varrho<1$ s'approche indéfiniment de l'unité, est la somme même A de la série considérée en premier lieu."

Je ne pense pas que personne puisse songer désormais à demander de nouveaux éclaircissements.

ANHANG.

GEDÄCHTNISSREDE AUF GUSTAV PETER LEJEUNE DIRICHLET

VON

E. E. KUMMER.

[Gelesen in der öffentlichen Sitzung der Königl. Akademie der Wissenschaften am 5. Juli 1860.]

Es ist nicht zehn Jahre her, dass die drei Männer, denen unser deutsches Vaterland eine neue Blüthenperiode der mathematischen Wissenschaften verdankt, Gauss, Jacobi und Dirichlet noch lebten und noch thätig arbeiteten, den alten Ruhm tiefer Erkenntniss der abstractesten, sowie der concret in der Natur verwirklichten mathematischen Wahrheiten, welchen vor allen Kepler und Leibnitz der deutschen Nation erworben hatten, glänzend zu erneuern und zu befestigen. Unsere Akademie hatte damals das Glück, zwei dieser hervorragenden Männer als active Mitglieder zu besitzen, Jacobi und Dirichlet, welche persönlich befreundet, durch freie Mittheilung ihrer tiefen mathematischen Gedanken sich gegenseitig anregten und förderten, und auf die allgemeine Entwickelung der mathematischen Wissenschaften den nachhaltigsten Einfluss ausübten. Jacobi's frühzeitiger Tod war der erste unersetzliche Verlust, welcher die in unserem Vaterlande zur Blüthe entfaltete Wissenschaft traf. Die Bedeutung der Schöpfungen dieses mit seltenem Geiste begabten Forschers, die hervorragende Stellung, die er in der Geschichte der Mathematik für alle Zeiten einnehmen wird, hat Dirichlet in der heut vor acht Jahren an dieser Stelle gehaltenen Gedächtnissrede so tiefeingehend und wahr geschildert, dass er dadurch dem Andenken des Dahingeschiedenen das schönste und würdigste Denkmal errichtet hat. Als vier Jahre nach Jacobi der greise Gauss in dem unbestrittenen Ruhme des ersten Mathematikers seiner Zeit aus dem Leben schied, hatte dieser grosse allgemeine Verlust für unsere Akademie noch die beklagenswerthe Folge, dass Dirichlet, als der einzige würdige Nachfolger des grossen Mannes, nach

Göttingen berufen, aus der Zahl ihrer anwesenden Mitglieder austrat. Die Akademie, welche diesen Verlust weder abwehren noch ersetzen konnte, wahrte sich durch seine Wahl zu ihrem ordentlichen, auswärtigen Mitgliede das Recht, DIRICHLET auch ferner als den ihrigen betrachten zu dürfen; für seine speciellen Fachgenossen aber blieb er der lebendige Mittelpunkt ihrer Forschungen und Arbeiten, bis der Tod seinem Leben und Wirken ein Ziel setzte. Unsere Akademie, welcher DIRICHLET siebenundzwanzig Jahre lang angehört hat, in deren Schriften seine unvergänglichen Meisterwerke niedergelegt sind, hat das Recht, den wissenschaftlichen Ruhm dieses grossen Mathematikers als ihren eigenen zu betrachten, sie vor allen anderen hat darum auch die Pflicht, sein Andenken zu bewahren und durch eine öffentliche Gedächtnissrede ihm die letzte akademische Ehre zu erweisen. Die Verehrung, welche ich selbst für den Dahingeschiedenen stets gehegt habe, die Freundschaft, die er mir geschenkt und mehr als zwanzig Jahre hindurch bewahrt hat, sowie die nahe Beziehung, in welcher meine eigenen Studien zu seinen wissenschaftlichen Arbeiten stehen, haben mich bewogen, hier vor dieser hochansehnlichen Versammlung das Wort zu übernehmen, um die grosse wissenschaftliche Bedeutung seiner Meisterwerke zu schildern, und zugleich in wenigen Zügen ein Bild seines Lebens und seines Charakters zu entwerfen, der edel und rein war wie seine Schriften. Ich weiss, dass ich die mir gestellte Aufgabe nur sehr unvollkommen werde lösen können, nicht allein aus dem sachlichen Grunde, dass die wahre Bedeutung der geistigen Schöpfungen grosser Männer oft erst im weiteren geschichtlichen Verlaufe der Wissenschaft richtig erkannt und gewürdigt werden kann, wo sie nicht selten zu Ausgangspunkten reich sich entfaltender Theorieen werden, sondern auch wegen meiner eigenen Schwäche, für welche ich mir erlauben muss, Ihre gütige Nachsicht in Anspruch zu nehmen.

GUSTAV PETER LEJEUNE DIRICHLET wurde den 13. Februar 1805 in Düren geboren. Sein Vater, welcher daselbst die Stelle des Postdirectors bekleidete, ein sanfter, gefälliger und liebenswürdiger Mann, und seine in sehr hohem Alter jetzt noch lebende Mutter, eine geistvolle fein gebildete Frau, gaben dem von der Natur mit mehr als gewöhnlichen Anlagen ausgestatteten Knaben eine sehr sorgfältige Erziehung. Seinen ersten Unterricht erhielt er in einer Elementarschule, und als diese nicht mehr für ihn genügend befunden wurde, in einer Privatschule; dabei wurde er, um später ein Gymnasium besuchen zu können, im Lateinischen noch besonders unterrichtet. Seine grosse Vorliebe für die

Mathematik zeigte sich schon sehr früh, denn damals, als er noch nicht zwölf Jahre alt war, verwendete er sein Taschengeld zum Ankauf mathematischer Bücher, mit denen er sich besonders des Abends sehr fleissig beschäftigte; wenn man ihm dann sagte, er könne sie ja doch nicht verstehen, so erwiederte er: ich lese sie so lange, bis ich sie verstehe. Seine Eltern hatten den Wunsch, dass er Kaufmann werden möchte, als er aber entschiedene Abneigung dagegen zeigte, gaben sie nach und schickten ihn im Jahre 1817 nach Bonn auf das Gymnasium.

Durch freundliche Mittheilung des Herrn Professor Elvenich in Breslau, welcher damals als Student in Bonn mit dem jungen Dirichlet in einem Hause wohnte, und welchem dessen Beaufsichtigung und Leitung von den sorgsamen Eltern dringend anempfohlen war, bin ich in den Stand gesetzt, folgende treue und lebendige Darstellung des in jener Zeit etwa dreizehnjährigen Knaben zu geben. Er zeichnete sich in seinem Betragen durch Anstand und gute Sitten sehr vortheilhaft aus, und die Unbefangenheit und Offenheit seines ganzen Wesens bewirkte, dass alle, die mit ihm zu thun hatten, ihm herzlich gewogen waren. Sein Fleiss war geregelt, doch vorzugsweise der Mathematik und Geschichte zugewendet. Er studirte, wenn er auch keine Schularbeiten zu machen hatte, denn auch dann war sein reger Geist stets mit würdigen Gegenständen des Nachdenkens beschäftigt. Grosse historische Ereignisse, wie namentlich die französische Revolution und öffentliche Angelegenheiten, interessirten ihn in hohem Grade, und er urtheilte über diese und andere Dinge mit einer für seine Jugend ungewöhnlichen Selbständigkeit vom Standpunkte einer freisinnigen Denkweise, welche eine Frucht seiner elterlichen Erziehung sein mochte. Alles Rohe und Unedle war ihm stets zuwider, aber auch Spiele und andere jugendliche Vergnügungen hatten für ihn fast gar keinen Reiz, während er gesellige Unterhaltungen liebte und besonders an Gesprächen über Politik und historische Stoffe sich gern und lebhaft betheiligte. Ueberhaupt bewegte sich sein Geist, dessen hervorragende Eigenschaft Scharfsinn war, in einer viel höheren Sphäre, als es bei anderen dieses Alters der Fall zu sein pflegt.

Auf dem Bonner Gymnasium blieb Dirichlet nur zwei Jahre und vertauschte dasselbe sodann mit dem Jesuiter-Gymnasium in Köln, welchem seine Eltern aus mir unbekannten Gründen den Vorzug gaben. Hier hatte er zu seinem Lehrer in der Mathematik den nachmals durch die Entdeckung des nach ihm benannten Gesetzes des elektrischen Leitungswiderstandes berühmt gewordenen Georg Simon Ohm, durch dessen Unterricht, so wie durch fleissiges eigenes Studium mathematischer Werke, er in dieser Wissenschaft sehr bedeutende Fortschritte machte und sich einen ungewöhnlichen Umfang von Kenntnissen erwarb. Er vernachlässigte aber dabei die übrigen Disciplinen keineswegs und machte den Cursus auf dem Gymnasium sehr rasch durch, so dass er schon im Jahre 1821, als er erst sechzehn Jahre alt war, das Abgangszeugniss für die Universität erlangte und nach Hause zurückkehrte, um mit seinen Eltern über die Wahl seines künftigen Berufes zu verhandeln. Es war sehr natürlich, dass diese seinem eigenen Entschlusse Mathematik zu studiren mit der ernstlichen Mahnung entgegentraten, durch ein praktischeres Studium, als welches sie ihm die Jurisprudenz vorschlugen, sein Fortkommen in der Welt zu sichern; er erklärte ihnen hierauf bescheiden aber fest, dass wenn sie es verlangten, er ihnen folgsam sein werde, dass er aber von seinem Lieblingsstudium nicht lassen könne und wenigstens die Nächte demselben widmen werde. Die eben so vernünftigen als zärtlichen Eltern gaben hierauf dem entschiedenen Wunsche ihres Sohnes nach.

Das mathematische Studium auf den preussischen und den übrigen deutschen Universitäten lag damals arg darnieder. Die Vorlesungen, welche sich nur wenig über das Gebiet der Elementar-Mathematik erhoben, waren keineswegs geeignet, den Drang nach tieferer Erkenntniss zu befriedigen, der den jungen Dirichlet beseelte, auch gab es ausser dem einen grossen Namen Gauss in Deutschland keinen anderen, der auf ihn eine besondere Anziehungskraft hätte ausüben können. In Frankreich dagegen, und namentlich in Paris, stand die Mathematik damals noch in ihrer vollen Blüthe, und ein Kreis von Männern, deren grosse Namen in der Geschichte der mathematischen Wissenschaften für alle Zeiten glänzen werden, arbeitete hier forschend und lehrend an der lebendigen Entwickelung und Verbreitung derselben. Hier lebte noch der grosse Laplace, dem seine Mechanik des Himmels unbestritten den ersten Rang sicherte, und arbeitete noch an der Vollendung dieses Werkes und an einem Supplemente seiner Theorie der Wahrscheinlichkeit. Legendre, bis in sein hohes Alter rastlos thätig, vervollkommnete seine Theorie der elliptischen Functionen durch die Entdeckung einer neuen Transformation derselben und bereitete die dritte Ausgabe seines Werkes über Zahlentheorie vor. Fourier, der vor kurzem seine mathematische Wärmetheorie vollendet hatte, versammelte einen ausgewählten Kreis der talent vollsten jungen Mathematiker um sich, zu wissenschaftlichen und heiteren Gesprächen. Poisson bereicherte die Mechanik und die mathematische Physik durch eine Reihe der werthvollsten Abhandlungen. Cauchy legte damals den Grund zu einer wesentlichen Verbesserung und Umgestaltung der gesammten Analysis, durch strengere Methoden und durch die Einführung der imaginären Variablen. Diese Männer und ausser ihnen noch eine ansehnliche Zahl anderer wissenschaftlicher Notabilitäten, von denen einige noch jetzt leben, wirkten zusammen, Paris zu dem glänzendsten Sitze der mathematischen Wissenschaften zu machen.

In richtiger Würdigung dieser Verhältnisse erkannte Dirichlet, dass dies der Ort sei, wo er für seine mathematischen Studien den grössten Gewinn erwarten konnte, und da seine Eltern, welche noch von früherer Zeit her durch einige befreundete Familien mit Paris in Verbindung standen, gern ihre Einwilligung dazu gaben, so bezog er im Mai 1822 diese Hochschule der mathematischen Wissenschaften, in dem freudigen Bewusstsein sich jetzt ganz seinem Lieblingsstudium widmen zu können. Er hörte daselbst die Vorlesungen am *Collège de France* und an der *Faculté des Sciences*, wo er Lacroix, Biot, Hachette und Francoeur zu seinen Lehrern hatte. Ein Versuch, den er machte, auch den Vorlesungen an der *École Polytechnique* als Hospitant beiwohnen zu dürfen, scheiterte daran, dass der Preussische Geschäftsträger in Paris, ohne besondere Autorisation von Seiten des Ministers von Altenstein, es nicht übernehmen wollte, die Erlaubniss dazu bei dem französischen Ministerium auszuwirken.

Neben dem Hören der Vorlesungen und dem Durchdenken des in denselben ihm gebotenen Stoffes widmete Dirichlet seine Zeit auch dem angestrengten Studium der vorzüglichsten mathematischen Schriften, und unter diesen vorzugsweise dem Gaussischen Werke über die höhere Arithmetik: *Disquisitiones arithmeticae.* Dieses hat auf seine ganze mathematische Bildung und Richtung einen viel bedeutenderen Einfluss ausgeübt, als seine anderen Pariser Studien; er hat dasselbe auch nicht nur einmal oder mehreremal durchstudirt, sondern sein ganzes Leben hindurch hat er nicht aufgehört, die Fülle der tiefen mathematischen Gedanken, die es enthält, durch wiederholtes Lesen sich immer wieder zu vergegenwärtigen, weshalb es bei ihm auch niemals auf dem Bücherbrett aufgestellt war, sondern seinen bleibenden Platz auf dem Tische hatte, an welchem er arbeitete. Welche Anstrengung es ihn gekostet haben muss, sich in dieses ausserordentliche Werk hineinzuarbeiten, kann man daraus abnehmen, dass mehr als zwanzig Jahre, nachdem es erschienen war, noch keiner der damals lebenden Mathematiker es vollständig durchstudirt und verstanden hatte, und dass selbst LEGENDRE, welcher der höheren Arithmetik einen grossen Theil seines Lebens gewidmet hatte, bei der zweiten Ausgabe seiner Zahlentheorie gestehen musste: er hätte gern sein Werk mit den GAUSSischen Resultaten bereichert, aber die Methoden dieses Autors seien so eigenthümlich, dass er ohne die grössten Umwege, oder ohne die Rolle eines blossen Uebersetzers zu übernehmen, dieselben nicht hätte wiedergeben können. DIRICHLET war der erste, der dieses Werk nicht allein vollständig verstanden, sondern auch für andere erschlossen hat, indem er die starren Methoden desselben, hinter welchen die tiefen Gedanken verborgen lagen, flüssig und durchsichtig gemacht und in vielen Hauptpunkten durch einfachere, mehr genetische ersetzt hat, ohne der vollkommenen Strenge der Beweise das Geringste zu vergeben; er war auch der erste, der über dasselbe hinausgehend einen reichen Schatz noch tieferer Geheimnisse der Zahlentheorie offenbar gemacht hat.

DIRICHLET's äusseres Leben in dem ersten Jahre seines Pariser Aufenthalts war höchst einfach und zurückgezogen. Seine Studien, welche nur einmal durch einen Anfall der natürlichen Pocken unterbrochen wurden, nahmen ihn vollständig in Anspruch und sein Umgang beschränkte sich auf einige Häuser, denen er empfohlen war, und auf einige junge Deutsche, welche sich ihrer Studien wegen dort aufhielten. Im Sommer des Jahres 1823 aber trat hierin eine Aenderung ein, welche für seine ganze allgemeine Bildung von der grössten Bedeutung war. Der General FOY, ein geistvoller, vielseitig gebildeter Mann, nicht weniger durch die hervorragende Stellung, die er als Haupt der Opposition in der Deputirtenkammer und als einer der gefeiertsten Redner derselben einnahm, als durch seine glänzende militärische Laufbahn ausgezeichnet, dessen Haus eines der angesehensten und gesuchtesten in Paris war, suchte damals einen jungen Mann als Lehrer für seine Kinder, welcher dieselben hauptsächlich in der deutschen Sprache und Litteratur unterrichten sollte, und durch Vermittelung eines Freundes des Dirichlet'schen Hauses, Herrn LARCHET DE CHAMONT, wurde ihm unser DIRICHLET empfohlen. Bei der ersten persönlichen Vorstellung machte das offene und bescheidene Wesen des jungen Mannes einen so günstigen Eindruck auf den General, dass er ihm unmittelbar darauf die Stellung als Lehrer seiner Kinder antrug, mit einem anständigen Gehalte und mit so geringen Verpflichtungen, dass ihm freie Zeit genug blieb, die angefangenen

Studien fortzusetzen. DIRICHLET ging mit Freuden darauf ein, nicht allein weil er dadurch in die Lage versetzt wurde, seinen Eltern keine Kosten mehr zu machen, sondern vorzüglich auch weil er von dem Aufenthalte in dem Hause eines so allseitig gebildeten, ausgezeichneten Mannes für seine äussere Weltbildung, in der er nach seinem eigenen Urtheile noch sehr zurück war, sich viel Gutes versprach. In dieser neuen Stellung fühlte er sich ausserordentlich zufrieden und glücklich, da Herr und Madame FOY ihm überall die grösste Freundlichkeit und Zuvorkommenheit erwiesen und ihn wie ein Glied ihrer eigenen Familie betrachteten. Der Unterricht der Kinder, deren ältestes ein Mädchen von elf Jahren war, kostete ihn nur wenig Mühe, und die Frau Generalin, die das Deutsche, welches sie in ihrer Kindheit geübt, aber seitdem vollständig vergessen hatte, unter seiner Leitung eifrig und mit dem besten Erfolge wieder betrieb, vergalt ihm seine Mühe auf eben so angenehme als nützliche Weise, indem sie ihm durch Uebungen im Lesen des Französischen den fremden Accent seiner Aussprache abgewöhnte. Den grössten Einfluss übte aber der General auf ihn aus, durch das lebendige Beispiel eines thatkräftigen, edlen und fein gebildeten Mannes, welches er ihm gab, und dieser Einfluss erstreckte sich nicht bloss auf DIRICHLET's äussere Bildung, seine Gewohnheiten und Neigungen, sondern auch auf seine Denk- und Handlungsweise und seine allgemeinen Lebensanschauungen. Von grosser Bedeutung für sein ganzes Leben war es auch, dass das Haus des Generals, welches ein Vereinigungspunkt der ersten Notabilitäten in Kunst und Wissenschaft der Hauptstadt Frankreichs war, und in welchem von den angesehensten Kammermitgliedern die grossen politischen Fragen verhandelt wurden, deren nächste, vorläufige Lösung das Jahr 1830 brachte, ihm zuerst Gelegenheit gab, das Leben in grossartigem Maassstabe zu sehen und sich daran zu betheiligen.

Durch alle diese neuen Eindrücke, welche er in sich aufnahm, durch die Beschäftigungen und Zerstreuungen, die mit seiner Stellung verbunden waren, liess sich DIRICHLET durchaus nicht von seinen mathematischen Studien ablenken, vielmehr arbeitete er gerade in dieser Zeit mit angestrengtem Fleisse an seiner ersten der Oeffentlichkeit übergebenen Schrift: *Mémoire sur l'impossibilité de quelques équations indéterminées du cinquième degré.* Der Gegenstand dieser Abhandlung steht in der engsten Beziehung zu dem von FERMAT aufgestellten Satze, dass die Summe zweier Potenzzahlen von gleichen Exponenten niemals einer Potenz von demselben Exponenten gleich sein kann, wenn diese Potenzen höher sind als die zweite. Dieser Satz, von welchem FERMAT angiebt, dass er ihn beweisen könne, welcher aber noch über 150 Jahre nach FERMAT, zu der Zeit als DIRICHLET sich mit demselben beschäftigte, trotz der angestrengten Bemühungen von EULER und LEGENDRE nicht weiter, als für die dritten und vierten Potenzen hatte bewiesen werden können, kann zwar, als eine aus ihrem wissenschaftlichen Zusammenhange herausgenommene Einzelheit, keinen besonderen Werth beanspruchen, aber er hat dadurch eine ungewöhnlich hohe Bedeutung gewonnen, dass er, als ein, in dem damals noch ganz unbekannten Gebiete der Formen höherer Grade aufgesteckter, nah erscheinender und doch ferner Zielpunkt, auf die Richtung, welche die Zahlentheorie in ihrer geschichtlichen Entwickelung genommen hat, von dem entschiedensten Einflusse gewesen ist. DIRICHLET, indem er in seiner Arbeit die durch den FERMAT'schen Satz angegebene Richtung verfolgt, betrachtet die Summe zweier fünften Potenzen, über welche bis dahin noch nichts ermittelt war, und stellt sich die Aufgabe zugleich etwas allgemeiner, nämlich zu untersuchen, in welchen Fällen eine solche Summe einem gegebenen Vielfachen einer fünften Potenz nicht gleich sein könne. Er ebnet und sichert sich den Weg der Untersuchung durch einige neue Sätze über die allgemeinste Auflösung der Aufgabe: eine quadratische Form einer Potenzzahl gleich zu machen, und gelangt dazu, die Unmöglichkeit einer ganzen Klasse von Gleichungen des fünften Grades zu beweisen. Die FERMAT'sche Gleichung für die fünften Potenzen, deren eine nothwendig durch fünf theilbar sein müsste, ist nur für den Fall, dass diese zugleich eine gerade ist, mit in dieser Klasse enthalten; den anderen Fall aber, wo sie eine ungerade ist, hat kurze Zeit nachher LEGENDRE, indem er den von DIRICHLET eröffneten Weg noch etwas weiter verfolgte, gleichfalls als unmöglich nachgewiesen. Die Ehre, den Beweis dieses geschichtlich merkwürdigen Satzes eine ganze Stufe weiter geführt zu haben, hat DIRICHLET also mit LEGENDRE zu theilen.

Nicht allein die in einem der schwierigsten Theile der Zahlentheorie gewonnenen neuen Resultate, sondern auch die Bündigkeit und Schärfe der Beweise und die ausnehmende Klarheit der Darstellung sicherten dieser ersten Arbeit DIRICHLET's einen glänzenden Erfolg. Die Pariser Akademie, welcher er sie überreichte, gestattete ihm die Vorlesung derselben in der Sitzung vom 11ten Juni 1825, und schon in der nächsten Sitzung vom 18ten desselben Monats statteten die Herren LACROIX und LEGENDRE als Commissäre einen so günstigen Bericht darüber ab, dass die Akademie beschloss, sie in die Sammlung der Denkschriften auswärtiger Gelehrter aufzunehmen. DIRICHLET's Ruf als ausgezeichneter Mathematiker war hierdurch begründet, und als ein junger Mann, der eine grosse Zukunft erwarten liess, war er seitdem in den höchsten wissenschaftlichen Kreisen von Paris nicht bloss zugelassen, sondern auch gesucht. Er trat dadurch auch mit mehreren der angesehensten Mitglieder der Pariser Akademie in nähere Verbindung, unter denen besonders zwei hervorzuheben sind, nämlich FOURIER, der auf die Richtung seiner wissenschaftlichen Forschungen und ALEXANDER VON HUMBOLDT, der auf die fernere Gestaltung seines äusseren Lebens einen bedeutenden Einfluss ausgeübt hat.

FOURIER, welcher aus der Zeit seiner Jugend, wo er an der Gründung der *École Normale* und der *École Polytechnique* sich thätig betheiligt hatte, die Begeisterung für lebendige wissenschaftliche Mittheilung noch ungeschwächt bewahrte, und dem es ein inneres Bedürfniss war, das, was er Schönes und Grosses erforscht hatte, auch mündlich mitzutheilen, fand an DIRICHLET einen jungen Mann, dem er sein mathematisches Herz ganz eröffnen konnte und von dem er nicht bloss bewundert, sondern auch vollkommen verstanden wurde. Er zog ihn daher in den Kreis der ausgezeichneten jungen Mathematiker, die er um sich zu versammeln pflegte, mit denen er damals seine Wärmetheorie und seine, zum Zweck derselben erfundenen, neuen analytischen Methoden, so wie allerhand allgemeinere wissenschaftliche Gegenstände und Fragen in der ihm eigenen lebendigen und anziehenden Weise besprach. In diesem Kreise, welchem unter anderen auch der durch seinen Satz über die Wurzeln der algebraischen Gleichungen kurze Zeit darauf allgemein berühmt gewordene STURM angehörte, erhielt DIRICHLET mannichfache Anregung, namentlich aber wurde durch FOURIER sein Interesse für die mathematische Physik belebt, in welcher er später mit bedeutendem Erfolge gearbeitet hat; ebenso nehmen auch die FOURIER'schen Reihen und Integrale, welche erst durch DIRICHLET's strenge Methoden ihre wahre wissenschaftliche Begründung erhalten haben, eine nicht unbedeutende Stelle in seinen späteren Arbeiten ein.

ALEXANDER VON HUMBOLDT, welcher damals in Paris lebte, hatte schon früher vom General FOY DIRICHLET als einen ausgezeichneten Mathematiker preisen hören, ohne jedoch auf dieses Lob, da es nicht aus dem Munde eines Mannes von Fach kam, ein besonderes Gewicht zu legen; erst als DIRICHLET in Folge der günstigen Aufnahme, welche die Akademie seiner Schrift hatte zu Theil werden lassen, seinen Besuch bei HUMBOLDT machte, wurde er demselben näher bekannt. HUMBOLDT empfing ihn mit der ausgezeichnetsten Freundlichkeit und Zuvorkommenheit, und schenkte ihm mit der Achtung vor seinem Talent und seiner wissenschaftlichen Tüchtigkeit zugleich auch die lebhafteste persönliche Theilnahme und Zuneigung, welche er ihm von da an unausgesetzt bewahrt und bethätigt hat. Schon bei diesem ersten Besuche gab DIRICHLET im Laufe des Gesprächs die Absicht zu erkennen, später in sein Vaterland zurückzukehren, und HUMBOLDT, welcher diesen Gedanken mit Freuden ergriff, bestärkte ihn in seinem Vorsatze, indem er ihn versicherte, dass es dort, bei der äusserst geringen Zahl ausgezeichneter deutscher Mathematiker, ihm nicht fehlen könne, sobald er es wünschte, eine sehr gute Stellung zu erhalten. Unter den damaligen Verhältnissen, wo soeben die mehrere Jahre hindurch fortgesetzten Unterhandlungen wegen GAUSS' Berufung nach Berlin hatten aufgegeben werden müssen, weil es an wenigen hundert Thalern fehlte, war diese Versicherung nicht so leicht zu erfüllen, und es gehörte bald nachher die unermüdliche Thätigkeit und der ganze Einfluss HUMBOLDT's dazu, sie auch nur annähernd wahr zu machen.

Durch den im November 1825 erfolgten Tod seines hochverehrten Gönners, des Generals FOY und durch den Einfluss ALEXANDER VON HUMBOLDT's, welcher bald darauf Paris verliess und nach Berlin übersiedelte, wurde in DIRICHLET der Entschluss zur Rückkehr in sein Vaterland zur Reife gebracht. Er richtete an den Minister VON ALTENSTEIN ein Gesuch um eine für ihn passende Anstellung, welches HUMBOLDT zu befürworten und durch seinen Einfluss wirksam zu machen übernahm, und kehrte im Herbst 1826 zu seinen Eltern nach Düren zurück, um dort den Erfolg abzuwarten.

Während er hier an einer neuen Abhandlung arbeitete, auf welche ich bald näher eingehen werde, betrieb HUMBOLDT seine Anstellungsangelegenheit mit dem regsten Eifer. Er verwendete sich persönlich bei dem Minister VON ALTENSTEIN, um für DIRICHLET eine ausserordentliche Professur an einer preussischen Universität, mit sechs bis acht hundert Thalern Gehalt zu erlangen, zog die angesehensten Mitglieder der hiesigen Akademie mit in sein Interesse, um seine Empfehlung durch die ihrigen zu unterstützen, und gab DIRICHLET häufigen Bericht und guten Rath, was dieser seinerseits thun sollte; aber durch alle diese Bemühungen, welche selbst GAUSS durch ein an unseren Collegen Herrn ENCKE gerichtetes, und von diesem dem Königlichen Ministerium übergebenes Schreiben unterstützte, konnte doch nicht mehr erreicht werden, als dass ihm 400 Thaler jährlich als feste Remuneration zugesichert wurden, damit er sich in Breslau als Privatdocent habilitiren möge. Da die feste Remuneration ihm vor der Hand ein mässiges Auskommen sicherte, und da er sich darauf verlassen konnte, dass HUMBOLDT seine Bemühungen, ihm eine angemessenere Stellung zu verschaffen, fortsetzen werde, so ging er ohne Bedenken darauf ein. Inzwischen war er auch von der philosophischen Facultät der Universität Bonn zum Doctor der Philosophie *honoris causa* creirt worden, wodurch ihm die Habilitation an einer Universität wesentlich erleichtert wurde.

Auf seiner Reise nach Breslau wählte er den Weg über Göttingen, um GAUSS persönlich kennen zu lernen, und machte demselben am 18ten März 1827 seinen Besuch. Nähere Nachrichten über dieses Zusammentreffen habe ich nicht ermitteln können; ein an seine Mutter gerichteter Brief aus jener Zeit sagt nur, dass GAUSS ihn sehr freundlich aufgenommen habe, und dass der persönliche Eindruck dieses grossen Mannes ein viel günstigerer gewesen sei, als er erwartet habe.

In Breslau sollte er nun, nach den Statuten der dortigen philosophischen Facultät, um die *venia docendi* zu erlangen, eine Probevorlesung nebst Colloquium vor der Facultät halten, eine Dissertation schreiben und dieselbe in lateinischer Sprache öffentlich vertheidigen. Diesen Leistungen, insofern sie seine Wissenschaft betrafen, war er mehr als gewachsen, er verstand auch sehr wohl, über einen wissenschaftlichen Gegenstand klar und correct lateinisch zu schreiben, aber er hatte seine, höheren wissenschaftlichen Zwecken gewidmete Zeit niemals auf die Aneignung der äusserlichen Fertigkeit des lateinisch Sprechens verwendet; die leere Förmlichkeit der lateinischen Disputation war ihm daher in hohem Grade störend und unangenehm. Zu seiner grossen Genugthuung, aber zum grossen Leidwesen einiger Herren der dortigen Facultät, ward er, nachdem er seine Probevorlesung über die Irrationalität der Zahl π gehalten hatte, durch das Königliche Ministerium von der öffentlichen Disputation ganz entbunden, und damit er seine Vorlesungen, ohne welche das Fach der Mathematik daselbst fast ganz unvertreten gewesen wäre, alsbald anfangen möchte, erhielt er zugleich die Erlaubniss, seine lateinische Habilitationsschrift erst nachträglich einzureichen.

Der Erfolg seiner Lehrthätigkeit während der drei Semester, wo er in Breslau docirt hat, war nicht bedeutend. Die dortigen Studirenden, welche über den engen Kreis mathematischer Vorstellungen und Gedanken, die ihnen bisher in den Vorlesungen überliefert worden waren, nicht gern hinausgingen, konnten sich an seine, ihnen fremde Lehrweise nicht so leicht gewöhnen, auch war sein bescheidenes, selbst etwas schüchternes Auftreten nicht geeignet ihnen zu imponiren. Ueberhaupt war DIRICHLET in Breslau zwar als fein gebildeter und liebenswürdiger junger Mann in allen geselligen Kreisen gern gesehen und gesucht, aber gerade als Mathematiker wurde er im Vergleich zu seinem Vorgänger, der ein Lehrbuch der analytischen Geometrie geschrieben hatte, nur gering geachtet. Da er selbst niemals von sich und seinen eigenen wissenschaftlichen Verdiensten sprach, auch keinen litterarischen Anhang hatte, der dies für ihn übernahm, so gelangte er dort nicht zu derjenigen localen oder provinciellen Berühmtheit, welche in beschränkteren Kreisen wirksamer ist, als die allgemeine Anerkennung von Seiten der ersten Männer der Wissenschaft.

In der Zeit seines Breslauer Aufenthalts hat DIRICHLET zwei Abhandlungen geschrieben, welche beide durch die GAUSSische Abhandlung über die biquadratischen Reste veranlasst worden sind. Die Göttinger gelehrten Anzeigen vom April 1825 hatten die kurze Ankündigung einer Reihe von Abhandlungen über die biquadratischen Reste und deren Reciprocitätsgesetze gebracht, welche GAUSS zu veröffentlichen gedenke, deren erste der Göttinger Societät der Wissenschaften auch schon übergeben war, aber erst drei Jahre später erschien. Diese Ankündigung, welche einige der GAUSSischen Resultate gab, deren Beweise auf einem ganz neuen Principe der Zahlentheorie beruhen sollten, erregte zugleich JACOBI's und DIRICHLET's Wissbegier in hohem Grade; beide suchten auf ganz verschiedenen Wegen in das GAUSSische Geheimniss einzudringen, und beiden gelang es auch, in diesem Gebiete der höheren Potenzreste eine Fülle neuer Sätze zu finden, obgleich das neue Princip, welches in der Einführung der complexen ganzen Zahlen bestand, ihnen damals noch verborgen blieb. DIRICHLET fand für die bereits veröffentlichten GAUSSischen Sätze, welche die vollständige Lösung der Aufgabe enthielten: alle Primzahlen anzugeben, für welche die Zahl Zwei biquadratischer Rest oder Nichtrest ist, durch die bekannten Methoden der Zahlentheorie erstaunend einfache Beweise, und in derselben Weise löste er auch die allgemeinere Frage für alle beliebig gegebenen Primzahlen, so dass zu dem vollständigen Reciprocitätsgesetze für die biquadratischen Reste nur noch ein Schritt zu thun war, welcher aber erst durch das neue GAUSSische Princip ermöglicht wurde. In der anderen damals herausgegebenen Schrift, welche Dirichlet lateinisch verfasst und der philosophischen Facultät als seine Habilitationsschrift eingereicht hat, giebt er ein damals ganz neues Beispiel von Formen beliebig hoher Grade, deren Divisoren bestimmte lineare Formen haben. Die Resultate dieser Schrift können gegenwärtig als specielle Fälle der allgemeinen Sätze über die Divisoren der Normformen der aus Einheitswurzeln gebildeten complexen Zahlen angesehen werden.

Um für den Werth, welchen man damals namentlich der ersten dieser beiden Schriften beilegte, einen Maassstab zu geben, führe ich die Urtheile von Bessel und Fourier über dieselbe an. Bessel schreibt von ihr in einem Briefe an Humboldt: Wer hätte gedacht, dass es dem Genie gelingen werde, etwas so schwer Scheinendes auf so einfache Betrachtungen zurückzuführen, es könnte der Name Lagrange über der Abhandlung stehen, und Niemand würde die Unrichtigkeit bemerken. Fourier aber stellte Dirichlet's Leistungen sogar höher, als die grossen Entdeckungen Jacobi's und Abel's in der Theorie der elliptischen Functionen, von denen er freilich bis dahin nur durch Legendre's Lobpreisungen Kenntniss erhalten hatte, die er für übertrieben hielt. In einem an Dirichlet gerichteten Briefe, so wie in mündlich gegen den oben erwähnten Freund der Dirichlet'schen Familie, Herrn Larchet de Chamont gemachten Aeusserungen, aus welchen dieses Urtheil entnommen ist, drückt er auch den lebhaften Wunsch aus, dass Dirichlet nach Paris zurückkommen möge, weil er dazu berufen sei, in der dortigen Akademie bald eine der ersten Stellen einzunehmen.

Inzwischen hatte Alexander von Humboldt die Ernennung Dirichlet's zum ausserordentlichen Professor an der Breslauer Universität ausgewirkt, und arbeitete nun daran, ihn für die hiesige Universität und die Akademie zu gewinnen, zunächst aber ihn überhaupt nach Berlin zu ziehen. Da eine frei werdende mathematische Lehrstelle an der allgemeinen Kriegsschule hierzu die passende Gelegenheit bot, so ergriff Humboldt dieselbe und empfahl Dirichlet sehr dringend dafür bei dem General von Radowitz und bei dem Kriegsminister. Diese konnten sich jedoch nicht sogleich entschliessen, ihm die Stelle definitiv zu übertragen, wahrscheinlich weil er, damals erst 23 Jahre alt, ihnen noch zu jung dafür erscheinen mochte; es wurde daher bei dem Minister von Altenstein ausgewirkt, dass Dirichlet zunächst auf ein Jahr Urlaub erhielt, um den Unterricht an der Kriegsschule interimistisch zu übernehmen.

Im Herbst 1828 kam er nach Berlin, um diese neue Stellung anzutreten.

Die mathematischen Vorlesungen, die er hier vor Offizieren zu halten hatte, welche mit ihm ohngefähr in gleichem Alter waren, machten ihm viel Vergnügen, der Umgang mit gebildeten Militairs, an welchen er von der Zeit seines Aufenthalts im Hause des Generals Foy gewöhnt war, gefiel ihm sehr wohl, und da er in jener Zeit unter anderen auch gründliche Studien in der neueren Kriegsgeschichte gemacht hatte, so verband ihn mit seinen Zuhörern auch ausser der Mathematik noch dieses gemeinschaftliche Interesse. Erst in späterer Zeit, nachdem er sich an der hiesigen Universität einen grossen Kreis von Zuhörern gebildet hatte, welche mit lebendigem wissenschaftlichen Interesse ihm in die höchsten Gebiete der Mathematik folgten, in denen er sich am liebsten bewegte, wurde der Wunsch in ihm rege, von dem Unterrichte an der Kriegsschule entbunden zu werden, welcher Wunsch sodann auch eines der Hauptmotive seiner Uebersiedelung nach Göttingen geworden ist.

Bald nach seiner Ankunft in Berlin that Dirichlet auch die nöthigen Schritte, um an der hiesigen Universität Vorlesungen halten zu dürfen. Als Professor einer anderen Universität war er hierzu nicht berechtigt, es blieb ihm also nichts weiter übrig, als sich nochmals als Privatdocent zu habilitiren, und er richtete in diesem Sinne sein Gesuch an die philosophische Facultät. Diese erliess ihm aber die Habilitationsleistungen in Betracht seiner anderweitig bewährten wissenschaftlichen Tüchtigkeit, und so hielt er seine Vorlesungen hier anfangs unter dem Rechtstitel eines Privatdocenten. Seine definitive Versetzung als ausserordentlicher Professor an die hiesige Universität erfolgte erst im Jahre 1831, und einige Monate darauf wurde er von unserer Akademie zu ihrem ordentlichen Mitgliede gewählt. In demselben Jahre vermählte er sich mit Rebecca Mendelssohn-Bartholdy, einer Enkelin von Moses Mendelssohn, und merkwürdigerweise hat Alexander von Humboldt unwillkürlich selbst hieran einen gewissen Theil, insofern er es gewesen ist, welcher Dirichlet in das durch Geist und Kunstsinn ausgezeichnete und berühmte Haus seiner Schwiegereltern zuerst eingeführt hat.

Die ferneren Lebensereignisse treten nunmehr auf längere Zeit zurück gegen die Bedeutung der wissenschaftlichen Arbeiten, welche Dirichlet während der 27 Jahre seines hiesigen Lebens geliefert hat. Bei der Schilderung derselben, die mir jetzt obliegt, werde ich versuchen, die in ihnen liegenden Fortschritte der Wissenschaft in grösseren und allgemeineren Zügen darzustellen, indem ich sie nicht einzeln nach der Zeit ihrer Entstehung, sondern nach ihrem

Inhalte und nach den ihnen zu Grunde liegenden Gedanken gruppenweise zusammengefasst betrachte.

Die rein analytischen Arbeiten DIRICHLET's über unendliche Reihen und bestimmte Integrale und über die in diesen Formen erscheinenden Functionen sind ursprünglich aus seinem Studium der mathematischen Physik, und namentlich der FOURIER'schen Wärmetheorie hervorgegangen. Bei den Anwendungen dieser allgemeinen Formen auf die physikalischen Probleme konnte er sich aber nicht damit beruhigen, sie als fertige Hülfsmittel zu benutzen, und da eine nähere Prüfung ihm bald zeigte, dass sie selbst in den wichtigsten Punkten noch der strengen wissenschaftlichen Begründung ermangelten, so richtete er seine Arbeit zunächst auf die Sicherung dieser Fundamente. Die nach Sinus und Cosinus der Vielfachen eines Bogens fortschreitenden Reihen, welche von FOURIER mit dem ausgezeichnetsten Erfolge zur Darstellung der in der Wärmetheorie vorkommenden willkürlichen Functionen angewandt worden sind, hatten bisher in allen Fällen, wo die zu entwickelnde Function nicht unendlich wird, die ausgezeichnete Eigenschaft gezeigt, immer convergent zu sein, es war aber selbst CAUCHY's Bemühungen nicht gelungen, dieses allgemein und streng zu beweisen. Der Weg, welchen dieser, nicht minder durch die Strenge, als durch die Originalität seiner Methoden berühmte Mathematiker hier eingeschlagen hatte, nur die Grössenverhältnisse der einzelnen Glieder dieser Reihen zu untersuchen und darauf seine Schlüsse zu gründen, führte aber nicht zur wahren Erkenntniss dieser verborgenen Eigenschaft, sondern nur ziemlich nahe bei derselben vorbei, weil die Convergenz dieser Reihen in gewissen Fällen auch von der besonderen Art und Weise abhängig ist, wie die positiven und negativen Glieder derselben sich gegenseitig aufheben. Aus diesem Grunde untersuchte DIRICHLET, auf den ursprünglichen Begriff der Convergenz der unendlichen Reihen zurückgehend, den Grenzwerth, welchen die Summe einer Anzahl Glieder erreicht, wenn diese Anzahl ins Unendliche wachsend angenommen wird, und diese Frage ergründete er vollständig mittelst der genauen Bestimmung des Grenzwerthes eines einfachen bestimmten Integrales, welches, wegen der vielfachen Anwendungen, die es gestattet, seitdem zu den Grundlagen der Theorie der bestimmten Integrale gerechnet wird.

Nach derselben Methode und mit denselben Mitteln hat DIRICHLET auch die allgemeinere und complicirtere Untersuchung der Convergenz der nach Kugelfunctionen geordneten Entwickelung einer willkürlichen Function zweier unabhängigen Variablen durchgeführt, wobei es überdies nur noch darauf ankam, den Ausdruck der Kugelfunctionen durch bestimmte Integrale in der Art passend zu wählen, dass die Summe einer unbestimmten Anzahl der ersten Glieder dieser Entwickelung, deren Coefficienten als Doppelintegrale gegeben sind, möglichst einfach und in einer Form sich ergab, in welcher der Grenzwerth derselben mittelst des gefundenen Grenzwerthes jenes einfachen Integrales leicht bestimmt werden konnte.

Nicht bloss die specielle Theorie dieser beiden Arten von Reihenentwickelungen, sondern auch die allgemeine Theorie der unendlichen Reihen, fand Dirichlet in einigen wesentlichen Punkten noch unbegründet vor. Man wusste zwar, dass divergente Reihen keine bestimmten Werthe haben, aber man übertrug die für endliche Reihen gültigen Regeln und Schlüsse immer noch in zu naiver Weise auf die unendlichen Reihen, und man hatte nie daran gedacht, dass selbst die elementarste Regel, nach welcher eine jede algebraische Summe von der Ordnung ihrer Theile unabhängig ist, für die aus unendlich vielen Theilen bestehenden Summen aufhören könnte richtig zu bleiben, bis Dirichlet nachwies, dass es eine Klasse convergenter Reihen mit positiven und negativen Gliedern giebt, welche andere Werthe erhalten und selbst divergent werden können, wenn nur die Reihenfolge ihrer Glieder geändert wird. Die hierdurch gewonnene tiefere Einsicht in das Wesen der unendlichen Ausdrücke ist auch für die Behandlung der bestimmten Integrale maassgebend geworden, da die Dirichlet'sche Bemerkung, auf mehrfache Integrale angewendet, deren obere Grenzen unendlich sind, gezeigt hat, dass es ebenso eine ganze Klasse derselben giebt, bei denen Veränderungen in der Reihenfolge der Integrationen ganz andere Werthe hervorbringen können.

Die allgemeine Theorie der bestimmten Integrale hat Dirichlet mit besonderer Vorliebe in seinen Vorlesungen behandelt, in welchen er die früher als Einzelheiten zerstreuten Resultate durch sachgemässe Anordnung und Methode, unter Ausschliessung aller nicht in dieser Theorie selbst liegenden äusseren Hülfsmittel zu einem zusammenhängenden Ganzen verbunden hat. Ausserdem hat er diese Disciplin durch Erfindung einer neuen, eigenthümlichen Integrationsmethode bereichert, deren Hauptgedanke darin besteht, durch Einführung eines discontinuirlichen Factors die Grenzen, innerhalb deren die Integrationen sich zu halten haben, in der Art überschreitbar zu machen, dass beliebig andere, jedoch weitere und namentlich auch unendlich weite Grenzen anstatt der gegebenen genommen werden können, ohne dass der Werth des Integrales dadurch geändert wird. In den Anwendungen dieser Methode auf die Attraction der Ellipsoide und auf die Werthbestimmung eines neuen vielfachen Integrales hat er auch gezeigt, dass sie, mit Geschicklichkeit gehandhabt, die Lösungen gewisser schwieriger Probleme auf einfacherem Wege zu geben vermag als die anderen bekannten Integrationsmethoden.

Während der Beschäftigung mit diesen analytischen Arbeiten liess Dirichlet niemals davon ab, auch die grossen Probleme seiner Lieblingsdisciplin, der Zahlentheorie, in seinen Gedanken zu hegen und der Lösung derselben nachzusinnen. In seinem überall zur Einheit strebenden Geiste konnte er diese beiden Gedankensphären nicht neben einander bestehen lassen, ohne den inneren Beziehungen derselben nachzuforschen, in denen er die Erkenntniss mancher tief verborgenen Eigenschaften der Zahlen suchte und wirklich fand. Seine Anwendungen der Analysis auf die Zahlentheorie, welche hieraus hervorgegangen sind, unterscheiden sich von allen früheren derartigen Versuchen wesentlich dadurch, dass in ihnen die Analysis der Zahlentheorie in der Art dienstbar gemacht ist, dass sie nicht mehr nur zufällig manche vereinzelte Resultate für dieselbe abwirft, sondern dass sie die Lösungen gewisser allgemeiner Gattungen, auf anderen Wegen noch ganz unzugänglicher Probleme der Arithmetik mit Nothwendigkeit ergeben muss. Diese Dirichlet'schen Methoden sind für die Zahlentheorie in ähnlicher Weise Epoche machend, wie die Descartes'schen Anwendungen der Analysis für die Geometrie; sie würden auch, eben so wie die analytische Geometrie, als Schöpfung einer neuen mathematischen Disciplin anerkannt werden müssen, wenn sie sich nicht bloss auf gewisse Gattungen, sondern auf alle Probleme der Zahlentheorie gleichmässig erstreckten.

Die erste Anwendung, welche Dirichlet von seiner neuen Methode gemacht hat, betrifft den sehr einfachen Satz: dass jede arithmetische Reihe, deren Glieder nicht alle einen gemeinschaftlichen Factor haben, unendlich viele Primzahlen enthält, welcher wegen seines ganz elementaren Charakters in vielen arithmetischen Untersuchungen von grosser Bedeutung ist, und namentlich auch in dem ersten von Legendre versuchten Beweise des quadratischen Reciprocitätsgesetzes nur als ein unbewiesenes Resultat gebraucht worden war. Die eigenthümliche Art, wie Euler aus der Verwandlung eines nur die Primzahlen enthaltenden Products in eine divergente unendliche Reihe, geschlossen hatte, dass die Anzahl aller Primzahlen unendlich gross ist, gab Dirichlet die Veranlassung zur allgemeineren Anwendung der unendlichen Reihen und unendlichen Producte, und indem er diese analytischen Hülfsmittel dem Zwecke seiner Untersuchung gemäss einzurichten suchte, gelangte er zu dem Fundamentalsatze seiner neuen Methode, welcher den Grenzwerth einer allgemeinen Reihe von Potenzen positiver, abnehmender Grössen bestimmt, deren gemeinschaftlicher Exponent sich der Grenze Eins nähert. Die Anwendung auf den Beweis des Satzes über die arithmetische Reihe erfordert die Entwickelung einer bestimmten Gruppe von unendlichen Producten in unendliche Reihen, und es kommt alsdann darauf an zu beweisen, dass das Product dieser unendlichen Reihen unendlich gross wird, wenn der gemeinschaftliche Potenzexponent aller Glieder sich dem Grenzwerthe Eins nähert. Da der erste Factor dieses Products nach dem angegebenen Fundamentalsatze nothwendig unendlich gross wird, so kommt es ferner nur darauf an zu zeigen, dass das Product aller übrigen Factoren nicht gleich Null werden kann. Obgleich diese unendlichen Reihen mittelst Logarithmen und Kreisbogen sich in endlicher Form summiren lassen, so bot die vollständige Erledigung dieses wichtigen Punktes, namentlich für den Fall, wo die Differenz der arithmetischen Reihe eine zusammengesetzte Zahl ist, sehr bedeutende Schwierigkeiten dar, welche DIRICHLET in der ersten Bearbeitung dieser Untersuchung nur durch sehr complicirte und indirecte Betrachtungen hatte überwinden können; aber gerade diese Schwierigkeit wurde ihm die Veranlassung zu einer zweiten Anwendung der Analysis auf die Zahlentheorie, in welcher eine seiner bedeutendsten und glänzendsten Entdeckungen, nämlich die Bestimmung der Klassenanzahl der quadratischen Formen, für eine jede gegebene Determinante, enthalten ist. Die Schwierigkeit der ersten Untersuchung wurde durch diese zweite auf die einfachste Weise erledigt, indem sie von selbst ergab, dass jenes Product nicht gleich Null sein kann, ohne dass zugleich die Klassenanzahl der quadratischen Formen gleich Null sein müsste.

Die Bestimmung dieser Klassenanzahl beruht auf der Betrachtung der doppelt unendlichen Summe, deren allgemeines Glied die Einheit, dividirt durch eine Potenz einer quadratischen Form ist, deren Exponent der Eins unendlich nahe genommen wird. Diese Summe, welche sich auf alle ganzzahligen Werthe der beiden unbestimmten Veränderlichen, mit gewissen Einschränkungen, und auf alle nicht äquivalenten Formen derselben Determinante erstreckt, wird auf zwei verschiedenen Wegen bestimmt, einmal indem die repräsentirenden Formen sämmtlicher Klassen zusammengefasst, das anderemal indem sie einzeln betrachtet werden. Da die Summe für jede dieser Klassen denselben Werth erhält, so ergiebt sich die Gesammtsumme gleich einer solchen Einzelsumme, multiplicirt mit der Klassenanzahl. Die Form, in welcher der hierdurch gewonnene Ausdruck der Klassenanzahl schliesslich sich darstellt, ist für negative und für positive Determinanten wesentlich verschieden und offenbart in beiden Fällen einen überraschenden Zusammenhang der Klassenanzahl mit ganz verschiedenen Gebieten der Zahlentheorie, nämlich für negative Determinanten mit den quadratischen Resten und Nichtresten, und für positive Determinanten mit den beiden vor allen anderen ausgezeichneten Auflösungen der PELL'schen Gleichung, der die kleinsten Zahlen enthaltenden Fundamentalauflösung und der aus der Theorie der Kreistheilung sich ergebenden Auflösung, welche letztere DIRICHLET in einem kleinen Aufsatze: über die Auflösung der PELL'schen Gleichung durch Kreisfunctionen, zuerst angegeben hat. Eine tiefere Einsicht in den Zusammenhang dieser ganz heterogen erscheinenden Gegenstände mit der Klassenanzahl und unter einander hat seitdem nicht können gewonnen werden, weil überhaupt noch keine andere Methode als die DIRICHLET'sche existirt, welche dergleichen schwierige Fragen zu lösen vermöchte.

Obgleich der Ruhm dieser grossen Entdeckung DIRICHLET allein gebührt, insofern er sie vollständig aus seinem eigenen Geiste geschöpft hat, so kann doch ein gewisser Antheil, welchen JACOBI und GAUSS daran haben, nicht unerwähnt gelassen werden. JACOBI hatte aus der Vergleichung gewisser Sätze der Kreistheilung und der Zusammensetzung der quadratischen Formen die Klassenanzahl für diejenigen Formen, deren Determinante eine negative Primzahl ist, schon einige Jahre früher mehr errathen als erschlossen, und da eine Reihe berechneter Zahlenbeispiele seine Vermuthung bestätigten, so hatte er sie auch veröffentlicht. Dieselbe musste aber auf DIRICHLET's Entdeckung ohne Einfluss bleiben, weil er nach seiner Methode nicht darauf ausgehen konnte, ein bestimmtes Resultat in einer fertigen Form zu beweisen, sondern lediglich es zu finden, und zwar so, dass über die Form desselben sich in keiner Weise etwas vorherbestimmen liess. GAUSS aber war, wie die von ihm hinterlassenen Papiere gezeigt haben, schon seit längerer Zeit im Besitze des vollständigen Ausdrucks der Klassenanzahl für negative Determinanten, den er nicht durch Induction, sondern wahrscheinlich nach einer der DIRICHLET'schen ähnlichen Methode gefunden hatte. Dass er dieses Resultat, so wie auch eine ganze Reihe der wichtigsten und glänzendsten, erst später von ABEL und JACOBI gemachten Entdeckungen, welche sich in seinem Schreibpulte vorgefunden haben, niemals veröffentlicht hat, scheint aber nicht allein in einer unerklärlichen Eigenthümlichkeit dieses ausserordentlichen Mannes seinen Grund zu haben, sondern wohl auch darin, dass die von ihm angewendeten Methoden nicht in allen Punkten ihm selbst genügt haben mögen, und dass er lieber nichts geben wollte als etwas Mangelhaftes.

Die Anwendung seiner Methode auf die Theorie der quadratischen Formen hat DIRICHLET nicht auf die Klassenanzahl allein, sondern auch auf alle mit dieser verwandten Fragen erstreckt, welche die Eintheilung der Klassen in Gattungen und Ordnungen betreffen, und er hat dadurch den interessantesten, aber wegen der Schwierigkeit der Methoden am schwersten zu verstehenden Abschnitt der GAUSSischen *disquisitiones arithmeticae* auf einem neuen Wege zugänglich gemacht. Ausserdem hat er nach ähnlichen Principien, wie für die arithmetische Reihe, auch für die quadratischen Formen den Satz bewiesen, dass durch jede Form, deren drei Coefficienten keinen gemeinschaftlichen Factor haben, unendlich viele Primzahlen dargestellt werden.

Als er später in einer besonderen Abhandlung die Theorie der quadratischen Formen unter dem Gesichtspunkte behandelte, dass die Coefficienten und die Veränderlichen der Form als complexe, aus der Zerlegung der Summe zweier Quadrate in imaginäre Factoren entstehende, ganze Zahlen betrachtet werden, erhielt er aus der Anwendung seiner Methode auf dieselben noch mehrere neue und überraschende Resultate, von denen ich hier namentlich zwei hervorzuheben habe, welche dadurch von besonderer Bedeutung sind, dass sie tiefere Blicke in die verborgensten Eigenschaften der Formen höherer Grade eröffnen. Die Klassenanzahl der quadratischen Formen mit complexen Coefficienten wird durch Reihen ausgedrückt, welche, wie DIRICHLET leider nicht vollständig entwickelt, sondern nur angedeutet hat, sich nicht durch Kreisfunctionen, sondern durch Lemniscatenfunctionen summiren lassen; diese stehen also hier zu den Auflösungen der betreffenden PELL'schen Gleichung, oder allgemeiner gesagt, zu den Einheiten in derselben Beziehung, wie die Kreisfunctionen zu den Einheiten der nichtcomplexen quadratischen Formen. Da die hier betrachteten Formen auch als zerlegbare Formen des vierten Grades mit vier Veränderlichen aufgefasst werden können, so deutet dieses Resultat überhaupt auf einen noch unerforschten innigen Zusammenhang, in welchem gewisse Formen höherer Grade zu bestimmten, und zwar periodischen, transcendenten Functionen der Analysis stehen. Ferner hat Dirichlet gefunden, dass in dem besonderen Falle, wo die Determinante eine nichtcomplexe Zahl ist, die Klassenanzahl dieser complexen quadratischen Formen aus zwei Factoren besteht, welche beide einzeln die Klassenanzahlen der nichtcomplexen Formen derselben Determinante ausdrücken, der eine für die negative Determinante, der andere für die positive. Dieses Beispiel offenbarte zuerst die allgemeinere Natur dieser Ausdrücke, welche in allen später ermittelten Klassenanzahlen von Formen höherer Grade sich wiederfindet, nämlich dass sie aus zwei wesentlich verschiedenen, ganzzahligen Factoren bestehen, deren einer allein durch die Einheiten, der andere aber durch Potenzreste in Beziehung auf die Determinante bestimmt ist.

Für diejenigen zerlegbaren Formen höherer Grade, deren lineare Factoren keine anderen Irrationalitäten, als Einheitswurzeln für einen Primzahl-Exponenten, enthalten, hat Dirichlet während seines Aufenthalts in Italien die Klassenanzahl bestimmt, aber er hat von dieser Arbeit leider nichts veröffentlicht.

Endlich sind hier noch die interessanten und neuen Resultate zu erwähnen, welche Dirichlet aus der Anwendung seiner Methode auf die Bestimmung der mittleren Werthe, oder asymptotischen Gesetze für die in der Zahlentheorie überall auftretenden, scheinbar ganz regellos fortschreitenden, ganzzahligen Functionen gewonnen hat. Dieselben betreffen die schon früher von Euler, Legendre und Gauss behandelte Frage über die Häufigkeit des Vorkommens der Primzahlen in der natürlichen Zahlenreihe, ferner die von Gauss angedeuteten mittleren Werthe der Klassenanzahl der quadratischen Formen und der Anzahl der Gattungen derselben, und ausserdem mehrere in den Elementen der Zahlentheorie vorkommende, auf die Divisoren und die Reste der Zahlen bezügliche Functionen. Merkwürdigerweise ist es gerade bei dieser Art von Untersuchungen, für welche die analytische Behandlungsweise ganz besonders geeignet erscheint, Dirichlet's fortgesetzten Bemühungen gelungen, die analytischen Methoden in vielen Fällen durch rein arithmetische zu ersetzen, und auf diesem Wege noch einige neue und überraschende Resultate zu gewinnen, von denen ich hier nur das eine anführen will, dass bei der Division einer gegebenen Zahl durch alle kleineren Zahlen die Reste, welche kleiner als die Hälfte des Divisors sind, durchschnittlich viel häufiger vorkommen, als die welche grösser sind.

Die in dem Vorhergehenden erwähnten, gewisse Formen höherer Grade mit mehreren Veränderlichen betreffenden Untersuchungen führten Dirichlet auf die allgemeine Theorie der zerlegbaren Formen aller Grade, welche mit der allgemeinen Theorie der durch GAUSS in die Wissenschaft eingeführten complexen Zahlen wesentlich identisch ist. Was er über diesen wichtigen Gegenstand veröffentlicht hat, beschränkt sich zwar nur auf einige skizzenhafte, kurze Mittheilungen in den Monatsberichten unserer Akademie, aber es enthält dessen ungeachtet ausser den allgemeinen leitenden Gedanken auch die Lösung der hauptsächlichsten fundamentalen Schwierigkeiten; namentlich sind die Sätze über die Einheiten und die Hauptmomente für die Beweise derselben so vollständig angegeben, dass dieser Theil der Theorie sich ganz im Sinne ihres Urhebers möchte ausführen lassen. Welcher bedeutende Nutzen der Wissenschaft aus einer vollständigen Bearbeitung dieser allgemeinen Theorie erwachsen würde, lässt sich schon an dem, was DIRICHLET von derselben gegeben hat, deutlich erkennen; denn man findet hierin die wesentlichsten und schönsten Eigenschaften der betreffenden specielleren Theorieen, namentlich auch der quadratischen Formen wieder, welche in der ihrer Natur entsprechenden Allgemeinheit nicht in complicirterer Gestalt sich darstellen, sondern, gereinigt von den allem Speciellen anhaftenden, unwesentlichen Bestimmungen, erst in ihrer wahren Einfachheit und Grösse erkannt werden können.

Die Vorlesungen über Zahlentheorie, welche DIRICHLET an der hiesigen Universität, und überhaupt auf deutschen Universitäten zuerst eingeführt hat, veranlassten ihn auch auf die mehr elementaren Theile dieser Disciplin, und namentlich auf die Vereinfachung der GAUSSischen Methoden und Beweise, einen besonderen Fleiss zu verwenden. Unter denjenigen hierher gehörenden Arbeiten, die er nicht bloss seinen Zuhörern mündlich mitgetheilt, sondern gelegentlich auch anderweit veröffentlicht hat, erwähne ich hier zunächst die neuen Bearbeitungen zweier GAUSSischen Beweise des quadratischen Reciprocitätsgesetzes, nämlich des ersten in den Disquisitiones gegebenen, welcher aber selbst in der DIRICHLET'schen klaren und sachgemässen Bearbeitung anderen Beweisen dieses Satzes an Einfachheit nachsteht, und nur das Eine für sich hat, dass er keine anderen, als die in der Theorie der quadratischen Reste selbst liegenden Hülfsmittel verlangt, und des vierten GAUSSischen Beweises, der aus der Summation gewisser endlicher Reihen hergeleitet ist, deren absoluter Werth sich sehr leicht angeben lässt, während in der Bestimmung des zugehörigen Vorzeichens die ganze Schwierigkeit liegt, welche DIRICHLET durch die Summation dieser Reihen mittelst bestimmter Integrale bewältigt hat. Ferner ist die als akademische Gelegenheitsschrift herausgegebene neue Bearbeitung der Lehre von der Zusammensetzung der quadratischen Formen besonders hervorzuheben, in welcher er die bei GAUSS nur durch einen schwer zu bewältigenden Apparat von Formeln erarbeiteten Sätze dadurch auf die einfachste Weise hergeleitet hat, dass er, auf das Wesen der Sache gehend, anstatt der Formen, die durch dieselben darzustellenden Zahlen betrachtet. Auch die schon oben erwähnte Arbeit über die Theorie der quadratischen Formen für complexe Zahlen kann hierher gerechnet werden, insofern die einfachen Methoden derselben überall auch auf die gewöhnlichen quadratischen Formen anwendbar sind, wodurch sie zugleich die Stelle einer einfachen und gründlichen systematischen Darstellung dieser elementaren Theorie vertritt. Endlich gehören hierher noch die neuen Beweise der Sätze über die Anzahl der Zerlegungen der Zahlen in vier und in drei Quadrate, und die allgemeine Reduction der positiven quadratischen Formen mit drei Veränderlichen, welche letztere zuerst von SEEBER in äusserst complicirter Weise ausgeführt worden war. Im allgemeinen erkennt man an den Methoden, durch welche DIRICHLET in diesen Arbeiten die Zahlentheorie vereinfacht und leichter zugänglich gemacht hat, dass sie hauptsächlich aus dem gründlichen Studium der allgemeineren Theorieen geschöpft sind; die Beweise der Sätze stützen sich darum nicht auf die speciellen und zufälligen Bestimmungen, sondern durchgängig auf die wesentlichen Eigenschaften der betreffenden zahlentheoretischen Begriffe, und vermitteln so im Speciellen zugleich die Erkenntniss des Allgemeinen.

DIRICHLET's Arbeiten aus dem Gebiete der mathematischen Physik und Mechanik gingen ursprünglich von FOURIER's Wärmetheorie aus, welche, wie schon oben bemerkt worden, zugleich die Quelle seiner ersten analytischen Arbeiten gewesen ist. Er hat jedoch nur eine die Wärmetheorie selbst betreffende Arbeit veröffentlicht, nämlich eine strenge und einfache Lösung der schon von FOURIER behandelten Aufgabe: den Wärmezustand eines unendlich dünnen Stabes zu bestimmen, für dessen beide Enden die Temperaturen als Functionen der Zeit gegeben sind.

Später überwog bei ihm das Interesse an den durch GAUSS angeregten Fragen und ausgeführten mathematisch-physikalischen Untersuchungen, und er wählte besonders die Theorie der nach den umgekehrten Quadraten der Entfernungen wirkenden Kräfte zum Gegenstande seiner Forschungen, über welche er auch besondere Vorlesungen an der Universität hielt. Von den zwei hierher gehörenden, von ihm veröffentlichten Abhandlungen giebt die eine die Lösung der Aufgabe: die Dichtigkeit einer unendlich dünnen Massenschicht zu finden, mit welcher eine Kugeloberfläche so zu belegen ist, dass das Potential für jeden Punkt derselben einen gegebenen, continuirlich veränderlichen Werth habe, eine Aufgabe, von welcher GAUSS nachgewiesen hatte, dass sie für jede Fläche eine bestimmte Lösung habe, und dass für die Kugelfläche diese Lösung auch analytisch ausführbar sei. Es kam hierbei namentlich darauf an, den Ausdruck der nach Kugelfunctionen entwickelten Dichtigkeit, welcher sich aus dem entsprechenden Ausdrucke des gegebenen Potentialwerthes leicht ergiebt, in Betreff der Convergenz zu untersuchen, da diese aus der oben schon erwähnten DIRICHLETschen Abhandlung über die Convergenz der nach Kugelfunctionen geordneten Reihen nicht unmittelbar folgte, indem die Dichtigkeit stellenweis auch unendlich gross sein könnte. Die genaue Untersuchung dieses Punktes ergiebt das Resultat, dass die Convergenz dieser Reihe wirklich nicht allgemein ohne Ausnahme stattfindet, dass dieselbe vielmehr gewissen Bedingungen unterworfen ist, deren Nichtvorhandensein in der That bewirkt, dass diese Reihe divergent wird. Das Endresultat wird sodann durch Ausführung der Summationen so vereinfacht, dass es keine andere unendliche Operation, als eine doppelte Integration erfordert. Die zweite hierhin gehörende kurze Abhandlung betrifft das Potential als solches, und enthält insofern eine neue Definition desselben, als DIRICHLET nachweist, dass die bekannte Gleichung unter den zweiten partiellen Differentialquotienten, verbunden mit gewissen Bedingungen der Continuität und Endlichkeit, denen das Potential und seine ersten Differentialquotienten genügen, dasselbe in der Art bestimmt, dass keine andere analytische Function als das Potential allen diesen Bedingungen genügt. Es kann demnach jeder gefundene Ausdruck eines Potentials durch Differentiation *a posteriori* geprüft und verificirt werden. Diese neue Art der Definition analytischer Functionen mittelst Continuitäts-Bedingungen ist seitdem durch DIRICHLET's Nachfolger in Göttingen, Herrn Professor RIEMANN, zu einem eigenen Principe der Analysis erhoben worden, welches sich in dessen Arbeiten schon jetzt als ausserordentlich fruchtbar bewährt hat und dazu bestimmt zu sein scheint, in der Richtung, welche die Analysis in neuerer Zeit verfolgt, die Lösung ihrer Probleme weniger durch Rechnung als durch Gedanken zu zwingen, eine neue Epoche zu begründen.

Die Untersuchung der Stabilität des Gleichgewichts, in welcher DIRICHLET zuerst streng bewiesen hat, dass jedem Maximum der Kräftefunction wirklich eine Lage des stabilen Gleichgewichts entspricht, ist in einem ähnlichen Sinne ausgeführt, und hat dadurch, dass anstatt der analytischen Regeln für die Bestimmung der Maxima der Functionen nur der ursprüngliche Begriff des Maximum angewendet wird, nicht allein die ausnahmslose Allgemeingültigkeit, welche allen früheren Beweisen mangelte, sondern auch eine wunderbare Einfachheit und Klarheit erlangt.

DIRICHLET hat in seinen Untersuchungen über die Bewegung der Flüssigkeiten, das erste Beispiel einer wirklich ausgeführten Integration der allgemeinen Differentialgleichungen der Hydrodynamik gegeben, nämlich für den Fall, dass in einer unendlich grossen, ursprünglich ruhenden Masse der Flüssigkeit eine Kugel sich bewegt, welche von irgend welchen accelerirenden Kräften nach einer constanten Richtung hin bewegt wird und durch ihre Bewegung die Flüssigkeit selbst in Bewegung versetzt. Er findet dabei das sehr merkwürdige, den gewöhnlichen Vorstellungen vom Widerstande der Flüssigkeiten widersprechende Resultat, dass der Widerstand, den die Kugel bei ihrer Bewegung zu erleiden hat, nicht von ihrer Geschwindigkeit selbst, sondern nur von dem Zuwachse derselben abhängig ist, so dass, wenn die accelerirenden Kräfte aufhören auf die Kugel zu wirken, auch der Widerstand verschwindet, und die Kugel in der Flüssigkeit eine constante Bewegung in gerader Linie macht.

Endlich ist hier noch die Abhandlung über ein Problem der Hydrodynamik zu erwähnen, welche zugleich DIRICHLET's letzte Arbeit gewesen ist. Dieselbe giebt ein anderes Beispiel einer nicht bloss angenäherten, sondern strengen Integration der allgemeinen hydrodynamischen Gleichungen in der Bestimmung der Bewegung einer Flüssigkeit, von welcher vorausgesetzt wird, dass die einzelnen Massentheilchen in ihrer Bewegung fortwährend eine gewisse Bedingung der Affinität bewahren, und dass die ursprüngliche Form der Flüssigkeit die eines Ellipsoids ist. DIRICHLET beweist, dass eine solche Bewegung in der That möglich ist, und dass während der ganzen Dauer derselben die Flüssigkeit die Gestalt eines Ellipsoids behält, mit demselben Mittelpunkte, aber mit veränderlicher Lage und Grösse der Hauptaxen. In dem besonderen Falle, wo es sich um ein Umdrehungs-Ellipsoid handelt, lassen sich alle Integrationen vollständig auf Quadraturen zurückführen, und die Flüssigkeit macht isochrone Schwingungen, indem sie abwechselnd die Form eines verlängerten und eines abgeplatteten Ellipsoids annimmt.

Ehe ich nun von der Betrachtung der wissenschaftlichen Werke DIRICHLET's wieder zu der Schilderung seines Lebens zurückkehre, habe ich noch eine allgemeine Bemerkung hervorzuheben, zu welcher eine Vergleichung derselben mit den Arbeiten JACOBI's auffordert. Da diese beiden Männer gleichzeitig, ein Vierteljahrhundert hindurch, an der Fortentwickelung der mathematischen Wissenschaften gearbeitet haben und persönlich nahe befreundet in regem wissenschaftlichen Verkehr mit einander standen, so ist es eine sehr auffallende Erscheinung, dass ihre Schriften, obgleich sie vielfach dieselben besonderen Fächer betreffen, doch fast gar keine unmittelbaren Berührungspunkte zeigen. Die speciellen Gegenstände ihrer Forschungen sind, mit wenigen sehr unbedeutenden Ausnahmen durchaus verschieden, und selbst davon, dass der eine die Resultate des anderen zu seinen eigenen Untersuchungen benutzt hätte, sind kaum einige Beispiele aufzufinden. Dieser Mangel an Beziehungen in ihren Schriften ist aus der Verschiedenheit der Ausgangspunkte und Richtungen ihrer mathematischen Studien und Arbeiten allein nicht genügend zu erklären, und hat seinen Grund vielmehr darin, dass beide es geflissentlich vermieden in diejenigen Gebiete hinüberzugreifen, in denen jeder die Ueberlegenheit des anderen anerkannte, und dass sie selbst den Schein einer Rivalität zu vermeiden suchten.

Die erste persönliche Bekanntschaft zwischen DIRICHLET und JACOBI wurde im Jahre 1829 angeknüpft, wo dieser von Königsberg nach Berlin kam, um hier seine Verwandten und Freunde zu besuchen. Auf einer Reise, die sie zusammen nach Halle, und von dort aus in Gesellschaft von Herrn W. WEBER nach Thüringen unternahmen, lernten sie sich näher kennen, und da JACOBI die Zeit seiner Ferien öfters in Berlin verlebte, so hatten sie auch später Gelegenheit zu intimerem, wissenschaftlichem und freundschaftlichem Verkehr. Als nachher JACOBI, von einer gefährlichen Krankheit erfasst, auf Anrathen der Aerzte zu seiner Wiederherstellung das mildere Klima Italiens aufsuchen musste, ergriff DIRICHLET, der schon seit längerer Zeit eine Reise nach Italien beabsichtigt hatte, diese Gelegenheit mit JACOBI zusammen einen Winter in Rom zu verleben, und reiste im Herbste des Jahres 1843 mit seiner ganzen Familie dahin ab. Da zugleich auch unsere Collegen Herr STEINER und Herr BORCHARDT diesen Winter in Rom zubrachten, so war die deutsche Mathematik in dieser Zeit dort sehr glänzend und vielseitig vertreten. DIRICHLET blieb ein und ein halbes Jahr in Italien, erstreckte seine Reise auch nach Sicilien, und verlebte den nächsten Winter in Florenz. Bei seiner Rückkehr fand er JACOBI in Berlin, da dieser inzwischen durch die Gnade und Munificenz Sr. Majestät des Königs von Königsberg beurlaubt und hierher berufen worden war, damit er, ohne ein bestimmtes Amt zu bekleiden, für seine Gesundheit sorgen und ganz der Wissenschaft leben könne. Das gemeinschaftliche Interesse der Erkenntniss der Wahrheit und der Förderung der mathematischen Wissenschaften blieb die feste Grundlage des freundschaftlichen Verhältnisses, in welchem JACOBI und DIRICHLET hier zusammen lebten. Sie sahen sich fast täglich und verhandelten mit einander allgemeinere oder speciellere wissenschaftliche Fragen, deren geistvolle Erörterung gerade durch die Verschiedenheit der Standpunkte, von denen aus beide das Gesammtgebiet der mathematischen Wissenschaften überschauten, ein stets neues und lebendiges Interesse behielt. JACOBI, der durch die wunderbare Fülle seines Geistes nicht minder als durch die Tiefe seiner mathematischen Forschungen und den Glanz seiner Entdeckungen sich überall die ihm gebührende Anerkennung zu erwerben wusste, genoss damals einen weit ausgebreiteteren Ruf als DIRICHLET, der die Kunst sich selbst geltend zu machen nicht besass, und dessen, hauptsächlich nur die schwierigsten Probleme der Wissenschaft behandelnde Schriften einen weniger ausgebreiteten Kreis von Lesern und Bewunderern hatten. Dieses Missverhältniss der äusseren Anerkennung und der wissenschaftlichen Bedeutung DIRICHLET's wurde von keinem richtiger erkannt als von JACOBI, und kein anderer war zugleich geschickter und thätiger dasselbe auszugleichen und seinem Freunde auch in weiteren Kreisen die verdiente Anerkennung zu verschaffen. Seiner Thätigkeit ist es auch hauptsächlich zuzuschreiben, dass DIRICHLET unserer Akademie erhalten wurde, als im Jahre 1846 die Badische Regierung ihn für die Universität Heidelberg zu gewinnen beabsichtigte. Zwei Briefe, die er in dieser Angelegenheit an ALEXANDER VON HUMBOLDT und an Seine Majestät den König gerichtet hat, geben in wenigen starken und treffenden Zügen eine lebendige Darstellung von DIRICHLET's wissenschaftlicher Grösse und von dem unersetzlichen Verluste, welcher die exacten Wissenschaften in Preussen, die Akademie, die Universität und besonders auch ihn selbst treffen würde, wenn DIRICHLET unser Vaterland verlassen sollte.

Dieser drohende Verlust, welcher damals glücklich abgewendet wurde, traf uns neun Jahre später, nachdem JACOBI und GAUSS dahingeschieden waren, um so empfindlicher.

Die Universität Göttingen, welche ein halbes Jahrhundert hindurch den Ruhm genossen hatte, den ersten aller lebenden Mathematiker zu besitzen, war eifrig bemüht, durch DIRICHLET's Berufung an GAUSS' Stelle sich diesen Ruhm auch ferner zu erhalten, und wandte sich an ihn zunächst mit der Anfrage: ob und unter welchen Bedingungen er geneigt sein möchte, einen Ruf dahin anzunehmen. Dirichlet hatte hier einen Wirkungskreis, wie er ihn an einer anderen Universität wiederzufinden kaum erwarten konnte, er genoss in hohem Grade die Verehrung seiner Zuhörer und die Achtung und Liebe seiner Collegen und war ausserdem durch nahe Familienbande an Berlin gefesselt. Das einzige, was ihm eine Veränderung seiner Lage wünschenswerth machte, war, dass durch den Unterricht an der Kriegsschule seine Kräfte zersplittert wurden, die er gern ganz der Universität und der Wissenschaft gewidmet hätte. Es war daher sein lebhafter Wunsch von der Stellung an der Kriegsschule entbunden zu werden, und diesen Ausfall seiner Einnahmen von Seiten der Universität gedeckt zu erhalten. Da ihm die Berufung nach Göttingen die Gelegenheit bot, seinen Zweck auf die eine oder die andere Art sicher zu erreichen, so erklärte er auf die an ihn ergangene Anfrage, dass er einer officiellen Berufung von Seiten der Königl. Hannöverschen Regierung Folge leisten werde, wenn nicht bis zu dem Eintreffen derselben seine hiesige Stellung seinen Wünschen gemäss geändert würde. Seine Freunde, denen er dies mittheilte, unterliessen nicht, das Königl. Ministerium hiervon in Kenntniss zu setzen, damit rechtzeitig Vorsorge getroffen werden möchte, den drohenden Verlust von der hiesigen Universität und der Akademie abzuwenden; aber der Minister von Raumer wollte nicht sogleich eine Entscheidung treffen, sondern erst einen officiellen Schritt der Königl. Hannöverschen Regierung abwarten. Diese überschickte Dirichlet alsbald seine förmliche Berufung durch seinen Freund Herrn Professor Weber in Göttingen, welcher dieselbe persönlich überbrachte, und als jetzt der Minister von Raumer, um ihn hier zu halten, ihm sogar mehr bot, als er gewünscht hatte, war es zu spät; denn da Dirichlet sich nunmehr durch seine frühere Erklärung für gebunden hielt, so waren keinerlei Vortheile oder Rücksichten im Stande, ihn anders zu bestimmen.

Im Herbste 1855 siedelte er von hier nach Göttingen über. Er richtete sich daselbst in einem eigenen, angenehm gelegenen Hause mit Garten ganz nach seinem Gefallen ein, und die Ruhe der kleineren Stadt, welche er seit seiner Jugend nicht mehr genossen hatte, ersetzte ihm hinreichend die äusseren Annehmlichkeiten des grossstädtischen Lebens in Berlin. Er fand auch dort gleichgesinnte Männer, denen er sich näher anschliessen konnte, und seine wissenschaftliche und allgemeine geistige Bedeutung, verbunden mit der Anspruchslosigkeit und Ehrenhaftigkeit seines ganzen Wesens, erwarben ihm bald dieselbe allgemeine Achtung, welche er hier genossen hatte. An der Universität fand er zwar nicht einen so grossen Kreis von Zuhörern, als er hier verlassen hatte, aber sein Ruf als Lehrer, der nicht minder anerkannt war als sein wissenschaftlicher Ruf, zog viele nach höherer Ausbildung in den mathematischen Wissenschaften strebende junge Männer nach Göttingen, und auch einige der ausgezeichnetsten akademischen Docenten daselbst wurden seine eifrigen Zuhörer, so dass der Erfolg seiner Vorlesungen dort verhältnissmässig nicht geringer war als hier. Da auch seine mathematischen Forschungen, welche ihm stets am meisten am Herzen lagen, durch die grössere Musse, deren er sich erfreute, begünstigt wurden, so fühlte er sich in seiner neuen Stellung sehr befriedigt.

Im Sommer des Jahres 1858, nach dem Schlusse seiner Vorlesungen, reiste er nach der Schweiz und hielt sich in Montreux am Genfer See auf, weniger zu seiner Erholung, als vielmehr um daselbst eine in der Göttinger Societät der Wissenschaften zu haltende Gedächtnissrede auf Gauss und eine Abhandlung für die Denkschriften derselben auszuarbeiten. Als er diese schon oben erwähnte hydrodynamische Abhandlung beinahe vollendet hatte, wurde er plötzlich von einer acuten Herzkrankheit ergriffen und eilte alsbald zu seiner Familie nach Göttingen zurück, wo er todtkrank ankam. Der Kunst der Aerzte und der liebevollen Pflege der Seinigen gelang es zwar, die augenblickliche Lebensgefahr glücklich abzuwenden, aber er konnte sich kaum wieder etwas von seinem Krankenlager erheben und bedurfte zu seiner zu hoffenden gänzlichen Wiederherstellung noch der grössten Ruhe des Körpers und des Geistes, als seine Frau, plötzlich vom Schlage getroffen, nach wenigen Stunden verschied, ohne dass es ihm möglich gewesen wäre, sie noch einmal zu sehen. Dieser unerwartete Schlag wendete seine Krankheit wieder zum Schlimmeren, und nach schweren Leiden erlag er derselben am 5ten Mai 1859.

Dirichlet war als Mensch durch seinen edlen Charakter nicht minder ausgezeichnet als in der Wissenschaft durch die Tiefe und Gediegenheit seines Geistes. Die Ehrenhaftigkeit, welche sein ganzes Wesen erfüllte und in allen seinen Handlungen rein und ungetrübt hervortrat, ging aus der hohen sittlichen Bildung seines Geistes und Herzens hervor und war darum nicht auf äussere Ehre, sondern überall nur auf die wahre innere Ehre gerichtet, deren genauen und strengen Maassstab er in sich selber hatte. Ehrbegierde, welche nach äusserer Anerkennung strebend mehr am Schein als am Wesen ihre Befriedigung findet, war ihm vollständig fremd. Auch die wissenschaftlichen Ehrenbezeigungen von Seiten der gelehrten Körperschaften, die ihm im reichsten und höchsten Maasse zu Theil wurden, schätzte er hauptsächlich nur, sofern er den Beifall der Kenner und Sachverständigen darin erblicken konnte, sie blieben aber auf das klare Urtheil, welches er über den Werth seiner eigenen Leistungen mit voller Unbefangenheit ausübte, ohne Einfluss.

Wie in der Wissenschaft, so war auch in seinem ganzen Leben die Liebe der Wahrheit die sittliche Grundlage seines Denkens und Handelns. Sie drängte in ihm die Thätigkeit der Phantasie zurück, hielt ihn frei von Vorurtheilen und Selbsttäuschungen und liess ihn seine volle Befriedigung nur da finden, wo er zu genauer und vollkommen sicherer Erkenntniss gelangen konnte. Die Wahrheit in sinnbildlicher Form entsprach seinem Wesen weniger; die Wahrheiten aber, welche als Resultate philosophischer Speculation sich ankündigen, erschienen ihm im allgemeinen verdächtig. Er pflegte von der Philosophie zu sagen, es sei ein wesentlicher Mangel derselben, dass sie keine ungelösten Probleme habe wie die Mathematik, dass sie sich also keiner bestimmten Grenze bewusst sei, innerhalb deren sie die Wahrheit wirklich erforscht habe und über welche hinaus sie sich vorläufig bescheiden müsse, nichts zu wissen. Je grössere Ansprüche auf Allwissenheit die Philosophie machte, desto weniger vollkommen klar erkannte Wahrheit glaubte er ihr zutrauen zu dürfen, da er aus eigener Erfahrung in dem Gebiete seiner Wissenschaft wusste, wie schwer die Erkenntniss der Wahrheit ist, und welche Mühe und Arbeit es kostet, dieselbe auch nur einen Schritt weiter zu fördern.

Eine gewisse Schüchternheit, welche Dirichlet in seiner Jugend eigen gewesen war, hatte sich bei ihm im reiferen Alter zu wahrer innerer Bescheidenheit veredelt, aber sie zeigte sich auch dann noch in manchen Beziehungen als natürliche Befangenheit, namentlich darin, dass er nur sehr ungern öffentlich auftrat, in grösseren Versammlungen nicht gern das Wort ergriff, und niemals Reden hielt, wo es nicht eine unabweisbare Pflicht für ihn war. Er drängte sich überhaupt niemals vor, weder mit seiner Person noch mit seinen Ansichten und Urtheilen, sondern war zurückhaltend, selbst da, wo sein Urtheil als Sachkenner in Anspruch genommen wurde, weil er gerade in solchen Fällen mit der grössten Gewissenhaftigkeit verfuhr und erst nach allseitiger Erwägung sein bestimmtes Urtheil abgab. Seinem mehr auf Erkenntniss, als auf praktische Thätigkeit gerichteten Sinne war jedes Streben nach äusserem Einflusse fremd. Er machte auch in der That in seinen äusseren Lebensbeziehungen nie einen anderen Einfluss geltend als denjenigen, welchen ein edler und geistvoller

Mann in den Kreisen, denen er angehört, unwillkürlich und unmittelbar ausübt.

Im geselligen und freundschaftlichen Verkehr bewährte DIRICHLET überall die echte Humanität, welche in der allgemeinen Achtung der Persönlichkeit der Menschen und dem freien Gewährenlassen ihrer Eigenthümlichkeiten und Ueberzeugungen begründet ist. Er hatte für die guten Seiten anderer ein offenes Auge und liebte es mehr, diese aufzusuchen, als bei ihren Schwächen und Mängeln zu verweilen, welche er niemals zum Gegenstande selbstgefälligen Spottes machte und nur dann bekämpfte, wenn sie einen Mangel ehrenhafter Gesinnung verriethen. Dieselbe Humanität zeigte er auch in seinem ausgebreiteten wissenschaftlichen Verkehr mit den bedeutendsten und tüchtigsten Mathematikern des Inlandes und Auslandes, den er lieber persönlich als brieflich unterhielt, weil ihm das Briefschreiben nicht angenehm war, während er gern auf Reisen seine Bekannten besuchte und vielfach von ihnen aufgesucht wurde. Er zeigte für die Leistungen anderer stets eine sehr lebhafte Theilnahme, ging in der Unterhaltung gern auf ihre besonderen wissenschaftlichen Interessen ein und belehrte, indem er die höheren Gesichtspunkte mittheilte, von denen er die vorliegenden Fragen überschaute, ohne das Uebergewicht seines Geistes je auf eine drückende Weise empfinden zu lassen.

Die tüchtigsten unter den jüngeren deutschen Mathematikern waren fast alle DIRICHLET's frühere Zuhörer und schätzten ihn nicht bloss als ihren Lehrer, dem sie den besten Theil ihrer mathematischen Bildung verdankten, sondern waren ihm auch stets mit wahrer Liebe und Verehrung zugethan. Wie hoch er seinerseits die Liebe seiner Schüler zu schätzen wusste, und wie er sie vor allem als den höchsten Lohn seiner Lehrthätigkeit anerkannte, hat er noch kurz vor seinem Tode in schöner und würdiger Weise ausgesprochen. Als er nach einem der letzten schweren Anfälle seiner Krankheit sich wieder etwas freier fühlte, äusserte er den Wunsch, einen seiner liebsten Freunde und früheren Schüler noch einmal zu sehen; dieser, davon benachrichtigt, reiste sogleich zu ihm hin und hatte das Glück, an zwei Tagen, während deren die Krankheit etwas nachgelassen hatte, seinen geliebten Lehrer sehen und mit ihm sprechen zu können. Beim Abschiede sagte DIRICHLET zu ihm: Es ist wahrlich lohnend, Professor zu sein, wenn man sich solche Liebe erwirbt.

Der Erfolg seiner Lehrthätigkeit war, äusserlich nach der Anzahl der Zuhörer abgemessen, namentlich in der späteren Zeit seiner akademischen Wirksamkeit, so bedeutend, wie ihn wohl kein Lehrer an einer deutschen Universität in dem Gebiete der höheren Mathematik aufweisen kann. Er verdankte denselben keinerlei didaktischen Kunstgriffen, noch auch der Gabe eines glänzenden Vortrags, sondern lediglich der inneren Klarheit seines Geistes, vermöge deren er auch die schwierigsten Gegenstände in ihrer einfachen Wahrheit zu erfassen und darzustellen wusste. Dabei ersparte er seinen Zuhörern keine Anstrengung des Gedankens, welche zur vollständigen Erkenntniss des Gegenstandes nöthig ist, aber er ersparte ihnen und sich selbst gern weitläufige und zeitraubende Rechnungen, indem er dieselben womöglich durch einfache Gedanken ersetzte. Misst man den Erfolg seiner Lehrthätigkeit nach der wissenschaftlichen Tüchtigkeit der jüngeren Mathematiker ab, welche seine Schüler gewesen sind und ihm vorzüglich ihre mathematische Bildung verdanken, so kann nur JACOBI's Wirksamkeit der seinen im allgemeinen gleich erachtet, und insofern vielleicht noch höher geschätzt werden, als JACOBI eine besondere mathematische Schule gegründet hat, welche in seinem Geiste und Sinne fortwirkt, während DIRICHLET's Schüler mehr individuell verschiedene Richtungen verfolgen.

Seine eigene wissenschaftliche Richtung war mit der Eigenthümlichkeit seines Geistes und Charakters so eng verbunden, dass sie nicht Gemeingut einer Schule werden konnte. Er liebte die vielbetretenen und bereits geebneten Wege der Wissenschaft nicht, sondern hatte seine Freude vielmehr daran, die principiellen Schwierigkeiten, welche von diesen umgangen zu werden pflegen, zum Gegenstande seines Nachdenkens und seiner Arbeiten zu wählen, und wenn er dieselben ergründet hatte, so erging er sich nicht darin, die Consequenzen der gewonnenen Resultate auszuspinnen, sondern arbeitete von ihnen aus lieber weiter in die Tiefe, wo er neue Schwierigkeiten zu überwinden fand. Seine Schriften sind aus diesem Grunde wenig umfangreich und bestehen meist nur aus kleineren Abhandlungen, in denen er bestimmte Probleme der Wissenschaft behandelt und vollständig ergründet. Besonders charakteristisch für seine wissenschaftliche Richtung ist auch die vollkommene Strenge und Evidenz der Methoden und Beweise, durch die er seine Resultate begründet, eine Eigenschaft, welche zwar nur einer im Wesen der Mathematik selbst liegenden Forderung entspricht, aber dessen ungeachtet auch bei den grössten Mathematikern nur selten in vollkommener Reinheit gefunden wird, welche namentlich in dem Gebiete der Analysis erst durch GAUSS zur Geltung gekommen und seitdem noch so wenig Allgemeingut geworden ist, dass selbst JACOBI's Schriften an gewissen Stellen den Mangel derselben zeigen, den dieser auch offen eingestand.

Dass Dirichlet sich selbst und seine Schriften von solchen Mängeln frei erhalten hat, verdankt er hauptsächlich der Liebe zu reiner und vollkommen sicherer Wahrheit, die ihm eigen war, ausserdem aber auch der Art und Weise, wie er arbeitete und der Sorgfalt, mit der er seine Schriften verfasste. Die Klarheit und Bestimmtheit seines Denkens und die ungewöhnliche Kraft seines Gedächtnisses, vermöge deren er das einmal Gedachte und Erforschte zu jeder Zeit vollkommen gegenwärtig behielt, machten ihm den Gebrauch der Feder beim Arbeiten fast ganz entbehrlich. Er hatte auch nicht eine besondere Ruhe oder Musse dazu nöthig, sondern konnte auf Spaziergängen, auf Reisen, bei musikalischen Unterhaltungen und überhaupt in allen Lagen, wo er nicht selbst zu sprechen oder zu handeln nöthig hatte, seine tiefen Speculationen mit demselben Erfolge fortsetzen als an seinem Schreibtische. Als Beispiel hierfür kann ich anführen, dass er die Lösung eines schwierigen Problems der Zahlentheorie, womit er sich längere Zeit vergeblich bemüht hatte, in der Sixtinischen Kapelle in Rom ergründet hat, während des Anhörens der Ostermusik, die in derselben aufgeführt zu werden pflegt. Wenn er bedeutende Resultate gefunden hatte, so verwendete er den grössten Fleiss darauf, durch allseitige Erforschung ihres Zusammenhanges unter sich und mit den verwandten Sätzen, die einfachste und der Natur des Gegenstandes angemessenste Methode der Herleitung zu finden. Erst nachdem ihm dieses gelungen war, ging er an die schriftliche Ausarbeitung, zu welcher er sich gewöhnlich schwer entschloss, die er aber alsdann mit der grössten Sorgfalt ausführte.

Von den Resultaten, welche Dirichlet in den letzten Jahren seines Lebens erarbeitet hat, ist der Wissenschaft nur wenig erhalten worden, weil er die schriftliche Ausarbeitung derselben zu lange verschoben hatte. In seinen hinterlassenen Papieren hat sich von mathematischen Manuscripten nichts vorgefunden, als die eine hydrodynamische Abhandlung, welche vor kurzem in den Denkschriften der Göttinger Societät erschienen ist, von Herrn Professor Dedekind herausgegeben, dem er selbst noch ihre Vollendung übertragen hatte. Aus dem, was er einzelnen Freunden über die Gegenstände seiner Forschungen gelegentlich mitgetheilt hat, geht hervor, dass er unter anderem eine vollständige Theorie der ternären unbestimmten Formen zweiten Grades in seinem Kopfe fertig ausgeführt hatte, ferner dass es ihm gelungen war, die Annäherung der asymptotischen Gesetze für eine Art zahlentheoretischer Functionen, von welchen die Bestimmung der Häufigkeit der Primzahlen abhängt, um einen ganzen Grad weiter zu treiben, und dass er einen mathematisch vollkommen strengen Beweis der Stabilität des Weltsystems gefunden hatte. Von einer grossen und besonders werthvollen Entdeckung aus der letzten Zeit seines Lebens, nämlich einer ganz neuen, allgemeinen Methode der Behandlung und Auflösung der Probleme der Mechanik, hat er nur gegen einen seiner Freunde, Herrn KRONECKER, mit dem er in dem intimsten wissenschaftlichen und freundschaftlichen Verkehr stand, einmal im Sommer 1858 gesprochen. Er hatte selbst auf diese Entdeckung ein ganz besonderes Gewicht gelegt und Herrn KRONECKER gebeten, vorläufig gegen niemand davon zu sprechen. Dieser hat darum erst nach DIRICHLET's Tode seinen Freunden das mitgetheilt, was er von ihm darüber erfahren hatte, namentlich dass diese Methode nicht darauf hinausgehe, die Integrationen der betreffenden Differentialgleichungen auf Quadraturen zurückzuführen, weil dieses Mittel, durch welches JACOBI versucht hat, die Lösung der mechanischen Probleme zu gewinnen, zu beschränkt sei, dass sein Verfahren vielmehr in einer stufenweisen Annäherung bestehe, bei welcher jeder neue Schritt zugleich eine vollständigere und genauere Einsicht in die Natur der durch die Bedingungen der Aufgabe bestimmten Bewegungen gewähre, endlich dass die Theorie der kleinen Schwingungen zur Auffindung dieser Methode einen gewissen Anhalt biete.

Der Klage über diese, vielleicht in langer Zeit nicht zu ersetzenden Verluste der Wissenschaft, deren Grösse nach den vorhandenen Andeutungen sich hinreichend ermessen lässt, will ich nur dadurch Worte geben, dass ich an den Ausspruch erinnere, welchen DIRICHLET selbst in der Gedächtnissrede auf JACOBI von dessen unvollendeten Werken gethan hat: Der Tod, welcher ihn zu früh von der Arbeit hinweggenommen, hat der Wissenschaft so grosse Bereicherungen nicht gegönnt!

MÉMOIRE SUR LA GÉOMÉTRIE DES HINDOUS

PAR

M. CHASLES.*)

Herr CHASLES spricht sich gegen die herrschende Meinung aus, dass der geometrische Theil der Werke des BRAHMAGUPTA und des späteren BHASCARA als eine vollständige Darstellung der indischen Geometrie zu betrachten sei, und will darin eine specielle Theorie, nämlich die des Vierecks im Kreise sehen. Man muss allerdings zugeben, dass die in diesen Schriften enthaltenen Sätze keine zusammenhängende, von den letzten Axiomen aufsteigende Kette bilden; allein nichts scheint mir zu beweisen, dass eine solche strenge, Schritt für Schritt fortschreitende Begründung, wie wir sie bei den Griechen in so hohem Grade bewundern, in Indien ein gleiches Bedürfniss gewesen sei. Es kann vielmehr dem phantasiereichen Geiste des Orients angemessener erscheinen, dass Wahrheiten, welche der unmittelbaren Anschauung zugänglich sind, nicht weiter zergliedert und auf einfachere zurückgeführt werden. Während z. B. bei den Griechen die Proportionalität der Seiten in gleichwinkligen Dreiecken als das Resultat einer langen Reihe von Schlüssen sich darstellt, kann dieselbe Wahrheit im Orient als durch die Anschauung gegeben und mithin keiner ferneren Zurückführung bedürftig betrachtet worden sein. Jedem Menschen, und hätte er sich auch nie mit mathematischen Reflexionen beschäftigt, leuchtet in der That ein, dass jede Figur in beliebigem Grade vergrössert oder verkleinert werden kann, ohne dass die daran vorkommenden Dimensionen ihre Verhältnisse verändern. Diese Zurückführung der Sätze auf das unmittelbar

---

*) Das Vorliegende ist ein getreuer Abdruck eines von G. Lejeune Dirichlet's Hand geschriebenen Manuscriptes, das sich im Nachlasse unter der Correspondenz zwischen Lejeune Dirichlet und Alexander von Humboldt vorfand und wahrscheinlich für den historischen zweiten Band des „Kosmos" verfasst worden ist.

Anschauliche scheint mir eine sehr merkwürdige Eigenthümlichkeit der indischen Geometrie. Als ein ganz besonders frappantes Beispiel dieser Art ist der Beweis (der zweite) anzuführen, welchen BHASCARA für den pythagoräischen Lehrsatz giebt. Man braucht nur die Augen auf seine Figuren zu werfen, um mit einem Blick von einem Satze überzeugt zu werden, der bei EUCLIDES eine Menge von Zurüstungen erfordert. Eine zweite Eigenthümlichkeit der indischen Geometrie, welche der vorher erwähnten gewissermassen entgegengesetzt ist und den Keim der modernen Mathematik enthält, ist der Gebrauch des arithmetischen Elements, welches die Griechen in ihren Darstellungen, wenn auch wahrscheinlich nicht bei ihren Forschungen, sorgfältig entfernt hielten. Geometrie und Arithmetik erscheinen im Orient als vollkommen vermischt und dienen sich gegenseitig als Stütze.

Lässt sich gleich die indische Geometrie, soweit sie in den genannten Werken vorliegt, weder an Umfang noch an innerer Schönheit mit dem grossartigen Gebäude der griechischen Schule vergleichen, so fehlt es ihr doch nicht an Resultaten, welche den Griechen nicht bekannt gewesen zu sein scheinen und die besonders dem freien Gebrauch der Rechnung zuzuschreiben sind. Unter diesen hebt Herr CHASLES als bisher ganz übersehen die elegante Formel hervor, durch welche der Inhalt eines dem Kreise eingeschriebenen Vierecks aus den vier Seiten bestimmt wird. Die ähnliche Formel für das Dreieck, welche frühere Schriftsteller als eine dem Orient eigenthümliche Entdeckung betrachtet hatten, findet sich, wie Herr CHASLES zuerst nachzuweisen scheint, natürlich in geometrischer Einkleidung, in den Schriften des älteren HERON.

Höchst merkwürdig ist es (*Mémoire* p. 12), dass bei BRAHMAGUPTA der richtigen Formel für das Drei- und Viereck die Angabe eines anderen unrichtigen Verfahrens für die Inhaltsbestimmung vorhergeht, und dass dieses andere Verfahren, welches BRAHMAGUPTA ausdrücklich als falsch bezeichnet, sowohl bei den Römern als auch später in Gebrauch gewesen ist. Es scheint daraus zu folgen, dass die unrichtige Regel, im Occident entstanden, ihren Weg nach dem Orient genommen und dort ihre Widerlegung gefunden hat.

DIRICHLET.

BEMERKUNGEN
ÜBER DIE ZWECKMÄSSIGSTE ART, BEOBACHTUNGEN ZUR BESTIMMUNG UNBEKANNTER ELEMENTE ZU VERBINDEN.*)

Es ist eine in den Anwendungen der Mathematik, namentlich in der praktischen Astronomie häufig wiederkehrende Aufgabe, die Elemente oder Constanten, welche der analytische Ausdruck eines Phänomens enthält, durch die Erfahrung zu bestimmen. Wären die Beobachtungen, welche dabei zu Hülfe genommen werden müssen, einer absoluten Genauigkeit fähig, so hätte man es mit einer rein mathematischen Frage zu thun. Es würde hinreichen, so viel Beobachtungen, als das analytische Gesetz unbekannte Elemente involvirt, mit diesem zu vergleichen, um die zur Bestimmung der Unbekannten erforderlichen Gleichungen zu erhalten. Bei der Unvermeidlichkeit der Beobachtungsfehler ist jedoch dieses Verfahren, welches nicht mehr Beobachtungen voraussetzt, als man Elemente zu finden hat, nur als eine erste Annäherung anzusehen, und es liegt der Versuch sehr nahe, den Mangel an Genauigkeit durch die Zahl der Beobachtungen zu ersetzen und diese so mit einander zu verbinden, dass die Fehler, womit sie behaftet sind, sich so viel als möglich gegenseitig compensiren. Das arithmetische Mittel als die einfachste Form für eine solche Verbindung ist von jeher bei den Beobachtern in Gebrauch gewesen, aber erst in der neueren Zeit ist dieses Verfahren Gegenstand einer gründlicheren Untersuchung geworden. Lagrange hat 1779**) in einer Abhandlung *„Sur l'utilité de la méthode de prendre le milieu“* gezeigt, wie man unter gewissen Voraus-

*) Die folgende Notiz scheint die ausführlichere Bearbeitung der in Bd. I S. 281 dieser Ausgabe von G. Lejeune Dirichlet's Werken veröffentlichten Arbeit zu sein. F.

**) Aus den gesammelten Abhandlungen von Lagrange geht hervor, dass diese Abhandlung nicht im Jahre 1779 erschienen ist sondern 1770—1773 in den *Miscellanea Taurinensia. Tome V.*

setzungen über das Gesetz der Fehler, welchen die einzelnen Beobachtungen unterworfen sind, die Wahrscheinlichkeit bestimmen kann, dass der Fehler des arithmetischen Mittels innerhalb bestimmter Grenzen fällt, und hat dadurch den ersten Grund zu der Beantwortung der Frage gelegt, welche Combination der Beobachtungen vor allen andern den Vorzug verdiene.

Es ist zu meinem Zweck nicht erforderlich, die zahlreichen und wichtigen Untersuchungen, wozu dieser Gegenstand später Veranlassung gegeben hat, hier näher zu bezeichnen, und wäre auch um so überflüssiger, da unser verehrter College, Herr ENCKE, dem wir interessante Abhandlungen über diese Theorie verdanken, in einer derselben die verschiedenen Gesichtspunkte, unter denen die Combination der Beobachtungen betrachtet worden ist, mit vieler Klarheit charakterisirt hat. — Indem ich daher hinsichtlich des Geschichtlichen auf diese Abhandlung verweise, will ich nur den Punkt etwas näher besprechen, an den sich die Betrachtungen anknüpfen, die ich der Akademie vorzulegen wünsche. Meine Bemerkungen betreffen die Art, wie LAPLACE in der „*Théorie analytique des probabilités*" die Methode der kleinsten Quadrate begründet. Er selbst drückt sich am Ende des Capitels, welches dieser Untersuchung gewidmet ist*), darüber ungefähr in folgender Weise aus:

„Sind die gesuchten Elemente, wie man immer voraussetzen kann, schon näherungsweise bekannt, so sind die Correctionen derselben die eigentlichen Unbekannten und die durch die Beobachtungen gegebenen Bedingungsgleichungen gehen in Bezug auf diese in die lineare Form über. Sollen die Finalgleichungen ebenfalls linear sein, so können die Bedingungsgleichungen nur so mit einander verbunden werden, dass man sie der Reihe nach mit Factoren multiplicirt, welche für die Gleichungen, die nicht gebraucht werden sollen, der Null gleich sind, und dann durch Addition zu einer Finalgleichung vereinigt. Ein zweites System von Factoren giebt eine zweite Endgleichung u. s. w., bis die Zahl derselben der Anzahl der Elemente gleich wird. Nun ist klar, dass die Factoren so einzurichten sind, dass der mittlere Fehler jedes Elements d. h. das Integral jedes möglichen Fehlers mit seiner Wahrscheinlichkeit multiplicirt ein Minimum werde. Bei einer geringen Zahl von Beobachtungen sind die zu wählenden Factoren von dem Gesetz der Fehler abhängig, denen die Beobachtungen unterworfen sind. — Werden hingegen, wie es in der Astronomie gewöhnlich der Fall ist,

*) Théorie analytique des probabilités, Livre II, Chap. IV No. 24 p. 348 (IIIième éd.); Oeuvres complètes, t. VII p. 353.

die Beobachtungen sehr zahlreich, so hört diese Abhängigkeit auf, und die Theorie zeigt, dass die vortheilhaftesten Factoren mit denen zusammenfallen, welche der Methode der kleinsten Quadrate entsprechen. Diese Methode ist daher bei zahlreichen Bedingungsgleichungen allen andern vorzuziehen, vorausgesetzt, dass man nur lineare Finalgleichungen anwenden will.“

Zu der eben ausgesprochenen Beschränkung, die in gewissem Sinne durch die Praxis geboten zu sein scheint, tritt bei der analytischen Bestimmung des vortheilhaftesten Factorensystems noch eine andere hinzu, die nämlich, dass die Factoren nur von den Coefficienten der Elemente, keineswegs aber von den in den Bedingungsgleichungen enthaltenen constanten Gliedern, die mit den Beobachtungsfehlern behaftet sind, abhängen sollen. Bedenkt man, dass diese Coefficienten ganz durch die Umstände gegeben sind, unter denen die Beobachtungen angestellt werden, z. B. durch die Zeit, wo sie stattfinden, so sieht man sogleich, wenn man sich der Einfachheit wegen auf ein Element beschränkt, dass die von LAPLACE gegebene analytische Behandlung eigentlich folgender Aufgabe entspricht:

Es sollen zu vorher bestimmten Zeiten Beobachtungen angestellt werden. Welches ist alsdann von allen im voraus der Grösse und Ordnung nach angegebenen Factorensystemen dasjenige, von dessen Anwendung man die vortheilhafteste Bestimmung des unbekannten Elements zu erwarten hat?

Wollte*) man diese zweite Beschränkung nicht gelten lassen, sondern bei der Bestimmung der Factoren den wirklichen Erfolg der Beobachtungen berücksichtigen, so würde man leicht finden, dass bei noch so zahlreichen Beobachtungen die zu wählenden Factoren immer vom Fehlergesetz abhängig bleiben, und daher bei der Unbekanntheit desselben nicht dargestellt werden können. Allein man würde sehr irren, wenn man daraus den Schluss ziehen wollte, dass sich bei der mangelnden Kenntniss des Fehlergesetzes keine Factorensysteme angeben lassen, die im Allgemeinen ebenso vortheilhafte Resultate versprechen, als dies bei der Methode der kleinsten Quadrate der Fall ist, der bekanntlich Factoren entsprechen, die den Coefficienten des Elements in den einzelnen Bedingungsgleichungen proportional sind. Ich will dies für den einfachsten Fall zu zeigen versuchen, wo die zu bestimmende Grösse unmittelbar

---

*) Hier beginnt die in Bd. I S. 281 dieser Ausgabe von G. Lejeune Dirichlet's Werken veröffentlichte Arbeit (nicht wörtlich)

Gegenstand der Beobachtung ist und das Resultat der Methode der kleinsten Quadrate in das arithmetische Mittel übergeht.

Denkt man sich eine grosse ungerade Anzahl $(2n+1)$ von Beobachtungen und bezeichnet mit $B_1, B_2, \ldots, B_{2n+1}$ nach ihrer Grösse geordnet die von der Beobachtung für die zu bestimmende Unbekannte u gegebenen Werthe, so kann man für u dasjenige B wählen, welches die Mitte einnimmt oder mit dem Index $n+1$ versehen ist. Dieses längst bekannte Verfahren ist offenbar als ein specieller Fall der linearen Behandlung der Bedingungsgleichungen anzusehen, in welcher Form es erscheint, wenn man alle Factoren der Null gleich setzt mit Ausnahme desjenigen, welcher die $(n+1)^{\text{te}}$ Gleichung multiplicirt und welcher beliebig bleibt und z. B. gleich 1 genommen werden kann. —

Ebenso klar ist es aber auch, dass dieses Factorensystem nicht unter denen begriffen ist, welche LAPLACE mit einander vergleicht, um durch diese Vergleichung dasjenige auszumitteln, welches das vortheilhafteste Resultat zu erwarten berechtigt. Es sind nämlich bei der angegebenen Methode die Factoren zwar der Grösse nach von den Werthen $B_1, B_2, \ldots$ unabhängig, allein bei Anwendung derselben wird doch auf diese Werthe, die erst nach gemachter Beobachtung bekannt sind, in sofern Rücksicht genommen, als diejenige Bedingungsgleichung mit der Einheit multiplicirt wird, d. h. allein zur Bestimmung der Unbekannten u gebraucht wird, in welcher B der Grösse nach zwischen allen übrigen in der Mitte liegt.

LAPLACE erwähnt dieses Verfahren (*Introd.* pag. 56) und fügt hinzu, dass man sich durch Anwendung desselben bei wachsender Anzahl der Beobachtungen dem wahren Werth von u ins Unendliche nähere, dass jedoch das arithmetische Mittel als die vortheilhafteste Methode vorzuziehen sei. Diese Behauptung schien mir nicht einleuchtend, da die Art, wie LAPLACE das arithmetische Mittel begründet, gar keine Vergleichung mit diesem Verfahren gewährt und also ganz unentschieden lässt, welcher von beiden Methoden der Vorzug gebührt. Ich habe daher versucht, beide Verfahrungsarten hinsichtlich des Fehlers, den sie befürchten lassen mit einander zu vergleichen. In Bezug auf das arithmetische Mittel hat LAPLACE die Grenzen bestimmt, innerhalb welcher der Fehler, womit dasselbe behaftet ist, mit einer gegebenen Wahrscheinlichkeit liegt. Für das andere Verfahren bietet dieselbe Methode wenig Schwierigkeiten dar und führt zu einem höchst einfachen Resultat. Vergleicht man dieses mit dem, welches dem arithmetischen Mittel entspricht, so findet man, dass bei derselben Wahrscheinlichkeit die Fehlergrenzen der Resultate beider Methoden in einem constanten, d. h. von dieser Wahrscheinlichkeit unabhängigen Verhältnisse stehen, ohne dass sich im Allgemeinen entscheiden lässt, bei welcher Methode die Fehlergrenzen enger ausfallen. Das Verhältniss ist das zweier Constanten, welche beide von dem unbekannten Fehlergesetz der Beobachtungen abhängen; die Constante, welche dem arithmetischen Mittel entspricht, wird durch ein Integral ausgedrückt, welches sich über den ganzen Umfang der Fehlercurve erstreckt, während die zum andern Verfahren gehörige bloss durch die Ordinate im Anfangspunkt der Coordinaten bestimmt wird.

NOTE SUR UN THÉORÈME D'ANALYSE INDÉTERMINÉE.

Je lis dans le résumé des séances de l'Académie des Sciences, inséré dans les Annales de Chimie et de Physique: „M. LAMÉ présente un mémoire sur l'impossibilité de l'équation $x^5+y^5=2^n z^5$, en nombres entiers". Cela me rappelle un théorème du même genre sur lequel je suis tombé, il y a plus d'un an, et dont voici l'énoncé.

L'équation $x^3 \pm y^3 = 2^n z^3$ est impossible en nombres entiers et positifs.

Pour démontrer ce théorème, il suffira de prouver l'impossibilité de ces trois équations

$$(a) \qquad x^3 \pm y^3 = z^3, \quad x^3 \pm y^3 = 2z^3, \quad x^3 \pm y^3 = 4z^3.$$

Car, si l'on voulait supposer $x^3 \pm y^3 = 2^n z^3$, n étant $=$ ou >3, on n'aurait qu'à faire $n=3k+r$, r étant un des nombres 0, 1, 2; ce qui changerait l'équation précédente en celle-ci $x^3 \pm y^3 = 2^r(2^k z)^3$, qui rentre dans une des équations (a) supposées impossibles.

L'impossibilité des deux premières des équations (a) est démontrée depuis longtemps, comme on peut le voir dans le second volume de l'Algèbre d'EULER ou dans la théorie des nombres de M. LEGENDRE. Je n'ai donc qu'à m'occuper de la troisième.

Soit, s'il est possible, $x^3 \pm y^3 = 4z^3$. Si, comme il est permis, on suppose les nombres x, y premiers entre eux, ils seront impairs tous deux. Faisant donc $x=p+q$ et $\pm y = p-q$, les nombres p et q seront entiers, premiers entre eux, et de plus l'un pair, l'autre impair. La substitution des valeurs précédentes donne l'équation $p(p^2+3q^2)=2z^3$, qui montre que c'est p qu'il faut supposer pair, sans quoi le premier membre serait impair; $\frac{p}{2}$ est donc entier et l'on a $\frac{p}{2}(p^2+3q^2)=z^3$. Il y a maintenant deux cas à distinguer selon que p est ou n'est pas divisible par 3.

Premier cas. — Si p n'est pas divisible par 3, $\frac{p}{2}$ et p^2+3q^2 seront premiers entre eux, et leur produit étant un cube, chacun de ces nombres devra en être un. Pour faire p^2+3q^2 égal à un cube de la manière la plus générale, on n'a, comme on sait, qu'à poser ces deux équations $p=m^3-9mn^2$, $q=3m^2n-3n^3$. D'après ce qui a été dit sur les nombres p et q, on verra facilement que m doit être premier à n, et de plus pair et non divisible par 3. Il suit de là que les trois facteurs du second membre de l'équation

$$\frac{p}{2}=\frac{m}{2}(m+3n)(m-3n)$$

sont premiers entre eux. Leur produit $\frac{p}{2}$ devant être un cube, il faudra que chacun de ces facteurs en soit un; on aura par conséquent

$$\frac{m}{2}=\alpha^3,\quad m+3n=\beta^3,\quad m-3n=\gamma^3,$$

d'où l'on tire cette équation $\beta^3+\gamma^3=4\alpha^3$, qui est semblable à la première $x^3\pm y^3=4z^3$, mais exprimée en nombres beaucoup plus petits.

Second cas. Si p est divisible par 3, on fera $p=3r$, et r sera, comme p, pair et premier à q. On aura ainsi $\frac{9r}{2}(q^2+3r^2)=z^3$. On verra facilement que les deux facteurs du premier membre sont premiers entre eux; il faut donc que chacun d'eux soit un cube. Pour faire q^2+3r^2 égal à un cube, on posera comme dans le premier cas, $q=m^3-9mn^2$, et $r=3m^2n-3n^3$. On peut s'assurer que n doit être premier à m, et de plus pair; $\frac{n}{2}$ sera donc entier et l'on aura $\frac{9r}{2}=27\frac{n}{2}(m+n)(m-n)$. Les facteurs $\frac{n}{2}$, $m+n$, $m-n$ sont premiers entre eux d'après ce qu'on vient de dire sur m et n; et leur produit multiplié par le cube 27 devant être un cube, il faut que chacun d'eux soit un cube. On aura donc $\frac{n}{2}=\alpha^3$, $m+n=\beta^3$, $m-n=\gamma^3$ et par conséquent $\beta^3-\gamma^3=4\alpha^3$, équation semblable à la proposée $x^3\pm y^3=4z^3$, mais exprimée en nombres beaucoup plus petits.

On conclut de là, à la manière ordinaire, que l'équation proposée n'est pas possible.

DÉMONSTRATION DU THÉORÈME DE BERNOULLI.*)

Désignant l la somme des termes du développement $(p+q)^n$ (où $p+q=1$) depuis celui, qui contient q^h jusqu' à celui qui contient $q^{h'}$, il est facile de voir qu'on a

$$(1)\qquad l = \frac{1}{2\pi}\int_{-\pi}^{+\pi}[p+qe^{z\sqrt{-1}}]^n e^{-(h+h')\frac{z}{2}\sqrt{-1}} \frac{\sin(h'-h+1)\frac{z}{2}}{\sin\frac{z}{2}}dz.$$

Cette expression peut être mise dans cette autre forme en posant $h=b-c$, $h'=b+c$:

$$(2)\qquad l = \frac{1}{\pi}\int_0^{\pi}[p^2+q^2+2pq\cos z]^{\frac{n}{2}}\cos(n\psi-bz)\frac{\sin(c+\frac{1}{2})z}{\sin\frac{z}{2}}dz$$

où

$$\psi = \operatorname{arctg}\frac{q\sin z}{p+q\cos z},$$

on tire de là

$$(3)\qquad \psi = qz - Qz^3 + \text{etc.},$$

en faisant pour abréger

$$Q = \tfrac{1}{3}q^3-\tfrac{1}{2}q^2+\tfrac{1}{6}q,$$

$$(4)\qquad \begin{cases} \log(p^2+q^2+2pq\cos z)^{\frac{n}{2}} = -\frac{n}{2}pqz^2+n\left(\frac{pq}{24}-\frac{p^2q^2}{4}\right)z^4+\cdots, \\ (p^2+q^2+2pq\cos z)^{\frac{n}{2}} = e^{-\frac{n}{2}pqz^2}\left(1+n\left(\frac{pq}{24}-\frac{p^2q^2}{4}\right)z^4+\cdots\right), \end{cases}$$

$$(5)\qquad \frac{1}{\sin\frac{z}{2}} = \frac{2}{z}\left(1+\frac{z^2}{24}+\cdots\right),$$

$$(6)\quad l = \frac{2}{\pi}\int dz\, e^{-\frac{n}{2}pqz^2}\frac{\sin(c+\frac{1}{2})z}{z}\left(1+\frac{z^2}{24}+nkz^4+\cdots\right)\cos((nq-b)z-nQz^3+\cdots).$$

---

*) Die obige Notiz enthält eine getreue Wiedergabe eines Manuscriptes, welches ersichtlich nicht in druckreifer Gestalt abgefasst ist.

Es sei*) $nq = b$ und $c + \frac{1}{2} = \gamma\sqrt{n}$, $z = \frac{\varphi}{\sqrt{n}}$, so kommt

$$l = \frac{2}{\pi}\int d\varphi e^{-\frac{pq}{2}\varphi^2} \frac{\sin\gamma\varphi}{\varphi}\left(1 + \frac{\varphi^2}{24n} + \frac{k\varphi^4}{n} + \cdots\right)\left(1 - n^2\frac{Q\varphi^6}{n^3} + \cdots\right), \tag{7}$$

$$l = \frac{2}{\pi}\int_0^\infty d\varphi e^{-\frac{pq}{2}\varphi^2} \frac{\sin\gamma\varphi}{\varphi} = \frac{2}{\sqrt{\pi}}\int_0^{\frac{\gamma}{\sqrt{2pq}}} e^{-u^2}du. \tag{8}$$

Die Wahrscheinlichkeit, dass bei einem aus n einfachen Ereignissen . . . .
B (dessen Wahrscheinlichkeit q) zwischen

$$qn \pm \gamma\sqrt{n}$$

liegt, ist also

$$\frac{2}{\sqrt{\pi}}\int_0^{\frac{\gamma}{\sqrt{2pq}}} e^{-u^2}du,$$

oder $\frac{\gamma}{\sqrt{2pq}} = \beta$ gesetzt, ist

$$\frac{2}{\sqrt{\pi}}\int_0^{\beta} e^{-u^2}du$$

die Wahrscheinlichkeit, dass $\frac{Q}{n}$ zwischen

$$q \pm \beta\sqrt{2pq}\sqrt{n}$$

liegt.

BEMERKUNGEN ZUR VORSTEHENDEN ABHANDLUNG.

1) Die Formel (1) lässt sich folgendermassen verificiren:

$$l = \frac{1}{2\pi}\int_{-\pi}^{+\pi}[p + qe^{zi}]^n e^{-(h+h')\frac{zi}{2}} \frac{\sin(h'-h+1)\frac{z}{2}}{\sin\frac{z}{2}}dz.$$

Wir formen den Werth von

$$l = \sum_{\alpha=0}^{n}\frac{n_\alpha}{2\pi}p^{n-\alpha}q^\alpha\int_{-\pi}^{+\pi}e^{zi\alpha}e^{-(h+h')\frac{zi}{2}}\frac{\sin(h'-h+1)\frac{z}{2}}{\sin\frac{z}{2}}dz$$

um, indem wir setzen

$$J_\alpha = \frac{1}{2\pi}\int_{-\pi}^{+\pi}e^{zi\alpha-(h+h')\frac{zi}{2}}\frac{\sin(h'-h+1)\frac{z}{2}}{\sin\frac{z}{2}}dz$$

*) Von hier an ist das Manuscript in deutscher Sprache.

oder

$$J_\alpha = \frac{1}{2\pi}\int_{-\pi}^{+\pi} e^{zi\alpha-(h+h')\frac{zi}{2}} \frac{e^{(h'-h+1)\frac{zi}{2}} - e^{-(h'-h+1)\frac{zi}{2}}}{e^{\frac{zi}{2}} - e^{-\frac{zi}{2}}}\, dz.$$

Man substituire

$$e^{zi} = u,$$

so wird

$$J_\alpha = \frac{1}{2\pi i}\int u^{\alpha-1-h'}(1+u+u^2+\cdots+u^{h'-h})\, du,$$

wo die Integration sich über die Peripherie des $u=0$ umgebenden Einheitskreises erstreckt.

Man erkennt daraus, dass

$$J_\alpha = 0, \quad \text{wenn} \quad \alpha < h \quad \text{oder} \quad \alpha > h'$$

und

$$J_\alpha = 1, \quad \text{wenn} \quad h \leqq \alpha \leqq h'.$$

Also ist in der That

$$l = n_h p^{n-h} q^h + n_{h+1} p^{n-h-1} q^{h+1} + \cdots + n_{h'} p^{n-h'} q^{h'}.$$

2) Setzt man in (1)

$$h = b - c, \quad h' = b + c,$$

so kommt

$$l = \frac{1}{2\pi}\int_{-\pi}^{+\pi} (p+q\,e^{iz})^n e^{-bzi} \frac{\sin(c+\frac{1}{2})z}{\sin\frac{z}{2}}\, dz.$$

Bezeichnet man den Modul von $p+q\,e^{zi}$ mit P, das Argument mit ψ, so erhält man

$$l = \frac{1}{2\pi}\int_{-\pi}^{+\pi} (P^2)^{\frac{n}{2}} e^{n\psi i - bzi} \frac{\sin(c+\frac{1}{2})z}{\sin\frac{z}{2}}\, dz,$$

also folgt (2)

$$l = \frac{1}{\pi}\int_0^{\pi} [p^2+q^2+2pq\cos z]^{\frac{n}{2}} \cos(n\psi - bz) \frac{\sin(c+\frac{1}{2})z}{\sin\frac{z}{2}}\, dz.$$

3) Zu (6). Es ist

$$l = \frac{2}{\pi}\int_0^{\pi} dz\, e^{-\frac{n}{2}pqz^2} \frac{\sin(c+\frac{1}{2})z}{z}\left[1+n\left(\frac{pq}{24}-\frac{p^2q^2}{4}\right)z^4+\cdots\right]$$

$$\times\left[1+\frac{z^2}{24}+\frac{7z^4}{5760}+\cdots\right]\cdot\cos((nq-b)z - nQz^3+\cdots),$$

folglich

$$l = \frac{2}{\pi}\int_0^{\pi} dz\, e^{-\frac{n}{2}pqz^2} \frac{\sin(c+\frac{1}{2})z}{z}\left[1+\frac{z^2}{24}+n\left(\frac{pq}{24}-\frac{p^2q^2}{4}\right)z^4+\frac{7z^4}{5760}+\cdots\right]\cdot\cos((nq-b)z-nQz^3+\cdots);$$

um also die im Text angegebene Formel zu erhalten, hat man zu setzen

$$nk = n\left(\frac{pq}{24}-\frac{p^2q^2}{4}\right)+\frac{7}{5760}\cdot$$

4) In (7) muss $\frac{Q^2}{2}$ statt Q gesetzt werden, es muss also heissen

$$l = \frac{2}{\pi}\int_0^{\pi\sqrt{n}} d\varphi\, e^{-\frac{pq}{2}\varphi^2} \frac{\sin\gamma\varphi}{\varphi}\left(1+\frac{\varphi^2}{24n}+k\frac{\varphi^4}{n}+\cdots\right)\left(1-\frac{n^2Q^2\varphi^6}{2n^3}+\cdots\right).$$

5) In (8) ist zunächst die Annahme gemacht, dass n sehr gross ist. Um den zweiten Theil der Gleichung zu verificiren, gehe man von der bekannten Formel aus

$$\int_0^\infty e^{-x^2}\cos 2\alpha x\, dx = \frac{\sqrt{\pi}}{2}\, e^{-\alpha^2}.$$

Daraus folgt

$$\frac{d}{d\alpha}\int_0^\infty e^{-x^2}\frac{\sin 2\alpha x}{x}\, dx = 2\int_0^\infty e^{-x^2}\cos 2\alpha x\, dx = \sqrt{\pi}\, e^{-\alpha^2}.$$

Und da $\int_0^\infty e^{-x^2}\frac{\sin 2\alpha x}{x}\, dx$ für $\alpha = 0$ verschwindet, erhält man

$$\int_0^\infty e^{-x^2}\frac{\sin 2\alpha x}{x}\, dx = \sqrt{\pi}\int_0^\alpha e^{-u^2}\, du.$$

Für $x = \varphi\sqrt{\frac{pq}{2}}$, $\alpha = \frac{\gamma}{\sqrt{2pq}}$ ergiebt sich hieraus (8).

6) In der drittletzten Zeile der Arbeit S. 355 tritt der Buchstabe Q in anderer Bedeutung auf als vorher auf Seite 354, Gl. (3), (6) und (7), nämlich als das Vorkommen von B, d. h. als Anzahl derjenigen unter den n Versuchen, in denen das Ereigniss B (von der Wahrscheinlichkeit q) eintritt; l ist die Wahrscheinlichkeit, dass dieses Q höchstens gleich h' und mindestens gleich h ist, dass also

$$h = b - c \leqq Q \leqq b + c = h'$$

oder (nachdem $b = qn$, $c + \frac{1}{2} = \gamma\sqrt{n}$ gewählt ist), dass Q zwischen den Grenzen

$$qn \pm (\gamma\sqrt{n} - \tfrac{1}{2})$$

oder abgerundet

$$qn \pm \gamma\sqrt{n}$$

liegt.

Aus diesem Grunde gehört in der vorletzten Zeile des Textes $\sqrt{n}$ nicht in den Zähler sondern in den Nenner; l ist die Wahrscheinlichkeit, dass das Verhältniss $\frac{Q}{n}$ zwischen

$$q \pm \frac{\gamma}{\sqrt{n}} = q \pm \frac{\beta\sqrt{2pq}}{\sqrt{n}}$$

liegen wird.

PREISFRAGE

DER PHYSIKALISCH-MATHEMATISCHEN KLASSE

DER

KÖNIGLICH-PREUSSISCHEN AKADEMIE DER WISSENSCHAFTEN

ZUR

JUBELFEIER DES REGIERUNGS-ANTRITTS KÖNIGS FRIEDRICHS II.

AUF DAS JAHR 1844.*)

Bekannt gemacht am Jahrestage des Regierungs-Antritts Friedrichs II. den 31. Mai 1840.

Der durch seine Allgemeinheit und Einfachheit gleich merkwürdige Satz, welchen die Wissenschaft ABEL verdankt, scheint den Keim zu einer vollständigen Theorie aller Integrale zu enthalten, deren Element eine algebraische Function der Veränderlichen ist. Für die einfachsten Formen dieser Function geht der ABEL'sche Satz in die längst bekannten Grundgleichungen der trigonometrischen und elliptischen Functionen über, und man kann aus dem Umfange und der Wichtigkeit, welche die Theorie dieser beiden Gattungen von Transcendenten durch die wiederholten Bemühungen der Mathematiker erlangt hat, schon jetzt mit grosser Wahrscheinlichkeit auf die künftige Bedeutung der allgemeinen Theorie schliessen, welche ABEL durch seine Entdeckung vorbereitet hat. Was bis jetzt auf dem von ihm gelegten Grunde, hauptsächlich durch LEGENDRE, JACOBI und RICHELOT geleistet worden ist, kann als ein erster, wichtiger Anfang zu einer ausgedehnten Disciplin betrachtet werden, welche den Analysten ohne Zweifel noch lange Stoff zu den umfassendsten Untersuchungen geben wird. Für diese Untersuchungen scheint die Analogie, welche

---

*) Wie aus den Sitzungsprotokollen der physikalisch-mathematischen Klasse aus dem Jahre 1840 hervorgeht, ist die obige Preisaufgabe auf die Veranlassung von Lejeune Dirichlet von der Akademie gestellt worden.

der Gegenstand mit den schon so vielfach erforschten Transcendenten ähnlicher aber einfacherer Natur darbietet, ein mächtiges Hülfsmittel an die Hand zu geben, von dessen Benutzung man sich um so grösseren Erfolg versprechen darf, als durch die völlige Umgestaltung, welche die Theorie der elliptischen Functionen in neuerer Zeit erfahren hat, diese selbst der schon früher ausgebildeten Lehre von den Kreisfunctionen ähnlicher geworden ist.

Wenn gleich nämlich die eben erwähnte Erweiterung und Bereicherung der Integralrechnung wie alle bedeutenderen analytischen Entdeckungen nicht aus einem einzigen, sondern aus dem Zusammenwirken mehrerer sich gegenseitig unterstützenden Gedanken hervorgegangen ist, so scheint doch einem derselben die grösste Wichtigkeit beigelegt werden zu müssen, weil er mehr als irgend ein anderer zu dieser Umgestaltung wirksam gewesen ist und alle Theile der neuen Theorie innig durchdringt. Während die früheren Bearbeiter dieses Gegenstandes das elliptische Integral als eine Function seiner Amplitudo ansahen, geht die neue Betrachtungsweise wesentlich von dem entgegengesetzten Gesichtspunkte aus und behandelt die Amplitudo oder vielmehr gewisse trigonometrische Verbindungen derselben als Functionen des Integrals, gerade wie man schon früher zu den wichtigsten Eigenschaften der vom Kreise abhängigen Transcendenten gelangt war, indem man den Sinus und Cosinus als Functionen des Bogens und nicht diesen als eine Function von jenen betrachtete. Die zahlreichen und glänzenden Resultate, welche die Folge dieser neuen Behandlung gewesen sind, machen es im höchsten Grade wünschenswerth, dass dieselbe Betrachtungsweise auf die complicirteren Transcendenten angewendet werde, welche Abel in die Wissenschaft eingeführt und deren Fundamentaleigenschaften er begründet hat. Einen bedeutenden Schritt in dieser Richtung hat schon Jacobi gethan, welcher gezeigt hat, dass die den Abel'schen Integralen entsprechenden umgekehrten Functionen zwei oder mehr Veränderliche enthalten und die merkwürdige Eigenschaft besitzen vier- oder mehrfach periodisch zu sein. Dieses Resultat wirft ein ganz neues Licht auf die Natur dieser Transcendenten, lässt aber zugleich den ganzen Umfang der Schwierigkeiten erkennen, welche der vollständigen Darstellung dieser umgekehrten Functionen im Wege stehen und welche zu überwinden sind, wenn die Theorie der Abel'schen Transcendenten auf denselben Grad von Ausbildung gebracht werden soll, welchen die der elliptischen Functionen schon erlangt hat.

Von den Vortheilen überzeugt, welche der Analysis aus der weiteren

Entwickelung dieser Theorie erwachsen müssen, glaubt die Königliche Akademie, welche durch die Gedächtnissfeier der Thronbesteigung Friedrichs des Zweiten veranlasst wird, eine ausserordentliche Preisbewerbung zu eröffnen, eine der Würde dieser Feier angemessene Wahl zu treffen, wenn sie diesen Gegenstand den Mathematikern zur Bearbeitung vorlegt. Sie verlangt daher:

> „Eine ausführliche Untersuchung der ABEL'schen Integrale, und besonders der Functionen von zwei oder mehr Veränderlichen, welche als die umgekehrten Functionen derselben anzusehen sind.“

Die Akademie enthält sich jeder näheren Bestimmung über den Umfang, welcher der Behandlung des Gegenstandes zu geben sein wird, da nur die Bearbeitung selbst darüber entscheiden kann, ob die ABEL'schen Integrale schon jetzt in ihrer ganzen Allgemeinheit mit Erfolg untersucht werden können, oder ob man sich zunächst auf besondere Klassen derselben, und vielleicht sogar auf diejenige beschränken muss, welche unmittelbar auf die elliptischen Functionen folgt.

ÜBER DIE QUADRATUR DES KREISES.*)

Es ist eine höchst merkwürdige Erscheinung, dass bei den grossen, man kann sagen, alle Erwartungen übersteigenden Fortschritten, welche die Mathematik in den letzten Jahrhunderten gemacht hat, mehrere Fragen, welche sich schon in den frühesten Zeiten darbieten mussten, und in der That beinahe so alt als die Wissenschaft selbst sind, aller Bemühungen ungeachtet, noch immer nicht entschieden sind. —

Zu diesen Aufgaben gehört unter andern die Quadratur des Kreises, welche schon bei den Griechen durch ihre Schwierigkeiten einen hohen Grad von Berühmtheit erlangt hatte. Die Alten suchten die Auflösung aller Aufgaben durch rein geometrische Construction zu bewerkstelligen, und zur Auflösung der Aufgabe, wovon hier die Rede ist, wäre also nöthig, wenn man dieselbe in demselben Sinne, wie die griechischen Mathematiker nimmt, dass man zeigte, durch welche geometrische Construction aus dem Halbmesser eines gegebenen Kreises die Seite des Quadrats abgeleitet werden kann, welches mit dem gegebenen Kreise denselben Inhalt hat. Es entsteht hier die Frage, ob eine solche Ableitung überhaupt möglich sei. Zur vollständigen Beantwortung dieser Frage wird entweder die Angabe der Construction erfordert, durch welche diese Ableitung geschehen kann, oder es muss dargethan werden, dass die Seite des Quadrats durch den Halbmesser auf geometrischem Wege nicht bestimmt werden kann. Man hat oft versucht, die von den Neueren erfundenen so fruchtbaren Methoden, die zu so vielen Resultaten geführt haben, welche die Alten bei ihren beschränkten Hülfsmitteln für unerreichbar halten mussten, auch auf die Entscheidung dieser Frage anzuwenden, ohne dass dies bisher vollständig

*) Das obige von Dirichlet's Hand herrührende Fragment scheint ein Entwurf eines gemeinfasslichen Vortrages zu sein, welchen Dirichlet zu halten beabsichtigte oder vielleicht auch gehalten hat.

gelungen wäre. Ehe ich aber zur Darstellung des einzigen befriedigenden Resultats übergehe, welches aus diesen Bemühungen hervorgegangen ist, ist es nöthig mit wenigen Worten anzugeben, unter welcher Form sich die Frage darstellt, wenn man dieselbe in die bei den neueren Mathematikern übliche Sprache überträgt. — Unter Quadratur des Kreises versteht man (wie schon früher bemerkt worden) die Ableitung der Seite des Quadrats, welches denselben Inhalt, wie ein gegebener Kreis hat, aus dem Halbmesser des Kreises; und zwar muss diese Ableitung durch geometrische Construction geschehen, mit welchem Namen man bekanntlich zwar beliebige aber endliche Verbindung von folgenden einfachen Constructionen oder Operationen bezeichnet: „Zeichnung einer geraden Linie durch zwei gegebene Punkte“ und „Beschreibung eines Kreises, dessen Mittelpunkt und Halbmesser gegeben sind“. —

In der analytischen Geometrie wird umständlich gezeigt, dass wenn eine Linie sich aus einer anderen auf die eben näher angegebene Weise ableiten lässt, das Verhältniss der beiden Linien durch einen Ausdruck dargestellt werden kann, in dem ausser den vier Fundamentaloperationen der Rechnung nur noch eine oder mehrere Ausziehungen von Quadratwurzeln vorkommen, und dass umgekehrt, wenn ein solcher Ausdruck gegeben ist, sich immer durch geometrische Construction eine Linie finden lässt, welche zu einer gegebenen in dem durch den Ausdruck bestimmten Verhältniss steht. Die Frage ist also, wenn man dieselbe durch Rechnung entscheiden will, folgende. „Lässt sich das Verhältniss des Durchmessers zur Seite des dem Kreise gleichen Quadrats durch eine endliche Verbindung von den eben angegebenen Rechnungsoperationen darstellen?“ Statt des genannten Verhältnisses kann man auch das des Durchmessers zum Umfange betrachten, da sich das eine aus dem anderen sehr leicht ableiten lässt, oder mit anderen Worten, da die Quadratur und Rectification des Kreises eigentlich eine und dieselbe Aufgabe sind. — In der That wird die Frage gewöhnlich auf die zuletzt genannte Weise gestellt, und es kommt also, um dieselbe zu entscheiden, darauf an zu untersuchen, ob sich das Verhältniss des Durchmessers zum Umfange, welches man mit π bezeichnet, durch einen Ausdruck, wie wir ihn oben definirt haben, darstellen lässt. Alles, was bisher zur Beantwortung dieser Frage versucht worden ist, und namentlich einige von LAMBERT angestellte Untersuchungen, von denen sogleich umständlich die Rede sein soll, [haben] die Unmöglichkeit einer solchen Darstellung und mithin die der Quadratur des Kreises sehr wahrscheinlich gemacht. Allein es wäre dennoch sehr zu wünschen, dass man einen strengen Beweis für die Unmöglichkeit fände. Denn abgesehen davon, dass Wahrheiten, von denen sich keine praktischen Anwendungen machen lassen, (und unter diese wird man unstreitig den soeben als höchst wahrscheinlich dargestellten Satz von der Unmöglichkeit der Quadratur des Kreises rechnen müssen) uns nur in sofern interessiren, als wir dieselben durch strenge Schlüsse als Wahrheiten erkannt haben, ist es auch nicht selten der Fall gewesen, dass das, was durch wiederholte vergebliche Bemühungen als höchst wahrscheinlich unmöglich erschien, zuletzt als möglich erkannt und wirklich ausgeführt wurde. Ein merkwürdiges Beispiel dieser Art bietet uns eine Aufgabe dar, mit der sich schon die griechischen Mathematiker beschäftigt haben, die aber erst in der neuesten Zeit in ihrer ganzen Allgemeinheit aufgelöst worden ist. Ich meine die Theilung des Kreises. Schon in EUKLID's Elementen findet man die geometrische Construction für die Theilung des Kreises in 3, 5 und 15 Theile, aus der sich durch wiederholte Halbirung der Bogen [noch andere herleiten lassen].

Alle späteren Bemühungen, die Theilung auch in anderen Fällen durch geometrische Construction zu bewerkstelligen, blieben fruchtlos, und man schien zuletzt allgemein der Ueberzeugung zu sein, dass die eben angegebenen Fälle wirklich die einzigen sind, in welchen eine solche Theilung möglich ist, bis GAUSS das Gegentheil auf eine ebenso überraschende als glänzende . . . .

ENTWURF ZU EINER AKADEMISCHEN REDE.*)

Munere professoris publici annos amplius viginti perfuncto et per longissimum hoc tempus proverbii veritatem experto „docendo nos discere“ non alienum mihi videtur, occasione data de vera artis analyticae colendae ratione pauca disserere. Quod argumentum si ea ubertate qua perdignum videtur, exsequi vellem, neque tempus neque vires sufficerent. Paucis exemplis monere sufficiat, in quo periculo verseris, si in rebus, quas vix inspexeris, nedum perspexeris, certum ordinem constituere tibi arroges. Inter omnes constat, multos geometras, singularum doctrinae partium originis aetatem plerumque sequentes, talem quendam capitum ordinem constituisse, ut ab quaque parte ad superiorem esset ascendendum, quem ordinem ita servandum censuerunt, ut non raro in sententias incidas, quales sunt: In calculo differentialium partialium tractando aequationum differentialium vulgarium integrationem jam plane perfectam esse supponendam, et similiter, si quaestio ad Analysin sublimiorem pertinens tibi sit proposita, aequationum algebraicarum solutionem praesto esse debere. Cui capitum difficultatumque ordini artificiali quantopere ipsa rerum natura illudat quantaque subsidia tibi essent defectura, si talem ordinem in investigationibus analyticis servare velles, jam paucis exemplis illustrare suscipio.

Euleri inventum celeberrimum de additione integralium, quae hodie ellipticorum nomine nuncupamus, quid aliud est quam theorema de his integralibus fundamentale, in capite superiori petitum? Satis enim notum est, virum summum hanc eximiam veritatem e consideratione aequationis differentialis hausisse, cujus variabiles sint separatae, theorema vero de additione totius de functionibus ellipticis doctrinae esse verum fundamentum, quis dubitabit, si perpenderit non solum

*) Die obige von der Hand Dirichlet's herrührende Abhandlung ist ihrem Inhalte nach als der Entwurf zu einer akademischen Rede bezeichnet worden; über das Datum der Abfassung hat sich nichts feststellen lassen.

illustrissimi Legendre in hoc capite omnia fere inventa theoremati Euleriano esse superstructa, sed eidem fundamento etiam inniti veritates eximias, quibus juvenes Abel et Jacobi prima stipendia merentes et sine obtrectatione inter se certantes hoc doctrinae caput fecundissimum amplificaverunt et quae juvenibus illustribus tantam geometrarum Nestoris admirationem moverunt. Quae praeclara inventa commemoranti mihi renovatur dolor, quem cum omnibus, quibus artis analyticae incrementa cordi sunt, ex inexorabili fato accepi, quod praematura morte duo tanta ingenia universae litterarum reipublicae eripuit, alterum arenam vix ingressum, alterum tot tantisque districtum disquisitionibus, quibus extremam manum imponere non licuerit.

Aliud exemplum auxilii ex doctrinae partibus petendi, quae quaestionem propositam difficultate superare videntur, praebent illustrissimi Jacobi disquisitiones de lineis brevissimis in superficie ellipsoidis. Problema nullo negotio ad quaestionem mechanicam revocatur ope principii noti, punctum singulare in superficie data, nulla vi acceleratrici coactum, cum velocitate initiali per lineam brevissimam moveri. Aequationibus dynamicis, a quibus motus in superficiebus secundi gradus pendet, per methodos notas integrationem non admittentibus, vir illustris, in regionem superiorem ascendens et theoremate illustrissimi Hamilton usus, quod ipse ante ad formam simpliciorem redegerat, quaestionem ad aequationem unicam differentialia partialia continentem reduxit et tali modo prosperrimo successu solvere valuit. Quo ingenioso invento theoriae superficierum secundi ordinis caput plane novum condidit, in quo excolendo viri acutissimi Joachimsthal, Chasles, Liouville, Roberts vires exercendi et geometriam eximiis veritatibus locupletandi amplam materiem invenerunt.

Venio nunc ad argumentum quo nihil invenias admirabilius, si exemplo monstrare velis, quam artis vinculis saepenumero artis analyticae capita inter se cohaereant, inter quae primo intuitu vix ullum nexum conspicias. Loquor de geometrarum disquisitionibus circa sectionem circuli, quam quaestionem jam Euclidis temporibus agitatam fuisse constat. Problematis solutione in casibus simplicissimis, qui soli recentiorum calculo carere posse videntur, ab Alexandrinis perfecta, quaestio generalis recentiorum conatus expectabat, inter quos summo viro Francisco Vieta primo successit, circuli divisionem generalem ad aequationem algebraicam revocare. Saeculi intervallo aequatio circuli divisionem definiens ad ultimum simplicitatis gradum reducta est opera illustrissimorum Cotesii et Moivre, qui problema ab aequatione omnium simplicissima pendere demonstraverunt, in qua incognitae potestas unitati aequetur. Alterius saeculi intervallo sagax VANDERMONDE de aequatione Cotesiana instituit disquisitiones ingeniosissimas, quas hodie quidem principio profundissimo superstructas esse videmus, sed quae vix in notitiam geometrarum aequalium venisse videntur, id quod forsitan auctoris expositioni paululo obscuriori tribuendum, qui aetate jam provectus arti analyticae primam navarat operam. Harum disquisitionum, quas illustrissimus LAGRANGE in notis tractatui de aequationum solutione numerosa adjectis oblivioni eripuit, originem valde singularem, data occasione, paucis referam, qualem mihi praeceptor veneratissimus LACROIX, vir de propagatione doctrinae analyticae meritissimus, quondam enarravit. — VANDERMONDE, natione Batavus, postquam per multos annos in patria medicinam exercuerat, aetate jam provectus Parisiis degens ibique tabernam quandam frequentans, ubi multi ludi regii causa conveniebant, quum ab omnibus, qui hunc locum visitabant, geometram inclytum CLAIRAUT singulari reverentia coli vidisset, ipse artis analyticae plane rudis ex quodam percunctatus, numquid in doctrina analytica perficiendum reliquum esset, responsum tulit, inter alia (*addere possumus* eaque multa) aequationum algebraicarum desiderari solutionem generalem. Quo responso incitatus vir acutus, Algebrae elementis brevi tempore penetratis, summo studio huic argumento se dedit et mox disquisitiones perfecit, quarum supra mentionem fecimus.

Prodierunt tandem illustrissimi GAUSSII Disquisitiones arithmeticae, quo opere auctor saeculum inauguravit et languescente jam inter nostrates artis analyticae cultu et paene exstincto Germaniae restituit laudem, quae post LEIBNITZII tempora penes exteros fuerat. In operis sectione ultima, ut de aliis taceam, aequatio ad circuli sectionem pertinens generaliter solvitur sive potius, ut res clarius definiatur, haec aequatio ad puras graduum inferiorum reducitur, qua reductione circuli sectio in infinitis casibus geometrice perficitur, quorum simplicissimum post casus ante notos sistit divisio in partes septemdecim, quod inventum mox in omnium adeo tironum fuit ore, cum interea cetera operis capita non minus admiratione digna vix in paucorum geometrarum exterorum notitiam venerunt. Cujus rei testis est ipse auctor, qui viginti amplius annis post librum editum publice fassus est se neminem adhuc reperisse, qui librum perlegerit. Sed ad rem redeo.

Solutio superstructa est principio valde singulari ex Arithmetica sublimiori petito, cujus beneficio aequationis radices tali modo in cyclo disponuntur, ut quaeque a praecedente eodem modo pendeat, quo facto reductio ad aequationes inferiores nullo negotio perficitur. In qua tamen problematis algebraici solutione vir summus non acquievit, sed profundius in argumentum propositum inquirens, qua est sagacitate, mox perspexit, solutionem artissime cum numerorum proprietatibus reconditissimis esse connexam et Algebra opem, quam ab Arithmetica sublimiori mutuata esset, magno fenore reddente, ex hoc fonte uberrimo pulcherrima theoremata arithmetica fluere, quae vix ac ne vix quidem aliis viis adiri posse videantur. Viri summi vestigiis insistentes postea geometrae illustrissimi ABEL, JACOBI, CAUCHY, GALOIS, EISENSTEIN, KUMMER, LEBESGUE ex hoc argumento disciplinam vastissimam efformaverunt, quae utrum magis ad Algebram an ad Arithmeticam sublimiorem sit referenda, vix dicere possis. Adeo enim utriusque fines confunduntur, ut nullo modo inter se discerni possint. Ad idem argumentum pertinent clarissimi POINSOT de radicibus primitivis ex circuli sectione deducendis observationes. Quomodo vero hic geometra se his observationibus primam Algebrae ad numerorum proprietates cognoscendas applicationem exhibuisse asserere potuerit, vix intellexerim, nisi supposuerim viro acuto quondam cum bono HOMERO, qualem HORATIUS in arte poetica depinxit, esse similitudinem.

Alia exempla, quibus magna subsidia quaestionibus analyticis e regionibus specie remotissimis peti posse appareat, afferre possem, si de calculi integralis serierumque numero terminorum infinitarum usu in Arithmetica sublimiori verba facere vellem, sed ut fas sit post inventa praeclara modo commemorata de meis disserere, vereor.

Si omnia de quibus supra dixi, paucis verbis comprehendere et sub tropi forma exponere licet, permagna illa studia atque certamina, quibus per tot saecula viri summo ingenio et singulari sagacitate praediti operam navarunt, non admodum aliena mihi videntur a libro quodam singulari componendo, cujus singula capita, paginas, lineas nos omnes, quotquot sumus, pro viribus quisque componere conamur. Quo in libro quum tot loci posteris perficiendi, tot paginae explendae relinquantur, nihil certi de ordine constare videtur neque quisquam singulas sententias ita inter se conjungere sibi arrogabit, ut recte HORATII illud „primo ne medium, medio ne discrepet imum“, adhiberi possit.

Ad hunc igitur librum optimo jure pertinere videntur, quae vir ingenii acumine eximius et multa de humana mente meditatus hisce verbis exposuit:

La dernière chose qu'on trouve, en faisant un ouvrage, est de savoir celle qu'il faut mettre la première.

ÜBER EINEN VON LEJEUNE DIRICHLET HERRÜHRENDEN BEWEIS AUS DER WAHRSCHEINLICHKEITSRECHNUNG.

(Nach einer Mittheilung von J. F. ENCKE.)*)

Ordnet man die Beobachtungsfehler, ohne Rücksicht auf ihr Zeichen, nach ihrer absoluten Grösse, so wird bei m Beobachtungen der, welcher zu dem Index $\frac{1}{2}(m+1)$ gehört, bei ungeradem m, oder bei geradem m das arithmetische Mittel zwischen den Fehlern mit dem Index $\frac{1}{2}m$ und $\frac{1}{2}m+1$ einen genäherten Werth für den wahrscheinlichen Fehler r ergeben.

Wenn indessen schon bei den Potenzensummen die grössere Anzahl der Beobachtungsfehler die Genauigkeit in Bezug auf die wahrscheinlichen Grenzen so sehr wachsen lässt, so wird bei dieser Zählungsweise es um so mehr stattfinden müssen. Da GAUSS in der Zeitschrift für Astronomie Bd. I S. 195 die dazu nöthige Formel ohne Beweis angegeben, so wird um so mehr der folgende elegante Beweis, den ich der Mittheilung meines geehrten Collegen, Herrn Prof. DIRICHLET, verdanke, hier von Werth sein, als der Satz selbst anderswo noch nicht bewiesen ist.

Man suche die Wahrscheinlichkeit, dass bei $(2n+1)$ Beobachtungen die Vertheilung der Fehler so sei, dass ein Fehler liege zwischen t und $t+dt$, n Fehler zwischen 0 und t, und n Fehler zwischen $t+dt$ und ∞. Die Wahrscheinlichkeit, dass ein Fehler kleiner als t, sei wiederum ganz allgemein

$$=\int_0^t \psi(\Delta)d\Delta = u.$$

Die Wahrscheinlichkeit eines Fehlers $> t+dt$ wird dann werden

$$1-\psi(t)dt-\int_0^t \psi(\Delta)d\Delta = 1-u-\psi(t)dt,$$

da die Wahrscheinlichkeit eines Fehlers zwischen t und $t+dt$ ist $=\psi(t)dt$.

---

*) Das Folgende ist bis auf den zur Orientirung hinzugefügten ersten Absatz ein wörtlicher Abdruck aus dem Astronomischen Jahrbuch für 1834 S. 295—298; vgl. Encke, Gesammelte Abhandlungen Bd. II S. 49—53.

Hiernach ist die zusammengesetzte Wahrscheinlichkeit einer Anordnung der Fehler, wenn n Fehler $< t$, ein Fehler zwischen t und $t+dt$, und n Fehler $> t+dt$

$$= u^n(1-u)^n \psi(t)dt,$$

wenn man die Glieder zweiter Ordnung vernachlässigt, da das Resultat von der ersten Ordnung ist. Solcher Fälle oder Anordnungen können aber so viele vorkommen als Versetzungen von $2n+1$ Elementen möglich sind, wenn unter ihnen n gleiche Elemente einer Art (deren Wahrscheinlichkeit $= u$) und n gleiche Elemente einer andern Art (deren Wahrscheinlichkeit $= (1-u)$) vorkommen. Folglich ist die Wahrscheinlichkeit aller möglichen Anordnungen dieser Art

$$= \frac{1.2.3\ldots(2n+1)}{(1.2.3\ldots n)^2} u^n(1-u)^n \psi(t)dt = U.$$

Denkt man sich die Grösse dt des Intervalls zwischen t und $t+dt$ constant, so giebt es einen Werth von t, für welchen U ein Maximum ist. Die sich durch Differentiation zur Bestimmung desselben ergebende Gleichung ist:

$$\frac{n\psi(t)}{u} - \frac{n\psi(t)}{1-u} + \psi'(t) = 0,$$

wo $\psi'(t)$ die nämliche Bedeutung, wie oben $\varphi'(\varDelta)$ hat. Es ist nämlich du, oder das Increment von $\int\limits_0 \psi(\varDelta)d\varDelta$ in Bezug auf eine unendlich kleine Aenderung der Grenze t, gleich $\psi(t)dt$. Man kann der letzten Gleichung die Form geben

$$\frac{1}{u} - \frac{1}{1-u} + \frac{\psi'(t)}{n\psi(t)} = 0.$$

Das letzte Glied wird um so kleiner werden, je grösser n ist, oder je mehr Beobachtungen gegeben sind. Bei einer hinlänglich grossen Anzahl wird man es vernachlässigen können. Oder der Werth von t, für welchen das Maximum stattfindet, nähert sich bei wachsendem n immer mehr dem Werthe, welcher aus der Gleichung folgt:

$$\frac{1}{u} - \frac{1}{1-u} = 0,$$

d. h.

$$u = \int_0^t \psi(\varDelta)d\varDelta = \tfrac{1}{2}$$

oder nach der oben gegebenen Definition dem Werthe r.

Nimmt man das Integral von U zwischen bestimmten Grenzen, so erhält man daraus die Wahrscheinlichkeit, dass der in der Mitte liegende Fehler in diesen Grenzen enthalten ist. Diese wird also für die Grenzen $r-\delta$ und $r+\delta$

$$= \frac{1.2.3\ldots(2n+1)}{(1.2.3\ldots n)^2}\int_{r-\delta}^{r+\delta} u^n(1-u)^n\psi(t)dt;$$

oder weil $\psi(t)dt = du$, wenn wegen der Grenzen in Bezug auf t gesetzt wird

$$\int_0^{r-\delta}\psi(t)dt = u', \quad \int_0^{r+\delta}\psi(t)dt = u'',$$

so wird die Wahrscheinlichkeit, dass der mittelste Werth zwischen $r-\delta$ und $r+\delta$ liegt

$$= \frac{1.2.3\ldots(2n+1)}{(1.2.3\ldots n)^2}\int_{u'}^{u''} u^n(1-u)^n du.$$

Je grösser die Anzahl der Beobachtungen ist, desto enger werden die Grenzen, zwischen welchen t mit gleicher Wahrscheinlichkeit liegen wird. Sind deshalb die Beobachtungen zahlreich genug, so wird, wenn man u' und u'' nach dem TAYLOR'schen Satze entwickelt, es erlaubt sein, nur die erste Potenz von δ zu berücksichtigen. Dadurch wird:

$$u' = \int_0^r \psi(t)dt - \delta.\psi(r)\cdots\cdots = \tfrac{1}{2} - \delta.\psi(r)$$

und ebenso

$$u'' = \tfrac{1}{2} + \delta\psi(r).$$

Sowohl diese Form, als auch die Verbindung von u und $1-u$ in dem Integral, zeigt an, dass man eine noch bequemere Form erhalten wird, wenn man für u eine andere Variabele einführt; am besten durch die Gleichung

$$u = \tfrac{1}{2} + \frac{s}{2\sqrt{n}} = \tfrac{1}{2}\left(1+\frac{s}{\sqrt{n}}\right),$$

folglich

$$1-u = \tfrac{1}{2} - \frac{s}{2\sqrt{n}} = \tfrac{1}{2}\left(1-\frac{s}{\sqrt{n}}\right),$$

wobei die Grenzen in Bezug auf s gefunden werden durch

$$\delta\psi(r) = \frac{s}{2\sqrt{n}}.$$

Hiernach wird das Integral

$$\frac{1.2.3\ldots(2n+1)}{(1.2.3\ldots n)^2}\cdot\frac{1}{2^{2n+1}\sqrt{n}}\int_{-2\delta\sqrt{n}\,\psi(r)}^{+2\delta\sqrt{n}\,\psi(r)}\left(1-\frac{s^2}{n}\right)^n ds,$$

oder weil s im Differential nur gerade Potenzen enthält

$$\frac{1.2.3\ldots(2n+1)}{(1.2.3\ldots n)^2}\,\frac{1}{2^{2n}\sqrt{n}}\int_0^{2\delta\sqrt{n}\psi(r)}\left(1-\frac{s^2}{n}\right)^n ds.$$

Sei nun $\delta\sqrt{n}$ eine endliche Grösse $=\gamma$, also die Grenze δ in eben dem Maasse abnehmend wie $\sqrt{n}$ zunimmt, so bleibt s innerhalb der angenommenen Grenze endlich, wie sehr auch n zunimmt. Bei einem grossen n wird man aber auch nach der Entwickelung der Logarithmen in Euler's *Introductio* setzen können:

$$\left(1-\frac{s^2}{n}\right)^n = e^{-s^2}$$

und

$$\frac{1.2.3\ldots 2n}{(1.2.3\ldots n)^2} = \frac{2^{2n}}{\sqrt{n\pi}}$$

nach Euler *Calc. Diff. P. II. Cap. VI.* § 160—162, als dem Grenzwerthe, welchem es sich beständig mit wachsendem n nähert, so dass der Ausdruck wird

$$\frac{2n+1}{n\sqrt{\pi}}\cdot\int_0^{2\delta\sqrt{n}\psi(r)} e^{-s^2}\,ds,$$

wofür man unbedenklich schreiben kann

$$\frac{2}{\sqrt{\pi}}\int_0^{2\delta\sqrt{n}\psi(r)} e^{-s^2}\,ds$$

als den Ausdruck für die Wahrscheinlichkeit, dass bei zahlreichen Beobachtungen der mittelste Fehler r, wenn alle der Grösse nach geordnet sind, liegt

zwischen $r-\delta$ und $r+\delta$.

Diese Wahrscheinlichkeit wird folglich $\frac{1}{2}$, oder es sind die wahrscheinlichen Grenzen gegeben durch

$$2\delta\sqrt{n}\,\psi(r) = \varrho,$$

d. h.

$$\delta = \frac{\varrho}{2\sqrt{n}}\cdot\frac{1}{\psi(r)}.$$

Für das oben angenommene Gesetz der Fehler

$$\psi(\varDelta) = 2\varphi(\varDelta) = \frac{2h}{\sqrt{\pi}}\,e^{-hh\varDelta\varDelta}$$

werden also die wahrscheinlichen Grenzen von r

$$r \pm \frac{\varrho\, e^{h.h.r.r}\sqrt{\pi}}{4\sqrt{n}.h},$$

oder wenn man statt $2n+1$ die Anzahl der Beobachtungen m nennt, und die Gleichung

$$hr = \varrho$$

benutzt:

$$r \cdot \left\{1 \pm \frac{e^{\varrho\varrho}\sqrt{\pi}}{\sqrt{(8m)}}\right\}.$$

Der numerische Werth von $e^{\varrho\varrho}$ ist 1,2554176, womit der Ausdruck wird:

$$r \cdot \left\{1 \pm \frac{0{,}786716}{\sqrt{m}}\right\}.$$

BRIEFWECHSEL ZWISCHEN LEJEUNE DIRICHLET UND GAUSS.*)

I. LEJEUNE DIRICHLET AN GAUSS.

Verehrungswürdiger Herr Hofrath!

Ew. Hochwohlgeboren habe ich die Ehre, meinen ersten mathematischen Versuch als ein Zeichen meiner innigsten Verehrung und meiner tiefsten Bewunderung ganz gehorsamst zu überreichen. Bei der gütigen Empfehlung des Herrn Baron von Humboldt glaube ich mir mit der Hoffnung schmeicheln zu dürfen, dass Sie diese erste Arbeit eines jungen Deutschen mit gütiger Nachsicht aufnehmen und beurtheilen werden. Wenn Ew. Hochwohlgeboren dieselbe Ihrer Aufmerksamkeit nicht ganz unwürdig finden sollten, so würde ich es wagen, Sie ganz ergebenst um die Erlaubniss zu ersuchen, Ihnen zuweilen schreiben und Sie um einige Winke zur Leitung meiner ferneren wissenschaftlichen Bestrebungen bitten zu dürfen. Ich würde diese Erlaubniss als das höchste Glück ansehen, indem ich bei der Vorliebe, womit ich das Studium der unbestimmten Analysis betreibe, nichts so sehnlich wünsche, als den Verfasser der unsterblichen *Disquisitiones arithmeticae* an meinen Bemühungen einigen Antheil nehmen zu sehen. Indem ich mich bisher hauptsächlich mit der höheren Arithmetik beschäftigt habe, bin ich ganz meiner Neigung gefolgt, ohne gehörig zu erwägen, wie wenig ich bei meinen beschränkten Anlagen hoffen darf, in diesem schwierigen Theile der Mathematik etwas Erhebliches zu leisten. Obgleich ich mich nun täglich mehr von den Schwierigkeiten überzeuge, womit Untersuchungen dieser Art verbunden sind, so ist mir doch diese Beschäftigung zu sehr zur Gewohnheit und ich möchte fast sagen, zu sehr zur Leidenschaft ge-

*) Von den Antworten von Gauss auf die im Folgenden mitgetheilten Briefe Dirichlet's standen nur die beiden Briefe zur Verfügung, welche in Gauss Werken Bd. II S. 514—518 abgedruckt sind. Nach einer Mittheilung von Herrn E. Schering haben sich auch im Nachlasse von Gauss andere Antwortschreiben nicht gefunden.

worden, als dass ich mich so leicht entschliessen könnte, die einmal begonnenen Untersuchungen aufzugeben.

Gegen das Ende dieses Jahres werde ich nach meinem Vaterlande Preussen zurückkehren, wo ich durch die gütige Verwendung des Herrn Baron von Humboldt angestellt zu werden hoffe. Obgleich ich nun die Fürsprache dieses grossen Gelehrten gehörig zu schätzen weiss, so kann ich doch nicht umhin zu gestehen, dass dieselbe mir noch etwas zu wünschen übrig lässt. Es hängt nämlich grossentheils von dem Urtheile, welches man in Berlin über meine Arbeit fällen wird, ab, was für ein Wirkungskreis mir in meinem Vaterlande wird angewiesen werden, und es ist daher bei dem geringen Werthe meines Versuchs von der höchsten Wichtigkeit für mich, dass man denselben mit Nachsicht beurtheile oder demselben doch wenigstens Gerechtigkeit widerfahren lasse. Da aber selbst unter den ausgezeichnetesten Mathematikern — wie ich mich hier zu überzeugen Gelegenheit gehabt habe — nur sehr wenige mit der unbestimmten Analysis vertraut sind, so steht zu fürchten, dass meine Abhandlung eine weniger günstige Aufnahme finden werde, als derselben vielleicht zu Theil werden dürfte, wenn dieselbe bei übrigens gleichem inneren Werthe eine Aufgabe aus einem bekanntern Theile der Wissenschaft, z. B. der Astronomie oder Integralrechnung zum Gegenstande hätte. Dieser Umstand wird mich einigermassen entschuldigen, dass ich es wage Ew. Hochwohlgeboren mit der unterthänigsten Bitte zu beschweren, gelegentlich einem der Berliner Gelehrten, mit denen Sie in Correspondenz stehen, Ihr Urtheil über meine Arbeit mitzutheilen. Ich glaube der Hoffnung Raum geben zu dürfen, dass Ew. Hochwohlgeboren diese Gunst einem jungen Deutschen nicht versagen werden, dessen Glück durch Ihre gütige Fürsprache so sehr befördert werden würde.

Da ich noch einige Zeit in Paris zu bleiben gedenke, so bin ich so frei, Ihnen meine Dienste während meines Aufenthaltes in hiesiger Stadt anzubieten, indem ich Ew. Hochwohlgeboren zugleich bitte, wenn Sie mich mit einem Auftrage oder einigen Zeilen beehren wollen, Ihren Brief gefälligst an meinen Vater Postkommissar in Düren bei Aachen zu adressiren.

Ich verharre in der tiefsten Verehrung

Ew. Hochwohlgeboren

ganz gehorsamer

Paris d. 28. Mai 1826.

G. Lejeune Dirichlet.

II. GAUSS AN LEJEUNE DIRICHLET.

A Monsieur
Monsieur Lejeune Dirichlet à Paris.

Schon früher würde ich Ihnen meinen Dank für die mir gütigst übersandte Abhandlung und das grosse Vergnügen, welches Sie mir dadurch gemacht haben, bezeugt haben, wenn ich nicht gewünscht hätte, erst etwas von dem Erfolg dessen zu erfahren, was ich in Beziehung auf Ihre, und ich kann hinzusetzen meine eigenen Wünsche in Berlin zu thun versucht habe. Ich freue mich ungemein jetzt aus einem von dem Secretair der Akademie in Berlin erhaltenen Briefe zu sehen, dass wir hoffen können, dass man Ihnen bald im Vaterlande eine angemessene Fixirung zu verschaffen geneigt sein wird.

Es ist mir eine um so erfreulichere Erscheinung, dass Sie mit grosser Neigung demjenigen Theile der Mathematik anhängen, der von jeher mein Lieblingsstudium gewesen ist, je seltener dieselbe ist. Ich wünsche Ihnen herzlich eine äussere Lage, wo Sie soviel als möglich Herr Ihrer Zeit und der Wahl Ihrer Arbeiten bleiben. Ich selbst wurde gleich nach dem Erscheinen meiner *Disquisitiones* durch andersartige Beschäftigungen, und später durch meine äusseren Verhältnisse sehr gehindert, meiner Neigung in dem Maasse nachzuhängen, wie ich gewünscht hätte. Anstatt eines zweiten Theils jenes Werks, den ich früher beabsichtigte, werde ich mich aller Wahrscheinlichkeit nach darauf beschränken müssen, von Zeit zu Zeit ein Memoire über einen einzelnen Gegenstand zu liefern. Die drei Abhandlungen dieser Art, die bisher im 16. Band der hiesigen Commentationen, und im ersten und vierten der *Commentationes recentiores* erschienen sind, enthalten aber (einen Theil der zweiten abgerechnet) keine von den Gegenständen, die ich schon 1801 zur Fortsetzung im Auge hatte, sondern neue; und so beziehen sich auch meine späteren Arbeiten dieser Art gleichfalls auf einen neuen Gegenstand, namentlich die Theorie der biquadratischen Reste, die ich etwa in drei Abhandlungen zu geben denke; die erste davon wird in kurzem für den sechsten Band der *Comment. rec.* gedruckt werden, und die Hauptmaterialien für das Uebrige sowie für die ähnliche Theorie der cubischen Reste, ist, obgleich noch wenig davon ordentlich zu Papier gebracht ist, im Wesentlichen als abgemacht zu betrachten.

Empfehlen Sie mich gefälligst dem Herrn von Humboldt, falls er noch in Paris ist, und entschuldigen mich, dass ich jetzt nicht an ihn selbst schreibe, mit der Besorgniss, dass mein Brief ihn nicht treffen möchte, da er, wie ich höre, Paris zu verlassen die Absicht hatte.

Mit aufrichtiger Hochschätzung

Ihr ergebenster

Göttingen, den 13. September 1826.

C. F. Gauss.

III. LEJEUNE DIRICHLET AN GAUSS.

Höchstzuverehrender Herr Hofrath!

Schon früher würde ich von der mir von Ew. Hochwohlgeboren gütigst ertheilten Erlaubniss, Ihnen zuweilen schreiben zu dürfen, Gebrauch gemacht haben, um Ihnen für das Wohlwollen, womit Sie mich aufgenommen haben, zu danken, wenn ich nicht gewünscht hätte, Ihnen zugleich eine Arbeit zu übersenden, mit der ich mich bald nach meiner Ankunft in Breslau zu beschäftigen angefangen hatte. Diese Arbeit ist durch die in Ihren Anzeigen enthaltene Ankündigung Ihrer Abhandlung über die biquadratischen Reste veranlasst worden. Die Eleganz der in dieser Ankündigung mitgetheilten Kriterien zur Entscheidung der Frage, ob ± 2 biquad. Rest oder Nichtrest einer Primzahl $= 8n+1$ sey, deren zweites mir ganz besonders merkwürdig schien, erregte bei mir den Wunsch, meinerseits Beweise für dieselben zu finden. Sobald ich mich hier mit meinen Berufsgeschäften etwas vertraut gemacht hatte, fing ich an, mich mit diesem Gegenstande ernstlich zu beschäftigen; meine Bemühungen blieben eine Zeit lang fruchtlos, bis es mir gelang, Ihr zweites Kriterium, dessen Beweis nach dem von Ihnen gewählten Gange eine Menge Hülfsuntersuchungen zu erfordern scheint, aus dem ersten abzuleiten. Allein nach diesem ersten glücklichen Erfolge gerieth meine Arbeit wieder sehr ins Stocken und ich konnte lange Zeit kein zur Begründung des ersten Kriteriums geeignetes Mittel ausfindig machen. Endlich kam ich gegen den Anfang des Winters auf den in der beiliegenden Abhandlung enthaltenen Beweis, der so einfach ist, dass man kaum begreift, wie sich derselbe einem nicht gleich darbietet, sobald man nur mit dem zu beweisenden Satze bekannt ist. Die Fortsetzung meiner Untersuchungen, von denen meine Abhandlung nur einen Theil enthält, hat mich auf eine Menge von Resultaten geführt, von denen man im voraus gewiss nicht vermuthet hätte, dass sie mit diesem Gegenstande in irgend einer Beziehung ständen, und es haben sich mir bei dieser Arbeit mehrere merkwürdige Beispiele von dem oft wunderbaren Zusammenhange arithmetischer Wahrheiten dargeboten, in welchem Sie den Hauptgrund des Reizes finden, welchen uns die Untersuchungen der unbestimmten Analysis gewähren. —

Da ich voraussetzen konnte, dass die Leser meiner Abhandlung schon einigermassen mit der unbestimmten Analysis vertraut seyn würden, so habe ich mich bei der Abfassung der Preliminarien sehr kurz gefasst. Dieser Umstand hat eine der Allgemeinheit der Untersuchung nachtheilige Beschränkung veranlasst. Ich habe mich nämlich durch Analogie zu dem Irrthume verleiten lassen, als sey es in der Theorie der biquad. Reste hinlänglich, das Verhalten irgend einer Primzahl zu einer andern Primzahl der Form $4n+1$ auszumitteln, da doch zur vollständigen Beantwortung aller hierher gehörigen Fragen erfordert wird, dass man auch das Verhalten von zusammengesetzten Zahlen, wenigstens von solchen die Produkte zweier Primzahlen sind, zu Primzahlen der Form $4n+1$ bestimme. So kann z. B. die Frage, ob 21 biq. Rest oder Nichtrest einer Primzahl $84n+1$, 25, 37 sey, sehr leicht auch vermittelst der in der Abhandlung aufgestellten Sätze beantwortet werden; anders aber verhält es sich mit den Primzahlen p der Form $84n+5$, 17, 41, welche neue Kriterien erfordern. Für den eben erwähnten speciellen Fall finde ich folgendes Kriterium.

„Setzt man $5p = \varphi^2 + \psi^2$ (wo ich annehme, dass ψ durch 6 theilbar sey), so wird 21 biq. Rest von $p = 84n+5$, 17, 41 seyn, wenn eine der Zahlen φ, ψ durch 7 theilbar; im entgegengesetzten Falle ist 21 biq. Nichtrest von p." —

Ich bin jetzt eifrig damit beschäftigt, die durch den oben angegebenen Irrthum in meiner Arbeit hervorgebrachte Lücke auszufüllen. —

Sie hatten während meines Aufenthaltes in Göttingen die Güte, mir einige der merkwürdigen Resultate mitzutheilen, welche die Frucht der von Ihnen neuerdings angestellten geometrischen Forschungen sind. Der schon damals entstandene Wunsch, Ihre Untersuchungen kennen zu lernen, ist recht lebhaft bei mir geworden, seitdem ich durch den in den Anzeigen enthaltenen Auszug aus Ihrer Abhandlung von den in der Unterhaltung nur leicht angedeuteten Resultaten eine deutlichere und vollständigere Idee bekommen habe. Es ist mir bei dieser Gelegenheit wieder recht fühlbar geworden, wie sehr es zu wünschen wäre, dass die gelehrten Gesellschaften bei der Herausgabe ihrer Commentarien dem von der Londoner Societät gegebenen Beispiele folgen möchten, die jedes halbe Jahr einen Band erscheinen lässt. — Sogar Ihre Abhandlung über die biquadratischen Reste ist mir noch immer nicht zugekommen, obgleich ich die schleunigste Besorgung derselben dem Buchhändler zu wiederholten Malen anempfohlen habe und der Band Ihrer Commentarien, welcher dieselbe enthalten soll, schon im vorigen Katalog angekündigt ist. —

Dürfte ich Ew. Hochwohlgeboren bitten, die Versicherung der innigen Verehrung und Dankbarkeit zu genehmigen, womit ich verharre

Ew. Hochwohlgeboren

gehorsamer

Breslau d. 8. April 1828. LEJEUNE DIRICHLET.

IV. GAUSS AN LEJEUNE DIRICHLET.

Für Ihr gütiges Schreiben, und die gefällige Uebersendung Ihrer beiden Abhandlungen statte ich Ihnen, mein hochgeschätzter Freund, meinen verbindlichsten Dank ab. Ich sehe mit Vergnügen das steigende Interesse, welches man gegenwärtig an den Untersuchungen der Höhern Arithmetik zu nehmen anfängt. Die glückliche Art, wie Sie das zweite auf die biquadratische Residualität der Zahl 2 [bezügliche Kriterium] aus dem ersten ableiten, hat mir sehr wohl gefallen.

Vermuthlich hat jetzt der 6. Band unserer Commentationen seinen Weg nach Breslau gefunden, und meine *Commentatio prima* über die biquadratischen Reste wird Ihnen also wohl gegenwärtig bekannt sein: wenn sich eine Gelegenheit darbieten sollte, würde ich auch mit Vergnügen Ihnen einen besonderen Abdruck derselben übersenden. Ich hätte unter mehreren Beweisarten für das darin vorkommende Theorem wählen können; es wird Ihnen aber nicht entgehen, warum ich den daselbst ausgeführten hier vorgezogen habe, hauptsächlich nemlich, weil die Classification von 2 bei denjenigen Moduln, für welche es quadratischer Nichtrest ist (unter B oder D) als ein wesentlicher integrirender Theil des Theorems betrachtet werden muss, auf welchen die meisten andern Beweisarten nicht anwendbar scheinen.

Die ganze Untersuchung, deren Stoff ich schon seit 23 Jahren vollständig besitze, die Beweise der Haupttheoreme aber (zu welchen das in der ersten Commentation noch nicht zu rechnen ist) seit etwa 14 Jahren — (obwohl ich wünsche und hoffe, an letztern, den Beweisen, noch einiges vereinfachen zu können) — habe ich auf ungefähr drei Abhandlungen berechnet. Mit der Abfassung der zweiten habe ich bereits jetzt einen Anfang gemacht, und hoffe, sie in nicht langer Zeit zu vollenden, falls nicht die neuerdings mir wieder aufgetragenen Messungsgeschäfte dabei noch einige Verzögerung verursachen.

Das Schlusstheorem $b \equiv \frac{1}{2}rr$ (mod. p) hatte ich schon vor drei Jahren in den hiesigen gel. Anzeigen mit bekannt, und auf den merkwürdigen dabei noch zu lösenden Knoten aufmerksam gemacht; ich habe aber bisher nicht gehört, dass jemand einen Versuch dazu gemacht hätte. Vor einigen Tagen ist es mir nun mit der einen Hälfte wirklich gelungen, und dieser Fund hat mir um so mehr Vergnügen gemacht, da er sich garnicht auf Induction gründet — denn ich gestehe, dass ich gerade diesen Zusammenhang nicht erwartet hätte sondern a priori auf die Combination anderweitiger sehr verschlungener und interessanter, schon 28 Jahr alter, aber noch garnicht bekannt gemachter Untersuchungen, wovon eine leise Andeutung in der Schlussanmerkung der *Disquis. Arithm.* S. 668*) gegeben ist.

Es ist dies nemlich ein ausreichendes Criterium für den Fall, wo p von der Form $8n+5$ ist.

Es sei die Anzahl der Klassen, welche die binären Formen in jeder der beiden Gattungen für den Determinant $-p$ bilden gleich k. Der Anfang einer von mir bis zu dem Determinant -3000 construirten Tafel steht *Disquis. Arithm.* p. 520**). Auch ist noch zu bemerken, dass für ein p von der angenommenen Form, allemal $k = 2m+1$ wird, wenn m die Anzahl der Zerlegungen von p in drei positive Quadrate bedeutet (ich sage positiver, um 0 auszuschliessen), wie LEGENDRE durch Induction gefunden, und in den *Disquisitiones Arithm.* zuerst aus der Theorie der ternären Formen bewiesen ist. Man hat z. B.

für $p=5$,	13,	29,	37,	53,	61,	101,			109,	149,			157	u. s. w.
$k=1$,	1,	3,	1,	3,	3,	7,			3,	7,			3	
$m=0$,	0,	1,	0,	1,	1,	3,			1,	3,			1	
		4		1	9	1	4	16	9	1	4	36	4	
		9		16	16	36	16	36	36	4	64	64	9	
		16		36	36	64	81	49	64	144	81	49	144.	

*) GAUSS Werke Bd. I. S. 466.

**) art. 303.

Dies vorausgesetzt, ist allemal derjenige Werth von b, welcher $\equiv \frac{1}{2}rr \pmod{p}$ ist,

$$\equiv 2k+a-1 \equiv 4m+a+1 \pmod{8},$$

wodurch das Zeichen von b vollkommen bestimmt ist. Sehen Sie hier 22 Beispiele, indem ich die Ausdehnung der am Schluss der Abhandlung gegebenen Tafel verdopple

p	k	a	b	p	k	a	b
5	1	$+1$	$+2$	181	5	$+9$	$+10$
13	1	-3	-2	197	5	$+1$	-14
29	3	$+5$	$+2$	229	5	-15	$+2$
37	1	$+1$	-6	269	11	$+13$	$+10$
53	3	-7	-2	277	3	$+9$	$+14$
61	3	$+5$	-6	293	9	$+17$	$+2$
101	7	$+1$	-10	317	5	-11	$+14$
109	3	-3	$+10$	349	7	$+5$	$+18$
149	7	-7	-10	373	5	-7	$+18$
157	3	-11	-6	389	11	$+17$	-10
173	7	$+13$	$+2$	397	3	-19	-6

Man kann die Vorschrift also auch so ausdrücken, (immer voraussetzend $p \equiv 5 \pmod{8}$).

Es ist $b \equiv a+1 \pmod{8}$, wenn m gerade
$b \equiv a+5$ wenn m ungerade.

Ich wage noch keine Vermuthung, ob ein noch einfacheres Criterium möglich ist, woran man den Fall des geraden m von dem des ungeraden im Voraus unterscheiden könnte, d. i. ohne den Werth von m selbst zu kennen, da, wie ich schon oben bemerkt habe, dies Rapprochement noch ganz neu ist. Für den Fall $p \equiv 1 \pmod{8}$, bleibt zwar obige Congruenz $b \equiv 2k+a-1 \pmod{8}$ richtig, entscheidet aber nicht mehr über das Zeichen von b, da sie dem positiven und negativen Werthe von b zugleich genug thut. Es ist hier nemlich k immer gerade, $= 2m$ (wenn die Bedeutung von m ebenso ausgesprochen wird wie oben) oder $= 2m+2$, wenn man unter m die Anzahl der Zerlegungen von p in 3 positive ungleiche Quadrate versteht, und $b \equiv 0 \pmod{4}$, oder $b \equiv -b \pmod{8}$. Ich vermuthe, dass der Fall $p \equiv 1 \pmod{8}$ oder $b \equiv 0 \pmod{4}$ altioris indaginis ist und vielleicht wieder

$b \equiv 4 \pmod{8}$ leichter als $b \equiv 0 \pmod{8}$
$b \equiv 8 \pmod{16}$ leichter als $b \equiv 0 \pmod{16}$ u. s. w.

Mit ausgezeichneter Hochachtung beharre ich

Ihr freundschaftlich ergebenster

Göttingen, den 30. Mai 1828. C. F. Gauss.

V. LEJEUNE DIRICHLET AN GAUSS.

Empfangen Sie, hochgeehrter Gönner, meinen innigsten Dank für die mir gütigst ertheilte Erlaubniss, einige Zeit in Ihrer Nähe zubringen zu dürfen. Leider bin ich nicht im Stande, in diesen Ferien davon Gebrauch zu machen und einen lange gehegten Wunsch auszuführen. Ich habe vor wenigen Tagen einen ziemlich heftigen Ruhranfall zu bestehen gehabt, und jetzt wo ich mich wieder herzustellen anfange, liegen die Meinigen an den Masern danieder. Ich darf Ihnen wohl nicht erst sagen, wie sehr ich es bedauere, meinen Besuch in Göttingen abermals hinausgeschoben zu sehen. Seit Jahren mit dem Studium Ihrer Werke beschäftigt, könnte für mich nichts genussbringender und fördernder seyn, als Ihrer Güte Aufschlüsse über die Entstehung und Ausbildung der herrlichen Methoden zu verdanken, welche in Ihren Schriften in bewundernswürdiger Vollendung erscheinen. Ja, ich will es Ihnen nur gestehen, ich gehe in meinen Hoffnungen so weit, mir von Ihrem Wohlwollen mündliche Mittheilung eines Theiles Ihrer theoretischen Untersuchungen über den Magnetismus und Elektromagnetismus zu versprechen, und gelobe im voraus feierlich, wenn Sie mich einer solchen Gunst würdigen sollten, mir Herrn KRONE's Diskretion zum Vorbilde zu nehmen, welcher im beneidenswerthen Besitz dieses Schatzes nichts hat verrathen wollen, als dass sich diese Untersuchungen an die schöne in Ihrer Abhandlung über die Attraktion der Ellipsoide entwickelte Methode innig anschliessen. Haben Sie wohl durch die *Comptes rendus* der Pariser Akademie von der Diskussion Kenntniss genommen, welche sich neuerdings über das eben erwähnte Problem erhoben hat. POISSON scheint seine Auflösung für die einzige direkte zu halten, während bei allen andern im Falle eines äussern Punktes die Schwierigkeit nur eludirt werde. Ich muss aufrichtig bekennen, dass dergleichen Aeusserungen für mich keinen rechten Sinn haben. Ein doppeltes Integral durch Einführung neuer Variabeln, für welche sich die eine Integration ausführen lässt, auf ein einfaches zurückführen, scheint mir nicht direkter als irgend ein anderes Mittel z. B. die Differentiation unter dem Integralzeichen. Nach meiner Ansicht kommt Alles darauf an, auf welchem Wege sich die Zurückführung am schnellsten und übersichtlichsten bewerkstelligen lässt, und in dieser Beziehung hat wohl Ihre Behandlung, welche die Attraktion auf innere und äussere Punkte auf einen Schlag giebt, entschieden den Vorzug vor allen bekannten. Wollte man dergleichen Distinktionen gelten lassen, so müsste man, um consequent zu seyn, bei fast allen bestimmten Integralen zugeben, dass bei ihrer Auffindung die Schwierigkeit nur eludirt sey, womit jedoch, wie mir scheint, eigentlich gar nichts gesagt wäre.

Erlauben Sie, hochgeehrter Gönner, dass ich Ihnen beiliegend einen kleinen im letzten Hefte des Crelleschen Journals erschienenen Aufsatz überreiche. Ich bin auf die darin angedeutete, mir sehr fruchtbar scheinende Methode durch die Bemühung geführt worden, den Satz, dass jede arithmetische Progression, deren erstes Glied und Differenz keinen gemeinschaftlichen Factor haben, unendlich viel Primzahlen enthält, zu beweisen. Ich möchte fast vermuthen, dass meine Methode mit den in der Schlussbemerkung der *disq. arith.* angedeuteten Untersuchungen einige Analogie hat, besonders deshalb, weil Sie von Ihren Untersuchungen sagen, dass sie über mehrere Theile der Analysis Licht verbreiten, und meine Methode in so innigem Zusammenhange mit den merkwürdigen trigonometrischen Reihen steht, welche discontinuirliche Funktionen darstellen und deren Natur zur Zeit des Erscheinens der *disq. arith.* noch ganz unaufgeklärt war. Sie werden sich vielleicht noch erinnern, dass Sie mir vor mehr als 10 Jahren, als ich noch in Breslau war, ein Kriterium zur Entscheidung der am Ende Ihrer ersten Abhandlung über biq. Reste aufgeworfenen Frage (für den Fall, wo $p = 8n+5$) mit der Bemerkung mitgetheilt haben, dass Sie dasselbe aus den am Ende der *disq. arith.* angekündigten Untersuchungen abgeleitet hätten. Dieses Kriterium folgt nun ganz leicht aus der Combination des Satzes, dass für die Determinante $-p$ die Anzahl der Formen in jedem Genus dem Ueberschuss der Anzahl der quad. Reste $< \frac{p}{4}$ über die Anzahl der quad. Nichtreste $< \frac{p}{4}$ gleich ist, mit der Theorie der biquad. Reste, diese Theorie selbst nur in dem Umfange genommen, worin ich dieselbe im Crelleschen Journal gegeben habe. Darf ich wohl bei einer ausführlichen Ausarbeitung meiner Untersuchungen über den Gebrauch der Reihen in der höheren Arithmetik, womit ich mich nächstens zu beschäftigen gedenke, dieses Kriterium als mir von Ihnen im Jahr 1828 mitgetheilt erwähnen?

Erlauben Sie mir die Bitte, beiliegenden Brief Weber einhändigen zu wollen und genehmigen Sie gefälligst die Versicherung der tiefsten Bewunderung und innigsten Verehrung

Ihres dankbar ergebenen

Berlin d. 9. Sept. 1838.

Dirichlet.

VI. LEJEUNE DIRICHLET AN GAUSS.

Verehrtester Gönner!

Die bei mir durch die Kränklichkeit, wovon meine Frau in der letzten Zeit heimgesucht worden ist, verursachte Verstimmung wird mich hoffentlich entschuldigen, dass ich so lange gezögert habe, Ihnen zu schreiben, wie sehr ich auch wünschte, Ihnen für die überaus gütige und wohlwollende Aufnahme, deren Sie mich gewürdigt haben, meinen innigsten Dank abzustatten. Eine andere Veranlassung meinen Vorsatz zu verschieben, lag in dem Umstande, dass mehrere der Bücher, welche ich zu Rathe ziehen wollte, um Ihnen die gewünschte Auskunft über das zu geben, was bisher über die kürzeste Fläche geschrieben worden, gerade nicht auf der Bibliothek waren, und ich daher die Zurücklieferung derselben erst abwarten musste.

Ueber den genannten Gegenstand habe ich nun zwar gar nichts gefunden, wohl aber Untersuchungen über andere Probleme, die wenn auch dem Objekte nach verschieden, doch im Wesen mit der Bestimmung der kürzesten Fläche zusammenfallen. Diese Probleme betreffen die Theorie der Wärme für den Fall permanenter Temperaturen, auf den sich je nachdem man 2 oder 3 Dimensionen in Betracht zieht, die Gleichung

$$(1)\quad \frac{\partial^2 u}{\partial x^2}+\frac{\partial^2 u}{\partial y^2}=0, \qquad \text{oder} \qquad (2)\quad \frac{\partial^2 u}{\partial x^2}+\frac{\partial^2 u}{\partial y^2}+\frac{\partial^2 u}{\partial z^2}=0,$$

bezieht. Projicirt sich die gegebene von einer Ebene sich wenig entfernende Curve, durch welche die kürzeste Fläche gelegt werden soll, als Rechteck oder Kreis, so ist die Auflösung der Aufgabe leicht aus den von FOURIER in seiner *Théorie de la Chaleur* gegebenen Methoden abzuleiten. Auch der weit schwierigere Fall, wo die Curve sich als Ellipse projicirt, scheint implicite in einer schönen Abhandlung von LAMÉ (Journal de LIOUVILLE, Mai 1839) enthalten, indem dort eine Funktion u bestimmt wird, die innerhalb eines durch die Gleichung $\left(\frac{x}{\alpha}\right)^2+\left(\frac{y}{\beta}\right)^2+\left(\frac{z}{\gamma}\right)^2=1$ gegebenen Ellipsoides der Differentialgleichung (2) genügt und sich auf der Oberfläche auf eine beliebige Funktion der beiden jeden Punkt derselben bestimmenden Coordinaten reducirt. Setzt man $\gamma=\infty$, und lässt die gegebene beliebige Funktion von z unabhängig werden, so erhält man die Gleichung der kürzesten Fläche, deren Grenzcurve sich als Ellipse projicirt.

Ich habe mich seit meiner Rückkunft mit den quadratischen Formen für complexe Zahlen etwas beschäftigt und mich überzeugt, dass fast alle Resultate und Methoden der 5ten Sekt. der *disq. arith.* mutatis mutandis auf diesen Fall anwendbar bleiben. Auch lässt sich in ähnlicher Weise wie für reelle Zahlen die Anzahl der Formen bestimmen, wobei sich das merkwürdige Resultat ergiebt, dass diese Anzahl, wie sie für reelle positive Determinanten mit der Kreistheilung zusammenhängt, hier in analoger Beziehung zur Theilung der Lemniscate steht. Diese Untersuchungen haben mich auf einen Satz geführt, welcher für die Theorie der unbestimmten Gleichungen höherer Grade nicht unwichtig scheint, und eine merkwürdige Verallgemeinerung des Theorems darbietet, nach welchem die Gleichung $t^2 - Du^2 = 1$ immer auflösbar ist.

Sind $a, b, \ldots, g, h$ ganze Zahlen und hat die Gleichung

$$s^n + as^{n-1} + bs^{n-2} + \cdots + gs + h = 0$$

keinen rationalen Faktor und unter ihren Wurzeln $\alpha, \beta, \gamma, \ldots$ wenigstens eine reelle, so lassen sich immer und auf unendlich verschiedene Art ganze Zahlen

$$\lambda, \quad \mu, \quad \nu, \quad \ldots, \quad \varrho \quad \text{(ohne dass } \lambda = 1, \ \mu = 0, \ \nu = 0, \ \ldots)$$

von solcher Beschaffenheit finden, dass, wenn man zur Abkürzung setzt

$$\lambda + \mu\alpha + \nu\alpha^2 + \cdots + \varrho\alpha^{n-1} = F(\alpha),$$

das Produkt

$$F(\alpha)F(\beta)F(\gamma)\cdots = 1 \quad \text{ist.}$$

Der Beweis dieses Satzes ist im höchsten Grade einfach und mit Hülfe geometrischer Betrachtungen auf zwei oder drei Seiten abzumachen.

Ich kann diesen Brief nicht schliessen, ohne den schon in Göttingen Ihnen vorgetragenen Wunsch zu wiederholen, dass es Ihnen gefallen möge, mich durch einen besondern Abdruck Ihrer schönen Untersuchungen über die allgemeine Theorie der Attraktionen zu beglücken, welche kennen zu lernen ich mich nur höchst ungern bis zur Vollendung des ganzen nächsten Heftes der Resultate etc. gedulden würde. In Erwartung einer gütigen Gewährung meiner Bitte verharre ich

Ihr dankbar ergebenster

Berlin, d. 3 Jan. 1840. LEJEUNE DIRICHLET.

Darf ich Sie wohl bitten, inliegenden Brief WEBER einzuhändigen oder falls er in Leipzig seyn sollte, dorthin auf die Post geben zu wollen.

VII. LEJEUNE DIRICHLET AN GAUSS.

Hochgeehrter Gönner!

Wenn ich Ihnen das Resultat der in Ihrem Auftrage angestellten Erkundigungen wegen der russischen Bücher so spät mittheile, so wird diese Verspätung, wie ich hoffe, in dem guten Erfolge meiner Bemühungen einige Entschuldigung bei Ihnen finden. Wie Sie selbst hat H. Geheimrath von Varnhagen grosse Schwierigkeiten gefunden, sich russische Bücher zu verschaffen. Die früher mit grosser Mühe zu diesem Zweck von ihm angeknüpften Verbindungen bestehen jetzt grossentheils nicht mehr; da er schon seit Jahren seine russischen Studien sehr vernachlässigt und es ihm folglich an Gelegenheit gefehlt hat, die früheren Verbindungen zu cultiviren. In jener früheren Zeit aber, als er das Russische mit grossem Eifer trieb, hat er einen nicht unansehnlichen Vorrath von Büchern erworben, die er Ihnen zu beliebiger Benutzung mit grosser Bereitwilligkeit zur Disposition stellt. Auf meinen Wunsch hat er ein Verzeichniss der wichtigsten dieser Bücher entworfen, welches ich beilege. Was Sie von diesen Werken zu lesen wünschen, bitte ich mir gefälligst zu nennen. Ich werde dann das Verlangte mir sogleich von H. von V. ausbitten und Ihnen ohne Zeitverlust übersenden.

Ich bin gerade zu rechter Zeit von meiner Ferienreise zurückgekehrt, um den armen Eisenstein wenigstens noch einmal zu sehen. Als ich ihn den Tag nach meiner Ankunft besuchte, fand ich ihn zum Erschrecken verändert und so ganz mit seinen Leiden beschäftigt, dass selbst der Versuch, ihm von Ihnen zu erzählen und so ihn einen Augenblick zu zerstreuen, ohne Erfolg blieb. Bei so grenzenlosen Leiden musste mir der Tod, der noch in derselben Nacht eintrat, als eine Wohlthat für unsern armen Freund erscheinen.

Wie ich von Weber höre, wünschen Sie Auskunft über den Ursprung der mathematischen Bibliothek, welche hier im März verkauft werden soll, wenn sie nicht früher — wozu einige Wahrscheinlichkeit vorhanden zu seyn scheint — im Ganzen acquirirt wird. Diese Bibliothek ist früher im Besitz eines Geheimraths Heiligenstein gewesen, der sich zu Anfang des Jahrhunderts in Paris aufhielt, und dann später in den seines Sohnes übergegangen, der ein Astronom gewesen seyn soll. — Mit dieser Bibliothek hat man zu gleichzeitiger Verauktionirung einige andere Sachen vereinigt, zu denen z. B. die beiden Mst von

Ihnen — wovon das eine das der *Determinatio attract.*, auf den Inhalt des anderen besinne ich mich nicht gleich — gehören, die aus DIRKSEN's Nachlass stammen.

Sie schienen neulich zu wünschen, dass mein Beweis für die Convergenz der trigonometrischen Reihen auf den Fall ausgedehnt würde, wo die Max. u. Min. der zu entwickelnden Funktion nicht mehr zählbar sind, und äusserten zugleich die Vermuthung, dass der Nachweis des Theorems in dieser erweiterten Voraussetzung wahrscheinlich keine wesentlichen Schwierigkeiten darbieten würde. Bei näherer Erwägung der Sache finde ich Ihre Vermuthung vollständig bestätigt, wenn man anders von gewissen ganz singulären Fällen absehen will. Die ganze Grundlage des Beweises bilden die Sätze, nach welchen

$$\lim \int_0^c f(\beta)\frac{\sin k\beta}{\sin\beta}\,d\beta = \frac{\pi}{2}f(0), \quad \text{und} \quad \lim \int_b^c f(\beta)\frac{\sin k\beta}{\sin\beta}\,d\beta = 0,$$

wo $0 < b < c \overline{\gtrless} \frac{\pi}{2}$ angenommen ist und sich das Zeichen lim auf das Unendlichwerden der positiven Grösse k bezieht.

Die Erweiterung dieser Sätze auf den eben erwähnten Fall, wo $f(\beta)$ eine unendliche Anzahl von Max. u. Min. darbietet, ist ganz leicht wenigstens für den zweiten Satz und ebenso für den ersten, wenn nur nicht unendlich viele Max. u. Min. in unmittelbarer Nähe von $\beta = 0$ liegen. Man darf nämlich aus den Integralen nur die Theile ausscheiden, innerhalb welcher eine solche Anhäufung von Max. u. Min. Statt findet und die man, wenn man die Grenzen dieser Theilintegrale einander hinlänglich nähert, so einrichten kann, dass dieselben beliebig klein bleiben, wie gross auch k werde. Aus dieser einfachen Bemerkung und nach der Art und Weise, wie aus obigen Sätzen die Convergenz geschlossen wird, folgt schon, dass die trigonometrische Reihe zur Darstellung einer beliebigen Funktion $\varphi(x)$ selbst dann, wenn die Max. u. Min. von $\varphi(x)$ nicht mehr zählbar sind, immer convergirt, wofern man x nur keinen Werth beilegt, in dessen unmittelbarer Nachbarschaft eine unendliche Anhäufung von Max. u. Min. von $\varphi(x)$ Statt findet. Um die Convergenz für die eben ausgenommenen Werthe nachzuweisen, muss gezeigt werden, dass der erste der obigen Sätze seine Gültigkeit behält, wenn $f(\beta)$ von $\beta = 0$ bis $\beta = \delta$, wo δ beliebig klein ist, unendlich oft vom Wachsen zum Abnehmen und umgekehrt übergeht. Ist alsdann $f(\beta)$ so beschaffen, dass die Differenz $f(\beta) - f(0)$ sich als ein Produkt darstellen lässt, dessen erster Faktor $\varphi(\beta)$ für ein unendlich kleines β

endlich bleibt, während der zweite, den ich positiv voraussetze und $\psi(\beta)$ nennen will, die Eigenschaft besitzt, dass das Integral $\int_0^\delta \psi(\beta)\frac{d\beta}{\beta}$, wie es z. B. für jede positive Potenz β^p der Fall ist, für ein unendlich kleines δ selbst unendlich klein wird, so darf man $\int_0^\delta f(\beta)\frac{\sin k\beta}{\sin\beta}d\beta$ nur in die beiden Bestandtheile

$$f(0)\int_0^\delta \frac{\sin k\beta}{\sin\beta}d\beta + \int_0^\delta \varphi(\beta)\sin k\beta\,\frac{\psi(\beta)}{\sin\beta}d\beta$$

zerlegen, von denen der erste für ein unveränderliches δ durch das Wachsen von k in $\frac{\pi}{2}f(0)$ übergeht, während der zweite für ein gehörig klein gewähltes δ immer kleiner bleibt als eine beliebig kleine Grösse. Hieraus und da $\int_\delta^c f(\beta)\frac{\sin k\beta}{\sin\beta}d\beta$ die Null zur Grenze hat, folgt dann, wenigstens in der vorhin gemachten Voraussetzung über $f(\beta)-f(0)$, die Richtigkeit des ersten Satzes.

Verzeihen Sie, verehrter Gönner, diese lange fast unbriefliche mathematische Exposition, die ich nicht gewagt haben würde, wenn ich eben als ich sie begann die grosse Ausdehnung derselben vorhergesehen hätte.

Genehmigen Sie, hochgeehrter Gönner, den Ausdruck der tiefen Bewunderung und innigen Verehrung

Ihres dankbar

ergebenen

Berlin 20. Feb. 53.

DIRICHLET.

BRIEFWECHSEL ZWISCHEN G. LEJEUNE DIRICHLET UND LEOPOLD KRONECKER,

MITGETHEILT VON

HERRN ERNST SCHERING.*)

I. DIRICHLET AN KRONECKER.

Ich habe mir, verehrter Freund, so grosse Nachlässigkeit gegen Sie zu Schulden kommen lassen, dass ich fast verzweifeln muss, Ihre Verzeihung zu erlangen. Sie werden nämlich als junger Mann kaum glaublich finden, was ich zu meiner Entschuldigung anführen kann, da Sie sich schwerlich eine Vorstellung davon machen, wie sehr es einem im Mittelalter, in welches ich schon seit längerer Zeit getreten bin, an der nöthigen Flexibilität fehlt, um sich schnell in Dinge hineinzufinden, mit denen man nicht schon einigermassen vertraut ist. Als Ihr erster Brief ankam, war ich mit 13 wöchentlichen Vorlesungen und anderen Geschäften so überladen, dass die wenige Zeit, die ich dem Studium Ihrer interessanten Mittheilung zu widmen im Stande war, durchaus nicht ausreichte, um mir Ihre Untersuchungen klar zu machen. Ich hoffte, dass ich in den Ferien dazu gelangen würde, besser in das Wesen Ihrer Arbeit einzudringen, von der ich durch meine vorläufigen Bemühungen wenigstens die Ueberzeugung gewonnen hatte, dass Sie darin einen vielfach behandelten Gegen-

*) Nachrichten der K. G. d. W. zu Göttingen, Sitzung vom 4. Juli 1885. Herr Schering leitet die obige Correspondenz mit den Worten ein: „Diese Briefe gehören, ausser dem ersten, der Zeit von Dirichlet's Aufenthalt in Göttingen an und haben durch diese örtliche Beziehung ein besonderes Interesse für uns. Da dieselben auch eine grosse geschichtliche Bedeutung für die mathematische Wissenschaft besitzen, so habe ich Herrn Kronecker um die Erlaubniss gebeten, diese Briefe sowie auch einige von Herrn Kronecker an Dirichlet gerichtete Briefe abdrucken zu lassen, auf welche die oben erwähnten sich beziehen, und von welchen ich wusste, dass Dirichlet's Sohn dieselben nach des Vaters Tode an den Verfasser zurückgegeben hatte. Diese Erlaubniss hat Herr Kronecker gütigst gewährt und auch gestattet, dass seine Briefe an Dirichlet mit dessen Antworten auf dieselben der hiesigen Universitäts-Bibliothek übergeben werden."

stand von einer neuen und wie mir schien sehr glücklich gewählten Seite angefasst haben. In dieser Hoffnung fand ich mich aber leider getäuscht, da ich gleich nach Beginn der Ferien von einem Anfall der Grippe heimgesucht wurde, der mich länger als drei Wochen zu jeder Anstrengung unfähig gemacht hat. Nachdem ich jetzt in den letzten Tagen Ihrer Arbeit, wie ich glaube, näher getreten bin, beeile ich mich Ihnen zu sagen, dass es mir sehr wünschenswerth scheint, dass Sie eine kurze Notiz über Ihre Untersuchungen veröffentlichen, da Sie leider durch Ihr fortgesetztes schlechtes Befinden verhindert sind, an eine ausführliche Redaktion derselben für jetzt zu denken. Wenn diese Notiz, die Sie durchaus so einrichten müssten, dass jeder dem Gegenstande nicht fremde Mathematiker sich vollständig daraus vernehmen kann, nicht die Grenzen überschreitet, welche den in den akademischen Monatsbericht aufzunehmenden Aufsätzen gesteckt sind, so werde ich sie mit Vergnügen der Akademie vorlegen und die Aufnahme in den Bericht beantragen*).

Das Weitere mündlich. Hoffentlich fällt Ihre hiesige Anwesenheit gar nicht oder doch wenigstens nicht ganz in die Zeit vom 12. bis 22. Mai, während welcher Tage ich meine Frau, die Karlsbad besuchen soll, dorthin begleite**).

Indem ich meine Frau und mich selbst Ihnen und Ihrer Frau Gemahlin bestens empfehle, nenne ich mich

Ihr treu ergebener

Berlin, 3. Mai 53.

DIRICHLET.

II. KRONECKER AN DIRICHLET.

Hochgeehrter Herr Professor,

Zu meiner grossen Freude habe ich vielfach gehört, dass Sie Sich in Ihrer neuen Heimath gar sehr gefallen und allen Grund haben mit jenem Wechsel zufrieden zu sein, der freilich uns hier so schweren Verlust gebracht hat. Wie

---

*) Die zwei Briefe von KRONECKER, auf welche sich DIRICHLET in diesem Briefe bezieht, haben sich in DIRICHLET's Nachlass nicht gefunden. Der wissenschaftliche Inhalt derselben ist in jener Notiz reproducirt, welche von DIRICHLET im Juni 1853 der Berliner Akademie mitgetheilt und im betreffenden Monatsberichte abgedruckt worden ist. E. Sch.

**) Herr KRONECKER theilt mir gütigst mit, dass er Ende Mai 1853 auf einer Reise nach Paris, wohin er sich zur Consultation eines dortigen Arztes begab, Berlin passirt und DIRICHLET persönlich die Handschrift für die in der vorstehenden Bemerkung erwähnte Notiz übergeben hat. E. Sch.

sehr ich grade bei diesem Verlust betheiligt bin und wie tief ich denselben empfinde, brauche ich Ihnen kaum zu sagen, denn Sie wissen selbst, wie unendlich viel ich Ihnen verdanke, und Sie wissen auch dass, Ihnen näher zu sein, der Hauptzweck bei meiner Uebersiedelung nach Berlin war. Ich hatte nun jetzt die Absicht Sie noch in diesem Monat zu besuchen, um wenigstens für ein paar Tage den langentbehrten Genuss Ihres persönlichen Verkehrs zu haben; aber da mir BORCHARDT gesagt hat, dass Sie schon in wenigen Tagen nach Paris reisen, um dort wohl etwa vier bis sechs Wochen zuzubringen, so will ich die Ausführung jenes Vorhabens bis nach Ihrer Rückkehr verschieben, vorausgesetzt, dass Sie Ihre mir früher mündlich gegebene Erlaubniss Sie zu besuchen noch aufrecht erhalten. Ich werde wohl — wenn auch nicht direct von Ihnen — so doch indirect durch BORCHARDT oder andere hiesige Bekannte zur Zeit erfahren, wenn Sie wieder in Göttingen sind. Für diese Zeit könnte ich mir nun freilich alle übrigen Mittheilungen aufsparen — aber wer weiss, was sich doch noch Alles zwischen Vorsatz und Ausführung eindrängt — und da ich Ihrer alten Theilnahme noch jetzt gewiss zu sein glaube, so will ich ein paar Worte über mein mathematisches Leben im vergangenen Winter beifügen.

Ich habe die ganze Zeit über — seit ich aus dem Seebade zurück bin — eigentlich recht anhaltend gearbeitet, und die dabei erlangten Resultate haben auch mein Streben grösstentheils belohnt. Freilich habe ich die Hauptfrage, auf welche ich vor etwa einem Jahre gekommen bin, nicht gelöst, aber eine Einsicht in dieselbe gewonnen, die mir sehr werthvoll ist. Ausserdem habe ich den ursprünglichen Zweck, um dessentwillen ich jene Frage lösen zu müssen glaubte, ohne diese Lösung so vollständig erreicht, dass mir in dieser Hinsicht wirklich nichts zu wünschen übrig bleibt. Ich habe nämlich eine Methode gefunden zur Herleitung aller Eigenschaften der auflösbaren Gleichungen von Primzahlgraden, deren Einfachheit und Strenge allen gerechten Anforderungen entsprechen dürfte*). Denn die Methode verlangt keinen irgend höheren Standpunkt mathematischen Fassungsvermögens als das Problem selbst, welches dadurch erledigt wird. Ich werde den Sommer zur sorgfältigen Ausarbeitung dieser Sachen verwenden, und diese wird nur d e s s h a l b ziemlich umfangreich werden, weil so sehr viel einzelne Resultate herauskommen, und weil ich keinen

*) Es ist dies, wie Herr KRONECKER mir gütigst mitgetheilt hat, die Methode, welche er regelmässig — und zwar zum ersten Male im Winter 1861/62 — in seinen Universitäts-Vorlesungen gegeben und alsdann im Monatsberichte der Berliner Akademie vom März 1879 veröffentlicht hat. E. Sch.

Raum sparen darf bei der genauen Bezeichnung gewisser ganz neuer Gesichtspunkte*), die namentlich in den GALOISschen und ABELschen Fragmenten vermisst werden, und ohne welche die erforderliche Strenge nicht beobachtet werden kann. Einige ganz hübsche Resultate oder — richtiger gesagt — hübsche Anschauungen, die ich bei der Beschäftigung mit jenen „Methoden" erlangt habe, werde ich unter Kurzem in einer kleinen Notiz veröffentlichen, da diese Dinge in den zu redigirenden vollständigen Abhandlungen erst ganz zuletzt an die Reihe und also erst etwa in einem Jahre zur Publikation kommen würden. Ich werde in dieser Notiz auch die allgemeinste Wurzel einer ABELschen ganzzahligen Gleichung als complexe Zahl dargestellt angeben, da es mir jetzt gelungen ist, diese in so einfache Form zu bringen, dass „die erforderlichen zahlentheoretischen Vorbemerkungen" (wie ich mich am Schlusse der im Juni 1853 der hiesigen Akademie überreichten Notiz ausdrücken musste) nur noch ganz unbedeutend sind. — Während ich auf diese Weise die Untersuchung der Auflösbarkeit von Gleichungen, deren Grad eine Primzahl ist, vollständig absolvirte, habe ich mich aber auch vielfach mit allgemeineren Arbeiten beschäftigt und zwar einerseits, indem ich die Untersuchung der Gleichungen bezüglich ihrer Auflösbarkeit auch für diejenigen Grade vornahm, die nicht Primzahlen sind, und andrerseits indem ich die Untersuchung der Gleichungen nicht mehr auf ihre Auflösbarkeit beschränkte, sondern auf die Ergründung aller Eigenschaften ausdehnte, die eine Gleichung überhaupt haben kann. In dieser Beziehung bin ich allerdings erst so weit gekommen, das ganze grosse neue Feld vor mir zu sehen d. h. klar zu wissen, was zu suchen ist; aber diess ist, wie ich glaube, bei einer Untersuchung von solcher Allgemeinheit auch nicht ganz unbedeutend. Die vollständige Lösung des ganz präcisen Problems, welches ich mir in dieser Hinsicht gestellt habe, dürfte freilich, wenn überhaupt, meinen schwachen Kräften erst in geraumer Zeit gelingen. Aber lohnend ist es gewiss Zeit und Mühe an eine einzige Frage zu wenden, welche die ganze Theorie der algebraischen Gleichungen (mit einer unbekannten Grösse) vollständig umfasst. Ich bemerke nur noch, dass ich dieses Problem für die ersten Grade — den siebenten eingeschlossen — gelöst habe, dass die Schwierigkeiten dabei erst mit dem 7ten Grade anfangen, dass ich aber schon für diesen speziellen Fall

*) Nach einer von Herrn KRONECKER mir gütigst zugegangenen brieflichen Mittheilung sind hiermit die „Gesichtspunkte" gemeint, welche ihn auf die Feststellung des mit dem Ausdrucke „Rationalitäts-Bereich" bezeichneten Begriffes geführt haben. E. Sch.

Ergebnisse erlangt habe, die durch ihre Neuheit wie durch den wunderbaren Zusammenhang mit der complexen Zahlentheorie mir sehr interessant scheinen. Dabei zeigte sich mir das Naturgemässe dieser abstrakten algebraischen Untersuchungen in dem bemerkenswerthen Umstande, dass — wie alle auflösbaren und ABELschen Gleichungen in den Theorieen transcendenter analytischer Functionen vorkommen — so auch alle diejenigen „Affecte" (um mit JACOBI zu sprechen), die ich als überhaupt nur möglich a priori gefunden habe, bei gewissen bekannten Gleichungen 7ten Grades wirklich auftreten. — Was nun die Auflösbarkeit der Gleichungen anlangt, deren Grad eine beliebige zusammengesetzte Zahl ist, so habe ich auch in dieser Untersuchung wesentliche Fortschritte gemacht, ohne sie indessen zum vollständigen Abschluss gebracht zu haben . . . meine Arbeit über die Gleichungen von Primzahlgraden wird die einfachen Gesichtspunkte angeben, durch welche das Algebraische und das Zahlentheoretische in diesem ganzen Gebiete gehörig geschieden und in Folge dessen eine Klarheit und Sicherheit erlangt wird, die bisher überall vermisst wurde. Aber Sie werden es gewiss billigen, hochverehrter Herr Professor, dass ich jetzt meine vorerwähnten allgemeinen Untersuchungen unterbreche, um einmal an die Redaction des — wenn auch nicht dem Inhalte — so doch dem Umfange nach ziemlich ansehnlichen Materials zu gehen, das sich mir durch fast dreijährige Arbeiten gesammelt hat. Ausserdem will ich auch jetzt gleich einige ganz kleine Abhandlungen fertig machen, um sie Herrn LIOUVILLE zu überschicken; und Sie würden mich sehr verbinden, wenn sie in Paris gelegentlich durch Ihr gewichtiges Wort die möglichst baldige Aufnahme derselben ins Journal befürworteten. Ich werde in der ersten dieser Abhandlungen die Kleinigkeit über BERNOULLIsche Zahlen auseinandersetzen, welche ich vor mehr als zehn Jahren gemacht habe; in der zweiten werde ich eine bei Vorträgen über Kreistheilung passende und äusserst einfache Weise der Zeichenbestimmung von $\Sigma e^{\frac{2k^2\pi i}{p}}$ mittheilen; in der dritten werde ich einen höchst simpeln Beweis für die Irreductibilität von $1+x+x^2+\cdots+x^{p-1}$ geben, und die vierte wird eine wesentliche Abkürzung einer von KUMMER in seinem Aufsatze über die complexen Zahlen angewendeten Methode enthalten. — Diess, geehrtester Herr Professor, sind meine guten Vorsätze für die nächsten Wochen, — die Ausarbeitung mancher andrer Sachen, die ich in diesem Winter und früher gemacht habe, verschiebe ich noch, weil ich sie noch nicht für reif genug halte, — denn ich habe bei meinen Arbeiten über die auflösbaren Gleichungen die Erfahrung gemacht, dass ich die Dinge erst eine lange Zeit wärmen muss, ehe sie die für die Publication erforderliche Reife erhalten.

Aber ich habe Ihre Lese-Geduld gewiss schon auf eine zu harte Probe gestellt und will desshalb endlich diese Zeilen schliessen, indem ich Ihnen eine recht glückliche Reise wünsche und meine Frau sowie mich selbst Ihnen und Ihrer Frau Gemahlin auf das Angelegentlichste empfehle.

Mit aufrichtigster Verehrung und Anhänglichkeit

Ihr

dankbarer Schüler

Berlin, den 3. Maerz 1856.

LEOPOLD KRONECKER.

Von KUMMER habe ich die besten Grüsse beizufügen.

D. O.

III. KRONECKER AN DIRICHLET.

Hochgeehrter Herr Professor,

Als ich Ihnen am 3. Maerz schrieb, hatte ich zwar schon an die Möglichkeit gedacht, dass mein Göttinger Reiseprojekt durch irgend etwas vereitelt werden könnte — aber es lag doch nichts vor, um diess gradezu zu befürchten. Inzwischen hat mich mein altes Uebel wieder gequält, mein kleiner Sohn — den ganzen vorigen Winter leidend — bedurfte einer baldmöglichen Luftveränderung — und so sind wir seit einigen Wochen hier in Koesen, von wo ich Ende Juli in ein Seebad gehen werde, um meine eigene Gesundheit wieder möglichst ins Geleis zu bringen*). Da ich auf diese Weise wieder darauf angewiesen bin, mich schriftlich Ihrem Andenken zu erhalten, so bekommen Sie hier diese Paar Zeilen bloss als Geleitschreiben des Abdruckes von einem kleinen Aufsätzchen, dessen Entstehungsgrund ich Ihnen bereits am 3. Maerz mitgetheilt habe. Ich hoffe, dass dieser Grund genügende Entschuldigung für die Existenz

*) Herr KRONECKER hat sein Göttinger Reiseproject in der That noch im Sommer 1856 ausgeführt.
E. SCH.

der beifolgenden Unbedeutendheit in Ihren Augen sein wird, falls Sie einmal gelegentlich einen Blick hinein thun sollten*). Für diesen Fall erwähne ich nur noch, dass die auf pag. 209 definirten Zahlen k und deren Eigenschaften mir mehr Mühe gemacht haben als man ihnen ansieht, und dass überhaupt die Herleitungen und Beweise der mitgetheilten Resultate über ABELsche Gleichungen manche Schwierigkeiten grade in der erforderlich gewesenen detaillirten Ausarbeitung darboten. — Uebrigens sind die erwähnten Zahlen k in mancher Beziehung interessant, und es erleidet keinen Zweifel, dass sie bei gewissen Formenanzahlen dieselbe Rolle spielen, wie die von Ihnen mit a und b bezeichneten Zahlen in der Theorie der quadratischen Formen. Wenn man nämlich (um die in dem Aufsätzchen den Buchstaben n und m beigelegten Bedeutungen beizubehalten) überhaupt Formen n^{ten} Grades mit mehreren Variabeln betrachtet, so kann man die den einfachsten complexen Zahlen entsprechenden so definiren: „dass die Formen in lineare Factoren zerlegbar und schon die cyklischen Functionen dieser linearen Factoren rationale Functionen der Variabeln (d. h. mit rationalen Coëfficienten) sein sollen“. Derlei Formen n^{ten} Grades mit der Determinante m sind dann nichts Anderes als die Normformen (und deren associirte) von complexen Zahlen, die aus den Perioden $\varpi(\varrho)$ gebildet sind, und bei deren Formenanzahl eben die k's auftreten müssen. Sie sehen, dass man auf diese Weise eine einfache Erklärung derjenigen Formen hat, die offenbar die zunächst liegenden sind, und dass hierbei nichts von jenen zufälligen Besonderheiten auftritt, welche EISENSTEIN bei Erklärung der Kreistheilungsformen 3ten Grades mit 3 Variabeln hat zu Hülfe nehmen müssen. — Was meine Arbeiten anlangt, so bin ich in meiner Hauptbeschäftigung nur wenig vorgeschritten, da ich mich mit einigen kleinen Ausarbeitungen habe beschäftigen müssen. Aber ich bin vielfach in den hoffnungsvollen Fernsichten, dem, was ich beweisen kann, vorausgeeilt und habe dabei Anschauungen von der Natur der Gleichungen gewonnen, die, wenn sie sich bewähren, ein ganz neues und erhebliches Interesse gewähren dürften. Bei der gänzlichen Neuheit des Feldes aber, auf welchem ich jetzt arbeite, und bei der kaum zu bewältigenden Complicirtheit glaube ich, dass ich jahrelanger Arbeit bedürfen werde, ehe ich zu stricten Resultaten komme. Also, geehrter Herr Professor, erwarten Sie in

---

**) Diese Worte beziehen sich auf die im Monatsbericht der Berliner Akademie vom April 1856 veröffentlichte algebraische Arbeit. E. SCH.

dieser Hinsicht nicht so bald etwas von mir, zumal ich ein gut Theil Zeit auf die sorgfältigste elementare Bearbeitung meiner älteren Resultate verwenden werde. Und ich habe ja doch nichts zu versäumen — vorausgesetzt dass meine Gesundheit mit den Jahren besser statt schlechter wird. Nun nur noch eins!

Bei Gelegenheit eines kleinen Sätzchens über ganzzahlige Gleichungen, welches wohl in dem ersten unter BORCHARDT's Namen erscheinenden Hefte des Journals abgedruckt werden wird, kam ich wiederholt auf Ihre Notiz über complexe Einheiten im Monatsberichte der Akademie. Erlauben Sie mir in Bezug darauf Ihnen zu sagen, dass — wie ich glaube — Ihre dortige Darstellung zu Missverständnissen führen kann, und dass es meines Erachtens besser wäre die Sache zum Theil vom Ende anzufangen. Hat man nämlich — und Sie zeigen, dass diess stets zu finden ist — ein System von Einheiten:

$$\Phi_1(\alpha),\quad \Phi_2(\alpha),\quad \ldots,\quad \Phi_{h-1}(\alpha),$$

für welches — wenn α' und α conjugirt,

$$\Phi_k(\alpha).\Phi_k(\alpha') = a_k \text{ und } \log a_k = A_k$$

gesetzt wird — jene Determinante $\Sigma \pm A_1 B_2 C_3 \ldots$ nicht verschwindet, so giebt es keine von 0 verschiedenen Werthe für $m_1, m_2, \ldots, m_{h-1}$, so dass die Gleichungen:

$$\begin{aligned} A_1 m_1 + A_2 m_2 + \cdots + A_{h-1} m_{h-1} &= 0, \\ B_1 m_1 + B_2 m_2 + \cdots + B_{h-1} m_{h-1} &= 0, \\ &\vdots \end{aligned}$$

sämmtlich erfüllt würden. Also kann nicht

$$\Phi_1(\alpha)^{m_1}\Phi_2(\alpha)^{m_2}\ldots\Phi_{h-1}(\alpha)^{m_{h-1}} = 1$$

sein für irgend welche ganze Werthe von $m_1, m_2, \ldots, m_{h-1}$, denn sonst folgte wegen der Irreductibilität der zu Grunde gelegten Gleichung

$$\begin{aligned} \Phi_1(\alpha')^{m_1}\Phi_2(\alpha')^{m_2}\cdots &= 1, \\ \Phi_1(\beta)^{m_1}\Phi_2(\beta)^{m_2}\cdots &= 1, \\ \Phi_1(\beta')^{m_1}\Phi_2(\beta')^{m_2}\cdots &= 1 \text{ etc.} \end{aligned}$$

also durch Multiplication von je zwei dieser Gleichungen:

$$a_1^{m_1}.a_2^{m_2}\cdots = 1,\quad b_1^{m_1}b_2^{m_2}\cdots = 1 \text{ etc.}$$

für alle h Gleichungen was ja eben unmöglich ist. Folglich bilden $\Phi_1(\alpha)$, $\Phi_2(\alpha)\ldots$ ein System von unabhängigen Einheiten.

Ich meine, dass eine solche Umkehr der Aufeinanderfolge Ihrer Schlüsse vor gewissen Missdeutungen hüten würde. Man ist nämlich durch die Worte pag. 106: „Sollen nun z. B. drei Auflösungen ..." und resp. durch die folgende Stelle: „Berücksichtigt man, ..." veranlasst zu glauben

1, dass für ein System unabhängiger Einheiten keine einzige der obigen h Gleichungen stattfinden könne — während es doch nur unmöglich ist, dass alle stattfinden,

2, könnte man denken, dass die Gleichung $a_1^{m_1} a_2^{m_2} \cdots = 1$ die Gleichung $b_1^{m_1} b_2^{m_2} \cdots = 1$ etc. zur Folge hat, während doch nur aus der Existenz der Gleichung

$$\Phi_1(\alpha)^{m_1} \Phi_2(\alpha)^{m_2} \cdots = 1$$

die aller übrigen folgt. Die Gleichung $a_1^{m_1} a_2^{m_2} \cdots = 1$, d. h.

$$\Phi_1(\alpha)^{m_1} \Phi_1(\alpha')^{m_1} \Phi_2(\alpha)^{m_2} \Phi_2(\alpha')^{m_2} \cdots = 1,$$

lässt keinerlei Folgerungen über den Bestand derselben zu, wenn α in β verwandelt wird.

Ich erwähne nur noch der Fälle, wo in der That für ein System unabhängiger Einheiten $\Phi_1(\alpha), \ldots, \Phi_{h-1}(\alpha)$ eine oder mehrere der Gleichungen

$$a_1^{m_1} a_2^{m_2} \cdots = 1, \quad b_1^{m_1} b_2^{m_2} \cdots = 1, \quad \ldots$$

(aber natürlich nicht alle) befriedigt werden. Wenn nämlich z. B. eine Einheit $\Psi(\alpha)$ existirt, deren analytischer Modul $= 1$ ist, und welche doch nicht Wurzel der Einheit ist (und es ist leicht zu zeigen, dass diess möglich ist), so muss nach Ihrem Fundamentalsatze

$$\omega \Psi(\alpha) = \Phi_1(\alpha)^{m_1} \Phi_2(\alpha)^{m_2} \cdots \Phi_{h-1}(\alpha)^{m_{h-1}}$$

sein, wenn $\Phi_1(\alpha), \ldots$ die Fundamentaleinheiten und ω eine Wurzel der Einheit bedeutet. Verwandelt man hierin $\sqrt{-1}$ in $-\sqrt{-1}$, so wird

$$\omega^{-1}.\Psi(\alpha') = \Phi_1(\alpha')^{m_1}.\Phi_2(\alpha')^{m_2} \cdots \Phi_{h-1}(\alpha')^{m_{h-1}}$$

und durch Multiplication, wenn man berücksichtigt, dass $\Psi(\alpha)\Psi(\alpha') = 1$ ist:

$$1 = a_1^{m_1}.a_2^{m_2} \cdots a_{h-1}^{m_{h-1}},$$

wo die m's von 0 verschieden sind. Es gäbe noch mancherlei hierbei zu erwähnen, doch lohnt es nicht der Schreiberei, und ich verlasse desshalb diesen Gegenstand, um Sie nur noch zu fragen, ob Sie die Bemerkung für interessant halten, dass man cyklometrische Auflösungen der Gleichung $x^2 + Dy^2 = 4p$ finden kann, wenn $p \equiv 1 \pmod{D}$ ist. Es ist diess leicht als Verallgemeinerung der JACOBI'schen Ψ's zu sehen, woraus dort nur die Auflösung von $x^2+3y^2=4p$ und $x^2+7y^2=4p$ sich ergiebt. Es ist mir diese ganze Bemerkung nur abgefallen von allgemeineren Betrachtungen, die sich aber im Uebrigen noch nicht hinreichend fruchtbringend gezeigt haben.

Nimmt man der grösseren Einfachheit wegen $D=\lambda$ einer Primzahl von der Form $4n+3$, so ist, wenn $\alpha^\lambda=1$, $x^p=1$ und $p=k\lambda+1$, nach JACOBI's Bezeichnung

$$(\alpha,\ x) = x+\alpha x^g+\alpha^2 x^{g^2}+\cdots,$$

und das Product $\Pi(\alpha^a, x)$, welches sich auf alle quadratischen Reste a von λ bezieht, ist wie leicht zu sehen von der Form $\frac{1}{2}u+\frac{1}{2}v\sqrt{-\lambda}$, wo u und v ganze Zahlen sind. Es ist nun

$$\frac{u+v\sqrt{-\lambda}}{u-v\sqrt{-\lambda}} = \left(\frac{U+V\sqrt{-\lambda}}{U-V\sqrt{-\lambda}}\right)^{\frac{\Sigma b-\Sigma a}{\lambda}},$$

wenn U und V die Zahlen der Auflösung von $U^2+\lambda V^2=4p$ bedeuten. Man sieht hieraus, dass man für ein gegebenes p und λ eine Gleichung vom Grade $\frac{\Sigma b-\Sigma a}{\lambda}$ aufstellen kann, welche (wenn $U^2+\lambda V^2=4p$ in ganzen Zahlen auflösbar ist) eine einzige rationale Wurzel hat, aus welcher die Werthe von U und V unmittelbar hervorgehen. —

Ich habe mich — zu meinem Schrecken sehe ich es — schon wieder allzusehr ausgebreitet und bitte Sie desshalb um Entschuldigung. Ich bitte Sie ferner mich und meine Frau Ihrer Frau Gemahlin angelegentlichst zu empfehlen und bitte Sie endlich mir Ihr so sehr schätzbares Wohlwollen stets zu bewahren.

Mit innigster Anhänglichkeit und Verehrung

Ihr

dankbarer Schüler

Koesen, den 26. Juni 1856.

LEOPOLD KRONECKER.

IV. KRONECKER AN DIRICHLET.

Hochgeehrter Herr Professor!

Ich habe so eben an Herrn Dr. DEDEKIND ein Paar Zeilen geschrieben, und da treibt mich meine alte Anhänglichkeit auch Ihnen einige Worte zu schicken selbst auf die Gefahr hin, dass Ihr Interesse für mich inzwischen einigermassen erkaltet sein sollte. Zumal habe ich nicht recht Aussicht Sie bald einmal persönlich wiederzusehen*), denn Sie reisen stets nach Westen, und ich kann aus vielfachen Gründen nicht nach Göttingen kommen. — Mit meinen mathematischen Arbeiten ist es mir im vergangenen Winter sonderbar gegangen, nämlich sowohl in meinen algebraischen Ausarbeitungen als in den weiteren Untersuchungen über die Affecte der Gleichungen bin ich immerfort von scheinbar wenig damit zusammenhängenden Dingen unterbrochen worden, ohne dass ich grade Grund hätte mit diesen Unterbrechungen unzufrieden zu sein. Denn ich habe so manche sehr interessante Sachen gefunden, und da ich mich zumeist dadurch so unabhängig fühle, dass mich keine Spur irgend welchen Ehrgeizes quält, da ich vielmehr einzig und allein meine Freude in der Erkenntniss des Wahren habe, so kommt es mir wenig darauf an, wozu ich grade meine Zeit verwende, wenn ich sie nur überhaupt gut benutze. — Die beiden Hauptepisoden meiner Arbeiten betrafen die complexe Multiplication der elliptischen Functionen und die Theorie der allgemeinsten idealen Zahlen. In Bezug auf das erste Thema habe ich Ihnen meine ersten Resultate schon im December hier mitgetheilt. Ich habe in den ersten drei Monaten dieses Jahres noch viele ähnliche Resultate gefunden, Alles streng bewiesen und überhaupt die betreffende Untersuchung eigentlich abgeschlossen. Das dabei durchforschte kleine mathematische Gebiet war mir in vieler Beziehung äusserst interessant. Die Eleganz der Resultate und die Einfachheit der Beweismethoden, der Zusammenhang der Analysis und Zahlentheorie, die weiteren Aussichten, die die Sachen gewähren — alles das vereinigte sich, um meinen Eifer in der Untersuchung anzuspornen und nachher zu belohnen. Ich werde kurz die wesentlichsten Resultate anführen: 1, die Moduln k, für welche Multiplication mit $a+b\sqrt{-D}$ stattfindet, sind Wurzeln einer auflösbaren Gleichung Hten Grades, deren Coëfficienten complexe Zahlen von der Form $a+b\sqrt{-D}$ sind, wo H die Anzahl der quadratischen Formen für die Determinante $-D$ bedeutet. 2, die Gleichung hat den Charakter der von ABEL behandelten Gleichungen, dass sämmtliche Wurzeln rationale Functionen einer einzigen sind, und dass, wenn: k, $\theta(k)$, $\theta_1(k)$ solche Wurzeln bedeuten, $\theta\theta_1(k) = \theta_1\theta(k)$ ist. Die Anzahl der hierbei nach ABEL entstehenden Cykeln oder Perioden ist gleich dem Irregu-

*) DIRICHLET hatte im December 1856 Berlin besucht. E. SCH.

laritäts-Exponenten von GAUSS für $-D$. Ist jene Anzahl $=1$ also jene Gleichung eine (wie ich es nenne) „Abelsche", so ist die Determinante regulär. Es ist mir nicht aussichtslos, dass ich noch werde bestimmen können, ob jene Gleichung eine Abelsche ist oder nicht und damit also, ob die Determinante regulär oder irregulär ist. Wenigstens kann ich schon jetzt den Charakter einer solchen Bestimmung angeben, und der ist merkwürdig genug. 3, Aus den H Moduln k lassen sich die Coëfficienten eines Systems nicht äquivalenter quadratischer Formen der Determinante $-D$ in transcendenter Form angeben. 4, Gewisse rationale Functionen der irrationalen Grössen k lassen sich als ideale Zahlen betrachten, welche die quadratischen Formen ersetzen. Diese idealen Zahlen erschliessen manche Eigenthümlichkeit der Zahlentheorie und Algebra, und ich erwähne in dieser Beziehung nur, dass sie bei Aufstellung der Abelschen Gleichungen mit complexen Coëfficienten mit Nothwendigkeit erscheinen. Ihre Analogie mit den wirklichen Zahlen $a+b\sqrt{-D}$ geht ferner daraus hervor, dass sie dieselben bei der Multiplication der elliptischen Functionen gradezu ersetzen. 5, Der erwähnten Untersuchung gebührt jedenfalls das Verdienst auf den für die Berechnung und überhaupt einfachsten Ausdruck der Formenanzahl für die Determinante $-D$ aufmerksam gemacht zu haben. Aus jener Untersuchung resultiren nämlich eine Menge recurrirender Formeln der allereinfachsten Art für die zu den Determinanten: $-D$, $-D+1^2$, $-D+2^2$, $-D+3^2$, ... gehörigen Formenanzahlen. Viele dieser Formeln lassen sich ganz simpel aus dem Zusammenhang der Formenanzahl mit der Anzahl der Darstellungen als Summe von 3 Quadraten ableiten und, was schöner ist, jene Theorie giebt einen Beweis dieses Zusammenhanges. Aber ein andrer Theil jener Formeln scheint mir arithmetisch schwer beweisbar. Ich habe trotz mancher daran gewendeten Mühe keine Ahnung davon, wie es möglich sein wird. Ich theile Ihnen zur Probe eine dieser Formeln hier mit: Sei $F(m)$ die Anzahl der Formen für die Determinante $-m$, so ist:

$$F(n)+2F(n-1)+2F(n-4)+2F(n-9)+2F(n-16)+\cdots = \Phi(n),$$

wo $\Phi(n)$ die Summe derjenigen Divisoren von n bedeutet welche grösser als $\sqrt{n}$ sind, und wo $n\equiv 3 \bmod. 4$ ist. 6, Wenn n Primzahl, so ist $\Phi(n)=n$, und da findet eine merkwürdige Eigenschaft der Formen statt, die ich noch nicht bewiesen und auf sehr eigenthümlichen Inductionswegen gefunden habe, eine Eigenschaft, welche zeigt, dass die Determinanten n, $n-1$, $n-4$ ... in vieler Beziehung zusammen zu betrachten sind. Denkt man sich nämlich alle reducirten Formen für alle diese Determinanten: $-(n-r^2)$ und für alle diese Formen (a, b, c) die Zahlen, welchen der Ausdruck $\frac{b \pm \sqrt{-n+r^2}}{a}$ oder besser: $\frac{b \pm r}{a}$ modulo n congruent ist, so erhält man grade alle Zahlen 0, 1, 2 ... $(n-1)$. Ist das nicht schön? 7, Wenn D als Summe dreier Quadrate darstellbar ist, so erhält man auf die einfachste Art die Formenanzahl ausgedrückt durch die Anzahl der Darstellungen als Summe von 2 Quadraten von: $D-1$, $D-4$, $D-9$ ...; da diese Anzahlen nur von den Primfactoren abhängen, so ergiebt diess eine Weise zur Berechnung der Formenanzahl die — mit Hülfe einer Factorentafel — im Wesentlichen nur auf „Ablesen“ hinaus kommt. 8, Diejenigen Moduln k, für welche die Modulargleichungen gleiche Wurzeln haben, sind von der oben bezeichneten Art. Es charakterisirt diess die von mir betrachteten elliptischen Functionen als gewissermassen Grenzwerthe der allgemeinen und zwar als solche, die einen Schritt näher liegen als die äusserste Grenze d. h. die Kreisfunctionen. Während es für diese nur Multiplication giebt, findet für meine besonderen ellipt. F. zwar auch Transformation statt, aber dieselbe ist hier selbst eine Art von Multiplication; die Multiplication wird durch die forma principalis, die Transformationen werden durch die andern Formen repräsentirt. Haec hactenus. Augenblicklich stecke ich tief in Untersuchungen über allgemeine complexe Zahlen von der Form, wie Sie die Einheiten betrachtet haben. Ich habe die Begriffe der idealen Zahlen, die Reduction der Formen etc. festgestellt und durch diese allgemeinsten Betrachtungen eine sehr bemerkenswerthe Einfachheit erzielt. Und es ist keine hohle Allgemeinheit; denn ich bin sehr schönen Resultaten auf der Spur und weiss ziemlich genau, wie weit ich kommen werde. Das Schönste daran ist, dass man den Begriff der derivirten Formen für alle diese zerlegbaren Formen allgemein aufstellen und, wie ich glaube, auch das Verhältniss der Formenanzahl für primitive und derivirte allgemein bestimmen kann. Für eine grosse Classe (wozu die quadratischen Formen, die Kreistheilungsformen gehören) ist es mir bereits gelungen. Auch geben meine Untersuchungen eine Einsicht in Ihr Resultat über die Formenanzahl für eine reelle Determinante in der complexen Zahlentheorie. Doch genug! Raum, Zeit und wohl auch Ihre Geduld sind zu Ende, und desshalb bitte ich nur noch ein Bischen Wohlwollen zu bewahren

Ihrem Ihnen aufrichtig ergebenen

Berlin, 17. Mai 57.
Köthner Str. 12.

LEOPOLD KRONECKER.

V. DIRICHLET AN KRONECKER.

Herrn Dr. KRONECKER

in Berlin

Köthener Str. Nr. 12.

Da Sie, verehrter Freund, aus Erfahrung wissen, wie tief bei mir die üble Gewohnheit eingewurzelt ist, die Briefe selbst meiner liebsten Freunde sehr spät zu beantworten, so werden Sie sich kaum wundern, wenn die durch BORCHARDT und EHLERT hierher überbrachte Nachricht, dass Sie von Berlin abwesend seyen, meinen festen Entschluss, Ihnen während der Pfingstferien zu schreiben, nicht zur Ausführung hat kommen lassen. Da Sie aber, wie ich von DEDEKIND erfahre, wieder zurück sind und Berlin bald wieder verlassen wollen, so kann ich nicht länger zögern, Ihnen meinen innigsten Dank für Ihren so interessanten Brief abzustatten. Für die überaus grosse Freude, welche mir die Mittheilung Ihrer schönen Entdeckungen verursacht hat, finde ich keinen passenderen Ausdruck als Ihnen aus vollster Ueberzeugung *macte virtute* zuzurufen. Zugleich kann ich Ihnen nicht verhehlen, dass sich dieser Freude etwas Egoismus beimischt, da ich mir bei aller Bescheidenheit das Zeugniss nicht versagen kann, dass ich Sie zuerst in die unteren Regionen einer der Wissenschaften eingeführt habe, auf deren Höhen Sie jetzt als Meister einherschreiten. Ich rede absichtlich nur von einer dieser Wissenschaften, denn an Ihrer algebraischen Grösse muss ich mich völlig unschuldig erklären.

Mein Interesse an den merkwürdigen Beziehungen, die Sie zwischen den quadratischen Formen, der Algebra und den elliptischen Funktionen aufgefunden haben, ist um so lebhafter, als ich selbst zuweilen ähnlichen Beziehungen nachgespürt habe. Ein hierauf bezüglicher Gesichtspunkt ist in meiner Abh. R. s. d. a. § 7 angedeutet, doch wird das am bezeichneten Orte Gesagte, wie ich später bemerkt, sehr durch die dort vorausgesetzte Bedingung verdunkelt, dass bei den doppelten Summationen nach x und y, das Trinom $ax^2+2bxy+cy^2$ relative Primzahl zu D seyn muss. Ich habe den Gegenstand von dem durch Beseitigung der erwähnten Bedingung sehr vereinfachten Gesichtspunkt aus eine gute Strecke weiter verfolgt, glaube jedoch, wenn ich anders Ihre leider sehr kurzen Mittheilungen richtig deute, dass die von mir gemachten Bemerkungen kaum etwas mit Ihren schönen Resultaten gemein haben, welche wesentlich auf der Partikularisirung des Moduls zu beruhen scheinen, während meine Betrachtung die Unbestimmtheit von k und des davon abhängigen q voraussetzt. Um so begieriger bin ich, das Fundament und den eigentlichen Ausgangspunkt Ihrer Untersuchungen kennen zu lernen, auf deren baldige Publikation ich rechnen zu dürfen glaube, da Sie selbst Ihre Arbeit als im Wesentlichen abgeschlossen betrachten und als eine von mässigem Umfange bezeichnen.

Was mich betrifft, so bin ich jetzt mit der Ausarbeitung der hydrodynamischen Abhandlung beschäftigt, von deren Gegenstand zu Weihnachten flüchtig zwischen uns die Rede war. Das Hauptresultat lässt sich ungefähr so formuliren.

„Hat eine incompressible homogene flüssige Masse, deren Theile sich nach dem Newtonschen Gesetze anziehen und die an ihrer Oberfläche einen constanten oder nur von der Zeit abhängigen Druck erleidet, anfänglich die Gestalt eines Ellipsoides, ist ferner die anfängliche Bewegung so beschaffen, dass sie in zwei einfachere zerlegbar ist, eine Drehung um eine durch den Mittelpunkt gehende Axe mit derselben Winkelgeschwindigkeit für alle Massenelemente, und eine zweite Bewegung, bei welcher alle Massenelemente sich in Bezug auf drei bestimmte sich im Mittelpunkte rechtwinklig durchschneidende Ebenen so bewegen, dass ihre Geschwindigkeiten senkrecht gegen jede dieser Ebenen zerlegt, den Abständen von denselben proportional sind, so wird die Oberfläche zu einer beliebigen Zeit die Form eines Ellipsoides haben, welches mit dem ursprünglichen concentrisch ist, dessen Axen aber in Grösse und Richtung mit der Zeit veränderlich sind. Hinsichtlich der Bewegung der einzelnen Elemente gilt dasselbe, was für den ersten Augenblick vorausgesetzt wurde, d. h. die augenblickliche Bewegung ist zu jeder Zeit aus zwei einfachen, wie sie oben definirt wurden, zusammengesetzt, so jedoch dass die Drehungsaxe und die drei Ebenen, welche diesen Bewegungen entsprechen, im Allgemeinen mit der Zeit veränderlich sind.

Wie leicht zu sehen, involvirt der vorausgesetzte ursprüngliche Bewegungszustand 8 willkührliche Grössen und es ist merkwürdig, dass sich für einen solchen Anfangszustand der allgemeine Charakter der eintretenden Bewegung angeben lässt. Ich sage „der allgemeine Charakter der Bewegung“, denn zur vollständigen Kenntniss derselben sind 9 Funktionen der Zeit zu bestimmen, welche durch eben so viele Gl. definirt werden, eine endliche und 8 Differt. gl. 2ter Ordnung, für welche man allgemein 7 Integrale erster Ordnung angeben kann. Die vollständige Lösung lässt sich nur in speciellen Fällen durchführen, von denen einer der einfachsten der ist, wenn das Ellipsoid zwei gleiche Axen hat und die Bewegung ohne anfängliche Geschwindigkeit beginnt.

Aus meinen Gl. ergiebt sich die Lösung eines Problems, welches einiges Interesse darzubieten scheint, wenn gleich das Resultat ein rein negatives ist. Die bekannten von Maclaurin und Jacobi gefundenen Resultate führen naturgemäss auf die Frage, in welchen Fällen ein flüssiges homogenes Ellipsoid, dessen Elemente sich gegenseitig nach dem Newtonschen Gesetze anziehen, wie ein fester Körper um seinen Schwerpunkt rotiren kann, und die Antwort lautet, dass dies nur möglich ist, wenn die Bewegung um eine feste, mit einer der Hauptaxen des Ellipsoids zusammenfallende Axe geschieht, was der von Maclaurin und Jacobi untersuchte Fall ist.

Wenn ich mich nun noch eines mir von meiner Frau gegebenen Auftrages entledige, so ist das Papier und also auch dieser lange Brief zu Ende. Der Auftrag ist der, Sie zu bitten, dass Sie meine Frau gefälligst bei Ihrer Frau entschuldigen wollen, dass sie sie (schöner Stil) vorigen Winter nicht hat besuchen können. Ehlert kann bezeugen, wie sehr meine Frau während ihres kurzen Aufenthaltes gehetzt gewesen ist und nur den kleinsten Theil der von ihr beabsichtigten Besuche hat machen können.

Vale et mihi fave

Göttingen 4. Juli 1857.

Dirichlet.

VI. DIRICHLET AN KRONECKER.

Ich beeile mich, verehrter Freund, Ihnen für Ihren freundlichen Brief*) zu danken und zugleich den früheren vom Mai Ihrem Wunsche gemäss zu überschicken. Es versteht sich von selbst, dass Sie mir den letzteren, der mein Eigenthum ist, später wieder zustellen müssen, doch hat es damit keine Eile, da mir eine von Dedekind genommene Abschrift jeden Augenblick zu Gebote steht. Von Ihrem freundlichen Versprechen, mich zu besuchen, nehme ich, wie die Juristen sagen, Akt, hoffe jedoch, Sie vielleicht noch früher in Berlin

*) Dieser Brief von Herrn Kronecker hat sich in Dirichlet's Nachlass nicht vorgefunden. E. Sch.

zu sehen. Ihres Auftrages wegen Riemann, dessen jetzigen Aufenthalt ich nicht sicher kenne — er war längere Zeit in Harzburg — entledige ich mich dadurch, dass ich heute an Dedekind schreibe, um durch diesen Ihr Gesuch an Riemann gelangen zu lassen.

Empfehlen Sie mich und meine Frau Ihrer Frau Gemahlin bestens und grüssen Sie unsere Freunde Ehlert, Kummer, Weierstrass und Borchardt, falls er zurück ist, ergebenst von

Ihrem treu ergebenen

Göttingen 4. Okt. 57.

Dirichlet.

VII. KRONECKER AN DIRICHLET.

Hochgeehrter Herr Professor,

Zuvörderst meinen herzlichsten Dank für die ungemein prompte Erfüllung meiner neulichen Bitte! — Inzwischen bin ich von einem sehr schweren Verluste betroffen worden — meine Mutter ist im 59sten Jahre ihres Lebens, wenn auch an einer chronischen Krankheit, doch so plötzlich gestorben, dass, als ich vor sechs Wochen auf die erste Nachricht hin nach Liegnitz eilte, ich sie schon nicht mehr lebend antraf. Ich verweilte damals noch einige Wochen bei meinem armen Vater, und ich war selbst geistig und körperlich von dem Schlage sehr mitgenommen. Nachher kamen mancherlei leichtere Krankheiten in meiner kleinen Familie hier — Sie können Sich also denken, dass meine Arbeiten nur sehr langsam von Statten gingen, und ich muss Sie um Nachsicht bitten.

Die kleine Notiz, die ich über meine „Ellipt. Functions-Arbeiten“ redigirt habe, erlaube ich mir Ihnen anbei zu überreichen und noch drei Exemplare zur ganz gelegentlichen Abgabe an die Herren Riemann, Dedekind und Stern beizufügen. Zur Entschuldigung hätte ich dabei mehr zu sagen als der Text selbst Raum einnimmt; doch werde ich die ausführliche Ausarbeitung so bald folgen lassen, dass diese selbst Alles erklären soll. Einige kleine Nachlässigkeiten meines Briefes vom 17. Mai, welcher anbei zurückfolgt, finden sich in der gedruckten Notiz verbessert. Nur zwei Punkte sind es, über die ich im

Frühjahr eine wirklich irrige Meinung hatte. I. Ich hatte damals einen Beweis für die Irreductibilität der Gleichungen gemacht, von denen die Modulwerthe abhängen — und dieser Beweis ist falsch. Ich bin zwar immer noch überzeugt, dass jene Gleichungen irreductibel sind, aber da ich es noch nicht beweisen kann, musste ich einstweilen den darauf gegründeten Schluss auf den Irregularitätsexponenten aufgeben. Dieser Schluss würde — so lange jene Irreductibilität noch nicht feststeht — nur in einer alternativen Form gemacht werden können, die weder schön noch einfach genug ist, um in die beiliegende Notiz mit aufgenommen zu werden. — II. Ich hatte ferner im Frühjahr die irrige Meinung mit dem qu. Gebiete mathematischer Untersuchung gewissermaassen fertig zu sein, während sich mir jetzt noch eine Fülle neuen und reichen Materials bietet. Indessen werde ich dieses Mal gegen meine Gewohnheit und Neigung doch an die Veröffentlichung gehen, *ehe* ich die Sache *ganz* durchgearbeitet habe; ich werde in zwei Theilen meiner Arbeit die Auflösbarkeit jener Gleichungen und die Anwendung derselben auf die Theorie der quadratischen Formen negativer Determinante geben, die weiteren Anwendungen aber namentlich auf die Composition der Formen wahrscheinlich noch verschieben. — Ich hoffe Sie werden diese Genügsamkeit Ihres armen Schülers billigen — denn ich sehe endlich ein, dass ich meinem Ideal nicht mehr nachstreben kann und darf, nämlich auch nur *eine* — wenn auch in niedrigeren Regionen sich bewegende — doch so in sich vollendete Arbeit zu liefern, wie die Ihrigen Alle sind. Es ist einmal mein Kreuz, dass ich immer auf Gebiete geführt werde, die bessere geistige Kräfte erfordern, als mir von der Natur verliehen sind, und die mehr *Zeit* in Anspruch nehmen als die ist, auf welche ich bei meinem doch eigentlich sehr unzuverlässigen Körper zu rechnen habe. — Bei meiner Ausarbeitung will ich *nichts* aus der Theorie der quadr. Formen voraussetzen, um deutlich zu zeigen, dass sich die ellipt. Functionen das Alles selbst machen. Doch, ehe ich das auch für die „Composition“ mache, muss ich Sie, den Meister aller dieser Gebiete, durchaus selbst sprechen. Hoffentlich kommen Sie in den Weihnachtsferien hierher; wenn nicht — so komme ich später nach Göttingen. Von KUMMER, der mit seinem Reciprocitätsgesetzbeweise sehr schön vorgeschritten ist, soll ich Ihnen die herzlichsten Grüsse ausrichten. Ihrer Frau Gemahlin, die hoffentlich glücklich dort angekommen ist, bitte ich mich selbst und meine Frau, die ihre Grippe immer noch nicht ganz verwunden hat, bestens zu empfehlen. Sie selbst endlich, geehrter Herr

Professor, ersuche ich, Ihr für mich über Alles schätzbares Wohlwollen auch fernerhin zu bewahren

Ihrem Ihnen treu und dankbar ergebenen

BERLIN 2. Decbr. 57. LEOPOLD KRONECKER.

Grüssen Sie RIEMANN und DEDEKIND gefälligst herzlichst von mir

D. O.

VIII. DIRICHLET AN KRONECKER.

Herrn Dr. KRONECKER
(aus Berlin) z. Z.
in
frei Ilsenburg.

Göttingen 23. Juli 58.

Da Sie, verehrter Freund, neulich auf dem Bahnhofe zu Harzburg*) den Wunsch äusserten, den Ausgangspunkt meiner Untersuchungen über den Zusammenhang zwischen den quadratischen Formen von negativer Determinante und den elliptischen Funktionen kennen zu lernen, so will ich Ihnen meine Grundformel für den speciellen Fall, wo die Determinante eine negativ genommene Primzahl p von der Form $4n+3$ ist, mit zwei Worten mittheilen und so gut es, ohne mich in lange Erörterungen, zu denen mir die Musse fehlt, einzulassen, geschehen kann. Eine Andeutung dieses Zusammenhanges habe ich schon im zweiten Theile meiner Abhandlung R. s. d. a. etc. gegeben, aber die Sache ist dort durch den Umstand complicirt, dass die Zahlen bei der Darstellung ausgeschlossen werden, welche mit der Determinante einen gemeinschaftlichen Theiler haben. Hebt man diese Voraussetzung auf, so stellt sich die Formel für den erwähnten besonderen Fall und unter Anwendung der JACOBI'schen Zeichen wie folgt:

$$\frac{k}{\sqrt{p}}\frac{K}{\pi}\Sigma\left(\frac{s}{p}\right)\sin\operatorname{am} s\frac{4K}{\pi} = \Sigma q^{\frac{1}{2}(ax^2+2bxy+cy^2)} + \text{etc.}$$

Die Summe auf der ersten Seite erstreckt sich von $s=1$ bis $s=p-1$,

*) DIRICHLET war im Juli bei Herrn KRONECKER, welcher den Sommer in Ilsenburg zubrachte, einige Tage zum Besuch. Auf DIRICHLET's Rückreise nach Göttingen begleitete ihn Herr KRONECKER zu Wagen von Ilsenburg nach Harzburg. E. SCH.

und die Doppelsummen auf der zweiten beziehen sich auf alle Systeme x, y, für welche die jedesmalige quadratische Form (a, b, c) (der ersten Art oder proprie primitiva) ungerade wird. Die eben ausgesprochene Bedingung liesse sich übrigens leicht entfernen, wenn man auch die Formen der zweiten Art zuziehen wollte. Jede Doppelsumme lässt sich nun, wie schon am angeführten Orte bemerkt, in eine endliche Anzahl von Produkten von je zwei einfachen Summen der Form

$$\sum_{x=-\infty}^{x=\infty} q^{(\delta x+\varepsilon)^2}$$

zerlegen, wo δ und ε rationale Zahlen sind. Jede solche einfache Summe aber lässt sich, wie aus den von JACOBI gegebenen Eigenschaften von Θ leicht folgt, aber so viel ich weiss, bisher nirgends bemerkt worden ist, in die Form

$$\sqrt{\frac{K}{a}}\,\varphi(k)$$

bringen, wo $\varphi(k)$ eine algebraische Funktion des zu q gehörigen Moduls k ist. Da nun andrerseits jeder der auf der ersten Seite vorkommenden sin am ebenfalls eine algebraische Funktion von k ist, so drückt die Gleich. eine Relation aus zwischen algebraischen Funktionen des flüssig bleibenden k. Man kann daher sagen, dass die ganze Theorie der Formen von negativer Determinante und der durch sie darstellbaren Zahlen auf Beziehungen zwischen den Wurzeln algebraischer Gleichungen zurückkommt und sich aus diesen Beziehungen muss ableiten lassen, was ein um so bemerkenswertheres rapprochement ist, als sich bis jetzt bei Formen von positiver Determinante keine Spur eines ähnlichen Zusammenhanges findet.

Seit unserm neulichen Gespräch auf der Fahrt von Ilsenburg nach Harzburg ist es mir gelungen, die Summe $\sum_{s=1}^{s=n}\left[\frac{n}{s}\right]$, wo [ ] nach GAUSS das grösste Ganze bezeichnet und die ich bisher nur mit einem Fehler der Ordnung $\sqrt{n}$ angeben konnte, bedeutend in die Enge zu treiben. Die Auffindung des hiezu dienenden Mittels, welches aller Wahrscheinlichkeit nach auch auf die folgenden Fälle anwendbar seyn wird, macht mir zwar grosses Vergnügen, kommt mir aber in sofern zu ungelegener Zeit als ich dadurch von der Vollendung der hydrodynamischen Abhandlung abgezogen werde, welche doch endlich fertig werden muss.

Mit der Bitte mich Ihrer Frau Gemahlin und den andern Ilsenburger Damen so wie H. Dr. BENZLER bestens zu empfehlen.

Mit BORCHARDT wird es besser gehen, da er meine Frau in Charlottenburg zu besuchen die Absicht hatte.

Ihr treu ergebener

DIRICHLET.

IX. DIRICHLET AN KRONECKER.

Göttingen 31. 7. 58.

Seit ich Ihnen, verehrter Freund, gestern vor acht Tagen geschrieben habe, habe ich von meiner Frau einen Brief aus Preussen erhalten, aus welchem hervorzugehen *scheint*, dass sie BORCHARDT, welcher sie in Charlottenburg zu besuchen die Absicht geäussert hatte, nicht gesehen hat. Ich muss daher fürchten, dass sich der Zustand unsres Freundes neuerdings verschlimmert hat und bitte Sie desshalb mir mit zwei Worten zu sagen, was Sie aus Berlin über ihn erfahren haben. Ein gestern von HEINE eingelaufener Brief erwähnt mit keiner Silbe, dass Sie ihn in den Harz citirt hätten; es wird nun wohl ganz unterbleiben, da Ihre Abreise nach Helgoland nach dem, was Sie mir neulich sagten, vor der Thür seyn muss.

Mit meinen besten Empfehlungen für Ihre Frau Gemahlin

Ihr ergebenster

DIRICHLET.

X. KRONECKER AN DIRICHLET.

Ilsenburg Sonntag 1. August 58.

Hochgeehrter Herr Professor. Ich empfange so eben ihr gestriges Schreiben und beeile mich Ihnen über unsern Freund BORCHARDT Nachricht zu geben, mit dem ich heut vor acht Tagen in Braunschweig zusammen war. Wie das gekommen, ohne dass ich die mit Ihnen getroffene Verabredung erfüllen konnte, darüber muss ich Ihnen mit ein paar Worten Aufschluss geben. Das ziemlich andauernd schöne Wetter am Montag nach Ihrer Abreise von hier trieb mich nämlich zur Ausführung meines Planes einen mehrtägigen Ausflug nach dem Brocken und dem Unterharz zu unternehmen. Durch Wetter-

und andere Störungen verlängerte sich meine Abwesenheit von hier bis Sonnabend vor acht Tagen. Ich hatte inzwischen nicht an BORCHARDT noch an HEINE geschrieben, da ich nach der früheren KUMMERschen Mittheilung über BORCHARDT's Befinden dessen Abreise als noch weit hinausgeschoben betrachtete. Zu meinem Erstaunen fand ich nun aber bei meiner Rückkunft hierher am Sonnabend BORCHARDT's Nachricht vor, dass er Sonntag Mittag in Braunschweig eintreffen würde. Es war nun rein unmöglich, Ihnen noch rechtzeitig davon Mittheilung zu machen, zumal ich wusste, dass Sie Montag wieder Vorlesungen halten und also selbst ein längeres Warten BORCHARDT's in Braunschweig nichts genützt haben würde. Ich reiste also Sonntag allein hinüber und war mit BORCHARDT von 1 bis 8 Uhr zusammen. Er hat es natürlich sehr bedauert, um Ihren — vielleicht auch um HEINE's Besuch — durch Umstände gekommen zu sein, deren Abwendung zum Theil vielleicht in meiner Gewalt war. Indessen, geehrter Herr Professor, Sie haben jetzt alle Data, um selbst das Verdict über mich auszusprechen. Soviel über meine etwaigen Entschuldigungsgründe; was BORCHARDT anlangt, so fand ich ihn freilich sehr schwach und angegriffen, indessen hoffe ich doch, dass er die Reise nach der Insel Wight, die er in kurzen Tagereisen und in Begleitung eines gewandten Dieners machte, glücklich vollendet haben wird. Er denkt auf der Insel Wight auch seine Cousine HELLBORN, jetzt verheirathete SUSSMANN, mit ihrem Manne zu treffen, so dass er also sich dort um so weniger verlassen fühlen wird. BORCHARDT hatte, wie ich vor einigen Tagen von Berlin hörte, vor einigen Wochen erst wieder einen kleinen Anfall gehabt, und seitdem datirt sich die eigentliche Besserung, während bis dahin die Krankheit mehr schleichend verlaufen war, aber auch gar nicht recht weichen wollte. — BORCHARDT gedenkt an 5 Wochen in England zu verweilen und, wenn es ihm alsdann gut geht, noch auf einige Zeit nach Sorrent zu gehen. Freilich liegen die beiden Seeküsten etwas weit auseinander — aber Dampfwagen und Dampfschiffe laufen ja schnell. BORCHARDT's Adresse von der Insel Wight werde ich erst in Helgoland erfahren, wohin ich übermorgen mit meinem Sohne ERNST abzureisen gedenke, und wohin mir vielleicht (einem gestrigen Berliner Briefe nach zu schliessen) WEIERSTRASS und KUMMER folgen werden.

Nach allen diesen Personalien komme ich nun dazu, Ihnen für Ihren freundlichen Brief vom 23sten Juli aufs Herzlichste zu danken und Ihnen zu sagen, wie sehr ich mich durch diese prompte Mittheilung geschmeichelt fühle und noch mehr, wie ungemein mich der Inhalt jenes Schreibens interessirt hat; dass Sie in der Bestimmung von $\Sigma\left[\frac{n}{s}\right]$ so vorgeschritten sind, ist doch eigentlich so prächtig, dass keinerlei Rücksicht Ihre Freude daran beeinträchtigen darf. Auch wird Sie gewiss kein Bedenken von der weiteren Verfolgung der bezüglichen Untersuchungen abhalten, denn die Macht des Reizes derselben ist zu gross. Endlich aber wird es Ihrem umfassenden Geiste gewiss nicht schwer, die Ausarbeitung fertiger Untersuchungen selbst bei Arbeiten auf ganz andern Gebieten nebenher gehen zu lassen. Das ist eben der Vorzug unsrer grossen Männer, dass sie nicht nur die Fülle der Gedanken haben, sondern dass diese ihnen auch kein Hinderniss ist für deren Ausbeutung. — Ihre schönen Mittheilungen über die ellipt. Functionen werde ich mir gleich nach meiner Rückkunft nach Berlin ordentlich zu Nutze machen. Ich werde mir die von Ihnen angedeutete Umformung von $\Sigma q^{\frac{1}{4}(ax^2+2bxy+cy^2)}$ in Produkte von je zwei einfachen Summen $\Sigma q^{(\delta x+\varepsilon)^2}$ zu verschaffen und namentlich die rationalen Zahlen δ und ε zu bestimmen suchen. Diese hängen direct wahrscheinlich von den Coëfficienten der Formen ab, wenigstens so dass — während die linke Seite Ihrer Hauptgleichung offenbar algebraische von der Modulargleichung $p$ter Ordnung abhängige Functionen enthält — auf der rechten Seite algebraische Functionen vorkommen werden, welche aus Modulargleichungen andrer Ordnungen entstehen. Solche Beziehungen sind mir aber algebraisch vom höchsten Interesse — man kennt zwar schon dergleichen, aber die aus Ihrer Gleichung resultirenden sind sicher ganz verschieden von den bereits bekannten. Auch die zahlentheoretischen Folgerungen aus Ihrer Gleichung müssen ganz verschieden sein von denjenigen, die ich aus der Theorie der ellipt. Functionen gezogen habe. Aber ich glaube, dass Ihre Gleichung auch dann noch interessante Ergebnisse liefern wird, wenn man darin dem Modul k einen derjenigen speciellen Zahlenwerthe giebt, die ich besonders untersucht habe. Alle meine diessfällsigen Ideen und Absichten sind natürlich noch sehr unbestimmt — denn Ilsenburg ist kein gutes Klima für mathematische Studien — aber von Berlin aus hoffe ich Ihnen den Dank für Ihre schätzbaren Mittheilungen zu bethätigen. Meine liebe Frau lässt sich Ihnen angelegentlichst empfehlen, und ich selbst bitte Sie mir Ihre überaus werthe Freundschaft zu bewahren.

Ihr treu ergebener

KRONECKER.

Beste Grüsse Ihrem Sohn ERNST und meine besten Empfehlungen Ihrer Frau Mutter, so wie den Herrn WEBER, LISTING und RIEMANN. Ich bitte Sie noch von meinen Ihnen mitgetheilten Ideen über die Algebra der Zukunft, namentlich über die Benutzung der JACOBIschen linearen Gleichungen für $\sqrt{M}$ nichts Anderen mitzutheilen. Ich möchte erst selbst sehen, ob meine Speculationen Erfolg haben.

D. O.

AUSZUG AUS DEM BRIEFWECHSEL ZWISCHEN ALEXANDER VON HUMBOLDT UND G. LEJEUNE DIRICHLET.

Aus einigen Briefen A. von Humboldt's an G. Lejeune Dirichlet geht hervor, dass der letztere Beiträge zum Kosmos geliefert hat. So heisst es in einem Briefe Humboldt's, welcher kurz vor der Drucklegung des zweiten Bandes, also um das Jahr 1847 geschrieben sein muss:

„Je Vous écris ces lignes au milieu de bien d'oiseuses et futiles agitations; mais ce serait un manque de sensibilité et de reconnaissance de ma part, que de ne pas Vous exprimer, mon cher et respectable ami, combien je suis touché du sacrifice de temps que Vous avez dû faire pour répondre à ma prière. Vous m'avez satisfait et parfaitement satisfait à ce qui pouvait seul entrer dans la composition de mon Précis historique. Vous l'avez fait avec cette mesure et cette précision dans l'expression des idées qui caractérise à un si haut degré tout ce qui sort de Votre plume. Je ne Vous nomme pas, ce serait Vous rendre „le Ministre responsable“, mais j'ai guillemeté les passages, ce qui indique, comme je l'ai dit p. XIV de la préface, que la phrase est empruntée à un de mes amis. Comme Vous êtes moins indophile que moi, par devoir de parenté, Vous nourrissez l'espoir malin qu'un jour on découvrira quelque fragment de Diophante, qui nous donnera ce que jusqu' ici on ne trouve que chez les Indiens. J'espère que cette malice ne Vous réussira pas, et si je savais autant de Mathématiques que j'en ignore, je mettrais aussi dans la balance des probabilités le caractère particulier d'analyse, le goût de terroir des algébristes indiens, poètes métriques et coloristes par symboles. Que ces phrases ne Vous fassent pas craindre que j'aie ajouté à la phrase sacramentale. Je m'en suis bien gardé.“

Dieser Brief scheint sich auf die folgende Stelle im Kosmos (Bd. II S. 262) zu beziehen:

„In den algebraischen Werken der Inder findet sich die allgemeine Lösung der unbestimmten Gleichungen des ersten Grades und eine weiter ausgebildete Behandlung derer des zweiten als in den auf uns gekommenen Schriften der Alexandriner; es unterliegt daher keinem Zweifel, dass, wären die Werke der Inder zwei Jahrhunderte früher und nicht erst in unseren Tagen den Europäern bekannt geworden, sie auf die Entwickelung der modernen Analysis fördernd hätten einwirken müssen."

A. VON HUMBOLDT AN G. LEJEUNE DIRICHLET.

Hier, mein theurer Freund und College, ist meine Ihnen längst angekündigte Frage wegen der Benennung der Wochentage durch Anwendung periodischer Reihen. Die Alten (so im Somnium Scipionis, so in einer berühmten Stelle des Dio Cassius, Ideler Bd. I. p. 179.) rechneten die Planeten folgendermaassen.

Saturn ♄
Jupiter ♃
Mars ♂
Sonne ☉
Venus ♀
Mercur ☿
Mond ☾

Die Juden liessen aber die planetarische Benennung der 7tägigen Woche also folgen:

Sabbath,	Sonnabend,	Dies Saturni	♄
	Sonntag,	Dies Solis	☉
	Montag,	Dies Lunae	☾
	Dienstag,	Dies Martis	♂
	Mittwoch,	Dies Mercurii	☿
	Donnerstag,	Dies Jovis	♃
	Freitag,	Dies Veneris	♀

Es giebt 2 verbreitete Lösungen des Problems, wie die letzte Reihe aus der ersten entsteht.

a) nach Erklärung des Dio Cassius, indem man die Stunden des Tages und der Nacht von der ersten Tagesstunde zu zählen anfängt, diese erste dem Saturn, die zweite dem Jupiter, die dritte dem Mars weiht, so wird die letzte der 24 Stunden Mars sein, und die erste des auf den Sabbath folgenden Tages

Sonntag sein, auf ☉ fallen; der dritte Tag fängt mit einer von ☾ beherrschten Stunde an . . . IDELER I. p. 179.

b) nach LETRONNE wird das Problem dadurch gelöst, dass in dem Zodiacus durch excentrische Kreise (z. B. in dem römischen Zodiacus von BIANCHINI, über den ich vor 30 Jahren viel geschrieben, weil er in der späteren Caesarenzeit griechische Thierkreiszeichen mit tartarisch-kirgisischen verband) 12 Zeichen unterhalb 36 Dekanen stehen. Die 36 Dekane, deren je drei auf ein Zeichen gehen, sind benannt nach Planeten in der Reihenfolge der ersten Tabelle. Werfen Sie einen Blick auf CLERAC, Musée de Sculpture p. 832, so finden Sie, dass da der Planet, welcher der erste im Zeichen ist, den Wochentag benennt:

Leo	♄	♃	♂
Virgo	☉	♀	☿
Libra	☾	♄	♃
Scorpio	♂	☉	♀
. . .	.	.	.

Die Wochentage heissen also

♄ ☉ ☾ ♂ . . .

Meine Frage ist nun: wie kann ich kurz und arithmetisch zeigen, dass der Weg der periodischen Reihe 7 und 24 eben dahin führt, als dieselbe periodische Reihe zu je drei in 12 verteilt.

Auf diese Frage lasse ich eine andere folgen, die mich weniger interessirt. Das einfältige Gesetz der Planetenabstände von TITIUS (oft fälschlich von BODE genannt) heisst:

$$4. \quad 4+3. \quad 4+6. \quad 4+12. \quad 4+24. \quad 4+48.$$

Das ist, wenn Entfernung des Saturn zur Sonne 100 ist

von	Mercur	Venus	Erde	Mars	kleine Planeten	Jupiter
	$\frac{4}{100}$	$\frac{7}{100}$	$\frac{10}{100}$	$\frac{16}{100}$	$\frac{28}{100}$	$\frac{52}{100}$

GAUSS hat schon gesagt, dass es eine tolle Reihe ist, die mit 4 anfängt, da Mercur nicht 4, sondern $4+\frac{1}{2}=5\frac{1}{2}$ sein sollte. MÄDLER nun nennt dies empirische Gesetz eine *geometrische* Progression, BODE nennt es ein *harmonisches.* Es ist gewiss weder eines noch das andere. Es hat dem Prof. TITIUS dunkel die Idee der Verdoppelung von Mercur an, nicht von der Sonne an, vorgeschwebt: 3. 6. 12. 24. . . und durch Tappen hat er für Mercur die constante Quantität 4 gefunden, welche die geometrische Progression verunstaltend zu jedem Gliede der Reihe addirt, die wirklichen Abstände annähernd giebt. Ist das richtig? Heisst nicht eine harmonische Progression eine solche, in der das erste Glied sich zum dritten verhält wie die Differenz des ersten und zweiten Gliedes sich zur Differenz des zweiten und dritten Gliedes verhält.

$$a. \quad b. \quad c. \quad d$$

$$a : c = b - a : c - b$$

Wo ist denn etwas in der Reihe von Titius

4. 7. 10. 16. . .

zu finden, wie Bode will? $4:10 = 3:3$. Unsinn.

Lächeln Sie nicht zu sehr über mein weniges Wissen! Wegen der dunkeln Idee der Verdoppelung erinnere ich an die wirklichen Abstände der Planeten von der Sonne.

Mercur	8 Millionen geogr. Meilen
Venus	15
Erde	20,6!!
Mars	31,5
kleine Planeten	56
Jupiter	107,5 bene
Saturn	197 bene
Uranus	396 bene
Neptun	620,8 schlecht.

Mit inniger Freundschaft

Berlin Sonntag Nacht $2^{h}\frac{3}{4}$ A. v. Humboldt.

G. LEJEUNE DIRICHLET AN A. VON HUMBOLDT.

Nach zwei der drei über den Ursprung der planetarischen Wochentagsbenennungen aufgestellten Hypothesen sind diese dadurch entstanden, dass man in der aus der Planetenreihe

Saturn a
Jupiter b
Mars c

Sonne d
Venus e
Mercur f
Mond g

gebildeten periodischen Reihe

(1.) a b c d e f g, a b c etc.

immer ein Glied genommen und dann zwei übersprungen hat, was die neue periodische Reihe

(2.) a d g c f b e, a d etc.

ergiebt, sei es nun, dass dieses Ueberspringen von 2 Gliedern nach Dio Cassius' erster Erklärung aus der Anwendung der Quarte hervorgegangen sei oder dass man von der obigen ersten Reihe, wie Letronne meint, immer je drei folgende Glieder in ein Zeichen des Zodiacus eingeschrieben und nur das erste als Wochentagsbenennung gebraucht hat. Nach der dritten Hypothese (der zweiten Erklärungsweise des Dio Cassius) heissen die auf einanderfolgenden Wochentage nach den Planeten, welche die erste Tagesstunde beherrschen, so dass also immer 23 Glieder zu überspringen sind. Da es nun bei einer periodischen Reihe wie (1.) offenbar gleichgültig ist, ob man eine gewisse Gliederzahl oder diese Zahl um irgend ein Multiplum der Gliederzahl der Periode (hier 7) vermehrt überspringt, so muss das Ueberspringen von 23 ($= 3\cdot 7+2$) genau dasselbe Resultat wie das von 2 geben, d. h. es muss wie oben die Reihe (2.) kommen.

Hinsichtlich der Behauptung von Bode, dass die Reihe von Titius eine harmonische sei, weiss ich nichts anderes zu sagen, als dass mir die Benennung harmonische Progression in keiner andern Bedeutung als der von Ew. Excellenz angegebenen bekannt ist und dass sich auch bei Klügel nichts anderes findet.
— — — — — — — — — — — — — — — — —

Ew. Excellenz
ergebenster

Mittwoch 26. Mai 51. Dirichlet.

Die Bemerkungen, welche sich auf die Benennung der Wochentage beziehen, sind von Humboldt im Kosmos, wo er diese Frage einer Discussion unterzieht, benutzt worden. Im dritten Bande des Kosmos findet sich auf den Seiten 474 u. ff. ein fast wörtlicher Abdruck der beiden vorhergehenden Briefe.

In dem folgenden Briefe A. von Humboldt's benachrichtigt er Dirichlet davon, dass er seine Mittheilungen benutzt habe.

A. VON HUMBOLDT AN G. LEJEUNE DIRICHLET.

Mon cher ami!

Je suis très pressé de renvoyer une épreuve à Stuttgart pour terminer ce malheureux 3ième vol. tout astronomique. Daignez jeter à la hâte les yeux sur pages 10 et 11*) pour voir, si j'ai bien saisi Votre éclaircissement de la concordance des deux méthodes, de celle des heures planétaires avec la méthode des 36 Décans. Si Vous ordonnez des changements, donnez les moi en allemand et renvoyez le tout avec la note de Votre écriture.

---

*) Die Angabe der Seitenzahl bezieht sich wahrscheinlich auf das Manuscript des Kosmos.

BEMERKUNG ZU DIRICHLET'S WERKEN Bd. I. S. 348. Z. 7.

VON

HERRN R. DEDEKIND.

Ist die Primzahl $p \equiv 5 \pmod{8}$, so sind die beiden Zahlen h und k, welche der Gleichung

$$h^2 - pk^2 = -4$$

genügen, nicht immer ungerade, wie hier behauptet wird, sondern sie können auch beide gerade sein; der letztere Fall tritt zuerst für $p = 37$ ein, wo $h = -12$, $k = 2$ wird. Die Methode, die PELLsche Gleichung mittelst der Kreistheilung zu lösen, ist aus den Untersuchungen über die arithmetische Reihe und über die Klassenanzahl der binären quadratischen Formen von positiver Determinante hervorgegangen, und jene Behauptung würde in der Abhandlung *Recherches sur diverses applications de l'analyse infinitésimale à la théorie des nombres* ihre Berichtigung von selbst gefunden haben, wenn DIRICHLET dort auf die Betrachtung der einzelnen Fälle zurückgekommen wäre. Die im Winter 1856—1857 in Göttingen von ihm gehaltene Vorlesung brach ebenfalls vor Erledigung dieses Punktes ab, und erst bei der Ausarbeitung derselben zum Zweck ihrer Veröffentlichung bemerkte ich den genannten Irrthum.

Bedeuten T, U, T', U', T'', U'' die kleinsten natürlichen Zahlen, welche den Gleichungen

$$T^2 - pU^2 = 1, \quad T'^2 - pU'^2 = 4, \quad T''^2 - pU''^2 = -4$$

genügen, und setzt man die Fundamentaleinheit

$$\frac{T'' + U''\sqrt{p}}{2} = \varepsilon,$$

so leuchtet ohne Weiteres ein, dass

$$\frac{T' + U'\sqrt{p}}{2} = \varepsilon^2, \; T' \equiv U' \equiv T'' \equiv U'' \pmod{2}$$

ist. Setzt man ferner

$$T+U\sqrt{p} = \varepsilon^{2m},$$

so zeigt DIRICHLET (Bd. 1. S. 470—471), dass $m = 1$ oder $= 3$ ist, je nachdem die Zahlen T', U' (also auch T'', U'') gerade oder ungerade sind, und wenn n und n' die (dort mit h und h' bezeichneten) Klassenanzahlen der zu der Determinante p gehörenden Formen erster und zweiter Art bedeuten, so ergiebt sich zugleich

$$mn = 3n'.$$

Zufolge §. 11 derselben Abhandlung (Bd. I. S. 495, wo $P = p$, $Y_1 = g = pk$, $Z_1 = -h$ zu setzen ist) wird die Klassenanzahl n durch die Gleichung

$$(T+U\sqrt{p})^n = \left(\frac{-h+k\sqrt{p}}{2}\right)^6$$

bestimmt, und da die Zahlen $-h$ und k immer positiv sind (Bd. I. S. 371—372), so folgt hieraus

$$\frac{-h+k\sqrt{p}}{2} = \varepsilon^{n'}.$$

Die Zahlen h, k werden daher gewiss gerade sein, wenn die Zahlen T'', U'', also auch T', U' gerade sind, d. h. wenn $m = 1$, also $n = 3n'$ ist, und in den *Disquisitiones Arithmeticae* (Art. 256. VI) — welche Stelle DIRICHLET am Schlusse von §. 8 (Bd. I. S. 473) zur Vergleichung citirt — bemerkt GAUSS, dass dieser Fall $n = 3n'$ für die Primzahlen $p = 37$, 101, 197, 269, 349, 373, 389, 557 (und für keine andere Primzahl unterhalb 600) eintritt. In der That findet man z. B.

$$-h = 12, \quad k = 2, \quad n' = 1, \quad n = 3 \quad \text{für } p = 37$$
$$-h = 20, \quad k = 2, \quad n' = 1, \quad n = 3 \quad \text{für } p = 101.$$

Aus der obigen Gleichung für die Klassenanzahl n ergiebt sich unmittelbar das allgemeine Kennzeichen, dass die Zahlen h, k stets und nur dann gerade sind, wenn n durch 3 theilbar ist. Dies geschieht, wie eben besprochen, gewiss im Falle $m = 1$, weil dann $n = 3n'$ ist; dasselbe kann aber auch in dem anderen Falle $m = 3$, $n = n'$ geschehen, obgleich die Zahlen T', U', T'', U'' ungerade sind, und die kleinste Primzahl p, für welche diese Erscheinung eintritt, ist 229; die äusserst mühselige Berechnung der Funktionen Y, Z giebt

$$-h = 3420, \quad k = 226 \quad \text{für } p = 229;$$

zu demselben Resultate gelangt man auf viel kürzerem Wege durch die Aufstellung der reducirten Formen, woraus sich

$$T'' = 15, \quad U'' = 1, \quad n = n' = 3$$

ergiebt.

R. Dedekind.

BEMERKUNG
DES HERRN HEINRICH WEBER.

Kirchhoff hat in einem anfangs der siebenziger Jahre in Heidelberg geführten Gespräche dem Unterzeichneten erzählt, dass Dirichlet, wie er aus dessen eigenem Munde wisse, im Besitze der Lösung des Problems gewesen sei, die Vertheilung der statischen Electricität auf der Oberfläche eines leitenden Würfels zu bestimmen, und dass auch dies für uns, wie so vieles andere, verloren sei. Näheres darüber hat sich nicht ermitteln lassen.

Strassburg, März 1897.

H. Weber.

VERZEICHNISS DER UEBERSETZUNGEN DIRICHLET'SCHER ABHANDLUNGEN, DIE NICHT IN DIE GESAMMELTEN WERKE AUFGENOMMEN WORDEN SIND.

I. Démonstration de cette proposition: Toute progression arithmétique, dont le premier terme et la raison sont des entiers sans diviseur commun, contient une infinité de nombres premiers.
  Liouville, Journal de Mathématiques, Sér. I, Tome IV, p. 393—422 (Uebersetzung von Terquem).
  Bd. I, S. 313—342 dieser Ausgabe von G. Lejeune Dirichlet's Werken.

II. Recherches sur la théorie des nombres complexes.
  Liouville, Journal de Mathématiques, Sér. I, Tome IX, p. 245—269. (Uebersetzung von Faye).
  Bd. I, S. 509—532 dieser Ausgabe von G. Lejeune Dirichlet's Werken.

III. Note sur la stabilité de l'équilibre.
  Liouville, Journal de Mathématiques, Sér. I, Tome XII, p. 474—478 (Uebersetzung von Kopp).
  Bd. II, S. 3—8 dieser Ausgabe von G. Lejeune Dirichlet's Werken.

IV. Sur la réduction des formes quadratiques à trois indéterminées entières.
  Liouville, Journal de Mathématiques, Sér. II, Tome IV, p. 209—232 (Ohne Angabe des Uebersetzers).
  Bd. II, S. 27—48 dieser Ausgabe von G. Lejeune Dirichlet's Werken.

V. Sur la détermination des valeurs moyennes dans la théorie des nombres.
  Liouville, Journal de Mathématiques, Sér. II, Tome I, p. 353—370. (Uebersetzung von Hoüel).
  Bd. II, S. 49—66 dieser Ausgabe von G. Lejeune Dirichlet's Werken.

VI. Sur une nouvelle formule pour la détermination de la densité d'une couche sphérique infiniment mince, quand la valeur du potentiel de cette couche est donnée en chaque point de la surface.
  Liouville, Journal de Mathématiques, Sér. II, Tome II, p. 57—80 (Uebersetzung von Hoüel).
  Bd. II, S. 67—88 dieser Ausgabe von G. Lejeune Dirichlet's Werken.

VII. Sur la possibilité de la décomposition des nombres en trois carrés.
  Liouville, Journal de Mathématiques, Sér. II, Tome IV, p. 233—240. (Uebersetzung von Hoüel.)
  Bd. II, S. 89—96 dieser Ausgabe von G. Lejeune Dirichlet's Werken.

VIII. Sur un problème relatif à la division.
LIOUVILLE, Journal de Mathématiques, Sér. II, Tome I, p. 371—376 (Uebersetzung von HOÜEL).
Bd. II, S. 97—104 dieser Ausgabe von G. LEJEUNE DIRICHLET's Werken.

IX. De la composition des formes binaires du second degré.
LIOUVILLE, Journal de Mathématiques, Sér. II, Tome IV, p. 389—398. (Uebersetzung von LEBESGUE.)
Bd. II, S. 105—114 dieser Ausgabe von G. LEJEUNE DIRICHLET's Werken.

X. Sur la première démonstration donnée par GAUSS de la loi de réciprocité dans la théorie des résidus quadratiques.
LIOUVILLE, Journal de Mathématiques, Sér. II, Tome IV, p. 401—420 (Uebersetzung von HOÜEL.)
Bd. II, S. 121—138 dieser Ausgabe von G. LEJEUNE DIRICHLET's Werken.

XI. Éloge de CHARLES-GUSTAVE-JACOB JACOBI.
LIOUVILLE, Journal de Mathématiques, Sér. II, Tome II, p. 217—243 (Uebersetzung von HOÜEL.)
Bd. II, S. 225—252 dieser Ausgabe von G. LEJEUNE DIRICHLET's Werken.

XII. Sur le caractère biquadratique du nombre 2, extrait d'une lettre adressée à M. STERN.
LIOUVILLE, Journal de Mathématiques, Sér. II, Tome IV, p. 367—368 (Uebersetzung von HOÜEL.)
Bd. II, S. 259—262 dieser Ausgabe von G. LEJEUNE DIRICHLET's Werken.